PHYSIQUE CHIMIE
MP - MP*

MÉTHODES ET EXERCICES

OLIVIER FIAT

PHYSIQUE CHIMIE

MP - MP*

MÉTHODES ET EXERCICES

j'intègre

DUNOD

Avec la collaboration scientifique de Pierre-Emmanuel Leroy

Conception graphique de la couverture : Hokus Pokus Créations

11 rue Paul Bert, 92240 Malakoff

www.dunod.com

ISBN 978-2-10-077550-7

Table des matières

Avant-propos

Présentation générale.

Cet ouvrage de la collection Méthodes et exercices traite de l'intégralité du programme de physique et de chimie des filières MP et MP*. Chacun des 18 chapitres est divisé en quatre parties (le chapitre 19 est un formulaire de mathématiques).

Les méthodes à retenir : chaque chapitre commence par plusieurs fiches structurées avec des rappels de cours synthétiques, des méthodes de raisonnement ou de calcul, un exemple complet et un renvoi aux exercices concernés.

Énoncés des exercices : des énoncés d'exercices d'application du cours et de nombreux exercices inspirés d'écrits et d'oraux de concours sont proposés. Ils sont affectés d'un niveau de difficulté, de 1 à 4.

Du mal à démarrer ? : des indications de méthode ou de calcul sont données à l'image de celles qui seraient données en colle ou à l'oral des concours.

Corrigés des exercices : les solutions détaillées sont entièrement rédigées.

Conseils de travail.

Nous vous encourageons à adopter une discipline de travail rigoureuse. Vous ne devez jamais oublier que c'est en faisant qu'on apprend. Lire un énoncé puis son corrigé est absolument contre-productif, et même si vous avez l'impression de « tout comprendre » (ce qui est flatteur pour le rédacteur de la solution !) vous n'apprendrez presque rien, et surtout vous ne retiendrez rien. Un exercice est fait pour être cherché, longuement, avec application, puis rédigé complètement, applications numériques, commentaires et conclusions compris. Si vous ne trouvez pas la réponse, cherchez encore. Si vous ne trouvez toujours pas, reportez-vous à la fiche méthode et réessayez en profitant des rappels et conseils qui y sont donnés. Si vous ne trouvez toujours pas, reportez-vous à l'aide donnée dans la rubrique « Du mal à démarrer ? ». Si vous n'avez que partiellement trouvé, laissez-vous un peu de temps encore, une nuit de repos, et cherchez encore le lendemain, c'est souvent profitable. Enfin, vous pouvez consulter le corrigé, sans oublier qu'avoir réellement compris une solution, c'est être capable, une heure, une semaine ou un an après, de la restituer.

À propos du choix d'exercices.

Les exercices ont été choisis pour couvrir tout le programme et tous les styles : certains sont calculatoires, d'autres plus qualitatifs, d'autres encore à forte composante documentaire (c'est alors mentionné dans le titre) avec une volonté dans cet ouvrage de proposer beaucoup de lectures graphiques (schémas, diagrammes, cartes de champ, de potentiel). Certains exercices, qui demandent une initiative particulière de modélisation, de choix d'hypothèses, d'organisation du raisonnement, sont estampillés « résolution de problème ».

Quelques données plus techniques.

- Les grandeurs complexes sont soulignées, les grandeurs vectorielles surmontées d'une flèche, les vecteurs unitaires notés $\vec{u}$.
- L'imaginaire pur est noté i en électromagnétisme dans l'étude des ondes et en physique qauntique, et j dans les chapitres d'électricité pour éviter la confusion avec l'intensité.
- Nous avons délibérément omis de fournir les lois d'analyse vectorielle dans le corps des exercices, afin d'éviter de donner ainsi une indication trop précise. Nous avons ainsi respecté la convention de l'écrit des concours, où la liste des formules utiles est toujours donnée avant ou après l'énoncé.
- Un formulaire de mathématiques utiles à la physique est proposé à la fin de l'ouvrage.
- Il en est de même pour les formules de trigonométrie et les éléments différentiels de longueur, de surface et de volume pour les intégrales spatiales.
- Un index complet est proposé à la toute fin de ce livre.

En guise de conclusion.

Nous espérons que cet ouvrage vous aidera à réussir le mieux possible les épreuves de physique des concours et nous vous souhaitons bon courage pour votre travail.

Première partie

Mécanique

CHAPITRE 1

Référentiels non galiléens

Thèmes abordés dans les exercices

- ◇ Référentiel galiléen.
- ◇ Composition des vitesses et des accélérations.
- ◇ Point coïncident.
- ◇ Vitesse d'entraînement, vitesse relative.
- ◇ Accélération d'entraînement, accélération relative, accélération de Coriolis.
- ◇ Loi de la quantité de mouvement en référentiel non galiléen.
- ◇ Force d'inertie d'entraînement (référentiel en translation).
- ◇ Force d'inertie d'entraînement (référentiel en rotation uniforme).
- ◇ Force d'inertie de Coriolis.
- ◇ Champ de pesanteur.

Points essentiels du cours pour la résolution des exercices

- ◇ Exprimer et exploiter les lois de composition des vitesses et des accélérations.
- ◇ Étudier le mouvement d'un point dans un référentiel en translation.
- ◇ Étudier le mouvement d'un point dans un référentiel en rotation uniforme.
- ◇ Étudier le mouvement d'un point dans le référentiel terrestre.

Les méthodes à retenir

Exprimer et exploiter les lois de composition des vitesses et des accélérations.

Soit $\mathscr{R}_0$ un référentiel muni d'un point fixe O_0 (il sera galiléen dans l'étude mécanique des paragraphes suivants), $\mathscr{R}$ un référentiel en mouvement par rapport à $\mathscr{R}_0$ muni d'un point fixe O et M un point matériel. La **loi de composition des vitesses** donne la relation entre la vitesse absolue de M dans $\mathscr{R}_0$ et sa vitesse relative dans $\mathscr{R}$

$$\vec{v}_a = \vec{v}_{\mathscr{R}_0}(\mathrm{M}) = \left(\frac{d\overrightarrow{\mathrm{O_0M}}}{dt}\right)_{\mathscr{R}_0} \quad \text{et } \vec{v}_r = \vec{v}_{\mathscr{R}}(\mathrm{M}) = \left(\frac{d\overrightarrow{\mathrm{OM}}}{dt}\right)_{\mathscr{R}}$$

La **loi de composition des accélérations** donne la relation entre l'accélération absolue de M dans $\mathscr{R}_0$ et son accélération relative dans $\mathscr{R}$

$$\vec{a}_a = \vec{a}_{\mathscr{R}_0}(\mathrm{M}) = \left(\frac{d^2\overrightarrow{\mathrm{O_0M}}}{dt^2}\right)_{\mathscr{R}_0} \quad \text{et } \vec{a}_r = \vec{a}_{\mathscr{R}}(\mathrm{M}) = \left(\frac{d^2\overrightarrow{\mathrm{OM}}}{dt^2}\right)_{\mathscr{R}}$$

Seuls deux cas précis sont au programme.

a) $\mathscr{R}$ est en **translation** par rapport à $\mathscr{R}_0$ à la vitesse d'entraînement $\vec{v}_e = \vec{\mathrm{V}}$, vitesse de O dans $\mathscr{R}_0$ et d'accélération d'entraînement $\vec{a}_e = \vec{\mathrm{A}}$, accélération de O dans $\mathscr{R}_0$.

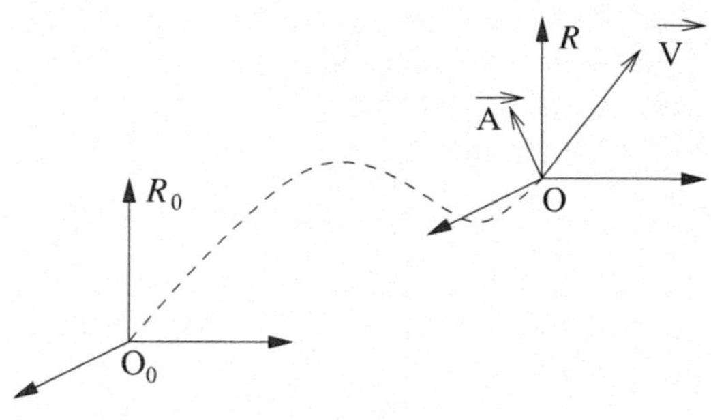

Les lois de composition s'écrivent alors

$$\begin{cases} \vec{v}_a = \vec{v}_e + \vec{v}_r \\ \vec{a}_a = \vec{a}_e + \vec{a}_r \end{cases} \text{soit} \begin{cases} \vec{v}_{\mathscr{R}_0}(\mathrm{M}) = \vec{\mathrm{V}} + \vec{v}_{\mathscr{R}}(\mathrm{M}) \\ \vec{a}_{\mathscr{R}_0}(\mathrm{M}) = \vec{\mathrm{A}} + \vec{a}_{\mathscr{R}}(\mathrm{M}) \end{cases}$$

Le sens physique de ces lois est assez simple. Quand on se déplace dans un train en translation, notre vitesse dans le référentiel terrestre est la somme de la vitesse du point du train où nous posons le pied, c'est-à-dire la vitesse du train car il est en translation, et de notre vitesse par rapport au train. Il en est de même pour les accélérations.

b) $\mathscr{R}$ est en **rotation uniforme autour d'un axe fixe** Δ **de** $\mathscr{R}_0$, à la vitesse angulaire $\vec{\Omega} = \Omega\vec{u}_\Delta$. Le **point coïncident** de M à la date t est le point fixe P de $\mathscr{R}$ par lequel passe M. On note H le projeté orthogonal de M sur Δ.

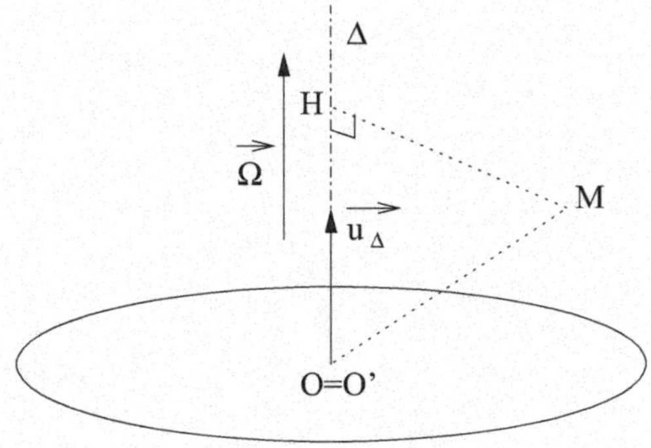

$$\begin{cases} \vec{v}_a = \vec{v}_{\mathcal{R}_0}(\text{P}) + \vec{v}_r \\ \vec{a}_a = \vec{a}_{\mathcal{R}_0}(\text{P}) + \vec{a}_\text{C} + \vec{a}_r \end{cases} \quad \text{soit} \quad \begin{cases} \vec{v}_{\mathcal{R}_0}(\text{M}) = \vec{\Omega} \wedge \vec{\text{OM}} + \vec{v}_{\mathcal{R}}(\text{M}) \\ \vec{a}_{\mathcal{R}_0}(\text{M}) = -\Omega^2 \overrightarrow{\text{HM}} + 2\vec{\Omega} \wedge \overrightarrow{\text{HM}} + \vec{a}_{\mathcal{R}}(\text{M}) \end{cases}$$

Le terme

$$\vec{a}_e = -\Omega^2 \overrightarrow{\text{HM}}$$

est l'accélération d'entraînement centripète de P, cohérente avec son mouvement circulaire uniforme autour de H. Le terme

$$\vec{a}_\text{C} = 2\vec{\Omega} \wedge \overrightarrow{\text{HM}}$$

est l'**accélération de Coriolis**, son sens physique est assez complexe et dans une approche pragmatique, on peut dire qu'il n'a pas d'intérêt immédiat pour la réussite aux concours.

Exemple :

Une rivière forme un référentiel $\mathcal{R}$ en translation rectiligne uniforme à la vitesse $\vec{\text{V}} = \text{V}\vec{u}_x$ dans le référentiel terrestre $\mathcal{R}_0$. Un bateau à moteur M de vitesse maximale $v_{\max}$ veut traverser la rivière selon l'axe $\vec{u}_y$ perpendiculaire à la rivière dans le référentiel terrestre. Pour celà, il doit naviguer à une vitesse $\vec{v}_r$ dans le référentiel de la rivière faisant un angle α avec $\vec{u}_y$.

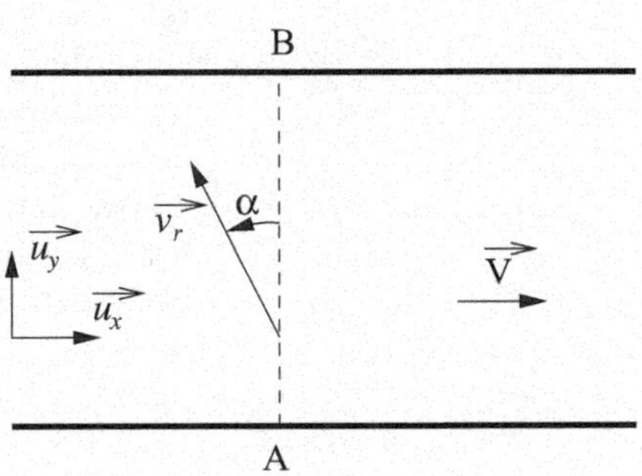

La loi de composition des vitesses donne

$$\vec{v}_a = \vec{V} + \vec{v}_r \text{ soit } v_a \vec{u}_y = V\vec{u}_x - v_r \sin\alpha \vec{u}_x + v_r \cos\alpha \vec{u}_y$$

$$\text{donc} \begin{cases} v_r \sin\alpha = V \\ v_a = v_r \cos\alpha \end{cases}$$

Le problème n'est donc possible que si $v_r > V$, donc $v_{\max} > V$. En effet, dans le cas contraire, même à pleine vitesse, le bateau ne peut remonter le courant et dérive par rapport à [AB]. Si cette condition est vérifiée, alors

$$v_r = \frac{V}{\sin\alpha} \text{ et } v_a = \frac{V}{\tan\alpha}$$

↪ **Exercice 1.1.**

Étudier le mouvement d'un point dans un référentiel en translation.

Soit $\mathscr{R}_0$ un référentiel galiléen et $\mathscr{R}$ un référentiel en translation par rapport à $\mathscr{R}_0$ à la vitesse d'entraînement $\vec{V}$ et avec l'accélération d'entraînement $\vec{A}$ par rapport à $\mathscr{R}_0$. O est un point fixe de $\mathscr{R}$. Un point matériel M de masse m est étudié dans le référentiel $\mathscr{R}$, ses vecteurs position, vitesse relative et accélération relative sont

$$\overrightarrow{OM},\ \vec{v}_r = \left(\frac{d\overrightarrow{OM}}{dt}\right)_{\mathscr{R}} \text{ et } \vec{a}_r = \left(\frac{d^2\overrightarrow{OM}}{dt^2}\right)_{\mathscr{R}}$$

La loi de la quantité de mouvement dans le référentiel non galiléen $\mathscr{R}$ est analogue à celle énoncée dans un référentiel galiléen, à condition d'ajouter au forces la **force d'inertie d'entraînement**

$$\sum \vec{f} + \vec{f}_{ie} = m\vec{a}_r \text{ avec } \vec{f}_{ie} = -m\vec{a}_e = -m\vec{A}$$

La confusion entre l'accélération du référentiel $\vec{A}$ et celle de M dans le référentiel est une faute rédhibitoire. Nous préconisons la méthode suivante pour l'étude rigoureuse d'un problème de mécanique du point dans un référentiel non galiléen en translation.

a) On définit le référentiel d'étude et on précise qu'il est « non galiléen en translation ».

b) On fait un schéma.

c) On définit le repère de projection cartésien ou cylindrique.

d) On écrit dans la base choisie les composantes des vecteurs de cinématique

$$\overrightarrow{OM},\ \vec{v}_r,\ \vec{a}_r \text{ et } \vec{A}$$

et on identifie les conditions initiales sur ces vecteurs.

e) On écrit dans la base choisie les composantes des vecteurs forces réelles et de la force d'inertie d'entraînement

$$\vec{f} \text{ et } \vec{f}_{ie} = -m\vec{A}$$

f) On en déduit par projections sur les axes du repère un ensemble d'équations différentielles dont la résolution est un problème de mathématiques.

La **loi du moment cinétique** est elle aussi inchangée, le moment en O de la force d'inertie d'entraînement est le même que pour toute autre force

$$\mathcal{M}_O(\vec{f}_{ie}) = \overrightarrow{OM} \wedge \vec{f}_{ie}$$

La **loi de l'énergie mécanique** peut être appliquée en définissant l'énergie potentielle d'inertie d'entraînement (voir exercice 1.3) mais celle-ci n'est pas au programme.

Exemple :

Un pendule élastique est formé d'un ressort de constante de raideur k, de longueur à vide ℓ_0 et d'un point matériel M de masse m coulissant sur un axe (O, x) horizontal en étant soumis à un frottement visqueux $\vec{f}_v = -h\vec{v}$. Ce dispositif est embarqué dans un train en accélération uniforme horizontale constante $\vec{A} = A\vec{u}_x$. On note $x(t)$ l'abscisse de M.

a) Le référentiel d'étude est le référentiel non galiléen du train en translation.

b) Voici le schéma du dispositif et des forces (à l'exception de la force de frottement).

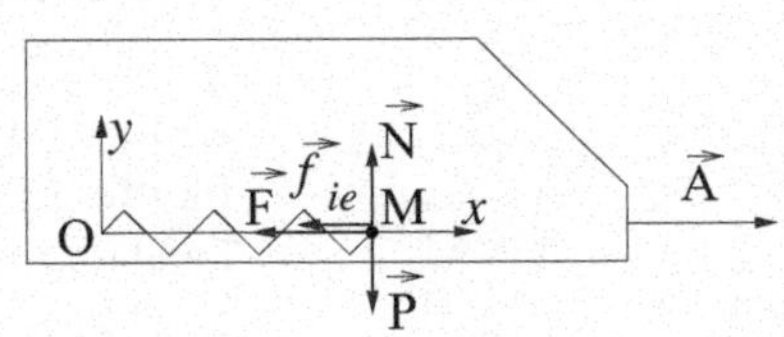

c) Le repère de projection est $(O, \vec{u}_x, \vec{u}_y)$.

d) Les vecteurs cinématiques sont

$$\overrightarrow{OM}\begin{vmatrix} x \\ 0 \end{vmatrix}, \quad \vec{v}_r\begin{vmatrix} \dot{x} \\ 0 \end{vmatrix}, \quad \vec{a}_r\begin{vmatrix} \ddot{x} \\ 0 \end{vmatrix} \quad \text{et } \vec{A}\begin{vmatrix} A \\ 0 \end{vmatrix}$$

e) Les vecteurs forces sont

$$\vec{F}\begin{vmatrix} -k(x-\ell_0) \\ 0 \end{vmatrix} \quad \vec{f}_f\begin{vmatrix} -h\dot{x} \\ 0 \end{vmatrix} \quad \vec{f}_{ie}\begin{vmatrix} -mA \\ 0 \end{vmatrix} \quad \vec{P}\begin{vmatrix} 0 \\ -mg \end{vmatrix} \quad \vec{N}\begin{vmatrix} 0 \\ N \end{vmatrix}$$

f) Voici les projections sur les deux axes

$$\begin{cases} -k(x-\ell_0)-h\dot{x}-m\mathrm{A}=m\ddot{x} \\ -mg+\mathrm{N}=0 \end{cases} \quad \begin{cases} m\ddot{x}+h\dot{x}+kx=k\left(\ell_0-\frac{m\mathrm{A}}{k}\right) \\ \mathrm{N}=mg \end{cases}$$

L'équation différentielle vérifiée par x est celle d'un oscillateur amorti, l'abscisse d'équilibre est $x_{\text{eq}}=\ell_0-\frac{m\mathrm{A}}{k}$, le régime (pseudo-périodique, critique, apériodique) dépend du signe du discriminant de l'équation caractéristique associée à l'équation homogène $\Delta=h^2-4km$.

$\hookrightarrow$ **Exercices 1.2, 1.3, 1.4, 1.5.**

Étudier le mouvement d'un point dans un référentiel en rotation uniforme.

Soit $\mathscr{R}_0$ un référentiel galiléen et $\mathscr{R}$ un référentiel en rotation uniforme par rapport à un axe Δ fixe de $\mathscr{R}_0$ passant par O, à la vitesse angulaire $\vec{\Omega}=\Omega\vec{u}_\Delta$. Un point matériel M de masse m est étudié dans le référentiel $\mathscr{R}$, ses vecteurs position, vitesse relative et accélération relative sont

$$\overrightarrow{\mathrm{OM}},\ \vec{v}_r=\left(\frac{d\overrightarrow{\mathrm{OM}}}{dt}\right)_{\mathscr{R}} \text{ et } \vec{a}_r=\left(\frac{d^2\overrightarrow{\mathrm{OM}}}{dt^2}\right)_{\mathscr{R}}$$

Soit H le projeté orthogonal de M sur l'axe Δ. La loi de la quantité de mouvement dans le référentiel non galiléen $\mathscr{R}$ est analogue à celle énoncée dans un référentiel galiléen, à condition d'ajouter au forces la **force d'inertie d'entraînement** et la **force d'inertie de Coriolis**

$$\sum\vec{f}+\vec{f}_{ie}+\vec{f}_{ic}=m\vec{a}_r \text{ avec } \begin{cases} \vec{f}_{ie}=-m\vec{a}_e=m\Omega^2\overrightarrow{\mathrm{HM}} \\ \vec{f}_{ic}=-m\vec{a}_{\mathrm{C}}=-2m\vec{\Omega}\wedge\vec{v}_r \end{cases}$$

La force d'inertie d'entraînement est dite **axifuge** (ce terme est préférable au terme usuel « centriguge ») car elle tend à faire fuir M de l'axe (et non pas du centre O). Nous préconisons la méthode suivante pour l'étude rigoureuse d'un problème de mécanique du point dans un référentiel non galiléen en rotation.

a) On définit le référentiel d'étude et on précise qu'il est « non galiléen en rotation ».

b) On fait un schéma.

c) On définit le repère de projection cartésien ou cylindrique.

d) On écrit dans la base choisie les composantes des vecteurs de cinématique $\overrightarrow{\mathrm{OM}}$, $\overrightarrow{\mathrm{HM}}$, $\vec{v}_r$, $\vec{a}_r$ et $\vec{\Omega}$ et on identifie les conditions initiales sur ces vecteurs.

e) On écrit dans la base choisie les composantes des vecteurs forces réelles, de la force d'inertie d'entraînement et de la force d'inertie de Coriolis.

$$\vec{f},\ \vec{f}_{ie}=m\Omega^2\overrightarrow{\mathrm{HM}}, \vec{f}_{ic}=-2m\vec{\Omega}\wedge\vec{v}_r$$

f) On en déduit par projections sur les axes du repère un ensemble d'équations différentielles dont la résolution est un problème de mathématiques.
La **loi du moment cinétique** est elle aussi inchangée, le moment en O des forces d'inertie d'entraînement et de Coriolis sont les mêmes que pour toute autre force

$$\mathcal{M}_{\mathrm{O}}(\vec{f}_{ie}) = \overrightarrow{\mathrm{OM}} \wedge \vec{f}_{ie} \text{ et } \mathcal{M}_{\mathrm{O}}(\vec{f}_{ic}) = \overrightarrow{\mathrm{OM}} \wedge \vec{f}_{ic}$$

La **loi de l'énergie mécanique** peut être appliquée en remarquant que la force d'inertie de Coriolis, orthogonale au vecteur vitesse relative, ne travaille pas et en définissant l'énergie potentielle d'inertie d'entraînement (voir exercice 1.7) mais celle-ci n'est pas au programme.

Exemple :

Un point matériel coulisse sans frottement sur une tige horizontale (O, x) animée d'un mouvement de rotation uniforme autour de l'axe vertical (O, z) à la vitesse angulaire Ω. Un ressort de longueur à vide ℓ_0 et de constante de raideur k a une extrémité fixe en O et son autre extrémité reliée à M. On note $x(t)$ l'abscisse de M sur l'axe.
a) On travaille dans le référentiel non galiléen en rotation de la tige. Dans celui-ci, la masse a un mouvement rectiligne.
b) Voici le schéma du dispositif.

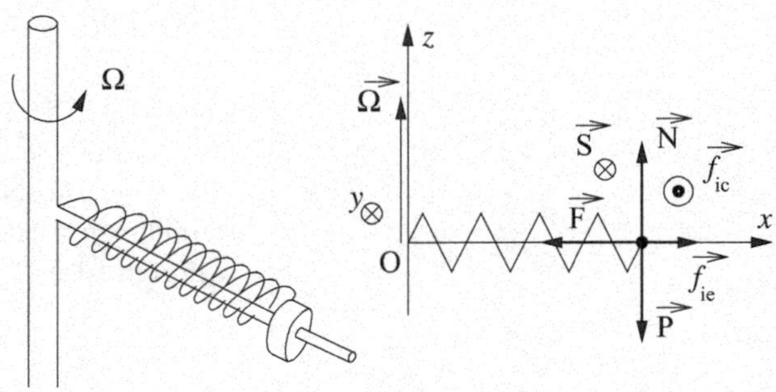

c) On travaille dans le repère cartésien (O, x, y, z).
d) Voici les composantes des vecteurs cinématiques.

$$\overrightarrow{\mathrm{OM}} = \overrightarrow{\mathrm{HM}} = \left|\begin{array}{l} x \\ 0 \\ 0 \end{array}\right. \quad \vec{v}_r \left|\begin{array}{l} \dot{x} \\ 0 \\ 0 \end{array}\right. \quad \vec{a}_r \left|\begin{array}{l} \ddot{x} \\ 0 \\ 0 \end{array}\right. \quad \vec{\Omega} \left|\begin{array}{l} 0 \\ 0 \\ \Omega \end{array}\right.$$

e) Voici les composantes du poids et de la force de rappel du ressort.

$$\vec{P}\left|\begin{array}{l}0\\0\\-mg\end{array}\right. \quad \vec{F}\left|\begin{array}{l}-k(x-\ell_0)\\0\\0\end{array}\right.$$

En l'absence de frottements, l'action de la tige sur M est orthogonale à la tige, c'est donc la somme d'une force normale verticale $\vec{N}$ qui compense le poids et d'une force normale horizontale $\vec{S}$ qui compense la force d'inertie de Coriolis

$$\vec{N}\left|\begin{array}{l}0\\0\\N\end{array}\right. \quad \vec{S}\left|\begin{array}{l}0\\S\\0\end{array}\right.$$

Les forces d'inertie s'écrivent

$$\vec{f}_{ie} = m\Omega^2\overrightarrow{HM} = m\Omega^2 x\vec{u}_x \text{ et}$$

$$\vec{f}_{ic} = -2m\vec{\Omega}\wedge\vec{v}_r = \left|\begin{array}{l}0\\-2m\Omega\dot{x}\\0\end{array}\right.$$

f) La loi de la quantité de mouvement s'écrit

$$\vec{P}+\vec{F}+\vec{N}+\vec{S}+\vec{f}_{ie}+\vec{f}_{ic} = m\vec{a}_r \text{ donc}$$

$$\left\{\begin{array}{l}-k(x-\ell_0)+m\Omega^2 x = m\ddot{x}\\ S-2m\Omega\dot{x}=0\\ N-mg=0\end{array}\right. \quad \text{ou} \quad \left\{\begin{array}{l}\ddot{x}+\omega_0^2\left(1-\frac{\Omega^2}{\omega_0^2}\right)x=\omega_0^2\ell_0\\ S=2m\Omega\dot{x}\\ N=mg\end{array}\right.$$

avec $\omega_0 = \sqrt{\frac{k}{m}}$, pulsation propre de l'oscillateur élastique en référentiel galiléen. Deux cas sont possibles.

• Si $\Omega < \omega_0$, le coefficient de x est positif et l'équation différentielle en x est celle d'un oscillateur harmonique de pulsation propre

$$\omega_1 = \omega_0\sqrt{1-\frac{\Omega^2}{\omega_0^2}}$$

• Si $\Omega > \omega_0$, le coefficient de x est négatif et l'équation différentielle en x est celle d'un oscillateur hyperbolique, dont la solution diverge quand $t\to\infty$. La force d'inertie axifuge est trop forte pour être compensée par la force de rappel du ressort et la masse s'éloigne indéfiniment, jusqu'à la limite élastique du ressort.

⟶ **Exercices 1.6, 1.7, 1.8, 1.9, 1.10, 1.11, 1.12, 1.13.**

Étudier le mouvement d'un point dans le référentiel terrestre.

Le **référentiel géocentrique** est galiléen en bonne approximation. Le **référentiel terrestre** est en rotation uniforme autour de l'axe des pôles, à la vitesse angulaire

$$\Omega = \frac{2\pi}{T_s} = 7{,}29 \cdot 10^{-5}\ \text{rad} \cdot \text{s}^{-1}$$

$T_s = 86\ 164$ s est le jour sidéral. Le référentiel terrestre n'est donc pas galiléen. On doit donc prendre en compte la force d'inertie d'entraînement axifuge et la force d'inertie de Coriolis pour les points matériels évoluant à proximité de la surface terrestre.

a) Le **poids** est la somme de la force de gravitation dirigée vers le centre de la Terre et de la force d'inertie d'entraînement

$$\vec{P} = \vec{f}_g + \vec{f}_{ie} = -\frac{\mathcal{G} m_T m}{R_T^2}\vec{u}_r + m\Omega^2\overrightarrow{HM}$$

$$\text{soit } \vec{P} = m\vec{g} \text{ avec } \vec{g} = -\frac{\mathcal{G} m_T}{R_T^2}\vec{u}_r + \Omega^2\overrightarrow{HM}$$

b) La force d'inertie de Coriolis n'a d'effet significatif que pour les objets dont la vitesse est grande (plus de 50 ou 100 $\text{m} \cdot \text{s}^{-1}$) ou sur des durées importantes (plus d'une heure)

$$\vec{f}_{ic} = -2m\vec{\Omega} \wedge \vec{v}_r$$

où $\vec{v}_r$ est la vitesse relative, donc mesurée dans le référentiel terrestre. Comme les axes du repère d'étude sont en général définis par rapport à l'horizontale et à la verticale du lieu du laboratoire, il faut au préalable projeter le vecteur $\vec{\Omega}$ (qui est selon l'axe sud-nord des pôles) dans ce repère, en utilisant l'angle λ appelé latitude.

Exemple :

Le rayon terrestre au pôle sud est $R_P = 6\ 357$ km et en un point de l'équateur $R_E = 6\ 378$ km. La constante de gravitation est $\mathcal{G} = 6{,}674 \cdot 10^{-11}\ \text{kg}^{-1} \cdot \text{m}^3 \cdot \text{s}^{-2}$ et la masse de la Terre est $m_T = 5{,}972 \cdot 10^{24}$ kg. La ville de Limoges est presque sur le 45ième parallèle et le rayon terrestre y vaut $R_L = 6\,371$ km. Évaluons le champ de pesanteur en ces trois points.

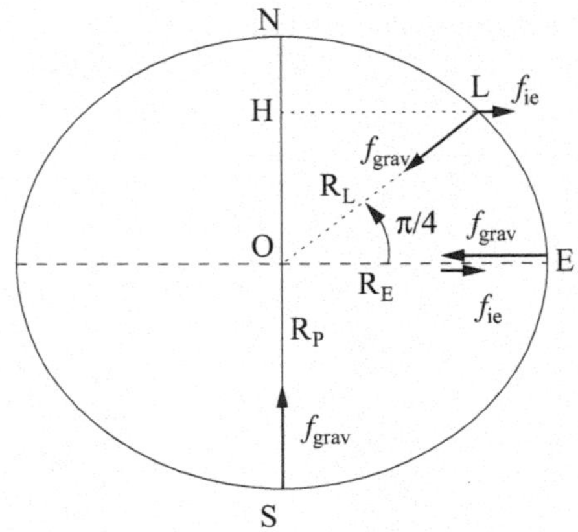

• Au pôle sud, on est sur l'axe de rotation, donc la force d'inertie d'entraînement axifuge est nulle et le poids est égal à la force de gravitation, soit

$$g_S = \frac{\mathcal{G} m_T}{R_P^2} = 9,863 \text{ m} \cdot \text{s}^{-2}$$

• Sur l'équateur, la force d'inertie d'entraînement axifuge est verticale vers le haut donc

$$g_E = \frac{\mathcal{G} m_T}{R_E^2} - \Omega^2 R_E = 9,798 - 0,034 = 9,755 \text{ m} \cdot \text{s}^{-2}$$

• À Limoges, la force de gravitation est dirigée vers le centre de la Terre et a pour norme $f_{grav} = \frac{\mathcal{G} m_T m}{R_L^2} = 9,8195 \cdot m$. Le rayon du cercle décrit par Limoges lorsque la Terre tourne est $HL = R_L \cos \frac{\pi}{4} = 4\,504$ km. La force d'inertie d'entraînement axifuge a donc pour norme

$$f_{ie} = m\Omega^2 HL = 0,024 \cdot m$$

La somme vectorielle des deux vecteurs donne un vecteur qui est dirigé vers un point de l'axe des pôles un peu plus au sud que le centre de la Terre. On en déduit la norme

$$g_L = \sqrt{\left(9,8195 - 0,024 \cos \frac{\pi}{4}\right)^2 + \left(0,024 \sin \frac{\pi}{4}\right)^2} = 9,803 \text{ m} \cdot \text{s}^{-2}$$

↪ **Exercices 1.14, 1.15, 1.16, 1.17, 1.18, 1.19, 1.20.**

Énoncés des exercices

1.1 Composition des vitesses, des accélérations

Un manège est en rotation uniforme à la vitesse angulaire $\vec{\omega} = \omega\vec{u}_z$. À la date $t = 0$, $\theta = 0$ et l'axe (O,X) dessiné sur le plateau coïncide avec l'axe (O, x) du sol, l'axe (O,Y) dessiné sur le plateau coïncide avec l'axe (O, y) du sol, et les axes verticaux (O,Z) et (O, z) sont confondus.

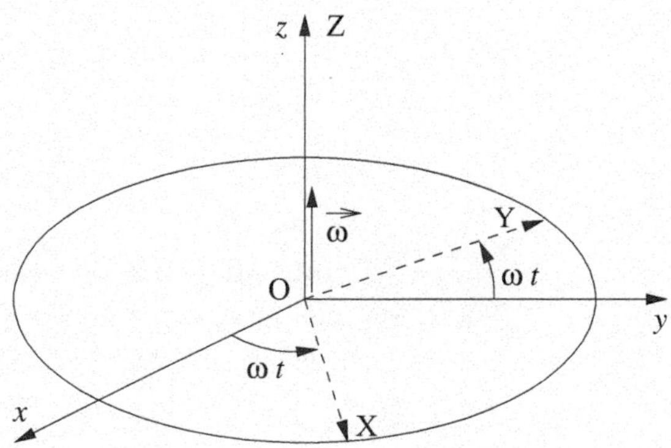

Un promeneur, initialement en O, marche sur le plateau du manège à la vitesse relative constante $\vec{v}_r = v_0\vec{u}_X$ dans le référentiel du manège. On exprimera tous les vecteurs dans la base $(\vec{u}_x, \vec{u}_y, \vec{u}_z)$.

a) Déterminer les coordonnées de ses vecteurs vitesse relative et d'entraînement à la date t. En déduire celles du vecteur vitesse absolue.

b) Déterminer les coordonnées de ses vecteurs accélération relative, d'entraînement et de Coriolis à la date t.

c) Établir les équations horaires $x(t)$ et $y(t)$ du mouvement du promeneur.

d) Vérifier les lois cinématiques de composition des vitesses et des accélérations en retrouvant les coordonnées de $\vec{v}_a$ et $\vec{a}_a$.

1.2 Étude d'un pendule simple dans un référentiel en translation

Un pendule simple est formé d'un fil inextensible de masse nulle et de longueur L, et d'un point matériel M de masse m. Son extrémité O est accrochée au plafond d'un train en accélération uniforme horizontale constante $\vec{A} = A\vec{u}_x$. L'angle d'inclinaison du fil est notée $\theta(t)$.

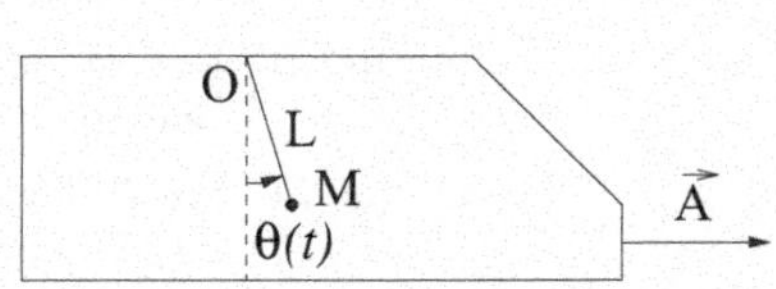

a) Établir l'équation différentielle vérifiée par $\theta(t)$ en utilisant la loi de la quantité de mouvement.

b) Établir l'équation différentielle vérifiée par $\theta(t)$ en utilisant la loi du moment cinétique en O.

c) Déterminer l'angle d'équilibre θ_{eq}.

d) On étudie les petites oscillations autour de la position d'équilibre en posant

$$\theta(t) = \theta_{eq} + \varepsilon(t) \text{ avec } \varepsilon(t) \ll 1$$

Établir l'équation différentielle vérifiée par $\varepsilon(t)$ et en déduire la période T des petites oscillations.

1.3 Introduction à l'énergie potentielle d'inertie d'entraînement

Un référentiel $\mathscr{R}$ est en translation rectiligne d'accélération constante $\vec{A} = A\vec{u}_x$ par rapport à un référentiel galiléen $\mathscr{R}_0$. Un point matériel de masse m est répéré par $\vec{OM} = \begin{vmatrix} x \\ y \\ z \end{vmatrix}$ dans $\mathscr{R}$.

a) Donner l'expression de la force d'inertie d'entraînement $\vec{f}_{ie}$ subie par M dans $\mathscr{R}$.

b) Cette force dérive de l'énergie potentielle d'inertie d'entraînement Ep_{ie} avec

$$\vec{f}_{ie} = -\overrightarrow{\text{grad}}\, Ep_{ie} = -\begin{vmatrix} \frac{\partial Ep_{ie}}{\partial x} \\ \frac{\partial Ep_{ie}}{\partial y} \\ \frac{\partial Ep_{ie}}{\partial z} \end{vmatrix}$$

Déterminer l'expression de Ep_{ie} en prenant la référence en $x = 0$.

c) Un pendule simple est formé d'un fil inextensible de masse nulle et de longueur L, et d'un point matériel M de masse m. Son extrémité O est accrochée au plafond d'un train en accélération uniforme horizontale constante $\vec{A} = A\vec{u}_x$. L'angle d'inclinaison du fil est notée $\theta(t)$.

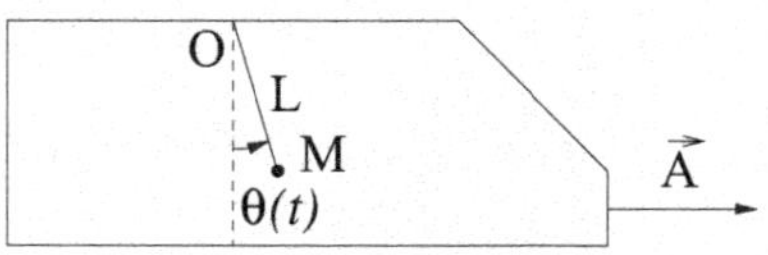

i) Donner l'expression de l'énergie potentielle résultante des différentes forces conservatives en fonction de θ.

ii) Déterminer la valeur de l'angle d'équilibre θ_{eq} grâce à l'étude de l'énergie potentielle.

iii) Établir l'équation différentielle vérifiée par $\theta(t)$ en écrivant la conservation de l'énergie mécanique.

1.4 Sismographe

Un sismographe est constitué d'un boîtier parallélépipédique posé à même le sol, et qui bouge avec lui. Un ressort de masse négligeable, de longueur à vide ℓ_0, de constante de raideur k, est accroché au couvercle supérieur. Un mobile ponctuel M, de masse m, y est accroché et coulisse sur un axe vertical en subissant une force de frottement fluide linéaire, de coefficient λ. On repère la position de M par sa cote mesurée sur un axe vertical (O, z) dirigé vers le haut, l'origine O étant un point fixe du boîtier correspondant à la position d'équilibre au repos du mobile. Lors d'un séisme, le sol a un mouvement d'oscillation verticale dans le référentiel terrestre supposé galiléen : le boîtier a un mouvement sinusoïdal d'amplitude H et de pulsation ω.

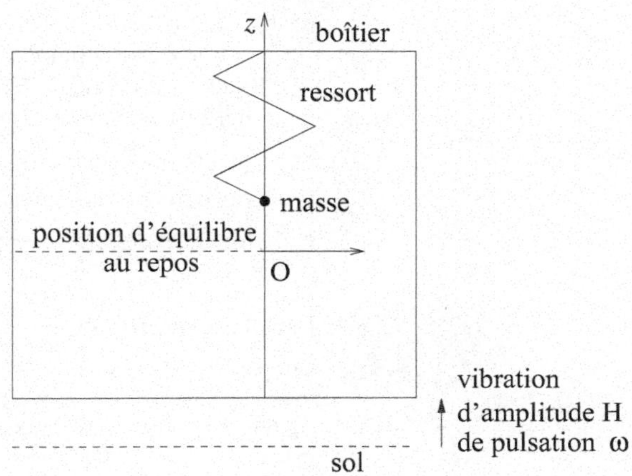

Établir l'équation différentielle vérifiée par z et en déduire l'amplitude des oscillations de la masse en fonction de ω. Conclure sur la fonction du sismographe.

1.5 Mouvement dans une nacelle de grande roue

Une nacelle dans une grande roue est une cabine restant toujours horizontale, dont l'extrémité supérieure P est animée d'un mouvement circulaire uniforme de centre C, de rayon R à la vitesse angulaire Ω. On repère la position de la capsule par l'angle $\theta = \Omega t$ entre la verticale et $\overrightarrow{CP}$.

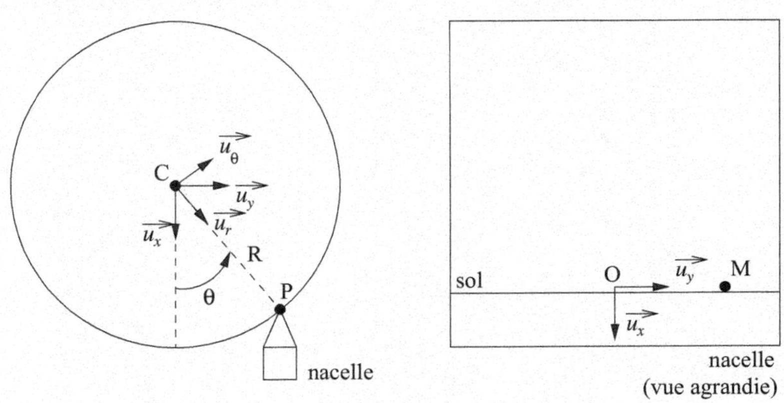

On travaillera successivement dans la base $(\vec{u}_r, \vec{u}_\theta)$ et $(\vec{u}_x, \vec{u}_y)$ et on donne

$$\vec{u}_r = \cos\theta\vec{u}_x + \sin\theta\vec{u}_y \text{ et } \vec{u}_\theta = -\sin\theta\vec{u}_x + \cos\theta\vec{u}_y$$

a) Le vecteur position de P dans le référentiel terrestre galiléen $\mathscr{R}_0$ est $\overrightarrow{CP}$. Déterminer son vecteur vitesse $\vec{V}$ et son vecteur accélération $\vec{A}$ dans $\mathscr{R}_0$ dans la base $(\vec{u}_r, \vec{u}_\theta)$ puis dans la base $(\vec{u}_x, \vec{u}_y)$ en fonction de t (on rappelle que $\theta = \Omega t$ où Ω est une constante).

b) Le référentiel $\mathscr{R}$ de la nacelle est-il galiléen ou pas ?

c) Est-il en rotation ou en translation ?

d) Un mobile M de masse m est posé sur le sol de la nacelle où il glisse. Sa position est donc repérée par $\vec{OM} = y\vec{u}_y$. Écrire la loi de la quantité de mouvement appliquée à M dans le référentiel $\mathscr{R}$ en supposant qu'en plus des forces réelles et d'inertie, il subit une force de frottement $-\alpha\vec{v}$.

e) À quelle condition sur R, Ω et g M ne décolle-t-il jamais ?

f) Écrire dans ce cas l'équation différentielle vérifiée par y.

g) Donner l'expression de l'amplitude Y_0 des oscillations de M en régime sinusoïdal forcé.

1.6 Expulsion centrifuge

Sur une tige rectiligne horizontale OE de longueur L, définissant l'axe (O, x), un point matériel M de masse m coulisse sans frottement. Cette tige est reliée à un arbre vertical (O, z) qui l'entraîne dans un mouvement de rotation uniforme de vecteur rotation $\vec{\Omega} = \Omega\vec{u}_z$.

a) Établir l'équation différentielle vérifiée par $x(t)$.

b) Résoudre cette équation en prenant comme condition initiale à $t = 0$: $x = 0$ et $\dot{x} = v_0$.

c) En déduire la date t_f à laquelle M quitte la tige en $x = L$ (on pourra utiliser l'inconnue auxiliaire $E = e^{\Omega t}$) et la vitesse $\dot{x}$ à cette date.

1.7 Bague coulissant sur un cerceau en rotation

Un point matériel M de masse m s'apparente à une bague qui coulisse sans frottement sur le pourtour d'un cerceau de centre O et de rayon R.

a) Le cerceau tourne autour d'une de ses tangentes verticales formant l'axe Z, à la vitesse angulaire Ω. On pose $\overrightarrow{OM} = R\vec{u}_r$ et on travaille dans le référentiel non galiléen en rotation du cerceau.

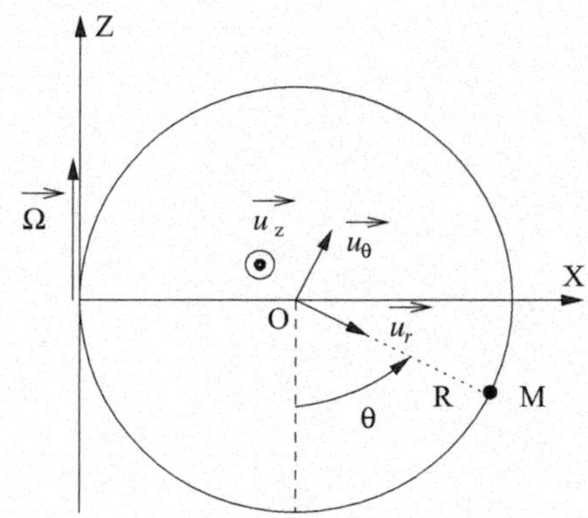

Établir l'équation différentielle vérifiée par θ : $R\ddot{\theta} = -g\sin\theta + R\Omega^2(1+\sin\theta)\cos\theta$. Décrire comment on pourrait déterminer la ou les position(s) d'équilibre puis étudier les petites oscillations autour de celle(s)-ci.

b) Le cerceau tourne autour d'un de ses diamètres verticaux formant l'axe (O, Z), à la vitesse angulaire Ω. On pose $\overrightarrow{OM} = R\vec{u}_r$ et on travaille dans le référentiel non galiléen en rotation du cerceau.

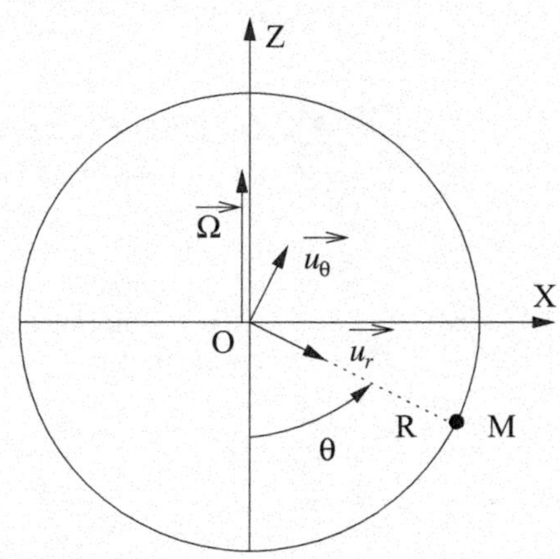

i) Dans le référentiel en rotation, on note H le projeté orthogonal de M et on pose $\overrightarrow{HM} = \rho\vec{u}_\rho$. Donner l'expression de la force d'inertie d'entraînement subie par M.

ii) Cette force dérive de l'énergie potentielle d'inertie d'entraînement Ep_{ie} avec $\vec{f}_{ie} = -\frac{dEp_{ie}}{d\rho}\vec{u}_\rho$. En déduire Ep_{ie} en prenant la référence sur l'axe en $\rho = 0$.

iii) Déterminer les angles correspondant à l'équilibre et discuter leur stabilité selon la valeur de Ω.

1.8 Régulateur à boules

Dans le dispositif suivant, les diverses tiges ont une longueur d et une masse négligeable. Les trois billes ont une masse m. Le resort a une constante de raideur k et une longueur à vide $2d$. Le système tourne à vitesse angulaire constante Ω.

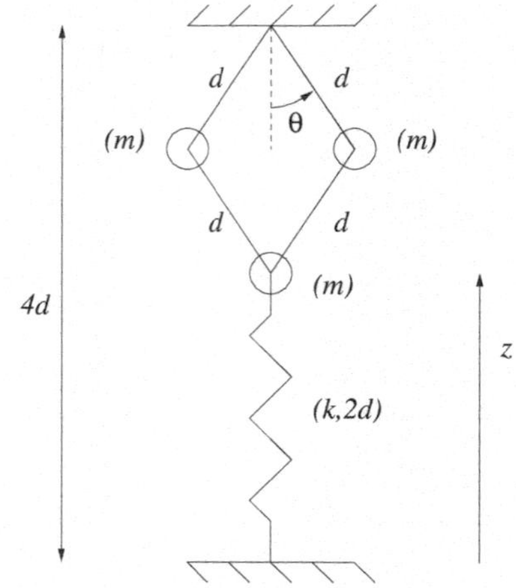

On admet l'expression de l'énergie potentielle d'inertie d'entraînement :

$$\mathrm{E}p_{ie} = -\frac{1}{2}m\Omega^2\mathrm{HM}^2$$

où H est le projeté orthogonal de M sur l'axe. Déterminer la ou les valeurs de θ à l'équilibre

1.9 Oscillations en étoile

Un mobile M de masse m est accroché au bout d'un fil inextensible de longueur L et dont l'extrémité supérieure est fixe en haut d'un mât, lui-même solidaire d'un plateau tournant à la vitesse angulaire $\vec{\Omega} = \Omega\vec{u}_z$. Les oscillations du pendule sont de très petite amplitude et on peut supposer que M reste dans le plan horizontal (H, x, y) ; on travaillera donc dans la base cylindrique $(\mathrm{H}, \vec{u}_r, \vec{u}_\theta)$ dans le référentiel en rotation.

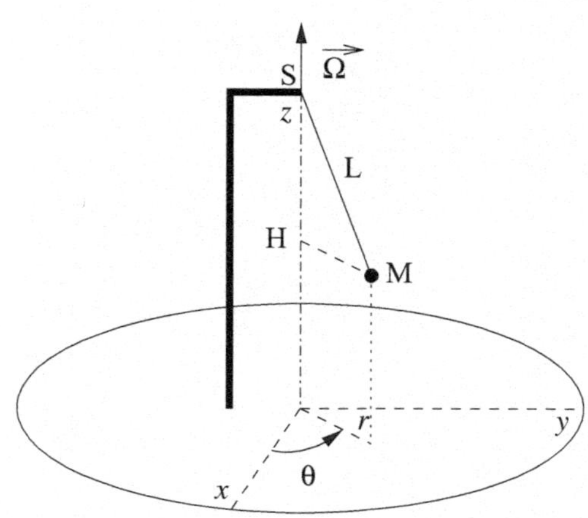

a) Montrer que la force du fil dans le plan d'évolution de M s'écrit en valeur approchée $\vec{f} = -\frac{mgr}{L}\vec{u}_r$.

b) Établir le système d'équations différentielles vérifiées par $r(t)$ et $\theta(t)$.

c) Vérifier que $\theta(t) = -\Omega t$ est acceptable. À quel mouvement très simple correspond ce cas particulier ? En déduire l'équation vérifiée par $r(t)$ dans ce cas et la résoudre.

d) On relève une trajectoire en forme de rosace à six pétales. En déduire une relation entre les différents paramètres.

1.10

Orbite circulaire

Un corps ponctuel de masse m est satellisé en mouvement circulaire uniforme de rayon r et de période T autour du centre O d'un astre à symétrie sphérique de masse m_A. Le référentiel astro-corps est le référentiel en rotation autour de l'axe (O, z) orthogonal au plan de la trajectoire de M, et dans lequel celui-ci est fixe. En traduisant l'équilibre de M dans ce référentiel, établir la troisième loi de Kepler.

1.11

Simulateur de gravité

Pour remédier aux troubles physiques que ressentent les astronautes en apesanteur, on envisage d'équiper une navette spatiale d'un module simulateur de gravité. Il est constitué d'un tore de section rectangulaire, de rayons intérieur r_1 et extérieur r_2, creux, d'épaisseur des parois e. Ce tore tourne autour de son axe à la vitesse angulaire Ω. Un point M est repéré, dans le référentiel du simulateur, en coordonnées cylindriques dans la base $(\vec{u}_r, \vec{u}_\theta)$.

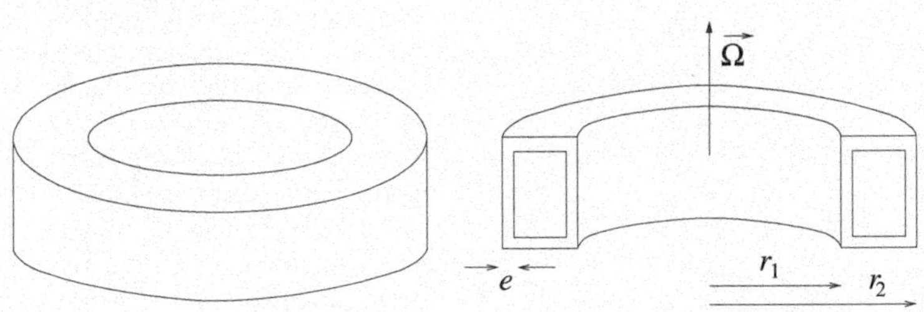

La navette est en voyage intersidéral à vitesse constante, loin de tout astre massif.

a) Donner l'expression de Ω qui permet de simuler la gravité terrestre g_0 dans le module en rotation. Faire l'application numérique avec $r_1 = 15$ m, $r_2 = 20$ m, $e = 1{,}0$ m et $g_0 = 10\ \text{m}\cdot\text{s}^{-2}$.

b) Décrire qualitativement le mouvement et les sensations physiques d'un astronaute qui saute « verticalement ».

c) Étudier complètement les forces subies par un astronaute qui court à la vitesse $\vec{v} = v_0\vec{u}_\theta$.

1.12 Points de Lagrange

On considère deux étoiles de même masse m_S en interaction gravitationnelle, dont la distance d reste constante. On peut démontrer dans ce cas que leurs centres O_1 et O_2 ont des mouvements circulaires uniformes de centre I, milieu fixe de ces points, de période

$$T = 2\pi\sqrt{\frac{d^3}{2\mathcal{G}m_S}}$$

Une planète assimilée à un point matériel M de masse $m \ll m_S$ est soumise à l'attraction gravitationnelle de ces deux étoiles. On se place dans le référentiel non galiléen de centre I en rotation uniforme autour de l'axe (I, z) orthogonal au plan d'évolution des centres de deux étoiles, et dans lequel ces deux points sont immobiles.

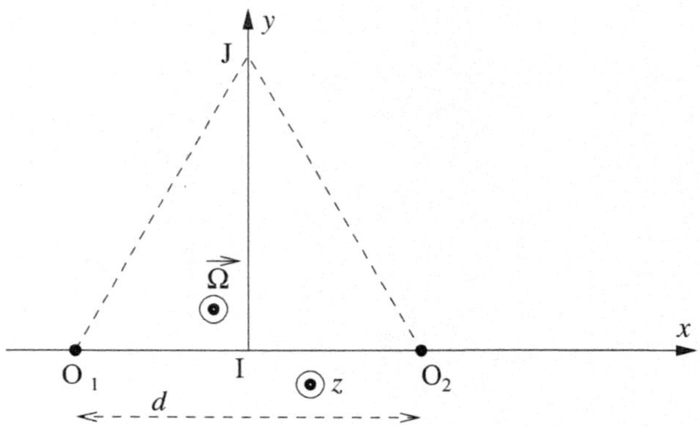

a) On place M sur l'axe (I, x), à l'abscisse x. Justifier l'existence de trois positions d'équilibre de la planète. Justifier qualitativement que ces trois points, nommés points de Lagrange L_1, L_2 et L_3, sont instables vis-à-vis de leur mouvement sur l'axe (I, x).

b) On place M au point J tel que (O_1O_2J) est un triangle équilatéral direct. Montrer que c'est une position d'équilibre.

c) J est le quatrième point de Lagrange, L_4. Le cinquième point L_5 est le symétrique de L_4 par rapport à I. Dans le référentiel en rotation, l'énergie potentielle de M est la somme des énergies potentielles de gravitation exercées par les deux étoiles et de l'énergie potentielle d'inertie d'entraînement axifuge. Quand on trace en trois dimensions la surface d'équation $Z = Ep(x, y)$, la position L_4 correspond à un maximum absolu local. Pourtant, c'est une position d'équilibre stable pour des petits mouvements. Justifier cette affirmation en étudiant qualitativement les petits mouvements d'un mobile initialement placé en L_4, auquel on communique une vitesse initiale dans le plan (I, x, y). **Complément culturel** : *la théorie la plus communément admise par les astrophysiciens, au sujet de l'émergence de la Lune est la suivante : une planète de masse proche de celle de Mars* ($5 \cdot 10^{23}$ kg *?), appelée Theia, s'est formée en* L_4 *du système Soleil-Terre, mais en a été délogée par les perturbations gravitationnelles des autres planètes, elle s'est écrasée sur la Terre, et les éclats de cet impact se sont rassemblés puis refroidis pour former la Lune.*

1.13

Forces de marée

La lune est assimilée à un corps sphérique de centre O_L, de rayon $R_L = 1,73 \cdot 10^6$ m et de masse $m_L = 7,35 \cdot 10^{22}$ kg. Elle est en orbite circulaire de rayon

$$r_L = O_T O_L = 3,85 \cdot 10^8 \text{ m}$$

et de période $T_L = 27,5$ j $= 2,38 \cdot 10^6$ s autour de la Terre elle-même sphérique, immobile de masse $m_T = 5,98 \cdot 10^{24}$ kg et de rayon $R_T = 6,38 \cdot 10^6$ m. Dans le référentiel géocentrique $\mathscr{R}$ supposé galiléen, le centre de la Lune est en mouvement circulaire uniforme. Le référentiel $\mathscr{R}_{TL}$ dans lequel le centre de la Terre O_T et celui de la Lune O_L sont immobiles est non galiléen, en rotation uniforme à la vitesse angulaire

$$\Omega = \frac{2\pi}{T_L} = 2,64 \cdot 10^{-6} \text{ rad} \cdot \text{s}^{-1}$$

par rapport à $\mathscr{R}$. On s'intéresse à deux plaques du sol lunaire, assimilées à des points immobiles de même masse m, Z et E, alignées avec O_T et O_L, Z du côté de la face visible de la Lune, E du côté de la face cachée. On exprimera les vecteurs forces dans la base $(\vec{u}_x, \vec{u}_y)$.

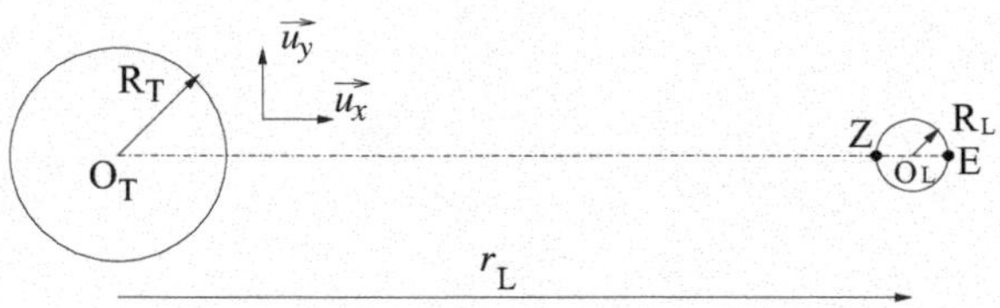

a) La Lune est immobile dans le référentiel $\mathscr{R}_{TL}$. En déduire l'identité $r_L\Omega^2 = \frac{\mathscr{G} m_T}{r_L^2}$.

b) Donner, pour Z puis pour E, l'expression des trois forces à distance qu'ils subissent :
- la force de gravitation exercée par la Terre ;
- la force de gravitation exercée par la Lune ;
- la force d'inertie d'entraînement

en fonction des différentes variables de l'énoncé.

c) Pour un corps M à la surface de la Lune, on appelle forces de marée $\vec{f}_m(\text{M})$ la résultante de la force de gravitation exercée par la Terre et de la force d'inertie d'entraînement. Établir que

$$\vec{f}_m(\text{Z}) = m\Omega^2 r_L \left[\frac{r_L - R_L}{r_L} - \frac{r_L^2}{(r_L - R_L)^2} \right] \vec{u}_x$$

$$\text{et } \vec{f}_m(\text{E}) = m\Omega^2 r_L \left[\frac{r_L + R_L}{r_L} - \frac{r_L^2}{(r_L + R_L)^2} \right] \vec{u}_x$$

d) On suppose $R_L \ll r_L$. Donner une expression approchée des forces de marée, montrer qu'elles ont tendance à soulever les plaques de la surface lunaire et calculer numériquement leur valeur pour $m = 1$ kg. Conclure.

1.14 Différence d'appui sur les rails

Un train de 500 tonnes se déplace du sud vers le nord à vitesse constante de l'ordre de 50 m · s^{-1} en France au voisinage du 45ième parallèle. Estimer la valeur de la force traduisant la différence d'appui entre le rail gauche et le rail droit. Voici l'allure de la situation sur le globe terrestre et une vue de face avec le détail des roues sur les rails.

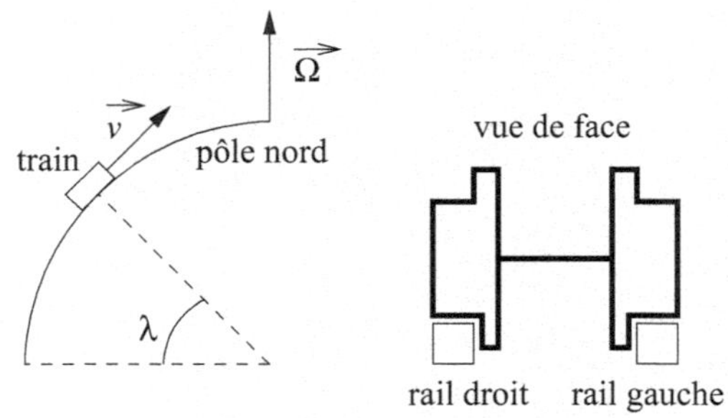

1.15 Rotation des cyclones

Une dépression importante se crée en un point de l'hémisphère nord. Les vents convergent à grande vitesse vers ce point. Dans quelles directions respectives sont déviés le vent qui vient du nord, celui qui vient de l'est, celui qui vient du sud, celui qui vient de l'ouest ? Dans quel sens le cyclone tourne-t-il vu depuis un satellite ?

1.16 Vents dominants dans l'hémisphère nord

On adopte un point de vue très simple pour modéliser les vents dominants dans l'hémisphère nord. Entre le tropique du Cancer et l'équateur, l'air surchauffé monte en altitude. Ce mouvement crée une dépression en basse altitude qui provoque un vent thermique du nord vers le sud en basse altitude. L'air chaud tropical en haute altitude se déplace à son tour du sud vers le nord pour fermer la boucle de convection. Ces vents thermiques de haute altitude peuvent atteindre des vitesses très importantes. En déduire la direction de ces vents dits **géostrophiques** dans l'hémisphère nord.

1.17

Déviation vers l'est

Un corps M de masse m est abandonné sans vitesse initiale depuis l'origine O dans un puits très profond. Dans le référentiel terrestre non galiléen, en rotation uniforme autour de l'axe des pôles dans le référentiel géocentrique galiléen, à la vitesse angulaire $\Omega = \frac{2\pi}{86164}$, M est soumis à son poids $\vec{P} = -mg\vec{u}_z$ (la verticale est assimilée au rayon terrestre) et à la force d'inertie de Coriolis.

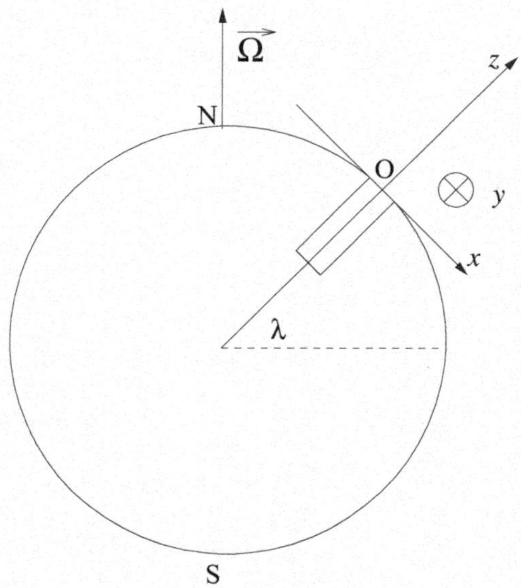

a) Pourquoi l'énoncé n'évoque-t-il pas la force d'inertie d'entraînement ?

b) Déterminer les composantes du vecteur $\vec{\Omega}$ dans la base $(\vec{u}_x, \vec{u}_y, \vec{u}_z)$ en fonction de Ω, $C = \cos\lambda$ et $S = \sin\lambda$.

c) Établir le système d'équations différentielles vérifiées par x, y, z.

d) On établit sans difficulté particulière les équations horaires

$$\begin{cases} x(t) = \frac{1}{2}SCgt^2 + \frac{SCg}{4\Omega^2}[\cos(2\Omega t) - 1] \\ y(t) = \frac{Cg}{2\Omega}t - \frac{Cg}{4\Omega^2}\sin(2\Omega t) \\ z(t) = -\frac{1}{2}S^2gt^2 + \frac{C^2g}{4\Omega^2}[\cos(2\Omega t) - 1] \end{cases}$$

Dans les premières secondes du mouvement, Ωt est un très petit angle. En déduire les équations horaires approchées en effectuant les développements limités au troisième ordre et justifier le titre de l'énoncé.

e) Estimer la déviation pour une chute de 400 mètres, en supposant encore vérifiée l'absence de frottements.

1.18

Une énigme biophysique (résolution de problème)

On place un pot rempli de terre sur un plateau tournant d'axe (O, z). On plante une graine à germination rapide à une distance d de l'axe. La base de la tige de la fleur est-elle verticale ou penchée (auquel cas, de quel angle) ?

1.19 Ascenceur spatial

Un câble de masse linéique $\mu = 1,0\ \mathrm{kg \cdot m^{-1}}$ est accroché au sol en un point A de l'équateur. Sa longueur est $L = 100\,000$ km. Il se dresse verticalement, son extrémité B est libre et la tension en ce point est nulle. On donne, pour la Terre : $R_T = 6,37 \cdot 10^6$ m, $m_T = 5,98 \cdot 10^{24}$ kg, $T_T = 86\,164$ s et $\mathcal{G} = 6,67 \cdot 10^{-11}\ \mathrm{kg^{-1} \cdot m^3 \cdot s^{-2}}$.

a) Établir l'expression de l'altitude z_{GS} de l'orbite géostationnaire.

b) Le tronçon de câble $[z, z + dz]$ est en équilibre dans le référentiel non galiléen terrestre en rotation uniforme.

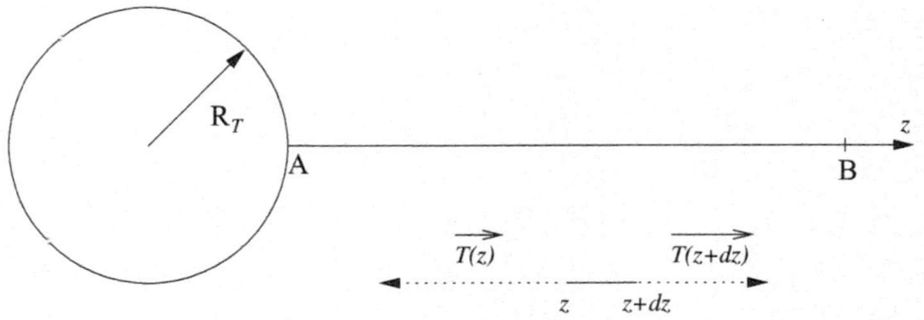

On note $T(z)$ la norme de la tension du câble à l'altitude z, on a représenté sur le schéma les forces de tension. Établir l'équation différentielle vérifiée par $T(z)$ et donner l'expression de $T(z)$. En déduire la tension en A et faire l'application numérique.

c) Une cabine d'ascenceur monte à vitesse constante le long du câble. Pourquoi cela risque-t-il de faire fléchir le câble ? Comment remédier à cet inconvénient ? Quel est le poids d'un occupant de la cabine, de masse m, lorsque la cabine est à l'altitude z ?

d) Quel intérêt un tel dispositif aurait-il ?

1.20 Pendule de Foucault

Le pendule de Foucault est un pendule simple dont le fil inextensible, accroché au sommet S du dôme du Panthéon à Paris, de latitude $\lambda = 48,85°$, a une longueur $L = 67$ m et soutient un mobile M de masse $m = 28$ kg. L'intensité de la pesanteur est $g = 9,81\ \mathrm{m \cdot s^{-2}}$. On note O le point du sol à la verticale de S. Les axes du repère sont (O, x) dirigé vers l'est, (O, y) vers le nord et (O, z) vertical vers le haut.

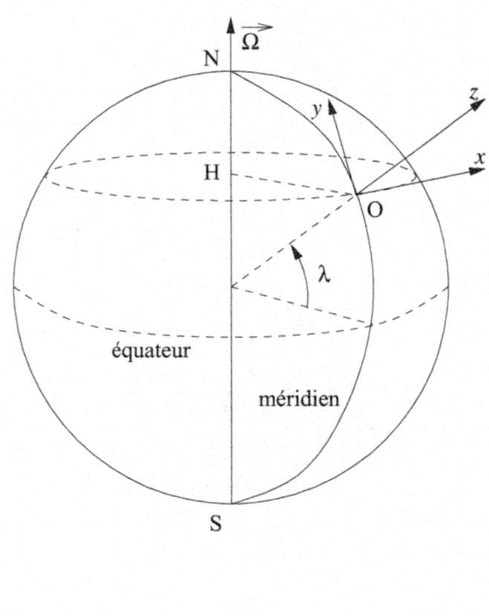

a) L'amplitude des oscillations du pendule est supposée suffisamment faible pour qu'on puisse supposer que M reste dans le plan horizontal. En déduire que la tension du fil s'écrit

$$\vec{T} \simeq -\frac{mg}{L}\overrightarrow{SM}$$

b) En déduire que x et y vérifient le système d'équations différentielles couplées

$$\begin{cases} \ddot{x} + \omega_0^2 x = 2\beta\dot{y} \\ \ddot{y} + \omega_0^2 y = -2\beta\dot{x} \end{cases}$$

en précisant les expressions de ω_0 et β en fonction de L, g, Ω et λ. Vérifier que $\beta \ll \omega_0$.

c) On définit la variable complexe

$$\underline{\rho}(t) = x(t) + i\,y(t)$$

Établir l'équation différentielle vérifiée par $\underline{\rho}$ et la résoudre en prenant les conditions initiales

$$\begin{cases} x(0) = a \\ y(0) = 0 \end{cases} \quad \text{et } \dot{x}(0) = \dot{y}(0) = 0$$

d) En déduire $x(t)$ et $y(t)$ et montrer que le mouvement de M correspond à des allers-retours quasi rectilignes selon un segment de centre O et de longueur $2a$ qui tourne très lentement à une vitesse angulaire Ω_F qu'on précisera. En déduire la période T_F du pendule de Foucault.

Du mal à démarrer ?

1.1 On doit ici appliquer précisément les formules du cours, et persévérer jusqu'à parfaite adéquation entre les formules cinématiques obtenues de façon directe et les formules de composition.

1.2 Le pendule doit être étudié dans la base cylindrique. Les composantes des vecteurs vitesse et accélération relative sont celles du cours de première année. Les composantes des vecteurs forces réelles et de la force d'inertie d'entraînement font apparaître le sinus et le cosinus de θ. Il faut persévérer jusqu'à obtenir rigoureusement la même équation différentielle par les deux méthodes.

1.3 La détermination de Ep_{ie} ne pose pas de difficulté. On en déduit l'énergie potentielle totale Ep qu'on exprime en fonction de θ. Le problème étant à un degré de liberté, l'équilibre est atteint quand $\frac{dEp}{d\theta} = 0$. En exprimant Ec en fonction de $\dot{\theta}$, et en dérivant Em par rapport au temps, on obtient l'équation différentielle.

1.4 La masse est soumise à son poids, à la force de frottement, à celle du ressort, et à la force d'inertie d'entraînement dans le référentiel en translation oscillatoire verticale.

1.5 Cet exercice comporte un piège, la nacelle n'est pas en rotation, mais en translation circulaire. La loi de la quantité de mouvement doit donc prendre en compte la force d'inertie d'entraînement qu'on détermine grâce au résultat de la question (a). La condition de non décollage se traduit par la non annulation de N quel que soit t. La fin de l'exercice nécessite le passage au formalisme complexe.

1.6 L'établissement de l'équation différentielle demande du soin mais ne pose pas de difficulté si on utilise la méthode préconisée dans le cours. Pour sa résolution, on prendre garde à ne pas confondre l'équation avec celle d'un oscillateur harmonique.

1.7 La question (a) ne pose pas de difficulté particulière, sinon de nature géométrique dans la projection de $\overrightarrow{HM}$ dans la base cylindrique. Dans la question (b), on détermine Ep_{ie}, on lui ajoute Ep_p et on remarque que la force d'inertie de Coriolis ne travaille pas. Puis on étudie, comme dans tous les problèmes à un degré de liberté conservatifs, l'annulation de la dérivée première et la positivité de la dérivée seconde de $Ep(\theta)$.

1.8 Il suffit de sommer toutes les énergies potentielles, de les exprimer en fonction de θ et d'écrire la nullité de la dérivée de l'énergie potentielle résultante.

1.9 Les questions (a) et (b) peuvent être menées en parallèle. On remarquera que $T_z \simeq T$ car le fil est très peu incliné. Le mouvement se fait dans le plan horizontal passant par H, donc les vecteurs vitesse et accélération relative sont les vecteurs habituels explicités en première année en coordonnées polaires. On obtient ainsi deux équations non linéaires en $r(t)$ et $\theta(t)$ qui se simplifient dans le cas particulier proposé.

1.10 À l'équilibre du corps dans le référentiel en rotation, la vitesse relative est nulle donc la force d'inertie de Coriolis est nulle, et l'accélération relative est nulle donc la somme de la force de gravitation et de la force d'inertie d'entraînement est nulle. Parler de poids ici serait un grave hors sujet, on n'est pas immobile à la surface de l'astre.

1.11 Il faut avant tout identifier où se trouve le sol pour l'astronaute, puis identifier la force d'inertie axifuge à la pesanteur simulée. Tant que l'astronaute est immobile, il ne subit pas de force de Coriolis, mais lorsqu'il bouge, dans les questions (b) et (c), cette force provoque des perturbations subtiles dans le ressenti de l'astronaute.

1.12 Les trois forces subies par M sont les deux forces de gravitation et la force d'inertie d'entraînement axifuge selon $\overrightarrow{IM}$. À l'équilibre, la somme des forces est nulle. En exprimant Ω, qui apparaît dans la force d'inertie, en fonction de T, on peut exprimer cette somme de forces en fonction de $\mathcal{G}$, m_S, m et des distances fonctions de x sur l'axe (O_1O_2) et de d en J.

1.13 La relation établie à la question (a) s'apparente à la troisième loi de Kepler, on peut l'établir selon la méthode de l'exercice 1.10. La force d'inertie axifuge doit être exprimée avec soin pour distinguer la distance entre Z et l'axe de rotation, et celle entre E et l'axe.

1.14 La force d'inertie de Coriolis indique le sens et la direction de l'action de l'une des roues sur le rail correspondant. Pour l'application numérique, on rappelle que

$$\|\vec{u} \wedge \vec{v}\| = \|\vec{u}\| \cdot \|\vec{v}\| \cdot |\sin(\vec{u}, \vec{v})|$$

1.15 Un dessin en perspective du globe terrestre et l'application de l'une des règles géométriques de détermination de la direction et du sens du produit vectoriel (celle des trois doigts de la main droite par exemple) permet d'identifier la direction et le sens des forces de Coriolis sur chacun des quatre vents. On en déduit le sens de rotation du cyclone.

1.16 Le texte de l'énoncé donne implicitement la direction et le sens des vents pour lesquels on détermine le sens et la direction de la force de Coriolis.

1.17 L'établissement du système d'équations différentielles en (x, y, z) est facilité par l'écriture soigneuse des composantes de tous les vecteurs cinématiques, puis de tous les vecteurs forces (sans oublier la force de Coriolis) selon la méthode préconisée dans le cours. Le développement limité au troisième ordre des fonctions cosinus et sinus conduit à des expressions très simples des équations horaires, qui permettent de conclure.

1.18 Comme dans l'étude du poids terrestre, on peut définir un poids apparent dans le référentiel tournant. La germination et le développement de la tige se font dans la direction du poids apparent.

1.19 On détermine z_{GS} grâce à la troisième loi de Kepler par exemple. Après avoir écrit la somme des forces sur le tronçon de câble, on fait apparaître la dérivée de $T(z)$ en faisant le développement limité en dz de $T(z+dz)$.

1.20 L'exercice est très guidé jusqu'à la question (b). Le système d'équations différentielles en (x, y) se ramène à une équation unique en $\underline{\rho}$ en utilisant un coefficient imaginaire pur. La résolution de l'équation en complexes se fait comme en réels, on résout l'équation caractéristique en simplifiant le discriminant grâce à $\beta \ll \omega_0$, puis on exprime la solution générale sous la forme d'une combinaison linéaire à coefficients complexes de deux exponentielles complexes. On utilise les conditions initiales pour déterminer les deux coefficients, qu'on simplifie eux aussi. On identifie enfin $x(t)$ à la partie réelle et $y(t)$ à la partie imaginaire de $\underline{\rho}$.

Corrigés des exercices

1.1

a) On exprime : $\vec{u}_X = \cos(\omega t)\vec{u}_x + \sin(\omega t)\vec{u}_y$. On en déduit

$$\vec{v}_r = v_0\vec{u}_X = \left| \begin{array}{l} v_0\cos(\omega t) \\ v_0\sin(\omega t) \\ 0 \end{array} \right.$$

Par application de la formule du cours :

$$\vec{v}_e = \omega\vec{u}_z \wedge v_0 t\vec{u}_X = \left| \begin{array}{l} -v_0\omega t\sin(\omega t) \\ v_0\omega t\cos(\omega t) \\ 0 \end{array} \right.$$

On en déduit $\vec{v}_a = \vec{v}_e + \vec{v}_r = \left| \begin{array}{l} v_0\cos(\omega t) - v_0\omega t\sin(\omega t) \\ v_0\sin(\omega t) + v_0\omega t\cos(\omega t) \\ 0 \end{array} \right.$.

b) Dans $\mathcal{R}$, le promeneur a une vitesse constante donc $\vec{a}_r = \vec{0}$. Par application des formules du cours :

$$\vec{a}_e = -\omega^2 \cdot v_0 t\vec{u}_X = \left| \begin{array}{l} -v_0\omega^2 t\cos(\omega t) \\ -v_0\omega^2 t\sin(\omega t) \\ 0 \end{array} \right.$$

$$\text{et } \vec{a}_c = 2\omega\vec{u}_z \wedge \vec{v}_r = \left| \begin{array}{l} -2v_0\omega\sin(\omega t) \\ 2v_0\omega\cos(\omega t) \\ 0 \end{array} \right.$$

c) $\overrightarrow{OM} = v_0 t\vec{u}_X$ donc $\left| \begin{array}{l} x(t) = v_0 t\cos(\omega t) \\ y(t) = v_0 t\sin(\omega t) \\ 0 \end{array} \right.$

d) En dérivant par rapport au temps :

$$\vec{v}_a = \begin{vmatrix} v_0\cos(\omega t) - v_0\omega t\sin(\omega t) \\ v_0\sin(\omega t) + v_0\omega t\cos(\omega t) \\ 0 \end{vmatrix}$$

$$\text{et } \vec{a}_a = \begin{vmatrix} -v_0\omega^2 t\cos(\omega t) - 2v_0\omega\sin(\omega t) \\ -v_0\omega^2 t\sin(\omega t) + 2v_0\omega\cos(\omega t) \\ 0 \end{vmatrix}$$

donc $\vec{v}_a = \vec{v}_e + \vec{v}_r$ et $\vec{a}_a = \vec{a}_e + \vec{a}_c + \vec{a}_r$.

1.2

a) On complète le schéma en dessinant les forces réelles et la force d'inertie d'entraînement qui s'exercent sur M.

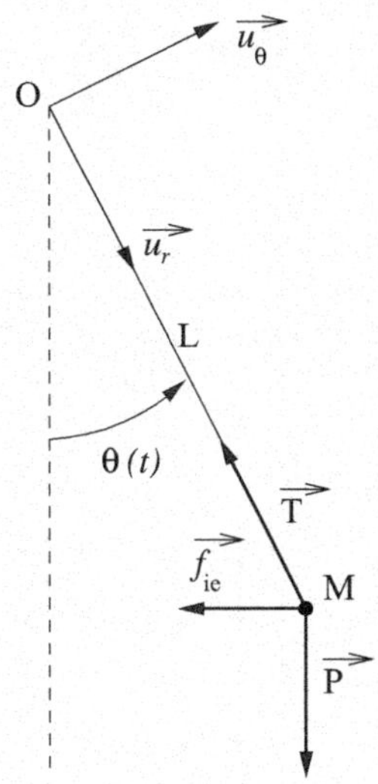

Voici les composantes des vecteurs cinématiques et des vecteurs forces dans la base cylindrique $(O, \vec{u}_r, \vec{u}_\theta, \vec{u}_z)$.

$$\overrightarrow{OM}\begin{vmatrix} L \\ 0 \\ 0 \end{vmatrix} \quad \vec{v}_r\begin{vmatrix} 0 \\ L\dot{\theta} \\ 0 \end{vmatrix} \quad \vec{a}_r\begin{vmatrix} -L\dot{\theta}^2 \\ L\ddot{\theta} \\ 0 \end{vmatrix}$$

$$\vec{P}\begin{vmatrix} mg\cos\theta \\ -mg\sin\theta \\ 0 \end{vmatrix} \quad \vec{T}\begin{vmatrix} -T \\ 0 \\ 0 \end{vmatrix} \quad \vec{f}_{ie}\begin{vmatrix} -mA\sin\theta \\ -mA\cos\theta \\ 0 \end{vmatrix}$$

Dans le référentiel non galiléen en translation, la loi de la quantité de mouvement appliquée à M s'écrit

$$\vec{P} + \vec{T} + \vec{f}_{ie} = m\vec{a}_r \text{ donc}$$

$$\begin{cases} mg\cos\theta - T - mA\sin\theta = -mL\dot{\theta}^2 \\ -mg\sin\theta + 0 - mA\cos\theta = mL\ddot{\theta} \end{cases}$$

b) Le moment cinétique en O de M est

$$\overrightarrow{OM} \wedge m\vec{v}_r = mL^2\dot{\theta}\vec{u}_z$$

Les moments en O des trois forces sont

$$\mathcal{M}_O(\vec{P}) = \overrightarrow{OM} \wedge \vec{P} = -Lmg\sin\theta\vec{u}_z$$

$$\mathcal{M}_O(\vec{T}) = \vec{0}$$

$$\mathcal{M}_O(\vec{f}_{ie}) = \overrightarrow{OM} \wedge \vec{f}_{ie} = -LmA\cos\theta\vec{u}_z$$

Dans le référentiel non galiléen en translation, la loi du moment cinétique en O appliquée à M s'écrit

$$\mathcal{M}_O(\vec{P}) + \mathcal{M}_O(\vec{T}) + \mathcal{M}_O(\vec{f}_{ie}) = \frac{d\vec{L}_O}{dt}$$

$$\text{soit } -Lmg\sin\theta + 0 - LmA\cos\theta = mL^2\ddot{\theta}$$

c) Les deux lois donnent bien la même équation différentielle non linéaire en $\theta(t)$:

$$\ddot{\theta} + \frac{g}{L}\sin\theta + \frac{A}{L}\cos\theta = 0$$

À l'équilibre, $\ddot{\theta} = 0$ donc

$$\frac{g}{L}\sin\theta_{eq} + \frac{A}{L}\cos\theta_{eq} = 0$$

$$\text{soit } \tan\theta_{eq} = -\frac{A}{g}$$

Il est normal que θ_{eq} soit négatif car la force d'inertie d'entraînement est dirigée vers l'arrière du train.

d) On fait les développements limités des fonctions $\cos\theta$ et $\sin\theta$ au voisinage de θ_{eq}.

$$\begin{cases} \sin(\theta_{eq} + \varepsilon(t)) = \sin\theta_{eq}\cos\varepsilon(t) + \sin\varepsilon(t)\cos\theta_{eq} \\ \cos(\theta_{eq} + \varepsilon(t)) = \cos\theta_{eq}\cos\varepsilon(t) - \sin\theta_{eq}\sin\varepsilon(t) \end{cases}$$

$$\text{donc } \begin{cases} \sin\theta \simeq \sin\theta_{eq} + \varepsilon(t)\cos\theta_{eq} \\ \cos\theta \simeq \cos\theta_{eq} - \varepsilon(t)\sin\theta_{eq} \end{cases}$$

On remplace dans l'équation différentielle. θ_{eq} est une constante donc $\ddot{\theta} = \ddot{\varepsilon}$ et

$$\ddot{\varepsilon} + \frac{g}{L}\sin\theta_{eq} + \frac{g}{L}\varepsilon\cos\theta_{eq} + \frac{A}{L}\cos\theta_{eq} - \frac{A}{L}\varepsilon\sin\theta_{eq} = 0$$

En utilisant la relation définissant θ_{eq}, on simplifie cette équation et on obtient

$$\ddot{\varepsilon} + \frac{g}{L}\cos\theta_{eq}\left(1 + \frac{A^2}{g^2}\right)\varepsilon = 0$$

De plus

$$\cos^2\theta_{eq} = \frac{1}{1 + \tan^2\theta_{eq}} = \frac{1}{1 + \frac{A^2}{g^2}}$$

L'équation différentielle s'écrit donc

$$\ddot{\varepsilon} + \frac{g}{L}\sqrt{1+\frac{A^2}{g^2}}\varepsilon = 0$$

On reconnaît une équation d'oscillateur harmonique de pulsation propre ω_0 avec

$$\omega_0^2 = \frac{g}{L}\sqrt{1+\frac{A^2}{g^2}}$$

donc de période

$$T = \frac{2\pi}{\omega_0} = \frac{2\pi\sqrt{\frac{L}{g}}}{\sqrt[4]{1+\frac{A^2}{g^2}}}$$

1.3

a) Par définition
$$\vec{f}_{ie} = -m\vec{A} = -mA\vec{u}_x$$

b) On en déduit le système

$$\begin{cases} -\frac{\partial Ep_{ie}}{\partial x} = -mA \\ -\frac{\partial Ep_{ie}}{\partial y} = 0 \\ -\frac{\partial Ep_{ie}}{\partial z} = 0 \end{cases}$$

Ep_{ie} ne dépend donc ni de y ni de z et

$$\frac{dEp_{ie}}{dx} = mA \text{ donc } Ep_{ie} = mAx + K$$

et K = 0 d'après la référence choisie. On remarque la forte analogie entre cette expression et celle de l'énergie potentielle de pesanteur.

c) On prend le système d'axes avec x horizontal vers la droite et z vertical vers le bas.

i) La tension du fil ne travaille pas car elle est orthogonale au vecteur vitesse de M. On en déduit l'énergie potentielle

$$Ep(\theta) = Ep_p + Ep_{ie} = -mgz + mAx$$

$$Ep(\theta) = -mgL\cos\theta + mAL\sin\theta$$

ii) C'est un problème à un degré de liberté. À l'équilibre, la dérivée de Ep par rapport à θ est nulle, soit

$$mgL\sin\theta + mAL\cos\theta = 0 \text{ donc } \tan\theta_{eq} = -\frac{A}{g}$$

On trouve bien le même résultat qu'à l'exercice 1.2.

iii) Le vecteur vitesse est $\vec{v}_r = L\dot{\theta}$ donc

$$Ec = \frac{1}{2}mL^2\dot{\theta}^2$$

On en déduit l'énergie mécanique

$$Em = \frac{1}{2}mL^2\dot{\theta}^2 - mgL\cos\theta + mAL\sin\theta$$

En l'absence de force dissipative, l'énergie mécanique est constante donc sa dérivée par rapport au temps est nulle.

$$0 = \frac{1}{2}mL^2\cdot 2\ddot{\theta}\dot{\theta} + mgL\dot{\theta}\sin\theta + mAL\dot{\theta}\cos\theta = 0$$

soit, après simplification

$$\ddot{\theta} + \frac{g}{L}\sin\theta + \frac{A}{L}\cos\theta = 0$$

1.4

Le sol a pour cote $z_S = H\cos(\omega t)$. Dans le référentiel non galiléen du sol, la masse est donc soumise au poids, à la force de rappel du ressort, au frottement fluide et à la force d'inertie d'entraînement. Au repos, en l'absence de séisme, la longueur du ressort est $L_{eq} = \ell_0 + \frac{mg}{k}$.

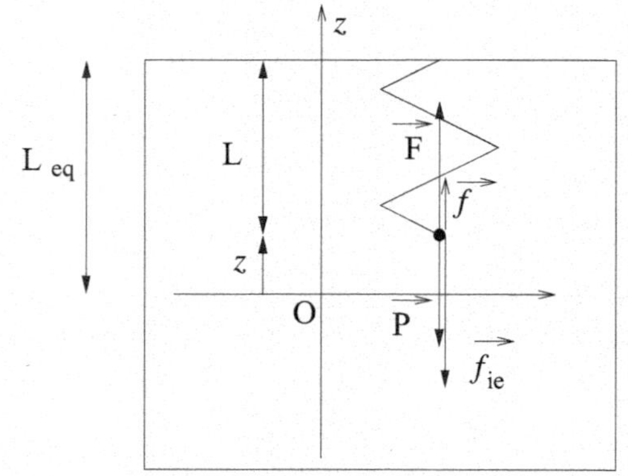

Dans le référentiel non galiléen du sol, le mobile vérifie la loi de la quantité de mouvement : $\vec{F} + \vec{P} + \vec{f} + \vec{f}_{ie} = m\vec{a}_r$. Le boîtier étant en translation, son accélération est celle d'un point du sol : $\vec{V}_S = \dot{z}_S\vec{u}_z = -H\omega\sin(\omega t)\vec{u}_z$ et $\vec{A}_S = \ddot{z}_S\vec{u}_z = -H\omega^2\cos(\omega t)\vec{u}_z$. La force d'inertie d'entraînement s'écrit donc

$$\vec{f}_{ie} = -m\vec{A}_S = mH\omega^2\cos(\omega t)\vec{u}_z$$

L'allongement du ressort est

$$L - \ell_0 = [(L_{eq} - z) - \ell_0] = \frac{mg}{k} - z$$

Par suite :

$$k\left(\frac{mg}{k} - z\right) - mg + m\mathrm{H}\omega^2\cos(\omega t) - \lambda\dot{z} = m\ddot{z}$$

$$\text{soit } m\ddot{z} + \lambda\dot{z} + kz = m\mathrm{H}\omega^2\cos(\omega t)$$

C'est donc l'équation différentielle d'oscillations forcées qu'on résout en formalisme complexe. En particulier, l'amplitude des oscillations forcées est (en passant au module)

$$\mathrm{Z} = \frac{m\mathrm{H}\omega^2}{\sqrt{(k - m\omega^2)^2 + \lambda^2\omega^2}}$$

1.5

a) $\overrightarrow{\mathrm{CP}} = \mathrm{R}\vec{u}_r$ donc

$$\vec{\mathrm{V}} = \mathrm{R}\dot{\theta}\vec{u}_\theta = \mathrm{R}\Omega\vec{u}_\theta \text{ et}$$

$$\vec{\mathrm{A}} = \mathrm{R}\Omega\cdot\left[-\dot{\theta}\vec{u}_r\right] = -\mathrm{R}\Omega^2\vec{u}_r$$

En utilisant les formules fournies, on change de base :

$$\vec{\mathrm{V}} = -\mathrm{R}\Omega\sin(\Omega t)\vec{u}_x + \mathrm{R}\Omega\cos(\Omega t)\vec{u}_y$$

$$\text{et } \vec{\mathrm{A}} = -\mathrm{R}\Omega^2\cos(\Omega t)\vec{u}_x - \mathrm{R}\Omega^2\sin(\Omega t)\vec{u}_y$$

b) $\mathscr{R}$ n'est pas galiléen car il n'est pas en translation circulaire uniforme par rapport à $\mathscr{R}_0$ (principe d'inertie).

c) C'est un piège ! $\mathscr{R}$ est bien en **translation circulaire** par rapport à $\mathscr{R}_0$ (et pas en rotation !) car tous les segments (verticaux et horizontaux en particulier) restent parallèles à eux-mêmes lors du mouvement.

d) Les forces réelles sont le poids, la force normale du support et la force de frottement, et la force d'inertie d'entraînement est $\vec{f}_{ie} = -m\vec{\mathrm{A}}$.

$$\overrightarrow{\mathrm{OM}}\begin{vmatrix} 0 \\ y \\ 0 \end{vmatrix} \quad \vec{v}\begin{vmatrix} 0 \\ \dot{y} \\ 0 \end{vmatrix} \quad \vec{a}\begin{vmatrix} 0 \\ \ddot{y} \\ 0 \end{vmatrix}$$

$$\vec{\mathrm{P}}\begin{vmatrix} mg \\ 0 \\ 0 \end{vmatrix} \quad \vec{\mathrm{N}}\begin{vmatrix} -\mathrm{N} \\ 0 \\ 0 \end{vmatrix} \quad \vec{f}\begin{vmatrix} 0 \\ -\alpha\dot{y} \\ 0 \end{vmatrix} \quad \vec{f}_{ie}\begin{vmatrix} m\mathrm{R}\Omega^2\cos(\Omega t) \\ m\mathrm{R}\Omega^2\sin(\Omega t) \\ 0 \end{vmatrix}$$

e) Sur la composante x :

$$\mathrm{N} = mg + m\mathrm{R}\Omega^2\cos(\Omega t)$$

Il faut que quel que soit t, N ne s'annule jamais, donc qu'il reste positif. Or sa valeur minimale est atteinte quand le cosinus vaut -1, donc $\mathrm{N}_{\min} = mg - m\mathrm{R}\Omega^2$. Si cette valeur minimale est positive, alors N restera toujours positif. Il y a donc absence de décollage si $g > \mathrm{R}\Omega^2$.

f) Sur la composante y :

$$m\ddot{y} + \alpha\dot{y} = m\mathrm{R}\Omega^2\sin(\Omega t) = m\mathrm{R}\Omega^2\cos\left(\Omega t - \frac{\pi}{2}\right)$$

g) On passe en formalisme complexe. À $y(t) = \mathrm{Y}_0\cos(\Omega t + \varphi)$ on fait correspondre $\underline{\mathrm{Y}} = \mathrm{Y}_0 e^{i\Omega t}e^{i\varphi}$. Au second membre on fait correspondre $m\mathrm{R}\Omega^2 e^{i\Omega t}e^{-i\frac{\pi}{2}}$. En considérant que dériver par rapport au temps revient à multiplier par $i\Omega$, on en déduit

$$\left[-\Omega^2 m + i\alpha\Omega\right]\mathrm{Y}_0 e^{i\Omega t}e^{i\varphi} = m\mathrm{R}\Omega^2 e^{i\Omega t}e^{-i\frac{\pi}{2}}$$

et en passant aux modules

$$\sqrt{\Omega^4 m^2 + \alpha^2\Omega^2}\cdot\mathrm{Y}_0 = m\mathrm{R}\Omega^2 \text{ donc } \mathrm{Y}_0 = \frac{m\mathrm{R}\Omega^2}{\sqrt{\Omega^4 m^2 + \alpha^2\Omega^2}}$$

1.6

a) Dans le référentiel non galiléen de la tige, M est soumis à son poids

$$\vec{\mathrm{P}} = m\vec{g} = -mg\vec{u}_z$$

à la réaction normale de la tige

$$\vec{\mathrm{N}} = \mathrm{N}_y\vec{u}_y + \mathrm{N}_z\vec{u}_z$$

à la force d'inertie d'entraînement

$$\vec{f}_{ie} = m\Omega^2\overrightarrow{\mathrm{OM}} = m\omega^2 x\vec{u}_x$$

et à la force d'inertie de Coriolis

$$\vec{f}_{ic} = -2m\vec{\Omega}\wedge\vec{v}_r = -2m\Omega\dot{x}\vec{u}_y$$

La loi de la quantité de mouvement s'écrit

$$\vec{\mathrm{P}} + \vec{\mathrm{R}} + \vec{f}_{ie} + \vec{f}_{ic} = m\vec{a}_r$$

$$\text{soit}\begin{cases} -2m\Omega\dot{x} + \mathrm{N}_y = 0 \\ -mg + \mathrm{N}_z = 0 \\ m\Omega^2 x = m\ddot{x} \end{cases}$$

d'où $\ddot{x} - \Omega^2 x = 0$.

b) L'équation caractéristique s'écrit $r^2 - \Omega^2 = 0$ soit $r = \pm\Omega$, donc

$$x(t) = \mathrm{A}e^{\Omega t} + \mathrm{B}e^{-\Omega t} \text{ et } \dot{x}(t) = \mathrm{A}\Omega e^{\Omega t} - \mathrm{B}\Omega e^{-\Omega t}$$

Les conditions initiales donnent

$$\begin{cases} \mathrm{A} + \mathrm{B} = 0 \\ \mathrm{A}\Omega - \mathrm{B}\Omega = v_0 \end{cases}$$

donc $\mathrm{A} = \frac{v_0}{2\Omega}$ et $\mathrm{B} = -\frac{v_0}{2\Omega}$ d'où

$$x = \frac{v_0}{2\Omega}\left[e^{\Omega t} - e^{-\Omega t}\right]$$

$$\text{ou } x(t) = \frac{v_0}{\Omega}\mathrm{sh}(\Omega t)$$

c) La relation $x = \mathrm{L}$ donne

$$e^{\Omega t} - e^{-\Omega t} = \frac{2\Omega \mathrm{L}}{v_0}$$

$$\text{soit } \mathrm{E} - \frac{1}{\mathrm{E}} = \frac{2\Omega \mathrm{L}}{v_0} \text{ soit } \mathrm{E}^2 - \frac{2\Omega \mathrm{L}}{v_0}\mathrm{E} - 1 = 0$$

On en déduit E en prenant la solution positive de l'équation du second degré

$$\mathrm{E} = \frac{\Omega \mathrm{L}}{v_0} + \sqrt{\frac{\Omega^2 \mathrm{L}^2}{v_0^2} + 1}$$

puis t_f en passant au logarithme

$$t_f = \frac{1}{\Omega} \ln\left[\frac{\Omega \mathrm{L}}{v_0} + \sqrt{\frac{\Omega^2 \mathrm{L}^2}{v_0^2} + 1}\right]$$

1.7

a) Voici les composantes des vecteurs cinématiques dans la base cylindrique $(\vec{u}_r, \vec{u}_\theta, \vec{u}_z)$.

$$\overrightarrow{\mathrm{OM}} \begin{vmatrix} \mathrm{R} \\ 0 \\ 0 \end{vmatrix} \quad \vec{v}_r \begin{vmatrix} 0 \\ \mathrm{R}\dot{\theta} \\ 0 \end{vmatrix} \quad \vec{a}_r \begin{vmatrix} -\mathrm{R}\dot{\theta}^2 \\ \mathrm{R}\ddot{\theta} \\ 0 \end{vmatrix} \quad \vec{\Omega} \begin{vmatrix} -\Omega\cos\theta \\ \Omega\sin\theta \\ 0 \end{vmatrix}$$

En notant H le projeté orthogonal de M sur l'axe de rotation, on exprime

$$\overrightarrow{\mathrm{HM}} = (\mathrm{R} + \mathrm{R}\sin\theta)\,\vec{u}_x = \begin{vmatrix} (\mathrm{R} + \mathrm{R}\sin\theta)\sin\theta \\ (\mathrm{R} + \mathrm{R}\sin\theta)\cos\theta \\ 0 \end{vmatrix}$$

Les vecteurs forces ont pour composantes

$$\vec{\mathrm{P}} \begin{vmatrix} mg\cos\theta \\ -mg\sin\theta \\ 0 \end{vmatrix} \quad \vec{\mathrm{N}} \begin{vmatrix} -\mathrm{N}_r \\ 0 \\ -\mathrm{N}_z \end{vmatrix}$$

$$\vec{f}_{ie} \begin{vmatrix} m\Omega^2 (\mathrm{R} + \mathrm{R}\sin\theta)\sin\theta \\ m\Omega^2 (\mathrm{R} + \mathrm{R}\sin\theta)\cos\theta \\ 0 \end{vmatrix}$$

$$\text{et } \vec{f}_{ic} \begin{vmatrix} 0 \\ 0 \\ 2m\Omega\cos\theta \mathrm{R}\dot{\theta} \end{vmatrix}$$

La loi de la quantité de mouvement appliquée à M dans le référentiel non galiléen en rotation du cerceau s'écrit, en projection sur $\vec{u}_\theta$

$$-mg\sin\theta + m\Omega^2 (\mathrm{R} + \mathrm{R}\sin\theta)\cos\theta = m\mathrm{R}\ddot{\theta}$$

soit, après simplification par m

$$\mathrm{R}\ddot{\theta} = -g\sin\theta + \mathrm{R}\Omega^2(1 + \sin\theta)\cos\theta$$

On détermine θ_{eq} en prenant, à l'équilibre, $\ddot{\theta} = 0$. On pose ensuite $\theta = \theta_{eq} + \varepsilon$ avec $\varepsilon \ll 1$. On fait les développements limités de $\sin\theta$ et de $\cos\theta$ au voisinage de θ_{eq} au premier ordre en ε, on obtient une équation du second ordre en ε qui, si le coefficient de ε est positif, est celle d'un oscillateur harmonique. Ce coefficient est alors le carré de la pulsation propre des petites oscillations. S'il est négatif, la position est instable.

b) Cerceau tournant autour de son diamètre vertical.

i) D'après la loi du cours, la force d'inertie d'entraînement axifuge est

$$\vec{f}_{ie} = m\Omega^2\overrightarrow{\mathrm{HM}} = m\Omega^2\rho\vec{u}_\rho$$

ii) On en déduit, en prenant $\mathrm{E}p_{ie} = 0$ quand $\rho = 0$

$$-\frac{d\mathrm{E}p_{ie}}{d\rho} = m\Omega^2\rho \text{ donc } \mathrm{E}p_{ie} = -\frac{1}{2}m\Omega^2\rho^2$$

iii) L'action du cerceau sur la bague est modélisée par une force normale au cerceau, qui ne travaille donc pas. La force de Coriolis, perpendiculaire à la vitesse, a une puissance nulle, et ne travaille pas. Le poids et la force d'inertie d'entraînement dérivent toutes deux d'énergies potentielles qu'on somme et qu'on exprime en fonction de θ.

$$\mathrm{E}p = \mathrm{E}p_p + \mathrm{E}p_{ie} = mg\mathrm{Z} - \frac{1}{2}m\Omega^2\rho^2$$

$$\text{soit } \mathrm{E}p(\theta) = -mg\mathrm{R}\cos\theta - \frac{1}{2}m\Omega^2\mathrm{R}^2\sin^2\theta$$

Ce problème étant à un degré de liberté, les positions d'équilibre correspondent à l'annulation de la dérivée première, la stabilité à la positivité de la dérivée seconde.

$$\begin{cases} \frac{\partial \mathrm{E}p}{\partial\theta} = -m\Omega^2\mathrm{R}^2\sin\theta\left[\cos\theta - \frac{g}{\mathrm{R}\Omega^2}\right] \\ \frac{\partial^2 \mathrm{E}p}{\partial\theta^2} = m\Omega^2\mathrm{R}^2 - 2m\Omega^2\mathrm{R}^2\cos^2\theta + mg\mathrm{R}\cos\theta \end{cases}$$

Il y a donc 2 ou 3 positions d'équilibre candidates selon que $\cos\theta - \frac{g}{\mathrm{R}\Omega^2}$ peut s'annuler ou pas.

- Premier cas : $\Omega < \sqrt{\frac{g}{\mathrm{R}}}$. Il y a 2 positions d'équilibre :

$$\theta = 0 \text{ avec } \frac{\partial^2 \mathrm{E}p}{\partial\theta^2}(0) = -m\Omega^2\mathrm{R}^2 + mg\mathrm{R} > 0$$

donc **stable** ;

$$\theta = \pi \text{ avec } \frac{\partial^2 \mathrm{E}p}{\partial\theta^2}(\pi) = -m\Omega^2\mathrm{R}^2 - mg\mathrm{R} < 0$$

donc **instable**.

- Deuxième cas : $\Omega > \sqrt{\frac{g}{R}}$. Il y a 3 positions d'équilibre :

$$\theta = 0 \text{ avec } \frac{\partial^2 Ep}{\partial\theta^2}(0) = -m\Omega^2 R^2 + mgR < 0 \textbf{ instable}$$

$$\theta = \pi \text{ avec } \frac{\partial^2 Ep}{\partial\theta^2}(\pi) = -m\Omega^2 R^2 - mgR < 0 \textbf{ instable}$$

$$\theta = \theta^* = \arccos\frac{g}{R\Omega^2} \text{ avec}$$

$$\frac{\partial^2 Ep}{\partial\theta^2}(\theta^*) = m\Omega^2 R^2\left[1 - \frac{g^2}{R^2\Omega^4}\right] > 0 \textbf{ stable}$$

1.8

On exprime la relation géométrique

$$4d = z + 2d\cos\theta \text{ donc } z = 4d - 2d\cos\theta$$

L'énergie potentielle du système est la somme de toutes les énergies potentielles $Ep = Ep_{ie} + Ep_p + Ep_{el}$, soit

$$Ep = -2\cdot\frac{1}{2}m\Omega^2 d^2\sin^2\theta + mgz + 2mg(z + d\cos\theta) + \frac{1}{2}k(z-2d)^2$$

soit, en fonction de la seule variable θ :

$$Ep(\theta) = 2d\left[6mg + kd - \frac{1}{2}m\Omega^2 d - (2mg + kd)\cos\theta + \left(kd + \frac{1}{2}m\Omega^2 d\right)\cos^2\theta\right]$$

À l'équilibre, $\frac{dEp}{d\theta} = 0$, soit

$$(2mg + kd)\sin\theta - 2\left(kd + \frac{1}{2}m\Omega^2 d\right)\sin\theta\cos\theta = 0$$

$$\text{soit } \sin\theta\left[(2mg + kd) - (m\Omega^2 d + 2kd)\cos\theta\right] = 0$$

$$\text{soit } \left|\begin{array}{l}\sin\theta = 0 \text{ ou}\\ \cos\theta = \frac{2mg+kd}{m\Omega^2 d + 2kd}\end{array}\right.$$

La première solution donne $\theta = 0$. La seconde n'est possible que si

$$2mg + kd < m\Omega^2 d + 2kd$$

1.9

a) La tension du fil est selon le vecteur unitaire du fil, soit

$$\vec{T} = -T\frac{\overrightarrow{SM}}{L}$$

On travaille dans le référentiel non galiléen en rotation. Les composantes des vecteurs cinématiques dans la base cylindrique $(H, \vec{u}_r, \vec{u}_\theta, \vec{u}_z)$ sont

$$\overrightarrow{HM}\left|\begin{array}{l} r\\ 0\\ 0\end{array}\right. \quad \vec{v}_r\left|\begin{array}{l}\dot{r}\\ r\dot{\theta}\\ 0\end{array}\right. \quad \vec{a}_r\left|\begin{array}{l}\ddot{r} - r\dot{\theta}^2\\ r\ddot{\theta} + 2\dot{r}\dot{\theta}\\ 0\end{array}\right.$$

Le vecteur vitesse angulaire a pour composantes

$$\vec{\Omega}\left|\begin{array}{l}0\\ 0\\ \Omega\end{array}\right.$$

Les vecteurs forces s'écrivent

$$\vec{T}\left|\begin{array}{l}T_r\\ T_\theta\\ T_z\end{array}\right. \quad \vec{P}\left|\begin{array}{l}0\\ 0\\ -mg\end{array}\right.$$

$$\vec{f}_{ie}\left|\begin{array}{l}m\Omega^2 r\\ 0\\ 0\end{array}\right. \quad \vec{f}_{ic}\left|\begin{array}{l}2m\Omega r\dot{\theta}\\ -2m\Omega\dot{r}\\ 0\end{array}\right.$$

En projection sur l'axe vertical, on en déduit $T_z - mg = 0$. Les oscillations sont de faible amplitude, donc le fil reste quasi vertical donc $T_z \simeq T \simeq mg$ d'où

$$\vec{T} \simeq -\frac{mg}{L}\overrightarrow{SM}$$

La relation de Chasles s'écrit

$$\overrightarrow{SM} = \overrightarrow{SH} + \overrightarrow{HM} = \left|\begin{array}{l}r\\ 0\\ -L\end{array}\right.$$

$$\text{donc}\left\{\begin{array}{l}T_r = -\frac{mg}{L}r\\ T_\theta = 0\\ T_z = mg\end{array}\right. \quad \text{donc } \vec{f} = -\frac{mgr}{L}\vec{u}_r$$

b) La loi de la quantité de mouvement appliquée à M dans le référentiel non galiléen en rotation uniforme s'écrit donc, en projection sur les axes $\vec{u}_r$ et $\vec{u}_\theta$

$$\left\{\begin{array}{l}m\ddot{r} - mr\dot{\theta}^2 = -\frac{mg}{L}r + m\Omega^2 r + 2m\Omega r\dot{\theta}\\ mr\ddot{\theta} + 2m\dot{r}\dot{\theta} = -2m\Omega\dot{r}\end{array}\right.$$

c) Si $\theta(t) = \Omega t$ alors

$$\dot{\theta} = -\Omega \text{ et } \ddot{\theta} = 0$$

On remplace dans le système

$$\left\{\begin{array}{l}m\ddot{r} - mr\Omega^2 = -\frac{mg}{L}r + m\Omega^2 r - 2m\Omega^2 r\\ 0 - 2m\dot{r}\Omega = -2m\Omega\dot{r}\end{array}\right.$$

$$\text{soit}\left\{\begin{array}{l}\ddot{r} + \frac{g}{L}r = 0\\ 0 = 0\end{array}\right.$$

Le plan $(H, \vec{u}_r, \vec{u}_z)$ tourne à vitesse angulaire $-\Omega$ par rapport au plateau qui tourne à vitesse angulaire Ω dans le référentiel du laboratoire. On retrouve donc les oscillations pendulaires harmoniques sans rotation de M dans le référentiel du laboratoire.

d) La rosace est le développement des oscillations pendulaires avec rotation du plateau. La période des oscillations pendulaires est $T_1 = 2\pi\sqrt{\frac{L}{g}}$, celle de rotation du référentiel $T_2 = \frac{2\pi}{\Omega}$. Lorsque le pendule fait une oscillation complète, il décrit deux pétales opposés. On en déduit

$$T_2 = 3T_1 \text{ soit } \frac{1}{\Omega^2} = \frac{9L}{g}$$

1.10

Dans le référentiel d'étude, en rotation uniforme à la vitesse angulaire

$$\vec{\Omega} = \Omega\vec{u}_z \text{ avec } \Omega = \frac{2\pi}{T}$$

le corps est soumis à la force de gravitation et à la force d'inertie d'entraînement axifuge ; la force d'inertie de Coriolis est nulle car le corps est immobile ($\vec{v}_r = \vec{0}$). L'équilibre s'écrit

$$m\Omega^2 r\vec{u}_r - \frac{\mathcal{G}m_A m}{r^2}\vec{u}_r = \vec{0}$$

$$\text{soit } \frac{4\pi^2 r}{T^2} = \frac{\mathcal{G}m_A}{r^2} \text{ donc } \frac{T^2}{r^3} = \frac{4\pi^2}{\mathcal{G}m_A}$$

qui forme la troisième loi de Kepler en mouvement circulaire.

1.11

a) Lorsqu'il est immobile, l'astronaute est plaqué au sol formé par le cylindre de rayon $r_2 - e$. On identifie cette force au poids soit

$$m\vec{g}_0 = m\Omega^2(r_2 - e)\vec{u}_r \text{ donc } \Omega = \sqrt{\frac{g_0}{(r_2 - e)}} = 0,725 \text{ rad}\cdot\text{s}^{-1}$$

b) Lorsque l'astronaute saute, il se rapproche de l'axe et sa pesanteur apparente diminue. De plus, comme il est en mouvement, il subit une force de Coriolis

$$\vec{f}_{ic} = -2m\Omega\vec{u}_z \wedge -v\vec{u}_r = 2m\Omega v\vec{u}_\theta$$

donc il subit un déplacement dans le sens des θ croissants quand il monte et dans l'autre sens quand il redescend.

c) L'astronaute est animé d'un mouvement circulaire uniforme dans le référentiel en rotation. Les notations sont celles du schéma suivant.

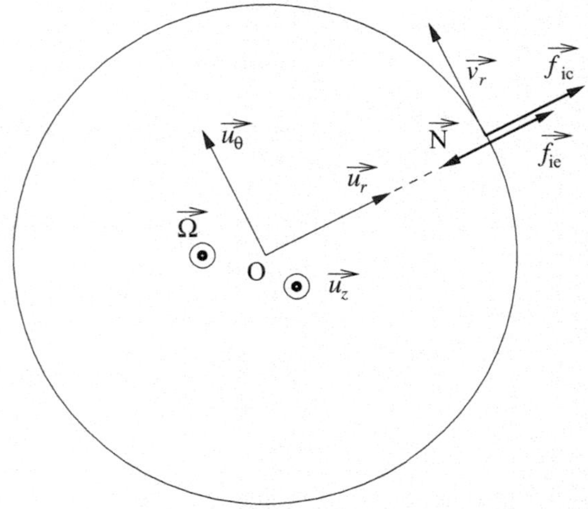

On pose $R = r_2 - e$. Voici les composantes des vecteurs cinématiques dans la base cylindrique.

$$\overrightarrow{OM}\begin{vmatrix} R \\ 0 \\ 0 \end{vmatrix} \quad \vec{v}_r\begin{vmatrix} 0 \\ v_0 = R\dot{\theta} \\ 0 \end{vmatrix} \quad \vec{a}_r\begin{vmatrix} -R\dot{\theta}^2 = -\frac{v_0^2}{R} \\ 0 \\ 0 \end{vmatrix}$$

$$\text{et } \vec{\Omega}\begin{vmatrix} 0 \\ 0 \\ \Omega \end{vmatrix}$$

Les composantes des vecteurs forces sont

$$\vec{N}\begin{vmatrix} -N \\ 0 \\ 0 \end{vmatrix} \quad \vec{f}_{ie}\begin{vmatrix} m\Omega^2 R \\ 0 \\ 0 \end{vmatrix} \quad \vec{f}_{ic}\begin{vmatrix} 2m\Omega v_0 \\ 0 \\ 0 \end{vmatrix}$$

La loi de la quantité de mouvement appliquée à l'astronaute s'écrit

$$-N + m\Omega^2 R + 2m\Omega v_0 = -m\frac{v_0^2}{R} \text{ donc}$$

$$N = mR\Omega^2\left[\frac{v_0^2}{R^2\Omega^2} + 2\frac{v_0}{R\Omega} + 1\right] = mR\Omega^2\left(1 + \frac{v_0}{R\Omega}\right)^2$$

Cette force s'annule quand $v_0 = -R\Omega$, ce qui est logique car, dans ce cas, le mouvement de l'astronaute neutralise la rotation du module, et la gravité artificielle redevient nulle. On remarque aussi que plus l'astronaute court vite dans le sens de la rotation, plus N augmente, plus il se sentira lourd. Au contraire, si $-R\Omega < v_0 < 0$, il se sentira plus léger.

1.12

a) En I (en $x_1 = 0$), M est sur l'axe donc la force d'inertie d'entraînement est nulle, et les forces d'attraction gravitationnelles subies par les deux étoiles sont opposées, c'est donc une position d'équilibre. Si x devient légèrement positif, la force d'attraction (dans le sens des x croissants) exercée par O_2 augmente, la force d'attraction (dans le sens des x décroissants) exercée par O_1 diminue, la force d'inertie d'entraînement (dans le sens des x croissants) augmente. La somme des forces est donc dirigée dans le sens des x croissants, donc dans le sens du déplacement initial. C'est donc une situation d'instabilité. Cherchons une position d'équilibre pour M à droite de O_2, donc $x > \frac{d}{2}$. La somme des forces en projection sur $\vec{u}_x$ s'écrit

$$f(x) = -\frac{Gm_S m}{\left(x+\frac{d}{2}\right)^2} - \frac{Gm_S m}{\left(x-\frac{d}{2}\right)^2} + m\Omega^2 x$$

avec $\Omega = \frac{2\pi}{T}$ donc

$$f(x) = -\frac{Gm_S m}{\left(x+\frac{d}{2}\right)^2} - \frac{Gm_S m}{\left(x-\frac{d}{2}\right)^2} + \frac{2\mathcal{G}m_S mx}{d^3}$$

Cette fonction est la somme de trois fonctions strictement croissantes pour $x > \frac{d}{2}$, elle est donc strictement croissante, tend vers $-\infty$ quand $x \to \frac{d}{2}$ et vers $+\infty$ quand $x \to +\infty$, donc elle s'annule une seule fois au point d'équilibre en $x = x_2$. Le point symétrique en $x = x_3 = -x_2$ est évidemment aussi point d'équilibre. Si M initialement en $x = x_2$ se déplace dans le sens des x croissants, $f(x)$ devient positive donc M est poussé dans le même sens que la perturbation, ce qui prouve que x_2, et de même x_3 est une abscisse d'équilibre instable pour les mouvements selon x.

b) M est soumise aux deux forces de graviation et à la force d'inertie d'entraînement axifuge.

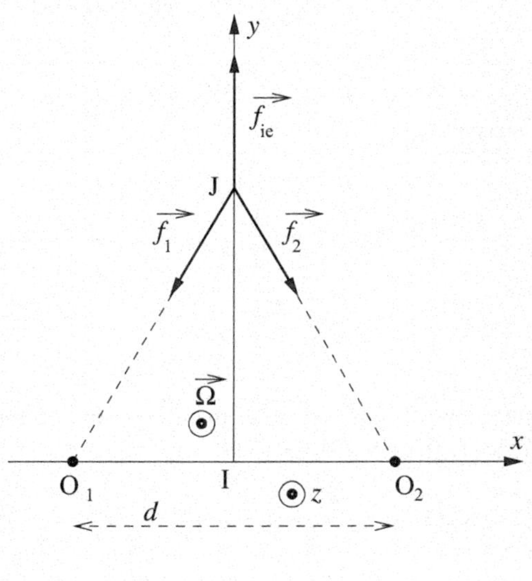

$$\vec{f}_{ie} = m\Omega^2\overrightarrow{IJ} = \frac{4\pi^2 m}{T^2} d\frac{\sqrt{3}}{2}\vec{u}_y$$

$$\vec{f}_{ie} = \frac{\mathcal{G}m_S m\sqrt{3}}{d^2}\vec{u}_y$$

$$\vec{f}_1 = -\frac{\mathcal{G}m_S m}{d^2}\left[-\frac{\sqrt{3}}{2}\vec{u}_y - \frac{1}{2}\vec{u}_x\right]$$

$$\vec{f}_2 = -\frac{\mathcal{G}m_S m}{d^2}\left[-\frac{\sqrt{3}}{2}\vec{u}_y + \frac{1}{2}\vec{u}_x\right]$$

$$\text{donc } \vec{f}_{ie} + \vec{f}_1 + \vec{f}_2 = \vec{0}$$

ce qui prouve que J est une position d'équilibre.

c) Imaginons que M se déplace selon $\vec{u}_x$. La force d'inertie de Coriolis est dirigée vers $-\vec{u}_y$, donc son mouvement s'infléchit dans cette direction. Mais si la vitesse est dirigée vers $-\vec{u}_y$, la force de Coriolis est dirigée vers $-\vec{u}_x$, donc son mouvement s'infléchit dans cette direction. Mais si la vitesse est dirigée vers $-\vec{u}_x$, la force de Coriolis est dirigée vers $\vec{u}_y$, et en fin de compte, M est globalement ramené vers sa position de départ en J. C'est donc la force de Coriolis, qui n'apparaît pas dans l'énergie potentielle car sa puissance est nulle (elle est orthogonale à la vitesse) qui assure la stabilité de J. On peut retenir qu'on ne peut pas généraliser à deux dimensions les propriétés de la cuvette de potentiel dans les problèmes à un degré de liberté.

1.13

a) Dans le référentiel $\mathcal{R}_{TL}$ non galiléen, la loi de la quantité de mouvement s'écrit

$$-\frac{\mathcal{G}m_T m_L}{r_L^2}\vec{u}_x + m_L\Omega^2 r_L\vec{u}_x = \vec{0} \text{ donc } r_L\Omega^2 = \frac{\mathcal{G}m_T}{r_L^2}$$

b) Par application des lois du cours :

$$\vec{f}_{T-Z} = -\frac{\mathcal{G}m_T m}{(r_L - R_L)^2}\vec{u}_x \text{ et } \vec{f}_{T-E} = -\frac{\mathcal{G}m_T m}{(r_L + R_L)^2}\vec{u}_x$$

$$\vec{f}_{L-Z} = \frac{\mathcal{G}m_L m}{R_L^2}\vec{u}_x \text{ et } \vec{f}_{L-E} = -\frac{\mathcal{G}m_L m}{R_L^2}\vec{u}_x$$

$$\vec{f}_{ieZ} = m\Omega^2(r_L - R_L)\vec{u}_x \text{ et } \vec{f}_{ieE} = m\Omega^2(r_L + R_L)\vec{u}_x$$

c) En sommant les deux forces :

$$\vec{f}_m(Z) = -\frac{\mathcal{G}m_T m}{(r_L - R_L)^2}\vec{u}_x + m\Omega^2(r_L - R_L)\vec{u}_x$$

Or $r_L\Omega^2 = \frac{\mathcal{G}m_T}{r_L^2}$ donc

$$\vec{f}_m(Z) = -m\Omega^2 r_L\frac{r_L^2}{(r_L - R_L)^2} + m\Omega^2 r_L\frac{r_L - R_L}{r_L}\vec{u}_x$$

$$\vec{f}_m(\mathrm{Z}) = m\Omega^2 r_\mathrm{L}\left[\frac{r_\mathrm{L}-\mathrm{R_L}}{r_\mathrm{L}} - \frac{r_\mathrm{L}^2}{(r_\mathrm{L}-\mathrm{R_L})^2}\right]\vec{u}_x$$

De même

$$\vec{f}_m(\mathrm{E}) = -m\Omega^2 r_\mathrm{L}\frac{r_\mathrm{L}^2}{(r_\mathrm{L}+\mathrm{R_L})^2} + m\Omega^2 r_\mathrm{L}\frac{r_\mathrm{L}+\mathrm{R_L}}{r_\mathrm{L}}\vec{u}_x$$

$$\vec{f}_m(\mathrm{E}) = m\Omega^2 r_\mathrm{L}\left[\frac{r_\mathrm{L}+\mathrm{R_L}}{r_\mathrm{L}} - \frac{r_\mathrm{L}^2}{(r_\mathrm{L}+\mathrm{R_L})^2}\right]\vec{u}_x$$

d) On peut écrire

$$\frac{r_\mathrm{L}-\mathrm{R_L}}{r_\mathrm{L}} = 1 - \frac{\mathrm{R_L}}{r_\mathrm{L}}$$

et par développement limité :

$$\frac{r_\mathrm{L}^2}{(r_\mathrm{L}-\mathrm{R_L})^2} = \frac{1}{\left(1-\frac{\mathrm{R_L}}{r_\mathrm{L}}\right)^2} \simeq 1 + 2\frac{\mathrm{R_L}}{r_\mathrm{L}}$$

$$\text{donc } \vec{f}_m(\mathrm{Z}) \simeq -3m\Omega^2\mathrm{R_L}\vec{u}_x$$

est opposée à l'attraction lunaire en Z. De même

$$\vec{f}_m(\mathrm{E}) \simeq 3m\Omega^2\mathrm{R_L}\vec{u}_x$$

est opposée à l'attraction lunaire en E. L'application numérique donne $f_m(\mathrm{Z}) = f_m(\mathrm{E}) = 3{,}62\cdot 10^{-5}$ N très inférieure au poids lunaire de $1{,}62$ N.

1.14

On complète les shémas avec les forces.

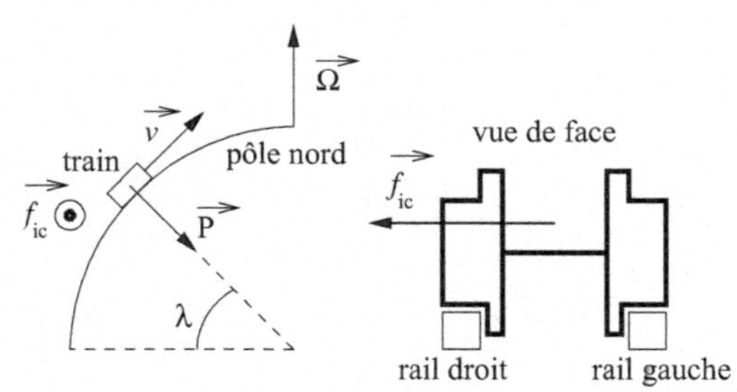

Il y a donc un appui latéral de la roue sur le rail de droite. La norme de la force de Coriolis est

$$2m\Omega\cdot v\cdot\sin 45° = 2{,}6\cdot 10^3\,\mathrm{N}$$

1.15

Voici la construction des vecteurs force de Coriolis pour les vents venant du nord (N), de l'ouest (W), du sud (S) et de l'est (E).

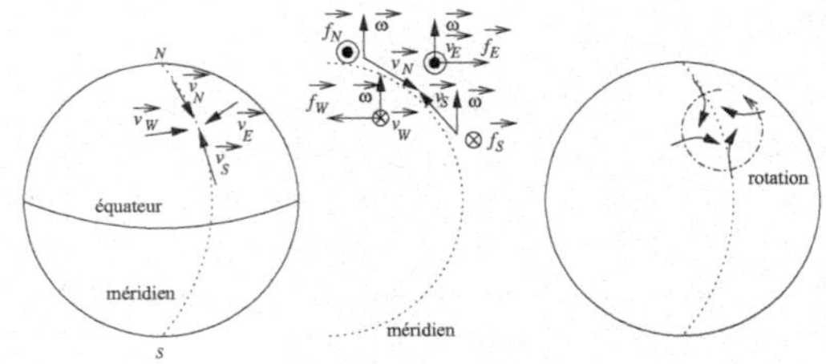

Le vent du nord est donc dévié vers l'ouest, le vent d'ouest vers le sud, le vent du sud vers l'est et le vent d'est vers le nord. On en déduit que les vents tournent dans le sens anti-horaire (trigonométrique) vu depuis le ciel autour du minimum dépressionnaire. C'est le sens contraire pour un anticyclone.

1.16

Les vents de haute altitude, les plus rapides, se dirigent du sud vers le nord. La force d'inertie de Coriolis est donc dirigée d'ouest en est, de qui est conforme à l'observation du vent dominant dans l'hémisphère nord.

1.17

a) La force d'inertie d'entraînement est incluse dans le poids.

b) Par lecture directe

$$\vec{\Omega}\left|\begin{array}{l}-\Omega\mathrm{C}\\0\\\Omega\mathrm{S}\end{array}\right.$$

c) Voici les composantes des vecteurs cinématiques

$$\overrightarrow{\mathrm{OM}}\left|\begin{array}{l}x\\y\\z\end{array}\right.\quad\vec{\Omega}\left|\begin{array}{l}-\Omega\mathrm{C}\\0\\\Omega\mathrm{S}\end{array}\right.\quad\vec{v}_r\left|\begin{array}{l}\dot{x}\\\dot{y}\\\dot{z}\end{array}\right.\quad\vec{a}_r\left|\begin{array}{l}\ddot{x}\\\ddot{y}\\\ddot{z}\end{array}\right.$$

Voici les composantes des vecteurs forces

$$\vec{\mathrm{P}}\left|\begin{array}{l}0\\0\\-mg\end{array}\right.\quad\text{et }\vec{f}_{ic}\left|\begin{array}{l}2m\Omega\mathrm{S}\dot{y}\\-2m\Omega\mathrm{S}\dot{x}-2m\Omega\mathrm{C}\dot{z}\\2m\Omega\mathrm{C}\dot{y}\end{array}\right.$$

On en déduit le système d'équations différentielles vérifiées par x, y, z :

$$\left\{\begin{array}{l}m\ddot{x} = 2m\Omega\mathrm{S}\dot{y}\\m\ddot{y} = -2m\Omega\mathrm{S}\dot{x}-2m\Omega\mathrm{C}\dot{z}\\m\ddot{z} = -mg+2m\Omega\mathrm{C}\dot{y}\end{array}\right.$$

$$\text{donc}\left\{\begin{array}{l}\dot{x} = 2\Omega\mathrm{S}y\\\ddot{y} = -2\Omega\mathrm{S}\dot{x}-2\Omega\mathrm{C}\dot{z}\\\dot{z} = -gt+2\Omega\mathrm{C}y\end{array}\right.$$

d) Dans l'hypothèse des petits angles, les développements limités au troisième ordre s'écrivent

$$\cos(2\Omega t) \simeq 1 - \frac{4\Omega^2 t^2}{2} \text{ et } \sin(2\Omega t) \simeq 2\Omega t - \frac{1}{6}\cdot 8\Omega^3 t^3$$

On en déduit les expressions approchées

$$\begin{cases} x(t) = 0 \\ y(t) = \frac{Cg}{2\Omega}t - \frac{Cg}{2\Omega}t + \frac{1}{3}Cg\Omega t^3 = \frac{1}{3}Cg\Omega t^3 \\ z(t) \simeq -\frac{1}{2}S^2gt^2 - \frac{1}{2}C^2gt^2 = -\frac{1}{2}gt^2 \end{cases}$$

On retrouve donc l'équation horaire de la chute libre selon z, et une fonction croissante selon y, donc une déviation vers l'est.

e) Pour une chute de 400 mètres

$$-\frac{1}{2}gt^2 = -400 \text{ donc } t = \sqrt{\frac{800}{g}} \simeq 8,9 \text{ s}$$

$$\text{et } y(t) = 12 \text{ cm}$$

1.18

Là où la graine est plantée, un corps quelconque immobile subit le poids terrestre et la force d'inertie axifuge. La somme des ces deux forces forme une pesanteur modifiée

$$\vec{g}' = m\vec{g} + m\Omega^2 d\vec{u}_r$$

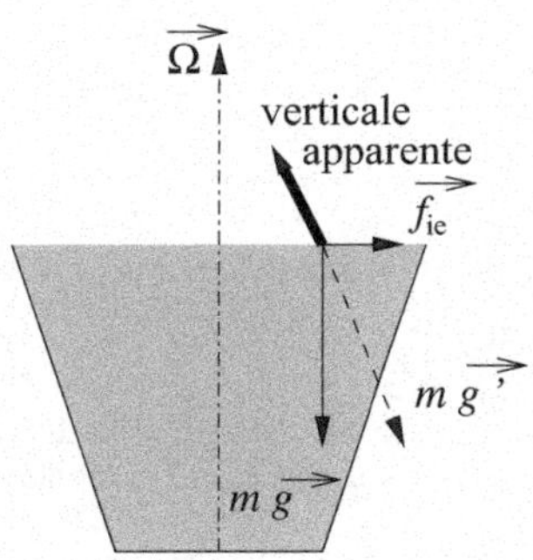

On peut, même sans grande connaissance en biologie, émettre l'hypothèse que la tige pousse verticalement vers le haut et qu'elle cherche la lumière. Comme le plateau tourne, il n'y a aucune anisotropie lumineuse. La tige se développe donc dans la direction de la verticale apparente, donc selon $\vec{g}'$, donc en se penchant vers l'intérieur. L'angle d'inclinaison par rapport à la verticale est α avec

$$\tan\alpha = \frac{f_{ie}}{mg} = \frac{\Omega^2 d}{g}$$

1.19

a) Par application de la troisième loi de Kepler :

$$\frac{T_{GS}^2}{(R_T + z_{GS})^3} = \frac{4\pi^2}{\mathcal{G}m_T}$$

$$\text{donc } z_{GS} = \sqrt[3]{\frac{\mathcal{G}m_T T_{GS}^2}{4\pi^2}} - R_T = 35,8 \cdot 10^6 \text{ km}$$

b) On travaille dans le référentiel terrestre non galiléen en rotation à la vitesse angulaire $\Omega = \frac{2\pi}{T_T}$. Comme le câble s'élève à très haute altitude, on ne peut plus considérer que le poids s'exerce en intégrant la force d'inertie d'entraînement. Le tronçon de câble est soumis à

- la force de gravitation $\vec{f_g} = -\frac{\mathcal{G}m_T\mu dz}{(R_T+z)^2}\vec{u}_z$
- la force d'inertie d'entraînement $\vec{f_{ie}} = \mu dz\Omega^2(R_T+z)\vec{u}_z$
- les forces de tension aux deux extrémités

$$\vec{T}(z) = -T(z)\vec{u}_z \text{ et } \vec{T}(z+dz) = T(z+dz)\vec{u}_z$$

Le tronçon de câble étant immobile, sa vitesse relative est nulle donc la force d'inertie de Coriolis est nulle, et son accélération est nulle donc la somme des forces est nulle :

$$T(z+dz) - T(z) - \frac{\mathcal{G}m_T\mu dz}{(R_T+z)^2} + \mu dz\Omega^2(R_T+z)$$

$$\text{donc } \frac{dT}{dz} = \frac{\mathcal{G}m_T\mu}{(R_T+z)^2} - \mu\Omega^2(R_T+z)$$

On intègre cette équation différentielle en tenant compte de la condition aux limites à l'extrémité du câble $T(z = L) = 0$:

$$T(z) = -\mathcal{G}m_T\mu\left[\frac{1}{R_T+z} - \frac{1}{R_T+L}\right]$$

$$-\frac{1}{2}\mu\Omega^2\left[(R_T+z)^2 - (R_T+L)^2\right]$$

On en déduit la tension en A

$$T_A = T(z=0) = 28,8 \cdot 10^6 \text{ N}$$

c) La cabine se déplace à vitesse relative constante dans le référentiel non galiléen terrestre, elle subit donc une force perpendiculaire au câble qu'elle lui transmet, d'où le fléchissement. On pourraît remédier à cela en organisant la montée d'une cabine pendant qu'une autre descend. Le poids est la somme de la force de gravitation et de la force d'inertie d'entraînement. Elle est égale au poids terrestre en A, puis elle diminue quand z augmente car la distance au centre de la Terre diminue, donc la force de gravitation diminue et la force d'inertie augmente simultanément. Le poids est nul à l'altitude géostationnaire z_{GS} et devient négatif au-delà, c'est-à-dire qu'il repousse les occupants de la cabine vers l'espace.

d) Ce dispositif rendrait la mise en orbite beaucoup plus simple, moins dangereuse et plus économique en énergie car possible à vitesse faible par rapport à une fusée, donc avec beaucoup moins de frottements.

1.20

a) La tension du fil est selon le vecteur unitaire du fil, soit

$$\vec{T} = -T\frac{\overrightarrow{SM}}{L}$$

On travaille dans le référentiel terrestre non galiléen. Les composants des vecteurs cinématiques sont

$$\overrightarrow{OM}\begin{vmatrix} x \\ y \\ 0 \end{vmatrix} \quad \vec{v}_r\begin{vmatrix} \dot{x} \\ \dot{y} \\ 0 \end{vmatrix} \quad \vec{a}_r\begin{vmatrix} \ddot{x} \\ \ddot{y} \\ 0 \end{vmatrix}$$

Le vecteur vitesse angulaire a pour composante

$$\vec{\Omega}\begin{vmatrix} 0 \\ \Omega\cos\lambda \\ \Omega\sin\lambda \end{vmatrix}$$

Les vecteurs forces s'écrivent

$$\vec{T}\begin{vmatrix} T_x \\ T_y \\ T_z \end{vmatrix} \quad \vec{P}\begin{vmatrix} 0 \\ 0 \\ -mg \end{vmatrix} \quad \vec{f}_{ic} = \begin{vmatrix} 2m\Omega\sin\lambda\dot{y} \\ -2m\Omega\sin\lambda\dot{x} \\ 2m\Omega\cos\lambda\dot{x} \end{vmatrix}$$

En projection sur l'axe vertical, on en déduit

$$T_z - mg + 2m\Omega\cos\lambda\dot{x} = 0$$

Les oscillations sont de faible amplitude, x varie peut-être d'une dizaine de mètres en une durée de l'ordre de la période du pendule

$$T_0 = 2\pi\sqrt{\frac{L}{g}} \simeq 16 \text{ s}$$

donc $\dot{x}$ reste de l'ordre du mètre par seconde, et Ω est de l'ordre de $7\cdot10^{-5}\ \text{m}\cdot\text{s}^{-1}$, on peut donc négliger le terme de Coriolis devant le poids. De plus, le fil reste quasi vertical donc $T_z \simeq T \simeq mg$ d'où

$$\vec{T} \simeq -\frac{mg}{L}\overrightarrow{SM}$$

b) La relation de Chasles s'écrit

$$\overrightarrow{SM} = \overrightarrow{SO} + \overrightarrow{OM} = \begin{vmatrix} x \\ y \\ -L \end{vmatrix} \quad \text{donc} \begin{cases} T_x = -\frac{mg}{L}x \\ T_y = -\frac{mg}{L}y \\ T_z = mg \end{cases}$$

La loi de la quantité de mouvement appliquée à M dans le référentiel terrestre s'écrit donc, en projection sur les axes x et y

$$\begin{cases} m\ddot{x} = -\frac{mg}{L}x + 2m\Omega\sin\lambda\dot{y} \\ m\ddot{y} = -\frac{mg}{L}y - 2m\Omega\sin\lambda\dot{x} \end{cases}$$

$$\text{soit} \begin{cases} \ddot{x} + \frac{g}{L}x = 2\Omega\sin\lambda\dot{y} \\ \ddot{y} + \frac{g}{L}y = -2\Omega\sin\lambda\dot{y} \end{cases}$$

On obtient bien la forme attendue avec

$$\omega_0 = \sqrt{\frac{g}{L}} \text{ et } \beta = \Omega\sin\lambda$$

$$\text{et} \begin{cases} \beta = 5{,}49\cdot10^{-5}\ \text{rad}\cdot\text{s}^{-1} \\ \omega_0 = 0{,}146\ \text{rad}\cdot\text{s}^{-1} \end{cases} \quad \text{donc } \beta \ll \omega_0$$

c) En sommant la première équation et la seconde multipliée par i, on obtient

$$\ddot{\underline{\rho}} + \omega_0^2\underline{\rho} = 2\beta(-i\dot{x} + \dot{y}) = -2i\beta(\dot{x} + i\dot{y})$$

$$\text{soit } \ddot{\underline{\rho}} + 2i\beta\dot{\underline{\rho}} + \omega_0^2\underline{\rho} = 0$$

On résout l'équation caractéristique

$$r^2 + 2i\beta r + \omega_0^2 = 0$$

Son discriminant est

$$\Delta = -4\beta^2 - 4\omega_0^2 \simeq -4\omega_0^2 = (2i\omega_0)^2$$

Ses racines sont donc

$$r = -i\beta \pm i\omega_0 \text{ donc}$$

$$\begin{cases} \underline{\rho} = \underline{\rho}_1 e^{-i(\beta-\omega_0)t} + \underline{\rho}_2 e^{-i(\beta+\omega_0)t} \\ \dot{\underline{\rho}} = -i(\beta-\omega_0)\underline{\rho}_1 e^{-i(\beta-\omega_0)t} - i(\beta+\omega_0)\underline{\rho}_2 e^{-i(\beta+\omega_0)t} \end{cases}$$

Les conditions initiales donnent, en négligeant β devant ω_0

$$\begin{cases} \underline{\rho}_1 + \underline{\rho}_2 = a \\ i\omega_0\underline{\rho}_1 - i\omega_0\underline{\rho}_2 = 0 \end{cases}$$

$$\text{donc } \underline{\rho}_1 = \underline{\rho}_2 = \frac{a}{2} \text{ et}$$

$$\underline{\rho} = ae^{-i\beta t}\cos(\omega_0 t) = a\cos(\beta t)\cos(\omega_0 t) - ia\sin(\beta t)\cos(\omega_0 t)$$

d) Par identification

$$\begin{cases} x(t) = a\cos(\Omega\sin\lambda\cdot t)\cos(\omega_0 t) \\ y(t) = -a\sin(\Omega\sin\lambda\cdot t)\cos(\omega_0 t) \end{cases}$$

La pulsation ω_0 étant très supérieure à β, le mobile M fait donc des allers-retours à la pulsation ω_0 selon une direction quasi rectiligne définie par

$$\begin{cases} x = a\cos(\Omega\sin\lambda\cdot t)q \\ y = -a\sin(\Omega\sin\lambda\cdot t)q \end{cases} \quad \text{avec } q \in [-1,1]$$

Ces équations définissent une droite de vecteur directeur

$$\vec{u}(t) = \begin{vmatrix} \cos(\Omega\sin\lambda\cdot t) \\ -\sin(\Omega\sin\lambda\cdot t) \end{vmatrix}$$

qui tourne à vitsse angulaire constante

$$\Omega_F = \Omega\sin\lambda \text{ donc } T_F = \frac{2\pi}{\Omega_F}$$

$$\text{soit } T_F = \frac{2\pi}{\frac{2\pi}{T_T}\sin\lambda} = \frac{T_T}{\sin\lambda}$$

L'application numérique donne

$$T_F = 114{,}4\cdot10^3 \text{ s} = 31 \text{ h } 47 \text{ min}$$

CHAPITRE 2

Mécanique du solide

Thèmes abordés dans les exercices

- Loi du moment cinétique.
- Solide en translation.
- Lois de Coulomb.
- Frottement de glissement.
- Aspect énergétique du glissement.

Points essentiels du cours pour la résolution des exercices

- Écrire la loi du moment cinétique pour le solide en rotation (*révision de sup*).
- Formuler et valider des hypothèses de glissement pour un solide en translation.
- Effectuer un bilan énergétique pour un solide en translation sur un support.
- Effectuer une mesure expérimentale d'un coefficient de frottement.

Les méthodes à retenir

Écrire la loi du moment cinétique pour le solide en rotation (*révision de sup*).

Ce paragraphe est un rappel de première année, soulignant la complémentarité des deux approches : solide en rotation et solide en translation. Un solide S est en rotation autour d'un axe Δ fixe. Il y a un parallèle remarquable entre les lois de la mécanique du point et celles de la mécanique du solide en rotation. Voici le tableau synthétique.

	Point	Solide
inertie	masse m (kg)	moment d'inertie J_Δ ($kg\cdot m^2$)
position	$\overrightarrow{OM}$	θ
vitesse	vitesse $\vec{v} = \frac{d\overrightarrow{OM}}{dt}$ ($m\cdot s^{-1}$)	vitesse angulaire $\omega = \frac{d\theta}{dt}$ ($rad\cdot s^{-1}$)
grandeur	q. de mouvement $\vec{p} = m\vec{v}$ ($kg\cdot m\cdot s^{-1}$)	moment cinétique $L_\Delta = J_\Delta\omega$ ($kg\cdot m^2\cdot s^{-1}$)
action	force $\vec{f}$ (N)	moment $\mathcal{M}_\Delta(\vec{f})$ ($N\cdot m$)
loi	de la q. de mvt. $\Sigma\vec{f} = \frac{d\vec{p}}{dt}$	du moment cinétique $\Sigma\mathcal{M}_\Delta(\vec{f}) = \frac{dL_\Delta}{dt}$
én. cinétique	$\frac{1}{2}mv^2$	$\frac{1}{2}J_\Delta\omega^2$
puissance	$\mathcal{P} = \vec{f}\cdot\vec{v}$	$\mathcal{P}(\mathcal{M}_\Delta) = \mathcal{M}_\Delta\cdot\omega$

Voici la méthode préconisée pour l'écriture de la loi du moment cinétique sur le solide en rotation.

(a) on identifie les actions mécaniques sous la forme de forces appliquées et de forces réparties se ramenant à un couple dont le moment est donné par l'énoncé :

(i) le **moment d'une force** $\vec{f}$ appliquée en un point M est

$$\mathcal{M}_\Delta(\vec{f}) = \pm\|\vec{f}\|\cdot d$$

où d est le **bras de levier** ;

(ii) le poids s'applique au centre de gravité G ;

(iii) pour une liaison pivot parfaite, les forces d'axe ont une résultante non nulle, mais un moment nul car leur bras de levier est nul ;

(iv) les moments des couples les plus fréquents sont ceux du couple moteur $\Gamma > 0$, de frottement visqueux $-\alpha\omega$ et de torsion $-C\theta$.

(b) L'application de la loi de la quantité de mouvement n'a pas d'intérêt en général car elle fait apparaître les forces d'axe.

(c) L'application de la **loi du moment cinétique** donne une équation différentielle en θ.

Exemple :

La rotation du pendule pesant est repérée par l'angle entre la verticale et le vecteur $\overrightarrow{OG}$. On pose $a = OG$, on note m la masse du solide, J_Δ son moment d'inertie par rapport à Δ et g l'accélération de la pesanteur.

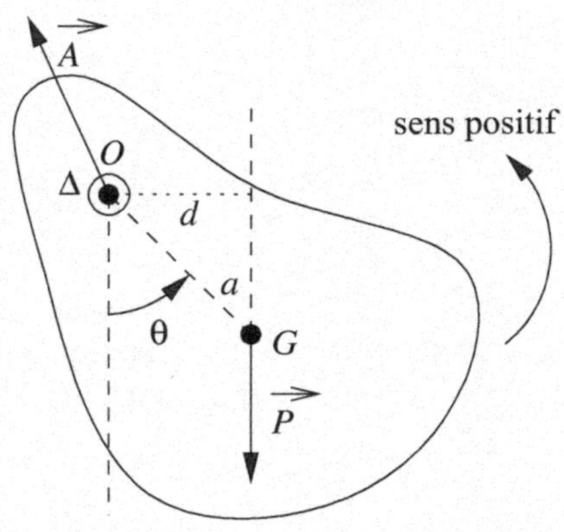

Dans le référentiel terrestre supposé galiléen, le solide est soumis à son poids et aux actions de contact associées à la liaison pivot, dont le moment résultant par rapport à Δ est nul, mais dont la force résultante est une réaction d'axe $\vec{A}$ non nulle. La loi du moment cinétique s'écrit

$$-P \cdot d = \frac{dL_\Delta}{dt} \text{ soit } -mga\sin\theta = J_\Delta\ddot{\theta}$$

En multipliant cette relation par $\dot{\theta}$, il vient :

$$J_\Delta\dot{\theta}\ddot{\theta} + mga\dot{\theta}\sin\theta = 0 \text{ soit } \frac{d}{dt}\left[\frac{1}{2}J_\Delta\dot{\theta}^2 - mga\cos\theta\right] = 0$$

qui traduit la conservation de l'énergie mécanique, somme de l'énergie cinétique de rotation du solide et de son énergie potentielle de pesanteur (les actions de la liaison pivot ne travaillent pas).

↪ **Exercice 2.1.**

Formuler et valider des hypothèses de glissement pour un solide en translation.

Les **lois de Coulomb** modélisent le comportement cinématique et dynamique d'un solide en translation S sur un support plan P lui aussi en translation dans le référentiel de travail ($\mathscr{R}$). Soit $\vec{V}_S$ la vitesse du solide et $\vec{V}_P$ celle du support dans ($\mathscr{R}$). La **vitesse de glissement** est

$$\vec{V}_{gl} = \vec{V}_S - \vec{V}_P$$

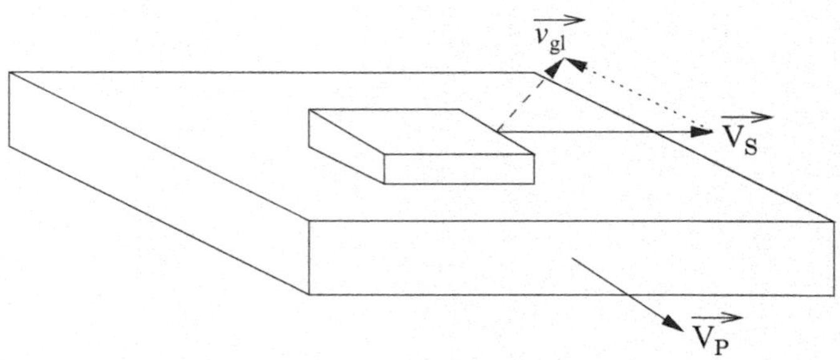

L'action du support sur S se décompose en une force normale $\vec{N}$ et une force tangentielle $\vec{T}$ appliquées sur la face du solide au contact du plan.

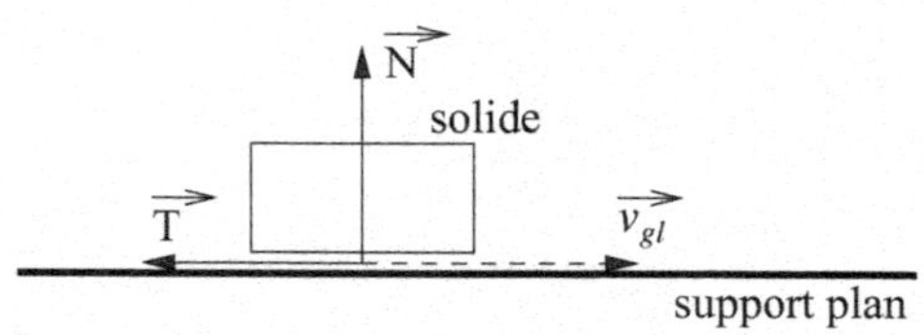

Deux cas sont à considérer, il faut remarquer leur complémentarité : l'un donne une égalité cinématique et une inégalité dynamique, l'autre donne une inégalité cinématique et une égalité dynamique.

• **Loi de Coulomb du glissement**. Il y a glissement lorsque $\vec{V}_S \neq \vec{V}_P$. On a alors

$$\vec{V}_{gl} \neq \vec{0} \text{ et et } \begin{cases} \vec{T} \text{ anticolinéaire à } \vec{V}_{gl} \\ T = \mu_d N \end{cases}$$

où μ_d est le coefficient de frottement dynamique, sans dimension.

• **Loi de Coulomb du non-glissement**. Il y a non-glissement si la vitesse de glissement est nulle. On a alors

$$\vec{V}_{gl} = \vec{0} \text{ et } T \leq \mu_s N$$

où μ_s est le coefficient de frottement statique, sans dimension. Le sens et la direction de $\vec{T}$ est défini ainsi : cette force s'oppose au glissement éventuel du solide sur le support.

Voici la méthode préconisée pour l'étude du contact entre un solide en translation de masse m et un support plan.

a) On suppose qu'il y a non-glissement. Dans ce cas, la vitesse de glissement est nulle et la vitesse du solide est égale à celle du support plan, a priori connue. On en déduit l'accélération du solide :

$$\vec{V}_S = \vec{V}_P \text{ donc } \vec{A}_S = \vec{A}_P = \frac{d\vec{V}_P}{dt}$$

b) On en déduit les actions de contact T et N en utilisant la **loi de la quantité de mouvement** au solide dans le référentiel $\mathscr{R}$

$$m\vec{A}_S = \sum \vec{f}$$

c) On vérifie l'inégalité de Coulomb $T \leq \mu_s N$. Si elle est vérifiée, on valide le non-glissement, sinon, il y a glissement.

d) Dans ce cas, $T = \mu_d N$ et on en déduit le mouvement du solide par application de la **loi de la quantité de mouvement** au solide.

Exemple :

Un solide S de masse m est posé sur un plan incliné d'un angle α par rapport à l'horizontale et immobile dans le référentiel terrestre supposé galiléen. On cherche à déterminer la condition d'équilibre du solide et, s'il n'est pas à l'équilibre, la nature de son mouvement de translation le long d'une ligne de plus grande pente. Les notations sont celles du schéma suivant.

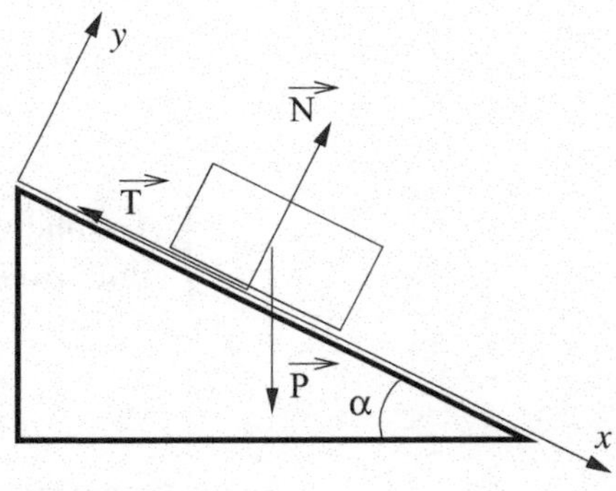

a) On suppose qu'il y a non-glissement. Le support étant immobile, le solide est immobile dans le référentiel terrestre supposé galiléen.
b) La somme des forces est nulle :

$$\vec{P}+\vec{T}+\vec{N}=\vec{0} \text{ soit } \begin{cases} mg\sin\alpha - T = 0 \\ -mg\cos\alpha + N = 0 \end{cases}$$

$$\text{donc } \begin{cases} T = mg\sin\alpha \\ N = mg\cos\alpha \end{cases}$$

On en déduit

$$\frac{T}{N} = \tan\alpha$$

c) La loi de Coulomb est donc vérifiée si

$$\tan\alpha \leq \mu_s$$

d) Dans le cas contraire, $\tan\alpha > \mu_s$ et l'équilibre est impossible, le solide glisse et $T = \mu_d N$. La loi de la quantité de mouvement s'écrit alors

$$\vec{P}+\vec{T}+\vec{N}=m\vec{A} \text{ soit } \begin{cases} mg\sin\alpha - T = m\ddot{x} \\ -mg\cos\alpha + N = 0 \end{cases}$$

$$\text{donc } \begin{cases} N = mg\cos\alpha \\ T = \mu_d N = \mu_d mg\cos\alpha \\ mg\cos\alpha\left(\tan\alpha - \mu_d\right) = m\ddot{x} \end{cases}$$

Or $\tan\alpha > \mu_s$ et on a dans le cas général $\mu_s \geq \mu_d$ donc

$$\ddot{x} = g(\sin\alpha - \mu_d\cos\alpha) > 0$$

Le solide a donc un mouvement de translation rectiligne uniformément accélérée selon une loi du type

$$x(t) = \frac{1}{2}g(\sin\alpha - \mu_d\cos\alpha)t^2 + v_0 t + x_0$$

↪ **Exercices 2.2, 2.3, 2.4, 2.5, 2.6, 2.7, 2.8, 2.9, 2.10.**

Effectuer un bilan énergétique pour un solide en translation sur un support.

Supposons le support immobile dans le référentiel de travail $\mathcal{R}$.

• S'il y a non-glissement, le solide est donc lui aussi immobile et la puissance des actions de contact est nulle

$$\begin{cases} \mathcal{P}(\vec{N}) = \vec{N} \cdot \vec{0} = 0 \\ \mathcal{P}(\vec{T}) = \vec{T} \cdot \vec{0} = 0 \end{cases}$$

C'est pourquoi la force tangentielle ne doit pas être appelée force de frottement (car un frottement est dissipatif d'énergie) mais force d'adhérence.

• S'il y a glissement du solide sur le support plan P, la vitesse du solide $\vec{V}_S$ est parallèle au plan. Comme le support est immobile, $\vec{V}_S$ s'identifie à la vitesse de glissement $\vec{V}_{gl}$. Or la force $\vec{N}$ est orthogonale au support et la force $\vec{T}$ est anticolinéaire à la vitesse de glissement. On en déduit les puissances

$$\begin{cases} \mathcal{P}(\vec{N}) = \vec{N} \cdot \vec{V}_S = 0 \\ \mathcal{P}(\vec{T}) = \vec{T} \cdot \vec{V}_S = -T \cdot V_{gl} \end{cases}$$

La force tangentielle est dans ce cas une force de frottement dissipative d'énergie mécanique. En l'absence d'autres forces dissipatives, son travail (négatif) est égal à la diminution d'énergie mécanique entre deux points.

Voici un critère important permettant d'identifier les cas où un bilan énergétique est préférable à l'application de la loi de la quantité de mouvement :

• si l'énoncé décrit un processus mécanique où l'état initial et l'état final (positions et vitesses) sont clairement identifiés, indépendamment de la **durée** du processus, la méthode énergétique est préférable ;

• si l'énoncé demande d'établir des **équations horaires** ou de calculer la durée d'un processus, alors la loi de la quantité de mouvement est préférable.

Exemple :

Un solide de masse m est posé sur un plan horizontal et lancé en mouvement de translation avec une vitesse initiale $\vec{V}_0 = V_0 \vec{u}_x$. On note μ_d le coefficient de frottement dynamique et g l'accélération de la pesanteur. Déterminons la distance D qu'il parcourt avant arrêt complet.

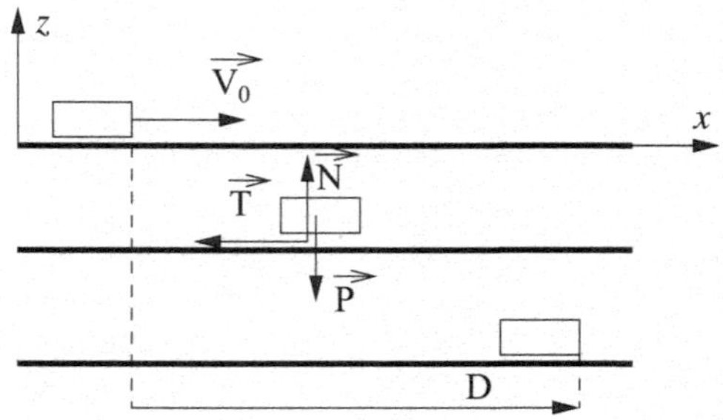

La loi de la quantité de mouvement en projection sur l'axe vertical z donne $N = mg$. L'application de la loi de Coulomb pendant la phase de glissement donne

$$T = \mu_d \cdot N = \mu_d mg$$

Elle est donc constante et on peut calculer son travail entre l'état initial I et l'état final F

$$W_{IF}(\vec{T}) = \int_{x_I=0}^{x_F=D} -T\vec{u}_x \cdot dx\vec{u}_x = -TD = -\mu_d mgD$$

Le poids $\vec{P}$ et la force normale $\vec{N}$ sont perpendiculaires au déplacement donc leurs travaux sont nuls. Par application de la loi de l'énergie cinétique :

$$\frac{1}{2}m \cdot 0^2 - \frac{1}{2}mV_0^2 = -\mu_d mgD \text{ donc } D = \frac{V_0^2}{2\mu_d g}$$

↪ **Exercices 2.11, 2.12.**

Effectuer une mesure expérimentale d'un coefficient de frottement.

Les lois de Coulomb permettent d'énoncer le principe de **mesure expérimentale des coefficients de frottement**.

• On détermine le coefficient de frottement statique μ_s en soumettant un solide immobile sur un support à une force croissante $\vec{F}$ parallèle au support. On note N la force normale et F^* la valeur de cette force au moment où le glissement apparaît et on écrit

$$\mu_s N = F^*$$

• On détermine le coefficient de frottement dynamique μ_d en étudiant la décélération d'un solide qui glisse sur un support plan. Si le solide n'est soumis à aucune autre force que son poids et les forces de contact, et si le support est horizontal, lorsque sa vitesse passe de V_1 à V_2 entre les abscisse x_1 et x_2, on peut écrire

$$\frac{1}{2}mV_2^2 - \frac{1}{2}mV_1^2 = -\mu_d mg(x_2 - x_1)$$

Exemple :

• On place un solide de masse m sur un plan incliné d'un angle α par rapport à l'horizontale. On augmente très graduellement α et on relève la valeur α^* pour laquelle le glissement apparaît.

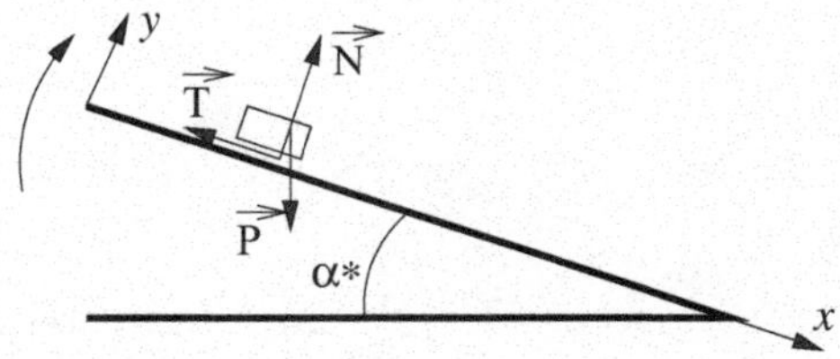

Juste avant que le glissement n'apparaisse, le solide est en équilibre et la loi de la quantité de mouvement s'écrit, en projection sur les axes x et y :

$$\begin{cases} mg\sin\alpha^* - T = 0 \\ N - mg\cos\alpha^* = 0 \end{cases} \text{donc} \begin{cases} T = mg\sin\alpha^* \\ N = mg\cos\alpha^* \end{cases}$$

On en déduit

$$mg\sin\alpha^* = \mu_s \cdot mg\cos\alpha^* \text{ soit } \mu_s = \tan\alpha^*$$

• En reprenant l'exemple de la fiche précédente, la distance D parcourue par un solide en translation horizontale sur un support plan horizontal, de vitesse initiale V_0, jusqu'à son arrêt vérifie la relation

$$\frac{1}{2}m \cdot 0^2 - \frac{1}{2}mV_0^2 = -\mu_d mgD \text{ donc } \mu_d = \frac{V_0^2}{2gD}$$

⟶ **Exercices 2.13, 2.14.**

Énoncés des exercices

2.1 Treuil

Un treuil est un cylindre de rayon b, de masse M, en rotation autour de son axe de révolution $\Delta = (G, x)$ horizontal. Son moment d'inertie par rapport à Δ est $J = \frac{1}{2}Mb^2$. Une corde inextensible et de masse négligeable y est enroulée. Au bout de la corde, on suspend un point matériel K de masse m soumis à son poids. On note θ l'angle de rotation du cylindre et z l'alitude de K. L'inextensibilité de la corde entraîne la relation $\dot{z} = b\dot{\theta}$. Le cylindre subit un couple moteur de moment constant Γ par rapport à Δ et un couple de frottement visqueux de moment $-\alpha\dot{\theta}$.

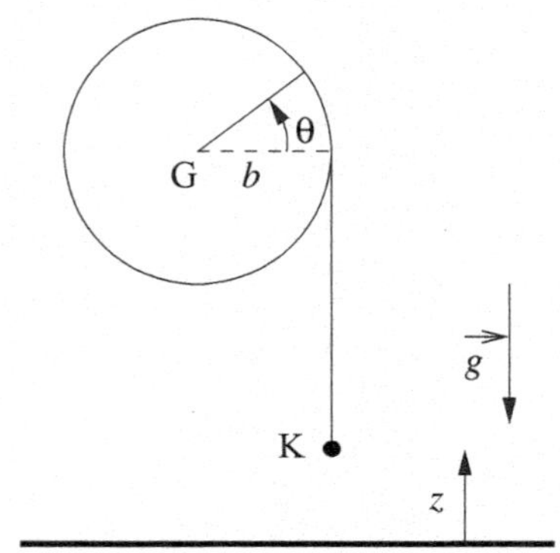

À $t = 0$, $z = 0$, $\theta = 0$ et $\dot{\theta} = 0$.

a) Par application de la loi de la quantité de mouvement à K et de la loi du moment cinétique au cylindre, établir l'équation différentielle vérifiée par θ.

b) Préciser à quelle condition K est soulevé du sol pour $t > 0$. Résoudre dans ce cas l'équation différentielle.

c) Montrer que l'équation différentielle vérifiée par θ traduit la loi de la puissance cinétique pour le système complet comprenant le cylindre et K.

2.2 Oscillations avec frottement solide

Un solide S de masse m est posé sur un support plan horizontal. On identifie les coefficients de frottement $\mu = \mu_s = \mu_d$. S est placé à l'extrémité d'un ressort à spires non jointives de longueur à vide ℓ_0 et de constante de raideur k. Il est en mouvement de translation selon l'axe (O, x), sa position est repérée par l'abscisse x, O correspondant en $x = 0$ à la position d'équilibre du ressort.

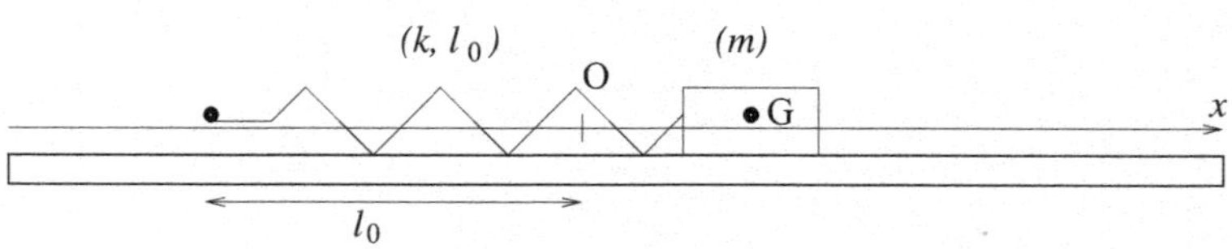

À $t = 0$, on lâche le solide sans vitesse initiale depuis l'abscisse $x_0 = \frac{8{,}5\mu mg}{k}$.

a) Établir l'équation horaire $x(t)$ pour la première phase du mouvement (le mobile glisse dans le sens des x décroissants).

b) Déterminer l'abscisse x_1 à laquelle la vitesse du solide s'annule. On prend la date correspondante comme nouvelle origine des dates.

c) Vérifier que le solide ne s'immobilise pas définitivement en $x = x_1$ et établir l'équation horaire $x(t)$ pour la deuxième phase du mouvement.

d) En poursuivant le même raisonnement, déterminer le mouvement complet du solide jusqu'à son immobilisation définitive.

e) Tracer l'allure de la courbe $x(t)$ et justifier le terme «enveloppe affine». Quelle est la forme de l'enveloppe si on remplace le frottement solide par un frottement fluide du type $-\alpha\vec{v}$?

2.3 Rodéo horizontal

Un petit cube de masse m est posé sur le dessus d'un chariot parallélépipédique de masse M qui glisse sans frottement sur une table horizontale. Le chariot est relié à une paroi par un ressort de constante de raideur k et de masse négligeable, et il a un mouvement rectiligne.

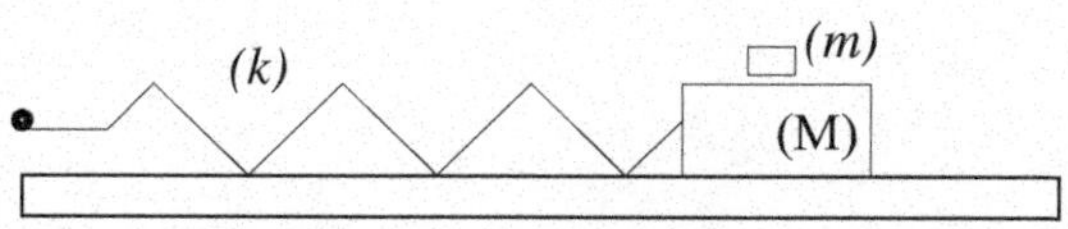

Déterminer l'amplitude maximale du mouvement en dessous de laquelle le cube ne glisse pas ; on notera μ le coefficient de frottement entre le cube et le chariot.

2.4 Analyse d'une expérience (résolution de problème)

On pose une feuille de papier sur une table horizontale et une gomme sur la feuille de papier. L'ensemble est initialement immobile. À partir de la date $t = 0$, on exerce une force horizontale constante $\vec{F} = F\vec{u}_x$ sur la feuille de papier. On réalise plusieurs fois l'expérience en augmentant progressivement F et on constate les faits suivants.

- Pour F très faible, rien ne bouge.
- Pour F moyen, la feuille glisse et la gomme reste immobile sur la feuille.
- Pour F fort, la feuille glisse et la gomme recule par rapport à la feuille.
- Pour F très fort, il est possible de retirer la feuille alors que la gomme ne bouge presque pas par rapport à la table.

Expliquer ces faits et déterminer les valeurs limites de F entre ces différents cas en fonction des différents paramètres du problème : masse m de la gomme (masse de la feuille $m' \ll m$), coefficients de frottement μ_0 entre la table et la feuille, μ_1 entre la feuille et la gomme.

2.5

Chute d'une chaîne sur un coin de table

Une chaîne de longueur totale L et de masse linéique λ est posée sur un coin de table et commence à glisser. On note x la longueur de chaîne encore posée sur la table.

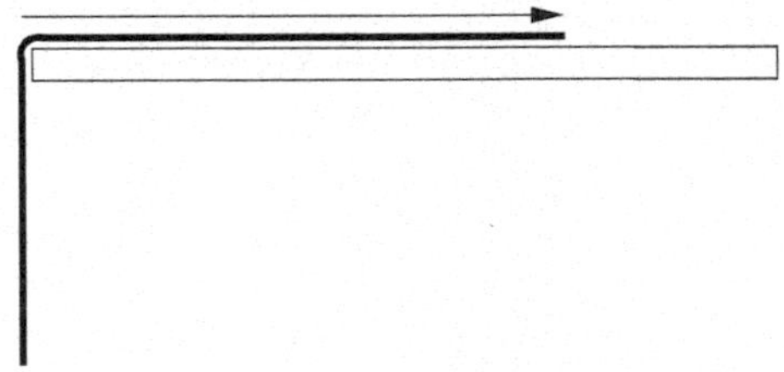

a) On néglige tous les frottements. Établir l'équation différentielle vérifiée par $x(t)$ et la résoudre avec les conditions initiales $x(0) = \frac{L}{2}$ et $\dot{x}(0) = 0$.

b) On ne néglige plus les frottements et on note μ_s le coefficient de frottement statique, μ_d le coefficient dynamique du contact entre la chaîne et la table. On admettra que $\mu_s > \mu_d$. Déterminer la valeur maximale x_0 de la longueur initiale de chaîne posée sur la table pour laquelle le glissement commence. Établir l'équation différentielle vérifiée par $x(t)$ et la résoudre avec les conditions initiales $x(0) = x_0$ et $\dot{x}(0) = 0$.

2.6

Cabestan

Un cabestan est un cylindre fixe d'axe (O, z) horizontal, de rayon b, sur le pourtour duquel est enroulé un câble inextensible. On note μ le coefficient de frottement statique du câble sur la surface du cabestan. Un tronçon élémentaire de câble est délimité par l'intervalle angulaire infinitésimal $\left[\theta - \frac{d\theta}{2}, \theta + \frac{d\theta}{2}\right]$. On néglige le poids devant les autres forces. Ce tronçon est donc soumis aux tensions à ses deux extrémités $\vec{F}\left(\theta - \frac{d\theta}{2}\right)$ et $\vec{F}\left(\theta + \frac{d\theta}{2}\right)$ et aux forces de contact tangentielle $d\vec{T}$ et normale $d\vec{N}$ appliquées au centre C du tronçon.

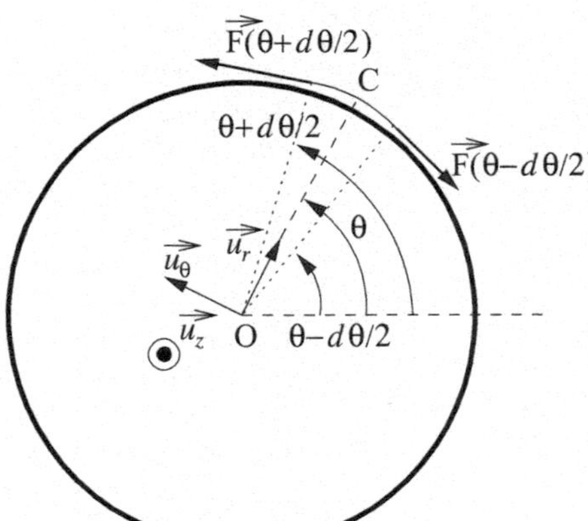

a) Traduire l'équilibre du tronçon de corde. En déduire l'équation différentielle vérifiée par $F(\theta)$ si on se place à la limite du glissement ($d\theta$ étant infintésimal, on fera l'approximation des petits angles).

b) On suspend, en $\theta = 0$, une masse $m = 1,0$ kg au bout de l'extrémité libre du câble. Déterminer la masse M qu'on peut suspendre à l'autre extrémité, avec un enroulement de 5 tours et demi. On prendra $\mu = 0,5$.

2.7 Frotté-glissé

Le frotté-glissé explique le raclement caractéristique d'un lourd objet qu'on déplace sur le sol, ou le crissement d'une craie neuve sur un tableau. Dans le montage suivant, un solide S de masse m est posé sur un tapis-roulant plan horizontal qui se déplace à la vitesse $\vec{V} = V_0 \vec{u}_x$. Le contact de S sur le tapis est modélisé par les lois de Coulomb, le coefficient de frottement statique est supérieur au coefficient de frottement dynamique : $\mu_s = 2\mu$ et $\mu_d = \mu$. Le solide est relié à un ressort horizontal de constante de raideur k et de longueur à vide ℓ_0 dont l'autre extrémité est fixe en E. On pose $\omega_0 = \sqrt{\frac{k}{m}}$, $a = \frac{\mu m g}{k}$ et on suppose (hypothèse simplificatrice) que $V_0 = a\omega$.

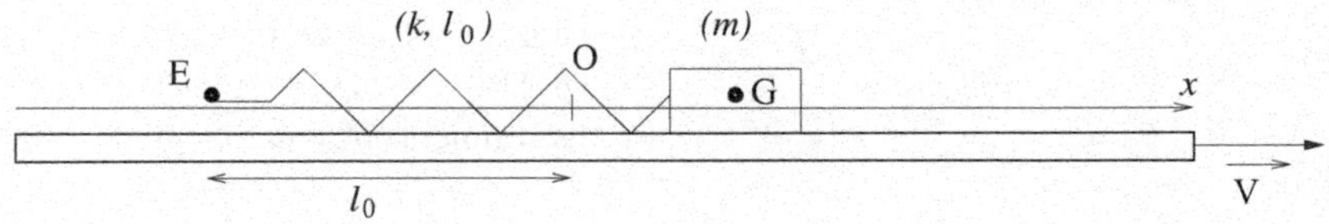

L'abscisse de G est repérée par l'élongation du ressort x. À la date $t = 0$, $x = 0$ et il y a non-glissement.

a) Quelle est alors la nature du mouvement de S. En déduire la loi horaire $x(t)$.

b) Par application de la loi de la quantité de mouvement, en déduire que la force tangentielle s'écrit $T(t) = kV_0 t$.

c) En déduire la date t_1 à laquelle le glissement commence et déterminer l'abscisse x_1 à cette date en fonction de a et V_0.

d) À partir de la date de début de glissement, prise comme nouvelle origine des dates, écrire la nouvelle équation différentielle vérifiée par $x(t)$. À quel type de mouvement s'identifie celui du solide pendant la phase de glissement ?

e) À quelle condition ultérieure le glissement s'arrêtera-t-il ?

f) Résoudre complètement les équations différentielles, montrer qu'à la fin du glissement, on retrouve très exactement la condition du début (non-glissement en $x = 0$).

g) Commenter le portrait de phase donné ci-après.

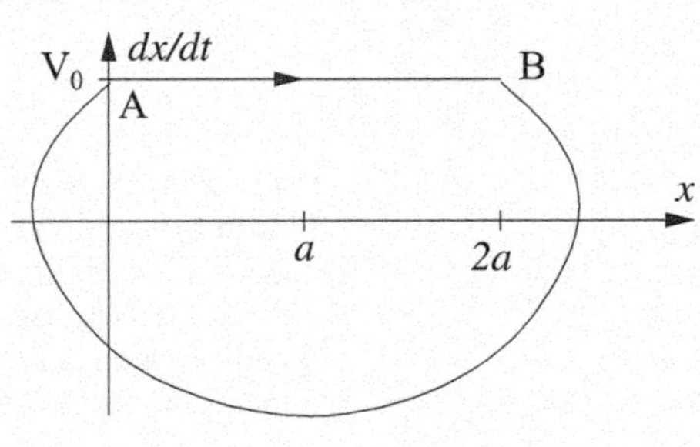

2.8 Mouvement d'un tonneau sur la plate-forme d'un camion

Un tonneau cylindrique, de masse m, de rayon b, de centre G, de moment d'inertie $J = \frac{1}{2}mb^2$ autour de son axe de révolution Δ, d'énergie cinétique

$$Ec = \frac{1}{2}mv^2(G) + \frac{1}{2}J\omega^2$$

est posé sur le plateau horizontal d'un camion qui accélère avec une accélération constante $\vec{a} = A\vec{u}_x$. Le coefficient de frottement statique est pris égal au coefficient de frottement dynamique, soit μ. Le plateau a une longueur d.

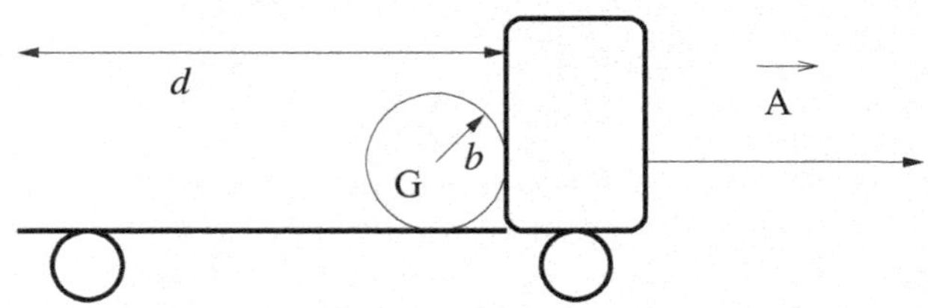

Dans le référentiel du camion, on admettra que la force d'inertie d'entraînement s'exerce en G.

a) Déterminer les valeurs d'accélération du camion pour lesquelles il y a roulement sans glissement, celles pour lesquelles il y a glissement.

b) Déterminer la distance L parcourue par le camion lorsque le tonneau va en tomber.

2.9 Machine de Timochenko

Dans le dispositif suivant, les deux cylindres tournent dans deux sens opposés, à la même vitesse angulaire ω. Leurs axes sont distants de D. La plaque posée dessus a une masse m et une longueur L. Elle reste horizontale et on repère sa position par l'abscisse x de son centre d'inertie G ($x = 0$ correspond au point milieu). Il y a glissement aux deux points de contact I_1 et I_2.

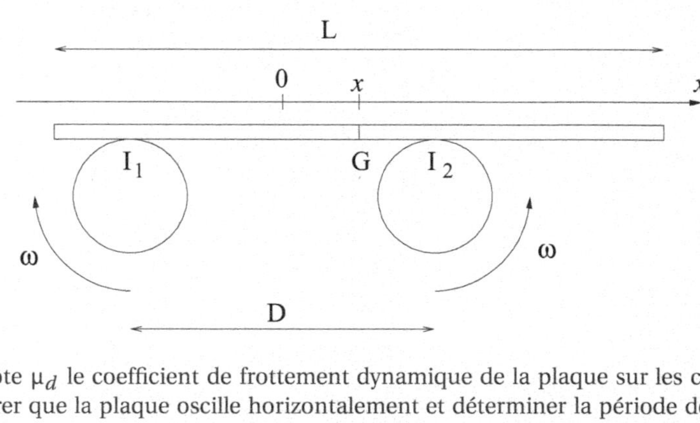

On note μ_d le coefficient de frottement dynamique de la plaque sur les cylindres. Montrer que la plaque oscille horizontalement et déterminer la période de ces oscillations. On pourra admettre que la loi du moment cinétique peut être appliquée autour de l'axe passant par G, orthogonal au plan de la figure, dans le référentiel barycentrique de la plaque, sans qu'il soit nécessaire de prendre en compte les forces d'inertie dans ce référentiel.

2.10

Tapis à rouleaux (résolution de problème)

Un tapis à rouleaux est une suite de cylindres identiques de rayon R, de masse m, de moment d'inertie par rapport à leur axe $J = \frac{1}{2}mR^2$, en rotation sans frottement autour de leurs axes parallèles et distants d'un tout petit peu plus que 2R.

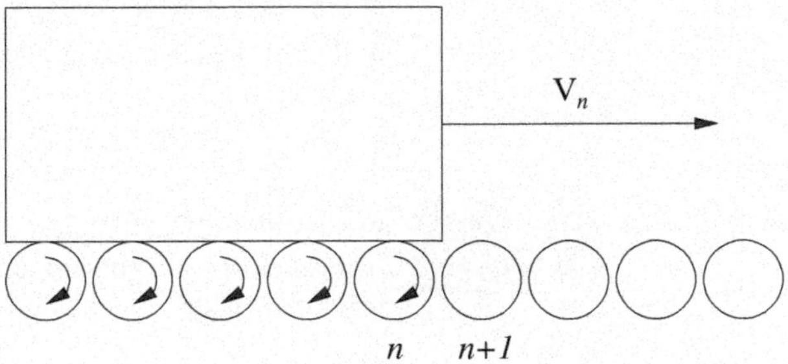

Un solide parallèlépipédique de masse $M = 5m$ et de longueur $L = 10R$ se déplace en translation horizontale sur les rouleaux. Lorsque le solide arrive sur le $(n+1)$ième rouleau, sa vitesse est V_n. Après un bref régime transitoire où le solide glisse sur le $(n+1)$ième rouleau abordé, le non-glissement s'instaure et la vitesse du solide devient V_{n+1}. On pourra supposer que les coefficients de frottement statique et dynamique sont égaux à μ. Établir l'expression de V_n en prenant une vitesse initiale V_0.

2.11

Puissance de la force de frottement, cas du support en mouvement

Un solide S est en mouvement de translation à la vitesse $\vec{V}_S$ sur un support plan lui-même en translation à la vitesse $\vec{V}_P$ dans le référentiel de travail $\mathcal{R}$. Les deux vecteurs sont dans le plan du support.

a) Faire un schéma en faisant apparaître les forces de contact subies par le solide et celles subies par le plan.

b) Exprimer la puissance de ces forces sur chaque système

c) En déduire que la somme des puissances des forces de contact normales et tangentielles valent respectivement

$$\begin{cases} \mathcal{P}_{\text{totale}}(\vec{N}) = 0 \\ \mathcal{P}_{\text{totale}}(\vec{T}) = \vec{T} \cdot \vec{V}_{gl} \end{cases}$$

2.12

Glissement d'un solide en mouvement de rotation

Un solide cylindrique homogène de rayon b, de hauteur H, de masse volumique ρ et de masse m est posé sur un support plan horizontal immobile. On note μ le coefficient de frottement dynamique. Le solide est animé d'un mouvement de rotation autour de son axe (O, z) vertical. On note ω sa vitesse angulaire et $J = \frac{1}{2}mb^2$ son moment d'inertie autour de son axe. À $t = 0$, $\omega = \omega_0$. Le disque formant la base inférieure du cylindre, au contact du support, est décomposé en couronnes circulaires concentriques $[r, r + dr]$ et chacune de ces couronnes est décomposée en secteurs angulaires $[\theta, \theta + d\theta]$. L'aire du secteur

$$[r, r + dr] \times [\theta, \theta + d\theta]$$

est $dS = r dr d\theta$.

a) Exprimer les composantes normale $d\vec{N}$ et tangentielle $d\vec{T}$ de la force de contact dans la base cylindrique.

b) En déduire le moment $d\mathcal{M}$ par rapport à l'axe des actions de contact subies par un secteur, puis le moment résultant $\mathcal{M}$.

c) En déduire la loi d'évolution de $\omega(t)$.

d) Faire un bilan énergétique.

2.13 Machine d'Attwood

Dans le dispositif suivant, la poulie est parfaite, c'est-à-dire que la norme F de la tension du fil de part et d'autre est identique. Le fil est inextensible.

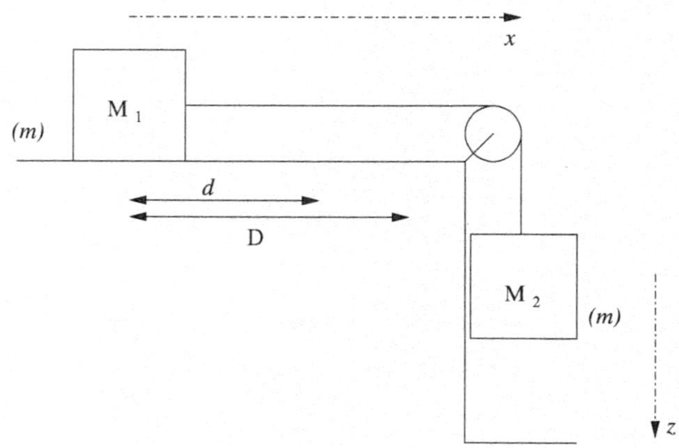

Le système est initialement immobile. On note μ_d le coefficient de frottement dynamique entre M_1 et le support horizontal. On note d la distance parcourue par M_1 jusqu'au contact de M_2 avec le sol et D la distance totale jusqu'à l'arrêt. Par un bilan énergétique, déterminer l'expression du coefficient de frottement dynamique μ_d.

2.14 Détermination des coefficients de frottement sur un plateau en rotation

Un support demi-plan (O, x, z) tourne autour de son arête (O, z) à la vitesse angulaire constante Ω. On note α son angle d'inclinaison par rapport à l'horizontale, nulle à $t = 0$, donc on a $\Omega = \dot{\alpha}$ et $\alpha = \Omega t$.

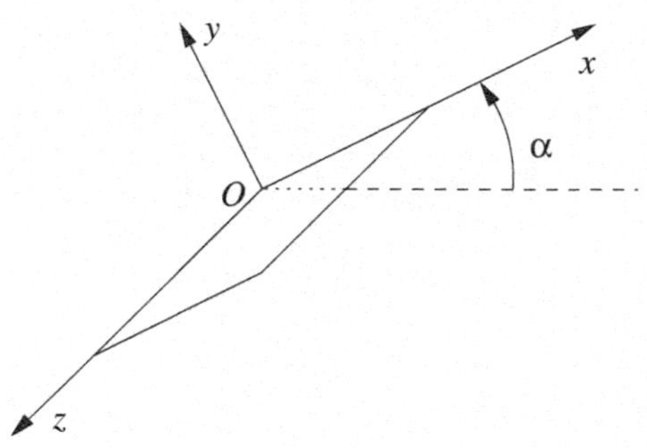

Un solide S de petite taille (donc quasi ponctuel), de masse m est posé à l'instant initial en un point $M_0(x_0 = a, y_0 = 0, z_0 = 0)$ sur le plan, sans vitesse initiale par rapport au demi-plan. On travaillera dans le référentiel non galiléen de ce demi-plan, en rotation uniforme à la vitesse angulaire $\vec{\Omega} = \Omega\vec{u}_z$ par rapport au référentiel terrestre supposé galiléen. On note μ_s le coefficient de frottement statique et μ_d le coefficient de frottement dynamique du solide sur le demi-plan. On observe le scénario suivant. Entre $t = 0$ et $t = t_1$, le solide ne glisse pas. À partir de t_1, le solide glisse vers le bas du support et à la date t_2, il arrive en O, alors qu'on a encore $\alpha < \frac{\pi}{2}$.

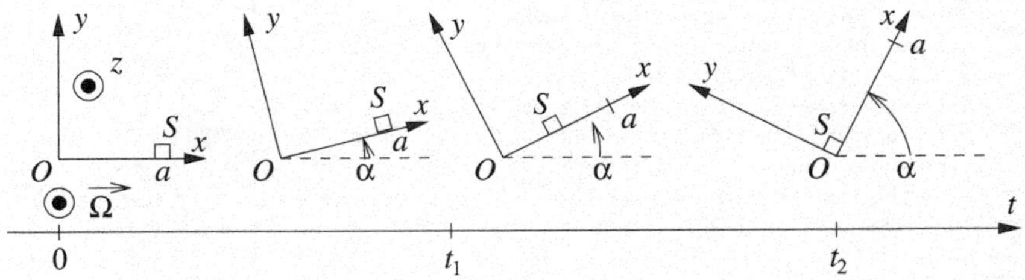

a) Pour la phase $t \in [0, t_1[$, établir l'expression des composantes T et N de la force d'action du support sur le solide.

b) En déduire l'équation trigonométrique vérifiée par t_1 avec les paramètres μ_s, a, g et Ω, **il n'est pas demandé de la résoudre**.

c) À partir de $t = t_1$, établir l'équation différentielle vérifiée par $x(t)$, la mettre sous la forme

$$\ddot{x} - 2Q\Omega\dot{x} - \Omega^2 x = K\cos(\Omega t) - L\sin(\Omega t)$$

et préciser les expressions de Q, K et L. On pourra admettre l'équation différentielle pour la suite.

d) On pose

$$J = \sqrt{K^2 + L^2} \text{ et } \begin{cases} \cos\theta = \frac{K}{J} \\ \sin\theta = \frac{L}{J} \end{cases}$$

L'équation différentielle s'écrit donc (il est inutile de le vérifier)

$$\ddot{x} - 2Q\Omega\dot{x} - \Omega^2 x = J\cos(\Omega t + \theta) = 0$$

i) Résoudre l'équation homogène et exprimer la solution $x_h(t)$ en fonction des constantes d'intégration A et B.

ii) On cherche une solution particulière de l'équation avec second membre sous la forme

$$x_p(t) = C\cos(\Omega t + \psi)$$

Donner l'expression de C.

iii) En déduire l'équation vérifiée par t_2.

Du mal à démarrer ?

2.1

La tension du fil fait le lien entre le cylindre et le mobile K. La norme est identique, mais les vecteurs forces sur les deux objets sont opposés. La relation entre $\dot{z}$ et $\dot{\theta}$ permet d'obtenir l'équation en θ seul.

2.2

La force tangentielle étant en permanence opposée à la vitesse de glissement, on observe une succession de demi-oscillations régies par autant d'équations différentielles du type oscillateur harmonique, le signe du terme de frottement changeant à chaque fois. Cette force étant dissipative d'énergie, l'amplitude des demi-oscillations diminue, et on doit déterminer à chaque annulation de la vitesse si le mobile repart ou s'immobilise en respect des lois de Coulomb.

2.3

On fait l'hypothèse que le cube ne glisse pas sur le chariot. On en déduit le mouvement du solide {chariot,cube}. On traduit ensuite l'immobilité du cube dans le référentiel non galiléen du chariot en translation oscillatoire. On en déduit les forces normale et tangentielle subies par le cube. On exprime enfin la condition de Coulomb pour le non-glissement.

2.4

On pourra étudier successivement l'ensemble du système immobile sur la table pour F très faible, l'ensemble du système glissant sur la table et l'immobilité de la gomme sur la feuille pour F moyen, la feuille glissant sur la table et la gomme glissant sur la feuille pour F fort. On traduira à chaque fois les lois de Coulomb pour en déduire les valeurs de F qui séparent chaque régime.

2.5

La meilleure méthode pour l'étude du mouvement de la chaîne est la loi de l'énergie mécanique. On remarquera que la vitesse de tous les points de la chaîne a pour norme $|\dot{x}|$, on en déduira aisément l'énergie cinétique. L'énergie potentielle de pesanteur est celle de la portion de chaîne qui pend, égale au produit de sa masse par g et par l'altitude du centre de ce tronçon. Pour l'étude de l'équilibre, on pourra écrire celui de chaque tronçon séparément, en considérant que la tension de la chaîne est identique en norme de part et d'autre du point à l'angle de la table.

2.6

Les projections demandent beaucoup de soin, avec la manipulation de l'angle $\frac{d\theta}{2}$ et la distinction entre les angles θ, $\theta+\frac{d\theta}{2}$ et $\theta-\frac{d\theta}{2}$. En effectuant ensuite les développements limités au second ordre, on en déduit $d\mathrm{T}$ et $d\mathrm{N}$ à l'équilibre. D'après la loi de Coulomb, à la limite du glissement, $d\mathrm{T}=\mu d\mathrm{N}$. On en déduit l'équation différentielle.

2.7

Pendant la phase de non-glissement, $\dot{x}=\mathrm{V}_0$, on en déduit les expressions des forces de contact, puis la date et l'abscisse auxquelles le glissement commence grâce aux lois de Coulomb. Pendant la phase de glissement, $\mathrm{T}=\mu_d\mathrm{N}$, on en déduit l'équation horaire du mouvement, puis la date et l'abscisse auxquelles le glissement cesse lorsque $\dot{x}=\mathrm{V}_0$.

2.8

La loi de la puissance cinétique fait apparaître comme unique puissance non nulle celle de la force d'inertie d'entraînement. On en déduit T et N grâce à la loi de la quantité de mouvement appliquée au tonneau dans le référentiel non galiléen du camion, puis la condition de non-glissement de Coulomb. L'étude du mouvement du tonneau dans chaque cas n'est qu'un classique exercice de mécanique. La camion ayant un mouvement rectiligne uniformément accéléré, il est facile de déterminer son abscisse sur la route quand le tonneau tombe.

2.9

Le glissement permet de relier T_1 et N_1 d'une part, T_2 et N_2 d'autre part. La loi de la quantité de mouvement appliquée à la plaque, en projection verticale, permet de relier N_1 et N_2. Pour terminer la détermination des quatre grandeurs, il faut une quatrième relation qui découle de la loi du moment cinétique appliquée à la plaque autour de G. Les bras de levier de N_1 et N_2 dépendent de x. La projection sur x de la loi de la quantité de mouvement appliquée à la plaque donne l'équation d'oscillateur cherchée.

2.10

Pendant la phase de glissement, la force normale appliquée sur le $(n+1)$ième rouleau est $\frac{\mathrm{M}g}{5}$, on en déduit la force tangentielle en appliquant la loi de Coulomb. On en déduit l'équation du mouvement de translation du solide ($\mathrm{V}(t)$) par application de la loi de la quantité de mouvement et celle du mouvement de rotation du cylindre ($\omega(t)$) par application de la loi du moment cinétique. Le glissement cesse quand $\mathrm{V}(t)=\mathrm{R}\omega(t)$. On en déduit la date et la vitesse acquise par le solide à cette date, soit V_{n+1}, d'où la relation de récurrence.

2.11

La troisième loi de Newton (action-réaction) et la loi de composition des vitesses permet de conclure.

2.12

On obtient les forces élémentaires sur un secteur angulaire grâce aux lois de Coulomb pour le glissement. On en déduit le moment élémentaire de frottement qu'on intègre sur r et sur θ pour calculer le moment. La loi du moment cinétique permet d'en déduire la date d'arrêt du mouvement. On calcule de même la puissance élémentaire qu'on intègre pour calculer le travail de la force de frottement et vérifier la loi de l'énergie cinétique.

2.13

Le bilan énergétique peut être fait entre l'instant initial et l'instant juste avant l'impact de M_2 sur le sol, puis entre l'instant juste après l'impact et l'instant final où M_1 s'immobilise. On fera attention au fait qu'à l'impact, l'énergie cinétique de M_2 est perdue, dissipée en énergie sonore, vibratoire, de déformation.

2.14

Les lois de Coulomb habituelles, et la détermination de la date de début de glissement se superposent ici à la prise en compte des forces d'inertie d'entraînement et de Coriolis dans le référentiel non galiléen du plan en rotation uniforme. On pensera au formalisme complexe en régime sinusoïdal forcé.

Corrigés des exercices

2.1

a) Dans le référentiel terrestre supposé galiléen, K est soumis à son poids et à la tension de la corde $+T\vec{u}_z$. La loi de la quantité de mouvement s'écrit

$$T - mg = m\ddot{z}$$

En utilisant la relation cinématique donnée par l'énoncé, on en déduit

$$T = mg + mb\ddot{\theta}$$

Le cylindre est soumis au couple moteur, au couple de frottement et à la tension de la corde $-T\vec{u}_z$ dont le moment est négatif (en orientant dans le sens trigonométrique) et dont le bras de levier est b. La loi du moment cinétique s'écrit

$$\Gamma - \alpha\dot{\theta} - Tb = J\ddot{\theta}$$

En remplaçant T par l'expression obtenue plus haut on obtient l'équation différentielle

$$\left(J + mb^2\right)\ddot{\theta} + \alpha\dot{\theta} = \Gamma - mgb$$

b) K est soulevé du sol si, à $t = 0$ $\ddot{z} > 0$, donc $\ddot{\theta} > 0$. Or l'équation donne à cette date

$$\left(J + mb^2\right)\ddot{\theta} = \Gamma - mgb$$

Il faut donc que $\Gamma > mgb$. La solution particulière s'identifie au fonctionnement en régime permanent, à vitesse angulaire constante égale à la vitesse limite

$$\theta_P(t) = \omega_\infty t \text{ avec } \omega_\infty = \frac{\Gamma - mgb}{\alpha}$$

La solution homogène est obtenue en résolvant l'équation caractéristique associée à l'équation sans second membre

$$\left(J + mb^2\right) r^2 + \alpha r = 0 \text{ donc}$$

$$\begin{cases} r_1 = 0 \\ r_2 = -\frac{\alpha}{J+mb^2} = -\frac{2\alpha}{(M+2m)b^2} = -\frac{1}{\tau} \end{cases}$$

On en déduit

$$\begin{cases} \theta(t) = A_1 + A_2 e^{-\frac{t}{\tau}} + \omega_\infty t \\ \dot{\theta}(t) = -\frac{A_2}{\tau} e^{-\frac{t}{\tau}} + \omega_\infty \end{cases}$$

Les conditions initiales donnent

$$\begin{cases} A_1 + A_2 = 0 \\ -\frac{A_2}{\tau} + \omega_\infty = 0 \end{cases} \text{ donc } -A_1 = A_2 = \tau\omega_\infty$$

$$\text{et } \theta(t) = \omega_\infty t - \tau\omega_\infty\left[1 - e^{-\frac{t}{\tau}}\right]$$

c) En multipliant l'équation par $\dot{\theta}$ on obtient

$$J\ddot{\theta}\dot{\theta} + mb\ddot{\theta}b\dot{\theta} = \Gamma\dot{\theta} - \alpha\dot{\theta}\dot{\theta} - mgb\dot{\theta}$$

$$\text{soit } J\ddot{\theta}\dot{\theta} + m\ddot{z}\dot{z} = \Gamma\dot{\theta} - \alpha\dot{\theta}\dot{\theta} - mg\dot{z}$$

$$\text{soit } \frac{d}{dt}\left[\frac{1}{2}J\dot{\theta}^2 + \frac{1}{2}m\dot{z}^2\right] = \Gamma\dot{\theta} - \alpha\dot{\theta}\dot{\theta} - mg\dot{z}$$

qui est bien la traduction de la loi de la puissance cinétique

$$\frac{d\left(Ec_{cyl} + Ec_K\right)}{dt} = \mathscr{P}(\Gamma) + \mathscr{P}(-\alpha\dot{\theta}) + \mathscr{P}(\vec{P})$$

2.2

a) Le solide glisse dans le sens des x décroissants. Comme la force tangentielle est anticolinéaire à la vitesse de glissement, la loi de la quantité de mouvement s'écrit

$$\vec{T} + \vec{P} + \vec{N} + \vec{F} = m\vec{a}$$

$$\text{soit } \begin{cases} T - kx = m\ddot{x} \\ -mg + N = 0 \end{cases}$$

La loi de Coulomb du glissement s'écrit $T = \mu_d N$ donc

$$\ddot{x} + \frac{k}{m}x = \mu g$$

Cette équation d'oscillateur harmonique s'intègre immédiatement

$$x(t) = \frac{\mu mg}{k} + A\cos(\omega t) + B\sin(\omega t) \text{ avec } \omega = \sqrt{\frac{k}{m}}$$

La prise en compte des conditions initiales donne

$$\begin{cases} \frac{8{,}5\mu mg}{k} = \frac{\mu mg}{k} + A \\ 0 = -B\omega \end{cases} \text{ donc } \begin{cases} A = \frac{7{,}5\mu mg}{k} \\ B = 0 \end{cases}$$

$$\text{donc } \begin{cases} x(t) = \frac{\mu mg}{k} + \frac{7{,}5\mu mg}{k}\cos(\omega t) \\ \dot{x}(t) = -\frac{7{,}5\mu mg}{k}\omega\sin(\omega t) \end{cases}$$

b) La première date d'annulation de la vitesse est t_1 avec

$$\omega t_1 = \pi \text{ donc } x_1 = x(t_1) = \frac{\mu mg}{k} - \frac{7{,}5\mu mg}{k} = -\frac{6{,}5\mu mg}{k}$$

c) La force du ressort à cette date est $F_1 = 6{,}5\mu mg$ et la force normale $N = mg$. Si x_1 était position d'équilibre, on aurait en norme

$$\begin{cases} T_1 = F_1 = 6{,}5\mu mg \\ N = mg \end{cases} \quad \text{donc } T_1 > \mu N$$

qui est incompatible avec la loi de Coulomb qui traduit le non-glissement. Le solide n'est donc pas en équilibre, et repart dans le sens des x croissants. La force tangentielle change de sens et la nouvelle équation différentielle est

$$\ddot{x} + \frac{k}{m}x = -\mu g$$

Cette équation d'oscillateur harmonique s'intègre en

$$\text{donc} \begin{cases} x(t) = -\frac{\mu mg}{k} - \frac{5{,}5\mu mg}{k}\cos(\omega t) \\ \dot{x}(t) = \frac{5{,}5\mu mg}{k}\omega\sin(\omega t) \end{cases}$$

d) La première date d'annulation de la vitesse est t_2 avec

$$\omega t_2 = \pi \text{ donc } x_2 = x(t_2) = -\frac{\mu mg}{k} + \frac{5{,}5\mu mg}{k} = \frac{4{,}5\mu mg}{k}$$

En ce point, $T_2 = 4{,}5\mu N > \mu N$, le solide repart dans le sens des x décroissants, selon la loi

$$\begin{cases} x(t) = \frac{\mu mg}{k} + \frac{3{,}5\mu mg}{k}\cos(\omega t) \\ \dot{x}(t) = -\frac{3{,}5\mu mg}{k}\omega\sin(\omega t) \end{cases}$$

La première date d'annulation de la vitesse est t_3 avec

$$\omega t_3 = \pi \text{ donc } x_3 = x(t_3) = \frac{\mu mg}{k} - \frac{3{,}5\mu mg}{k} = -\frac{2{,}5\mu mg}{k}$$

En ce point, $T_3 = 2{,}5\mu N > \mu N$, le solide repart dans le sens des x croissants, selon la loi

$$\begin{cases} x(t) = -\frac{\mu mg}{k} - \frac{1{,}5\mu mg}{k}\cos(\omega t) \\ \dot{x}(t) = \frac{1{,}5\mu mg}{k}\omega\sin(\omega t) \end{cases}$$

La première date d'annulation de la vitesse est t_4 avec

$$\omega t_4 = \pi \text{ donc } x_4 = x(t_4) = -\frac{\mu mg}{k} + \frac{1{,}5\mu mg}{k} = \frac{0{,}5\mu mg}{k}$$

En ce point, la force de rappel du ressort ne vaut plus que $F_4 = 0{,}5\mu mg$. À l'équilibre :

$$\begin{cases} T_4 = F_4 = 0{,}5\mu mg \\ N = mg \end{cases} \quad \text{donc } T_4 = 0{,}5\mu N < \mu N$$

La loi de Coulomb du non-glissement est donc vérifiée, le solide s'immobilise donc définitivement.

e) La courbe fait apparaître un phénomène pseudo-périodique, avec une suite de demi-sinusoïdes délimitées par les positions d'annulations successives de la vitesse, alignées sur deux droites. C'est pourquoi on peut parler d'enveloppe affine.

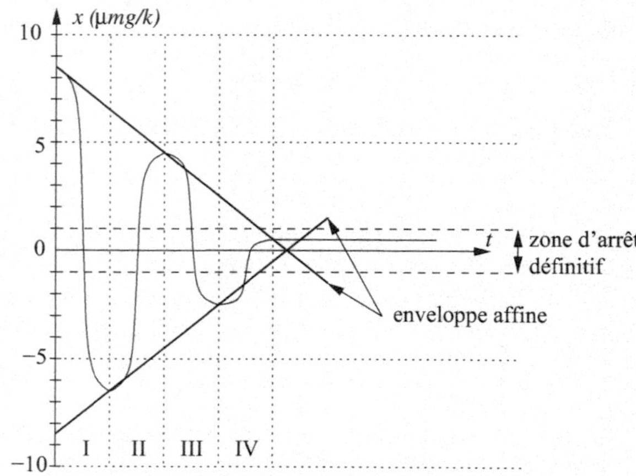

Dans le cas d'un frottement fluide linéaire, l'équation différentielle vérifiée par x est

$$m\ddot{x} + \alpha\dot{x} + kx = 0$$

Si le coefficient de frottement α est assez faible pour que le discriminant de l'équation caractéristique

$$\Delta = \alpha^2 - 4km$$

soit négatif, le système est oscillatoire pseudo-périodique selon une équation horaire du type

$$x(t) = Ae^{-\frac{t}{\tau}}\cos(\omega t + \varphi)$$

qui se représente par une sinusoïde oscillant entre deux enveloppes exponentielles.

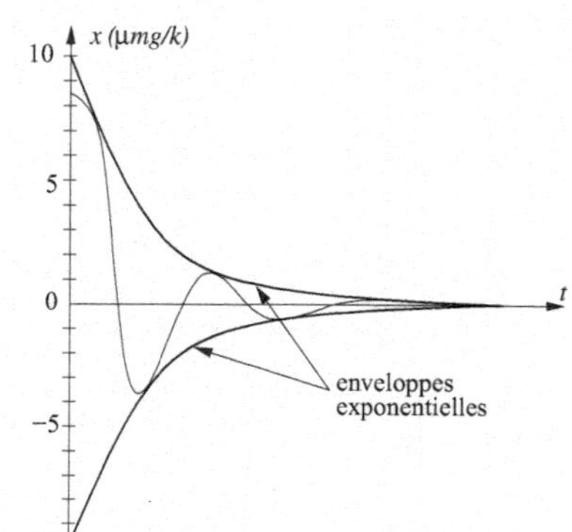

2.3

Faisons l'hypothèse du non-glissement du cube sur le chariot. Le système {chariot,cube} forme un solide de masse $M+m$ oscillant sans frottement à l'extrémité d'un ressort de constante de raideur k. Son mouvement a donc pour équation horaire

$$X(t) = X_0 \cos(\Omega t + \varphi) \text{ avec } \Omega = \sqrt{\frac{k}{M+m}}$$

en notant X_0 l'amplitude des oscillations. Dans le référentiel non galiléen du chariot en translation oscillatoire, le cube est soumis à son poids, aux forces tangentielle et normale de la part du chariot et à la force d'inertie d'entraînement. L'accélération d'entraînement est celle du chariot, soit

$$\vec{A} = \ddot{X}\vec{u}_x = -\frac{k}{M+m} X_0 \cos(\Omega t + \varphi)\vec{u}_x$$

La condition d'équilibre s'écrit donc

$$\vec{P} + \vec{N} + \vec{T} + \vec{f}_{ie} = \vec{0}$$

$$\text{donc} \begin{cases} T(t) + \frac{km}{M+m} X_0 \cos(\Omega t + \varphi) = 0 \\ -mg + N = 0 \end{cases}$$

$$\text{soit} \begin{cases} T(t) = -\frac{km}{M+m} X_0 \cos(\Omega t + \varphi) \\ N = mg \end{cases}$$

Il y a non-glissement si

$$\forall t,\ |T(t)| \leq \mu N$$

et comme les valeurs extrêmes du cosinus sont ± 1

$$\frac{km}{M+m} X_0 \leq \mu m g \text{ soit } X_0 \leq \frac{\mu(M+m)g}{k}$$

2.4

- Si F est très faible, rien ne bouge. Considérons dans ce cas le système {feuille, gomme} de masse $m + m' \simeq m$. Dans le référentiel galiléen de la table, représentons l'ensemble des forces qu'il subit.

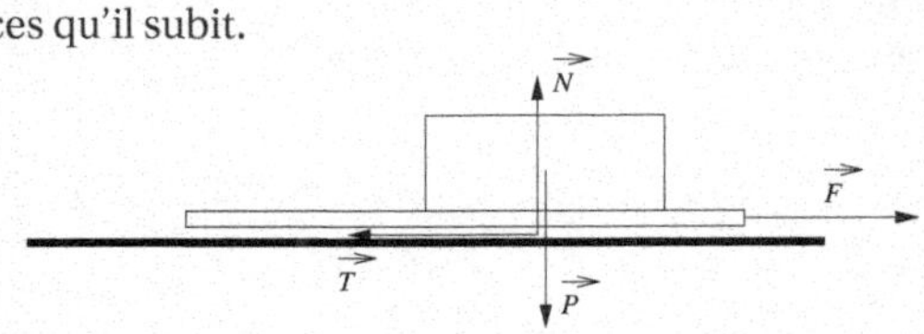

  La loi de l'équilibre s'écrit $\vec{P} + \vec{N} + \vec{T} + \vec{F} = \vec{0}$ donc en projections sur les deux axes :

$$\begin{cases} F - T = 0 \\ -mg + N = 0 \end{cases} \text{donc} \begin{cases} T = F \\ N = mg \end{cases}$$

  La loi de Coulomb du non-glissement de la feuille sur la table est vérifiée si $T < \mu_0 N$ donc si $F < \mu_0 mg$.

- Si F moyen, la feuille glisse et la gomme reste immobile sur la feuille. Considérons dans ce cas le système {feuille, gomme} de masse m. Dans le référentiel galiléen de la table, ce système subit les mêmes forces que dans le cas précédent. La loi de la quantité de mouvement s'écrit

$$\vec{P} + \vec{N} + \vec{T} + \vec{F} = m\vec{a}$$

  où $\vec{a}$ est l'accélération commune de la feuille et de la gomme. En projections sur les deux axes, on a donc

$$\begin{cases} F - T = ma \\ -mg + N = 0 \end{cases} \text{donc} \begin{cases} ma = F - T \\ N = mg \end{cases}$$

  La loi de Coulomb relative au glissement de la feuille sur la table donne $T = \mu_0 N$ donc

$$ma = F - \mu_0 mg$$

  a est donc positive si $F > \mu_0 mg$. Considérons maintenant le système formé de la gomme seule : elle est en équilibre dans le référentiel non galiléen de la feuille d'accélération $\vec{a} = a\vec{u}_x$. Représentons les forces qu'elle subit :

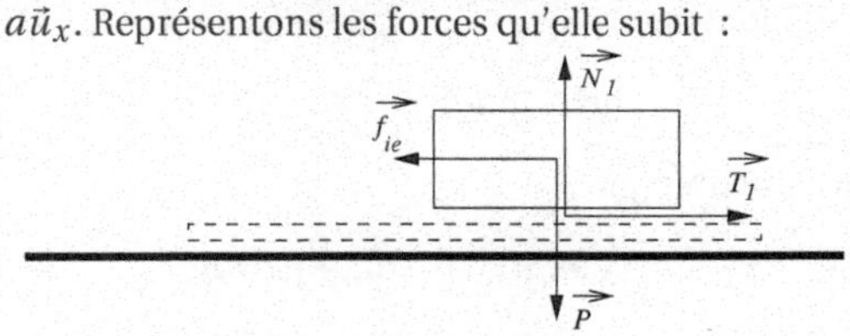

  La loi de l'équilibre de la gomme s'écrit

$$\vec{P} + \vec{N}_1 + \vec{T}_1 + \vec{f}_{ie} = \vec{0}$$

  donc en projections sur les deux axes :

$$\begin{cases} T_1 - ma = 0 \\ -mg + N_1 = 0 \end{cases} \text{donc} \begin{cases} T_1 = ma = F - \mu_0 mg \\ N_1 = mg \end{cases}$$

  La loi de Coulomb du non-glissement de la gomme sur la feuille est vérifiée si $T_1 < \mu_1 N_1$ donc si

$$F - \mu_0 mg < \mu_1 mg \text{ soit } F < (\mu_0 + \mu_1)mg$$

  Cette situation est donc réalisée si $\mu_0 mg < F < (\mu_0 + \mu_1)mg$

- Pour F fort, la feuille glisse et la gomme recule par rapport à la feuille. On est donc dans le cas où $F > (\mu_0 + \mu_1)mg$. La force d'inertie subie par la gomme dans le référentiel de la feuille est alors plus importante que la force tangentielle, et la gomme recule effectivement par rapport à la feuille. Comme la feuille et la gomme ne sont plus solidaires, on doit raisonner sur le système formé de la feuille seule. Elle subit de la part de la gomme une force opposée à celle exercée par la feuille sur la gomme. Représentons l'ensemble des forces.

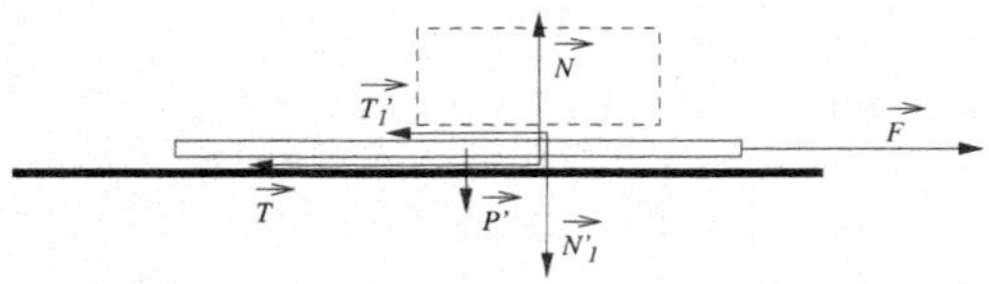

Notons m' la masse de la feuille ; la loi de la quantité de mouvement appliquée à la feuille s'écrit

$$\vec{P}' + \vec{N}'_1 + \vec{N} + \vec{T}'_1 + \vec{T} + \vec{F} = m'\vec{a}'$$

et en projections sur les axes :

$$\begin{cases} -T'_1 - T + F = m'a' \\ -m'g + N - N'_1 = 0 \end{cases}$$

En écrivant l'équilibre de la gomme sur l'axe vertical

$$N'_1 = mg \text{ donc}$$

$$N = (m + m')g \simeq mg$$

car la masse de la feuille est très faible devant celle de la gomme. Les lois de Coulomb traduisant le glissement simultané de la feuille sur la table et de la gomme sur la feuille entraînent que

$$T = \mu_0 N = \mu_0 mg \text{ et } T'_1 = \mu_1 N'_1 = \mu_1 mg$$

On en déduit que

$$m'a' = F - (\mu_0 + \mu_1)mg$$

et a' est bien positif sit $F > (\mu_0 + \mu_1)mg$.

- Pour F très fort, il est possible de retirer la feuille alors que la gomme ne bouge presque pas par rapport à la table. Le calcul précédent donne l'accélération de la feuille :

$$a' = \frac{F - (\mu_0 + \mu_1)mg}{m'}$$

La gomme, elle, est soumise à son poids et à la force normale qui se compensent et à la force tangentielle $\vec{T}_1 = \mu_1 mg$ donc son accélération dans le référentiel de la table est $\vec{a} = a\vec{u}_x$ avec $\mu_1 mg = ma$ donc $a = \mu_1 g$.

- Si $F \gg (\mu_0 + \mu_1)mg$, alors $a' \simeq \frac{F}{m'}$, et $a = \mu_1 g$. Calculons le rapport entre ces deux accélérations :

$$\frac{a}{a'} = \frac{\mu_1 g}{\frac{F}{m'}} = \frac{\mu_1 mg}{F} \cdot \frac{m'}{m}$$

Or $F \gg (\mu_0 + \mu_1)mg$ donc a fortiori $F \gg \mu_1 mg$ et $m' \ll m$ donc $a \ll a'$. L'accélération de la feuille est donc très supérieure à celle de la gomme dans le référentiel de la table. Elle se retirera donc très vite de sous la gomme, et à partir de là, la gomme ne subit plus aucune force horizontale : elle tombe sur la table, et s'arrête donc presque instantanément, on a donc l'impression que la gomme n'a presque pas bougé.

2.5

a) La chaîne étant inextensible, chacun de ses points a la même vitesse en norme, soit $|\dot{x}|$. Sa masse totale est $m = \lambda L$ et son énergie cinétique est donc

$$Ec = \frac{1}{2}\lambda L\dot{x}^2$$

En l'absence de frottement, la force de contact sur la partie de chaîne encore posée sur la table est orthogonale à son déplacement et ne travaille pas. En prenant la référence à l'altitude nulle de la table, l'énergie potentielle de pesanteur est celle du tronçon qui pend. Sa masse est $m_P(t) = \lambda(L - x)$ et son centre de gravité est à l'altitude $z_G = -\frac{L-x}{2}$ donc

$$Ep_p = m_P g z_G = -\frac{\lambda g(L-x)^2}{2}$$

On en déduit

$$Em = Ec + Ep_p = \frac{1}{2}\lambda L\dot{x}^2 - \frac{\lambda g(L-x)^2}{2}$$

L'énergie mécanique est constante, donc sa dérivée par rapport au temps est nulle, soit

$$\frac{1}{2}\lambda L \cdot 2\ddot{x}\dot{x} - \frac{\lambda g \cdot 2(-\dot{x})(L-x)}{2} = 0$$

$$\text{donc } \ddot{x} - \frac{g}{L}x = -g$$

Cette équation du second ordre s'intègre en

$$x(t) = x_H(t) + x_P(t) \text{ avec } \begin{cases} x_H(t) = Ae^{-\Omega_0 t} + Be^{\Omega_0 t} \\ \Omega_0 = \sqrt{\frac{g}{L}} \\ x_P = L \end{cases}$$

$$\text{soit } \begin{cases} x(t) = Ae^{-\Omega_0 t} + Be^{\Omega_0 t} + L \\ \dot{x}(t) = -A\Omega_0 e^{-\Omega_0 t} + B\Omega_0 e^{\Omega_0 t} \end{cases}$$

Les conditions initiales s'écrivent

$$\begin{cases} \frac{L}{2} = A + B + L \\ 0 = -A\Omega_0 + B\Omega_0 \end{cases} \quad \text{donc } A = B = -\frac{L}{4}$$

$$\text{et } x(t) = L - \frac{L}{2}\frac{e^{\Omega_0 t} + e^{-\Omega_0 t}}{2} = L - \frac{L}{2}\text{ch}(\Omega_0 t)$$

b) Supposons qu'il y a non-glissement et écrivons l'équilibre du tronçon (P) de chaîne qui pend et celui du tronçon (C) qui est au contact de la table. En supposant que le coin de table se comporte comme une poulie parfaite, la norme F de la tension est la même au point M′ en haut de (P) et au point M″ à gauche de (C).

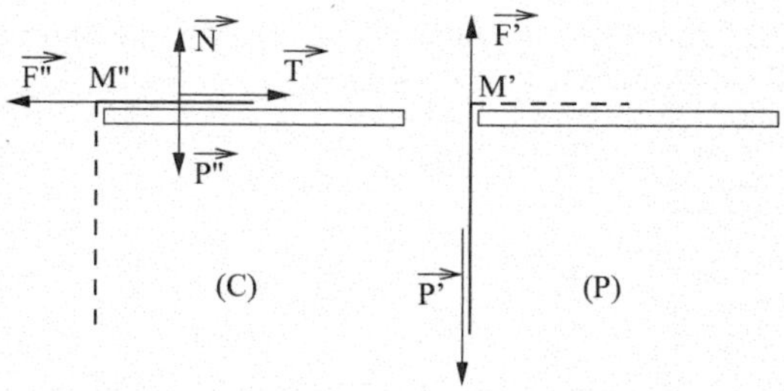

Les lois d'équilibre en projections sur les axes vertical et horizontal s'écrivent

$$\begin{cases} -\lambda(L-x)g+F=0 \\ \begin{cases} -F+T=0 \\ -\lambda xg+N=0 \end{cases} \end{cases}$$

$$\text{donc} \begin{cases} F=\lambda(L-x)g \\ T=F=\lambda(L-x)g \\ N=\lambda xg \end{cases}$$

La loi de Coulomb du non-glissement est donc vérifiée si

$$T \leq \mu_s N \text{ soit } L-x \leq \mu_s x \text{ soit } x \geq x_0 = \frac{L}{1+\mu_s}$$

Le glissement commence donc quand $x < x_0$. La force tangentielle s'exerçant sur (P) est alors une force de frottement et vaut

$$\vec{T} = \mu_d N\vec{u}_x = \mu_d \lambda x g \vec{u}_x$$

Sa puissance est

$$\mathscr{P}(\vec{T}) = \vec{T}\cdot\dot{x}\vec{u}_x = \mu_d\lambda g\dot{x}x$$

Écrivons alors la loi de l'énergie mécanique sur la chaîne toute entière.

$$\frac{dEm}{dt} = \mathscr{P}(\vec{T})$$

$$\text{soit } \frac{d}{dt}\left[\frac{1}{2}\lambda L\dot{x}^2 - \frac{\lambda g(L-x)^2}{2}\right] = \mu_d\lambda g\dot{x}x$$

$$\text{soit } \frac{1}{2}\lambda L\cdot 2\ddot{x}\dot{x} - \frac{\lambda g\cdot 2(-\dot{x})(L-x)}{2} = \mu_d\lambda g\dot{x}x$$

$$\text{donc } \ddot{x} - (1+\mu_d)\frac{g}{L}x = -g$$

Cette équation s'intègre comme dans la question (a), en posant

$$\Omega = \beta\omega_0 \text{ avec } \begin{cases} \beta = \sqrt{1+\mu_d} \\ \Omega_0 = \sqrt{\frac{g}{L}} \end{cases}$$

$$\begin{cases} x(t) = A\,\mathrm{sh}(\beta\Omega_0 t) + B\,\mathrm{ch}(\beta\Omega_0 t) + \frac{L}{1+\mu_d} \\ \dot{x}(t) = \beta\Omega_0 A\,\mathrm{ch}(\beta\Omega_0 t) + \beta\Omega_0 B\,\mathrm{sh}(\beta\Omega_0 t) \end{cases}$$

Les conditions initiales s'écrivent

$$\begin{cases} \frac{L}{1+\mu_s} = B + \frac{L}{1+\mu_d} \\ \beta\Omega_0 A = 0 \end{cases} \text{donc} \begin{cases} A=0 \\ B = \frac{L}{1+\mu_s} - \frac{L}{1+\mu_d} \end{cases}$$

$$\text{et } x(t) = \left[\frac{L}{1+\mu_s} - \frac{L}{1+\mu_d}\right]\mathrm{ch}(\beta\Omega_0 t) + \frac{L}{1+\mu_d}$$

2.6

a) La somme des forces exercées sur le tronçon est nulle, soit en projection dans la base cylindrique

$$\begin{cases} dN + 0 - F\left(\theta+\frac{d\theta}{2}\right)\sin\frac{d\theta}{2} - F\left(\theta-\frac{d\theta}{2}\right)\sin\frac{d\theta}{2} = 0 \\ 0 - dT + F\left(\theta+\frac{d\theta}{2}\right)\cos\frac{d\theta}{2} - F\left(\theta-\frac{d\theta}{2}\right)\sin\frac{d\theta}{2} = 0 \end{cases}$$

Dans l'approximation des petits angles,

$$\sin\frac{d\theta}{2} \simeq \frac{d\theta}{2},\ \cos\frac{d\theta}{2} \simeq 1$$

et on fait le développement limité au premier ordre

$$\begin{cases} F\left(\theta-\frac{d\theta}{2}\right) \simeq F(\theta) - \frac{dF}{d\theta}\cdot\frac{d\theta}{2} \\ F\left(\theta+\frac{d\theta}{2}\right) \simeq F(\theta) + \frac{dF}{d\theta}\cdot\frac{d\theta}{2} \end{cases}$$

On en déduit, en négligeant les termes du second ordre :

$$\begin{cases} dN = F(\theta)d\theta \\ dT = \frac{dF}{d\theta}d\theta \end{cases}$$

À la limite du glissement :

$$dT = \mu dN \text{ soit } \frac{dF}{d\theta} = \mu F(\theta)$$

b) La condition aux limites s'écrit

$$F(\theta=0) = mg$$

L'équation différentielle s'intègre immédiatement en

$$F(\theta) = F(0)e^{\mu\theta}$$

On en déduit

$$F(\theta = 5,5\times 2\pi) = mge^{11\mu\pi}$$

$$\text{donc } Mg = mge^{11\mu\pi} \text{ et } M = me^{11\mu\pi} = 32\cdot 10^6 \text{ kg}$$

Cette valeur extrêmement grande indique qu'une corde enroulée de plusieurs tours sur un cabestan ne peut pratiquement pas glisser, cette propriété est utilisée pour arrimer les navires.

2.7

a) Le solide est en équilibre sur le tapis, il est donc en translation rectiligne uniforme à la vitesse $V_0\vec{u}_x$ donc $\dot{x} = V_0$ et $x(t) = V_0 t$.

b) Dans le référentiel galiléen du laboratoire, le solide est soumis à son poids, aux forces de contact tangentielle et normale et à la force de rappel du ressort. Le plateau se déplace vers la droite donc le glissement éventuel de S sous l'action de la force de rappel du ressort se ferait vers la gauche, on en déduit que $\vec{T} = +T\vec{u}_x$. Son vecteur vitesse étant constant pendant la phase de non-glissement, son accélération est nulle donc $\vec{P}+\vec{T}+\vec{N}+\vec{F} = \vec{0}$ soit

$$\begin{cases} T - kx = 0 \\ -mg + N = 0 \end{cases} \quad \text{donc } T(t) = kx = kV_0 t \text{ et } N = mg$$

c) Conformément aux lois de Coulomb, le glissement commence lorsque $T > \mu_s N$ soit $kV_0 t > \mu_s mg$ soit $t > t_1$ avec $t_1 = \frac{2\mu mg}{kV_0} = \frac{2a}{V_0}$. On en déduit $x_1 = x(t_1) = 2a$.

d) Lors de la phase de glissement, la relation cinématique $\dot{x} = V_0$ est fausse mais on a directement $T = \mu_d N$. La loi de la quantité de mouvement s'écrit $\vec{P}+\vec{T}+\vec{N}+\vec{F} = m\vec{a}_G$ soit

$$\begin{cases} T - kx = m\ddot{x} \\ -mg + N = 0 \end{cases} \quad \text{donc } N = mg,\ T = \mu mg$$

$$\text{et } m\ddot{x} + kx = \mu mg$$

On reconnaît une équation d'oscillateur élastique, le mouvement du solide est donc une translation rectiligne oscillante.

e) Le glissement s'arrêtera quand le vecteur vitesse du solide sera égal à celui du plateau donc $\dot{x} = V_0$ à condition qu'à cet instant $T < \mu_s N$.

f) La solution générale de l'équation différentielle pour la deuxième phase du mouvement est

$$\begin{cases} x(t) = \frac{\mu mg}{k} + A\cos(\omega_0 t) + B\sin(\omega_0 t) \\ \dot{x}(t) = -A\omega_0\sin(\omega_0 t) + B\omega_0\cos(\omega_0 t) \end{cases}$$

Les conditions initiales (à la date $t = 0$ avec la nouvelle origine des dates qui correspond à $t = t_1$ avec l'ancienne) s'écrivent

$$\begin{cases} 2a = \frac{\mu mg}{k} + A \\ V_0 = B\omega_0 \end{cases} \quad \text{soit} \begin{cases} 2a = a + A \\ a\omega_0 = B\omega_0 \end{cases} \quad \text{donc} \begin{cases} A = a \\ B = a \end{cases}$$

On en déduit l'équation horaire

$$\begin{cases} x(t) = a + a\cos(\omega_0 t) + a\sin(\omega_0 t) \\ \dot{x}(t) = -a\omega_0\sin(\omega_0 t) + a\omega_0\cos(\omega_0 t) \\ \text{soit } \dot{x}(t) = V_0\left[\cos(\omega_0 t) - \sin(\omega_0 t)\right] \end{cases}$$

Le glissement prendra fin à la première date non nulle à laquelle on retrouve $\dot{x} = V_0$, soit

$$V_0\sqrt{2}\cos\left(\omega_0 t + \frac{\pi}{4}\right) = V_0$$

$$\text{soit } \cos\left(\omega_0 t + \frac{\pi}{4}\right) = \frac{1}{\sqrt{2}} = \frac{\sqrt{2}}{2}$$

$$\text{donc} \left| \begin{array}{l} \omega_0 t + \frac{\pi}{4} = \frac{\pi}{4} + n\cdot 2\pi \\ \text{ou } \omega_0 t + \frac{\pi}{4} = -\frac{\pi}{4} + p\cdot 2\pi \end{array} \right.$$

La première date non nulle correspond à la deuxième expression avec $p = 1$, soit $\omega_0 t_1 = \frac{3\pi}{2}$. À cette date,

$$x(t_1) = a + a\cos\frac{3\pi}{2} + a\sin\frac{3\pi}{2} = 0$$

On retrouve donc exactement les conditions initiales $x(t_1) = 0$ et $\dot{x}(t_1) = V_0$.

g) A est le point de départ, $x_A = 0$ et $\dot{x}_A = V_0$. La phase de non-glissement est représentée par le segment de droite AB où $\dot{x} = V_0$. En B, le glissement commence et on reconnaît un tronçon d'ellipse qui est le portrait de phase caractéristique du mouvement oscillatoire harmonique qui aboutit au point A où une nouvelle période débute.

2.8

a) Dans le référentiel non galiléen, en translation accélérée, du camion, le tonneau est soumis à son poids, aux forces $\vec{N}$ et $\vec{T}$ et à la force d'inertie d'entraînement $\vec{f}_{ie} = -m\vec{A}$. Supposons qu'il y a roulement sans glissement. La vitesse de G dans le référentiel du camion et la vitesse angulaire sont alors liées

$$\dot{x} = b\omega \text{ donc } Ec = \frac{3}{4}m\dot{x}^2$$

La loi de la puissance cinétique s'écrit

$$-mA\cdot\dot{x} = \frac{3}{4}m\cdot 2\ddot{x}\dot{x} \text{ donc } \ddot{x} = -\frac{2A}{3}$$

Si le tonneau glissait sur le plateau du camion, la vitesse de glissement serait dirigée vers l'arrière, donc $\vec{T}$ est dans le sens des x croissants. La loi de la quantité de mouvement s'écrit

$$\left| \begin{array}{l} T \\ N \end{array} \right. + \left| \begin{array}{l} -mA \\ 0 \end{array} \right. + \left| \begin{array}{l} 0 \\ -mg \end{array} \right. = \left| \begin{array}{l} m\ddot{x} \\ 0 \end{array} \right.$$

$$\text{donc} \begin{cases} T = \frac{mA}{3} \\ N = mg \end{cases}$$

D'après la loi de Coulomb, il y a roulement sans glissement si

$$T \leq \mu N \text{ soit } A \leq 3\mu g$$

Il y aura glissement si $A > 3\mu g$.

b) Si $A \leq 3\mu g$, alors, en prenant l'origine du repère à l'arrière du plateau

$$\ddot{x} = -\frac{2A}{3} \Rightarrow x(t) = -\frac{A}{3}t^2 + d - b$$

Le tonneau tombera quand

$$x(t) = 0 \text{ soit } t = \sqrt{\frac{3(d-b)}{A}}$$

L'équation horaire du mouvement du camion dans le référentiel du sol est

$$X(t) = \frac{1}{2}At^2 \text{ donc } L = \frac{3}{2}(d-b)$$

Si $A > 3\mu g$, il y a glissement donc

$$T = \mu N$$

La loi de la quantité de mouvement s'écrit

$$\begin{cases} T - mA = m\ddot{x} \\ N = mg \end{cases} \quad \text{donc } \ddot{x} = \mu g - A$$

$$\text{et } x(t) = \frac{1}{2}(\mu g - A)\,t^2 + d - b$$

Le tonneau tombera quand

$$x(t) = 0 \text{ soit } t = \sqrt{\frac{2(d-b)}{A-\mu g}}$$

et à cette date

$$L = \frac{A(d-b)}{A-\mu g}$$

Le coefficient de frottement statique étant pris égal au coefficient dynamique, on peut vérifier la continuité des deux cas en remarquant que pour $A = 3\mu g$, les deux expressions de L coïncident.

2.9

Prenons les notations du schéma suivant.

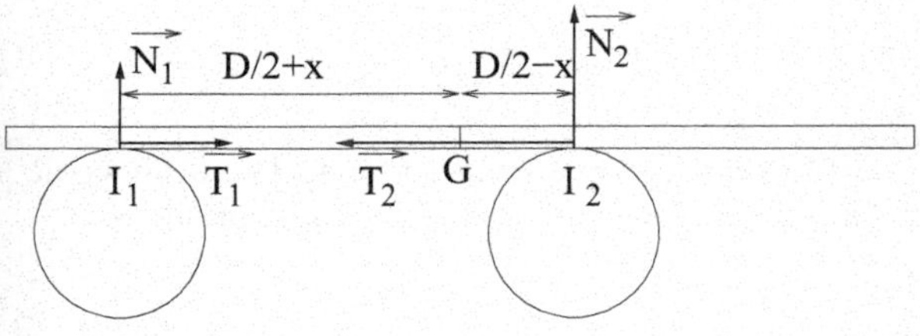

Les lois de Coulomb en présence de glissement donnent

$$T_1 = \mu_d N_1 \text{ et } T_2 = \mu_d N_2$$

La loi de la quantité de mouvement appliquée à la plaque donne

$$\begin{vmatrix} T_1 \\ N_1 \end{vmatrix} + \begin{vmatrix} -T_2 \\ N_2 \end{vmatrix} + \begin{vmatrix} 0 \\ -mg \end{vmatrix} = \begin{vmatrix} m\ddot{x} \\ 0 \end{vmatrix}$$

$$\text{donc } \begin{cases} T_1 - T_2 = m\ddot{x} \\ N_1 + N_2 = mg \end{cases}$$

La plaque ne pivote pas donc son moment cinétique autour de l'axe horizontal passant par G est donc nul à tout instant. La loi du moment cinétique autour de cet axe dans le référentiel barycentrique s'écrit donc

$$\left(\frac{D}{2} + x\right)N_1 - \left(\frac{D}{2} - x\right)N_2 = 0$$

On résout le système et on en déduit

$$\begin{cases} N_1 = \frac{mg}{2} - mg\frac{x}{D} \\ N_2 = \frac{mg}{2} + mg\frac{x}{D} \end{cases} \text{ donc } \begin{cases} T_1 = \frac{\mu_d mg}{2} - \mu_d mg\frac{x}{D} \\ T_2 = \frac{\mu_d mg}{2} + \mu_d mg\frac{x}{D} \end{cases}$$

La loi de la quantité de mouvement donne donc

$$-2\mu_d mg\frac{x}{D} = m\ddot{x} \text{ soit } \ddot{x} + \frac{2\mu_d g}{D}x = 0$$

C'est une équation différentielle d'oscillateur harmonique. La période des oscillations est donc

$$T = 2\pi\sqrt{\frac{D}{2\mu_d g}}$$

2.10

Prenons la référence des temps ($t = 0$) et des abscisses ($X = 0$) quand le solide de vitesse V_n entre en contact avec le $(n+1)$ième cylindre. Le cylindre est alors immobile et il y a une phase de glissement. Le solide reposant sur 5 rouleaux, on peut supposer que la force normale au contact d'un rouleau est

$$N = \frac{Mg}{5} \text{ donc } T = \mu N = \frac{\mu Mg}{5}$$

La loi de la quantité de mouvement appliquée au solide donne

$$M\ddot{X} = -T = -\frac{\mu Mg}{5} \text{ donc } \dot{X} = V_n - \frac{\mu g}{5}t$$

La loi du moment cinétique appliquée au rouleau donne

$$J\dot{\omega} = TR = \frac{\mu MgR}{5} \text{ donc } \omega = \frac{\mu MgR}{5J}t$$

Le glissement cessera quand la vitesse de glissement sera nulle donc quand

$$\dot{X} = R\omega \text{ soit } V_n - \frac{\mu g}{5}t_f = \frac{\mu MgR^2}{5J}t_f$$

$$\text{soit } V_n = \frac{11\mu g}{5}t_f$$

À cette date, l'énoncé précise que le régime transitoire est bref, on peut donc supposer que le solide n'a pas encore abordé le $(n+2)$ième rouleau et la vitesse devient constante, donc

$$V_{n+1} = V_n - \frac{\mu g}{5} t_f = \frac{10}{11} V_n$$

La suite est donc géométrique de raison $\frac{10}{11}$ et

$$V_n = V_0 \left(\frac{10}{11}\right)^n$$

2.11

a) Faisons apparaître la vitesse de glissement.

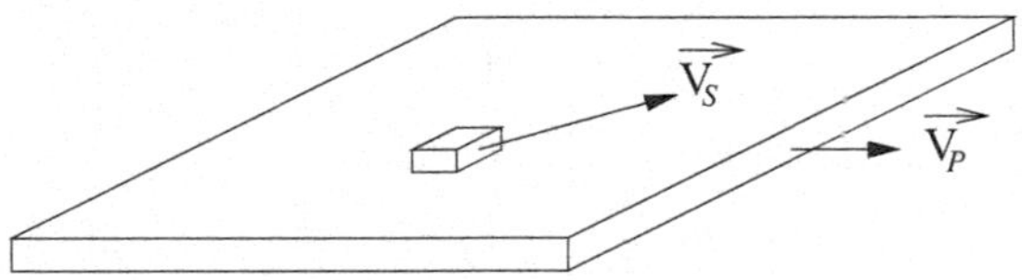

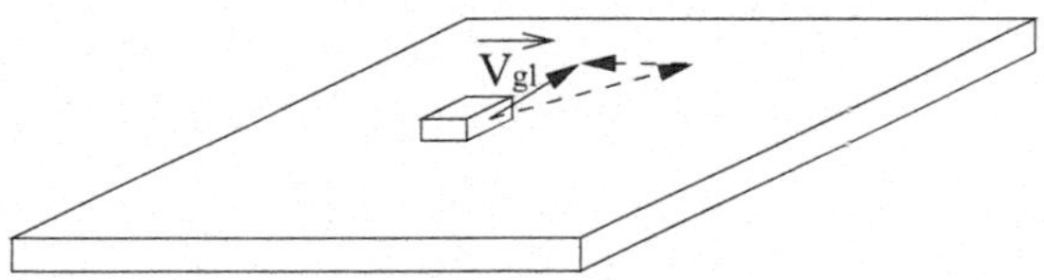

La loi de Coulomb indique que la force tangentielle subie par le solide est anticolinéaire à sa vitesse de glissement. La troisième loi de Newton (action-réaction) indique que les forces de contact subies par le plateau de la part du solide sont opposées à celles subies par le solide de la part du plateau.

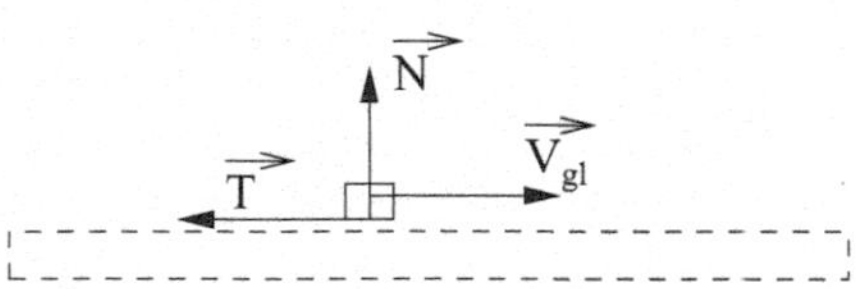

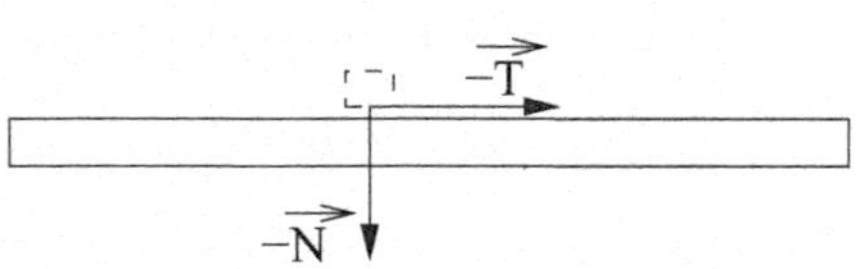

b) Dans le référentiel de travail,

$$\left\{ \begin{array}{l} \mathscr{P}(\vec{N}) = \vec{N} \cdot \vec{V}_S \\ \mathscr{P}(\vec{T}) = \vec{T} \cdot \vec{V}_S \end{array} \right. \quad \text{et} \quad \left\{ \begin{array}{l} \mathscr{P}(-\vec{N}) = -\vec{N} \cdot \vec{V}_P \\ \mathscr{P}(-\vec{T}) = -\vec{T} \cdot \vec{V}_P \end{array} \right.$$

c) En sommant ces puissances

$$\left\{ \begin{array}{l} \mathscr{P}_{\text{totale}}(\vec{N}) = \vec{N} \cdot (\vec{V}_P - \vec{V}_S) = \vec{N} \cdot \vec{V}_{gl} = 0 \\ \mathscr{P}_{\text{totale}}(\vec{T}) = \vec{T} \cdot (\vec{V}_P - \vec{V}_S) = \vec{T} \cdot \vec{V}_{gl} \end{array} \right.$$

2.12

a) Le secteur angulaire supporte le poids de la colonne du solide qui est au dessus, dont la masse est

$$dm = \rho \cdot H \cdot r dr d\theta$$

La loi de la quantité de mouvement en projection sur l'axe vertical donne donc

$$d\vec{N} = dmg\vec{u}_z = \rho g H r dr d\theta \vec{u}_z$$

La vitesse de glissement du secteur est

$$\vec{v}_{gl} = r\omega \vec{u}_\theta$$

La loi de Coulomb pour le glissement donne donc

$$d\vec{T} = -\mu dN \vec{u}_\theta = -\mu\rho g H r dr d\theta \vec{u}_\theta$$

b) Le bras de levier pour $d\vec{T}$ est r donc

$$d\mathcal{M} = -\mu\rho g H r^2 dr d\theta$$

On en déduit, en intégrant sur la surface de base

$$\mathcal{M} = \int_{r=0}^{b} \int_{\theta=0}^{2\pi} -\mu\rho g H r^2 dr d\theta$$

$$\mathcal{M} = -\mu\rho g H \left[\frac{r^3}{3}\right]_0^b [\theta]_0^{2\pi} = -\frac{2}{3}\pi\mu\rho g H b^3$$

c) L'application de la loi du moment cinétique au cylindre en rotation autour de son axe fixe, dans le référentiel galiléen du laboratoire, donne

$$\mathcal{M} = \frac{dL}{dt} \text{ soit } -\frac{2}{3}\pi\mu\rho g H b^3 = \frac{1}{2} m b^2 \dot{\omega}$$

Or $m = \rho \cdot \pi b^2 H$ donc

$$\dot{\omega} = -\frac{4\mu g}{3b} \text{ et } \omega(t) = \omega_0 - \frac{4\mu g}{3b} t$$

L'arrêt interviendra à la date $t_1 = \frac{3b\omega_0}{4\mu g}$.

d) L'énergie cinétique initiale du cylindre est

$$Ec_0 = \frac{1}{2} J\omega_0^2 = \frac{1}{4} m b^2 \omega_0^2$$

et l'énergie cinétique finale est nulle. La puissance de la force de frottement (qui est la seule qui travaille) est

$$\mathscr{P}(\vec{T}) = \mathcal{M} \cdot \omega$$

On en déduit son travail pendant la durée du mouvement

$$W = \int_{t=0}^{t_1} \mathcal{M} \cdot \omega dt$$

$$W = -\frac{2}{3}\pi\mu\rho g H b^3 \int_{t=0}^{t_1} \left(\omega_0 - \frac{4\mu g}{3b} t\right) dt$$

$$W = -\frac{2}{3}\pi\mu\rho g H b^3 \left[\omega_0 t_1 - \frac{2\mu g}{3b} t_1^2\right]$$

$$W = -\frac{\pi\rho H b^4 \omega_0^2}{4}$$

Or $m = \rho \cdot \pi b^2 H$ donc

$$W = -\frac{1}{4} m b^2 \omega_0^2$$

On vérifie donc bien la loi de l'énergie cinétique

$$0 - Ec_0 = W$$

2.13

L'énergie mécanique du système formé des deux solides est $Em = Ec_1 + Ec_2 + Ep_{p_1} + Ep_{p_2}$. À l'instant initial, comme à l'instant final, les deux solides sont immobiles donc leurs énergies cinétiques sont nulles. Prenons la référence des énergies potentielles de pesanteur nulle sur le support pour M_1 et nulle sur le sol pour M_2. Les énergies mécaniques initiale et finale du système valent donc :

$$Em_i = 0+0+0+mgd = mgd \text{ et } Em_f = 0+0+0+0 = 0$$

Mais il faut compter dans le bilan énergétique l'énergie cinétique perdue par M_2 au moment de son impact sur le sol (elle est dissipée sous forme de bruit, vibration, déformation du sol). On doit donc d'abord faire un bilan énergétique entre l'instant initial et l'instant t^* qui précède l'impact de M_2 sur le sol. Notons v^* sa vitesse à cette date. Le fil étant tendu et inextensible, les deux mobiles se déplacent à cette vitesse. L'énergie mécanique du système à t^* est donc

$$Em^* = \frac{1}{2}mv^{*2} + \frac{1}{2}mv^{*2} + 0 + 0$$

La force tangentielle qui s'exerce sur M_1 est, d'après la loi de Coulomb

$$\vec{T}_1 = -\mu_d N_1 \vec{u}_x = -\mu_d mg\vec{u}_x$$

On en déduit

$$Em^* - Em_i = W_{0,t^*}(\vec{T}_1)$$

$$\text{soit } mv^{*2} - mgd = -\mu_d mgd \text{ donc } \frac{1}{2}mv^{*2} = \frac{1}{2}mgd(1-\mu_d)$$

Après l'impact, M_2 s'immobilise, l'énergie mécanique du système ne vaut plus que

$$Em^{**} = \frac{1}{2}mv^{*2}$$

On en déduit

$$Em_f - Em^{**} = W_{t^*,t_f}(\vec{T}_1)$$

$$\text{soit } 0 - \frac{1}{2}mv^{*2} = -\mu_d mg(D-d)$$

$$\text{soit } \frac{1}{2}mgd(1-\mu_d) = -\mu_d mg(D-d)$$

$$\text{donc } \mu_d = \frac{d}{2D-d}$$

2.14

a) Pour la phase $t \in [0, t_1[$, il y a non-glissement donc la somme des forces est nulle dans le référentiel non galiléen du support. Comme il y a immobilité, $\vec{v}_r = \vec{0}$ et la force d'inertie de Coriolis est nulle. On a donc

$$\vec{P} + \vec{N} + \vec{T} + \vec{f}_{ie} = \vec{0}$$

$$\text{soit } \begin{vmatrix} -mg\sin\alpha \\ -mg\cos\alpha \\ 0 \end{vmatrix} + \begin{vmatrix} 0 \\ N \\ 0 \end{vmatrix} + \begin{vmatrix} T \\ 0 \\ 0 \end{vmatrix} + \begin{vmatrix} m\Omega^2 a \\ 0 \\ 0 \end{vmatrix} = \begin{vmatrix} 0 \\ 0 \\ 0 \end{vmatrix}$$

$$\text{donc } \begin{cases} T = mg\sin\alpha - m\Omega^2 a \\ N = mg\cos\alpha \end{cases}$$

Remarque : pour les faibles valeurs de t, la composante du poids sur x est inférieure à celle de la force d'inertie d'entraînement axifuge et la force tangentielle est dirigée vers le bas, avec une expression opposée à celle donnée ci-dessus. Il y a donc non-glissement vers le haut si $a\Omega^2 \leq \mu_s g$.

b) D'après la loi de Coulomb, il y a non-glissement tant que $T \leq \mu_s N$, t_1 est la date à laquelle $T = \mu_s N$, soit (après simplification par m)

$$g\sin(\Omega t_1) - \Omega^2 a = \mu_s g\cos(\Omega t_1)$$

c) Pour $t \geq t_1$, il y a glissement donc

$$\overrightarrow{OM}\begin{vmatrix} x \\ 0 \\ 0 \end{vmatrix}, \vec{v}_r \begin{vmatrix} \dot{x} \\ 0 \\ 0 \end{vmatrix}, \vec{a}_r \begin{vmatrix} \ddot{x} \\ 0 \\ 0 \end{vmatrix}, \vec{\Omega} \begin{vmatrix} 0 \\ 0 \\ \Omega \end{vmatrix}$$

$$\vec{P}\begin{vmatrix} -mg\sin\alpha \\ -mg\cos\alpha \\ 0 \end{vmatrix}, \vec{N}\begin{vmatrix} 0 \\ N \\ 0 \end{vmatrix}, \vec{T}\begin{vmatrix} T \\ 0 \\ 0 \end{vmatrix}$$

$$\vec{f}_{ie}\begin{vmatrix} m\Omega^2 x \\ 0 \\ 0 \end{vmatrix}, \vec{f}_{ic}\begin{vmatrix} 0 \\ -2m\Omega\dot{x} \\ 0 \end{vmatrix}$$

La loi de la quantité de mouvement dans le référentiel non galiléen du plan en rotation uniforme s'écrit

$$\vec{P} + \vec{N} + \vec{T} + \vec{f}_{ie} + \vec{f}_{ic} = m\vec{a}_r$$

$$\text{soit} \begin{cases} -mg\sin(\Omega t) + \mathrm{T} + m\Omega^2 x = m\ddot{x} \\ -mg\cos(\Omega t) + \mathrm{N} - 2m\Omega\dot{x} = 0 \end{cases}$$

La loi de Coulomb pour le glissement donne

$$\mathrm{T} = \mu_d \mathrm{N} \text{ avec } \begin{cases} \mathrm{T} = m\ddot{x} - m\Omega^2 x + mg\sin(\Omega t) \\ \mathrm{N} = mg\cos(\Omega t) + 2m\Omega\dot{x} \end{cases}$$

$$\text{donc } m\ddot{x} - m\Omega^2 x + mg\sin(\Omega t) = \mu_d mg\cos(\Omega t) - 2\mu_d m\Omega\dot{x}$$

$$\text{soit } \ddot{x} - 2\mu_d\Omega\dot{x} - \Omega^2 x = \mu_d g\cos(\Omega t) - g\sin(\Omega t)$$

On obtient donc bien la forme de l'énoncé avec

$$\mathrm{Q} = \mu_d,\ \mathrm{K} = \mu_d g \text{ et } \mathrm{L} = g$$

d) Résolution de l'équation.

i) L'équation homogène s'écrit

$$\ddot{x} - 2\mathrm{Q}\Omega\dot{x} - \Omega^2 x = 0$$

L'équation caractéristique s'écrit

$$r^2 - 2\mathrm{Q}\Omega r - \Omega^2 = 0$$

$$\text{donc } \Delta = 4\mathrm{Q}^2\Omega^2 + 4\Omega^2 = 4\Omega^2(1+\mathrm{Q}^2) > 0$$

Il y a donc deux racines réelles

$$\sqrt{\Delta} = 2\Omega\sqrt{1+\mathrm{Q}^2} \text{ et } \begin{cases} r_1 = \Omega\left(\mathrm{Q} + \sqrt{1+\mathrm{Q}^2}\right) \\ r_2 = \Omega\left(\mathrm{Q} - \sqrt{1+\mathrm{Q}^2}\right) \end{cases}$$

$$\text{donc } x_h(t) = \mathrm{A}e^{r_1 t} + \mathrm{B}e^{r_2 t}$$

ii) On passe en grandeurs complexes

$$\underline{x}_p = \mathrm{C}e^{i(\Omega t+\psi)} = \mathrm{C}e^{i\Omega t}e^{i\psi}$$

On remplace dans l'équation complète

$$(i\Omega)(i\Omega)\underline{x}_p - 2\mathrm{Q}\Omega(i\Omega)\underline{x}_p - \Omega^2\underline{x}_p = \mathrm{J}e^{i(\Omega t+\theta)}$$

$$\text{donc } -\Omega^2\left[1 + 2i\mathrm{Q} + 1\right]\mathrm{C}e^{i\Omega t}e^{i\psi} = \mathrm{J}e^{i\Omega t}e^{i\theta}$$

On simplifie par $e^{i\Omega t}$ et on passe aux modules

$$\Omega^2\,|2 + i2\mathrm{Q}|\,\mathrm{C} = \mathrm{J} \text{ donc } \mathrm{C} = \frac{\mathrm{J}}{2\mathrm{Q}^2\sqrt{1+\mathrm{Q}^2}}$$

iii) À $t = t_2$, $x = 0$, soit $x_h(t_2) + x_\mathrm{P}(t_2) = 0$ soit

$$\mathrm{A}e^{r_1 t_2} + \mathrm{B}e^{r_2 t_2} + \mathrm{C}\cos(\Omega t_2 + \psi) = 0$$

Deuxième partie

Traitement du signal

CHAPITRE 3

Signal périodique

Thèmes abordés dans les exercices

- Spectre d'un signal.
- Impédances complexes.
- Fonction de transfert.
- Diagramme de Bode.
- Transposition fréquentielle-temporelle de la fonction de transfert.
- Amplificateur linéaire intégré (*complément de programme*).

Points essentiels du cours pour la résolution des exercices

- Commenter le spectre d'un signal périodique.
- Traduire la loi des nœuds en termes de potentiel.
- Exprimer la fonction de transfert d'un quadripôle (*révision de sup*).
- Transposer une relation dans les domaines fréquentiel ou temporel (*révision de sup*).
- Opérer le filtrage d'un signal grâce à un quadripôle linéaire.
- Analyser et utiliser les montages comportant un ALI en régime linéaire (*complément de programme*).

Les méthodes à retenir

Commenter le spectre d'un signal périodique.

Un signal périodique $s(t)$ de période T et de fréquence fondamentale $f_1 = \frac{1}{T}$ est caractérisé par un spectre ne comportant que des **multiples entiers de la fréquence fondamentale**

$$0,\ f_1,\ 2f_1,\ \ldots,\ pf_1,\ \ldots$$

En langage musical, f_1 est la fondamentale, $2f_1$ l'octave, pf_1 la p-ième **harmonique**. Cette propriété est une conséquence du théorème de Fourier, qui permet le calcul mathématique des composantes spectrales en amplitudes A_p et en phase φ_p :

$$s(t) = A_0 + A_1 \cos\left(2\pi f_1 t + \varphi_1\right) + \ldots + A_p \cos\left(2\pi p f_1 t + \varphi_p\right) + \ldots$$

Le calcul des composantes est hors programme, il faut seulement savoir **commenter** un spectre fourni par l'énoncé ou obtenu en TP sur l'écran de l'oscilloscope ou par un traitement informatique du signal. Voici quelques éléments clés de commentaire.

a) La **composante continue** A_0 est égale à la valeur moyenne du signal. Elle apparaît sur le spectre en amplitude pour la fréquence nulle.

b) Un spectre en amplitude réduit à un unique pic à la fréquence f_1 est caractéristique d'un **signal sinusoïdal**.

c) La présence d'un harmonique de rang p élevé est caractéristique d'une partie de la courbe du signal présentant une pente élevée.

d) Il est possible de dresser le spectre en amplitude d'un signal périodique bifréquenciel en identifiant les deux sinusoïdes superposées et en mesurant leurs périodes temporelles respectives.

e) La présence dans un spectre d'un pic de fréquence en rapport non rationnel avec la fréquence fondamental indique un signal non périodique.

Exemple :

Voici quatre spectres en amplitude.

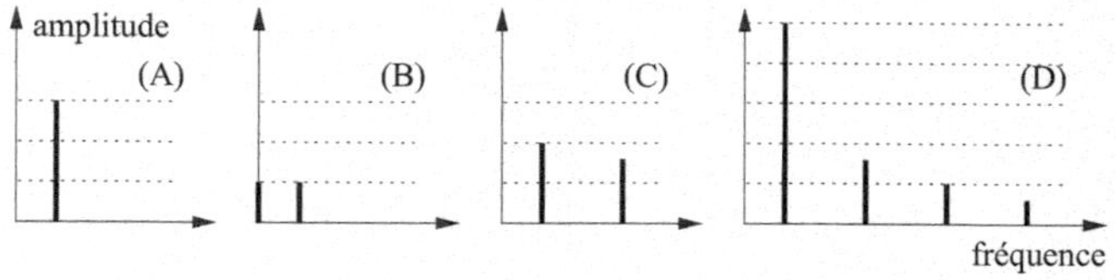

Voici les graphes des quatre signaux correspondants.

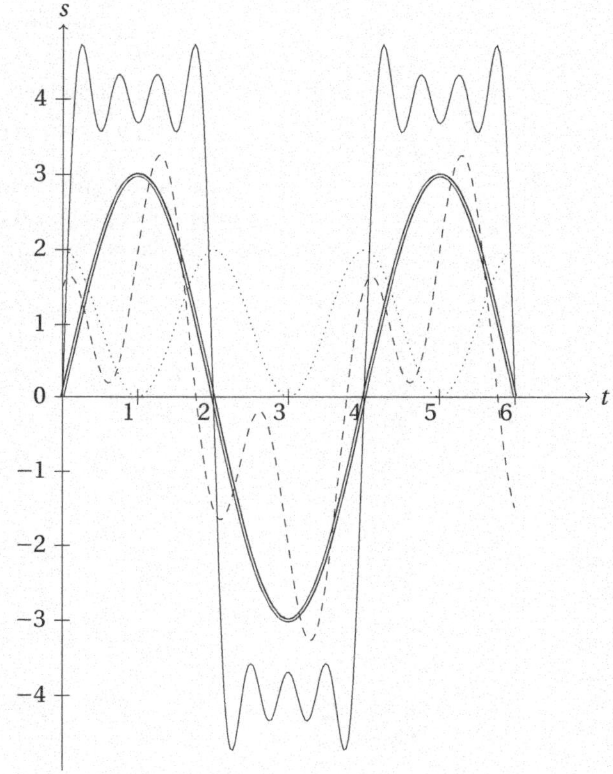

Attribuons chaque graphe à son spectre.

• Le signal en trait double est purement sinusoïdal, son spectre est donc le (A).

• Le signal en pointillés est le seul à valeur moyenne non nulle, son spectre est donc le (B), ce qui est cohérent avec la forme sinusoïdale.

• Les deux autres signaux sont multifréquenciels, mais celui en traits continus possède des parties à forte pente (presque verticales), son spectre est donc le (D) qui possède des composantes harmoniques de rang élevé ($p = 7f_1$).

• Le signal en tiretés a donc pour spectre (C), et on distingue bien les deux sinuoïdes superposées de fréquences f_1 et $3f_1$.

↪ **Exercice 3.1.**

Traduire la loi des nœuds en termes de potentiel.

En **régime sinusoïdal forcé**, toutes les grandeurs électriques sont des fonctions sinusoïdales du temps, dont la pulsation ω est celle du générateur. Les lois des dipôles linéaires se traduisent en grandeurs complexes sous la forme $\underline{u} = \underline{Z} \cdot \underline{i}$ ou $\underline{i} = \underline{Y} \cdot \underline{u}$, $\underline{Z}$ est l'**impédance** et $\underline{Y}$ l'**admittance** du dipôle.

dipôle	résistor	condensateur	bobine
loi	$u = \mathrm{R}i$	$i = \mathrm{C}\frac{du}{dt}$	$u = \mathrm{L}\frac{di}{dt}$
impédance	$\underline{Z}_{\mathrm{R}} = \mathrm{R}$	$\underline{Z}_{\mathrm{C}} = \frac{1}{j\mathrm{C}\omega}$	$\underline{Z}_{\mathrm{L}} = j\mathrm{L}\omega$
admittance	$\underline{Y}_{\mathrm{R}} = \frac{1}{\mathrm{R}}$	$\underline{Y}_{\mathrm{C}} = j\mathrm{C}\omega$	$\underline{Y}_{\mathrm{L}} = \frac{1}{j\mathrm{L}\omega}$

Dans un montage ne comportant que ce type de dipôles R, L, C, le potentiel complexe d'un nœud est égal à la moyenne des potentiels des nœuds qui l'entourent pondérés par les admittances des branches.

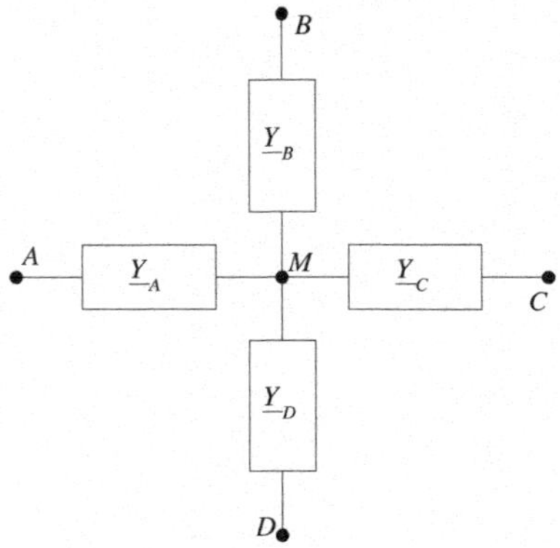

$$\underline{V}_{\mathrm{M}} = \frac{\underline{Y}_{\mathrm{A}}\underline{V}_{\mathrm{A}} + \underline{Y}_{\mathrm{B}}\underline{V}_{\mathrm{B}} + \underline{Y}_{\mathrm{C}}\underline{V}_{\mathrm{C}} + \underline{Y}_{\mathrm{D}}\underline{V}_{\mathrm{D}}}{\underline{Y}_{\mathrm{A}} + \underline{Y}_{\mathrm{B}} + \underline{Y}_{\mathrm{C}} + \underline{Y}_{\mathrm{D}}}$$

Exemple :

Dans le montage suivant, déterminons le potentiel complexe en B.

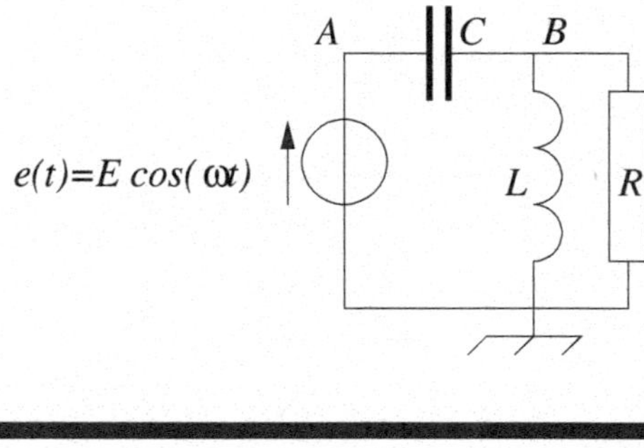

Le potentiel de la masse est nul, on identifie donc

$$\underline{u}_R = \underline{V}_B - \underline{V}_{masse} = \underline{V}_B \text{ et } \underline{V}_A = \underline{V}_A - \underline{V}_{masse} = Ee^{j\omega t}$$

Par application de la loi des nœuds en termes de potentiel :

$$\underline{V}_B = \frac{jC\omega \cdot \underline{V}_A + \frac{1}{jL\omega} \cdot 0 + \frac{1}{R} \cdot 0}{jC\omega + \frac{1}{jL\omega} + \frac{1}{R}} = \frac{-LC\omega^2}{1 + \frac{jL\omega}{R} - LC\omega^2} \cdot Ee^{j\omega t}$$

⟶ **Exercices 3.2, 3.3.**

Exprimer la fonction de transfert d'un quadripôle (*révision de sup*).

La fonction de transfert d'un quadripôle linéaire est le rapport, en grandeurs complexes

$$\underline{H} = \frac{\underline{u}_s}{\underline{u}_e}$$

Les deux méthodes les plus courantes sont
- la loi du **diviseur de tension** exprimée grâce aux **impédances complexes** ;
- la loi des nœuds en termes de potentiel.

Exemple :

Quadripôles CR et RCCR.

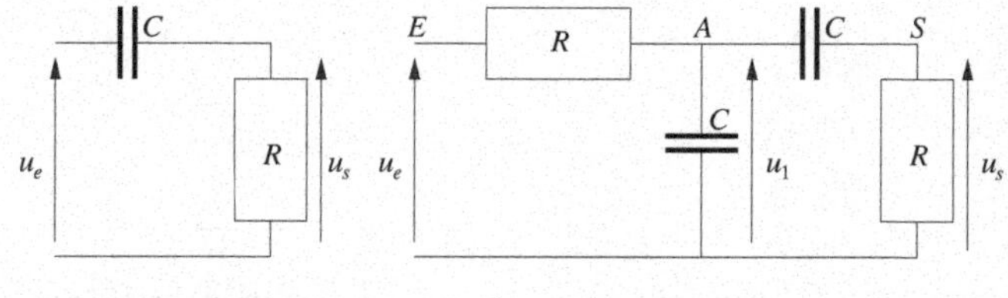

Dans le premier montage, la loi du diviseur de tension s'écrit immédiatement

$$\underline{u}_s = \frac{R}{R + \frac{1}{jC\omega}} \underline{u}_e \text{ donc } \underline{H} = \frac{jRC\omega}{1 + jRC\omega}$$

Dans le second montage, en considérant que la branche horizontale inférieure est la masse, de potentiel nul, on peut identifier $\underline{V}_E = \underline{u}_e$, $\underline{V}_A = \underline{u}_1$ et $\underline{V}_S = \underline{u}_s$.

En appliquant la loi des nœuds en termes de potentiel aux nœuds A et S, il vient :

$$\underline{u}_1 = \frac{\frac{1}{R}\cdot \underline{u}_e + jC\omega\cdot 0 + jC\omega\cdot \underline{u}_s}{\frac{1}{R} + jC\omega + jC\omega} \text{ et } \underline{u}_s = \frac{jC\omega\cdot \underline{u}_1 + \frac{1}{R}\cdot 0}{jC\omega + \frac{1}{R}}$$

En éliminant $\underline{u}_1$ entre ces deux relations, on en déduit que

$$\underline{u}_s\left(1 + 3jRC\omega - R^2C^2\omega^2\right) = jRC\omega\underline{u}_e$$

$$\text{donc } \underline{H} = \frac{\underline{u}_s}{\underline{u}_e} = \frac{jRC\omega}{1 + 3jRC\omega - R^2C^2\omega^2}$$

↪ **Exercices 3.4, 3.5.**

Transposer une relation dans les domaines fréquentiel ou temporel (*révision de sup*).

Dans un circuit formé de composants linéaires, on peut écrire les relations différentielles entre les grandeurs réelles ou les relations algébriques entre les grandeurs complexes. On peut librement passer des unes aux autres en utilisant l'équivalence

$$\frac{dX}{dt} \leftrightarrow j\omega\cdot\underline{X}$$

Il est conseillé, **même si on n'est pas en régime sinusoïdal forcé**, d'exprimer les relations entre grandeurs complexes (beaucoup plus faciles à établir) et d'en déduire les relations différentielles en grandeurs réelles en utilisant cette équivalence.

Exemple :

Considérons les deux montages suivants.

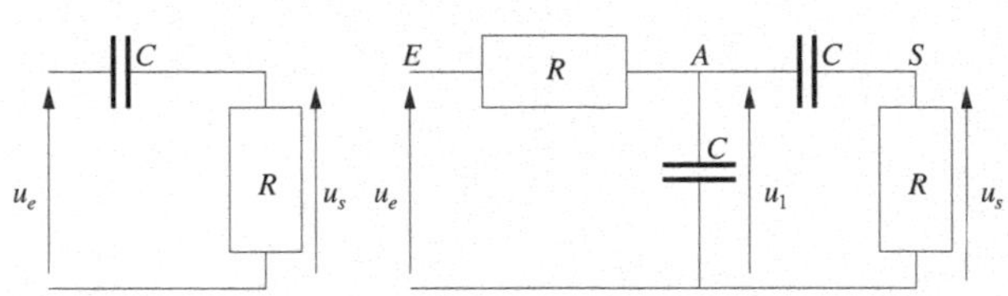

Utilisons les fonctions de transfert en grandeurs complexes calculées au paragraphe précédent.

- Dans le premier montage,

$$\frac{\underline{u}_s}{\underline{u}_e} = \frac{jRC\omega}{1+jRC\omega} \leftrightarrow \left(1+jRC\omega\right)\cdot \underline{u}_s = jRC\omega \cdot \underline{u}_e$$

$$\text{soit } \underline{u}_s + RC(j\omega)\underline{u}_s = RC(j\omega)\underline{u}_e$$

$$\text{donc } u_s + RC\frac{du_s}{dt} = RC\frac{du_e}{dt}$$

- Dans le second montage,

$$\frac{\underline{u}_s}{\underline{u}_e} = \frac{jRC\omega}{1+jRC\omega - R^2C^2\omega^2} \leftrightarrow$$

$$\left(1+jRC\omega - R^2C^2\omega^2\right)\cdot \underline{u}_s = jRC\omega \underline{u}_e$$

$$\text{soit } \underline{u}_s + RC(j\omega)\underline{u}_s + RC(j\omega)(j\omega)\underline{u}_s = RC(j\omega)\underline{u}_e$$

$$\text{donc } u_s + RC\frac{du_s}{dt} + R^2C^2\frac{d^2u_s}{dt^2} = RC\frac{du_e}{dt}$$

⟶ **Exercices 3.6, 3.7, 3.8.**

Opérer le filtrage d'un signal grâce à un quadripôle linéaire.

Le **filtrage** d'un signal périodique par un quadripôle linéaire est l'un des aboutissements de l'électricité des classes MPSI et MP. Voici la méthode générale d'étude du filtrage d'un signal dont

- le spectre en amplitude
- et le diagramme de Bode en gain

sont donnés.

a) On place sur le diagramme de Bode les pics du spectre en amplitude aux fréquences correspondantes.

b) Le pic à fréquence nulle correspondant à l'éventuelle composante continue (valeur moyenne) du signal fait exception : elle est rejetée à $-\infty$ sur l'axe horizontal des fréquences en échelle logarithmique.

c) Le filtre sélectionne les fréquences qui sont dans la bande passante.

d) Le filtre atténue les fréquences pour lesquelles le gain est faiblement négatif et élimine celles dont le gain est inférieur à une valeur conventionnelle (-20 dB par exemple).

e) Si aucune fréquence du spectre n'est dans la bande passante, et toutes celles du spectre dans un intervalle où la pente du diagramme est +20 dB/décade, le montage est **dérivateur**.

f) Si aucune fréquence n'est dans la bande passante, et toutes celles du spectre dans un intervalle où la pente du diagramme est −20 dB/décade, le montage est **intégrateur**.

Exemple :

Un montage passe-bas du premier ordre de fréquence de coupure f_c filtre différemment un signal périodique selon sa fréquence fondamentale f_1 et selon l'existence ou l'absence de composante continue.

• Si $f_1 \ll f_c$, alors toutes les composantes spectrales du signal d'entrée sont dans la bande-passante et $u_s = u_e$.

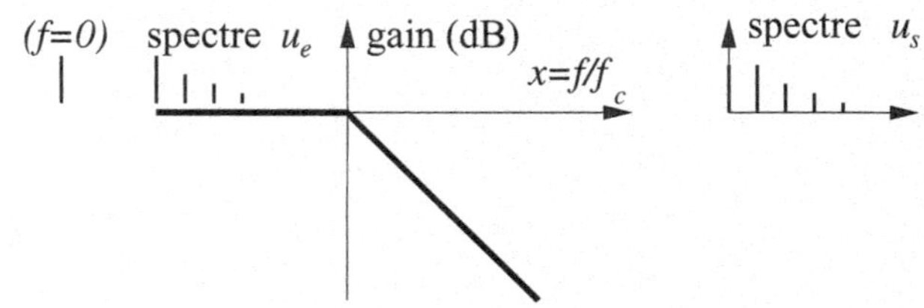

• Si $f_1 \simeq f_c$ et si le signal d'entrée ne possède pas de composante continue (sa valeur moyenne est nulle), alors la fondamentale de fréquence f_1 passe et les composantes spectrales de fréquences pf_1 pour $p \leq 2$ sont atténuées ; le filtre se comporte donc en passe-bande, le signal de sortie approximativement sinusoïdal, égal à celui d'entrée débarrassé de ses harmoniques de hautes fréquences.

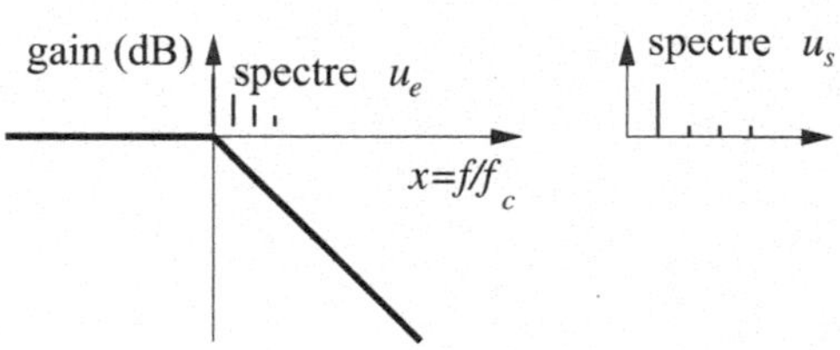

• Si $f_1 \gg f_c$ et si le signal d'entrée ne possède pas de composante continue (sa valeur moyenne est nulle), alors pour toutes les composantes harmoniques du signal sont dans la partie du diagramme de Bode de pente -20dB/décade, donc

$$\underline{H} \simeq \frac{H_0}{j\omega} \text{ soit } \underline{u}_s \simeq K\frac{\underline{u}_e}{j\omega}$$

$$\text{donc } u_s(t) = K\int u_e(t)dt$$

Le quadripôle se comporte donc comme un intégrateur.

• Si $f_1 \gg f_c$ et si le signal d'entrée possède une composante continue (sa valeur moyenne n'est pas nulle), alors pour toutes les composantes harmoniques du signal sont coupées, sauf la composante continue ; le signal de sortie est une constante, le quadripôle est un moyenneur.

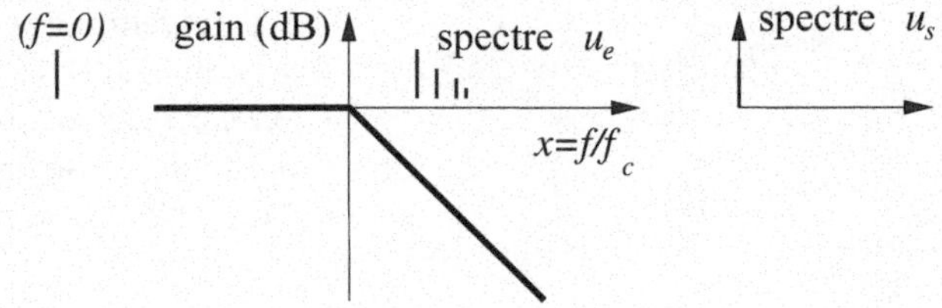

↪ **Exercices 3.9, 3.10.**

Analyser et utiliser les montages comportant un ALI en régime linéaire (*complément de programme*).

L'amplificateur linéaire intégré (ALI en abrégé) est un composant important utilisé dans de très nombreux montages d'électronique. Même s'il n'est pas explicitement au programme de MP, on donne ici ses propriétés en régime linéaire et la méthode d'étude d'un montage avec ce composant.

Un ALI est un composant à deux entrées E^+ et E^- et une sortie S, alimenté en énergie par des fils non représentés sur le schéma électrique. On note V_{E^+} et V_{E^-} les potentiels des entrées et i^+ et i^- les intensités entrantes.

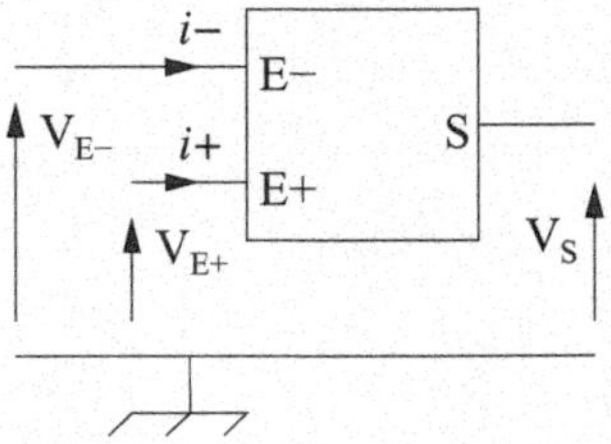

Lorsqu'un ALI est idéal, de gain infini et fonctionne en régime linéaire, ses propriétés sont les suivantes :

$$\begin{cases} i^+ = i^- = 0 \\ V_{E^+} = V_{E^-} \end{cases}$$

Voici les étapes de l'étude d'un quadripôle comportant un ALI en régime linéaire et des dipôles linéaires R, L, C.

- On identifie les nœuds à la masse dont le potentiel est nul.
- Si le montage comporte une entrée et/ou une sortie, on identifie les potentiels des nœuds correspondants aux tensions entre ceux-ci et la masse.
- On écrit la loi des nœuds en termes de potentiel aux nœuds E^+ et E^-, en grandeurs complexes (le potentiel de chaque nœud est égal à la moyenne des potentiels des nœuds qui l'entoure pondérés par les admittances complexes des branches).
- On écrit ces lois pour les éventuels autres nœuds, mais **jamais** au nœud de sortie de l'ALI car $i_s \neq 0$ en général.
- On écrit la loi en régime linéaire

$$\underline{V}_{E^+} = \underline{V}_{E^-}$$

- Si le montage est un quadripôle, on réduit algébriquement le système d'équations et on en déduit la fonction de transfert

$$\underline{H} = \frac{\underline{u_s}}{\underline{u_e}}$$

- Dans les autres cas, on transpose la (ou les) relation(s) algébrique(s) complexe(s) pour exprimer une (ou un système de) relation(s) différentielle(s).
- On déduit des relations obtenues le comportement du montage.

Exemple :

Dans le quadripôle suivant, l'ALI est idéal, de gain inifini et fonctionne en régime linéaire. Il est appelé **montage intégrateur**.

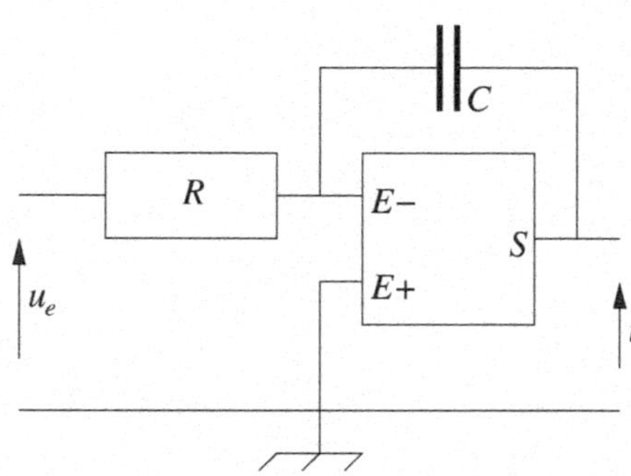

L'entrée non inverseuse E^+ est à la masse. On en déduit que $\underline{V}_{E^-} = \underline{V}_{E^+} = 0$. L'application de la loi des nœuds en E^- donne

$$\underline{V}_{E^-} = \frac{\frac{1}{R}\cdot\underline{u}_e + jC\omega\cdot\underline{u}_s}{\frac{1}{R} + jC\omega} \text{ donc } jRC\omega\underline{u}_s = -\underline{u}_e$$

On en déduit la fonction de transfert

$$\underline{H} = \frac{\underline{u}_s}{\underline{u}_e} = -\frac{1}{jRC\omega}$$

En transposant la relation, on obtient

$$RC(j\omega)\underline{u}_s = -\underline{u}_e \leftrightarrow RC\frac{du_s}{dt} = -u_e(t)$$

$$\text{soit } u_s = -\frac{1}{RC}\int u_e(t)dt$$

Le montage opère donc une primitivation temporelle de la tension d'entrée, à une constante multiplicative négative $(-1/RC)$ près.

↪ **Exercices 3.11, 3.12, 3.13, 3.14, 3.15, 3.16.**

Énoncés des exercices

3.1 Signal de marche (analyse documentaire, d'après Mines-Ponts MP (I) 2016)

L'action de la marche d'un piéton sur une passerelle est traduite par une force verticale périodique, appelée charge. Voici l'allure des graphes de charge par pied, puis cumulée en fonction du temps.

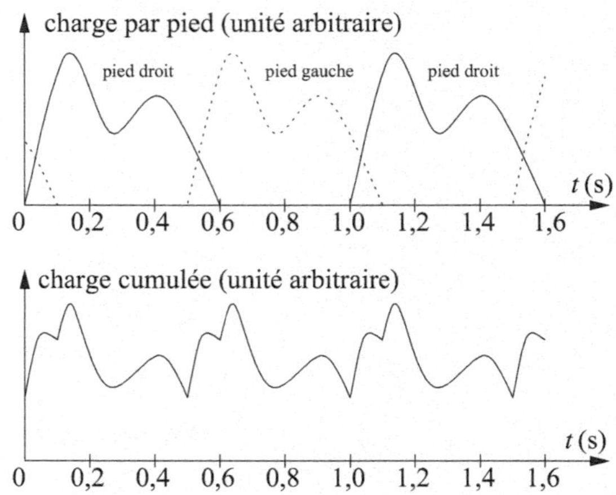

a) Quelle est la période du signal pour la charge du pied droit ? Du pied gauche ? Cumulée ?

b) Proposer une explication pour la forme du signal de charge d'un seul pied.

c) Pourquoi le signal cumulé est-il continu ?

d) Proposer une forme pour le signal cumulé d'un coureur.

e) Parmi les trois spectres en amplitude suivants, expliquer (en justifiant la réponse) lequel est le plus vraisemblable pour le signal cumulé.

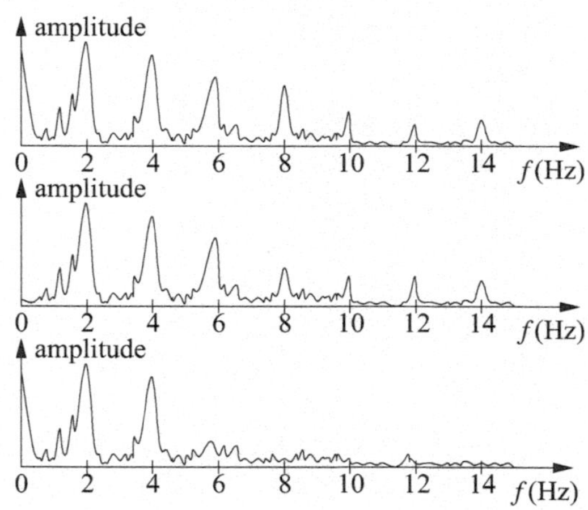

3.2

Pont de Maxwell-Wheatstone

Dans le circuit suivant, P et Q sont des résistances calibrées, R et C sont réglables, et on cherche à mesurer la valeur de l'inductance L et celle de la résistance r de la bobine.

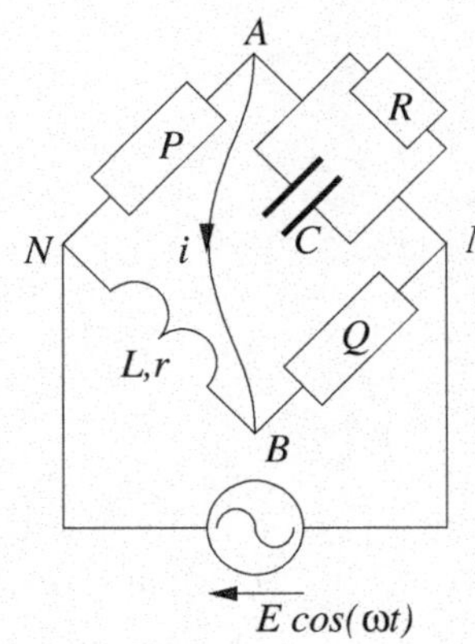

Le pont est équilibré lorsque $i = 0$ donc quand $V_A = V_B$. Montrer que quand cette condition est réalisée, on peut donner les expressions de L et de r en fonction des autres paramètres.

3.3

Déphasage de deux bobines grâce à un condensateur

Pour créer un champ magnétique tournant, les deux bobines du montage suivant ont des axes perpendiculaires et doivent être parcourues par des courants déphasés de $\frac{\pi}{2}$.

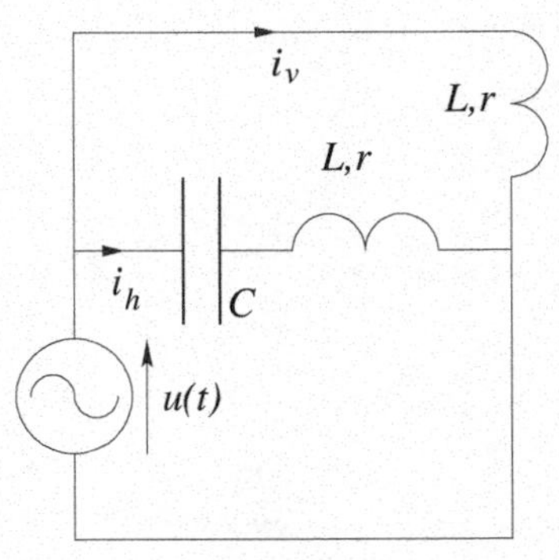

Sous l'action de la tension du générateur $u(t) = U_0 \cos(\omega t)$, les intensités des deux branches doivent donc s'écrire

$$i_h(t) = I_0 \cos(\omega t + \varphi) \text{ et } i_v(t) = I_0 \sin(\omega t + \varphi)$$

a) Donner l'expression en grandeurs complexes de $\underline{i}_h$, $\underline{i}_v$ et $\underline{u}$.

b) Établir les deux relations entre L, C, r et ω.

3.4 Quadripôle réjecteur de bande

On considère le quadripôle suivant.

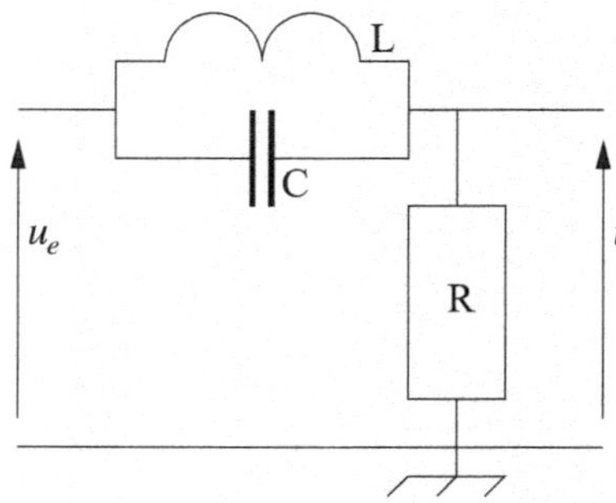

a) En traçant les schémas équivalents à basse et à haute fréquence, justifier que ce filtre laisse passer les basses et les hautes fréquences.

b) Donner l'expression de la fonction de transfert $\underline{H}$ en fonction de R, L, C et ω.

c) On pose

$$\omega_0 = \frac{1}{\sqrt{LC}}, \; x = \frac{\omega}{\omega_0} \text{ et } Q = \frac{1}{R}\sqrt{\frac{L}{C}} = \frac{L\omega_0}{R} = \frac{1}{RC\omega_0}$$

Donner l'expression de $\underline{H}$ en fonction de Q et x.

d) Dresser le diagramme de Bode en gain en fonction de x, qualifier le filtre et donner un exemple d'utilisation de ce filtre.

3.5 Quadripôle à deux niveaux d'atténuation

Dans le quadripôle suivant, on donne $R_1 = 90$ kΩ et $C_1 = 10$ nF.

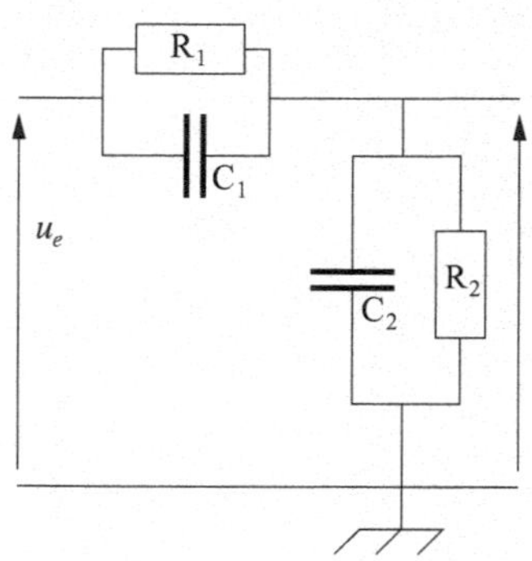

On pose $f_0 = 17{,}68$ Hz, $\omega_0 = 2\pi f_0$ et on définit la pulsation réduite $x = \frac{\omega}{\omega_0}$. Voici le diagramme de Bode asymptotique du quadripôle :

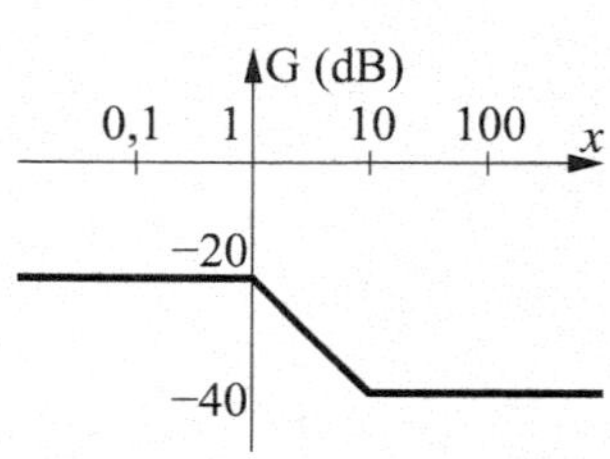

a) En utilisant les schémas équivalents à basse et à haute fréquence du montage, déterminer les valeurs de R_2 et de C_2.

b) Donner l'expression de la fonction de transfert $\underline{H} = \frac{\underline{u}_s}{\underline{u}_e}$ en fonction de R_1, R_2, C_1, C_2 et ω.

c) En donnant l'équivalent à basse et à haute fréquence de $\underline{H}$, retrouver les valeurs de R_2 et C_2.

d) On pose

$$\omega_1 = \frac{1}{R_1 C_1} \text{ et } \Omega = \frac{1}{R_{eq} C_{eq}} \text{ avec } \begin{cases} R_{eq} = \frac{R_1 R_2}{R_1 + R_2} \\ C_{eq} = C_1 + C_2 \end{cases}$$

Calculer les valeurs numériques de ω_1 et de Ω, puis celles des pulsations réduites correspondantes $x_1 = \frac{\omega_1}{\omega_0}$ et $X = \frac{\Omega}{\omega_0}$.

e) Exprimer la fonction de transfert sous la forme

$$\underline{H} = H_0 \frac{1 + j\frac{\omega}{\omega_1}}{1 + j\frac{\omega}{\Omega}}$$

et préciser l'expression de H_0.

f) Expliquer brièvement comment ces résultats justifient la forme du diagramme de Bode.

3.6 Condition d'observation d'oscillations

Dans le montage suivant, établir l'équation différentielle vérifiée par $u_C(t)$ et déterminer pour quelles valeurs de R on observera des oscillations.

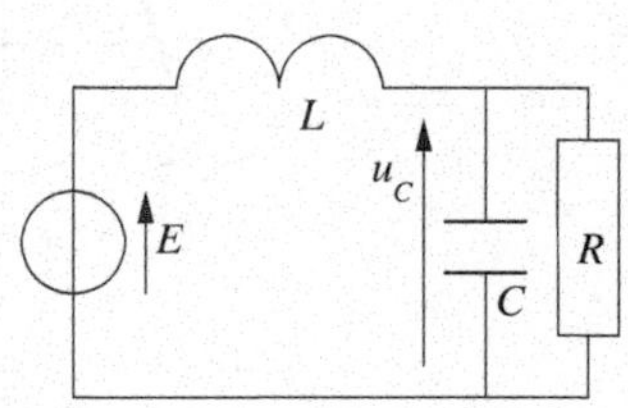

3.7 Formalisme complexe et régime transitoire

Dans le circuit suivant, $e(t)$ est un échelon de tension $0 \rightarrow E$ avec $E = 25$ V, i_L et u_C sont nulles à $t = 0$, $R = 25\ \Omega$, $L = 25$ mH et $C = 20\ \mu$F.

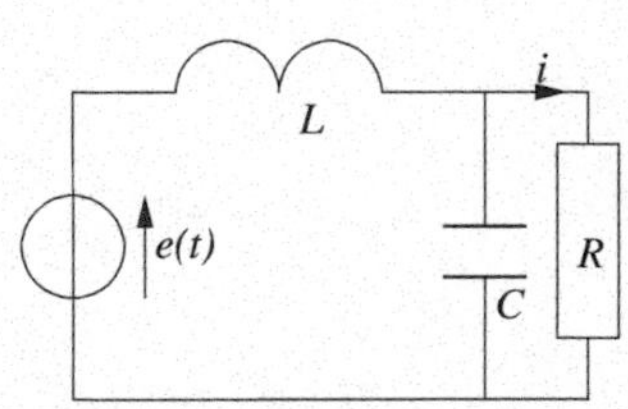

a) Établir, en grandeurs complexes, la relation entre $\underline{i}$ et $\underline{e}$.

b) En déduire l'équation différentielle vérifiée par $i(t)$.

c) Résoudre cette équation différentielle.

3.8

Couplage de circuits oscillants

Dans le circuit suivant, les intensités initiales dans les bobines sont nulles, $u_1(t = 0) = \mathrm{E}$ et $u(t = 0) = u_2(t = 0) = 0$.

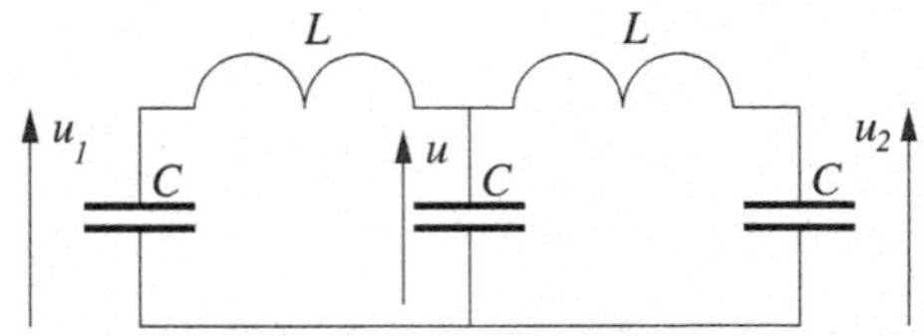

Établir le système d'équations différentielles vérifiées par les tensions $u_1(t)$ et $u_2(t)$ et le résoudre complètement.

3.9

Rétro-analyse d'un filtre

Un filtre d'ordre 2 prend en entrée un signal créneaux, de période T_1, de fréquence fondamentale $f_1 = \frac{1}{\mathrm{T}_1}$, de valeur moyenne 1,0 V et d'amplitude 1,0 V, donc oscillant entre 0 et 2,0 V. L'analyse de Fourier de ce signal met en évidence l'existence d'harmoniques toutes impaires, de fréquences $(2n+1)f_1$, n entier naturel. On teste deux fréquences distinctes et on obtient les oscillogrammes suivants :

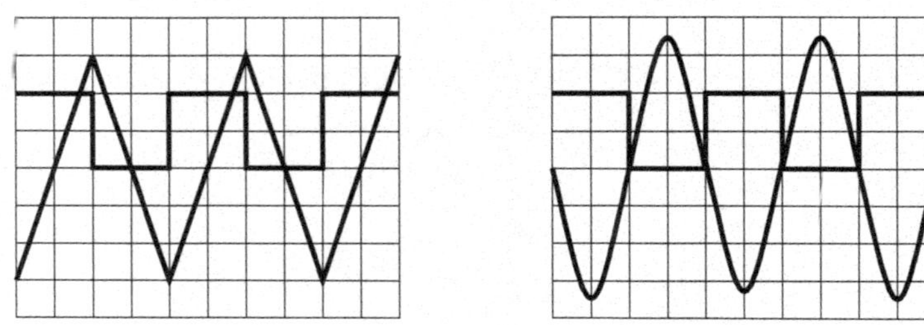

10 µs/div 100 µs/div

Caractériser le filtre et décrire son diagramme de Bode.

3.10

Filtrage par un quadripôle à deux niveaux d'atténuation

Le montage étudié à l'exercice 3.5 a pour diagramme de Bode en gain en fonction de la pulsation réduite $x = \frac{f}{f_0}$:

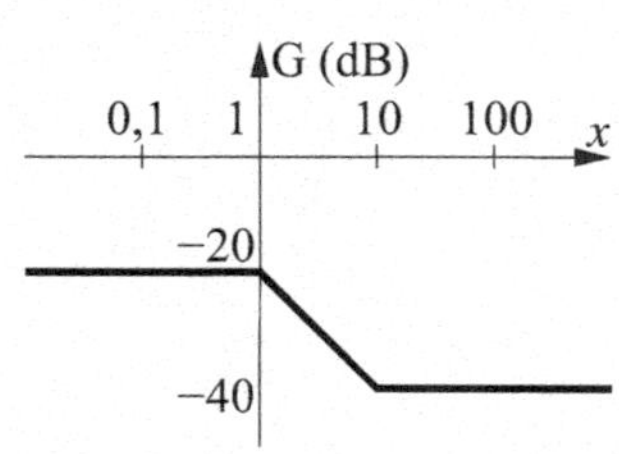

On envoie en entrée un signal comportant deux composantes harmoniques de fréquences respectives f_0 et $10f_0$, d'amplitudes respectives 4,0 V et 2,0 V. En expliquant votre raisonnement, tracer l'allure des chronogrammes de $u_e(t)$ et de $u_s(t)$. On pourra s'aider du grapheur de la calculatrice.

3.11 Montage amplificateur non inverseur

Dans le montage suivant, l'ALI est en régime linéaire.

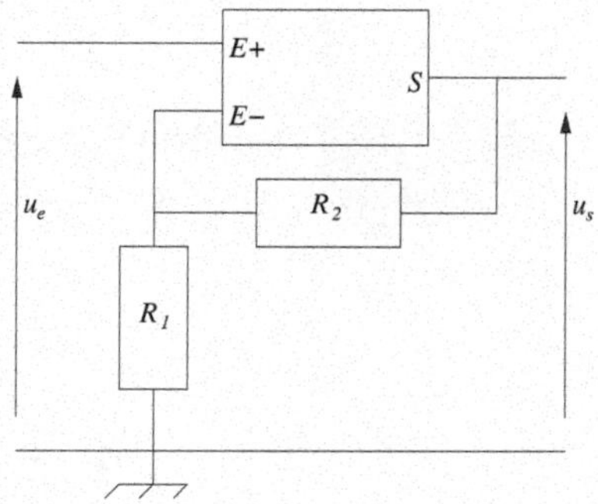

a) Déterminer la relation entre u_s et u_e.

b) Qualifier le montage.

c) Préciser son impédance d'entrée.

3.12 Montage amplificateur inverseur

Dans le montage suivant, les deux ALI fonctionnent en régime linéaire. Déterminer la fonction de transfert et qualifier le quadripôle.

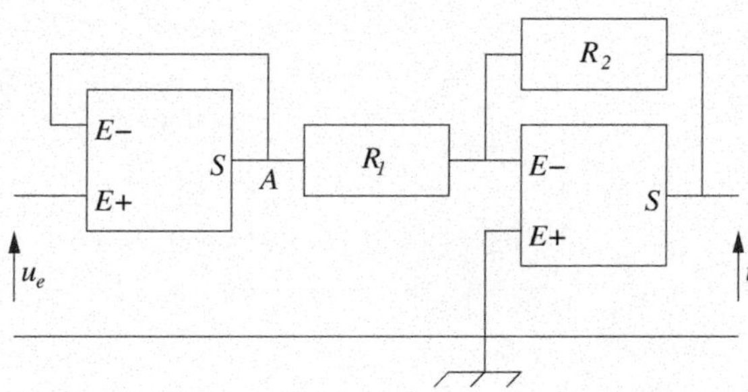

3.13 Montage sommateur

Dans le circuit suivant, l'ALI fonctionne en régime linéaire.

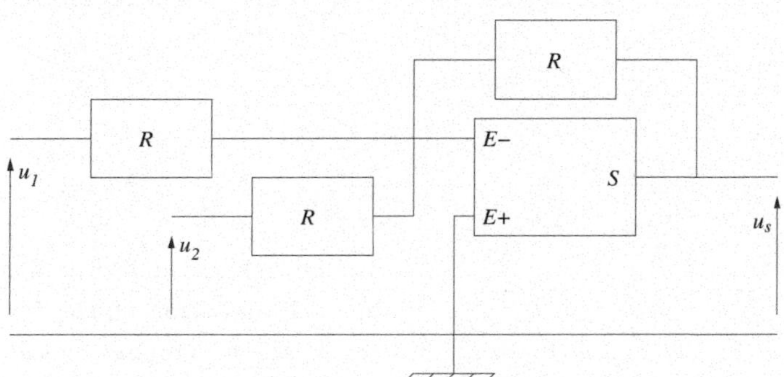

a) Donner l'expression de u_s en fonction de u_1 et de u_2.

b) On applique $u_1 = U_0 \cos[(\omega+\varepsilon)t]$ et $u_2 = U_0 \cos[(\omega-\varepsilon)t]$ avec $\varepsilon \ll \omega$. Tracer l'allure de la fonction $u_s(t)$.

3.14

Quadripôle à 3 ALI

Dans le circuit suivant, les ALI fonctionnent en régime linéaire.

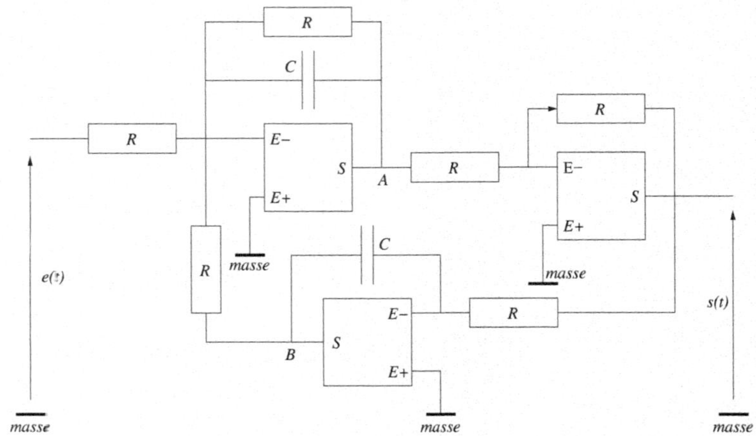

a) Établir l'expression de la fonction de transfert $\underline{H} = \frac{\underline{s}}{\underline{e}}$ du quadripôle.

b) Dresser le diagramme de Bode en gain en fonction de la pulsation réduite $x = RC\omega$, qualifier le filtre.

3.15

Double intégrateur

Dans le montage suivant, l'ALI fonctionne en régime linéaire.

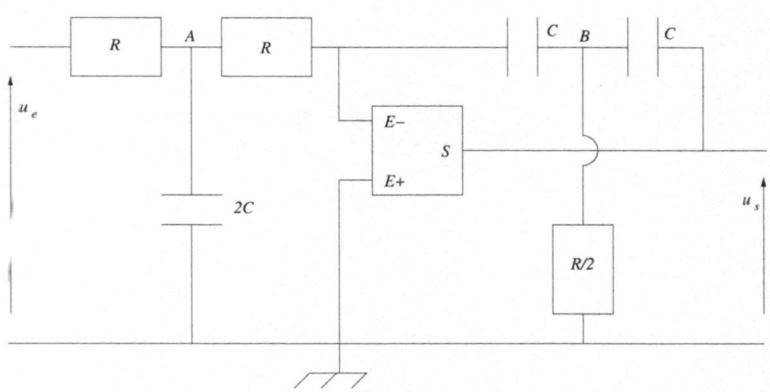

a) Donner l'expression de la fonction de transfert de ce quadripôle.

b) En déduire la fonction réalisée par ce montage en grandeurs temporelles.

c) Quelle est la forme du signal en sortie si on applique en entrée un signal rectangulaire ?

3.16 Passe-tout déphaseur

Dans le montage suivant, l'ALI fonctionne en régime linéaire.

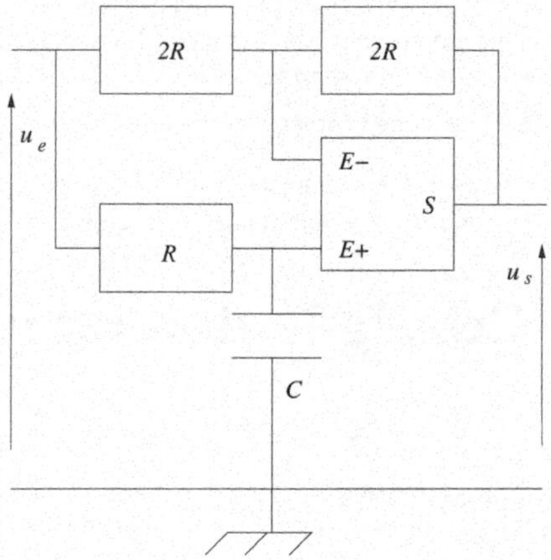

a) Donner l'expression de la fonction de transfert de ce quadripôle.

b) Quelle est la particularité du diagramme de Bode en gain ?

c) Quelle est la fonction réalisée par ce montage ?

d) Proposer une application pratique de ce montage.

Du mal à démarrer ?

3.1 Des considérations rudimentaires sur l'interaction entre le pied et le sol pour la marche et pour la course suffisent pour répondre aux premières questions. Le choix du spectre repose sur les arguments développés dans le cours.

3.2 Il ne faut surtout pas flécher le circuit avec les 7 intensités des différentes branches et espérer extraire des différentes relations la condition d'équilibre. Au contraire, cet exercice met en évidence la pertinence de la méthode des nœuds en termes de potentiel : on pourra choisir une masse en M, en déduire immédiatement $\underline{V}_N$ puis écrire la condition sous la forme $\underline{V}_A = \underline{V}_B$.

3.3 On rappelle que $\sin\alpha = \cos\left(\alpha - \frac{\pi}{2}\right)$. Il est fortement recommandé de travailler en grandeurs complexes.

3.4 Les schémas équivalents sont obtenus en remplaçant le condensateur et la bobine par un fil ou un interrupteur ouvert. La méthode du diviseur de tension donne $\underline{H}$ après avois exprimé l'impédance équivalente de leur association en parallèle. La loi des nœuds en termes de potentiel peut aussi être utilisée et donne le même résultat.

3.5 Le schéma équivalent à haute fréquence ne doit pas être dressé en remplaçant les condensateurs par des fils, mais en supprimant les résistances (dans lesquelles le courant ne circule pas). On obtient ainsi les fonctions de transfert à basse et haute fréquence, on en déduit les gains qu'on identifie aux valeurs −20 dB et −40 dB données par le diagramme de Bode. On en déduit R_2 et C_2. La méthode calculatoire donne le même résultat.

3.6 Les trois méthodes du cours, (1) écriture des lois électrocinétiques (2) loi du diviseur de tension (3) loi des nœuds en termes de potentiel, permettent d'obtenir l'équation cherchée à condition d'avoir un peu de persévérance algébrique. Pour la condition attendue, on pourra penser au régime pseudo-périodique.

3.7 Paradoxalement, l'établissement de l'équation différentielle est plus simple que la détermination des conditions initiales : pour la première, il y a beaucoup de calcul, et pour les secondes, il faut utiliser les lois de l'électrocinétique et les deux propriétés de continuité (pour L et pour C). La résolution numérique complète doit être menée jusqu'au bout et considérée comme un test.

3.8 L'établissement des équations différentielles nécessite l'écriture des lois électrocinétiques du circuit en fonction des trois variables u, u_1 et u_2. L'intégration de la loi des nœuds permet d'éliminer u. Pour la résolution du système obtenu, on pourra introduire la somme $S = u_1 + u_2$ et la différence $D = u_1 - u_2$.

3.9 Le quadripôle coupe la composante continue, se comporte comme un intégrateur pour $f > 25$ kHz et sélectionne la fréquence 2,5 kHz. Il est assez facile d'en déduire la nature du filtre.

3.10 La position des pics du spectre du signal sur le diagramme de Bode est immédiate, on en déduit le spectre en amplitude du signal de sortie et on conclut en utilisant un grapheur.

3.11 Ce montage est explicitement au programme, la condition $V_{E^+} = V_{E^-}$ permet de conclure rapidement.

3.12 Le premier étage est un suiveur, le second étage se traîte comme le montage amplificateur non inverseur, il faut remarquer que E_2^+ est à la masse donc que son potentiel est nul.

3.13 La loi des nœuds en termes de potentiel permet de conclure.

3.14 Il ne faut pas se laisser impressionner par le montage. L'écriture de la loi $\underline{V}_{E^+} = \underline{V}_{E^-}$ pour chaque ALI donne un ensemble de relations entre lesquelles on élimine $\underline{V}_A$ et $\underline{V}_B$. Attention à ne surtout pas écrire la loi des nœuds en termes de potentiel aux nœuds de sortie des ALI.

3.15 L'écriture des lois des nœuds en termes de potentiel aux trois nœuds A, E^- et B permet d'établir la relation entre les tensions d'entrée et de sortie.

3.16 La relation $\underline{V}_{E^+} = \underline{V}_{E^-}$ conduit à la relation entre $\underline{u}_e$ et $\underline{u}_s$. La recherche d'une application du montage mérite d'y consacrer un peu de temps, la physique n'est pas que du calcul algébrique.

Corrigés des exercices

3.1

a) La période de la charge d'un pied seul est $T = 1{,}0$ s. Celle de la charge cumulée est $T_1 = 0{,}5$ s. La fréquence fondamentale de la charge cumulée est donc

$$f_1 = \frac{1}{T_1} = 2{,}0 \text{ Hz}$$

b) La prenière bosse correspond à la pose du talon, la seconde à l'impulsion sur le bout du pied.

c) La marche est une série de poses des pieds, il n'y a pas impact comme pour la course.

d) On peut supposer que l'impact du pied sur le sol crée une discontinuité, et qu'une phase de vol sépare la pose de chaque pied.

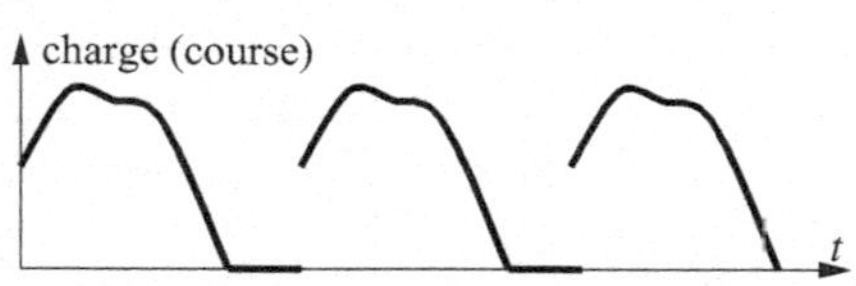

e) Le spectre 2 ne comporte pas de pic à fréquence nulle, or la valeur moyenne du signal n'est pas nulle, son spectre comporte donc une composante continue, et on exclut le spectre 2. La présence de points anguleux, à forte pente, indique que le spectre doit être riche en harmoniques élevées, ce qui est le cas du spectre 1, et pas du 3. De plus, on distingue bien sur le spectre 1 les multiples entiers de la fréquence fondamentale pf_1, p entier.

3.2 Lorsque $i = 0$, la différence de potentiel entre A et B est nulle. Posons $V_M = 0$, on en déduit en grandeur complexe $\underline{V}_N = Ee^{j\omega t}$. Quand $i = 0$, on peut appliquer la loi des nœuds en termes de potentiel pour traduire la condition d'équilibre $\underline{V}_A = \underline{V}_B$:

$$\frac{\frac{1}{P}\cdot\underline{e} + \frac{1}{R}\cdot 0 + jC\omega\cdot 0}{\frac{1}{P} + \frac{1}{R} + jC\omega} = \frac{\frac{1}{jL\omega+r}\cdot\underline{e} + \frac{1}{Q}\cdot\underline{e}}{\frac{1}{jL\omega+r} - \frac{1}{Q}}$$

$$\text{soit } \frac{R}{R+P+jPRC\omega} = \frac{Q}{Q+jL\omega+r}$$

$$\text{soit } Rr + jRL\omega = QP + jPQRC\omega$$

En identifiant les parties réelles et imaginaires, on en déduit

$$r = \frac{PQ}{R} \text{ et } L = PQC$$

3.3

a) En considérant que $\sin\alpha = \cos\left(\alpha - \frac{\pi}{2}\right)$, il vient

$$\underline{i}_h = I_0 e^{j\omega t} e^{j\varphi},\ \underline{i}_v = I_0 e^{j\omega t} e^{j\varphi} e^{-j\frac{\pi}{2}} = -jI_0 e^{j\omega t} e^{j\varphi}$$

et $\underline{u} = U_0 e^{j\omega t}$.

b) Les tensions aux bornes des deux branches alimentées par u sont égales :

$$\left[r + jL\omega + \frac{1}{jC\omega}\right]\underline{i_h} = \left[r + jL\omega\right]\underline{i_v}$$

$$\text{soit } \left[r + jL\omega + \frac{1}{jC\omega}\right]\underline{i_h} = \left[r + jL\omega\right](-j\underline{i_h})$$

$$\text{donc } r + jL\omega + \frac{1}{jC\omega} = -jr + L\omega$$

Par identification des parties réelles et imaginaires, on en déduit que

$$\begin{cases} r = L\omega \\ -L\omega + \frac{1}{C\omega} = r \end{cases} \quad \text{donc } L\omega = r \text{ et } \frac{1}{C\omega} = 2r$$

3.4

a) Voici les schémas électriques équivalents à basse (BF) et à haute (HF) fréquence.

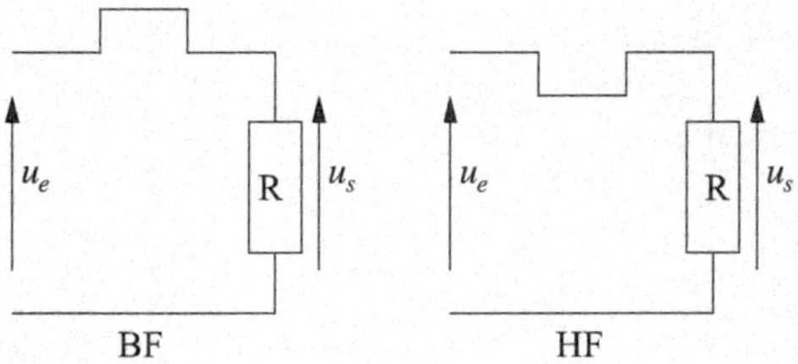

Dans les deux cas, $u_s = u_e$ donc c'est un filtre passe-bas et passe-haut.

b) On peut appliquer la loi du diviseur de tension après avoir exprimé l'impédance équivalente de l'association parallèle L-C.

$$\underline{Z}_{L-C} = \frac{jL\omega \cdot \frac{1}{jC\omega}}{jL\omega + \frac{1}{jC\omega}}$$

$$\text{donc } \underline{H} = \frac{R}{R + \underline{Z}_{L-C}} = \frac{R(1 - LC\omega^2)}{R(1 - LC\omega^2) + jL\omega}$$

c) Avec les notations proposées

$$LC\omega^2 = LC\omega_0^2 \cdot \frac{\omega^2}{\omega_0^2} = x^2$$

$$\text{et } \frac{L\omega}{R} = \frac{L\omega_0}{R} \cdot \frac{\omega}{\omega_0} = Qx$$

On en déduit

$$\underline{H} = \frac{1 - LC\omega^2}{1 - LC\omega^2 + j\frac{L\omega}{R}} = \frac{1 - x^2}{1 - x^2 + jQx}$$

Les équivalents à basse ($x \to 0$) et haute ($x \to +\infty$) fréquence sont

$$\begin{cases} \underline{H}_{BF} = \frac{1}{1} = 1 \\ \underline{H}_{HF} = \frac{-x^2}{-x^2} = 1 \end{cases} \quad \text{donc } G_{BF} = G_{hF} = 0$$

Pour $x = 1$

$$\underline{H}(1) = \frac{1}{jQ} \text{ donc } g(1) = -20 \log Q$$

d) On en déduit le diagramme de Bode

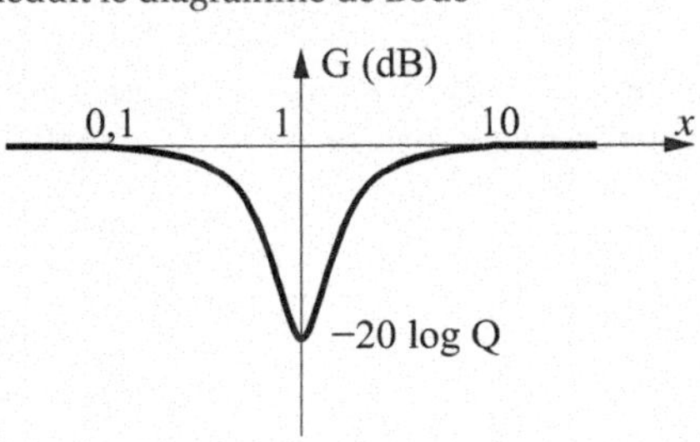

C'est donc un filtre **réjecteur de bande**. Il est utilisé pour couper sélectivement un signal parasite de fréquence $f_0 = \frac{\omega_0}{2\pi}$ dans un signal complet.

3.5

a) À basse fréquence, les condensateurs se comportent comme des interrupteurs ouverts et on peut supprimer les branches associées. À haute fréquence, les condensateurs se comportent comme des court-circuits et on les remplace normalement par des fils sans résistance. Mais on obtiendrait alors un circuit qui imposerait $u_e = 0$, ce qui est exclu. On considère donc que les branches comportant les condensateurs ont des impédances qui tendent vers 0, le courant passe donc très majoritairement dans ces branches au détriment des résistances, et on supprime les branches résistives.

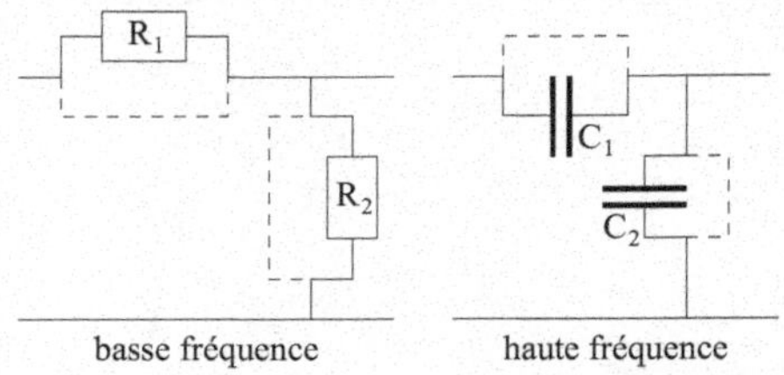

Les fonctions de transfert sont alors exprimées en utilisant, par exemple, la loi du diviseur de tension :

$$\begin{cases} \underline{H}_{BF} = \frac{R_2}{R_1 + R_2} \\ \underline{H}_{BF} = \frac{\frac{1}{jC_2\omega}}{\frac{1}{jC_1\omega} + \frac{1}{jC_2\omega}} = \frac{C_1}{C_1 + C_2} \end{cases}$$

On identifie alors les gains

$$\begin{cases} -20 = 20 \log \frac{R_2}{R_1 + R_2} \\ -40 = 20 \log \frac{C_1}{C_1 + C_2} \end{cases} \text{ soit } \begin{cases} \frac{R_2}{R_1 + R_2} = 10^{-1} = 0,1 \\ \frac{C_1}{C_1 + C_2} = 10^{-2} = 0,01 \end{cases}$$

$$\text{donc } \begin{cases} R_2 = 0,1R_1 + 0,1R_2 \\ C_1 = 0,01C_1 + 0,01C_2 \end{cases}$$

$$\text{donc } \begin{cases} R_2 = \frac{R_1}{9} = 10 \text{ k}\Omega \\ C_2 = 99C_1 = 990 \text{ nF} \end{cases}$$

b) Par application de la loi des nœuds en termes de potentiel, on a

$$\underline{u}_s = \frac{\frac{1}{R_1}\underline{u}_e + jC_1\omega\underline{u}_e + \frac{1}{R_2} \cdot 0 + jC_2\omega \cdot 0}{\frac{1}{R_1} + jC_1\omega + \frac{1}{R_2} + jC_2\omega}$$

$$\text{donc } \underline{H} = \frac{\underline{u}_s}{\underline{u}_e} = \frac{R_2(1 + jR_1C_1\omega)}{R_1 + R_2 + jR_1R_2(C_1 + C_2)\omega}$$

c) À basse fréquence, $\underline{H}$ est équivalente au rapport des termes de plus bas degré, et à haute fréquence au rapport des termes de plus haut degré, soit :

$$\begin{cases} \underline{H}_{BF} = \frac{R_2}{R_1+R_2} \\ \underline{H}_{HF} = \frac{C_1}{C_1+C_2} \end{cases}$$

On retrouve donc le même système qu'à la première question, on en déduit de même R_2 et C_2.

d) On calcule

$$\begin{cases} R_{eq} = 9,0\ k\Omega \\ C_{eq} = 1000\ nF \end{cases} \text{donc} \begin{cases} \omega_1 = 1111\ rad\cdot s^{-1} \\ \Omega = 111,1\ rad\cdot s^{-1} \end{cases}$$

$$\text{et} \begin{cases} x_1 = 10,0 \\ X = 1,00 \end{cases}$$

e) L'expression donnée ci-dessus se factorise en

$$\underline{H} = \frac{R_2}{R_1+R_2} \cdot \frac{1+jR_1C_1\omega}{1+j\frac{R_1R_2}{R_1+R_2}(C_1+C_2)\omega}$$

$$\text{soit } \underline{H} = \frac{R_2}{R_1+R_2} \cdot \frac{1+j\frac{\omega}{\omega_1}}{1+j\frac{\omega}{\Omega}}$$

donc $H_0 = \frac{R_2}{R_1+R_2}$.

f) On peut donc distinguer trois domaines et donner l'équivalent de la fonction de transfert

ω	$]-\infty,\Omega[$	$[\Omega,\omega_1]$	$]\omega_1,+\infty[$
x	$]-\infty,1[$	$[1,10]$	$]10,+\infty[$
$\underline{H}$	$H_0 = 0,1$	$H_0\frac{1}{\frac{\omega}{\Omega}} = \frac{H_0\Omega}{\omega}$	$\frac{H_0\Omega}{\omega_1} = 0,01$
G (dB)	-20	$-20-20\log\omega$	-40

3.6

Utilisons les trois méthodes possibles.

a) Écriture des lois de l'électrocinétique. La loi des nœuds s'écrit

$$i_L = i_C + i_R \text{ donc } \frac{di_L}{dt} = \frac{di_C}{dt} + \frac{di_R}{dt}$$

Les deux lois des mailles s'écrivent

$$\begin{cases} E = u_L + u_C \\ u_C = u_R = Ri_R \end{cases} \text{donc} \begin{cases} L\frac{di_L}{dt} = E - u_C \\ i_R = \frac{u_C}{R} \end{cases}$$

En remplaçant dans la loi des nœuds, il vient :

$$\frac{E-u_C}{L} = C\frac{d^2u_C}{dt^2} + \frac{1}{R}\frac{du_C}{dt}$$

$$\text{soit } \ddot{u}_C + \frac{1}{RC}\dot{u}_C + \frac{1}{LC}u_C = \frac{1}{LC}E$$

b) Diviseur de tension en grandeurs complexes. u_C est la tension aux bornes de l'association parallèle de C et R, dont l'impédance est

$$\underline{Z}_{R//C} = \frac{R\cdot\frac{1}{jC\omega}}{R+\frac{1}{jC\omega}} = \frac{R}{1+jRC\omega}$$

On en déduit

$$\underline{u}_C = \frac{\frac{R}{1+jRC\omega}}{\frac{R}{1+jRC\omega}+jL\omega}\cdot\underline{E} = \frac{1}{1+j\frac{L\omega}{R}-LC\omega^2}\cdot\underline{E}$$

$$\text{soit } \left[1+j\frac{L\omega}{R}-LC\omega^2\right]\underline{u}_C = \underline{E}$$

$$\text{soit } \underline{u}_C + \frac{L}{R}(j\omega)\underline{u}_C + LC(j\omega)(j\omega)\underline{u}_C = \underline{E}$$

En utilisant l'équivalence complexe-temporelle, on en déduit l'équation différentielle

$$u_C + \frac{L}{R}\dot{u}_C + LC\ddot{u}_C = E$$

$$\text{soit } \ddot{u}_C + \frac{1}{RC}\dot{u}_C + \frac{1}{LC}u_C = \frac{1}{LC}E$$

c) Loi des nœuds en termes de potentiel. En considérant que le fil horizontal inférieur est à la masse, on peut écrire

$$\underline{u}_C = \frac{\frac{1}{jL\omega}\cdot\underline{E} + jC\omega\cdot 0 + \frac{1}{R}\cdot 0}{\frac{1}{jL\omega}+jC\omega+\frac{1}{R}} = \frac{1}{1-LC\omega^2+j\frac{L\omega}{R}}\cdot\underline{E}$$

On obtient donc la même expression complexe qu'avec le diviseur de tension et on conclut comme au paragraphe précédent.

On observera des oscillations si on est en régime pseudo-périodique donc si le discriminant de l'équation caractéristique est négatif :

$$z^2 + \frac{1}{RC}z + \frac{1}{LC} = 0 \text{ donc } \Delta = \frac{1}{R^2C^2} - \frac{4}{LC} < 0$$

$$\text{soit } R > \frac{1}{2}\sqrt{\frac{L}{C}}$$

C'est donc quand R est grand qu'on observe des oscillations, contrairement à ce qui se passe dans le circuit RLC série.

3.7

a) On peut par exemple utiliser la loi du diviseur de courant après avoir calculé l'intensité du courant dans la branche principale. L'impédance du circuit est

$$\underline{Z} = j\mathrm{L}\omega + \frac{\mathrm{R}\cdot\frac{1}{j\mathrm{C}\omega}}{\mathrm{R}+\frac{1}{j\mathrm{C}\omega}} = \frac{\mathrm{R}\left[1+\frac{j\mathrm{L}\omega}{\mathrm{R}}-\mathrm{LC}\omega^2\right]}{1+j\mathrm{RC}\omega}$$

L'intensité dans la branche principale vaut $\underline{\mathrm{I}} = \frac{\underline{e}}{\underline{Z}}$ donc

$$\underline{i} = \frac{\frac{1}{\mathrm{R}}}{\frac{1}{\mathrm{R}}+j\mathrm{C}\omega}\cdot\underline{\mathrm{I}} = \frac{1}{1+j\mathrm{RC}\omega}\cdot\frac{1+j\mathrm{RC}\omega}{\mathrm{R}\left[1+\frac{j\mathrm{L}\omega}{\mathrm{R}}-\mathrm{LC}\omega^2\right]}\cdot\underline{e}$$

$$\text{soit } \underline{i} = \frac{1}{1+\frac{j\mathrm{L}\omega}{\mathrm{R}}-\mathrm{LC}\omega^2}\cdot\frac{\underline{e}}{\mathrm{R}}$$

b) On en déduit

$$\mathrm{R}\underline{i} + j\mathrm{L}\omega\underline{i} - \mathrm{RLC}\omega^2\underline{i} = \underline{e}$$

$$\text{soit } \mathrm{R}\underline{i} + \mathrm{L}(j\omega)\underline{i} + \mathrm{RLC}(j\omega)(j\omega)\underline{i} = \underline{e}$$

En utilisant l'équivalence complexe-temporelle, on en déduit l'équation différentielle

$$\mathrm{R}i + \mathrm{L}\frac{di}{dt} + \mathrm{RLC}\frac{d^2i}{dt^2} = e(t)$$

$$\text{soit } \frac{d^2i}{dt^2} + \frac{1}{\mathrm{RC}}\frac{di}{dt} + \frac{1}{\mathrm{LC}}i = \frac{1}{\mathrm{LC}}\cdot\frac{\mathrm{E}}{\mathrm{R}}$$

c) L'application numérique donne

$$\frac{d^2i}{dt^2} + 2000\frac{di}{dt} + 2\cdot10^6 i = 2\cdot10^6$$

La solution de l'équation homogène est calculée en résolvant l'équation caractéristique

$$z^2 + 2000z + 2\cdot10^6 = 0,\ \Delta = -4\cdot10^6 = (2000j)^2$$

$$\text{donc } z = -1000 \pm 1000j$$

$$\text{donc } i_{\mathrm{H}}(t) = e^{-1000t}\left[\mathrm{A}\cos(1000t) + \mathrm{B}\sin(1000t)\right]$$

Une solution particulière immédiate est la constante $i_{\mathrm{P}} = 1$ donc

$$\begin{cases} i(t) = 1 + e^{-1000t}\left[\mathrm{A}\cos(1000t)+\mathrm{B}\sin(1000t)\right] \\ \frac{di}{dt} = e^{-1000t}\left[(-1000\mathrm{A}+1000\mathrm{B})\cos(1000t)\right. \\ \left. +(-1000\mathrm{B}-1000\mathrm{A})\sin(1000t)\right] \end{cases}$$

Les conditions initiales sont obtenues en utilisant les continuités de u_{C} et de i_{L}. À $t = 0^-$, $u_{\mathrm{C}} = 0$ donc

$$u_{\mathrm{R}}(0^+) = u_{\mathrm{C}}(0^+) = 0 \text{ soit } \mathrm{R}i(0^+) = 0 \text{ donc } i(0^+) = 0$$

En utilisant la loi des nœuds, on en déduit que

$$i_{\mathrm{C}}(0^+) = i_{\mathrm{L}}(0^+) - i(0^+) = 0 - 0 = 0 \text{ soit } \mathrm{C}\frac{du_{\mathrm{C}}}{dt}(0^+) = 0$$

$$\text{donc } \frac{du_{\mathrm{R}}}{dt}(0^+) = \frac{du_{\mathrm{C}}}{dt}(0^+) = 0 \text{ donc } \frac{di}{dt}(0) = 0$$

On en déduit les constantes d'intégration :

$$\begin{cases} 1+\mathrm{A} = 0 \\ -1000\mathrm{A} + 1000\mathrm{B} = 0 \end{cases} \text{ donc } \begin{cases} \mathrm{A} = -1 \\ \mathrm{B} = 1 \end{cases}$$

$$\text{et } i(t) = 1 - e^{-1000t}\left[\cos(1000t) + \sin(1000t)\right]$$

3.8 En fléchant le condensateur central en convention générateur et les deux autres en convention récepteur, la loi des nœuds et les deux lois des mailles s'écrivent :

$$\begin{cases} i = i_1 + i_2 \\ u = \mathrm{L}\frac{di_1}{dt} + u_1 \\ u = \mathrm{L}\frac{di_2}{dt} + u_2 \end{cases} \text{ donc } \begin{cases} -\mathrm{C}\frac{du}{dt} = \mathrm{C}\frac{du_1}{dt} + \mathrm{C}\frac{du_2}{dt} \\ u = \mathrm{LC}\ddot{u}_1 + u_1 \\ u = \mathrm{LC}\ddot{u}_2 + u_2 \end{cases}$$

La première équation s'écrit

$$\frac{du}{dt} + \frac{du_1}{dt} + \frac{du_2}{dt} = 0 \text{ soit } \frac{d}{dt}(u + u_1 + u_2) = 0$$

donc $u + u_1 + u_2 = $ cste et les conditions initiales donnent, par continuité des tensions aux bornes des condensateurs

$$u + u_1 + u_2 = \mathrm{E} \text{ soit } u = \mathrm{E} - u_1 - u_2$$

On en déduit le système d'équations différentielles couplées

$$\begin{cases} \ddot{u}_1 + 2\omega_0^2 u_1 + \omega_0^2 u_2 = \omega_0^2\mathrm{E} \\ \ddot{u}_2 + \omega_0^2 u_1 + 2\omega_0^2 u_2 = \omega_0^2\mathrm{E} \end{cases} \text{ avec } \omega_0^2 = \frac{1}{\mathrm{LC}}$$

La résolution de ce système est possible en sommant et en soustrayant ces deux équations et en introduisant les inconnues auxiliaires $\mathrm{S} = u_1 + u_2$ et $\mathrm{D} = u_1 - u_2$:

$$\begin{cases} \ddot{\mathrm{S}} + 3\omega_0^2\mathrm{S} = 2\omega_0^2\mathrm{E} \\ \ddot{\mathrm{D}} + \omega_0^2\mathrm{D} = 0 \end{cases}$$

$$\text{donc } \begin{cases} \mathrm{S} = \frac{2\mathrm{E}}{3} + \mathrm{A}\cos\left(\omega_0\sqrt{3}t\right) + \mathrm{B}\sin\left(\omega_0\sqrt{3}t\right) \\ \mathrm{D} = \mathrm{A}'\cos(\omega_0 t) + \mathrm{B}'\sin(\omega_0 t) \end{cases}$$

À $t = 0$, les intensités dans les bobines sont nulles par continuité, celles dans les condensateurs le sont aussi et donc $\frac{du_1}{dt}(0) = \frac{du_2}{dt}(0) = 0$. De plus, $u_1(0) = \mathrm{E}$ et $u_2(0) = 0$. On en déduit

$$\begin{cases} \mathrm{S}(0) = \mathrm{D}(0) = \mathrm{E} \\ \dot{\mathrm{S}}(0) = \dot{\mathrm{D}}(0) = 0 \end{cases} \text{ donc } \begin{cases} \mathrm{A} = \frac{\mathrm{E}}{3},\ \mathrm{A}' = \mathrm{E} \\ \mathrm{B} = \mathrm{B}' = 0 \end{cases}$$

On en déduit

$$\begin{cases} S = \frac{2E}{3} + \frac{E}{3}\cos\left(\omega_0\sqrt{3}t\right) \\ D = E\cos(\omega_0 t) \end{cases}$$

$$\text{donc} \begin{cases} u_1 = \frac{S+D}{2} = \frac{E}{3} + \frac{E}{6}\cos\left(\omega_0\sqrt{3}t\right) + \frac{E}{2}\cos(\omega_0 t) \\ u_2 = \frac{S-D}{2} = \frac{E}{3} + \frac{E}{6}\cos\left(\omega_0\sqrt{3}t\right) - \frac{E}{2}\cos(\omega_0 t) \end{cases}$$

3.9

Sur le premier oscillogramme, le signal d'entrée a pour période $T_1 = 40$ µs donc pour fréquence fondamentale $f_1 = 25$ kHz. Le signal de sortie est triangulaire, le filtre élimine donc la composante continue et se comporte, pour les autres harmoniques, comme un intégrateur. La pente du diagramme de Bode vaut donc –20 dB/décade pour des fréquences supérieures à 25 kHz. On peut donc envisager un flitre passe-bande de fréquence de résonance f_0 inférieure ou égale à $\frac{f_1}{10} = 2{,}5$ kHz. Sur le second oscillogramme, le signal d'entrée a pour période $T_1' = 400$ µs donc pour fréquence fondamentale $f_1' = 2{,}5$ kHz. Le signal de sortie est sinusoïdal, le filtre élimine donc la composante continue et sélectionne l'harmonique fondamentale de fréquence f_1'. Ceci confirme l'hypothèse d'un filtre passe-bande centré sur $f_0 = f_1 = 2{,}5$ kHz.

3.10

En utilisant le diagramme de Bode asymptotique, la composante de fréquence f_0 (donc de pulsation réduite $x = 1$) a pour gain −20 dB et celle de fréquence $10f_0$ ($x = 10$) a pour gain −40 dB. Les amplitudes du signal de sortie sont donc

$$0{,}1 \times 4 = 0{,}4\ \text{V et}\ 0{,}01 \times 2 = 0{,}02\ \text{V}$$

Le signal de sortie est donc presque sinusoïdal. Voici les graphes obtenus pour les fonctions

$$\begin{cases} u_e(t) = 4\sin(2\pi f_0 t) + 2\sin(20\pi f_0 t) \\ u_s(t) = 0{,}4\cos(2\pi f_0 t) + 0{,}02\cos(20\pi f_0 t) \end{cases}$$

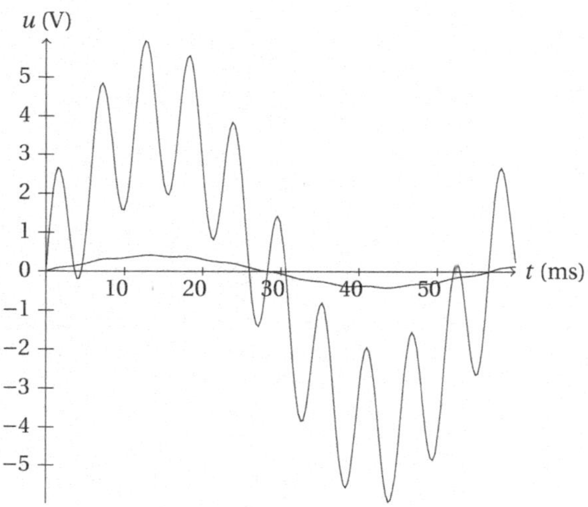

Remarquons que l'énoncé ne donne pas les phases, on peut donc choisir des fonctions cosinus au lieu des fonctions sinus.

3.11

a) Par identité des potentiels des deux entrées de l'ALI, $V_{E^-} = V_{E^+} = u_e$. L'application de la loi des nœuds en termes de potentiel au nœud E^- est possible car $i^- = 0$:

$$V_{E^-} = \frac{\frac{1}{R_1}\cdot 0 + \frac{1}{R_2}\cdot u_s}{\frac{1}{R_1} + \frac{1}{R_2}} \quad \text{soit}\ u_e = \frac{R_1}{R_1 + R_2}u_s$$

b) On en déduit la fonction de transfert du quadripôle

$$\underline{H} = \frac{u_s}{u_e} = 1 + \frac{R_2}{R_1}$$

Ce rapport est positif et supérieur à 1, c'est pourquoi on parle de montage **amplificateur non inverseur**.

c) Cette fonction d'amplification se fait à intensité entrante nulle donc l'impédance d'entrée est infinie.

3.12

Dans la première partie du montage, $u_e = V_{E_1^+} = V_{E_1^-} = V_A$. Dans la seconde partie, $V_{E_2^-} = V_{E_2^+} = 0$. L'application de la loi des nœuds en termes de potentiel au nœud E_2^- est possible car $i_2^- = 0$:

$$V_{E_2^-} = \frac{\frac{1}{R_1}V_A + \frac{1}{R_2}u_s}{\frac{1}{R_1} + \frac{1}{R_2}} \quad \text{soit}\ 0 = \frac{R_2 u_e + R_1 u_s}{R_2 + R_1}$$

$$\text{donc}\ \underline{H} = \frac{u_s}{u_e} = -\frac{R_2}{R_1}$$

C'est donc un montage **amplificateur inverseur** d'impédance d'entrée infinie.

3.13

a) E^+ est relié à la masse et on est en régime linéaire donc $V_{E^-} = V_{E^+} = 0$. Par application de la loi des nœuds en termes de potentiel :

$$0 = \frac{\frac{1}{R}\cdot u_1 + \frac{1}{R}\cdot u_2 + \frac{1}{R}\cdot u_s}{\frac{1}{R} + \frac{1}{R} + \frac{1}{R}} \quad \text{donc}\ u_s = -(u_1 + u_2)$$

C'est donc un sommateur inverseur.

b) En utilisant la formule de trigonométrie $\cos p + \cos q = 2\cos\frac{p-q}{2}\cos\frac{p+q}{2}$:

$$u_s = 2U_0\cos(\varepsilon t)\cos(\omega t)$$

Comme $\varepsilon \ll \omega$, $u_s(t)$ est assimilable à une fonction trigonométrique de pulsation ω et dont l'amplitude $2U_0|\cos(\varepsilon t)|$ varie lentement au cours du temps en formant une enveloppe cosinusoïdale. C'est un cas de **battement**.

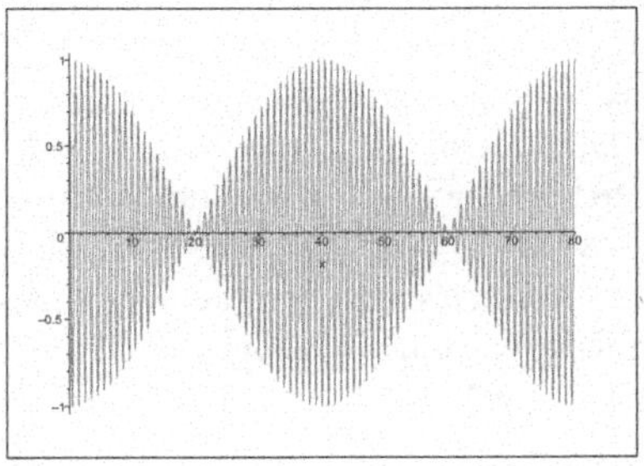

3.14

a) Pour chaque ALI, on est en régime linéaire et E^+ est relié à la masse donc $V_{E_1^-} = V_{E_2^-} = V_{E_3^-} = 0$. On écrit la loi des nœuds en termes de potentiel à chacun de ces trois points :

$$0 = \frac{\frac{1}{R}\cdot \underline{e} + \frac{1}{R}\cdot \underline{V}_A + jC\omega \cdot \underline{V}_A + \frac{1}{R}\cdot \underline{V}_B}{\frac{1}{R}+\frac{1}{R}+jC\omega+\frac{1}{R}}$$

$$\text{donc } \underline{e} = -\left(1 + jRC\omega\right)\underline{V}_A - \underline{V}_B$$

$$0 = \frac{\frac{1}{R}\cdot \underline{V}_A + \frac{1}{R}\cdot \underline{s}}{\frac{1}{R}+\frac{1}{R}} \text{ donc } \underline{s} = -\underline{V}_A$$

$$0 = \frac{jC\omega \cdot \underline{V}_B + \frac{1}{R}\cdot \underline{s}}{jC\omega + \frac{1}{R}} \text{ donc } \underline{V}_B = -\frac{1}{jRC\omega}\underline{s}$$

En substituant $\underline{V}_A$ et $\underline{V}_B$ dans la première relation, on obtient

$$\underline{e} = -\left(1 + jRC\omega\right)(-\underline{s}) + \frac{1}{jRC\omega}\underline{s}$$

$$\text{donc } \underline{H} = \frac{\underline{s}}{\underline{e}} = \frac{jRC\omega}{1 + jRC\omega - R^2C^2\omega^2}$$

b) On peut écrire $\underline{H}(x) = \frac{jx}{1+jx-x^2}$. On cherche les équivalents de cette fonction de transfert à basse fréquence (rapport des termes de plus bas degré), à haute fréquence (rapport des termes de plus haut degré), et sa valeur exacte en $x = 1$.

- BF : si $x \to 0$, $\underline{H}(x) \simeq jx$ donc $|\underline{H}(x)| \simeq x$ et $G_{dB} \simeq 20\log x$.
- HF : si $x \to +\infty$, $\underline{H}(x) \simeq -\frac{j}{x}$ donc $|\underline{H}(x)| \simeq \frac{1}{x}$ et $G_{dB} \simeq -20\log x$.
- Si $x = 1$, $\underline{H}(1) = 1$ donc $G_{dB} = 0$.

C'est donc un filtre passe-bande dont le diagramme de Bode en gain a l'allure suivante :

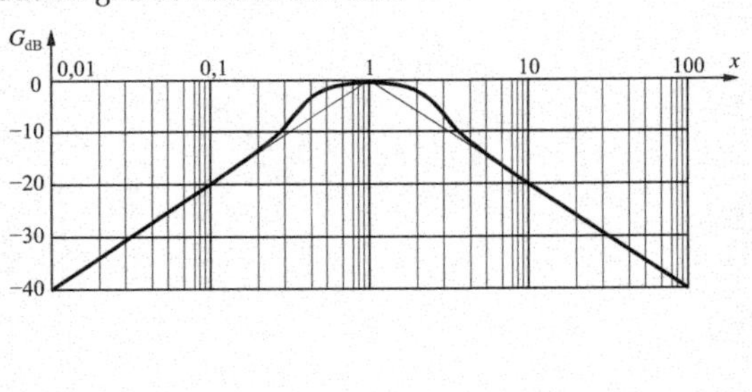

3.15

a) On écrit la loi des nœuds en termes de potentiel en A, en E^- où $V_{E^-} = V_{E^+} = 0$, et en B :

$$\underline{V}_A = \frac{\frac{1}{R}\cdot \underline{u}_e + j2C\omega \cdot 0 + \frac{1}{R}\cdot 0}{\frac{1}{R} + jC\omega + \frac{1}{R}} = \frac{1}{2+2jRC\omega}\underline{u}_e$$

$$0 = \frac{\frac{1}{R}\cdot \underline{V}_A + jC\omega \cdot \underline{V}_B}{\frac{1}{R} + jC\omega} \text{ donc } \underline{V}_A = -jRC\omega \underline{V}_B$$

$$\underline{V}_B = \frac{jC\omega \cdot 0 + \frac{2}{R}\cdot 0 + jC\omega \cdot \underline{u}_s}{jC\omega + \frac{2}{R} + jC\omega} = \frac{jRC\omega}{2+2jRC\omega}\underline{u}_s$$

En substituant $\underline{V}_A$ et $\underline{V}_B$ dans la deuxième relation, on en déduit

$$\frac{1}{2+2jRC\omega}\underline{u}_e = -jRC\omega \cdot \frac{jRC\omega}{2+2jRC\omega}\underline{u}_s$$

$$\text{donc } \underline{H} = \frac{\underline{u}_s}{\underline{u}_e} = \frac{1}{R^2C^2\omega^2}$$

b) En grandeurs temporelles, on peut transposer la relation :

$$-R^2C^2(j\omega)(j\omega)\underline{u}_s = \underline{u}_e \leftrightarrow -R^2C^2\frac{d^2u_s(t)}{dt^2} = u_e(t)$$

On en déduit réciproquement que u_s est proportionnel à la primitive de la primitive de u_e, le montage est donc un double intégrateur.

c) Un signal rectangulaire a pour primitive un signal affine, dont la primitive est un signal parabolique par morceaux. u_s étant égale à la somme des tensions aux bornes des deux condensateurs de capacité C, elle est nécessairement continue.

3.16

a) Appliquons la loi des nœuds en termes de potentiel aux deux entrées et identifions les potentiels en régime linéaire :

$$\frac{\frac{1}{2R}\cdot \underline{u}_e + \frac{1}{2R}\cdot \underline{u}_s}{\frac{1}{2R}+\frac{1}{2R}} = \frac{\frac{1}{R}\cdot \underline{u}_e + jC\omega \cdot 0}{\frac{1}{R} + jC\omega}$$

$$\text{soit } \frac{\underline{u}_e + \underline{u}_s}{2} = \frac{\underline{u}_e}{1+jRC\omega} \text{ donc } \underline{H} = \frac{\underline{u}_s}{\underline{u}_e} = \frac{1-jRC\omega}{1+jRC\omega}$$

b) Pour tout ω,

$$|\underline{H}| = \frac{\sqrt{1+R^2C^2\omega^2}}{\sqrt{1+R^2C^2\omega^2}} \text{ donc } G_{dB} = 0$$

Le gain est uniformément nul, l'amplitude de la tension d'entrée est toujours égale à celle de la tension de sortie : c'est un **passe-tout**.

c) Pour l'étude de la phase, étudions les trois cas limites :
   - à basse fréquence, $\underline{H} \simeq 1$ donc $\varphi = 0$;
   - pour $\omega = \frac{1}{RC}$, $\underline{H} = \frac{1-j}{1+j}$ donc $\varphi = -\frac{\pi}{4} - \left(\frac{\pi}{4}\right) = -\frac{\pi}{2}$;
   - à haute fréquence, $\underline{H} \simeq -1$ donc $\varphi = -\pi$.

   C'est donc un suiveur à basse fréquence et un inverseur à haute fréquence.

d) Pour se prémunir des dangers des ultrasons, on peut superposer à un signal sonore naturel un signal sonore artificiel obtenu en recueillant le son avec un microphone, en traîtant le signal électrique par ce quadripôle et en envoyant la sortie vers un haut-parleur. Ainsi :
   - à basse fréquence, le son résultant correspondant au signal électrique $\underline{u}_e + \underline{H}_{BF}\underline{u}_e \simeq 2\underline{u}_e$;
   - à haute fréquence, le son résultant correspondant au signal électrique $\underline{u}_e + \underline{H}_{BF}\underline{u}_e \simeq 0$.

   On a ainsi détruit les ultra-sons de fréquences supérieures à la fréquence de coupure $\frac{1}{2\pi RC}$ sans altérer les sons de fréquence inférieure.

CHAPITRE 4

Traitement du signal numérique

Thèmes abordés dans les exercices

- ◇ Échantillonnage.
- ◇ Condition de Nyquist-Shannon.
- ◇ Analyse spectrale.
- ◇ Convertisseur analogique/numérique.
- ◇ Filtrage numérique.
- ◇ Convertisseur numérique/analogique.

Points essentiels du cours pour la résolution des exercices

- ◇ Interpréter les relevés stroboscopiques.
- ◇ Effectuer un échantillonnage d'un signal.
- ◇ Construire le spectre d'un signal échantillonné.
- ◇ Utiliser la condition de Nyquist-Shannon pour choisir les paramètres d'échantillonnage.
- ◇ Effectuer un filtrage passe-bas anti-repliement.
- ◇ Mettre en œuvre un convertisseur analogique/numérique.
- ◇ Mettre en œuvre un convertisseur numérique/analogique.

Les méthodes à retenir

Interpréter les relevés stroboscopiques.

La donnée de référence des relevés stroboscopiques est la fréquence f_e des éclairs : il y a donc un éclair toutes les $T_e = \frac{1}{f_e}$ seconde. Entre deux éclairs le dispositif observé évolue mais l'observateur n'a pas accès à cette phase de mouvement, ce qui explique l'illusion d'optique. La méthode d'analyse nécessite simplement de dessiner le dispositif aux dates consécutives $t = 0$, $t = T_e$, $t = 2T_e, \ldots, t = pT_e$.

- Si deux figures consécutives sont très proches l'une de l'autre, on observe un mouvement apparent ralenti.
- Si la suite fait apparaître un petit nombre de figures (de 2 à 5 ou 6) nettement distinctes mais périodiques, la persistence rétinienne donne l'impression que les figures se superposent et on observe une figure plus complexe que le dispositif réel, en immobilité apparente.

Exemple :

On éclaire un disque blanc dont un rayon est marqué par un trait noir avec un stroboscope. On note f la fréquence de rotation du disque (le disque fait f tours par seconde) et f_e la fréquence des éclairs. Entre deux éclairs consécutifs, le disque tourne donc de $\frac{f}{f_e}$ tours. • Si $f = f_e$, le disque tourne exactement de 1 tour entre deux éclairs consécutifs. Chaque figure montrera donc le disque avec le rayon dans la même position et il y a immobilité apparente. • Plus généralement, si $f = p \cdot f_e$ où p est un entier naturel non nul, le disque tourne exactement de p tours entre deux éclairs consécutifs. Chaque figure montrera donc le disque avec le rayon dans la même position et il y a immobilité apparente. • Si f est légèrement supérieur à f_e, posons $f = f_e(1+\varepsilon)$ avec $\varepsilon \ll 1$. Le disque tourne d'un tout petit peu plus que 1 tour entre deux éclairs consécutifs. L'observateur a donc l'impression que le disque a tourné de seulement ε tour : il y a mouvement apparent ralenti dans le sens réel de rotation. • Si f est légèrement inférieur à f_e, posons $f = f_e(1-\varepsilon)$ avec $\varepsilon \ll 1$. Le disque tourne d'un tout petit peu moins que 1 tour entre deux éclairs consécutifs. L'observateur a donc l'impression que le disque a reculé de ε tour : il y a mouvement apparent ralenti dans le sens rétrograde.

• Si $f = \frac{f_e}{p}$, le disque tourne de un p-ième de tour entre deux éclairs. Si $T = \frac{1}{f}$ est inférieur au temps de persistance rétinienne, l'observateur verra alors la superposition des p positions successives du disque où le rayon est décalé de un p-ième de tour à chaque fois : il verra donc un disque avec p rayons régulièrement espacés.

↪ **Exercice 4.1.**

Effectuer un échantillonnage d'un signal.

Échantillonner un signal $s(t)$, c'est d'abord choisir
- une durée Δt d'acquisition ;
- une fréquence d'échantillonnage f_e ;
- une précision définie par le nombre k de bits de codage binaire du résultat de la mesure.

Les dates d'acquisition sont $t_p = p \cdot T_e$ avec $T_e = \frac{1}{f_e}$ et p entier variant de 0 à $\frac{\Delta t}{T_e}$. À la date t_p, on mesure la valeur du signal $s_p = s(t_p)$ codée sur k bits.

Exemple :

Une tension sinusoïdale de fréquence $f = 50$ Hz est échantillonnée pendant une minute avec une fréquence d'échantillonnage $f_e = 750$ Hz. Chaque mesure est codée sur 8 bits, le premier bit donnant le signe de la mesure (0 pour moins, 1 pour plus) et les sept bits suivants donnant la valeur absolue de la tension exprimée en millivolts en base deux, entre 0 000 000 et 1 111 111. • La durée d'échantillonnage est $\Delta t = 60$ s. • Il y a $60 \times 750 = 45\ 000$ mesures, et le résultat de l'échantillonnage est un fichier de $8 \times 45\ 000 = 360\ 000$ bits ou 45 kilooctets. • Chaque mesure permet d'enregistrer la valeur de la tension susceptible de varier entre 0 mV et $2^6 + 2^5 + 2^4 + 2^3 + 2^2 + 2^1 + 2^0 = 2^7 - 1 = 127$ mV en valeur absolue, donc entre -127 et $+127$ mV. • Dans chaque période de la tension sinusoïdale, on effectue $\frac{f_e}{f} = 15$ mesures.

↪ **Exercice 4.2.**

Construire le spectre d'un signal échantillonné.

Le spectre d'un signal échantillonné est **plus riche** que celui du signal réel. Soit f_e la fréquence d'échantillonnage et $f_1, \ldots, f_k, \ldots$ les fréquences du spectre du signal réel. Il faut retenir les deux termes suivants :

- **repliement** du spectre : aux fréquences f_k se superposent les fréquences parasites $f'_k = f_e - f_k$ dans le spectre du signal échantillonné ;
- **translation périodique** : aux fréquences f_k et f'_k se superposent les fréquences $f_k + pf_e$, $f'_k + pf_e$, p entier dans le spectre du signal échantillonné.

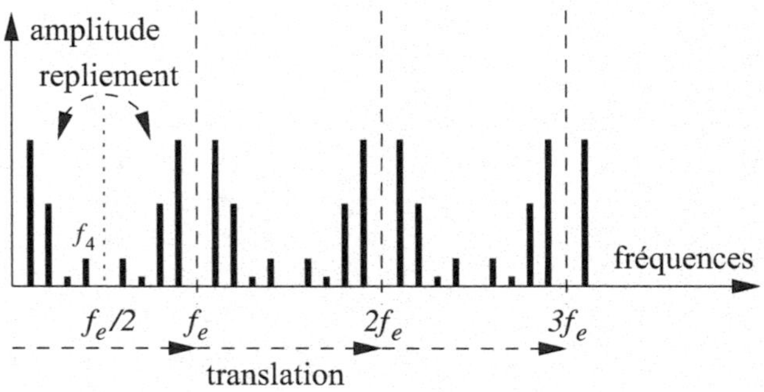

Exemple :

Voici l'allure du chronogramme d'un signal électrique.

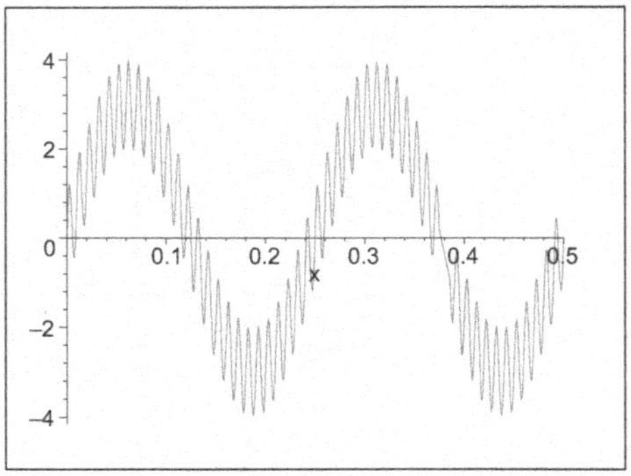

Les tensions sont exprimées en volt, les temps en milliseconde. Le signal est bifréquenciel, c'est-à-dire que son spectre est réduit à deux pics. On numérise le signal avec une fréquence d'échantillonnage $f_e = 250$ kHz.

On distingue bien les deux signaux superposés : une sinusoïde nerveuse effectue 50 oscillations de 1,0 V d'amplitude en 0,50 ms autour d'une sinusoïde principale effectuant 2 oscillations de 3,0 V d'amplitude en 0,50 ms. Le spectre du signal comporte donc deux pics à $f_1 = 4{,}0$ kHz et à $f_2 = 100$ kHz. Le signal numérisé possède un spectre enrichi des pics aux fréquences repliées $f_e - f_1 = 246$ kHz et $f_e - f_2 = 150$ kHz puis translatées.

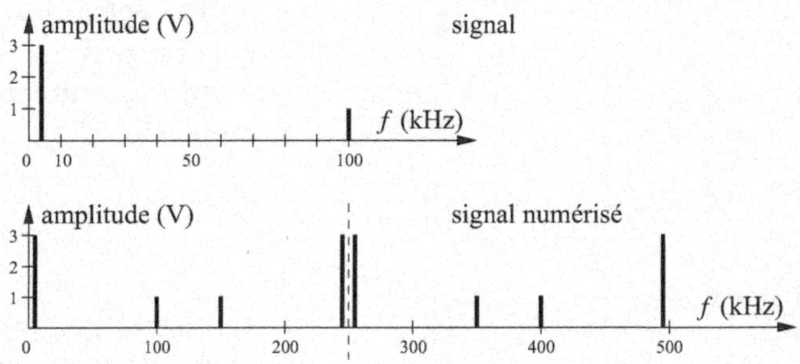

↪ **Exercice 4.3.**

Utiliser la condition de Nyquist-Shannon pour choisir les paramètres d'échantillonnage.

Soit f_n la fréquence maximale significative du signal réel et f_e la fréquence d'échantillonnage. Il faut éviter que les fréquences parasites f'_k du spectre du signal échantillonné s'immiscent parmi les fréquences f_k du spectre du signal réel, donc que la plus petite fréquence parasite $f'_n = f_e - f_n$ reste supérieure à la plus grande fréquence f_n du signal réelle. On en déduit la **condition de Nyquist-Shannon** : $f_e > 2f_n$. Cette condition limite la durée maximale d'échantillonnage à taille mémoire donnée.

Exemple :

Le disque compact, lancé en 1982, a une capacité d'une heure d'enregistrement musical numérisé en stéréophonie, chaque échantillon étant codé sur 16 bits. La fréquence maximale audible est de l'ordre de 20 kilohertz et conformément au critère de Nyquist-Shannon, la fréquence d'échantillonnage a été choisie à $f_e = 44{,}1$ kHz $> 2f_{\text{max}}$. La taille mémoire est donc de l'ordre de

$$N = 2 \times (44{,}1 \cdot 10^3 \times 16) \times 3\,600 = 5{,}08 \text{ Gbit} = 635 \text{ Mo}$$

↪ **Exercices 4.4, 4.5, 4.6.**

Effectuer un filtrage passe-bas anti-repliement.

Deux raisons distinctes conduisent à filtrer le signal.

- **Avant l'échantillonnage**, il faut priver le signal réel des composantes spectrales de fréquence supérieure à $\frac{f_e}{2}$ pour que la condition de Nyquist-Shannon soit vérifiée. On place donc un **filtre analogique passe-bas** de fréquence de coupure inférieure à $\frac{f_e}{2}$ avant l'échantillonneur.
- **Après l'échantillonnage**, lors de la restitution du signal les fréquences pertinentes sont celles inférieures à $\frac{f_e}{2}$. On effectue donc un **filtrage numérique passe-bas** avant le système de restitution du signal.

Exemple :

Un signal périodique de période $T = 25$ ms comporte quatre harmoniques impaires de fréquences f_1 (fréquence fondamentale), $3f_1$, $5f_1$ et $9f_1$. L'amplitude de la composante harmonique nf_1 vaut $\frac{A_1}{n}$. Il est numérisé avec une fréquence d'échantillonnage $f_e = 500$ Hz. La fréquence fondamentale est $f_1 = \frac{1}{T} = 40$ Hz et le spectre du signal (spectre (1)) comporte donc quatre pics à 40 Hz, 120 Hz, 200 Hz et $f_{max} = 360$ Hz. Le critère de Nyquist-Shannon n'est pas vérifié car $f_e = 500 \text{ Hz} < 2f_{max} = 720$ Hz. Le repliement du spectre fait apparaître (spectre (2)) un signal parasite à $f_e - 9f_1 = 140$ Hz. En filtrant le signal avec un passe-bas de fréquence de coupure $f_c = 250$ Hz, on élimine l'harmonique 360 Hz (spectre (3)), puis en filtrant le signal numérisé avec le même filtre (spectre (4)), on retrouve le spectre du signal initial, à l'exception de la neuvième harmonique.

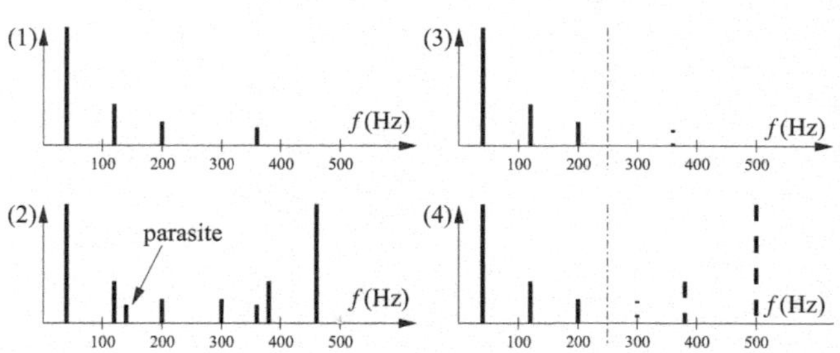

↪ **Exercice 4.7**

Mettre en œuvre un convertisseur analogique/numérique.

*La locution « **mettre en œuvre** » choisie par le programme signifie qu'aucune connaissance a priori n'est exigée, et l'écriture en caractères gras signifie qu'il s'agit d'une compétence expérimentale. Cependant, l'étude simplifiée du principe de ce convertisseur peut être proposée à l'écrit du concours, comme un exercice d'électricité appliquée.*

Un **convertisseur analogique/numérique** (CAN en abrégé) transforme un signal physique réel (en général électrique) $s(t)$ en un signal numérique de fréquence d'échantillonnage f_e :

$$\overline{S}_n = \overline{S}(nT_e) \text{ avec } T_e = \frac{1}{f_e}$$

$\overline{S}_n$ est un nombre entier écrit en base 2 codé sur p bits, proportionnel à la valeur du signal. Les CAN utilisent majoritairement deux procédés de conversion du signal électrique.

a) On réalise une échelle de tensions de référence $u_1, \ldots u_N$. On compare la tension $s(t = nT_e)$ à chacune de ces tensions. On construit un N-uplet de comparaison en notant $c_k = 1$ si $s(t) \geq u_k$ et $c_k = 0$ si $s(t) < u_k$

$$(c_1 = 1,\ c_2 = 1,\ ,\ldots,\ c_{k_n} = 1,\ c_{k_n+1} = 0,\ \ldots,\ c_N = 0)$$

et on convertit l'entier k_n en base 2, le résultat est $\overline{S}_n$. Ce type de convertisseur est appelé « flash ».

b) On crée une rampe de tension $u(t)$ croissant de façon linéaire avec le temps à partir de la date $t = nT_e$ de début de mesure. La durée caractéristique de montée de $u(t)$ doit être très inférieure à la durée caractéristique de variation de $s(t)$. On peut donc supposer que pendant l'acquisition, $s(t) \simeq s(nT_e)$. On lance à cette date un compteur. On compare $u(t)$ à $s(nT_e)$ et on stoppe le compteur lorsque $u(t)$ dépasse cette valeur. Le nombre affiché par le compteur, écrit en base 2, est $\overline{S}_n$.

Exemple :

Dans le montage suivant, une tension analogique u_a est appliquée en entrée. Le potentiel de référence est $V_{ref} = +8$ V. La tension d'entrée u_a est comprise entre 0 et 8 volts. Les comparateurs (ce sont des ALI en régime saturé) ont les lois suivantes :

- les courants entrants sont nuls : $i^+ = i^- = 0$;
- si $V_{E+} \geq V_{E-}$ alors $u_s = +5$ V, correspondant à un 1 ;
- si $V_{E+} < V_{E-}$ alors $u_s = -5$ V, correspondant à un 0.

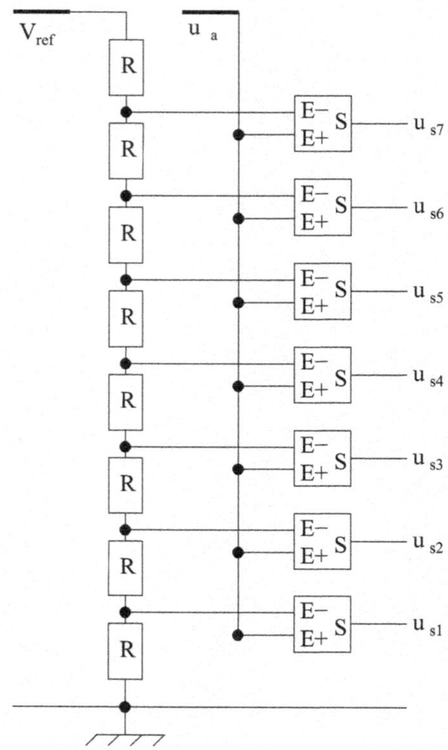

Par application de la loi du diviseur de tension, on peut écrire

$$\forall k \in \{1,\ldots,8\},\ V_{E_k^-} = \frac{kR}{8R}\cdot 8 = k \text{ volts}$$

On en déduit le tableau de réponse

u_a	u_{s_1}	u_{s_2}	u_{s_3}	u_{s_4}	u_{s_5}	u_{s_6}	u_{s_7}	$\overline{S}$
$0 \to 1$ V	0	0	0	0	0	0	0	000
$1 \to 2$ V	1	0	0	0	0	0	0	001
$2 \to 3$ V	1	1	0	0	0	0	0	010
$3 \to 4$ V	1	1	1	0	0	0	0	011
$4 \to 5$ V	1	1	1	1	0	0	0	100
$5 \to 6$ V	1	1	1	1	1	0	0	101
$6 \to 7$ V	1	1	1	1	1	1	0	110
$7 \to 8$ V	1	1	1	1	1	1	1	111

↪ **Exercice 4.8.**

Mettre en œuvre un convertisseur numérique/analogique.

Comme au paragraphe précédent, ce convertisseur peut être proposée à l'écrit du concours, comme un exercice d'électricité appliquée.

Un **convertisseur numérique/analogique** (CNA en abrégé) transforme un signal binaire $\overline{\mathrm{S}}$ (suite de bits valant 0 ou 1) en un signal électrique réel. Ce type de convertisseur utilise majoritairement des interrupteurs commandés par l'état de chaque bit, 0 commandant la fermeture, 1 l'ouverture, ou l'inverse. Un jeu de générateurs et de de résistors permet alors d'obtenir en sortie une tension (ou une intensité) u_s (i_s) proportionnelle à $\overline{\mathrm{S}}$.

Exemple :

Dans le montage suivant, le signal d'entrée est un nombre exprimé en base deux avec 3 bits sous la forme $\overline{qdu}$, où $(q, d, u) \in \{0, 1\}^3$, u (bit 0) est le chiffre des unités, d (bit 1) le chiffre des deuxaines et q (bit 2) le chiffre des quatraines. En base 10, ce nombre vaut donc $4q + 2d + u$. Les interrupteurs sont commandés par les gâchettes : si le bit appliqué vaut 0, l'interrupteur est ouvert, s'il vaut 1, il est fermé. CCT est un convertisseur courant-tension qui se comporte en sortie comme un générateur idéal de tension proportionnelle à l'intensité i en entrée : $u_s = ki$.

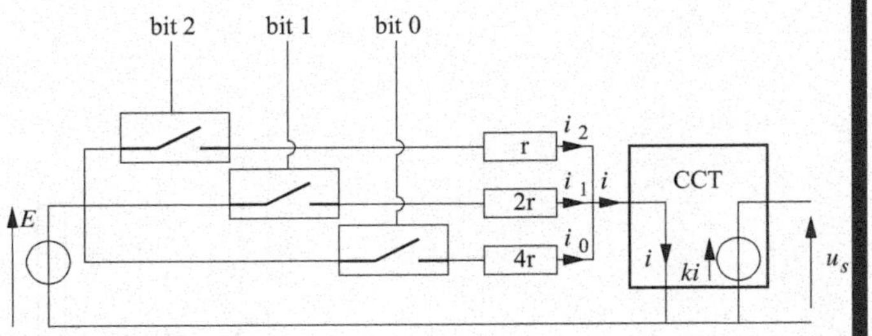

Si un interrupteur commandé est ouvert, l'intensité de sa branche est nulle. S'il est fermé, elle vaut le rapport entre E et la résistance de la branche. La loi des nœuds donne donc

$$i = q\frac{\mathrm{E}}{r} + d\frac{\mathrm{E}}{2r} + u\frac{\mathrm{E}}{4r} = \frac{\mathrm{E}}{4r}(4q + 2d + u)$$

$$\text{donc } u_s = \frac{k\mathrm{E}}{4r} \cdot \overline{qdu}$$

Ce montage opère donc bien une conversion numérique/analogique sur 3 bits.

↪ **Exercice 4.9.**

Énoncés des exercices

4.1 Mouvement apparent

Un robinet mal fermé laisse couler trois gouttes par seconde. Il est situé à 5,00 m du sol et on donne $g = 9{,}81\ \mathrm{m \cdot s^{-2}}$.

a) Combien de gouttes sont en vol à un instant donné ?

b) Que voit-on si on éclaire le dispositif avec un stroboscope dont la fréquence des éclairs est $f_e = 3{,}00$ Hz ?

c) Que voit-on si on éclaire le dispositif avec un stroboscope dont la fréquence des éclairs est $f_e = 2{,}90$ Hz ? Combien de gouttes semblent sortir du robinet par seconde dans ce cas ?

d) Que voit-on si on éclaire le dispositif avec un stroboscope dont la fréquence des éclairs est $f_e = 3{,}10$ Hz ? Quelle est la vitesse apparente d'une goutte qui semble quitter le sol ?

4.2 Échantillonneur

Le montage échantillonneur-bloqueur utilise un interrupteur commandé K qui est fermé lorsque la tension u_G exercée sur la gâchette vaut E et ouvert lorsqu'elle est nulle. La tension qu'on veut échantillonner est appliquée à l'entrée de K. À sa sortie, on place un condensateur et un montage suiveur délivrant une tension de sortie $u_S = u_{E^+}$ avec $i^+ = 0$. On considère dans cet exercice une tension analogique sinusoïdale de fréquence 100 Hz et une gâchette alimentée par une tension rectangulaire de période T et de rapport cyclique α, c'est-à-dire que

$$u_G(t) = \left| \begin{array}{l} \mathrm{E} \text{ pour } t \in [n\mathrm{T}, n\mathrm{T} + \alpha\mathrm{T}] \\ 0 \text{ pour } t \in]n\mathrm{T} + \alpha\mathrm{T}, (n+1)\mathrm{T}[\end{array} \right.$$

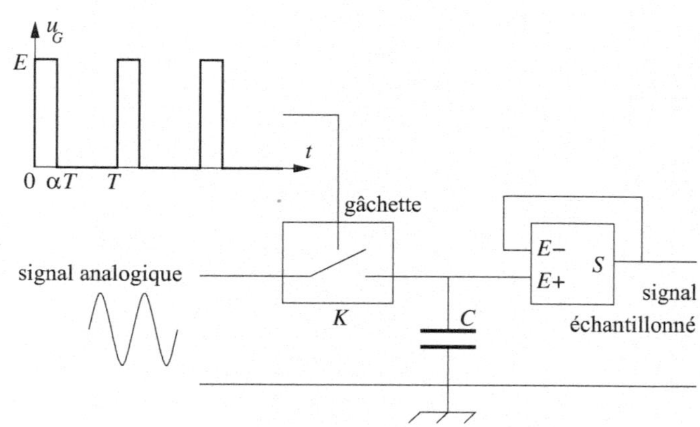

Dresser l'allure du graphe de la tension échantillonnée dans les cas suivants :

a) T = 10 ms et α = 0, 1.

b) T = 5,0 ms et α = 0, 5.

c) T = 1,0 ms et α = 0, 1.

4.3

Échantillonnage et stroboscopie

Un signal sinusoïdal $u(t)$ de fréquence f est échantillonné avec une fréquence d'échantillonnage $f_e = \frac{f}{1-\varepsilon}$ avec $\varepsilon \ll 1$. On note $u_n = u(t_n)$ la valeur de u mesurée à la date t_n du n-ième échantillon. Le signal échantillonné est une fonction en escaliers égale à u_n pour $t \in [t_n, t_{n+1}[$. Le signal lissé est la fonction continue obtenue en reliant les points d'échantillonnage par des segments de droite. Montrer graphiquement et par le calcul que le signal échantillonné lissé peut être assimilé à un signal sinusoïdal dont on donnera la fréquence apparente f_a. Celle-ci apparaît-elle dans le spectre du signal échantillonné ?

4.4

Multiplexage

Le multiplexage a été développé pour limiter la mise en place de câbles trop nombreux, en faisant circuler sur une même ligne N communications téléphoniques simultanées. La qualité cherchée dans le signal vocal est sommaire et se limite à la bande spectrale [300 Hz, 3 400 Hz]. Le signal multiplexé est une suite cyclique d'échantillons de chacun des signaux sonores, chaque échantillon étant codé sur un octet :

- le signal sonore de la première conversation est échantillonné et codé ;
- puis celui de la deuxième conversation est échantillonné et codé ;
- puis celui de la troisième, et ainsi de suite jusqu'à la N-ième ;
- les deux octets suivants sont réservés à la gestion du réseau téléphonique ;
- cette suite de N + 2 octets forme une **trame** ;
- on revient alors au premier signal sonore, qu'on échantillonne et qu'on code, et ainsi de suite.

Le débit maximal d'une ligne donnée est 256 kilooctets par seconde. Calculer la valeur maximale de N sachant que N + 2 est une puissance de 2. Calculer dans ce cas la fréquence d'échantillonnage.

4.5

Détection d'un signal faible (d'après Mines Ponts MP (1) 2016)

Un signal S est bruité, c'est-à-dire qu'il se superpose à un bruit B. Un détecteur enregistre le spectre d'un signal en le décomposant sur N canaux. Le canal k ($k \in \{1, \dots, N\}$) correspond à une fine bande spectrale $[f_k, f_{k+1}]$ et l'amplitude est x_k, somme de l'amplitude du signal réel s_k et de celle du signal de bruit b_k dans la bande spectrale en question : $x_k = s_k + b_k$. Le bruit b_k prend une valeur aléatoire gaussienne de moyenne b et d'écart-type σ, tous deux indépendants de k. La particularité du signal de bruit est que pour n acquisitions indépendantes dont les résultats sont ajoutés canal par canal, la valeur moyenne du signal sommé est nb et son écart-type $\sigma\sqrt{n}$. Voici, pour deux valeurs distinctes de n, l'allure du spectre du signal de bruit en fonction de k pour N = 111 canaux, avec $b = 10$ et $\sigma = 5$. Pour une meilleure lecture, les 111 points représentatifs sont reliés entre eux. Pour $n = 1$:

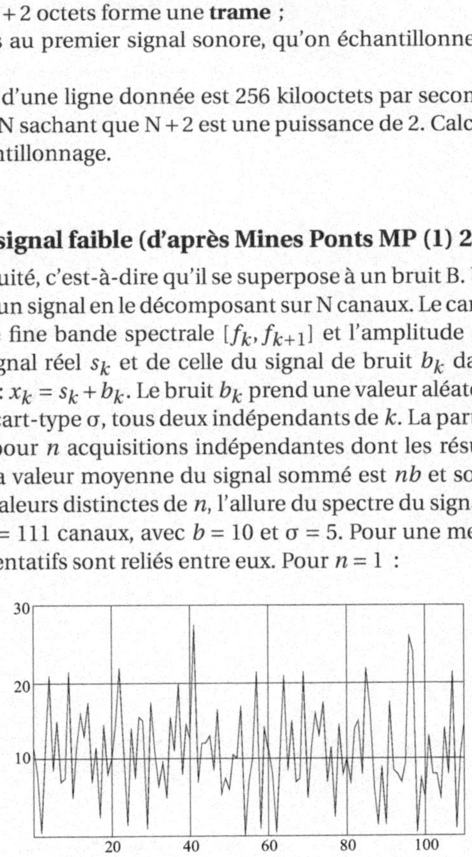

Et pour $n = 100$:

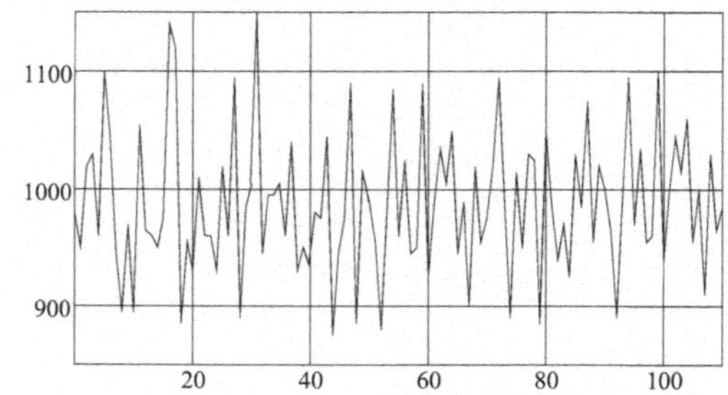

a) Représenter l'allure du spectre du signal bruit après N = 2 500 acquisitions en indiquant clairement les graduations dans la partie utile du signal.

b) Le signal utile S est un signal faible, dont le spectre, à chaque acquisition, comporte deux pics d'amplitude 1 pour les canaux $k = 34$ et $k = 67$. Le signal utile est-il détectable par une seule acquisition ? Le signal utile est-il détectable après N = 2 500 acquisitions ?

4.6 Numérisation d'un signal de marche (Mines-Ponts MP (I) 2016)

L'action de la marche d'un piéton sur une passerelle est traduite par une force verticale périodique, appelée charge. Voici l'allure des variations de cette charge en fonction du temps.

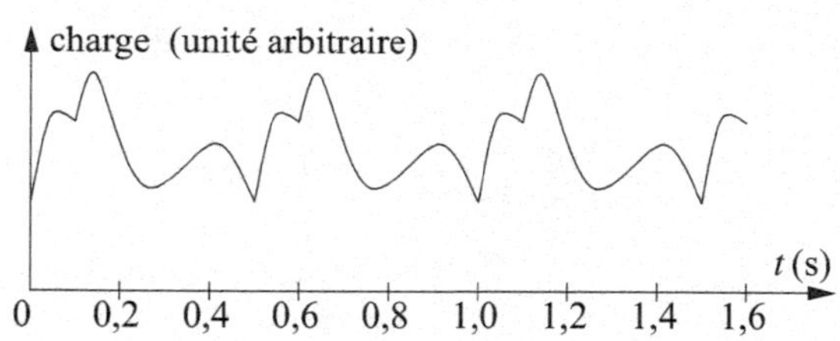

On fait l'acquisition de ce signal en effectuant N = 300 mesures à intervalles de temps réguliers dans l'intervalle $[t_{min}; t_{max}]$. On fait ensuite la décomposition de Fourier du signal numérisé. Voici les spectres obtenus pour différents intervalles de temps :

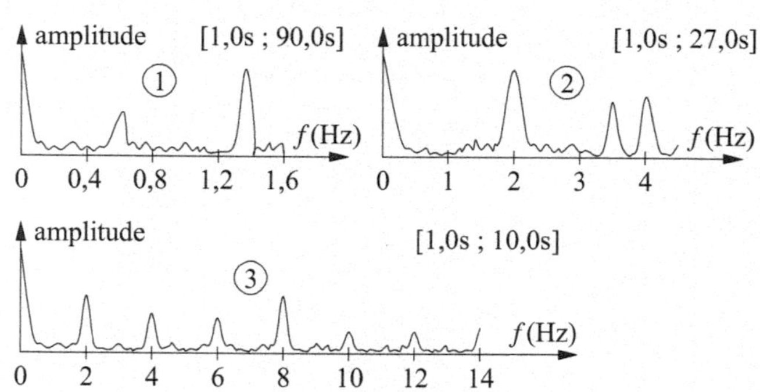

Commenter ces spectres.

4.7 Choix d'un filtre antirepliement

Un signal de vibration d'un bâtiment possède deux fréquences caractéristiques $f_1 = 12$ Hz et $f_2 = 18$ Hz. Le capteur de vibration transforme la vibration mécanique en vibration électrique, mais ce signal électrique risque d'être parasité par le signal émis par les néons d'éclairage à une fréquence $f_p = 50$ Hz. On choisit la fréquence d'échantillonnage $f_e = 70$ Hz. Justifier l'intérêt d'un filtrage du signal avant échantillonnage et choisir la valeur du produit RC pour le filtre suivant, appelé filtre de Sallen et Key (l'ALI est idéal, de gain infini et fonctionne en régime linéaire).

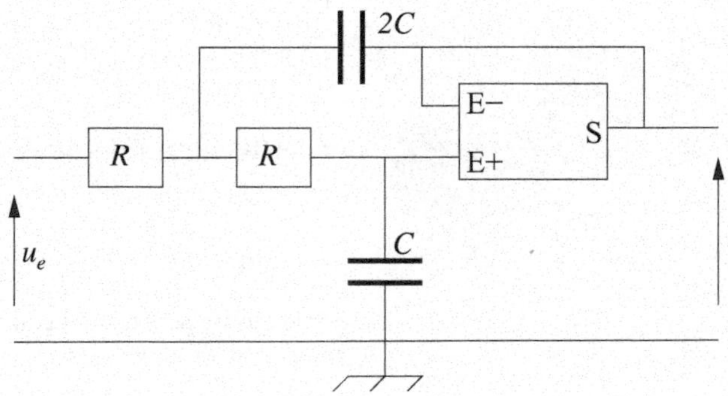

4.8 Convertisseur analogique/numérique à compteur d'impulsions

Un convertisseur analogique/numérique doit transformer un signal continu (une tension ici) dont la mesure est par exemple 7,31 V en un nombre entier, 7 si la précision est le volt, ou 73 si la précision est le décivolt, etc... Dans le montage suivant :

- H est une horloge fournissant une tension créneaux de période T, valant 0 si $t \in [nT, nT + T/2[$, +15 V si $t \in [nT + T/2, (n+1)T[$;
- GC est un générateur de courant assurant une intensité constante I_0 dans sa branche ;
- COMP est un comparateur, qui délivre une tension $u_2 = +15$ V si $u_1 > U_0$, et $u_2 = -15$ V si $u_1 < U_0$;
- Kc est un interrupteur commandé par la gachette G, il est fermé si le potentiel de la gachette est négatif, ouvert s'il est positif ;
- le compteur, remis à zéro entre deux acquisitions, compte le nombre d'impulsions, une impulsion étant un basculement de la tension u_3 de 0 à +15 V.

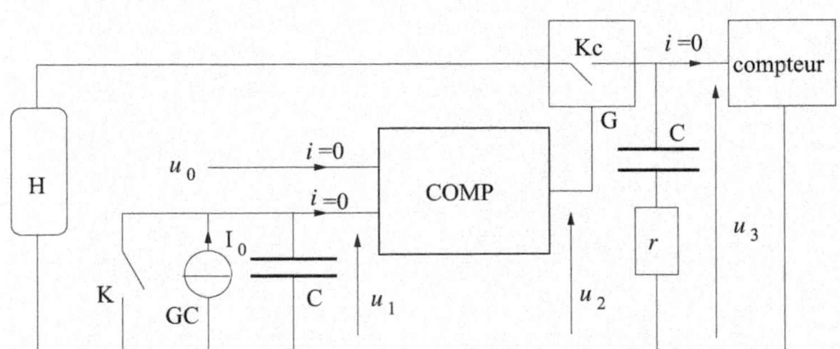

À $t = 0$, l'interrupteur K passe de la position fermée à la position ouverte et u_0 est la tension qu'on veut numériser ; on la suppose constante pendant le processus de conversion.

a) Établir l'expression de $u_1(t)$.

b) Sur un même graphique, tracer l'allure des courbes $u_0(t)$ et $u_1(t)$ avec les valeurs numériques $u_0 = 7{,}31$ V, T = 1,0 ms, $I_0 = 10$ mA et C = 10 μF.

c) En déduire l'évolution dans le temps de u_3 en supposant que $rC \ll T$. Combien d'impulsions le compteur a-t-il compté ?

d) En déduire qu'on a ainsi réalisé un convertisseur analogique/numérique dont la précision est le volt. Comment modifier ce dispositif pour obtenir une précision du décivolt ?

4.9 Convertisseur numérique/analogique 4 bits

Une tension numérique est codée sur N = 4 bits :

$$u_e = \varepsilon_0 \cdot 2^0 + \varepsilon_1 \cdot 2^1 + \varepsilon_2 \cdot 2^2 + \varepsilon_3 \cdot 2^3 \text{ avec } \forall k \in \{0,1,2,3\},\ \varepsilon_k = 0 \text{ ou } 1$$

Dans le montage suivant, l'état du bit k agit sur l'interrupteur k, en position masse si $\varepsilon_k = 0$, en position E si $\varepsilon_k = 1$.

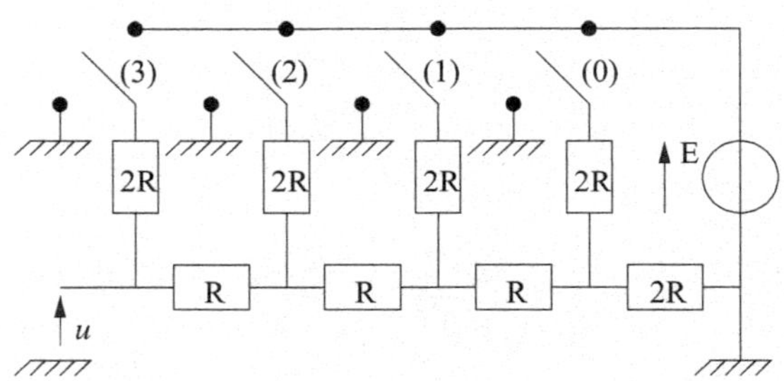

a) Combien de valeurs différentes peut prendre u_e ?

b) Déterminer l'expression de u en fonction de E et des valeurs des ε_k.

c) En déduire l'utilité de ce montage.

Du mal à démarrer ?

4.1 La durée de chute d'une goutte rapportée à l'intervalle de temps permet de déterminer le nombre de gouttes visibles. Les autres questions se résolvent en déterminant à chaque éclair les altitudes des gouttes.

4.2 Après avoir établi l'expression de u_S dans les phases de fermeture de K puis pendant les phases d'ouverture, chacun des quatre cas se traite en traçant u_e en fonction du temps et sur le même graphique $u_S(t)$.

4.3 En écrivant l'expression de la tension aux dates d'échantillonnage nT_e, on isole la fréquence apparente.

4.4 L'application du critère de Nyquist Shannon donne un minorant pour f_e, le nombre d'octets nécessaires à l'échantillonnage par trame est obtenu par une simple multiplication.

4.5 Il faut tracer l'allure du signal de bruit en zoomant sur l'intervalle donné par l'écart-type. En utilisant ensuite une échelle complète, le signal utile, régulier et systématique émerge au dessus du bruit qui, lui, est irrégulier et aléatoire.

4.6 Les commentaires peuvent concerner la composante continue, la fréquence fondamentale du signal de charge, les harmoniques, la fréquence maximale et la fréquence d'échantillonage, le critère de Nyquist-Shannon, le repliement du spectre.

4.7 Le critère de Nyquist-Shannon permet de déterminer la fréquence de coupure du filtre passe-bas nécessaire pour éliminer la fréquence parasite. La détermination de la fonction de transfert du filtre de Sallen et Key ne pose pas de difficulté particulière en traduisant la loi des nœuds en termes de potentiel dans les relations fondamentales de l'ALI en régime linéaire.

4.8 Le circuit formé du générateur de courant et du condensateur est simple à interpréter : la tension u_1 croît de façon linéaire à partir de la date d'ouverture de K. On forme ainsi une rampe de tension. En suivant sur un même graphique u_0 et u_1, on repère la date de basculement du comparateur, à laquelle on interrompt le comptage des impulsions de l'horloge.

4.9 Le potentiel de la tige de l'interrupteur k est $\varepsilon_k E$. Par application de la loi des nœuds en termes de potentiel à chaque nœud de la ligne horizontale inférieure, on obtient un système de 4 équations reliant leurs potentiels $V_3 = u$, V_2, V_1 et V_0, E et les ε_k. En éliminant V_2, V_1 et V_0, on en déduit l'expression cherchée.

Corrigés des exercices

4.1

a) Une goutte sortant du robinet sans vitesse initiale à la date $t = 0$ a pour altitude $z(t)$ avec $\ddot{z} = -g$ donc $\dot{z} = -gt$ et $z(t) = H - \frac{1}{2}gt^2$ avec $H = 5{,}00$ m. Elle tombe au sol quand $z = 0$ donc à la date $t = \sqrt{\frac{2H}{g}} = 1{,}01$ s. Juste avant l'impact, à une date un tout petit peu inférieure à cette date, on voit donc la goutte émise $\frac{1}{3}$ de seconde plus tard, celle émise $\frac{2}{3}$ de seconde plus tard, et celle émise une seconde plus tard vient de commencer sa chute. On distingue donc exceptionnellement 4 gouttes, mais le plus souvent 3 gouttes.

b) La fréquence des éclairs est égale à la fréquence du phénomène observé, il y a donc immobilité apparente, chaque goutte observée prend la place de la précédente.

c) Prenons l'origine des dates $t = 0$ au moment où une goutte (1) est émise, et supposons que le premier éclair ait lieu à cette date. La goutte suivante (2) est émise à la date $T = \frac{1}{f} = 0{,}333$ s. Le deuxième éclair intervient à la date $T_e = \frac{1}{f_e} = 0{,}345$ s, à laquelle la goutte (1) est à l'altitude $z(T_e) = 4{,}42$ m et (2) est à l'altitude $z(T_e - T) = 4{,}999$ m. L'observateur considère donc que la goutte (2) a pris la place de la (1) et que celle-ci s'est un tout petit peu déplacée d'environ 1 mm. Il y a donc mouvement ralenti vers le bas. La goutte la plus haute, juste en dessous du robinet est observée aux altitudes apparentes successives $z(0)$, $z(T_e - T)$, $z(2(T_e - T))$, …, $z(n(T_e - T))$. Une goutte est émise toutes les T secondes, donc lorsque la précédente se trouve à l'altitude $z(T)$. Dans le mouvement ralenti apparent, on aura donc l'impression qu'une nouvelle goutte est émise lorsqu'on observera la goutte la plus haute à cette altitude, donc lorsque

$$z(n(T_e - T)) = z(T) \text{ soit } H - \frac{1}{2}g(n(T_e - T))^2 = H - \frac{1}{2}gT^2$$

$$\text{soit } n(T_e - T) = T \text{ soit } n = \frac{T}{T_e - T}$$

donc à la date $nT_e = \frac{TT_e}{T_e - T}$. La fréquence apparente d'émission des gouttes est donc $f_a = \frac{1}{nT_e} = \frac{T_e - T}{TT_e} = f - f_e = 0{,}10$ gouttes par seconde, ou une goutte toutes les 10 secondes.

d) Prenons $t = 0$ à l'instant où la goutte (1) est émise et notons (2) la goutte suivante. (1) touche le sol à la date $t_1 = \sqrt{\frac{2H}{g}}$, à laquelle (2) se trouve à l'altitude $z(t_1 - T)$ et un éclair se produit. L'éclair suivant a lieu à la date $t_1 + T_e$ et à cette date, (2) se trouve à l'altitude

$$z(t_1 - T + T_e) = H - \frac{1}{2}g\left(\sqrt{\frac{2H}{g}} - T + T_e\right)^2 = 0{,}106 \text{ m}$$

L'observateur a donc l'impression que (1) a été remplacée par (2) : il y a mouvement ralenti rétrograde, les gouttes semblent remonter. La vitesse apparente de la goutte semblant remonter du sol est $v_a = \frac{z(t_1 - T + T_e)}{T_e} = 0{,}328\ \mathrm{m \cdot s^{-1}}$.

4.2

Lorsque K est fermé, la tension du signal d'entrée est directement appliquée aux bornes du condensateur, donc $u_C = u$ et à la sortie du suiveur, $u_s = u_C = u$: le signal de sortie est exactement égal au signal d'entrée. Lorsque K s'ouvre, le courant ne peut plus circuler dans le condensateur dans la branche de gauche car K est ouvert, ni dans la branche de droite car $i^+ = 0$, donc $i_C = 0$ soit $C\frac{du_C}{dt} = 0$ donc u_C est constante, égale par continuité à la valeur qu'elle avait atteinte à la date d'ouverture de K. On en déduit que $u_s(t) = u(t)$ pour $t \in [nT, nT+\alpha T]$ et $u_s(t) = u(nT+\alpha T)$ pour $t \in]nT+\alpha T, (n+1)T[$. Le graphe épouse la forme de u_s donc la forme de u pendant chaque phase où la gachette est portée au potentiel E, puis reste constant dans la phase où la gachette est au potentiel 0. Voici les graphes correspondants :

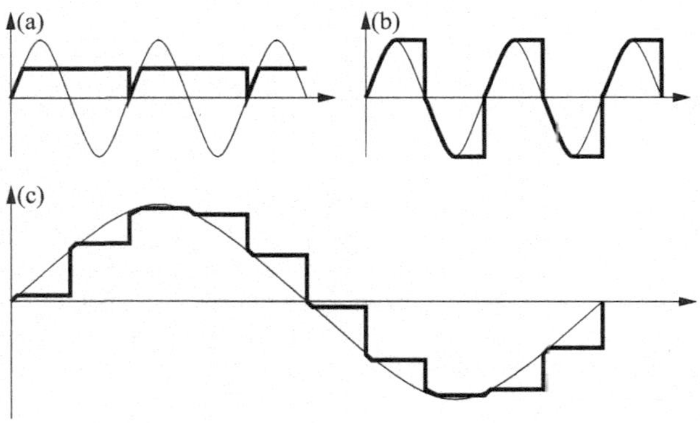

4.3

Posons $u(t) = A\cos(2\pi f t + \varphi)$. Notons $T = \frac{1}{f}$ la période du signal et $T_e = \frac{1}{f_e} = \frac{1-\varepsilon}{f}$ la période d'échantillonnage. On a donc $T_e = (1-\varepsilon)T$ très légèrement inférieur à T. On peut donc construire le graphe du signal échantillonné à partir de celui du signal :

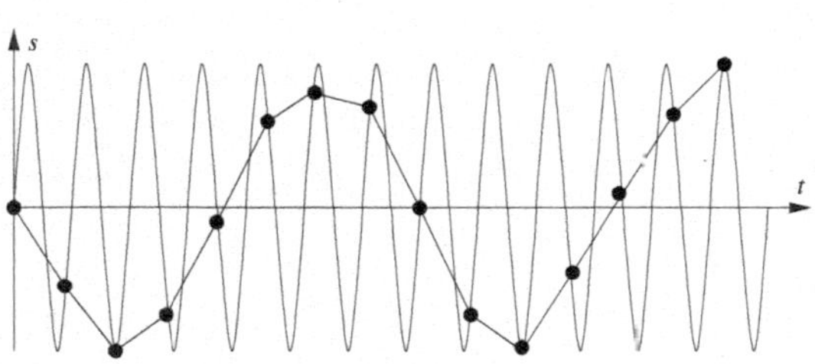

et le graphe lissé fait bien apparaître une sinusoïde. Par le calcul, le signal échantillonné aux dates d'échantillonnage vaut

$$u_n = u_e(t = nT_e) = u(nT_e) = A\cos\left(2\pi(1-\varepsilon)n + \varphi\right)$$

$$\text{soit } u_e(t = nT_e) = A\cos\left(2\pi n - 2\pi\varepsilon n + \varphi\right)$$

$$\text{soit } u_e(t = nT_e) = A\cos\left(2\pi\varepsilon\frac{t}{T_e} - \varphi\right)$$

Aux dates d'échantillonnage, le signal échantillonné s'assimile donc à une sinusoïde de fréquence apparente

$$f_a = \frac{\varepsilon}{T_e} = \varepsilon f_e = f_e - f$$

qui est bien la fréquence apparaissant au repliage du spectre.

4.4

Le critère de Nyquist-Shannon impose une fréquence minimale d'échantillonnage $f_e > 2f_{\max}$ soit $f_e > 6\,800$ Hz. Chaque seconde, il faut donc échantillonner chacun des N + 2 signaux f_e fois, ce qui représente un total de $f_e(N+2)$ octets. On en déduit que

$$f_e(N+2) = 256 \cdot 10^3 \text{ soit } N+2 = \frac{256 \cdot 10^3}{f_e}$$

$$\text{donc } N+2 < \frac{256 \cdot 10^3}{6800} = 37{,}6$$

La plus grande puissance de 2 correspondante est N + 2 = 32, donc N = 30 et la fréquence d'échantillonnage correspondante est $f_e = \frac{256 \cdot 10^3}{32} = 8{,}0$ kHz. Elle vérifie bien le critère de Nyquist-Shannon.

4.5

a) Après 2 500 acquisitions, le signal de bruit dans chaque canal a pour valeur moyenne $2\,500b = 25\,000$ et pour écart-type $\sigma\sqrt{2\,500} = 250$. On a donc un signal de même allure que ceux donnés par l'énoncé, s'étendant dans l'intervalle centré sur 25 000 entre 24 750 et 25 250.

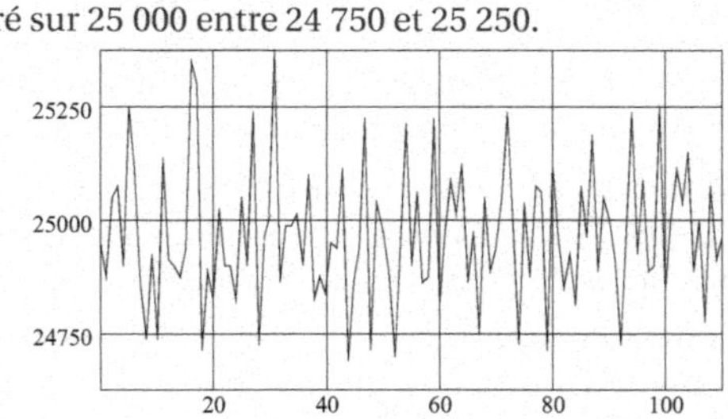

b) Après une seule acquisition, le signal utile perturbe beaucoup trop peu le signal de bruit, car son amplitude sur les canaux 34 et 67 est inférieure à la fluctuation $\sigma = 5$. Après 2 500 acquisitions, le signal $S + b_k$ a pour amplitude 25 000 et écart-type 250 pour $k \neq 34, 67$, et pour amplitude 25 000 + 2 500 = 27 250 et écart-type 250 (l'écart-type du signal S est nul) pour $k = 34, 67$. Le spectre en échelle complète a donc l'allure suivante

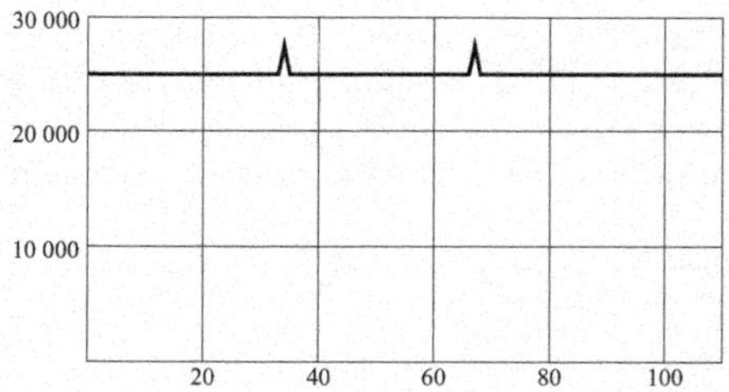

Le signal faible, par sa régularité, est maintenant détectable par rapport au bruit qui, lui, ne l'est pas.

4.6

- Les trois spectres font apparaître un pic à fréquence nulle, ce qui est conforme à l'existence d'une composante continue dans le signal de charge : un marcheur a en permanence au moins un pied sur le sol et la valeur moyenne de la charge est donc non nulle.
- La période du signal de charge est T = 0,50 s donc la fréquence fondamentale vaut $f_1 = \frac{1}{T} = 2,0$ Hz. Cette fréquence est hors du domaine du spectre 1, qui n'est donc pas adapté. En revanche, il est présent sur les spectres 2 et 3.
- Le signal de marche étant périodique et non sinusoïdal, son spectre théorique fait apparaître des pics aux fréquences $f_p = p \cdot f_1$, p entier.
- L'existence dans le signal de points anguleux à forte pente (aux dates $k \cdot 0,5$ correspondant à la pose d'un pied sur le sol) laisse présumer l'existence de pics à fréquence élevée dans le signal. En fixant aribtrairement à 7 le nombre d'harmoniques présentes, on estime que $f_{\max} = f_5 = 14$ Hz.
- La fréquence d'échantillonnage est

$$f_e = \frac{300}{t_{\max} - t_{\min}}$$

soit respectivement $f'_e = 3,4$ Hz, $f''_e = 11,5$ Hz et $f'''_e = 33,3$ Hz.
- Le critère de Nyquist-Shannon n'est pas respecté pour le spectre 1 car

$$28 = 2f_{\max} > f'_e = 3,4$$

Le pic à 1,4 Hz est expliqué par le repliement de la fréquence fondamentale $f_1 = 2,0$ Hz :

$$f'_e - 2 = 1,4 \text{ Hz}$$

- Le critère de Nyquist-Shannon est respecté pour le spectre 3 car

$$28 = 2f_{\max} > f'''_e = 33,3$$

On distingue clairement les pics aux fréquences harmoniques $f_p = p \cdot f_1$. On remarque un pic marqué à 8,0 Hz.
- Le critère de Nyquist-Shannon n'est pas respecté pour le spectre 2 car

$$28 = 2f_{\max} > f''_e = 11,5$$

Le pic à 3,5 Hz est expliqué par le repliement du pic marqué à $f_4 = 8,0$ Hz :

$$f''_e - 8 = 3,5 \text{ Hz}$$

4.7

Le repliement du signal parasité ferait apparaître, outre le pic à la fréquence f_p, un pic parasite à la fréquence $f_e - f_p = 20$ Hz très proche du pic à $f_2 = 18$ Hz, rendant ainsi le signal échantillonné inexploitable. Il faut donc utiliser un filtre passe-bas anti-repliement avec une fréquence de coupure proche de 30 Hz. Notons A le nœud entre les deux résistors. Le montage et le fonctionnement en régime linéaire de l'ALI entraînent que $V_{E+} = V_{E-} = u_s$. On écrit la loi des nœuds en termes de potentiel aux nœuds A et E^+ :

$$\begin{cases} \underline{V}_A = \dfrac{\frac{1}{R}\underline{u}_e + \frac{1}{R}\underline{u}_s + j2C\omega\underline{u}_s}{\frac{1}{R} + \frac{1}{R} + j2C\omega} \\ \underline{u}_s = \dfrac{\frac{1}{R}\underline{V}_A + jC\omega \cdot 0}{\frac{1}{R} + jC\omega} \end{cases}$$

$$\text{soit} \begin{cases} \underline{V}_A = \dfrac{\underline{u}_e + \underline{u}s(1 + 2jRC\omega)}{2 + 2jRC\omega} \\ \underline{u}s = \dfrac{\underline{V}_A}{1 + jRC\omega} \end{cases}$$

et en éliminant $\underline{V}_A$ entre ces deux équations, il vient

$$(1 + jRC\omega)(2 + 2jRC\omega)\underline{u}s = \underline{u}_e + \underline{u}s(1 + 2jRC\omega)$$

$$\text{donc } \underline{H} = \frac{\underline{u}_s}{\underline{u}_e} = \frac{1}{1 + 2jRC\omega - 2R^2C^2\omega^2}$$

C'est la fonction de transfert d'un filtre du second ordre, dont la fonction de transfert à basse et à haute fréquences a pour équivalents

$$\begin{cases} \underline{H}_{BF} = 1 \\ \underline{H}_{HF} = \frac{-1}{2R^2C^2\omega^2} \end{cases}$$

Les asymptotes du diagramme de Bode en gain sont donc

$$\begin{cases} G_{BF} = 0 \text{ dB} \\ G_{HF} = -40\log(\sqrt{2}RC\omega) \end{cases}$$

Elles se croisent à la pulsation de coupure ω_c :

$$\sqrt{2}RC\omega = 1 \text{ donc } \omega_c = \frac{1}{\sqrt{2}RC}$$

La fréquence de coupure vaut donc $f_c = \frac{1}{2\pi\sqrt{2}RC}$. On en déduit :

$$f_c = 30 \text{ Hz} \Rightarrow RC = \frac{1}{60\pi\sqrt{2}} = 3,75 \cdot 10^{-3} \text{ s}$$

4.8

a) Jusqu'à la date $t = 0$, K est fermé donc $u_C(t = 0^-) = 0$. Par continuité de la tension aux bornes d'un condensateur, $u_1(t = 0^+) = u_C(t = 0^+) = 0$. Pour $t \geq 0$, K est ouvert et de plus $i = 0$ dans la branche entrant dans le comparateur. L'intensité I_0 délivrée par GC I_0 traverse donc le condensateur. On en déduit que

$$I_0 = C\frac{du_1}{dt} \text{ donc } u_1 = \frac{I_0}{C}t$$

b) Avec les valeurs numériques données, $u_1(t) = 1000t$, et atteint donc $u_0 = 7{,}31$ V à la date $t = 7{,}31$ ms.

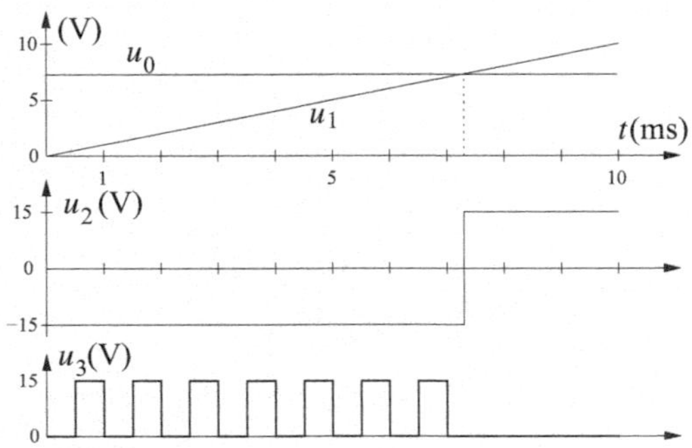

c) Le fonctionnement du comparateur décrit par l'énoncé entraîne que

$$\forall t \in [0\,;\, 7{,}31 \text{ ms}],\ u_1(t) < u_0 \text{ donc } u_2(t) = -15 \text{ V}$$

$$\forall t > 7{,}31 \text{ ms},\ u_1(t) > u_0 \text{ donc } u_2(t) = +15 \text{ V}$$

Comme u_2 est relié à la gachette, Kc est donc fermé pour $t \leq 7{,}31$ ms et ouvert pour $t > 7{,}31$ ms. Si $rC \ll T$, le condensateur se charge très rapidement à la tension u_3. Son utilité est que lorsque Kc s'ouvre, u_3 reste bloqué à la valeur qu'elle avait avant l'ouverture, soit $u_3 = 0$ pour $t > 7{,}31$ ms. On en déduit l'évolution dans le temps de u_3, qui effectuer sept impulsions avant de se fixer à la tension nulle.

d) Le compteur compte donc 7 impulsions : la tension analogique $u_0 = 7{,}31$ V a donc été convertie entre une valeur numérique approchée de 7 V. Pour obtenir une précision du décivolt, il faut compter 73 impulsions, et il suffit donc de prendre $T = 0{,}1$ ms.

4.9

a) Il y a autant de valeurs possibles pour u_e que de choix des quatre états des interrupteurs, soit $2^4 = 16$. C'est aussi le nombre d'entiers dont la valeur est comprise en base 2 entre $\overline{0000}$ et $\overline{1111}$.

b) Le potentiel auquel est porté la tige de l'interrupteur k vaut 0 ou E selon que ε_k vaut 0 ou 1. Ce potentiel vaut donc $\varepsilon_k \cdot E$. On peut alors appliquer la loi des nœuds en termes de potentiel à chaque nœud de la ligne horizontale inférieure.

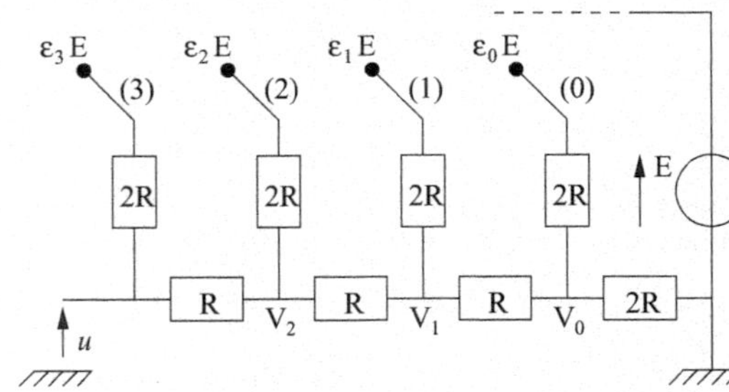

$$\begin{cases} V_0 = \dfrac{\frac{V_1}{R}+\frac{\varepsilon_0 E}{2R}+\frac{0}{2R}}{\frac{1}{R}+\frac{1}{2R}+\frac{1}{2R}} = \dfrac{2V_1+\varepsilon_0 E}{4} \\ V_1 = \dfrac{\frac{V_2}{R}+\frac{\varepsilon_1 E}{2R}+\frac{V_0}{R}}{\frac{1}{R}+\frac{1}{2R}+\frac{1}{R}} = \dfrac{2V_2+\varepsilon_1 E+2V_0}{5} \\ V_2 = \dfrac{\frac{u}{R}+\frac{\varepsilon_2 E}{2R}+\frac{V_1}{R}}{\frac{1}{R}+\frac{1}{2R}+\frac{1}{R}} = \dfrac{2u+\varepsilon_2 E+2V_1}{5} \\ u = \dfrac{\frac{\varepsilon_3 E}{2R}+\frac{V_2}{R}}{\frac{1}{2R}+\frac{1}{R}} = \dfrac{\varepsilon_3 E+2V_2}{3} \end{cases}$$

$$\text{donc} \begin{cases} (0)\ :\ V_0 = \frac{V_1}{2}+\frac{\varepsilon_0 E}{4} \\ (1)\ :\ 5V_1 = 2V_2+\varepsilon_1 E+2V_0 \\ (2)\ :\ 5V_2 = 2u+\varepsilon_2 E+2V_1 \\ (3)\ :\ 3u = \varepsilon_3 E+2V_2 \end{cases}$$

On résout ce système de proche en proche. En injectant (0) dans (1) :

$$5V_1 = 2V_2+\varepsilon_1 E+V_1+\frac{\varepsilon_0 E}{2}$$

$$\text{donc } V_1 = \frac{V_2}{2}+\frac{\varepsilon_1 E}{4}+\frac{\varepsilon_0 E}{8}$$

On injecte dans (2) :

$$5V_2 = 2u+\varepsilon_2 E+V_2+\frac{\varepsilon_1 E}{2}+\frac{\varepsilon_0 E}{4}$$

$$\text{donc } V_2 = \frac{u}{2}+\frac{\varepsilon_2 E}{4}+\frac{\varepsilon_1 E}{8}+\frac{\varepsilon_0 E}{16}$$

On injecte enfin dans (3) :

$$3u = \varepsilon_3 E+u+\frac{\varepsilon_2 E}{2}+\frac{\varepsilon_1 E}{4}+\frac{\varepsilon_0 E}{8}$$

$$\text{donc } u = \frac{\varepsilon_3 E}{2}+\frac{\varepsilon_2 E}{4}+\frac{\varepsilon_1 E}{8}+\frac{\varepsilon_0 E}{16}$$

$$\text{soit } u = \frac{\varepsilon_0 E+2\varepsilon_1+4\varepsilon_2+8\varepsilon_3}{16}\cdot E$$

c) En prenant E = 16 V, on obtient donc une tension u dont la valeur en volt est égale à celle de l'entrée u_e en base 2. C'est donc bien un convertisseur numérique/analogique.

Troisième partie

Optique

CHAPITRE 5

Superposition d'ondes lumineuses

Thèmes abordés dans les exercices

- ◇ Chemin optique.
- ◇ Déphasage.
- ◇ Surface d'onde.
- ◇ Loi de Malus.
- ◇ Temps de cohérence.
- ◇ Largeur spectrale.
- ◇ Intensité lumineuse.
- ◇ Superposition d'ondes cohérentes et d'ondes incohérentes.
- ◇ Formule de Fresnel.
- ◇ Contraste.
- ◇ Phases en progression arithmétique.

Points essentiels du cours pour la résolution des exercices

- ◇ Exprimer et utiliser la loi de Malus.
- ◇ Établir et utiliser la formule de Fresnel dans le cas général.
- ◇ Établir et utiliser la formue de Fresnel si $I_1 = I_2$.
- ◇ Étudier la superposition de N ondes cohérentes.

Les méthodes à retenir

Exprimer et utiliser la loi de Malus.

La **loi de malus** est indissociable du modèle des **rayons lumineux** : les **surfaces d'onde** sont orthogonales aux rayons issus d'une source ponctuelle de lumière. La difficulté particulière de cette loi est le lien entre cet énoncé et son utilité principale : le calcul des différences de marche. Donnons trois exemples fondamentaux.

• Un système d'optique géométrique (S.O.), ne comportant que des milieux transparents séparés par des dioptres et des miroirs, donne d'un objet AB une image A′B′. Le **stigmatisme** se traduit par « tout rayon issu de B converge vers B′ » après traversée du système.

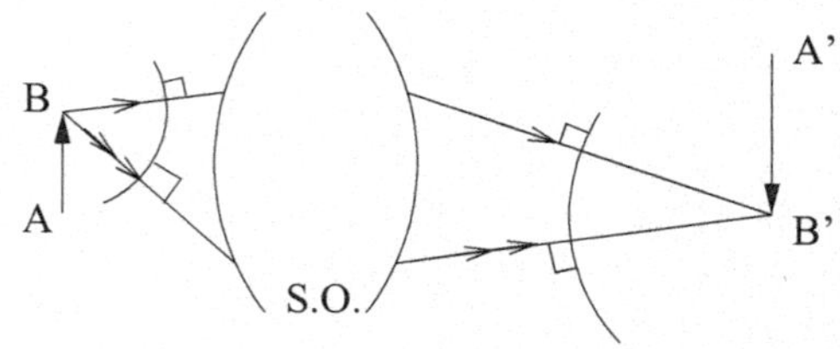

La forme des surfaces d'onde évolue de B vers B′. On distingue sur le schéma la surface d'onde sphérique issue de B et la surface d'onde sphérique convergeant vers B′. Une conséquence importante est que le délai de propagation de l'onde lumineuse de B à B′ est **indépendante du rayon choisi**.

• Les rayons issus d'une source ponctuelle dans le plan focal objet d'une lentille mince convergente émergent tous parallèles au rayon passant par le centre et non dévié. Les surfaces d'onde sont donc des plans orthogonaux à cette direction.

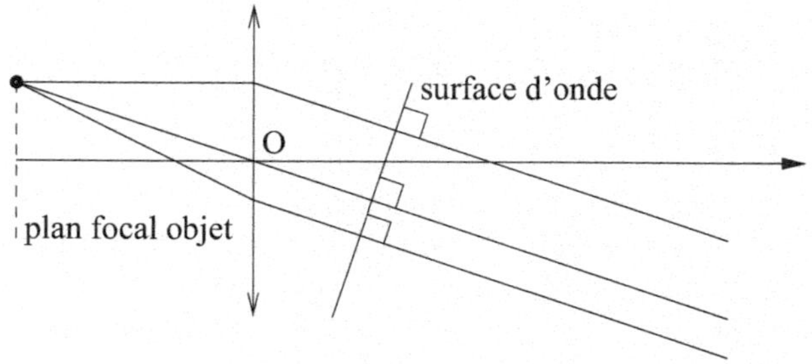

• La **diffraction** d'un faisceau lumineux est l'un des cas d'invalidité du modèle de rayon lumineux. Un point de l'espace situé après une pupille diffractante peut ainsi être affecté par deux ondes lumineuses issues de la même source et pourtant déphasées.

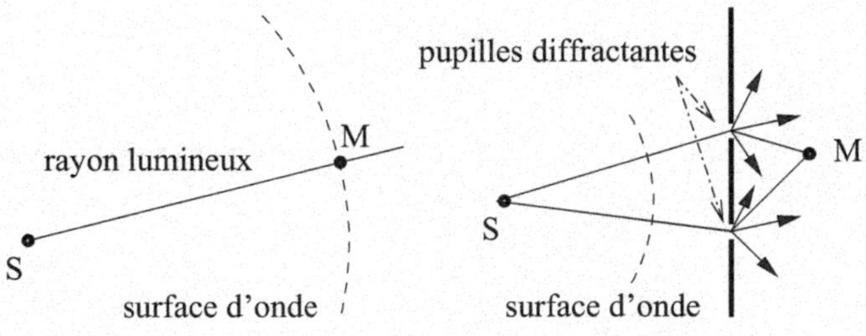

La loi de Malus permet de calculer non pas un **chemin optique** mais une **différence** de chemins optique par simplification de chemins égaux. Voici la démarche recommandée pour calculer la différence de marche

$$\delta = [SM]_1 - [SM]_2$$

entre deux rayons issus de la même source ponctuelle S et convergeant vers un point M en suivant des trajets distincts indexés 1 et 2.

a) On trace soigneusement (à la règle, sur la copie comme sur le tableau) les marches des rayons issus de la source S et qui convergent vers le point M d'étude. Voici les règles de tracé.

i) On respecte les lois de Descartes à la réflexion sur les miroirs.

ii) On respecte les lois de Descartes à la réfraction à la traversée d'un dioptre.

iii) On respecte les règles de construction des rayons à la traversée des lentilles minces.

iv) Lors de la diffraction sur une pupille, on choisit le rayon issu d'un de ses points P en l'assimilant à une source ponctuelle secondaire.

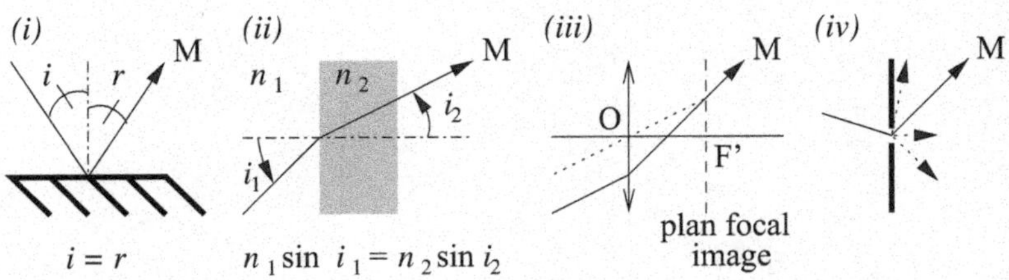

b) En partant de la source S, on identifie la surface d'onde, sphérique ou plane, la plus avancée possible, celle à partir de laquelle les deux rayons considérés subissent des sorts différents.

c) On nomme H_1 et H_2 (par exemple) les intersections de cette surface avec les rayons 1 et 2. D'après la loi de Malus,

$$[SH_1] = [SH_2]$$

d) En partant dans le sens inverse de la lumière depuis M, on identifie la surface d'onde, sphérique ou plane, la plus avancée possible, celle à partir de laquelle les deux rayons considérés subissent des sorts différents.
e) On nomme K_1 et K_2 (par exemple) les intersections de cette surface avec les rayons 1 et 2. D'après la loi de Malus,

$$[MK_1] = [MK_2]$$

f) En utilisant le principe de retour inverse de la lumière,

$$[K_1M] = [K_2M]$$

g) On en déduit la simplification

$$\delta = ([SH_1] + [H_1K_1] + [K_1M]) - ([SH_2] + [H_2K_2] + [K_2M]) = [H_1K_1] - [H_2K_2]$$

Bien sûr, d'autres simplifications du même type peuvent être opérées dans la différence restante.
h) Cette méthode est bien adaptée aux situations dans lesquelles la présence de lentilles entraîne l'existence de rayons parallèles. Par défaut, il est souvent plus facile de calculer directement les longueurs de rayon grâce à la géométrie euclidienne.

Exemple :

Dans le dispositif suivant, un prisme de verre creusé d'une cavité de largeur a, est traversé par un faisceau de lumière parallèle issu d'une source S au foyer objet d'une lentille convergente et le point M est au foyer image d'une autre lentille convergente.

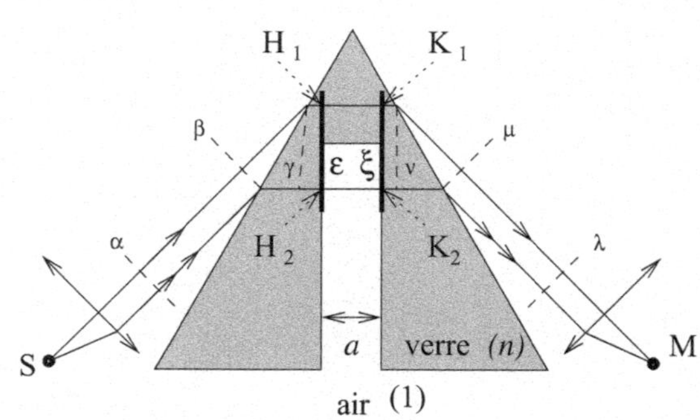

La différence de marche entre le rayon 1 marqué d'une flèche et le rayon 2 marqué de deux flèches, est calculée selon la méthode décrite.

(a) Les rayons sont tracés sur la figure. Notons que la mesure des angles au rapporteur sur la figure permet de calculer la valeur numérique de l'indice n du verre :

$$1 \cdot \sin 75° = n \sin 45° \text{ donc } n = \frac{\sin 75°}{\sin 45°} = 1,37$$

(b) À partir de S, les surfaces d'onde successives sont des plans équiphases α, β, puis par réfraction γ et enfin ε au-delà duquel la lumière traverse le verre pour le rayon 1 et l'air pour le rayon 2.
(c) Les points H_1 et H_2 sont tracés sur la figure.
(d) De même, les surfaces d'onde issues de M dans le sens inverse de la lumière sont succesivement λ, μ, ν et ξ.
(e) Les points K_1 et K_2 sont tracés sur la figure.
(f) et (g) On en déduit

$$\delta = [H_1K_1] - [H_2K_2] = na - a = (n-1)a$$

↪ **Exercice 5.1.**

Établir et utiliser la formule de Fresnel dans le cas général.

Deux ondes lumineuses ne peuvent **interférer** que si elles sont **cohérentes** :
- elles sont issues d'une même source S ;
- cette source émet une onde **quasi monochromatique** de pulsation ω ;
- les deux ondes arrivant en M ont un décalage temporel inférieur au **temps de cohérence** assimilé à la durée caractéritique d'un **train d'ondes**.

L'onde émise en S est caractérisée par la fonction d'onde complexe

$$\underline{a}(t) = \underline{A}_0 e^{i\omega t}$$

L'onde issue de S arrivant en M par le chemin 1 est définie par la fonction complexe du temps $\underline{a}_1(t)$, celle arrivant par le chemin 2 est définie par $\underline{a}_2(t)$. Tout l'intérêt de la notion de chemin optique est résumé dans la formule fondamentale suivante qui traduit le **principe ondulatoire** : « ce qui se passe en M à la date t est ce qui s'est passé en S à la date $t - \frac{[SM]}{c}$ », où c est la vitesse de la lumière dans le vide, avec un éventuel facteur d'atténuation β :

$$\begin{cases} \underline{a}_1(t) = \beta_1 \underline{a}\left(t - \frac{[SM]_1}{c}\right) \\ \underline{a}_2(t) = \beta_2 \underline{a}\left(t - \frac{[SM]_2}{c}\right) \end{cases}$$

En notant λ_0 la longueur d'onde dans le vide, on a $\omega = \frac{2\pi c}{\lambda_0}$ et en notant $\underline{A}_{1,2} = \beta_{1,2}\underline{A}_0 = A_{1,2}e^{i\varphi_0}$, il vient

$$\begin{cases} \underline{a}_1(t) = \underline{A}_1 e^{i\left(\omega t - \frac{2\pi[SM]_1}{\lambda_0}\right)} \\ \underline{a}_2(t) = \underline{A}_2 e^{i\left(\omega t - \frac{2\pi[SM]_2}{\lambda_0}\right)} \end{cases}$$

ou en grandeurs réelles

$$\begin{cases} a_1(t) = A_1 \cos\left(\omega t - \frac{2\pi[SM]_1}{\lambda_0} + \varphi_0\right) \\ a_2(t) = A_2 \cos\left(\omega t - \frac{2\pi[SM]_2}{\lambda_0} + \varphi_0\right) \end{cases}$$

La formule de Fresnel générale donne l'expression de l'intensité lumineuse I en M en fonction de celles I_1 et I_2 qui y seraient observées si l'onde 1 ou l'onde 2 était seule :

$$I = K < (a_1(t) + a_2(t))^2 > \text{ et } \begin{cases} I_1 = K < a_1^2(t) > \\ I_2 = K < a_2^2(t) > \end{cases}$$

En linéarisant les expressions et en utilisant le fait que la valeur moyenne d'un cosinus carré dépendant du temps vaut $\frac{1}{2}$ et que celle d'un cosinus dépendant du temps vaut 0, on obtient

$$I = I_1 + I_2 + 2\sqrt{I_1 I_2}\cos\frac{2\pi\delta}{\lambda_0}$$

où $\delta = [S_1M] - [S_2M]$ est la différence de marche et $I_1 = K\frac{A_1^2}{2}$ et $I_2 = K\frac{A_2^2}{2}$.
Voici le résumé de la démarche et quelques conseils de méthode.

a) Le préalable indispensable au calcul est la construction des rayons. Au concours, un calcul de différence de marche mal ajusté à partir d'une construction fausse, qui révèle des lacunes en optique géométrique, n'a aucune valeur.

b) La formule de Fresnel générale prouve que le problème des interférences à deux ondes se ramène à un problème de géométrie, la détermination de la différence de marche δ.

c) À partir de l'expression de l'intensité lumineuse fonction, par δ, de la position de M sur un écran, on cherche

   i) la position des **franges brillantes** où l'intensité lumineuse est maximale, soit I_{max}

   ii) la position des **franges sombres** où l'intensité lumineuse est minimale, soit I_{min}

   iii) le cas échéant l'**interfrange** séparant deux franges de même nature consécutives

   iv) et le **contraste**

$$C = \frac{I_{max} - I_{min}}{I_{max} + I_{min}}$$

Exemple :

Dans le dispositif suivant, S est une source ponctuelle monochromatique de longueur d'onde dans le vide λ_0. On suppose $D \gg a$ et $D \gg y$. L'indice de l'air est pris égal à 1.

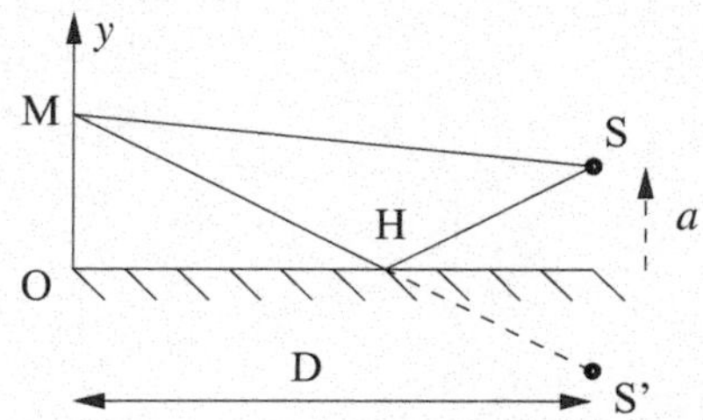

En M se superposent l'onde lumineuse arrivant en ligne droite de S et celle qui s'est réfléchie en H sur le miroir. Les lois de Descartes à la réflexion permettent de considérer que le rayon semble provenir de S′, symétrique orthogonal de S par rapport au miroir. À la réflexion, l'onde complexe est multipliée par $-\rho = \rho e^{i\pi}$, ρ un peu inférieur à 1 est le coefficient d'atténuation, et le signe – correspond à un déphasage de l'onde de π. Les distances sont obtenues grâce au théorème de Pythagore :

$$\begin{cases} SM = \sqrt{D^2 + (y-a)^2} = D\sqrt{1 + \frac{(y-a)^2}{D^2}} \simeq D\left[1 + \frac{y^2 - 2ay + a^2}{2D^2}\right] \\ S'M = \sqrt{D^2 + (y+a)^2} = D\sqrt{1 + \frac{(y+a)^2}{D^2}} \simeq D\left[1 + \frac{y^2 + 2ay + a^2}{2D^2}\right] \end{cases}$$

En considérant que ces distances sont très proches, on en déduit en grandeurs complexes

$$\begin{cases} \underline{a}_1(t) = \beta \underline{A}_0 e^{i\left(\omega t - \frac{2\pi[SM]}{\lambda_0}\right)} \\ \underline{a}_1(t) = \rho e^{i\pi} \beta \underline{A}_0 e^{i\left(\omega t - \frac{2\pi[S'M]}{\lambda_0}\right)} \end{cases}$$

et en grandeurs réelles

$$\begin{cases} a_1(t) = A_1 \cos\left(\omega t - \frac{2\pi[SM]}{\lambda_0} + \varphi_0\right) \\ a_2(t) = \rho A_1 \cos\left(\omega t - \frac{2\pi[S'M]}{\lambda_0} + \varphi_0 + \pi\right) \end{cases}$$

Par application de la formule de Fresnel générale :

$$I = I_1 + \rho^2 I_1 + 2\rho I_1 \cos\left(\frac{2\pi\delta}{\lambda_0} - \pi\right)$$

$$\text{avec } I_1 = \frac{KA_1^2}{2} \text{ et } \delta = [SM] - [S'M] = -\frac{2ay}{D}$$

$$\text{donc } I = I_1 + \rho^2 I_1 - 2\rho I_1 \cos\frac{4\pi a y}{\lambda_0 D}$$

L'intensité lumineuse sur l'axe y est une fonction périodique de y, les franges sont donc régulièrement espacées, et le contraste est

$$C = \frac{(I_1 + \rho^2 I_1 + 2\rho I_1) - (I_1 + \rho^2 I_1 - 2\rho I_1)}{(I_1 + \rho^2 I_1 + 2\rho I_1) + (I_1 + \rho^2 I_1 - 2\rho I_1)} = \frac{2\rho}{1+\rho^2}$$

L'étude élémentaire de cette fonction prouve que le contraste croît de 0 à 1 quand ρ croît de 0 à 1. Il est donc maximal quand $\rho = 1$, donc que le miroir est parfait.

↪ **Exercices 5.2, 5.3, 5.4, 5.5, 5.6, 5.7.**

Établir et utiliser la formule de Fresnel si $I_1 = I_2$.

Le contraste de la figure d'interférences vaut $C = 1$ lorsque les deux ondes qui se superposent en M donnent individuellement la même intensité $I_1 = I_2 = I_0$ (voir exercice 5.3). Dans ce cas (de loin le plus fréquent dans les problèmes de concours), la formule de Fresnel s'écrit

$$I = 2I_0\left(1 + \cos\frac{2\pi\delta}{\lambda_0}\right)$$

Il est important de savoir redémontrer rapidement cette expression, sans faire le calcul complet de la valeur moyenne du carré de la somme des deux ondes cosinusoïdales, car la méthode suivante en grandeurs complexes est généralisable à la superposition de deux, trois, N et même une infinité non dénombrable d'ondes cohérentes. En voici le détail à deux ondes.

a) En effectuant le rapport des expressions complexes des ondes 1 et 2 en M, on obtient la **formule fondamentale de déphasage**, que nous appellerons « formule clé » dans la suite de cet ouvrage :

$$\begin{cases} \underline{a}_1(t) = \beta \underline{A}_0 e^{i\left(\omega t - \frac{2\pi [SM]_1}{\lambda_0}\right)} \\ \underline{a}_2(t) = \beta \underline{A}_0 e^{i\left(\omega t - \frac{2\pi [SM]_2}{\lambda_0}\right)} \end{cases} \Rightarrow \underline{a}_2(t) = \underline{a}_1(t) e^{-i\frac{2\pi\delta}{\lambda_0}}$$

qui se traduit en français ainsi : en M, à amplitudes égales, l'onde 2 est égale à l'onde 1 à un terme de déphasage près dont l'argument est proportionnel à la différence de marche $\delta = [SM]_2 - [SM]_1$.

b) On en déduit l'onde résultante (on omet le t pour alléger les notations).

$$\underline{a} = \underline{a}_1 + \underline{a}_2 = \underline{a}_1\left(1 + e^{-i\frac{2\pi\delta}{\lambda_0}}\right)$$

c) En grandeurs complexes, l'intensité lumineuse est définie par $I = K\underline{a}\underline{a}^*$ où l'étoile désigne le conjugué, et K une constante multiplicative dont on ne cherche jamais à préciser la valeur ni la dimension. On en déduit

$$I_1 = K\underline{a}_1\underline{a}_1^* = K\underline{a}_2\underline{a}_2^* = I_2$$

et on note I_0 cette intensité commune.

d) On a donc

$$I = K\underline{a}_1\underline{a}_1^*\left(1 + e^{-i\frac{2\pi\delta}{\lambda_0}}\right)\left(1 + e^{i\frac{2\pi\delta}{\lambda_0}}\right)$$

$$\text{soit } I = I_1\left(2 + e^{-i\frac{2\pi\delta}{\lambda_0}} + e^{i\frac{2\pi\delta}{\lambda_0}}\right) = 2I_0\left(1 + \cos\frac{2\pi\delta}{\lambda_0}\right)$$

qui est bien la formule de Fresnel simple à intensités égales.

e) Les franges brillantes sont d'intensité $4I_0$, elles correspondent à

$$\cos\frac{2\pi\delta}{\lambda_0} = 1 \text{ soit } p = \frac{\delta}{\lambda_0} = k \in \mathbf{Z}$$

f) Les franges sombres sont des zonees d'extinction d'intensité nulle, elles correspondent à

$$\cos\frac{2\pi\delta}{\lambda_0} = -1 \text{ soit } p = \frac{\delta}{\lambda_0} = k + \frac{1}{2} \text{ avec } k \in \mathbf{Z}$$

g) $p = \frac{2\pi}{\lambda_0}$ est l'**ordre d'interférences**, il est entier sur les franges brillantes et demi-entier sur les franges sombres.

h) Le lieu géométrique sur un écran des points M d'égal ordre d'interférences définit la forme des franges, on calcule le cas échéant l'interfrange, distance entre deux franges pour une variation d'une unité de p.

Exemple :

Le dispositif des **miroirs de Fresnel** est un système de deux miroirs M_1 et M_2 faisant un angle α très faible entre eux. Une source ponctuelle monochromatique S de longueur d'onde dans le vide λ_0 est placée sur un axe perpendiculaire à l'arête et au miroir M_1, à la distance h de celui-ci. Un écran est placé parallèlement à ce miroir, à la distance $2h$. Un point M de l'écran, dans le plan (O, x, y) de la figure, est repéré par son ordonnée y.

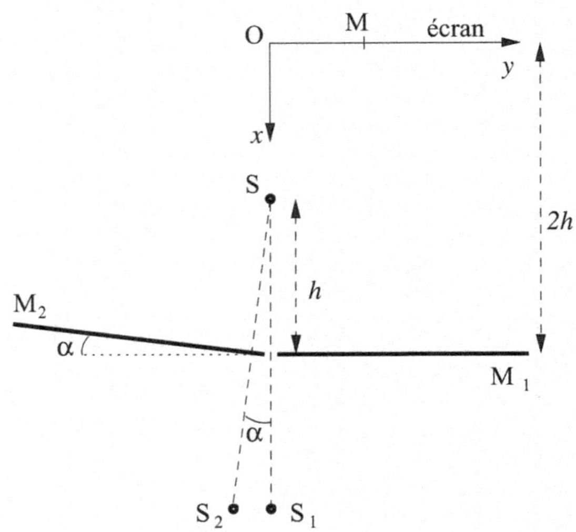

Les sources jumelles S_1 et S_2 sont les symétriques orthogonales de S par rapport aux deux miroirs. Compte tenu de la petitesse de α, leurs coordonnées sont

$$S_1 \left| \begin{array}{l} 3h \\ 0 \end{array} \right. \quad \text{et } S_2 \left| \begin{array}{l} 3h \\ -2h\alpha \end{array} \right.$$

On en déduit les distances

$$\begin{cases} S_1M = \sqrt{9h^2 + y^2} = 3h\sqrt{1 + \frac{y^2}{9h^2}} \simeq 3h\left(1 + \frac{y^2}{18h^2}\right) \\ S_2M = \sqrt{9h^2 + (y + 2h\alpha)^2} \simeq 3h\left(1 + \frac{(y+2h\alpha)^2}{18h^2}\right) \end{cases}$$

$$\text{donc } \delta = [S_2M] - [S_1M] = \frac{2\alpha h(y + \alpha h)}{3}$$

Les franges brillantes sont définies par

$$\delta = k\lambda_0 \text{ soit } y_k = -\alpha h + k \cdot \frac{3\lambda_0}{2\alpha h}, k \in \mathbf{Z}$$

L'interfrange est donc

$$i = |y_{k+1} - y_k| = \frac{3\lambda_0}{2\alpha h}$$

↪ **Exercices 5.8, 5.9, 5.10, 5.11.**

Étudier la superposition de N ondes cohérentes.

Certains dispositifs, comme le **réseau plan à une dimension**, divisent une onde incidente quasi monochromatique de longueur d'one dans le vide λ_0, en N ondes cohérentes dont les expressions au point d'observation M sont $\underline{a}_1(t), \ldots, \underline{a}_n(t), \ldots, \underline{a}_N(t)$, avec une **différence de marche entre deux ondes consécutives constante** ; il en est donc de même du déphasage :

$$\delta_{n,n+1} = [SM]_{n+1} - [SM]_n = \delta \text{ et } \varphi_{n,n+1} = \varphi = \frac{2\pi\delta}{\lambda_0}$$

On en déduit que

- les **phases sont en progression arithmétique** :

$$\varphi_n = \varphi_1 + (n-1)\varphi$$

- donc les différences de marche sont en progression arithmétique :

$$\delta_n = [SM]_n - [SM]_1 = (n-1)\delta$$

- donc par application de la formule clé, les ondes complexes sont en progression géométrique :

$$\underline{a}_n(t) = \underline{a}_1(t)e^{-i\frac{(n-1)2\pi\delta}{\lambda_0}} = \underline{a}_1(t)\left[e^{-i\varphi}\right]^{n-1}$$

Ces propriétés facilitent le calcul de l'onde résultante et de l'intensité lumineuse associée pour cette superposition de N ondes. Voici la démarche du calcul.

a) Les ondes étant cohérentes, on somme les ondes complexes, et selon une formule classique de mathématiques

$$\underline{a}(t) = \sum_{n=1}^{N} \underline{a}_n(t) = \underline{a}_1(t)\frac{1-\left[e^{-i\varphi}\right]^N}{1-e^{-i\varphi}}$$

b) On factorise le numérateur et le dénominateur par l'exponentielle de l'angle moitié :

$$\underline{a}(t) = \underline{a}_1(t)\frac{e^{-i\frac{N}{2}\varphi}}{e^{-i\varphi}} \cdot \frac{\sin\frac{N\varphi}{2}}{\sin\frac{\varphi}{2}}$$

c) On en déduit l'intensité lumineuse

$$I = K\underline{a}(t)\underline{a}^*(t) = I_1\frac{\sin^2\frac{N\varphi}{2}}{\sin^2\frac{\varphi}{2}}$$

d) Les propriétés de cette fonction de φ doivent être mémorisées. On les obtient par utilisation d'un outil graphique.

- Pour N = 2, on retrouve la formule de Fresnel, l'intensité lumineuse varie sinusoïdalement entre 0 et $4I_1$ avec une période de 2π.

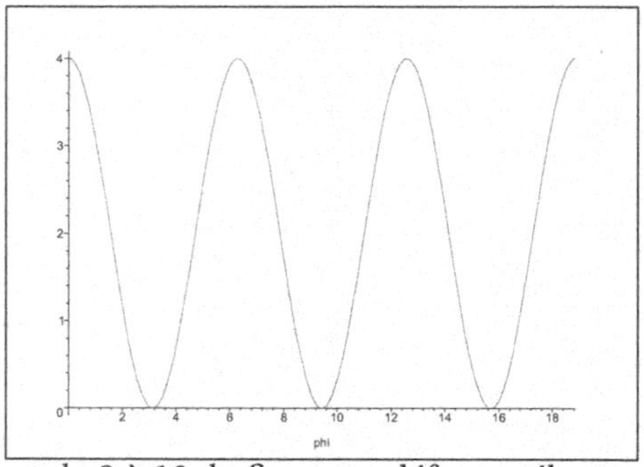

- Pour N variant de 3 à 10, la figure se déforme, il apparaît des pics d'intensité N^2I_1 pour $\varphi = p \cdot 2\pi$, p entier relatif, leur largeur diminue quand N augmente, et l'intensité est très petite devant la valeur maximale en dehors des pics. Voici l'allure de la courbe pour N = 5.

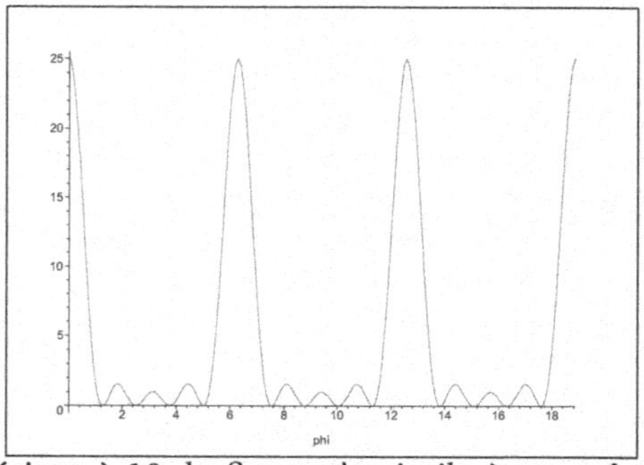

- Pour N supérieur à 10, la figure s'assimile à un **peigne de Dirac**, avec des pics d'intensité N^2I_1 pour $\varphi = p \cdot 2\pi$ de largeur extrêmement faible, et l'intensité est négigeable devant N^2I_1 partout ailleurs. Voici l'allure de la courbe pour N = 40.

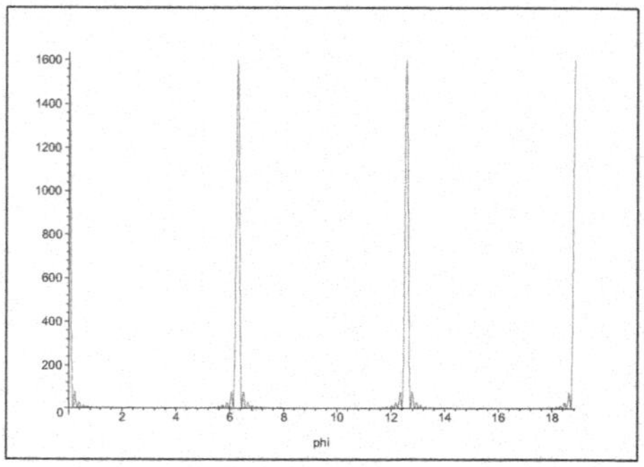

Exemple :

Il y a deux alternatives à l'utilisation du grapheur pour justifier l'exsitence de pics et mesurer leur largeur. La première, détaillée dans l'exercice 5.13, est l'utilisation du diagramme de Fresnel. La seconde est plus analytique. Notons $F_N(\varphi) = \frac{\sin^2 \frac{N\varphi}{2}}{\sin^2 \frac{\varphi}{2}}$ la **fonction de réseau**.

• Elle est paire et périodique de période 2π. On peut donc se ramener à l'étude sur l'intervalle $[0, \pi]$.

• Pour $\varphi \to 0$, son équivalent est

$$F_N(\varphi) \simeq \frac{\frac{N^2\varphi^2}{4}}{\frac{\varphi^2}{4}} = N^2$$

ce qui prouve que l'intensité des pics est $N^2 I_1$.

• Sur l'intervalle d'étude, la première annulation de la fonction de réseau est obtenue pour

$$\frac{N\varphi}{2} = \pi \text{ soit } \varphi = \frac{2\pi}{N}$$

• Pour $\varphi = \frac{\pi}{N}$, en calculant la valeur exacte au numérateur et en faisant le développement limité au dénominateur (c'est un petit angle pour pour $N > 30$), la fonction de réseau vaut

$$F_N\left(\frac{\pi}{N}\right) \simeq \frac{1}{\frac{\pi^2}{4N^2}} = 0,4053N^2 \simeq 0,5N^2$$

On est donc à peu près à mi-hauteur du pic.

• En dehors du pic, pour $\varphi \in \left[\frac{2\pi}{N}, \pi\right]$, le sinus au numérateur de la fonction de réseau est majoré par 1 et celui au dénominateur est minoré par

$$\sin^2 \frac{\pi}{N} \simeq \frac{\pi^2}{N^2} \text{ donc } F_N(\varphi) \leq \frac{N^2}{\pi^2} \simeq \frac{N^2}{10}$$

En somme, le pic a une largeur totale $\frac{4\pi}{N}$ et une largeur à mi-hauteur $\frac{2\pi}{N}$, qui tendent vers 0 quand N tend vers l'infini, une hauteur $N^2 I_0$ et l'intensité en dehors des pics est inférieure à un dixième à celle des pics.

↪ **Exercices 5.12, 5.13, 5.14, 5.15, 5.16.**

Énoncés des exercices

5.1

Loi de Malus à la traversée d'un dioptre plan

Dans la figure suivante, un faisceau de lumière parallèle se réfracte en traversant un dioptre plan séparant deux milieux d'indices n_1 et n_2. La droite (N_1N_2) est perpendiculaire à la direction du faisceau incident, la droite (P_1P_2) est perpendiculaire à la direction du rayon du faisceau réfracté.

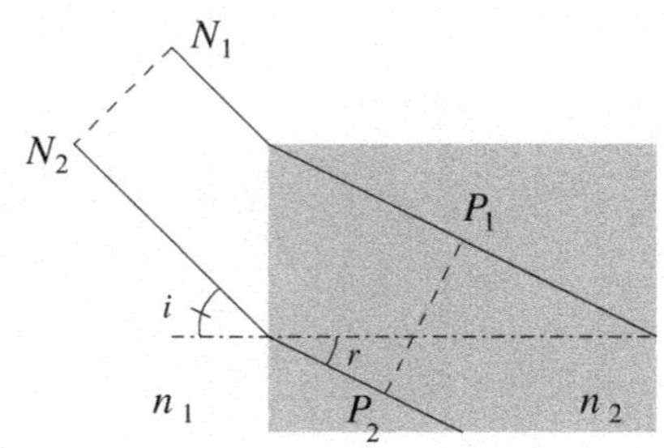

a) Montrer que $[N_1P_1] = [N_2P_2]$.

b) Quel est le lien entre ce résultat et la loi de Malus ?

5.2

Démonstration de la formule de Fresnel générale : calcul de l'intensité

On reprend les notations du cours. Les deux ondes lumineuses incidentes en M issues d'une source S ponctuelle, monochromatique, de pulsation ω s'écrivent en grandeurs réelles :

$$\begin{cases} a_1(t) = A_1 \cos\left(\omega t - \dfrac{2\pi[SM]_1}{\lambda_0} + \varphi_0\right) \\ a_2(t) = A_2 \cos\left(\omega t - \dfrac{2\pi[SM]_2}{\lambda_0} + \varphi_0\right) \end{cases}$$

On donne

$$2\cos p \cos q = \cos(p+q) + \cos(p-q)$$

a) Donner les expressions de

$$I_1 = K < a_1^2(t) > \text{ et } I_2 = K < a_2^2(t) >$$

en fonction de K, A_1 et A_2.

b) Donner l'expression de

$$I = K < (a_1(t) + a_2(t))^2 >$$

en fonction de I_1, I_2 et la différence de marche δ.

c) La formule de Fresnel dépend-elle du choix de la différence calculée, $[SM]_2 - [SM]_1$ ou $[SM]_1 - [SM]_2$?

5.3

Contraste maximal

Justifier que le contraste d'une figure d'interférences à deux ondes en lumière monochromatique est maximal quand $I_1 = I_2$.

5.4 Anneaux de Newton

Une lentille plan-convexe L, fragment d'une bille de verre d'indice n, de rayon R et de centre C est posée sur un miroir plan, le contact ponctuel se trouvant en O. On éclaire le dispositif sous incidence normale en lumière monochromatique de longueur d'onde dans le vide λ_0.

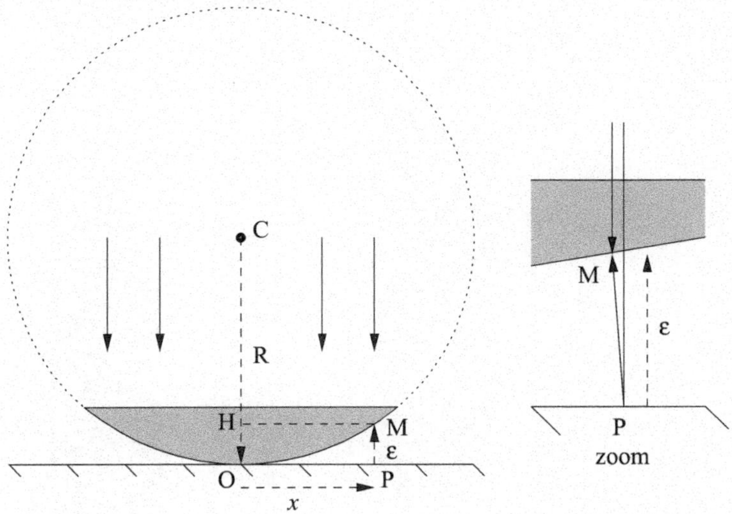

On observe les interférences sur la face sphérique. En un point M de cette face, repéré par le rayon x, se rencontrent le rayon ayant traversé la lentille et celui qui, en plus de la traversée, s'est réfléchi sur le miroir en P.

a) Montrer que l'épaisseur de la couche d'air en $x \ll$ R est

$$\varepsilon \simeq \frac{x^2}{2R}$$

b) À la réflexion sur le miroir, on observe un déphasage de π équivalent à l'ajout au chemin optique de $\frac{\lambda_0}{2}$. Montrer que les franges sont des cercles concentriques, préciser le rayon de la n-ième frange brillante et celui de la n-ième frange sombre en considérant qu'un point central est une frange et en numérotant du centre vers la périphérie.

c) Décrire qualitativement ce qu'on observe en lumière blanche.

5.5

Cristaux liquides

Le comportement optique d'un cristal liquide est assimilable à un système de deux miroirs parallèles distants de a plongés dans un liquide d'indice n. Ils sont éclairés par un faisceau laser monochromatique de longueur d'onde dans le vide λ_0, d'angle d'incidence i avec la surface du liquide. On place un capteur d'intensité lumineuse au foyer image F′ d'une lentille convergente perpendiculaire à la direction des rayons émergents.

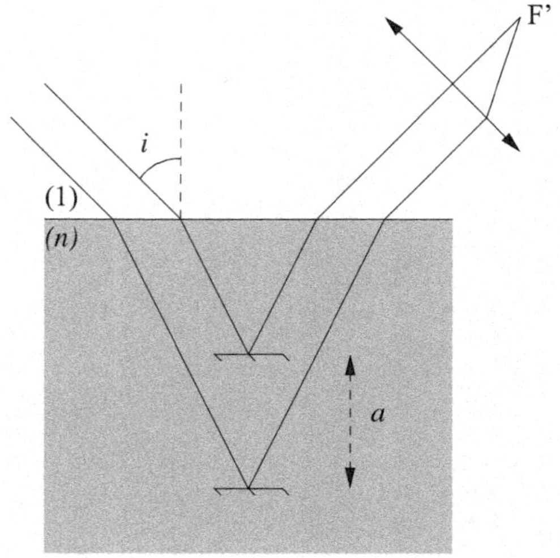

a) Déterminer la différence de marche δ entre les deux rayons tracés sur la figure en fonction de a, i et n.

b) On suppose que le milieu liquide n'est pas parfaitement transparent et que l'intensité lumineuse d'un rayon seul est

$$I = I_0 e^{-\frac{\mathcal{L}}{\ell}}$$

où $\mathcal{L}$ est la distance parcourue dans le liquide et ℓ une longueur caractéristique d'absorption. Déterminer l'expression de l'intensité lumineuse détectée en F′. On négligera cette atténuation dans la fin de l'exercice, ce qui revient à prendre ℓ très grand devant a.

c) Quelle est la plus petite valeur de a pour laquelle on observe une intensité nulle ?

d) Expliquer qualitativement pourquoi l'observation d'une image sur un écran à cristaux liquides fait apparaître des couleurs très différentes quand on la regarde avec un angle d'incidence important.

5.6 Absence d'interférences entre ondes de pulsations différentes

En un point M de l'espace se superposent deux ondes lumineuses de pulsations ω_1 et ω_2 différentes, issues de deux sources ponctuelles S_1 et S_2, dont les expressions sont

$$\begin{cases} a_1(t) = A\cos\left(\omega_1 t - \frac{2\pi[S_1M]}{\lambda_0}\right) \\ a_2(t) = A\cos\left(\omega_2 t - \frac{2\pi[S_2M]}{\lambda_0}\right) \end{cases}$$

On donne

$$2\cos p \cos q = \cos(p+q) + \cos(p-q)$$

a) Donner les expressions de

$$I_1 = K < a_1^2(t) > \text{ et } I_2 = K < a_2^2(t) >$$

en fonction de K, A_1 et A_2.

b) Donner l'expression de

$$I = K < (a_1(t) + a_2(t))^2 >$$

c) Pourquoi dit-on qu'il n'y a pas d'interférences entre deux lumières de couleurs distinctes ?

5.7 Absence d'interférences à sources distinctes, à δ trop grand (analyse documentaire)

Modèle d'émission. Dans le modèle des « **trains d'ondes** » , une source de lumière monochromatique émet une succession de bouffées de lumière quasi sinusoïdales dans des intervalles de temps successifs $[t_n, t_{n+1}[= [nT, (n+1)T[$, qui s'écrivent sous la forme du produit d'une enveloppe

$$\mathscr{E}_n(t) = \begin{vmatrix} 0 \text{ si } t < t_n \\ A \text{ si } t_n \leq t < t_{n+1} \\ 0 \text{ si } t \geq t_{n+1} \end{vmatrix}$$

et d'une porteuse

$$\mathscr{P}_n(t) = \cos(\omega t + \varphi_n)$$

La phase φ_n du train d'ondes de numéro n est tirée aléatoirement. T est de l'ordre de la microseconde.

Capteur de lumière. Le temps de réponse d'un capteur de lumière quadratique est de l'ordre de la milliseconde. Il mesure une intensité lumineuse I, produit de la valeur moyenne du carré de l'onde réelle par une constante K.

a) On superpose en M deux ondes lumineuses de même amplitude A et de même pulsation ω, issues de deux sources ponctuelles S_1 et S_2. On note δ la différence de marche entre les deux ondes. Justifier qu'on ne peut observer d'interférences entre les deux ondes.

b) On superpose en M deux ondes lumineuses issues d'une source ponctuelle S d'amplitude A et de pulsation ω, ayant suivi deux chemins optiques distincts $[SM]_1$ et $[SM]_2$. On note δ la différence de marche entre les deux ondes. Justifier qu'on ne peut observer d'interférences entre les deux ondes si $\delta \geq cT$.

5.8 Miroirs de Fresnel

Dans le dispositif suivant, $\alpha = 0{,}08$ mrad est un petit angle (il a été exagéré sur la figure), S est une source ponctuelle de lumière monochromatique de longueur d'onde dans le vide λ_0, O est un point de l'arête (O, z) intersection des miroirs M_1 et M_2. On donne $OS = R = 80$ cm. S_1 (respectivement S_2) est le symétrique orthogonal de S par rapport à M_1 (resp. M_2).

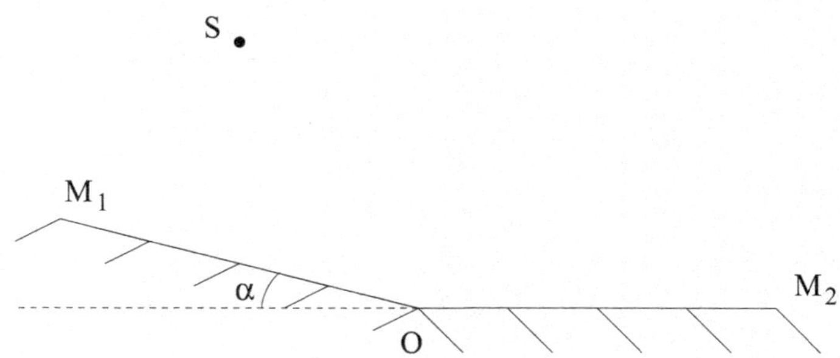

L'écran est
- parallèle à l'arête (O, z) ;
- perpendiculaire au plan médiateur de $[S_1S_2]$;
- à la distance $d = 1{,}20$ m de O.

On note H le projeté orthogonal de O sur le miroir ; un point M de l'écran est repéré par $\overline{HM} = x$et l'axe HY passe par O.

a) Faire une figure complète. Donner les coordonnées des points S_1, S_2 et M dans le référentiel (H, x, y).

b) Déterminer l'intensité lumineuse $I(x)$ si S est une source ponctuelle de lumière monochromatique de longueur d'onde $\lambda_0 = 576{,}9$ nm. Calculer l'interfrange.

c) S est une source ponctuelle de lumière blanche. Décrire la figure observée.

5.9 Lentille brisée

On considère une lentille convergente de focale $f' = 25$ cm, coupée par un plan contenant l'axe optique et son centre. On obtient alors deux demi-lentilles L_1 et L_2 symétriques par rapport à ce plan, de centre O_1 et O_2 et de focale f'. On notera $e = 2$ mm la distance entre les centres des deux demi-lentilles. L'espace entre les deux lentilles est opaque. On place sur l'axe de symétrie, à une distance $d = 40$ cm du plan des lentilles, une source ponctuelle S monochromatique de longueur d'onde dans le vide $\lambda_0 = 600$ nm. On note S'_1 et S'_2 les images de S par L_1 et L_2.

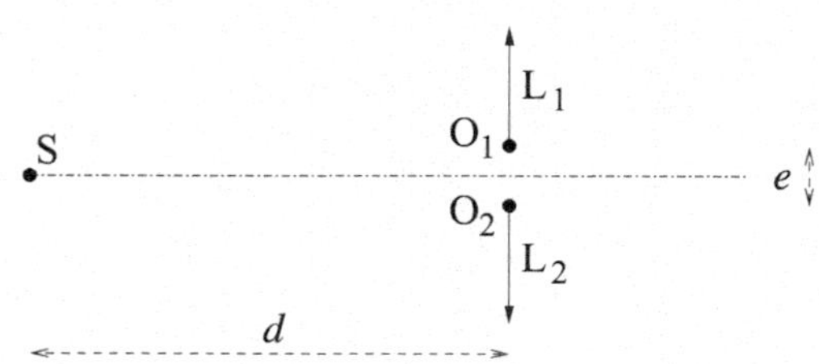

On donne les relations de conjugaison de Descartes avec les notations usuelles :

$$\frac{1}{\overline{OA'}} - \frac{1}{\overline{OA}} = \frac{1}{f'} \text{ et } \frac{\overline{A'B'}}{\overline{AB}} = \frac{\overline{A'B'}}{\overline{AB}}$$

a) Déterminer les positions de S'_1 et S'_2 et calculer la distance e' les séparant.

b) On place un écran à une distance D = 250 cm des deux lentilles. On note D' la distance entre l'écran et le plan contenant S'_1 et S'_2. Un point M de l'écran, dans le plan de la figure, est repéré par son ordonnée y. On suppose $D' \gg e'$ et $D' \gg y$. Calculer l'interfrange i.

c) Calculer le nombre de franges observables si l'écran possède une hauteur $h = 10$ cm.

5.10 Interférences à trois ondes

Dans le dispositif suivant, S est une source ponctuelle de lumière monochromatique de longueur d'onde dans le vide λ_0 et la lame de verre trapézoïdale est faite d'un verre transparent d'indice n. On définit β par la relation $\sin\beta = n\sin\alpha$.

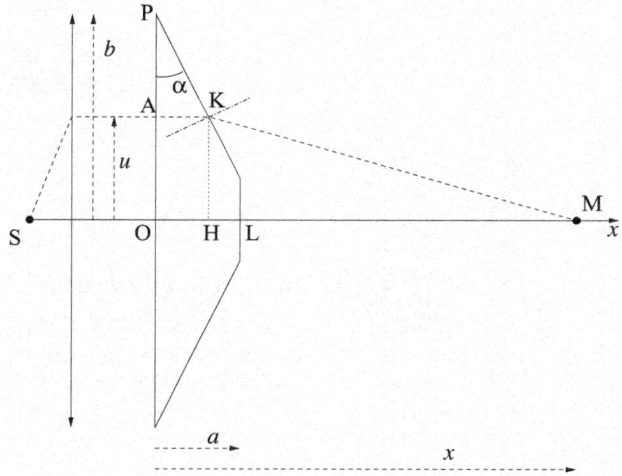

a) Identifier les trois rayons issus de S qui se croisent en M.

b) On s'intéresse au rayon (SAM).

i) Montrer que l'angle en M du triangle (MHK) vaut $\beta - \alpha$.

ii) En déduire que

$$u = \frac{x - b\tan\alpha\tan(\beta-\alpha)}{1 - \tan\alpha\tan(\beta-\alpha)}$$

iii) Donner l'expression de la différence de marche

$$\delta = [\text{SOLM}] - [\text{SAKM}]$$

en fonction de x et de u et justifier (sans l'exprimer complètement) que c'est une fonction affine de x qu'on notera désormais

$$\delta(x) = \lambda x + \mu$$

c) Donner l'expression de la fonction d'onde complexe en M.

d) En déduire l'intensité lumineuse I(M).

e) Calculer le contraste.

5.11 Lentille trouée (résolution de problème)

Une lentille convergente de centre O, de rayon b, de distance focale f' et d'épaisseur au centre $2e$, est percée en son centre selon un disque de rayon $c < b$. On place en son foyer objet F une source ponctuelle monochromatique de longueur d'onde dans le vide λ_0. On place un écran plan à une distance D de O avec $D > f' \gg b > c$.

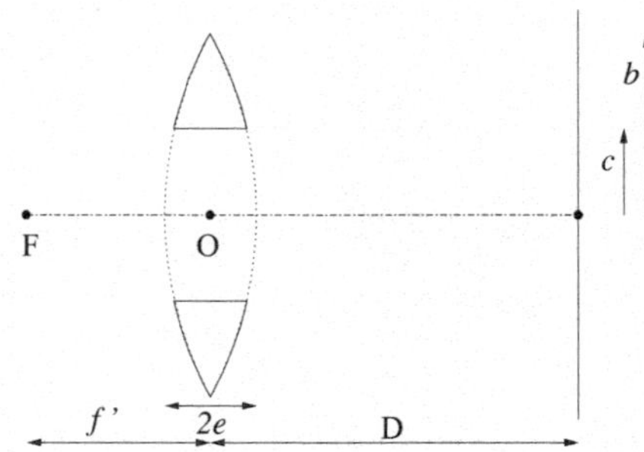

Quelle est la forme des franges observées ? Combien en distingue-t-on ? Faire l'application numérique avec $\lambda_0 = 600$ nm, $c = 3,0$ mm, $b = 1,0$ cm, $f' = 1,0$ m et $D = 3,0$ m.

5.12 Interféromètre de Fabry-Perot (PT (2) 2012)

Un interféromètre de Fabry-Perot est formé de deux miroirs parallèles M_1 et M_2 semi-réfléchissants, distants de a. On note r le coefficient de réflexion en amplitude de l'onde lumineuse et t le coefficient de transmission des miroirs :

$$r = \frac{\underline{a}_r}{\underline{a}_i} \text{ et } t = \frac{\underline{a}_t}{\underline{a}_i}$$

Une onde lumineuse incidente frappe M_1 avec un angle d'incidence i très faible. Elle subit une suite infinie de transmissions et de réflexions. On fait l'observation à l'infini dans le plan focal image d'une lentille convergente de distance focale f'.

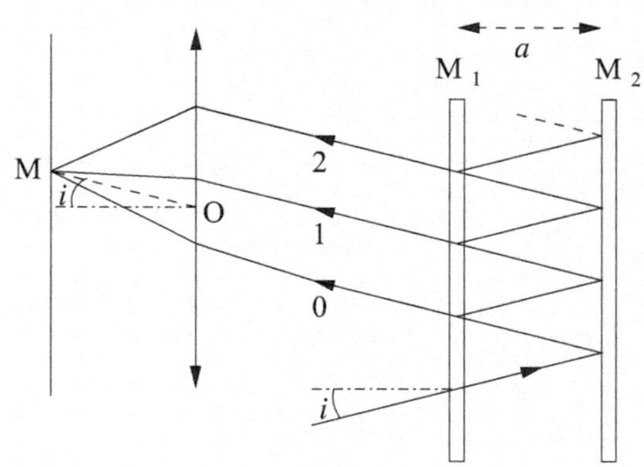

On note $\underline{a}_0, \underline{a}_1, \ldots, \underline{a}_k, \ldots$ les ondes lumineuses complexes en M des rayons successifs émergeant de M_1. On pose $\varphi = \frac{4\pi a \cos i}{\lambda_0}$.

a) Déterminer la différence de marche en M entre les rayons k et $k+1$.

b) Déterminer le rapport entre les amplitudes complexes des ondes correspondantes.

c) Montrer que l'intensité lumineuse en M s'écrit

$$I(\varphi) = \frac{J_0}{1 + m\sin^2\frac{\varphi}{2}}$$

Exprimer m en fonction de r et faire l'application numérique avec $r = 0,9$.

5.13 Étude graphique de la fonction de réseau grâce aux diagrammes de Fresnel

L'onde complexe superposition de N ondes dont les phases forment une suite arithmétique s'écrit

$$\underline{a}(t) = \sum_{n=1}^{N} \underline{a}_n(t) = \underline{a}_1(t) \cdot \underline{s}(\varphi) \text{ avec } \underline{s}(\varphi) = 1 + e^{i\varphi} + e^{2i\varphi} + \ldots + e^{iN\varphi}$$

a) On prend $N = 6$. Tracer dans le plan complexe la représentation de fresnel de $\underline{s}(\varphi)$ dans les cas suivants :

i) $\varphi = 0$

ii) $\varphi = \frac{\pi}{6}$

iii) $\varphi = \frac{\pi}{3}$

iv) $\varphi = \pi$

b) En mesurant à chaque fois la longueur du vecteur somme, tracé l'allure de la fonction de réseau

$$F_6(\varphi) = |\underline{s}|^2$$

en fonction de φ.

c) Justifier par construction graphique sommaire les résultats énoncés dans le cours quand N est grand.

5.14 Formule fondamentale des réseaux

Un réseau plan à transmission est formé de N fentes parallèles distantes de a, pas du réseau. Il est placé sur le plateau d'un **spectrogoniomètre** où il est éclairé par un faisceau de lumière parallèle monochromatique de longueur d'onde dans le vide λ_0, dont l'angle d'incidence est i, et observé à l'infini, au foyer image d'une lentille convergente sous un angle de visée α.

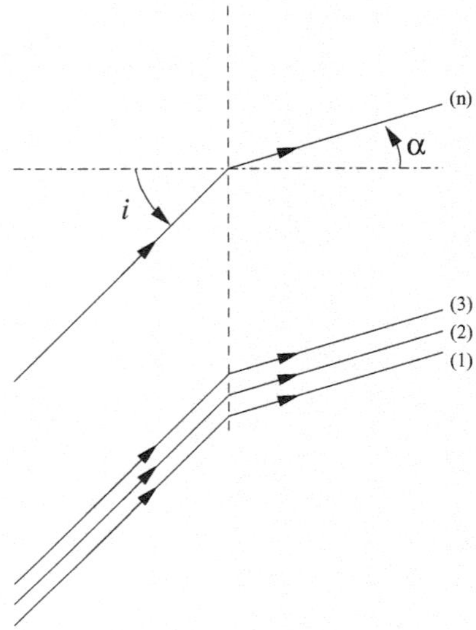

a) Quel phénomène explique qu'il est possible d'observer de la lumière dans une direction α distincte de i ?

b) Donner l'expression de la différence de marche δ entre les rayons passant par deux fentes consécutives. En déduire l'expression du déphasage φ.

c) Par application du résultat du cours, en déduire qu'on observe des pics de lunière dans des directions α_p privilégiées. Énoncer la **formule fondamentale des réseaux** reliant a, i, a, λ_0 et un entier relatif p appelé ordre.

d) On prend $i = 0$, $\lambda_0 = 620$ nm et $a = 3,0$ µm. Combien de pics distincts observe-t-on quand on fait varier l'angle α de la lunette de visée ?

e) Pour une valeur donnée $p \neq 0$ de l'ordre d'observation, à i fixé, on note $\alpha_p(i)$ l'angle d'observation du pic de lumière. On fait varier i et on définit l'angle de déviation $D_p(i) = i - \alpha_p(i)$. Montrer que $D_p(i)$ passe par un minimum D_p^* lorsque $\alpha_p(i) = -i$. En déduire l'expression de λ_0 en fonction de p, a et D_p^*.

f) La source de lumière est maintenant une lampe à vapeur atomique dont le spectre comporte un nombre fini de radiations monochromatiques. Expliquer pourquoi le dispositif agit comme un spectroscope et justifier qu'il est possible expérimentalement de déterminer assez précisément les valeurs des différentes longueurs d'onde du spectre.

5.15

Réseau à échelettes

Le réseau à échelettes est un réseau par réflexion formé de facettes réfléchissantes éclairées ici sous incidence normale par un faisceau laser de longueur d'onde dans le vide $\lambda_0 = 600$ nm. Les facettes sont inclinées d'un angle $\gamma = 0,464$ rad par rapport à la verticale et leurs centres sont distants de a. Chacune se comporte comme une pupille diffractante et diffuse la lumière dans toutes les directions. On fait l'observation à l'infini dans une direction faisant un angle θ avec la normale à la facette.

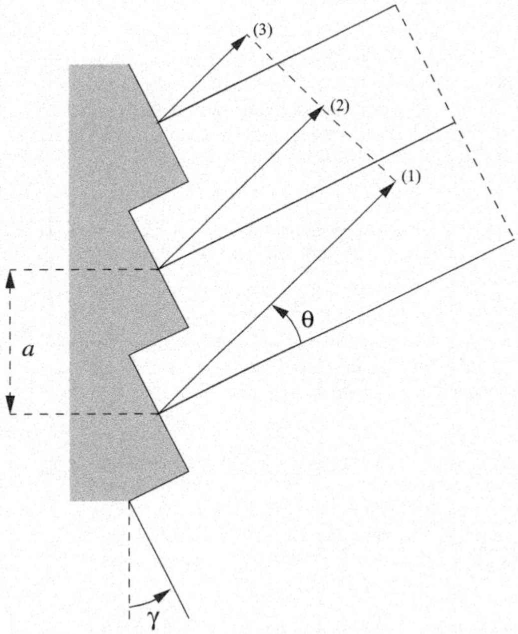

a) Déterminer la différence de marche δ entre les rayons réfléchis par deux facettes contiguës. En déduire le déphasage φ.

b) On observe au total 12 pics de lumière. En déduire une estimation de la valeur de a.

5.16

Superpositions partielles

Un dispositif optique (un réseau plan par exemple) éclairé par une source monochromatique de longueur d'onde dans le vide λ_0 opère une division de l'onde et forme en un point M de l'espace la superposition de N ondes dont les phases sont en progression arithmétique de raison φ. N est un multiple de 6.

a) Donner l'expression de l'intensité lumineuse $I(\varphi)$ en fonction de I_1, N et φ, et préciser l'allure de cette fonction en fonction de φ.

b) On occulte toutes les ondes d'indice pair. Même question.

c) On occulte toutes les ondes d'indice congru à 1 ou 2 modulo 3. Même question.

d) On occulte toutes les ondes d'indice 0 modulo 3. Même question (on pourra poser $N = 3N'$ et $\varphi' = 3\varphi$ pour l'étude graphique).

Du mal à démarrer ?

5.1

On peut tracer les plans d'onde limites dans les deux milieux, on obtient ainsi deux triangles rectangles d'hypothénuse commun confondu avec le dioptre. L'utilisation des relations de trigonométrie et de la deuxième loi de Descartes permettent de conclure.

5.2

La valeur moyenne d'un cosinus carré dépendant du temps vaut $\frac{1}{2}$, celle d'un cosinus dépendant du temps vaut 0 et celle d'un cosinus constant est égale à ce cosinus. En linéarisant le produit des deux cosinus apparaissant dans le développement du carré de la somme des deux ondes, on obtient le résultat attendu.

5.3

Après avoir exprimé le contraste en fonction de I_1 et I_2, on peut justifier que ce contraste, toujours inférieur ou égal à 1, ne vaut 1 que lorsque $I_1 = I_2$.

5.4

L'expression de ε peut être obtenue par application du théorème de Pythagore, puis utilisation d'un développement limité. La différence de marche est facile à relier à ε.

5.5

Comme il est indiqué dans la méthode du cours, il faut trouver la surface d'onde la plus avancée avant et après les miroirs. On pourra utiliser le résultat de l'exercice 5.1. Le calcul de δ et celui des distances parcourues dans le liquide pour la question (b) nécessitent beaucoup de soin avec les relations de trigonométrie.

5.6

La valeur moyenne d'un cosinus carré dépendant du temps vaut $\frac{1}{2}$, celle d'un cosinus dépendant du temps vaut 0 et celle d'un cosinus constant est égale à ce cosinus.

5.7

Dans les différentes valeurs moyennes apparaissent les différences des phases des deux trains d'ondes qui se superposent. Comme ces phases sont tirées aléatoirement à chaque train d'ondes, et que la moyenne est effectuée par le capteur sur environ 1 000 trains d'ondes, la valeur moyenne du cosinus de ces angles est nulle.

5.8

On vérifiera que S, S_1 et S_2 sont équidistants de O, et que les droites (OS_1) et (OS_2) font des angles $\pm\alpha$ avec (H, y). On en déduit les coordonnées des trois points, puis les distances (simplifiées par développement limité) et enfin δ.

5.9

(a) On applique les relations de conjugaison de Descartes pour déterminer la position et la taille des images de A_1S par la demi-lentille 1 (A_1 est le projeté orthogonal de S sur l'axe de la demi-lentille 1) et de A_2S par la demi-lentille 2. (b) On calcule les distances $S_1'M$ et $S_2'M$ grâce au théorème de Pythagore et on simplifie l'expression grâce à un développement limité. On en déduit δ et l'interfrange. (c) Le fait que S_1' et S_2' soient les images de S par des demi-lentilles a pour conséquence que l'écran n'est pas totalement soumis aux deux ondes. La heuteur de la zone d'interférences est inférieure à h.

5.10

Le début de cet exercice nécessite de bons réflexes de géomètre. Les résultats étant donnés, on peut passer en première lecture ces difficultés, et se concentrer sur le calcul en grandeurs complexes de la somme $\underline{a}$ des trois ondes, et le calcul de l'intensité lumineuse $K\underline{a}\underline{a}^*$ (évidemment, la formule de Fresnel n'est pas adaptée ici car trois ondes interfèrent).

5.11

Il est aisé de trouver les deux rayons qui se superposent en un point M de l'écran d'ordonnée $y \in [c, b]$. Le chemin optique du rayon direct SM est calculé par application du théorème de Pythagore et développement limité. Le chemin optique du rayon dévié par la lentille est calculé en utilisant la loi de Malus, et en imaginant la lentille complète.

5.12

Il faut faire un schéma détaillé où figurent le rayon incident au point P_k du miroir 1, le rayon k émergeant vers M, puis les rayons successifs jusqu'au point P_{k+1} et le rayon émergeant $k+1$. Le tracé des plans d'onde permet de déterminer δ. L'évaluation de l'amplitude des rayons en tenant compte des coefficients de réflexions et de transmissions successives permet de déterminer le rapport des modules des amplitudes. La sommation de la série géométrique donne le résultat.

5.13

La construction des vecteurs représentatifs pour $N = 6$ ne pose pas de difficulté. Les formes géométriques obtenues (segment, demi-cercle, cercle) dans ce cas peuvent être généralisées.

5.14

La différence de marche est calculée en traçant les plans d'onde en amont et en aval de deux fentes consécutives. La limitation du nombre d'ordres observables est conséquence du fait qu'un sinus est compris entre -1 et 1.

5.15

La différence de marche est calculée en traçant les plans d'onde en amont et en aval de deux miroirs consécutifs. L'observation est possible pour $\theta \in \left[-\frac{\pi}{2}, \theta_{\text{lim}}\right]$, on doit déterminer θ_{lim} par des considérations de trigonométrie, et on en déduit l'intervalle des valeurs possibles pour l'entier p.

5.16

Les cas (a), (b) et (c) se ramènent au cas du cours. Dans le cas (d), il faut superposer deux séries de même raison et de même nombre de termes, mais de premiers termes distincts.

Corrigés des exercices

5.1

a) Construisons les surfaces d'onde les plus avancées, (DA) en amont et (CD) en aval du dioptre. Notons h l'hypoténuse commun aux deux triangles rectangles (BCD) et (DAB). On identifie les angles i et r dans ces triangles.

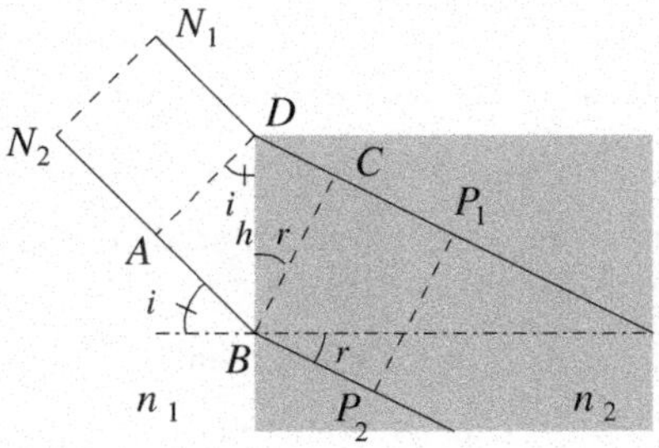

La différence entre les deux chemins est

$$\delta = [N_2P_2] - [N_1P_1]$$

$$\delta = ([N_1A] + [AB] + [BP_2]) - ([N_1D] + [DC] + [CP_1])$$

soit $\delta = [AB] - [DC]$. Dans les triangles rectangles (DAB) et (BCD),

$$AB = h\sin i \text{ et } DC = h\sin r$$

$$\text{donc } \delta = [AB] - [DC] =$$

$$n_1 h\sin i - n_2 h\sin r = h(n_1 \sin i - n_2 \sin r) = 0$$

d'après la deuxième loi de Descartes à la réfraction.

b) Si le plan matérialisé par la droite (N_1N_2) est une surface équiphase, alors le résultat de la première question prouve qu'il en est de même pour la surface (P_1P_2) qui est donc à son tour surface d'onde, et elle est bien perpendiculaire aux rayons, ce qui est conforme à la loi de Malus.

5.2

a) la valeur moyenne d'un cosinus carré dépendant du temps vaut $\frac{1}{2}$ donc

$$\begin{cases} I_1 = K < A_1^2 \cos^2\left(\omega t - \frac{2\pi[SM]_1}{\lambda_0} + \varphi_0\right) >= \frac{KA_1^2}{2} \\ I_2 = K < A_2^2 \cos^2\left(\omega t - \frac{2\pi[SM]_2}{\lambda_0} + \varphi_0\right) >= \frac{KA_2^2}{2} \end{cases}$$

b) On a

$$I = K < a_1^2(t) > + K < a_2^2(t) > + 2K < a_1(t)a_2(t) >$$

$$I = I_1 + I_2 + KA_1A_2 < \cos\left(\omega t - \frac{2\pi[SM]_1}{\lambda_0} + \varphi_0\right) \cdot$$

$$\cos\left(\omega t - \frac{2\pi[SM]_2}{\lambda_0} + \varphi_0\right) >$$

En utilisant la formule de linéarisation donnée par l'énoncé :

$$I = I_1 + I_2 + KA_1A_2 < \cos\left(2\omega t - \frac{2\pi([SM]_1 + [SM]_2)}{\lambda_0} + 2\varphi_0\right) >$$

$$+ KA_1A_2 < \cos\left(-\frac{2\pi([SM]_1 - [SM]_2)}{\lambda_0}\right) >$$

La valeur moyenne du premier cosinus, qui dépend du temps, est nulle. Le second cosinus est constant, il est donc égal à sa valeur moyenne. De plus

$$I_1 I_2 = \frac{K^2 A_1^2 A_2^2}{4} = \left(\frac{KA_1A_2}{2}\right)^2$$

$$\text{donc } KA_1A_2 = 2\sqrt{I_1 I_2}$$

$$\text{donc } I = I_1 + I_1 + 2\sqrt{I_1 I_2}\cos\frac{2\pi\delta}{\lambda_0}$$

c) La fonction cosinus état paire, on peut calculer indifféremment la différence de marche par l'une ou l'autre des formules.

5.3

Le contraste vaut

$$C = \frac{I_{max} - I_{min}}{I_{max} + I_{min}}$$

$$\text{soit } C = \frac{(I_1 + I_2 + 2\sqrt{I_1 I_2}) - (I_1 + I_2 - 2\sqrt{I_1 I_2})}{(I_1 + I_2 + 2\sqrt{I_1 I_2}) + (I_1 + I_2 - 2\sqrt{I_1 I_2})}$$

$$C = \frac{4\sqrt{I_1 I_2}}{2I_1 + 2I_2}$$

Cette fraction, toujours inférieure ou égale à 1, prend sa valeur maximale 1 lorsque

$$I_1 + I_2 = 2\sqrt{I_1 I_2} \text{ donc } (I_1 + I_2)^2 = 4I_1 I_2$$

$$\text{donc } (I_1 - I_2)^2 = 0 \text{ soit } I_1 = I_2$$

5.4

a) On a $x = HM$, $\varepsilon = R - CH$ et $CH^2 + HM^2 = R^2$, d'où

$$\varepsilon = R - \sqrt{R^2 - x^2} = R\left[1 - \sqrt{1 - \frac{x^2}{R^2}}\right]$$

$$\varepsilon \simeq R\left[1 - \left(1 - \frac{x^2}{2R^2}\right)\right] = \frac{x^2}{2R}$$

b) La différence de marche entre les deux rayons qui interfèrent en M est

$$\delta = 2\varepsilon + \frac{\lambda_0}{2}$$

Par application de la formule de Fresnel, on a interférence constructive ou destructive selon que l'ordre d'interférence

$$p = \frac{\delta}{\lambda_0} = \frac{x^2}{\lambda_0 R} + \frac{1}{2}$$

est un entier ou un demi-entier. Les franges brillantes sont donc des cercles de rayon

$$x_k = \sqrt{\lambda_0 R\left(k + \frac{1}{2}\right)}$$

où k est un entier et les franges sombres de rayon

$$x'_k = \sqrt{k\lambda_0 R}$$

Au centre, $x = 0$, donc on a une tache sombre qu'on nomme première frange sombre avec $k = 0$. La n-ième frange sombre est donc de rayon

$$r'_n = x'_{n-1} = \sqrt{(n-1)\lambda_0 R}$$

et la n-ième frange brillante est de rayon

$$r_n = x_{n-1} = \sqrt{\lambda_0 R\left((n-1) + \frac{1}{2}\right)}$$

c) Le centre est une tache sombre quelle que soit la valeur de λ. La plus petite des franges brillantes est celle correspondant à λ_0 le plus petit : elle est donc violette, puis toutes les couleurs s'allument, on a donc des cercles concentriques irisés.

5.5

a) On trace le plan d'onde P_1H_2 le plus avancé en amont des miroirs, et P_1K_2 en aval (on utilise le fait que la réfraction ne provoque pas de différence de marche).

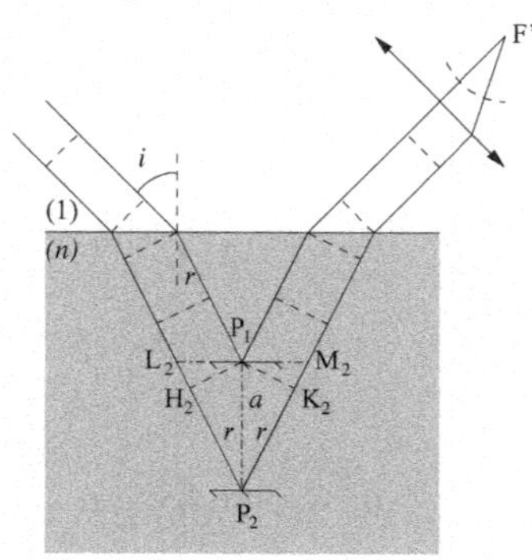

La différence de marche est

$$[SF']_1 - [SF']_2 = \left([SP_1] + [P_1F']\right) - \left([SH_2] + [H_2P_2] + [P_2K_2] + [K_2F']\right)$$

La loi de Malus entraîne

$$[SP_1] = [SH_2] \text{ et } [F'P_1] = [F'K_2]$$

et d'après le principe de retour inverse de la lumière

$$[P_1F'] = [K_2F']$$

La différence de marche se simplifie donc :

$$\delta = -[H_2P_2] - [P_2K_2]$$

Notons r l'angle de réfraction au dioptre air-liquide. La deuxième loi de Descartes donne

$$1 \sin i = n \sin r$$

La différence de marche vaut donc

$$\delta = -2a\cos r = -2a\sqrt{1 - \frac{\sin^2 i}{n^2}}$$

b) On peut écrire

$$\begin{cases} I_1 = I_0 e^{-\frac{\mathscr{L}_1}{\ell}} \\ I_2 = I_0 e^{-\frac{\mathscr{L}_2}{\ell}} \end{cases}$$

$$\text{avec } \mathscr{L}_2 - \mathscr{L}_1 = L_2P_2 + P_2M_2 = \frac{2a}{\cos r}$$

On en déduit que

$$I_2 = I_1 e^{-\frac{2a}{\ell\cos r}}$$

Par application de la formule de Fresnel générale

$$I = I_1\left(1 + e^{-\frac{2a}{\ell\cos r}} + 2e^{-\frac{a}{\ell\cos r}}\cos\frac{2\pi\delta}{\lambda_0}\right)$$

c) On observe une intensité nulle lorsque le cosinus vaut -1, la plus petite valeur correspond à

$$\delta = \frac{\lambda_0}{2} \text{ soit } a = \frac{\lambda_0}{4\cos r} = \frac{\lambda_0}{4\sqrt{1 - \frac{\sin^2 i}{n^2}}}$$

d) En inversant la relation précédente, on peut considérer que pour a fixé, la longueur d'onde éteinte λ_0 dépend de l'angle d'incidence i. Pour un faisceau de lumière blanche, la couleur perçue est donc la couleur complémentaire de cette longueur d'onde éteinte. Lorsqu'on observe sour une incidence nulle (observation normale), puis proche de $\frac{\pi}{2}$ (observation rasante), les radiations éteintes sont respectivement

$$\begin{cases} \lambda_{0n} = 4a \\ \lambda_{0r} = 4a\sqrt{1 - \frac{1}{n^2}} \end{cases}$$

On observe donc une couleur complémentaire différente selon l'incidence i.

5.6

a) La valeur moyenne d'un cosinus carré dépendant du temps vaut $\frac{1}{2}$ donc

$$I_1 = \frac{KA_1^2}{2} \text{ et } I_2 = \frac{KA_2^2}{2}$$

b) On a

$$I = K < a_1^2(t) > +K < a_2^2(t) > +2K < a_1(t)a_2(t) >$$

$$I = I_1 + I_2 + KA_1A_2 < \cos\left(\omega_1 t - \frac{2\pi[S_1M]}{\lambda_0}\right)\cdot \cos\left(\omega_2 t - \frac{2\pi[S_2M]}{\lambda_0}\right) >$$

En utilisant la formule de linéarisation donnée par l'énoncé :

$$I = I_1+I_2+KA_1A_2 < \cos\left((\omega_1+\omega_2)t - \frac{2\pi([S_1M]+[S_2M])}{\lambda_0}\right) > +KA_1A_2 < \cos\left((\omega_1-\omega_2)t - \frac{2\pi([S_1M]-[S_2M])}{\lambda_0}\right) >$$

c) Le premier cosinus est de pulsation $\omega_1+\omega_2$ non nulle, sa valeur moyenne est donc nulle. Si $\omega_1 \neq \omega_2$, il en est de même du second cosinus et

$$I = I_1 + I_2$$

Il n'y a donc pas d'interférence entre deux lumières de pulsations, donc de couleurs distinctes.

5.7

a) L'onde issue de S_1 arrivant en M à la date t est celle émise à la date $t - \frac{[S_1M]}{c}$. Posons

$$\frac{[S_1M]}{c} = p_1 T \text{ et } \psi_{n,1} = \varphi_{n-p_1,1}$$

en supposant que p_1 est un entier. Ainsi, le n-ième train d'ondes en M à la date t correspond au $n-p_1$-ième émis par la source S_1 :

$$a_1(t) = A\cos(\omega t + \psi_{n,1})$$

De même, l'onde 2 détectée en M à la date t est

$$a_2(t) = A\cos(\omega t + \psi_{n,2})$$

Le capteur mesure la valeur moyenne, sur une durée $T_c \simeq 1000 \times T$, du carré de la somme des deux ondes.

$$I = K < (a_1(t)+a_2(t))^2 > \text{ soit}$$

$$I = K < a_1^2(t) > +K < a_2^2(t) > +2K < a_1(t)a_2(t) >$$

En subdivisant l'intervalle en 1000 intervalles :

$$K < a_1^2(t) >= \frac{1}{T_c}\int_0^{T_c} a_1^2(t)dt \text{ soit}$$

$$K < a_1^2(t) >= \frac{K}{1000T}\sum_{n=0}^{999}\int_0^T A^2\cos^2(\omega t+\psi_{n,1})dt$$

Or la valeur moyenne d'un cosinus carré vaut $\frac{1}{2}$ donc

$$K < a_1^2(t) >= \frac{K}{1000}\cdot 1000\cdot\frac{A^2}{2} = \frac{KA^2}{2}$$

et de même $K < a_2^2(t) >= \frac{KA^2}{2}$. Pour simplifier le calcul, l'énoncé suggère de choisir synchronisée l'émission des trains d'ondes par les deux sources. On en déduit

$$2K < a_1(t)a_2(t) >= \frac{1}{T_c}\int_0^{T_c} a_1(t)a_2(t)dt$$

$$= \frac{KA^2}{1000T}\sum_{n=0}^{999}\int_0^T 2A^2\cos(\omega t+\psi_{n,1})\cos(\omega t+\psi_{n,2})dt$$

On linéarise le produit des deux cosinus :

$$2K < a_1(t)a_2(t) >= \frac{KA^2}{1000}\left[\sum_{n=0}^{999}\frac{1}{T}\int_0^T \cos(2\omega t+\psi_{n,1}+\psi_{n,2})dt + \sum_{n=0}^{999}\frac{1}{T}\int_0^T\cos(\psi_{n,1}-\psi_{n,2})dt\right]$$

La valeur moyenne du premier cosinus, qui dépend du temps, est nulle. Le second cosinus est constant, il est donc égal à sa valeur moyenne :

$$2K < a_1(t)a_2(t) >= \frac{KA^2}{1000}\sum_{n=0}^{999}\cos(\psi_{n,1}-\psi_{n,2})$$

Or les phases des deux trains d'ondes sont tirées aléatoirement, et indépendamment l'une de l'autre à chaque nouveau train d'ondes (c'est ici qu'on traduit l'**incohérence des sources**). Par conséquent, leur différence est un angle tiré aléatoirement sur le cercle trigonométrique. On somme les cosinus d'environ mille angles aléatoires sur le cercle trigonométrique, cette somme vaut donc zéro. On en déduit que

$$2K < a_1(t)a_2(t) >= 0 \text{ donc } I = I_1 + I_2$$

Il n'y a donc pas d'interférences entre ces deux ondes. Remarquons qu'il n'en serait pas de même si la durée des trains d'ondes était supérieure au temps de réaction du capteur.

b) Le raisonnement est analogue à celui de la question précédente. Les phases des deux ondes qui arrivent en M à la date t sont

$$\left\{\begin{array}{l}\psi_{n,1}=\varphi_{n-p_1}\\ \psi_{n2}=\varphi_{n-p_2}\end{array}\right. \text{ avec } \left\{\begin{array}{l}p_1=\frac{[\mathrm{SM}]_1}{c\mathrm{T}}\\ p_2=\frac{[\mathrm{SM}]_2}{c\mathrm{T}}\end{array}\right.$$

Les deux phases sont donc égales si

$$|p_1-p_2|<1 \text{ soit } \frac{\delta}{c\mathrm{T}}<1$$

Dans ce cas, on retrouve le calcul habituel du cours et on obtient la formule de Fresnel, il y a interférence. Si $\delta \geq c\mathrm{T}$, alors les phases des deux ondes φ' et φ'' sont celles de deux trains d'ondes distincts, elles sont donc tirées aléatoirement et indépendamment l'une de l'autre. On en déduit que

$$2\mathrm{K}<a_1(t)a_2(t)>=\frac{1}{\mathrm{T}_c}\int_0^{\mathrm{T}_c} a_1(t)a_2(t)dt$$

$$=\frac{\mathrm{K}}{1000\mathrm{T}}\sum_{n=0}^{999}\int_0^{\mathrm{T}} 2\mathrm{A}^2\cos\left(\omega t-\frac{2\pi[\mathrm{SM}]_1}{\lambda_0}+\varphi'\right)\cdot \cos\left(\omega t-\frac{2\pi[\mathrm{SM}]_2}{\lambda_0}+\varphi''\right)dt$$

Soit, en linéarisant le produit des deux cosinus et en subdivisant l'intervalle d'intégration :

$$2\mathrm{K}<a_1(t)a_2(t)>=\frac{\mathrm{KA}^2}{1000}\cdot$$

$$\sum_{n=0}^{999}\frac{1}{\mathrm{T}}\int_0^{\mathrm{T}}\cos\left(2\omega t-\frac{2\pi([\mathrm{SM}]_1+[\mathrm{SM}]_2)}{\lambda_0}+\varphi'+\varphi''\right)dt+ \sum_{n=0}^{999}\frac{1}{\mathrm{T}}\int_0^{\mathrm{T}}\cos\left(-\frac{2\pi\delta}{\lambda_0}+\varphi'-\varphi''\right)dt\Bigg]$$

La valeur moyenne du premier cosinus, qui dépend du temps, est nulle. Le second cosinus est constant, il est donc égal à sa valeur moyenne :

$$2\mathrm{K}<a_1(t)a_2(t)>=\frac{\mathrm{KA}^2}{1000}\sum_{n=0}^{999}\cos\left(-\frac{2\pi\delta}{\lambda_0}+\varphi'-\varphi''\right)$$

et comme à la question précédente, la somme de 1000 cosinus d'angles tirés alétaoirement (l'ajout du terme avec δ ne change rien) est nul et $\mathrm{I}=\mathrm{I}_1+\mathrm{I}_2$: il n'y a pas d'interférences. On peut dire que lorsque la différence de marche est trop grande, ce sont toujours des trains d'ondes distincts qui arrivent en M par les deux chemins, et la source devient incohérente à elle-même.

5.8

a) Voici la figure complète.

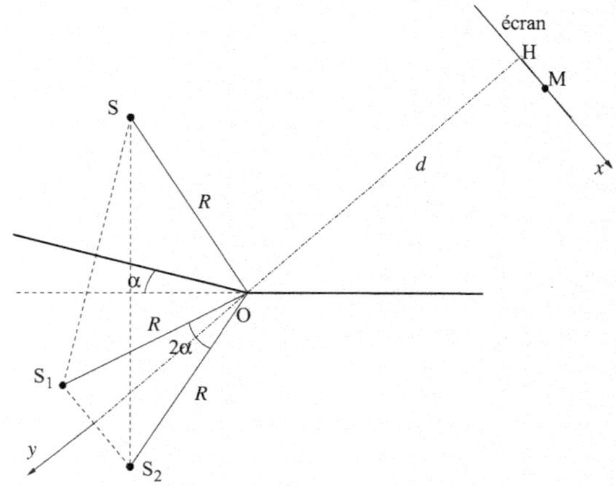

Les points S, S_1, S_2 sont à égale distance R de O. Les coordonnées des trois points sont

$$\mathrm{S}_1\left|\begin{array}{l}-\mathrm{R}\sin\alpha\simeq-\mathrm{R}\alpha\\ d+\mathrm{R}\cos\alpha\simeq d+\mathrm{R}\end{array}\right., \mathrm{S}_2\left|\begin{array}{l}\mathrm{R}\sin\alpha\simeq\mathrm{R}\alpha\\ d+\mathrm{R}\cos\alpha\simeq d+\mathrm{R}\end{array}\right., \mathrm{M}\left|\begin{array}{l}x\\ 0\end{array}\right.$$

b) Les distances peuvent se calculer en calculant les normes des vecteurs.

$$\mathrm{S}_1\mathrm{M}=\sqrt{(x+\mathrm{R}\alpha)^2+(d+\mathrm{R})^2}=(d+\mathrm{R})\sqrt{1+\frac{(x+\mathrm{R}\alpha)^2}{(d+\mathrm{R})^2}}$$

$$\mathrm{S}_1\mathrm{M}\simeq(d+\mathrm{R})\left[1+\frac{x^2+2x\mathrm{R}\alpha+\mathrm{R}^2}{2(d+\mathrm{R})^2}\right]$$

$$\text{et } \mathrm{S}_2\mathrm{M}\simeq(d+\mathrm{R})\left[1+\frac{x^2-2x\mathrm{R}\alpha+\mathrm{R}^2}{2(d+\mathrm{R})^2}\right]$$

On en déduit

$$\delta=[\mathrm{S}_1\mathrm{M}]-[\mathrm{S}_2\mathrm{M}]=\frac{2x\mathrm{R}\alpha}{d+\mathrm{R}}$$

Par application de la formule de Fresnel, on a donc

$$\mathrm{I}(x)=2\mathrm{I}_0\left(1+\cos\frac{4\pi x\mathrm{R}\alpha}{\lambda_0(d+\mathrm{R})}\right)$$

Les franges brillantes sont obtenues quand le cosinus vaut +1, donc quand

$$\delta=k\lambda_0 \text{ soit } x_k=k\frac{\lambda_0(d+\mathrm{R})}{2\mathrm{R}\alpha}$$

où k est un entier relatif. L'interfrange est donc

$$i=|x_{k+1}-x_k|=\frac{\lambda_0(d+\mathrm{R})}{2\mathrm{R}\alpha}=9{,}0\text{ mm}$$

c) L'interfrange est proportionnel à λ. Les franges bleues sont donc moins larges que les franges vertes, elles-mêmes moins larges que les rouges. Autour de la frange centrale brillante ($k = 0$) blanche (les trois couleurs y sont brillantes), on distingue une bande jaune de chaque côté (le bleu est éteint, le vert et le rouge brillent), puis une bande rouge de part et d'autre.

5.9

a) Les sources secondaires sont les images de S par les deux demi-lentilles. Définissons les axes optiques de chaque demi-lentille et notons A_1 et A_2 les projetés orthogonaux de S sur chacun de ces axes. L'image de l'ojet A_1S est $A'_1S'_1$, celle de A_2S est $A'_2S'_2$.

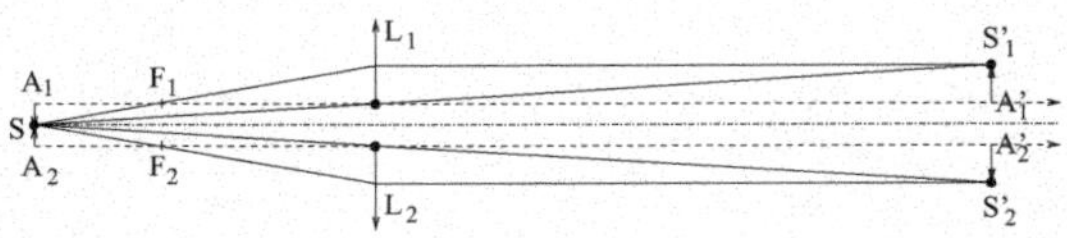

Par application des relations de conjugaison :

$$\begin{cases} \dfrac{1}{\overline{O_1A'_1}} - \dfrac{1}{-d} = \dfrac{1}{f'} \\ \dfrac{1}{\overline{O_2A'_2}} - \dfrac{1}{-d} = \dfrac{1}{f'} \end{cases} \quad \text{donc}$$

$$\overline{O_1A'_1} = \overline{O_2A'_2} = \frac{df'}{d-f'} = 66,7 \text{ cm}$$

$$\begin{cases} \dfrac{\overline{A'_1S'_1}}{\overline{A_1S}} = \dfrac{\overline{O_1A'_1}}{\overline{O_1A_1}} \\ \dfrac{\overline{A'_2S'_2}}{\overline{A_2S}} = \dfrac{\overline{O_2A'_2}}{\overline{O_2A_2}} \end{cases} \quad \text{donc}$$

$$\begin{cases} \overline{A'_1S'_1} = \dfrac{ef'}{2(d-f')} = 1,67 \text{ mm} \\ \overline{A'_2S'_1} = -\dfrac{ef'}{2(d-f')} = -1,67 \text{ mm} \end{cases}$$

On en déduit

$$e' = 2 + 2 \times 1,67 = 5,3 \text{ mm}$$

b) Le système équivalent est donc formé de deux sources ponctuelles monochromatiques S'_1 et S'_2 distantes de $e' = 5,3$ mm et situées à

$$D' = D - 66,7 = 183,3 \text{ cm}$$

de l'écran. Les distances sont

$$\begin{cases} S'_1M = \sqrt{D'^2 + (y - e'/2)^2} \simeq D'\left[1 + \dfrac{y^2 - e'y + e'^2/4}{2D'^2}\right] \\ S'_2M = \sqrt{D'^2 + (y + e'/2)^2} \simeq D'\left[1 + \dfrac{y^2 + e'y + e'^2/4}{2D'^2}\right] \end{cases}$$

On en déduit la différence de marche

$$\delta = [S'_2M] - [S'_1M] = \frac{e'y}{D'}$$

Les franges brillantes sont définies par $\delta = k\lambda_0$ où k est un entier relatif, donc

$$y_k = k\frac{\lambda_0 D'}{e'} \text{ et } i = |y_{k+1} - y_k| = \frac{\lambda_0 D'}{e'} = 0,208 \text{ mm}$$

c) On pourrait penser, à tort, faire le rapport $\frac{h}{i}$. Mais les sources ponctuelles n'émettent pas de lumière dans toutes les directions car la lumière issue de S n'a traversé à chaque fois qu'une demi-lentille. Le faisceau de lumière passant par S'_1 est limité par le rayon extrême $(SO_1S'_1)$ et de même pour l'autre point. Voici donc la figure qui fait apparaître la zone Z_1 de l'écran touchée par le faisceau passant par S'_1, la zone Z_2 touchée par celui passant par S'_2, et leur intersection ZI appelée **zone d'interférences**.

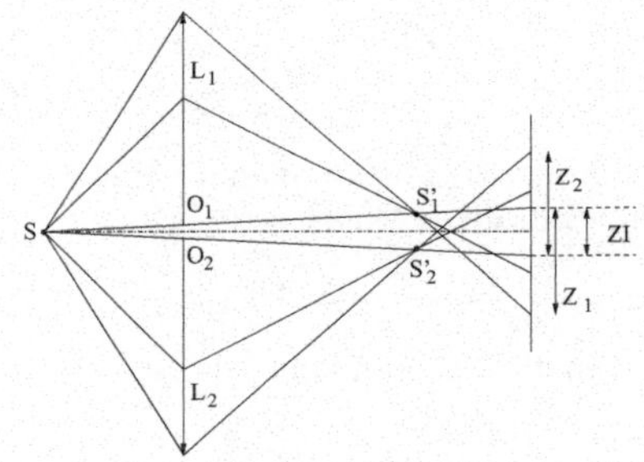

La largeur de cette zone est calculée par application du théorème de Thalès.

$$\frac{h'}{e} = \frac{D+d}{d} \text{ donc } h' = 1,45 \text{ cm}$$

On voit donc

$$\frac{h'}{i} = 69 \text{ franges}$$

5.10

a) Les trois rayons sont celui tracé en pointillés sur le schéma, son symétrique par rapport à l'axe et le rayon droit horizontal (SOHLM).

b) Calcul de la différence de marche.

i) L'angle d'incidence en K est α, l'angle de réfraction est donc β d'après la deuxième loi de Descartes. L'angle entre (KM) et le dioptre vaut donc $\frac{\pi}{2} - \beta$. Or l'angle entre le dioptre et (KM) est α donc l'angle en K du triangle (MHK) est $\frac{\pi}{2} - \beta + \alpha$. L'angle en M est donc l'angle complémentaire

$$\frac{\pi}{2} - \left(\frac{\pi}{2} - \beta + \alpha\right) = \beta - \alpha$$

ii) Dans le triangle (MHK) :

$$HM = \frac{u}{\tan(\beta - \alpha)}$$

Dans le triangle (PAK) :

$$AK = (b - u)\tan\alpha$$

On en déduit

$$x = OM = OH + HM = AK + HM \text{ soit}$$

$$x = (b - u)\tan\alpha + \frac{u}{\tan(\beta - \alpha)} \text{ donc}$$

$$u = \frac{x - b\tan\alpha\tan(\beta - \alpha)}{1 - \tan\alpha\tan(\beta - \alpha)}$$

iii) Le chemin optique du rayon droit horizontal est

$$[SOHLM] = [SOH] + [HL] + [LM]$$

$$[SOHLM] = [SOH] + n(a - AK) + (x - a)$$

La droite (HK) est un plan d'onde, donc par application de la loi de Malus

$$[SOH] = [SAK]$$

On en déduit la différence de marche

$$\delta = n(a - AK) + (x - a) - KM$$

$$\text{or} \left\{ \begin{array}{l} AK = (b - u)\tan\alpha \\ KM = \frac{u}{\cos(\beta - \alpha)} \end{array} \right.$$

et u est une fonction affine de x. Il en est donc de même pour AK, KM et δ, soit

$$\delta(x) = \lambda x + \mu$$

c) En M se superposent trois ondes. Par symétrie, l'onde inférieure a même expression que l'onde supérieure. Prenons comme référence le rayon (SOLM) et notons $\underline{a}_1(t)$ l'onde associée. Par application de la formule clé :

$$\underline{a}_2 = \underline{a}_3 = \underline{a}_1 e^{i\frac{2\pi\delta(x)}{\lambda_0}}$$

On en déduit

$$\underline{a}(t) = \underline{a}_1\left(1 + 2e^{i\frac{2\pi\delta(x)}{\lambda_0}}\right)$$

d) Dans ce cas d'interférences à 3 ondes, on n'applique évidemment pas la formule de Fresnel mais on revient à la définition. L'intensité lumineuse est

$$I = K\underline{a}(t)\underline{a}^*(t)$$

$$I = K\underline{a}_1(t)\underline{a}_1^*(t)\left(1 + 2e^{i\frac{2\pi\delta(x)}{\lambda_0}}\right)\left(1 + 2e^{-i\frac{2\pi\delta(x)}{\lambda_0}}\right)$$

$$I = I_1\left(5 + 4\cos\frac{2\pi\delta(x)}{\lambda_0}\right)$$

e) L'intensité maximale est obtenue quand le cosinus vaut +1, l'intensité minimale quand ce cosinus vaut −1. Le contraste est donc

$$C = \frac{9I_1 - I_1}{9I_1 + I_1} = 0{,}8$$

5.11

Soit M un point de l'écran. Il reçoit deux rayons, celui ayant traversé la lentille et celui passant par le trou dans la lentille.

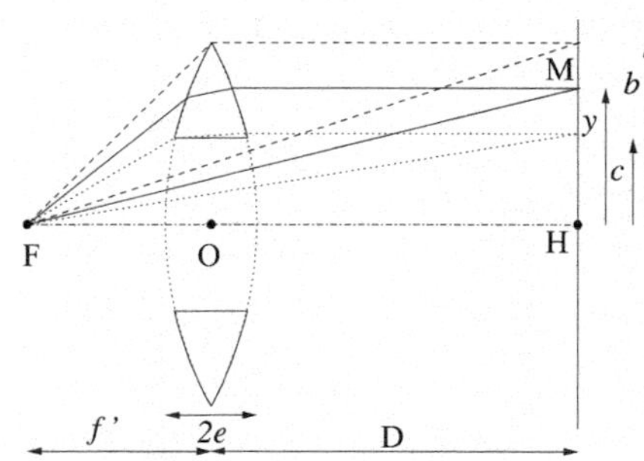

Si la lentille n'était pas trouée, les rayons issus de F formant une onde sphérique émergeraient de la lentille selon une onde plane parallèle à l'écran. Par application de la loi de Malus, il y a donc égalité des chemins optiques

$$[FPM] = [FOH] = 1(D + f' - 2e) + n\cdot 2e = D + f' + 2e(n - 1)$$

Le chemin optique du rayon direct est

$$[FM] = \sqrt{(D + f')^2 + y^2} \simeq (D + f')\left(1 + \frac{y^2}{2(D + f')^2}\right)$$

On en déduit la différence de marche

$$\delta(y) = [FPM] - [FM] = 2e(n - 1) + \frac{y^2}{2(D + f')}$$

Par application de la formule de Fresnel

$$I(y) = 2I_0\left(1 + \cos\frac{2\pi\delta(y)}{\lambda_0}\right)$$

La figure étant invariante par rotation autour de l'axe, les franges sont donc circulaires concentriques. Elles n'apparaissent que là où les deux rayons peuvent apparaître.

- Les rayons ayant traversé la lentille trouée ne frappent l'écran que pour $c \leq y \leq b$ (en c, l'inégalité n'est qu'approximative).

- Les rayons traversant le trou ne frappent l'écran que pour $y \le y_0$ avec, d'après le théorème de Thalès :

$$\frac{y_0}{c} = \frac{D+f'}{f'} \text{ soit } y_0 = \frac{c(D+f')}{f'} = 12 \text{ mm} > b$$

La zone d'interférences est donc limitée à $y \in [c, b]$. Les franges brillantes sont définies par $\delta = k\lambda_0$ où k est un entier relatif, soit

$$\frac{y_k^2}{2(D+f')} = k\lambda_0 - 2e(n-1)$$

Les bornes de variation de y se traduisent par

$$\frac{c^2}{2(D+f')} \le k\lambda_0 - 2e(n-1) \le \frac{b^2}{2(D+f')}$$

$$\text{soit } 1{,}125 \cdot 10^{-6} \le k\lambda_0 - 2e(n-1) \le 12{,}5 \cdot 10^{-6}$$

$$\text{soit } 1{,}875 + \frac{2e(n-1)}{\lambda_0} \le k \le 20{,}83 + \frac{2e(n-1)}{\lambda_0}$$

Il y a donc un nombre de franges visibles égal au nombre d'entiers compris entre 1,875 et 20,83, soit 19.

5.12

a) Détaillons la construction des surfaces d'onde en partant d'un point P_k sur le miroir M_1.

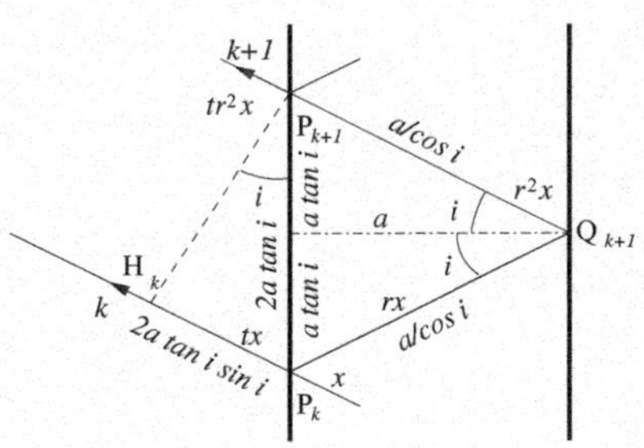

En partant de M et en suivant le sens inverse de la lumière, le plan d'onde passant par P_{k+1} coupe le rayon k en H_k. Les différents triangles rectangles de la figure permettent d'identifier les différentes longueurs indiquées sur la figure. On en déduit

$$\delta = [P_kQ_{k+1}P_{k+1}M] - [P_kH_kM]$$

$$\delta = [P_kQ_{k+1}] + [Q_{k+1}P_{k+1}] - [P_kH_k]$$

$$\text{soit } \delta = \frac{2a}{\cos i} - 2a \tan i \sin i$$

$$\delta = \frac{2a}{\cos i} - \frac{2a \sin^2 i}{\cos i} = 2a \cos i$$

b) Le rayon incident en P_k (noté x sur le schéma) subit
- une transmission quand il sort selon le rayon k (noté tx)
- une réflexion partielle sur M_1 (rx), puis une réflexion partielle sur M_2 (r^2x) et une transmission à travers M_1 (tr^2x) quand il sort selon le rayon $k+1$.

Le rapport des amplitudes réelles est donc r^2. Par application de la formule clé et en tenant compte de ce coefficient, on en déduit le rapport des amplitudes complexes

$$\underline{a}_{k+1} = r^2 \underline{a}_k e^{-i\frac{2\pi\delta}{\lambda_0}} \text{ donc}$$

$$\frac{\underline{a}_{k+1}}{\underline{a}_k} = r^2 e^{-i\frac{4\pi a \cos i}{\lambda_0}} = r^2 e^{-i\varphi}$$

c) L'onde résultante en M est la somme des amplitudes qui forment une suite géométrique de raison $r^2 e^{-i\varphi}$:

$$\underline{a} = \underline{a}_0 \sum_{k=0}^{\infty} \left(r^2 e^{-i\varphi}\right)^n$$

Le module de la raison est strictement inférieur à 1, donc cette série géométrique converge et sa somme est

$$\underline{a} = \underline{a}_0 \frac{1}{1 - r^2 e^{-i\varphi}}$$

On en déduit l'intensité lumineuse

$$I = K\underline{a}\underline{a}^* = K\underline{a}_0\underline{a}_0^* \frac{1}{1 - r^2 e^{-i\varphi}} \cdot \frac{1}{1 - r^2 e^{i\varphi}}$$

$$I = \frac{I_0}{1 - 2r^2 \cos\varphi + r^4}$$

En utilisant la relation de trigonométrie

$$\cos\varphi = 1 - 2\sin^2\frac{\varphi}{2}$$

on en déduit

$$I = \frac{I_0}{(1-r^2)^2 + 4r^2 \sin^2\frac{\varphi}{2}}$$

$$I = \frac{\frac{I_0}{(1-r^2)^2}}{1 + \frac{4r^2}{(1-r^2)^2} \sin^2\frac{\varphi}{2}}$$

Par identification avec la formule donnée par l'énoncé

$$J_0 = \frac{I_0}{(1-r^2)^2} \text{ et } m = \frac{4r^2}{(1-r^2)^2} = 90$$

5.13

a) Sur chaque diagramme, on trace les six complexes sur le cercle trigonométrique puis leur somme.

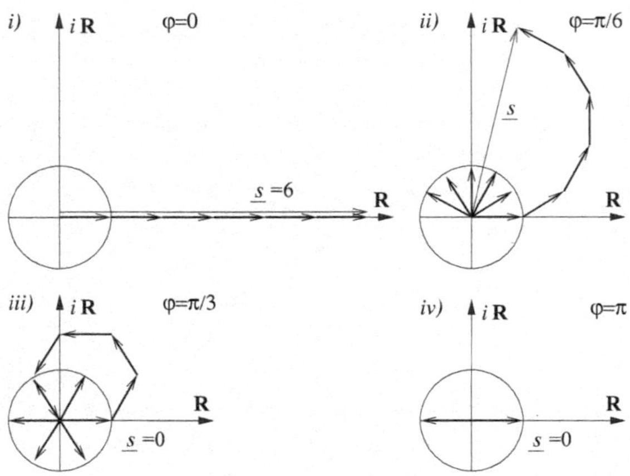

b) On ne dispose que de 4 points pour tracer l'allure de la courbe, on la complète en utilisant sa parité et sa périodicité de 2π. Pour $\varphi = \frac{\pi}{6}$, on mesure la longueur du vecteur et on applique l'échelle :

$$\left|\underline{s}\left(\frac{\pi}{6}\right)\right| \simeq 4$$

On en déduit le tableau de valleurs

φ	0	$\frac{\pi}{6}$	$\frac{\pi}{3}$	π
$F_6(\varphi)$	36	16	0	0

On en déduit l'allure de la courbe

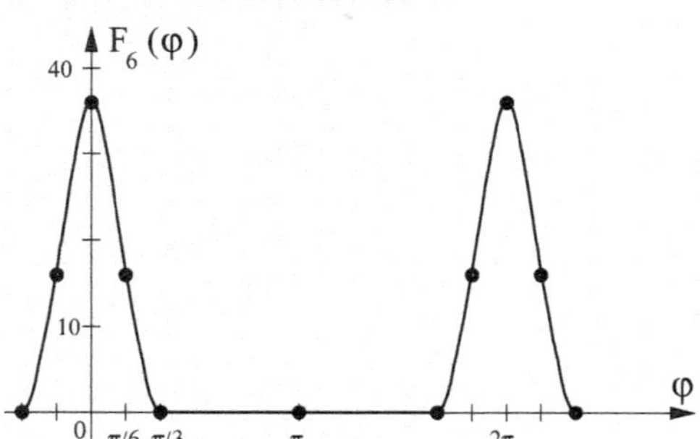

c) Par généralisation des graphes observés pour N = 6, on affirme les résultats suivants.

- Pour $\varphi = 0$, tous les vecteurs ont pour affixe 1 donc

$$\underline{s}(0) = N \text{ donc } F_N(0) = N^2$$

- Pour $\varphi = \frac{\pi}{N}$, la somme des complexes forme un quasi-demi-cercle de périmètre N (le cercle entier a donc pour périmètre 2N) donc de diamètre d avec

$$2N = \pi d \text{ donc } d = \frac{2N}{\pi}$$

$$\text{donc } \underline{s}\left(\frac{\pi}{N}\right) \simeq i\frac{2N}{\pi}$$

$$\text{donc } F_N\left(\frac{\pi}{N}\right) \simeq \frac{4N^2}{\pi^2} \simeq 0,5N^2$$

On retrouve donc l'expression de la largeur $\frac{2\pi}{N}$ du pic à mi-hauteur.

- Pour $\varphi = \frac{2\pi}{N}$, la somme des complexes forme un cercle complet, ce qui correspond à la première annulation de la fonction de réseau

$$\underline{s}\left(\frac{2\pi}{N}\right) = 0 \text{ donc } F_N\left(\frac{2\pi}{N}\right) = 0$$

- Pour $\varphi \in \left[\frac{2\pi}{N}, \pi\right]$, les vecteurs d'affixes $e^{ik\varphi}$ se répartissent presque uniformément sur le cercle trigonométrique et

$$\underline{s}(\varphi) \simeq 0 \text{ donc } F_N(\varphi) \simeq 0$$

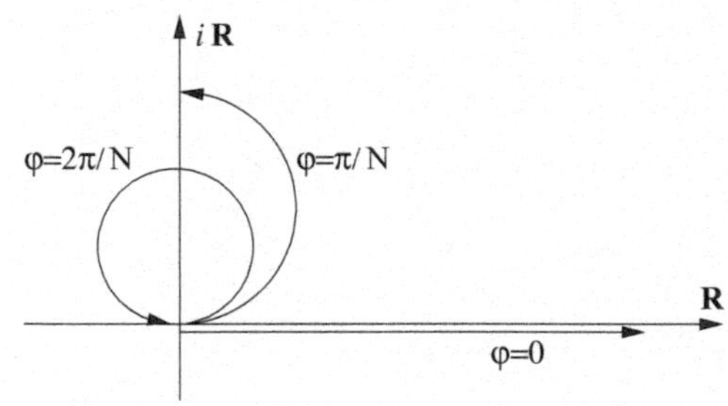

5.14

a) Il y a diffraction de la lumière, le rayon est un faisceau dont la largeur angulaire est proche de π si la fente est assez étroite, chaque fente se comporte donc comme une source ponctuelle secondaire.

b) On agrandit la figure et on fait apparaître les plans d'onde pour deux rayons voisins.

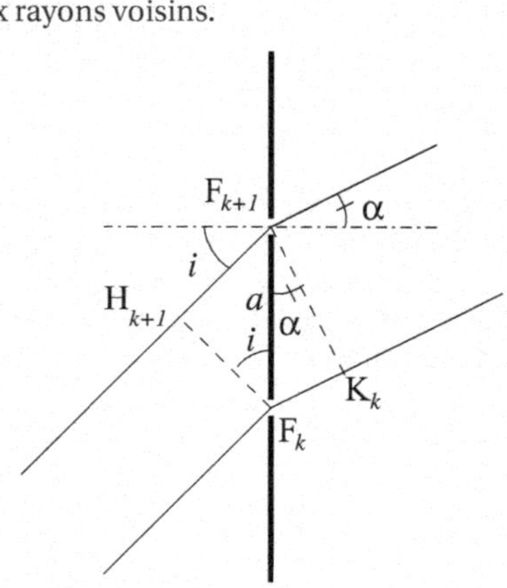

Par application de la loi de Malus :

$$\delta = [H_{k+1}F_{k+1}] - [F_kK_k] = a\sin i - a\sin\alpha$$

$$\text{et } \varphi = \frac{2\pi a(\sin i - \sin\alpha)}{\lambda_0}$$

c) L'intensité lumineuse dans la direction α est maximale lorsque $\varphi = p \cdot 2\pi$, p entier relatif, et négligeable pour toute autre valeur de α. On en déduit la formule fondamentale des réseaux

$$a(\sin i - \sin\alpha_p) = p\lambda_0$$

d) On a un pic de lumière pour les valeurs

$$\sin\alpha = -\frac{p\lambda_0}{a} = -0,207p$$

Or un sinus ne peut prendre que des valeurs entre -1 et 1 donc

$$-1 \leq -0,207p \leq 1 \text{ soit } -4,84 \leq p \leq 4,84$$

$$\text{donc } p \in \{-4,\ -3,\ -2,\ -1,\ 0,\ 1,\ 2,\ 3,\ 4\}$$

soit 9 pics au total.

e) On exprime les relations entre les différentes grandeurs comme des égalités de fonctions de la variable i :

$$\begin{cases} \sin i - \sin\alpha_p(i) = \frac{p\lambda_0}{a} \\ D_p(i) = i - \alpha_p(i) \end{cases}$$

Dérivons ces deux relations par rapport à i, à p fixé :

$$\begin{cases} \cos i - \frac{d\alpha_p(i)}{di}\cos\alpha_p(i) = 0 \\ \frac{dD_p(i)}{di} = 1 - \frac{d\alpha_p(i)}{di} \end{cases}$$

Au minimum de déviation, la dérivée de $D_p(i)$ est nulle donc

$$\frac{d\alpha_p(i)}{di} = 1 \text{ donc } \cos i - \cos\alpha_p(i) = 0$$

$$\text{donc } \cos i = \cos\alpha_p(i) \text{ soit } \alpha_p(i) = \pm i$$

Si $\alpha_p(i) = i$, alors la formule des réseaux donne $p = 0$, ce qui est exclu, on en déduit que $\alpha_p(i) = -i$ au minimum de déviation. En remplaçant dans les deux relations, on obtient

$$\begin{cases} 2\sin i = \frac{p\lambda_0}{a} \\ D_p^* = 2i \end{cases}$$

et en éliminant i entre ces deux relations

$$\lambda_0 = \frac{2a}{p}\sin\frac{D_p^*}{2}$$

f) À i donné, et pour p donné, l'angle $\alpha_p(i)$ dépend de λ_0, donc le spectrogoniomètre permet de séparer les différentes longueurs d'onde du spectre. Par application du résultat de la question précédente, l'observation du minimum de déviation et la mesure précise des angles permise par le dispositif expérimental (4 voire 5 chiffres significatifs) permet la détermination précise des valeurs des longueurs d'onde.

5.15

a) Détaillons la construction des surfaces d'onde.

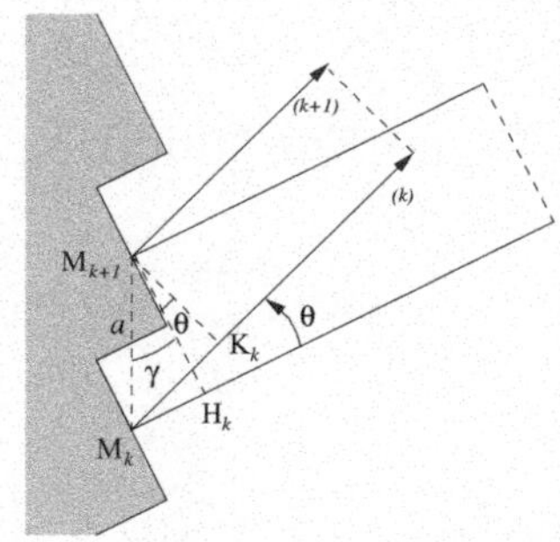

Par application de la loi de Malus, la différence de marche est

$$\delta = [H_kM_k] + [M_kK_k] = a\sin\gamma + a\sin(\gamma+\theta)$$

$$\text{donc } \varphi = \frac{2\pi a(\sin\gamma + \sin(\gamma+\theta))}{\lambda_0}$$

b) Par application du résultat du cours, il y a des pic de lumière pour

$$\varphi = p \cdot 2\pi \text{ soit } a(\sin\gamma + \sin(\gamma+\theta)) = p\lambda_0$$

p étant un entier relatif. L'observation est possible pour

$$\theta \in \left[-\frac{\pi}{2}, \theta_{\lim}\right]$$

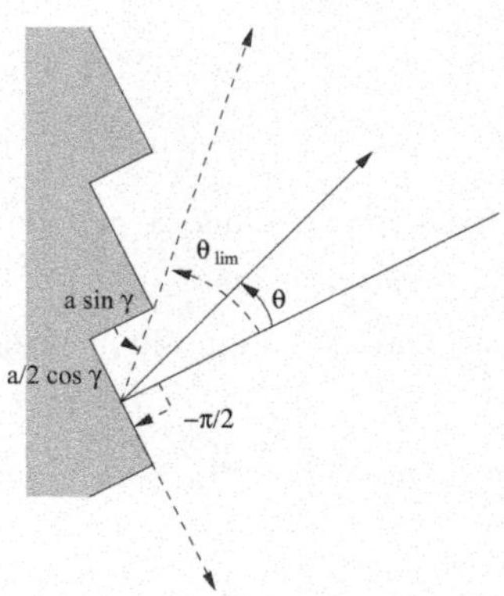

En utilisant les dimensions indiquées sur le schéma, on en déduit

$$\tan\theta_{\lim} = \frac{\frac{a}{2}\cos\gamma}{a\sin\gamma} = \frac{1}{2\tan\gamma}$$

$$\text{donc } \theta_{\lim} = 0,785 \text{ rad}$$

On en déduit un encadrement pour p :

$$\frac{a}{\lambda_0}\left[\sin\gamma + \sin\left(\gamma - \frac{\pi}{2}\right)\right] \leq p \leq \frac{a}{\lambda_0}\left[\sin\gamma + \sin\left(\gamma + \theta_{\lim}\right)\right]$$

$$\text{soit } -0,447\frac{a}{\lambda_0} \leq p \leq 1,396\frac{a}{\lambda_0}$$

La différence entre les deux bornes vaut environ 12 (nombre de pics visibles, à une unité près) donc

$$12 \simeq 1,396\frac{a}{\lambda_0} + 0,447\frac{a}{\lambda_0}$$

$$\text{donc } a \simeq \frac{12\lambda_0}{1,843} = 3,9\ \mu\text{m}$$

5.16

a) Par application de la formule du cours

$$I(\varphi) = I_1\frac{\sin^2\frac{N\varphi}{2}}{\sin^2\frac{\varphi}{2}}$$

Cette fonction est de période 2π, elle présente des pics très étroits pour $\varphi = p\cdot 2\pi$ de hauteur $N^2 I_1$.

b) Tout se passe comme si on avait $N' = \frac{N}{2}$ ondes déphasées de $\varphi' = 2\varphi$ donc

$$I(\varphi) = I_1\frac{\sin^2\frac{N\varphi}{2}}{\sin^2\varphi}$$

C'est une fonction périodique de période π qui présente des pics très étroits de hauteur $\frac{N^2 I_1}{4}$.

c) Tout se passe comme si on avait $N' = \frac{N}{3}$ ondes déphasées de $\varphi' = 3\varphi$ donc

$$I(\varphi) = I_1\frac{\sin^2\frac{N\varphi}{2}}{\sin^2\frac{3\varphi}{2}}$$

C'est une fonction périodique de période $\frac{2\pi}{3}$ qui présente des pics très étroits de hauteur $\frac{N^2 I_1}{9}$.

d) On doit ici revenir à la superposition des ondes complexes.

$$\underline{a}(t) = \underline{a}_1\sum_{n=1}^{\frac{N}{3}}\left[e^{-i3\varphi}\right]^n + \underline{a}_2\sum_{n=1}^{\frac{N}{3}}\left[e^{-i3\varphi}\right]^n$$

Or $\underline{a}_2 = \underline{a}_1 e^{-i\varphi}$ et

$$\sum_{n=1}^{\frac{N}{3}}\left[e^{-i3\varphi}\right]^n = \frac{e^{-i\frac{N}{2}\varphi}}{e^{-i\frac{3\varphi}{2}}}\cdot\frac{\sin\frac{N\varphi}{2}}{\sin\frac{3\varphi}{2}}$$

On en déduit

$$\underline{a}(t) = \underline{a}_1(1+e^{-i\varphi})\cdot\frac{e^{-i\frac{N}{2}\varphi}}{e^{-i\varphi}}\cdot\frac{\sin\frac{N\varphi}{2}}{\sin\frac{3\varphi}{2}}$$

L'intensité lumineuse est

$$I(\varphi) = K\underline{a}(t)\underline{a}^*(t) \text{ soit}$$

$$I(\varphi) = K\underline{a}_1\underline{a}_1^*(2+2\cos\varphi)\cdot\frac{\sin^2\frac{N\varphi}{2}}{\sin^2\frac{3\varphi}{2}}$$

$$I(\varphi) = 2I_1(1+\cos\varphi)\frac{\sin^2\frac{N\varphi}{2}}{\sin^2\frac{3\varphi}{2}}$$

N étant multiple de 6, on peut poser $N = 3N'$ et $3\varphi = \varphi'$. On écrit donc

$$I(\varphi') = 2I_1\left(1+\cos\frac{\varphi'}{3}\right)\left[\frac{\sin^2\frac{N'^2\varphi'}{2}}{\sin^2\varphi'}2\right]$$

C'est une fonction périodique de période 6π, produit de la fonction de réseau habituelle qui vaut N'^2 pour $\varphi' = 0, 2\pi, 4\pi, 6\pi, \ldots$, par le terme $1+\cos\frac{\varphi'}{3}$ qui vaut 2 pour $\varphi' = 0$ et $\frac{1}{2}$ pour $\varphi' = 2\pi$ et 4π. On en déduit l'allure du graphe, qui fait apparaître des pics de hauteur

$$4N'^2 I_1 = \frac{4N^2 I_1}{9}$$

et des pics secondaires de hauteur $\frac{N^2 I_1}{9}$.

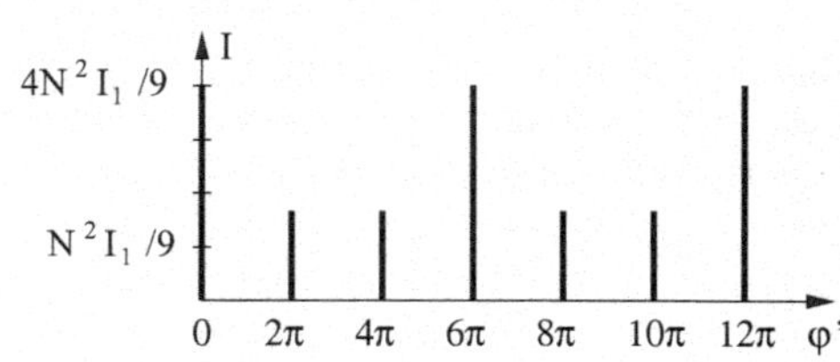

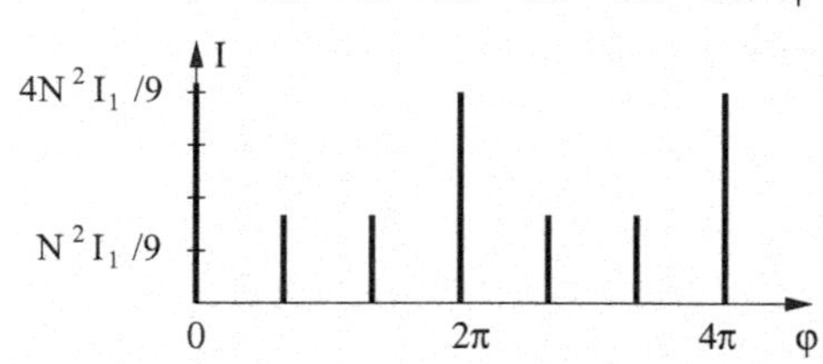

Chapitre 6

Dispositif des trous d'Young

Thèmes abordés dans les exercices

- Dispositif des trous d'Young.
- Champ d'interférences.
- Ordre d'interférences.
- Franges d'interférences.
- Localisation.
- Lame à faces parallèles.
- Perte de contraste.
- Élargissement spatial.
- Élargissement spectral.
- Blanc d'ordre supérieur.
- Spectre cannelé.
- Montage de Fraunhofer.

Points essentiels du cours pour la résolution des exercices

- Décrire le dispositif des trous d'Young et justifier les observations.
- Interpréter la modification des franges par ajout d'une lame.
- Expliquer le brouillage par élargissement spatial de la source.
- Expliquer le brouillage par élargissement spectral de la source.
- Expliquer et quantifier les observations en lumière blanche.
- Décrire le montage de Fraunhofer et expliciter ses conséquences dans le cas du réseau.

Les méthodes à retenir

Décrire le dispositif des trous d'Young et justifier les observations.

Le dispositif des **trous d'Young** opère une **division du front d'onde**. Il est formé de deux trous T_1 et T_2, dans un plan opaque Π, très petits et distants de a, éclairé par une source ponctuelle S dans un plan à la distance D_S de Π, l'observation se fait sur un écran à une distance D de Π.

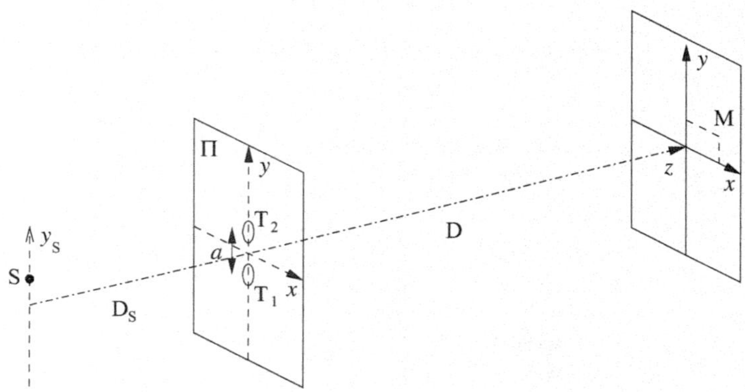

La position de la source est repérée par y_s, celle du point M par x et y. On suppose D et D_S très grands devant x, y, y_s et a. Voici la méthode générale d'étude des interférences sur l'écran, en lumière monochromatique, de longueur d'onde dans le vide λ_0.

a) La taille des trous est de l'ordre de grandeur de λ_0. Par effet de **diffraction**, T_1 et T_2 se comportent comme des sources secondaires émettant de la lumière dans toutes les directions de l'espace.

b) Il y a donc interférence entre ST_1M et ST_2M. Si on note n_0 l'indice du milieu transparent (la plupart du temps, $n_0 \simeq 1$ pour l'air), la différence de marche est

$$\delta = [ST_1M] - [ST_2M] = n_0\,(ST_1 - ST_2 + T_1M - T_2M)$$

c) On calcule chacune de ces distances en géométrie analytique. En prenant l'orrigine du repère au milieu O des deux trous,

$$T_1\left|\begin{array}{l}0\\-\frac{a}{2}\\0\end{array}\right.\quad M\left|\begin{array}{l}x\\y\\D\end{array}\right.\quad \text{donc } \overrightarrow{T_1M}\left|\begin{array}{l}x\\y+\frac{a}{2}\\D\end{array}\right.$$

$$T_1M = \|\overrightarrow{TM}\| = \sqrt{x^2 + \left(y + \frac{a}{2}\right)^2 + D^2} = D\sqrt{1 + \frac{x^2}{D^2} + \frac{y^2 + ay + \frac{a^2}{4}}{D^2}}$$

On simplifie l'expression grâce à un développement limité :

$$\mathrm{T_1M} \simeq \mathrm{D}\left[1 + \frac{x^2}{2\mathrm{D}^2} + \frac{y^2 + ay + \frac{a^2}{4}}{2\mathrm{D}^2}\right]$$

et de même

$$\begin{cases} \mathrm{T_2M} \simeq \mathrm{D}\left[1 + \frac{x^2}{2\mathrm{D}^2} + \frac{y^2 - ay + \frac{a^2}{4}}{2\mathrm{D}^2}\right] \\ \mathrm{ST_1} \simeq \mathrm{D_S}\left[1 + \frac{y_\mathrm{S}^2 + ay_\mathrm{S} + \frac{a^2}{4}}{2\mathrm{D_S^2}}\right] \\ \mathrm{ST_2} \simeq \mathrm{D_S}\left[1 + \frac{y_\mathrm{S}^2 - ay_\mathrm{S} + \frac{a^2}{4}}{2\mathrm{D_S^2}}\right] \end{cases}$$

d) On en déduit la différence de marche

$$\delta = n_0 a\left[\frac{y}{\mathrm{D}} + \frac{y_\mathrm{S}}{\mathrm{D_S}}\right]$$

e) Par application de la formule de Fresnel, en supposant que les deux trous d'Young donnent individuellement en M la même intensité $\mathrm{I_1} = \mathrm{I_2} = \mathrm{I_0}$

$$\mathrm{I(M)} = \mathrm{I}(y) = 2\mathrm{I_0}\left(1 + \cos\frac{2\pi\delta}{\lambda_0}\right)$$

• Les **franges** sont définies par $\delta = \mathrm{cste}$, donc par $y = \mathrm{cste}$: elles sont rectilignes et parallèles à l'axe x perpendiculaire à celui (y) des trous.
• Les franges brillantes sont définies par

$$\delta = k\lambda_0 \text{ ou } p = \frac{\delta}{\lambda_0} = k \in \mathbf{Z}$$

où p est l'**ordre d'interférences**.
• L'ordonnée de la frange d'ordre p est

$$\text{soit } y_p = -\frac{\mathrm{D}}{\mathrm{D_S}}y_\mathrm{S} + p\frac{\lambda_0\mathrm{D}}{n_0 a}$$

• La **frange centrale brillante** est celle d'ordre $p = 0$, elle correspond à une différence de marche nulle, et c'est en général la plus brillante de toutes. Son ordonnée est $y_0 = -\frac{\mathrm{D}}{\mathrm{D_S}}y_\mathrm{S}$.
• L'**interfrange** vaut

$$i = |y_{p+1} - y_p| = \frac{\lambda_0\mathrm{D}}{n_0 a}$$

• Le **contraste** vaut $\mathrm{C} = 1$.
f) Les franges apparaissent quelle que soit la position de l'écran, elles n'ont donc pas de localisation particulière et sont dites **non localisées**. Si les trous d'Young sont de taille très supérieure à la longueur d'onde, l'angle des faisceaux diffractés est faible, et les interférences ne seront visibles que dans la zone de l'écran touchée simultanéent par les deux faisceaux, appelée **champ d'interférences**.

Exemple :

Les formules générales peuvent être mémorisées dans le cas où $n_0 = 1$ (dans l'air) et $y_S = 0$ (source sur l'axe) :

$$\delta = \frac{ay}{D} \text{ et } i = \frac{\lambda_0 D}{a}$$

On tolère au concours leur expression sans démonstration, (à moins bien sûr qu'il ne soit explicitement demandé de les établir). Elles permettent la détermination expérimentale d'une longueur d'onde λ_0 connaissant l'écart a entre les trous, ou réciproquement celle de a connaissant λ_0. Sur un écran à $D = 10,00$ m, muni d'une échelle de mesure en millimètres, avec des trous d'Young distants de $a = 0,500$ mm, on observe dix franges nettement séparées par des franges sombres. On mesure $10i = 107$ mm donc $i = 10,7$ mm avec une précision de 3 chiffres significatifs. On peut donc donner avec la même précision

$$\lambda_0 = \frac{ai}{D} = 535 \text{ nm}$$

↪ **Exercices 6.1, 6.2, 6.3, 6.4, 6.5.**

Interpréter la modification des franges par ajout d'une lame.

Le dispositif des trous d'Young est éclairé par un faisceau laser, ou une source ponctuelle monochromatique située au foyer objet d'une lentille convergente, de longueur d'onde dans le vide λ_0. On intercale une **lame transparente à faces parallèles** d'épaisseur e et d'indice n en amont de l'un des trous d'Young.

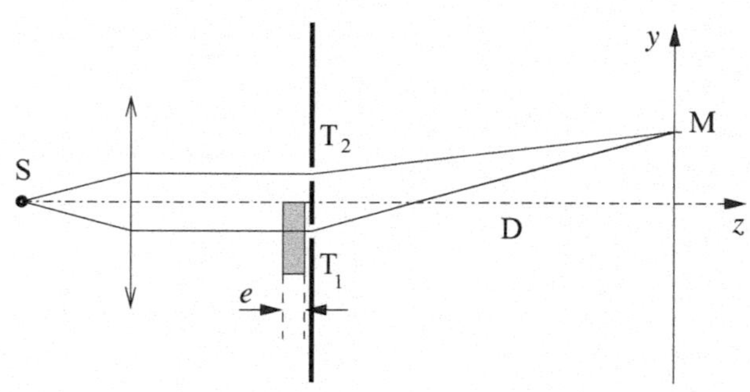

La différence de marche en M est modifiée et vaut

$$\delta = [ST_1M] - [ST_2M] = (n - n_0)e + \frac{n_0 ay}{D}$$

Par rapport à la situation en l'absence de lame,

a) il y a déplacement du système de franges, la frange centrale brillante (correspondant à $\delta = 0$ et à un ordre d'interférences nul) passe de $y = 0$ à

$$y_{p=0} = \frac{(n_0 - n)e\mathrm{D}}{n_0 a}$$

b) l'interfrange $i = \frac{\lambda_0 \mathrm{D}}{n_0 a}$ n'est pas modifié.

Ce résultat permet la détermination expérimentale de l'épaisseur e ou celle de l'indice n de la lame.

Exemple :

On prend $\mathrm{D} = 3,00$ m, $n_0 = 1,00$, $n = 1,50$, $a = 1,20$ mm. On peut détecter un déplacement minimal $\Delta y = 0,50$ mm des franges. L'épaisseur minimale e de la lame est donc

$$e_{\min} = \left|\frac{n_0 a \Delta y}{(n_0 - n)e\mathrm{D}}\right| = 0,40\ \mu\mathrm{m}$$

↪ **Exercices 6.6, 6.7, 6.8, 6.9.**

Expliquer le brouillage par élargissement spatial de la source.

La source ponctuelle n'est qu'un modèle. Dans la réalité expérimentale, une source large est assimilée à la juxtaposition de sources élémentaires non cohérentes entre elles. Lorsqu'une telle source éclaire le dispositif des trous d'Young, on doit donc sommer les intensités lumineuses données par chaque source élémentaire. Comme celles-ci sont décalées spatialement les unes par rapport aux autres, les franges brillantes et sombres sont décalées sur l'écran et on peut observer un **brouillage**. Il est possible de mettre en évidence ce brouillage par le **calcul intégral** de l'intensité lumineuse sur l'écran, le calcul du contraste et la mise en évidence de son annulation quand la largeur de la source atteint une valeur critique. Ce calcul, proposé à l'exercice 6.10, n'est pas exigible. Le programme officiel le remplace par le **critère semi-quantitatif de brouillage des franges par élargissement spatial de la source**. Voici l'énoncé et la méthode de vérification de ce critère, qu'on peut généraliser à tout dispositif interférentiel à deux ondes.

a) En un point donné M de l'écran, on calcule l'ordre d'interférences p_C créé par une source ponctuelle S_C au centre de la source large.

b) En ce même point M, on calcule l'ordre d'interférences p_P créé par une source ponctuelle S_P à la périphérie de la source large.

c) La variation d'ordre d'interférences **évaluée sur la demi-largeur spatiale** de la source est

$$|\Delta p| = |p_P - p_C|$$

d) Le critère énonce qu'il y a brouillage lorsque $|\Delta p| > \frac{1}{2}$.

Exemple :

Considérons une source de largeur e éclairant le dispositif des trous d'Young.

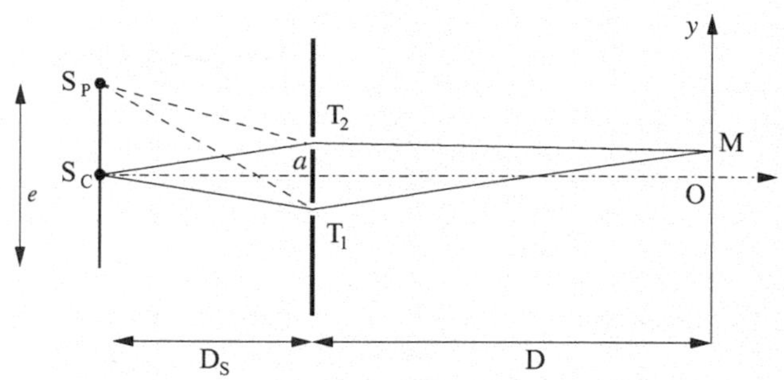

a) Pour une source ponctuelle S_C au centre, la différence de marche vaut

$$\delta_C = \frac{n_0 a y}{D} \text{ donc } p_C = \frac{\delta_C}{\lambda_0} = \frac{n_0 a y}{\lambda_0 D}$$

b) Pour une source ponctuelle S_P à la périphérie, la différence de marche vaut

$$\delta_P = \frac{n_0 a \frac{e}{2}}{D_S} + \frac{n_0 a y}{D} \text{ donc } p_P = \frac{\delta_P}{\lambda_0} = \frac{n_0 a e}{2\lambda_0 D_S} + \frac{n_0 a y}{\lambda_0 D}$$

c) La variation d'ordre d'interférences évaluée sur la demi-largeur spatiale de la source est

$$|\Delta p| = |p_P - p_C| = \frac{n_0 a e}{2\lambda_0 D_S}$$

d) Le brouillage apparaîtra donc selon le critère quand

$$\frac{n_0 a e}{2\lambda_0 D_S} > \frac{1}{2} \text{ soit } e > \frac{\lambda_0 D_S}{n_0 a}$$

↪ **Exercice 6.10.**

Expliquer le brouillage par élargissement spectral de la source.

La source monochromatique n'est qu'un modèle. En première approximation, le spectre d'une source à vapeur atomique présente des pics de longueurs d'onde $\lambda_1, \dots, \lambda_k, \dots, \lambda_n$. On parle alors de **spectre discret** et on le représente en bâtons d'abscisse λ_k et de hauteur I_k, intensité lumineuse correspondant à cette radiation. Plus précisément encore, le spectre d'une source réelle est **continu** et présente des bandes spectrales centrées autour de longueurs d'onde λ_k et de largeur $\Delta\lambda_k$. On le représente alors par une courbe en mesurant en ordonnée la **densité spectrale**.

$$\mathscr{D}(\lambda) = \frac{dI}{d\lambda}$$

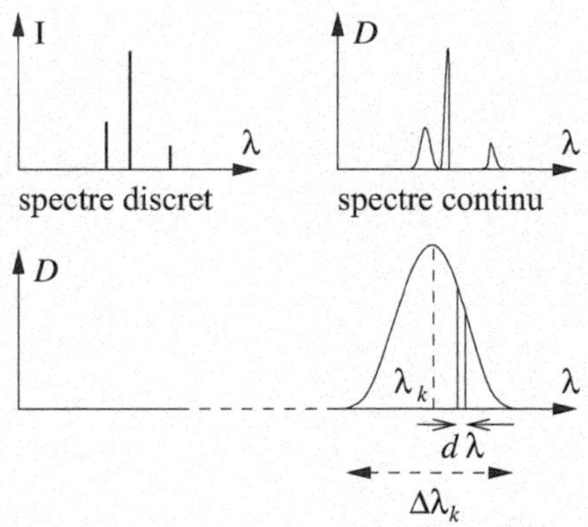

Chaque bande spectrale élémentaire, de largeur $d\lambda$ est assimilable à une radiation monochromatique incohérente avec les autres. Lorsqu'une telle source éclaire le dispositif des trous d'Young, on doit donc sommer les intensités lumineuses données par chaque bande élémentaire $[\lambda, \lambda + d\lambda]$. Comme l'interfrange dépend de la longueur d'onde, les figures d'interférences sur l'écran sont décalées et d'interfrange distinctes les unes par rapport aux autres, on peut donc observer un **brouillage**.

Il est possible de mettre en évidence ce brouillage par le **calcul intégral** de l'intensité lumineuse sur l'écran, le calcul du contraste et la mise en évidence de son annulation quand la largeur spectrale de la source atteint une valeur critique. Ce calcul, proposé à l'exercice 6.13, n'est pas exigible. Le programme officiel le remplace par le **critère semi-quantitatif de brouillage des franges par élargissement spectral de la source**. Voici l'énoncé et la méthode de vérification de ce critère, qu'on peut généraliser à tout dispositif interférentiel à deux ondes.

a) En un point donné M de l'écran, on calcule l'ordre d'interférences p_C créé par la source ponctuelle S si elle était monochromatique, au centre du spectre, de longueur d'onde λ_k.

b) En ce même point M, on calcule l'ordre d'interférences p_P créé par la source ponctuelle S si elle était monochromatique, à la périphérie du spectre, de longueur d'onde extrême $\lambda_k + \frac{\Delta\lambda_k}{2}$.

c) La variation d'ordre d'interférences **évaluée sur la demi-largeur spectrale** de la source est

$$|\Delta p| = |p_P - p_C|$$

d) Le critère énonce qu'il y a brouillage lorsque $|\Delta p| > \frac{1}{2}$.

On constate donc la très grande analogie entre les brouillages par élargissement spatial et par élargissement spectral. La différence subtile est la suivante. Dans les notations du début de ce chapitre, l'"ordre d'interférences vaut

$$p = \frac{\delta}{\lambda} = \frac{n_0 a}{\lambda}\left[\frac{y}{D} + \frac{y_S}{D_S}\right]$$

- La variation de p entre le centre C et la périphérie P de la source étendue spatialement est due à la variation de y_S.
- La variation de p entre la longueur d'onde centrale et la longueur d'onde extrême de la source de spectre large est due à la variation de λ.

Exemple :

La lampe à vapeur de mercure est polychromatique et possède dans son spectre une raie verte de longueur d'onde moyenne $\lambda_c = 546{,}1$ nm et de largeur spectrale $\Delta\lambda = 1{,}0$ nm. En utilisant un condenseur et un diaphragme, elle devient une source ponctuelle S, on la filtre pour ne garder que la raie verte et on la place à égale distance de trous d'Young distants de $a = 2{,}0$ mm.

Un écran est placé à la distance D = 2,0 m. En un point M d'ordonnée y sur l'écran, en prenant l'indice de l'air égal à 1, la différence de marche est

$$\delta = \frac{ay}{\mathrm{D}}$$

La variation de l'ordre d'interférences mesurée sur la moitié de la largeur spectrale est

$$\Delta p = \frac{\delta}{\lambda_c} - \frac{\delta}{\lambda_c + \frac{\Delta\lambda}{2}} = \frac{\delta}{\lambda_c}\left[1 - \frac{1}{1 + \frac{\Delta\lambda}{2\lambda_c}}\right]$$

$$\Delta p \simeq \frac{\delta\Delta\lambda}{2\lambda_c^2}$$

D'après le critère, il y a brouillage si

$$\Delta p > \frac{1}{2} \text{ soit } \delta > \frac{\lambda_c^2}{\Delta\lambda}$$

$$\text{donc } \frac{ay}{\mathrm{D}} > \frac{\lambda_c^2}{2\Delta\lambda} \text{ soit } y > \frac{\lambda_c^2\mathrm{D}}{2a\Delta\lambda} = 30 \text{ cm}$$

L'interfrange vaut $i = \frac{\lambda_c \mathrm{D}}{a} = 0,546$ mm, le brouillage apparaît donc à 550 franges du centre de l'écran, ce qui est pratiquement impossible à obtenir dans le dispositif des trous d'Young. Il est donc très peu vraisemblable qu'on puisse l'observer, le dispositif des trous d'Young est insuffisant pour mesurer la largeur spectrale de la raie verte du mercure.

⟶ **Exercices 6.11, 6.12, 6.13.**

Expliquer et quantifier les observations en lumière blanche.

Le spectre de la lumière blanche s'étend de $\lambda = 400$ nm (limite de l'ultraviolet) à $\lambda = 800$ nm (limite de l'infrarouge). La largeur spectrale et la longueur d'onde moyenne de la lumière blanche sont donc

$$\Delta\lambda = 400 \text{ nm et } \lambda_c = 600 \text{ nm}$$

On éclaire un dispositif de trous d'Young avec une source ponctuelle S de lumière blanche à égale distance des deux trous, ceux-ci sont distants de a, et on place un écran à la distance D du plan des trous.

On note O le centre de l'écran, où la différence de marche est nulle, et on repère un point de l'écran par son ordonnée y.

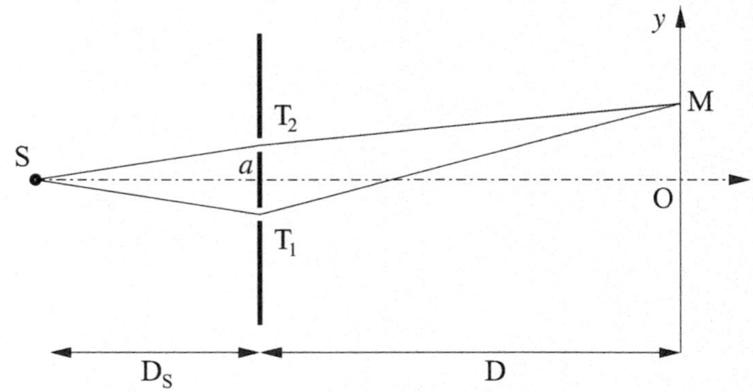

La largeur spectrale étant très grande, le brouillage est obtenu dès que y dépasse une très faible valeur : en utilisant le critère détaillé au paragraphe précédent, en prenant l'indice de l'air égal à 1, D de l'ordre du mètre et a de l'ordre du millimètre,

$$|\Delta p| > \frac{1}{2} \Rightarrow y > \frac{\lambda_c^2 D}{a \Delta\lambda} \simeq 0{,}90 \text{ mm}$$

L'interfrange est de l'ordre de

$$i = \frac{\lambda_c D}{a} = 0{,}60 \text{ mm}$$

On ne verra donc pas des franges au sens habituel du terme, mais des **irisations** au voisinage du centre de l'écran. Voici les trois observations et le vocabulaire associé.

a) Pour une longueur d'onde λ donnée, la frange centrale brillante définie par $p = 0$ est séparée par les franges sombres $p = \pm\frac{1}{2}$. Elle est donc délimitée sur l'écran par

$$-\frac{\lambda}{2} < \delta < \frac{\lambda}{2} \text{ soit } -\frac{\lambda D}{2a} < y < \frac{\lambda D}{2a}$$

Sa largeur $\Delta y = \frac{\lambda D}{a} = i$ pour trois longueurs d'onde caractéristiques du spectre est donc

couleur	violet	jaune	rouge
λ (nm)	400	600	800
Δy	$2d$	$3d$	$4d$

avec $d = \frac{400 \cdot 10^{-9} \cdot D}{2a}$. Pour $-d < y < d$, il y a donc superposition des franges brillantes pour toutes les longueurs d'onde du spectre de la lumière blanche. On aura donc une tache blanche qu'on appelle **blanc d'ordre supérieur**.

b) Pour $-3d < y < -2d$ ou $2d < y < 3d$, on est sur la frange sombre du violet, il n'y a donc superposition que des franges brillantes du jaune et du rouge, on aura donc une couleur proche du vert, mais cette couleur fluctue très vite : ce sont les **teintes de Newton**.
c) Pour y de l'ordre de quelques d, le brouillage fait apparaître une teinte blanchâtre à l'œil. Mais en observant au spectroscope, on voit apparaître un spectre présentant des extinctions de certaines longueurs d'onde, on les appelle des cannelures, c'est le **spectre cannelé**. La détermination des valeurs de λ correspondantes au point M d'ordonnée y se ramène à la recherche des solutions de l'équation

$$\delta_\lambda(y) = p\frac{\lambda}{2} \Leftrightarrow \frac{ay}{D} = p\frac{\lambda}{2},\ p \in \mathbf{Z}$$

Pour la résoudre, on cherche les bornes pour l'entier p en utilisant l'encadrement

$$400\text{ nm} < \lambda < 800\text{ nm donc } p_{\text{min}} \leq p \leq p_{\text{max}}$$

puis on dresse un tableau (à condition que le nombre de cannelures soit raisonnable) des valeurs de λ pour chaque valeur de p entre p_{min} et p_{max}.

Exemple :

Prenons $D = 9{,}0$ m, $a = 1{,}5$ mm, l'indice de l'air $n_0 = 1$ et cherchons les longueurs d'onde éteintes dans le spectre cannelé observé en $y = 2{,}0$ cm. L'encadrement de λ donne celui de p :

$$\lambda = \frac{2ay}{Dp} \text{ donc } 400\text{ nm} < \frac{2ay}{Dp} < 800\text{ nm}$$

$$\text{soit } 1{,}25\cdot 10^6 < \frac{Dp}{2ay} < 2{,}50\cdot 10^6$$

$$\text{donc } 1{,}25\cdot 10^6\cdot\frac{2ay}{D} < p < 2{,}50\cdot 10^6\cdot\frac{2ay}{D}$$

$$\text{soit } 8{,}3 < p < 16{,}7 \text{ donc } p \in \{9,\ldots,16\}$$

Il y a donc 8 cannelures dont les longueurs d'onde sont

p	9	10	11	12	13	14	15	16
λ (nm)	741	667	606	556	513	476	444	417

⟶ **Exercices 6.14, 6.15, 6.16.**

Décrire le montage de Fraunhofer et expliciter ses conséquences dans le cas du réseau.

Le **montage de Fraunhofer** impose un éclairage et une observation à l'infini. La source ponctuelle S est placée dans le plan focal objet d'une lentille convergente de distance focale f', l'écran est placé dans le plan focal image d'une lentille convergente de distance focale f''.

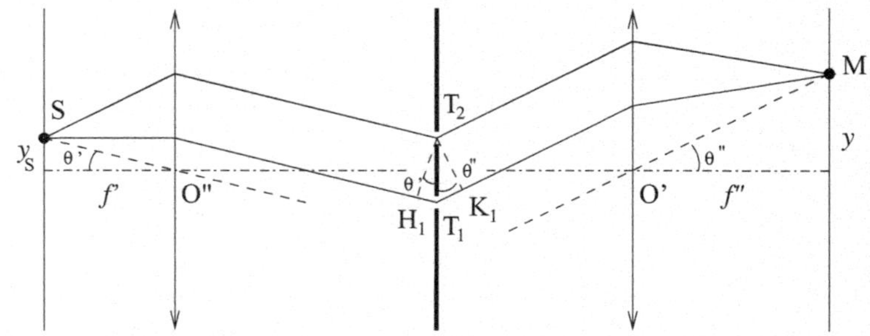

La détermination de la différence de marche est un cas typique d'utilisation de la loi de Malus.

$$\delta = [ST_1M] - [ST_2M] = [H_1T_1] + [T_1K_1] = n_0 a \sin\theta' + n_0 a \sin\theta''$$

Dans les conditions de Gauss, l'hypothèse des petits angles est vérifiée donc

$$\begin{cases} \theta' \simeq \tan\theta' = \frac{y_S}{f'} \\ \theta'' \simeq \tan\theta'' = \frac{y}{f''} \end{cases} \quad \text{donc } \delta \simeq n_0 a(\theta' + \theta'') = \frac{n_0 a y_S}{f'} + \frac{n_0 a y}{f''}$$

Cette expression est analogue à celle donnée au début de ce chapitre, en l'absence de lentilles, en remplaçant D_S par f' et D par f''. Les lois énoncées précédemment se généralisent donc.
L'un des intérêts du montage de Fraunhofer est qu'il facilite l'étude d'un système à trois, N trous régulièrement répartis sur un plan opaque.
En particulier, le réseau plan éclairé et observé dans les conditions de Fraunhofer forme un diviseur en N ondes dont les phases sont en progression arithmétique (voir chapitre 5).

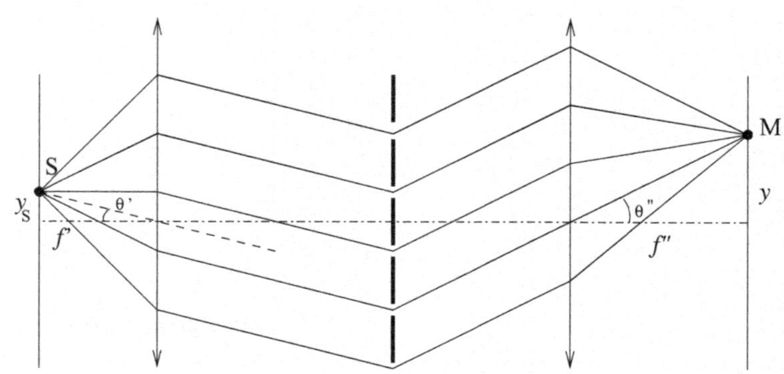

La différence de marche entre deux ondes consécutives est

$$\delta = n_0 a(\sin\theta' - \theta''$$

(on ne fait pas l'hypothèse des petits angles). La superposition des N ondes a pour expression complexe

$$\underline{a} = \underline{a}_1 \left[1 + e^{-i\varphi} + \ldots + e^{-ik\varphi} + \ldots + e^{-i(N-1)\varphi}\right] \text{ avec } \varphi = \frac{2\pi\delta}{\lambda_0}$$

et l'intensité lumineuse vaut

$$I = K\underline{a}\underline{a}^* = I_0 \frac{\sin^2 \frac{N\varphi}{2}}{\sin^2 \frac{\varphi}{2}}$$

Si N est grand, on obtient des pics de lumière lorsque $\varphi = p\pi$, où p est un entier relatif, donc dans les directions définies par la **formule fondamentale des réseaux**

$$n_0 a(\sin\theta' - \sin\theta'') = p\lambda_0$$

Exemple :

Dans le cas des deux trous d'Young éclairés par une source de lumière monochromatique de longueur d'onde dans le vide λ_0 :

- la frange d'ordre d'interférences p est définie par

$$\frac{\delta}{\lambda_0} = p \text{ soit } y_p = -\frac{y_S f'}{f''} + p\frac{\lambda_0 f'}{a}$$

- la frange centrale brillante, définie par $\delta = 0$, donc d'ordre d'interférences nul, est située en

$$y_0 = -\frac{y_S f''}{f'}$$

et le point M correspondant est le conjugué de S par le système des deux lentilles en l'absence des trous d'Young ;

- l'interfrange est

$$i = |y_{p+1} - y_p| = \frac{\lambda_0 f'}{a}$$

↪ **Exercices 6.17, 6.18, 6.19, 6.20.**

Énoncés des exercices

6.1 Une première méthode alternative de calcul de δ

Dans le dispositif des trous d'Young, la source ponctuelle S est placée sur l'axe médiateur des trous et l'observation est faite en un point M de l'écran situé dans le plan (S, T_1, T_2).

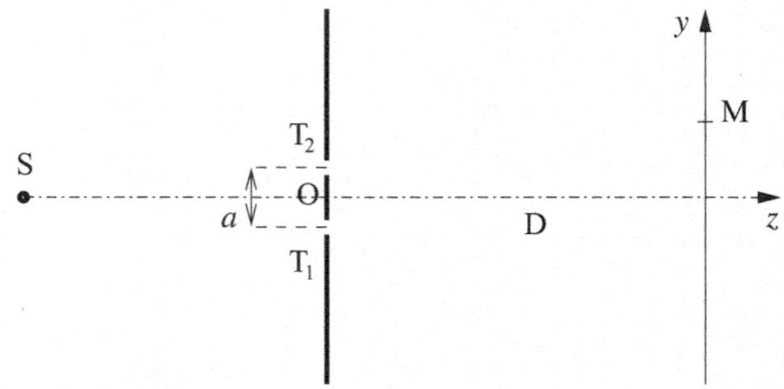

a) Donner les coordonnées dans le référentiel (O, y, z) des points T_1, T_2 et M.

b) En déduire les composantes des vecteurs $\overrightarrow{T_1M}$ et $\overrightarrow{T_2M}$.

c) Justifier l'identité

$$\left(\overrightarrow{T_1M} - \overrightarrow{T_2M}\right)\left(\overrightarrow{T_1M} + \overrightarrow{T_2M}\right) = (T_1M - T_2M)(T_1M + T_2M)$$

d) En remarquant que $T_1M + T_2M \simeq 2D$, en déduire l'expression de la différence de marche δ.

6.2 Une deuxième méthode alternative de calcul de δ

Dans le dispositif des trous d'Young, la source ponctuelle S est placée sur l'axe médiateur des trous et l'observation est faite en un point M de l'écran situé dans le plan (S, T_1, T_2). On définit l'angle θ, très petit devant 1, entre l'axe (O, z) et la droite (OM). On trace les rayons T_1M et T_2M, et l'arc de cercle C de centre M passant par T_1

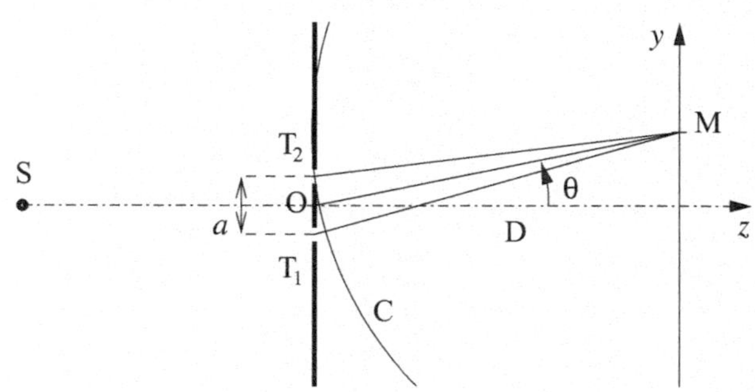

a) On note H_1 le point d'intersection entre (T_1M) et C. Donner l'expression de la différence de marche δ en utilisant ce point.

b) Au voisinage des points T_1, H_1 et T_2, on assimile C au segment $[T_2H_1]$. Faire une figure agrandie et en déduire δ en fonction de a, θ et l'indice n_0.

c) En déduire l'expression de δ en fonction de a, D, y et n_0.

6.3 Effet de disymétrie des trous d'Young

Deux trous d'Young distants de a sont percés dans un plan opaque Π. Lors du perçage, une disymétrie apparaît, le trou T_1 est plus large que le trou T_2. Quelle est la conséquence sur l'observation ?

6.4 Champ d'interférences et visibilité des franges d'Young

Deux trous d'Young distants de $a = 2{,}0$ mm ont même largeur $1000\lambda_0$. La lumière diffractée par un de ces trous forme un faisceau conique de demi-angle au sommet $\theta \simeq 1{,}0$ mrad. On prend $\lambda_0 = 600$ nm.

a) À quelle distance minimale D du plan des trous d'Young doit-on placer l'écran pour observer au moins trois franges ?

b) Pourquoi la visibilité des franges est-elle pratiquement impossible sur les bords du champ d'interférences ?

6.5 Brouillage des franges d'Young à deux sources

Le dispositif des trous d'Young est éclairé par deux sources non cohérentes S' et S'', de même intensité lumineuse, monochromatiques, de même longueur d'onde dans le vide λ_0, situées symétriquement sur l'axe à la distance d l'une de l'autre, dans un plan situé à la distance D du plan opaque Π. On fait l'observation dans le plan (S', S'', T_1, T_2), sur un écran situé à la distance D de Π. Le point M de l'écran est repéré par son ordonnée y. On prend l'indice de l'air égal à 1.

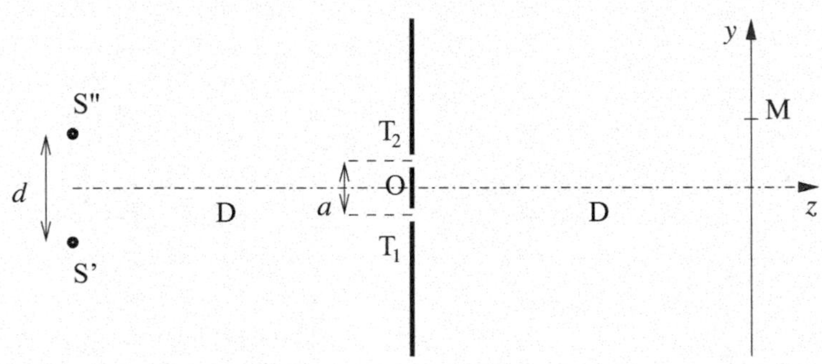

a) Identifier les quatre rayons qui frappent M. Lesquels interfèrent ?

b) Déterminer l'intensité lumineuse $I'(y)$ donnée en M par S' et celle $I''(y)$ donnée en M par S''. En déduire l'intensité $I(y)$.

c) On donne la relation de trigonométrie

$$\cos p + \cos q = 2\cos\frac{p+q}{2}\cos\frac{p-q}{2}$$

En déduire qu'on peut écrire

$$I(y) = 4I_0\left(1 + \gamma\cos\frac{2\pi\delta(y)}{\lambda_0}\right)$$

d) En déduire l'expression du contraste C en fonction de d et déterminer la valeur minimale positive de d pour laquelle ce contraste s'annule et les franges d'interférences sont brouillées.

6.6 Mesure de l'indice d'un gaz transparent

Dans le dispositif suivant, les deux rectangles sont des réservoirs identiques à faces parallèles et transparentes, de longueur intérieure L, dans lesquels on injecte des gaz transparents d'indices respectifs n_1 et n_2.

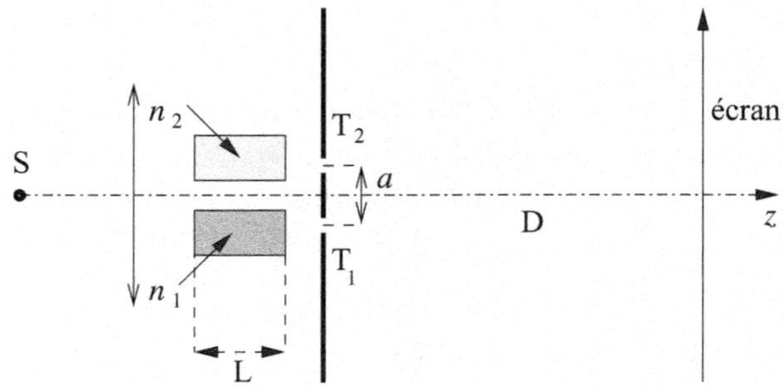

On prend L = 50,0 cm, D = 10,0 m, a = 2,0 mm et l'indice de l'air extérieur, dans lequel le dispositif est placé, est $n_0 = 1{,}00028$. La masse molaire de l'air est $M = 29\ \text{g}\cdot\text{mol}^{-1}$ et la constante des gaz parfaits vaut $R = 8{,}31\ \text{J}\cdot\text{K}^{-1}\cdot\text{mol}^{-1}$.

a) Déterminer l'ordonnée sur l'écran de la frange centrale brillante, où l'ordre d'interférences est nul, lorsque les deux réservoirs sont remplis d'air à même pression et même température, d'indice n_0.

b) On fait le vide dans le réservoir 1 ($n_1 = 1$) et on remplit le 2 d'un gaz d'indice n. Déterminer l'expression de l'indice n en fonction de a, L, D, n_0 et de l'ordonnée y_0 de la frange centrale brillante.

c) On fait le vide dans le réservoir 1 ($n_1 = 1$) et on remplit le 2 d'air dont la pression vaut $P_0 = 1{,}013\cdot 10^5$ Pa et dont on fait varier la température T. On relève la valeur de l'ordonnée y_0 de la frange centrale brillante et on obtient le tableau de valeurs suivantes

T (K)	270	280	290	300	310	320	330	340
y_0 (mm)	759	732	707	683	661	641	621	603

On note $n(T)$ l'indice de l'air à la température T. Montrer que le produit $(n(T)-1)T$ est constant.

d) En déduire la température T_0 de l'air extérieur.

e) On assimile l'air à un gaz parfait, en déduire la loi de Gladstone-Dale

$$n - 1 = K_{GD}\,\mu$$

où μ est la masse volumique et donner la valeur de la constante K_{GD} pour l'air à la pression P_0.

6.7

Effet d'une rotation de la lame à faces parallèles

Dans le dispositif des trous d'Young éclairés par une source ponctuelle monochromatique, de longueur d'onde dans le vide λ_0, au foyer objet d'une lentille convergente, on place une lame transparente à faces parallèles, d'épaisseur e et d'indice n, en amont du trou T_1. Cette lame pivote d'un angle α.

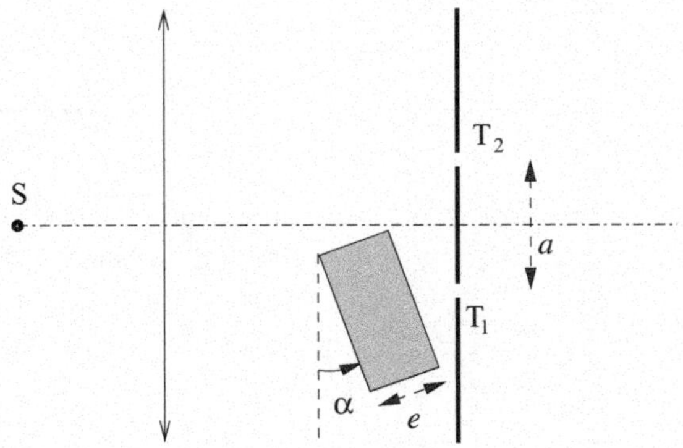

Déterminer le déplacement de la frange centrale brillante sur un écran situé à D du plan des trous d'Young lorsque la lame pivote de 0 à α. On prendra l'indice de l'air égal à 1. Donner son expression simplifiée si α est un petit angle.

6.8

Brouillage par effet dispersif

Dans le dispositif suivant, la lame transparente, à faces parallèles et d'épaisseur e est dispersive, son indice de réfraction dépend de la longueur d'onde dans le vide λ_0 selon la loi de Cauchy

$$n(\sigma) = A + B\sigma^2 \text{ avec } \sigma = \frac{1}{\lambda_0}, \text{ nombre d'onde}$$

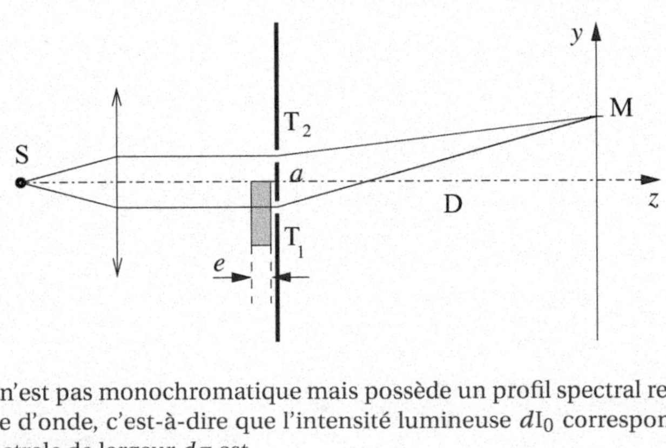

La source n'est pas monochromatique mais possède un profil spectral rectangulaire en nombre d'onde, c'est-à-dire que l'intensité lumineuse dI_0 correspondant à une bande spectrale de largeur $d\sigma$ est

$$dI_0 = \mathcal{D}(\sigma)d\sigma \text{ avec } \mathcal{D}(\sigma) = \begin{vmatrix} 0 \text{ si } \sigma < \sigma_0 - \frac{\Delta\sigma}{2} \\ \mathcal{D}_0 \text{ si } \sigma \in \left[\sigma_0 - \frac{\Delta\sigma}{2}, \sigma_0 + \frac{\Delta\sigma}{2}\right] \\ 0 \text{ si } \sigma > \sigma_0 + \frac{\Delta\sigma}{2} \end{vmatrix}$$

$\mathscr{D}_0$ est la **densité spectrale**.

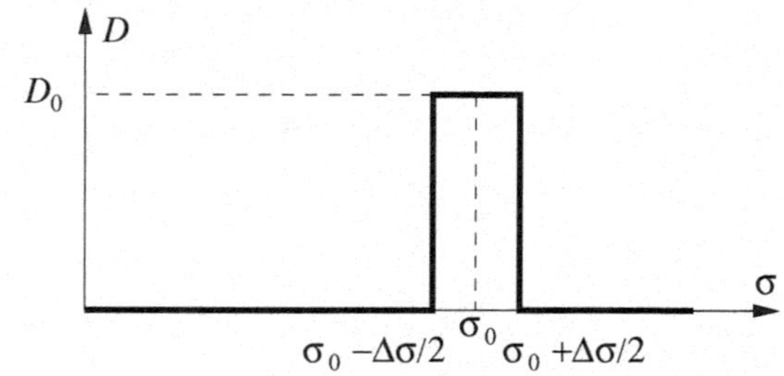

a) On prend l'indice de l'air égal à 1. Soit M un point de l'écran et σ un nombre d'onde dans l'intervalle $\left[\sigma_0 - \frac{\Delta\sigma}{2}, \sigma_0 + \frac{\Delta\sigma}{2}\right]$. Donner l'expression de l'intensité lumineuse $d\text{I}(\sigma)$ créée en M par la bande spectrale $[\sigma, \sigma + d\sigma]$.

b) En déduire l'expression intégrale de l'intensité lumineuse relative

$$\text{J}(y) = \frac{\text{I}(y)}{\Delta\sigma}$$

On ne cherchera pas à calculer cette intégrale.

c) Voici les allure des graphes de $\text{J}(y)$ pour différentes valeurs de la largeur spectrale relative

$$\beta = \frac{\Delta\sigma}{\sigma_0}$$

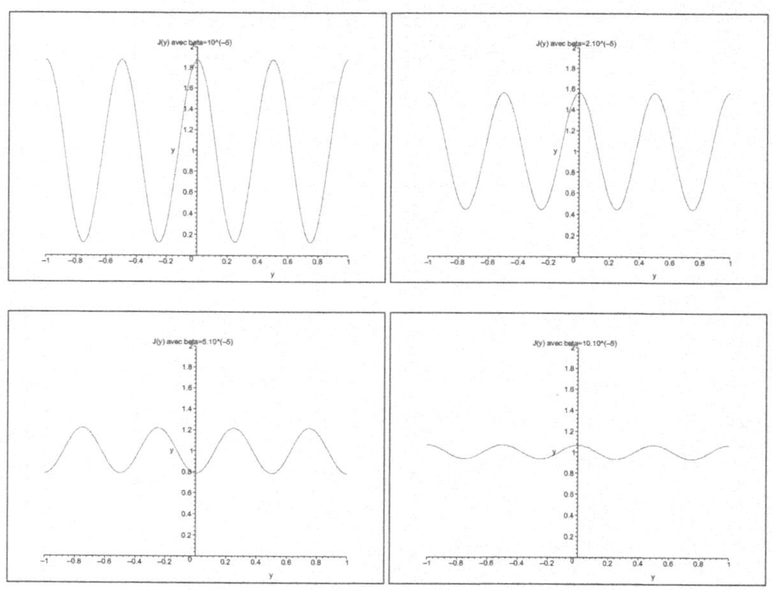

Commenter ces graphes et proposer une conclusion.

6.9 Mesure de la vitesse d'un fluide (résolution de problème)

Dans le dispositif suivant, les trous d'Young sont distants de a et S est une source ponctuelle de lumière quasi monochromatique, de longueur d'onde dans le vide λ_0, placée au foyer objet de la lentille convergente. Le liquide dans le tuyau est de l'eau, d'indice n. On prend l'indice de l'air égal à 1. L'eau se déplace à la vitesse V_0 (très inférieure à la vitesse c de la lumière dans le vide) et on admet la loi de relativité des vitesses : dans le référentiel du laboratoire, la lumière se déplace à la vitesse égale à la somme vectorielle de la vitesse de la lumière dans l'eau et de la vitesse de l'eau dans le référentiel du laboratoire.

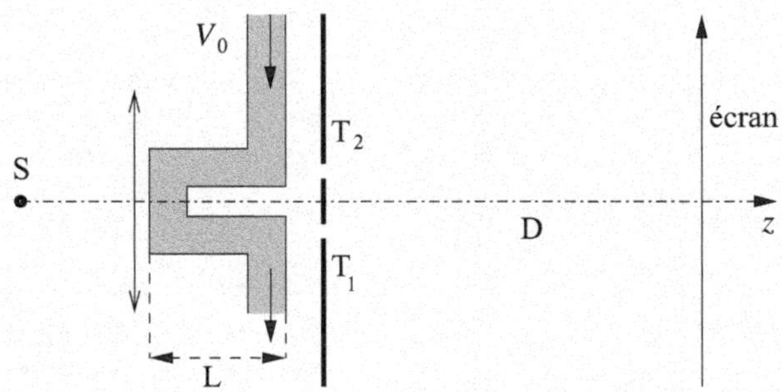

Lorsque l'eau circule dans le tuyau, le système de franges observées sur l'écran se décale de Δy par rapport à sa position quand l'eau est immobile. En déduire la vitesse V_0.

6.10 Brouillage des franges par élargissement spatial

Une source large [AB] définie par $y \in [-\frac{e}{2}, \frac{e}{2}]$ dans le plan $x = -D_S$ éclaire un plan opaque en $x = 0$ percé de deux trous d'Young en T_1 ($y = -\frac{a}{2}$) et T_2 ($y = \frac{a}{2}$). Un écran est placé en $x = D$ et un point M de cet écran est repéré par son ordonnée y. D et D_S sont très grands devant e, a et y. Dans le plan de la source, l'intervalle $[y_S, y_S + dy_S]$ délimite une source élémentaire quasi ponctuelle dS, fragment de la source, de largeur dy_s, qui donne sur l'écran une intensité $dI_0 = I_0 \frac{dy_S}{e}$ lorsqu'un seul trou d'Young est ouvert. Les sources élémentaires sont incohérentes deux à deux.

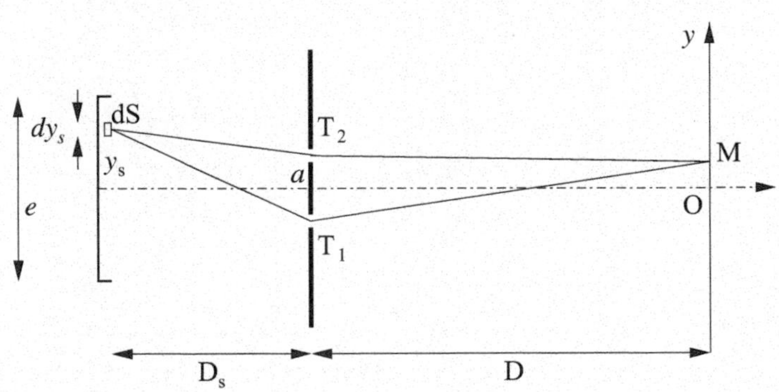

a) Montrer l'expression de la différence de marche pour la source dS :

$$\delta(y_S) = [dST_2M] - [dST_1M] = -\frac{y_S a}{D_S} - \frac{ya}{D}$$

b) En déduire l'intensité dI en M créé par la source dS.

c) Justifier que $I(M) = \int_{y_S=-\frac{e}{2}}^{\frac{e}{2}} dI$. Calculer cette intégrale et l'écrire sous la forme

$$I = 2I_0\left[1 + \gamma\cos\frac{2\pi ya}{\lambda_0 D}\right]$$

où on précisera l'expression de γ en utilisant la fonction sinus cardinal : $\text{sinc}\, x = \frac{\sin x}{x}$. On pourra utiliser la relation

$$\sin p - \sin q = 2\sin\frac{p-q}{2}\cos\frac{p+q}{2}$$

d) En déduire l'expression du contraste de la figure.

e) La fonction sinus cardinal est maximale pour $x = 0$ et devient très faible à l'extérieur de l'intervalle $[-\pi, \pi]$. En déduire la valeur de e au dessus de laquelle on observera un brouillage et retrouver la condition donnée par le critère de brouillage.

6.11 Détermination expérimentale d'une largeur spectrale (analyse documentaire)

Une source de lumière ponctuelle S présentant un profil spectral de largeur $\Delta\lambda$ et de longueur d'onde moyenne $\lambda_0 = 668$ nm éclaire un dispositif de trous d'Young dont la distance a varie à vitesse constante $V_0 = 100\ \mu\text{m}\cdot\text{s}^{-1}$ avec $a = 0$ à $t = 0$. S est à égale distance des deux trous. L'écran est à la distance $D = 5{,}00$ m, on place un capteur de lumière en un pont M d'ordonnée $y = 1{,}0$ cm. On obtient le graphe suivant, donnant l'intensité lumineuse en fonction de la date t exprimée en secondes.

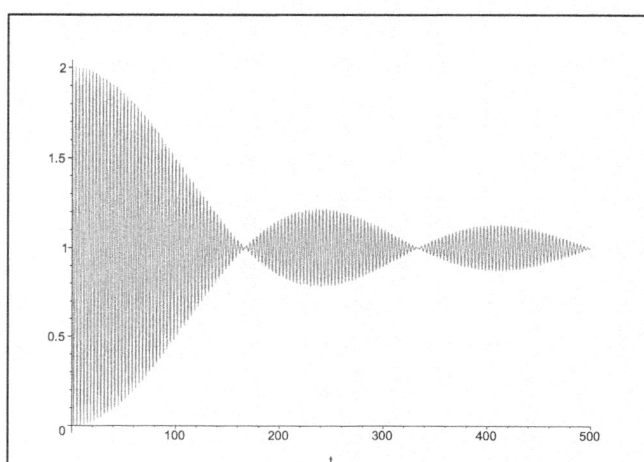

Donner une estimation de la largeur spectrale $\Delta\lambda$.

6.12

Élargissement spectral d'une radiation par effet Doppler

Un gaz parfait monoatomique de masse molaire M dans une ampoule est porté à la température T et émet une radiation principale de fréquence f_0 dans le référentiel de l'atome émissif. Lorsque l'atome est en mouvement à la vitesse $\overrightarrow{v}$ constante dans le référentiel $\mathscr{R}$ un observateur fixe dans $\mathscr{R}$ percevra une onde de fréquence différente. En notant $\vec{u}$ le vecteur unitaire dirigé de l'ampoule vers l'observateur, la fréquence perçue est f_p, f_a dans le cas particulier où l'atome vient vers l'observateur ($\vec{v} = +v\vec{u}$) et f_e dans le cas particulier où l'atome s'éloigne de l'observateur ($\vec{v} = -v\vec{u}$) avec

$$f_p = \frac{f_0}{1 - \frac{\vec{v}\cdot\vec{u}}{c}}, \quad f_a = \frac{f_0}{1 - \frac{v}{c}} \text{ et } f_e = \frac{f_0}{1 + \frac{v}{c}}$$

On rappelle que $\lambda_0 = \frac{c}{f}$ où $c = 3{,}0 \cdot 10^8$ m·s^{-1} est la célérité de la lumière dans le vide.

a) On rappelle que l'énergie interne molaire d'un gaz parfait monoatomique est $U_m = \frac{3}{2}RT$. En déduire que la vitesse moyenne v des atomes du gaz parfait monoatomique est reliée à la température par la loi

$$\frac{1}{2}mv^2 = \frac{3}{2}k_B T$$

avec $k_B = \frac{R}{\mathcal{N}_A}$. On suppose désormais que tous les atomes ont la même vitesse v.

b) On noté θ l'angle entre $\vec{u}$ et $\vec{v}$ pour un atome donné. Exprimer f_p en fonction de f_0, v, c et α. Retrouver ainsi les expressions de f_a et f_e données par l'énoncé.

c) On donne pour l'hélium $M = 4{,}0$ g·mol^{-1}, $R = 8{,}31$ J·K^{-1}·mol^{-1} et $T = 600$ K. Estimer numériquement la largeur spectrale relative $\frac{\Delta f}{f_0} = \frac{f_a - f_e}{f_0}$.

d) Pour les N atomes émetteurs dans l'ampoule, on note dN le nombre d'atomes dont le vecteur vitesse fait avec $\vec{u}$ un angle compris entre θ et θ + dθ : ce sont ceux dont l'extrémité du vecteur vitesse se trouve dans la zone hachurée suivante :

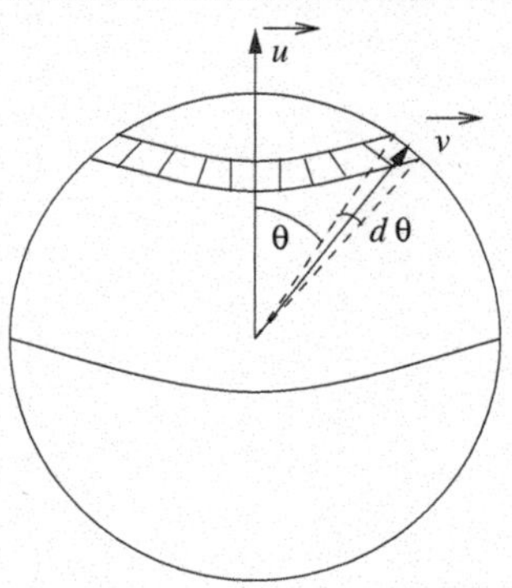

Montrer que $dN = \frac{N}{2}\sin\theta d\theta$.

e) On note $\mathscr{D}(\lambda) = \frac{dI_0}{d\lambda}$ la densité spectrale de la source, où dI_0 est l'intensité lumineuse reçue par l'observateur dans la bande spectrale $[\lambda, \lambda + d\lambda]$. On admet que dI_0 est proportionnel au nombre dN d'atomes émettant dans cette bande. Montrer que le profil spectral est rectangulaire, c'est-à-dire que $\mathscr{D}(\lambda)$ est constant pour $\lambda \in [\lambda_{min}, \lambda_{max}]$, nul partout ailleurs.

f) Pour l'hélium à 600 K, $f_0 = 5{,}106 \cdot 10^{14}$ Hz. Calculer les valeurs de

$$\lambda_0 = \frac{\lambda_{max} + \lambda_{min}}{2} \text{ et } \Delta\lambda = \frac{\lambda_{max} - \lambda_{min}}{2}$$

6.13

Brouillage des franges par élargissement spectral

Une source ponctuelle S placée à égale distance de deux trous d'Young distants de a, possède un profil spectral rectangulaire en nombre d'onde $\sigma = \frac{1}{\lambda}$. La densité spectrale en nombre d'onde est constante sur l'intervalle $\left[\sigma_0 - \frac{\Delta\sigma}{2}, \sigma_0 + \frac{\Delta\sigma}{2}\right]$ où elle vaut

$$\mathscr{D}(\sigma) = \frac{d\mathrm{I}}{d\sigma} = \mathscr{D}_0$$

et nulle partout ailleurs. On prend l'indice de l'air égal à 1.

a) Par application de la formule de Fresnel, donner l'expression de la contribution $d\mathrm{I}(\sigma)$ de la bande spectrale élémentaire $[\sigma, \sigma + d\sigma]$ à l'intensité lumineuse en un point M d'ordonnée y sur un écran à la distance D du plan des trous d'Young.

b) En déduire l'intensité lumineuse totale et l'exprimer sous la forme

$$\mathrm{I}(y) = 2\mathrm{I}_0 \left[1 + \operatorname{sinc}\frac{2\pi y}{u} \cos\frac{2\pi y}{v}\right]$$

où sinc est la fonction sinus cardinal

$$\operatorname{sinc} x = \frac{\sin x}{x}$$

dont voici l'allure du graphe

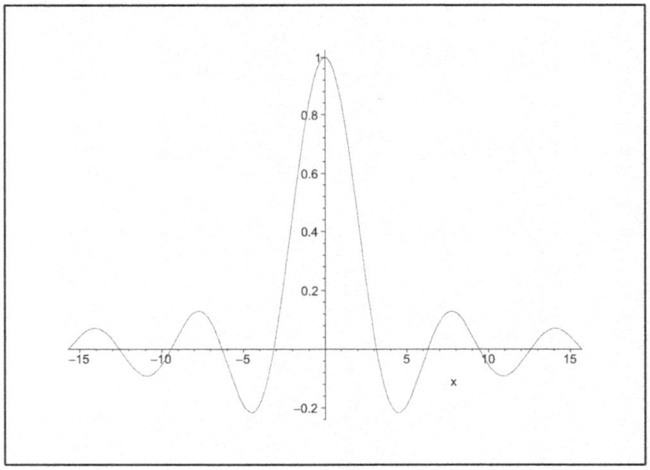

Préciser les expressions de I_0, u et v.

c) En considérant que $\Delta\sigma \ll \sigma_0$, justifier que le contraste de la figure d'interférences au voisinage de M est

$$\mathrm{C}(y) = \left|\operatorname{sinc}\frac{2\pi y}{u}\right|$$

d) En déduire l'ordonnée y à laquelle le contraste s'annule et comparer au résultat donné par le critère semi-quantitatif de brouillage des franges.

6.14 Analyse sommaire des teintes de Newton

On utilise pour la perception des couleurs le cercle chromatique basé sur les trois couleurs primaires rouge ($\lambda_R = 700$ nm), vert ($\lambda_V = 546$ nm) et bleu ($\lambda_B = 436$ nm) :

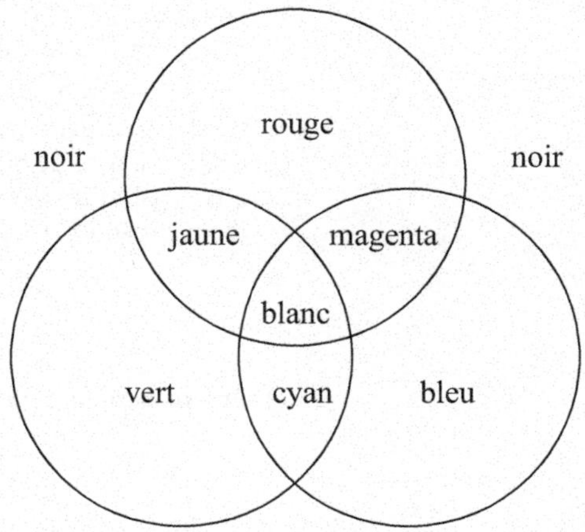

Une source ponctuelle de lumière blanche est placée à égale distance de deux trous d'Young distants de $a = 1{,}0$ mm. Un écran est placé à D = 10 m du plan des trous d'Young. La position d'un point M de l'écran est repérée par son ordonnée y. On prend l'indice de l'air égal à 1.

a) Donner l'expression de l'ordre d'interférences $p_\lambda(y)$ au point M pour une radiation de longueur d'onde λ.

b) On adopte le modèle suivant : une radiation est brillante en y si son ordre d'interférences $p_\lambda(y)$ est compris entre $k-\frac{1}{4}$ et $k+\frac{1}{4}$ et éteinte si $p_\lambda(y)$ est compris entre $k+\frac{1}{4}$ et $k+\frac{3}{4}$ où k est un entier. Construire un diagramme pour $0 \leq y \leq 5$ mm indiquant les zones de brillance et les zones d'extinction de chaque couleur primaire.

c) En déduire une description par couleurs de cette zone.

6.15 Construction graphique du spectre cannelé

La densité spectrale solaire pour la longueur d'onde λ est le rapport entre l'intensité de la lumière solaire $d\mathrm{I}$ et la largeur spectrale $d\lambda$ de la bande de longueur d'onde $[\lambda, \lambda + d\lambda]$. Elle s'écrit

$$\mathscr{D}(\lambda) = \frac{d\mathrm{I}}{d\lambda} = \frac{\mathrm{K}}{\lambda^5\left(\exp\frac{hc}{\lambda k_B \mathrm{T}} - 1\right)}$$

où $h = 6{,}62 \cdot 10^{-34}$ J·s est la constante de Planck, $c = 3{,}00 \cdot 10^8$ m·s^{-1} la célérité de la lumière dans le vide, $k_B = \frac{\mathrm{R}}{\mathcal{N}_A} = 1{,}38 \cdot 10^{-23}$ J·K^{-1} la constante de Boltzmann et T = 5800 K. On prend l'indice de l'air égal à 1.

a) En utilisant un outil graphique, tracer la courbe représentative de $\mathscr{D}(\lambda)$ pour

$$\lambda \in [300 \text{ nm}, 900 \text{ nm}]$$

en prenant $K = 10^{-29}$ pour des commodités d'échelle. Commenter le fait que le maximum d'acuité de l'œil humain se situe entre 500 nm et 550 nm.

b) On filtre la lumière solaire par un verre athermique qui la débarrasse des radiations infrarouges, puis on la concentre au foyer S d'un miroir parabolique. S est à égale distance de deux trous d'Young distants de $a = 1{,}0$ mm, un écran est placé à $D = 1{,}0$ m du plan des trous d'Young et on place un spectroscope au point M d'ordonnée $y = 1{,}0$ cm. Justifier que la densité spectrale en M est

$$\mathscr{E}(\lambda) = 2\mathscr{D}(\lambda)\left(1 + \cos\frac{2\pi a y}{\lambda D}\right)$$

c) En utilisant un outil graphique, tracer la courbe représentative de $\mathscr{E}(\lambda)$ pour

$$\lambda \in [400 \text{ nm}, 800 \text{ nm}]$$

Combien de cannelures le spectre présente-t-il ?

d) On passe de $D = 1{,}0$ m à $D = 10{,}0$ m. Combien de cannelures le spectre présente-t-il ? Quelle est la teinte de Newton visible en M ? On donne le cercle chromatique basé sur les trois couleurs primaires rouge ($\lambda_R = 700$ nm), vert ($\lambda_V = 546$ nm) et bleu ($\lambda_B = 436$ nm) :

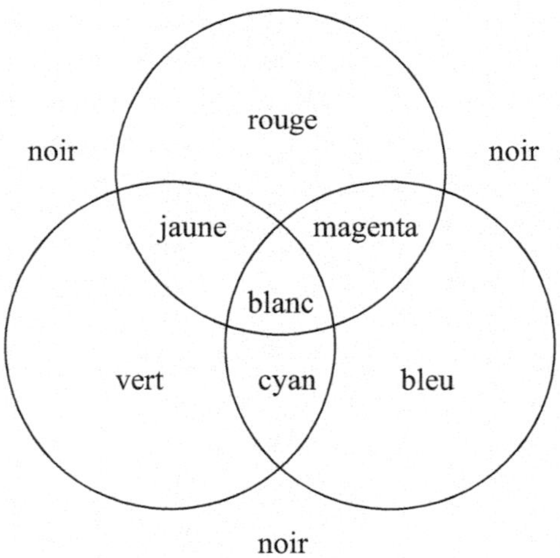

6.16

Détermination de a à partir du spectre cannelé

On éclaire en lumière blanche deux trous d'Young distants de a. La source ponctuelle S est à égale distance des deux trous. L'écran est situé à la distance $D = 2{,}50$ m du plan des trous d'Young. On place un spectroscope au point M de l'écran d'ordonnée $y = 1{,}5$ cm. On observe 17 cannelures dans le spectre [400 nm, 800 nm]. On prend l'indice de l'air égal à 1. Déterminer l'intervalle des valeurs possibles de a.

6.17 Trois trous d'Young dans les conditions de Fraunhofer

Trois trous d'Young alignés sont éclairés dans les conditions de Fraunhofer par une source ponctuelle monochromatique de longueur d'onde dans le vide λ_0 au foyer objet d'une lentille convergente. L'écran est dans le plan focal image d'une lentille convergente de distance focale f'. On note a la distance entre deux trous consécutifs. On prend l'indice de l'air égal à 1.

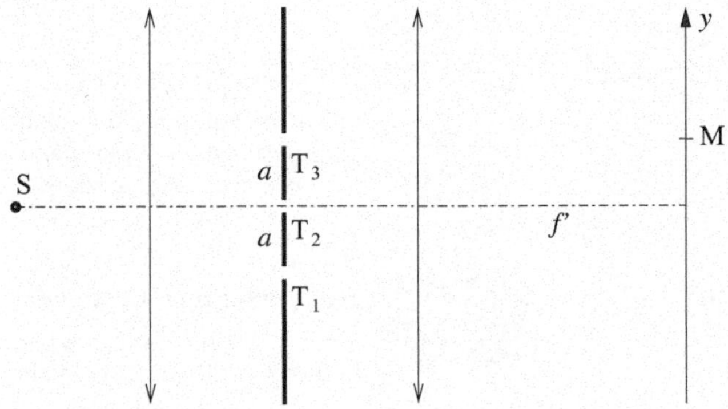

Déterminer l'expression de l'onde complexe en M, en déduire celle de l'intensité lumineuse I(y) et tracer, de préférence sans utiliser l'outil informatique, l'allure de sa courbe représentative.

6.18 Séparation angulaire d'un système de deux étoiles

Une lentille mince convergente précédée de deux trous d'Young T et U distants de a, vise les deux composantes de même luminosité d'une étoile double (S_1, S_2). Un filtre spectral permet de travailler en lumière monochromatique de longueur d'onde $\lambda_0 = 660$ nm. On prend l'indice de l'air égal à 1.

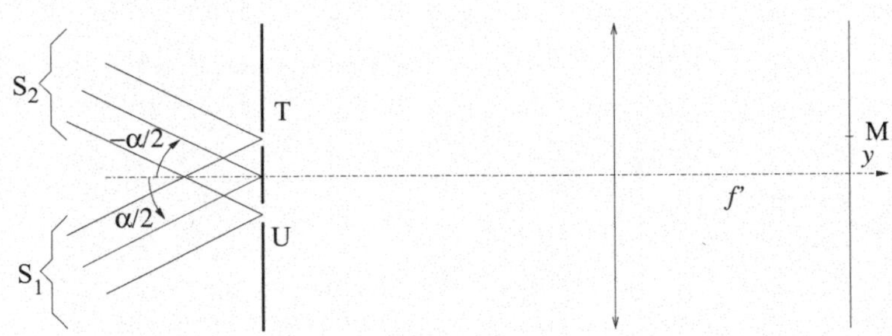

a) On s'intéresse à l'étoile S_1 vue sous un angle $\frac{\alpha}{2}$. Donner l'expression de l'intensité lumineuse $I_1(y)$ créée par cette étoile au point M.

b) S_2 est vue sous un angle $-\frac{\alpha}{2}$ par rapport à l'axe optique. Donner $I_2(y)$ puis $I(y)$ due aux deux étoiles.

c) On donne la formule de trigonométrie

$$\cos p + \cos q = 2\cos\frac{p+q}{2}\cos\frac{p-q}{2}$$

Calculer le contraste C.

d) On fait varier a. Pour quelles valeurs de a a-t-on $C = 0$? On détermine de façon expérimentale la plus petite valeur de a vérifiant ces conditions : $a_{min} = 220$ mm. En déduire la valeur de α.

6.19 Trous d'Young non alignés

Dans le dispositif suivant, le rayon (SOM) est le rayon de référence et on cherche à exprimer la différence de marche entre ce rayon et le rayon (SPM).

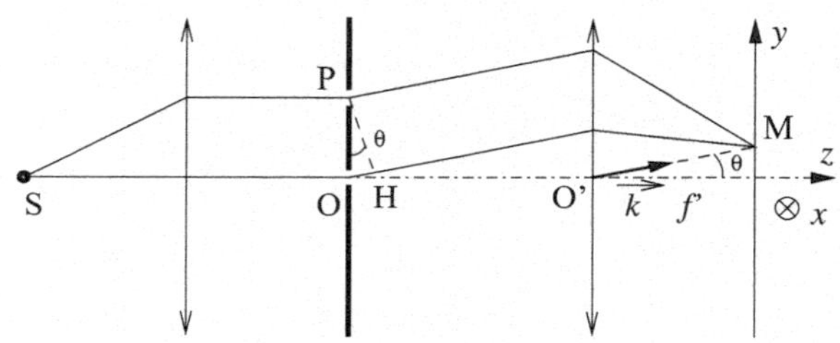

La source ponctuelle S monochromatique, de longueur d'onde dans le vide λ_0, est au foyer objet de la lentille convergente de gauche. Le point M a pour coordonnées (x, y) sur l'écran. Le vecteur $\vec{k} = k\vec{u}$ a pour norme $k = \frac{2\pi}{\lambda_0}$ et est selon le vecteur unitaire $\vec{u}$ qui vise M depuis le centre optique O′ de la lentille de droite, de distance focale f'.

a) Justifier que

$$\delta = [SOM] - [SPM] = OP\sin\theta = \vec{u}\cdot\overrightarrow{OP} \text{ avec } \vec{u} \simeq \begin{vmatrix} \frac{x}{f'} \\ \frac{y}{f'} \\ 1 \end{vmatrix}$$

b) En déduire la relation entre les grandeurs complexes

$$\underline{a}_P(M) = \underline{a}_O(M)e^{i\vec{k}\cdot\overrightarrow{OP}}$$

c) On remplace le plan contenant O et P du schéma précédent par un plan opaque dans lequel on a percé quatre trous d'Young, leurs coordonnées dans ce plan sont

$$T\begin{vmatrix} a \\ 0 \\ 0 \end{vmatrix},\ U\begin{vmatrix} 0 \\ a \\ 0 \end{vmatrix},\ V\begin{vmatrix} -a \\ 0 \\ 0 \end{vmatrix},\ W\begin{vmatrix} 0 \\ -a \\ 0 \end{vmatrix}$$

Déterminer l'expression de l'intensité lumineuse $I(x, y)$ au point M. Décrire la figure observée sur l'écran.

6.20 Introduction à l'étude de la diffraction

Le passage de deux à N trous d'Young est ici généralisé à une pupille diffractante de largeur a, infiniment large dans la direction perpendiculaire, étudiée dans les conditions de Fraunhofer. S est une source ponctuelle de lumière quasi monochromatique, de longueur d'onde dans le vide λ_0. On prend l'indice de l'air égal à 1.

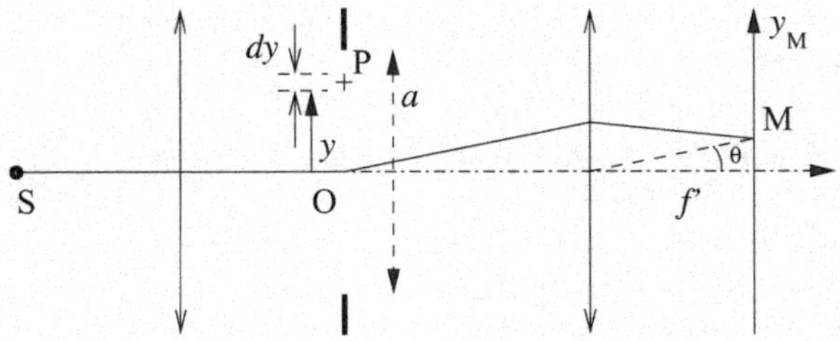

On définit autour d'un point P de la pupille, d'ordonnée y, une pupille élémentaire de largeur dy. On admet que cette pupille se comporte comme une source secondaire de lumière qui, par effet de diffraction, émet de la lumière dans toutes les directions en aval de la pupille. On considère un point M de l'écran, d'ordonnée y_M et repéré par le petit angle θ. On a tracé sur la figure le rayon de référence (SOM).

a) Tracer le rayon (SPM).

b) Déterminer la différence de marche $\delta_M(y) = [SPM] - [SOM]$ en fonction de y, et θ puis en fonction de y, y_M et f'.

c) La contribution de la pupille élémentaire à l'onde complexe donnée en M

$$d\underline{a} = \underline{a}_O e^{-i\frac{2\pi\delta_M(y)}{\lambda_0}} \frac{dy}{a}$$

($\underline{a}_O$ est un terme de référence correspondant à l'onde passant par O). En déduire par calcul intégral la fonction d'onde $\underline{a}(M)$ et l'intensité lumineuse I(M) en fonction de y_M en utilisant la fonction sinus cardinal carré

$$\text{sinc}^2 u = \left(\frac{\sin u}{u}\right)^2$$

dont l'allure du graphe est la suivante.

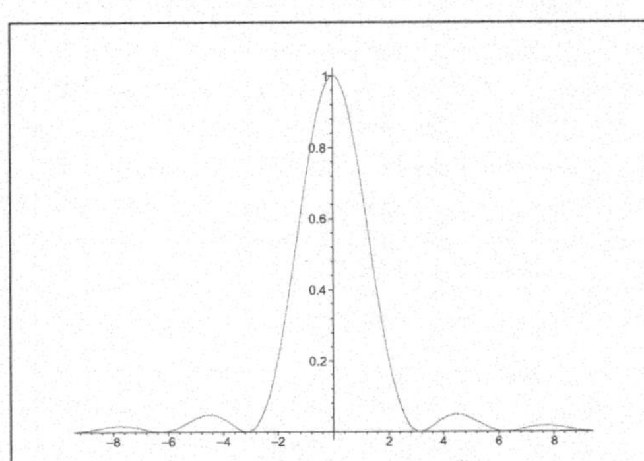

d) Décrire sommairement la figure sur l'écran.

Du mal à démarrer ?

6.1 Le carré scaleire est égal au carré de la norme.

6.2 Les propriétés géométriques du cercle et des triangles rectangles permettent d'identifier les angles et les différentes longueurs pertinentes.

6.3 On pourra supposer S à égale distance des deux trous d'Young et poser $I_2 = \beta I_1$. Il suffit ensuite d'appliquer la formule de Fresnel générale et de calculer le contraste pour conclure.

6.4 On trace les deux faisceaux coniques et on détermine, par un raisonnement de géométrie, la largeur de la zone d'intersection des deux faisceaux sur l'écran. Elle doit être supérieure à trois interfanges.

6.5 Seuls les rayons issus de S' d'une part, ceux issus de S'' d'autre part interfèrent. Les intensités $I'(y)$ et $I''(y)$ sont obtenues par un calcul classique. Les sources étant incohérentes, on somme les deux intensités.

6.6 Le calcul est identique à celui effectué dans le cours, en remplaçant $(n-1)e$ par $(n_1 - n_2)L$.

6.7 La difficulté est purement géométrique. Il est conseillé de faire une figure très agrandie, en prenant un angle α assez grand. La deuxième loi de Descartes à la réfraction met en évidence l'angle de réfraction r. On pourra noter H_1 et K_1 les points d'entrée et de sortie du rayon dans la lame de verre, puis exprimer les différentes longueurs en cherchant des triangles rectangles et en utilisant les angles $\alpha - r$ et r.

6.8 (a) On utilise la formule de Fresnel. (b) On exprime $I(y)$ par une intégrale d'intensités lumineuses car les ondes correspondant aux bandes spectrales élémentaires sont deux à deux incohérentes. (c) On pourra remarquer que l'allure des courbes d'intensité donne accès au contraste.

6.9 On calcule les vitesses dans les parties haute et basse du tube par composition des vitesses (dans le référentiel de l'eau, la lumière se déplace à $\frac{c}{n}$). On en déduit les indices apparents des liquides dans les deux branches et la suite du calcul est classique.

6.10 On calcule l'intégrale des intensités lumineuses créées séparément par chacune des sources élémentaires. Le calcul complet demande beaucoup de soin, mais il est très guidé.

6.11 En s'inspirant du calcul proposé dans l'exemple du cours, on pourra exprimer Δp en fonction de $\Delta\lambda$ et de λ_0. Il est aisé de déterminer sur le graphique la date à laquelle le brouillage est atteint, et d'en déduire $\Delta\lambda$.

6.12 La principale difficulté de l'exercice est la démonstration de l'expression de dN à la question (d). On justifiera que $dN = N\frac{d\mathscr{A}}{\mathscr{A}}$ où $\mathscr{A}$ est l'aire de la sphère et $d\mathscr{A}$ l'aire de la bandelette hachurée. Pour la question (e), on écrira que $\frac{dI_0}{d\lambda} = \frac{dI_0}{d\theta} \cdot \frac{d\theta}{d\lambda}$.

6.13 (a) On pourra remarquer que $\frac{2\pi\delta(y)}{\lambda} = 2\pi\delta(y)\sigma$. (b) Le calcul de l'intégrale fait apparaître la différence de deux sinus, qu'on pourra écrire sous la forme d'un produit. (c) Le cosinus oscillant entre -1 et $+1$, on identifie I_{max} et I_{min} dans l'expression de $I(y)$. (d) On peut considérer qu'après la première annulation du sinus cardinal, celui-ci reste très faible et le contraste est presque nul.

6.14 Sur un axe gradué en y, on repère les ordonnées pour lesquelles les différentes couleurs sont allumées ou éteintes. On peut le rendre plus lisible en traçant des segments sur des axes superposés, puis analyser dans chaque intervalle la couleur résultant de la superposition grâce au cercle chromatique.

6.15 (a) On calcule numériquement $\frac{hc}{k_B T}$ puis on utilise un grapheur. (b) Par application de la formule de Fresnel, $\mathscr{E}(\lambda)$ est le produit de $\mathscr{D}(\lambda)$ par une fonction trigonométrique de λ. (c) L'utilisation du grapheur fait apparaître le spectre cannelé et il suffit de compter le nombre d'annulations. (d) On vérifie qu'il n'y a plus qu'une seule cannelure et l'utilisation du cercle chromatique permet de déterminer la couleur complémentaire de la radiaton éteinte.

6.16 L'encadrement des longueurs d'onde éteintes permet d'en déduire, par inversion de la double inégalité, celui de l'ordre d'interférences, puis celui de l'entier k correspondant aux extinctions. S'il y a 17 entiers entre deux réels, leur différence est comprise entre 17 et 18.

6.17 On superpose trois ondes cohérentes dont les phases sont en progression arithmétique. On peut les exprimer en fonction de celle qui passe par T_2, puis sommer les trois ondes complexes et en déduire l'intensité lumineuse. Pour tracer l'allure de la courbe, on peut tracer l'allure de la fonction cosinus et en déduire, de proche en proche, celle de la fonction complète.

6.18 La sommation des intensités obtenues par la formule de Fresnel donne l'expression de $I(M)$. L'annulation du contraste permet de calculer la valeur de α.

6.19 En utilisant la formule clé vue au chapitre 5; on peut exprimer chacune des quatre ondes arrivant en M en fonction du produit d'une fonction de référence $\underline{a}_O$ et des exponentielles complexes $e^{i\vec{k}\cdot\overrightarrow{OP}}$ où P s'identifie tour à tour à T, U, V, W. La sommation des quatre ondes cohérentes donne $\underline{a}(M)$. On en déduit l'intensité lumineuse en fonction de x et de y.

6.20 La sommation discrète d'ondes complexes cohérentes est remplacée par une sommation intégrale. Comme en grandeurs réelles, la primitive de e^{ibx} est $\frac{e^{ibx}}{ib}$. Il faut mener le calcul avec soin jusqu'à obtenir, après simplifications, le sinus cardinal.

Corrigés des exercices

6.1

a) Les coordonnées sont lues sur le schéma

$$T_1 \begin{vmatrix} 0 \\ -\frac{a}{2} \end{vmatrix}, \; T_2 \begin{vmatrix} 0 \\ \frac{a}{2} \end{vmatrix} \text{ et } M \begin{vmatrix} D \\ y \end{vmatrix}$$

b) On en déduit

$$\overrightarrow{T_1M} \begin{vmatrix} D \\ y+\frac{a}{2} \end{vmatrix}, \; \overrightarrow{T_2M} \begin{vmatrix} D \\ y-\frac{a}{2} \end{vmatrix}$$

c) On développe l'identité remarquable

$$\left(\overrightarrow{T_1M}-\overrightarrow{T_2M}\right)\left(\overrightarrow{T_1M}+\overrightarrow{T_2M}\right) = \overrightarrow{T_1M}^2 - \overrightarrow{T_2M}^2$$

$$= T_1M^2 - T_2M^2 = (T_1M - T_2M)(T_1M + T_2M)$$

d) L'identité s'écrit

$$\begin{vmatrix} 0 \\ a \end{vmatrix} \cdot \begin{vmatrix} 2D \\ 2y \end{vmatrix} = \frac{\delta}{n_0} \cdot 2D$$

$$\text{soit } 2ay = \frac{2D\delta}{n_0} \text{ donc } \delta = \frac{n_0 a y}{D}$$

6.2

a) La différence de marche est

$$\delta = [ST_1M] - [ST_2M] = [ST_1] + [T_1H_1] + [H_1M] - [ST_2] - [T_2M]$$

Pour des rayons issus de M, la loi de Malus indique que C est une surface d'onde car elle est perpendiculaire aux rayons. On en déduit que

$$[MH_1] = [MT_2] \text{ donc } [H_1M] = [T_2M]$$

en utilisant le principe de retour inverse de la lumière. S étant à égale distance de T_1 et de T_2, la différence de marche vaut donc

$$\delta = [T_1H_1] = n_0 T_1H_1$$

b) La figure agrandie est la suivante.

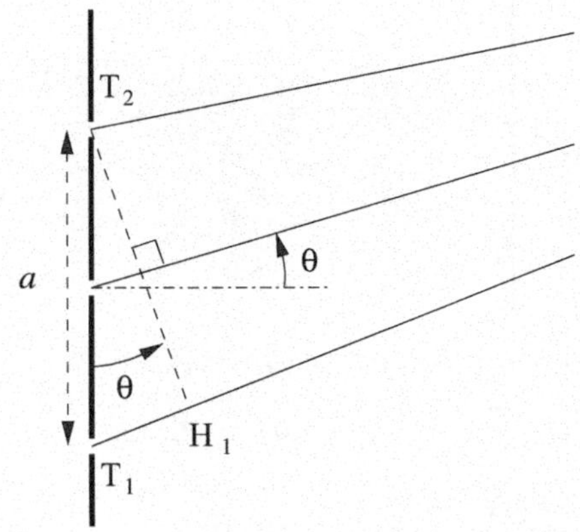

Dans le triangle $(T_1H_1T_2)$ assimilé à un triangle rectangle,

$$T_1H_1 = a\sin\theta \simeq a\theta \text{ donc } \delta = n_0 a\theta$$

c) On a $\theta \simeq \tan\theta = \frac{y}{D}$ donc

$$\delta = \frac{n_0 a y}{D}$$

6.3

Les intensités données en M par chaque trou pris séparément sont différentes. On doit donc revenir à la formule de Fresnel générale, posons $I_2 = \beta I_1$ avec $\beta < 1$. Dans les notations du cours, en prenant l'indice de l'air égal à 1, et en supposant la source placée à égale distance des deux trous d'Young,

$$\delta = \frac{ay}{D} \text{ et } I = I_1 + I_2 + 2\sqrt{I_1 I_2}\cos\frac{2\pi\delta}{\lambda_0}$$

$$\text{soit } I = I_1\left(1+\beta+2\sqrt{\beta}\cos\frac{2\pi a y}{\lambda_0 D}\right)$$

Il n'y a donc pas de frange totalement sombre (I ne s'annule jamais) et le contraste vaut

$$C = \frac{2\sqrt{\beta}}{1+\beta} < 1$$

Le contraste est d'autant plus proche de 0 que les deux trous ont des largeurs différentes.

6.4

a) Les faisceaux coniques ont l'allure suivante.

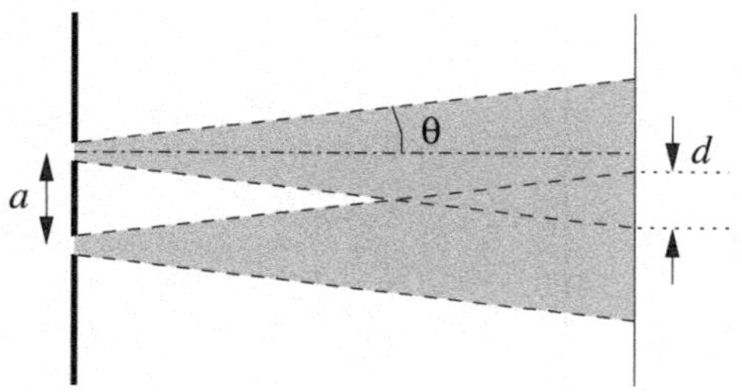

La largeur du champ d'interférences est

$$d = 2D\tan\theta - a \simeq 2D\theta - a$$

L'interfrange est

$$i = \frac{\lambda_0 D}{a}$$

On observera au moins trois franges si

$$d > 3i \text{ soit } 2D\theta - a > \frac{3\lambda_0 D}{a}$$

$$\text{soit } D > \frac{a}{2\theta - \frac{3\lambda_0}{a}} = 1{,}8 \text{ m}$$

b) Sur les bords du champ d'interférences, la figure indique qu'on est au cœur de l'un des faisceaux coniques (celui issu de T_1 par exemple), et à la périphérie de l'autre faisceau (celui issu de T_2). L'intensité lumineuse I_1 est donc proche de sa valeur maximale I_0 et I_2 est proche de zéro. Le contraste est donc

$$C = \frac{2\sqrt{I_1 I_2}}{I_1 + I_2} \simeq 2\sqrt{\frac{I_2}{I_1}} \simeq 0$$

donc les franges ne sont plus visibles.

6.5

a) Les quatre rayons sont $(S'T_1M)$, $(S''T_1M)$, $(S'T_2M)$ et $(S''T_2M)$. Seuls les rayons issus d'une même source interfèrent, les sources S' et S'' sont incohérentes, il y a donc interférence entre $(S'T_1M)$ et $(S'T_2M)$ d'une part, entre $(S''T_1M)$ et $(S''T_2M)$ d'autre part.

b) La différence de marche en M entre les deux rayons issus de S' est

$$\delta'(M) = [S'T_1M] - [S'T_2M] = S'T_1 + T_1M - S'T_2 - T_2M$$

Les coordonnées des quatre points sont

$$S' \left| \begin{array}{c} -D \\ -\frac{d}{2} \end{array} \right., \; T_1 \left| \begin{array}{c} 0 \\ -\frac{a}{2} \end{array} \right., \; T_2 \left| \begin{array}{c} 0 \\ \frac{a}{2} \end{array} \right. \text{ et } M \left| \begin{array}{c} D \\ y \end{array} \right.$$

On en déduit

$$\overrightarrow{S'T_1} \left| \begin{array}{c} D \\ \frac{d-a}{2} \end{array} \right. \quad \text{donc}$$

$$S'T_1 = \sqrt{D^2 + \frac{(d-a)^2}{4}} = D\sqrt{1 + \frac{(d-a)^2}{4D^2}}$$

$$S'T_1 \simeq D\left[1 + \frac{d^2 - 2ad + a^2}{8D^2}\right]$$

On exprime de même

$$S'T_2 \simeq D\left[1 + \frac{d^2 + 2ad + a^2}{8D^2}\right]$$

$$T_1M \simeq D\left[1 + \frac{4y^2 + 4ay + a^2}{8D^2}\right]$$

$$T_2M \simeq D\left[1 + \frac{4y^2 - 4ay + a^2}{8D^2}\right]$$

On en déduit

$$\delta'(M) = \delta'(y) = -\frac{ad}{2D} + \frac{ay}{D}$$

Par application de la formule de Fresnel on en déduit

$$I'(y) = 2I_0\left(1 + \cos\frac{2\pi\delta'(y)}{\lambda_0}\right)$$

Le calcul est parfaitement analogue pour l'autre source, il suffit de remplacer d par $-d$:

$$I''(y) = 2I_0\left(1 + \cos\frac{2\pi\delta''(y)}{\lambda_0}\right) \text{ avec } \delta''(y) = \frac{ad}{2D} + \frac{ay}{D}$$

Les deux sources sont incohérentes, on somme donc les intensités lumineuses

$$I(y) = I'(y) + I''(y) = 2I_0\left(2 + \cos\frac{2\pi\delta'(y)}{\lambda_0} + \cos\frac{2\pi\delta''(y)}{\lambda_0}\right)$$

c) En utilisant la relation donnée,

$$I(y) = 4I_0\left(1 + \cos\frac{2\pi(\delta'(y) + \delta''(y))}{2\lambda_0}\cos\frac{2\pi(\delta'(y) - \delta''(y))}{2\lambda_0}\right)$$

$$I(y) = 4I_0\left(1 + \cos\frac{2\pi ay}{\lambda_0 D}\cos\frac{\pi ad}{\lambda_0 D}\right)$$

Par identification

$$\gamma = \cos\frac{\pi ad}{\lambda_0 D} \text{ et } \delta(y) = \frac{ay}{D}$$

d) L'intensité est maximale lorsque le cosinus vaut +1 si $\gamma > 0$ ou −1 si $\gamma < 0$,

$$\text{donc } I_{max} = 4I_0(1+|\gamma|)$$

L'intensité est minimale lorsque le cosinus vaut −1 si $\gamma > 0$ ou +1 si $\gamma < 0$

$$\text{donc } I_{min} = 4I_0(1-|\gamma|)$$

Le contraste vaut donc

$$C = \frac{4I_0(1+|\gamma|) - 4I_0(1-|\gamma|)}{4I_0(1+|\gamma|) + 4I_0(1-|\gamma|)} = |\gamma|$$

$$\text{soit } C = \left|\cos\frac{\pi a d}{\lambda_0 D}\right|$$

Il s'annule lorsque

$$\frac{\pi a d}{\lambda_0 D} = \frac{\pi}{2} + n\pi, n \in \mathbf{Z}$$

La plus petite valeur positive est obtenue pour $n = 0$, donc

$$d = \frac{\lambda_0 D}{2a}$$

6.6

a) Les deux réservoirs étant remplis d'air de même indice, il n'y a aucune différence de marche en amont des trous d'Young, le point de l'écran où δ est nul est donc le point équidistant de T_1 et T_2, c'est donc le centre en $y = 0$.

b) Soit M le point de l'écran d'ordonnée y. Détaillons la marche des deux rayons qui s'y superposent.

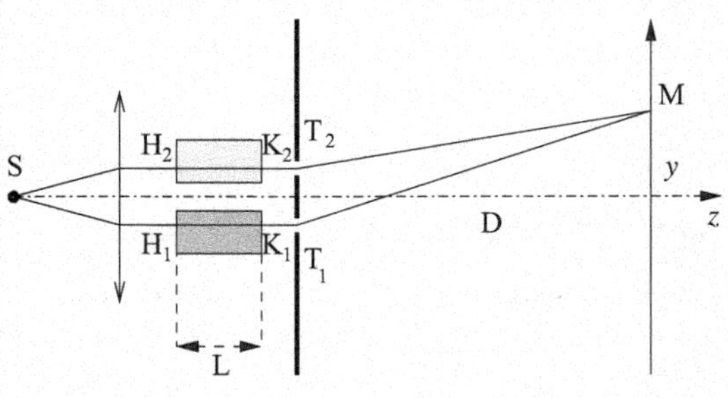

La différence de marche est

$$\delta = [SH_1] + [H_1K_1] + [K_1T_1] + [T_1M]$$

$$-[SH_2] - [H_2K_2] - [K_2T_2] - [T_2M]$$

D'après la loi de Malus,

$$[SH_1] = [SH_2] \text{ et } [K_1T_1] = [K_2T_2]$$

De plus, le calcul de la norme des vecteurs puis le développement limité donne

$$\begin{cases} T_1M = D\left[1 + \dfrac{y^2+ay+\frac{a^2}{4}}{2D^2}\right] \\ T_2M = D\left[1 + \dfrac{y^2-ay+\frac{a^2}{4}}{2D^2}\right] \end{cases} \text{donc } T_1M - T_2M = \frac{ay}{D}$$

Enfin, par définition du chemin optique

$$[H_1K_1] = L \text{ et } [H_2K_2] = nL$$

On en déduit

$$\delta = (1-n)L + \frac{n_0 a y}{D}$$

La frange brillante centrale est définie par

$$\delta = 0 \text{ soit } n = 1 + \frac{n_0 a y_0}{DL}$$

c) La formule établie à la question précédente est encore valable. On peut donc écrire

$$n(T) - 1 = \frac{n_0 a y_0}{DL}$$

On complète donc le tableau de valeurs en calculant $n(T)-1$ et le produit $(n(T)-1)T$.

T (K)	270	280	290	300
y_0 (mm)	759	732	707	683
$n(T)-1$ ($\times 10^{-4}$)	3,036	2,928	2,828	2,732
$(n(T)-1)T$	0,08197	0,08198	0,08201	0,08196

T (K)	310	320	330	340
y_0 (mm)	661	641	621	603
$n(T)-1$ ($\times 10^{-4}$)	2,644	2,564	2,484	2,412
$(n(T)-1)T$	0,08196	0,08205	0,08197	0,08201

Le produit est presque constant :

$$(n(T)-1)T \simeq 0,082 \text{ K}$$

d) Pour l'air extérieur

$$n_0 - 1 = 2,8 \cdot 10^{-4} \text{ donc } T_0 = \frac{0,082}{2,8 \cdot 10^{-4}} = 293 \text{ K}$$

e) La loi des gaz parfaits s'écrit

$$P_0V = \frac{m}{M}RT \text{ soit } P_0M = \frac{m}{V}RT = \mu RT$$

$$\text{donc } n-1 = \frac{0,082}{T} = \frac{0,082R}{P_0M}\mu$$

On en déduit

$$K_{GD} = \frac{0,082R}{P_0M} = 2,3 \cdot 10^{-4} \text{ m}^3 \cdot \text{kg}^{-1}$$

6.7

Voici le schéma détaillé du trajet du rayon qui traverse la lame, en tenant compte de la double réfraction à l'entrée et à la sortie.

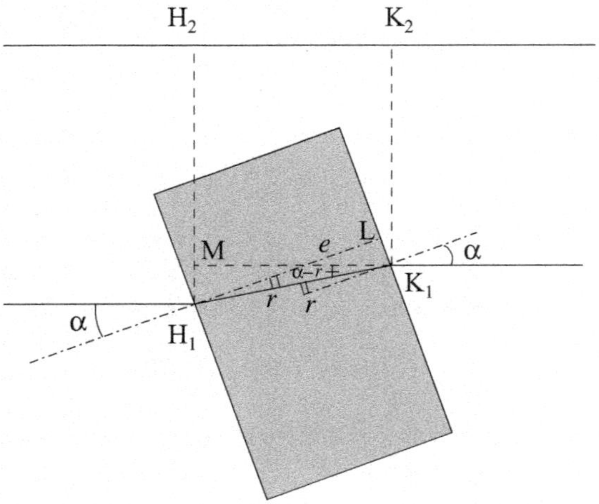

La deuxième loi de Descartes s'écrit $\sin\alpha = n\sin r$. La différence de marche induite par la lame de verre en amont des trous d'Young est, par application de la loi de Malus

$$[ST_1] - [ST_2] = [H_1K_1] - [H_2K_2]$$

Dans le triangle rectangle (H_1K_1L) :

$$\cos r = \frac{H_1L}{H_1K_1} \text{ donc } H_1K_1 = \frac{e}{\cos r}$$

Dans le triangle rectangle (H_1MK_1) :

$$\cos(\alpha - r) = \frac{MK_1}{H_1K_1} \text{ donc } MK_1 = H_1K_1\cos(\alpha - r) = \frac{e\cos(\alpha - r)}{\cos r}$$

Or $H_2K_2 = MK_1$ donc

$$\delta = nH_1K_1 - H_2K_2 = \frac{ne}{\cos r} - \frac{e\cos(\alpha - r)}{\cos r}$$

En un point d'ordonnée y sur l'écran, la différence de marche est donc

$$\frac{ne}{\cos r} - \frac{e\cos(\alpha - r)}{\cos r} + \frac{ay}{D}$$

La frange centrale brillante, où la différence de marche vaut 0 se trouve donc en

$$y_0(\alpha) = -\frac{De}{a}\cdot\frac{n - \cos(\alpha - r)}{\cos r}$$

Pour $\alpha = 0$, $r = 0$ et

$$y_0(0) = -\frac{De}{a}(n-1)$$

On en déduit

$$\Delta y_0 = \frac{De}{a}\left[\frac{n - \cos(\alpha - r)}{\cos r} - (n-1)\right]$$

Si α est un petit angle, les développements limités au deuxième ordre s'écrivent

$$\alpha = nr$$

$$\cos r = 1 - \frac{r^2}{2} = 1 - \frac{\alpha^2}{2n^2}$$

$$\cos(\alpha - r) = 1 - \frac{\alpha^2(n-1)^2}{2n^2}$$

$$\frac{n - \cos(\alpha - r)}{\cos r} \simeq \frac{n - 1 + \frac{\alpha^2(n-1)^2}{2n^2}}{1 - \frac{\alpha^2}{2n^2}} \simeq$$

$$\left(n - 1 + \frac{\alpha^2(n-1)^2}{2n^2}\right)\left(1 + \frac{\alpha^2}{2n^2}\right) \simeq$$

$$n - 1 + \frac{\alpha^2}{2n^2}\left((n-1)^2 + (n-1)\right) =$$

$$n - 1 + \frac{\alpha^2(n-1)}{2n}$$

On en déduit

$$\Delta y_0 \simeq \frac{De\alpha^2(n-1)}{2an}$$

6.8

a) La différence de marche est la somme de celle en amont et de celle en aval des trous d'Young. Le calcul classique est détaillé dans le cours et

$$\delta = [ST_1M] - [ST_2M] = (n(\sigma) - 1)e + \frac{ay}{D}$$

Par application de la formule de Fresnel

$$dI = 2dI_0\left(1 + \cos\frac{2\pi\delta}{\lambda_0}\right)$$

$$\text{soit } dI(\sigma) = 2\mathscr{D}_0 d\sigma\left[1 + 2\cos\left(2\pi\sigma\left((n(\sigma) - 1)e + \frac{ay}{D}\right)\right)\right]$$

pour $\sigma \in \left[\sigma_0 - \frac{\Delta\sigma}{2}, \sigma_0 + \frac{\Delta\sigma}{2}\right]$.

b) Les bandes spectrales, de nombres d'onde distincts, donc de longueurs d'onde distinctes, sont incohérentes. On somme donc les intensités lumineuses.

$$I(y) = \int_{\sigma=\sigma_0 - \frac{\Delta\sigma}{2}}^{\sigma_0 - \frac{\Delta\sigma}{2}} 2\mathscr{D}_0 d\sigma$$

$$\left[1 + \cos\left(2\pi\sigma\left((A + B\sigma^2 - 1)e + \frac{ay}{D}\right)\right)\right]$$

et $J(y) = \frac{I(y)}{\Delta\sigma}$. L'intégrale n'est pas facilement calculable car elle fait apparaître le cosinus d'une fonction polynomiale de degré 3 en σ.

c) On voit nettement que le contraste entre J_{min} et J_{max} chute lorsque β varie de $1\cdot10^{-5}$ à $10\cdot10^{-5}$. Il y a donc brouillage des franges pour $\beta > 10\cdot10^{-5}$, donc quand

$$\Delta\sigma > \sigma_0\cdot10^{-4}$$

6.9

On calcule les vitesses dans les parties haute et basse du tube puis les indices apparents en faisant le développements limités en $n\frac{V_0}{c} \ll 1$

$$c_1 = -V_0 + \frac{c}{n} \text{ donc } c_1 = \frac{c}{n_1} \text{ avec}$$

$$n_1 = \frac{n}{1-n\frac{V_0}{c}} \simeq n\left[1+n\frac{V_0}{c}\right]$$

$$c_2 = V_0 + \frac{c}{n} \text{ donc } c_2 = \frac{c}{n_2} \text{ avec}$$

$$n_2 = \frac{n}{1+n\frac{V_0}{c}} \simeq n\left[1-n\frac{V_0}{c}\right]$$

La différence de marche en un point M d'ordonnée y se calcule classiquement en utilisant la loi de Malus :

$$\delta = (n_2-n_1)L + \frac{ay}{D} = -\frac{2n^2V_0L}{c} + \frac{ay}{D}$$

La frange centrale brillante est définie par $\delta = 0$ donc elle se décale en

$$y_0 = \frac{2Dn^2V_0L}{ac}$$

lorsque l'eau circule. Elle est donc nulle quand l'eau est immobile et $\Delta y = y_0$. On en déduit

$$V_0 = \frac{ac\Delta y}{2Dn^2L}$$

6.10

a) Les coordonnées des quatre points sont

$$dS\left|\begin{array}{l}-L\\ y_S\\ 0\end{array}\right., \quad T_1\left|\begin{array}{l}0\\ -\frac{a}{2}\\ 0\end{array}\right., \quad T_2\left|\begin{array}{l}0\\ \frac{a}{2}\\ 0\end{array}\right. \text{ et } M\left|\begin{array}{l}D\\ y\\ 0\end{array}\right.$$

Calculons l'une des quatre distances :

$$dST_1 = \|\overrightarrow{dSM}\| = \sqrt{L^2+\left(y_S+\frac{a}{2}\right)^2} = L\sqrt{1+\frac{y_S^2+ay_S+\frac{a^2}{4}}{L^2}}$$

Effectuons le développement limité :

$$dST_1 \simeq L + \frac{y_S^2+ay_S+\frac{a^2}{4}}{2L}$$

On calcule de même :

$$dST_2 \simeq L + \frac{y_S^2-ay_S+\frac{a^2}{4}}{2L}$$

$$T_1M \simeq D + \frac{y^2+ay+\frac{a^2}{4}}{2D}$$

$$T_2M \simeq D + \frac{y^2-ay+\frac{a^2}{4}}{2D}$$

La différence de marche est

$$\delta = [dST_2M]-[dST_1M] = dST_2+T_2M-dST_1-T_1M$$

$$\text{soit } \delta = -\frac{ay_S}{L} - \frac{ay}{D}$$

b) Les deux ondes, issues de la même source dS sont cohérentes, on peut donc appliquer la formule de Fresnel :

$$dI = \frac{2I_0}{e}\left[1+\cos\frac{2\pi\delta(y_s)}{\lambda_0}\right]dy_S$$

c) Les sources dS étant distinctes, elles sont deux à deux incohérentes et on somme les intensités lumineuses. L'intégrale a pour expression détaillée

$$I(M) = \int_{y_S=-\frac{e}{2}}^{\frac{e}{2}} \frac{2I_0}{e}\left(1+\cos\frac{2\pi a}{\lambda_0}\left[\frac{y_S}{L}+\frac{y}{D}\right]\right)dy_S$$

$$\text{soit } I(M) = \frac{2I_0}{e}\left[y_S + \frac{\sin\frac{2\pi a}{\lambda_0}\left[\frac{y_S}{L}+\frac{y}{D}\right]}{\frac{2\pi a}{\lambda_0 L}}\right]_{-\frac{e}{2}}^{\frac{e}{2}}$$

$$= \frac{2I_0}{e}\left[e + \frac{\sin\left(\frac{\pi ea}{\lambda_0 L}+\frac{2\pi ya}{\lambda_0 D}\right)-\sin\left(-\frac{\pi ea}{\lambda_0 L}+\frac{2\pi ya}{\lambda_0 D}\right)}{\frac{2\pi a}{\lambda_0 L}}\right]$$

En utilisant la relation de trigonométrie, il vient :

$$I(M) = \frac{2I_0}{e}\left[e + e\frac{2\sin\frac{\pi ea}{\lambda_0 L}\cos\frac{2\pi ya}{\lambda_0 D}}{\frac{2\pi ea}{\lambda_0 L}}\right]$$

$$\text{soit } I(M) = 2I_0\left[1+\sin c\frac{\pi ea}{\lambda_0 L}\cos\frac{2\pi ya}{\lambda_0 D}\right]$$

C'est bien l'expression donnée par l'énoncé avec

$$\gamma = \sin c\frac{\pi ea}{\lambda_0 L}$$

d) Le terme $\cos\frac{2\pi y a}{\lambda_0 D}$ varie entre -1 et $+1$, donc I(M) varie entre

$$I_{min} = 2I_0\left[1 - \left|\sin c\frac{\pi e a}{\lambda_0 L}\right|\right] \text{ et } I_{max} = 2I_0\left[1 + \left|\sin c\frac{\pi e a}{\lambda_0 L}\right|\right]$$

Le contraste vaut donc

$$C = \frac{I_{max} - I_{min}}{I_{max} + I_{min}} = \left|\sin c\frac{\pi e a}{\lambda_0 L}\right|$$

e) Le brouillage apparaît lorsque le contraste devient très faible, donc lorsque l'argument du sinus cardinal atteint $-\pi$ ou π :

$$\frac{\pi e a}{\lambda_0 L} = \pi \text{ soit } \frac{ea}{\lambda_0 L} = 1$$

$$\text{ou } \frac{\pi(-e)a}{\lambda_0 L} = -\pi \text{ soit } \frac{(-e)a}{\lambda_0 L} = -1$$

Conformément à la loi du cours, calculons la variation de l'ordre d'interférence sur la moitié de la source, entre dS au centre ($y_S = 0$) et dS à la périphérie de la source ($y_S = \frac{e}{2}$) :

$$\Delta p = p(y_S = 0) - p(y_S = \frac{e}{2}) = \frac{\delta(0) - \delta\left(\frac{e}{2}\right)}{\lambda_0} = \frac{ea}{2\lambda_0 L}$$

Or nous avons montré ci-dessus que le brouillage apparaît lorsque $\frac{ea}{\lambda_0 L} > 1$ donc lorsque $\Delta p > \frac{1}{2}$.

6.11

En prenant l'indice de l'air égal à 1, la différence de marche en M est

$$\delta(y) = \frac{ay}{D}$$

donc l'ordre d'interférences pour la longueur d'onde λ est

$$p = \frac{\delta}{\lambda} = \frac{ay}{D\lambda}$$

La variation de l'ordre d'interférences évaluée sur la demi-largeur spectrale de la source est la différence entre le centre et la périphérie de la bande spectrale :

$$\Delta p = p(\lambda_0) - p\left(\lambda_0 + \frac{\Delta\lambda}{2}\right)$$

$$\Delta p = \frac{ay}{D\lambda_0}\left[1 - \frac{1}{1 + \frac{\Delta\lambda}{2\lambda_0}}\right]$$

$$\Delta p \simeq \frac{ay}{D\lambda_0}\left[1 - \left(1 - \frac{\Delta\lambda}{2\lambda_0}\right)\right] = \frac{ay\Delta\lambda}{2D\lambda_0^2}$$

Le critère donné par le cours indique que le brouillage est atteint lorsque $\Delta p > \frac{1}{2}$, soit

$$\frac{ay\Delta\lambda}{2D\lambda_0^2} > \frac{1}{2} \text{ soit } a > \frac{D\lambda_0^2}{y\Delta\lambda}$$

Sur le graphe fourni, on constate que l'intensité lumineuse varie rapidement entre I_{max} (enveloppe supérieure) et I_{min} (enveloppe inférieure) et que l'écart devient nul lorsque $t_1 = 170$ s. À cette date, le contraste s'annule donc

$$V_0 t_1 = \frac{D\lambda_0^2}{y\Delta\lambda}$$

$$\text{donc } \Delta\lambda = \frac{\lambda_0^2 D}{y V_0 t_1} = 13 \text{ nm}$$

6.12

a) Dans le modèle de la théorie cinétique des gaz parfaits, chaque atome est assimilé à une bille de masse m. Dans le modèle des gaz parfaits, il n'y a aucune intercation entre les atomes donc l'énergie interne d'une mole d'atomes est égale à la somme des énergies cinétiques :

$$\mathcal{N}_A \cdot \frac{1}{2}mv^2 = \frac{3}{2}RT \text{ donc } \frac{1}{2}mv^2 = \frac{3}{2}k_B T$$

b) Pour un atome se déplaçant vers l'observateur, $\vec{v} = v\vec{u}$ et pour un atome qui s'en éloigne $\vec{v} = -v\vec{u}$ donc

$$f_a = \frac{f_0}{1 - \frac{v}{c}} \text{ et } f_e = \frac{f_0}{1 + \frac{v}{c}}$$

c) La masse d'un atome est

$$m = \frac{M}{\mathcal{N}_A}$$

$$\text{donc } v = \sqrt{\frac{3k_B T}{m}} = \sqrt{\frac{3RT}{M}} = 1{,}93 \cdot 10^3 \text{ m} \cdot \text{s}^{-1}$$

La largeur spectrale relative est

$$\frac{\Delta f}{f_0} = \frac{1}{1 - \frac{v}{c}} - \frac{1}{1 + \frac{v}{c}} \simeq \left(1 + \frac{v}{c}\right) - \left(1 - \frac{v}{c}\right)$$

$$\text{soit } \frac{\Delta f}{f_0} = \frac{2v}{c} = 1{,}29 \cdot 10^{-5}$$

d) Les extrémités des vecteurs vitesse sont répartis aléatoirement sur la surface de la sphère, d'aire $\mathcal{A} = 4\pi v^2$. L'aire de la zone hachurée est celle d'une bandelette qu'on peut assimiler à un rectangle de largeur $vd\theta$ et de longueur égale au périmètre du cercle de rayon $v\sin\theta$, elle vaut donc

$$d\mathcal{A} = 2\pi v \sin\theta \cdot v d\theta = 2\pi v^2 \sin\theta d\theta$$

On en déduit que

$$dN = N \cdot \frac{d\mathcal{A}}{\mathcal{A}} = N\frac{2\pi v^2 \sin\theta d\theta}{4\pi v^2}$$

$$\text{soit } dN = \frac{N}{2}\sin\theta d\theta$$

e) La longueur d'onde observée quand le vecteur $\vec{v}$ fait un angle θ avec $\vec{u}$ est, d'après l'énoncé :

$$\lambda = \frac{c}{f} = \frac{c}{f_0}\left(1 - \frac{\vec{v}\cdot\vec{u}}{c}\right)$$

$$\text{soit } \lambda = \frac{c}{f_0}\left(1 - \frac{v\cos\theta}{c}\right)$$

On en déduit

$$\mathscr{D}(\lambda) = \frac{d\text{I}_0}{d\lambda} = \frac{d\text{I}_0}{d\theta}\cdot\frac{d\theta}{d\lambda} \text{ soit}$$

$$\mathscr{D}(\lambda) = \frac{\frac{\text{K}d\text{N}}{d\theta}}{\frac{d\lambda}{d\theta}} = \frac{\text{K}\frac{\text{N}}{2}\sin\theta}{\frac{v}{f_0}\sin\theta} = \frac{\text{KN}f_0}{2v}$$

qui est bien une constante.

f) Les longueurs d'onde extrêmes sont

$$\lambda_{\text{max}} = \frac{c}{f_e} = \frac{c}{f_0}\left(1 + \frac{v}{c}\right)$$

$$\lambda_{\text{min}} = \frac{c}{f_a} = \frac{c}{f_0}\left(1 - \frac{v}{c}\right)$$

On en déduit

$$\lambda_0 = \frac{c}{f_0} = 587{,}5 \text{ nm et } \Delta\lambda = \frac{v}{f_0} = 3{,}8 \text{ pm}$$

6.13

a) La différence de marche vaut $\delta(y) = \frac{ay}{\text{D}}$. La loi de Fresnel donne

$$d\text{I}(\sigma) = 2d\text{I}\left(1 + \cos\frac{2\pi\delta(y)}{\lambda}\right)$$

$$d\text{I}(\sigma) = 2\mathscr{D}_0 d\sigma\left(1 + \cos(2\pi\delta(y)\sigma)\right)$$

b) Les bandes spectrales élémentaires sont de longueurs d'onde deux à deux distinctes, donc elles forment des sources incohérentes et on somme les intensités lumineuses.

$$\text{I}(y) = \int_{\sigma=\sigma_0-\frac{\Delta\sigma}{2}}^{\sigma_0+\frac{\Delta\sigma}{2}} 2\mathscr{D}_0 d\sigma\left(1 + \cos(2\pi\delta(y)\sigma)\right)$$

$$\text{I}(y) = 2\mathscr{D}_0\left[\sigma + \frac{\sin(2\pi\delta(y)\sigma)}{2\pi\delta(y)}\right]_{\sigma_0-\frac{\Delta\sigma}{2}}^{\sigma_0+\frac{\Delta\sigma}{2}}$$

$$\text{I}(y) = 2\mathscr{D}_0\Delta\sigma +$$

$$2\mathscr{D}_0\frac{\sin\left(2\pi\delta(y)\left(\sigma_0 + \frac{\Delta\sigma}{2}\right)\right) - \sin\left(2\pi\delta(y)\left(\sigma_0 - \frac{\Delta\sigma}{2}\right)\right)}{2\pi\delta(y)}$$

En utilisant la relation trigonométrique

$$\sin p - \sin q = 2\sin\frac{p-q}{2}\cos\frac{p+q}{2}$$

on peut écrire

$$\text{I}(y) = 2\mathscr{D}_0\Delta\sigma + 2\mathscr{D}_0\frac{2\sin\left(\pi\delta(y)\Delta\sigma\right)\cos\left(2\pi\delta(y)\sigma_0\right)}{2\pi\delta(y)}$$

$$\text{I}(y) = 2\mathscr{D}_0\Delta\sigma\left[1 + \frac{\sin\left(\pi\delta(y)\Delta\sigma\right)}{\pi\delta(y)\Delta\sigma}\cos\left(2\pi\delta(y)\sigma_0\right)\right]$$

et en remplaçant $\delta(y)$ par son expression

$$\text{I}(y) = 2\mathscr{D}_0\Delta\sigma\left[1 + \text{sinc}\frac{\pi a\Delta\sigma y}{\text{D}}\cos\frac{2\pi a\sigma_0 y}{\text{D}}\right]$$

Par identification,

$$\text{I}_0 = \mathscr{D}_0\Delta\sigma,\ u = \frac{2\text{D}}{a\Delta\sigma} \text{ et } v = \frac{\text{D}}{a\sigma_0}$$

c) La période spatiale du cosinus est v, la pseudo-période du sinus cardinal est u avec $u \gg v$ d'après la relation de comparaison entre σ_0 et $\Delta\sigma$. Au voisinage de M, lorsque y varie, le cosinus oscille donc très vite entre -1 et $+1$ tandis que le sinus cardinal reste presque constant. Le contraste est donc

$$\text{C} = \frac{2\text{I}_0\left[1 + \left|\text{sinc}\frac{2\pi y}{u}\right|\right] - 2\text{I}_0\left[1 - \left|\text{sinc}\frac{2\pi y}{u}\right|\right]}{2\text{I}_0\left[1 + \left|\text{sinc}\frac{2\pi y}{u}\right|\right] + 2\text{I}_0\left[1 - \left|\text{sinc}\frac{2\pi y}{u}\right|\right]}$$

$$\text{soit C} = \left|\text{sinc}\frac{2\pi y}{u}\right|$$

d) Pour les valeurs positives de y, l'allure du sinus cardinal indique que le contraste s'annule pour la première fois quand $\frac{2\pi y}{u} = \pi$, et reste, à partir de cette valeur, inférieur à 0,2. On peut donc considérer qu'il s'annule pour

$$|y| > \frac{u}{2} \text{ soit } |y| > \frac{\text{D}}{a\Delta\sigma} \text{ soit}$$

$$|\delta(y)| = \left|\frac{ay}{\text{D}}\right| > \frac{1}{\Delta\sigma}$$

La variation de l'ordre d'interférence évaluée sur la demi-largeur spectrale de la source est

$$|\Delta p| = \frac{|\delta(y)|}{\lambda_{\text{min}}} - \frac{|\delta(y)|}{\lambda_0}$$

$$|\Delta p| = |\delta(y)|\left[\sigma_0 + \frac{\Delta\sigma}{2} - \sigma_0\right] = |\delta(y)|\cdot\frac{\Delta\sigma}{2}$$

Le critère de brouillage du cours s'écrit

$$|\Delta p| > \frac{1}{2} \text{ soit } |\delta(y)| > \frac{1}{\Delta\sigma}$$

On retrouve donc bien la même condition que celle obtenue par le calcul intégral.

6.14

a) La différence de marche en M est $\delta(y) = \frac{ay}{D}$ donc l'ordre d'interférences vaut

$$p_y(\lambda) = \frac{\delta(y)}{\lambda} = \frac{ay}{D\lambda}$$

b) Calculons l'interfrange pour les trois longueurs d'onde

$$i_R = \frac{\lambda_R D}{a} = 7{,}0 \text{ mm}$$

$$i_V = \frac{\lambda_R D}{a} = 5{,}5 \text{ mm}$$

$$i_R = \frac{\lambda_R D}{a} = 4{,}4 \text{ mm}$$

On divise cet interfrange en 4 et on trace les segments de brillance des différentes couleurs, en respectant l'échelle, sur l'intervalle proposé.

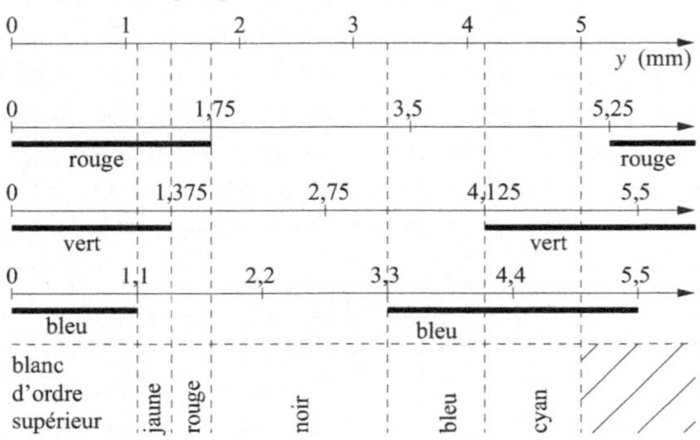

c) Les couleurs correspondantes sont obtenues grâce au cercle chromatique.

6.15

a) On calcule

$$\frac{hc}{k_B T} = 2{,}48 \cdot 10^{-6} \text{ m}$$

et on trace l'allure de la fonction

$$\mathscr{D}(\lambda) = \frac{10^{-29}}{\lambda^5 \left(\exp \frac{2{,}48 \cdot 10^{-6}}{\lambda} - 1\right)}$$

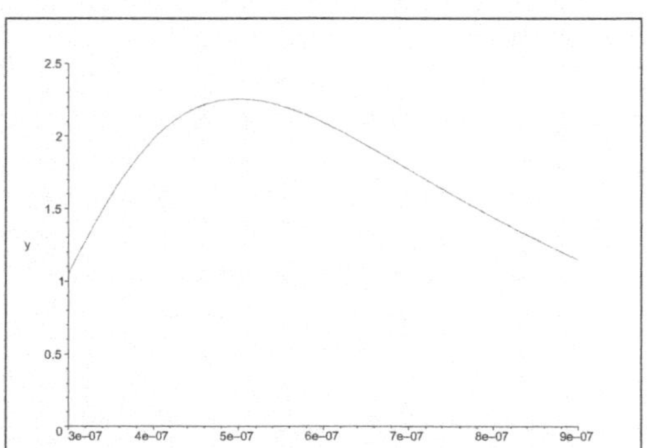

Le maximum est situé entre 500 nm et 550 nm, l'œil humain est donc bien adapté à l'observation des objets éclairés par la lumière solaire.

b) La différence de marche est $\delta = \frac{ay}{D}$. La formule de Fresnel donne, pour la bande $[\lambda, \lambda + d\lambda]$:

$$dI(\lambda) = 2\mathscr{D}(\lambda) d\lambda \left(1 + \cos \frac{2\pi\delta}{\lambda}\right)$$

$$\text{donc } \mathscr{E}(\lambda) = \frac{dI(\lambda)}{d\lambda} = 2\mathscr{D}(\lambda) \left(1 + \cos \frac{2\pi a y}{\lambda D}\right)$$

c) Voici le graphe obtenu.

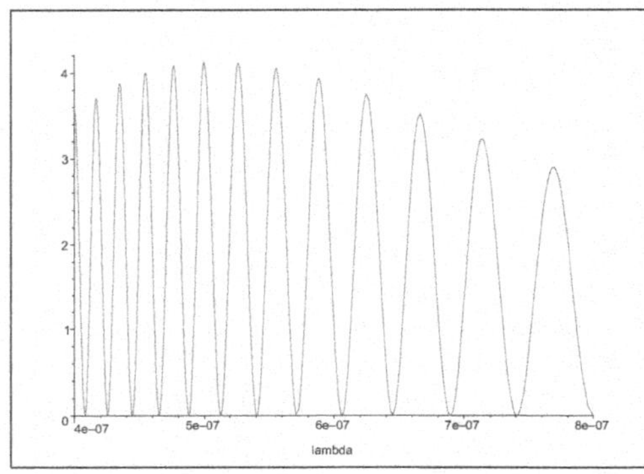

On identifie, dans la bande spectrale visible, 12 annulations de la densité spectrale, il y a donc 12 cannelures.

d) Avec D = 10,0 m, voici le graphe obtenu.

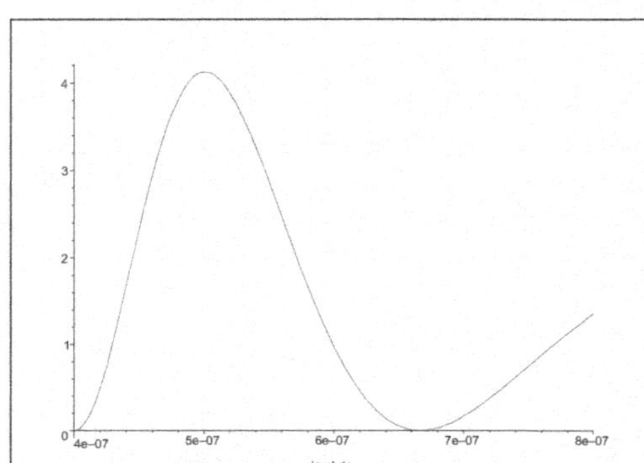

Le spectre ne présente plus qu'une seule cannelure, pour $\lambda \simeq 700$ nm, qui correspond à l'extinction du rouge. On observe donc la couleur complémentaire du rouge,et d'après le cercle chromatique, la teinte de Newton observée est le cyan.

6.16

Les radiations éteintes sont celles pour lesquelles l'ordre d'interférences est un demi-entier, soit

$$p_\lambda = \frac{\delta(y)}{\lambda} = k + \frac{1}{2},\ k \in \mathbf{Z}$$

$$\text{soit } \lambda_k = \frac{ay}{\left(k+\frac{1}{2}\right)\mathrm{D}}$$

Dans l'intervalle des longueurs d'onde du visible :

$$400 \cdot 10^{-9} < \frac{ay}{\left(k+\frac{1}{2}\right)\mathrm{D}} < 800 \cdot 10^{-9}$$

$$\text{soit } 1{,}25 \cdot 10^6 < \frac{\left(k+\frac{1}{2}\right)\mathrm{D}}{ay} < 2{,}50 \cdot 10^6$$

$$\text{soit } \frac{1{,}25 \cdot 10^6 \cdot ay}{\mathrm{D}} < k + \frac{1}{2} < \frac{2{,}50 \cdot 10^6 \cdot ay}{\mathrm{D}}$$

$$\text{donc } \frac{1{,}25 \cdot 10^6 \cdot ay}{\mathrm{D}} - \frac{1}{2} < k < \frac{2{,}50 \cdot 10^6 \cdot ay}{\mathrm{D}} - \frac{1}{2}$$

Il y a 17 cannelures, donc l'écart entre les deux bornes de l'entier k vaut entre 17 et 18, soit

$$17 < \frac{2{,}50 \cdot 10^6 \cdot ay}{\mathrm{D}} - \frac{1{,}25 \cdot 10^6 \cdot ay}{\mathrm{D}} < 18$$

$$\text{donc } \frac{17\mathrm{D}}{1{,}25 \cdot 10^6 y} < a < \frac{18\mathrm{D}}{1{,}25 \cdot 10^6 y}$$

$$\text{soit } 2{,}27 \text{ mm} < a < 2{,}40 \text{ mm}$$

6.17

Voici les 3 rayons qui se superposent en M.

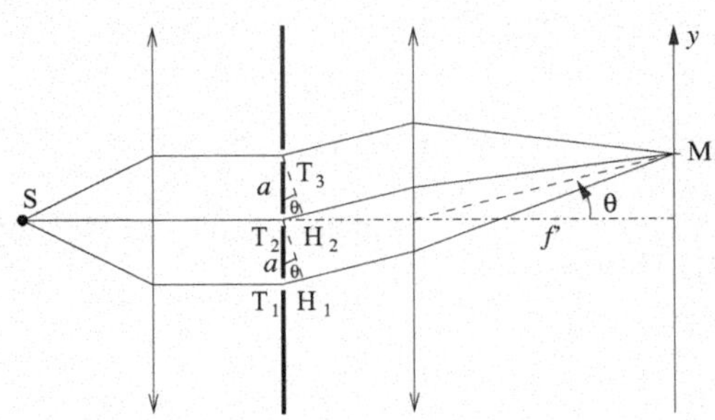

Choisissons le rayon 2 comme rayon de référence. La différence de marche entre le rayon 1 et le rayon 2 est, d'après la loi de Malus :

$$\delta_1 = [\mathrm{ST_1M}] - [\mathrm{ST_2M}] = [\mathrm{T_1H_1}] = a\sin\theta \simeq a\theta$$

$$\text{avec } \theta \simeq \tan\theta = \frac{y}{f'}$$

Le calcul est identique pour la différence de marche avec le rayon 3, donc

$$\delta_1 = \frac{ay}{f'} \text{ et } \delta_3 = -\frac{ay}{f'}$$

Trois ondes se superposent, on ne peut donc pas utiliser la formule de Fresnel. Les ondes étant cohérentes, on somme les fonctions d'onde complexes :

$$\underline{a}(\mathrm{M}) = \underline{a}_1 + \underline{a}_2 + \underline{a}_3 = \underline{a}_2\left(e^{-i\frac{2\pi ay}{\lambda_0 f'}} + 1 + e^{i\frac{2\pi ay}{\lambda_0 f'}}\right)$$

$$\text{soit } \underline{a}(\mathrm{M}) = \underline{a}_2\left(1 + 2\cos\frac{2\pi ay}{\lambda_0 f'}\right)$$

On en déduit

$$\mathrm{I}(y) = \mathrm{K}\underline{a}(\mathrm{M})\underline{a}^*(\mathrm{M}) = \mathrm{K}\underline{a}_2(\mathrm{M})\underline{a}_2^*(\mathrm{M})\left(1 + 2\cos\frac{2\pi ay}{\lambda_0 f'}\right)^2$$

$$\text{soit } \mathrm{I}(y) = \mathrm{I}_2\left(1 + 2\cos\frac{2\pi ay}{\lambda_0 f'}\right)^2$$

On peut, sans outil graphique, obtenir l'allure du graphe. Posons $u = \frac{2\pi ay}{\lambda_0 f'}$. On trace successivement l'allure de $2\cos u$, dont la période spatiale est l'interfrange habituel $i = \frac{\lambda_0 f'}{a}$, puis celle de $1 + 2\cos u$, qui s'annule quand le cosinus vaut $-\frac{1}{2}$ donc quand son argument vaut $\frac{2\pi}{3} + n \cdot 2\pi$ ou $\frac{4\pi}{3} + n \cdot 2\pi$, et enfin le carré de cette fonction en remarquant que quand elle s'annule, son carré s'annule avec une tangente horizontale. Voici l'allure des graphes en fonction de u.

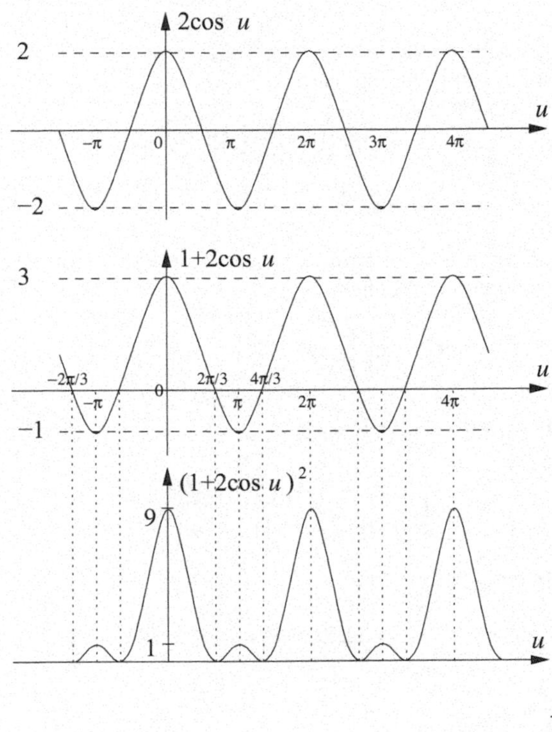

Ce graphe fait apparaître des pics d'intensité de hauteur $9I_2$ pour $y = k\frac{\lambda_0 f'}{a}$ et des pics secondaires de hauteur I_2. Ce résultat est conforme aux résultats énoncés au chapitre 5 pour la superposition de N ondes dont les phases sont en progression arithmétique.

6.18

a) En amont des trous d'Young, les rayons sont parallèles et les surfaces d'onde sont donc des plans orthogonaux. Celui qui passe par U coupe l'autre rayon en H avec (THU) triangle rectangle et $\frac{\alpha}{2}$ est l'angle entre [TU] et [TH]. On en déduit que

$$\delta_m = [S_1T] - [S_1U] = S_1H + HT - S_1U = HT = a\sin\frac{\alpha}{2}$$

En aval, le calcul est le même que dans le cours :

$$\delta_v(y) = [TM] - [UM] = -\frac{ay}{f'}$$

Par application de la formule de Fresnel :

$$I_1(y) = 2I_0\left[1+\cos\frac{2\pi(\delta_v(y)+\delta_m)}{\lambda_0}\right]$$

b) La différence de marche entre les deux rayons issus de S_2 est obtenue en remplaçant $\frac{\alpha}{2}$ par $-\frac{\alpha}{2}$, donc δ_m par $-\delta_m$:

$$I_2(y) = 2I_0\left[1+\cos\frac{2\pi(\delta_v(y)-\delta_m)}{\lambda_0}\right]$$

Les deux étoiles forment deux sources incohérentes : on somme donc les intensités :

$$I(y) = I_1(y) + I_2(y) \text{ soit}$$

$$I(y) = 2I_0\left[2+\cos\frac{2\pi(\delta_v(y)+\delta_m)}{\lambda_0}+\cos\frac{2\pi(\delta_v(y)-\delta_m)}{\lambda_0}\right]$$

En utilisant la formule de trigonométrie donnée par l'énoncé, on obtient

$$I(y) = 4I_0\left[1+\cos\frac{2\pi\delta_m}{\lambda_0}\cos\frac{2\pi\delta_v(y)}{\lambda_0}\right]$$

c) Le terme $\cos\frac{2\pi\delta_v(y)}{\lambda_0}$ varie entre -1 et $+1$; $I(y)$ varie donc entre

$$\begin{cases} I_{min} = 4I_0\left[1-\left|\cos\frac{2\pi\delta_m}{\lambda_0}\right|\right] \\ \text{et } I_{max} = 4I_0\left[1+\left|\cos\frac{2\pi\delta_m}{\lambda_0}\right|\right] \end{cases}$$

Le contraste est donc

$$C = \frac{I_{max}-I_{min}}{I_{max}+I_{min}} = \left|\cos\frac{2\pi\delta_m}{\lambda_0}\right|$$

d) Il y a brouillage quand le contraste est nul, soit

$$\cos\frac{2\pi\delta_m}{\lambda_0} = 0 \text{ soit } \frac{2\pi\delta_m}{\lambda_0} = \frac{\pi}{2} + k\pi$$

où k est un entier. Pour $k = 0$:

$$\delta_m = \frac{\lambda_0}{4} \text{ soit } a\sin\frac{\alpha}{2} = \frac{\lambda_0}{4}$$

$$\text{soit } \alpha = 2\arcsin\frac{\lambda_0}{4a} = 1{,}5\ \mu\text{rad}$$

Cette valeur est bien plus faible (donc la détection est bien meilleure) que le pouvoir séparateur habituellement obtenu avec des instruments d'optique géométrique.

6.19

a) La différence de marche est

$$\delta = [SO] + [OH] + [HM] - [SP] - [PM]$$

La loi de Malus donne

$$[SP] = [SO] \text{ et } [MP] = [MH]$$

et par principe de retour inverse de la lumière

$$[PM] = [HM]$$

La différence de marche vaut donc

$$\delta = [OH] = OP\sin\theta$$

Par définition du produit scalaire :

$$\overrightarrow{OH}\cdot\overrightarrow{OP} = OH\cdot OP\cdot\cos\left(\frac{\pi}{2}-\theta\right) = OH\cdot OP\sin\theta$$

$$\text{soit } OH\vec{u}\cdot\overrightarrow{OP} = OH\cdot OP\sin\theta$$

$$\text{donc } \vec{u}\cdot\overrightarrow{OP} = OP\sin\theta = \delta$$

Le vecteur $\vec{u}$ étant unitaire dans la direction de $\overrightarrow{O'M}$,

$$\vec{u} = \frac{\overrightarrow{O'M}}{O'M} = \frac{1}{O'M}\left|\begin{array}{l} x \\ y \\ f' \end{array}\right.$$

Comme θ est un petit angle, on fait l'approximation $O'M \simeq f'$ donc

$$\vec{u} \simeq \left|\begin{array}{l} \frac{x}{f'} \\ \frac{y}{f'} \\ 1 \end{array}\right.$$

b) L'application de la formule clé (voir chapitre 5) donne

$$\underline{a}_P(M) = \underline{a}_O(M)e^{i\frac{2\pi\delta}{\lambda_0}} = \underline{a}_O(M)e^{i\frac{2\pi\vec{u}\cdot\overrightarrow{OP}}{\lambda_0}}$$

Or $\vec{k} = \frac{2\pi}{\lambda_0}\vec{u}$ donc

$$\underline{a}_P(M) = \underline{a}_O(M)e^{i\vec{k}\cdot\overrightarrow{OP}}$$

c) Les quatre ondes sont cohérentes, on somme donc les quatre fonctions d'onde complexes données par la formule établie à la question précédente. On calcule les quatre produits scalaires

$$\vec{k}\cdot\overrightarrow{OT} = \frac{2\pi a x}{\lambda_0 f'},\ \vec{k}\cdot\overrightarrow{OU} = \frac{2\pi a y}{\lambda_0 f'}$$

$$\vec{k}\cdot\overrightarrow{OV} = -\frac{2\pi a x}{\lambda_0 f'},\ \vec{k}\cdot\overrightarrow{OW} = -\frac{2\pi a y}{\lambda_0 f'}$$

On en déduit

$$\underline{a}(M) = \underline{a}_O\left[e^{i\frac{2\pi a x}{\lambda_0 f'}} + e^{i\frac{2\pi a y}{\lambda_0 f'}} + e^{-i\frac{2\pi a x}{\lambda_0 f'}} + e^{-i\frac{2\pi a y}{\lambda_0 f'}}\right]$$

$$\underline{a}(M) = 2\underline{a}_O\left[\cos\frac{2\pi a x}{\lambda_0 f'} + \cos\frac{2\pi a y}{\lambda_0 f'}\right]$$

L'intensité lumineuse est donc

$$I(x,y) = K\underline{a}(M)\underline{a}^*(M) = 4I_0\left[\cos\frac{2\pi a x}{\lambda_0 f'} + \cos\frac{2\pi a y}{\lambda_0 f'}\right]^2$$

On observe ainsi des pics de lumière de hauteur $16I_0$ à chaque fois que la somme des deux cosinus vaut ± 2, donc quand

$$(x,y) = \left(n\frac{\lambda_0 f'}{2a}, m\frac{\lambda_0 f'}{2a}\right)$$

où n et m sont deux entiers. Ces pics sont séparés par des lignes croisées sur lesquelles l'intensité est nulle. Voici l'allure de la surface donnant l'intensité en fonction de x et y. Elle ressemble à une boîte à œufs.

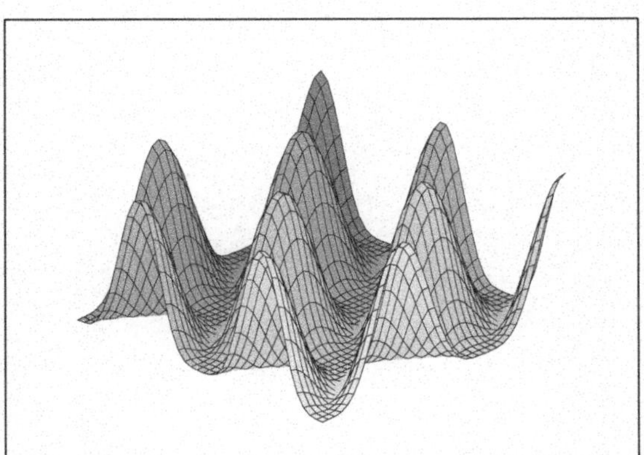

6.20

a) Voici le tracé complété.

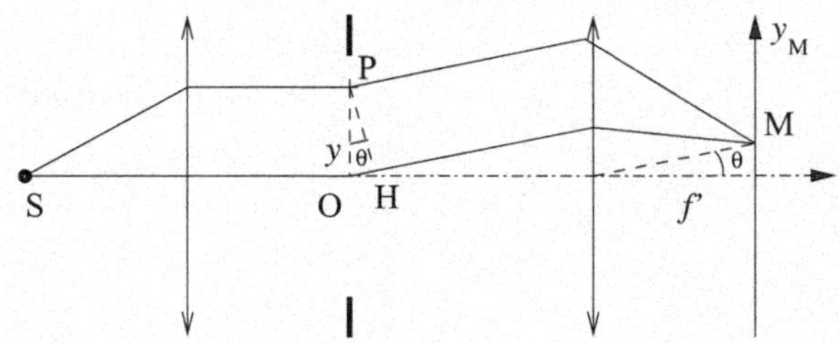

b) La différence de marche est, d'après la loi de Malus et en utilisant le principe de retour inverse de la lumière :

$$\delta_M(y) = -[OH] = -y\sin\theta \simeq -y\theta$$

$$\text{avec } \theta \simeq \tan\theta = \frac{y_M}{f'}$$

$$\text{donc } \delta_M(y) \simeq -\frac{y_M y}{f'}$$

c) Chaque pupille élémentaire est éclairée par des ondes en phase issues de la même source, elles sont donc cohérentes (on pourra ici comparer attentivement cet exercice avec le 6.10, où les bandelettes n'étaient pas cohérentes entre elles). On somme donc les fonctions d'onde complexes :

$$\underline{a}(M) = \int_{y=-\frac{a}{2}}^{\frac{a}{2}} \underline{a}_O e^{i\frac{2\pi y_M y}{\lambda_0 f'}}\frac{dy}{a}$$

$$\underline{a}(M) = \frac{\underline{a}_O}{a}\left[\frac{e^{i\frac{2\pi y_M y}{\lambda_0 f'}}}{i\frac{2\pi y_M}{\lambda_0 f'}}\right]_{-\frac{a}{2}}^{\frac{a}{2}}$$

$$\underline{a}(M) = \frac{\underline{a}_O}{a}\cdot\frac{e^{i\frac{\pi y_M a}{\lambda_0 f'}} - e^{-i\frac{\pi y_M a}{\lambda_0 f'}}}{i\frac{2\pi y_M}{\lambda_0 f'}}$$

$$\underline{a}(M) = \underline{a}_O\frac{2i\sin\frac{\pi y_M a}{\lambda_0 f'}}{i\frac{2\pi y_M a}{\lambda_0 f'}}$$

$$\text{soit } \underline{a}(M) = \underline{a}_O \operatorname{sinc}\frac{\pi y_M a}{\lambda_0 f'}$$

On en déduit

$$I(M) = K\underline{a}(M)\underline{a}^*(M) = K\underline{a}_O\underline{a}_O^* \operatorname{sinc}^2\frac{\pi y_M a}{\lambda_0 f'}$$

d) En posant $u = \frac{\pi y_M a}{\lambda_0 f'}$, on observe un pic de lumière de forte intensité lumineuse pour

$$u \in [-\pi, \pi] \text{ soit } y_M \in \left[-\frac{\lambda_0 f'}{a}, \frac{\lambda_0 f'}{a}\right]$$

puis des pics secondaires, deux fois moins larges, et nettement moins brillants.

Chapitre 7

Interféromètre de Michelson

Thèmes abordés dans les exercices

- Interféromètre de Michelson.
- Condition d'éclairage, condition d'observation.
- Source spatialement étendue.
- Localisation des franges.
- Différence de marche.
- Ordre d'interférences.
- Lame d'air.
- Franges d'égale inclinaison.
- Doublet spectral.
- Coin d'air.
- Franges d'égale épaisseur.
- Analyse de forme.
- Observations en lumière blanche.

Points essentiels du cours pour la résolution des exercices

- Modéliser un interféromètre de Michelson, effectuer le repliage.
- Déterminer δ et p dans le Michelson en lame d'air.
- Mesurer l'écart spectral d'un doublet.
- Déterminer δ et p dans le Michelson en coin d'air.
- Analyser optiquement la forme d'un objet.
- Interpréter les observations en lumière blanche.

Les méthodes à retenir

Modéliser un interféromètre de Michelson, effectuer le repliage.

Voici une vue schématique de l'**interféromètre de Michelson.**

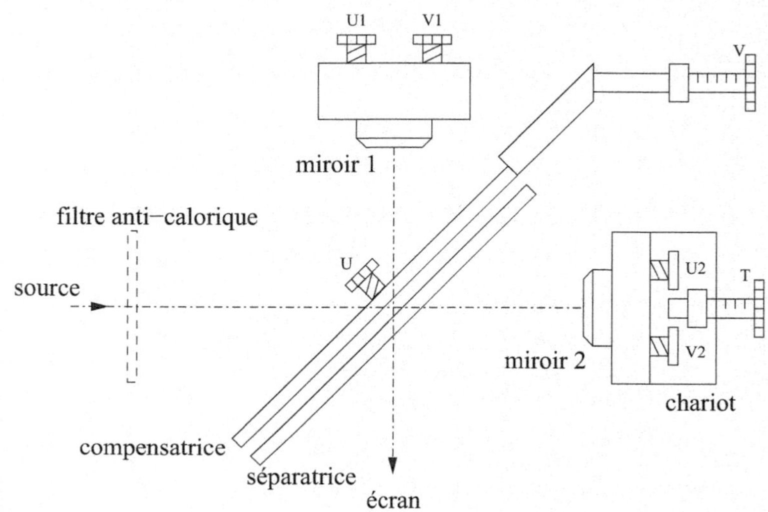

Pour alléger le propos, nous nommerons ce dispositif « le » ou « un » Michelson. Voici ses principales composantes. • La **séparatrice** est une lame semi-réfléchissante. La **compensatrice** permet de compenser la différence de marche induite par les traversées de la séparatrice. La vis U permet d'ajuster l'orientation de la compensatrice. Ni connaissances ni compétences expérimentales ne sont exigées sur ce système, et on l'assimile à une lame unique, infiniment mince, inclinée à 45°.

• Le miroir 1 peut être incliné grâce aux vis U1 et V1.

• Le miroir 2 peut être incliné grâce aux vis U2 et V2, et translaté grâce à la vis micrométrique T. **Charioter**, c'est translater ce miroir et mesurer le déplacement grâce aux graduations de T.

• La source de lumière est placée à gauche du dispositif, un filtre anticalorique protège les surfaces des miroirs. Cette source peut être ponctuelle ou étendue.

• L'écran est placé dans l'axe perpendiculaire à l'axe de la source. On peut intercaler une lentille convergente entre le Michelson et l'écran.

Lorsqu'on éclaire le Michelson avec une source **ponctuelle** de lumière, la suite des réflexions est délicate à tracer avec des rayons lumineux. C'est pourquoi on utilise une loi fondamentale d'optique géométrique : les rayons issus d'une source ponctuelle S qui se réfléchissent sur un miroir plan sont ceux qui auraient été émis par une source ponctuelle S' symétrique de S par rapport au plan du miroir.

La suite des constructions permettant de remplacer la source ponctuelle S qui éclaire le Michelson, la séparatrice et les deux miroirs par un dispositif plus simple est appelée le **repliage**.

a) S' est le symétrique de S par rapport à la séparatrice.

b) M'_1 est le symétrique de M_1 par rapport à la séparatrice.

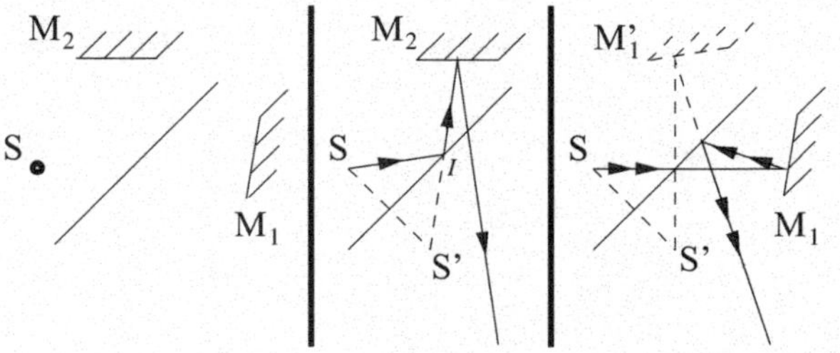

c) À ce stade du repliage, on s'est débarrassé de la séparatrice : la source ponctuelle S', jumelle de S, éclaire deux miroirs M'_1 et M_2 assez proches l'un de l'autre. On peut les éloigner en chariotant (vis T) ou les incliner l'un par rapport à l'autre en agissant sur les vis d'inclinaison (U2 et V2 pour un réglage grossier, U1 et V1 pour un réglage fin). On peut se débarrasser des deux miroirs par les deux dernières opérations géométriques du repliage.

d) S_1 est le symétrique de S' par rapport à M'_1.

e) S_2 est le symétrique de S' par rapport à M_2.

f) Les rayons issus de S arrivant, après réflexions multiples, en un point A sont ceux émis par les sources ponctuelles S_1 et S_2.

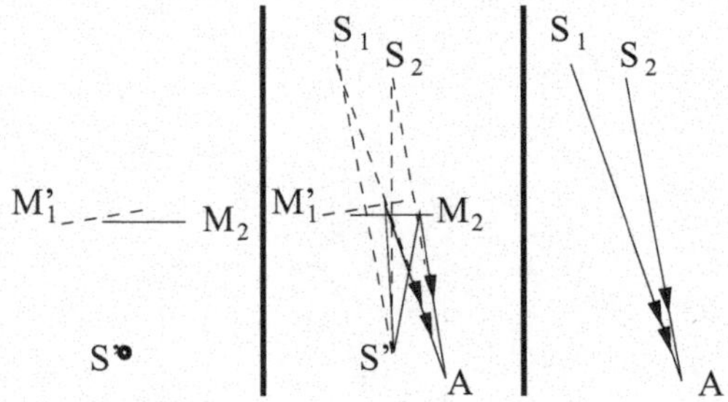

Exemple :

Le dispositif de l'interféromètre de Michelson permet de construire un système interférentiel à deux sources **cohérentes** puisque S_1 et S_2 sont les jumelles de la même source ponctuelle S. On peut en partiulier créer un système de deux sources dans l'axe perpendiculaire à l'écran ou sur un axe parallèle à l'écran.

• Si les deux miroirs M_1 et M_2 sont rigoureusement perpendiculaires entre eux alors, par repliage du Michelson, M_1' est parallèle à M_2. Les deux sources S_1 et S_2 sont donc sur un axe perpendiculaire à ces deux miroirs et on place l'écran parallèlement à ces deux miroirs.

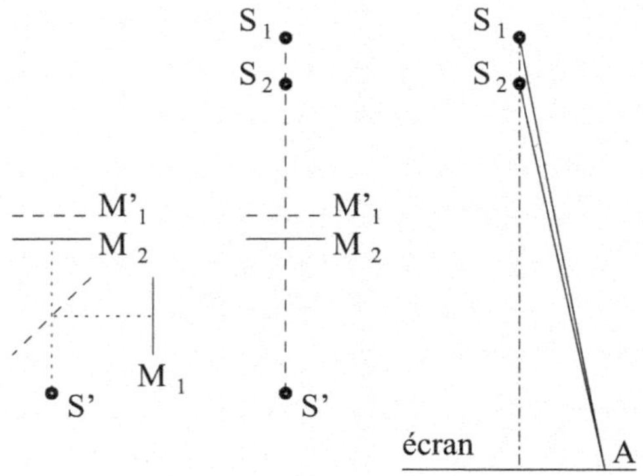

Ce réglage particulier du Michelson s'appelle le réglage en lame d'air et fera l'objet d'un paragraphe spécifique de ce chapitre. • Si les deux miroirs M_1' et M_2 sont sécants et font un très petit angle entre eux, les deux sources S_1 et S_2 sont presque équidistantes de S'. Elles forment donc un segment parallèle à un écran lui-même parallèle à M_1'.

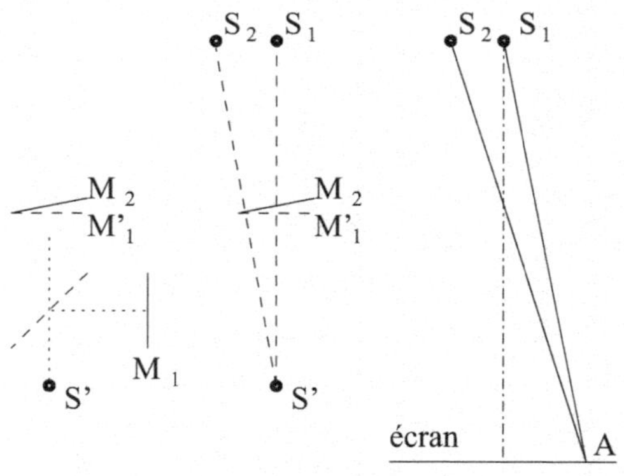

Ce réglage particulier du Michelson s'appelle le réglage en coin d'air et fera l'objet d'un paragraphe spécifique de ce chapitre. Remarquons qu'avec une source ponctuelle, la disposition des sources S_1 et S_2 et celle de l'écran est analogue au dispositif des trous d'Young (voir chapitre 6).

↪ **Exercices 7.1, 7.2, 7.3.**

Déterminer δ et p dans le Michelson en lame d'air.

Un Michelson est réglé en **lame d'air** si les miroirs M_1 et M_2 sont rigoureusement perpendiculaires, c'est-à-dire si les miroirs M'_1 et M_2 sont rigoureusement parallèles, délimitant ainsi une lame d'air d'épaisseur e. Après repliage du Michelson, les sources ponctuelles S_1 et S_2 jumelles sont distantes de $2e$, sur un axe perpendiculaire à l'écran.

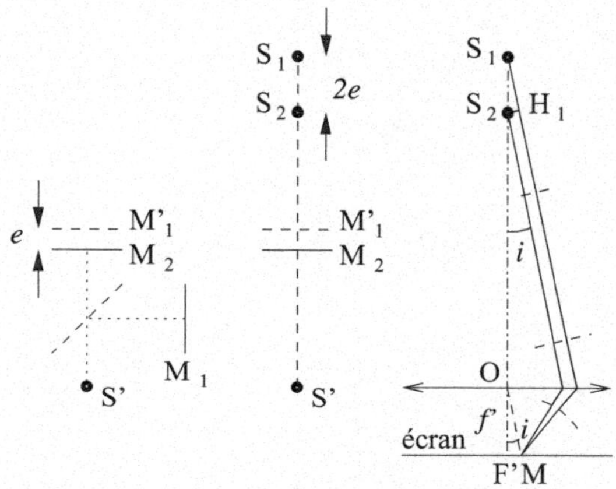

On place l'écran dans le plan focal image d'une lentille convergente. Le dispositif est invariant par rotation autour de l'axe (S_1S_2OF'). Un point M de l'écran est repéré par l'angle i entre l'axe de la lentille et la droite (OM). M est un foyer secondaire vers lequel convergent les rayons issus de S_1 et de S_2 parallèles à (OM). Les surfaces d'onde issues de M sont marquées en pointillés sur la figure par un arc de cercle en dessous de la lentille et par des segments perpendiculaires aux rayons au dessus, selon la loi de Malus. En notant H_1 le projeté orthogonal de S_2 sur le rayon 1, (S_2H) est le plan d'onde le plus avancé. On en déduit

$$[MS_2] = [MH_1] \text{ donc } [S_2M] = [HM_1]$$

d'après le principe de retour inverse de la lumière. La différence de marche est donc

$$\delta = [S_1M] - [S_2M] = [S_1H] + [H_1M] - [S_2M] = [S_1H_1] = 2n_0 e \cos i$$

On prendra, sauf mention expresse du contraire, l'indice de l'air n_0 égal à 1 et

$$\delta = 2e\cos i$$

Cette démonstration doit être connue comme une question de cours. Voici les conséquences expérimentales.

a) Pour M, donc i fixé, la différence de marche ne dépend que de la distance $2e$ entre S_1 et S_2. Il en découle que les franges ne sont pas brouillées quand la source est **étendue**. Les interférences sont **localisées** à l'infini pour la lame d'air éclairée par une source étendue.

b) Si la source S est monochromatique, de longueur d'onde dans le vide λ_0, l'**ordre d'interférences** vaut

$$p = \frac{\delta}{\lambda_0} = \frac{2e\cos i}{\lambda_0}$$

Les franges brillantes, définies par $p \in \mathbf{Z}$, sont donc des **cercles** concentriques de centre F′ appelées **franges d'égale inclinaison**.

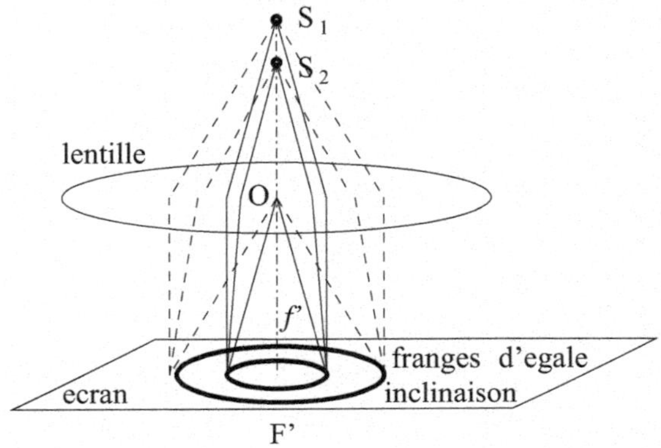

c) Les franges ne sont pas régulièrement espacées, l'interfrange n'est pas constant.
d) La k-ième frange brillante comptée à partir du centre n'est pas la frange d'ordre $p = k$. Le rayon des franges peut être déterminé en utilisant f' et les lois de la trigonométrie, mais il ne suit pas une loi simple.
e) Lorsque $e \to 0$, le rayon des franges devient très grand, et on ne distingue plus qu'une tache de teinte uniforme, la **teinte plate** lorsque $e = 0$. On est alors au **contact optique**.

Exemple :

Le Michelson en lame d'air est éclairé par une source quasi monochromatique de longueur d'onde dans le vide $\lambda_0 = 640$ nm. L'écran est placé dans le plan focal image d'une lentille convergente de distance focale $f' = 25,0$ cm. Déterminons l'allure de la figure d'interférences lorsque $e = 100$ µm. En un point M de l'écran repéré par l'angle i, la formule de Fresnel s'écrit

$$I = 2.\mathscr{I}_0\left(1 + \cos\frac{4\pi e\cos i}{\lambda_0}\right)$$

La frange brillante d'ordre d'interférences p entier est définie par

$$\frac{4\pi e \cos i}{\lambda_0} = p \cdot 2\pi \text{ soit } \cos i = p\frac{\lambda_0}{2e}$$

On se place dans les conditions de Gauss et on fait le développement limité du cosinus donc

$$1 - \frac{i^2}{2} = p\frac{\lambda_0}{2e} \text{ soit } \frac{i^2}{2} = 1 - p\frac{\lambda_0}{2e}$$

Pour $i = 0$, on calcule

$$p_0 = \frac{2e}{\lambda_0} = 312,5$$

C'est un demi-entier donc on a une tache sombre au centre de l'écran. La positivité du carré entraîne qu'on ne peut observer que des franges d'ordre $p < p_0$. En notant r_p le rayon de la frange circulaire d'ordre p, on a

$$i \simeq \tan i = \frac{r_p}{f'} \text{ donc } r_p = f'i = f'\sqrt{2\left(1 - \frac{p}{p_0}\right)}$$

Calculons les rayons des cinq premières franges brillantes en partant du centre.

numéro	1	2	3	4	5
ordre p	312	311	310	309	308
rayon r_p (cm)	1,4	2,4	3,2	3,7	4,2

Voici une vue en trois dimensions des franges observées (la surface est définie par $z = I(r,\theta)$).

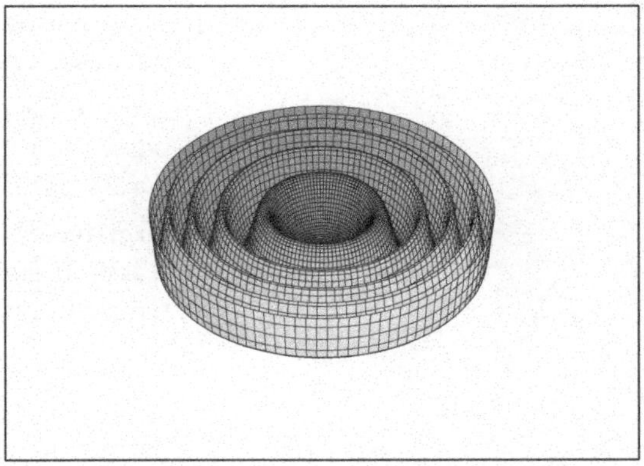

$\hookrightarrow$ **Exercices 7.4, 7.5, 7.6, 7.7, 7.8, 7.9, 7.10, 7.11.**

Mesurer l'écart spectral d'un doublet.

L'une de applications les plus classiques du Michelson est la mesure de largeurs spectrales par brouillage. Le cas particulier proposé par le programme officiel est le **doublet spectral** formé de deux raies spectrales très proches, très fines et d'intensités lumineuses égales $I_1 = I_2 = I_0$, de longueurs d'onde

$$\lambda_1 = \lambda_0 - \frac{\Delta\lambda}{2} \text{ et } \lambda_2 = \lambda_0 + \frac{\Delta\lambda}{2}$$

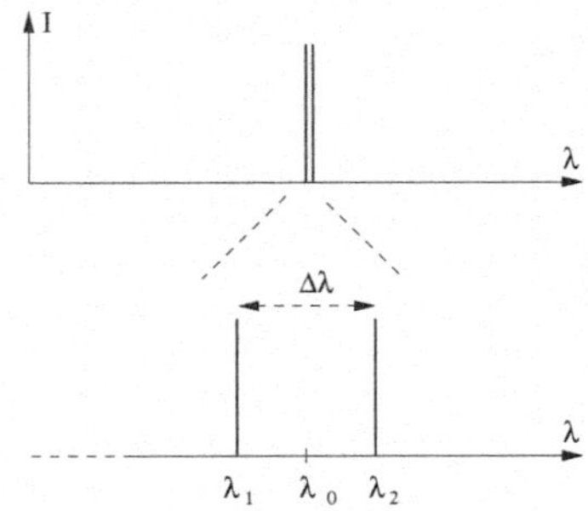

Le cas le plus connu est le doublet jaune de la lampe à vapeur atomique de sodium.

La méthode de détermination de la largeur spectrale est la suivante.

a) On règle le Michelson en lame d'air au contact optique, on note l'abscisse x_0. du chariot.

b) On chariote très doucement, $x = x_0 + X$ varie donc l'épaisseur de la lame d'air $e = |X|$ varie. On voit défiler des franges concentriques.

c) Les franges circulaires d'égale inclinaison deviennent de moins en moins nettes, le contraste diminue. Pour une valeur particulière de X, le contraste s'annule, il y a **brouillage des franges** pour $X = X_1$.

d) Par symétrie des miroirs, on peut vérifier que le brouillage apparaît aussi lorsqu'on chariote dans l'autre sens, pour $X = -X_1$.

e) Dans le cas du doublet spectral, le contraste revient pour $X > X_1$, passe par un maximum pour $X = 2X_1$ et s'annule à nouveau pour $X = 3X_1$, $5X_1$, etc.

f) Le **critère semi quantitatif de brouillage par élargissement spectral de la source** (voir exercice 7.12), ou le calcul complet de l'intensité lumineuse (voir exercice 7.13)

$$I(X) = I_1(X) + I_2(X)$$

permet de relier X_1 à $\Delta\lambda$.

Cette méthode est généralisable à une bande spectrale large rectangulaire ou gaussienne.

Exemple :

On peut justifier qualitativement le brouillage. Les deux longueurs d'onde du doublet étant très proches, les couleurs ne peuvent pas être distinguées par l'œil. L'ordre d'interférences en un point de l'écran dépend de λ, il n'est donc pas le même pour les deux radiations. Au voisinage d'un point M de l'écran, la différence entre les ordres d'interférences est

$$|\Delta p| = |p_M(\lambda_1) - p_M(\lambda_2)|$$

Si elle atteint $\frac{1}{2}$, alors si on a une frange sombre en M pour λ_1 ($p_M(\lambda_1)$ demi-entier), on a une frange brillante pour λ_2 ($p_M(\lambda_2)$ entier), et réciproquement. Les franges brillantes de couleur 2 s'intercalent donc dans les franges sombres de couleur 1, et réciproquement. On a donc une intensité lumineuse sensiblement constante sur tout l'écran, le contraste devient nul et il y a brouillage.

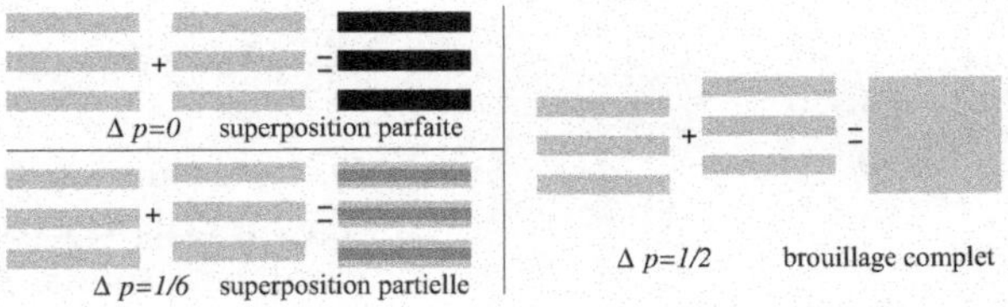

↪ **Exercices 7.12, 7.13, 7.14.**

Déterminer δ et *p* dans le Michelson en coin d'air.

Le Michelson est réglé en **coin d'air** si les miroirs M_2 et M_1' sont sécants, et inclinés l'un par rapport à l'autre d'un angle α.

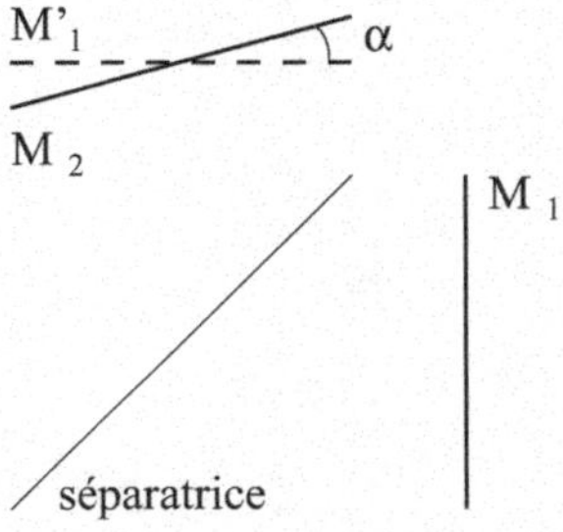

Il est inutile de faire le repliage complet du Michelson (avec la construction de S_1 et S_2) dans ce cas.

Lorsque $\alpha \ll 1$, la différence de marche en un point P de M'_1 est

$$\delta(P) = [S'P_2P] - [S'P] \simeq 2\varepsilon(P)$$

où $\varepsilon(P)$ est l'épaisseur du coin d'air en P.

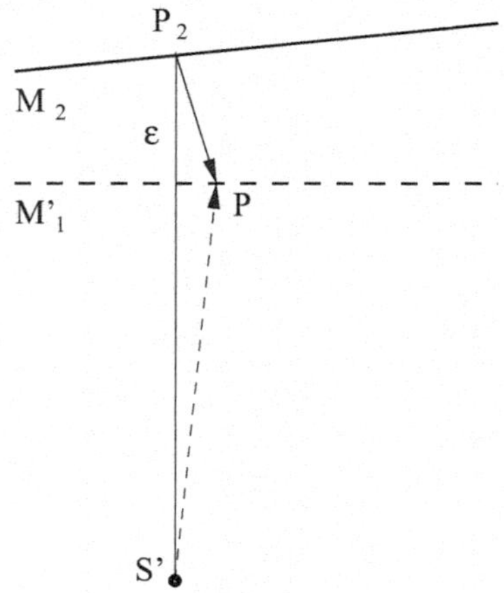

Voici les conséquences expérimentales.

a) Pour P, donc ε fixé, la différence de marche ne dépend pas de la position de la source. Il en découle que les franges ne sont pas brouillées quand la source est **étendue**. Les interférences sont **localisées** sur M'_1 (ou sur M_2) pour le coin d'air éclairé par une source étendue.

b) On doit donc utiliser une **lentille de projection** pour projeter l'image de M'_1 sur l'écran. Attention à la différence :

- dans le cas de la lame d'air (voir paragraphe précédent), les franges sont localisées à l'infini donc l'écran est dans le plan focal image de la lentille convergente ;
- dans le cas du coin d'air, les franges sont localisées sur M'_1 et l'écran est le plan conjugué de ce miroir par la lentille, sa position est donc définie par les lois de conjugaison de l'optique géométrique.

c) Si la source S est monochromatique, de longueur d'onde dans le vide λ_0, l'**ordre d'interférences** en P vaut

$$p(P) = \frac{\delta(P)}{\lambda_0} = \frac{2\varepsilon(P)}{\lambda_0}$$

Les franges brillantes, définies par $p \in \mathbf{Z}$, sont donc des lignes d'égale épaisseur du coin d'air. On les appelle les **franges d'égale épaisseur**, ce sont donc des segments parallèles à l'arête du coin d'air, intersection entre M_2 et M'_1. Elles sont régulièrement espacées et on peut définir un interfrange.

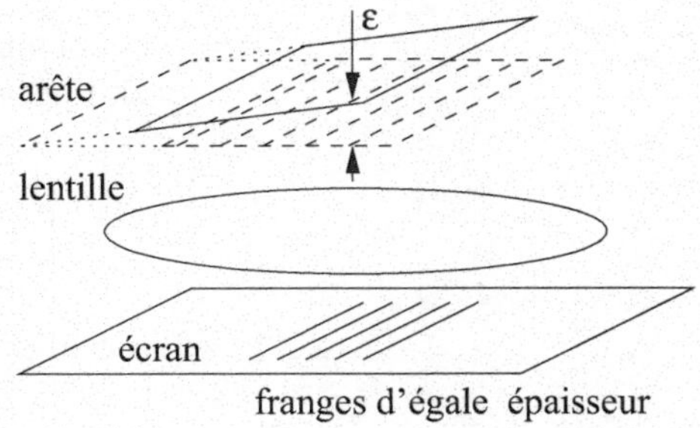

d) Lorsque $\alpha \to 0$, les franges s'espacent de plus en plus et deviennent très larges, on ne distingue plus qu'une tache de teinte uniforme lorsque $e = 0$. On est alors au **contact optique**

Exemple :

Avec une source quasi monochromatique de longueur d'onde dans le vide $\lambda_0 = 600$ nm, on éclaire un Michelson réglé en coin d'air avec un angle $\alpha = 0,30$ mrad. Munissons le miroir M_1' d'un repère (O, x, y) où (O, y) est confondu avec l'arête du coin.

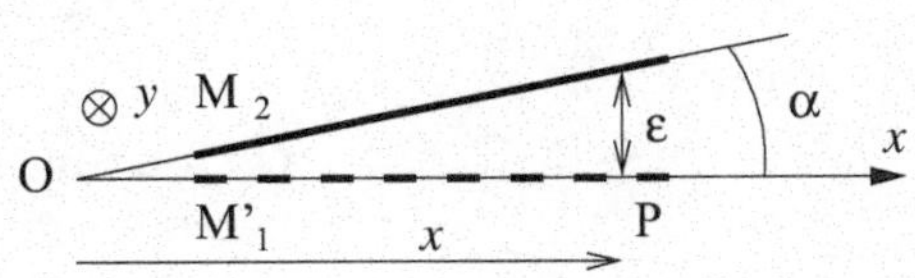

Au point $P(x, y)$, l'épaisseur du coin d'air est

$$\varepsilon = x \tan\alpha \simeq x\alpha \text{ donc } \delta(x, y) = 2\alpha x \text{ et } p(x, y) = \frac{2\alpha x}{\lambda_0}$$

La frange brillante d'ordre $p = k$ entier a donc pour équation

$$x = x_k = \frac{k\lambda_0}{2\alpha}$$

C'est donc une frange rectiligne parallèle à l'arête. L'interfrange vaut

$$i = |x_{k+1} - x_k| = \frac{\lambda_0}{2\alpha} = 1,0 \text{ mm}$$

Voici une vue en trois dimensions des franges observées (la surface est définie par $z = \mathrm{I}(x, y)$).

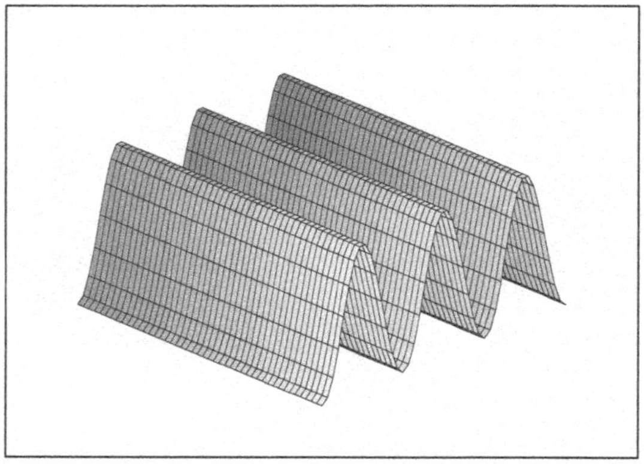

↪ **Exercice 7.15**

Analyser optiquement la forme d'un objet.

Le Michelson réglé en coin d'air fait apparaître des franges d'égale épaisseur, l'ordre d'interférences en un point P de M'_1 (où sont localisées les franges lorsque le Michelson est éclairé par une source large) est

$$p = \frac{2\varepsilon}{\lambda}$$

On introduit entre la séparatrice et l'un des miroirs une lame transparente à faces parallèles d'épaisseur a et d'indice n. En notant n_0 l'indice de l'air, cette lame induit une différence de marche supplémentaire $2(n - n_0)a$ là où elle est traversée. Les franges se décalent et la mesure de ce décalage permet de déterminer l'épaisseur et/ou l'indice de réfraction de la lame. Deux cas sont à considérer.

a) Si a est très supérieur à ε, le **décalage** correspond à un nombre q de franges égal à la **variation de l'ordre d'interférences** :

$$|\Delta p| = |p' - p| = q = \frac{2(n - n_0)a}{\lambda_0}$$

b) Si a est inférieur ou de l'ordre de grandeur de ε, le décalage correspond à moins d'une frange. On peut estimer la variation de l'ordre d'interférences par proportionnalité. Si i est l'interfrange et Δx le décalage des franges, alors

$$|\Delta p| = \frac{\Delta x}{i} = \frac{2(n - n_0)a}{\lambda_0}$$

Exemple :

Voici le détail de la détermination de la variation d'ordre d'interférences. Pour simplifier le schéma, supposons que la lame soit au contact de M'_1. Soit P un point de la surface de M'_1 et Q un point à la surface de la lame d'indice n.

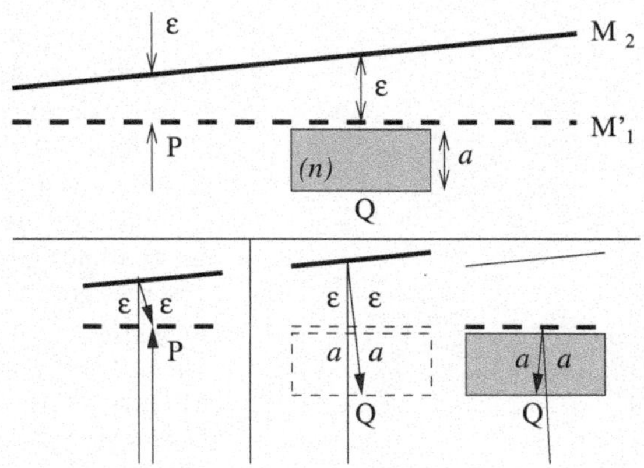

Au point P

$$\delta = \delta(P) = 2n_0\varepsilon$$

Au point Q

$$\delta' = \delta(Q) = 2n_0 a + 2n_0\varepsilon - 2na = 2n_0\varepsilon - 2(n-n_0)a$$

On en déduit la variation

$$|\Delta p| = \left|\frac{\delta'}{\lambda_0} - \frac{\delta}{\lambda_0}\right| = \frac{2(n-n_0)a}{\lambda_0}$$

↪ **Exercices 7.16, 7.17, 7.18.**

Interpréter les observations en lumière blanche.

Nous reprenons et résumons les lois énoncées dans le cas des trous d'Young au chapitre 6. La largeur spectrale de la lumière blanche étant très grande, le brouillage est obtenu dès que δ dépasse le micromètre. La recherche du contact optique en éclairant le Michelson directement en lumière blanche est donc quasi impossible.

Voici les observations qu'on peut faire au voisinage de cet état.
a) Au **contact optique**, $M_2 = M_1'$, $e = 0$ en termes de lame d'air, $\alpha = 0$ en termes de coin d'air. δ est donc nul, l'ordre d'interférences est nul et il y a interférences constructives pour toute longueur d'onde, en tout point de l'écran d'observation. On obtient donc une **teinte plate**, le **blanc d'ordre supérieur**.
b) Si à partir du contact optique, on déplace M_1 en tournant la vis T d'un angle extrêmement petit, on passe en lame d'air, l'ordre d'interférences atteint $\frac{1}{2}$ pour les petites longueurs d'onde et reste proche de 0 pour les grandes longueurs d'onde, on a donc extinction du bleu et on voit une **teinte de Newton** proche du jaune.
c) Si à partir du contact optique, on fait pivoter M_2 en tournant la vis U2 ou la vis V2 d'un angle extrêmement petit, on passe en coin d'air. Au centre de la figure, on est encore au contact optique et on observe une bande de blanc d'ordre supérieur. Sur les côtés, l'ordre d'interférences atteint $\frac{1}{2}$ pour les petites longueurs d'onde et reste proche de 0 pour les grandes longueurs d'onde, on a donc extinction du bleu et on voit deux bandelettes symétriques de couleur jaunâtre.
d) On revient au cas b et on tourne un peu plus la vis T, on observe plusieurs teintes de Newton successives, puis une teinte blanchâtre qui n'évolue plus. Quand on observe avec un spectroscope, on voit un **spectre cannelé**, chaque cannelure correspondant à une longueur d'onde éteinte, donc à un ordre d'interférences demi-entier.
e) On revient au cas c et on tourne un peu plus la vis U2 ou la vis V2. On observe alors une bande blanche centrale bordée de bandes irisées, et une teinte blanchâtre de part et d'autre.

Exemple :

Déterminons les valeurs de e en lame d'air pour lesquelles apparaisssent chacun des phénomènes cités ci-dessus. Pour $e = 0$, au contact optique, on observe le blanc d'ordre supérieur, $p(\lambda) = 0$ pour toute valeur de λ. La teinte restera blanche tant que p n'atteint jamais la valeur $\frac{1}{2}$ dans le spectre, c'est-à-dire tant que

$$\forall \lambda \in [400\text{ nm}, 800\text{ nm}],\ \frac{2e}{\lambda} < \frac{1}{2}$$

Cette inégalité doit donc être vérifiée pour la plus petite valeur de λ

$$\text{donc } e < 100\text{ nm} = 0,1\,\mu\text{m}$$

On observera une teinte de Newton tant que le nombre de cannelures est inférieur ou égal à 4 environ. Cette valeur est basée sur le fait que si on supprime 5 (ou plus) bandelettes dans le spectre de la lumière blanche, on aura encore un peu de violet, un peu de bleu, un peu de vert, un peu de jaune, un peu de rouge, et l'œil verra une teinte blanchâtre. Les cannelures sont définies par

$$p(\lambda) = k + \frac{1}{2} \; k \in \mathbf{Z}$$

$$\text{soit } \frac{2e}{\lambda} = k + \frac{1}{2} \text{ soit } \lambda = \frac{4e}{2k+1}$$

Dans le spectre de la lumière blanche,

$$400 \text{ nm} < \frac{4e}{2k+1} < 800 \text{ nm}$$

$$\text{soit } 1,25 \cdot 10^6 < \frac{2k+1}{4e} < 2,50 \cdot 10^6$$

$$\text{donc } 2,5 \cdot 10^6 e - \frac{1}{2} < k < 5,00 \cdot 10^6 e - \frac{1}{2}$$

Il y a au plus 4 solutions entières à cette double inéquation si la différence entre les deux bornes est inférieure à 5, soit

$$2,5 \cdot 10^6 e < 5 \text{ soit } e < 2 \text{ µm}$$

On peut estimer enfin qu'on ne peut plus observer le spectre cannelé s'il y a plus de 100 cannelures, donc si

$$2,5 \cdot 10^6 e > 100 \text{ soit } e < 40 \text{ µm}$$

Quand on considère que la vis T a un pas de 0,5 mm soit 500 µm, on comprend bien que la probabilité de trouver le contact optique en lumière blanche sans réglage initial est extrêmement faible.

↪ **Exercices 7.19, 7.20.**

Énoncés des exercices

7.1 Forme des franges avec une source ponctuelle quasi monochromatique

L'ensemble des points M de l'espace tels que la différence des distances à deux points fixes S_1 et S_2 est une constante forme un **hyperboloïde de révolution** d'axe (S_1S_2).

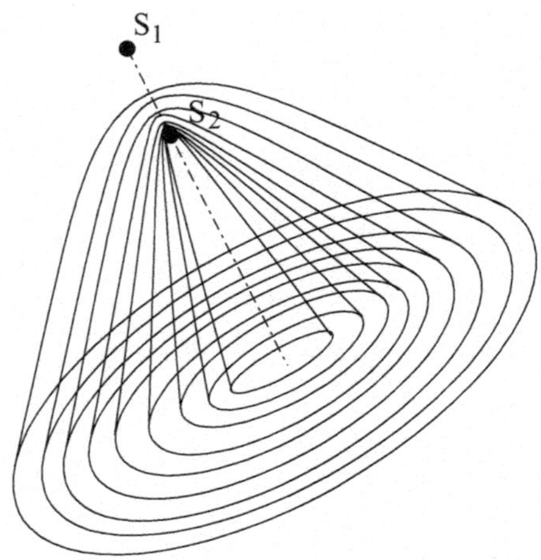

a) Lorsque le Michelson, éclairé par une source ponctuelle S quasi monochromatique, est réglé en lame d'air, les sources S_1 et S_2 sont sur un axe perpendiculaire à l'écran. Quelle est la forme des franges observées ? Sont-elles localisées ?

b) Lorsque le Michelson, éclairé par une source ponctuelle S quasi monochromatique, est réglé en coin d'air, les sources S_1 et S_2 sont sur un axe presque parallèle à l'écran. Quelle est la forme des franges observées ? Sont-elles localisées ?

7.2 Michelson en lame d'air

Lorsque l'interféromètre de Michelson est réglé en lame d'air, les miroirs M_1' et M_2 sont parallèles, distants de e. Il est éclairé par une source de lumière ponctuelle S. Quelle est la distance entre S_1 et S_2 ?

7.3 Michelson en coin d'air et trous d'Young

Un interféromètre de Michelson est réglé en coin d'air. L'angle entre les miroirs vaut $\frac{\pi}{2} + 2\alpha$. α est un petit angle. On note C_1 le centre de M_1, C_2 celui de M_2, O celui de la séparatrice et S la source supposée ponctuelle et quasi monochromatique. On suppose S, O et C_1 alignés, et $OS = OC_1 = OC_2 = L$.

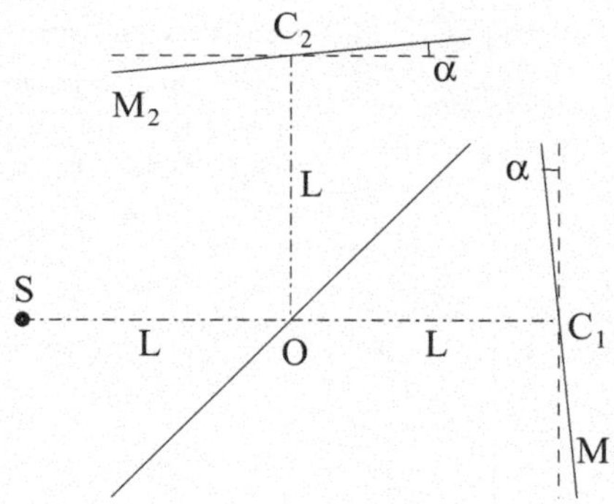

Montrer que ce dispositif est analogue à celui des trous d'Young. Préciser l'interfrange observé si l'écran est à la distance L de O.

7.4

Calcul du rayon d'un anneau en lame d'air

Un michelson est réglé en lame d'air d'épaisseur $e = 0,6$ mm et éclairé à l'aide d'une source large monochromatique de longueur d'onde dans le vide $\lambda_0 = 628$ nm. Pour observer la figure d'interférence sur l'écran, on place celui-ci dans le plan focal image d'une lentille convergente de distance focale $f' = 60$ cm. Calculer le rayon du troisième anneau brillant compté à partir du centre.

7.5

Exploitation d'un interférogramme

Un Michelson est réglé en lame d'air, éclairé en lumière monochromatique de longueur d'onde dans le vide $\lambda_0 = 600$ nm. L'image est formée sur un écran situé dans le plan focal image d'une lentille convergente de distance focale $f' = 50$ cm. Voici l'image obtenue sur l'écran (les traits noirs correspondent aux maxima d'intensité de lumière).

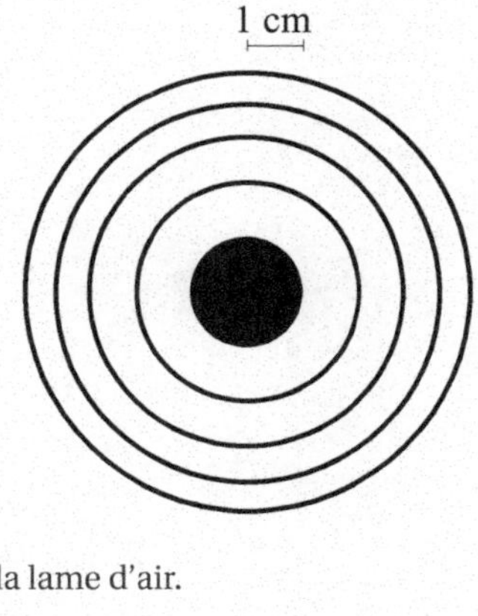

Calculer l'épaisseur e de la lame d'air.

7.6 Sens de défilement des franges

Un Michelson est réglé en lame d'air. Il est éclairé par une source de lumière quasi monochromatique, de longueur d'onde dans le vide λ_0. On note e l'épaisseur **algébrique** de la lame d'air, différence entre les distances du centre de la séparatrice aux miroirs $e = L_1 - L_2$.

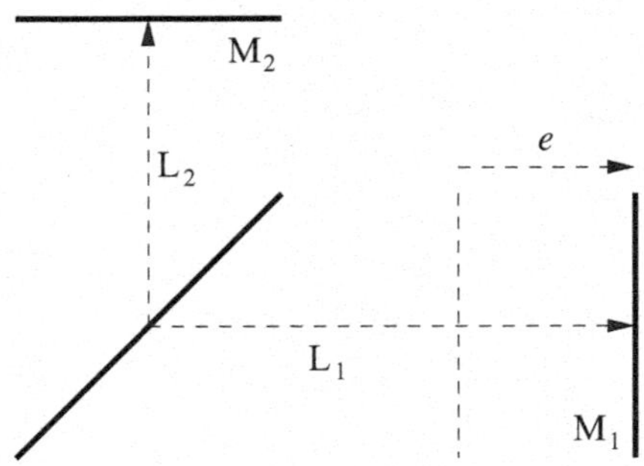

En partant d'une situation où $e > 0$, on fait diminuer régulièrement sa valeur, elle passe par la valeur zéro puis devient négative. Que voit-on sur l'écran, les franges circulaires semblent-elles se contracter puis disparaître au centre, ou au contraire germer au centre et se dilater ? En déduire une règle pour déterminer dans quel sens on doit tourner la vis T pour se rapprocher du contact optique.

7.7 Localisation des franges avec une source étendue

Un Michelson réglé en lame d'air d'épaisseur $e = 3,0$ mm est éclairé par une source, de centre C, de largeur d, quasi monochromatique de longueur d'onde dans le vide $\lambda_0 = 600$ nm. On fait l'observation sur un écran placé (sans lentille) à D = 50,0 cm de M_2 et $D + e = 50,3$ cm de M_1'. On note C_1 et C_2 les symétriques de C' par repliage du Michelson. Le centre O de l'écran est l'intersection de la droite (C_1C_2) avec celui-ci.

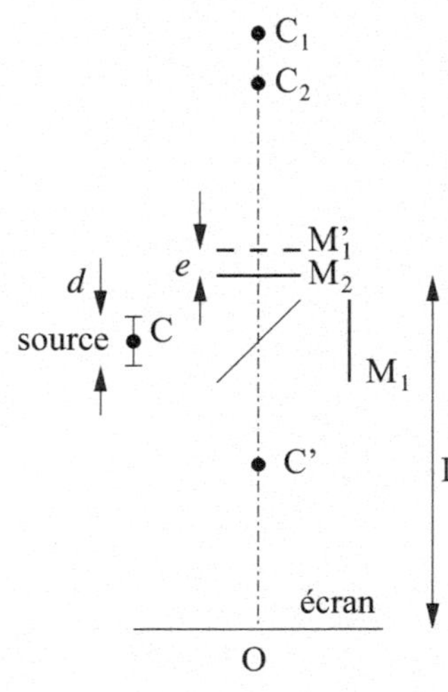

a) Donner l'expression de l'ordre d'interférences p_C en O pour le point source C.

b) Soit P un point à la périphérie de la source. Donner l'expression de la valeur exacte (il est inutile de faire le développement limité) de l'ordre d'interférences p_P en O pour le point source P.

c) En utilisant le critère de brouillage par élargissement spatial de la source, déterminer la largeur maximale d permettant d'observer la figure d'interférences sur l'écran sans lentille de projection. On pourra utiliser un solveur ou un grapheur pour répondre à la question.

d) Conclure sur la localisation des franges.

7.8 Mesure de l'épaisseur d'une lame

On dispose d'un Michelson réglé en lame d'air d'épaisseur e. On l'éclaire par une source ponctuelle quasi monochromatique, de longueur d'onde dans le vide $\lambda_0 = 475$ nm, placée au foyer objet d'une lentille convergente. On place un capteur optique au foyer image d'une lentille convergente, en sortie duquel, on mesure une tension proportionnelle à l'intensité collectée en F′.

a) Que se passe-t-il si $e = 0$? Quel est le nom de ce réglage ? Dans les questions suivantes, on part de cette situation.

b) Combien de franges brillantes défilent lorsque e varie de 2 µm ?

c) On place entre la séparatrice et l'un des miroirs une lame de verre d'indice $n = 1{,}50$ et d'épaisseur $h = 1{,}0$ mm. Déterminer la différence de marche au niveau du capteur. Combien de franges défilent lorsqu'on chariote pour revenir à une différence de marche nulle ?

7.9 Mesure de l'indice de l'air

Un Michelson est réglé en lame d'air d'épaisseur e et éclairé par une source de lumière quasi monochromatique de longueur d'onde dans le vide $\lambda_0 = 632$ nm. Deux cuves identiques, à faces parallèles et transparentes, de longueur L = 3,00 cm, sont placées entre la séparatrice et chacun des miroirs. L'écran est placé dans le plan focal image d'une lentille convergente.

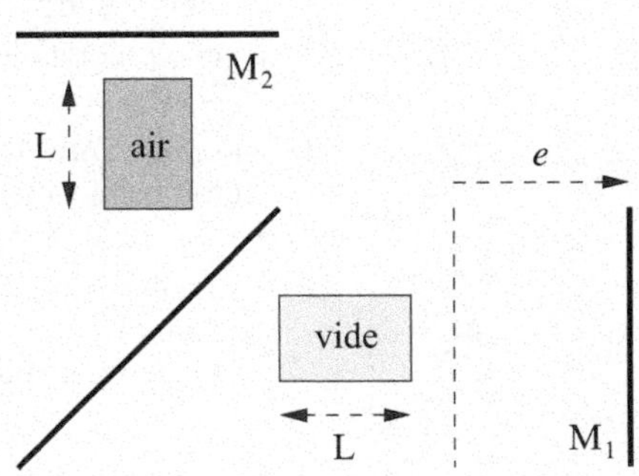

Dans la situation initiale, les deux cuves sont pleines d'air. On fait le vide dans la cuve sur le trajet 1. On voit défiler 26 franges au centre de l'écran. En déduire l'indice de l'air dans la cuve.

7.10 Analyse qualitative de l'effet de la déformation d'un miroir

Un Michelson réglé en lame d'air est au contact optique. Il est éclairé en lumière quasi monochromatique et l'écran est placé dans le plan focal image d'une lentille convergente. Le miroir M_1 subit un choc thermique et se déforme. Il prend un aspect bombé en forme de calotte sphérique (de très grand rayon de courbure).

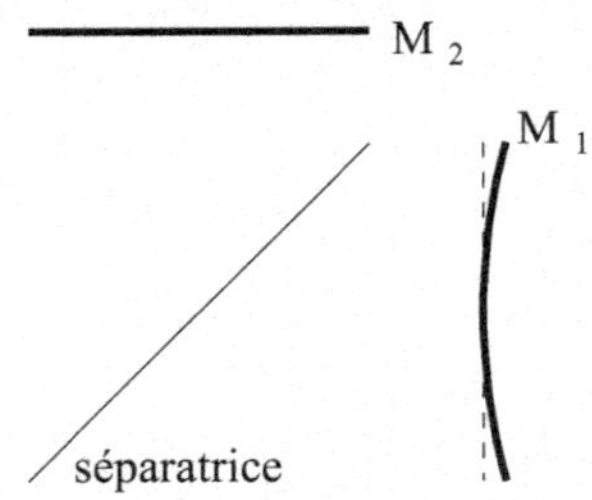

Décrire qualitativement la figure observée sur l'écran.

7.11 Précision métrologique (agrégation 2007)

Un Michelson éclairé par un laser stabilisé de longueur d'onde dans le vide

$$\lambda_0 = 543,515\,664 \text{ nm}$$

est réglé en lame d'air. Le miroir M_2 est fixe et le miroir M_1, initialement à la position du contact optique, est solidaire d'un objet mobile dont on veut mesurer le déplacement le plus précisément possible. Un capteur d'intensité lumineuse est placé au foyer image d'une lentille convergente. Il incrémente un compteur dès que l'intensité I passe par une valeur maximale. Le miroir M_2 s'éloigne d'une distance d.

a) Le compteur indique le défilement de 36 797 franges. En déduire un encadrement d.

b) Pour améliorer la précision, on considère que l'ordre d'interférences lorsque le miroir est à sa position extrême est $p = p_0 + \varepsilon$ où p_0 est la partie entière de p. Quelle est la valeur de p_0 ?

c) Pour déterminer l'**excédent fractionnaire** ε, on impose un déplacement à vitesse constante V_0 du miroir et on mesure très précisément l'évolution de $I(t)$ à la date t_1 à laquelle le miroir atteint la valeur d. On obtient

$$\frac{I(t_1)}{I_{max}} = 0,181 \text{ et } \frac{dI}{dt}(t_1) > 0$$

En déduire la valeur de ε et la valeur de d exprimée avec un nombre de chiffres significatifs cohérent avec les données.

7.12

Mesure d'un doublet spectral : utilisation du critère de brouillage

Un interféromètre de Michelson est réglé en lame d'air. L'abscisse du chariot au contact optique est notée x_0 et on pose $x = x_0 + X$. On éclaire le Michelson avec une source bichromatique de longueurs d'onde très proches et de couleurs indiscernables à l'œil

$$\begin{cases} \lambda_1 = \lambda_0 - \frac{\Delta\lambda}{2} \\ \lambda_2 = \lambda_0 + \frac{\Delta\lambda}{2} \end{cases} \text{ ou } \begin{cases} \lambda_0 = \frac{\lambda_1+\lambda_2}{2} \\ \Delta\lambda = \lambda_2 - \lambda_1 \end{cases} \quad \text{avec } \Delta\lambda \ll \lambda_0$$

On fait l'observation à l'infini en plaçant un écran dans le plan focal image d'une lentille convergente. On chariote depuis $X = 0$, on voit défiler des franges concentriques très nettes, puis le contraste diminue et s'annule pour $X = X_b$.

a) Pour $X = X_b$, donner l'expression de la différence de marche au centre de l'écran.

b) Donner l'expression de la variation $|\Delta p|$ d'ordre d'interférences mesurée sur la demi-largeur spectrale de la source.

c) En utilisant le critère de brouillage (voir chapitre 6), en déduire $\Delta\lambda$.

d) Pour le doublet jaune du sodium, on donne $\lambda_0 = 589{,}3$ nm. On observe le brouillage pour $X_b = 0{,}14$ mm quand on chariote dans un sens et $X'_b = -0{,}15$ mm quand on chariote dans l'autre sens. Proposer une explication à cette disymétrie et calculer la valeur de $\Delta\lambda$.

7.13

Mesure d'un doublet spectral : calcul algébrique de l'intensité

Un interféromètre de Michelson est réglé en lame d'air. L'abscisse du chariot au contact optique est notée x_0 et on pose $x = x_0 + X$. On éclaire le Michelson avec une source bichromatique de longueurs d'onde très proches et de couleurs indiscernables à l'œil

$$\begin{cases} \lambda_1 = \lambda_0 - \frac{\Delta\lambda}{2} \\ \lambda_2 = \lambda_0 + \frac{\Delta\lambda}{2} \end{cases} \text{ ou } \begin{cases} \lambda_0 = \frac{\lambda_1+\lambda_2}{2} \\ \Delta\lambda = \lambda_2 - \lambda_1 \end{cases} \quad \text{avec } \Delta\lambda \ll \lambda_0$$

On fait l'observation à l'infini en plaçant un écran dans le plan focal image d'une lentille convergente de distance focale f'.

a) Lorsque l'épaisseur de la lame d'air vaut e, donner l'expression de l'intensité lumineuse au centre de l'écran $I_1(e)$ créée par la radiation de longueur d'onde λ_1 et $I_2(e)$ créée par la radiation de longueur d'onde λ_2.

b) En déduire l'intensité résultante $I(e)$. On donne

$$\cos p + \cos q = 2\cos\frac{p+q}{2}\cos\frac{p-q}{2}$$

c) Pour e fixé, on observe les franges pour $i \in [0, i_{max}]$ avec $i_{max} \ll 1$. Déterminer l'expression du contraste $C(e)$ de la figure.

d) Pour le doublet jaune du sodium, on donne $\lambda_0 = 589{,}3$ nm. On observe un brouillage périodique des franges pour les valeurs suivantes de X, exprimées en millimètres :

$$0{,}145\ 0{,}436,\ 0{,}727\ 1{,}017\ 1{,}308\ 1{,}599\ 1{,}889\ 2{,}180$$

En déduire $\Delta\lambda$.

7.14

Profil spectral gaussien en nombre d'onde

Une source lumineuse non monochromatique éclaire un Michelson réglé en lame d'air. L'observation est faite au centre de l'écran placé dans le plan focal image d'une lentille convergente. L'inverse de la longueur d'onde est le nombre d'onde $\sigma = \frac{1}{\lambda}$. On note $\mathscr{D}(\sigma) = \frac{dI_0}{d\sigma}$ la densité spectrale de la source, où dI_0 est l'intensité lumineuse reçue sur l'écran dans la bande spectrale $[\sigma, \sigma + d\sigma]$ lorsqu'un des miroirs du Michelson est oculté. La fonction de densité lumineuse spectrale gaussienne est

$$\mathscr{D}(\sigma) = \frac{dI_0}{d\sigma} = \mathscr{D}_0 e^{-\left(\frac{\sigma-\sigma_0}{b}\right)^2} \text{ avec } \sigma = \frac{1}{\lambda} \text{ et } b \ll \sigma_0$$

Un moteur fait varier l'épaisseur e de la lame d'air à vitesse constante V_0 avec $e = 0$ à $t = 0$.

a) Donner l'expression de l'intensité lumineuse $I(t)$ au niveau du capteur sous la forme d'une intégrale sur σ.

b) On donne

$$\int_{-\infty}^{+\infty} e^{-y^2} dy = \sqrt{\pi} \text{ et}$$

$$\int_0^{+\infty} [\cos(2\pi\sigma\delta)] e^{-\left(\frac{\sigma-\sigma_0}{b}\right)^2} d\sigma \simeq b\sqrt{\pi} e^{-\pi^2 b^2 \delta^2} \cos(2\pi\sigma_0\delta)$$

Montrer qu'on peut écrire

$$I(t) = I_0 \left[1 + e^{-\left(\frac{t}{\tau}\right)^2} \cos\left(2\pi \frac{t}{T_0}\right)\right] \text{ avec } T_0 \ll \tau$$

en précisant les expressions de I_0, τ et T_0.

c) Voici l'interférogramme obtenu.

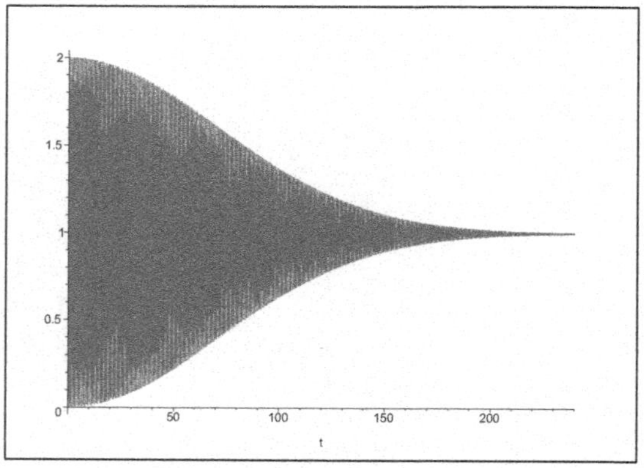

Pendant la durée de l'expérience, un compteur détecte la succession de 480 franges. Le pas de rotation de la vis micrométrique T est 0,500 mm. Le moteur impose une rotation de 1 tour en 15 minutes. Déduire du diagramme et de ces valeurs celles de σ_0, de λ_0 et de a. Vérifier que $a \ll \sigma_0$.

7.15

Franges d'égale épaisseur

Les miroirs d'un interféromètre de Michelson font entre eux un angle $\frac{\pi}{2} + \alpha$. Ils sont éclairés par une source de lumière quasi monochromatique, de longueur d'onde dans le vide λ_0. On observe les interférences localisées sur le miroir M_1' en plaçant, parallèlement à lui, à une distance D, une lentille convergente de distance focale f' et en formant l'image de M_1' sur un écran. Au centre de l'écran, on a l'image de la frange rectiligne d'égale épaisseur nulle ($\varepsilon = 0$).

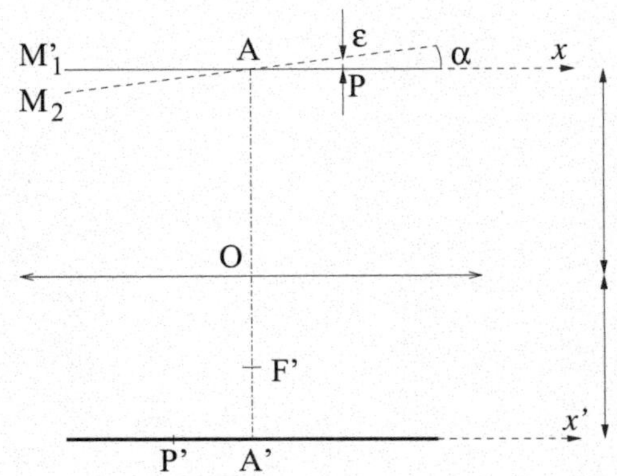

On donne les relations de conjugaison de Descartes pour une lentille de centre O donnant de l'objet $\overline{BC}$ une image $\overline{B'C'}$.

$$\frac{1}{\overline{OB'}} - \frac{1}{\overline{OB}} = \frac{1}{f'} \text{ et } \frac{\overline{B'C'}}{\overline{BC}} = \frac{\overline{OB'}}{\overline{OB}}$$

a) Déterminer la relation entre D, D' et f' et en déduire que le grandissement vaut

$$\frac{\overline{B'C'}}{\overline{BC}} = \frac{x'}{x} = \frac{-f'}{D - f'}$$

b) Soit P un point de M_1' repéré par $\overline{AP} = x$ et P' son image sur l'écran repérée par $\overline{A'P'} = x'$. Déterminer l'épaisseur ε du coin d'air en P en fonction de x et de α.

c) En déduire ε en fonction de x', α, D et f'.

d) Exprimer la différence de marche δ en P en fonction de x', α, D et f'.

e) En déduire l'intensité $I(x')$, l'abscisse x'_p de la frange brillante d'ordre p entier et l'interfrange i.

f) On prend $\lambda_0 = 600$ nm, $f' = 25$ cm, D = 27 cm, $\alpha = 0,5$ minute d'angle (une minute = un soixantième de degré). Que voit-on sur l'écran ?

7.16 Mesure de l'épaisseur d'une lame (analyse documentaire)

Un Michelson est réglé en coin d'air en lumière monoatomique de longueur d'onde dans le vide $\lambda_0 = 600$ nm. L'image de M_2 est formée sur un écran grâce à une lentille convergente de distance focale $f' = 50$ cm située à $D' = 100$ cm de l'écran. Un nanofeuillet transparent, d'indice $n = 1{,}5$ et d'épaisseur a inconnue est inséré entre la séparatrice et l'un des miroirs. Voici l'image obtenue sur l'écran :

Calculer l'angle α du coin d'air et l'épaisseur a. On donne les relations de conjugaison de Descartes pour une lentille de centre O donnant de l'objet $\overline{BC}$ une image $\overline{B'C'}$.

$$\frac{1}{\overline{OB'}} - \frac{1}{\overline{OB}} = \frac{1}{f'} \text{ et } \frac{\overline{B'C'}}{\overline{BC}} = \frac{\overline{OB'}}{\overline{OB}}$$

7.17 Mesure du rayon de courbure d'un miroir déformé

Le miroir M_1 d'un Michelson est parfaitement plan, le miroir M_2 ne l'est pas et présente une surface sphérique de rayon R très grand, de l'ordre de la dizaine de mètres. On se place au contact optique au centre des miroirs, on éclaire le dispositif avec une source de lumière quasi monochromatique, de longueur d'onde dans le vide $\lambda_0 = 578$ nm. On forme l'image de M_1' sur un écran grâce à une lentille de projection, le grandissement du système optique vaut $-4{,}0$. On observe sur l'écran une teinte non uniforme : le centre de la figure forme une tache brillante entourée de trois franges circulaires brillantes de rayons respectifs

$$r_1 = 1{,}5 \text{ cm},\ r_2 = 2{,}2 \text{ cm},\ r_3 = 2{,}6 \text{ cm},\ r_4 = 3{,}0 \text{ cm}$$

Déterminer la valeur de R.

7.18

Analyse d'une lame fine prismatique

Une lame prismatique transparente, d'indice n, possède un angle au sommet $\beta \ll 1$.

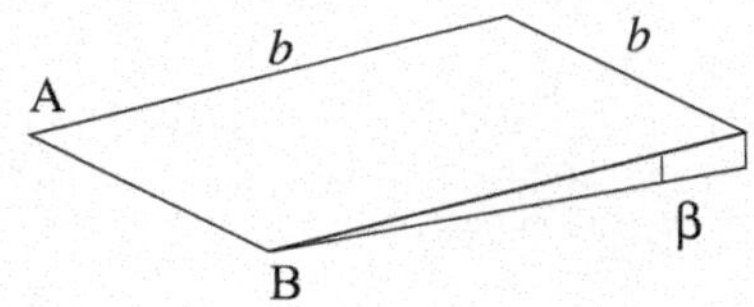

On éclaire un Michelson réglé en coin d'air, d'angle $\alpha \ll 1$ et d'arête (O, y), par une source lumineuse quasi monochromatique, de longueur d'onde dans le vide λ_0.

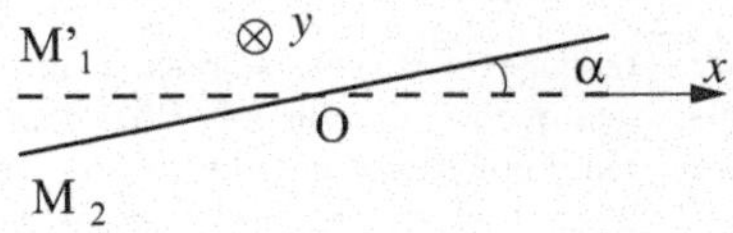

On prend $\alpha = \beta = 0{,}30$ mrad, $n = 1{,}5$, $\lambda_0 = 600$ nm et $b = 5{,}0$ mm.

a) On plaque la lame prismatique contre le miroir M_1, l'arête AB de la lame étant confondue avec l'arête (O, y) du coin d'air, et la lame placée du côté des $x \geq 0$. Dessiner la figure d'interférences et préciser ses propriétés métriques.

b) On plaque la lame prismatique contre le miroir M_2, l'arête AB de la lame étant confondue avec l'axe (O, x). Dessiner la figure d'interférences et préciser ses propriétés métriques.

7.19

Figure interférentielle d'un Michelson en coin d'air éclairé en lumière blanche

Un Michelson est réglé en coin d'air d'angle $\alpha = 25$ µrad. On forme l'image de M_1' sur un écran grâce à une lentille de projection de grandissement $\gamma = 10$. L'écran est muni d'un repère (O', x', y'). L'image de l'arête du coin d'air est confondue avec la droite (O', y'). L'œil détecte une couleur blanche si le nombre de longueurs d'onde éteintes dans l'intervalle [400 nm, 800 nm] est nul ou s'il est supérieur ou égal à 5. Décrire la figure d'interférences observée sur l'écran en précisant la largeur de la bande de blanc d'ordre supérieur et celle des bandes irisées qui l'entourent (on ne cherchera pas à déterminer la succesion des teintes de Newton dans ces bandes).

7.20

Spectre cannelé en lame d'air

Un étudiant en TP d'optique a effectué un réglage en lame d'air d'un Michelson.

a) Quelle figure d'interférences observe-t-il sur l'écran en lumière monochromatique ?

b) Quelle figure observe-t-il sur l'écran en lumière monochromatique quand il est pratiquement au contact optique ?

c) À partir de cette situation, il remplace la source de lumière monochromatique par une source de lumière blanche. Il observe une teinte blanche sur l'écran. Il observe cette lumière au spectroscope et distingue une vingtaine de cannelures. Pour savoir dans quel sens il doit tourner la vis T de chariotage pour se rapprocher du contact optique, comment doit-il procéder ?

d) Le pas de la vis micrométrique T est de 0,500 mm, c'est-à-dire que l'abscisse de M_1 varie de 0,500 mm à chaque tour. De quel angle doit-il tourner T pour atteindre le blanc d'ordre supérieur ?

Du mal à démarrer ?

7.1

Les franges observées sont les lignes d'intersection entre les surfaces hyperboloïdes et l'écran. En plaçant celui-ci dans les deux zones géométriques définies par l'énoncé, on peut imaginer leur forme dans chaque cas.

7.2

La relation de Chasles vectorielle suffit pour conclure.

7.3

Il faut avant tout dessiner le repliage du Michelson, et en déduire les dimensions et les angles remarquables. On voit apparaître deux sources ponctuelles dont on détermine la distance et la distance à l'écran. On applique ensuite les résultats du chapitre 6 pour exprimer l'interfrange.

7.4

Une frange brillante a un ordre d'interférences p entier. On relie p à δ, puis δ à i, puis i au rayon r de la frange. On détermine la valeur de p (non entière) au centre de la figure et on en déduit celle correspondant à la troisième frange brillante. On en déduit enfin le rayon de cette frange.

7.5

Après avoir exprimé la relation entre le rayon r_p du cercle brillant d'ordre p et l'entier p, il faut exploiter le tableau de la suite des rayons R_k en déterminant la relation entre p et k. Une représentation graphique ou une régression linéaire permet de conclure.

7.6

On doit établir la relation entre le rayon r_p de la frange brillante d'ordre p, e et l'entier p. On utilise pour ça l'expression de δ pour la lame d'air et la relation $\tan i = \frac{r}{f'}$. On étudie ensuite le sens de variation de r_p en fonction de e.

7.7

Le repliage du Michelson permet de déterminer les position exactes de C_1, C_2, P_1, P_2 et O. En utilisant les coordonnées de ces points, on en déduit les distances, les différences de marche, les ordres d'interférences p_C et p_P, et enfin Δp. La condition de brouillage conduit à une résolution graphique.

7.8

Dans les cas (b) et (c), on détermine la différence de marche et l'ordre d'interférences correspondant qui correspond au nombre de franges qui doivent défiler pour revenir au contact optique.

7.9

Le nombre de franges qui défilent est égal à la variation de l'ordre d'interférences entre la situation où les deux cuves sont remplies d'air (la différence de marche δ' est alors égale à celle de la lame d'air) et celle où l'une des cuves est vide (la différence de marche δ'' est modifiée car quand l'un des rayons traverse une épaisseur d'air L, à l'aller et au retour, l'autre traverse la même épaisseur de vide).

7.10

On peut montrer par construction que la courbure du miroir donne d'une source ponctuelle S′ une image qui n'est plus le symétrique orthogonal de S′ par rapport au miroir, mais un point un peu plus proche.

7.11

Le nombre de franges qui défilent est égal à la partie entière de la variation de l'ordre d'interférences. On en déduit l'encadrement de d. Pour la détermination de l'excédent fractionnaire, on doit expliciter $I(t)$ grâce à la formule de Fresnel.

7.12

La variation d'ordre d'interférences évaluée sur la demi-largeur spectrale de la source est $\Delta p = \frac{\delta}{\lambda_1} - \frac{\delta}{\lambda_2}$. On pourra effectuer le développement limité puis écrire la condition de brouillage.

7.13

La sommation des intensités lumineuses et l'utilisation de la formule de trigonométrie conduit à une expression de $I(e)$ faisant apparaître le produit d'un cosinus qui varie avec une faible période et d'un cosinus avec une grande période, presque constant sur l'écran. Le contraste est égal à la valeur absolue de ce dernier.

7.14

L'utilisation de la formule de Fresnel donne l'élement différentiel de l'intégrale. Le calcul de celle-ci est un exercice très technique nécessitant un changement de variable d'intégration et une approximation. L'analyse du graphe donne les valeurs de T_0 et de τ. On en déduit celles de a et de σ_0.

7.15

L'exercice est très guidé. on doit jongler entre les expressions sur le miroir et celles sur l'écran en utilisant le grandissement du dispositif de projection.

7.16

On montrera que le grandissement vaut -1 grâce aux relations de conjugaison. La mesure de l'interfrange donne α par application de la formule du cours. La mesure du décalage des franges donne accès à la variation de l'ordre d'interférences provoquée par la présence du feuillet, puis à a selon la méthode décrite dans le cours.

7.17

Contrairement à ce qu'on pourrait croire a priori, c'est une situation de coin d'air et pas de lame d'air. La différence de marche est 2ε où ε est l'épaisseur de la lame d'air sphérique entre le miroir plan et le miroir sphérique, qu'on reliera à r. Un repliage et une figure très agrandie sont indispensables. L'exploitation du tableau de valeurs nécessite un graphe ou une régression linéaire.

7.18

La différence de marche est la somme de celle provoquée par la lame prismatique et de celle habituelle du coin d'air. Elle dépend de x seulement dans le cas (a) et de x et de y dans le cas (b). Les franges sont définies par un ordre d'interférences constant, on en déduit leurs formes géométriques et on les trace. Elles présentent souvent des discontinuités entre la zone où se trouve la lame et les zones périphériques.

7.19

Le blanc d'ordre supérieur apparaît en l'absence de cannelure, donc lorsque la valeur absolue de l'ordre d'interférences à l'abscisse x' est inférieur à $\frac{1}{2}$ quelle que soit la valeur de λ. Pour déterminer le nombre de cannelures N à l'abscisse x', on utilise la méthode décrite dans le cours. En résolvant $N \geq 5$, on en déduit les valeurs de x' correspondantes.

7.20

La détermination de la relation entre le nombre N de cannelures et e est faite en suivant la méthode décrite dans le cours. On en déduit e connaissant $N = 20$, puis l'angle de rotation de la vis en utilisant le pas.

Corrigés des exercices

7.1

a) L'écran est placé selon un plan orthogonal à (S_1S_2). L'intersection des hyperboloïdes avec celui-ci donne donc des franges circulaires concentriques. Ceci est vrai quelle que soit la position de l'écran, les franges ne sont donc pas localisées.

b) L'écran est placé selon un plan parallèle à (S_1S_2). L'intersection des hyperboloïdes avec celui-ci donne donc des franges presque rectilignes parallèles comme on l'a montré au chapitre 6. Ceci est vrai quelle que soit la position de l'écran, les franges ne sont donc pas localisées.

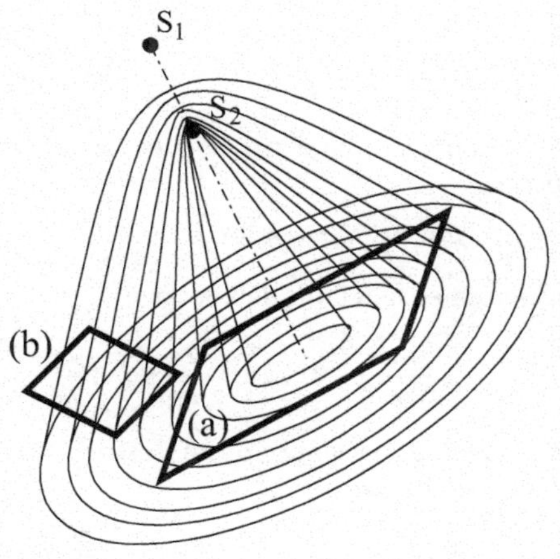

7.2

On reprend le schéma du cours.

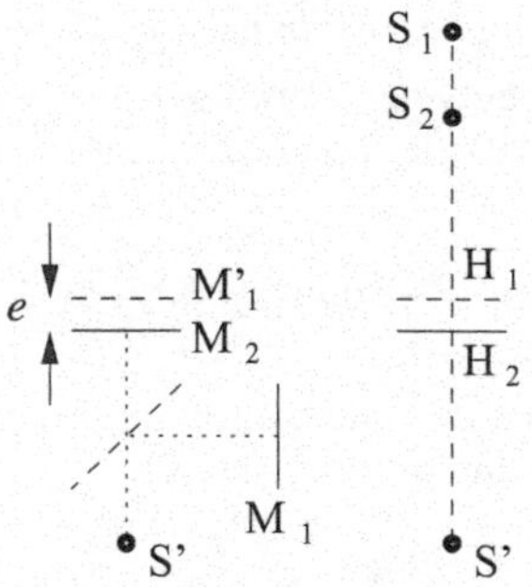

On en déduit

$$\begin{cases} \overrightarrow{S'S_2} = 2\overrightarrow{S'H_2} \\ \overrightarrow{S'S_1} = 2\overrightarrow{S'H_1} \end{cases} \quad \text{donc } \overrightarrow{S_2S_1} = \overrightarrow{S'S_1} - \overrightarrow{S'S_2}$$

$$\text{soit } \overrightarrow{S_2S_1} = 2\left(\overrightarrow{S'H_1} - \overrightarrow{S'H_2}\right) = 2\overrightarrow{H_2H_1} \text{ et } S_2S_1 = 2e$$

7.3

Le repliage du Michelson donne la figure suivante.

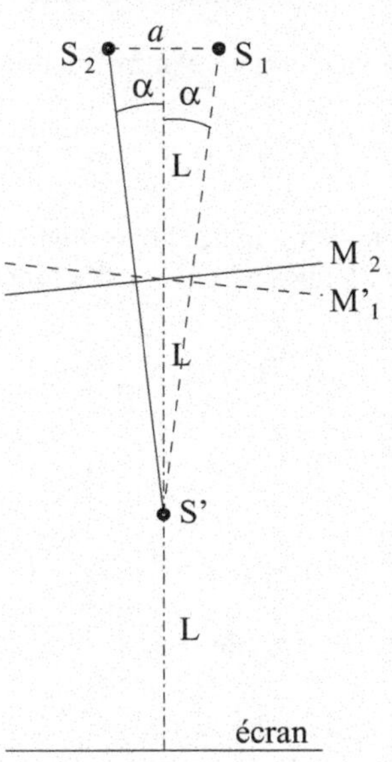

Les sources S_1 et S_2 sont donc parallèles à l'écran. Elles sont distantes de

$$a = 4L\tan\alpha \simeq 4L\alpha$$

La distance entre leur milieu et l'écran est $D = 3L$. En utilisant le résultat établi au chapitre 6, l'interfrange est

$$i = \frac{n_0\lambda_0 D}{a} = \frac{3n_0\lambda_0}{4\alpha}$$

7.4

Les franges brillantes circulaires sont telles que $\delta = p\lambda_0$, p entier, soit $2e\cos i = p\lambda_0$ soit $\cos i = p\frac{\lambda_0}{2e}$. Dans les conditions de Gauss, i est un petit angle donc $\cos i \simeq 1 - \frac{i^2}{2}$ et le rayon r_p de l'anneau d'ordre d'interférence p vérifie

$$i \simeq \tan i = \frac{r_p}{f'} \text{ donc } r_P = f'\sqrt{2}\sqrt{1 - \frac{p\lambda_0}{2e}}$$

Toutes les valeurs de p ne sont donc pas admissibles. Si on suppose $e > 0$, il faut que

$$\frac{p\lambda_0}{2e} \leq 1 \text{ soit } p \leq \frac{2e}{\lambda_0}$$

L'application numérique donne $p \leq 1\,910,8$, c'est l'ordre d'interférences du point au centre de la figure. Le troisième anneau correspond donc à $p = 1\,908$ d'où $r_{1\,908} = 3,26$ cm.

7.5

Les rayons des quatre anneaux visibles sont mesurés sur la figure

$$R_1 = 2,0 \text{ cm}, \; R_2 = 2,8 \text{ cm}, \; R_3 = 3,45 \text{ cm}, \; R_4 = 4,0 \text{ cm}$$

Le rayon de l'anneau brillant d'ordre d'interférences p est

$$r_p = f'\tan i \text{ avec } \frac{2e\cos i}{\lambda_0} = p$$

En faisant l'approximation des petits angles, on peut faire les développements limités à l'ordre 2 des fonctions trigonométriques et

$$r_p = f' i \text{ avec } 1 - \frac{i^2}{2} = p\frac{\lambda_0}{2e}$$

$$\text{donc } 1 - \frac{r_p^2}{2f'^2} = p\frac{\lambda_0}{2e}$$

$$\text{soit } r_p^2 = 2f'^2\left[1 - p\frac{\lambda_0}{2e}\right]$$

La positivité du carré entraîne que

$$p \leq p_0 \text{ avec } p_0 = \frac{2e}{\lambda_0}$$

p_0 est l'ordre d'interférences au centre de la figure. La première frange brillante correspond donc à l'ordre $p_1 = E(p_0)$. On a donc

$$R_1 = r_{p_1} \text{ et } R_k = r_{p_1-k+1} \text{ donc}$$

$$R_k^2 = 2f'^2\left[A + k\frac{\lambda_0}{2e}\right]$$

où A est une constante. On trace le graphe de R_k^2 en fonction de k.

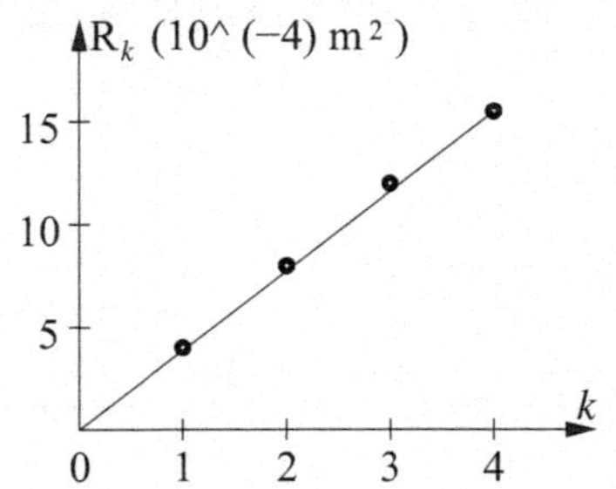

L'alignement des points prouve la validité de la loi. La pente est

$$2f'^2 \cdot \frac{\lambda_0}{2e} = 4,0\cdot 10^{-4} \text{ donc } e = \frac{f'^2\lambda_0}{4,0\cdot 10^{-4}} = 375\ \mu\text{m}$$

7.6

D'après la formule de Fresnel, en un point de l'écran de rayon r, donc repéré par l'angle d'inclinaison i, l'intensité lumineuse est

$$I = 2I_0\left(1 + \cos\frac{4\pi e\cos i}{\lambda_0}\right) \text{ avec } \tan i = \frac{r}{f'}$$

La frange brillante d'ordre d'interférences p entier relatif est définie par

$$2e\cos i = p\lambda_0 \text{ soit } \cos i = \frac{p\lambda_0}{2e}$$

Les franges visibles sont donc définies par

$$-1 \leq \frac{p\lambda_0}{2e} \leq +1 \text{ donc } -\frac{2e}{\lambda_0} \leq p \leq \frac{2e}{\lambda_0}$$

Le rayon de la frange brillante d'ordre p est

$$r_p = f'\tan i = f'\sqrt{\frac{1}{\cos^2 i} - 1} = f'\sqrt{\frac{4e^2}{p^2\lambda_0^2} - 1}$$

Quand $e \geq 0$, quand e diminue, e^2 diminue, donc r_p diminue, donc le rayon des franges diminue et les cercles concentriques semblent se contracter quand on chariote dans ce sens. Au centre de l'écran, on observe la frange d'ordre maximal $\frac{2e}{\lambda_0}$, et à chaque fois que ce terme atteint et dépasse une valeur entière, la frange brillante correspondante disparaît.

Quand $e \leq 0$, quand e diminue, e^2 augmente, donc r_p augmente, donc le rayon des franges augmente et les cercles concentriques semblent se dilater quand on chariote dans ce sens. Au centre de l'écran, on observe la frange d'ordre minimal $\frac{2e}{\lambda_0}$, et à chaque fois que ce terme atteint et dépasse une valeur entière, la frange brillante correspondante apparaît et semble germer.
En conclusion, pour diminuer la valeur absolue de e et se rapprocher du contact optique, il faut charioter dans le sens dans lequel les anneaux semblent converger vers le centre, se contracter et disparaître.

7.7

a) La différence de marche en O est

$$[C_1O] - [C_2O] = 2e \text{ donc } p_C = \frac{2e}{\lambda_0} = 10\,000$$

b) Effectuons le repliage du Michelson avec la source large en mettant en évidence le point source P à la périphérie de la cource large.

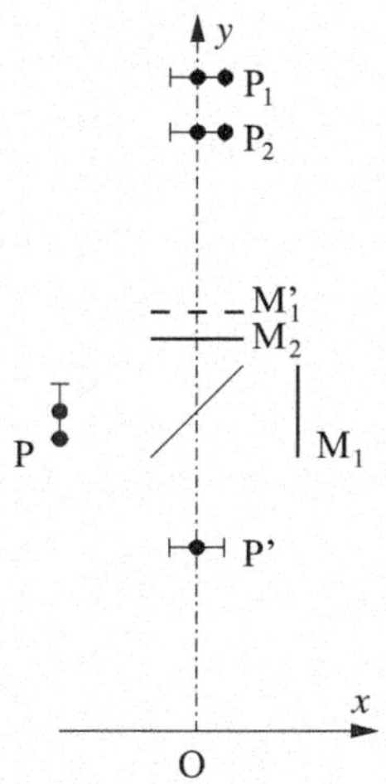

Dans le système de coordonnées (O, x, y), les coordonnées des points symétriques sont

$$P_1 \left| \begin{array}{l} \frac{d}{2} \\ 2D + 2e \end{array} \right. \quad \text{et } P_2 \left| \begin{array}{l} \frac{d}{2} \\ 2D \end{array} \right.$$

$$\text{donc} \begin{cases} P_1O = \sqrt{4D^2 + 8De + 4e^2 + \frac{d^2}{4}} \\ P_2O = \sqrt{4D^2 + \frac{d^2}{4}} \end{cases}$$

$$\text{et } p_P = \frac{P_1O - P_2O}{\lambda_0}$$

c) La variation d'ordre d'interférences sur la demi-largeur spatiale de la source est

$$\Delta p = p_P - p_C = \frac{\sqrt{1{,}006^2 + \frac{d^2}{4}} - \sqrt{1 + \frac{d^2}{4}}}{600 \cdot 10^{-9}} - 10\,000$$

On trace la courbe de ses variations en fonction de d grâce à un outil informatique.

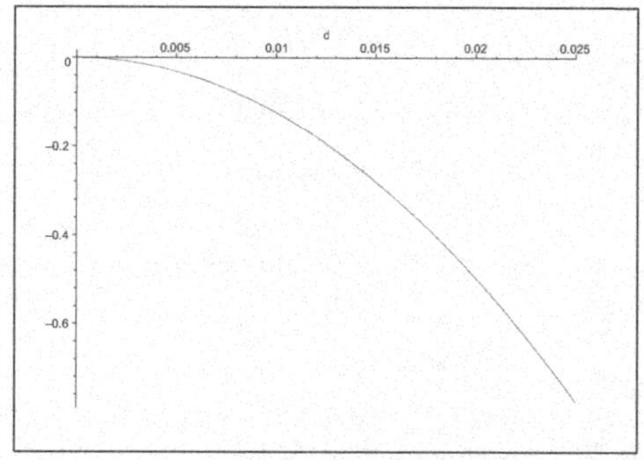

On lit $\Delta p = -0{,}5$ pour $d = 0{,}020$ m et $|\Delta p| > 0{,}5$ pour $d > 2{,}0$ cm. D'après le critère semi quantitatif de brouillage des franges par élargissement spatial de la source (voir chapitre 6), on en déduit que les franges sont brouillées si $d > 2{,}0$ cm.

d) Si la source est presque ponctuelle, les franges sont non localisées (on peut les voir quelle que soit la position de l'écran, voir exercice 7.1). Dès que la largeur de la source dépasse 2 cm, les franges ne sont donc plus visibles sur l'écran sans lentille de projection et elles sont alors localisées à l'infini.

7.8

a) Quand $e = 0$, on est au contact optique, on observe la teinte plate.

b) Lorsque $e = 2$ µm, l'ordre d'interférences au centre de l'écran est

$$p = \frac{2e}{\lambda_0} = 8{,}42$$

On a donc vu défiler 8 franges.

c) Dans cette situation, les rayons étant tous parallèles, il est plus simple de ne pas faire le repliage du Michelson pour déterminer la différence de marche.

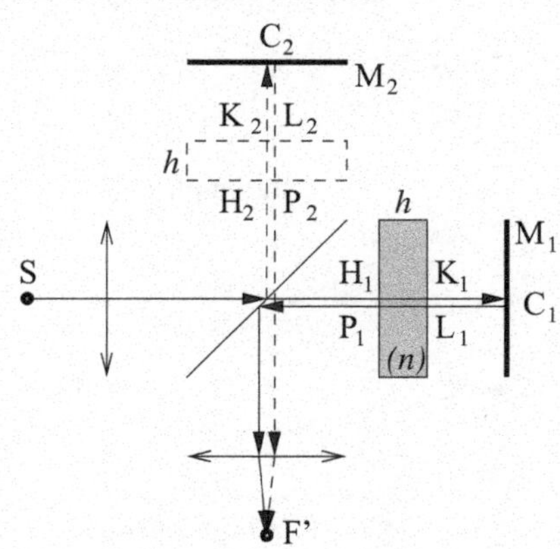

En définissant une lame d'air d'épaisseur égale à h, symétrique de la lame de verre, la différence de marche se simplifie et vaut

$$\delta = [SC_1F'] - [SC_2F'] = 2nh - 2n_0h = 2(n-1)h$$

en prenant l'indice de l'air égal à 1. L'ordre d'interférences vaut donc

$$p = \frac{2(n-1)h}{\lambda_0} = 2\,105{,}3$$

On verra donc défiler 2 105 franges pour revenir au contact optique.

7.9

Au centre de l'écran, $i = 0$. Lorsque les deux cuves sont pleines d'air, la différence de marche est

$$\delta' = 2n_0e$$

Lorsqu'on fait le vide dans la cuve, la différence de marche vaut

$$\delta'' = [SM_1F'] - [SM_2F']$$

$$\delta'' = (L + n_0e + n_0e + L) - (n_{air}L - n_{air}L) = 2n_0e + 2L\left(1 - n_{air}\right)$$

La variation d'ordre d'interférences est donc

$$\Delta p = \frac{\delta''}{\lambda_0} - \frac{\delta'}{\lambda_0} = \frac{2L(1-n_{air})}{\lambda_0}$$

Le nombre de franges qui défilent est égal, à une unité près, à la valeur absolue de Δp. Comme l'indice de l'air est supérieur à 1, on en déduit

$$\frac{2L(1-n_{air})}{\lambda_0} = -26 \text{ soit } n_{air} = 1 + \frac{13\lambda_0}{L} = 1{,}00027$$

7.10

Le miroir M_1 forme un miroir sphérique. Checrhons qualitativement son effet sur les rayons issus de S' qui s'y réfléchissent.

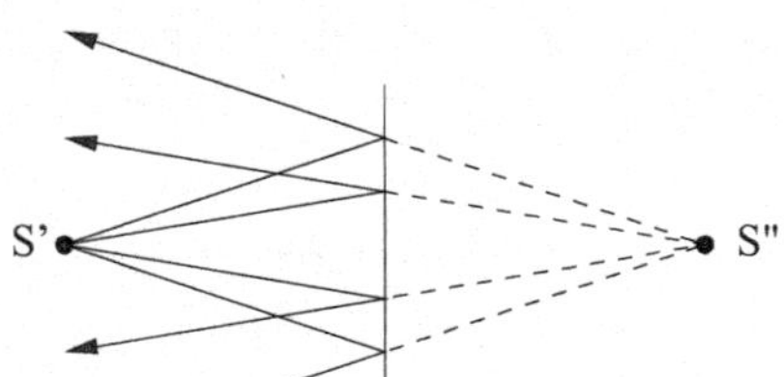

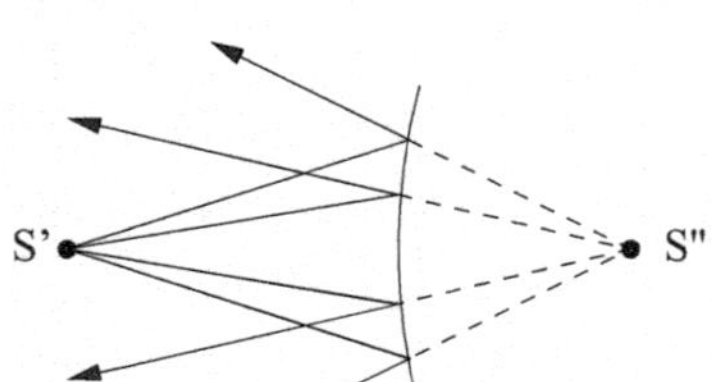

On constate que les rayons semblent provenir d'une source S'' qui est plus proche du miroir que si le miroir était plan. Par conséquent, le repliage du Michelson donne deux sources S_1 et S_2 non confondues, mais sur l'axe de l'écran. On a donc l'équivalent du dispositif de la lame d'air, et on observera des franges circulaires.

7.11

a) À chaque fois que I passe par une valeur maximale, l'ordre d'interférences prend une valeur entière. Le nombre de franges qui défilent est donc égal à la variation de l'ordre d'interférences. Au centre de l'écran, p vaut 0 au contact optique et à la position extrémale :

$$p = \frac{\delta}{\lambda_0} = \frac{2e}{\lambda_0} = \frac{2d}{\lambda_0}$$

On en déduit que

$$36\,797 < \frac{2d}{\lambda_0} < 36\,798 \text{ donc } \frac{36\,797\,\lambda_0}{2} < d < \frac{36\,798\,\lambda_0}{2}$$

$$\text{soit } 0{,}999987294 < d < 1{,}00001447 \text{ cm}$$

b) L'ordre d'interférences n'est pas un entier, il est compris entre 36 797 et 36 798, sa partie entière est donc

$$p_0 = 36\,797$$

c) Par application de la formule de Fresnel :

$$I(t) = 2I_0\left(1 + \cos\frac{2\pi\cdot 2V_0t}{\lambda_0}\right) \text{ donc } I_{max} = 4I_0$$

$$\text{donc } \begin{cases} \frac{I(t)}{I_{max}} = \frac{1+\cos\frac{2\pi\cdot 2V_0t}{\lambda_0}}{2} \\ \frac{dI}{dt}(t) = -\frac{2\pi V_0}{\lambda_0}\sin\frac{2\pi\cdot 2V_0t}{\lambda_0} \end{cases}$$

À la date t_1, par définition de l'ordre d'interférences,

$$p_0 + \varepsilon = \frac{2V_0t}{\lambda_0} \text{ donc}$$

$$\begin{cases} \frac{I(t_1)}{I_{max}} = \frac{1+\cos(2\pi p_0+2\pi\varepsilon)}{2} = \frac{1+\cos(2\pi\varepsilon)}{2} \\ \frac{dI}{dt}(t_1) = -\frac{2\pi V_0}{\lambda_0}\sin\left(2\pi p_0 + 2\pi\varepsilon\right) = -\frac{2\pi V_0}{\lambda_0}\sin(2\pi\varepsilon) \end{cases}$$

par périodicité du cosinus. On doit donc résoudre le système

$$\cos(2\pi\varepsilon) = -0{,}638 \text{ avec } \sin(2\pi\varepsilon) < 0$$

Sur un cercle trigonométrique, on identifie les deux solutions de l'équation.

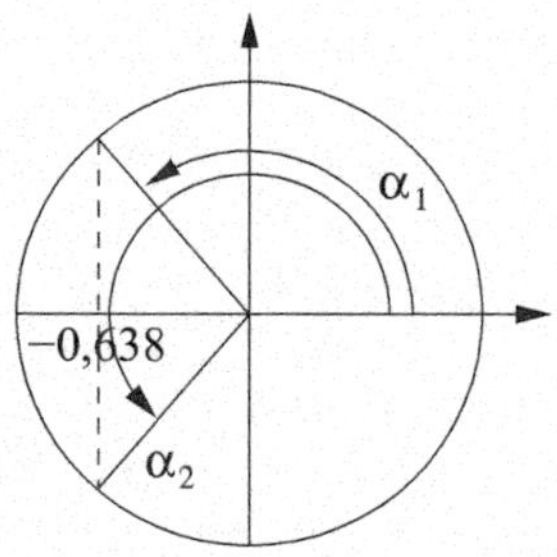

Comme $\varepsilon \in [0,1[$, on doit donner les déterminations des angles dans l'intervalle $[0,2\pi[$, soit

$$\alpha_1 = 2,26 \text{ rad et } \alpha_2 = 2\pi - \alpha_1 = 4,02 \text{ rad}$$

La solution dont le sinus est négatif est α_2. On en déduit que

$$2\pi\varepsilon = \alpha_2 = 4,02 \text{ rad donc } \varepsilon = 0,640$$

L'ordre d'interférences au centre quand le miroir s'est déplacé de d peut donc être exprimé avec 8 chiffres significatifs :

$$p = p_0 + \varepsilon = 36\,797,640$$

On en déduit

$$\frac{2d}{\lambda_0} = 36\,797,640 \text{ soit } d = 1,000\,004\,7 \text{ cm}$$

7.12

a) L'épaisseur de la lame d'air est $e = \mathrm{X}$ et au centre de l'écran $i = 0$ donc

$$\delta = 2e\cos i = 2\mathrm{X}_b$$

b) Par définition de l'ordre d'interférences

$$\begin{cases} p_1 = \frac{2\mathrm{X}_b}{\lambda_1} \\ p_2 = \frac{2\mathrm{X}_b}{\lambda_2} \end{cases} \text{ donc } \Delta p = \frac{2\mathrm{X}_b}{\lambda_0 - \frac{\Delta\lambda}{2}} - \frac{2\mathrm{X}_b}{\lambda_0 + \frac{\Delta\lambda}{2}}$$

$$\Delta p = \frac{2\mathrm{X}_b}{\lambda_0}\left[\frac{1}{1-\frac{\Delta\lambda}{2\lambda_0}} - \frac{1}{1+\frac{\Delta\lambda}{2\lambda_0}}\right]$$

$$\Delta p \simeq \frac{2\mathrm{X}_b}{\lambda_0}\left[\left(1+\frac{\Delta\lambda}{2\lambda_0}\right) - \left(1-\frac{\Delta\lambda}{2\lambda_0}\right)\right]$$

$$\text{soit } \Delta p \simeq \frac{2\mathrm{X}_b\Delta\lambda}{\lambda_0^2}$$

c) Le premier brouillage a lieu quand $|\Delta p| = \frac{1}{2}$, soit

$$\frac{2\mathrm{X}_b\Delta\lambda}{\lambda_0^2} = \frac{1}{2} \text{ soit } \Delta\lambda = \frac{\lambda_0^2}{4\mathrm{X}_b}$$

d) Le réglage exact du contact optique est difficile à faire avec précision. L'abscisse exacte x_1 du contact optique est donc légèrement différente de x_0. Notons $\mathrm{X}_{b,1}$ l'abscisse du brouillage en prenant l'origine en x_1. Le brouillage apparaît donc aux abscisses

$$x_1 + \mathrm{X}_{b,1} = x_0 + \mathrm{X}_b \text{ et } x_1 - \mathrm{X}_{b,1} = x_0 + \mathrm{X}'_b$$

$$\text{donc } 2\mathrm{X}_{b,1} = \mathrm{X}_b - \mathrm{X}'_b \text{ soit } \mathrm{X}_{b,1} = \frac{\mathrm{X}_b - \mathrm{X}'_b}{2} = 0,145 \text{ mm}$$

On en déduit

$$\Delta\lambda = \frac{\lambda_0^2}{4\mathrm{X}_{b,1}} = 0,60 \text{ nm}$$

7.13

a) Au centre de l'écran, $i = 0$ donc $\delta = 2e$ et par application de la formule de Fresnel :

$$\begin{cases} \mathrm{I}_1(e) = 2\mathrm{I}_0\left(1+\cos\frac{4\pi e}{\lambda_1}\right) \\ \mathrm{I}_2(e) = 2\mathrm{I}_0\left(1+\cos\frac{4\pi e}{\lambda_2}\right) \end{cases}$$

b) Les deux longueurs d'onde étant distinctes, les deux radiations sont incohérentes, on somme donc les intensités lumineuses.

$$\mathrm{I}(e) = \mathrm{I}_1(e) + \mathrm{I}_2(e) = 2\mathrm{I}_0\left[2 + \cos\frac{4\pi e}{\lambda_1} + \cos\frac{4\pi e}{\lambda_2}\right]$$

On peut appliquer la formule de trigonométrie donnée par l'énoncé en posant

$$p = \frac{4\pi e}{\lambda_1} \text{ et } q = \frac{4\pi e}{\lambda_2}$$

$$\text{donc } \begin{cases} \frac{p+q}{2} = \frac{4\pi e(\lambda_1+\lambda_2)}{2\lambda_1\lambda_2} \simeq \frac{4\pi e}{\lambda_0} \\ \frac{p-q}{2} = \frac{4\pi e(\lambda_2-\lambda_1)}{2\lambda_1\lambda_2} \simeq \frac{2\pi e\Delta\lambda}{\lambda_0^2} \end{cases}$$

$$\text{donc } \mathrm{I}(e) = 4\mathrm{I}_0\left[1 + \cos\frac{2\pi e\Delta\lambda}{\lambda_0^2}\cos\frac{4\pi e}{\lambda_0}\right]$$

c) Au point P de l'écran repéré par l'angle i très petit devant 1, la différence de marche $\delta = 2e\cos i$ est très proche de $2e$. On en déduit que

$$\mathrm{I}(e,i) = 4\mathrm{I}_0\left[1 + \cos\frac{\pi\delta\Delta\lambda}{\lambda_0^2}\cos\frac{2\pi\delta}{\lambda_0}\right]$$

Les deux cosinus sont des fonctions périodiques de δ, leurs périodes respectives sont

$$\beta' = \frac{2\lambda_0^2}{\Delta\lambda} \text{ et } \beta'' = \lambda_0$$

Le rapport de ces deux périodes vaut donc

$$\frac{\beta'}{\beta''} = \frac{2\lambda_0}{\Delta\lambda} \ll 1$$

Lorsque i varie sur un très petit intervalle, δ varie très peu, le premier cosinus est donc presque constant et le second effectue quelques oscillations entre -1 et $+1$. L'intensité sur l'écran varie donc dans l'intervalle

$$4I_0\left[1-\left|\cos\frac{2\pi e\Delta\lambda}{\lambda_0^2}\right|\right] \leq I(e,i) \leq 4I_0\left[1+\left|\cos\frac{2\pi e\Delta\lambda}{\lambda_0^2}\right|\right]$$

On en déduit

$$\begin{cases} I_{min} = 4I_0\left[1-\left|\cos\frac{2\pi e\Delta\lambda}{\lambda_0^2}\right|\right] \\ I_{max} = 4I_0\left[1+\left|\cos\frac{2\pi e\Delta\lambda}{\lambda_0^2}\right|\right] \end{cases}$$

Le contraste vaut donc

$$C(e) = \frac{I_{max}-I_{min}}{I_{max}-I_{min}} = \left|\cos\frac{2\pi e\Delta\lambda}{\lambda_0^2}\right|$$

d) Le contraste s'annule lorsque

$$\cos\frac{2\pi e\Delta\lambda}{\lambda_0^2} = 0 \text{ soit } \frac{2\pi e\Delta\lambda}{\lambda_0^2} = \frac{\pi}{2}+n\pi,\ n\in\mathbf{Z}$$

$$\text{soit } X = e = \frac{\lambda_0^2}{4\Delta\lambda}+n\frac{\lambda_0^2}{2\Delta\lambda}$$

Il y a donc bien brouillage périodique des franges, de période

$$\Delta X = \frac{\lambda_0^2}{2\Delta\lambda}$$

Cette période vaut

$$\frac{2,180-0,145}{7} = 0,2907 \text{ mm}$$

$$\text{donc } \frac{\lambda_0^2}{2\Delta\lambda} = \Delta X \text{ soit } \Delta\lambda = \frac{\lambda_0^2}{2\Delta X} = 0,60 \text{ nm}$$

7.14

a) Les bandes spectrales de largeur élémentaire $d\sigma$ sont deux à deux incohérentes. On somme donc les intensités lumineuses données par la formule de Fresnel :

$$dI = 2\mathcal{D}_0\left[1+\cos(2\pi\sigma\delta)\right]e^{-\left(\frac{\sigma-\sigma_0}{a}\right)^2}d\sigma$$

$$\text{donc } I(t) = \int_{\sigma=0}^{+\infty} 2\mathcal{D}_0\left[1+\cos(2\pi\sigma\delta)\right]e^{-\left(\frac{\sigma-\sigma_0}{a}\right)^2}d\sigma$$

b) Cette intégrale est la somme de deux termes :

$$I(t) = J(t)+K(t)$$

$$J(t) = 2\mathcal{D}_0\int_{\sigma=0}^{+\infty} e^{-\left(\frac{\sigma-\sigma_0}{a}\right)^2}d\sigma$$

On fait le changement de variable $y = \frac{\sigma-\sigma_0}{a}$. On en déduit que $d\sigma = a\,dy$ et que les bornes d'intégration sont $-\frac{\sigma_0}{a}$ et $+\infty$. Or $a \ll \sigma_0$ donc on peut assimiler l'intégrale à celle de $-\infty$ à $+\infty$:

$$J(t) = 2\mathcal{D}_0\int_{y=-\infty}^{+\infty} e^{-y^2}a\,dy = 2\mathcal{D}_0 a\sqrt{\pi}$$

d'après la relation donnée par l'énoncé.

$$K(t) = 2\mathcal{D}_0\int_{\sigma=0}^{+\infty}\cos(2\pi\sigma\delta)e^{-\left(\frac{\sigma-\sigma_0}{a}\right)^2}d\sigma$$

$$K(t) = 2\mathcal{D}_0 a\sqrt{\pi}e^{-\pi^2a^2\delta^2}\cos(2\pi\sigma_0\delta)$$

d'après la relation donnée par l'énoncé. On en déduit :

$$I(t) = 2\mathcal{D}_0 a\sqrt{\pi}\left[1+e^{-\pi^2a^2\delta^2}\cos(2\pi\sigma_0\delta)\right]$$

Or $\delta = 2e = 2V_0t$ donc

$$I(t) = 2\mathcal{D}_0 a\sqrt{\pi}\left[1+e^{-4\pi^2a^2V_0^2t^2}\cos(2\pi\cdot 2\sigma_0V_0t)\right]$$

On obtient bien la formule donnée par l'énoncé avec

$$I_0 = 2\mathcal{D}_0 a\sqrt{\pi}$$

$$\tau = \frac{1}{2\pi aV_0} \text{ et } T_0 = \frac{1}{2\sigma_0V_0}$$

Le rapport entre ces deux durées est

$$\frac{\tau}{T_0} = \frac{2\sigma_0V_0}{2\pi aV_0} = \frac{\sigma_0}{\pi a} \gg 1$$

donc $T_0 \ll \tau$.

c) Le cosinus oscille donc très rapidement (avec une très petite période T_0) entre deux enveloppes :

$$I_0\left[1-e^{-\left(\frac{t}{\tau}\right)^2}\right] \leq I(t) \leq I_0\left[1+e^{-\left(\frac{t}{\tau}\right)^2}\right]$$

Ces deux enveloppes correspondent aux intensités maximale et minimale. Le contraste s'annule, il y a brouillage des franges lorsque l'exponentielle vaut presque 0. En prenant la valeur conventionnelle de 1 %, c'est donc le cas lorsque

$$e^{-\left(\frac{t}{\tau}\right)^2} = \frac{1}{100} \text{ soit } t = \tau\sqrt{\ln 100} \simeq 4,605\tau$$

On identifie sur l'interférogramme

$$4,605\tau = 200 \text{ donc } \frac{1}{2\pi a V_0} = 43$$

$$\text{soit } a = \frac{1}{86\pi V_0}$$

La vitesse de déplacement du chariot est

$$V_0 = \frac{0,500\cdot 10^{-3}}{15\times 60} = 5,56\cdot 10^{-7}\ \text{m}\cdot\text{s}^{-1}$$

$$\text{donc } a = 6,7\cdot 10^3\ \text{m}^{-1}$$

On compte le défilement de 480 franges, donc

$$T_0 = \frac{250}{480} = 0,521\ \text{s}$$

$$\text{soit } \frac{1}{2\sigma_0 V_0} = 0,521 \text{ et } \sigma_0 = \frac{1}{1,042 V_0} = 1,73\cdot 10^6\ \text{m}^{-1}$$

$$\text{et } \lambda_0 = \frac{1}{\sigma_0} = 578\ \text{nm}$$

7.15

a) La première relation de conjugaison s'écrit $\frac{1}{\overline{OB'}} = \frac{1}{\overline{OB}} + \frac{1}{f'}$ donc $\frac{1}{D'} = \frac{1}{-D} + \frac{1}{f'}$ d'où $D' = \frac{f'D}{D-f'}$; on en déduit le grandissement

$$\frac{x'}{x} = \frac{\overline{B'C'}}{\overline{BC}} = \frac{\overline{OB'}}{\overline{OB}} = \frac{D'}{D} = \frac{-f'}{D-f'}$$

b) La formule du cours donne $\varepsilon = \alpha x$.

c) Par application de la définition du grandissement :

$$x' = \frac{-f'x}{D-f'} \text{ donc } \varepsilon = -\alpha\frac{D-f'}{f'}x$$

.

d) La différence de marche est donc :

$$\delta = 2\varepsilon = -2\alpha\frac{D-f'}{f'}x'$$

e) Par application de la formule de Fresnel :

$$I(x') = 2\mathscr{E}_0\left(1+\cos\frac{4\pi\alpha(D-f')x'}{\lambda f'}\right)$$

Les franges brillantes sont définies par

$$\frac{4\pi\alpha(D-f')x'}{\lambda f'} = p\cdot 2\pi \text{ donc } x'_p = p\frac{\lambda f'}{2\alpha(D-f')}$$

et l'interfrange est donc $i = x'_{p+1} - x'_p = \frac{\lambda f'}{2\alpha(D-f')}$.

f) On a

$$\alpha = \frac{0,5}{60}\cdot\frac{\pi}{180} = 1,45\cdot 10^{-4}\ \text{rad}$$

et $i = 2,6$ cm. On voit donc des franges rectilignes parallèles distantes de 2,6 cm.

7.16

L'interfrange est identique dans les deux zones et vaut $i = 1,0$ cm sur l'écran. Par application des relations de conjugaison, si on note D la distance entre la lentille et le miroir M'_1, en tenant compte de l'orientation de l'axe optique

$$\frac{1}{D'} - \frac{1}{-D} = \frac{1}{f'} \text{ donc } D = \frac{f'D'}{D'-f'} = 100\ \text{cm}$$

Le grandissement vaut donc

$$\frac{D'}{-D} = -1$$

L'interfrange est donc le même sur le miroir M'_1. Dans les notations de l'énoncé,

$$i = \frac{\lambda_0}{2\alpha} \text{ donc } \alpha = \frac{\lambda_0}{2i} = 30\ \mu\text{rad}$$

La continuité des franges prouve que le décalage entre la zone centrale correspondant à la présence du nanofeuillet, et la zone périphérique est inférieure à un interfrange, la variation d'ordre d'interférences est donc inférieure à 1. On l'estime en mesurant l'écart métrique rapporté à l'interfrange

$$|\Delta p| = \frac{\Delta x}{i} = \frac{0,3\ \text{cm}}{1,0\ \text{cm}} = 0,3$$

La traversée du nano-feuillet d'épaisseur a par l'un des rayons induit une différence de marche supplémentaire

$$\Delta\delta = 2(n-1)a$$

Le coefficient 2 est expliqué par l'aller et le retour du rayon après réflexion sur le miroir, le coefficient (n-1) est expliqué par le fait que la lame d'indice n remplace l'air d'indice 1. On en éduit

$$|\Delta p| = \frac{\Delta\delta}{\lambda_0} = \frac{2(n-1)a}{\lambda_0}$$

$$\text{donc } \frac{2(n-1)a}{\lambda_0} = 0,3 \text{ soit } a = \frac{0,3\lambda_0}{2(n-1)} = 180\ \text{nm}$$

7.17

Voici l'allure des miroirs après repliage (les proportions ne sont pas respectées).

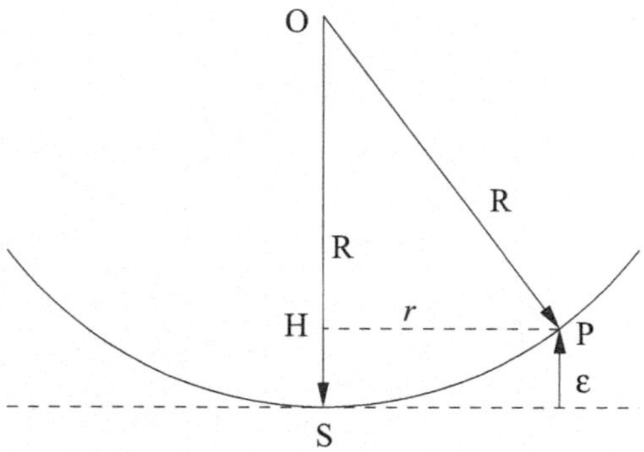

Le système se comporte donc comme un coin d'air sphérique. Comme on fait l'observation sur M_1', la différence de marche est, comme dans le coin d'air $\delta = 2\varepsilon$. On lit sur la figure

$$\varepsilon = HS = R - OH = R - \sqrt{R^2 - r^2}$$

Comme R est de l'ordre de la dizaine de mètres et r de l'ordre de quelques centimètres, on peut faire le développement limité

$$\varepsilon = R\left[1 - \sqrt{1 - \frac{r^2}{R^2}}\right] \simeq R\left[1 - \left(1 - \frac{r^2}{2R^2}\right)\right]$$

$$\text{soit } \varepsilon \simeq \frac{r^2}{2R}$$

L'ordre d'interférences vaut donc

$$p(r) = \frac{r^2}{\lambda_0 R}$$

Les franges brillantes sont observées lorsque p est un entier. Au centre de la figure, on est au contact optique d'après l'énoncé, donc $p = 0$ et on a bien une tache brillante. Le rayon mesuré sur l'écran est égal à r multiplié par 4,0 (grandissement). Pour les franges visibles, de $k = 0$ à 4, on a donc

$$k = \frac{\left(\frac{r_k}{4}\right)^2}{\lambda_0 R} \text{ soit } r_k^2 = 16\lambda_0 R k$$

Dressons le tableau des valeurs de r_k^2 en fonction de k.

k	0	1	2	3	4
r_k^2 ($\times 10^{-4}$ m^2)	0	2,26	4,84	6,76	9,00

Le coefficient de régression linéaire vaut 0,9991 ce qui valide le modèle. Le coefficient directeur vaut

$$16\lambda_0 R = 2{,}251 \cdot 10^{-4}\ \text{m}^2$$

$$\text{donc } R = \frac{2{,}251 \cdot 10^{-4}}{16\lambda_0} = 24\ \text{m}$$

7.18

a) Lorsque les arêtes [AB] et (O, y) sont confondues, le repliage des miroirs donne la figure suivante.

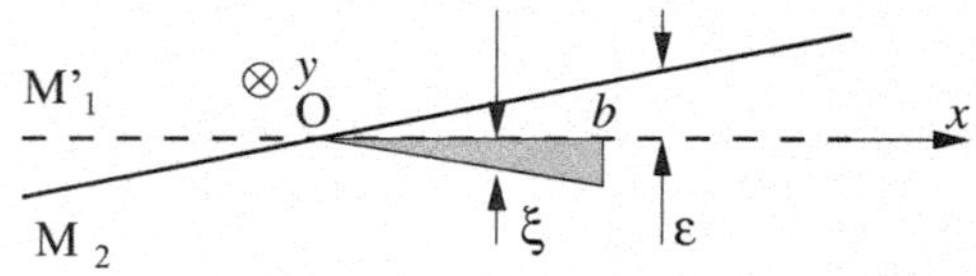

i) Pour $x < 0$ et $x > b$, on est en dehors de la lame prismatique. La différence de marche est

$$\delta(x) = 2\varepsilon = 2x\tan\alpha \simeq 2\alpha x$$

Les franges brillantes sont définies par

$$p = \frac{\delta(x)}{\lambda_0} = k \in \mathbf{Z} \text{ soit } x = x_k = k\frac{\lambda_0}{2\alpha}$$

Les franges du coin d'air sont donc rectilignes, parallèles à l'arête (O, y), et d'interfrange

$$i = \frac{\lambda_0}{2\alpha} = 1{,}0\ \text{mm}$$

ii) Pour $x \in [0, b]$, en présence de la lame, la différence de marche est

$$\mu(x) = 2\varepsilon - 2(n-1)\xi = 2x\tan\alpha - 2(n-1)x\tan\beta$$

$$\text{soit } \mu(x) \simeq 2x\left(\alpha - (n-1)\beta\right)$$

Les franges brillantes sont définies par

$$p = \frac{\mu(x)}{\lambda_0} = k \in \mathbf{Z} \text{ soit } x = x_k = k\frac{\lambda_0}{2(\alpha - (n-1)\beta)}$$

Les franges du coin d'air sont donc rectilignes, parallèles à l'arête (O, y), et d'interfrange

$$j = \frac{\lambda_0}{2(\alpha - (n-1)\beta)} = 2{,}0\ \text{mm}$$

On en déduit la figure d'interférences.

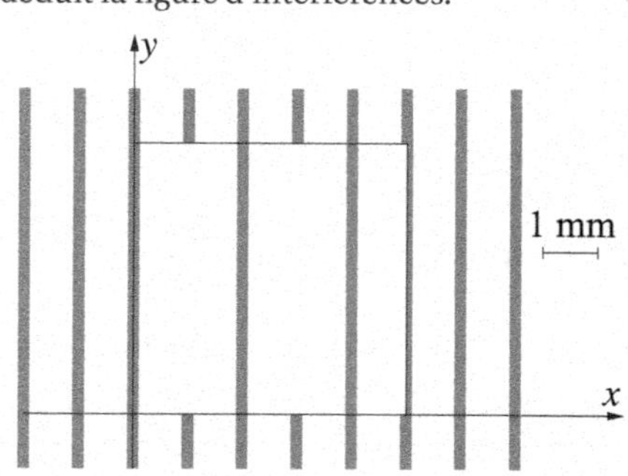

b) Lorsque l'arête [AB] est confondue avec (O, x), le problème géométrique est plus difficile.

i) Pour (x, y) en dehors de $[0, b] \times [0, b]$, la différence de marche est

$$\delta(x) = 2\varepsilon = 2x \tan\alpha \simeq 2\alpha x$$

Les franges brillantes sont définies par

$$p = \frac{\delta(x)}{\lambda_0} = k \in \mathbf{Z} \text{ soit } x = x_k = k\frac{\lambda_0}{2\alpha}$$

Les franges du coin d'air sont donc rectilignes, parallèles à l'arête (O, y), et d'interfrange

$$i = \frac{\lambda_0}{2\alpha} = 1{,}0 \text{ mm}$$

ii) Pour $x \in [0, b] \times [0, b]$, en présence de la lame, effectuons une coupe dans le plan $y = \text{cste}$. L'épaisseur de la lame est constante et vaut $y \tan\beta \simeq \beta y$.

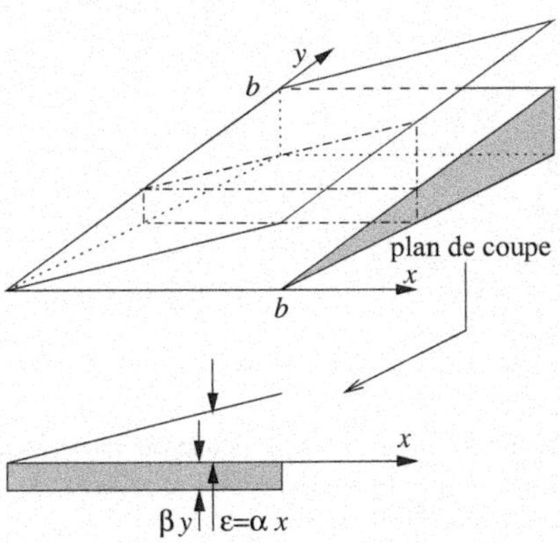

La différence de marche en (x, y) vaut donc

$$\mu(x, y) = 2\varepsilon - 2(n-1)\beta y = 2x \tan\alpha - 2(n-1)y \tan\beta$$

$$\text{soit } \mu(x, y) \simeq 2\left(\alpha x - (n-1)\beta y\right)$$

Les franges brillantes sont définies par

$$p = \frac{\mu(x, y)}{\lambda_0} = k \in \mathbf{Z} \text{ soit } \frac{2\alpha}{\lambda_0}x - \frac{2(n-1)\beta}{\lambda_0}y = k$$

$$\text{soit } 1000x - 500y = k$$

Les franges du coin d'air sont donc rectilignes, parallèles entre elles, de pente 2, elles se raccordent avec les franges en dehors de la lame sur le segment [AB].

Voici la figure d'interférences.

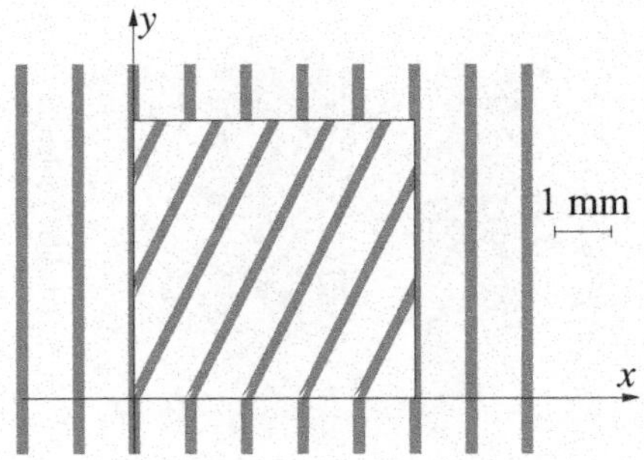

7.19

Le point $P'(x', y')$ de l'écran est le conjugué du point $P\left(\frac{x}{10}, \frac{y}{10}\right)$ de M_1' où la différence de marche vaut

$$\delta = 2\varepsilon = 2\alpha x = \frac{\alpha x'}{5}$$

et où l'ordre d'interférences pour la longueur d'onde λ vaut

$$p(\lambda) = \frac{\delta}{\lambda} = \frac{\alpha x'}{5\lambda}$$

La zone de blanc d'ordre supérieur est celle où aucune radiation n'est éteinte, donc celle où l'ordre d'interférences reste inférieur à $\frac{1}{2}$ en valeur absolue quelle que soit la longueur d'onde du spectre du visible. Il faut donc, et il suffit que ce soit vrai pour la plus petite longueur d'onde du spectre :

$$\frac{\alpha|x'|}{5 \times 400 \cdot 10^{-9}} < \frac{1}{2} \text{ soit } |x'| < 4{,}0 \text{ cm}$$

Pour $x' > 4{,}0$ cm, déterminons le nombre de cannelures visibles. Une longueur d'onde est éteinte si p est demi-entier, soit

$$\frac{\alpha x'}{5\lambda} = k + \frac{1}{2},\ k \in \mathbf{Z}$$

$$\text{soit } \lambda = \frac{\alpha x'}{5\left(k + \frac{1}{2}\right)}$$

Les bornes pour la longueur d'onde imposent

$$400 \cdot 10^{-9} < \frac{\alpha x'}{5\left(k + \frac{1}{2}\right)} < 800 \cdot 10^{-9}$$

$$\text{soit } 1{,}25 \cdot 10^{6} < \frac{5\left(k + \frac{1}{2}\right)}{\alpha x'} < 2{,}50 \cdot 10^{6}$$

$$\text{soit } 6{,}25x' - 0{,}5 < k < 12{,}5x' - \frac{1}{2}$$

Le nombre de cannelures est donc le nombre d'entiers entre ces deux bornes, soit environ $6{,}25x'$ (à une unité près). La zone de blanc à 5 cannelures commence donc quand

$$6{,}25x' \geq 5 \text{ soit } x' \geq 80 \text{ cm}$$

Voici donc l'allure de la figure observée sur l'écran.

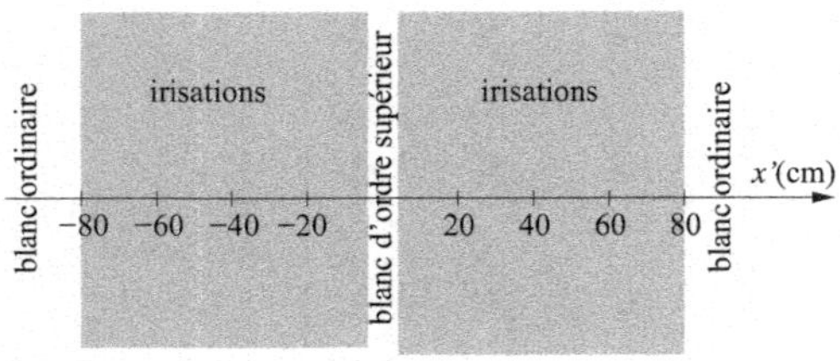

7.20

a) La figure d'interférences montre les franges d'égale inclinaison avec des franges en forme de cercles concentriques.

b) Au contact optique, on observe une tache uniforme, la teinte plate.

c) Le contact optique n'est pas atteint car il y a des cannelures. Au contact optique, le nombre de cannelures doit être nul. Il faut donc observer l'évolution des cannelures au spectroscope. Si en tournant T, les cannelures se resserrent et leur nombre augmente, on s'éloigne du contact optique. Il faut donc tourner, très doucement, la vis T dans le sens où les cannelures s'espacent et où leur nombre diminue.

d) Déterminons la relation entre le nombre de cannelures et l'épaisseur e de la lame d'air. L'ordre d'interférences au centre de l'écran ($i = 0$) pour la longueur d'onde λ est

$$p(\lambda) = \frac{\delta}{\lambda} = \frac{2e}{\lambda}$$

Il y a une cannelure noire dans le spectre pour la longueur d'onde λ si

$$p(\lambda) = k + \frac{1}{2},\ k \in \mathbf{Z} \text{ soit } \frac{2e}{\lambda} = k + \frac{1}{2}$$

$$\text{soit } \lambda = \frac{2e}{k + \frac{1}{2}}$$

Les bornes pour le visible sont

$$400 \cdot 10^{-9} < \frac{2e}{k + \frac{1}{2}} < 800 \cdot 10^{-9}$$

$$\text{soit } 1{,}25 \cdot 10^{6} < \frac{k + \frac{1}{2}}{2e} < 2{,}5 \cdot 10^{6}$$

$$\text{soit } 2{,}5 \cdot 10^{6} e - \frac{1}{2} < k < 5{,}0 \cdot 10^{6} e - \frac{1}{2}$$

Le nombre N de cannelures est égal au nombres d'entiers vérifiant cette double inégalité, donc, à une unité près :

$$N = \left(5{,}0 \cdot 10^{6} e - \frac{1}{2}\right) - \left(2{,}5 \cdot 10^{6} e - \frac{1}{2}\right) = 2{,}5 \cdot 10^{6} e$$

Lorsqu'on observe une vingtaine de cannelures, l'épaisseur de la lame d'air vérifie donc

$$2{,}5 \cdot 10^{6} e = 20 \text{ soit } e = 8\ \mu\text{m}$$

On doit donc déplacer le miroir M_1 de e, il faut donc tourner de

$$\frac{8 \cdot 10^{-6}}{0{,}500 \cdot 10^{-3}} = 0{,}016 \text{ tours}$$

donc d'un angle

$$\alpha = 0{,}016 \times 360 \simeq 6^\circ$$

On comprend donc la délicatesse avec laquelle on doit tourner la vis pour observer les teintes de Newton et le blanc d'ordre supérieur.

Quatrième partie

Électromagnétisme

CHAPITRE 8

Équations de Maxwell

Thèmes abordés dans les exercices

- ◇ Densité volumique de charges.
- ◇ Densité volumique de courants.
- ◇ Bilan macroscopique de charges.
- ◇ Équation locale de conservation de la charge.
- ◇ Équations de Maxwell, forme locale.
- ◇ Équations de Maxwell, forme intégrale.
- ◇ Loi de Faraday
- ◇ Intensité du courant électrique.
- ◇ Loi d'Ohm locale.
- ◇ Loi d'Ohm.
- ◇ Résistivité, conductivité, résistance.
- ◇ Effet Joule.
- ◇ Vecteur de Poynting, équation de Poynting.

Points essentiels du cours pour la résolution des exercices

- ◇ Faire un bilan de charges.
- ◇ Exploiter les équations de Maxwell sous diverses hypothèses.
- ◇ Exploiter les formes intégrales des équations de Maxwell.
- ◇ Énoncer et exploiter la loi d'Ohm locale.
- ◇ Exprimer la résistance électrique d'un conducteur.
- ◇ Faire un bilan de puissance Joule.
- ◇ Exploiter l'équation locale de Poynting.

Les méthodes à retenir

Faire un bilan de charges.

Les grandeurs pertinentes sont la densité volumique de charges

$$\rho(\mathrm{M}, t) = \frac{dq}{d\tau}$$

exprimée en coulomb par mètre cube et le vecteur densité de courant volumique

$$\vec{j}(\mathrm{M}, t) = \frac{di}{d\mathrm{S}}\vec{u}$$

exprimé en ampère par mètre carré (attention au piège !), ou encore en coulomb par seconde et par mètre carré. Un bilan de charge est un cas particulier de bilan, où la grandeur extensive est la charge en coulomb, et où le vecteur densité de courant volumique donne accès aux quantités entrantes et sortantes. La **loi locale de conservation de la charge** s'écrit

$$\frac{\partial\rho(\mathrm{M}, t)}{\partial t} + \mathrm{div}\,\vec{j}(\mathrm{M}, t) = 0$$

La charge totale dans un volume macroscopique $\mathcal{V}$ est

$$q(t) = \iiint_{\mathcal{V}} \rho(\mathrm{M}, t) \cdot d\tau$$

Le courant traversant une surface macroscopique Σ orientée est

$$\mathrm{I}(t) = \iint_{\Sigma} \vec{j}(\mathrm{M}, t) \cdot \overrightarrow{d\mathrm{S}}$$

Exemple :

On travaille en coordonnées cartésiennes sur un élément de volume parallèlépipédique $d\tau = dx \times dy \times dz$

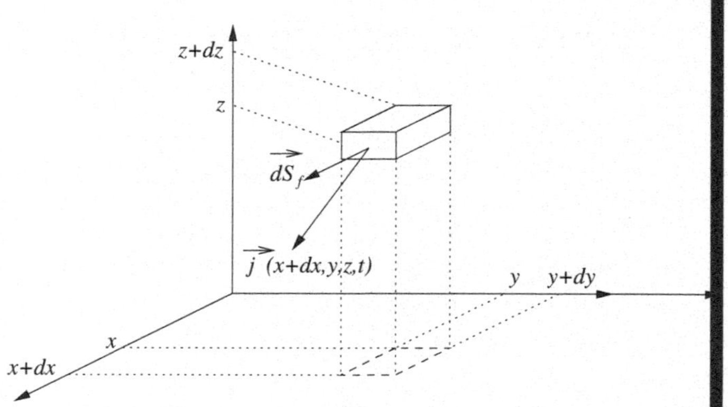

Le vecteur densité de courant volumique sur la facette avant (indexée f pour *front,* devant en anglais) est $\vec{j}(x+dx, y, z, t)$, celui sur la facette arrière (indexée b pour *bottom,* derrière) $\vec{j}(x, y, z, t)$. Le vecteur surface sortant de la facette avant est $\overrightarrow{dS}_f = dy \cdot dz\vec{u}_x$, celui sortant de la facette arrière $\overrightarrow{dS}_b = -dy \cdot dz\vec{u}_x$ La charge sortant de la facette avant pendant dt est

$$dq_s = \vec{j}(x+dx, y, z, t) \cdot \overrightarrow{dS}_f \cdot dt = j_x(x+dx, y, z, t) \cdot dy \cdot dz \cdot dt$$

De même, la charge entrant par la facette arrière est

$$dq_e = -\vec{j}(x, y, z, t) \cdot \overrightarrow{dS}_b \cdot dt = -j_x(x, y, z, t) \cdot dy \cdot dz \cdot dt$$

La charge totale entrante par la paire de facettes avant-arrière est donc

$$dq_e - dq_s = -\frac{\partial j_x(x, y, z, t)}{\partial x} \cdot dx \cdot dy \cdot dz \cdot dt$$

En raisonnant de même sur les trois paires de facettes, on en déduit le bilan de charges sur l'élément $d\tau$ portant une charge $\rho \cdot d\tau$:

$$\rho(x, y, z, t+dt)dxdydz - \rho(x, y, z, t)dxdydz =$$

$$-\left[\frac{\partial j_x(x, y, z, t)}{\partial x} + \frac{\partial j_y(x, y, z, t)}{\partial y} + \frac{\partial j_z(x, y, z, t)}{\partial z}\right] dxdydzdt$$

En divisant par $dxdydzdt$, on reconnaît à gauche

$$\frac{\partial \rho(x, y, z, t)}{\partial t}$$

et à droite

$$\frac{\partial j_x(x, y, z, t)}{\partial x} + \frac{\partial j_y(x, y, z, t)}{\partial y} + \frac{\partial j_z(x, y, z, t)}{\partial z} =$$

$$\left|\begin{array}{l} \frac{\partial}{\partial x} \\ \frac{\partial}{\partial y} \\ \frac{\partial}{\partial z} \end{array}\right. \cdot \left|\begin{array}{l} j_x \\ j_y \\ j_z \end{array}\right. = \text{div}\, \vec{j}$$

d'où l'équation locale de conservation de la charge

$$\frac{\partial \rho(M, t)}{\partial t} + \text{div}\, \vec{j}(M, t) = 0$$

↪ **Exercices 8.1, 8.2, 8.3.**

Exploiter les équations de Maxwell sous diverses hypothèses.

Une distribution volumique de charges ρ et une distribution volumique de courants $\vec{j}$ créent en tout point P et à toute date t un champ électrique $\vec{E}(P, t)$ et un champ magnétique $\vec{B}(P, t)$. Les **équations de Maxwell** énoncent les quatre relations entre ces grandeurs.

M. Gauss	$\text{div}\,\vec{E} = \frac{\rho}{\varepsilon_0}$	M. Thomson	$\text{div}\,\vec{B} = 0$
M. Faraday	$\overrightarrow{\text{rot}}\,\vec{E} = -\frac{\partial\vec{B}}{\partial t}$	M. Ampère	$\overrightarrow{\text{rot}}\,\vec{B} = \mu_0\vec{j} + \varepsilon_0\mu_0\frac{\partial \vec{E}}{\partial t}$

$\varepsilon_0 = 8{,}854 \cdot 10^{-12}\ \text{F}\cdot\text{m}^{-1}$ est la **permittivité diélectrique du vide** et $\mu_0 = 4\pi\cdot 10^{-7}\ \text{H}\cdot\text{m}^{-1}$ est la **perméabilité magnétique du vide**.
Voici les trois modes de simplification de ces équations.

a) Les **hypothèses constitutives** sont des lois supplémentaires caractéristiques du milieu étudié ou du type de solution cherché. Ce sont elles qui structurent les différents chapitres de l'électromagnétisme : régime stationnaire ($\frac{\partial}{\partial t} = 0$), quasi stationnaire ($\tau \ll T$), vide ($\rho = 0$ et $\vec{j} = \vec{0}$), conducteur ohmique ($\vec{j} = \gamma\vec{E}$), ...

b) Les **lois d'analyse vectorielle** permettent de combiner les opérateurs div, $\overrightarrow{\text{grad}}$ et $\overrightarrow{\text{rot}}$ (en particulier

$$\text{div}\,\overrightarrow{\text{rot}}\,\vec{A} = 0,\ \overrightarrow{\text{rot}}\,\overrightarrow{\text{grad}}\,V = \vec{0},\ \overrightarrow{\text{rot}}\,\overrightarrow{\text{rot}}\,\vec{A} = \overrightarrow{\text{grad}}\,\text{div}\,\vec{A} - \Delta\vec{A})$$

et d'exprimer les formes intégrales des relations grâce aux théorèmes de Stockes

$$\oint \vec{A}\cdot\overrightarrow{d\ell} = \iint \overrightarrow{\text{rot}}\,\vec{A}\cdot\overrightarrow{dS}$$

et d'Ostrogradski

$$\oiint \vec{A}\cdot\overrightarrow{dS} = \iiint \text{div}\,\vec{A}\cdot d\tau$$

c) Le **théorème de Schwartz** permet d'intervertir l'ordre des dérivations (ou intégrations) par rapport à l'espace et par rapport au temps. Par exemple

$$\frac{\partial(\text{div}\,\vec{A})}{\partial t} = \text{div}\left(\frac{\partial\vec{A}}{\partial t}\right) \text{ ou } \iint \frac{\partial A}{\partial t}\cdot\overrightarrow{dS} = \frac{d}{dt}\left[\iint \vec{A}\cdot\overrightarrow{dS}\right]$$

Exemple :

La loi de conservation de la charge est une conséquence des équations de Maxwell. On remarque que ρ est lié par (MG) à $\vec{E}$ et que $\vec{j}$ est lié par (MA) à $\vec{B}$ et $\vec{E}$. On cherche donc à éliminer $\vec{B}$ dans (MA).

Exemple :

Or la divergence du rotationnel est nulle. On applque donc l'opérateur divergence à (MA) :

$$\operatorname{div} \overrightarrow{\operatorname{rot}} \vec{B} = 0 = \mu_0 \left[\operatorname{div} \vec{j} + \varepsilon_0 \operatorname{div} \left(\frac{\partial \vec{E}}{\partial t} \right) \right]$$

Le théorème de Schwartz permet d'intervertir les opérateurs de dérivation spatiale et temporelle, et en utilisant l'équation de Maxwell-Gauss :

$$0 = \operatorname{div} \vec{j} + \varepsilon_0 \frac{\partial \operatorname{div} \vec{E}}{\partial t} = \operatorname{div} \vec{j} + \varepsilon_0 \frac{\partial \frac{\rho}{\varepsilon_0}}{\partial t} = \operatorname{div} \vec{j} + \frac{\partial \rho}{\partial t}$$

↪ **Exercices 8.4, 8.5.**

Exploiter les formes intégrales des équations de Maxwell.

Par application du théorème d'Ostrogradski aux divergences, du théorème de Stokes aux rotationnels, on obtient les quatre théorèmes suivants.

a) **Théorème de Gauss**. Soit Σ une surface fermée délimitant un volume intérieur $\mathcal{V}$. Le flux du champ électrique sortant de Σ est égal à la charge intérieure à $\mathcal{V}$ divisée par ε_0 :

$$\oiint_{\Sigma} \vec{E} \cdot d\vec{S} = \frac{Q_{int}}{\varepsilon_0} \text{ avec } Q_{int} = \iiint_{\mathcal{V}} \rho d\tau$$

b) **Conservativité du flux du champ magnétique**. Soit Σ une surface fermée. Le flux du champ magnétique sortant de Σ est toujours nul :

$$\oiint_{\Sigma} \vec{B} \cdot d\vec{S} = 0$$

c) Le théorème de Faraday dont un corollaire est la **loi de Faraday** est un corollaire de la forme intégrale de (MF). Si $\mathscr{C}$ un lacet orienté et $\mathscr{S}$ une surface orientée tendue sur ce lacet, alors

$$\oint_{\mathscr{C}} \vec{E} \cdot d\vec{\ell} = -\frac{d\Phi}{dt} \text{ avec } \Phi = \iint_{\mathscr{S}} \vec{B} \cdot d\vec{S}$$

Une force électromotrice d'induction e apparaît dans un circuit filiforme fermé traversé par un champ magnétique dont le flux $\Phi_{\vec{B}}$ est variable au cours du temps avec

$$e = -\frac{d\Phi_{\vec{B}}}{dt}$$

d) **Théorème d'Ampère généralisé**. Soit $\mathscr{C}$ un lacet orienté, et $\mathscr{S}$ une surface tendue sur ce lacet, orientée de façon cohérente avec l'orientation du lacet, selon la règle du tire-bouchon. La circulation de $\vec{B}$ le long du lacet orienté vaut :

$$\oint_{\mathscr{C}} \vec{B} \cdot d\vec{\ell} = \mu_0 I_{\text{enlacé}} + \varepsilon_0 \mu_0 \frac{d\Phi_{\vec{E}}}{dt} \text{ avec } \begin{cases} I_{\text{enlacé}} = \iint_{\mathscr{S}} \vec{j} \cdot d\vec{S} \\ \Phi_{\vec{E}} = \iint_{\mathscr{S}} \vec{E} \cdot d\vec{S} \end{cases}$$

Exemple :

En **régime stationnaire**, on remarque que $\vec{E}$ et $\vec{B}$ ont des propriétés croisées.

• $\vec{E}$ est à circulation nulle sur un contour fermé et $\vec{B}$ est à flux nul à travers une surface fermée

$$\oint \vec{E} \cdot \overrightarrow{d\ell} = 0 \text{ et } \oiint \vec{B} \cdot \overrightarrow{dS} = 0$$

Un corollaire de ces propriétés est que la circulation de $\vec{E}$ entre deux points ne dépend pas du chemin suivi pour aller de l'un à l'autre (c'est la loi des mailles) et que le flux du champ magnétique à travers une surface orientée tendue sur un lacet ne dépend pas de la surface choisie (c'est fondamental pour l'application de la loi de Faraday).

• $\vec{E}$ est créé par les charges et $\vec{B}$ par les courants

$$\oiint \vec{E} \cdot \overrightarrow{dS} = \frac{Q_{\text{int}}}{\varepsilon_0} \text{ et } \oint B \cdot \overrightarrow{d\ell} = \mu_0 I_{\text{enlacé}}$$

Ces théorèmes de Gauss et d'Ampère seront largement exploités dans les chapitres respectifs 9 et 10.

↪ **Exercices 8.6, 8.7, 8.8, 8.9, 8.10.**

Énoncer et exploiter la loi d'Ohm locale.

La **loi d'Ohm locale** s'écrit

$$\vec{j} = \gamma \vec{E}$$

où γ est la **conductivité électrique** exprimée en Siemens par mètre ou $\Omega^{-1} \cdot m^{-1}$. Cette loi est la conséquence à l'échelle mésoscopique du comportement des porteurs de charge à l'échelle microscopique. Construire un modèle, c'est utiliser les lois mécaniques relatives aux porteurs de charge sous des hypothèses précisées et en déduire la loi d'Ohm par sommation sur les porteurs.

Exemple :

Le **modèle de Drude** est basé sur l'hypothèse qu'il existe n_0 porteurs de charge par unité de volume, de masse m et de charge q. Ils se déplacent sous l'action de la force de Lorentz et subissent une force de frottement fluide linéaire. La loi de la quantité de mouvement s'écrit donc

$$m\frac{d\vec{v}}{dt} = q\vec{E} + q\vec{v} \wedge \vec{B} - \frac{m}{\tau}\vec{v}$$

Si on peut négliger la force magnétique devant la force électrique, alors la vitesse limite atteinte (en régime permanent, $\frac{d\vec{v}}{dt} = \vec{0}$) par les porteurs est assimilée à leur vecteur vitesse moyenne

$$<\vec{v}>= \vec{v}_{\text{lim}} = \frac{q\tau}{m}\vec{E}$$

En posant $\vec{E} = E\vec{u}$ et en considérant un élément de surface $\overrightarrow{dS} = dS\vec{u}$, les porteurs de charge qui le traversent pendant dt sont ceux situés dans un cylindre de base dS et de hauteur $< v > dt$; il y en a donc $n_0 < v > dtdS$, de charge totale $dq = n_0 < v > dtdSq$, donc $\vec{j} = j\vec{u}$ avec

$$\vec{j} = \frac{di}{dS}\vec{u} = \frac{dq}{dtdS}\vec{u} = \frac{n_0 < v > dtdSq}{dtdS}\vec{v}$$

$$= n_0 q < v > \vec{u} = \frac{n_0 q^2 \tau}{m}\vec{E}$$

donc $\gamma = \frac{n_0 q^2 \tau}{m}$.

$\hookrightarrow$ **Exercices 8.11, 8.12, 8.13.**

Exprimer la résistance électrique d'un conducteur.

La **résistance électrique** R d'un conducteur ohmique est le rapport entre la tension électrique $u = V_A - V_B$ à ses bornes et l'intensité électrique i qui le traverse :

$$V_A - V_B = Ri$$

Deux méthodes conduisent à l'expression de R :

Méthode 1 Connaissant i, on exprime $\vec{j}$ ($i = \iint \vec{j} \cdot \overrightarrow{dS}$), on en déduit $\vec{E}$ ($\vec{j} = \gamma\vec{E}$) puis le potentiel électrostatique V ($\vec{E} = -\overrightarrow{\text{grad}}\,V$, V étant défini à une constante près, la référence est la masse où V = 0) et enfin $u = V_A - V_B$.

Méthode 2 Connaissant V, on exprime $u = V_A - V_B$, et on calcule $\vec{E}$ ($\vec{E} = -\overrightarrow{\text{grad}}\,V$) puis $\vec{j}$ ($\vec{j} = \gamma\vec{E}$) et i ($i = \iint \vec{j} \cdot \overrightarrow{dS}$).

Exemple :

La résistance d'un conducteur ohmique prismatique, de longueur L et de section S peut être calculée par la première méthode. Soit i l'intensité traversant le conducteur, entrant par la face A et sortant par la face B.

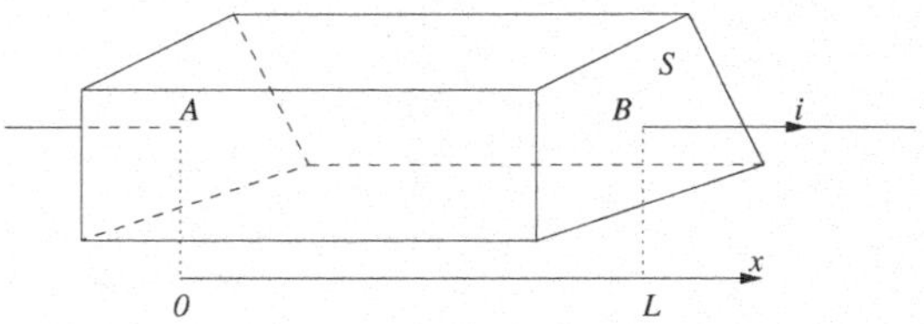

Supposons le vecteur densité de courant volumique $\vec{j}$ uniforme. Alors

$$\vec{j} = \frac{i}{S}\vec{u}_x \text{ donc } \vec{E} = \frac{i}{\gamma S}\vec{u}_x$$

La relation $\vec{E} = -\overrightarrow{\text{grad}}\,V$ s'écrit ici $\vec{E} = -\frac{dV}{dx}\vec{u}_x$ donc

$$\frac{dV}{dx} = -\frac{i}{\gamma S} \text{ donc } V(x) = -\frac{i}{\gamma S}x + K$$

On en déduit la tension électrique

$$u = V_A - V_B = V(0) - V(L) = \frac{iL}{\gamma S}$$

On en déduit $R = \frac{u}{i} = \frac{L}{\gamma S}$.

↪ **Exercices 8.14, 8.15, 8.16, 8.17.**

Faire un bilan de puissance Joule.

La **puissance électrocinétique volumique** dissipée par **effet Joule** dans un conducteur ohmique est

$$\vec{j}\cdot\vec{E} = \gamma\vec{E}^2 = \frac{\vec{j}^2}{\gamma}$$

Elle est exprimée en watt par mètre cube. Faire un bilan de puissance Joule, c'est calculer la puissance totale dissipée par effet Joule par intégration tridimensionnelle dans un conducteur ohmique.

Exemple :

Pour une répartition uniforme de courant volumique dans un conducteur cylindrique d'axe (O, z), de longueur L et de rayon a, parcouru par un courant d'intensité i, $\vec{j} = \frac{i}{\pi a^2}\vec{u}_z$ et

$$\mathscr{P}_{\text{Joule}} = \int_{z=0}^{L}\int_{\theta=0}^{2\pi}\int_{r=0}^{a} \frac{i^2}{\gamma\pi^2 a^4} r\,dr\,d\theta\,dz$$

$$\mathscr{P}_{\text{Joule}} = \frac{i^2}{\gamma\pi^2 a^4}[z]_0^L[\theta]_0^{2\pi}\left[\frac{r^2}{2}\right]_0^a$$

$$= \frac{L}{\gamma\pi a^2} i^2 = Ri^2$$

↪ **Exercices 8.18, 8.19.**

Exploiter l'équation locale de Poynting.

Le **vecteur de Poynting** électromagnétique est

$$\vec{\Pi} = \frac{\vec{E} \wedge \vec{B}}{\mu_0}$$

Il est exprimé en joule par seconde et par mètre carré. Son flux à travers une surface S est la puissance électromagnétique transportée :

$$\mathscr{P} = \iint_S \vec{\Pi} \cdot \overrightarrow{dS}$$

Le sens physique de $\vec{\Pi}$ apparaîtra plus nettement dans le chapitre 11. La relation suivante est l'**équation locale de poynting** exprimée ici dans le cas général :

$$-\frac{\partial u_{em}}{\partial t} = \text{div}\,\vec{\Pi} + \vec{j} \cdot \vec{E}$$

$$\text{avec } u_{em} = u_e + u_m \text{ et } \begin{cases} u_e = \frac{1}{2}\varepsilon_0 \vec{E}^2 \\ u_m = \frac{1}{2}\frac{\vec{B}^2}{\mu_0} \end{cases}$$

Voici quelques axes d'interprétation de cette relation.

- u_{em} est l'**énergie volumique électromagnétique**.
- $\vec{j} \cdot \vec{E}$ est la **puissance volumique électrocinétique**.
- L'équation est donc homogène à une puissance volumique.

Son sens physique peut être résumé ainsi : la **diminution d'énergie volumique** par unité de temps (terme de gauche) est due à la **somme** de la **perte par rayonnement électromagnétique** (la divergence est positive quand le champ de vecteur « diverge », ou qu'il est dirigé vers l'extérieur) et de l'**énergie consommée par mise en mouvement des charges** ($\vec{j}$) sous l'action du champ électrique ($\vec{E}$).
L'équation locale de Poynting est conséquence des équations de Maxwell, sa vérification permet donc de valider les calculs effectués dans une situation donnée, et elle permet surtout de donner un sens physique énergétique aux différents termes apparaissant dans les grandeurs électromagnétiques exprimées.

Exemple :

Dans le vide, $\rho = 0$ et $\vec{j} = \vec{0}$ donc l'équation locale de Poynting s'écrit

$$-\frac{\partial u_{em}}{\partial t} = \operatorname{div} \vec{\Pi}$$

On verra dans le chapitre 11 une famille importante de solutions des équations de Maxwell appelées ondes planes progressives harmoniques. Injectons dans les équations de Maxwell les champs suivants

$$\begin{cases} \vec{E} = E_0 \vec{u}_y \cos(\omega t - kx) \\ \vec{B} = B_0 \vec{u}_z \cos(\omega t - kx) \end{cases}$$

Il est immédiat que $\operatorname{div} \vec{E} = 0$ et $\operatorname{div} \vec{B} = 0$. Les équations de Maxwell-Faraday et de Maxwell-Ampère s'écrivent

$$\begin{cases} kE_0 \cos(\omega t - kx) = \omega B_0 \cos(\omega t - kx) \\ -kB_0 \cos(\omega t - kx) = \varepsilon_0 \mu_0 \omega E_0 \cos(\omega t - kx) \end{cases}$$

$$\text{donc} \begin{cases} k^2 = \varepsilon_0 \mu_0 \omega^2 \\ kE_0 = \omega B_0 \end{cases}$$

On pose $c = \frac{1}{\varepsilon_0 \mu_0}$ qu'on identifiera à la vitesse de la lumière dans l'étude des ondes électromagnétiques, et on en déduit

$$\omega = kc \text{ et } E_0 = cB_0$$

L'énergie électromagnétique vaut alors

$$u_{em} = \frac{1}{2}\varepsilon_0 E_0^2 \cos^2(\omega t - kx) + \frac{1}{2}\frac{E_0^2}{\mu_0 c^2}\cos^2(\omega t - kx)$$

$$\text{soit } u_{em} = \varepsilon_0 E_0^2 \cos^2(\omega t - kx)$$

On remarque qu'il y a équipartition de l'énergie volumique entre composante électrique et composante magnétique. Le vecteur de Poynting vaut

$$\vec{\Pi} = \frac{E_0^2}{\mu_0 c}\cos^2(\omega t - kx)\vec{u}_x$$

On calcule les deux termes de l'équation de Poynting

$$\begin{cases} \frac{\partial u_{em}}{\partial t} = -2\varepsilon_0 E_0^2 \omega \sin(\omega t - kx)\cos(\omega t - kx) \\ \operatorname{div}\vec{\Pi} = 2\frac{E_0^2}{\mu_0 c} k \sin(\omega t - kx)\cos(\omega t - kx) \end{cases}$$

Ces deux termes sont bien égaux car

$$\frac{1}{\mu_0 c} = \varepsilon_0 c \text{ et } \omega = kc$$

↪ **Exercices 8.20, 8.21.**

Énoncés des exercices

8.1

Bilan surfacique de charges (d'après Mines PSI (1) 2012)

Sur une plaque plane de très faible épaisseur, des charges sont réparties selon une densité surfacique $\sigma(x, y, t)$ exprimée en coulomb par mètre carré, leur déplacement est caractérisé par un vecteur densité de courant surfacique $\vec{j}_S(x, y, t)$ exprimé en ampère par mètre : sa direction est celle de déplacement des charges, et à travers une languette de largeur $d\ell$ perpendiculaire à cette direction circule un courant d'intensité $j_S \cdot d\ell$. Établir l'équation locale de conservation de la charge reliant les composantes j_x et j_y de $\vec{j}$ et σ.

8.2

Bilan volumique radial de charges

Autour d'un axe (O, z), on observe un mouvemant radial de charges. Le vecteur densité de courant volumique s'écrit $\vec{j}(M, t) = j(r, t)\vec{u}_r$ en coordonnées cylindriques et la densité volumique de charges $\rho(M, t) = \rho(r, t)$.

a) En travaillant sur l'élément de volume situé entre deux cylindres de hauteur H et de rayons r et $r + dr$, établir l'équation locale de conservation de la charge reliant $j(r, t)$ et $\rho(r, t)$.

b) Exprimer l'intensité $i(r, t)$ traversant le cylindre de hauteur H et de rayon r dans le sens des r croissants.

c) En régime permanent, quelle est la particularité de cette intensité ?

8.3

Bille radioactive

Une bille radioactive initialement neutre de rayon $R \simeq 0$ émet de façon isotrope, à partir de la date $t = 0$, N particules par seconde de charge e, avec une vitesse de norme v_0. On note $\vec{j}(r, t) = j(r, t)\vec{u}_r$ le vecteur densité de courant volumique et $\rho(r, t)$ la densité volumique de charges en un point M à la distance $r = OM$ du centre O de la bille et à la date t.

a) Justifier l'existence, à la date t, d'un rayon critique $r_c(t)$ et l'exprimer.

b) Déterminer la charge $Q(t)$ de la bille à la date t.

c) En supposant que les particules se déplacent à une vitesse v_0 constante, Exprimer $j(r, t)$ et $\rho(r, t)$ pour $r < r_c(t)$.

d) Vérifier la conservation de la charge totale du système.

e) Pourquoi l'hypothèse de constance de la vitesse des particules est-elle discutable ?

8.4

Équations de Maxwell dans le vide

Dans le vide, il n'y a ni charge ni courant.

a) Exprimer les équations de Maxwell dans le vide.

b) On donne la relation d'analyse vectorielle

$$\overrightarrow{\text{rot}}\left[\overrightarrow{\text{rot}}\,\vec{A}\right] = \overrightarrow{\text{grad}}\left[\text{div}\,\vec{A}\right] - \Delta\vec{A}$$

Établir les équations aux dérivées partielles (dites équations de d'Alembert) vérifiées séparément par $\vec{E}$ et $\vec{B}$.

c) Montrer que $\frac{1}{\sqrt{\varepsilon_0\mu_0}}$ est homogène à une vitesse. Calculer sa valeur numérique et commenter le résultat.

8.5

Équations de Maxwell dans l'ARQS

ARQS est l'acronyme de Approximation des Régimes Quasi Stationnaires. Sous cette approximation, on suppose que la durée caractéristique τ de propagation des perturbations est négligeable devant la durée caractéristique T des variations des grandeurs. On considère qu'un circuit électrique étudié en séance de travaux pratiques possède une taille caractéristique de l'ordre de L = 30 cm. Il est alimenté par un générateur basse fréquence, de fréquence maximale de l'ordre du mégahertz, de pulsation ω donc de période $T = \frac{2\pi}{\omega}$. On démontre (voir chapitre 11) que la célérité de l'onde électrique est de l'ordre de celle de la lumière dans le vide $c_0 = \frac{1}{\sqrt{\varepsilon_0 \mu_0}} = 3{,}0 \cdot 10^8 \text{ m} \cdot \text{s}^{-1}$. On rappelle qu'en ordres de grandeurs, la dérivée $\frac{\partial Y}{\partial X}$ est de l'ordre de grandeur du rapport des valeurs caractéristiques

$$\frac{\partial Y}{\partial X} \simeq \frac{\text{odg}[Y]}{\text{odg}[X]}$$

a) Justifier que l'ARQS est vérifiée pour le circuit électrique décrit.

b) En traitant les équations de Maxwell en ordres de grandeur, montrer que

$$\frac{\text{odg}\left[\left\|\varepsilon_0 \mu_0 \frac{\partial \vec{E}}{\partial t}\right\|\right]}{\text{odg}\left[\left\|\overrightarrow{\text{rot}}\, \vec{B}\right\|\right]} \simeq \frac{L^2}{c_0^2 T^2}$$

c) En déduire les expressions des équations de Maxwell dans l'ARQS et les comparer avec celles en régime stationnaire.

d) La loi des nœuds résulte de la relation div $\vec{j} = 0$. La loi des condensateurs résulte de l'équation de Maxwell-Gauss. La loi des bobines résulte de l'équation complète de Maxwell-Faraday. On démontre que la loi des mailles (établie en régime stationnaire à l'exercice 8.8) et les propriétés des résistances (résultant de la loi d'Ohm locale) sont valables dans l'ARQS. Pourquoi l'ARQS est-elle considérée comme le cadre d'étude de l'électricité de première année ?

8.6

Démonstration de la loi de conservation par bilan de charges

Soit Σ une surface fermée délimitant le volume $\mathcal{V}$. On donne la loi d'analyse vectorielle suivante, appelée théorème d'Ostrogradski :

$$\oiint_{\Sigma} \vec{A} \cdot \overrightarrow{dS} = \iiint_{\mathcal{V}} \text{div}\, \vec{A}\, d\tau$$

On note $\rho(M, t)$ la densité volumique de charge et $\vec{j}(M, t)$ le vecteur densité volumique de courant en M à la date t.

a) Exprimer la charge totale $Q(t)$ dans $\mathcal{V}$ par une intégrale triple.

b) Exprimer l'intensité totale $I(t)$ du courant qui traverse Σ par une intégrale double.

c) Traduire la loi de conservation de la charge par une relation entre $Q(t)$ et $I(t)$.

d) En utilisant le théorème d'Ostrogradski, en déduire la relation

$$\iiint_{\mathcal{V}} \left[\text{div}\, \vec{j} + \frac{\partial \rho}{\partial t}\right] d\tau = 0$$

e) Cette relation étant valable pour tout volume $\mathcal{V}$, en déduire l'équation locale de conservation de la charge.

8.7

Loi des nœuds

Un nœud d'un circuit électrique est modélisé par une jonction entre trois fils conducteurs canalisant le courant électrique. On note i, i_1 et i_2 les intensités des courants traversant les surfaces S, S_1 et S_2 selon le fléchage du schéma.

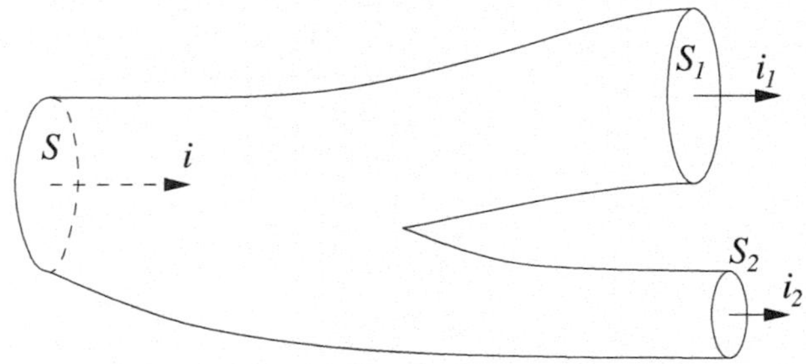

Montrer qu'en régime stationnaire $i = i_1 + i_2$.

8.8

Loi des mailles

Établir la loi des mailles en régime stationnaire pour un circuit électrique filiforme.

8.9

Flux du champ magnétique dans la loi de Faraday

Un circuit électrique filiforme définit un lacet $\mathscr{C}$ orienté par le sens conventionnel choisi. Montrer que le flux du champ magnétique à travers une surface S tendue sur $\mathscr{C}$ et orientée de façon cohérente avec la règle du tire-bouchon, ne dépend pas de la surface choisie.

8.10

Théorème d'Ampère généralisé

Un câble cylindrique de rayon R et d'axe (O, z), conducteur ohmique de conductivité γ, est parcouru par un courant électrique de densité volumique $\vec{j} = j(r,t)\vec{u}_z$. On note $\vec{B} = B(t)\vec{u}_\theta$ le champ magnétique à la surface de ce conducteur. Établir la relation entre $B(t)$ et l'intensité totale $i(t)$ circulant dans le câble.

8.11

Ordres de grandeur dans le modèle de Drude

Le cuivre pur a une conductivité $\gamma = 5{,}98 \cdot 10^7\ \mathrm{S \cdot m^{-1}}$, une masse volumique $\mu = 8{,}96 \cdot 10^3\ \mathrm{kg \cdot m^{-3}}$ et une masse molaire $M = 63{,}5 \cdot 10^{-3}\ \mathrm{kg \cdot mol^{-1}}$. Le nombre d'Avogadro vaut $\mathscr{N}_A = 6{,}02 \cdot 10^{23}\ \mathrm{mol^{-1}}$, la charge de l'électron $-e = -1{,}60 \cdot 10^{-19}$ C et sa masse $m = 9{,}11 \cdot 10^{-31}$ kg. On suppose que chaque atome de cuivre fournit un électron mobile de conduction. Calculer les valeurs numériques du nombre n_0 d'électrons mobiles par mètre cube, de la constante α de la force de frottement fluide linéaire subie par les électrons et de la constante de temps τ caractéristique de la convergence de la vitesse des électrons vers sa valeur limite.

8.12

Modèle de Drude collisionnel (ENS PC 2012)

Dans un métal, les porteurs de charge sont des électrons libres de charge $-e$ et de masse m, le métal en comporte n_0 par mètre cube. Ils sont susceptibles d'entrer en collision avec les atomes du réseau cristallin, les impuretés et défauts du métal. Après chaque collision, leur vitesse est distribuée de manière totalement aléatoire : si on note $\vec{V}_n(0)$ la vitesse d'un électron après le n-ième choc à l'instant $t = 0$ pris à la date du choc, alors la moyenne sur un grand nombre N de chocs est nulle : $\frac{1}{N}\sum_{n=1}^{N}\vec{V}_n(0) = \vec{0}$. La probabilité qu'un électron subisse une collision pendant l'intervalle de temps dt est $dp = \frac{1}{\tau_e}\cdot dt$. Entre deux collisions, les électrons ne subissent aucun frottement et sont soumis au champ électrique $\vec{E} = E\vec{u}$ uniforme et constant.

a) Établir l'équation différentielle vérifiée par la probabilité $P(t)$ qu'un électron n'ait subi aucune collision au cours des t secondes qui suivent sa dernière collision. En déduire l'expression de $P(t)$.

b) On définit la **densité de probabilité** $\rho(t)$ par la relation $P(t) = \int_t^{\infty}\rho(t')dt'$ (ρ ne désigne donc pas ici la densité volumique de charges). Montrer que $\rho(t) = \frac{1}{\tau_e}e^{-\frac{t}{\tau_e}}$.

c) Déterminer la vitesse $\vec{V}_n(t)$ d'un électron entre les collisions n et $n+1$.

d) En déduire la vitesse moyenne

$$<\vec{V}_n>=\int_{t=0}^{+\infty}\vec{V}_n(t)\rho(t)dt$$

de la vitesse d'un électron au moment du $(n+1)$-ième choc puis sa valeur moyenne $<\vec{V}>$ sur tous les électrons du métal.

e) En déduire la loi d'Ohm locale dans ce modèle et donner l'expression de la conductivité γ.

8.13

Bon conducteur ohmique

Un « bon » conducteur ohmique est un conducteur de conductivité supérieure à $10^6\ \mathrm{S\cdot m^{-1}}$. Il est soumis à des champs électriques et/ou magnétiques périodiques de fréquence inférieure à 10^{15} Hz, ce qui est le cas pour les phénomènes électriques et optiques dans le domaine du visible. On rappelle qu'en ordres de grandeurs, la dérivée $\frac{\partial Y}{\partial X}$ est de l'ordre de grandeur du rapport des valeurs caractéristiques

$$\frac{\partial Y}{\partial X} \simeq \frac{\mathrm{odg}[Y]}{\mathrm{odg}[X]}$$

a) Établir l'équation différentielle vérifiée par ρ.

b) La résoudre et en déduire qu'on peut prendre $\rho \simeq 0$ dans un bon conducteur aux fréquences considérées. On prendra $\varepsilon_0 \simeq 10^{-11}\ \mathrm{F\cdot m^{-1}}$.

c) En travaillant en ordres de grandeur, montrer qu'un terme peut être négligé dans l'équation de Maxwell-Ampère.

d) En déduire les expressions des équations de Maxwell dans un bon conducteur et les comparer avec celles en régime stationnaire. (*On pourra aussi les comparer à celles obtenues dans l'ARQS à l'exercice 8.5*).

e) Établir l'équation de diffusion (du second ordre par rapport aux variables d'espace et du premier ordre par rapport au temps) vérifiée par $\vec{E}$ dans ce cas.

8.14

Résistance toroïdale (Mines-Ponts PSI (1) 2014)

Un conducteur ohmique de conductivité $\gamma \simeq 10^7\ \mathrm{S \cdot m^{-1}}$ a la forme d'une section torique de rayon intérieur a, extérieur b, de hauteur c, et d'angle α. On suppose que le potentiel ne dépend que de la variable θ et on impose un potentiel $V(\theta = 0) = u$ et $V(\theta = \alpha) = 0$. On donne l'expression du gradient et du Laplacien en coordonnées cylindriques :

$$\overrightarrow{\text{grad}}\,V = \begin{vmatrix} \dfrac{\partial V}{\partial r} \\ \dfrac{1}{r}\dfrac{\partial V}{\partial \theta} \\ \dfrac{\partial V}{\partial z} \end{vmatrix} \quad \text{et } \Delta V = \frac{1}{r}\frac{\partial}{\partial r}\left(r\frac{\partial V}{\partial r}\right) + \frac{1}{r^2}\frac{\partial^2 V}{\partial \theta^2} + \frac{\partial^2 V}{\partial z^2}$$

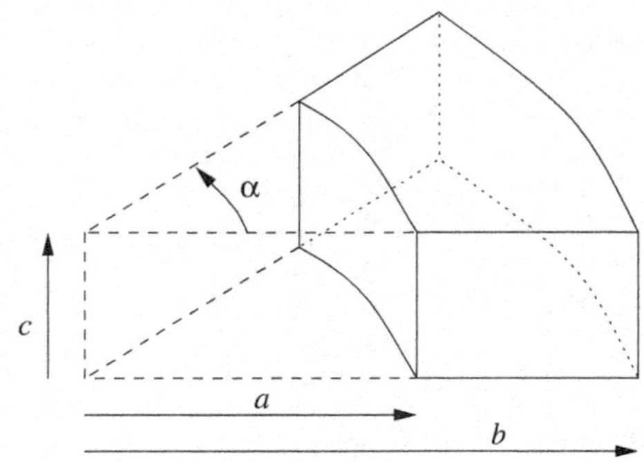

Le potentiel vérifie l'équation de Laplace $\Delta V = 0$. Établir l'expression de $V(\theta)$ et en déduire l'expression de la résistance orthoradiale R entre la face avant et la face arrière du conducteur. Vérifier que si $b \simeq a$, on retrouve la résistance du conducteur prismatique.

8.15

Conduction électrique dans un semi-conducteur (analyse documentaire) (CCP PSI (1) 2009).

Dans un matériau semi-conducteur, un électron deviendra porteur de charge mobile s'il quitte la bande énergétique de valence de l'atome pour atteindre la bande de conduction. Ceci est possible grâce à l'agitation thermique au sein du matériau et on admet que la densité électronique vérifie la statistique de Boltzmann :

$$n_0 = n_{00}\, e^{-\frac{E_S}{k_B T}}$$

où $k_B = 1{,}38 \cdot 10^{-23}\ \mathrm{J \cdot K^{-1}}$ est la constante de Boltzmann et E_S une énergie de référence. On mesure la résistivité $\rho = \frac{1}{\gamma}$ du silicium à très basse température :

T(K)	4,2	4,6	5,0	5,4	6,2	7,0	8,0	10,0	12,0
$\rho\ (\Omega \cdot \mathrm{m})$	$5{,}9 \cdot 10^5$	$6{,}0 \cdot 10^4$	$9{,}0 \cdot 10^3$	$1{,}75 \cdot 10^3$	125	16,5	2,35	0,15	0,024

On notera α le coefficient de frottement et q la charge de l'électron.

a) Pour un matériau conducteur classique, proposer une explication au fait que la résistivité augmente avec la température.

b) Pour le matériau semi-conducteur silicium, justifier théoriquement que $\rho = \rho_0 e^{\frac{B}{T}}$ et vérifier expérimentalement la validité de cette expression ; préciser la valeur de E_S.

c) Un semi-conducteur dopé est enrichi en atomes étrangers (appelés impuretés) répartis dans le matériau. Expliquer pourquoi la résistivité d'un semi-conducteur diminue :

i) si, lorsqu'il est « dopé N », les impuretés libèrent des électrons de conduction supplémentaires ;

ii) si, lorsqu'il est « dopé P », les impuretés capturent des électrons de conduction.

8.16

Modèle de Drude et effet Hall

Un courant électrique d'intensité i circule dans un conducteur parallélépipédique de conductivité γ, de longueur L selon x et de section d selon y, ε selon z. À partir de $t = 0$, on applique un champ magnétique $\vec{B} = B\vec{u}_z$ au conducteur. Les porteurs de charge sont les électrons libres, de masse m et de charge $-e$, on en trouve n_0 par mètre cube.

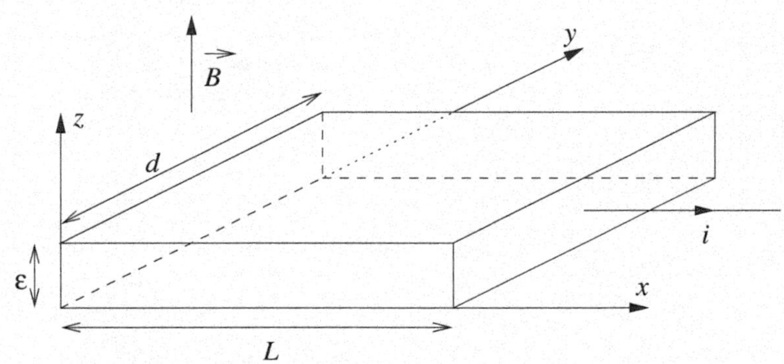

a) Donner l'expression du vecteur densité de courant volumique $\vec{j}$ supposé uniforme et du champ électrique $\vec{E}$ régnant dans le conducteur pour $t < 0$.

b) Dans le modèle de Drude le plus simple, les électrons sont en mouvement rectiligne uniforme à la vitesse $\vec{v}$ sous l'action de la force de Lorentz et d'une force de frottement linéaire $-\alpha\vec{v}$. Exprimer ce vecteur vitesse pour $t < 0$.

c) À partir de $t = 0$, justifier qualitativement que les électrons sont déviés et qu'ils vont s'accumuler sur l'une des faces du conducteur.

d) Après le régime transitoire, l'accumulation d'électrons crée un champ électrique appelé champ de Hall $\vec{E}_H$ qui se superpose au champ électrique initial $\vec{E}$. Donner l'expression de $\vec{E}_H$.

e) En déduire la tension électrique de Hall U_H entre les faces opposées en $y = \pm\frac{d}{2}$ en fonction de i, B, n_0, e et ε.

f) Justifier qu'on peut ainsi réaliser un teslamètre à sonde à effet Hall.

8.17 Disque de Corbino

Un disque de Corbino est une pastille cylindrique trouée conductrice, comportant n_0 électrons de conduction par mètre cube, de conductivité $\gamma = \frac{n_0 e^2 \tau}{m}$, uniformément neutre ($\rho = 0$), d'épaisseur a, de rayons intérieur b et extérieur c.

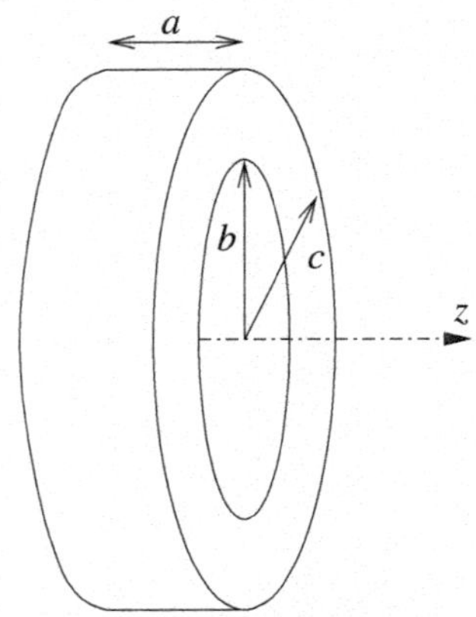

a) On applique une tension électrique $U = V(r = b) - V(r = c)$ entre les faces cylindriques interne et externe du conducteur. Déterminer l'expression du champ électrique $\vec{E} = E(r)\vec{u}_r$, du vecteur densité volumique de courant $\vec{j} = j(r)\vec{u}_r$ et du courant I traversant un cylindre de rayon r quelconque compris entre b et c.

b) En déduire la résistance radiale R_0 de cet objet.

c) On impose un champ magnétique extérieur $\vec{B} = B\vec{u}_z$ uniforme et constant. Écrire la loi de la quantité de mouvement pour un électron de charge $-e$, de masse m et de vitesse $\vec{v}$. En déduire, en régime permanent, la relation

$$\vec{E} = \frac{\vec{j}}{\gamma} + \vec{j} \wedge \frac{\vec{B}}{n_0 e}$$

d) On suppose que $\vec{E}$ reste selon $\vec{u}_r$ et on pose

$$\vec{j} = j_r \vec{u}_r + j_\theta \vec{u}_\theta + j_z \vec{u}_z$$

Montrer que $j_z = 0$ et exprimer l'angle

$$\theta = (\vec{u}_r, \vec{j})$$

en fonction de γ, B, n_0 et e.

e) Tracer l'allure des lignes de courant.

f) Exprimer j_r et montrer que la résistance radiale s'écrit

$$R = R_0(1 + \varepsilon)$$

Préciser l'expression de ε.

8.18

Bilan Joule dans un conducteur toroïdal

Dans le conducteur toroïdal de l'exercice 8.14 (on en reprend les notations) soumis à une tension u, le champ électrique orthoradial a pour expression

$$\vec{E} = \frac{u}{\alpha r}\vec{u}_\theta$$

Calculer la puissance dissipée par effet Joule et en déduire la résistance R.

8.19

Bilan Joule pour une répartition non uniforme de courants volumiques

Un conducteur cylindrique occupe le demi-espace $z \geq 0$. Soumis à une onde électromagnétique harmonique incidente en $z < 0$, un champ électrique sinusoïdal non uniforme se développe dans le conducteur :

$$\vec{E}(x, y, z, t) = E_0\vec{u}_x e^{-\frac{z}{\delta}}\cos\left(\omega t - \frac{z}{\delta}\right)$$

avec $\delta = \sqrt{\frac{2}{\mu_0\gamma\omega}}$ et $\mu_0 = 4\pi\cdot 10^{-7}\ \mathrm{H\cdot m^{-1}}$. On admet la validité de la loi d'Ohm locale. Déterminer la valeur moyenne dans le temps de la puissance dissipée par effet Joule dans une section $(x, y, z) \in [0, a] \times [0, a] \times [0, +\infty[$. Vérifier l'homogénéité du résultat.

8.20

Démonstration de l'équation locale de Poynting

On donne la formule d'analyse vectorielle : si $\vec{F}$ et $\vec{G}$ sont deux champs vectoriels, alors

$$\mathrm{div}\left(\vec{F}\wedge\vec{G}\right) = \vec{G}\cdot\overrightarrow{\mathrm{rot}}\,\vec{F} - \vec{F}\cdot\overrightarrow{\mathrm{rot}}\,\vec{G}$$

et le théorème d'Ostrogradski : si Σ ets une surface fermée et $\mathcal{V}$ le volume intérieur à cette surface, alors pour tout champ vectoriel $\vec{F}$

$$\oiint_\Sigma \vec{F}\cdot\overrightarrow{dS} = \iiint_\mathcal{V} \mathrm{div}\,\vec{F}\,d\tau$$

a) Démontrer l'équation locale de Poynting.

b) Soit $\mathcal{V}$ le volume intérieur à une surface fermée Σ. Définir les énergies

$$U_m \text{ et } U_e$$

respectivement magnétique et électrique à l'intérieur de $\mathcal{V}$.

c) On suppose l'espace vide de charges. Établir la relation entre le flux de $\vec{\Pi}$ sortant de Σ, U_e et U_m.

d) Interpréter physiquement cette relation.

8.21

Étude électromagnétique de la charge d'un condensateur

Un condensateur est formé de deux disques parallèles coaxiaux et de même rayon R, distants de $d \ll R$, séparés par du vide. On note $q(t)$ la charge de la plaque inférieure en $z = 0$ et $-q(t)$ la charge de la plaque supérieure en $z = d$. Les densités surfaciques de charge sont uniformes sur les plaques.

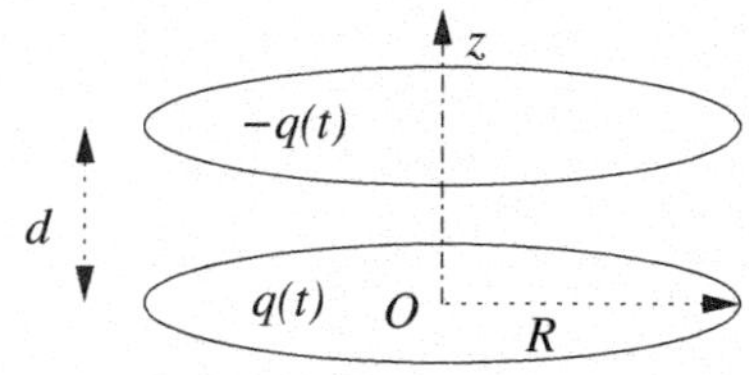

Un point M entre les plaques est repéré en coordonnées cylindriques par

$$\overrightarrow{OM} = z\vec{u}_z + r\vec{u}_r$$

a) On néglige les effets de bord, c'est-à-dire qu'on suppose que le champ électrique est le même que si les plaques étaient infinies. Donner l'expression de $\vec{E}(M, t)$.

b) On suppose que le champ magnétique entre les plaques s'écrit

$$\vec{B}(M, t) = B(r, t)\vec{u}_\theta$$

Déterminer l'expression de $B(r, t)$ grâce à l'équation de Maxwell-Ampère.

c) Justifier que dans le modèle choisi, le condensateur est nécessairement alimenté par un générateur de courant d'intensité I constante.

d) Vérifier la validité de l'équation locale de Poynting sous ces hypothèses.

e) Calculer la puissance électromagnétique traversant la « bâche », c'est-à-dire le cylindre de rayon R qui ferme l'espace vide entre les plaques. Peut-on l'associer à l'énergie électrocinétique du condensateur

$$\mathscr{E} = \frac{1}{2}Cu^2(t) = \frac{q^2(t)}{2C} \text{ ?}$$

Du mal à démarrer ?

8.1 Le raisonnement est analogue à celui du cours, mais il est à deux dimensions seulement : on remplace donc les charges traversant les facettes d'un parallèlépipède par les charges traversant les côtés d'un rectangle.

8.2 La charge entre par le cylindre intérieur de rayon r et sort par le cylindre extérieur de rayon $r+dr$. Le volume délimité peut être calculé en faisant la différence entre ceux des deux volumes et en effectuant un développement limité au premier ordre.

8.3 Les bilans doivent être effectués entre les sphères de rayon r et $r+dr$. On rappelle que la surface d'une sphère de rayon a est $4\pi a^2$ et que le volume de la boule est $\frac{4}{3}\pi a^3$. Les développements limités doivent être arrêtés au premier ordre.

8.4 Dans le vide, $\rho = 0$ et $\vec{j} = \vec{0}$. Les équations de Maxwell s'en déduisent immédiatement. En composant (MF) ou (MA) avec l'opérateur rotationnel, on a la première étape du calcul.

8.5 La durée caractéristique de propagation des perturbations est celle nécessaire pour parcourir la longueur L à la vitesse c_0. La durée caractéristique de variation est la période T. Pour le travail en ordres de grandeur, le rotationnel est un opérateur de dérivation première par rapport aux variables d'espace, donc $\overrightarrow{\text{rot}}\,\vec{A} \simeq_{\text{odg}} \frac{A}{L}$.

8.6 La charge Q est l'intégrale triple de ρ dans $\mathcal{V}$, l'intensité I est l'intégrale double de $\vec{j}$ à travers Σ. La sortie de la charge $\text{I}dt$ correspond à la diminution de Q.

8.7 Le raisonnement est le même que celui du cours, appliqué à la surface fermée réunion de la surface latérale, des surfaces S, S_1 et S_2.

8.8 Une maille forme un lacet qu'on divise en deux lignes. La circulation de $\vec{E}$, nulle sur le lacet, est la somme des deux circulations.

8.9 En tendant deux surfaces distinctes sur le même lacet, on forme une surface fermée sur laquelle on peut appliquer la forme intégrale de l'équation de Maxwell-Thomson.

8.10 La relation $\vec{j} = \gamma\vec{E}$ permet de faire apparaître $i(t)$ dans le terme de flux de $\vec{E}$ dans le théorème d'Ampère généralisé.

8.11 Les ordres de grandeur sont tous calculés à partir des formules du cours ; en cas de blocage, il est assez facile de deviner la relation en travaillant sur les dimensions des grandeurs.

8.12 $P(t+dt)$ est la probabilité qu'aucun choc n'ait eu lieu entre $t = 0$ et $t+dt$: cet événement est la conjonction de l'absence de choc jusqu'à t puis de celle entre t et $t+dt$; l'équation différentielle en découle. La suite de l'exercice est purement calculatoire.

8.13 On obtient l'équation différentielle vérifiée par ρ en combinant l'équation de Maxwell-Gauss, celle de conservation de la charge et la loi d'Ohm locale. On voit apparaître une constante de temps τ qu'on compare à la période T.

8.14 La méthode 2 du cours est parfaitement adaptée ici. La seule difficulté est de choisir la surface à travers laquelle on doit calculer le flux de $\vec{j}$ pour exprimer l'intensité i totale : celle-ci est orthogonale à $\vec{j}$.

8.15 L'application du résultat du cours permet de démontrer la relation théorique. Pour valider une loi reliant deux grandeurs X et Y par un tableau de mesures, il faut transformer cette loi pour obtenir une loi affine puis valider le modèle par un tracé graphique ou par une régression linéaire.

8.16 L'étude de l'effet Hall est complémentaire du modèle de Drude : en présence comme en l'absence de champ magnétique, en régime permanent, les électrons ont un mouvement rectiligne uniforme sous l'action conjuguée du champ électrique électromoteur, du champ électrique de Hall, du champ magnétique et de la force de frottement fluide linéaire. La loi de la quantité de mouvement permet de conclure.

8.17 (a) La relation div $\vec{j}$ permet de déterminer $j(r)$ avec une constante d'intégration, on en déduit $E(r)$ puis $V(r)$, puis la valeur de la constante grâce aux conditions aux limites $V(b)$ et $V(c)$. (b) On en déduit $R_0 = \frac{U}{I}$. (c) La loi de la quantité de mouvement en $\vec{v}$ est transformée en une équation en $\vec{j} = -n_0 e\vec{v}$. (d) On projette la relation sur les trois axes de la base cylindrique. On remarquera que $\tan\theta = \frac{j_\theta}{j_r}$. (e) Les lignes ont la forme de branches de spirales. (f) Le raisonnement est analogue à celui de la question (a).

8.18 Un calcul classique d'intégrale triple suffit à conclure ; remarquons que calculer la puissance Joule et l'identifier à $\frac{u^2}{R}$ ou à Ri^2 donne une autre manière de calculer la résistance d'un conducteur.

8.19 L'expression de la puissance volumique fait apparaître un cosinus carré fonction du temps, dont la valeur moyenne vaut $\frac{1}{2}$. La suite est un simple calcul d'intégrale triple. Pour l'homogénéité du résultat, on rappelle que H est l'unité de l'inductance et $S = \Omega^{-1}$ l'inverse de l'unité de la résistance.

8.20 Le calcul est bien guidé, il faut manier adroitement les équations de Maxwell.

8.21 (a) C'est une révision du cours d'électrostatique. (b) On utilise l'expression du rotationnel en coordonnées cylindriques. (c) L'équation de Maxwell-Faraday permet de montrer que $q''(t) = 0$. (d) On calcule $\vec{\Pi}$, sa divergence en coordonnées cylindriques, u_{em} et sa dÃ©rivée par rapport au temps, et on remarque que $\vec{j} = \vec{0}$ entre les plaques. (e) La puissance est le flux du vecteur de Poynting.

Corrigés des exercices

8.1

On travaille sur un rectangle de surface $dS = dx \times dy$. La charge sortant par le côté d'abscisse $x+dx$ pendant dt est

$$dq_s = \vec{j}_S(x+dx,y,t)\cdot dy\cdot dt\vec{u}_x = j_x(x+dx,y,t)dydt$$

De même, la charge entrant par le côté d'abscisse x est $dq_e = j_x(x,y,t)dydt$. La charge totale entrant dans le rectangle par la paire de côtés est donc

$$dq_x = dq_e - dq_s = \left[j_x(x,y,t) - j_x(x+dx,y,t)\right]dydt$$

$$\text{soit } dq_x = -\frac{\partial j_x(x,y,t)}{\partial x}dxdydt$$

De même, celle entrant par l'autre paire de côtés est

$$dq_y = -\frac{\partial j_y(x,y,t)}{\partial y}dxdydt$$

Le bilan de charges s'écrit donc

$$\sigma(x,y,t+dt)dxdy - \sigma(x,y,t)dxdy =$$

$$-\left[\frac{\partial j_x(x,y,t)}{\partial x} + \frac{\partial j_y(x,y,t)}{\partial y}\right]dxdydt$$

$$\text{soit } \frac{\partial\sigma}{\partial t} + \frac{\partial j_x}{\partial x} + \frac{\partial j_y}{\partial y} = 0$$

8.2

a) La charge entrant par le cylindre intérieur est

$$dq_e = \iint \vec{j}\cdot\overrightarrow{dS}dt = \int_{z=0}^{H}\int_{\theta=0}^{2\pi} j(r,t)\vec{u}_r\cdot rd\theta dz\vec{u}_r dt$$

soit $dq_e = 2\pi r H j(r,t)dt$. De même, la charge sortant par le cylindre extérieur est

$$dq_s = 2\pi(r+dr)Hj(r+dr,t)dt$$

La charge contenue par l'élement de volume entre les deux cylindres est

$$Q(t) = \rho(r,t)\cdot\left[\pi(r+dr)^2H - \pi r^2H\right]H$$

$$Q(t) \simeq 2\pi r H\rho(r,t)dr$$

Le bilan de charges s'écrit $Q(t+dt) - Q(t) = dq_e - dq_s$, soit

$$2\pi r H\left[\rho(r,t+dt) - \rho(r,t)\right]dr =$$

$$2\pi H\left[r\cdot j(r,t) - (r+dr)\cdot j(r+dr,t)\right]$$

$$r\frac{\rho(r,t+dt)-\rho(r,t)}{dt} = -\frac{(r+dr)\cdot j(r+dr,t) - r\cdot j(r,t)}{dr}$$

$$\text{soit } \frac{\partial\rho(r,t)}{\partial t} + \frac{1}{r}\frac{\partial\left(rj(r,t)\right)}{\partial r} = 0$$

b) L'intensité est $i(r,t) = \frac{dq_e}{dt} = 2\pi r H j(r,t)$.

c) En régime permanent, la dérivée temporelle dans l'équation de conservation de la charge est nulle, donc

$$\frac{1}{r}\frac{\partial\left(rj(r,t)\right)}{\partial r} = 0 \text{ donc } \frac{d\left(rj(r)\right)}{dr} = 0$$

donc $rj(r) = \text{cste}$; posons $rj(r) = \frac{i_0}{2\pi H}$. on en déduit que $i(r,t) = i_0$, elle est donc indépendante de r.

8.3

a) Les particules les plus éloignées de la bille sont celles qui ont été émises à $t = 0$, elles ont donc parcouru $r_c(t) = v_0 t$. Pour $r > r_c(t)$, aucune particule n'est présente, donc $\rho(r,t) = 0$ et $\vec{j}(r,t) = \vec{0}$.

b) À la date t, $N\cdot t$ particules de charge e ont été émises donc $Q(t) = -Nte$.

c) Entre les sphères de rayon r et $r+dr$ se trouvent les particules émises entre t et $t+dt$ avec

$$v_0 = \frac{r}{t} \text{ et } v_0 = \frac{r+dr}{t+dt}$$

donc $r = v_0 t$ et $dt = \frac{dr}{v_0}$. On y trouve donc $N\cdot dt = \frac{Ndr}{v_0}$ particules. Le volume compris entre les deux sphères est

$$\frac{4}{3}\pi(r+dr)^3 - \frac{4}{3}\pi r^3 \simeq 4\pi r^2 dr$$

en faisant un développement limité à l'ordre 1. La densité volumique de charges est donc

$$\rho(r,t) = \frac{\frac{Ndr}{v_0}\cdot e}{4\pi r^2 dr} = \frac{Ne}{4\pi r^2 v_0}$$

Pendant dt, les particules traversant la sphère de rayon r sont celles situées à une distance inférieure ou égale à $v_0 dt$, ce sont donc celles situées entre les sphères de rayon $r - v_0 dt$ et r, soit un volume

$$d\tau = \frac{4}{3}\pi r^3 - \frac{4}{3}\pi(r - v_0 dt)^3 \simeq 4\pi r^2 v_0 dt$$

soit une charge totale

$$dq = \rho(r,t)d\tau = Nedt$$

L'intensité du courant est donc

$$i = \frac{dq}{dt} = Ne$$

d'où $j(r,t) = \frac{i}{4\pi r^2} = \frac{Ne}{4\pi r^2}$.

d) La charge totale est la somme de la charge de la bille et de celle compris dans l'espace entre $r = \mathrm{R} \simeq 0$ et $r = r_c$:

$$\mathrm{Q}(t) + \iiint \rho(r,t)d\tau = \mathrm{Q}(t) + \int_{r=0}^{r_c} \frac{\mathrm{N}e}{4\pi r^2 v_0} \cdot 4\pi r^2 dr$$

$$= -\mathrm{N}et + \mathrm{N}_e \frac{r_c}{v_0} = 0$$

La charge totale est donc nulle, et donc constante car la bille est initialement neutre.

e) Les particules chargées positivement subissent les forces électriques, attractive de la part de la bille chargée négativement et répulsive de la part des autres particules chargées positivement ; elles subissent donc une accélération et leur vecteur vitesse ne peut pas rester constant.

8.4

a) En l'absence de charge $\rho = 0$ et en l'absence de courant $\vec{j} = \vec{0}$. Les équations de Maxwell dans le vide s'écrivent donc

$$\begin{array}{llll} (\mathrm{MG}) & \operatorname{div} \vec{\mathrm{E}} = 0 & (\mathrm{MT}) & \operatorname{div} \vec{\mathrm{B}} = 0 \\ (\mathrm{MF}) & \overrightarrow{\mathrm{rot}}\, \vec{\mathrm{E}} = -\frac{\partial \vec{\mathrm{B}}}{\partial t} & (\mathrm{MA}) & \overrightarrow{\mathrm{rot}}\, \vec{\mathrm{B}} = \varepsilon_0\mu_0 \frac{\partial \vec{\mathrm{E}}}{\partial t} \end{array}$$

b) En composant (MF) avec l'opérateur rotationnel

$$\overrightarrow{\mathrm{rot}}\,\overrightarrow{\mathrm{rot}}\,\vec{\mathrm{E}} = -\overrightarrow{\mathrm{rot}}\left[\frac{\partial \mathrm{B}}{\partial t}\right]$$

Par application du théorème de Schwartz on en déduit

$$-\overrightarrow{\mathrm{grad}}\operatorname{div}\vec{\mathrm{E}} - \Delta\vec{\mathrm{E}} = -\frac{\partial(\overrightarrow{\mathrm{rot}}\,\vec{\mathrm{B}})}{\partial t}$$

$$\text{donc } \vec{0} - \Delta\vec{\mathrm{E}} = -\varepsilon_0\mu_0 \frac{\partial\left(\frac{\partial \vec{\mathrm{E}}}{\partial t}\right)}{\partial t}$$

$$\text{soit } \Delta\vec{\mathrm{E}} - \varepsilon_0\mu_0 \frac{\partial^2 \vec{\mathrm{E}}}{\partial t^2} = \vec{0}$$

De même, en composant (MA) avec rotationnel, on obtient une équation de d'Alembert identique pour le champ magnétique

$$\Delta\vec{\mathrm{B}} - \varepsilon_0\mu_0 \frac{\partial^2 \vec{\mathrm{B}}}{\partial t^2} = \vec{0}$$

c) Les deux termes des équations de d'Alembert ont nécessairement la même unité donc

$$\begin{cases} \frac{[\mathrm{E}]}{\mathrm{m}^2} = [\varepsilon_0\mu_0] \cdot \frac{[\mathrm{E}]}{\mathrm{s}^2} \\ \frac{[\mathrm{B}]}{\mathrm{m}^2} = [\varepsilon_0\mu_0] \cdot \frac{[\mathrm{B}]}{\mathrm{s}^2} \end{cases}$$

$$\text{donc } [\varepsilon_0\mu_0] = \mathrm{m}^{-2} \cdot \mathrm{s}^2$$

donc $\frac{1}{\sqrt{\varepsilon_0\mu_0}}$ est homogène à une vitesse. L'application numérique donne

$$\frac{1}{\sqrt{\varepsilon_0\mu_0}} = 2,998 \cdot 10^8 \ \mathrm{m \cdot s^{-1}}$$

On reconnaît la célérité de la lumière dans le vide.

8.5

a) Les perturbations électriques sont ici les variations de tension au cours du temps imposées par le GBF. Pour se propager jusqu'au bout du circuit, elles doivent parcourir la distance L à la vitesse c_0, la durée caractéristique de propagation des perturbations vaut donc

$$\tau \simeq \frac{\mathrm{L}}{c_0} = 1,0 \cdot 10^{-9} \mathrm{s}$$

La durée caractéristique de variation des grandeurs électriques est la période

$$\mathrm{T} = \frac{1}{f} \geq \frac{1}{10^6} = 10^{-6} \ \mathrm{s}$$

On a donc bien $\tau \ll \mathrm{T}$ ce qui valide l'ARQS.

b) Un rotationnel est un opérateur de dérivée première par rapport à l'espace. En ordres de grandeur, on a donc

$$\begin{cases} (\mathrm{MF}) : \frac{\mathrm{E}}{\mathrm{L}} \simeq \frac{\mathrm{B}}{\mathrm{T}} \\ \dfrac{\left\|\varepsilon_0\mu_0 \frac{\partial \vec{\mathrm{E}}}{\partial t}\right\|}{\left\|\overrightarrow{\mathrm{rot}}\,\vec{\mathrm{B}}\right\|} \simeq \varepsilon_0\mu_0 \dfrac{\frac{\mathrm{E}}{\mathrm{T}}}{\frac{\mathrm{B}}{\mathrm{L}}} = \dfrac{\mathrm{EL}}{c_0^2 \mathrm{BT}} \end{cases}$$

$$\text{donc } \frac{\left\|\varepsilon_0\mu_0 \frac{\partial \vec{\mathrm{E}}}{\partial t}\right\|}{\left\|\overrightarrow{\mathrm{rot}}\,\vec{\mathrm{B}}\right\|} \simeq \frac{\mathrm{L}^2}{c_0^2 \mathrm{T}^2}$$

c) On remarque que $\tau = \frac{\mathrm{L}}{c_0}$ est la durée caractéristique de propagation des perturbations donc

$$\frac{\left\|\varepsilon_0\mu_0 \frac{\partial \vec{\mathrm{E}}}{\partial t}\right\|}{\left\|\overrightarrow{\mathrm{rot}}\,\vec{\mathrm{B}}\right\|} \simeq \frac{\tau^2}{\mathrm{T}^2}$$

et dans l'ARQS ce rapport est très petit devant 1. On peut donc négliger le terme $\varepsilon_0\mu_0 \frac{\partial \vec{\mathrm{E}}}{\partial t}$ devant le terme $\overrightarrow{\mathrm{rot}}\,\vec{\mathrm{B}}$ dans l'équation de Maxwell-Ampère. Les équations de Maxwell dans l'ARQS s'écrivent donc

$$\begin{array}{llll} (\mathrm{MG}) & \operatorname{div} \vec{\mathrm{E}} = \frac{\rho}{\varepsilon_0} & (\mathrm{MT}) & \operatorname{div} \vec{\mathrm{B}} = 0 \\ (\mathrm{MF}) & \overrightarrow{\mathrm{rot}}\, \vec{\mathrm{E}} = -\frac{\partial \vec{\mathrm{B}}}{\partial t} & (\mathrm{MA}) & \overrightarrow{\mathrm{rot}}\, \vec{\mathrm{B}} = \mu_0 \vec{j} \end{array}$$

alors que dans le cas du régime stationnaire elles s'écrivent

$$\begin{array}{llll} (\mathrm{MG}) & \operatorname{div} \vec{\mathrm{E}} = \frac{\rho}{\varepsilon_0} & (\mathrm{MT}) & \operatorname{div} \vec{\mathrm{B}} = 0 \\ (\mathrm{MF}) & \overrightarrow{\mathrm{rot}}\, \vec{\mathrm{E}} = \vec{0} & (\mathrm{MA}) & \overrightarrow{\mathrm{rot}}\, \vec{\mathrm{B}} = \mu_0 \vec{j} \end{array}$$

On constate donc que l'équation de Maxwell-Faraday n'est pas modifiée dans l'ARQS alors qu'elle est simplifiée dans le cas du régime stationnaire.

d) L'électricité de première année est basée sur les lois des nœuds et des mailles (lois de Kirchhoff), et sur celles des dipôles RLC. Le cadre de l'ARQS est donc parfaitement adapté. Remarquons qu'avec un générateur de tension à haute fréquence (on parle alors d'hyperfréquences), l'ARQS n'est plus valable, et les lois habituelles de l'électricité ne sont plus valables. En particulier, l'intensité n'est plus la même en tout point d'une branche.

8.6

a) Par définition de la densité volumique de charge :

$$Q(t) = \iiint_{\mathcal{V}} \rho \cdot d\tau$$

b) Par définition de $\vec{j}$:

$$I = \oiint_{\Sigma} \vec{j} \cdot d\vec{S}$$

c) La charge $I dt$ qui sort de $\mathcal{V}$ pendant dt équivaut à la diminution de dQ donc

$$I = -\frac{dQ}{dt}$$

d) Le théorème d'Ostrogradski permet donc d'écrire

$$-\frac{d}{dt}\left[\iiint_{\mathcal{V}} \rho \cdot d\tau\right] = \iiint_{\mathcal{V}} \operatorname{div} \vec{j} \cdot d\tau$$

$$\text{soit } -\iiint_{\mathcal{V}} \frac{\partial \rho}{\partial t} d\tau = \iiint_{\mathcal{V}} \operatorname{div} \vec{j} \cdot d\tau$$

$$\text{soit } \iiint_{\mathcal{V}} \left[\operatorname{div} \vec{j} + \frac{\partial \rho}{\partial t}\right] d\tau = 0$$

e) Cette égalité est valable pour toute surface Σ et tout volume $\mathcal{V}$ associé. Le terme intégré est donc uniformément nul, ce qui donne bien l'équation de conservation de la charge.

8.7

Le courant est canalisé par les fils conducteurs, donc l'intensité qui traverse latéralement les parois est nulle. On applique la loi de conservation du flux à la surface fermée réunion de cette surface latérale, des surfaces S, S_1 et S_2 :

$$\iint_{S} \vec{j} \cdot \overrightarrow{dS} + 0 + \iint_{S_1} \vec{j} \cdot \overrightarrow{dS} + \iint_{S_2} \vec{j} \cdot \overrightarrow{dS} = 0$$

$$\text{soit } -i + i_1 + i_2 = 0$$

soit $i = i_1 + i_2$.

8.8

Soient A et B deux points d'une maille d'un circuit électrique. Cette maille forme un lacet $\mathcal{C}$ qui peut être décrit par la juxtaposition de deux lignes

$$\mathcal{C} = \overset{\frown}{AB} + \overset{\frown}{BA}$$

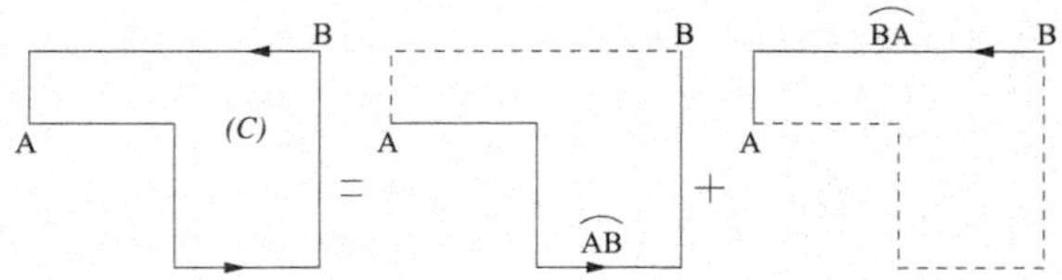

En régime stationnaire, l'équation de Maxwell-Faraday donne $\overrightarrow{\text{rot}}\,\vec{E} = \vec{0}$ donc sous forme intégrale

$$\oint_{\mathcal{C}} \vec{E} \cdot \overrightarrow{d\ell} = 0$$

$$\text{donc } \int_{\overset{\frown}{AB}} \vec{E} \cdot \overrightarrow{d\ell} + \int_{\overset{\frown}{BA}} \vec{E} \cdot \overrightarrow{d\ell} = 0$$

Or $\vec{E} = -\overrightarrow{\text{grad}}\,V$ donc la relation précédente s'écrit

$$(V_B - V_A)_{\overset{\frown}{AB}} + (V_B - V_A)_{\overset{\frown}{BA}} = 0$$

$$\text{soit } U_{\overset{\frown}{AB}} + U_{\overset{\frown}{BA}} = 0$$

Cette relation étant valable quels que soient les points A et B, on en déduit la loi des mailles.

8.9

Tendons deux surfaces distinctes S_1 et S_2 sur le même lacet et orientons-les de façon cohérente avec lui.

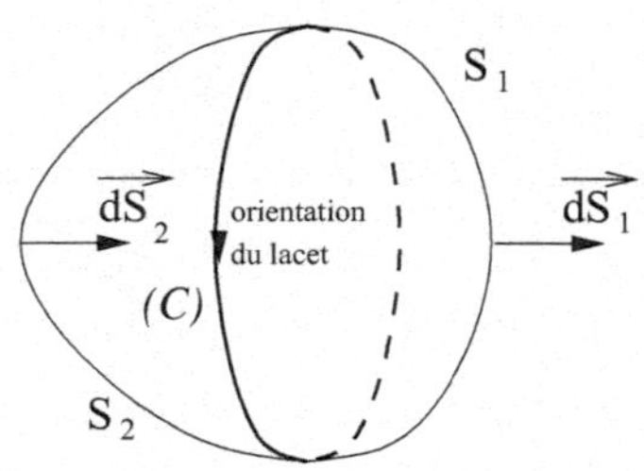

La juxtaposition Σ de S_1 et de S_2 forme une surface fermée. La forme intégrale de l'équation de Maxwell-Thomson

$$\oiint_{\Sigma} \vec{B} \cdot \overrightarrow{dS} = 0$$

s'écrit en orientant le vecteur $\overrightarrow{dS}$ vers l'extérieur de Σ. On a donc $\overrightarrow{dS} = \overrightarrow{dS}_1$ sur S_1 et $\overrightarrow{dS} = -\overrightarrow{dS}_2$ sur S_2. On en déduit

$$\iint_{S_1} \vec{B} \cdot \overrightarrow{dS}_1 + \iint_{S_2} -\vec{B} \cdot \overrightarrow{dS}_2 = 0$$

$$\text{soit } \iint_{S_1} \vec{B} \cdot \overrightarrow{dS}_1 = \iint_{S_2} \vec{B} \cdot \overrightarrow{dS}_2$$

Le flux du champ magnétique ne dépend donc pas de la surface tendue sur $\mathcal{C}$ choisie, c'est pourquoi on dit que $\vec{B}$ est à flux conservatif. La loi de Faraday utilise ce résultat en définissant le flux de $\vec{B}$ à travers le circuit sans préciser la surface choisie.

8.10

Appliquons le théorème d'Ampère généralisé sur le disque $\mathcal{D}$ de rayon R tendu sur le cercle $\mathcal{C}$ qui enlace le câble. On a

$$i(t) = I_{\text{enlacé}} = \iint_{\mathcal{D}} \vec{j}(r,t)\cdot\overrightarrow{dS}$$

Le flux du champ électrique à travers le disque est

$$\Phi_{\vec{E}} = \iint_{\mathcal{D}} \vec{E}(r,t)\cdot\overrightarrow{dS} = \frac{i(t)}{\gamma}$$

La circulation du champ magnétique est

$$\oint_{\mathcal{C}} \vec{B}\cdot d\vec{\ell} = B(t)\cdot 2\pi r$$

On en déduit

$$B(t)\cdot 2\pi r = \mu_0 i(t) + \varepsilon_0\mu_0 \frac{di(t)}{dt}$$

8.11

Un volume V de cuivre a une masse μV soit une quantité de matière $\frac{\mu V}{M}$, soit $N = \frac{\mu V \mathcal{N}_A}{M}$ atomes. Chaque atome libérant un électron il y a donc une densité volumique d'électrons libres

$$n_0 = \frac{N}{V} = \frac{\mu \mathcal{N}_A}{M} = 8{,}49\cdot 10^{28}\ \text{m}^{-3}$$

L'équation différentielle vérifiée par le vecteur vitesse est donnée par la loi de la quantité de mouvement appliquée à l'électron dans le référentiel galiléen du matériau :

$$m\frac{d\vec{v}}{dt} = -e\vec{E} - \alpha\vec{v}$$

$$\text{soit } \frac{d\vec{v}}{dt} + \frac{\alpha}{m}\vec{v} = -\frac{e}{m}\vec{E}$$

D'après le cours, la conductivité s'exprime par

$$\gamma = \frac{n_0 e^2}{\alpha} \text{ donc } \alpha = \frac{n_0 e^2}{\gamma} = 3{,}64\cdot 10^{-17}\ \text{kg}\cdot\text{s}^{-1}$$

La constante de temps est donc $\tau = \frac{m}{\alpha} = 2{,}51\cdot 10^{-14}$ s.

8.12

a) Pour qu'un électron n'ait pas subi de choc à la date $t+dt$, il faut qu'il n'en ait pas subi à la date t et qu'il n'en ait pas subi pendant l'intervalle de temps dt suivant, donc

$$P(t+dt) = P(t)\cdot(1-dp) = P(t)\left(1 - \frac{1}{\tau_e}dt\right)$$

$$\text{donc } \frac{P(t+dt) - P(t)}{dt} = -\frac{1}{\tau_e}P(t)$$

d'où l'équation différentielle

$$\frac{dP(t)}{dt} + \frac{1}{\tau_e}P(t) = 0$$

$$\text{donc } P(t) = Ae^{-\frac{t}{\tau}}$$

Par définition, à $t = 0$, l'électron vient de subir le n-ième choc donc $P(0) = 1$ donc $A = 1$ donc $P(t) = e^{-\frac{t}{\tau}}$.

b) En dérivant l'intégrale fonction de sa borne inférieure,

$$\frac{dP}{dt} = -\rho(t)$$

$$\text{donc } \rho(t) = \frac{1}{\tau_e}e^{-\frac{t}{\tau_e}}$$

c) On applique la loi de la quantité de mouvement à l'électron dans le référentiel galiléen du métal :

$$m\frac{d\vec{V}_n}{dt} = -e\vec{E}$$

$$\text{donc } \vec{V}_n(t) = \vec{V}_n(0) - \frac{e}{m}\vec{E}\cdot t$$

d) La vitesse moyenne est

$$<\vec{V}_n> = \int_{t=0}^{+\infty}\left[\vec{V}_n(0) - \frac{e}{m}\vec{E}t\right]\frac{1}{\tau_e}e^{-\frac{t}{\tau_e}}dt$$

$$= \vec{V}_n(0)\int_{t=0}^{+\infty}\frac{1}{\tau_e}e^{-\frac{t}{\tau_e}}dt - \frac{e}{m}\vec{E}\int_{t=0}^{+\infty}\frac{t}{\tau_e}e^{-\frac{t}{\tau_e}}dt$$

Les deux intégrales se calculent sans difficulté, par intégration directe pour la première, par intégration par parties pour la seconde :

$$\int_{t=0}^{+\infty}\frac{1}{\tau_e}e^{-\frac{t}{\tau_e}}dt = \left[-e^{-\frac{t}{\tau_e}}\right]_0^{\infty} = 1$$

$$\int_{t=0}^{+\infty}\frac{t}{\tau_e}e^{-\frac{t}{\tau_e}}dt = \left[-te^{-\frac{t}{\tau_e}}\right]_0^{\infty} + \int_{t=0}^{+\infty}e^{-\frac{t}{\tau_e}}dt$$

$$= 0 + \left[-\tau_e e^{-\frac{t}{\tau_e}}\right]_0^{\infty} = \tau_e$$

d'où $<\vec{V}_n> = \vec{V}_n(0) - \frac{e\tau_e}{m}\vec{E}$. La valeur moyenne de $\vec{V}_n(0)$ sur tous les électrons du métal est nulle, donc $<\vec{V}> = -\frac{e\tau_e}{m}\vec{E}$.

e) En raisonnant comme dans le cours,

$$\vec{j} = n_0(-e)<\vec{V}> = \frac{n_0 e^2\tau_e}{m}\vec{E}$$

ce qui est bien la loi d'Ohm attendue, avec la conductivité

$$\gamma = \frac{n_0 e^2 \tau_e}{m}$$

8.13

a) On conjugue l'équation de Maxwell-Gauss, l'équation de conservation de la charge et la loi d'Ohm locale.

$$\vec{j} = \gamma\vec{E} \text{ donc } \operatorname{div}\vec{j} = \gamma \operatorname{div}\vec{E}$$

$$\text{donc } -\frac{\partial\rho}{\partial t} = \frac{\gamma}{_0}\rho \text{ soit } \frac{\partial\rho}{\partial t} + \frac{\gamma}{_0}\rho = 0$$

b) On en déduit

$$\rho(t) = \rho_0 e^{-\frac{t}{\tau}} \text{ avec } \tau = \frac{\varepsilon_0}{\gamma} \leq 10^{-17}\ \text{s}$$

Le temps caractéristique de décroissance de ρ est donc cent fois inférieur à la période $T = \frac{1}{f} \geq 10^{-15}$ s. On peut donc considérer que $\rho \simeq 0$.

c) Comparons les deux termes formant le second membre de l'équation de Maxwell-Ampère.

$$\frac{\left\|\varepsilon_0\mu_0\frac{\partial\vec{E}}{\partial t}\right\|}{\left\|\mu_0\vec{j}\right\|} \simeq_{\text{odg}} \frac{\varepsilon_0\frac{E}{T}}{\gamma E} = \frac{\tau}{T} \ll 1$$

On peut donc négliger le terme du courant de déplacement devant celui du courant électrique.

d) On en déduit les équations de Maxwell pour le bon conducteur ohmique dans le domaine de fréquences considérées

$$\begin{array}{llll} \text{(MG)} & \operatorname{div}\vec{E} = 0 & \text{(MT)} & \operatorname{div}\vec{B} = 0 \\ \text{(MF)} & \overrightarrow{\text{rot}}\,\vec{E} = -\frac{\partial\vec{B}}{\partial t} & \text{(MA)} & \overrightarrow{\text{rot}}\,\vec{B} = \mu_0\vec{j} \end{array}$$

alors que dans le cas du régime stationnaire elles s'écrivent

$$\begin{array}{llll} \text{(MG)} & \operatorname{div}\vec{E} = \frac{\rho}{\varepsilon_0} & \text{(MT)} & \operatorname{div}\vec{B} = 0 \\ \text{(MF)} & \overrightarrow{\text{rot}}\,\vec{E} = \vec{0} & \text{(MA)} & \overrightarrow{\text{rot}}\,\vec{B} = \mu_0\vec{j} \end{array}$$

et dans le cas du régime quasi stationnaire

$$\begin{array}{llll} \text{(MG)} & \operatorname{div}\vec{E} = \frac{\rho}{\varepsilon_0} & \text{(MT)} & \operatorname{div}\vec{B} = 0 \\ \text{(MF)} & \overrightarrow{\text{rot}}\,\vec{E} = -\frac{\partial\vec{B}}{\partial t} & \text{(MA)} & \overrightarrow{\text{rot}}\,\vec{B} = \mu_0\vec{j} \end{array}$$

e) En composant (MF) avec l'opérateur rotationnel

$$\overrightarrow{\text{rot}}\,\overrightarrow{\text{rot}}\,\vec{E} = -\overrightarrow{\text{rot}}\left[\frac{\partial B}{\partial t}\right]$$

Par application du théorème de Schwartz on en déduit

$$-\overrightarrow{\text{grad}}\operatorname{div}\vec{E} - \Delta\vec{E} = -\frac{\partial\overrightarrow{\text{rot}}\,\vec{B}}{\partial t}$$

En utilisant la loi d'Ohm locale, (MA) s'écrit

$$\overrightarrow{\text{rot}}\,\vec{B} = \mu_0\gamma\vec{E}$$

$$\text{donc } \vec{0} - \Delta\vec{E} = -\mu_0\gamma\frac{\partial\vec{E}}{\partial t}$$

$$\text{soit } \Delta\vec{E} - \mu_0\gamma\frac{\partial\vec{E}}{\partial t} = \vec{0}$$

qui est bien une équation de diffusion.

8.14

Le potentiel électrostatique vérifie l'équation de Laplace et il ne dépend que de θ, donc

$$\Delta V = 0 \Leftrightarrow \frac{d^2V}{d\theta^2} = 0$$

$$\text{donc } V(\theta) = A\theta + B$$

Les conditions aux limites donnent

$$\left\{\begin{array}{l} B = u \\ A\alpha + B = 0 \end{array}\right. \text{ donc } \left\{\begin{array}{l} B = u \\ A = -\frac{u}{\alpha} \end{array}\right.$$

d'où $V(\theta) = -\frac{u}{\alpha}\theta + u$. On en déduit

$$\vec{E} = -\overrightarrow{\text{grad}}\,V = -\frac{1}{r}\frac{\partial V}{\partial\theta}\vec{u}_\theta = \frac{u}{\alpha r}\vec{u}_\theta$$

$$\text{donc } \vec{j} = \gamma\vec{E} = \frac{\gamma u}{\alpha r}\vec{u}_\theta$$

Le courant est donc orthoradial, et on calcule l'intensité du courant à travers une section orthogonale à $\vec{j}$, définie par $(r,z) \in [a,b] \times [0,c]$:

$$i = \iint \vec{j}\cdot\overrightarrow{dS} = \int_{r=a}^{b}\int_{z=0}^{c}\frac{\gamma u}{\alpha r}\vec{u}_\theta\cdot dr\,dz\,\vec{u}_\theta$$

$$= \frac{\gamma u}{\alpha}[\ln r]_a^b[z]_0^c = \frac{\gamma c\ln\frac{b}{a}}{\alpha}u$$

C'est bien la loi d'Ohm avec $R = \frac{\alpha}{\gamma c\ln\frac{b}{a}}$. Si $b \simeq a$, on pose $b = a(1+\varepsilon)$ avec $\varepsilon = \frac{b-a}{a} \ll 1$ et le développement limité donne

$$R \simeq \frac{\alpha}{\gamma c\varepsilon} = \frac{\alpha a}{\gamma c(b-a)}$$

et on retrouve la formule du cours pour un conducteur de section $S = c(b-a)$ et de longueur αa.

8.15

a) D'après le cours, la résistivité s'écrit

$$\rho = \frac{1}{\gamma} = \frac{\alpha}{n_0 q^2}$$

Si elle augmente avec T, c'est que le coefficient de frottement α augmente, ce qu'on peut expliquer en considérant que les frottements sont dus aux chocs des porteurs de charge avec les atomes du cristal ; lorsque T augmente, ceux-ci sont plus agités, et la probabilité de choc augmente donc α et ρ augmentent.

b) En utilisant l'expression donnée par l'énoncé :

$$\rho = \frac{\alpha}{n_{00}e^{-\frac{E_S}{k_B T}}q^2} = \frac{\alpha}{n_{00}q^2}e^{\frac{E_S}{k_B T}}$$

donc $\rho_0 = \frac{\alpha}{n_{00}q^2}$ et $B = \frac{E_S}{k_B}$. Pour valider expérimentalement cette loi exponentielle, on la compose avec la fonction logarithme :

$$\ln\rho = \ln\rho_0 + \frac{B}{T}$$

donc $\ln\rho$ doit être une fonction affine de $\frac{1}{T}$. Le tableau de mesures ainsi transformé donne :

$\frac{1}{T}(K^{-1})$	0,238	0,217	0,200	0,185	0,161
$\ln\rho$	13,3	11,0	9,1	7,5	4,8

$\frac{1}{T}(K^{-1})$	0,143	0,125	0,100	0,083
$\ln\rho$	2,8	0,9	−1,9	−3,7

On peut tracer le graphe et vérifier l'alignement des points, ou effectuer une régression linéaire ; celle-ci donne un coefficient de régression linéaire $r = 0{,}99997$ ce qui valide le modèle, et une loi

$$\ln\rho = -12{,}85 + 109{,}9 \cdot \frac{1}{T}$$

Par identification à la loi théorique : $B = 109{,}9$ donc $E_S = k_B B = 1{,}52 \cdot 10^{-21}$ J = 9,48 meV.

c) Si le matériau est

i) « dopé N », le nombre d'électrons de conduction augmente donc la résistivité diminue ;

ii) « dopé P » alors la capture d'un électron de conduction par une impureté provoque un mouvement de proche en proche des différents électrons de conduction, la conductivité augmente et la résistivité diminue.

8.16

a) $\vec{j} = \frac{i}{\varepsilon d}\vec{u}_x$ et d'après la loi d'Ohm locale $\vec{E} = \frac{i}{\gamma\varepsilon d}\vec{u}_x$.

b) La densité volumique de courant est la résultante du mouvement individuel des électrons :

$$\vec{j} = n_0(-e)\vec{v} \text{ donc } \vec{v} = -\frac{i}{n_0 e\varepsilon d}\vec{u}_x$$

De plus, en mouvement rectiligne uniforme, la loi de la quantité de mouvement appliquée à un électron dans le référentiel galiléen du laboratoire s'écrit

$$\vec{0} = -e\vec{E} - \alpha\vec{v}$$

c) Les électrons subissent la force de Lorentz magnétique

$$\vec{f}_{L,m} = -e\vec{v} \wedge \vec{B} = -\frac{iB}{n_0\varepsilon d}\vec{u}_y$$

qui les dévie vers la face avant sur le schéma, où ils s'accumulent.

d) Le champ créé par les électrons accumulés sur la face avant doit normalement être dirigé dans le sens $-\vec{u}_y$. Après le régime transitoire, les électrons retrouvent un mouvement rectiligne uniforme, donc par application de la loi de la quantité de mouvement :

$$\vec{0} = -e\left[\vec{E} + \vec{E}_H\right] - e\vec{v} \wedge \vec{B} - \alpha\vec{v}$$

D'après le résultat de la deuxième question, cette relation se simplifie : $\vec{0} = -e\vec{E}_H - e\vec{v} \wedge \vec{B}$ donc

$$\vec{E}_H = -\vec{v} \wedge \vec{B} = -\frac{iB}{n_0 e\varepsilon d}\vec{u}_y$$

e) On en déduit la tension électrique de Hall U_H associée, entre les faces opposées en $y = \pm\frac{d}{2}$:

$$U_H = \frac{iB}{n_0 e\varepsilon}$$

f) La mesure de U_H grâce à un voltmètre et de i grâce à un ampèremètre donne ainsi accès à la valeur de B si on connaît celle du nombre d'électrons de conduction par mètre cube. C'est le principe du teslamètre à sonde à effet Hall.

8.17

a) La densité de charges est nulle donc l'équation de conservation de la charge s'écrit

$$\text{div}\,\vec{j} = 0 \text{ soit } \frac{1}{r}\frac{\partial(rj(r))}{\partial r} = 0$$

$$\text{soit } rj(r) = A \text{ et } j(r) = \frac{A}{r}$$

On en déduit

$$\vec{E} = \frac{\vec{j}}{\gamma} = \frac{A}{\gamma r}\vec{u}_r$$

Le potentiel électrique s'écrit $V(r)$ avec

$$\vec{E} = -\overrightarrow{\text{grad}}\,V \text{ soit } \frac{dV}{dr} = -\frac{A}{\gamma r}$$

$$\text{donc } V(r) = -\frac{A}{\gamma}\ln r + A'$$

Les conditions aux limites s'écrivent

$$V(b) - V(c) = U \text{ soit } \frac{A}{\gamma}\ln\frac{c}{b} = U \text{ donc } A = \frac{\gamma U}{\ln\frac{c}{b}}$$

On en déduit

$$\vec{j} = \frac{\gamma U}{r\ln\frac{c}{b}}\vec{u}_r \text{ et } \vec{E} = \frac{U}{r\ln\frac{c}{b}}\vec{u}_r$$

On en déduit l'intensité du courant en intégrant

$$I = \int_{\theta=0}^{2\pi}\int_{z=0}^{a}\frac{\gamma U}{r\ln\frac{c}{b}}r\,d\theta\,dz$$

$$\text{soit } I = \frac{2\pi\gamma a U}{\ln\frac{c}{b}}$$

b) On en déduit

$$R_0 = \frac{U}{I} = \frac{\ln \frac{c}{b}}{2\pi\gamma a}$$

c) La loi de la quantité de mouvement appliquée à l'électron s'écrit

$$m\frac{d\vec{v}}{dt} = -\frac{m}{\tau}\vec{v} - e\vec{E} - e\vec{v}\wedge\vec{B}$$

En régime permanent, l'accélération est nulle, et en multipliant la relation par $\frac{n_0 e\tau}{m}$ il vient

$$\vec{0} = -n_0 e\vec{v} - \frac{n_0 e^2\tau}{m}\vec{E} + \frac{\tau e}{m}(-n_0 e\vec{v})\wedge\vec{B}$$

On identifie

$$\vec{j} = -n_0 e\vec{v} \text{ et } \gamma = \frac{n_0 e^2 \tau}{m}$$

$$\text{donc } \gamma\vec{E} = \vec{j} + \frac{\gamma}{n_0 e}\vec{j}\wedge\vec{B}$$

et en divisant par γ, on obtient bien la relation attendue

$$\vec{E} = \frac{\vec{j}}{\gamma} + \vec{j}\wedge\frac{\vec{B}}{n_0 e}$$

d) La relation s'écrit

$$\begin{vmatrix} E(r) \\ 0 \\ 0 \end{vmatrix} = \begin{vmatrix} \frac{j_r}{\gamma} \\ \frac{j_\theta}{\gamma} \\ \frac{j_z}{\gamma} \end{vmatrix} + \begin{vmatrix} j_r \\ j_\theta \\ j_z \end{vmatrix} \wedge \begin{vmatrix} 0 \\ 0 \\ \frac{B}{n_0 e} \end{vmatrix}$$

$$\text{soit} \begin{cases} E(r) = \frac{j_r}{\gamma} + \frac{j_\theta B}{n_0 e} \\ 0 = \frac{j_\theta}{\gamma} - \frac{j_r B}{n_0 e} \\ 0 = \frac{j_z}{\gamma} \end{cases}$$

$$\text{donc} \begin{cases} \frac{j_\theta}{\gamma} = \frac{j_r B}{n_0 e} \\ j_z = 0 \end{cases}$$

La première relation prouve que

$$\tan\theta = \frac{j_\theta}{j_r} = \frac{\gamma B}{n_0 e}$$

e) Les lignes de courant font donc un angle θ constant avec le rayon.

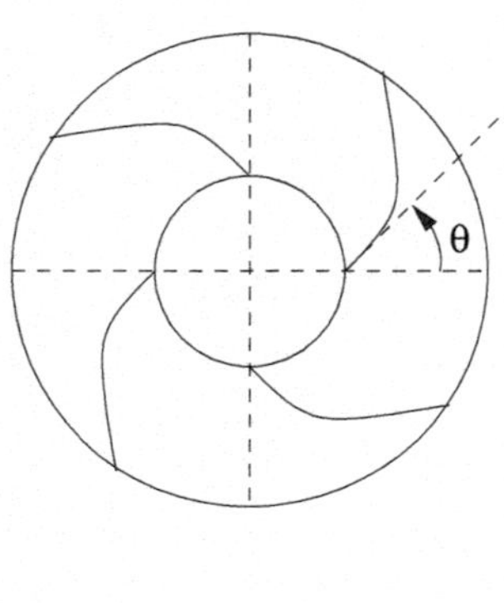

f) On déduit j_r du système précédent :

$$j_r = \frac{\gamma E}{1 + \frac{\gamma^2 B^2}{n_0^2 e^2}}$$

La figure est invariante par rotation d'angle θ, donc j_θ et j_r ne dépendent que de r. Le conducteur restant neutre, la loi de conservation de la charge s'écrit

$$\text{div}\,\vec{j} = 0 \text{ soit } \frac{1}{r}\frac{\partial(r j_r(r))}{\partial r} = 0 \text{ donc } \frac{1}{r}\frac{\partial(rE(r))}{\partial r} = 0$$

$$\text{donc } E(r) = \frac{C}{r}$$

De même qu'à la question (a), on obtient

$$E(r) = \frac{U}{r\ln\frac{c}{b}}$$

On en déduit

$$j(r) = \frac{\gamma U}{(1+\varepsilon) r \ln\frac{c}{b}} \text{ avec } \varepsilon = \frac{\gamma^2 B^2}{n_0^2 e^2}$$

L'intensité du courant à travers un cylindre de rayon r vaut donc

$$I = \iint \vec{j}\cdot dS\vec{u}_r = \iint j(r) r d\theta dz$$

et par un calcul indentique à celui de la question (a)

$$I = \frac{2\pi\gamma a U}{(1+\varepsilon)\ln\frac{c}{b}}$$

On en déduit

$$R = \frac{U}{I} = (1+\varepsilon)\frac{\ln\frac{c}{b}}{2\pi\gamma a} = (1+\varepsilon)R_0$$

8.18

Par définition

$$\mathscr{P}_{\text{Joule}} = \int_{z=0}^{c}\int_{\theta=0}^{\alpha}\int_{r=a}^{b} \frac{\gamma u^2}{\alpha^2 r^2} r dr d\theta dz$$

$$\mathscr{P}_{\text{Joule}} = \frac{\gamma u^2}{\alpha^2}[z]_0^c[\theta]_0^\alpha[\ln r]_a^b = \frac{\gamma c \ln\frac{b}{a}}{\alpha}u^2$$

En utilisant la loi habituelle de l'électrocinétique :

$$\mathscr{P}_{\text{Joule}} = u\cdot i = \frac{u^2}{R}$$

on retrouve l'expression de la résistance $R = \frac{\alpha}{\gamma c \ln\frac{b}{a}}$.

8.19

La valeur moyenne dans le temps de la puissance volumique est

$$<\vec{j}\cdot\vec{E}>=<\gamma\vec{E}^2>$$

$$=\gamma E_0^2 e^{-\frac{2z}{\delta}}<\cos^2\left(\omega t-\frac{z}{\delta}\right)>=\frac{\gamma E_0^2}{2}e^{-\frac{2z}{\delta}}$$

Par définition

$$\mathscr{P}_{\text{Joule}}=\int_{x=0}^{a}\int_{y=0}^{a}\int_{z=0}^{+\infty}\frac{\gamma E_0^2}{2}e^{-\frac{2z}{\delta}}dxdydz$$

$$\mathscr{P}_{\text{Joule}}=\frac{\gamma E_0^2}{2}[x]_0^a[y]_0^a\left[-\frac{\delta}{2}e^{-\frac{2z}{\delta}}\right]_0^{+\infty}$$

soit $\mathscr{P}_{\text{Joule}}=\frac{\gamma a^2\delta E_0^2}{4}$. La dimension de γ est

$$[\delta]=\frac{1}{\sqrt{\text{H}\cdot\text{m}^{-1}\cdot\text{S}\cdot\text{m}^{-1}\cdot\text{s}^{-1}}}$$

On montre en cours d'électricité de première année que $\frac{L}{R}$ est la constante de temps du circuit L, R, donc

$$\frac{\text{H}}{\Omega}=\text{s soit H}\cdot\text{S}=\text{s}$$

donc $[\delta]=$ m. Par suite, $[ab\delta]=m^3$ et d'après le cours

$$\left[\gamma E_0^2\right]=\text{J}\cdot\text{m}^{-3}$$

l'expression donnant $\mathscr{P}_{\text{Joule}}$ est donc bien homogène.

8.20

a) Appliquons la propriété d'analyse vectorielle au vecteur de Poynting :

$$\text{div}\,\vec{\Pi}=\frac{1}{\mu_0}\text{div}\left(\vec{E}\wedge\vec{B}\right)=\frac{1}{\mu_0}\left[\vec{B}\cdot\overrightarrow{\text{rot}}\,\vec{E}-\vec{E}\cdot\overrightarrow{\text{rot}}\,\vec{B}\right]$$

Les rotationnels de $\vec{E}$ et de $\vec{B}$ sont donnés par les équations de Maxwell-Faraday et de Maxwell-Ampère, d'où :

$$\text{div}\,\vec{\Pi}=-\left[\vec{j}\cdot\vec{E}+\frac{1}{\mu_0}\vec{B}\cdot\frac{\partial\vec{B}}{\partial t}+\varepsilon_0\vec{E}\cdot\frac{\partial\vec{E}}{\partial t}\right]$$

On en déduit l'équation locale de Poynting.

$$\text{div}\,\vec{\Pi}=-\left[\vec{j}\cdot\vec{E}+\frac{\partial u_{em}}{\partial t}\right]\text{ avec }u_{em}=u_e+u_m$$

$$\text{et}\begin{cases}u_e=\frac{1}{2}\varepsilon_0\vec{E}^2\\ u_m=\frac{1}{2\mu_0}\vec{B}^2\end{cases}$$

b) Les énergies sont les intégrales triples des énergies volumiques, leur somme est l'énergie électromagnétique :

$$U_{em}=U_e+U_m\text{ avec}\begin{cases}U_e=\iiint_{\mathscr{V}}\frac{1}{2}\varepsilon_0\vec{E}^2d\tau\\ U_m=\iiint_{\mathscr{V}}\frac{1}{2\mu_0}\vec{B}^2d\tau\end{cases}$$

c) L'application du théorème d'Ostrogradski à l'équation locale de Poynting dans le vide, donc avec $\vec{j}\cdot\vec{E}=0$ en tout point donne :

$$\oiint_{\Sigma}\vec{\Pi}\cdot d\vec{S}=-\frac{dU_{em}}{dt}$$

d) C'est l'équation intégrale de Poynting. Considérons les deux cas :

- si le flux sortant de Σ est **négatif**, alors le système $\mathscr{V}$ **reçoit** de la puissance électromagnétique : il la convertit en augmentant son énergie électrique U_e et magnétique U_m par augmentation des champs électrique et magnétique ;
- si le flux sortant de Σ est **positif**, alors le système $\mathscr{V}$ **perd** de la puissance électromagnétique ; il y a conversion d'énergie électromagnétique en énergie rayonnée.

8.21

a) Par application du théorème de superposition, le champ électrique est la somme des champs créés par deux plaques infinies parallèles. On a montré au chapitre 9 que ce champ est $\pm\frac{\sigma}{2\varepsilon_0}\vec{u}_z$ où σ est la densité surfacique de charge, ici $\sigma=\frac{q}{S}$ avec $S=\pi R^2$. On en déduit

$$\vec{E}=+\frac{q(t)}{2\varepsilon_0 S}\vec{u}_z-\frac{-q(t)}{2\varepsilon_0 S}\vec{u}_z$$

$$\text{soit }\vec{E}=\frac{q(t)}{\varepsilon_0 S}\vec{u}_z$$

b) L'espace entre les plaques est vide donc $\vec{j}=\vec{0}$. On exprime le rotationnel en coordonnées cylindriques et l'équation de Maxwell-Ampère s'écrit

$$\frac{1}{r}\frac{\partial(rB(r,t))}{\partial r}\vec{u}_z=\varepsilon_0\mu_0\frac{q'(t)}{\varepsilon_0 S}\vec{u}_z$$

$$\text{soit }\frac{\partial(rB(r,t))}{\partial r}=\frac{\mu_0 q'(t)}{S}r$$

$$\text{donc }rB(r,t)=\frac{\mu_0 q'(t)}{2S}r^2+K$$

En $r=0$, on obtient $K=0$ d'où

$$B(r,t)=\frac{\mu_0 q'(t)}{2S}r$$

c) Le champ électrique est uniforme donc son rotationnel est nul et l'équation de Maxwell-Ampère donne

$$\vec{0} = -\frac{\partial \vec{B}}{\partial t}$$

$$\text{donc } \frac{\mu_0 q''(t)}{2S} r = 0 \text{ donc } q''(t) = 0$$

soit $q'(t) = \text{Cste}$. Or l'intensité du courant qui alimente le condensateur est $i(t) = \frac{dq}{dt}$ donc elle est constante : $i(t) = I$.

d) Le vecteur de poynting vaut

$$\vec{\Pi} = \frac{\vec{E} \wedge \vec{B}}{\mu_0}$$

$$\vec{\Pi} = \frac{1}{\mu_0} \cdot \frac{q(t)}{\varepsilon_0 S} \vec{u}_z \wedge \frac{\mu_0 q'(t)}{2S} r \vec{u}_\theta$$

$$\vec{\Pi} = -\frac{q(t)q'(t)}{2\varepsilon_0 S^2} r \vec{u}_r$$

On en déduit en coordonnées cylindriques

$$\text{div}\,\vec{\Pi} = \frac{1}{r}\frac{\partial(r\Pi)}{\partial r} = -\frac{q(t)q'(t)}{\varepsilon_0 S^2}$$

L'énergie électromagnétique volumique vaut

$$u_{em} = \frac{1}{2}\varepsilon_0 \vec{E}^2 + \frac{1}{2\mu_0}\vec{B}^2$$

$$u_{em} = \frac{q^2(t)}{2\varepsilon_0 S^2} + \frac{\mu_0 q'^2(t) r^2}{8S^2}$$

L'énergie magnétique proportionnelle à $q'(t)$ est constante donc

$$\frac{\partial u_{em}}{\partial t} = \frac{\partial u_e}{\partial t} = \frac{q'(t)q(t)}{\varepsilon_0 S^2}$$

L'équation locale de Poynting est donc bien vérifiée car $\vec{j} = \vec{0}$ entre les plaques et

$$-\frac{\partial u_{em}}{\partial t} = \text{div}\,\vec{\Pi}$$

e) On calcule le flux du vecteur de Poynting à travers la bâche :

$$\mathscr{P} = \int_{z=0}^{d}\int_{\theta=0}^{2\pi} \vec{\Pi}(R,t) \cdot R d\theta dz \vec{u}_r$$

$$\mathscr{P} = -\int_{z=0}^{d}\int_{\theta=0}^{2\pi} \frac{q(t)q'(t)}{2\varepsilon_0 S^2} R^2 d\theta dz$$

$$\mathscr{P} = -\frac{q(t)q'(t)\pi R^2 d}{\varepsilon_0 S^2}$$

Or $S = \pi R^2$ et $C = \frac{\varepsilon_0 S}{d}$ est la capacité du condensateur donc

$$\mathscr{P} = -\frac{q(t)q'(t)d}{\varepsilon_0 S} = -\frac{q(t)q'(t)}{C}$$

C'est donc l'opposé de la dérivée par rapport au temps de l'énergie emmagasinée par le condensateur :

$$\frac{d\mathscr{E}}{dt} = \frac{q(t)q'(t)}{C}$$

CHAPITRE 9

Champ électrique en régime stationnaire

Thèmes abordés dans les exercices

- Équation de Maxwell-Gauss.
- Équation de Maxwell-Faraday.
- Potentiel scalaire électrique.
- Équation de Poisson.
- Distribution de charge.
- Caractère polaire de $\vec{E}$.
- Théorème de Gauss.
- Théorème de superposition.
- Énergie potentielle électrique.
- Théorème de Gauss gravitationnel.
- Champ électrique créé par un dipôle.
- Moment dipolaire électrique.
- Capacité d'un condensateur.
- Densité volumique d'énergie électrique.

Points essentiels du cours pour la résolution des exercices

- Exploiter les équations de Maxwell pour établir les lois du champ électrostatique.
- Énoncer et appliquer le théorème de Gauss.
- Connaître les champs créés par des distributions particulières.
- Utiliser le théorème de superposition.
- Exploiter l'équation de Poisson.
- Savoir calculer la capacité d'un condensateur.
- Analyser une carte de champ et de potentiel électrostatique.
- Utiliser les propriétés des champs et potentiels pour l'étude du mouvement d'une particule chargée.
- Connaître le champ électrique créé par un dipôle et l'action d'un champ sur un dipôle.
- Énoncer et appliquer le théorème de Gauss gravitationnel.
- Exploiter l'expression de la densité volumique d'énergie électrique.

Les méthodes à retenir

Exploiter les équations de Maxwell pour établir les lois du champ électrostatique.

En régime stationnaire, le **champ électrique** $\vec{E}$, exprimé en volt par mètre ($V \cdot m^{-1}$), nommé dans ce cas **champ électrostatique**, est créé par les distributions de charge. Il est associé au potentiel scalaire électrostatique V exprimé en volt (V). On note ρ la **densité volumique de charge** exprimée en coulomb par mètre cube ($C \cdot m^{-3}$) et

$\text{div}\,\vec{E} = \frac{\rho}{\varepsilon_0}$	$\overrightarrow{\text{rot}}\,\vec{E} = \vec{0}$
$\vec{E} = -\overrightarrow{\text{grad}}\,V$	$\Delta V + \frac{\rho}{\varepsilon_0} = 0$

La divergence (div), le rotationnel ($\overrightarrow{\text{rot}}$) et le Laplacien (Δ) sont des opérateurs de dérivation spatiale. Ils sont fournis par l'énoncé sauf en coordonnées cartésiennes, où on définit l'opérateur nabla

$$\vec{\nabla} = \begin{vmatrix} \frac{\partial}{\partial x} \\ \frac{\partial}{\partial y} \\ \frac{\partial}{\partial z} \end{vmatrix} \quad \text{avec } \text{div}\,\vec{E} = \vec{\nabla}\cdot\vec{E}, \quad \overrightarrow{\text{rot}}\,\vec{E} = \vec{\nabla}\wedge\vec{E}, \quad \Delta V = \vec{\nabla}^2 V$$

On doit retenir les trois propriétés topographiques suivantes, traduisant le caractère polaire de $\vec{E}$:

- le champ électrique « fuit » les charges positives et est « attiré » par les charges négatives ;
- le champ électrique est contenu dans les **plans de symétrie** des charges ;
- le champ électrique est orthogonal aux **plans d'antisymétrie** des charges.

De plus, si la distribution de charges est **invariante** par translation selon x, y ou z, ou rotation d'angle θ ou φ, alors le champ électrique ne dépend pas de la variable correspondante. Notons que les propriétés de symétrie et d'invariance des distibutions de charge sont affirmées, sans démonstration ; un schéma peut aider à les identifier, mais il n'est pas demandé explicitement au concours.

Exemple :

Considérons les deux répartitions suivantes de charges. Dans le cas (1), elles sont réparties sur quatre plaques qui délimitent un espace vide. Dans le cas (2), la charge est répartie avec une répartition $\rho(x,y,z) = \rho_0 \frac{z}{a}$.

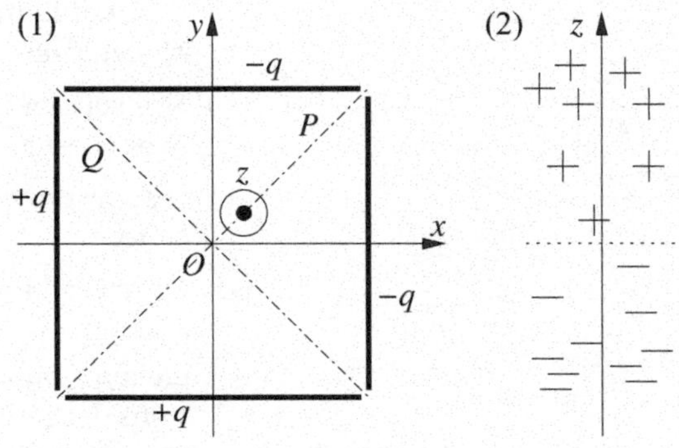

Dans le cas (1), le plan P est plan de symétrie des charges, le plan Q plan d'antisymétrie des charges (remarque : les plans (O, x, z) et (O, y, z) ne sont pas plans d'antisymétrie). Le champ électrique est sensiblement uniforme $\vec{E} = E_0\left(\frac{\sqrt{2}}{2}\vec{u}_x + \frac{\sqrt{2}}{2}\vec{u}_y\right)$, il est bien orthogonal à Q et inclus dans P. Comme il est uniforme, les dérivées de ses composantes par rapport à x, y et z sont toutes nulles, sa divergence est nulle (dans le vide, $\rho = 0$) et son rotationnel est nul. On en déduit le potentiel électrique :

$$V(x, y, z, t) = -E_0\left(\frac{\sqrt{2}}{2}x + \frac{\sqrt{2}}{2}y\right) + K \text{ et } \Delta V = 0$$

Dans le cas (2), tout plan contenant (O, z) est plan de symétrie des charges. Le champ $\vec{E} = \rho_0 \frac{z^2}{2a\varepsilon_0}\vec{u}_z$ est bien dans l'intersection de tous ces plans. On calcule sa divergence et son rotationnel :

$$\text{div}\,\vec{E} = \begin{vmatrix} \frac{\partial}{\partial x} \\ \frac{\partial}{\partial y} \\ \frac{\partial}{\partial z} \end{vmatrix} \cdot \begin{vmatrix} 0 \\ 0 \\ \rho_0 \frac{z^2}{2a\varepsilon_0} \end{vmatrix} = \rho_0 \frac{z}{a\varepsilon_0} = \frac{\rho_0}{\varepsilon_0}$$

$$\overrightarrow{\text{rot}}\,\vec{E} = \begin{vmatrix} \frac{\partial}{\partial x} \\ \frac{\partial}{\partial y} \\ \frac{\partial}{\partial z} \end{vmatrix} \wedge \begin{vmatrix} 0 \\ 0 \\ \rho_0 \frac{z^2}{2a\varepsilon_0} \end{vmatrix} = \vec{0}$$

On en déduit le potentiel électrique :

$$V(x, y, z, t) = -\rho_0 \frac{z^3}{6a\varepsilon_0} \text{ et } \Delta V = -\frac{\rho}{\varepsilon_0}$$

⟶ **Exercice 9.1.**

Énoncer et appliquer le théorème de Gauss.

Voici les étapes à suivre pour appliquer le théorème de Gauss.

a) En identifiant les plans de symétrie et d'antisymétrie passant par M, déterminer la direction de $\vec{E}$.

b) Son sens peut être deviné en retenant qu'il fuit les charges positives et est attiré par les charges négatives.

c) Les invariances permettent de déterminer les variables dont $\vec{E}$ dépend.

d) On trace la surface de Gauss fermée Σ en vert, et en quelques points bien choisis, $\vec{E}$ en rouge et $\overrightarrow{dS}$ en vert. Ils doivent être colinéaires ou bien orthogonaux. Il est possible qu'une des dimensions de Σ soit arbitrairement choisie.

e) On calcule $\oiint_\Sigma \vec{E}\cdot\overrightarrow{dS}$ en décomposant éventuellement Σ en surfaces ouvertes. Pour chacune d'elles :
   - lorsque $\vec{E}\perp\overrightarrow{dS}$, l'intégrale est nulle ;
   - lorsque $\vec{E}$ est colinéaire à $\overrightarrow{dS}$,

   $$\iint \vec{E}\cdot\overrightarrow{dS} = \iint E\cdot dS = E\cdot S$$

   si la norme E est uniforme.

f) On calcule $\frac{Q_{int}}{\varepsilon_0}$ en évaluant la charge intérieure à Σ par un calcul direct $Q_{int} = \rho\cdot V$ ou $Q_{int} = \sigma\cdot S$ si les densités de charge sont uniformes ou par un calcul d'intégrale sinon.

g) On applique enfin le **théroème de Gauss**

   $$\oiint_\Sigma \vec{E}\cdot\overrightarrow{dS} = \frac{Q_{int}}{\varepsilon_0}$$

   d'où on déduit $\vec{E}(M)$ après simplifications.

On peut retenir que le champ électrique est continu en général sauf à la traversée d'une plaque possédant une charge surfacique σ de part et d'autre de laquelle la discontinuité vaut $\frac{\sigma}{\varepsilon_0}$.

Exemple :

Un nuage sphérique de centre O, de charge totale Q et de rayon R possède une densité volumique de charge uniforme ρ. Déterminons le champ électrique $\vec{E}$ en M défini par $\overrightarrow{OM} = r\vec{u}_r$. Deux cas sont à considérer : $r < R$ et $r \geq R$.

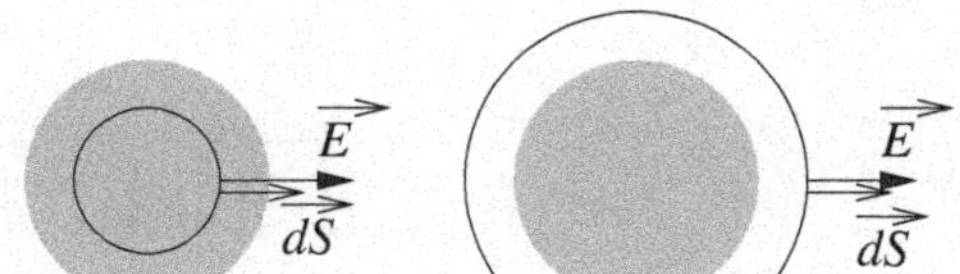

Tout plan contenant $(O, \vec{u}_r)$ est plan de symétrie des charges donc $\vec{E} = E(r, \theta, \varphi)\vec{u}_r$. La distribution de charges est invariante par rotations d'angle θ et φ donc $\vec{E} = E(r)\vec{u}_r$. La surface de Gauss Σ est une sphère de rayon r et $\vec{E}$ est colinéaire à $\overrightarrow{dS}$ en tout point de Σ. Le flux est

$$\oint\!\!\oint_{\Sigma} \vec{E} \cdot \overrightarrow{dS} = E \cdot 4\pi r^2$$

La charge intérieure vaut :
• $Q_{int} = \rho \cdot \frac{4}{3}\pi r^3 = Q\frac{r^3}{R^3}$ si $r < R$; • $Q_{int} = Q$ si $r \geq R$.
Le théorème de Gauss donne donc :

$$\vec{E} = \left| \begin{array}{l} \frac{Qr}{4\pi\varepsilon_0 R^3}\vec{u}_r \text{ si } r < R \\ \frac{Q}{4\pi\varepsilon_0 r^2}\vec{u}_r \text{ si } r \geq R \end{array} \right.$$

On vérifie la continuité en $r = R$.

↪ **Exercices 9.2, 9.3, 9.4, 9.5.**

Connaître les champs créés par des distributions particulières.

La détermination et l'expression des champs suivants doit être mémorisée :

- une particule ponctuelle Q est placée en O ; en M défini par $\overrightarrow{OM} = r\vec{u}_r$, elle crée :

$$\vec{E} = \frac{Q}{4\pi\varepsilon_0 r^2}\vec{u}_r \text{ et } V = \frac{Q}{4\pi\varepsilon_0 r}$$

- une bille sphérique de rayon b portant une charge totale Q (distribuée avec une symétrie sphérique) crée en un point M extérieur à la bille ($r > b$) le même champ et le même potentiel électrique que si toute la charge était concentrée au centre O de la bille (donnée au paragraphe précédent) ;
- un plan infini (O, x, y) portant une charge surfacique σ uniforme crée un champ électrique uniforme symétrique $\pm\frac{\sigma}{2\varepsilon_0}\vec{u}_z$; il présente une discontinuité à la traversée du plan.

Exemple :

Dans le plan (O, x, y), plaçons une charge Q en $A(0, d)$ et une charge Q en $B(0, -d)$. Déterminons le champ électrique au point $M(x, 0)$.

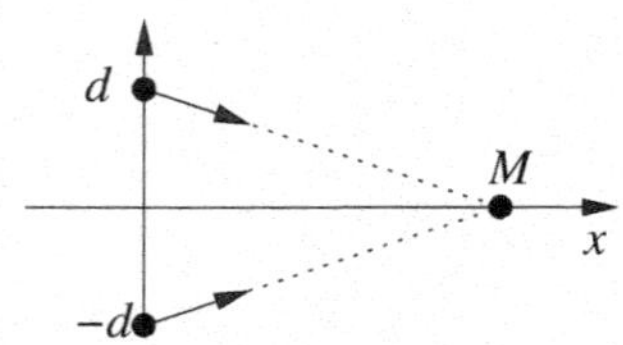

Le champ électrique créé en M par une distribution de charges ponctuelles est la somme des champs créés par chaque charge en M. Il faut prendre garde au fait que les vecteurs unitaires $\vec{u}_r$ entre A et M et entre B et M ne sont pas les mêmes. Il est pratique d'utiliser les notations suivantes :

$$\vec{E} = \frac{Q}{4\pi\varepsilon_0 \|\overrightarrow{AM}\|^2} \cdot \frac{\overrightarrow{AM}}{\|\overrightarrow{AM}\|} + \frac{Q}{4\pi\varepsilon_0 \|\overrightarrow{BM}\|^2} \cdot \frac{\overrightarrow{BM}}{\|\overrightarrow{BM}\|}$$

$$\text{avec } \overrightarrow{AM} = \left| \begin{array}{l} x \\ d \end{array} \right. \text{ et } \overrightarrow{BM} = \left| \begin{array}{l} x \\ -d \end{array} \right.$$

$$\text{donc } \vec{E} = \frac{Q}{4\pi\varepsilon_0 \left(x^2 + d^2\right)^{\frac{3}{2}}} \cdot \left| \begin{array}{l} 2x \\ 0 \end{array} \right. = \frac{2Qx}{4\pi\varepsilon_0 \left(x^2 + d^2\right)^{\frac{3}{2}}} \vec{u}_x$$

↪ **Exercice 9.6.**

Utiliser le théorème de superposition.

La linéarité des équations de Maxwell et celle de la relation $\vec{E} = -\overrightarrow{\text{grad}}\,V$ entraînent le **théorème de superposition** : le champ électrique ou le potentiel créé par la superposition de deux (ou plus) distributions de charge est la somme des champs ou potentiels créés séparément par chaque distribution. Cette loi s'applique particulièrement bien lorsque les symétries sont brisées et que le théorème de Gauss semble inopérant.

Exemple :

Une bille de rayon b porte une charge volumique uniforme ρ. On creuse dans cette bille une cavité sphérique de centre O', de rayon $\frac{b}{2}$ dont le diamètre est un rayon de la bille. Voici une vue en coupe :

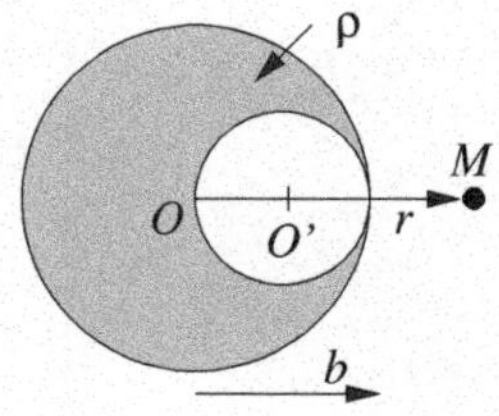

Déterminons le champ électrique en M. Tout plan contenant (OM) est plan de symétrie des charges donc $\vec{E}(M) = E\vec{u}_r$. En revanche, il n'y a pas d'invariance par rotation donc le théorème de Gauss n'est pas adapté au problème. La bille évidée peut être considérée comme la superposition d'une bille (1) pleine de rayon b centrée en O et d'une bille (2) de centre O' et de rayon $\frac{b}{2}$ de charge volumique $-\rho$. Le théorème de superposition donne $\vec{E} = \vec{E}_1 + \vec{E}_2$. En appliquant le théorème de Gauss à chaque distribution :

$$\vec{E} = \frac{\rho \cdot \frac{4}{3}\pi b^3}{4\pi\varepsilon_0 r^2}\vec{u}_r + \frac{-\rho \cdot \frac{4}{3}\pi\left(\frac{b}{2}\right)^3}{4\pi\varepsilon_0\left(r - \frac{b}{2}\right)^2}\vec{u}_r$$

↪ **Exercice 9.6.**

Exploiter l'équation de Poisson.

Le potentiel électrostatique vérifie l'**équation de Poisson**

$$\Delta V + \frac{\rho}{\varepsilon_0} = 0$$

qui se simplifie en $\Delta V = 0$ (**équation de Laplace**) dans les régions neutres, dans le vide en particulier. Cette équation, anodine en apparence, est difficile à résoudre dans le cas général. Retenons que

- les conditions aux limites imposent l'existence de surfaces équipotentielles ;
- la forme de ces surfaces oriente la résolution en cherchant une famille particulière de champ V ;
- la prise en compte des invariances permet de réduire les variables $(x, y, z, r, \theta, \varphi)$ dont dépend V.

Exemple :

On fait le vide entre deux plaques parallèles infinies (A, x, y) et (B, x, y) distantes de d, la première est portée au potentiel uniforme $V(z=0)=0$ et l'autre au potentiel $V(z=d)=U$. L'invariance par translation selon $\vec{u}_x$ et selon $\vec{u}_y$ conduit à chercher le potentiel sous la forme $V(z)$ et l'équation de Laplace s'écrit

$$\frac{\partial^2 V}{\partial x^2}+\frac{\partial^2 V}{\partial y^2}+\frac{\partial^2 V}{\partial z^2}=0 \text{ soit } \frac{d^2 V}{dz^2}=0 \text{ donc } V(z)=az+b$$

Les conditions aux limites donnent

$$\begin{cases} 0=b \\ U=ad+b \end{cases} \text{ donc } \begin{cases} b=0 \\ a=\frac{U}{d} \end{cases} \text{ donc } V(z)=U\frac{z}{d}$$

On en déduit

$$\vec{E}=-\overrightarrow{\text{grad}}\,V=-\frac{dV}{dz}\vec{u}_z=-\frac{U}{d}\vec{u}_z$$

↪ **Exercices 9.7, 9.8, 9.9, 9.10.**

Savoir calculer la capacité d'un condensateur.

Le théorème de Coulomb établi dans l'exemple du paragraphe précédent permet d'assimiler un **condensateur** à deux plaques (1) et (2) métalliques en regard, formant deux surfaces équipotentielles aux potentiels V_1 et V_2 portant des charges opposées $q_1=q$ et $q_2=-q$. En posant $u=V_1-V_2$, la **capacité** du condensateur est la grandeur C, exprimée en farad (F) définie par $q=Cu$. Deux méthodes de calcul se présentent.

a) Connaissant q, on calcule $\vec{E}$ grâce au théorème de Gauss, puis V grâce à la relation $\vec{E}=-\overrightarrow{\text{grad}}\,V$, puis V_1 et V_2, d'où u. On peut aussi calculer directement, le long d'une ligne de champ : $u=\int_1^2 \vec{E}\cdot\overrightarrow{d\ell}$. On en déduit C.

b) Dans la région vide de charges entre les deux plaques, on résout l'équation de Laplace $\Delta V=0$ avec les conditions aux limites $V=V_1$ sur la plaque 1 et $V=V_2$ sur la plaque 2. On en déduit $\vec{E}=-\overrightarrow{\text{grad}}\,V$ puis la densité surfacique de charges σ_1 en utilisant la relation admise $\vec{E}_1=\frac{\sigma_1}{\varepsilon_0}\vec{n}_1$ au voisinage immédiat de la surface de 1, $\vec{n}_1$ désignant le vecteur normal dirigé vers l'extérieur au point considéré. On calcule de même σ_2. On en déduit les charges q et $-q$ en intégrant σdS sur 1 et sur 2. On en déduit C.

Exemple :

Un **condensateur plan** est formé de deux plaques parallèles de même surface S distantes de d supposé très petit devant sa largeur et sa longueur, ce qui permet d'assimiler le champ électrique qu'il crée à celui créé par deux plaques infinies.

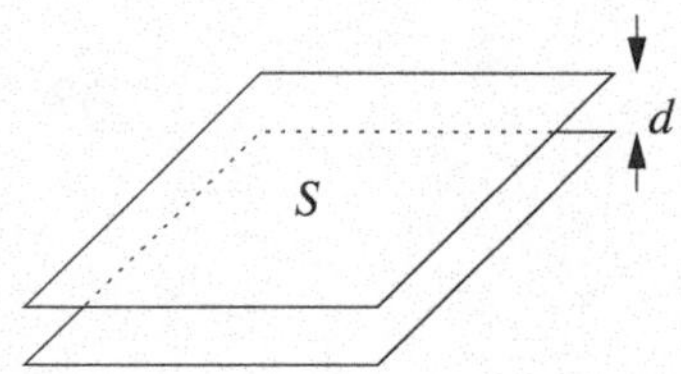

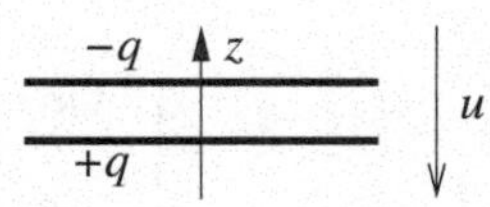

Notons q la charge du condensateur et u la tension électrique aux bornes du condensateur.

Première méthode. La densité surfacique de charge, supposée uniforme, est

$$\pm\sigma = \pm\frac{q}{S}$$

Par application du théorème de superposition, le champ électrique créé entre les plaques est

$$\vec{E} = \vec{E}_+ + \vec{E}_- = \frac{\sigma}{2\varepsilon_0}\vec{u}_z - \frac{-\sigma}{2\varepsilon_0}\vec{u}_z = \frac{\sigma}{\varepsilon_0}\vec{u}_z$$

On en déduit le potentiel électrique

$$\vec{E} = -\overrightarrow{\text{grad}}\,V \Leftrightarrow \frac{\sigma}{\varepsilon_0} = -\frac{dV}{dz}$$

$$\text{donc } V(z) = -\frac{\sigma}{\varepsilon_0}z + K$$

On en déduit la tension électrique

$$u = V(z=0) - V(z=d) = \frac{\sigma d}{\varepsilon_0} = \frac{qd}{S\varepsilon_0}$$

$$\text{donc } C = \frac{q}{C} = \frac{\varepsilon_0 S}{d}$$

Deuxième méthode. Les plaques sont séparées par du vide. L'invariance de la distribution par translation selon x et y conduit à chercher le potentiel sous la forme $V(z)$ et l'équation de Poisson s'écrit donc

$$\Delta V = 0 \Leftrightarrow \frac{d^2V}{dz^2} = 0$$

$$\text{donc } V(z) = Az + B$$

Les conditions aux limites donnent

$$\begin{cases} u = A \cdot 0 + B \\ 0 = A \cdot d + B \end{cases} \text{donc} \begin{cases} B = u \\ A = -\frac{u}{d} \end{cases}$$

$$\text{donc } V(z) = -u\frac{z}{d} + u$$

On en déduit

$$\vec{E} = -\overrightarrow{\text{grad}}\,V = -\frac{dV}{dz}\vec{u}_z = \frac{u}{d}\vec{u}_z$$

Pour $z = 0^+$, le vecteur normal à la surface est $\vec{n} = \vec{u}_z$ et on identifie

$$\vec{E}(z = 0^+) = \frac{\sigma}{\varepsilon_0}\vec{n} \text{ soit } \frac{u}{d}\vec{u}_z = \frac{\sigma}{\varepsilon_0}\vec{u}_z$$

$$\text{soit } \frac{u}{d} = \frac{q}{\varepsilon_0 S} \text{ donc } C = \frac{q}{u} = \frac{\varepsilon_0 S}{d}$$

↪ **Exercices 9.11, 9.12.**

Analyser une carte de champ et de potentiel électrostatique.

Le calcul du champ électrique et du potentiel électrique associé est difficile dans le cas général. C'est pourquoi on les mesure expérimentalement ou on les calcule avec un logiciel de simulation, et on exploite graphiquement les relevés, cartes de champ et de potentiel. On doit retenir les trois propriétés topographiques suivantes :

- le champ électrique est tangent en tout point aux lignes de champ ;
- les lignes de champ sont orthogonales aux surfaces équipotentielles ;
- plus les surfaces équipotentielles sont serrées, plus le champ électrique est intense.

Exemple :

Voici l'allure d'une carte de champ, faisant apparaître les lignes de champ en traits continus et les lignes équipotentielles dans le plan de la figure en traits pointillés, créée par une plaque et une pointe métalliques entre lesquelles on impose une différence de potentiel de 120 V.

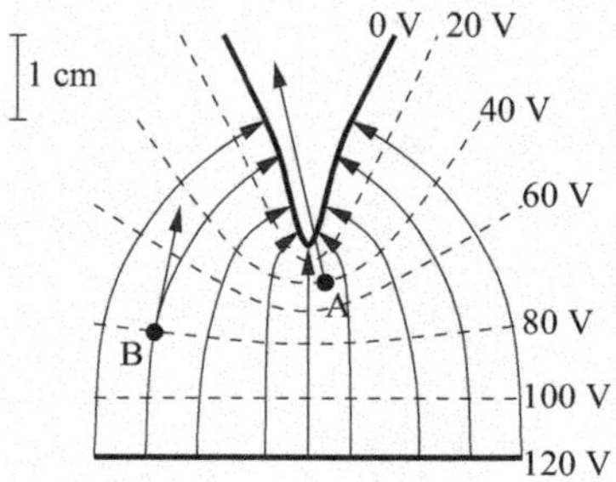

On vérifie que les lignes équipotentielles sont orthogonales aux lignes de champ. Les équipotentielles sont plus serrées en A qu'en B. Le champ électrique est donc plus intense en A qu'en B. L'échelle fournie permet d'estimer les valeurs des champs :

$$\begin{cases} E_A \simeq \frac{20\text{ V}}{0{,}4\text{ cm}} = 5{,}0\text{ kV}\cdot\text{m}^{-1} \\ E_B \simeq \frac{20\text{ V}}{1{,}2\text{ cm}} = 1{,}7\text{ kV}\cdot\text{m}^{-1} \end{cases}$$

↪ **Exercice 9.13.**

Utiliser les propriétés des champs et potentiels pour l'étude du mouvement d'une particule chargée.

Une distribution de charges immobiles crée un champ électrique $\vec{E}$ et un potentiel électrique V. Une particule de masse m et de charge q placée en M subit une force électrique $\vec{f}$ qui dérive d'une énergie potentielle Ep_e données par

$$\vec{f} = q\vec{E}(M) \text{ et } Ep_e = qV(M)$$

Les méthodes dynamiques et énergétiques habituelles permettent donc l'étude mécanique d'une particule ponctuelle chargée.

Exemple :

Une particule de masse m et de charge q est lancée depuis O(0,0,0) avec une vitesse initiale $\vec{v}_0 = v_0\vec{u}_x$ entre deux plaques infinies parallèles $z = -d$ et $z = d$ portant respectivement une densité surfacique de charges uniforme $-\sigma$ et $+\sigma$. L'application du théorème de superposition permet d'exprimer le champ électrique entre les plaques :

$$\vec{E} = \vec{E}_1 + \vec{E}_2 = -\frac{\sigma}{2\varepsilon_0}\vec{u}_z + \frac{-\sigma}{2\varepsilon_0}\vec{u}_z = -\frac{\sigma}{\varepsilon_0}\vec{u}_z$$

L'application de la loi de la quantité de mouvement à la particule dans le référentiel galiléen du laboratoire, en négligeant le poids devant la force électrique, donne

$$\left\{\begin{array}{l}\ddot{x}=0\\ \ddot{y}=0\\ \ddot{z}=-\frac{q\sigma}{m\varepsilon_0}\end{array}\right. \quad \text{donc} \left\{\begin{array}{l}\dot{x}=v_0\\ \dot{y}=0\\ \dot{z}=-\frac{q\sigma}{m\varepsilon_0}t\end{array}\right. \quad \text{et} \left\{\begin{array}{l}x=v_0 t\\ y=0\\ z=-\frac{q\sigma}{2m\varepsilon_0}t^2\end{array}\right.$$

La trajectoire est donc parabolique.

$\hookrightarrow$ **Exercices 9.14, 9.15, 9.16, 9.17.**

Connaître le champ électrique créé par un dipôle et l'action d'un champ sur un dipôle.

Le **dipôle électrostatique** ou dipôle électrique est un bipoint de particules de charges $-q$ en N et $+q$ en P avec NP $= d$ constante. Le **moment dipolaire** est

$$\vec{P} = q\overrightarrow{NP}$$

Ce dipôle fixe crée un potentiel et un champ électrique particulier, et réciproquement il subit une action mécanique de la part d'un champ électrique extérieur (qu'il ne faut surtout pas confondre avec le champ propre).

La détermination du **champ électrique dipolaire** est une question de cours fréquente et difficile (elle est traitée à l'exercice 9.18). En voici les étapes.

a) On définit une base sphérique de centre O milieu de [NP] et $\vec{u}_z = \frac{\overrightarrow{NP}}{d}$. Un point M de l'espace est repéré par $r =$ OM, φ angle du méridien et $\theta = (\vec{u}_z, \overrightarrow{OM})$.

b) On applique les symétries et invariances et on en déduit

$$V = V(r,\theta) \text{ et } \vec{E} = E_r(r,\theta)\vec{u}_r + E_\theta(r,\theta)\vec{u}_\theta$$

c) On détermine le potentiel électrique $V(M) = V_N(M) + V_P(M)$ par superposition et on donne sa valeur approchée $V(r,\theta)$ grâce à l'**approximation dipolaire** $d \ll r$.

d) On en déduit $\vec{E} = -\overrightarrow{\text{grad}}\,V$ en coordonnées sphériques.

Un dipôle électrique, de moment dipolaire $\vec{P}$, soumis à un champ électrique extérieur $\vec{E}_{ext}$ subit une force appliquée à chacune des deux particules.

a) La somme des forces dérive d'une **énergie potentielle d'interaction**

$$Ep = -\vec{P} \cdot \vec{E}_{\text{ext}}$$

b) La force résultante s'écrit

$$\vec{F} = -\overrightarrow{\text{grad}}\left(\vec{P} \cdot \vec{E}_{\text{ext}}\right)$$

c) Le couple des forces a pour moment résultant

$$\vec{\mathcal{M}} = \vec{P} \wedge \vec{E}_{\text{ext}}$$

Deux grandes familles d'exercices se développent sur cette base :

• étude mécanique du déplacement d'un dipôle, en translation ou en rotation autour d'un axe passant par O ;

• étude qualitative du mouvement d'un dipôle dans un champ extérieur dont la carte de champ est fournie : le dipôle a tendance à **s'orienter** dans la direction et le sens du champ extérieur et à **migrer** vers les zones de champ fort.

Exemple :

(a) Soit un dipôle électrique $\vec{P}$ de centre O, soumis à un champ électrique extérieur dont la valeur en O est $\vec{E}_O$. S'il est en rotation autour d'un axe Δ passant par O et orthogonal à $(\vec{P}, \vec{E}_O)$, alors la projection du moment des forces sur Δ est

$$\mathcal{M}_\Delta = \left[\vec{P} \wedge \vec{E}_O\right] \cdot \vec{u}_\Delta = P \cdot E_O \sin(\vec{P}, \vec{E}_O)$$

Posons $\theta = (\vec{P}, \vec{E}_O)$. Ce moment s'annule quand $\theta = 0$ ou $\theta = \pi$. L'énergie potentielle d'interaction est

$$Ep = -\vec{P} \cdot \vec{E}_O = -P \cdot E_O \cos(\theta)$$

Cette énergie potentielle est minimale pour $\theta = 0$ qui est donc une position d'équilibre stable. Elle est maximale pour $\theta = \pi$ qui est donc une position d'équilibre instable. Le dipôle tend donc bien à s'aligner avec le champ extérieur. (b) Soit un dipôle aligné avec le champ extérieur. L'énergie potentielle d'interaction vaut donc $Ep = -P \cdot E_O$. Elle diminue lorsque E_O augmente, donc le dipôle se déplace vers les zones de champ fort.

↪ **Exercices 9.18, 9.19, 9.20, 9.21.**

Énoncer et appliquer le théorème de Gauss gravitationnel.

Il y a une analogie formelle entre la force de Coulomb exercée par une charge ponctuelle Q sur une charge ponctuelle q et la force de gravitation exercée par une masse M sur une masse m :

$$\frac{\mathrm{Q}q}{4\pi\varepsilon_0 r^2}\vec{u}_r \leftrightarrow \frac{-\mathcal{G}\mathrm{M}m}{r^2}\vec{u}_r$$

Dans le théorème de Gauss, on remplace donc le champ électrique $\vec{\mathrm{E}}$ par le champ gravitationnel $\vec{g}$, la charge Q par la masse M, et la constante $\frac{1}{\varepsilon_0}$ par $-4\pi\mathcal{G}$, d'où

$$\oint\!\!\!\oint \vec{g}\cdot\overrightarrow{d\mathrm{S}} = -4\pi\mathcal{G}\mathrm{M}_{\mathrm{int}}$$

Les règles d'application de ce **théorème de Gauss gravitationnel** sont les mêmes que pour son équivalent électrique.

Exemple :

Une planète sphérique de centre O, de rayon R et de masse M a une masse volumique $\mu = \frac{\mathrm{M}}{\frac{4}{3}\pi\mathrm{R}^3}$ uniforme. Soit M un point repéré par $\overrightarrow{\mathrm{OM}} = r\vec{u}_r$. Pour $r > \mathrm{R}$, le théorème de Gauss gravitationnel appliqué sur une sphère de rayon r s'écrit

$$g\cdot 4\pi r^2 = -4\pi\mathcal{G}\mathrm{M} \text{ donc } \vec{g} = -\frac{\mathcal{G}\mathrm{M}}{r^2}\vec{u}_r$$

Pour $r \leq \mathrm{R}$, il s'écrit

$$g\cdot 4\pi r^2 = -4\pi\mathcal{G}\mu\cdot\frac{4}{3}\pi r^3 \text{ donc } \vec{g} = -\frac{\mathcal{G}\mathrm{M}r}{\mathrm{R}^3}\vec{u}_r$$

↪ **Exercices 9.22, 9.23, 9.24.**

Exploiter l'expression de la densité volumique d'énergie électrique.

L'énergie électrique volumique $u_e = \frac{\varepsilon_0\mathrm{E}^2}{2}$ exprimée en joule par mètre cube permet de développer trois types de calculs :

a) calcul de l'énergie électrique U_e emmagasinée par un dispositif par intégrale triple sur l'espace ;

b) calcul de la capacité d'un condensateur, en identifiant

$$\mathrm{U}_e = \frac{1}{2}\mathrm{C}u^2$$

c) Calcul d'une force d'interaction électrique en identifiant

$$\vec{f} = -\overrightarrow{\mathrm{grad}}\,\mathrm{U}_e$$

Exemple :

Pour un condensateur plan formé de deux plaques de surface $S = a \times b$ et distantes de d, l'énergie emmagasinée est

$$U_e = \int_{x=0}^{a}\int_{y=0}^{b}\int_{z=0}^{d} \frac{1}{2}\varepsilon_0 \frac{U^2}{d^2} dxdydz$$

$$U_e = \frac{1}{2}\varepsilon_0 \frac{U^2}{d^2} \cdot abd = \frac{1}{2}\frac{\varepsilon_0 ab}{d} U^2$$

$$\text{soit } U_e = \frac{1}{2} CU^2$$

On retrouve donc l'expression de l'énergie électrique emmagasinée par un condensateur, obtenue en première année par un raisonnement électrocinétique.

⟶ **Exercices 9.25, 9.26.**

Énoncés des exercices

9.1

Détermination directe d'un champ électrique

Une distribution de charge se développe autour d'un axe (O, z), elle a pour densité volumique en coordonnées cylindriques

$$\rho = \rho_0 \frac{r_0}{r}$$

a) Justifier que

$$\vec{E} = E(r)\vec{u}_r \text{ et } V = V(r)$$

b) Déterminer le potentiel $V(r)$ grâce à l'équation de Laplace en prenant $V(0) = 0$.

c) En déduire $\vec{E}$.

d) Vérifier l'équation de Maxwell-Gauss.

9.2

Champ électrique créé par une plaque chargée en surface

Une plaque infinie (O, x, y) porte une densité surfacique de charge uniforme σ. Déterminer le champ électrique créé en un point $M(0, 0, z)$.

9.3

Champ électrique créé par une plaque épaisse

Une plaque épaisse infinie, située entre les plans $z = -a$ et $z = a$, porte une densité volumique de charge uniforme ρ. Déterminer le champ électrique créé en un point $M(0, 0, z)$.

9.4

Champ électrique créé par un fil rectiligne infini

Un fil rectiligne infini (O, z) porte une densité linéique de charge λ uniforme. Déterminer le champ électrique en M situé à la distance r du fil.

9.5

Champ électrique créé par un cylindre chargé en volume et en surface

Un cylindre infini d'axe (O, z) et de rayon b porte une charge volumique uniforme $\rho > 0$ et sa surface est recouverte d'une charge surfacique uniforme $\sigma < 0$.

a) La charge totale de toute section de hauteur H du cylindre est nulle. En déduire la relation entre σ, ρ et b.

b) Déterminer le champ électrique en M situé à la distance r de l'axe.

9.6

Carré de charges

Quatre charges sont placées aux sommets d'un carré (ABCD) dans le plan (O, x, y) avec $A(a, 0)$, $B(0, a)$, $C(-a, 0)$ et $D(0, -a)$. Déterminer le champ électrique en O si on place respectivement les charges $(+q, +q, -q, -q)$ puis si on place $(+q, -q, +q, -q)$.

9.7

Résolution de l'équation de Laplace en géométrie cylindrique

Deux cylindres infinis d'axe commun (O, z), de rayons a et b avec $a < b$, sont portés aux potentiels respectifs $V(r = a) = 0$ et $V(r = b) = U$. Déterminer le potentiel électrique $V(r, \theta, z)$ pour $a < r < b$. En déduire le champ électrique entre les deux cylindres.

9.8

Résolution de l'équation de Laplace en géométrie sphérique

Deux sphères de même centre O, de rayons a et b avec $a < b$, sont portées aux potentiels respectifs $V(r = a) = 0$ et $V(r = b) = U$. Déterminer le potentiel électrique $V(r, \theta, \varphi)$ pour $a < r < b$. En déduire le champ électrique entre les deux sphères.

9.9

Résolution de l'équation de Laplace en géométrie conique

Un plan infini (O, x, y) est porté au potentiel U. Une plaque infinie en forme de cône de sommet O et d'axe (O, z), de demi-angle au sommet α, est portée au potentiel nul.

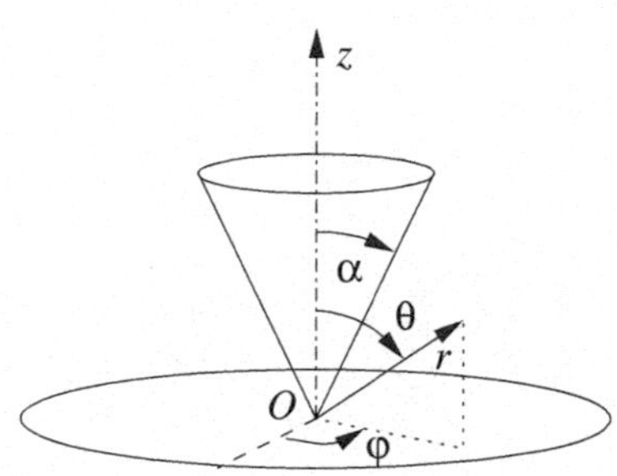

a) Un point M est repéré en coordonnées sphériques par $OM = r$ et les angles θ et φ, avec $\alpha < \theta < \frac{\pi}{2}$ et $\varphi \in [0, 2\pi[$. Justifier que $V(M) = V(r, \theta)$.

b) Chercher V indépendant de r (c'est le cas sur les deux plaques formant des surfaces équipotentielles pour $\theta = \alpha$ et pour $\theta = \frac{\pi}{2}$) sous la forme $V(\theta)$. On donne $\int \frac{1}{\sin\theta} d\theta = \ln\left[\tan\frac{\theta}{2}\right]$.

c) En déduire $\vec{E}$.

9.10 Potentiel créé par une distribution volumique antisymétrique

Dans l'espace (O, x, y, z), une distribution volumique de charges est définie par

$$\rho(x,y,z) = \rho(x) = \begin{cases} 0 \text{ si } x < -a \\ -\rho_0 \text{ si } -a \leq x < 0 \\ +\rho_0 \text{ si } 0 \leq x < a \\ 0 \text{ si } x \geq a \end{cases}$$

Déterminer le potentiel $V(x)$ et le champ électrique $\vec{E} = E(x)\vec{u}_x$ tels que $V(0) = 0$, que $\vec{E} = \vec{0}$ pour $x > a$, et que les deux fonctions $V(x)$ et $E(x)$ soient continues. Tracer les graphes correspondants.

9.11 Condensateur cylindrique

Un condensateur cylindrique est formé de deux plaques cylindriques coaxiales d'axe (O, z), de rayons respectifs a_1 et a_2 avec $a_1 < a_2$ et de même hauteur H. On suppose que les dimensions sont telles qu'on peut négliger les effets de bord, c'est-à-dire qu'on peut assimiler les propriétés électrostatiques du dispositif à celles d'un ensemble de cylindres infinis. Déterminer la capacité C de ce condensateur.

9.12 Condensateur à cylindres parallèles

Deux plaques cylindriques parallèles d'axes (O_1, z) et (O_2, z) de même rayon a sont distantes de $2D = O_1O_2$. Un point M du plan contenant les deux axes, et situé entre les deux cylindres, est repéré par ses coordonnées $M(x, z)$, l'origine O du repère étant le milieu de $[O_1O_2]$.

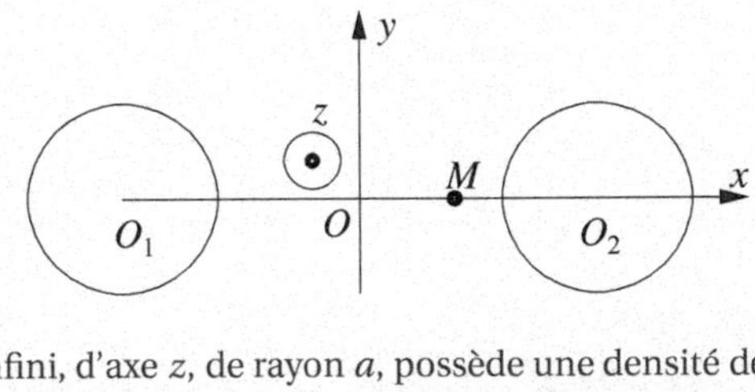

a) Un cylindre infini, d'axe z, de rayon a, possède une densité de charge surfacique uniforme σ. Déterminer le potentiel électrique $V(r)$ en un point situé à une distance r de son axe.

b) Le cylindre 1 du dispositif possède une densité de charge surfacique uniforme σ, le 2 une densité $-\sigma$. Déterminer le potentiel électrique $V(x)$ en M.

c) En déduire la tension électrique u entre les deux plaques en supposant qu'elles sont elles-mêmes des surfaces équipotentielles.

d) La capacité linéique est la capacité équivalente C d'un tronçon de longueur H selon z de ce dispositif, divisée par H, soit $\Gamma = \frac{C}{H}$. Déterminer l'expression de Γ.

9.13 Champ disruptif (Centrale MP 2015 (sujet 0))

Un logiciel de simulation permet de tracer l'allure des lignes équipotentielles autour de deux électrodes portées aux potentiels respectifs −1 V et +1 V.

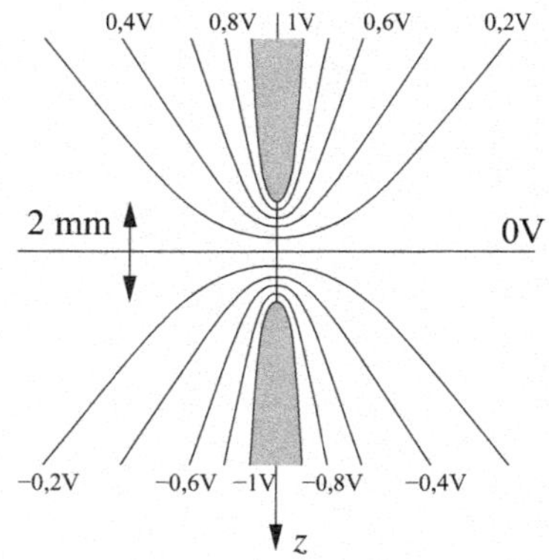

Ce logiciel donne aussi le graphe des variations du potentiel V en fonction de z sur l'axe :

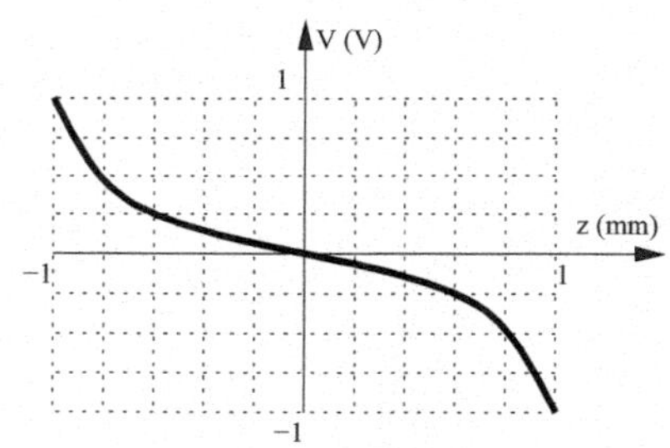

a) Où le champ électrique est-il maximal ?

b) Le champ disruptif est celui pour lequel on observe une étincelle correspondant à l'ionisation de l'air. Celui-ci vaut $E_r = 3{,}6 \cdot 10^6\ \mathrm{V \cdot m^{-1}}$. Quelle tension doit-on appliquer aux bornes du dispositif pour atteindre ce champ au centre O du dispositif ?

9.14 Mouvement d'une particule dans un puits de potentiel.

Une particule de masse m et de charge q, est astreinte à se déplacer sur un axe (O, x). Une charge $Q > 0$ est fixée en $x = a > 0$. L'ensemble est plongé dans un champ électrique uniforme et constant $\vec{E}_0 = E_0 \vec{u}_x$ avec $E_0 > 0$.

a) À quelle condition $x = 0$ est-elle une position d'équilibre stable pour la particule ?

b) Étudier dans ce cas les petites oscillations autour de $x = 0$ de la particule.

9.15

Piège à trois particules (analyse documentaire)

Trois charges positives identiques Q sont fixes aux sommets d'un triangle équilatéral (A, B, C) de centre O avec OA = OB = OC = a.

a) Justifier qualitativement que le centre O du triangle est une position d'équilibre instable pour un électron.

b) Une particule de charge $q = 1,0$ C et de masse $m = 1,0$ kg est placée en O et lancée avec une vitesse initiale $\vec{v}_0 = -v_0\,\vec{u}_x$. Voici l'allure des lignes équipotentielles dans le plan contenant (A, B, C) tracées avec $\frac{Q}{4\pi\varepsilon_0} = 1,0\ \mathrm{V\cdot m}$ et $a = 1,0$ m :

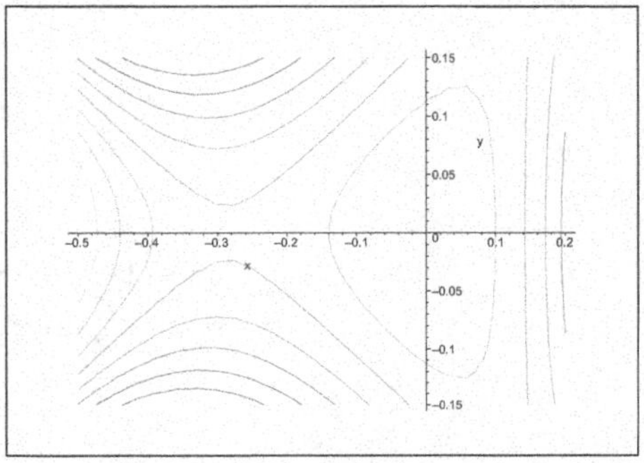

On donne quelques valeurs de V sur l'axe (O, x) :

x (m)	−0,47	−0,44	−0,39	−0,28	−0,14	0	0,10	0,14	0,17
V (V)	2,99	3,00	3,01	3,019	3,01	3,00	3,01	3,02	3,03

Le pas de potentiel entre deux lignes successives est 0,01 V. Déterminer la valeur maximale de v_0 qui permet à la particule de rester piégée.

9.16

Piégeage d'une particule (Mines-Ponts MP (2) 2015)

Un système de trois plaques est disposé autour de l'origine O d'un référentiel (O, x, y, z). Une première plaque possède la symétrie de révolution autour de (O, z), son équation cartésienne est

$$(\mathscr{E}_0)\ :\ x^2 + y^2 - 2z^2 = r_0^2$$

Les deux autres plaques sont les deux nappes de l'hyperboloïde de révolution

$$\begin{cases} (\mathscr{E}_1)\ :\ x^2 + y^2 - 2z^2 = -2z_0^2 \text{ avec } z > 0 \\ (\mathscr{E}_2)\ :\ x^2 + y^2 - 2z^2 = -2z_0^2 \text{ avec } z < 0 \end{cases}$$

Les deux paramètres sont reliés par $2z_0 = r_0\sqrt{2}$. $\mathscr{E}_0$ est portée au potentiel V_0, $\mathscr{E}_1$ et $\mathscr{E}_2$ sont à la masse.

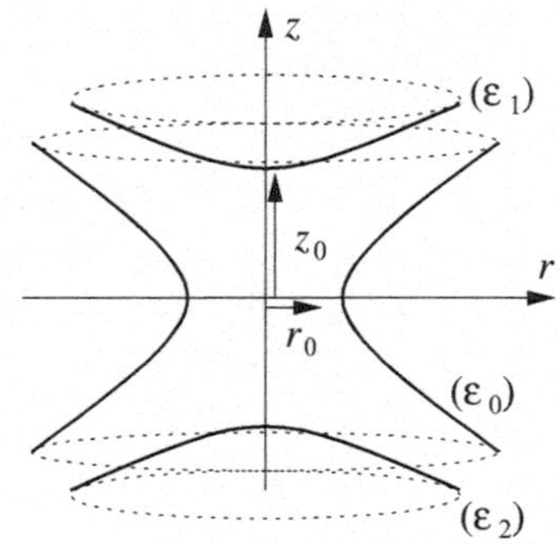

Une particule ponctuelle de charge q subit une force électrique de la forme

$$\vec{F} = a(x\vec{u}_x + y\vec{u}_y) + bz\vec{u}_z$$

a) Établir la relation entre a et b.

b) Montrer que le potentiel électrique s'écrit

$$V(x, y, z) = \alpha + \beta\left(x^2 + y^2 - 2z^2\right)$$

et exprimer α en fonction de V_0 et β en fonction de r_0 et V_0.

c) Montrer que O(0, 0, 0) est une position d'équilibre et justifier que cet équilibre est instable.

9.17

Énergie du noyau

Dans le modèle de Thomson, le noyau d'un atome du numéro atomique Z est assimilé à un nuage sphérique de rayon R, de charge Ze et de densité volumique uniforme

$$\rho = \frac{Ze}{\frac{4}{3}\pi R^3}$$

On constitue ce noyau en rassemblant autour d'un point O de l'espace des éléments de matière de charge infinitésimale venant de l'infini.

a) On suppose que le noyau, en cours de formation, possède un rayon $r < R$. Quelle est sa charge $q(r)$?

b) On note $\mathscr{E}(r)$ son énergie électrique. On fait augmenter son rayon de dr en apportant une charge dq de l'infini à la surface sphérique du noyau en construction. Déterminer l'augmentation d'énergie $d\mathscr{E}$ en fonction de r, dr, R, e, Z et ε_0.

c) En déduire l'expression de l'énergie $\mathscr{E}$ du noyau en fonction de R, e, Z et ε_0.

9.18

Champ électrique créé par un dipôle électrique

Un dipôle électrique est l'association de deux charges ponctuelles $-q$ et $+q$ distantes de d. Celles-ci sont placées en $N(0,0,-d/2)$ et $P(0,0,d/2)$. Un point M est repéré en coordonnées sphériques, à une distance $r \gg d$ du centre O du repère.

a) Justifier que $\vec{E}(M) = E_r(r,\theta)\vec{u}_r + E_\theta(r,\theta)\vec{u}_\theta$. Voici la figure vue dans le plan méridien :

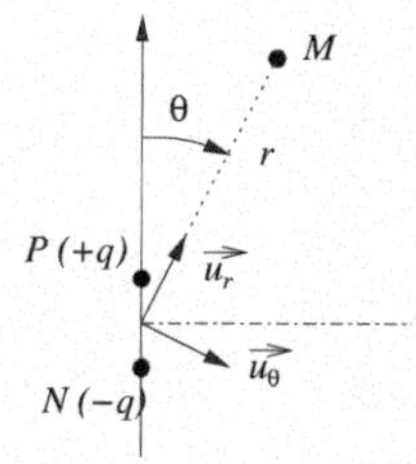

b) Exprimer le potentiel V_P créé en M par la charge $+q$ en P. On fera le développement limité en $\frac{d}{r}$. Exprimer de même V_N.

c) En déduire le potentiel V en M puis le champ électrique $\vec{E}$ créé par le dipôle électrique en M.

9.19

Mise en évidence du caractère polaire d'un solvant

Quand on approche une tige chargée d'un filet d'eau qui coule, celui-ci est dévié vers la tige, alors qu'avec un filet de cyclohexane, il n'y a pas de déviation. Expliquer ce phénomène.

9.20

Interaction de deux dipôles parallèles, coaxiaux

Le champ électrique créé par un dipôle électrique de moment dipolaire $\vec{P}$, de centre O, en un point M de l'espace vaut, dans l'approximation dipolaire

$$\vec{E} = \frac{1}{4\pi\varepsilon_0}\left(3\frac{\vec{P}\cdot\vec{r}}{r^5}\vec{r} - \frac{\vec{P}}{r^3}\right) \text{ avec } \vec{r} = \overrightarrow{OM}$$

a) Deux dipôles identiques sont placés de façon coaxiale à une distance x l'un de l'autre sur un axe (O,x) (figure 1). Ils sont astreints à se déplacer en translation sur cet axe. Donner l'expression de la force exercée par le dipôle 1, supposé fixe, sur le dipôle 2.

b) Deux dipôles identiques sont placés avec des moments dipolaires anticolinéaires, à une distance x l'un de l'autre sur un axe (O,x) (figure 2). Ils sont astreints à se déplacer en translation sur cet axe. Donner l'expression de la force exercée par le dipôle 1, supposé fixe, sur le dipôle 2.

c) Quelle est la force d'interaction entre deux dipôles dont les centres sont placés en $O_1(0,0,0)$ et en $O_2(x,0,0)$, de moments dipolaires respectifs $\vec{P}_1 = P\vec{u}_y$ et $\vec{P}_2 = P\vec{u}_z$?

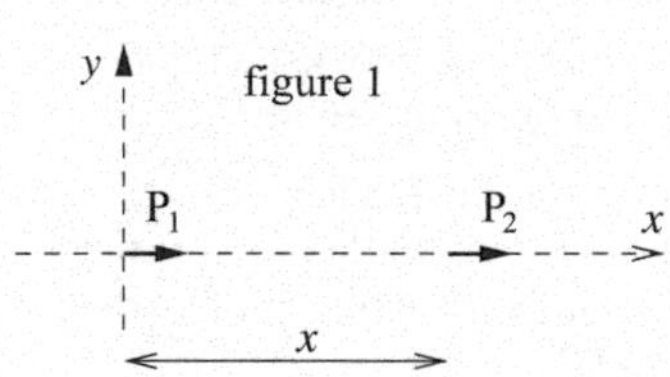

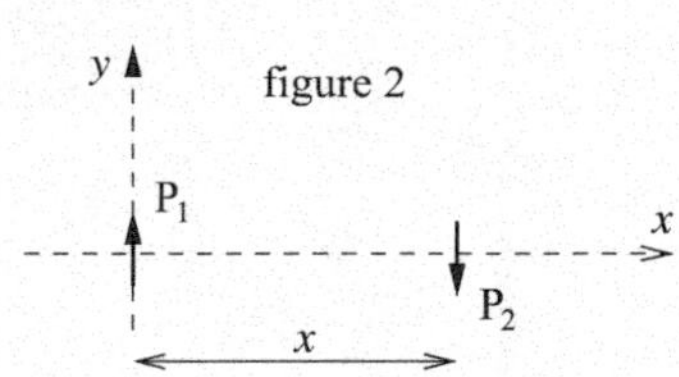

9.21

Dipôle en mouvement entre deux charges dans un plan

Un dipôle électrique, de moment dipolaire $\vec{P}$, est astreint à se déplacer dans un plan auquel $\vec{P}$ reste orthogonal. De part et d'autre de ce plan se trouvent deux charges $-q$ et $+q$, placées symétriquement, à la distance 2a l'une de l'autre.

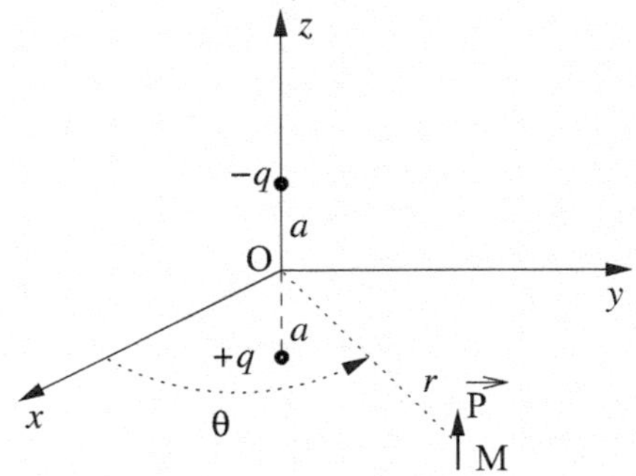

On note M le milieu du dipôle mobile, on repère sa position en coordonnées polaires par r et θ, on note m sa masse et on suppose que la distance entre les deux charges qui le composent est très petite devant a.

a) Donner l'expression du champ électrique $\vec{E}$ en M en fonction de r.

b) En déduire l'expression de l'énergie potentielle d'interaction $Ep(r)$ entre le dipôle mobile et ce champ.

c) Justifier que le dipôle subit une force centrale conservative et rappeler les noms des deux grandeurs constantes $\vec{L}_O$ et $\mathscr{E}_0$.

d) Donner l'expression de l'énergie potentielle effective

$$Ep_{\text{eff}}(r) = \frac{L_O^2}{2mr^2} + Ep(r)$$

et tracer à l'aide d'un grapheur l'allure de la courbe représentative en fonction de $u = \frac{r}{a}$ quand

$$\frac{L_O^2}{2ma^2} = 1{,}0\ \text{J et } \frac{qaPm}{\pi\varepsilon_0 L_O^2} = 10$$

En déduire la nature du mouvement possible et indiquer si un mouvement circulaire est possible.

9.22

Tunnel gravitationnel (Mines-Ponts PSI (1) 2011)

Un tunnel est creusé en ligne droite entre deux points A et B de la surface d'une planète sphérique de centre O, de rayon R, de masse M et de masse volumique $\mu = \frac{M}{\frac{4}{3}\pi R^3}$ uniforme. On fait le vide dans ce tunnel et on considère un train de masse m glissant sans frottement dans ce tunnel. Sa position est repérée par son abscisse $x = \overline{HM}$ où H est le point le plus proche du centre de la planète, on pose $r_0 = OH$, $a = x_A = \overline{HA}$ et $r = OM$.

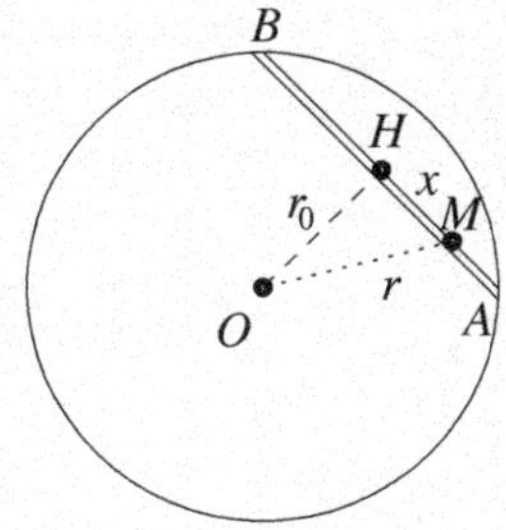

a) Déterminer le champ gravitationnel en M en fonction de r, en déduire la force de gravitation subie par le train.

b) En déduire l'énergie potentielle gravitationnelle du train et l'exprimer en fonction de x.

c) Le référentiel terrestre est supposé galiléen. Le train est abandonné sans vitesse initiale en A. Établir l'expression de $x(t)$ et en déduire la durée du voyage de A à B.

d) Comparer cette durée avec la période d'un satellite évoluant à très basse altitude, en mouvement circulaire uniforme de rayon $r \simeq \mathrm{R}$.

9.23 Énergie potentielle gravitationnelle d'un astre sphérique (Mines-Ponts PSI (1) 2010)

Un astre sphérique de masse M, de rayon R et de masse volumique uniforme μ est construit par agglomération couche après couche : lorsque le rayon de l'astre vaut r, la matière formant la couche $[r, r+dr]$ située à une distance infinie de l'astre est attirée et se dépose à la surface de l'astre, jusqu'à ce que r atteigne R.

a) Exprimer le volume $d\tau$ et la masse dm de la couche $[r, r+dr]$ en fonction de μ, r et dr (on se limitera au terme du premier ordre en dr).

b) Donner l'expression de l'énergie potentielle gravitationnelle de cette couche à l'infini et à la surface de l'astre. En déduire la variation d'énergie potentielle $d\mathrm{E}p$ de l'astre quand son rayon augmente de r à $r+dr$.

c) En déduire l'énergie potentielle gravitationnelle de l'astre en fonction de $\mathcal{G}$, M et R.

9.24 Pression au cœur d'une étoile (Mines-Ponts PSI (1) 2010)

Une étoile de masse M, de rayon R, de masse volumique μ uniforme possède un champ de pression $\mathrm{P}(r)$ et un champ gravitationnel $g(r)$. La pression est nulle à la surface de l'étoile. Déterminer la pression P_0 au centre de l'étoile en fonction de $\mathcal{G}$, M et R.

9.25 Énergie électrique d'un nuage électronique

Un électron de charge $-e$ est assimilé à un nuage sphérique de rayon R et de densité volumique de charge uniforme ρ.

a) Déterminer l'expression du champ électrique $\vec{\mathrm{E}}(r)$ pour $r \leq \mathrm{R}$ et pour $r > \mathrm{R}$.

b) En déduire l'énergie électrique totale de cette distribution.

9.26

Position d'équilibre d'une plaque chargée (résolution de problème)

Dans le dispositif suivant, la plaque inférieure possède une charge $-q$ et est fixe, la plaque supérieure possède une charge $+q$ et est mobile en translation sur l'axe z, sa masse est m et le ressort est de constante de raideur k, de longueur à vide ℓ_0. La surface commune des plaques est S et on pourra supposer qu'elles sont très proches l'une de l'autre.

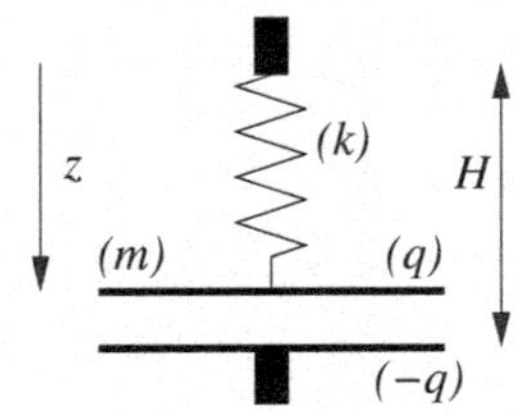

Déterminer la valeur de z à l'équilibre de la plaque.

Du mal à démarrer ?

9.1 L'équation de Laplace écrite en coordonnées cylindriques s'intègre en deux temps. Les constantes d'intégration se calculent en utilisant la condition $V(0) = 0$.

9.2 La surface de Gauss est un cylindre ou un parallèlépipède rectangle traversant la plaque de façon symétrique entre $-z$ et $+z$.

9.3 La surface de Gauss est un cylindre ou un parallèlépipède rectangle traversant la plaque de façon symétrique entre $-z$ et $+z$. Deux cas sont à considérer : quand $z > a$, la charge intérieure est celle située entre $-a$ et a et quand $z < a$, la charge intérieure est celle située entre $-z$ et $+z$.

9.4 La surface de Gauss est un cylindre de rayon r et de hauteur H arbitraire, qui doit nécessairement se simplifier dans le théorème de Gauss.

9.5 La surface de Gauss est un cylindre de rayon r et de hauteur H arbitraire, qui doit nécessairement se simplifier dans le théorème de Gauss. Quand $r < b$, la charge surfacique n'est pas contenue dans la surface de gauss, quand $r > b$, la charge intérieure est nulle d'après la première question.

9.6 Le théorème de superposition et l'expression du champ créé par une charge ponctuelle permettent de déterminer le champ électrique dans le premier cas. Dans le second, les symétries et antisymétries entraînent la nullité du champ.

9.7 Les propriétés de symétrie et d'invariance permettent d'écrire $V = V(z)$, l'équation de Laplace en coordonnées cylindriques s'intègre en tenant compte des conditions aux limites en $r = a$ et en $r = b$. On en déduit $\vec{E}$.

9.8 Les propriétés de symétrie et d'invariance permettent d'écrire $V = V(r)$, l'équation de Laplace en coordonnées sphériques s'intègre en tenant compte des conditions aux limites en $r = a$ et en $r = b$. On en déduit $\vec{E}$.

9.9 Les invariances du problème permettent d'éliminer la variable φ. L'équation de Laplace en coordonnées sphériques s'intègre en utilisant la primitive donnée par l'énoncé et en tenant compte des conditions aux limites en $\theta = \alpha$ et en $\theta = \frac{\pi}{4}$. On en déduit $\vec{E}$.

9.10 On résout l'équation de Laplace dans chaque zone, on en déduit le potentiel en fonction de deux constantes, et le champ électrique par dérivation. Il y a donc a priori 8 constantes à déterminer. Il y a 6 continuités à assurer (V et $\vec{E}$ en $-a$, 0 et a) et les deux nullités de champ pour $x < -a$ et $x > a$, ce qui donne bien 8 relations. On en déduit les 8 constantes.

9.11 L'application du théorème de Gauss donne $\vec{E}$, on en déduit V puis la tension électrique entre les cylindres, puis $C = \frac{q}{u}$.

9.12 (a) On applique le théorème de Gauss pour calculer $\vec{E}$, on en déduit V. (b) Par superposition des potentiels électriques, V est la somme de celui calculé pour chaque cylindre, grâce au résultat de la première question. Il faut prendre garde au fait que r s'exprime en fonction de x, et n'est pas le même pour les deux cylindres. (c) $u = V(-D + a) - V(D - a)$. (d) On en déduit $C = \frac{q}{u}$.

9.13 Le champ est maximal là où les lignes équipotentielles sont les plus serrées. La valeur du champ électrique est $\frac{dV}{dz}$ sur l'axe, on la calcule dans le cas de la simulation où la tension est de 2 V, et on en déduit celle assurant le champ disruptif en calculant le coefficient multiplicatif.

9.14 C'est un problème à un degré de liberté pour une particule soumise à un ensemble de forces conservatives, on se ramène donc à l'étude de l'énergie potentielle $Ep(x) = q\cdot(V_0(x)+V(x))$: une position est position d'équilibre si sa dérivée est nulle, elle est stable si la dérivée seconde est positive en cette valeur. L'étude des petites oscillations autour de la position d'équilibre nécessite l'écriture du développement limité au second ordre de $Ep(x)$ au voisinage de 0. L'énergie mécanique est ainsi la somme d'un trinôme du second degré en x et de $\frac{1}{2}m\dot{x}^2$. Elle est constante, sa dérivée par rapport au temps est nulle, on en déduit l'équation d'oscillateur harmonique vérifiée par x, d'où ω_0 et la période propre T_0

9.15 (a) L'instabilité en O peut être justifiée en analysant le sens des forces qui agissent si on déplace l'électron vers les $x > 0$ ou vers les $x < 0$. (b) Le puits de potentiel est visible sur le graphe. Le col en $x = -0{,}28$ peut être franchi si la barrière de potentiel de l'ordre de 0,019 V est dépassée, ce qui permet de calculer le majorant de l'énergie cinétique de la particule, puis sa vitesse.

9.16 (a) $\vec{F}$ permet d'exprimer $\vec{E}$ qui doit vérifier l'équation de Maxwell-Gauss. (b) On calcule V à partir de $\vec{E}$ en résolvant un système d'équations aux dérivées partielles. (c) L'analyse d'équilibre et de stabilité peut être menée en supposant tour à tour que la particule se déplace sur l'axe (O, x) puis sur l'axe (O, y) ; l'étude des dérivées de l'énergie potentielle par rapport à x puis par rapport à y permet de conclure.

9.17 L'augmentation de l'énergie est estimée en faisant la différence entre l'énergie potentielle de la charge qui va se déposer, lorsqu'elle est à l'infini, et lorsqu'elle est à la surface de la sphère.

9.18 (a) Le plan de la figure est plan de symétrie des charges. (b) La distance PN qui intervient dans l'expression du potentiel créé par la charge ponctuelle est calculée en utilisant les coordonnées des deux points. Pour le développement limité, on rappelle que si $\varepsilon \ll 1$ alors $(1+\varepsilon)^r \simeq 1 + r\varepsilon$. (c) Par superposition, $V = V_P + V_N$.

9.19 Un schéma peut être utile pour expliquer le mouvement des molécules d'eau assimilables à des dipôles soumis au champ électrique créé par la tige.

9.20 Dans tout l'exercice, on calcule le champ $\vec{E}_1$ créé par le dipôle 1 à l'endroit où est placé le dipôle 2, puis l'énergie potentielle de ce dipôle 2 sous l'action de $\vec{E}_1$ grâce à la formule du cours, puis la force en calculant le gradient.

9.21 Le calcul du champ électrique par superposition des champs créés par les deux charges doit être mené sans approximation. On en déduit l'énergie potentielle puis l'énergie potentielle effective, et on pourra se référer au cours de première année sur les forces centrales pour la condition $Ep_{\text{eff}}(r) \leq \mathscr{E}_0$.

9.22 (a) On applique le théorème de Gauss gravitationnel. (b) On exprime $Ep(r)$ en écrivant $mg(r) = -\frac{dEp(r)}{dr}$. Le théorème de Pythagore permet d'exprimer r en fonction de x. (c) C'est un problème à un degré de liberté avec des forces conservatives, la méthode énergétique est donc pertinente. (d) La troisième loi de Kepler donne immédiatement la réponse.

9.23 Comme l'énergie potentielle gravitationnelle est nulle à l'infini, la variation d'énergie potentielle est égale à l'énergie potentielle de la masse dm située à la distance r du centre de l'astre de rayon r.

9.24 On conjugue l'expression de $g(r)$ donnée par le théorème de Gauss gravitationnel et la loi de la statique des fluides $-\overrightarrow{\text{grad}}\,P + \mu\vec{g} = \vec{0}$.

9.25 (a) On détermine $\vec{E}$ dans chaque cas grâce au théorème de Gauss. (b) On intègre l'énergie électrique volumique dans les deux zones : $r \in [0, R]$ et $r \in]R, +\infty[$.

9.26 La plaque est soumise à trois forces conservatives, son poids, la force de rappel élastique et la force électrique qui dérive de l'énergie du condensateur $\frac{1}{2}\frac{q^2}{C}$, et C dépend de z.

Corrigés des exercices

9.1

a) Soit O le projeté orthogonal de M sur l'axe. Le plan $(O, \vec{u}_r, \vec{u}_z)$ et le plan $(O, \vec{u}_r, \vec{u}_\theta)$ sont des plans de symétrie des charges. Le champ électrique est donc contenu dans leur intersection et $\vec{E} = E(r,\theta,z)\vec{u}_r$. La distribution de charges est invariante par translation selon $\vec{u}_z$ et par rotation d'angle θ donc $\vec{E} = E(r)\vec{u}_r$.

b) L'équation de Laplace s'écrit

$$\Delta V = -\frac{\rho}{\varepsilon_0} \text{ soit}$$

$$\frac{1}{r}\frac{d}{dr}\left(r\frac{dV}{dr}\right) = -\frac{\rho_0 r_0}{\varepsilon_0 r}$$

$$\text{soit } \frac{d}{dr}\left(r\frac{dV}{dr}\right) = -\frac{\rho_0 r_0}{\varepsilon_0}$$

$$\text{donc } r\frac{dV}{dr} = -\frac{\rho_0 r_0}{\varepsilon_0}r + A$$

$$\text{soit } \frac{dV}{dr} = -\frac{\rho_0 r_0}{\varepsilon_0} + \frac{A}{r}$$

$$\text{donc } V(r) = -\frac{\rho_0 r_0}{\varepsilon_0}r + A\ln r + B$$

Pour $r = 0$, $\ln r \to \infty$ donc $A = 0$. La condition $V(r = 0) = 0$ entraîne $B = 0$ donc

$$V(r) = -\frac{\rho_0 r_0}{\varepsilon_0}r$$

c) La relation $\vec{E} = -\overrightarrow{\text{grad}}\,V$ s'écrit

$$\vec{E} = \left| \begin{array}{l} -\frac{\partial V}{\partial r} \\ 0 \\ 0 \end{array} \right. = \frac{\rho_0 r_0}{\varepsilon_0}\vec{u}_r$$

d) On vérifie que

$$\text{div}\,\vec{E} = \frac{1}{r}\frac{\partial(rE(r))}{\partial r} = \frac{\rho_0 r_0}{\varepsilon_0 r} = \frac{\rho}{\varepsilon_0}$$

9.2

Les plans (O, x, z) et (O, y, z) sont plans de symétrie des charges donc $\vec{E} = E(x, y, z)\vec{u}_z$. La distribution de charges est invariante par translation selon $\vec{u}_x$ et selon $\vec{u}_y$ donc $\vec{E} = E(z)\vec{u}_z$. La surface de Gauss est un cylindre de section S dont les couvercles supérieur et inférieur sont situés symétriquement en $\pm z$. Le plan $z = 0$ étant plan de symétrie des charges, $\vec{E}(-z) = -E(z)\vec{u}_z$.

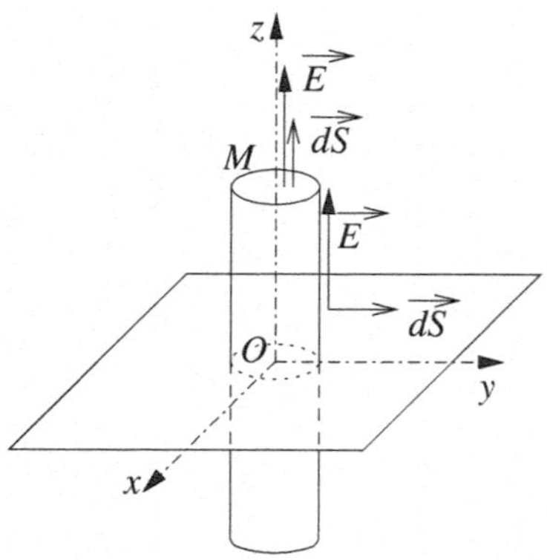

Le flux se décompose en trois termes, et la charge intérieure est celle contenue par la surface S délimitée sur la plaque. Le théorème de Gauss s'écrit donc

$$\iint_{sup} \vec{E} \cdot \overrightarrow{dS} + \iint_{lat} \vec{E} \cdot \overrightarrow{dS} + \iint_{inf} \vec{E} \cdot \overrightarrow{dS} = \frac{\sigma S}{\varepsilon_0}$$

$$\text{soit } E \cdot S + 0 + E \cdot S = \frac{\sigma S}{\varepsilon_0}$$

donc $\vec{E} = \frac{\sigma}{2\varepsilon_0}\vec{u}_z$ si $z > 0$ et $\vec{E} = -\frac{\sigma}{2\varepsilon_0}\vec{u}_z$ si $z < 0$.

9.3

Les symétries et les invariances sont les mêmes qu'à l'exercice 9.2 donc $\vec{E} = E(z)\vec{u}_z$. La surface de Gauss est un cylindre de section S dont les couvercles supérieur et inférieur sont situés symétriquement en $\pm z$. Le plan $z = 0$ étant plan de symétrie des charges, $\vec{E}(-z) = -E(z)\vec{u}_z$. Deux cas sont à distinguer pour $z > 0$: $z > a$ ou $z \leq a$.

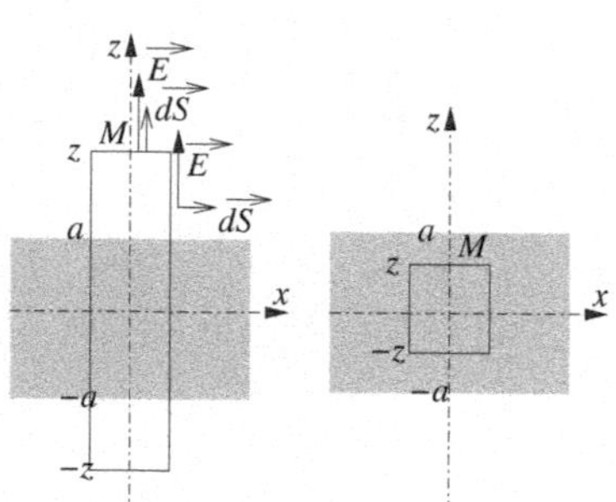

Le flux se décompose en trois termes :

$$\oiint \vec{E} \cdot \overrightarrow{dS} = \iint_{sup} \vec{E} \cdot \overrightarrow{dS} + \iint_{lat} \vec{E} \cdot \overrightarrow{dS} + \iint_{inf} \vec{E} \cdot \overrightarrow{dS}$$
$$= ES + 0 + ES = 2ES$$

La charge intérieure s'exprime distinctement dans les deux cas. Si $z > a$, elle est restreinte au cylindre de base S situé entre $-a$ et a :

$$Q_{int} = \rho \cdot 2a \cdot S \text{ donc}$$

$$2ES = \frac{\rho \cdot 2aS}{\varepsilon_0} \text{ et } \vec{E} = \frac{\rho a}{2\varepsilon_0}\vec{u}_z$$

Si $0 \leq z \leq a$, c'est la charge contenue dans le cylindre situé entre $-z$ et $+z$:

$$Q_{int} = \rho \cdot 2z \cdot S \text{ donc}$$

$$2ES = \frac{\rho \cdot 2zS}{\varepsilon_0} \text{ et } \vec{E} = \frac{\rho z}{2\varepsilon_0}\vec{u}_z$$

9.4

En coordonnées cylindriques, en notant O le projeté orthogonal de M sur l'axe, les plans $(O, \vec{u}_r, \vec{u}_\theta)$ et $(O, \vec{u}_r, \vec{u}_z)$ sont plans de symétrie des charges donc $\vec{E} = E(r, \theta, z)\vec{u}_r$. La distribution de charges est invariante par translation selon $\vec{u}_z$ et par rotation d'angle θ donc $\vec{E} = E(r)\vec{u}_r$. La surface de Gauss est le cylindre de rayon r et de hauteur H arbitraire.

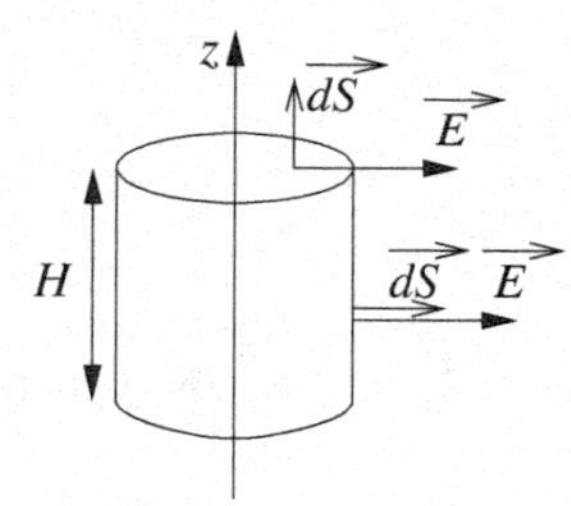

Le flux se décompose en trois termes et la charge intérieure est celle située sur la hauteur H du fil. Le théorème de Gauss s'écrit donc

$$\iint_{sup} \vec{E} \cdot \overrightarrow{dS} + \iint_{lat} \vec{E} \cdot \overrightarrow{dS} + \iint_{inf} \vec{E} \cdot \overrightarrow{dS} = \frac{\lambda \cdot H}{\varepsilon_0}$$

$$\text{soit } 0 + E \cdot 2\pi r H + 0 = \frac{\lambda \cdot H}{\varepsilon_0}$$

$$\text{donc } \vec{E} = \frac{\lambda}{2\pi r \varepsilon_0}\vec{u}_r$$

9.5

a) La charge sur une hauteur H est la somme de la charge située dans le volume et de celle située surt la surface, donc

$$\rho \cdot \pi b^2 H + \sigma \cdot 2\pi b H = 0 \text{ donc } \sigma = -\frac{\rho b}{2}$$

b) En coordonnées cylindriques, en notant O le projeté orthogonal de M sur l'axe, les plans $(O, \vec{u}_r, \vec{u}_\theta)$ et $(O, \vec{u}_r, \vec{u}_z)$ sont plans de symétrie des charges donc $\vec{E} = E(r, \theta, z)\vec{u}_r$. La distribution de charges est invariante par translation selon $\vec{u}_z$ et par rotation d'angle θ donc $\vec{E} = E(r)\vec{u}_r$. La surface de Gauss est le cylindre de rayon r et de hauteur H arbitraire. Deux cas sont à considérer : $r < b$ et $r > b$.

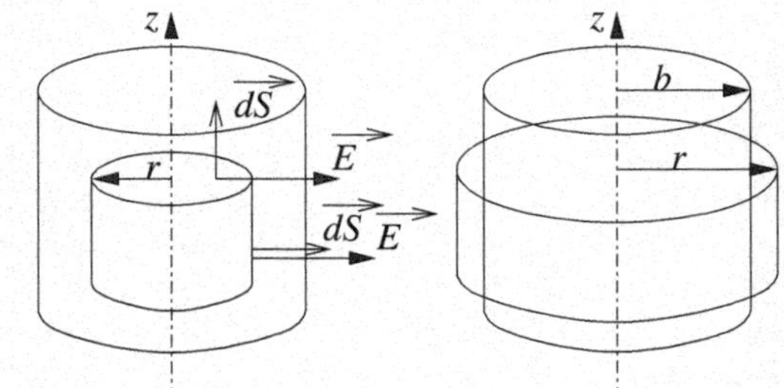

Le flux se décompose en trois termes :

$$\oint\!\!\!\oint \vec{E} \cdot \overrightarrow{dS} = \iint_{\text{sup}} \vec{E} \cdot \overrightarrow{dS} + \iint_{\text{lat}} \vec{E} \cdot \overrightarrow{dS} + \iint_{\text{inf}} \vec{E} \cdot \overrightarrow{dS}$$

$$= 0 + E \cdot 2\pi r H + 0$$

Si $r \leq b$, la charge intérieure est celle située dans le cylindre de hauteur H et de rayon r :

$$Q_{\text{int}} = \rho \cdot \pi r^2 H \text{ donc}$$

$$E \cdot 2\pi r H = \frac{\rho \cdot \pi r^2 H}{\varepsilon_0} \text{ et } \vec{E} = \frac{\rho r}{2\varepsilon_0} \vec{u}_r$$

Si $r > b$, la charge intérieure est nulle d'après l'hypothèse de l'énoncé donc $\vec{E} = \vec{0}$.

9.6

Par théorème de superposition, le champ électrique est la somme des quatre champs. Les quatre distances sont égales : AO = BO = CO = DO = a et les vecteurs unitaires sont selon $\pm\vec{u}_x$ et $\pm\vec{u}_y$. On en déduit

$$\vec{E} = \frac{q}{4\pi\varepsilon_0 a^2}\left[-\vec{u}_x - \vec{u}_y - \vec{u}_x - \vec{u}_y\right] = \left| \begin{array}{l} \frac{-2q}{4\pi\varepsilon_0 a^2} \\ \frac{-2q}{4\pi\varepsilon_0 a^2} \end{array} \right.$$

Dans le second cas, les trois plans $(O, \vec{u}_x, \vec{u}_y)$, $(O, \vec{u}_x, \vec{u}_z)$ et $(O, \vec{u}_y, \vec{u}_z)$ sont plans de symétrie des charges, le champ électrique devant être inclus dans ces trois plans, il est nécessairement nul.

9.7

Le potentiel étant indépendant de θ et de z sur les deux plaques, on peut chercher V(r). La nullité du Laplacien de V dans l'espace vide entre les cylindres s'écrit alors

$$\frac{1}{r}\frac{\partial\left(r\frac{\partial V}{\partial r}\right)}{\partial r} = 0 \text{ donc } r\frac{dV}{dr} = A$$

$$\text{soit } \frac{dV}{dr} = \frac{A}{r} \text{ donc } V(r) = A\ln r + B$$

Les conditions aux limites donnent

$$\begin{cases} A\ln a + B = 0 \\ A\ln b + B = U \end{cases} \text{ donc } \begin{cases} A = \frac{U}{\ln\frac{b}{a}} \\ B = -\frac{U\ln a}{\ln\frac{b}{a}} \end{cases}$$

On en déduit $V(r) = U\frac{\ln\frac{r}{a}}{\ln\frac{b}{a}}$ et

$$\vec{E} = -\overrightarrow{\text{grad}}\, V = -\frac{dV}{dr}\vec{u}_r = -\frac{U}{r\ln\frac{b}{a}}\vec{u}_r$$

9.8

Le potentiel étant indépendant de θ et de φ sur les deux plaques, on peut chercher V(r). La nullité du Laplacien de V dans l'espace vide entre les sphères s'écrit alors

$$\frac{1}{r^2}\frac{\partial\left(r^2\frac{\partial V}{\partial r}\right)}{\partial r} = 0 \text{ donc } r^2\frac{dV}{dr} = A$$

$$\text{soit } \frac{dV}{dr} = \frac{A}{r^2} \text{ donc } V(r) = -\frac{A}{r} + B$$

Les conditions aux limites donnent

$$\begin{cases} -\frac{A}{a} + B = 0 \\ -\frac{A}{b} + B = U \end{cases} \text{ donc } \begin{cases} A = U\frac{ab}{b-a} \\ B = U\frac{b}{b-a} \end{cases}$$

On en déduit $V(r) = U\frac{b(r-a)}{r(b-a)}$ et

$$\vec{E} = -\overrightarrow{\text{grad}}\, V = -\frac{dV}{dr}\vec{u}_r = -\frac{Uab}{r^2(b-a)}\vec{u}_r$$

9.9

a) Sur les deux plaques, le potentiel est indépendant de φ, il y a symétrie de révolution autour de l'axe (O, z), et il est légitime de chercher V indépendant de φ. De même, sur les plaques, V est indépendant de r.

b) L'équation de Laplace s'écrit donc, dans la région vide de charges

$$\Delta V = 0 \text{ soit } \frac{1}{r^2\sin\theta}\frac{\partial\left(\sin\theta\frac{\partial V}{\partial\theta}\right)}{\partial\theta} = 0$$

$$\text{donc } \sin\theta\frac{dV}{d\theta} = A \text{ et } \frac{dV}{d\theta} = \frac{A}{\sin\theta}$$

$$\text{donc } V(\theta) = A\ln\left[\tan\frac{\theta}{2}\right] + B$$

Les conditions aux limites s'écrivent

$$\begin{cases} A\ln\left[\tan\frac{\alpha}{2}\right] + B = 0 \\ A\ln\left[\tan\frac{\pi}{4}\right] + B = U \end{cases} \text{ donc } \begin{cases} A = -\frac{U}{\ln\left[\tan\frac{\alpha}{2}\right]} \\ B = U \end{cases}$$

On en déduit $V(\theta) = U\left[1 - \frac{\ln\left[\tan\frac{\theta}{2}\right]}{\ln\left[\tan\frac{\alpha}{2}\right]}\right]$.

c) On en déduit enfin

$$\vec{E} = -\overrightarrow{\text{grad}}\, V = -\frac{1}{r}\frac{dV}{d\theta}\vec{u}_\theta = -\frac{U}{r\sin\theta \ln\left[\tan\frac{\theta}{2}\right]}\vec{u}_\theta$$

9.10

On résout l'équation de Laplace dans chaque portion.

- Pour $x \in [0, a[$ (zone 3) :

$$\frac{d^2V}{dx^2} = -\frac{\rho_0}{\varepsilon_0} \text{ donc } V(x) = -\frac{\rho_0}{\varepsilon_0}\frac{x^2}{2} + A_3 x + B_3$$

La condition $V(0) = 0$ entraîne $B_3 = 0$ donc

$$V(x) = -\frac{\rho_0}{\varepsilon_0}\frac{x^2}{2} + A_3 x$$

On en déduit que

$$V(a) = -\frac{\rho_0}{\varepsilon_0}\frac{a^2}{2} + A_3 a$$

$$\text{et } E(a) = -\frac{dV}{dx}(x = a) = \frac{\rho_0}{\varepsilon_0}a - A_3$$

- Pour $x \in [a, +\infty[$ (zone 4) :

$$\frac{d^2V}{dx^2} = 0 \text{ donc } V(x) = A_4 x + B_4$$

Le champ électrique étant nul pour $x > a$, $-\frac{dV}{dx} = A_4 = 0$ donc $V(x) = B_4$ et $E(x) = 0$. En $x = a$, on assure la continuité de V et de E :

$$\begin{cases} -\frac{\rho_0}{\varepsilon_0}\frac{a^2}{2} + A_3 a = B_4 \\ \frac{\rho_0}{\varepsilon_0}a - A_3 = 0 \end{cases} \text{ donc}$$

$$\begin{cases} B_4 = \frac{\rho_0}{\varepsilon_0}\frac{a^2}{2} \\ A_3 = \frac{\rho_0}{\varepsilon_0}a \end{cases} \text{ donc}$$

- On détermine de même $V(x)$ et $E(x)$ pour $x \in [-a, 0[$ (zone 2) et pour $x \in]-\infty, a[$, on peut aussi utiliser l'antisymétrie de la distribution de charges.

Voici le tableau récapitulatif :

	$V(x)$	$E(x)$
$x < -a$	$-\frac{\rho_0 a^2}{2\varepsilon_0}$	0
$-a \le x < 0$	$\frac{\rho_0(x^2+2ax)}{2\varepsilon_0}$	$-\frac{\rho_0(x+a)}{\varepsilon_0}$
$0 \le x < a$	$\frac{\rho_0(-x^2+2ax)}{2\varepsilon_0}$	$\frac{\rho_0(x-a)}{\varepsilon_0}$
$a \le x$	$\frac{\rho_0 a^2}{2\varepsilon_0}$	0

Voici l'allure des courbes représentatives :

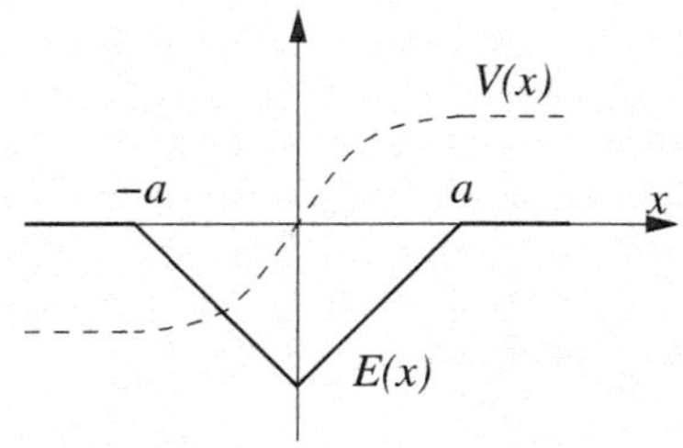

9.11

Soit q la charge du cylindre (1) et $-q$ celle du cylindre (2). Soit M un point entre les deux cylindres, repéré par sa distance à l'axe $r \in]a_1, a_2[$. La distribution de charges est symétrique par rapport à $(M, \vec{u}_r, \vec{u}_\theta)$ et (si les cylindres étaient infinis) par rapport à $(M, \vec{u}_r, \vec{u}_z)$ donc $\vec{E} = E(r, \theta, z)\vec{u}_r$. La distibution de charges est invariante (si les cylindres étaient infinis) par translation selon $\vec{u}_z$ et par rotation d'angle θ donc $\vec{E} = E(r)\vec{u}_r$. La surface de Gauss est le cylindre de hauteur H. Le flux est celui à travers sa surface latérale en admettant que celui à travers les couvercles supérieur et inférieur est nul (ce serait le cas si les cylindres étaient infinis). La charge intérieure est égale à celle du cylindre (1) intérieur, soit q. L'application du théorème de Gauss donne donc

$$E(r)\cdot 2\pi r H = \frac{q}{\varepsilon_0} \text{ donc } \vec{E} = \frac{q}{2\pi\varepsilon_0 r H}\vec{u}_r$$

On en déduit le potentiel

$$\vec{E} = -\overrightarrow{\text{grad}}\, V \Leftrightarrow \frac{q}{2\pi\varepsilon_0 r H} = -\frac{dV}{dr}$$

$$\text{donc } V(r) = -\frac{q}{2\pi\varepsilon_0 H}\ln r + K$$

On en déduit la tension électrique

$$u = V(a_1) - V(a_2) = \frac{q}{2\pi\varepsilon_0 H}\ln\frac{a_2}{a_1}$$

donc $C = \frac{q}{u} = \frac{2\pi\varepsilon_0 H}{\ln\frac{a_2}{a_1}}$.

9.12

a) Les symétries et invariances habituelles du cylindre infini entraînent que $\vec{E} = E(r)\vec{u}_r$. Par application du théorème de Gauss sur un cylindre de rayon r et de hauteur H arbitraire :

$$E(r)\cdot 2\pi r H = \frac{\sigma \cdot 2\pi a H}{\varepsilon_0} \text{ donc } \vec{E} = \frac{\sigma a}{\varepsilon_0 r}\vec{u}_r$$

On en déduit le potentiel

$$\vec{E} = -\overrightarrow{\text{grad}}\, V \Leftrightarrow \frac{\sigma a}{\varepsilon_0 r} = -\frac{dV}{dr}$$

$$\text{donc } V(r) = -\frac{\sigma a}{\varepsilon_0}\ln r + K$$

b) Par théorème de superposition, le potentiel est la somme des deux potentiels. Les rayons correspondants sont $r_1 = D + x$ et $r_2 = D - x$. On en déduit

$$V(x) = V_1(x) + V_2(x) = -\frac{\sigma a}{\varepsilon_0}\ln r_1 + K_1 + \frac{\sigma a}{\varepsilon_0}\ln r_2 + K_2$$

$$= \frac{\sigma a}{\varepsilon_0}\ln\frac{D-x}{D+x} + K_1 + K_2$$

c) L'expression de $V(x)$ obtenue à la question précédente n'est valable que dans l'espace situé sur l'axe x entre les deux cylindres. La tension électrique est donc mesurée entre $x = -D + a$ et $x = D - a$:

$$u = V(-D+a) - V(D-a) = \frac{\sigma a}{\varepsilon_0}\left[\ln\frac{2D-a}{a} - \ln\frac{a}{2D-a}\right]$$

$$\text{soit } u = \frac{2\sigma a}{\varepsilon_0}\ln\frac{2D-a}{a}$$

d) La charge portée par le cylindre (1) de hauteur H est $q = \sigma\cdot 2\pi a H$. On en déduit la relation entre q et u en éliminant σ :

$$u = \frac{q}{\pi H\varepsilon_0}\ln\frac{2D-a}{a}$$

$$\text{donc } C = \frac{q}{u} = \frac{\pi H\varepsilon_0}{\ln\frac{2D-a}{a}}$$

$$\text{donc } \Gamma = \frac{C}{H} = \frac{\pi\varepsilon_0}{\ln\frac{2D-a}{a}}$$

9.13

a) Le champ est maximal là où les équipotentielles sont les plus serrées. C'est donc entre les deux électrodes, sur l'axe de symétrie du dispositif, et au voisinage de ces électrodes, ce qui est confirmé par le fait que la pente de V en fonction de z devient très forte quand z se rapproche de -1 ou de $+1$ mm.

b) Au centre du dispositif, le champ électrique est dirigé selon $\vec{u}_z$ car tout plan contenant l'axe (O, z) est plan de symétrie des charges. Sa valeur est

$$\vec{E}(0,0,0) = -\frac{dV}{dz}(0,0,0)\,\vec{u}_z$$

Lorsque la tension entre les électrodes vaut

$$V(z = 1\cdot 10^{-3}) - V(z = -1\cdot 10^{-3}) = 1 - (-1) = 2\text{ V}$$

la lecture graphique de la pente de V en fonction de z donne

$$E(0) = -\frac{-0{,}25\text{ V}}{8\text{ mm}} = 31\text{ V}\cdot\text{m}^{-1}$$

Les équations de Maxwell étant linéaires, le coefficient de multiplication du champ électrique est égal à celui des potentiels. Pour obtenir le champ disruptif $E_r = 3{,}6\cdot 10^6\text{ V}\cdot\text{m}^{-1}$, il faut donc une tension

$$U = \frac{3{,}6\cdot 10^6}{31}\times 2\text{V} = 2{,}3\cdot 10^5\text{ V}$$

9.14

a) La méthode énergétique est adaptée à cet exercice car la particule est soumise à deux forces conservatives et le problème est à un degré de liberté. L'énergie potentielle de la particule est $Ep = q(V(x) + V_0(x))$ où $V(x)$ est le potentiel électrique créé par Q :

$$V(x) = \frac{Q}{4\pi\varepsilon_0(a-x)}$$

et $V_0(x)$ celui associé à $\vec{E}_0$:

$$E_0\vec{u}_x = -\overrightarrow{\text{grad}}\,V_0 \text{ donc } E_0 = -\frac{dV_0}{dx}$$

$$\text{donc } V_0(x) = -E_0 x$$

On en déduit que

$$Ep(x) = q\left[\frac{Q}{4\pi\varepsilon_0(a-x)} - E_0 x\right]$$

$$\frac{dEp}{dx} = q\left[\frac{Q}{4\pi\varepsilon_0(a-x)^2} - E_0\right]$$

$$\frac{d^2Ep}{dx^2} = \frac{qQ}{2\pi\varepsilon_0(a-x)^3}$$

$x = 0$ est position d'équilibre si $\frac{dEp}{dx}(x=0) = 0$ soit

$$\frac{Q}{4\pi\varepsilon_0 a^2} = E_0$$

Cette position est stable si $\frac{d^2Ep}{dx^2}(x=0) > 0$. Or

$$\frac{d^2Ep}{dx^2}(x=0) = \frac{qQ}{2\pi\varepsilon_0 a^3} = \frac{2qE_0}{a}$$

Cette quantité est donc positive si $q > 0$.

b) Le développement limité au second ordre de $Ep(x)$ au voisinage de $x = 0$ s'écrit, selon la formule de Taylor :

$$Ep(x) \simeq Ep(0) + \frac{dEp}{dx}(x=0)\cdot x + \frac{d^2Ep}{dx^2}(x=0)\cdot\frac{x^2}{2}$$

$$\text{soit } Ep(x) \simeq Ep(0) + \frac{2qE_0}{a}\cdot\frac{x^2}{2}$$

L'énergie cinétique de la particule est $Ec = \frac{1}{2}m\dot{x}^2$. Son énergie mécanique a donc pour valeur approchée au voisinage de $x = 0$ (correspondant aux « petites oscillations ») :

$$Em = Ep + Ec \simeq Ep(0) + \frac{2qE_0}{a} \cdot \frac{x^2}{2} + \frac{1}{2}m\dot{x}^2$$

En l'absence de force dissipative, Em est constante donc sa dérivée par rapport au temps est nulle, soit

$$0 + \frac{2qE_0}{a} \cdot \frac{2\dot{x}x}{2} + \frac{1}{2}m \cdot 2\ddot{x}\dot{x} = 0$$

$$\text{donc } \frac{2qE_0}{a}x + m \cdot \ddot{x} = 0$$

$$\text{soit } \ddot{x} + \frac{2qE_0}{ma}x = 0$$

C'est l'équation différentielle d'un oscillateur harmonique de pulsation propre $\omega_0 = \sqrt{\frac{2qE_0}{ma}}$ donc de période

$$T_0 = \frac{2\pi}{\omega_0} = 2\pi\sqrt{\frac{ma}{2qE_0}}$$

9.15

a) L'électron est à égale distance des trois charges Q, les trois plans orthogonaux au plan de la figure et contenant une des médianes du triangle équilatéral sont plans de symétrie des charges, ainsi que le plan de la figure. Le champ électrique est dans leur intersection, il est donc nul, et la force électrique subie par un électron en O est nulle, c'est donc bien une position d'équilibre. Sur l'axe x, dès que l'électron se déplace vers les $x > 0$, il s'approche de A donc la force d'attraction dirigée vers les x croissants augmente et il s'éloigne de B et de C donc la force d'attraction dirigée vers les x décroissants diminue : il y a donc rupture d'équilibre, la force d'attraction par A est plus forte que celle par B et C, la force est donc dans le même sens que le déplacement, O est donc une position d'équilibre instable.

b) On voit distinctement le col de potentiel au voisinage de $x^* = -0,28$ m et la ligne de potentiel $V = 3,01$ V qui délimite la cuvette de potentiel bidimensionnelle centrée en O où le potentiel ne vaut que 3,00 V. Si la particule est lancée dans le sens des x décroissants à partir de O, avec une vitesse qui lui permet de dépasser le col en x^*, on constate que le potentiel décroît ensuite sur l'axe. En particulier, lorsque $x < -0,50$ m, la particule est à gauche des trois particules car elle est en dehors du triangle qui s'arrête en $x_B = x_C = -0,50$ m. Elle est alors repoussée par les trois charges fixes, et sera donc éjectée. La particule ne doit donc jamais atteindre x^*. Par conservation de l'énergie mécanique entre O et x^* :

$$q \cdot V(0) + \frac{1}{2}mv_0^2 = q \cdot V(x^*) + \frac{1}{2}mv^{*2}$$

$$\text{donc } q(3,00 - 3,019) + \frac{1}{2}mv_0^2 = \frac{1}{2}mv^{*2}$$

L'énergie cinétique étant toujours positive, cette équation est impossible si $q(3,00 - 3,019) + \frac{1}{2}mv_0^2 < 0$ donc si $\frac{1}{2}mv_0^2 < 0,019q$ soit

$$v_0 < \sqrt{\frac{0,038q}{m}} = 0,195 \text{ m} \cdot \text{s}^{-1}$$

9.16

a) La force électrique est $\vec{F} = q\vec{E}$ donc $\vec{E} = \frac{\vec{F}}{m}$. Or la région est vide de charges donc $\text{div}\,\vec{E} = 0$ donc $\text{div}\,\vec{F} = 0$ soit

$$\begin{vmatrix} \frac{\partial}{\partial x} \\ \frac{\partial}{\partial y} \\ \frac{\partial}{\partial z} \end{vmatrix} \cdot \begin{vmatrix} ax \\ ay \\ bz \end{vmatrix} = 0 \text{ soit } a + a + b = 0$$

donc $2a + b = 0$.

b) La relation $\vec{E} = -\overrightarrow{\text{grad}}\,V$ entraîne

$$\begin{cases} \frac{\partial V}{\partial x} = -\frac{ax}{m} \\ \frac{\partial V}{\partial y} = -\frac{ay}{m} \\ \frac{\partial V}{\partial z} = \frac{2az}{m} \end{cases} \text{ donc}$$

$$V(x, y, z) = -\frac{ax^2}{2m} - \frac{ay^2}{2m} + \frac{az^2}{m} + \alpha = \alpha - \frac{a}{2m}\left(x^2 + y^2 - 2z^2\right)$$

qui est bien de la forme attendue avec $\beta = -\frac{a}{2m}$. Pour trouver les constantes d'intégration α et β, utilisons les conditions aux limites. Sur la plaque $\mathscr{E}_0$, $x^2 + y^2 - 2z^2 = r_0^2$ et le potentiel est nul ; sur la plaque $\mathscr{E}_1$, $x^2 + y^2 - 2z^2 = -2z_0^2 = -r_0^2$ et le potentiel vaut V_0 donc

$$\begin{cases} \alpha + \beta r_0^2 = 0 \\ \alpha - \beta r_0^2 = V_0 \end{cases} \text{ donc } \begin{cases} \alpha = \frac{V_0}{2} \\ \beta = -\frac{V_0}{2r_0^2} \end{cases}$$

c) En $O(0, 0, 0)$, $\vec{F} = \vec{0}$ donc la particule est en équilibre. Pour justifier la stabilité, on peut déplacer la particule sur l'axe z en maintenant $x = y = 0$ ou la déplacer sur x en maintenant $y = z = 0$. L'énergie potentielle est $Ep = qV$, et on ignore a priori le signe de q. Calculons les dérivées première et seconde de Ep :

$$\begin{cases} \frac{\partial Ep}{\partial z} = -4q\beta z \\ \frac{\partial Ep}{\partial x} = 2q\beta x \end{cases} \text{ et } \begin{cases} \frac{\partial^2 Ep}{\partial z^2} = -4q\beta \\ \frac{\partial^2 Ep}{\partial x^2} = 2q\beta \end{cases}$$

On constate donc que l'une de ces deux dérivées secondes est négative, ce qui prouve que l'équilibre est instable dans l'une des deux directions.

9.17

a) La charge du noyau est

$$q(r) = \rho \cdot \frac{4}{3}\pi r^3 = \frac{Zer^3}{R^3}$$

b) La charge dq qui fait augmenter le rayon de dr est celle d'une couche sphérique de surface $4\pi r^2$ et d'épaisseur dr, donc

$$dq = \rho \cdot 4\pi r^2 dr = \frac{3Zer^2 dr}{R^3}$$

À l'infini, l'énergie de cette charge est nulle. Lorsqu'elle se dépose à la surface du noyau en formation, son énergie est l'énergie potentielle d'interaction

$$d\mathscr{E} = \frac{q(r) \cdot dq}{4\pi\varepsilon_0 r} = \frac{3Z^2e^2r^4dr}{4\pi\varepsilon_0 R^6}$$

qui correspond à l'augmentation d'énergie du noyau.

c) On calcule l'intégrale

$$\mathscr{E} = \int_{r=0}^{R} \frac{3Z^2e^2r^4dr}{4\pi\varepsilon_0 R^6}$$

$$\mathscr{E} = \frac{3Z^2e^2}{4\pi\varepsilon_0 R^6}\left[\frac{r^5}{5}\right]_0^R$$

$$\text{soit } \mathscr{E} = \frac{3Z^2e^2}{20\pi\varepsilon_0 R}$$

9.18

a) Le plan $(O, \vec{u}_r, \vec{u}_\theta)$ est plan de symétrie des charges (il les contient toutes les deux), donc le champ électrique est inclus dans ce plan et la composante de $\vec{E}$ selon $\vec{u}_\varphi$ est nulle. La distribution est invariante par rotation d'angle φ donc $\vec{E}$ ne dépend pas de cette variable.

b) Par définition, $V_P = \frac{q}{4\pi\varepsilon_0 \|\overrightarrow{PM}\|}$. Dans la base cartésienne de la figure :

$$P \left| \begin{array}{l} 0 \\ \frac{d}{2} \end{array} \right., \quad M \left| \begin{array}{l} r\sin\theta \\ r\cos\theta \end{array} \right. \quad \text{et } \overrightarrow{PM} = \left| \begin{array}{l} r\sin\theta \\ r\cos\theta - \frac{d}{2} \end{array} \right.$$

$$\text{donc } \|\overrightarrow{PM}\| = \sqrt{r^2\sin^2\theta + \left(r\cos\theta - \frac{d}{2}\right)^2}$$

$$\text{soit } \|\overrightarrow{PM}\| = \sqrt{r^2 - dr\cos\theta + \frac{d^2}{4}}$$

On en déduit

$$V_P = \frac{q}{4\pi\varepsilon_0 r}\left[1 - \frac{d}{r}\cos\theta + \frac{d^2}{4r^2}\right]^{-\frac{1}{2}}$$

En faisant le développement limité au premier ordre en $\frac{d}{r}$, le terme $\frac{d^2}{4r^2}$ est négligé car du second ordre et

$$V_P \simeq \frac{q}{4\pi\varepsilon_0 r}\left[1 - \frac{d}{2r}\cos\theta\right]$$

De même

$$V_N \simeq \frac{q}{4\pi\varepsilon_0 r}\left[1 + \frac{d}{2r}\cos\theta\right]$$

c) Le théorème de superposition permet de sommer les potentiels :

$$V(M) = V_P + V_N = \frac{qd\cos\theta}{4\pi\varepsilon_0 r^2}$$

Le champ électrique est donc

$$\vec{E} = -\overrightarrow{\text{grad}}\, V = \left| \begin{array}{l} -\frac{\partial V}{\partial r} = \frac{2qd\cos\theta}{4\pi\varepsilon_0 r^3} \\ -\frac{1}{r}\frac{\partial V}{\partial \theta} = \frac{qd\sin\theta}{4\pi\varepsilon_0 r^3} \\ -\frac{1}{r\sin\theta}\frac{\partial V}{\partial \varphi} = 0 \end{array} \right.$$

9.19

Les molécules d'eau, assimilées à des dipôles électriques (l'atome d'oxygène est plus électronégatif que les atomes d'hydrogène), sont soumises à l'action du champ électrique non uniforme créé par la tige chargée.

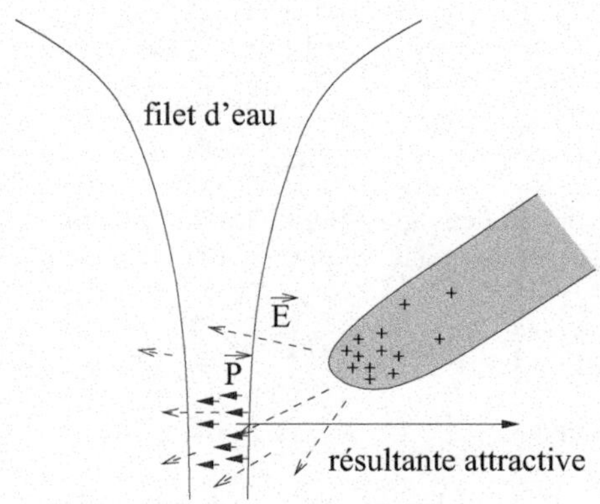

D'après le cours, les dipôles s'orientent dans le sens de $\vec{E}$ et se déplacent vers les zones de champ maximum, donc vers la tige, d'où le déplacement attractif du filet d'eau. Les molécules de cyclohexane ne sont, elles, pas polaires (et très faiblement polarisables), il n'y a donc pas de déviation.

9.20

a) Le champ électrique $\vec{E}_1$ créé par le dipôle 1 de moment dipolaire $\vec{P}_1 = P\vec{u}_x$ au niveau du dipôle 2 repéré par $\overrightarrow{O_1O_2} = x\vec{u}_x$ est

$$\vec{E}_1 = \frac{1}{4\pi\varepsilon_0}\left(\frac{3Px}{x^5}x\vec{u}_x - \frac{P}{x^3}\vec{u}_x\right)$$

$$\vec{E}_1 = \frac{2P}{4\pi\varepsilon_0 x^3}\vec{u}_x$$

On en déduit l'énergie potentielle d'interaction entre le dipôle 2 et le champ électrique créé par le dipôle 1

$$Ep = -\vec{P}_2 \cdot \vec{E}_1 = -\frac{2P^2}{4\pi\varepsilon_0 x^3}$$

On en déduit

$$\vec{F} = -\overrightarrow{\text{grad}}\, Ep = -\frac{dEp}{dx}\vec{u}_x \text{ soit}$$

$$\vec{F} = -\frac{3P}{2\pi\varepsilon_0 x^4}\vec{u}_x$$

b) Le champ électrique $\vec{E}_1$ créé par le dipôle 1 de moment dipolaire $\vec{P}_1 = P\vec{u}_y$ au niveau du dipôle 2 repéré par $\overrightarrow{O_1O_2} = x\vec{u}_x$ est

$$\vec{E}_1 = \frac{1}{4\pi\varepsilon_0}\left(0\vec{u}_x - \frac{P}{x^3}\vec{u}_y\right)$$

$$\vec{E}_1 = -\frac{P}{4\pi\varepsilon_0 x^3}\vec{u}_y$$

On en déduit l'énergie potentielle d'interaction entre le dipôle 2 et le champ électrique créé par le dipôle 1

$$Ep = -\vec{P}_2 \cdot \vec{E}_1 = -\frac{P^2}{4\pi\varepsilon_0 x^3}$$

On en déduit

$$\vec{F} = -\overrightarrow{\text{grad}}\, Ep = -\frac{dEp}{dx}\vec{u}_x \text{ soit}$$

$$\vec{F} = -\frac{3P}{\pi\varepsilon_0 x^4}\vec{u}_x$$

c) Le champ électrique $\vec{E}_1$ est le même qu'à la question (b), il est orthogonal à $\vec{P}_2$ donc Ep est uniformément nul et la force est nulle.

9.21

a) Le point M est dans le plan d'antisymétrie des deux charges, donc $\vec{E}$ est orthogonal à ce plan, soit $\vec{E} = E\vec{u}_z$. On somme les champs créés par les deux charges.

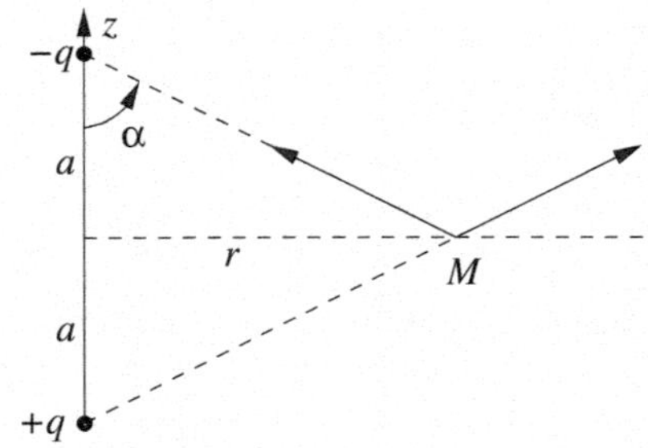

$$\vec{E} = 2 \cdot \frac{q}{4\pi\varepsilon_0(r^2+a^2)}\cos\alpha\,\vec{u}_z$$

$$\vec{E} = \frac{2qa}{4\pi\varepsilon_0(r^2+a^2)^{\frac{3}{2}}}\vec{u}_z$$

b) L'énergie potentielle est

$$Ep(r) = -\vec{P}\cdot\vec{E} = -\frac{2qaP}{4\pi\varepsilon_0(r^2+a^2)^{\frac{3}{2}}}$$

c) L'énergie potentielle ne dépend que de r, c'est donc un mouvement à force centrale conservative et les deux grandeurs constantes sont le moment cinétique en O

$$\vec{L}_O = \overrightarrow{OM} \wedge m\vec{v}$$

et l'énergie mécanique $\mathscr{E}_0$.

d) On exprime

$$Ep_{\text{eff}}(r) = \frac{L_O^2}{2ma^2}\left[\frac{1}{\frac{r^2}{a^2}} - \frac{qaPm}{\pi\varepsilon_0 L_O^2\left(1+\frac{r^2}{a^2}\right)^{\frac{3}{2}}}\right]$$

Les hypothèses simplificatrices donnent

$$Ep_{\text{eff}}(u) = \frac{1}{u^2} - \frac{10}{(1+u^2)^{\frac{3}{2}}}$$

Voici l'allure de la courbe obtenue par un grapheur.

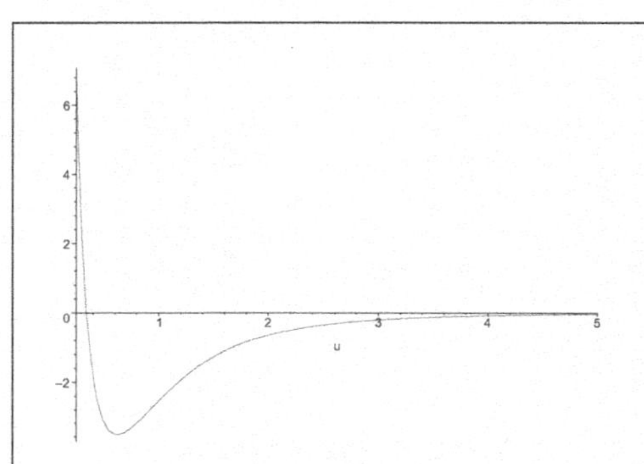

D'après le cours de première année, les valeurs possibles pour r sont définies par

$$\mathrm{E}p_{\mathrm{eff}}(r) \leq \mathcal{E}_0$$

Si l'énergie $\mathcal{E}_0$ est négative, on a donc un état lié, si $\mathcal{E}_0$ est positive, on a un état de diffusion, et si $\mathcal{E}_0$ correspond au minimum de la courbe, on a un mouvement circulaire.

9.22

a) Tout plan contenant $\vec{u}_r$ est plan de symétrie des masses donc $\vec{g} = g(r,\theta,\varphi)\vec{u}_r$. La distribution de masses est invariante par rotations d'angle θ ou φ donc $\vec{g} = g(r)\vec{u}_r$. Comme M est intérieur à la planète, $r < \mathrm{R}$, la surface de Gauss est la sphère de rayon r et le théorème de Gauss gravitationnel s'écrit

$$g(r)\cdot 4\pi r^2 = -4\pi\mathcal{G}\cdot\frac{\mathrm{M}}{\frac{4}{3}\pi\mathrm{R}^3}\cdot\frac{4}{3}\pi r^3$$

$$\text{donc } \vec{g} = -\frac{\mathcal{G}\mathrm{M}}{\mathrm{R}^3} r\vec{u}_r$$

On en déduit

$$\vec{f} = m\vec{g} = -\frac{\mathcal{G}\mathrm{M}m}{\mathrm{R}^3} r\vec{u}_r$$

b) Cette force est conservative et dérive de l'énergie potentielle gravitationnelle Ep avec

$$\vec{f} = -\overrightarrow{\mathrm{grad}}\,\mathrm{E}p \text{ soit } -\frac{\mathcal{G}\mathrm{M}m}{\mathrm{R}^3} r = -\frac{d\mathrm{E}p}{dr}$$

$$\text{donc } \mathrm{E}p = \frac{1}{2}\frac{\mathcal{G}\mathrm{M}m}{\mathrm{R}^3} r^2$$

Le théorème de Pythagore donne $r^2 = r_0^2 + x^2$ donc

$$\mathrm{E}p(x) = \frac{1}{2}\frac{\mathcal{G}\mathrm{M}m}{\mathrm{R}^3} r_0^2 + \frac{1}{2}\frac{\mathcal{G}\mathrm{M}m}{\mathrm{R}^3} x^2$$

c) En l'absence de force dissipative, l'énergie mécanique du train $\mathrm{E}m = \mathrm{E}p(x) + \frac{1}{2}m\dot{x}^2$ est constante donc sa dérivée par rapport au temps est constante, soit

$$\frac{1}{2}\frac{\mathcal{G}\mathrm{M}m}{\mathrm{R}^3}\cdot 2\dot{x}x + \frac{1}{2}m\cdot 2\ddot{x}\dot{x} = 0$$

$$\text{soit } \ddot{x} + \frac{\mathcal{G}\mathrm{M}}{\mathrm{R}^3}x = 0$$

C'est l'équation différentielle d'un oscillateur harmonique de pulsation propre $\omega_0 = \sqrt{\frac{\mathcal{G}\mathrm{M}}{\mathrm{R}^3}}$. On en déduit, en utilisant les conditions initiales :

$$x(t) = a\cos(\omega_0 t)$$

La durée du voyage est la première date à laquelle x atteint $-a$, donc la première date positive à laquelle le cosinus atteint -1 soit

$$t_\mathrm{V} = \frac{\pi}{\omega_0} = \pi\sqrt{\frac{\mathrm{R}^3}{\mathcal{G}\mathrm{M}}}$$

d) Par application de la troisième loi de Kepler :

$$\frac{\mathrm{T}^2}{\mathrm{R}^3} = \frac{4\pi^2}{\mathcal{G}\mathrm{M}} \text{ donc } \mathrm{T} = 2\pi\sqrt{\frac{\mathrm{R}^3}{\mathcal{G}\mathrm{M}}} = 2t_\mathrm{V}$$

9.23

a) La couche a pour surface $4\pi r^2$ et pour épaisseur dr donc

$$d\tau = 4\pi r^2 dr \text{ et } dm = \mu d\tau$$

b) La masse de l'astre est $m(r) = \mu\cdot\frac{4}{3}\pi r^3$. Lorsque la couche est à l'infini, son énergie potentielle gravitationnelle est nulle ; lorsqu'elle est déposée à la surface de l'astre, elle est à la distance r du centre donc

$$d\mathrm{E}p = -\frac{\mathcal{G}m(r)dm}{r} = -\frac{\mathcal{G}\mu^2\cdot 16\pi^2 r^4 dr}{3}$$

c) On intègre entre $r = 0$ et $r = \mathrm{R}$:

$$\mathrm{E}p = \int_{r=0}^{\mathrm{R}} -\frac{\mathcal{G}\mu^2\cdot 16\pi^2 r^4 dr}{3}$$

$$\mathrm{E}p = -\frac{\mathcal{G}\mu^2\cdot 16\pi^2\mathrm{R}^5}{15}$$

$$\text{avec } \mu = \frac{\mathrm{M}}{\frac{4}{3}\pi\mathrm{R}^3}$$

$$\text{donc } \mathrm{E}p = -\frac{3\mathcal{G}\mathrm{M}^2}{5\mathrm{R}}$$

9.24

Le théorème de Gauss gravitationnel permet de déterminer le champ gravitationnel pour $r \in [0,\mathrm{R}]$. En choisissant pour surface de Gauss une sphère de rayon r :

$$\oiint \vec{g}\cdot\overrightarrow{d\mathrm{S}} = -4\pi\mathcal{G}\mathrm{M}_{\mathrm{int}}$$

$$\text{soit } -g\cdot 4\pi r^2 = -4\pi\mathcal{G}\cdot\mu\cdot\frac{4}{3}\pi r^3$$

$$\text{donc } g(r) = \frac{4}{3}\pi\mathcal{G}\mu r = \frac{\mathcal{G}\mathrm{M}}{\mathrm{R}^3} r$$

La loi de la statique des fluides donne

$$\frac{d\mathrm{P}}{dr} = -\mu g(r) = -\frac{3\mathcal{G}\mathrm{M}^2}{4\pi\mathrm{R}^6} r$$

En intégrant entre $(r = 0, \mathrm{P} = \mathrm{P}_0)$ et $(r = \mathrm{R}, \mathrm{P} = 0)$:

$$[0 - \mathrm{P}_0] = -\frac{3\mathcal{G}\mathrm{M}^2}{4\pi\mathrm{R}^6}\left[\frac{\mathrm{R}^2}{2} - 0\right]$$

$$\text{donc } \mathrm{P}_0 = \frac{3\mathcal{G}\mathrm{M}^2}{8\pi\mathrm{R}^4}$$

9.25

a) Les symétries et invariances de la distribution sphérique de charges donnent $\vec{E} = E(r)\vec{u}_r$. Le théorème de Gauss appliqué à une sphère de rayon r donne

$$4\pi r^2 E(r) = \left| \begin{array}{l} \frac{\rho \cdot \frac{4}{3}\pi r^3}{\varepsilon_0} \text{ si } r \leq R \\ \frac{-e}{\varepsilon_0} \text{ si } r > R \end{array} \right.$$

$$\text{donc } E(r) = \left| \begin{array}{l} \frac{\rho r}{3\varepsilon_0} \text{ si } r \leq R \\ \frac{-e}{4\pi\varepsilon_0 r^2} \text{ si } r > R \end{array} \right.$$

b) Calculons les énergies pour les deux zones. L'intégrale triple en distribution sphérique peut se ramener à une intégrale simple sur r :

$$\iiint u_e(r) d\tau = \int_r \frac{1}{2}\varepsilon_0 E^2(r) \cdot 4\pi r^2 dr$$

Pour $r \leq R$:

$$U_{int} = \frac{2\pi\rho^2}{9\varepsilon_0} \int_{r=0}^{R} r^4 dr$$

$$U_{int} = \frac{2\pi\rho^2}{9\varepsilon_0} \cdot \frac{R^5}{5}$$

$$U_{int} = \frac{e^2}{40\pi\varepsilon_0 R}$$

Pour $r > R$:

$$U_{ext} = \frac{e^2}{8\pi\varepsilon_0} \int_{r=R}^{+\infty} \frac{1}{r^2} dr$$

$$U_{ext} = \frac{e^2}{8\pi\varepsilon_0 R}$$

On en déduit

$$U_e = U_{int} + U_{ext} = \frac{3e^2}{20\pi\varepsilon_0 R}$$

9.26

La plaque est soumise à son poids qui dérive de l'énergie potentielle de pesanteur $Ep_p = -mgz$, de la force de rappel élastique qui dérive de l'énergie potentielle élastique $Ep_\ell = \frac{1}{2}k(z-\ell_0)^2$ et de la force électrique qui dérive de l'énergie électrique emmagasinée par le condensateur équivalent

$$Ep_e = \frac{1}{2}Cu^2 = \frac{1}{2}\frac{q^2}{C}$$

$$\text{avec } C = \frac{\varepsilon_0 S}{d} = \frac{\varepsilon_0 S}{H - z}$$

$$\text{donc } Ep_e = \frac{q^2}{2\varepsilon_0 S}(H - z)$$

Ce problème est à un degré de liberté, l'équilibre est donc atteint lorsque

$$\frac{d(Ep_p + Ep_\ell + Ep_e)}{dz} = 0$$

$$\text{soit } -mg + k(z - \ell_0) - \frac{q^2}{2\varepsilon_0 S} = 0$$

$$\text{donc } z_{eq} = \ell_0 + \frac{mg}{k} + \frac{q^2}{2k\varepsilon_0 S}$$

CHAPITRE 10

Champ magnétique en régime stationnaire

Thèmes abordés dans les exercices

- Équation de Maxwell-Ampère.
- Équation de Maxwell-Thomson.
- Conservation du flux magnétique.
- Lignes de champ magnétique.
- Théorème d'Ampère.
- Force de Laplace sur un conducteur filiforme.
- Induction.
- Loi de Faraday.
- Énergie magnétique.
- Énergie magnétique volumique.
- Inductance propre.
- Inductance mutuelle.
- Aimant permanent.
- Dipôle magnétique.
- Actions subies par un dipôle magnétique.

Points essentiels du cours pour la résolution des exercices

- Exploiter les équations de Maxwell pour établir les lois du champ magnétostatique.
- Énoncer et appliquer le théorème d'Ampère.
- Connaître les champs créés par des distributions particulières de courants.
- Utiliser le théorème de superposition.
- Analyser une carte de champ magnétique.
- Calculer et exploiter les forces de Laplace sur un conducteur filiforme (*révision de sup*).
- Énoncer et exploiter la loi de Faraday (*révision de sup*).
- Calculer auto-inductance L et mutuelle inductance M dans des cas simples (*révision de sup*).
- Calculer l'énergie magnétique et retrouver les expressions de L et de M.
- Exprimer le champ magnétique créé par un dipôle.
- Étudier l'évolution d'un dipôle magnétique dans un champ extérieur.

Les méthodes à retenir

Exploiter les équations de Maxwell pour établir les lois du champ magnétostatique.

En régime stationnaire, le **champ magnétique** $\vec{B}$, exprimé en Tesla (T), nommé dans ce cas **champ magnétostatique**, est créé par les distributions de courant. On note $\vec{j}$ la **densité volumique de courant** exprimée en ampère par mètre carré ($A \cdot m^{-2}$). Le champ magnétostatique vérifie l'équation de **Maxwell-Thomson** (MT) et l'équation de **Maxwell-Ampère** (MA) :

$$(\text{MT}) : \operatorname{div} \vec{B} = 0 \text{ et } (\text{MA}) : \overrightarrow{\text{rot}}\, \vec{B} = \mu_0 \vec{j}$$

On doit retenir les trois propriétés topographiques suivantes, traduisant le caractère axial de $\vec{B}$.

- Le champ magnétique créé par un courant électrique vérifie la règle de la main droite : celle-ci est traversée par le courant, le courant sort par les doigts, et la paume est tournée vers un point M de l'espace, alors le champ magnétique en M a la direction et le sens du pouce tendu à angle droit par rapport aux autres doigts.
- Le champ magnétique est contenu dans les plans d'antisymétrie des courants.
- Le champ magnétique est orthogonal aux plans de symétrie des courants.

Notons que les propriétés de symétrie des répartitions de courants sont affirmées, sans démonstration ; un schéma peut aider à les identifier, mais il n'est pas demandé explicitement au concours.

Exemple :

Un courant volumique de densité uniforme $\vec{j} = j\vec{u}_y$ traverse le volume situé entre les plans $z = -a$ et $z = a$, supposé infini selon x et y. On cherche le champ magnétique en un point $M(0, 0, z)$.

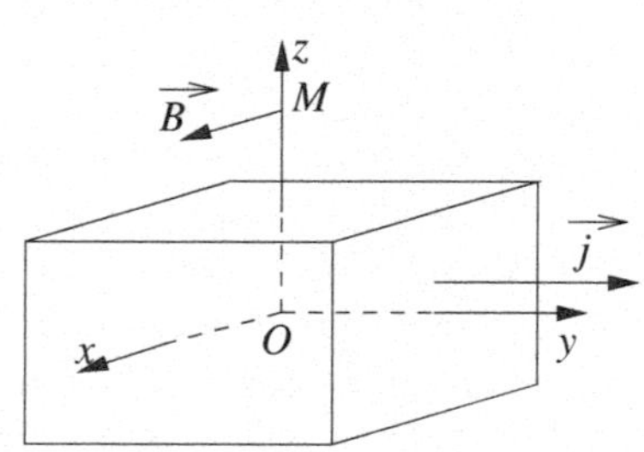

Le plan (O, y, z) est plan de symétrie des courants, donc $\vec{B} = B(x, y, z)\vec{u}_x$. Notons qu'il est contenu dans le plan (O, x, z) qui est plan d'antisymétrie des courants. La règle de la main droite indique que si la main droite est couchée à plat dans le plan (O, x, y), les doigts dirigés vers les y croissants, et la paume tournée vers le haut, le pouce indique que $\vec{B}$ est bien dirigé dans la direction et le sens de $\vec{u}_x$. La distribution de courants est invariante par translation selon $\vec{u}_x$ et selon $\vec{u}_y$, donc $\vec{B} = B(z)\vec{u}_x$. On vérifie que l'équation de Maxwell-Thomson est vérifiée :

$$\operatorname{div}\vec{B} = \begin{vmatrix} \frac{\partial}{\partial x} \\ \frac{\partial}{\partial y} \\ \frac{\partial}{\partial z} \end{vmatrix} \cdot \begin{vmatrix} B(z) \\ 0 \\ 0 \end{vmatrix} = \frac{\partial B(z)}{\partial x} + 0 + 0 = 0$$

L'équation de Maxwell-Ampère donne, pour $0 \leq z \leq a$:

$$\begin{vmatrix} \frac{\partial}{\partial x} \\ \frac{\partial}{\partial y} \\ \frac{\partial}{\partial z} \end{vmatrix} \wedge \begin{vmatrix} B(z) \\ 0 \\ 0 \end{vmatrix} = \begin{vmatrix} 0 \\ B'(z) \\ 0 \end{vmatrix} = \begin{vmatrix} 0 \\ \mu_0 j \\ 0 \end{vmatrix}$$

$$\text{donc } B'(z) = \mu_0 j \text{ et } B(z) = \mu_0 j z + K$$

et pour $z > a$:

$$\begin{vmatrix} 0 \\ B'(z) \\ 0 \end{vmatrix} = \begin{vmatrix} 0 \\ 0 \\ 0 \end{vmatrix}$$

$$\text{donc } B'(z) = 0 \text{ et } B(z) = L$$

Pour trouver les deux constantes, on remarque que pour $z = 0$, les plans (O, x, y) et (O, y, z) sont tous deux plans de symétrie des courants, donc $\vec{B} = \vec{0}$, donc $K = 0$. On en déduit $B(z = a^-) = \mu_0 j a$ et en admettant la continuité de B en $z = a$, $L = B(z = a^+) = \mu_0 j a$.

↪ **Exercices 10.1, 10.2.**

Énoncer et appliquer le théorème d'Ampère.

La forme intégrale de l'équation de Maxwell-Ampère en régime stationnaire est le **théorème d'Ampère** : si $\mathscr{C}$ est un contour fermé orienté,

$$\oint_{\mathscr{C}} \vec{B} \cdot \vec{d\ell} = \mu_0 I_{\text{enlacé}}$$

Il faut respecter les étapes suivantes pour bien appliquer ce théorème.

Soit M un point de l'espace où on cherche le champ magnétique créé par une distribution de courants.

a) Les règles de symétrie et d'invariance permettent de déterminer la direction et les variables dont dépend le champ magnétique $\vec{B}$. La règle de la main droite permet de prévoir son sens.

b) On choisit un contour d'Ampère $\mathscr{C}$ et on l'oriente dans le sens de $\vec{B}$ en M. En tout point de ce contour, $\vec{B}$ doit être tangent ou normal. On trace $\mathscr{C}$ en vert sur le schéma.

c) L'orientation choisie pour $\mathscr{C}$ permet de définir un sens positif pour les courants enlacés.

d) En quelques points bien choisis de $\mathscr{C}$, on trace $\vec{B}$ en rouge et $\overrightarrow{d\ell}$ en vert.

e) On calcule la circulation de $\vec{B}$ sur le contour en décomposant éventuellement l'intégrale en plusieurs morceaux.

f) On exprime l'intensité du courant enlacé par une somme algébrique (courants filiformes) ou intégrale (courants surfaciques ou volumiques).

g) On écrit le théorème d'Ampère et on en déduit $\vec{B}$ après éventuelle simplification par des termes arbitrairement choisis.

Exemple :

Une nappe de courant plane infinie est définie sur le plan (O, x, y) par le vecteur densité surfacique de courant $\vec{j_S} = j_S\vec{u}_y$ dont la norme est le rapport entre l'intensité du courant di et la largeur dx d'une languette : $j_S = \frac{di}{dx}$.

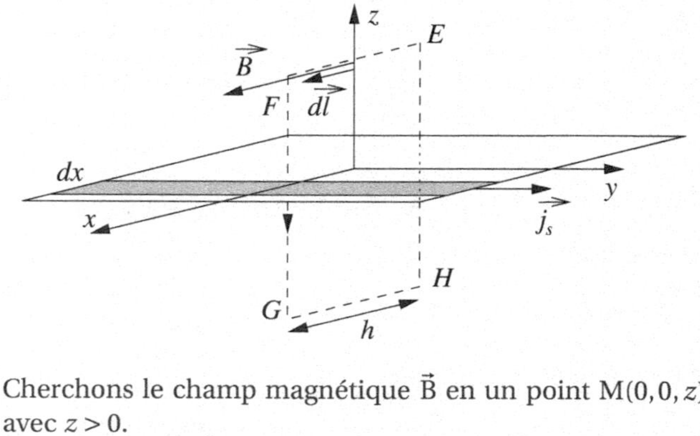

Cherchons le champ magnétique $\vec{B}$ en un point $M(0, 0, z)$ avec $z > 0$.

Le plan (O, y, z) est plan de symétrie des courants donc $\vec{B} = B(x, y, z)\vec{u}_x$. La règle de la main droite indique que la composante du champ sur $\vec{u}_x$ est positive. La distribution de courants est invariante par translations selon $\vec{u}_x$ et selon $\vec{u}_y$ donc $\vec{B} = B(z)\vec{u}_x$. On choisit pour contour d'Ampère un rectangle (EFGH) de largeur h arbitraire selon x et dont le côté (EF) passant par M est à la cote z et dont le côté opposé (GH) est à la cote $-z$. Le plan (O, x, y) étant plan de symétrie des courants, $\vec{B}(-z) = -\vec{B}(z)$. Il est orienté dans le sens indiqué sur la figure, et on compte positivement les courants enlacés orientés dans le sens de $\vec{u}_y$. La circulation se décompose en quatre termes :

$$\oint \vec{B} \cdot \overrightarrow{d\ell} = \int_E^F B \cdot d\ell + \int_F^G 0 + \int_G^H B \cdot d\ell + \int_H^E 0 = 2Bh$$

Le courant enlacé est celui circulant dans une largeur $\Delta y = h$ donc

$$I_{\text{enlacé}} = +j_S \cdot \Delta x = j_S h$$

Le théorème d'Ampère donne donc

$$2Bh = \mu_0 j_S h \text{ donc } \vec{B} = \mu_0 j_S \vec{u}_x$$

↪ **Exercices 10.3, 10.4.**

Connaître les champs créés par des distributions particulières de courants.

Le champ magnétique créé par les distributions suivantes doit être mémorisé, et il faut savoir l'établir rapidement.

a) Un fil rectiligne infini selon (O, z) parcouru par un courant d'intensité I crée un champ magnétique orthoradial $\vec{B} = \frac{\mu_0 I}{2\pi r}\vec{u}_\theta$ en coordonnées cylindriques.

b) Un cylindre infini de rayon R et d'axe (O, z), parcouru par un courant de densité volumique uniforme $\vec{j} = \frac{I}{\pi R^2}\vec{u}_z$, crée un champ magnétique orthoradial

$$\vec{B}(r) = \left| \begin{array}{l} \frac{\mu_0 I r}{2\pi R^2}\vec{u}_z \text{ si } r \leq R \\ \frac{\mu_0 I}{2\pi r}\vec{u}_z \text{ si } r > R \end{array} \right.$$

c) Un solénoïde infini d'axe (O, z), comportant n spires par mètre et parcouru par un courant d'intensité I crée un champ magnétique nul à l'extérieur (résultat admis) et uniforme à l'intérieur $\vec{B} = \mu_0 n I \vec{u}_z$.

d) Une bobine torique comportant N spires, parcourue par un courant d'intensité I, crée un champ magnétique nul à l'extérieur du tore et orthoradial à l'intérieur $\vec{B} = \frac{\mu_0 N I}{2\pi r}\vec{u}_\theta$.

Exemple :

Un solénoïde infiniment long est formé d'un bobinage comportant n spires presque circulaires par mètre. Ce bobinage est parcouru par un courant d'intensité I. On admet la nullité du champ magnétique à l'extérieur et on cherche le champ magnétique en un point M à l'intérieur, repéré en coordonnées cylindriques par $\overrightarrow{OM} = r\vec{u}_r$ où O est le projeté orthogonal de M sur l'axe z du cylindre. Voici une vue en coupe du dispositif.

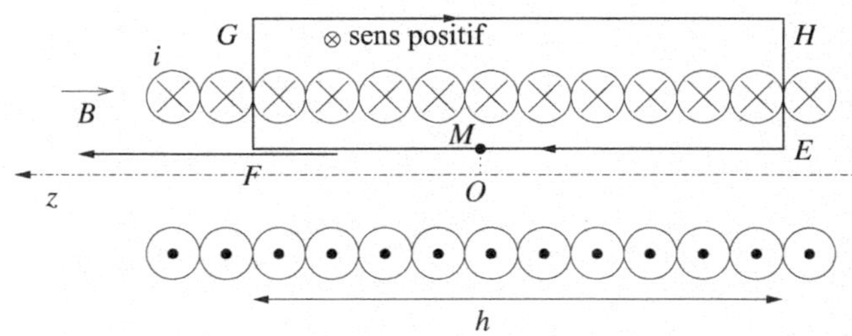

Le plan $(O, \vec{u}_r, \vec{u}_\theta)$ est plan de symétrie des courants donc

$$\vec{B} = B(r, \theta, z)\vec{u}_z$$

La distribution de courants est invariante par translation selon $\vec{u}_z$ et rotation d'angle θ donc $\vec{B} = B(r)\vec{u}_z$. La règle de la main droite indique que $\vec{B}$ est dans le sens de $\vec{u}_z$. Le contour d'Ampère est le rectangle (EFGH), orienté dans ce sens, de largeur h arbitraire. La circulation de $\vec{B}$ est la somme de quatre termes :

$$\oint \vec{B} \cdot \overrightarrow{dS} = \int_E^F B \cdot d\ell + \int_F^G 0 + \int_G^H \vec{0} \cdot \overrightarrow{d\ell} + \int_H^E 0 = B \cdot h$$

Le courant enlacé est celui qui circule dans les $n \cdot h$ spires situées dans la largeur h, donc

$$I_{\text{enlacé}} = nhI$$

Le théorème d'Ampère donne donc

$$Bh = \mu_0 nIh \text{ donc } \vec{B} = \mu_0 nI\vec{u}_z$$

↪ **Exercices 10.5, 10.6.**

Utiliser le théorème de superposition.

La linéarité des équations de Maxwell entraîne la loi suivante, appelée « **théorème de superposition** » : le champ magnétique créé par la superposition de deux distributions de courants est la somme des champs créés séparément par chacune des distributions. Cette loi permet de déterminer le champ dans des cas où la distribution ne semble présenter aucune symétrie et/ou invariance particulière.

Exemple :

Le champ créé par un ensemble de fils rectilignes infinis est la somme des champs créés par chacun des fils. Dans les deux cas suivants, déterminons le champ magnétique au centre O du carré (on pose OA = OB = OC = OD = a).

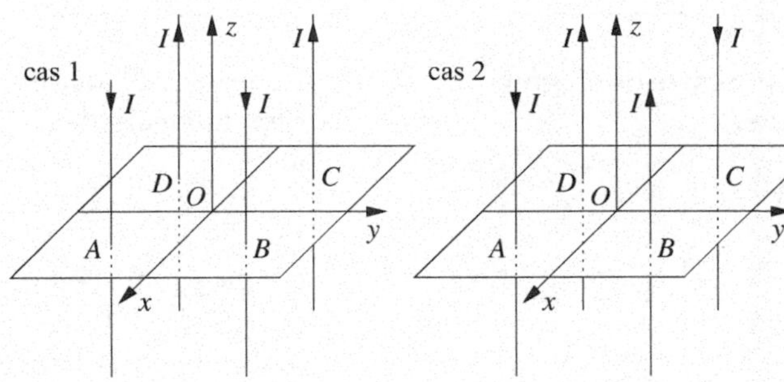

Dans les deux cas, (O, x, y) est plan d'antisymétrie des courants donc $\vec{\mathrm{B}}$ est dans ce plan. Dans le premier cas, (O, x, z) est plan de symétrie des courants donc $\vec{\mathrm{B}} = \mathrm{B}\vec{u}_y$. L'application du théorème d'Ampère à un fil rectiligne infini parcouru par un courant d'intensité I donne $\vec{\mathrm{B}} = \frac{\mu_0 \mathrm{I}}{2\pi r}\vec{u}_\theta$ à une distance r de ce fil. Le vecteur $\vec{u}_\theta$ n'est pas le même en O pour les quatre fils :

$$\vec{\mathrm{B}}_\mathrm{A} = \frac{\mu_0 \mathrm{I}}{2\pi a}\left[\frac{\sqrt{2}}{2}\vec{u}_x + \frac{\sqrt{2}}{2}\vec{u}_y\right]$$

$$\vec{\mathrm{B}}_\mathrm{B} = \frac{\mu_0 \mathrm{I}}{2\pi a}\left[-\frac{\sqrt{2}}{2}\vec{u}_x + \frac{\sqrt{2}}{2}\vec{u}_y\right]$$

$$\vec{\mathrm{B}}_\mathrm{C} = \frac{\mu_0 \mathrm{I}}{2\pi a}\left[\frac{\sqrt{2}}{2}\vec{u}_x + \frac{\sqrt{2}}{2}\vec{u}_y\right]$$

$$\vec{\mathrm{B}}_\mathrm{D} = \frac{\mu_0 \mathrm{I}}{2\pi a}\left[-\frac{\sqrt{2}}{2}\vec{u}_x + \frac{\sqrt{2}}{2}\vec{u}_y\right]$$

La somme de ces champs en O est donc

$$\vec{B} = \frac{\mu_0 I\sqrt{2}}{\pi a}\vec{u}_y$$

Dans le second cas, les trois plans (O, x, y), (O, x, z) et (O, y, z) sont plans d'antisymétrie des courants, $\vec{B}$ devant être inclus dans ces trois plans simultanément, il est donc nul.

↪ **Exercices 10.6, 10.7.**

Analyser une carte de champ magnétique.

La forme intégrale de l'équation de Maxwell-Thomson (après application du théorème d'Ostrogradski) s'écrit : si Σ est une surface fermée alors

$$\oiint_{\Sigma} \vec{B}\cdot\vec{dS} = 0$$

On dit que $\vec{B}$ est à **flux conservatif** et on en tire deux conséquences importantes. La première est que le flux de $\vec{B}$ à travers une surface tendue sur un contour fermé est indépendante de la surface choisie.

La seconde est que lorsqu'un tube de champ magnétique s'appuie sur un contour $\mathscr{C}_1$ à une extrémité et $\mathscr{C}_2$ à l'autre, si S_1 est une surface tendue sur $\mathscr{C}_1$ et S_2 sur $\mathscr{C}_2$, alors le flux entrant à travers S_1 est égal au flux sortant à travers S_2. On en déduit la propriété suivante, importante pour l'interprétation des cartes de champ magnétique : lorsqu'un tube de champ se resserre, la valeur moyenne du champ magnétique qui le traverse augmente.

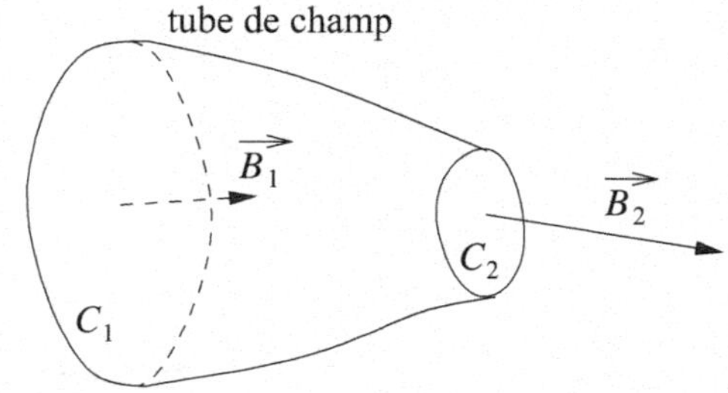

Exemple :

Voici l'allure des lignes de champ créées par un aimant cylindrique de rayon $r = 1,0$ cm, dans un plan quelconque contenant l'axe de révolution z du cylindre :

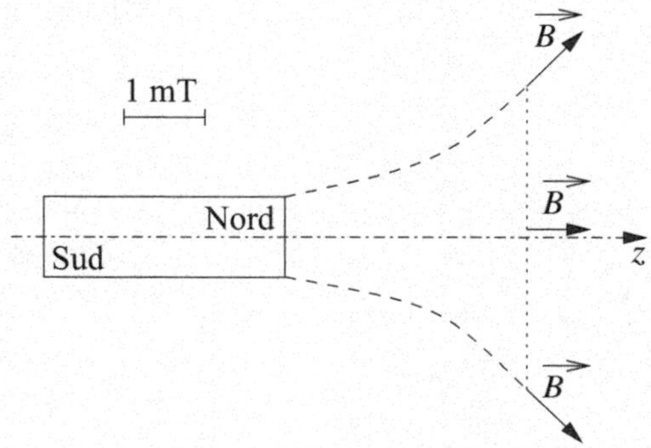

Déterminons l'ordre de grandeur du champ magnétique B_1 au niveau du pôle nord de l'aimant.
Le champ magnétique étant à flux conservatif, son flux à travers la section $S_1 = \pi r^2$ de sortie du pôle nord est égal à celui à travers la section $S_2 = \pi R^2$ à l'extrémité droite du tube. On lit sur le graphe, à l'échelle :

$$R \simeq 5 \times r \text{ et } B_2 \simeq 0,75 \text{ mT}$$

On en déduit

$$B_1 \cdot \pi r^2 = B_2 \cdot \pi R^2 \text{ donc } B_1 = B_2 \frac{R^2}{r^2} = 25 B_2 \simeq 19 \text{ mT}$$

↪ **Exercice 10.8.**

Calculer et exploiter les forces de Laplace sur un conducteur filiforme (*révision de sup*).

La force de Laplace qui s'exerce sur un tronçon élémentaire de conducteur filiforme parcouru par un courant d'intensité i est

$$d\vec{F}_L = i\overrightarrow{d\ell} \wedge \vec{B}$$

où $\overrightarrow{d\ell}$ est le vecteur tronçon de fil orienté dans le sens de i. La force résultante de Laplace sur un barreau en mouvement de translation, ou le moment résultant des forces de Laplace pour une tige en rotation autour d'un axe nécessite donc un calcul d'intégrale.

Pour une répartition volumique de courants, on définit la **densité volumique de force de Laplace** : un élément de volume $d\tau$ traversé par un courant de densité volumique $\vec{j}$ subit une force $d\vec{F}_L$ et la force volumique est

$$\frac{d\vec{F}_L}{d\tau} = \vec{j} \wedge \vec{B}$$

Exemple :

Les deux cas les plus fréquents sont décrits sur les schémas suivants. Le premier est le dispositif des rails de Laplace où une tige de longueur L se déplace en translation selon x ; dans le second, une tige de longueur L est en rotation autour de l'axe (O, z).

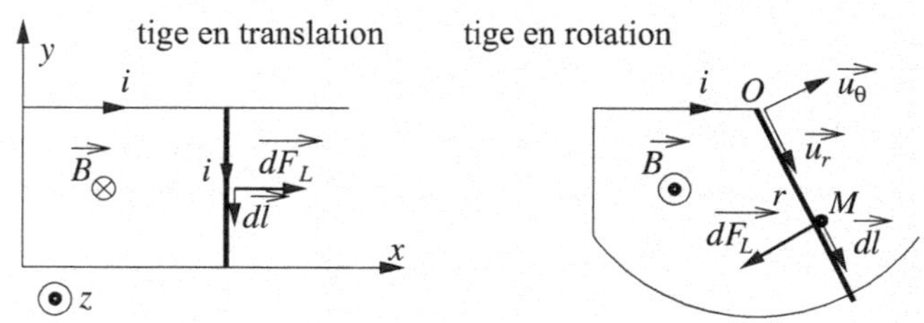

La force de Laplace s'exrçant sur la tige en translation est

$$\int_{y=L}^{0} i\left(dy\vec{u}_y\right) \wedge (-B\vec{u}_z) = -iB[y]_L^0\vec{u}_x = iBL\vec{u}_x$$

Dans le second cas, le moment en O de la force de Laplace élémentaire s'exerçant sur un tronçon de longueur $d\ell = dr$ en M point de la tige de rayon r est

$$d\vec{\mathcal{M}}_O = \overrightarrow{OM} \wedge \left[i\overrightarrow{d\ell} \wedge \vec{B}\right]$$

$$= r\vec{u}_r \wedge [(idr\vec{u}_r) \wedge (B\vec{u}_z)]$$

$$= (r\vec{u}_r) \wedge (-iBdr\vec{u}_\theta) = -iBrdr\vec{u}_z$$

Son moment par rapport à l'axe $\Delta = (O, z)$ est sa projection sur cet axe, soit $d\mathcal{M}_\Delta = -iBrdr$. Le moment résultant sur la tige en rotation est donc

$$\mathcal{M}_\Delta = \int_{r=0}^{L} -iBrdr = -iB\frac{L^2}{2}$$

↪ **Exercices 10.9, 10.10, 10.11, 10.12.**

Énoncer et exploiter la loi de Faraday (*révision de sup*).

La forme intégrale de l'équation de Maxwell-Faraday fait apparaître

- la circulation du champ électrique $\vec{E}$ le long du lacet $\mathscr{C}$ qui s'identifie à une force électromotrice exprimée en volt :

$$e = \oint_{\mathscr{C}} \vec{E} \cdot \overrightarrow{d\ell}$$

- la dérivée par rapport au temps du flux du champ magnétique à travers la surface S tendue sur le contour $\mathscr{C}$

$$\Phi = \iint_{S} \vec{B} \cdot \overrightarrow{dS}$$

On reconnaît la **loi de Faraday** énoncée en première année

$$e = -\frac{d\Phi}{dt}$$

Elle s'applique dans le cas des circuits filiformes et peut être appliquée dans les deux cas suivants :

- le circuit est fixe et le champ magnétique est variable ;
- le circuit est mobile ou déformable et le champ magnétique est permanent.

Voici les étapes à respecter.

a) On dresse un arbre des conséquences en commençant par la source d'énergie du système et en citant à chaque fois la loi physique correspondante.

b) On oriente le circuit (i) et le vecteur surface cohérent avec cette orientation.

c) On écrit l'équation mécanique.

d) On calcule le flux du champ magnétique, on en déduit e, on dessine le circuit électrique équivalent du problème en prenant e dans le sens de i. On en déduit l'équation électrique.

e) On vérifie la cohérence des équations : l'équation électrique (homogène à une tension) multipliée par l'intensité et l'équation mécanique (homogène à une force) multipliée par la vitesse doivent faire apparaître dans la première la puissance d'induction, et dans la seconde la puissance de la force de Laplace avec un signe opposé.

f) On exploite les équations en résolvant une équation différentielle, en cherchant une solution en régime sinusoïdal forcé (grandeurs complexes), etc.

On vérifiera, le cas échéant, la **loi de Lenz** qui dit que les effets de l'induction tendent à s'opposer aux causes qui lui ont donné naissance.

Exemple :

Dans le dispositif suivant, on néglige l'autoinductance du circuit, ce qui revient à négliger le champ magnétique propre du circuit devant le champ magnétique extérieur $\vec{B}$ uniforme. À $t = 0$, la tige (de masse m et de résistance R) est immobile et le condensateur est chargé avec une tension U_0. La tige glisse sans frottements sur les rails horizontaux.

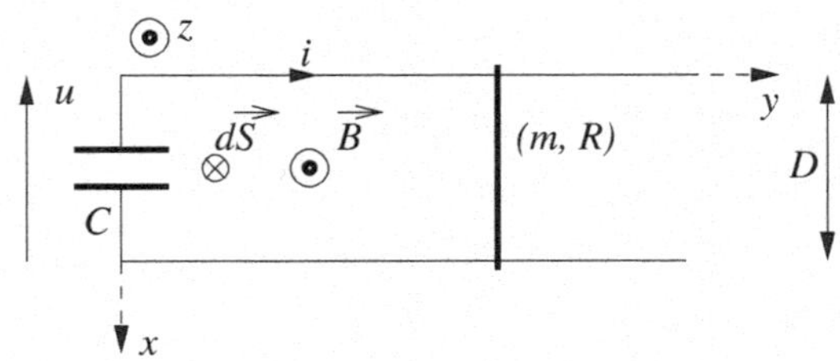

(a) L'arbre des conséquences est le suivant : (i) le condensateur se décharge dans le circuit ($i = -C\frac{dU}{dt}$) ; (ii) le courant circule (loi des mailles) ; (iii) la tige subit une force de Laplace ($\vec{F}_L = i\vec{D} \wedge \vec{B}$) ; (iv) la tige bouge (loi de la quantité de mouvement) ; (v) le flux de $\vec{B}$ à travers le circuit varie ($\Phi = \iint \vec{B} \cdot \overrightarrow{dS}$) ; (vi) une force électromotrice d'induction apparaît ($e = -\frac{d\Phi}{dt}$) et elle s'insère dans le circuit électrique.
(b) Le circuit est orienté dans le sens du courant généré par le condensateur initialement chargé.
(c) La loi de la quantité de mouvement appliquée à la tige soumise à la force de Laplace dans le référentiel galiléen du laboratoire donne

$$-i\text{DB} = m\ddot{y}$$

(d) On a

$$\Phi = \iint -\text{B} \cdot d\text{S} = -\text{BD}y \text{ et } e = -\frac{d\Phi}{dt} = \text{BD}\dot{y}$$

Le circuit électrique équivalent est

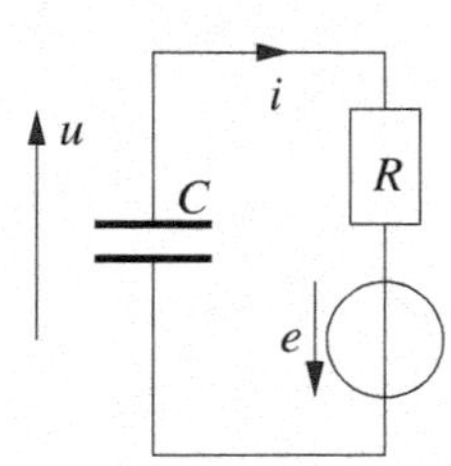

La loi des mailles s'écrit

$$u + e = \mathrm{R}i \text{ avec } i = -\mathrm{C}\frac{du}{dt} \text{ donc } u + \mathrm{BD}\dot{y} = -\mathrm{RC}\frac{du}{dt}$$

(e) La multiplication de l'équation mécanique par $\dot{y}$ et de l'équation électrique par i donne le système

$$\begin{cases} -i\mathrm{DB}\dot{y} = m\ddot{y}\dot{y} \\ ui + \mathrm{BD}\dot{y}i = \mathrm{R}i^2 \end{cases} \text{ donc } \mathscr{P}_{\text{induction}} = -\mathscr{P}_{\text{Laplace}}$$

(f) L'équation mécanique s'écrit

$$\mathrm{BCD}\frac{du}{dt} = m\ddot{y} \text{ donc } \mathrm{BCD}(u - \mathrm{U}_0) = m\dot{y}$$

et en substituant $\dot{y}$ dans l'équation électrique, on en déduit l'équation différentielle vérifiée par $u(t)$:

$$u + \frac{\mathrm{B}^2\mathrm{D}^2\mathrm{C}}{m}(u - \mathrm{U}_0) = -\mathrm{RC}\frac{du}{dt}$$

⟶ **Exercices 10.13, 10.14, 10.15.**

Calculer auto-inductance L **et mutuelle inductance** M **dans des cas simples (*révision de sup*).**

Lorsque deux circuits électriques filiformes 1 et 2 sont placés côte-à-côte, parcourus par les courants d'intensités respectives i_1 et i_2, quatre flux magnétiques sont à considérer :

$$\begin{cases} \Phi_1 = \Phi_{1\to1} + \Phi_{2\to1} \\ \Phi_2 = \Phi_{1\to2} + \Phi_{2\to2} \end{cases}$$

On définit l'**auto-inductance** L_1 pour le circuit 1 ou L_2 pour le circuit 2 :

$$\Phi_{1\to1} = \mathrm{L}i_1 \text{ et } \Phi_{2\to2} = \mathrm{L}_2 i_2$$

et la **mutuelle inductance** M :

$$\Phi_{2\to1} = \mathrm{M}i_2 \text{ et } \Phi_{1\to2} = \mathrm{M}i_1$$

Le calcul d'une auto-inductance se ramène donc à la détermination du flux du champ magnétique créé par un circuit à travers lui-même ; le calcul d'une mutuelle inductance se ramène donc à la détermination du flux du champ magnétique créé par un circuit à travers un second circuit. Dans ce second cas, le calcul de l'un des flux est souvent plus simple que celui du flux réciproque.

Exemple :

Un solénoïde de longueur D et de rayon R comporte N spires. On le suppose suffisamment long pour pouvoir négliger les effets de bord et considérer que le champ magnétique qu'il créee est le même que s'il était infini. Lorsqu'il est parcouru par un courant d'intensité i :

$$\vec{B} = \mu_0 n i \vec{u}_z = \mu_0 \frac{N}{D} i \vec{u}_z$$

Il est uniforme et le flux à travers une des spires circulaires est

$$\Phi_1 = \iint_S \vec{B} \cdot \overrightarrow{dS} = \mu_0 \frac{N}{D} i \cdot \pi R^2$$

On en déduit le flux à travers les N spires

$$\Phi = N\Phi_1 = \mu_0 \frac{N^2}{D} i \cdot \pi R^2$$

$$\text{donc } L = \mu_0 \frac{N^2 \pi R^2}{D}$$

↪ **Exercices 10.16, 10.17, 10.18.**

Calculer l'énergie magnétique et retrouver les expressions de L et de M.

Une analyse électrocinétique d'un cicuit à deux inductances L_1 et L_2 couplées par une mutuelle inductance M donne l'expression suivante de l'énergie électrocinétique :

$$\mathscr{E}_{ec} = \frac{1}{2} L_1 i_1^2 + M i_1 i_2 + \frac{1}{2} L_2 i_2^2$$

Ces expressions conduisent à deux types d'études.

a) L'étude électrocinétique de deux circuits couplés peut être conclue par un bilan de puissance dans lequel on distingue l'énergie magnétique de la première bobine, celle de la seconde bobine et l'énergie de couplage.

b) Par calcul direct de l'énergie magnétique emmagasinée dans les bobines

$$U_m = \iiint u_m d\tau = \iiint \frac{\vec{B}^2}{2\mu_0} d\tau$$

on peut déterminer les valeurs des auto-inductances L_1 et L_2 en identifiant U_m et $\mathscr{E}_{ec}$.

Exemple :

L'énergie magnétique d'un solénoïde comportant N spires, de longueur D, de rayon R et parcouru par un courant d'intensité i est

$$U_m = \int_{r=0}^{R}\int_{\theta=0}^{2\pi}\int_{z=0}^{D} \frac{\mu_0^2 \frac{N^2}{D^2} i^2}{2\mu_0} r dr d\theta dz$$

$$U_m = \frac{\mu_0^2 \frac{N^2}{D^2} i^2}{2\mu_0} \cdot \pi R^2 D = \frac{1}{2}\frac{\mu_0 N^2 \pi R^2}{D} i^2$$

On identifie $U_m = \mathcal{E}_{ec}$ soit

$$\frac{1}{2}\frac{\mu_0 N^2 \pi R^2}{D} i^2 = \frac{1}{2} L i^2$$

et on retrouve l'expression de l'inductance propre de la bobine cylindrique

$$L = \frac{\mu_0 N^2 \pi R^2}{D}$$

↪ **Exercices 10.19, 10.20, 10.21, 10.22, 10.23, 10.24.**

Exprimer le champ magnétique créé par un dipôle.

Un **dipôle magnétique** est une petite spire de courant élémentaire de surface $S \simeq \pi a^2$ et d'intensité i.

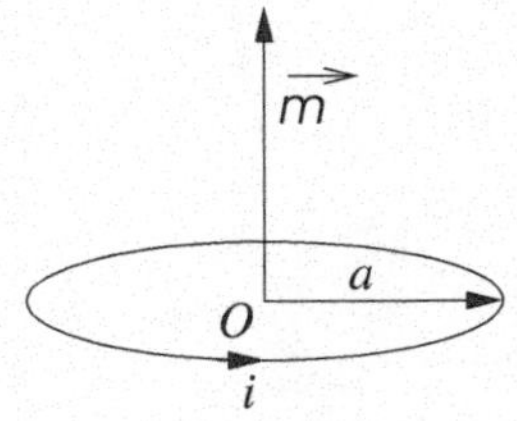

Son **moment dipolaire magnétique** est

$$\vec{m} = i\vec{S}$$

Il est exprimé en ampère mètre carré.

Dans l'**approximation dipolaire**, le champ magnétique créé par ce dipôle en M défini par $\overrightarrow{OM} = r\vec{u}_r$ et $r \gg a$ est exprimé en coordonnées sphériques dans la base $(\vec{u}_r, \vec{u}_\theta, \vec{u}_\varphi)$:

$$\vec{B} = \left| \begin{array}{l} \frac{2\mu_0 m \cos\theta}{4\pi r^3} \\ \frac{\mu_0 m \sin\theta}{4\pi r^3} \\ 0 \end{array} \right.$$

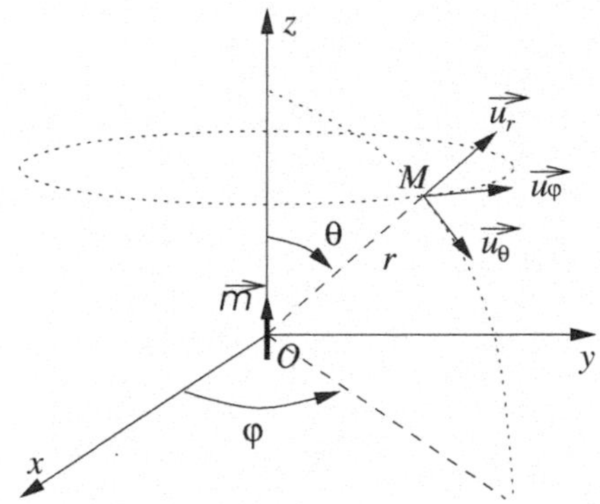

Exemple :

Le champ magnétique terrestre peut être assimilé à celui créé par un dipôle magnétique au centre de la Terre, de moment dipolaire

$$\vec{m} = m\vec{u}_{NS} \text{ avec } m = 7,8 \cdot 10^{22}\ \mathrm{A \cdot m^2}$$

et $\vec{u}_{NS}$ vecteur unitaire dirigé du pôle nord vers le pôle sud. Soit un point P en France, sur le 45ième parallèle.

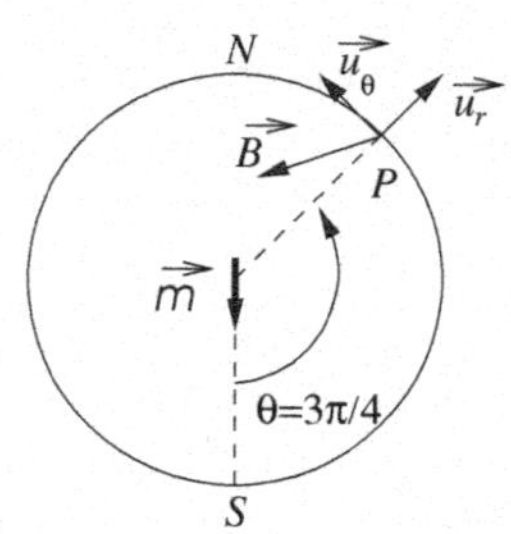

Les paramètres sont $\theta = \frac{3\pi}{4}$, $r = R_T = 6,4 \cdot 10^6$ m, les vecteurs de la base sphérique sont $\vec{u}_r = \vec{u}_V$ selon la verticale et $\vec{u}_\theta = \vec{u}_H$ horizontal, tangent au méridien terrestre, dirigé vers le nord. Par application de la formule du cours :

$$\vec{B} = B_V\vec{u}_V + B_H\vec{u}_H \text{ avec}$$

$$\begin{cases} B_V = \frac{2\mu_0 m \cos\frac{3\pi}{4}}{4\pi R_T^3} = -4,2 \cdot 10^{-5}\ \mathrm{T} \\ B_H = \frac{\mu_0 m \sin\frac{3\pi}{4}}{4\pi R_T^3} = 2,1 \cdot 10^{-5}\ \mathrm{T} \end{cases}$$

Ces valeurs sont conformes à la mesure expérimentale.

↪ **Exercices 10.25, 10.26, 10.27, 10.28, 10.29, 10.30.**

Étudier l'évolution d'un dipôle magnétique dans un champ extérieur.

Un dipôle magnétique de centre O, de moment dipolaire $\vec{m}$ placé dans un champ magnétique extérieur $\vec{B}_{ext}$ subit un ensemble de forces de Laplace. Leur résultante dérive de l'**énergie potentielle** Ep leur moment résultant en O est $\vec{\mathcal{M}}_O$:

$$Ep = -\vec{m}\cdot\vec{B}_{ext} \text{ et } \vec{\mathcal{M}}_O = \vec{m}\wedge\vec{B}_{ext}$$

Il est très important de ne pas confondre le champ extérieur (créé par un dispositif extérieur) et le champ magnétique propre créé par le dipôle lui-même (hors sujet ici).

Deux grandes familles d'exercices se développent sur cette base :

a) étude mécanique du déplacement d'un dipôle, en translation ou en rotation autour d'un axe passant par O ;

b) étude qualitative du mouvement d'un dipôle dans un champ extérieur dont la carte de champ est fournie : le dipôle a tendance à **s'orienter** dans la direction et le sens du champ extérieur et à **migrer** vers les zones de champ fort.

Exemple :

(a) Soit un dipôle magnétique $\vec{m}$ de centre O, soumis à un champ magnétique extérieur dont la valeur en O est $\vec{B}_O$. S'il est en rotation autour d'un axe Δ passant par O et orthogonal à $(\vec{m},\vec{B}_O)$, alors la projection du moment des forces sur Δ est

$$\mathcal{M}_\Delta = \left[\vec{m}\wedge\vec{B}_O\right]\cdot\vec{u}_\Delta = m\cdot B_O\sin(\vec{m},\vec{B}_O)$$

Posons $\theta = (\vec{m},\vec{B}_O)$. Ce moment s'annule quand $\theta = 0$ ou $\theta = \pi$. L'énergie potentielle d'interaction est

$$Ep = -\vec{m}\cdot\vec{B}_O = -m\cdot B_O\cos(\theta)$$

Cette énergie potentielle est minimale pour $\theta = 0$ qui est donc une position d'équilibre stable. Elle est maximale pour $\theta = \pi$ qui est donc une position d'équilibre instable. Le dipôle tend donc bien à s'aligner avec le champ extérieur. (b) Soit un dipôle aligné avec le champ extérieur. L'énergie potentielle d'interaction vaut donc $Ep = -m\cdot B_O$. Elle diminue lorsque B_O augmente, donc le dipôle se déplace vers les zones de champ fort.

$\hookrightarrow$ **Exercices 10.31, 10.32, 10.33, 10.34.**

Énoncés des exercices

10.1 Champ magnétique créé par un cylindre infini.

Un cylindre infini d'axe (O, z) et de rayon b est parcouru par un courant de densité volumique uniforme $\vec{j} = j\vec{u}_z$. Un point M de l'espace est repéré en coordonnées cylindriques par $\overrightarrow{OM} = r\vec{u}_r$, où O est le projeté orthogonal de M sur l'axe.

a) Donner l'expression de l'intensité électrique I traversant le cylindre entier.

b) Justifier que $\vec{B}(r = 0) = \vec{0}$.

c) Déterminer $\vec{B}(r)$ pour $r \leq b$ par application de l'équation de Maxwell-Ampère.

d) En déduire l'expression de $\vec{B}(r)$ pour $r > b$ en admettant la continuité du champ magnétique en $r = b$.

10.2 Champ magnétique au voisinage de l'axe d'une spire circulaire

Une spire circulaire de centre O, de rayon b et d'axe (O, z) est parcourue par un courant d'intensité I. Le champ magnétique en un point M situé sur l'axe (O, z) est

$$\vec{B} = \frac{\mu_0 I}{2b} \sin^3 \alpha \vec{u}_z$$

où α est le demi-angle au sommet du cône sous lequel on voit la spire depuis M.

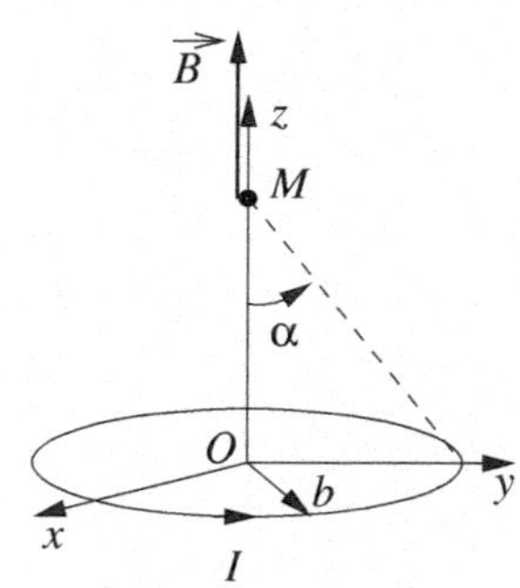

a) Justifier que le champ magnétique en M est selon $\vec{u}_z$.

b) Exprimer le champ magnétique en M en fonction de z.

c) Un point P est situé à proximité de M : en coordonnées cylindriques, $\overrightarrow{MP} = r\vec{u}_r$ avec $r \ll b$ et $r \ll z$. Justifier que $\vec{B}(P)$ a une composante nulle selon $\vec{u}_\theta$.

d) On cherche l'expression approchée du champ magnétique en P sous la forme

$$\vec{B}(P) \simeq B_r(r, z)\vec{u}_r + B_z(z)\vec{u}_z$$

Déterminer complètement ce champ en fonction de r, z et des autres paramètres.

10.3 Champ magnétique créé par une nappe épaisse de courant

Un courant volumique de densité uniforme $\vec{j} = j\vec{u}_y$ traverse le volume situé entre les plans $z = -a$ et $z = a$, supposé infini selon x et y. Déterminer le champ magnétique $\vec{B}$ en $M(0, 0, z)$ avec $z \geq 0$ grâce au théorème d'Ampère.

10.4

Distributions cylindriques de courant

Dans cet exercice, un point M est repéré en coordonnées cylindriques par $\overrightarrow{OM} = r\vec{u}_r$ où O est le projeté orthogonal de M sur l'axe z.

a) Un fil rectiligne infini (O, z) est parcouru par un courant d'intensité I. Déterminer $\vec{B}(M)$.

b) Un cylindre infini de rayon b est parcouru par un courant de densité volumique $\vec{j} = j\vec{u}_z$ uniforme. Déterminer $\vec{B}(M)$ en distinguant deux cas. Est-il continu ?

c) Un cylindre infini de rayon b est parcouru par un courant de densité volumique $\vec{j} = j_0 \frac{r}{b}\vec{u}_z$. Déterminer $\vec{B}(M)$ en distinguant deux cas. Est-il continu ?

d) Une plaque cylindrique infinie de rayon b est parcourue par un courant de densité surfacique $\vec{j}_S = \frac{I}{2\pi b}\vec{u}_z$. Déterminer $\vec{B}(M)$ en distinguant deux cas. Est-il continu ?

10.5

Champ de la bobine torique

Une bobine torique est constituée par l'enroulement de N spires sur le pourtour d'un tore défini en coordonnées cylindriques par

$$(r, \theta, z) \in [a, b] \times [0, 2\pi] \times [0, c]$$

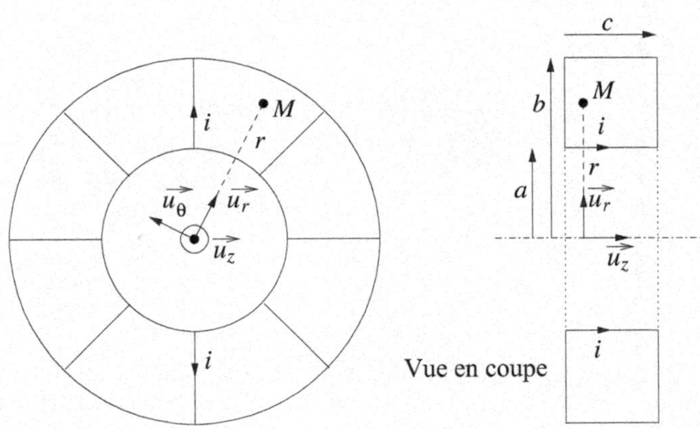

Le bobinage est parcouru par un courant d'intensité i, selon des spires quasi rectangulaires, dans le sens de $\vec{u}_z$ en $r = a$ et dans le sens inverse en $r = b$. Déterminer le champ magnétique en un point M intérieur au tore repéré par $\overrightarrow{OM} = r\vec{u}_r + z\vec{u}_z$.

10.6

Champ créé par une nappe surfacique cylindrique de courant

Une plaque cylindrique infinie d'axe z et de rayon b est parcourue par un courant surfacique de densité $\vec{j}_S = j_S\vec{u}$ avec $j_S = \frac{di}{d\ell}$ où di est l'intensité du courant traversant une bandelette de largeur $d\ell$ perpendiculairement au vecteur unitaire $\vec{u}$.

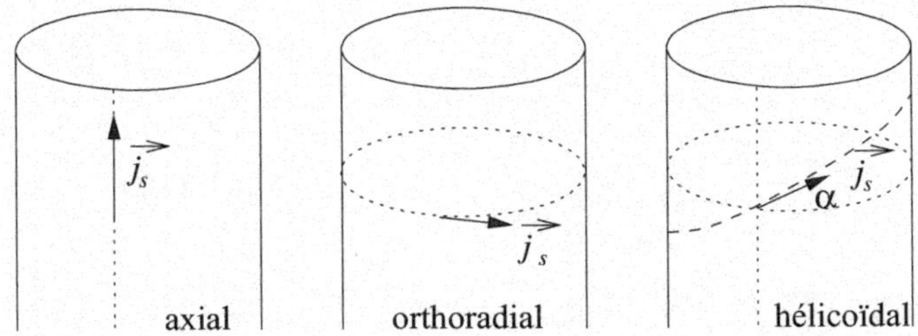

Un point M est repéré en coordonnées cylindriques par $\overrightarrow{OM} = r\vec{u}_r$ où O est le projeté orthogonal de M sur l'axe z.

a) Le courant est axial :

$$\vec{j}_S = j_S \vec{u}_z$$

Déterminer $\vec{B}(M)$ en distinguant $r < b$ et $r > b$.

b) Le courant est orthoradial :

$$\vec{j}_S = j_S \vec{u}_\theta$$

Déterminer $\vec{B}(M)$ pour $r < b$ en admettant (comme pour le solénoïde) que $\vec{B}(r) = \vec{0}$ pour $r > b$.

c) Le courant est hélicoïdal :

$$\vec{j}_S = j_S \cos\alpha \vec{u}_\theta + j_S \sin\alpha \vec{u}_z$$

Déterminer $\vec{B}(M)$ en distinguant $r < b$ et $r > b$.

10.7

Bobines de Helmholtz (Mines-Ponts PSI (2) 2008)

Le champ magnétique créé par une spire circulaire de centre O, d'axe (O, z), de rayon b, parcourue par un courant d'intensité I en un point M sur son axe est une fonction de z avec $\overrightarrow{OM} = z\vec{u}_z$:

$$\vec{B} = \frac{\mu_0 I}{2b} \cdot F(z)\vec{u}_z \text{ avec } F(z) = \left(1 + \frac{z^2}{b^2}\right)^{-\frac{3}{2}}$$

On dispose deux spires identiques sur le même axe, leurs centres O_1 et O_2 sont distants de 2D et O est le milieu de $[O_1, O_2]$.

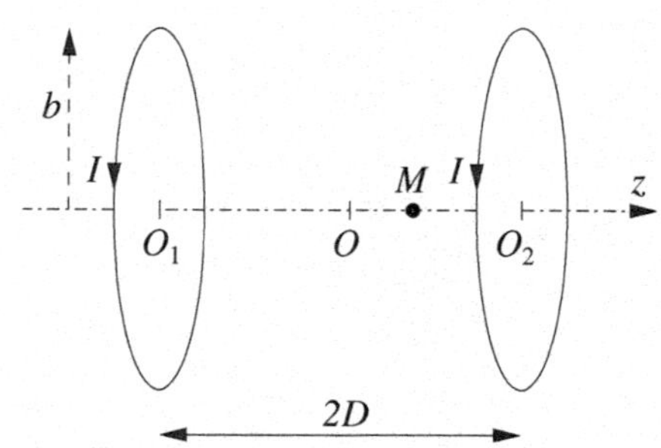

Un point M sur l'axe est repéré par $\overrightarrow{OM} = z\vec{u}_z$. On donne les développements limités :

$$\left[1 + \left(u \pm \frac{1}{2}\right)\right]^{-\frac{3}{2}} = \frac{8}{5\sqrt{5}}\left(1 \mp \frac{6}{5}u \pm \frac{32}{25}u^3 - \frac{144}{125}u^4\right) + o(u^4)$$

$$\left[1 + \left(u \pm \frac{\sqrt{3}}{2}\right)\right]^{-\frac{3}{2}} = \frac{8\sqrt{7}}{49}\left(1 \mp \frac{6\sqrt{3}}{7}u + \frac{48}{49}u^2 - \frac{240}{343}u^4 \pm \frac{1056\sqrt{3}}{2401}u^5\right) + o(u^5)$$

a) Exprimer le champ magnétique $\vec{B}(z)$ créé par l'association des deux bobines sous la forme

$$\vec{B}(z) = \frac{\mu_0 I}{2b} \cdot G(z)\vec{u}_z$$

b) Le dispositif des **bobines de Helmholtz** correspond à $2D = b$. Donner le développement limité de $G(z)$ à l'ordre 4 en $\frac{z}{b}$.

c) Conlure sur l'intérêt de ce dispositif et déterminer l'intervalle $[-\alpha b, \alpha b]$ des valeurs de z pour lesquelles le champ magnétique s'écarte de moins de 2 % de sa valeur $B(z=0)$ au centre. Préciser la valeur numérique de α.

d) Pourquoi la très faible fluctuation de B sur l'axe z au voisinage de $z = 0$ s'accompagne-t-elle d'une très faible fluctuation radiale selon r, distance de M à l'axe ?

e) Dans le dispositif des bobines de Mholtzhel, le sens du courant dans la spire de gauche est inversé et $2D = b\sqrt{3}$. Montrer que ce dispositif crée un champ magnétique très proche du champ de rampe $\vec{B} = az\vec{u}_z$.

10.8 Analyse de cartes de champ

Voici l'allure des cartes de champ magnétique créé par deux aimants droits identiques juxtaposés, nord contre nord dans le premier cas, nord contre sud dans le second cas.

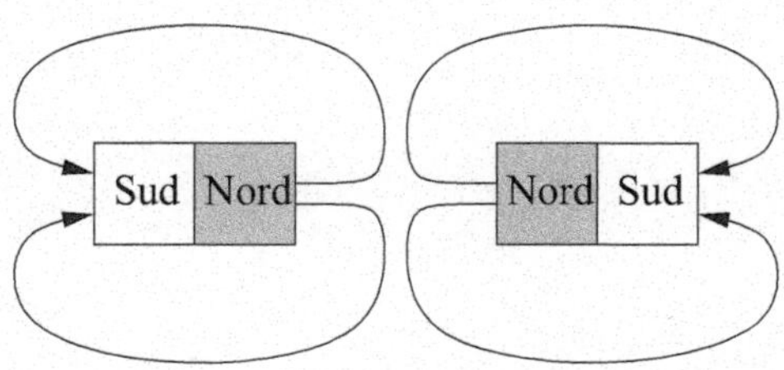

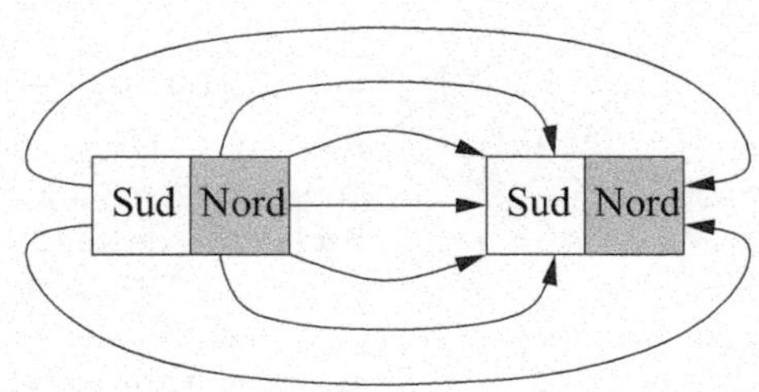

Dans chaque cas, dans la zone délimitée par les lignes de champ périphériques, où trouve-t-on le champ magnétique de norme maximale ? minimale ?

10.9 Action mécanique d'un fil sur un autre fil parallèle

Deux fils rectilignes infinis parallèles sont distants de $d = 1{,}0$ m. Ils sont parcourus par des courants de même intensité I et de même sens. La force subie par un tronçon de longueur $L = 1{,}0$ m d'un des fils est égale $2{,}0 \cdot 10^{-7}$ N. Déterminer la valeur de I.

10.10 Principe de l'ampèremètre à cadre mobile

Une spire forme un cadre rectangulaire (EFGH), de centre O, est en rotation autour de l'axe (O, z) passant par I milieu de [FG] et J milieu de [HE]. Sa rotation est mesurée par l'angle θ entre $\vec{u}_x$ et le vecteur $\vec{u}_r$ normal au plan de la spire. La spire est parcourue par un courant d'intensité i. Elle est plongée dans un champ magnétique $\vec{B} = B\vec{u}_x$ uniforme et constant. Le cadre est soumis, en plus des forces de Laplace, à l'action d'un couple de rappel de torsion élastique dont le moment par rapport à l'axe $\Delta = (O, z)$ est $\Gamma_r = -C \cdot (\theta_0 - \theta)$.

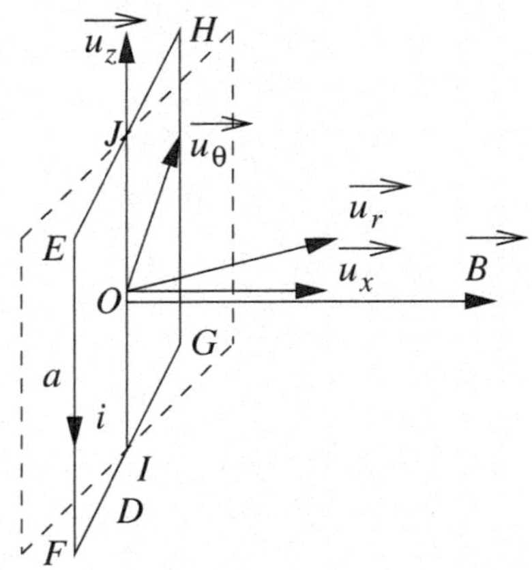

On mesure l'angle θ à l'équilibre mécanique. Déterminer l'expression de i en fonction de θ, θ_0, L = EF = GH, D = FG = HE, B et C.

10.11 Équilibre d'une tige dans un champ non uniforme

Une tige [OA] de masse m et de longueur L est en rotation autour de l'axe $\Delta = (O, z)$ horizontal. Son moment d'inertie est $J_\Delta = \frac{1}{3}mL^2$. Elle est parcourue par un courant d'intensité i dirigée de O vers A. Son inclinaison par rapport à la verticale est mesurée par l'angle θ. Un fil rectiligne selon l'axe (O, x) vertical est parcouru par un courant de même intensité i dirigée vers le haut. À l'équilibre de la tige, donner l'expression de i en fonction de θ, L, m et g.

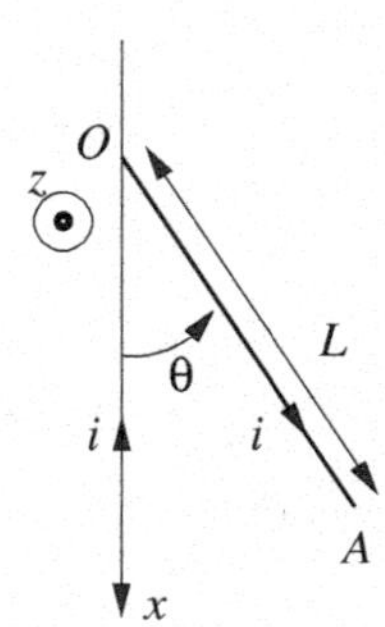

10.12 Pression dans un plasma

Un plasma totalement ionisé, est neutre et comporte n ions positifs X^+ et autant d'électrons par m^3. La masse des électrons est négligeable devant celle des ions et ce plasma forme un fluide globalement à l'équilibre, de géométrie cylindrique de rayon b, d'axe Oz et entouré de vide. Le plasma est traversé par un courant volumique uniforme de densité $\vec{j} = j\vec{u}_z$. Ce courant est essentiellement électronique. En un point $M(r, \theta, z)$, on définit la pression $P(r)$ et le champ magnétique $\vec{B}(r)$.

a) Établir l'expression de $\vec{B}(r)$.

b) En déduire l'expression de $P(r)$.

c) Le fluide d'ions est assimilé à un gaz parfait de température uniforme T. On note $k_B = \frac{R}{\mathcal{N}_A}$ la constante de Boltzmann. Exprimer la vitesse $v(r)$ des électrons. Que remarque-t-on quand r tend vers b ?

d) Lorsque le courant cesse de circuler, expliquer pourquoi ce modèle peut expliquer le coup de tonnerre après un éclair.

10.13 Translation verticale d'une tige

Une tige de masse m et de largeur D coulisse avec un frottement $\vec{f} = -\alpha\vec{v}$ en restant au contact de deux rails verticaux. Elle est retenue par deux ressorts de constante de raideur k et de longueur à vide ℓ_0 et reliée à une résistance R. Le dispositif est soumis à un champ magnétique $\vec{B}$ uniforme perpendiculaire au plan des rails. On néglige le champ propre créé par le circuit devant $\vec{B}$.

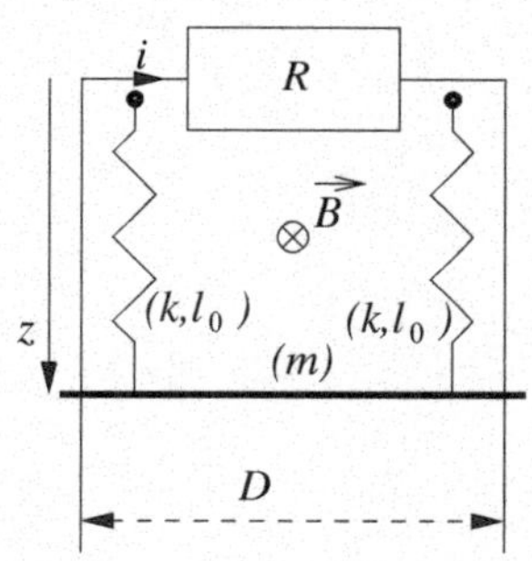

a) Établir l'équation mécanique et l'équation électrique vérifiées par $i(t)$ et $z(t)$.

b) Faire un bilan de puissance en nommant toutes les formes d'énergie en jeu.

c) Déterminer le temps caractéristique d'amortissement des oscillations en régime pseudo-périodique.

10.14 Translation horizontale d'une spire rectangulaire (résolution de problème)

Une spire rectangulaire, de longueur a, de largeur b, d'inductance L, de résistance négligeable et de masse m glisse sans frottement sur une table horizontale (O, x, y) où règne un champ magnétique vertical non uniforme

$$\vec{B} = B_0\left(1 + \frac{x}{\lambda}\right)\vec{u}_z$$

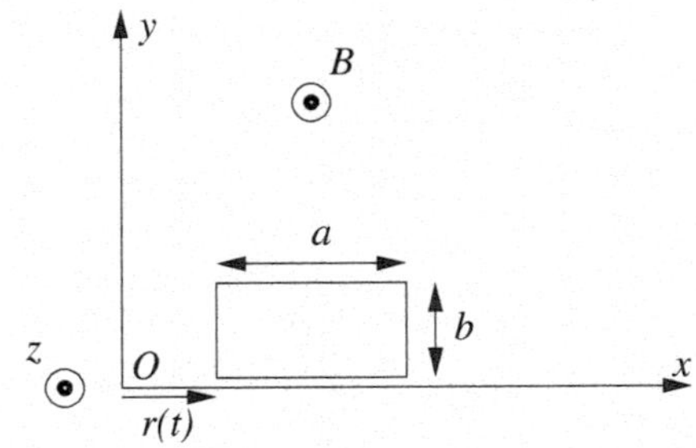

On lance la spire du bord de la table $r(0) = 0$ avec une vitesse initiale $\dot{r}(0) = V_0$. À la date τ, la vitesse de la spire s'annulle. Déterminer L. La spire repartira-t-elle ?

10.15

Lévitation d'une spire

Une grande spire plate de centre O, d'axe (O, z) et de rayon R, placée à l'horizontale, est alimentée par un générateur de courant d'intensité I qu'on allume à $t = 0$. Une petite spire de rayon $a \ll R$, de masse m, de centre C, est astreinte à se déplacer sans frottement de façon coaxiale : O' se déplace sur la droite (O, z), elle reste parallèle à la grande spire (son axe de révolution est donc aussi (O, z)) et on note $z = OO'$.

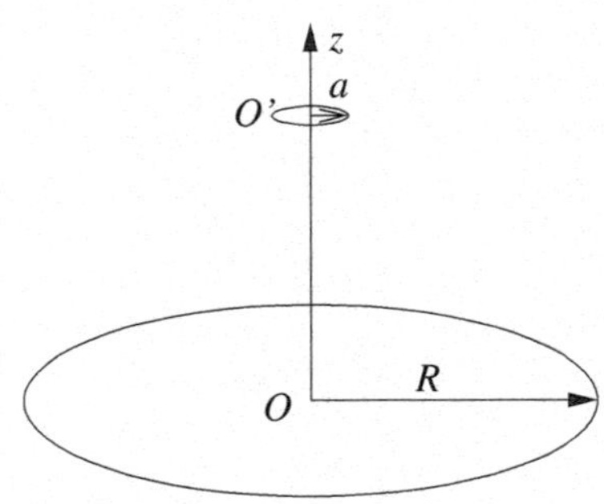

Le champ magnétique créé en un point M repéré en coordonnées cylindriques par $\overrightarrow{OM} = z\vec{u}_z + r\vec{u}_r$ au voisinage de l'axe ($r \ll z$) est

$$\vec{B}(r, z) = \frac{\mu_0 I R^2}{2}(z^2 + R^2)^{-3/2}\left[\vec{u}_z + \frac{3rz}{2(z^2 + R^2)}\vec{u}_r\right]$$

On veut montrer que la petite spire peut rester en lévitation au dessus de la grande. **Partie 1 : lévitation à la fermeture : étude qualitative**. L'interrupteur est fermé à la date $t = 0$, le courant dans la grande spire augmente donc brutalement et le champ magnétique dans la petite spire passe donc de $\vec{0}$ à la valeur donnée.

a) Par application de la loi de Lenz, déterminer le sens du courant induit dans la petite spire.

b) En considérant les forces de Laplace s'exerçant sur chaque tronçon de la petite spire, en déduire que la petite spire est projetée vers le haut.

Partie 2 : lévitation sous l'action d'un champ magnétique variable. On considère dans cette question que la grande spire est alimentée par un courant sinusoïdal : $I(t) = I_0 \cos(\omega t)$. On note R' la résistance de la petite spire. On suppose que la petite spire est en équilibre de lévitation à la cote z pratiquement constante : on pourra donc considérer que la composante verticale B_z du champ magnétique est quasi uniforme et on la notera $B_z(t) = B_0 \cos(\omega t)$.

a) On néglige l'inductance L de la petite spire. Déterminer l'intensité $i(t)$ dans la petite spire, en déduire l'expression de la résultante des forces de Laplace $\vec{F}_L(t)$, sa valeur moyenne dans le temps et dire si la lévitation est possible.

b) On ne néglige plus L mais on suppose que $L\omega \ll R'$. Etablir l'équation diférentielle vérifiée par $i(t)$, montrer qu'elle admet la solution approchée $i(t) = I_m \sin(\omega t - \varphi)$ avec $\varphi = \frac{L\omega}{R'}$, en déduire l'expression de la résultante des forces de Laplace $\vec{F}_L(t)$, sa valeur moyenne dans le temps et dire si la lévitation est possible.

10.16 Mutuelle inductance entre un solénoïde et une spire plate

Une spire plate circulaire de rayon R et comportant N tours est coaxiale et placée au centre d'un solénoïde comportant 10N spires, de longueur D et de rayon 2R. Déterminer la mutuelle inductance M entre les deux circuits.

10.17 Pince ampèremétrique

Un bobinage torique comporte N spires enroulées sur un tore de section carrée de rayon intérieur a, de rayon extérieur $2a$, d'épaisseur a, d'axe (O, z). Un point M intérieur au tore est repéré par ses coordonnées cylindriques : $\overrightarrow{OM} = r\vec{u}_r + z\vec{u}_z$ avec $r \in [a, 2a]$ et $z \in [0, a]$. Un fil rectiligne infini de même axe (O, z) est parcouru par un courant d'intensité I. On note i l'intensité du courant circulant dans la bobine torique.

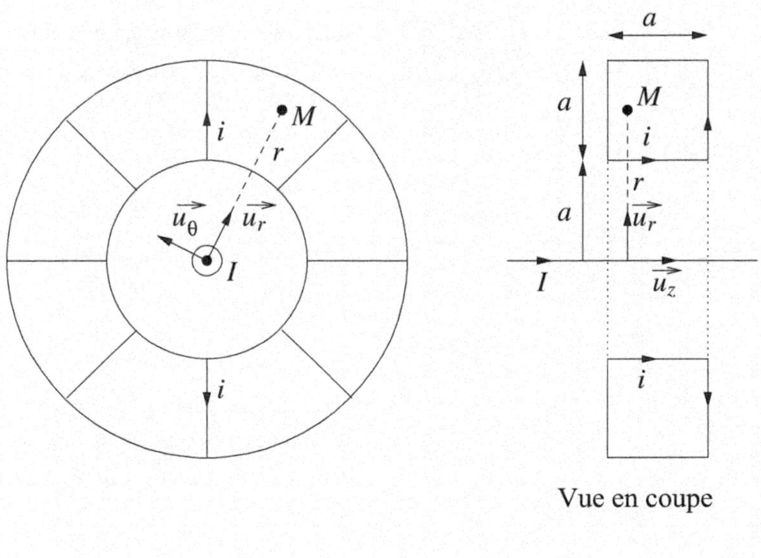

Vue en coupe

a) Déterminer l'expression du champ magnétique sous la forme $\vec{B} = B(r)\vec{u}_\theta$ en un point M intérieur au tore en fonction de i, I, N et r.

b) En déduire le flux Φ de $\vec{B}$ à travers le bobinage et les expressions des coefficients d'autoinductance L du bobinage et de mutuelle inductance M entre le fil et le bobinage.

c) Expliquer comment ce dispositif peut former une pince ampèremétrique en régime sinusoïdal forcé, la mesure de i donnant accès à l'intensité I inconnue.

10.18

Inductance d'une ligne bifilaire

Une ligne bifilaire est formée de deux fils cylindriques infinis parallèles de rayon a parcourus par des intensités opposées +I et −I.

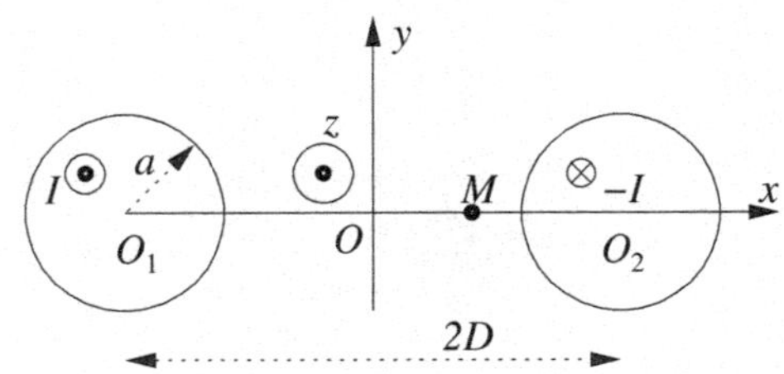

a) Déterminer l'expression du champ magnétique $\vec{B}(x)$ en un point M situé dans le plan contenant les axes parallèles des deux fils, entre les deux fils, en fonction de son abscisse x.

b) Calculer le flux de ce champ magnétique à travers le rectangle défini par

$$[x,z] \in [-D+a, D-a] \times [0, H]$$

c) En déduire l'inductance linéique $\Lambda = \frac{L}{H}$ de la ligne bifilaire.

10.19

Énergie électrocinétique de deux circuits couplés

Deux circuits électriques sont couplés par mutuelle inductance. Les notations sont celles du schéma suivant.

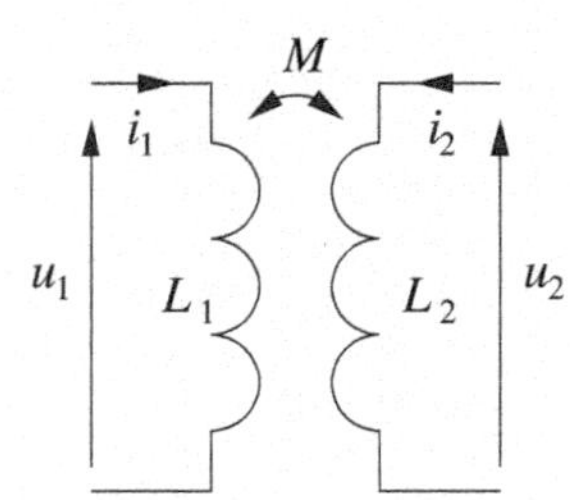

a) Donner l'expression des tensions u_1 et u_2 en fonction des intensités.

b) En déduire les puissances électrocinétiques reçues par les deux bobines.

c) En déduire l'expression de l'énergie magnétique $\mathscr{E}_m$ du système des deux bobines.

10.20

Calcul d'une mutuelle inductance par une méthode énergétique

Deux solénoïdes sont coaxiaux, d'axe z. Le premier est de longueur D, de rayon R et comporte N_1 spires. Il est placé à l'intérieur du second de longueur D, de rayon R, et qui comporte N_2 spires. Déterminer l'énergie magnétique du dispositif en fonction des intensités i_1 et i_2. En déduire les expressions de L_1, L_2 et M.

10.21

Inductance linéique d'un câble coaxial

Un câble coaxial infini d'axe (O, z) est formé de deux cylindres coaxiaux de rayons a et b avec $a < b$. Un courant d'intensité I monte le long du cylindre intérieur (l'âme) et un courant d'intensité $-I$ descend le long du cylindre extérieur (la gaine).

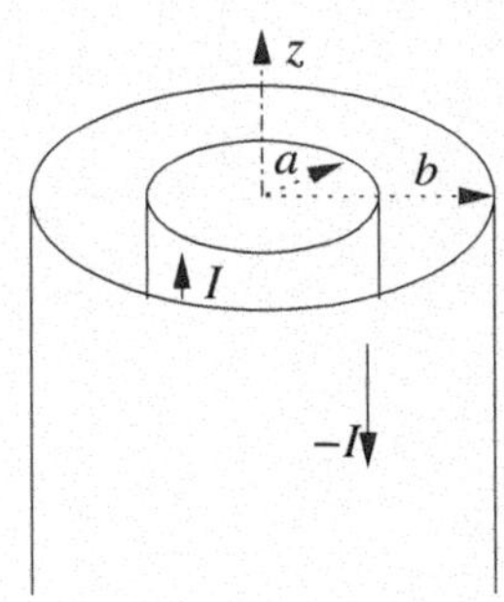

a) Un point M est repéré par $\overrightarrow{OM} = r\vec{u}_r + z\vec{u}_z$. Déterminer le champ magnétique $\vec{B}$ en ce point en distinguant trois cas.

b) En déduire l'expression de l'énergie magnétique U_m pour un tronçon de hauteur H de ligne.

c) En déduire l'inductance linéique $\Lambda = \frac{L}{H}$ de ce câble coaxial.

10.22

Démonstration de l'inégalité de couplage

Soient deux circuits d'inductances respectives L_1 et L_2 couplés par une mutuelle inductance M.

a) Exprimer l'énergie électrocinétique $\mathscr{E}_{ec}$ de ce système en fonction de i_1 et i_2.

b) Pourquoi cette énergie est-elle nécessairement positive ?

c) En factorisant $\mathscr{E}_{ec}$ par l'énergie magnétique dans le circuit 1 s'il était seul et en posant $y = \frac{i_2}{i_1}$, en déduire l'inégalité de couplage

$$M^2 \leq L_1 L_2.$$

10.23

Calcul d'un coefficient de couplage

Deux solénoïdes de même longueur D, comportant N spires, de rayons respectifs $r_1 = 2R$ et $r_2 = R$, sont coaxiaux et partiellement imbriqués, sur une longueur βL avec $\beta < 1$. On suppose $R \ll D$.

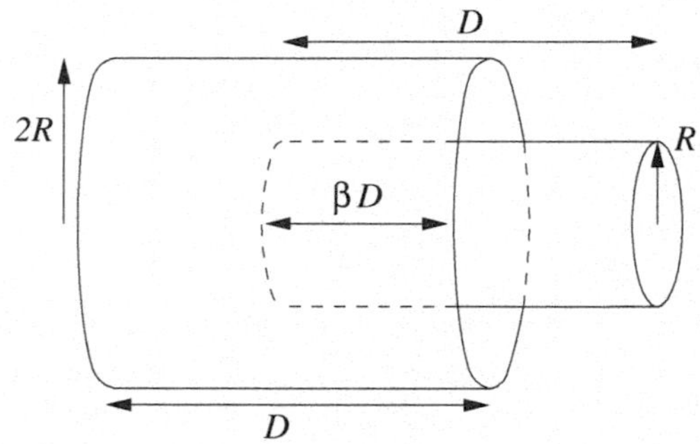

Déterminer, en précisant les approximations effectuées, une estimation du coefficient de couplage

$$k = \frac{|M|}{\sqrt{L_1 L_2}} \in [0, 1]$$

10.24

Pont de mesure d'une mutuelle inductance

Dans le circuit suivant, on cherche à déterminer la valeur de M. Le générateur délivre une tension sinusoïdale de pulsation ω. On règle les valeurs de R et de C jusqu'à l'équilibre du pont, correspondant à $u = 0$, mesuré au voltmètre.

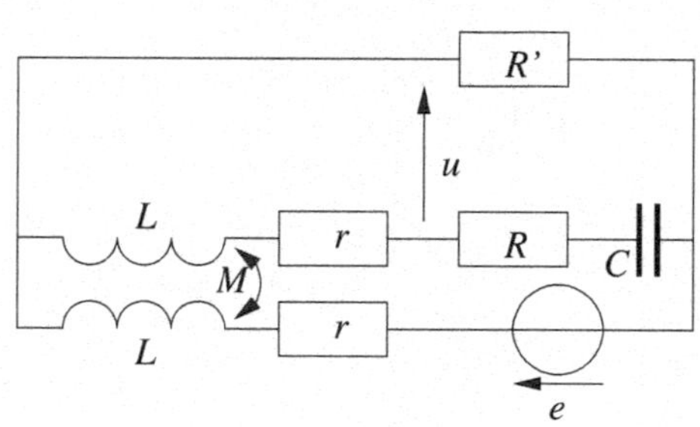

Donner l'expression de M. À quelle condition le couplage est-il parfait ?

10.25

Cohérence entre les expressions du champ sur l'axe

Le champ créé par une spire circulaire de rayon a, parcourue par un courant d'intensité i en un point M sur son axe est fonction du demi-angle au sommet α du cône sous lequel on voit la spire depuis M.

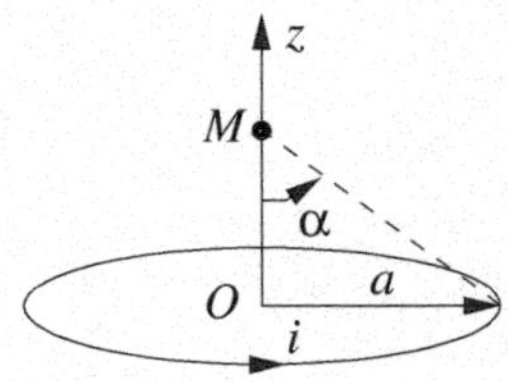

$$\vec{B} = \frac{\mu_0 i}{2a} \sin^3 \alpha \vec{u}_z$$

a) Justifier que $\vec{B}$ est selon $\vec{u}_z$.

b) Dans l'approximation dipolaire, vérifier la cohérence entre cette expression et celle du dipôle magnétique.

10.26

Magnéton de Bohr

Un électron de charge $-e = -1,60 \cdot 10^{-19}$ C et de masse $m_e = 9,11 \cdot 10^{-31}$ kg est animé d'un mouvement circulaire uniforme de rayon r, à la vitesse angulaire $\omega = \frac{2\pi}{T}$, effectuant donc T tours par seconde. On admet ici que l'énergie cinétique minimale d'un tel système est $\frac{1}{2}\hbar\omega$ où $\hbar = \frac{h}{2\pi}$ et $h = 6,62 \cdot 10^{-34}$ J·s est la constante de Planck. Supposons que l'électron possède exactement cette énergie cinétique minimale.

a) Donner l'expression de la quantité $r^2\omega$ en fonction de m_e et $\hbar$.

b) L'électron en mouvement rapide forme un courant circulaire d'intensité i. Donner l'expression de i et en déduire le moment magnétique μ_B de ce dipôle magnétique en fonction de e, T et r.

c) En déduire que μ_B est le magnéton de Bohr : $\mu_B = \frac{e\hbar}{2m_e}$ et calculer sa valeur numérique.

10.27

Spire plane de forme quelconque

Une spire plane parcourue par un courant d'intensité i crée un champ magnétique $\vec{B}$ en un point M situé à une distance r de la spire très supérieure à la largeur maximale de la spire (on est donc dans l'approximation dipolaire). En s'inspirant du schéma suivant

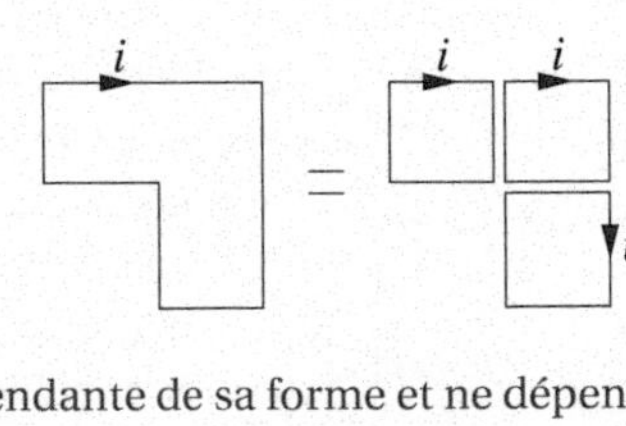

justifier que $\vec{B}$ est indépendante de sa forme et ne dépend que de sa surface.

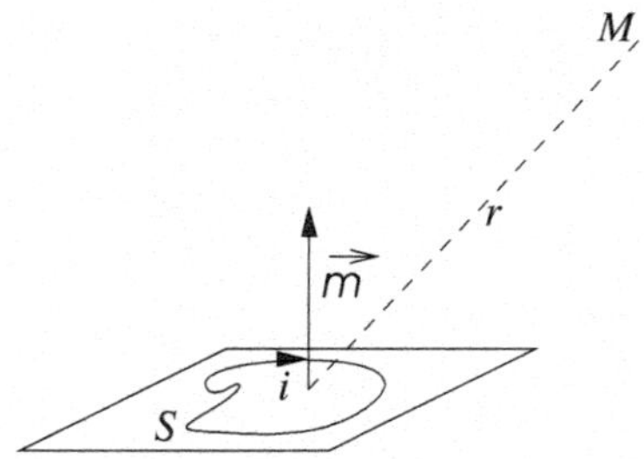

10.28 Champ créé par des objets tournants

a) Un fil circulaire de centre O, d'axe (O, z) et de rayon a porte une charge régulièrement répartie q. Il tourne autour de son axe à la vitesse angulaire ω. On pose $r = 10a$ et on se place dans l'approximation dipolaire. Déterminer le champ magnétique créé par ce dispositif en un point P sur son axe avec $\overrightarrow{OP} = r\vec{u}_z$ puis en Q dans son plan avec $\overrightarrow{OQ} = r\vec{u}_x$.

b) Un disque de centre O, d'axe (O, z) et de rayon a porte une charge régulièrement répartie de densité surfacique σ. Il tourne autour de son axe à la vitesse angulaire ω. On pose $r = 10a$ et on se place dans l'approximation dipolaire. Déterminer le champ magnétique créé par ce dispositif en un point P sur son axe avec $\overrightarrow{OP} = r\vec{u}_z$ puis en Q dans son plan avec $\overrightarrow{OQ} = r\vec{u}_y$.

c) Un cylindre creux de centre O, d'axe (O, z), de rayon $\frac{a}{2}$ et de hauteur $2a$ porte une charge régulièrement répartie de densité surfacique σ. Il tourne autour de son axe à la vitesse angulaire ω. On pose $r = 5a$ et on se place dans l'approximation dipolaire pour le calcul du champ créé. Déterminer le champ magnétique créé par ce dispositif en un point P sur son axe avec $\overrightarrow{OP} = r\vec{u}_z$.

10.29 Champ magnétique de Mercure

Le champ magnétique sur la planète Mercure de rayon $R_M = 2\,500$ km est la somme de trois contributions :

- le champ propre créé par Mercure $\vec{B}_M$;
- le champ créé par le Soleil $\vec{B}_S$;
- le champ créé par le vent électronique solaire $\vec{B}_E$.

On donne $\mu_0 = 4\pi \cdot 10^{-7}\ \text{H} \cdot \text{m}^{-1}$.

a) Le flux d'électrons solaires est isotrope Justifier que $\vec{B}_E = \vec{0}$.

b) Le champ propre mercurien est assimilé à celui créé par un dipôle magnétique de moment dipolaire magnétique $\vec{m}_0 = m_0\vec{u}_z$ où $\vec{u}_z$ est le vecteur unitaire axial de Mercure, placé au centre de Mercure. Rappeler l'expression du champ magnétique $\vec{B}_M$ en coordonnées sphériques en fonction de l'angle θ.

c) On mesure un champ magnétique $B_M = 0{,}5\text{T}$ sur l'équateur mercurien ($\theta = \frac{\pi}{2}$). Calculer la valeur de m_0.

d) Le champ magnétique solaire est supposé uniforme sur Mercure : $\vec{B}_S = B_S\vec{u}_z$. Montrer qu'il est possible que $B_\theta = 0$ en tout poin de la surface de Mercure.

10.30

Champ créé par un solénoïde long

Un solénoïde de centre O, d'axe z de longueur D et de rayon a comporte n spires par mètre et est parcouru par un courant d'intensité i. Un point P est situé dans le plan médiateur (O, x, y) du solénoïde, $\overrightarrow{OP} = x\vec{u}_x$ avec $x \gg a$. On est donc dans l'approximation dipolaire pour chaque spire.

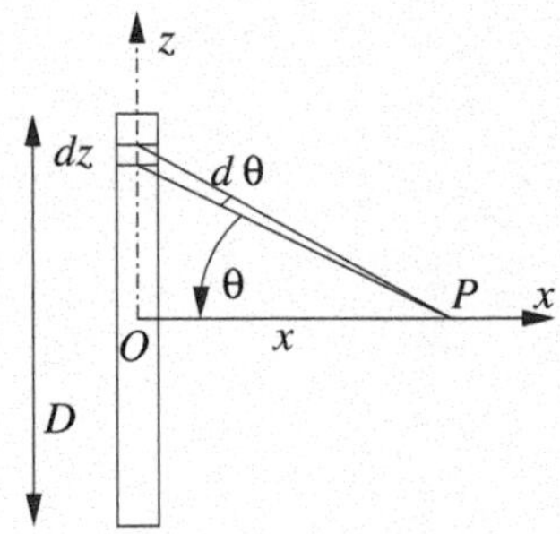

a) Justifier que le champ magnétique en P s'écrit $\vec{B} = B_z\vec{u}_z$.

b) La variable d'intégration est θ. Chaque spire est repérée par sa cote z. Préciser la relation entre z et θ, en déduire la relation entre dz, $d\theta$ et θ.

c) Déterminer le nombre dN de spires comprises entre θ et $\theta + d\theta$. En déduire la contribution dB_z de la composante selon z du champ magnétique créé en P par ces spires.

d) En déduire l'expression de B_z.

10.31

Oscillations harmoniques d'une boussole

Une boussole est assimilée à une tige orientée dans le sens sud, nord (le vecteur unitaire dans cette direction et ce sens est noté $\vec{u}$) en rotation autour d'un axe Δ vertical. Son moment d'inertie est noté J_Δ, son moment dipolaire $\vec{m} = m\vec{u}$. On place la boussole dans un champ magnétique extérieur horizontal uniforme $\vec{B} = B\vec{u}_x$. On pose $\theta = (\vec{u}_x, \vec{u})$. Établir l'équation différentielle vérifiée par $\theta(t)$. En déduire la période des petites oscillations autour de la position d'équilibre stable.

10.32

Interaction dipôle-dipôle

Dans le repère orthonormé $(O, \vec{u}_x, \vec{u}_y, \vec{u}_z)$, on fixe un dipôle magnétique de centre O et de moment dipolaire $\vec{m} = m\vec{u}_y$. Un autre dipôle (1) de centre P a un moment dipolaire de même norme m, on prend $\overrightarrow{OP} = x\vec{u}_x$ et $\vec{m}_1 = m\vec{u}_1$. On note θ l'angle $(\vec{u}_x, \vec{u}_1)$.

a) Exprimer le champ magnétique $\vec{B}$ créé au point P par le dipôle fixe.

b) Le dipôle (1) possède un centre P fixe, et est libre de tourner autour de l'axe (P, z). Déterminer la valeur de θ correspondant à une orientation d'équilibre stable.

c) Avec la valeur de θ déterminée à la question précédente, le dipôle (1) est maintenant astreint à se déplacer en translation sur l'axe x. Déterminer l'expression de la force subie par (1), qui dérive de l'énergie potentielle d'interaction. Comparer cette force à une force centrale newtonienne.

10.33 Translation d'un dipôle dans un champ non uniforme (analyse documentaire)

Un dipôle magnétique de masse m_0 et de moment dipolaire $\vec{m} = -m\vec{u}_z$ est libre de se déplacer en translation sur l'axe (O, z) vertical orienté vers le haut. Une spire circulaire de rayon a, d'axe (O, z), parcourure par un courant d'intensité I, est placée dans le plan horizontal (O, x, y). Elle crée un champ magnétique non uniforme sur l'axe vertical :

$$\vec{B}(z) = \frac{\mu_0 I a^2}{2}(z^2 + a^2)^{-\frac{3}{2}}\,\vec{u}_z$$

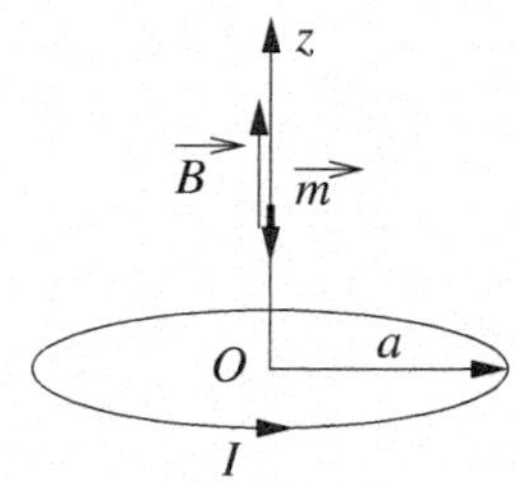

a) Quel est le moment résultant des forces de Laplace que subit le dipôle ?

b) Donner l'expression de l'énergie potentielle de la résultante des forces que subit le dipôle en fonction de z.

c) Voici l'allure des graphes de la fonction

$$f_\alpha(u) = \alpha(1 + u^2)^{-\frac{3}{2}} + u$$

pour trois valeurs du paramètre : $\alpha = 0,5$, $\alpha = 1$ et $\alpha = 2$.

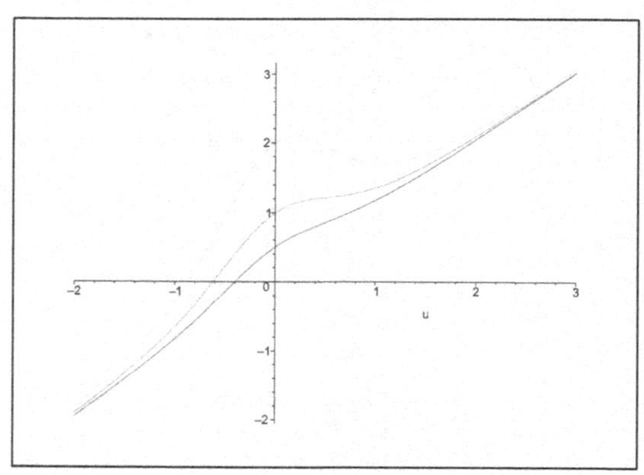

En déduire une estimation de l'intensité I* minimale pour laquelle il existe une position d'équilibre stable du dipôle soumis à l'action de la spire, on exprimera I* en fonction de μ_0, a, m et m_0 et g.

d) Pour $I \simeq 2I^*$, quelle est la valeur approchée de $\frac{z_{eq}}{a}$? Pourquoi qualifie-t-on cet équilibre de métastable ?

e) Pour $I = \frac{m_0 g a^2}{2\mu_0 m}$, quelle est l'accélération du dipôle si on l'abandonne sans vitesse initiale depuis $z = a$?

10.34 Mouvement d'un dipôle dans un champ (analyse documentaire)

Voici les cartes des champs magnétiques créés dans un plan (O, x, y) par deux fils rectilignes infinis parallèles, perpendiculaires au plan, selon z, parcourus par un courant de même intensité, dans le même sens sens pour l'un, dans des sens opposés pour l'autre.

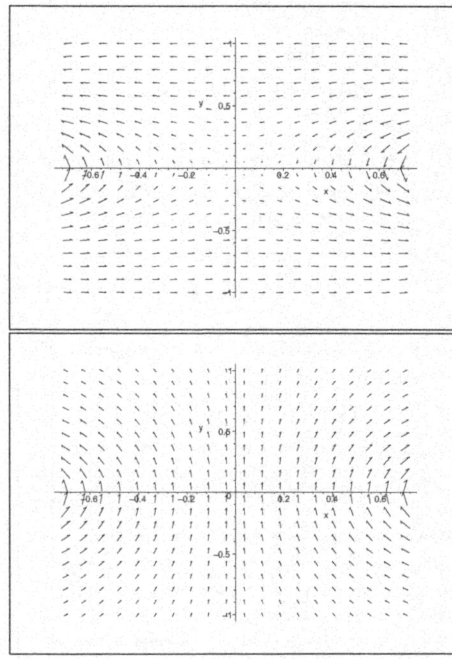

a) Identifier la carte correspondant à des courants de même sens, celui correspondant à des courants de sens opposés.

b) On place au centre du dispositif (dans l'un puis dans l'autre cas) un dipôle magnétique dont le moment est $\vec{m} = m\vec{u}_x$ (m pouvant être positif ou négatif). Est-il en équilibre vis à vis de la rotation ? Est-il en équilibre vis-à-vis de la translation ? Le cas échéant, ces équilibres sont-ils stables ?

Du mal à démarrer ?

10.1 Les propriétés de symétrie et d'invariance conduisent à exprimer le champ magnétique selon une seule composante et ne dépendant que d'une variable. L'application de l'équation de Maxwell-Ampère en coordonnées cylindriques conduit à une équation différentielle du premier ordre et les conditions aux limites permettent sa résolution complète.

10.2 Cet exercice donne l'une des principales applications de l'équation de Maxwell-Thomson.

10.3 Le raisonnement est analogue à celui développé pour le calcul du champ créé par une nappe surfacique plane de courant. Le courant enlacé n'est pas le même selon que $z \leq a$ ou $z > a$.

10.4 Ces quatre situations ont en commun le contour d'Ampère, un cercle d'axe (O, z) et de rayon r, et se distinguent par le calcul du courant enlacé.

10.5 Le contour d'Ampère est le cercle d'axe (O, z) passant par M. La détermination du courant enlacé doit être faite avec soin.

10.6 Le cas du courant axial est classique. Le cas du courant orthoradial est analogue à celui du solénoïde. L'application du théorème de superposition dans le cas hélicoïdal est un modèle du genre.

10.7 Cet exercice assez calculatoire illustre la création d'un champ presque uniforme et celle d'une rampe linéaire de champ dont les applications en mécanique des particules sont importantes. L'une des clés du calcul est le choix de la variable réduite u. Pour la question (d), on utilisera l'équation de Maxwell-Thomson.

10.8 L'étude de l'écartement des lignes de champ et le principe de superposition permettent de conclure.

10.9 L'application du théorème d'Ampère donne le champ magnétique et le calcul de la force de Laplace est une application directe de la formule du cours.

10.10 L'application de la loi du moment cinétique au cadre nécessite le calcul préalable des forces de Laplace puis de leurs moments grâce au bras de levier (programme de première année).

10.11 On calcule le champ magnétique créé par le fil vertical en tout point de la tige, puis la force de Laplace élémentaire pour un tronçon de fil, puis son moment en O, puis le moment total des forces de Laplace par intégration. À l'équilibre, la somme de ce moment et de celui du poids est nul.

10.12 La détermination du champ magnétique utilise le théorème d'Ampère, celle de la pression la loi de la statique des fluides. La détermination de la vitesse se fait en deux temps, en déterminant d'abord la densité volumique d'ions $n(r)$ égale à celle des électrons, puis en reliant cette densité à la pression graçe à la loi des gaz parfaits.

10.13 (a) La loi de la quantité de mouvement, dans laquelle il faut penser à prendre en compte la force de Laplace donne l'équation mécanique. La loi des mailles, dans laquelle il faut prendre en compte la force électromotrice d'induction, donne l'équation électrique. (b) Le bilan de puissance est obtenu en suivant la méthode décrite dans le cours. (c) En éliminant i entre les deux équations, on obtient une équation différentielle du second ordre en z du type oscillateur amorti linéairement.

10.14 La mise en équations électrique et mécanique permet de relier l'intensité $i(t)$ dans la spire et la position $r(t)$. Il faut prendre garde à la non uniformité du champ magnétique dans le calcul des forces de Laplace et dans celui du flux. On obtient, après réduction des équations, une équation du type oscillateur harmonique qui permet de conclure.

10.15 La partie 1 utilise largement la loi de Lenz. Dans la partie 2, on détermine i par application de la loi de Faraday, puis on exprime la résultante des forces de Laplace en intégrant sur le pourtour de la petite spire. La lévitation est possible si la valeur moyenne des forces de Laplace est non nulle, de composante positive sur z.

10.16 Il faut calculer le flux du champ créé par le solénoïde à travers la spire, et non l'inverse.

10.17 Le lacet d'Ampère est le cercle de rayon r passant par M qui enlace I une fois et i N fois.

10.18 On applique le théorème de superposition pour calculer le champ magnétique, somme des champs créés par les deux cylindres. On prendra garde au fait que la distance de M à l'axe des deux cylindres n'est pas le même, et à l'orientation des deux champs.

10.19 Les équations électriques de tension multipliées par les intensités font apparaître des puissances, dérivées par rapport au temps des énergies électrocinétiques.

10.20 Le calcul du champ magnétique ne pose pas de difficulté, on obtient trois termes en l'élevant au carré pour exprimer l'énergie magnétique volumique et en intégrant sur le volume. On identifie chacun de ces trois termes à son équivalent électrocinétique.

10.21 (a) Le calcul du champ magnétique est une application immédiate du théorème d'Ampère. (b) Le calcul de U_m nécessite une intégration spatiale sur r, θ et z. (c) En identifiant U_m à $\frac{1}{2}LI^2$, on en déduit L.

10.22 L'énoncé est parfaitement guidé. La positivité de l'énergie est la conséquence de celle de la grandeur volumique u_m.

10.23 On pourra supposer que le champ magnétique créé par un solénoïde est uniforme à l'intérieur du cylindre qu'il délimite, et nul partout ailleurs. Le nombre de spires de 2 traversées par $\vec{B}_1$ dépend de β.

10.24 Après avoir fléché le circuit, on exprime que $u = 0$ en décomposant cette tension avec la partie gauche puis avec la partie droite de la maille (il est inutile d'écrire la loi des mailles dans la maille comportant le générateur). En passant en grandeurs complexes et en éliminant i grâce à la loi des nœuds, on obtient un système en $(\underline{i_1}, \underline{i_2})$ qui permet de conclure.

10.25 L'approximation dipolaire permet d'identifier $\sin\alpha$ et $\tan\alpha$.

10.26 En mouvement circulaire uniforme, $\vec{v} = r\omega\vec{u}_\theta$.

10.27 Les courants de deux côtés contigus s'annulent, pas ceux sur le contour du grand circuit.

10.28 La question (a) donne l'expression du moment dipolaire de l'équivalent d'une spire circulaire. À la question (b), on peut sommer les moments des spires concentriques et calculer le champ magnétique. À la question (c), on doit sommer les champs créés par les spires coaxiales.

10.29 (a) On utilise le théorème d'Ampère. (b) On utililise la formule du cours. (c) C'est une simple application numérique. (d) On doit décomposer le vecteur $\vec{u}_z$ sur les axes sphériques puis utiliser le théorème de superposition.

10.30 Tout l'exercice se ramène à l'expression des différents paramètres de la formule du champ magnétique créé par la spire élémentaire en fonction de θ. On utilise principalement les relations de trigonométrie.

10.31 La loi du moment cinétique suffit pour conclure.

10.32 (a) Le champ magnétique est donné par la formule du cours dans laquelle on doit identifier r, θ, et surtout les vecteurs de la base sphérique en fonction de ceux de la base cartésienne. (b) On analyse l'énergie potentielle en fonction de θ, à x fixé. (c) On analyse l'énergie potentielle en fonction de x, θ étant égal à la valeur trouvée à la question (b).

10.33 L'énergie potentielle est la somme de l'énergie d'interaction entre $\vec{B}$ et $\vec{m}$ et de l'énergie potentielle de pesanteur. On doit ensuite identifier l'expression obtenue à $f_\alpha(u)$ en définissant α et u.

10.34 L'étude de l'équilibre et de sa stabilité peut être menée en trois temps. On étudie d'abord le pivotement du dipôle selon le principe d'alignement du dipôle au champ. On déplace ensuite le dipôle sur x à partir de O et on cherche si, en migrant vers les zones de champ fort, il est ramené ou éloigné de O. Enfin, on procède de même en déplaçant le dipôle sur y.

Corrigés des exercices

10.1

a) Par intégration :

$$I = \iint \vec{j}\cdot\overrightarrow{dS} = j\cdot\pi b^2$$

b) Les plans $(O, \vec{u}_r, \vec{u}_z)$ et $(O, \vec{u}_r, \vec{u}_\theta)$ sont plans de symétrie des courants, $\vec{B}$ étant orthogonal à ces deux plans, il est nul.

c) Le plan $(O, \vec{u}_r, \vec{u}_z)$ est plan de symétrie des courants donc $\vec{B} = B(r,\theta,z)\vec{u}_\theta$. La distribution de courants est invariante par translation selon $\vec{u}_z$ et par rotation d'angle θ donc $\vec{B} = B(r)\vec{u}_\theta$. La seule composante non nulle de $\vec{B}$ est B_θ et elle ne dépend que de r. L'équation de Maxwell-Ampère en coordonnées cylindriques et en régime permanent s'écrit donc

$$\overrightarrow{\text{rot}}\,\vec{B} = \mu_0\vec{j} \Leftrightarrow \frac{1}{r}\frac{\partial(rB(r))}{\partial r}\vec{u}_z = \mu_0 j\vec{u}_z$$

$$\text{donc } \frac{\partial(rB(r))}{\partial r} = \mu_0 jr$$

$$\text{donc } rB(r) = \mu_0 j\frac{r^2}{2} + A \text{ et } B(r) = \mu_0 j\frac{r}{2} + \frac{A}{r}$$

La condition aux limites est $B(0) = 0$ donc $A = 0$ et $\vec{B}(r) = \frac{\mu_0 jr}{2}\vec{u}_\theta$ pour $r \le b$. On en déduit $B(r = b^-) = \frac{\mu_0 jb}{2}$.

d) Pour $r > b$, les symétries et invariances sont les mêmes mais $\vec{j} = \vec{0}$, l'équation de Maxwell-Ampère s'écrit donc

$$\frac{\partial(rB(r))}{\partial r} = 0 \text{ donc } rB(r) = K \text{ et } B(r) = \frac{K}{r}$$

La continuité du champ en $r = b$ entraîne

$$B(r = b^-) = B(r = b^+) \text{ soit } \frac{\mu_0 jb}{2} = \frac{K}{b}$$

$$\text{donc } K = \frac{\mu_0 jb^2}{2}$$

donc $\vec{B}(r) = \frac{\mu_0 jb^2}{2r}\vec{u}_\theta = \frac{\mu_0 I}{2\pi r}\vec{u}_\theta$ pour $r > b$.

10.2

a) Les plans (O, x, z) et (O, y, z) sont plans d'antisymétrie des courants, le champ magnétique est donc dans leur intersection donc $\vec{B}(M)$ est selon $\vec{u}_z$.

b) On a $\sin\alpha = \frac{b}{\sqrt{b^2+z^2}} = \frac{1}{\sqrt{1+\frac{z^2}{b^2}}}$ donc

$$\vec{B} = \frac{\mu_0 I}{2b}\left(1+\frac{z^2}{b^2}\right)^{-\frac{3}{2}}\vec{u}_z$$

c) Le plan $(O, \vec{u}_r, \vec{u}_z)$ est plan d'antisymétrie des courants donc $\vec{B}$ est inclus dans ce plan et sa composante sur $\vec{u}_\theta$ est nulle.

d) L'équation de Maxwell-Thomson $\text{div}\,\vec{B} = 0$ donne ici, en coordonnées cylindriques, en utilisant $B_\theta = 0$:

$$\frac{1}{r}\frac{\partial(rB_r)}{\partial r} + \frac{\partial B_z}{\partial z} = 0$$

L'énoncé suppose que B_z ne dépend que de z, donc sa valeur en P est la même qu'en M et $B_z = \frac{\mu_0 I}{2b}\left(1+\frac{z^2}{b^2}\right)^{-\frac{3}{2}}$ donc

$$\frac{1}{r}\frac{\partial(rB_r)}{\partial r} - \frac{3\mu_0 I}{4b}\cdot\frac{2z}{b^2}\cdot\left(1+\frac{z^2}{b^2}\right)^{-\frac{5}{2}} = 0$$

$$\text{donc } rB_r = \frac{3\mu_0 zI}{2b^3}\left(1+\frac{z^2}{b^2}\right)^{-\frac{5}{2}}\cdot\frac{r^2}{2} + K(z)$$

$$\text{donc } B_r = \frac{3\mu_0 Izr}{4b^3}\left(1+\frac{z^2}{b^2}\right)^{-\frac{5}{2}} + \frac{K(z)}{r}$$

En M, $r=0$ et $\vec{B}$ est selon $\vec{u}_z$ donc $B_r = 0$ donc le terme $\frac{K(z)}{r}$ (qui divergerait sinon) est nul et $K(z) = 0$. On en déduit que

$$\vec{B}(P) = \left|\begin{array}{l} B_r = \frac{3\mu_0 Izr}{4b^3}\left(1+\frac{z^2}{b^2}\right)^{-\frac{5}{2}} \\ B_\theta = 0 \\ B_z = \frac{\mu_0 I}{2b}\left(1+\frac{z^2}{b^2}\right)^{-\frac{3}{2}} \end{array}\right.$$

10.3

Les notations, les symétries et les invariances sont les mêmes que dans l'exemple de la première fiche méthode (équations de Maxwell) et $\vec{B} = B(z)\vec{u}_x$. Le contour d'Ampère est le rectangle de largeur h arbitraire, situé entre $+z$ et $-z$.

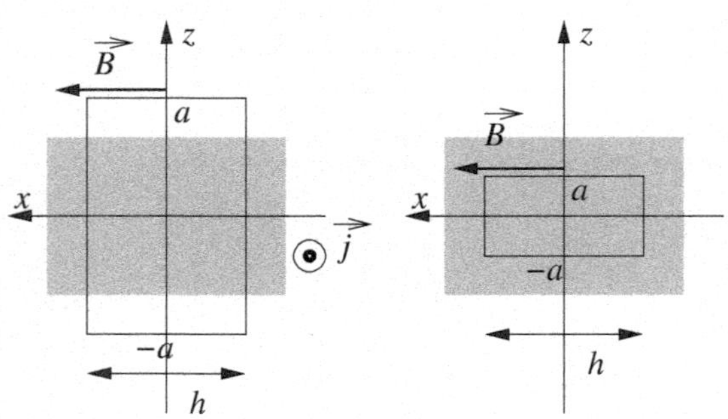

La circulation de $\vec{B}$ sur ce rectangle est

$$\oint \vec{B}\cdot\vec{d\ell} = B\cdot h + 0 + B\cdot h + 0 = 2Bh$$

Le courant enlacé n'est pas le même dans les deux cas. Si $0 \leq z \leq a$, le rectangle, de surface $h\cdot 2z$ est complètement plongé dans le conducteur et $I_{\text{enlacé}} = 2zhj$. Le théorème d'Ampère donne donc

$$2Bh = \mu_0\cdot 2zhj \text{ donc } \vec{B} = \mu_0 jz\vec{u}_x$$

Si $z > a$, le courant ne passe qu'à travers la surface $h\cdot 2a$ et $I_{\text{enlacé}} = 2ahj$. Le théorème d'Ampère donne donc

$$2Bh = \mu_0\cdot 2ahj \text{ donc } \vec{B} = \mu_0 ja\vec{u}_x$$

10.4

Dans les trois cas, le plan $(O, \vec{u}_r, \vec{u}_z)$ est plan de symétrie des courants donc $\vec{B} = B(r,\theta,z)\vec{u}_\theta$. Les distributions de courant sont invariantes par translation selon $\vec{u}_z$ et par rotation d'angle θ donc $\vec{B} = B(r)\vec{u}_\theta$. Le contour d'Ampère est à chaque fois le cercle de centre O et de rayon r.

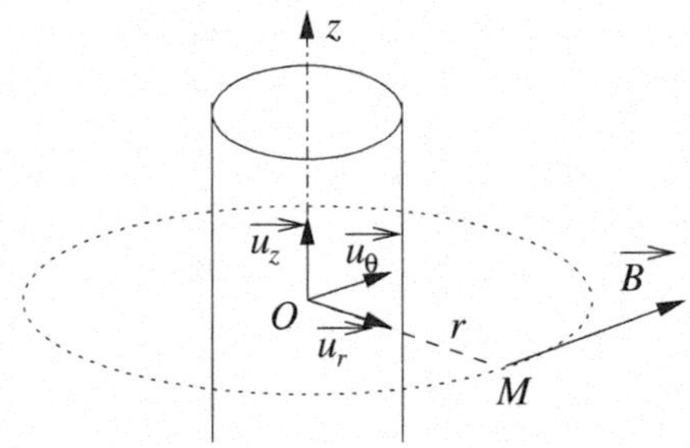

La circulation de $\vec{B}$ est

$$\oint \vec{B}\cdot\vec{d\ell} = B(r)\cdot 2\pi r$$

a) Le courant enlacé est I et le théorème d'Ampère s'écrit donc

$$B\cdot 2\pi r = \mu_0 I \text{ donc } \vec{B} = \frac{\mu_0 I}{2\pi r}\vec{u}_\theta$$

b) Si $r \leq b$, le contour d'Ampère est complètement plongé dans le cylindre donc $I_{\text{enlacé}} = \pi r^2 j$ et le théorème d'Ampère donne

$$B\cdot 2\pi r = \mu_0\pi r^2 j \text{ donc } \vec{B} = \frac{\mu_0 jr}{2}\vec{u}_\theta$$

Si $r > b$, le cylindre de rayon b est complètement enlacé dans le contour d'Ampère donc $I_{\text{enlacé}} = \pi b^2 j$ et le théorème d'Ampère donne

$$B\cdot 2\pi r = \mu_0\pi b^2 j \text{ donc } \vec{B} = \frac{\mu_0 jb^2}{2r}\vec{u}_\theta$$

On remarque que le champ magnétique est continu en $r = b$.

c) On raisonne comme dans la question précédente, mais il faut faire un calcul intégral pour mesurer l'intensité du courant enlacé. Pour éviter de confondre variable d'intégration et borne, notons R la variable rayon. Si $r \leq b$:

$$I_{\text{enlacé}} = \int_{R=0}^{r}\int_{\theta=0}^{2\pi} j_0\frac{R}{b}\vec{u}_z\cdot R dR d\theta\vec{u}_z$$

$$= j_0\left[\frac{R^3}{3b}\right]_0^r [\theta]_0^{2\pi} = \frac{2j_0\pi r^3}{3b}$$

Si $r > b$:

$$I_{enlacé} = \int_{R=0}^{b}\int_{\theta=0}^{2\pi} j_0 \frac{R}{b}\vec{u}_z \cdot R dR d\theta \vec{u}_z$$

$$= j_0 \left[\frac{R^3}{3b}\right]_0^b [\theta]_0^{2\pi} = \frac{2j_0\pi b^2}{3}$$

L'application du théorème d'Ampère donne donc

$$\vec{B} = \begin{cases} \frac{\mu_0 j_0 r^2}{3b} & \text{si } r \leq b \\ \frac{\mu_0 j_0 b^2}{3r} & \text{si } r > b \end{cases}$$

On remarque que le champ magnétique est continu en $r = b$.

d) Si $r < b$, le contour d'Ampère est à l'intérieur de la plaque cylindrique donc $I_{enlacé} = 0$ et $\vec{B} = \vec{0}$. Si $r > b$, le contour enlace la totalité de la plaque et $I_{enlacé} = j_S \cdot 2\pi b = I$ donc le théorème d'Ampère donne

$$\vec{B} = \frac{\mu_0 I}{2\pi r}\vec{u}_\theta$$

La discontinuité du champ magnétique en $r = b$ est

$$\delta B = B(r = b^+) - B(r = b^-) = \frac{\mu_0 I}{2\pi b} = \mu_0 j_S$$

10.5

Pour M intérieur au tore, le plan de coupe de la figure $(O, \vec{u}_r \vec{u}_z)$ est plan de symétrie des courants donc $\vec{B} = B(r,\theta,z)\vec{u}_\theta$. La distribution de courants est invariante par rotation d'angle θ donc $\vec{B} = B(r,z)\vec{u}_\theta$. Le contour d'Ampère est le cercle de rayon r qui passe par M. La circulation de $\vec{B}$ est

$$\oint \vec{B}\cdot\vec{d\ell} = B\cdot 2\pi r$$

Le courant enlacé est celui circulant, vers l'avant de la figure, dans les N spires à leur passage en $r = a$ donc

$$I_{enlacé} = N \cdot i$$

Le théorème d'Ampère donne donc

$$B \cdot 2\pi r = \mu_0 N i \text{ donc } \vec{B} = \frac{\mu_0 i}{2\pi r}\vec{u}_\theta$$

10.6

a) Le plan $(O, \vec{u}_r, \vec{u}_z)$ est plan de symétrie des courants donc $\vec{B} = B(r,\theta,z)\vec{u}_\theta$. La distribution de courant est invariante par translation selon $\vec{u}_z$ et par rotation d'angle θ donc $\vec{B} = B(r)\vec{u}_\theta$. Le contour d'Ampère est le cercle de centre O et de rayon r.

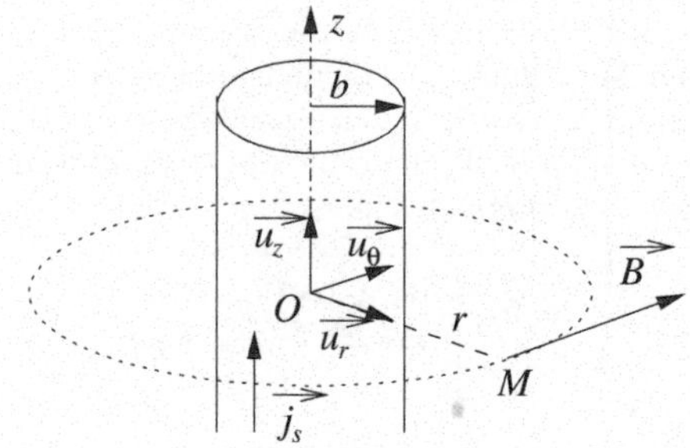

La circulation de $\vec{B}$ est

$$\oint \vec{B}\cdot\vec{d\ell} = B\cdot 2\pi r$$

Si $r < b$, le contour d'Ampère est à l'intérieur de la plaque et le courant enlacé est nul donc $\vec{B} = \vec{0}$. Si $r > b$, le contour d'Ampère enlace la plaque toute entière de périmètre $\ell = 2\pi b$ donc $I_{enlacé} = j_S \ell = j_S \cdot 2\pi b$. Le théorème d'Ampère donne donc

$$B \cdot 2\pi r = \mu_0 j_S \cdot 2\pi b \text{ donc } \vec{B} = \frac{\mu_0 j_S b}{r}\vec{u}_\theta$$

b) Le plan $(O, \vec{u}_r, \vec{u}_\theta)$ est plan de symétrie des courants donc $\vec{B} = B(r,\theta,z)\vec{u}_z$. La distribution de courants est invariante par translation selon $\vec{u}_z$ et par rotation d'angle θ donc $\vec{B} = B(r)\vec{u}_z$. Choisissons comme contour d'Ampère le rectangle (EFGH) de hauteur h arbitraire.

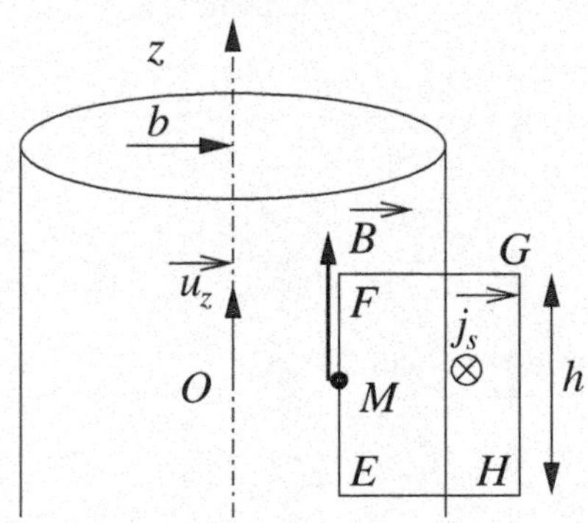

La circulation de $\vec{B}$ est

$$\oint \vec{B}\cdot\vec{d\ell} = \int_E^F B\cdot d\ell + \int_F^G 0 + \int_G^H \vec{0}\cdot\vec{d\ell} + \int_H^E 0 = Bh$$

Le courant enlacé est celui circulant à travers la bandelette de largeur h, soit $j_S h$. Le théorème d'Ampère donne :

$$Bh = \mu_0 j_S h \text{ donc } \vec{B} = \mu_0 j_S \vec{u}_z$$

Cette expression est cohérente avec celle $\vec{B} = \mu_0 n i \vec{u}_z$ du solénoïde, le produit ni s'assimilant bien à la densité surfacique de courant orthoradial.

c) Cette distribution de courants est la superposition d'un courant surfacique axial de densité $j_S \sin\alpha \vec{u}_z$ et d'un courant surfacique orthoradial de densité $j_S \cos\alpha \vec{u}_\theta$. Le théorème de superposition donne donc, en utilisant les résultats des deux premières questions :

$$\vec{B} = \left| \begin{array}{l} \mu_0 j_S \cos\alpha \vec{u}_z \text{ si } r < b \\ \frac{\mu_0 j_S \sin\alpha b}{r} \vec{u}_\theta \text{ si } r > b \end{array} \right.$$

10.7

a) Par théorème de superposition :

$$\vec{B}(z) = \frac{\mu_0 I}{2b} [F(D+z) + F(-D+z)] \vec{u}_z$$

$$\text{donc } G(z) = F(D+z) + F(-D+z)$$

b) Avec $D = \frac{b}{2}$, on peut écrire

$$G(z) = \left[1 + \left(\frac{z}{b} + \frac{1}{2}\right)^2\right]^{-\frac{3}{2}} + \left[1 + \left(\frac{z}{b} - \frac{1}{2}\right)^2\right]^{-\frac{3}{2}}$$

En posant $u = \frac{z}{b}$ et en utilisant les développements limités donnés par l'énoncé, les termes d'ordre 1 et 3 s'éliminent et

$$G(z) = \frac{8}{5\sqrt{5}} \left(2 - \frac{288}{125} u^4 + o(u^4)\right)$$

c) En $B = 0$, $G(0) = \frac{16}{5\sqrt{5}}$. On en déduit l'écart relatif

$$\frac{|B(z) - B(0)|}{B(0)} = \frac{|G(z) - G(0)|}{G(0)}$$

$$= \frac{\left|\frac{16}{5\sqrt{5}}\left(1 + \frac{144}{125}u^4\right) - \frac{16}{5\sqrt{5}}\right|}{\frac{16}{5\sqrt{5}}} = \frac{144}{125} u^4$$

Cet écart est inférieur à 2 % si

$$u < \sqrt[4]{\frac{0,02 \times 125}{144}} \text{ soit } z < 0,363b$$

donc $\alpha = 0,363$. Ce dispositif assure donc un champ presque constant sur une largeur importante entre les bobines.

d) D'après l'équation de Maxwell-Thomson en coordonnées cylindriques

$$\operatorname{div} \vec{B} = 0 \Leftrightarrow \frac{1}{r}\frac{\partial(rB_r)}{\partial r} + \frac{\partial B_z}{\partial z}$$

Au voisinage de 0 :

$$B_z \simeq \beta\left(1 - \frac{144 z^4}{125 b^4}\right) \text{ avec } \beta = \frac{16\mu_0 I}{10 b\sqrt{5}}$$

$$\text{donc } \frac{\partial B_z}{\partial z} \simeq -4\beta \frac{144 z^3}{125 b^4}$$

$$\text{donc } rB_r \simeq 2\beta \frac{144 z^3}{125 b^4} r^2 + K$$

En $r = 0$, $B_r = 0$ donc $K = 0$ et

$$B_r \simeq 2\beta \frac{144 z^3}{125 b^4} r$$

B_r reste donc très faible quand r et z sont proches de 0.

e) Pour $D = \frac{R\sqrt{3}}{2}$, et en tenant compte du changement de signe de I dans la spire de gauche :

$$G(z) = -F(D+z) + F(-z+D)$$

$$= -\left[1 + \left(\frac{z}{b} + \frac{\sqrt{3}}{2}\right)^2\right]^{-\frac{3}{2}} + \left[1 + \left(\frac{z}{b} - \frac{\sqrt{3}}{2}\right)^2\right]^{-\frac{3}{2}}$$

En utilisant les développements limités fournis par l'énoncé, on constate que les termes d'ordre 0, 2 et 4 s'éliminent et

$$G(z) = \frac{8\sqrt{7}}{49}\left(\frac{12\sqrt{3}}{7} u + \frac{2108\sqrt{3}}{2401} u^5 + o(u^5)\right)$$

Le terme d'ordre 5 est négligeable devant celui d'ordre 1 si $z \ll b$ et

$$\vec{B} \simeq \frac{\mu_0 I}{2b} \cdot \frac{8\sqrt{7}}{49} \cdot \frac{12\sqrt{3}}{7} \cdot \frac{z}{b} \vec{u}_z$$

qui est bien une rampe linéaire de champ.

10.8

Dans le premier cas, nord contre nord, au centre O du dispositif, les champs créés par les deux aimants sont opposés donc le champ est nul. C'est au niveau des pôles sud que les lignes de champ magnétique sont les plus serrées, et que le champ est maximal. Dans le second cas, nord contre sud, dans l'espace central, les champs magnétiques sont de même direction et de même sens, et c'est au niveau du pôle nord de l'aimant de gauche et au niveau du pôle sud de celui de droite que les lignes sont les plus serrées, donc que le champ est maximal. c'est au dessus et en dessous des aimants que les lignes sont les plus espacées et que le champ est minimal.

10.9

Les notations sont celles du schéma suivant.

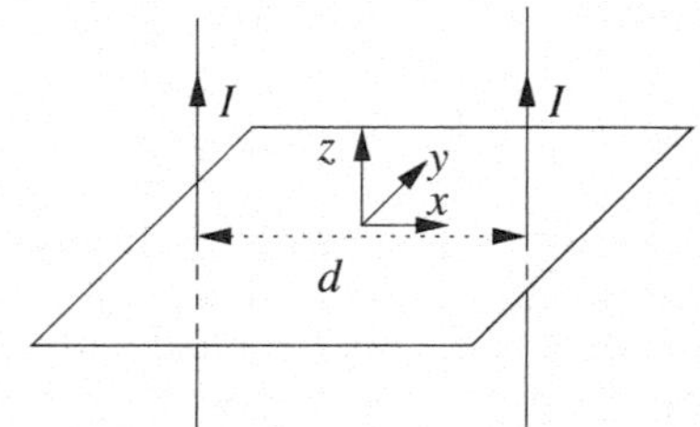

Le champ magnétique exercé par un fil sur l'autre est celui créé à la distance d, soit $\vec{B} = \frac{\mu_0 I}{2\pi d}\vec{u}_y$. La force de Laplace subie par le tronçon de fil concerné est

$$\vec{F}_L = IL\vec{u}_z \wedge \frac{\mu_0 I}{2\pi d}\vec{u}_y = -\frac{\mu_0 I^2 L}{2\pi d}\vec{u}_x$$

On en déduit

$$I = \sqrt{\frac{4\pi\cdot 10^{-7}}{\mu_0 dL}} = \sqrt{\frac{1}{dL}} = 1{,}00\text{ A}$$

Ce résultat numérique qui tombe juste correspond en fait à la définition de l'ampère.

10.10

Les forces de Laplace sur les côtés (FG) et (HE) sont parallèles à l'axe de rotation du cadre donc leur moment est nul. Déterminons les forces de Laplace sur les deux autres côtés.

$$\begin{cases} \vec{F}_{EF} = -iL\vec{u}_z \wedge B\vec{u}_x = -iLB\vec{u}_y \\ \vec{F}_{GH} = iL\vec{u}_z \wedge B\vec{u}_x = iLB\vec{u}_y \end{cases}$$

Les bras de levier de ces deux forces sont égaux à

$$d = \frac{D}{2}\sin\theta$$

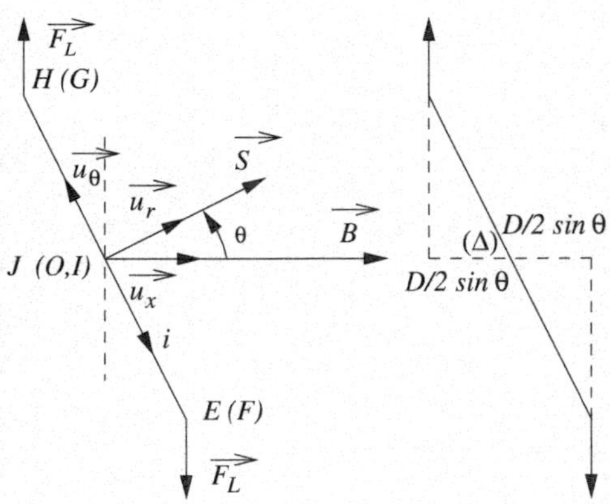

À l'équilibre la somme des moments est nulle

$$\mathcal{M}_\Delta(\vec{F}_{EF}) + \mathcal{M}_\Delta(\vec{F}_{GH}) + \Gamma_r = 0 \text{ soit}$$

$$-iLB\frac{D}{2}\sin\theta - iLB\frac{D}{2}\sin\theta - C(\theta_0 - \theta) = 0$$

$$\text{donc } i = \frac{C(\theta_0 - \theta)}{LBD\sin\theta}$$

10.11

Le champ magnétique créé par le fil vertical en un point du plan de la figure est $\vec{B} = -\frac{\mu_0 i}{2\pi y}\vec{u}_z$. Pour un point M de la tige repéré par $\overrightarrow{OM} = r\vec{u}_r$, $y = r\sin\theta$ donc $\vec{B}(r) = -\frac{\mu_0 i}{2\pi r\sin\theta}\vec{u}_z$. La force de Laplace subie par un tronçon de tige de longueur dr autour de M est donc

$$\overrightarrow{dF}_L = i\,dr\,\vec{u}_r \wedge \vec{B}(r) = \frac{\mu_0 i^2 dr}{2\pi r\sin\theta}\vec{u}_\theta$$

Son moment élémentaire en O est donc

$$d\vec{\mathcal{M}}_O = \overrightarrow{OM} \wedge \overrightarrow{dF}_L = \frac{\mu_0 i^2 dr}{2\pi\sin\theta}\vec{u}_z$$

Sa projection sur l'axe Δ est donc

$$d\mathcal{M}_\Delta = \frac{\mu_0 i^2 dr}{2\pi\sin\theta}$$

et le moment résultant des forces de Laplace est donc

$$\mathcal{M}_\Delta(\vec{F}_L) = \int_{r=0}^{L} d\mathcal{M}_\Delta = \frac{\mu_0 i^2 L}{2\pi\sin\theta}$$

Le poids s'exerce en G avec $\overrightarrow{OG} = \frac{L}{2}\vec{u}_r$. Le bras de levier est donc $d = \frac{L}{2}\sin\theta$ et son moment est

$$\mathcal{M}_\Delta(\vec{P}) = -mg\frac{L}{2}\sin\theta$$

À l'équilibre de la tige, la somme des moments est nulle donc

$$\frac{\mu_0 i^2 L}{2\pi\sin\theta} - mg\frac{L}{2}\sin\theta = 0$$

$$\text{soit } i = \sqrt{\frac{\pi mg}{\mu_0}}\sin\theta$$

10.12

a) La distribution de courants est symétrique par rapport à $(O, \vec{u}_r, \vec{u}_z)$ et invariante par translation selon $\vec{u}_z$ et par rotation d'angle θ donc $\vec{B} = B(r)\vec{u}_\theta$. L'application du théorème d'Ampère à un contour circulaire de rayon r donne

$$B(r)\cdot 2\pi r = \mu_0 j\cdot\pi r^2 \text{ donc } \vec{B}(r) = \frac{\mu_0 jr}{2}\vec{u}_\theta$$

b) Chaque particule de fluide est en équilibre sous l'action des forces de pression de résultante volumique $-\overrightarrow{\text{grad}}\,P$ et des forces volumiques de Laplace de résultante volumique $\vec{j} \wedge \vec{B}$. À l'équilibre, on a donc

$$-\frac{dP}{dr}\vec{u}_r + j\vec{u}_z \wedge B(r)\vec{u}_\theta = \vec{0}$$

$$\text{donc } \frac{dP}{dr} = -jB(r) = -\frac{\mu_0 j^2 r}{2}$$

$$\text{donc } P(r) = K - \frac{\mu_0 j^2 r^2}{4}$$

Le cylindre est entouré de vide donc $P(b) = 0$ donc

$$K = \frac{\mu_0 j^2 b^2}{4}$$

$$\text{et } P(r) = \frac{\mu_0 j^2 (b^2 - r^2)}{4}$$

c) Soit $n(r)$ le nombre d'électrons par mètre cube. Il est égal au nombre d'ions par mètre cube. La loi des gaz parfaits s''écrit

$$P(r)V = \frac{n(r)V}{\mathcal{N}_A} RT \text{ donc } P(r) = n(r) k_B T$$

On en déduit que

$$n(r) = \frac{\mu_0 j^2 (b^2 - r^2)}{4 k_B T}$$

Le courant étant électronique, $\vec{j} = n(r) \cdot (-e) \vec{v}(r)$ donc

$$\vec{v}(r) = -\frac{j}{en(r)} \vec{u}_z = -\frac{4 k_B T}{\mu_0 e j (b^2 - r^2)} \vec{u}_z$$

Remarquons que cette expression diverge quand r tend vers b, ce qui est normal car la densité particulaire tend vers 0 (à l'approche du vide), et pour assurer $\vec{j}$ uniforme, il faudrait que la vitesse soit infinie, c'est donc une anomalie de ce modèle.

d) La pression est décroissante du cœur du cylindre ($r = 0$) vers l'extérieur ($r = b$) et quand le courant cesse de fonctionner, le cylindre a tendance à exploser, d'où l'onde de choc sonore.

10.13

a) L'arbre des conséquences est le suivant : (i) le poids fait chuter la tige ; (ii) l'aire du rectangle augmente ; (iii) le flux de $\vec{B}$ varie ; (iv) une force électromotirce d'induction apparaît ; (v) un courant circule ; (vi) la force de Laplace est ajoutée aux autres forces dans l'équation mécanique. L'orientation de i dans le circuit permet de calculer la force de Laplace et l'équation mécanique s'écrit, en projection sur l'axe z :

$$m\ddot{z} = mg - 2k(z - \ell_0) - \alpha\dot{z} + iDB$$

Le flux du champ magnétique, en tenant compte de l'orientation du circuit et celle associée du vecteur $\overrightarrow{dS}$ vaut

$$\Phi = B \cdot Dz \text{ donc } e = -\frac{d\Phi}{dt} = -BD\dot{z}$$

Le circuit électrique équivalent est

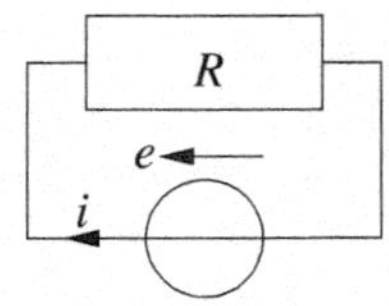

La loi des mailles s'écrit donc

$$e = Ri \text{ soit } -BD\dot{z} = Ri$$

b) En multipliant l'équation mécanique par $\dot{z}$ et l'équation électrique par i, il vient

$$\begin{cases} m\ddot{z}\dot{z} = mg\dot{z} - 2k(z - \ell_0)\dot{z} - \alpha\dot{z}^2 + iDB\dot{z} \\ -BD\dot{z}i = Ri^2 \end{cases}$$

$$\text{soit } \begin{cases} \frac{d}{dt}\left[\frac{1}{2}m\dot{z}^2 - mgz + k(z - \ell_0)^2\right] = -\alpha\dot{z}^2 + iDB\dot{z} \\ -BD\dot{z}i = Ri^2 \end{cases}$$

On remarque que la puissance d'induction

$$\mathcal{P}_{\text{ind}} = -BD\dot{z}i$$

est opposée à la puissance de la force de Laplace

$$\mathcal{P}_L = iDB\dot{z}$$

En soustrayant les deux égalités, on en déduit

$$\frac{d}{dt}\left[\frac{1}{2}m\dot{z}^2 - mgz + k(z - \ell_0)^2\right] = -\alpha\dot{z}^2 - Ri^2$$

On peut donc dire que la dérivée par rapport au temps de l'énergie mécanique de la tige, somme de l'énergie cinétique $\frac{1}{2}m\dot{z}^2$, de l'énergie potentielle de pesanteur $-mgz$ (l'axe z est dirigé vers le bas) et de l'énergie potentielle élastique $k(z - \ell_0)^2$ (il y a 2 ressorts) est égale à la somme des puissances négatives des deux phénomènes dissipatifs, celle du frottement mécanique $-\alpha\dot{z}^2$ et celle de l'effet Joule $-Ri^2$.

c) En éliminant i grâce à l'équation électrique, l'équation différentielle vérifiée par $z(t)$ est

$$\ddot{z} + \left(\frac{\alpha}{m} + \frac{B^2D^2}{mR}\right)\dot{z} + \frac{2k}{m}z = \frac{2k}{m}\left(l_0 + \frac{mg}{2k}\right)$$

En régime pseudo-périodique, on a une équation d'oscillateur amorti autour de la position d'équilibre

$$z_{eq} = l_0 + \frac{mg}{2k}$$

Le temps caractéristique d'amortissement est l'opposé de l'inverse de la partie réelle de la solution de l'équation caractéristique :

$$\tau = \frac{2}{\frac{\alpha}{m} + \frac{B^2D^2}{mR}}$$

10.14

L'arbre des conséquences est le suivant : (i) la spire est lancée ; (ii) elle se déplace donc vers des zones où le champ magnétique est plus fort en norme ; (iii) le flux de $\vec{B}$ varie ; (iv) une force électromotrice d'induction apparaît ; (v) un courant apparaît ; (vi) une force de Laplace apparaît et perturbe le mouvement de la spire. Orientons arbitrairement la spire dans le sens horaire et notons i l'intensité du courant. La somme des forces de Laplace sur les deux côtés parallèles à (O, x) est nulle. La loi de la quantité de mouvement s'écrit

$$m\ddot{r} = +ibB_0\left(1+\frac{r}{\lambda}\right) - ibB_0\left(1+\frac{r+a}{\lambda}\right)$$

$$\text{soit } m\ddot{r} = -ibB_0\frac{a}{\lambda}$$

Le flux de $\vec{B}$ à travers le rectangle est, en tenant compte de l'orientation opposée de $\vec{B}$ et de $\overrightarrow{dS}$:

$$\Phi = -\int_{x=r}^{r+a}\int_{y=0}^{b} B_0\left(1+\frac{x}{\lambda}\right)dx\,dy$$

$$\Phi = -B_0ab\left[1+\frac{2r+a}{2\lambda}\right]$$

La loi de Faraday donne

$$e = -\frac{d\Phi}{dt} = B_0ab\frac{\dot{r}}{\lambda}$$

Le circuit électrique équivalent est

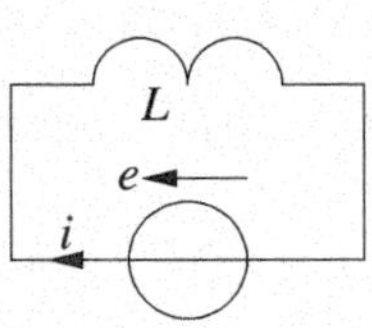

L'équation électrique s'écrit donc

$$B_0ab\frac{\dot{r}}{\lambda} = L\frac{di}{dt}$$

On intègre cette équation entre $(t=0, r=0, i=0)$ et (t, r, i) :

$$\frac{B_0ab}{\lambda}r(t) = Li(t) \text{ donc } i(t) = \frac{B_0abr(t)}{L\lambda}$$

On remplace dans l'équation mécanique :

$$m\ddot{r} = -\frac{a^2b^2B_0^2}{L\lambda^2}r$$

$$\text{donc } \ddot{r} + \frac{a^2b^2B_0^2}{mL\lambda^2}r = 0$$

C'est une équation d'oscillateur harmonique de pulsation

$$\omega_0 = \frac{abB_0}{\lambda\sqrt{mL}}$$

En tenant compte des conditions initiales

$$r(t) = \frac{V_0}{\omega_0}\sin(\omega_0 t)$$

La vitesse $\dot{r}$ s'annule quand $\cos(\omega_0 t) = 0$, ce qui arrive pour la première fois à la date

$$\tau = \frac{\pi}{2\omega_0} = \frac{\pi\lambda\sqrt{mL}}{2abB_0}$$

On en déduit

$$L = \frac{4\tau^2a^2b^2B_0^2}{\pi^2\lambda^2m}$$

À cette date, $\dot{r}$ est nul et r est maximal donc i aussi : les forces de Laplace vont donc agir et ramener la spire dans le sens des x décroissants. On peut donc considérer qu'il y a conversion alternative d'énergie cinétique $\frac{1}{2}m\dot{r}^2$ en énergie magnétique $\frac{1}{2}Li^2$.

10.15

Partie 1 : lévitation à la fermeture : étude qualitative.

a) Le flux à travers la petite spire augmente dans le sens de $\vec{u}_z$ donc le courant induit créera un contre-champ, dirigé selon $-\vec{u}_z$, donc dans le sens contraire à celui de la grande spire, selon $-\vec{u}_\theta$. On remarque que la petite spire présente à la grande spire une face Nord, et que la grande présente à la petite une face Nord, donc les spires auront tendance à se repousser.

b) La force de Laplace sur un tronçon $d\vec{\ell} = ad\theta\vec{u}_\theta$ de la petite spire s'écrit

$$d\vec{F}_L = -iad\theta\vec{u}_\theta \wedge B_0\left[\vec{u}_z + \frac{3az}{2(z^2+R^2)}\vec{u}_r\right]$$

$$d\vec{F}_L = -iaB_0d\theta\vec{u}_r + \frac{3zia^2B_0}{2(z^2+R^2)}d\theta\vec{u}_z$$

en notant $B_0 = \frac{\mu_0IR^2}{2}(z^2+R^2)^{-3/2}$. Le premier terme tend à comprimer la spire (conforme à la loi de Lenz, pour diminuer le flux croissant vers le haut), et la résultante est nulle en intégrant sur la spire. Le second terme est bien dirigé vers le haut et sa résultante est $\frac{3zia^2B_0\pi}{(z^2+R^2)}\vec{u}_z$ (conforme à la loi de Lenz, la spire fuyant vers les zones de champ magnétique moindre pour diminuer le flux). Si l'augmentation de I est rapide, i sera grand et la force de répulsion peut être supérieure au poids.

Partie 2 : lévitation sous l'action d'un champ magnétique variable.

a) On oriente i dans le sens de $\vec{u}_\theta$. Posons $S = R^3(z^2+R^2)^{-\frac{3}{2}}$. On calcule le flux de $\vec{B}$ créé par la grande spire à travers la petite spire puis la fém d'induction :

$$\Phi = \frac{\mu_0 I_0}{2R}\cos(\omega t)S$$

$$\text{donc } e = -\frac{d\Phi}{dt} = \frac{\mu_0 I_0 \omega}{2R}\sin(\omega t)S$$

Le schéma électrique équivalent de la petite spire comporte la fém d'induction et la résistance R' donc

$$i(t) = \frac{e}{R'} = \frac{\mu_0 I_0 \omega}{2RR'}\sin(\omega t)S$$

La résultante des forces de Laplace vaut

$$\vec{F}_L = \frac{\mu_0 I R^2}{2}(z^2+R^2)^{-3/2}\cdot\frac{-3zia^2\pi}{(z^2+R^2)}\vec{u}_z$$

$$\text{soit } \vec{F}_L = F_0\cos(\omega t)\sin(\omega t)$$

Sa valeur moyenne dans le temps est donc nulle car

$$<\cos(\omega t)\sin(\omega t)> = \frac{1}{2}<\sin(2\omega t)> = 0$$

b) Si on ne néglige pas l'inductance de la bobine, le schéma électrique équivalent de la petite spire comporte la fém d'induction, la résistance R' et l'inductance L.

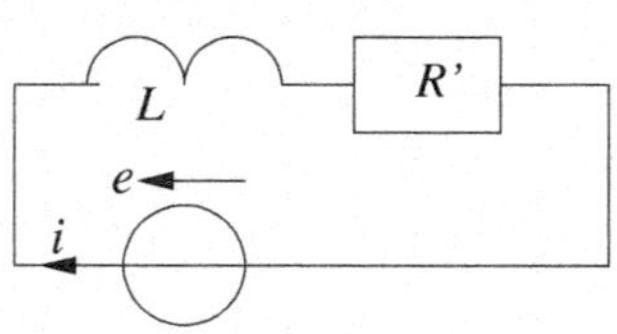

L'équation différentielle s'écrit

$$L\frac{di}{dt} + R'i = e = \frac{\mu_0 I_0 \omega}{2R}\sin(\omega t)S$$

La solution est proposée est confome au régime sinusoïdal forcé et s'écrit

$$i(t) = I_m\sin(\omega t - \varphi) = I_m\sin(\omega t)\cos\varphi - I_m\sin\varphi\cos(\omega t)$$

Or φ est un petit angle donc

$$i(t) \simeq I_m\sin(\omega t) - I_m\varphi\cos(\omega t)$$

En remplaçant dans l'équation différentielle, il vient :

$$LI_m\omega\cos(\omega t) + LI_m\omega\varphi\sin(\omega t)$$

$$-R'I_m\cos(\omega t) + R'\varphi I_m\sin(\omega t) =$$

$$\frac{\mu_0 I_0 \omega}{2R}\sin(\omega t)S$$

Or $\varphi = \frac{L\omega}{R'}$ donc l'équation se simplifie et devient

$$\left(R' + \frac{L^2\omega^2}{R'}\right)I_m\sin(\omega t) = \frac{\mu_0 I_0 \omega}{2R}\sin(\omega t)S$$

$$\text{donc } I_m = \frac{\mu_0 I_0 \omega R'}{2R(R'^2 + L^2\omega^2)}S$$

On en déduit la résultante des forces de Laplace :

$$\vec{F}_L = \frac{\mu_0 I_0 R^2}{2}(z^2+R^2)^{-3/2}\cdot\frac{-3zia^2\pi}{(z^2+R^2)}\vec{u}_z$$

$$\text{soit } \vec{F}_L = -F_1\cos(\omega t)\sin(\omega t - \varphi)\vec{u}_z$$

$$\text{avec } F_1 = \frac{3\mu_0^2 I_0^2 \omega R' \pi a^2 z R^4}{4(R'^2+L^2\omega^2)(z^2+R^2)^4}$$

$$\text{or } \cos(\omega t)\sin(\omega t - \varphi) =$$

$$\sin(\omega t)\cos(\omega t)\cos\varphi - \cos^2(\omega t)\sin\varphi$$

$$\text{donc } <\cos(\omega t)\sin(\omega t - \varphi)> =$$

$$-\frac{1}{2}\sin\varphi \simeq -\frac{\varphi}{2} = -\frac{L\omega}{2R'}$$

Par suite, la valeur moyenne des forces de Laplace s'écrit

$$<\vec{F}_L> = F_1\frac{L\omega}{2R'}\vec{u}_z$$

La force moyenne est donc dirigée vers le haut, et peut compenser le poids, d'où l'effet de lévitation.

10.16 Le champ magnétique créé par le solénoïde est uniforme

$$\vec{B}_{sol} = \mu_0\frac{10N}{D}i_{sol}\vec{u}_z$$

Son flux à travers la spire est donc

$$\Phi_{sol\to sp} = N\cdot\mu_0\frac{10N}{D}i_{sol}\cdot\pi R^2$$

$$\text{soit } \Phi_{sol\to sp} = \mu_0\frac{10N^2\pi R^2}{D}i_{sol}$$

$$\text{donc } M = \mu_0\frac{10N^2\pi R^2}{D}$$

10.17

a) L'application du théorème d'Ampère le long d'un lacet circulaire de rayon r orienté dans le sens de $\vec{u}_\theta$ donne :

$$2\pi r B(r) = \mu_0\,[I + Ni]$$

$$\text{soit } \vec{B}(r) = \frac{\mu_0}{2\pi r}\,[I + Ni]\,\vec{u}_\theta$$

b) Le flux du champ magnétique total à travers une spire carrée du bobinage est

$$\Phi_1 = \int_{r=a}^{2a}\int_{z=0}^{a} \frac{\mu_0}{2\pi r}[\mathrm{I}+\mathrm{N}i]\,dr\,dz$$

$$\Phi_1 = \frac{\mu_0 a \ln 2\,[\mathrm{I}+\mathrm{N}i]}{2\pi}$$

On en déduit le flux total

$$\Phi = \mathrm{N}\Phi_1 = \frac{\mathrm{N}\mu_0 a \ln 2\,[\mathrm{I}+\mathrm{N}i]}{2\pi}$$

soit $\Phi = \mathrm{L}i + \mathrm{MI}$ avec

$$\begin{cases} \mathrm{L} = \frac{\mathrm{N}^2\mu_0 a \ln 2}{2\pi} \\ \mathrm{M} = \frac{\mathrm{N}\mu_0 a \ln 2}{2\pi} \end{cases}$$

c) La force électromotrice d'induction qui prend naissance dans le bobinage torique est

$$e = -\frac{d\Phi}{dt} = -\mathrm{L}\frac{di}{dt} - \mathrm{M}\frac{d\mathrm{I}}{dt}$$

Si on note R la résistance du bobinage, alors la loi des mailles donne

$$e = \mathrm{R}i \text{ soit } -\mathrm{M}\frac{d\mathrm{I}}{dt} = \mathrm{L}\frac{di}{dt} + \mathrm{R}i$$

En régime sinusoïdal forcé de pulsation ω, on peut passer en grandeurs complexes :

$$-j\mathrm{M}\omega\underline{\mathrm{I}} = j\mathrm{L}\omega\underline{i} + \mathrm{R}\underline{i}$$

et en passant aux modules

$$i_{\max} = \frac{\mathrm{M}\omega\mathrm{I}_{\max}}{\sqrt{\mathrm{L}^2\omega^2 + \mathrm{R}^2}}$$

La mesure de l'amplitude $i_{\max}$ du courant dans le bobinage torique donne donc accès à celle $\mathrm{I}_{\max}$ dans le fil, on a donc une mesure ampèremétrique sans avoir besoin de couper le fil pour y insérer un ampèremètre en série.

10.18

a) Le point M est soumis à la superposition des champs magnétiques créés par les deux fils. On applique le théorème d'Ampère pour chacun d'eux en choisissant pour contours d'Ampère des cercles de centres respectifs O_1 et O_2, de rayons $r_1 = \mathrm{D}+x$ et $r_2 = \mathrm{D}-x$.

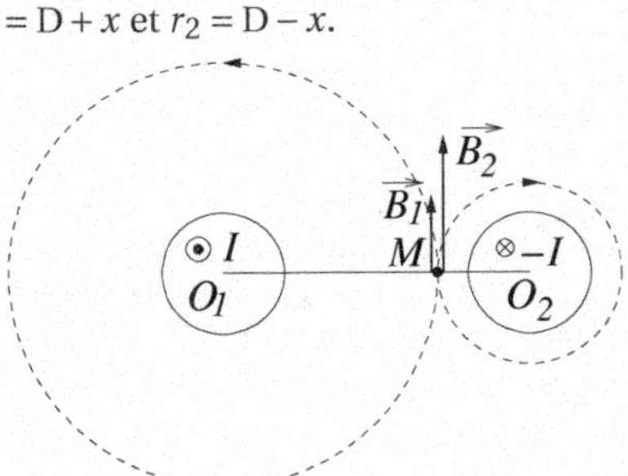

L'application du théorème d'Ampère donne

$$\begin{cases} 2\pi(\mathrm{D}+x)\mathrm{B}_1 = \mu_0\mathrm{I} \\ 2\pi(\mathrm{D}-x)\mathrm{B}_2 = \mu_0\mathrm{I} \end{cases} \quad \text{donc } \vec{\mathrm{B}}(x) = \frac{\mu_0\mathrm{I}}{2\pi}\left[\frac{1}{\mathrm{D}+x} + \frac{1}{\mathrm{D}-x}\right]\vec{u}_y$$

b) On calcule le flux par une intégrale double.

$$\Phi = \int_{x=-\mathrm{D}+a}^{\mathrm{D}-a}\int_{z=0}^{\mathrm{H}} \vec{\mathrm{B}}(x)\cdot dx\,dz\,\vec{u}_y$$

$$\Phi = \frac{\mu_0\mathrm{IH}}{2\pi}\left[\ln(\mathrm{D}+x) - \ln(\mathrm{D}-x)\right]_{-\mathrm{D}+a}^{\mathrm{D}-a} = \frac{\mu_0\mathrm{H}\ln\frac{2\mathrm{D}-a}{\ln a}}{\pi}\mathrm{I}$$

c) On en déduit

$$\mathrm{L} = \frac{\Phi}{\mathrm{I}} = \frac{\mu_0\mathrm{H}\ln\frac{2\mathrm{D}-a}{\ln a}}{\pi} \text{ et } \Lambda = \frac{\mathrm{L}}{\mathrm{H}} = \frac{\mu_0\ln\frac{2\mathrm{D}-a}{\ln a}}{\pi}$$

10.19

a) Les lois de l'électrocinétique s'écrivent

$$\begin{cases} u_1 = \mathrm{L}_1\frac{di_1}{dt} + \mathrm{M}\frac{di_2}{dt} \\ u_2 = \mathrm{L}_2\frac{di_2}{dt} + \mathrm{M}\frac{di_1}{dt} \end{cases}$$

b) En multipliant la première égalité par i_1 et la seconde par i_2 :

$$\begin{cases} \mathscr{P}_1 = u_1 i_1 = \mathrm{L}_1\frac{di_1}{dt}i_1 + \mathrm{M}i_1\frac{di_2}{dt} \\ \mathscr{P}_2 = u_2 i_2 = \mathrm{L}_2\frac{di_2}{dt}i_2 + \mathrm{M}i_2\frac{di_1}{dt} \end{cases}$$

c) En sommant les deux équations :

$$\mathscr{P} = \mathscr{P}_1 + \mathscr{P}_2 = \frac{d}{dt}\left[\frac{1}{2}\mathrm{L}_1 i_1^2 + \mathrm{M}i_1 i_2 + \frac{1}{2}\mathrm{L}_2 i_2^2\right]$$

et le terme entre crochets est l'énergie électrocinétique du système des deux bobines.

10.20 Le champ magnétique dans le cylindre est la somme des deux champs :

$$\vec{\mathrm{B}} = \vec{\mathrm{B}}_1 + \vec{\mathrm{B}}_2 = \frac{\mu_0(\mathrm{N}_1 i_1 + \mathrm{N}_2 i_2)}{\mathrm{D}}\vec{u}_z$$

On en déduit l'énergie magnétique

$$\mathrm{U}_m = \frac{\vec{\mathrm{B}}^2}{2\mu_0}\cdot\pi\mathrm{R}^2\mathrm{D} = \frac{\mu_0\pi\mathrm{R}^2}{2\mathrm{D}}\left(\mathrm{N}_1^2 i_1^2 + 2\mathrm{N}_1\mathrm{N}_2 i_1 i_2 + \mathrm{N}_2^2 i_2^2\right)$$

$$\mathrm{U}_m = \frac{1}{2}\frac{\mu_0\pi\mathrm{R}^2\mathrm{N}_1^2}{\mathrm{D}}i_1^2 + \frac{\mu_0\pi\mathrm{R}^2\mathrm{N}_1\mathrm{N}_2}{\mathrm{D}}i_1 i_2 + \frac{1}{2}\frac{\mu_0\pi\mathrm{R}^2\mathrm{N}_2^2}{\mathrm{D}}i_2^2$$

On identifie cette énergie magnétique à l'énergie électrocinétique

$$\mathscr{E}_{\mathrm{ec}} = \frac{1}{2}\mathrm{L}_1 i_1^2 + \mathrm{M}i_1 i_2 + \frac{1}{2}\mathrm{L}_2 i_2^2$$

$$\text{donc}\begin{cases} \mathrm{L}_1 = \frac{\mu_0\pi\mathrm{R}^2\mathrm{N}_1^2}{\mathrm{D}} \\ \mathrm{M} = \frac{\mu_0\pi\mathrm{R}^2\mathrm{N}_1\mathrm{N}_2}{\mathrm{D}} \\ \mathrm{L}_2 = \frac{1}{2}\frac{\mu_0\pi\mathrm{R}^2\mathrm{N}_2^2}{\mathrm{D}} \end{cases}$$

10.21

a) Le dispositif est invariant par translation selon $\vec{u}_z$ et par rotation d'angle θ donc $\vec{B} = \vec{B}(r)$. Le plan $(O, \vec{u}_r, \vec{u}_z)$ est plan de symétrie des charges donc $\vec{B} = B(r)\vec{u}_\theta$. Le contour d'Ampère $\mathscr{C}$ est donc un cercle de rayon r et la circulation est

$$\oint_{\mathscr{C}} \vec{B} \cdot \vec{d\ell} = B(r) \cdot 2\pi r$$

Si $r < a$, on est à l'intérieur des deux cylindres et le courant enlacé est nul donc $\vec{B} = \vec{0}$. Si $r > b$, $\mathscr{C}$ enlace les deux cylindres parcourus par des courants opposés donc $I_{\text{enlacé}} = 0$ et $\vec{B} = \vec{0}$. Si $a < r < b$, le théorème d'Ampère s'écrit

$$B(r) \cdot 2\pi r = \mu_0 I \text{ donc } \vec{B} = \frac{\mu_0 I}{2\pi r}\vec{u}_\theta$$

b) On intègre l'énergie volumique magnétique dans l'espace qui sépare les deux cylindres.

$$U_m = \int_{r=a}^{b}\int_{\theta=0}^{2\pi}\int_{z=0}^{H} \frac{\mu_0^2 I^2}{8\mu_0 \pi^2 r^2} r dr d\theta dz$$

$$U_m = \frac{\mu_0 I^2}{8\pi^2}[\ln r]_a^b [\theta]_0^{2\pi} [z]_0^H$$

$$U_m = \frac{1}{2}\frac{\mu_0 H \ln\frac{b}{a}}{2\pi} I^2$$

c) On identifie U_m et $\mathscr{E}_{ec} = \frac{1}{2}LI^2$ donc

$$L = \frac{\mu_0 H \ln\frac{b}{a}}{2\pi} \text{ et } \Lambda = \frac{L}{H} = \frac{\mu_0 \ln\frac{b}{a}}{2\pi}$$

10.22

a) L'énergie électrocinétique est

$$\mathscr{E}_{ec} = \frac{1}{2}L_1 i_1^2 + M i_1 i_2 + \frac{1}{2}L_2 i_2^2$$

b) On identifie cette énergie à l'énergie magnétique U_m, qui est elle-même l'intégrale volumique de $\frac{\vec{B}^2}{2\mu_0}$, quantité positive.

c) En suivant les indications de l'énoncé, on factorise par $\frac{1}{2}L_1 i_1^2$:

$$\mathscr{E}_{ec} = \frac{1}{2}L_1 i_1^2\left[1 + \frac{2M}{L_1}\frac{i_2}{i_1} + \frac{L_2}{L_1}\left(\frac{i_2}{i_1}\right)^2\right]$$

et en posant $u = \frac{i_2}{i_1}$:

$$\mathscr{E}_{ec} = \frac{1}{2}L_1 i_1^2\left[1 + \frac{2M}{L_1}u + \frac{L_2}{L_1}u^2\right]$$

Ce trinôme du second degré doit être positif ou nul pour toute valeur de u, son discriminant est donc négatif ou nul :

$$\Delta \leq 0 \Leftrightarrow \frac{4M^2}{L_1^2} - 4\frac{L_2}{L_1} \leq 0$$

$$\text{soit } M^2 \leq L_1 L_2$$

10.23 On suppose que le champ magnétique créé par un solénoïde est nul à l'extérieur du cylindre qu'il délimite, même sur son axe. Calculons le flux du champ magnétique créé par 1 à travers 2. On a

$$\vec{B}_1 = \mu_0 \frac{N}{D} i_1 \vec{u}_z$$

Le nombre de spires de 2 à l'intérieur de 1 est

$$N_{21} = \frac{\beta D}{D} \cdot N = \beta N$$

On en déduit

$$\Phi_{1\to2} = N_{21} \cdot B_1 \cdot \pi r_2^2$$

$$\Phi_{1\to2} = \frac{\mu_0 \beta N^2 \pi R^2}{D} i_1$$

On en déduit

$$M = \frac{\Phi_{1\to2}}{i_1} = \frac{\mu_0 \beta N^2 \pi R^2}{D}$$

Les inductances propres des deux solénoïdes sont

$$\begin{cases} L_1 = \frac{\mu_0 N^2 \pi (2R)^2}{D} \\ L_2 = \frac{\mu_0 N^2 \pi R^2}{D} \end{cases}$$

On en déduit le coefficient de couplage

$$k = \frac{\frac{\mu_0 \beta N^2 \pi R^2}{D}}{\sqrt{\frac{\mu_0 N^2 \pi 4R^2}{D} \cdot \frac{\mu_0 N^2 \pi R^2}{D}}}$$

$$\text{soit } k = \frac{\beta}{2}$$

10.24 Le circuit est fléché en notant i l'intensité de la branche du bas, de droite à gauche en convention générateur, i_1 de gauche à droite dans la branche du milieu, i_2 de gauche à droite dans la branche du haut. La loi des nœuds donne $i = i_1 + i_2$. La tension u est nulle à l'équilibre du pont. On peut décomposer cette tension de deux manières distinctes.

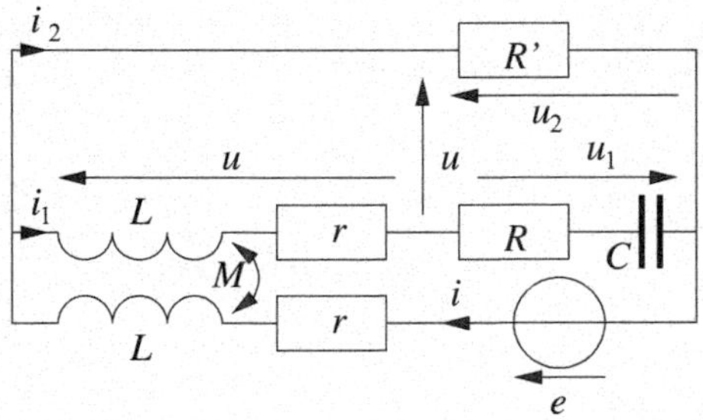

En grandeurs temporelles :

$$\begin{cases} u = 0 = L\frac{di_1}{dt} - M\frac{di}{dt} + ri_1 \\ u = u_2 + u_1 = 0 = R'i_2 - u_C - Ri_1 \end{cases}$$

En régime sinusoïdal forcé, on peut passer en formalisme complexe :

$$\begin{cases} jL\omega \underline{i_1} - jM\omega \underline{i} + r\underline{i_1} = 0 \\ R'\underline{i_2} - \frac{1}{jC\omega}\underline{i_1} - R\underline{i_1} = 0 \end{cases}$$

$$\text{donc} \begin{cases} jL\omega \underline{i_1} - jM\omega \underline{i_1} - jM\omega \underline{i_2} + r\underline{i_1} = 0 \\ \underline{i_2} = \frac{1}{jR'C\omega}\underline{i_1} + \frac{R}{R'}\underline{i_1} \end{cases}$$

$$\text{donc} \left[jL\omega - jM\omega - jM\omega\frac{R}{R'} - \frac{M}{R'C} + r \right] \underline{i_1} = 0$$

Si $\underline{i_1} = 0$, le générateur est éteint, ce qui est exclu. On en déduit que le coefficient complexe est nul, donc sa partie réelle et sa partie imaginaire sont nulles :

$$\begin{cases} -\frac{M}{R'C} + r = 0 \\ L\omega - M\omega - M\omega\frac{R}{R'} = 0 \end{cases}$$

$$\text{donc } M = rR'C \text{ et } L = M\left(\frac{R}{R'} + 1\right) = rC(R + R')$$

Le couplage est parfait si

$$M^2 = L^2 \text{ soit } r^2R'^2C^2 = r^2C^2(R + R')^2 \text{ soit } R'^2 = (R + R')^2$$

$$\text{donc } R = 0$$

10.25

a) Tout plan contenant (O, z) est plan d'antisymétrie des courants, donc contient le champ magnétique. $\vec{B}(M)$ est donc dans leur intersection donc $\vec{B} = B\vec{u}_z$.

b) Le point M est repéré en coordonnées sphériques par $r = z$, $\theta = 0$ et $\vec{u}_r = \vec{u}_z$. Par application de la formule du cours :

$$\vec{B} = \frac{2\mu_0 m}{4\pi z^3}\vec{u}_z$$

Or $m = i\pi a^2$ donc

$$\vec{B} = \frac{\mu_0 a^2 i}{2z^3}\vec{u}_z$$

Dans l'approximation dipolaire, $a \ll z$ donc $\alpha \ll 1$ et

$$\sin\alpha \simeq \alpha \simeq \tan\alpha = \frac{a}{z}$$

La formule de l'énoncé donne donc

$$\vec{B} = \frac{\mu_0 i}{2a} \cdot \frac{a^3}{z^3}\vec{u}_z$$

qui est égale à l'expression précédente.

10.26

a) En mouvement circulaire uniforme :

$$\overrightarrow{OM} = r\vec{u}_r \text{ et } \vec{v} = r\omega\vec{u}_\theta \text{ donc } Ec = \frac{1}{2}mv^2 = \frac{1}{2}mr^2\omega^2$$

D'après l'énoncé :

$$Ec = \frac{1}{2}\hbar\omega \text{ soit } \frac{1}{2}mr^2\omega^2 = \frac{1}{2}\hbar\omega \text{ donc } r^2\omega = \frac{\hbar}{m_e}$$

b) L'électron effectue 1 tour en T secondes, donc en un point donné de la trajectoire circulaire, on observe un débit de charge dont la valeur absolue est

$$i = \frac{e}{T} \text{ donc } \mu_B = iS = \frac{e}{T} \cdot \pi r^2 = \frac{e\pi r^2}{T}$$

c) La période T est liée à la vitesse angulaire ω :

$$\omega = \frac{2\pi}{T} \text{ donc } \mu_B = \frac{e\pi r^2\omega}{2\pi} = \frac{e\hbar}{2m_e} = 9{,}274 \cdot 10^{-24}\ A \cdot m^2$$

10.27

Les côtés contigus des dipôles magnétiques présentent des courants dont les intensités s'annulent deux à deux, à l'exception des côtés du bord, dont la juxtaposition forme bien la boucle parcourue par i. Le moment magnétique du grand circuit est donc bien égal à la somme des moments des petits dipôles qui le pavent. Par théorème de superposition, le champ magnétique créé en M par le grand circuit en M est la somme des champs créés en M par chacun des petits dipôles. Dans l'approximation dipolaire, la taille de ce grand circuit est très petite devant r, il en est donc de même de tous les petits dipôles. Le champ est donc indépendant de la position relative de tous les petits dipôles, donc indépendant de la forme du grand circuit.

10.28

a) La rotation du cercle provoque celle des charges. Estimons la charge qui passe par un point de contrôle à proximité du cercle en rotation. Pendant dt, celui-ci tourne de $d\theta = \omega dt$. La charge qui passe par le point est donc

$$dq = q\cdot\frac{\omega dt}{2\pi} \text{ donc } i = \frac{dq}{dt} = \frac{q\omega}{2\pi}$$

Le moment dipolaire de cette spire est donc

$$\vec{m} = i\vec{S} = \frac{q\omega}{2\pi}\cdot\pi a^2\vec{u}_z$$

$$\text{soit } \vec{m} = \frac{q\omega a^2}{2}\vec{u}_z$$

Le point P est repéré en coordonnées sphériques par $r = 10a$, $\theta = 0$ et $\vec{u}_r = \vec{u}_z$ donc

$$\vec{B}(P) = \frac{2\mu_0 m}{4\pi(10a)^3}\vec{u}_z$$

$$\text{soit } \vec{B}(P) = \frac{\mu_0 q\omega}{4000\pi a}\vec{u}_z$$

Le point Q est repéré en coordonnées sphériques par $r = 10a$, $\theta = \frac{\pi}{2}$, $\vec{u}_r = \vec{u}_y$ et $\vec{u}_\theta = -\vec{u}_z$.

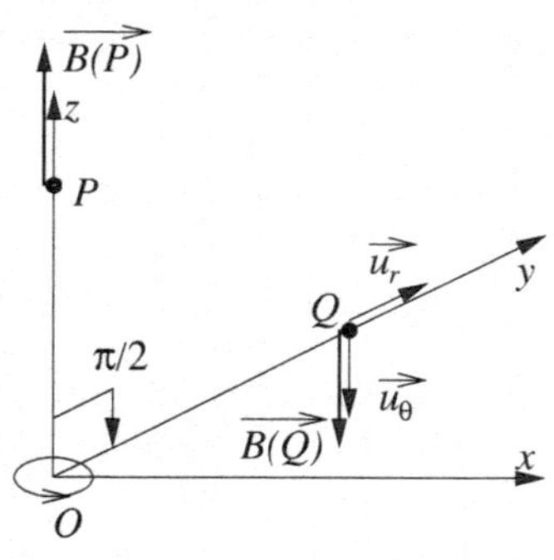

La formule du cours donne

$$\vec{B}(Q) = -\frac{\mu_0 m}{4\pi(10a)^3}\vec{u}_z$$

$$\text{soit } \vec{B}(P) = -\frac{\mu_0 q\omega}{8000\pi a}\vec{u}_z$$

b) On peut décomposer ce disque en couronnes concentriques $[r, r+dr]$ et intégrer pour calculer le moment dipolaire de ce dique. Chaque couronne est assimilable au fil décrit à la question (a). Comme on est dans l'approximation dipolaire, et que toutes ces couronnes ont le même centre O, on peut sommer leurs moments dipolaires. La charge de la couronne est

$$dq = \sigma\cdot 2\pi r dr$$

En utilisant le résultat de la première question, son moment dipolaire est donc

$$\overrightarrow{dm} = \frac{dq\omega a^2}{2}\vec{u}_z = \sigma\pi r dr\omega a^2\vec{u}_z$$

$$\text{soit } \overrightarrow{dm} = \sigma\pi a^2\omega r dr\vec{u}_z$$

$$\text{donc } \vec{m} = \int_{r=0}^{a}\sigma\pi a^2\omega r dr\vec{u}_z$$

$$\vec{m} = \frac{\sigma\pi a^4\omega}{2}\vec{u}_z$$

En posant $q = \sigma\pi a^2$, charge totale du disque, il crée les mêmes champs en P et en Q qu'à la question (a).

c) On peut décomposer ce disque en couronnes coaxiales $[z, z+dz]$. Cette fois, les différentes couronnes n'ont plus le même centre. La distance r séparant leur centre du point P est variable, de $6a$ pour la couronne la plus basse en $z = -a$ à $4a$ pour la couronne la plus haute en $z = a$. On doit donc sommer directement les champs élémentaires.

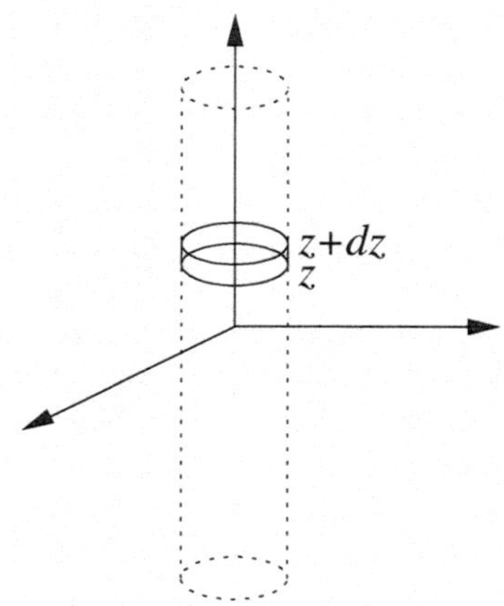

La couronne porte une charge

$$dq = \sigma\cdot 2\pi\frac{a}{2}dz$$

et son moment dipolaire est

$$\overrightarrow{dm} = \frac{\sigma\pi a^3\omega dz}{4}\vec{u}_z$$

Le point M depuis le centre de cette spire est repéré par $r = 5a - z$, $\vec{u}_r = \vec{u}_z$ et $\theta = 0$. Par application de la formule du cours on en déduit

$$\overrightarrow{dB} = \frac{2\mu_0\sigma\pi a^3\omega dz}{16\pi(5a-z)^3}\vec{u}_z$$

$$\overrightarrow{dB} = \beta(5a-z)^{-3}dz\vec{u}_z$$

$$\text{avec } \beta = \frac{\mu_0\sigma a^3\omega}{8}$$

On en déduit

$$\vec{B} = \beta\vec{u}_z \int_{z=-a}^{a} (5a-z)^{-3}\,dz$$

$$\vec{B} = \beta\vec{u}_z \left[\frac{(5a-z)^{-2}}{2}\right]_{-a}^{a}$$

$$\text{soit } \vec{B} = \frac{5\beta}{72a^2}\vec{u}_z$$

10.29

a) Tout plan passant par M et le centre du Soleil est plan de symatrie des courants. Le champ magnétique est orthogonal simultanément à tous ces plans, donc $\vec{B}_E = \vec{0}$.

b) On a

$$\vec{B}_M \left| \begin{array}{l} \dfrac{2\mu_0 m_0 \cos\theta}{4\pi r^3} \\ \dfrac{\mu_0 m_0 \sin\theta}{4\pi r^3} \\ 0 \end{array} \right.$$

c) Pour $\theta = \frac{\pi}{2}$, on a

$$\vec{B} = \frac{\mu_0 m_0}{4\pi R_M^3}\vec{u}_\theta$$

$$\text{donc } m_0 = \frac{4\pi B_M R_M^3}{\mu_0} = 7{,}8\cdot 10^{25}\ \mathrm{A\cdot m^2}$$

d) On projette :

$$\vec{u}_z = \cos\theta\vec{u}_r - \sin\theta\vec{u}_\theta$$

On en déduit

$$\vec{B}_S \left| \begin{array}{l} B_S\cos\theta \\ -B_S\sin\theta \\ 0 \end{array} \right.$$

et en sommant, on constate que $\vec{B}_\theta$ est nul en tout point de la surface de Mercure si

$$\frac{\mu_0 m_0 \sin\theta}{4\pi R_M^3} - B_S\sin\theta = 0$$

$$\text{soit } B_S = \frac{\mu_0 m_0}{4\pi R_M^3} = 2{,}0\cdot 10^{-7}\ \mathrm{T}$$

10.30

a) Le plan (O, x, y) est plan de symétrie des courants donc $\vec{B} = B_z\vec{u}_z$.

b) On a

$$\tan\theta = \frac{z}{x} \text{ donc } z = x\tan\theta$$

En dérivant par rapport à θ :

$$\frac{dz}{d\theta} = x(1+\tan^2\theta) = \frac{x}{\cos^2\theta}$$

c) Par définition de n :

$$n = \frac{dN}{dz} \text{ donc } dN = n\cdot dz$$

$$\text{soit } dN = \frac{nx d\theta}{\cos^2\theta}$$

Le moment dipolaire de la tranche considérée est

$$\overrightarrow{dm} = dNi\cdot\pi a^2\vec{u}_z$$

Vu depuis le centre de cette spire de centre M, le point P est repéré par $r = MP = \frac{x}{\cos\theta}$, l'angle entre l'axe de la spire (O, z) et le vecteur $\overrightarrow{MP}$ est $\frac{\pi}{2} + \theta$.

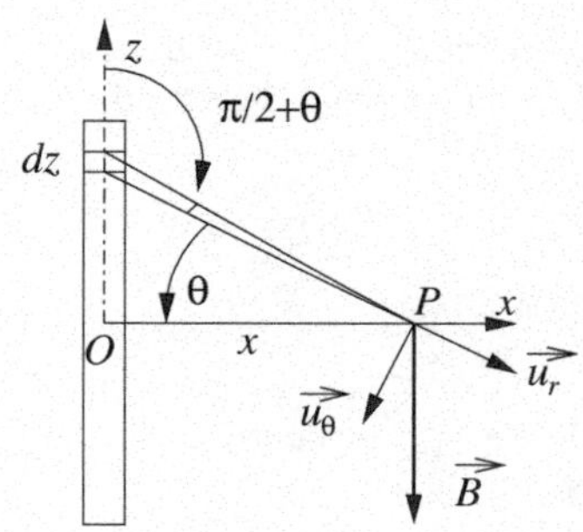

Les vecteurs de la base sphérique sont

$$\begin{cases} \vec{u}_r = \cos\theta\vec{u}_x - \sin\theta\vec{u}_z \\ \vec{u}_\theta = -\sin\theta\vec{u}_x - \cos\theta\vec{u}_z \end{cases}$$

On en déduit la composante de $d\vec{B}$ sur l'axe z :

$$dB_z = -dB_r\sin\theta - dB_\theta\cos\theta$$

$$\text{avec} \begin{cases} dB_r = \dfrac{2\mu_0 dNi\pi a^2\cos(\frac{\pi}{2}+\theta)}{4\pi\frac{x^3}{\cos^3\theta}} \\ dB_\theta = \dfrac{\mu_0 dNi\pi a^2\sin(\frac{\pi}{2}+\theta)}{4\pi\frac{x^3}{\cos^3\theta}} \end{cases}$$

$$\text{donc } dB_z = \frac{\mu_0 nia^2}{4x^2}\left[2\sin^2\theta - \cos^2\theta\right]\cos\theta d\theta$$

d) On en déduit par intégration

$$B_z = B_0\int_{-\alpha}^{\alpha}\left[2\sin^2\theta - \cos^2\theta\right]\cos\theta d\theta$$

$$\text{avec } B_0 = \mu_0 nia^2 4x^2 \text{ et } \tan\alpha = \frac{\frac{D}{2}}{x}$$

$$B_z = B_0\int_{-\alpha}^{\alpha}\left[3\sin^2\theta - 1\right]\cos\theta d\theta$$

$$\text{donc } B_z = B_0\left[\sin^3\theta - \sin\theta\right]_{-\alpha}^{\alpha}$$

$$\text{soit } B_z = B_0\left[2\sin^3\alpha - 2\sin\alpha\right]$$

10.31

La boussole est soumise à l'action du champ magnétique extérieur, donc le moment résultant est

$$\vec{\mathcal{M}}_O = (m\vec{u}) \wedge (B\vec{u}_x) = -mB\sin\theta\vec{u}_z$$

et la loi du moment cinétique en projection sur l'axe Δ donne

$$J_\Delta\ddot{\theta} = -mB\sin\theta$$

La position d'équilibre stable est $\theta = 0$ car l'énergie potentielle d'interaction est

$$Ep = -\vec{m}\cdot\vec{B} = -mB\cos\theta$$

qui est minimale en $\theta = 0$. On fait donc l'approximation des petits angles et on obtient l'équation d'oscillateur harmonique :

$$\ddot{\theta} + \frac{mB}{J_\Delta}\theta = 0$$

La pulsation propre vaut

$$\omega_0 = \sqrt{\frac{mB}{J_\Delta}} \text{ donc } T_0 = 2\pi\sqrt{\frac{J_\Delta}{mB}}$$

10.32

a) Les notations sont celles du schéma suivant.

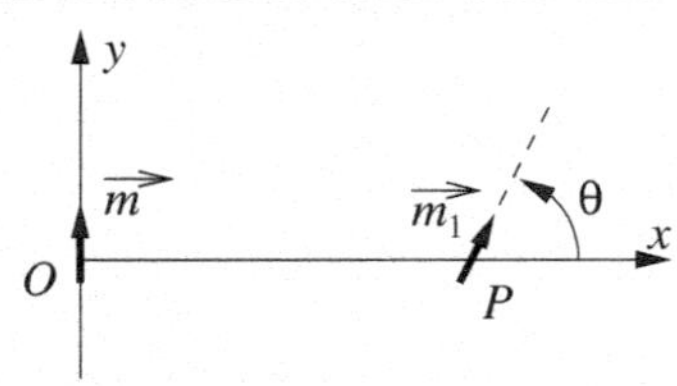

Le point P est repéré en coordonnées sphériques depuis le dipôle fixe par $r = x$, $\theta = \frac{\pi}{2}$, $\vec{u}_r = \vec{u}_x$ et $\vec{u}_\theta = -\vec{u}_y$. Par application de la formule du cours

$$\vec{B} = -\frac{\mu_0 m}{4\pi x^3}\vec{u}_y$$

b) L'énergie potentielle d'interaction entre $\vec{B}$ et $\vec{m}_1$ est

$$Ep = -\vec{m}_1\cdot\vec{B} = -\begin{vmatrix} m\cos\theta \\ m\sin\theta \\ 0 \end{vmatrix} \cdot \begin{vmatrix} 0 \\ -\frac{\mu_0 m}{4\pi x^3} \\ 0 \end{vmatrix}$$

$$\text{soit } Ep = \frac{\mu_0 m^2}{4\pi x^3}\sin\theta$$

On en déduit

$$\begin{cases} \dfrac{dEp}{d\theta} = \dfrac{\mu_0 m^2}{4\pi x^3}\cos\theta \\ \dfrac{d^2Ep}{d\theta^2} = -\dfrac{\mu_0 m^2}{4\pi x^3}\sin\theta \end{cases}$$

La dérivée première est nulle pour $\theta = \pm\frac{\pi}{2}$. La dérivée seconde est négative pour $\theta = \frac{\pi}{2}$ qui est donc une position d'équilibre instable et positive pour $\theta = -\frac{\pi}{2}$ qui est une position d'équilibre stable. On vérifie donc sur cet exemple que le dipôle 1 s'oriente dans la direction et le sens du champ créé par le dipôle fixe.

c) On a maintenant $\theta = -\frac{\pi}{2}$, $\vec{m}_1 = -m\vec{u}_y$. L'énergie potentielle d'interaction s'écrit donc

$$Ep(x) = -\frac{\mu_0 m^2}{4\pi x^3}$$

La force dérive de l'énergie potentielle donc

$$\vec{f} = -\overrightarrow{\text{grad}}\,Ep = -\frac{dEp}{dx}\vec{u}_x$$

$$\text{soit } \vec{f} = -\frac{3\mu_0 m^2}{4\pi x^4}\vec{u}_x$$

C'est une force centrale sur l'axe x, attractive mais non newtonienne car elle varie comme $\frac{1}{x^4}$ alors qu'une force newtonienne varie comme $\frac{1}{x^2}$

10.33

a) Le moment est nul car $\vec{B}$ et $\vec{m}$ sont colinéaires.

b) Par application de la formule du cours, l'énergie potentielle d'interaction du dipôle avec le champ de la spire est

$$Ep_B = -\vec{m}\cdot\vec{B} = \frac{\mu_0 m I a^2}{2}(z^2+a^2)^{-\frac{3}{2}}$$

On lui ajoute l'énergie potentielle de pesanteur

$$Ep_p = m_0 g z$$

c) On doit faire coïncider l'expression de l'énoncé et celle de l'énergie potentielle. On fait apparaître le terme $1+u^2$ en factorisant (z^2+a^2) par a^2 :

$$Ep(z) = Ep_B(z) + Ep_p(z) \text{ soit}$$

$$Ep(z) = \frac{\mu_0 m I a^2}{2}\cdot(a^2)^{-\frac{3}{2}}\cdot\left(1+\frac{z^2}{a^2}\right)^{-\frac{3}{2}} + m_0 g z$$

On pose donc $u = \frac{z}{a}$ donc $z = au$, d'où

$$Ep(u) = \frac{\mu_0 m I}{2a}\left(1+u^2\right)^{-\frac{3}{2}} + m_0 g a u$$

$$\text{soit } Ep(u) = m_0 g a\left[\frac{\mu_0 m I}{2 m_0 g a^2}\left(1+u^2\right)^{-\frac{3}{2}} + u\right]$$

$$\text{soit } Ep(u) = m_0 g a\cdot f_\alpha(u) \text{ avec } \alpha = \frac{\mu_0 m I}{2 m_0 g a^2}$$

Plus α est faible plus la courbe se rapproche de la droite $f(u) = u$. La courbe du bas (la plus foncée) correspond donc à $\alpha = 0,5$, celle du milieu à $\alpha = 1$ et celle du haut à $\alpha = 2$. Il existe une position d'équilibre stable si la courbe représentative de l'énergie potentielle présente une cuvette de potentiel. C'est le cas pour $\alpha = 2$ et pas pour $\alpha = 0,5$. L'apparition de la cuvette semble correspondre à α un peu supérieur à 1, soit

$$\frac{\mu_0 m \mathrm{I}}{2m_0 g a^2} > 1 \text{ soit } \mathrm{I} > \frac{2m_0 g a^2}{\mu_0 m}$$

$$\text{donc } \mathrm{I}^* = \frac{2m_0 g a^2}{\mu_0 m}$$

d) Le minimum de la fonction est obtenu pour $u = 1$ soit $\frac{z_{\text{eq}}}{a} \simeq 1$. Ce n'est pas un minimum absolu, et si on donne une énergie cinétique suffisante au dipôle en $z_{\text{eq}} = a$, il peut franchir le col de potentiel pour $z \simeq 0$ et tomber sans retour vers les $z < 0$. C'est pourquoi on parle de métastabilité.

e) La somme des forces dérive de l'énergie potentielle donc

$$\mathrm{F}(z) = -\frac{d\mathrm{E}p}{dz} = -\frac{d\mathrm{E}p}{du} \cdot \frac{du}{dz} = -m_0 g a f'_\alpha(u) \cdot \frac{1}{a}$$

La loi de la quantité de mouvement appliquée au dipôle donne, en $u = 0$:

$$-m_0 g f'_\alpha(0) = m_0 \ddot{z} \text{ donc } \ddot{z} = -g f'_\alpha(0)$$

On lit la pente de la courbe sur le graphe en $z = a$ pour $\alpha = 0,5$, soit $f'_{0,5}(a) \simeq 0,6$ donc $\ddot{z} \simeq -0,6g$.

10.34

a) Le plan de la figure est, dans les deux cas, plan d'antisymétrie des courants, donc le champ magnétique est dans ce plan. Si les courants sont dans le même sens, l'axe médiateur (y) est plan de symétrie des courants, donc le champ lui est orthogonal, donc selon (x), ce qui correspond à la première carte. Si les courants sont dans des sens opposés, l'axe médiateur (y) est plan d'antisymétrie des courants, donc le champ est dans ce plan, donc selon (y), ce qui correspond à la seconde carte.

b) Dans le premier cas, le champ magnétique au centre est nul, donc le dipôle ne pivote pas et est en équilibre.

- Si on le déplace légèrement vers la droite, il entre en interaction avec un champ magnétique selon $-\vec{u}_y$, il s'oriente donc dans ce sens en pivotant de $\frac{\pi}{2}$ dans le sens horaire. Il tend ensuite à migrer vers les zones de champ fort et se déplace vers la droite. L'équilibre est donc instable selon x. Le raisonnement est identique si on le déplace vers la gauche.
- Si on le déplace légèrement vers le haut, il entre en interaction avec un champ magnétique selon $\vec{u}_x$, il ne pivote donc pas. Il tend ensuite à migrer vers les zones de champ fort et se déplace vers le haut. L'équilibre est donc instable selon y. Le raisonnement est identique si on le déplace vers le bas.

Dans le second cas, le champ au centre est selon $\vec{u}_y$, donc le dipôle s'oriente dans ce sens en pivotant de $\frac{\pi}{2}$ dans le sens trigonométrique. Après ce pivotement, étudions l'équilibre selon les deux axes.

- Si on le déplace légèrement vers la droite, il entre en interaction avec un champ magnétique selon $\vec{u}_y$, donc il ne pivote pas. Il tend à migrer vers les zones de champ fort et se déplace vers la droite. L'équilibre est donc instable selon x. Le raisonnement est identique si on le déplace vers la gauche.
- Si on le déplace légèrement vers le haut, il entre en interaction avec un champ magnétique selon $\vec{u}_y$, donc il ne pivote pas. Il tend à migrer vers les zones de champ fort et se se déplace vers le bas. L'équilibre est donc stable selon y. Le raisonnement est identique si on le déplace vers le bas.

Cinquième partie

Physique des ondes, physique quantique

CHAPITRE 11

Ondes électromagnétiques dans le vide

Thèmes abordés dans les exercices

- Équation de d'Alembert.
- Célérité.
- Onde longitudinale, onde transversale.
- Onde progressive harmonique, onde stationnaire harmonique.
- Vecteur d'onde, vitesse de phase.
- Théorème de superposition.
- Conditions aux limites.
- Onde électromagnétique dans le vide.
- Onde plane progressive harmonique.
- Vecteur de Poynting électromagnétique.
- Bilan énergétique pour une onde électromagnétique.
- Polarisation rectiligne.
- Polariseur.

Points essentiels du cours pour la résolution des exercices

- Établir une équation de d'Alembert.
- Expliciter les solutions progressives et stationnaires harmoniques de l'EDA.
- Exploiter les conditions initiales et/ou aux limites pour résoudre l'EDA.
- Établir l'EDA électromagnétique dans le vide, exprimer la solution OPPH PR.
- Étudier l'aspect énergétique d'une onde électromagnétique dans le vide.
- Identifier une onde polarisée rectilignement.
- Faire l'analyse et la synthèse d'une onde polarisée rectilignement.

Les méthodes à retenir

Établir une équation de d'Alembert.

L'**équation de d'Alembert** (EDA en abrégé) qui régit une grandeur physique G dépendant de l'espace (M) et du temps (t) s'écrit

$$(\text{EDA}) : \Delta G(M,t) - \frac{1}{c^2}\frac{\partial^2 G(M,t)}{\partial t^2} = 0$$

où $\Delta G(M,t)$ est le Laplacien et c homogène à une vitesse. Dans le cas (fréquent) où G ne dépend que d'une variable de position x, l'équation de d'Alembert unidirectionnelle s'écrit

$$\frac{\partial^2 G(x,t)}{\partial x^2} - \frac{1}{c^2}\frac{\partial^2 G(x,t)}{\partial t^2} = 0$$

Pour **établir** cette équation, on applique les règles suivantes.

- On applique les lois du domaine de la physique concernée, mécanique du point, thermodynamique, mécanique des fluides, électromagnétisme, etc.
- On travaille par éléments infinitésimaux, entre t et $t+dt$, sur un élément situé entre x et $x+dx$, et on effectue le développement limité à l'ordre 1 ou 2 :

$$G(x+dx,t) \simeq G(x,t) + \frac{\partial G(x,t)}{\partial x}\cdot dx + \frac{\partial^2 G(x,t)}{\partial x^2}\cdot\frac{(dx)^2}{2}$$

$$G(x,t+dt) \simeq G(x,t) + \frac{\partial G(x,t)}{\partial t}\cdot dt + \frac{\partial^2 G(x,t)}{\partial t^2}\cdot\frac{(dt)^2}{2}$$

- Très souvent, deux grandeurs sont couplées et on obtient un système d'équations aux dérivées partielles du type

$$\frac{\partial G}{\partial t} = -\alpha\frac{\partial H}{\partial x} \text{ et } \frac{\partial G}{\partial t} = -\beta\frac{\partial H}{\partial x}$$

- On en déduit l'équation de d'Alembert en appliquant le théorème de Schwartz :

$$\frac{\partial^2 G}{\partial t\partial x} = \frac{\partial^2 G}{\partial x\partial t}$$

Exemple :

Le montage électrique suivant modélise un tronçon $[x, x+dx]$ d'une ligne électrique sans perte, Λ est l'inductance linéique et Γ la capacité linéique.

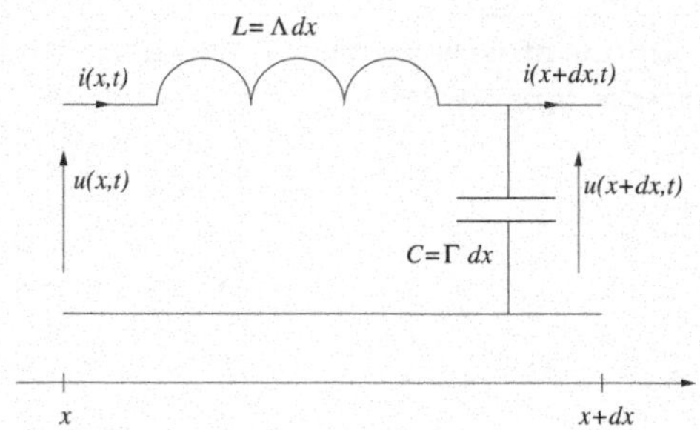

Les deux équations électriques sont la loi des nœuds et la loi des mailles.

$$\begin{cases} u(x,t) = \Lambda dx \frac{\partial i(x,t)}{\partial t} + u(x+dx,t) \\ i(x,t) = i(x+dx,t) + \Gamma dx \frac{\partial u(x+dx,t)}{\partial t} \end{cases}$$

Remarquons que

$$\Gamma dx \frac{\partial u(x+dx,t)}{\partial t} \simeq \Gamma dx \left[\frac{\partial u(x,t)}{\partial t} + \frac{\partial \frac{\partial u(x,t)}{\partial t}}{\partial x} \cdot dx \right]$$

$$\text{donc } \Gamma dx \frac{\partial u(x+dx,t)}{\partial t} \simeq \Gamma dx \frac{\partial u(x,t)}{\partial t}$$

en négligeant le terme du second ordre en dx. En divisant les deux relations par dx et en effectuant les développements limités au premier ordre en dx, on obtient le système d'équations aux dérivées partielles couplées en $u(x,t)$ et $i(x,t)$:

$$-\frac{\partial u(x,t)}{\partial x} = \Lambda \frac{\partial i(x,t)}{\partial t} \text{ et } -\frac{\partial i(x,t)}{\partial x} = \Gamma \frac{\partial u(x,t)}{\partial t}$$

On élimine $i(x,t)$ entre ces deux équations en dérivant la première par rapport à x et la seconde par rapport à t :

$$-\frac{\partial^2 u(x,t)}{\partial x^2} = \Lambda \frac{\partial^2 i(x,t)}{\partial x \partial t} \text{ et } -\frac{\partial^2 i(x,t)}{\partial t \partial x} = \Gamma \frac{\partial^2 u(x,t)}{\partial t^2}$$

En utilisant le théorème de Schwartz, on en déduit

$$-\frac{\partial^2 u(x,t)}{\partial x^2} = -\Lambda\Gamma \frac{\partial^2 u(x,t)}{\partial t^2}$$

$$\text{soit (EDA)} \frac{\partial^2 u(x,t)}{\partial x^2} - \Lambda\Gamma \frac{\partial^2 u(x,t)}{\partial t^2} = 0$$

C'est bien l'équation de d'Alembert avec $\frac{1}{c^2} = \Lambda\Gamma$.

↪ **Exercices 11.1, 11.2.**

Expliciter les solutions progressives et stationnaires harmoniques de l'EDA.

Les deux familles les plus courantes de solution de l'EDA unidirectionnelle sont :

- l'**onde progressive**

$$G(x,t) = g\left(t \pm \frac{x}{c}\right)$$

- et en particulier l'**onde progressive harmonique**

$$G(x,t) = A\cos(\omega t \pm kx + \varphi) \text{ ou } \underline{G}(x,t) = Ae^{i\varphi}e^{i(\omega t \pm kx)}$$

  en grandeur complexe, qui se propage à la célérité c
- l'onde stationnaire $G(x,t) = f(x) \cdot h(t)$ qui, si elle vérifie l'EDA est nécessairement une **onde stationnaire harmonique**

$$G(x,t) = A\cos(\omega t + \varphi)\cos(kx + \psi)$$

Les ondes progressive et stationnaire harmoniques vérifient toutes deux l'**équation de dispersion** $\omega = kc$ et présentent la **double périodicité**, spatiale de longueur d'onde λ et temporelle de période T, associées respectivement à la pulsation $\omega = \frac{2\pi}{T}$ et au vecteur d'onde $\vec{k} = \pm\frac{2\pi}{\lambda}\vec{u}_x$. L'équation de dispersion entraîne la relation $\lambda = c$T. Il est important de savoir établir rapidement toutes ces propriétés.

Exemple :

L'établissement de la relation de dispersion peut être faite

- en grandeurs complexes pour l'onde progressive harmonique :

$$\begin{cases} \frac{\partial^2 \underline{G}}{\partial x^2} = (\pm ik)\cdot(\pm ik)\underline{G} = -k^2\underline{G} \\ \frac{\partial^2 \underline{G}}{\partial t^2} = (i\omega)\cdot(i\omega)\underline{G} = -\omega^2\underline{G} \end{cases} \Rightarrow -k^2\underline{G} - \frac{1}{c^2}(-\omega^2)\underline{G} = 0$$

$$\text{donc } \omega^2 = k^2c^2 \text{ et } \omega = kc$$

- en grandeurs réelles pour l'onde stationnaire harmonique :

$$\begin{cases} \frac{\partial^2 G(x,t)}{\partial x^2} = -k^2\cos(\omega t + \varphi)\cos(kx + \psi) \\ \frac{\partial^2 G(x,t)}{\partial t^2} = -\omega^2\cos(\omega t + \varphi)\cos(kx + \psi) \end{cases}$$

$$\text{donc } -k^2G(x,t) + \frac{1}{c^2}\omega^2 G(x,t) = 0$$

$$\text{donc } \omega^2 = k^2c^2 \text{ et } \omega = kc$$

↪ **Exercices 11.3, 11.4.**

Exploiter les conditions initiales et/ou aux limites pour résoudre l'EDA.

La traduction des **conditions initiales** (connaissance de l'état vibratoire à $t = 0$ le long du système) et des **conditions aux limites** est parfois plus difficile que la résolution de l'EDA elle-même. Les deux conditions aux limites les plus fréquentes sont :

- l'absence de vibration à une abscisse donnée imposant un nœud de vibration ;
- l'application par un excitateur d'une vibration harmonique imposée en un point d'abscisse donnée.

L'existence de conditions aux limites conduit à chercher une solution stationnaire harmonique, elles permettent de déterminer un ou plusieurs des paramètres :

- la pulsation si elle est imposée par l'excitateur ;
- la phase temporelle φ si elle est imposée par l'excitateur ;
- la phase spatiale ψ (on peut la fixer, le modulo est inutile) ;
- l'amplitude (qui conduit à des études de résonance) ;
- une relation de quantification (qui conduit à une étude spectrale).

Exemple :

Une corde de longueur L est fixée à ses deux extrémités. Ses vibrations transversales de faible amplitude décrites par $y(x,t)$ sont régies par une EDA avec une célérité $c = \sqrt{\frac{T}{\mu}}$ où T est la tension (homogène) de la corde et μ sa masse linéique. La solution stationnaire harmonique vérifie les conditions aux limites :

$$\begin{cases} \forall t,\ A\cos(\omega t+\varphi)\cos(0+\psi)=0 \\ \forall t,\ A\cos(\omega t+\varphi)\cos(kL+\psi)=0 \end{cases}$$

donc $\cos\psi = 0$ et $\psi = -\frac{\pi}{2}$ parexemple, et $\cos\left(kL-\frac{\pi}{2}\right)=0$ soit $\sin(kL)=0$. On en déduit $kL = n\pi$ où n est un entier naturel non nul, soit $L = n\frac{\lambda}{2}$. La corde présente donc n lobes de vibration, les nœuds qui les délimitent sont distants de $\frac{\lambda}{2}$. Or $\omega = kc$ donc $\omega = \frac{n\pi c}{L}$ et la fréquence est quantifiée $f = \frac{\omega}{2\pi} = \frac{nc}{2L}$. Le spectre ne présente donc que des multiples entiers de la fréquence fondamentale $f_1 = \frac{c}{2L}$, ce qui est caractéristique des signaux périodiques du temps.

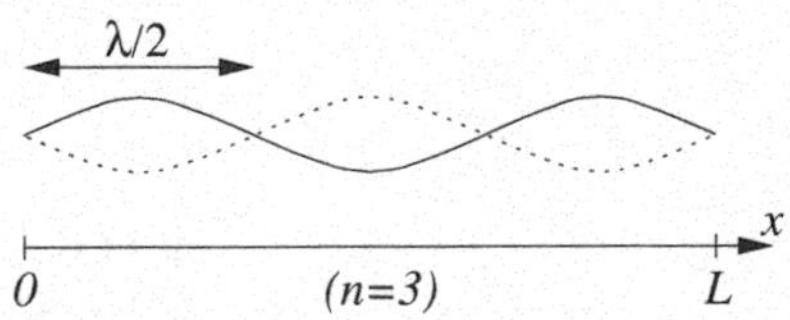

↪ **Exercices 11.5, 11.6.**

Établir l'EDA électromagnétique dans le vide, exprimer la solution OPPH PR.

Deux méthodes distinctes conduisent à l'expression et aux propriétés de la solution **Onde Plane Progressive Harmonique Polarisée Rectilignement** (notée OPPH PR).

Première méthode. L'équation de propagation des ondes électro magnétiques (notées OEM) dans le vide utilise la propriété d'analyse vectorielle

$$\overrightarrow{\text{rot}}\,\overrightarrow{\text{rot}} = \overrightarrow{\text{grad}}\,\text{div} - \Delta$$

et le thorème de Schwartz. Dans le vide, $\rho = 0$ et $\vec{j} = \vec{0}$. Les équations de Maxwell s'écrivent donc

$$\begin{array}{ll} (\text{M. Gauss}) : \text{div}\,\vec{E} = 0 & (\text{M. Thomson}) : \text{div}\,\vec{B} = 0 \\ (\text{M. Faraday}) : \overrightarrow{\text{rot}}\,\vec{E} = -\frac{\partial \vec{B}}{\partial t} & (\text{M. Ampère}) : \overrightarrow{\text{rot}}\,\vec{B} = \varepsilon_0 \mu_0 \frac{\partial \vec{E}}{\partial t} \end{array}$$

$$\text{donc} \left\{ \begin{array}{l} \overrightarrow{\text{rot}}\,\overrightarrow{\text{rot}}\,\vec{E} = \overrightarrow{\text{rot}}\left[-\frac{\partial \vec{B}}{\partial t}\right] = -\frac{\partial(\overrightarrow{\text{rot}}\,\vec{B})}{\partial t} \\ \frac{\partial(\overrightarrow{\text{rot}}\,\vec{B})}{\partial t} = \varepsilon_0 \mu_0 \frac{\partial^2 \vec{E}}{\partial t^2} \end{array} \right.$$

$$\text{donc } \overrightarrow{\text{grad}}\,\text{div}\,\vec{E} - \Delta\vec{E} = -\varepsilon_0 \mu_0 \frac{\partial^2 \vec{E}}{\partial t^2}$$

$$\text{soit } \Delta\vec{E} - \frac{1}{c^2}\frac{\partial^2 \vec{E}}{\partial t^2} = \vec{0} \text{ avec } c = \frac{1}{\sqrt{\varepsilon_0 \mu_0}}$$

L'équation de d'Alembert vérifiée par $\vec{B}$ est identique. La solution onde plane progressive selon x harmonique, polarisée rectilignement selon y est

$$\vec{E} = E_0 \vec{u}_y \cos(\omega t - kx + \varphi)$$

En injectant dans l'EDA, on obtient la **relation de dispersion**

$$\omega^2 = k^2 c^2 \text{ donc } k = \frac{\omega}{c}$$

pour l'onde se propageant dans le sens croissant des x. On déduit de l'équation de Maxwell-Faraday

$$\vec{B} = B_0 \vec{u}_z \cos(\omega t - kx + \varphi) \text{ avec } E_0 = cB_0$$

Deuxième méthode. Si on cherche a priori une solution OPPH PR sous la forme complexe

$$\underline{\vec{E}} = \underline{\vec{E}}_0 e^{i(\omega t - \vec{k}\cdot\overrightarrow{OM})} \text{ et } \underline{\vec{B}} = \underline{\vec{B}}_0 e^{i(\omega t - \vec{k}\cdot\overrightarrow{OM})}$$

alors on peut écrire directement les équations de Maxwell en grandeurs complexes, avec les règles de dérivation suivantes :

$$\frac{\partial \vec{A}}{\partial t} \leftrightarrow i\omega\vec{A},\ \text{div}\,\vec{A} \leftrightarrow -i\vec{k}\cdot\vec{A} \text{ et } \overrightarrow{\text{rot}}\,\vec{A} \leftrightarrow -i\vec{k}\wedge\vec{A}$$

Par suite :

$$-i\vec{k}\cdot\underline{\vec{E}}=0,\ -i\vec{k}\cdot\underline{\vec{B}}=0,\ -i\vec{k}\wedge\underline{\vec{E}}=-i\omega\underline{\vec{B}},\ -i\vec{k}\wedge\underline{\vec{B}}=i\omega\varepsilon_0\mu_0\underline{\vec{E}}$$

On obtient donc immédiatement que $(\vec{k},\vec{E},\vec{B})$ forme un trièdre direct et on élimine $\underline{\vec{B}}=\frac{\vec{k}\wedge\underline{\vec{E}}}{\omega}$ en utilisant la formule du double produit vectoriel :

$$-\vec{k}\wedge\frac{\vec{k}\wedge\underline{\vec{E}}}{\omega}=\frac{k^2\underline{\vec{E}}}{\omega}=\omega\varepsilon_0\mu_0\underline{\vec{E}}$$

$$\text{donc } k^2=\omega^2\varepsilon_0\mu_0=\frac{\omega^2}{c^2}\ \text{et}\ \|\vec{E}\|=c\|\vec{B}\|$$

Ces propriétés forment la **structure de l'OPPH**. Attention, elles ne doivent en aucun cas être généralisées à toute onde électromagnétique dans le vide. En particulier, une superposition de deux ondes OPPH PR est solution de l'équation de d'Alembert, mais elle n'est pas forcément plane, ni progressive, ni harmonique, ni polarisée rectilignement. L'exercice 11.8 explore quelques-unes de ces superpositions.

Exemple :

En grandeurs complexes, les notations $\vec{k}\cdot\overrightarrow{OM}$ et $\underline{\vec{E}}_0$ peuvent paraître moins claires que kx et $E_0\vec{u}_y$ en grandeurs réelles. Il n'en est rien. Elles laissent au contraire le choix de la direction et du sens de propagation de l'OPPH, celui de la polarisation et de la phase de l'onde. • Si on baptise x l'axe de propagation d'une onde, qu'on l'oriente dans le sens de propagation alors $\vec{k}=k\vec{u}_x$. Il vient

$$\vec{k}\cdot\overrightarrow{OM}=\begin{vmatrix}k\\0\\0\end{vmatrix}\cdot\begin{vmatrix}x\\y\\z\end{vmatrix}=kx$$

• Le champ électrique étant transversal, si l'onde est polarisée rectilignement, on peut baptiser y l'axe de polarisation, c'est-à-dire la direction constante du champ électrique, et $\underline{\vec{E}}_0=\underline{E}_0\vec{u}_y$. • Si on note E_0 l'amplitude réelle et φ la phase du champ électrique, alors $\underline{E}_0=E_0e^{i\varphi}$. On en déduit l'expression complexe

$$\underline{\vec{E}}=\underline{\vec{E}}_0e^{i(\omega t-\vec{k}\cdot\overrightarrow{OM})}=E_0e^{i(\omega t-kx+\varphi)}\vec{u}_y$$

$$\text{donc } \vec{E}(M,t)=\mathscr{Re}(\underline{\vec{E}})=E_0\cos(\omega t-kx+\varphi)\vec{u}_y$$

↪ **Exercices 11.7, 11.8.**

Étudier l'aspect énergétique d'une onde électromagnétique dans le vide.

• L'onde électromagnétique est susceptible de transporter de l'énergie électromagnétique. Le vecteur densité de courant énergétique est le **vecteur de Poynting** électromagnétique

$$\vec{\Pi} = \frac{\vec{E} \wedge \vec{B}}{\mu_0}$$

Dans le vide, il n'y a aucun porteur de charge susceptible d'accumuler de l'énergie sous forme électrocinétique

$$\vec{j} \cdot \vec{E} = 0$$

L'onde électromagnétique fait donc varier l'énergie électromagnétique volumique

$$u_{em} = u_e + u_m = \frac{1}{2}\varepsilon_0 \vec{E}^2 + \frac{1}{2}\frac{\vec{B}^2}{\mu_0}$$

L'**équation locale de poynting** traduit le bilan local d'énergie électromagnétique :

$$-\frac{\partial u_{em}}{\partial t} = \operatorname{div} \vec{\Pi}$$

Sa forme intégrale est déinie pour un volume $\mathcal{V}$ délimité par une surface fermée Σ

$$-\frac{dU_{em}}{dt} = \oiint_{\Sigma} \vec{\Pi} \cdot \overrightarrow{dS} \text{ avec } U_{em} = U_e + U_m$$

$$\text{et } \begin{cases} U_e = \iiint_{\mathcal{V}} \frac{\varepsilon_0 \vec{E}^2}{2} d\tau \\ U_m = \iiint_{\mathcal{V}} \frac{\vec{B}^2}{2\mu_0} d\tau \end{cases}$$

Exemple :

Pour l'OPPH PR décrite à la fiche précédente :

$$\vec{\Pi} = \frac{E_0 \vec{u}_y \cos(\omega t - kx) \wedge B_0 \vec{u}_z \cos(\omega t - kx)}{\mu_0}$$

$$\text{soit } \vec{\Pi} = \frac{E_0 B_0}{\mu_0} \cos^2(\omega t - kx) \vec{u}_x$$

Sa valeur moyenne dans le temps vaut

$$<\vec{\Pi}>=\frac{E_0B_0}{2\mu_0}\vec{u}_x$$

Or $E_0 = cB_0$ et $\varepsilon_0\mu_0c^2 = 1$ donc

$$<\vec{\Pi}>=\frac{E_0^2}{2\mu_0 c}\vec{u}_x=\frac{1}{2}\varepsilon_0 cE_0^2\vec{u}_x=\frac{1}{2\mu_0}cB_0^2\vec{u}_x$$

L'énergie électromagnétique volumique vaut

$$u_{em}=\frac{1}{2}\varepsilon_0E_0^2\cos^2(\omega t-kx)+\frac{1}{2}\frac{E_0^2}{\mu_0c^2}\cos^2(\omega t-kx)$$

$$\text{soit } u_{em}=\varepsilon_0E_0^2\cos^2(\omega t-kx)$$

On remarque qu'il y a équipartition de l'énergie volumique entre composante électrique et composante magnétique. Vérifions l'équation locale de Poynting.

$$\frac{\partial u_{em}}{\partial t}=-2\omega\varepsilon_0E_0^2\sin(\omega t-kx)\cos(\omega t-kx)$$

$$\operatorname{div}\vec{\Pi}=\begin{vmatrix}\frac{\partial}{\partial x}\\ \frac{\partial}{\partial y}\\ \frac{\partial}{\partial z}\end{vmatrix}\cdot\begin{vmatrix}\varepsilon_0cE_0^2\cos^2(\omega t-kx)\\ 0\\ 0\end{vmatrix}$$

$$\operatorname{div}\vec{\Pi}=2k\varepsilon_0cE_0^2\sin(\omega t-kx)\cos(\omega t-kx)$$

et la relation $\omega = kc$ permet de valider la relation de Poynting.

$\hookrightarrow$ **Exercices 11.9, 11.10, 11.11, 11.12, 11.13, 11.14.**

Identifier une onde polarisée rectilignement.

Lorsque le champ électrique d'une onde électromagnétique est exprimé dans une base quelconque, il est important de disposer d'une méthode mathématique qui permette de déterminer si cette onde est, ou non, polarisée rectilignement.

On se place dans le cas particulier où le vecteur d'onde est selon l'un des axes de la base cartésienne :

$$\vec{k} = \pm k\vec{u}_x \text{ ou } \pm k\vec{u}_y \text{ ou } \pm k\vec{u}_z$$

Prenons par exemple $\vec{k} = k\vec{u}_z$ et considérons l'onde plane progressive harmonique

$$\vec{E} = \begin{vmatrix} E_x = E_{0x}\cos(\omega t - kz + \varphi_x) \\ E_y = E_{0y}\cos(\omega t - kz + \varphi_y) \\ 0 \end{vmatrix}$$

Ce champ électrique est **transverse**, orthogonal à la direction de propagation $\vec{u}_z$. Elle est **polarisée rectilignement** si et seulement si sa direction reste constante, donc si

$$\varphi_x - \varphi_y = n\pi, \ n \text{ entier relatif}$$

La direction de propagation est celle du champ électrique, s'il n'est pas nul, à $t = 0$ et en $z = 0$.

Exemple :

Considérons les ondes suivantes

$$\vec{E}_1 = \begin{vmatrix} E_x = E_0\cos(\omega t - kz) \\ E_y = 2E_0\cos(\omega t - kz) \\ 0 \end{vmatrix} \quad \vec{E}_2 = \begin{vmatrix} E_x = E_0\cos\left(\omega t + ky + \frac{2\pi}{3}\right) \\ 0 \\ E_z = E_0\cos\left(\omega t + ky - \frac{2\pi}{3}\right) \end{vmatrix}$$

La première onde se propage selon $\vec{k}_1 = k\vec{u}_z$. On a

$$\varphi_x - \varphi_y = 0 - 0 = 0$$

donc elle est polarisée rectilignement selon

$$\vec{E}_1(0,0) = \begin{vmatrix} E_0 \\ 2E_0 \\ 0 \end{vmatrix}$$

La deuxième se propage selon $\vec{k}_2 = -k\vec{u}_y$. On a

$$\varphi_x - \varphi_z = \frac{2\pi}{3} - \left(-\frac{2\pi}{3}\right) = \frac{4\pi}{3} \neq n\pi$$

donc elle n'est pas polarisée rectilignement.

↪ **Exercices 11.15, 11.16.**

Faire l'analyse et la synthèse d'une onde polarisée rectilignement.

La lame polarisante ou **polariseur**. est une fine lame de vecteur normal $\vec{n}$, d'axe $\vec{u}$ dans son plan. Notons $\vec{o}$ le vecteur de son plan tel que $(\vec{n}, \vec{u}, \vec{o})$ forme un trièdre orthogonal.

- Toute OPPH se propageant dans la direction de $\vec{n}$ polarisée rectilignement selon $\vec{u}$ (axe transparent) traverse le polariseur sans atténuation.

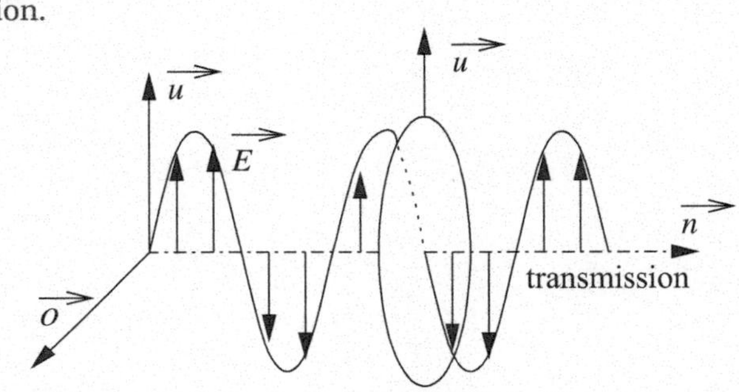

- Toute OPPH se propageant dans la direction de $\vec{n}$ polarisée rectilignement selon $\vec{o}$ (axe opaque) est arrêtée par le polariseur.

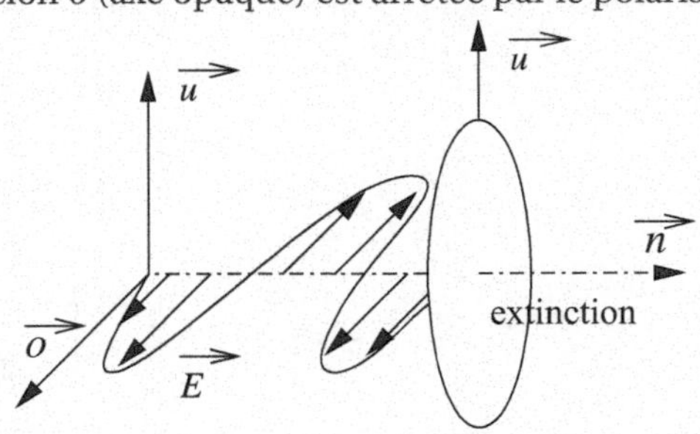

Le raisonnement est toujours basé sur un schéma explicatif qui fait apparaître clairement les axes de propagation, transparent et opaque, et sur une décomposition des champs électriques sur ces axes.

a) Voici le protocole d'**analyse expérimentale** de polarisation rectiligne. On place le polariseur, appelé ici **analyseur**, en alignant $\vec{n}$ avec l'axe $\vec{u}_z$ de propagation du faisceau de lumière qu'on veut analyser. On le fait pivoter autour de cet axe. Si la lumière est polarisée rectilignement dans une direction x, alors il y aura extinction quand $\vec{o} = \vec{u}_x$, et intensité lumineuse maximale lorsque $\vec{u} = \vec{u}_x$. On retient que la direction de polarisation est donc la perpendiculaire à $\vec{u}$ lors de l'extinction. Si l'onde n'est pas polarisée rectilignement, il n'y aura jamais extinction.

b) Voici le protocole de **production expérimentale** d'une lumière polarisée rectilignement (en supposant la lampe quasi monochromatique).

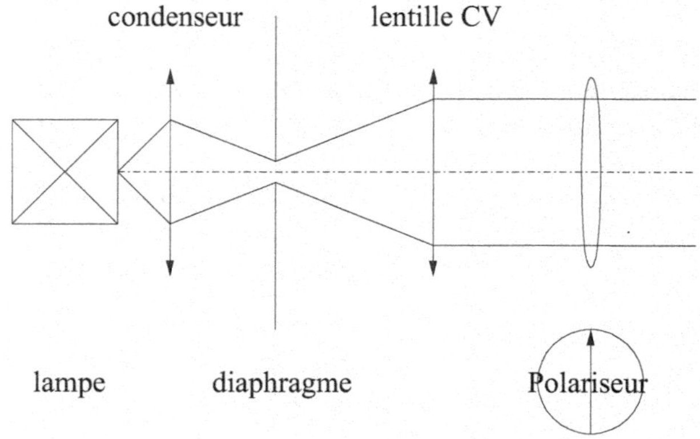

Exemple :

Considérons un faisceau de lumière se propageant dans la direction de $\vec{u}_z$, polarisée rectilignement selon un axe $\vec{p} = \left| \begin{array}{l} \cos\alpha \\ \sin\alpha \\ 0 \end{array} \right.$. On place un polariseur d'axe transparent $\vec{u} = \vec{u}_x$ sur le trajet du faisceau.

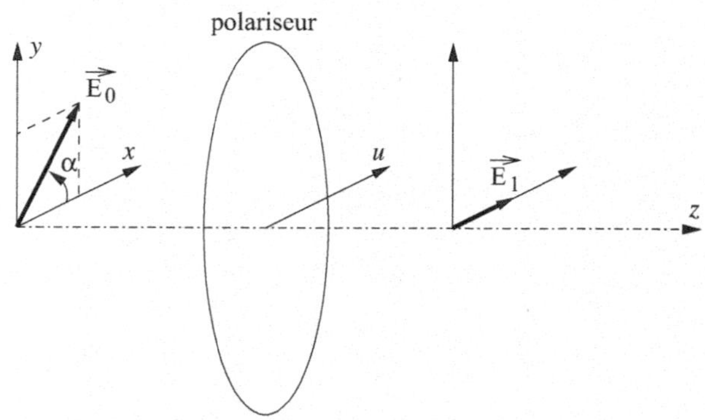

Le champ électrique de l'onde électromagnétique incidente et celui de l'onde électromagnétique émergente s'écrivent

$$\vec{E}_0 = \left| \begin{array}{l} E_0 \cos\alpha \\ E_0 \sin\alpha \\ 0 \end{array} \right. \cos(\omega t - kz) \text{ et } \vec{E}_1 = \left| \begin{array}{l} E_0 \cos\alpha \\ 0 \\ 0 \end{array} \right. \cos(\omega t - kz)$$

Les intensités lumineuses correspondantes sont donc

$$I_0 = K < \vec{E}_0^2 >= \frac{KE_0^2}{2} \text{ et } I_1 = K < \vec{E}_1^2 >= \frac{KE_1^2 \cos^2 \alpha}{2}$$

$$\text{donc } I_1 = I_0 \cos^2 \alpha$$

C'est la **loi de Malus**.

↪ **Exercices 11.17, 11.18, 11.19.**

Énoncés des exercices

11.1 Équation de d'Alembert pour la corde vibrante

Un tronçon de corde horizontale $[x, x + dx]$, dont la tension à une de ses extrémités est T_0, de masse linéique μ, est animée d'un mouvement transversal de faible amplitude selon y modélisé par $y(x, t)$. On note $T(x, t)$ la tension au point d'abscisse x et $\alpha(x, t)$ l'angle d'inclinaison de la corde par rapport à l'axe horizontal. On fera l'approximation des petits angles et on négligera le poids devant les forces de tension.

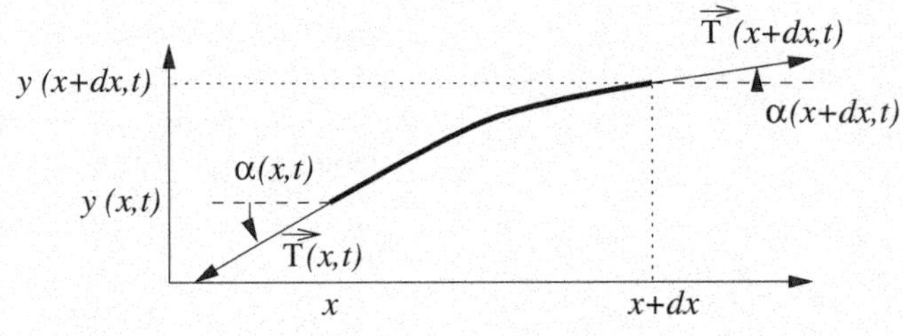

a) Justifier que $\alpha(x, t) = \frac{\partial y(x,t)}{\partial x}$.

b) Montrer que $T(x, t) = T_0$.

c) Établir l'équation de d'Alembert vérifiée par $y(x, t)$ et préciser l'expression de c en fonction de T_0 et μ.

d) L'alimentation électrique d'un train est assurée par le contact entre le cable horizontal appelé caténaire et un contacteur appelé pantographe qui soulève à son passage le caténaire d'une trentaine de centimètres. La tension de la caténaire est $T = 2{,}6 \cdot 10^4$ N, elle est en cuivre de masse volumique $\mu_{Cu} = 8\,900$ kg$\cdot$m^{-3} et sa section est $S = 150$ mm^2. On estime que la vitesse du TGV ne doit pas dépasser 97 % de la célérité c des ondes de vibration transversale de la caténaire. Déterminer la vitesse correspondante, et expliquer le terme « mur de la caténaire ». *Le record de vitesse du TGV du 3 avril 2007 est* $v = 574{,}8$ km$\cdot$h^{-1}.

11.2 Équation de d'Alembert pour la vibration longitudinale dans un solide

Une tige solide selon x, de secion S, de masse volumique μ, est modélisée par une chaîne d'oscillateurs mécaniques. Une masselotte de masse $\mu S dx$ est à l'abscisse x au repos et à l'abscisse $x + u(x, t)$ au passage d'une onde de vibration longitudinale. Elle est reliée aux deux masselottes voisines, d'abscisses au repos $x - dx$ et $x + dx$, par deux ressorts de longueur à vide dx et de raideur $k = \frac{ES}{dx}$ où E est le **module d'Young** du matériau. On négligera toutes les autres forces devant celles exercées par les ressorts.

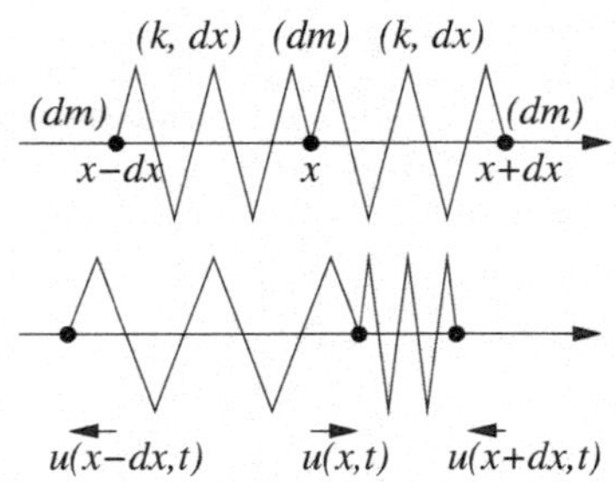

a) Quelle est l'unité et à quelle grandeur le module d'Young est-il homogène ? Pourquoi le qualifie-t-on de module d'« élasticité » ?

b) Écrire la loi de la quantité de mouvement sur la masselotte centrale.

c) Par un développement limité au second ordre, en déduire l'équation de d'Alembert vérifiée par $y(x, t)$ et préciser l'expression de c en fonction de E et μ.

11.3 Caractère harmonique de la solution stationnaire de l'EDA

On cherche une solution stationnaire sous la forme $G(x, t) = f(x)h(t)$ de l'EDA.

a) Montrer que l'EDA s'écrit sous la forme de l'égalité d'une fonction de x seul à une fonction de t seul et en déduire que ces deux quantités sont égales à une même constante.

b) En éliminant l'autre cas, montrer que le signe de cette constante est fixé et qu'on peut mettre l'équation en f sous la forme

$$f''(x) + k^2 f(x) = 0$$

c) Finir la résolution et en déduire la forme générale de la solution.

11.4 Décomposition réciproque des solutions harmoniques progressive et stationnaire

On rappelle les relations trigonométriques

$$\cos(a + b) = \cos a \cos b - \sin a \sin b \text{ et } \cos(p + q) + \cos(p - q) = 2\cos p \cos q$$

a) Justifier qu'une solution stationnaire harmonique est la somme de deux solutions progressives harmoniques de l'EDA.

b) Justifier qu'une solution progressive harmonique est la somme de deux solutions stationnaires harmoniques de l'EDA.

11.5 Corde de Melde

La **corde de Melde** est de longueur L, son extrémité en $x = 0$ est excitée par un vibreur qui impose

$$y(0, t) = Y_0 \cos(\omega t)$$

et son autre extrémité est fixe.

a) Déterminer le plus complètement possible la solution stationnaire harmonique de l'EDA.

b) Montrer qu'une résonance d'amplitude est observée pour certaines valeurs de la pulsation ω.

11.6 Timbre d'un élastique pincé

On tend une corde de longueur L, de masse linéique μ avec la tension T_0. Cette corde est fixée entre ses deux extrémités O et A. On néglige les effets de la pesanteur. On la "pince" en un point P d'abscisse $x_P = OP = \ell$, c'est-à-dire qu'on écarte P de l'axe horizontal jusqu'à l'ordonnée $y_{P0} = h$, les deux brins de corde PO et PA formant deux segments droits, et on lache à $t = 0$.

a) Chercher une solution sous la forme d'une superposition d'ondes stationnaires du type $y_n(x, t) = Y_n \sin(k_n x) \cos(\omega_n t)$ où n est un entier de quantification.

b) Le théorème de Fourier permet de décomposer tout signal temporel périodique, mais aussi toute fonction suffisamment régulière de la variable d'espace x périodique en somme de fonction sinusoïdales. En particulier, la fonction suivante

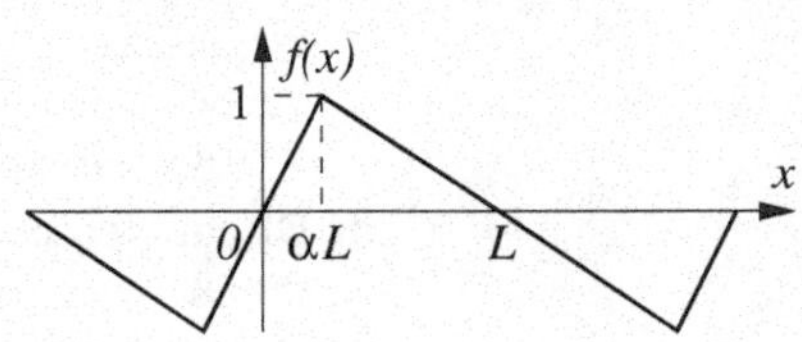

peut s'exprimer sous la forme

$$f(x) = \sum_{n=1}^{\infty} C_n(\alpha) \sin\left(2\pi n \frac{x}{2L}\right)$$

où $C_n(\alpha)$ est un coefficient réel fonction de l'entier n et du rapport cyclique α. Pourquoi le timbre de la guitare change-t-il selon la position de l'ongle ou du médiateur ?

11.7 Représentation graphique de l'OPPH PR

Une onde électromagnétique plane progressive harmonique se propage dans le vide avec le vecteur d'onde $\vec{k} = k\vec{u}_x$. On donne l'amplitude complexe du champ magnétique $\underline{\vec{B}}_0 = B_0 \vec{u}_z$.

a) Donner l'expression complète des ondes de champ électrique $\vec{E}(x, t)$ et magnétique $\vec{B}(x, t)$ en fonction des seuls paramètres B_0, k et c.

b) Cette onde est-elle polarisée rectilignement ?

c) Représenter en trois dimensions l'allure de la distribution des champs électriques et magnétiques à $t = 0$ sur l'axe (O, x).

d) Même question à la date $t_1 = \frac{\pi}{2kc}$.

11.8 Superpositions d'ondes électromagnétiques

a) Pourquoi la combinaison linéaire de solutions du type OPPH PR de l'EDA électromagnétique dans le vide est-elle solution de l'EDA ?

b) On superpose deux OPPH PR de même amplitude $E_0\vec{u}_y$, de phase nulle et de vecteurs d'onde opposés $\pm k\vec{u}_x$. Donner l'expression du champ électrique résultant $\vec{E}(M,t)$ et du champ magnétique résultant $\vec{B}(M,t)$. Caractériser cette onde. Les champs magnétique et électrique s'annulent-ils aux mêmes abscisses ?

c) La fonction périodique suivante

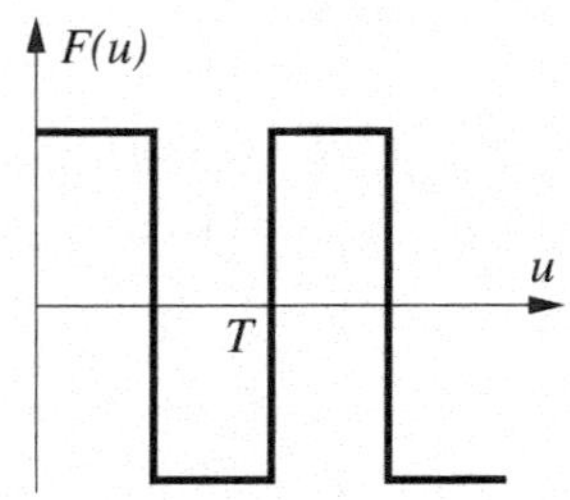

a pour décomposition en séries de Fourier

$$F(u) = \sum_{p=0}^{\infty} \frac{4}{(2p+1)\pi} \cos\left[(2p+1)\cdot\frac{2\pi u}{T}\right]$$

En déduire qu'une onde électromagnétique rectangulaire d'amplitude E_0, de fréquence fondamentale f, se propageant selon $\vec{u}_x$ et polarisée rectilignement selon $\vec{u}_y$ est la superposition d'OPPH PR.

d) On superpose deux OPPH PR d'amplitudes respectives $E_0\vec{u}_y$ et $E_0\vec{u}_z$, de phases respectives 0 et $\frac{\pi}{2}$ et de vecteurs d'onde égaux $k\vec{u}_x$. Donner l'expression du champ électrique résultant $\vec{E}(M,t)$. Dans le plan $x = 0$, comment évolue le champ électrique au cours du temps ? En déduire un qualificatif pour la polarisation de cette onde.

11.9 Application numérique pour un faisceau laser

Un faisecau laser pratiquement cylindrique est assimilé sur sa section $S = 1\ \text{mm}^2$ à une OPPH se propageant dans le vide avec une longueur d'onde $\lambda = 532$ nm. Sa puissance moyenne est $\mathscr{P} = 50$ W. Calculer les valeurs de la fréquence f, la période T, la pulsation ω, la norme du vecteur d'onde k, l'amplitude du champ électrique E_0 et celle du champ magnétique B_0. On donne $\varepsilon_0 = 8{,}854\cdot10^{-12}\ \text{F}\cdot\text{m}^{-1}$, $c = 3{,}00\cdot10^8$ m, $\mu_0 = 4\pi\cdot10^{-7}\ \text{H}\cdot\text{m}^{-1}$.

11.10 Ordre de grandeur du rayonnement solaire

La distance entre le Soleil et la Terre est de l'ordre de 150 millions de kilomètres. La puissance électromagnétique émise par le Soleil vaut $\mathscr{P} = 3{,}82\cdot10^{26}$ W et le rayonnement est isotrope. Calculer l'ordre de grandeur de la valeur moyenne de la norme du vecteur de Poynting solaire à la surface de la Terre et l'énergie totale incidente sur le globe terrestre. Le rayon de la Terre est $R_T = 6{,}4\cdot10^6$ m.

11.11 Vecteur de Poynting pour une OEM stationnaire

Une onde électromagnétique stationnaire dans le vide a pour champ électrique

$$\vec{E}(z,t) = E_0 \vec{u}_y \cos(\omega t) \sin(kz)$$

a) Déterminer le champ magnétique (il n'y a pas de champ magnétique permanent).

b) En déduire le vecteur de Poynting $\vec{\Pi}(z,t)$.

c) Calculer sa valeur moyenne temporelle et conclure.

11.12 Modèle photonique : utilisation de $\vec{\Pi}$

Le quantum de lumière est le photon, son énergie est donnée par la relation de Planck-Einstein $\mathscr{E} = hf$ où $h = 6{,}62 \cdot 10^{-34}$ J · s est la constante de Planck et f la fréquence de l'onde associée. Les photons se déplacent à la vitesse de la lumière.

a) Une OPPH PR qui se propage dans le vide a pour champ électrique

$$\vec{E} = E_0 \vec{u}_y \cos(\omega t - kx)$$

Donner l'expression du vecteur de Poynting moyen associé.

b) À travers une surface élémentaire $\overrightarrow{dS} = dS\vec{u}_x$, donner l'expression de la puissance moyenne électromagnétique véhiculée par l'onde. Pendant un intervalle de temps dt, en déduire l'énergie moyenne $d\mathscr{W}$ qui traverse la surface.

c) En déduire le nombre dN de photons qui travers la surface, puis le nombre n_0 de photons par mètre cube dans le faisceau de lumière.

d) Calculer n_0 pour le laser décrit dans l'exercice 11.9.

11.13 Modèle photonique : utilisation de u_{em}

Le quantum de lumière est le photon, son énergie est donnée par la relation de Planck-Einstein $\mathscr{E} = hf$ où h est la constante de Planck et f la fréquence de l'onde associée. Les photons se déplacent à la vitesse de la lumière.

a) Une OPPH PR qui se propage dans le vide a pour champ électrique

$$\vec{E} = E_0 \vec{u}_x \cos(\omega t - kx)$$

Donner l'expression des énergies volumiques moyennes électrique $< u_e >$, magnétique $< u_m >$ et totale $< u_{em} >$.

b) En déduire le nombre n_0 de photons par mètre cube dans le faisceau de lumière.

11.14 Condition d'interférences

Deux OPPH polarisées rectilignement se propagent dans le vide selon $\vec{u}_x$. On donne, en $x = 0$, $\vec{E}_1(t) = E_0 \vec{u}_y \cos(\omega_1 t)$ et $\vec{E}_2(t) = E_0 \vec{u}_y \cos(\omega_2 t + \theta)$.

a) Calculer les valeurs moyennes des vecteurs de Poynting $\vec{\Pi}_1$ et $\vec{\Pi}_2$ associés à chaque onde.

b) Calculer la valeur moyenne du vecteur de Poynting $\vec{\Pi}$ associé à l'onde résultante.

c) Dans quel cas a-t-on $< \vec{\Pi} > \neq < \vec{\Pi}_1 > + < \vec{\Pi}_2 >$?

11.15

Analyse de polarisation d'ondes électromagnétiques

Pour les deux ondes suivantes, déterminer le vecteur d'onde et le cas échéant la direction de polarisation rectiligne.

$$\vec{E}_1 = \left| \begin{array}{l} E_x = E_0 \cos(\omega t + kz) \\ E_y = E_0 \sin(\omega t + kz) \\ 0 \end{array} \right. \qquad \vec{E}_2 = \left| \begin{array}{l} 0 \\ E_y = -E_0 \cos\left(\omega t - kx + \frac{2\pi}{3}\right) \\ E_z = 3E_0 \sin\left(\omega t - kx + \frac{\pi}{6}\right) \end{array} \right.$$

11.16

Analyse de transversalité et de propagation d'ondes électromagnétiques

a) Les ondes suivantes sont-elles transverses électriques ?

$$\vec{E}_1 = \left| \begin{array}{l} E_0 \cos(\omega t - kx + 2ky) \\ 2E_0 \cos(\omega t - kx + 2ky) \\ 0 \end{array} \right. \qquad \vec{E}_2 = \left| \begin{array}{l} 2E_0 \cos(\omega t - kx + 2ky) \\ E_0 \cos(\omega t - kx + 2ky) \\ 0 \end{array} \right.$$

b) Les ondes suivantes admettent-elles un vecteur d'onde ?

$$\vec{E}_3 = \left| \begin{array}{l} E_0 \cos(\omega t - kz) \\ 2E_0 \sin(\omega t - kz) \\ 0 \end{array} \right. \qquad \vec{E}_4 = \left| \begin{array}{l} 2E_0 \cos(\omega t - ky) \\ E_0 \cos(\omega t - kx) \\ 0 \end{array} \right.$$

c) Quelle est la particularité de l'onde suivante (et aussi de l'onde 1) ?

$$\vec{E}_5 = \left| \begin{array}{l} 2E_0 \cos(\omega t - kx) \\ E_0 \cos(\omega t - ky) \\ 0 \end{array} \right.$$

11.17

Polarisation rectiligne

Un faisceau de lumière se propage selon l'axe $\vec{u}_x$ horizontal. Lorsqu'on place un analyseur d'axe $\vec{u}_z$ vertical devant le faisceau, l'éclairement s'annule à la sortie.

a) Justifier que le faisceau de lumière est polarisé rectilignement.

b) Déterminer la direction de polarisation du faisceau.

c) Justifier que lorsqu'on place un analyseur d'axe $\vec{u}_y$ horizontal devant le faisceau, l'intensité lumineuse ne change pas.

d) Par quel coefficient est multipliée l'intensité quand on interpose un analyseur d'axe selon la bissectrice de $(\vec{u}_y, \vec{u}_z)$?

11.18

Polariseurs successifs

Devant un faisceau de lumière naturelle se propageant selon $\vec{u}_x$, d'intensité I_0, on place successivement un polariseur d'axe $\vec{u}_1 = \vec{u}_y$ à la sortie duquel l'intensité vaut $I_1 = \frac{I_0}{2}$, un polariseur d'axe $\vec{u}_2$ défini par $(\vec{u}_y, \vec{u}_2) = \frac{\pi}{3}$ à la sortie duquel l'intensité vaut I_2, un polariseur d'axe $\vec{u}_3$ défini par $(\vec{u}_y, \vec{u}_3) = -\frac{\pi}{2}$ à la sortie duquel l'intensité vaut I_3.

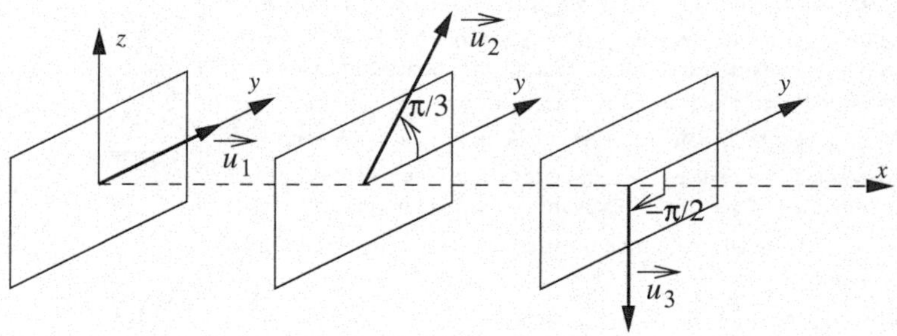

Donner en fonction de I_0 les expressions des intensités I_1, I_2 et I_3. Que se passe-t-il si on intervertit les positions du polariseur 2 et du polariseur 3 ?

11.19

Polarimètre (résolution de problème)

Une solution est optiquement active (c'est le cas de l'eau sucrée) si elle est transparente à une onde électromagnétique plane progressive polarisée rectilignement, mais si sa traversée s'accompagne d'une rotation du plan de polarisation contenant $(\vec{k}, \vec{E})$ d'un angle α proportionnel à la concentration c et à la longueur L de solution traversée.

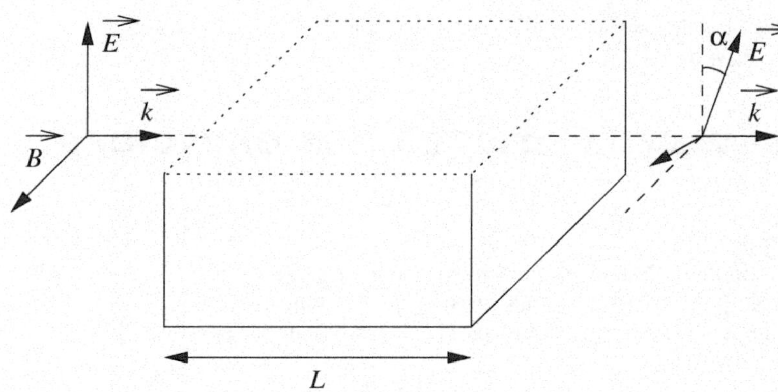

Proposer un dispositif permettant de mesurer α et donner l'intérêt expérimental de cette mesure.

Du mal à démarrer ?

11.1 La loi de la quantité de mouvement appliquée au tronçon de corde donne, en faisant l'approximation des petits angles, les relations des questions (b) et (c).

11.2 La force de rappel d'un ressort est $\pm k(\ell - \ell_0)$. La longueur ℓ d'un ressort entre deux points A et B est $x_B - x_A$. Enfin, l'abscisse d'une masselotte est $X + u(X, t)$ où X est l'abscisse au repos de la masselotte.

11.3 L'égalité de deux fonctions de deux variables indépendantes entraîne l'égalité de ces deux fonctions à une même constante. On éliminera l'un des cas en résolvant l'équation temporelle.

11.4 Cet exercice demande uniquement des compétences en trigonométrie.

11.5 La relation de dispersion et les conditions aux limites en $x = 0$ et $x = L$ permettent de conclure.

11.6 On peut reconnaître la forme de la corde entre $x = 0$ et $x = L$.

11.7 L'utilisation de la relation de structure et de la relation de dispersion suffisent pour déterminer complètement $\vec{B}$.

11.8 (a) On utilise la linéarité de l'EDA. (b) Une formule de trigonométrie permet de transformer la somme de deux cosinus en un produit. (c) Il faut exprimer u en fonction de t et x. (d) La somme de deux ondes PR n'est pas PR.

11.9 C'est une application directe des formules du cours.

11.10 La puissance solaire se répartit sur une sphère. La Terre recueille le flux solaire sur une surface équivalente à un disque.

11.11 L'onde étant stationnaire et pas progressive, on ne peut pas utiliser la relation de structure pour calculer $\vec{B}$, mais la loi de Maxwell-Faraday.

11.12 On identifie l'énergie $\mathcal{W}$ à celle des dN photons.

11.13 On identifie l'énergie volumique au produit de n_0 par l'énergie de chaque photon.

11.14 Exercice très technique mais sans difficulté physique. Le cœur du calcul est la détermination de la valeur moyenne du produit de deux cosinus, qu'on pourra linéariser. La valeur moyenne d'un cosinus est nulle à condition qu'il dépende du temps.

11.15 On utilise la méthode du cours après avoir transformé le sinus en cosinus.

11.16 (a) On pourra calculer $\vec{k}\cdot\vec{E}$. (b) On pourra décomposer l'onde en somme de deux OPPH dont on identifie les vecteurs d'onde respectifs. (c) On pourra calculer div $\vec{E}_5$.

11.17 L'application directe du cours et celle de la loi de Malus permettent de conclure.

11.18 L'exercice exploite la loi de Malus, il faut définir précisément, après la traversée de chaque polariseur, l'amplitude du champ électrique, sa direction de polarisation et l'ntensité lumineuse.

11.19 La mesure de α doit être faite par différence entre deux situations d'extinction.

Corrigés des exercices

11.1

a) La pente de la tangente à une courbe est égale à sa dérivée par rapport à x, mais aussi égale à la tangente de l'angle d'inclinaison. En utilisant l'approximation des petits angles

$$\alpha(x,t) \simeq \tan\alpha(x,t) = \frac{\partial y(x,t)}{\partial x}$$

b) La loi de la quantité de mouvement appliquée au tronçon de corde donne

$$\mu dx\vec{a} = \vec{T}(x,t) + \vec{T}(x+dx,t)$$

$$\text{soit } \mu dx \left| \begin{array}{l} 0 \\ \frac{\partial^2 y(x,t)}{\partial t^2} \end{array} \right. =$$

$$\left| \begin{array}{l} -T(x,t)\cos\alpha(x,t) \\ -T(x,t)\sin\alpha(x,t) \end{array} \right. + \left| \begin{array}{l} T(x+dx,t)\cos\alpha(x+dx,t) \\ T(x+dx,t)\sin\alpha(x+dx,t) \end{array} \right.$$

En faisant l'approximation des petits angles, on en déduit le système

$$\left\{ \begin{array}{l} 0 = -T(x,t) + T(x+dx,t) \\ \mu dx \frac{\partial^2 y(x,t)}{\partial t^2} = -T(x,t)\alpha(x,t) + T(x+dx,t)\alpha(x+dx,t) \end{array} \right.$$

la première égalité s'écrit

$$\frac{\partial T(x,t)}{\partial x} = 0 \text{ donc } T(x,t) = T_0$$

c) En injectant cette relation dans la seconde équation, il vient

$$\mu \frac{\partial^2 y(x,t)}{\partial t^2} = T_0 \frac{\alpha(x+dx,t) - \alpha(x,t)}{dx}$$

$$\text{soit } \mu \frac{\partial^2 y(x,t)}{\partial t^2} = T_0 \frac{\partial \alpha(x,t)}{\partial x} = T_0 \frac{\partial^2 y(x,t)}{\partial x^2}$$

On obtient donc l'EDA

$$\frac{\partial^2 y(x,t)}{\partial x^2} - \frac{\mu}{T_0}\frac{\partial^2 y(x,t)}{\partial t^2} = 0 \text{ donc } c = \sqrt{\frac{T_0}{\mu}}$$

d) La masse linéique de la caténaire est

$$\mu = \frac{dm}{d\ell} = \frac{\mu_{Cu} S d\ell}{d\ell} = \mu_{Cu} S = 1{,}34 \text{ kg}\cdot\text{m}^{-1}$$

On en déduit la célérité

$$c = \sqrt{\frac{26\,000}{1{,}34}} = 139 \text{ m}\cdot\text{s}^{-1}$$

La vitesse du TGV ne doit pas dépasser

$$\frac{97}{100} \times 139 = 135 \text{ m}\cdot\text{s}^{-1} = 486 \text{ km}\cdot\text{h}^{-1}$$

Si la vitesse du TGV dépasse cette valeur, les ondes de vibration créées par le soulèvement de la caténaire ne peuvent plus s'éloigner du train, et comme pour le mur du son, leur énergie s'accumule, l'amplitude des déformations de la caténaire augmente, elle peut se briser, ou le contact électrique avec la caténaire peut être rompu. Le record n'a pu être obtenu qu'en augmentant la tension de la caténaire sur la ligne où a été fait le test.

11.2

a) La constante de raideur est en $\text{N}\cdot\text{m}^{-1}$ donc

$$[\text{E}] = \frac{\text{N}\cdot\text{m}^{-1}\cdot\text{m}}{\text{m}^2} = \text{N}\cdot\text{m}^{-2} = \text{Pa}$$

E est donc homogène à une pression et est lié aux déformation du matériau comme un ressort, ou un élastique.

b) La masselotte centrale est soumise aux forces de rappel $\vec{F}_g$ et $\vec{F}_d$ des ressorts de gauche et de droite.

$$\vec{F}_g = -k\left[(x+u(x,t)) - (x-dx+u(x-dx,t)) - dx\right]\vec{u}_x$$

$$\vec{F}_g = k\left[-u(x,t) + u(x-dx,t)\right]\vec{u}_x$$

$$\vec{F}_d = k\left[(x+dx+u(x+dx,t)) - (x+u(x,t)) - dx\right]\vec{u}_x$$

$$\vec{F}_d = k\left[u(x+dx,t) - u(x,t)\right]\vec{u}_x$$

La loi de la quantité de mouvement appliquée à la masselotte centrale s'écrit donc, en projection sur x :

$$\mu S dx \frac{\partial^2 u(x,t)}{\partial t^2} = \frac{ES}{dx}\left[u(x+dx,t) + u(x-dx,t) - 2u(x,t)\right]$$

c) On utilise la formule de Taylor pour donner les développements limités au second ordre :

$$u(x+dx,t) \simeq u(x,t) + \frac{\partial u(x,t)}{\partial x}dx + \frac{\partial^2 u(x,t)}{\partial x^2}\frac{dx^2}{2}$$

$$u(x-dx,t) \simeq u(x,t) + \frac{\partial u(x,t)}{\partial x}(-dx) + \frac{\partial^2 u(x,t)}{\partial x^2}\frac{(-dx)^2}{2}$$

On remplace et on simplifie :

$$\mu S dx \frac{\partial^2 u(x,t)}{\partial t^2} = \frac{ES}{dx}\cdot\frac{\partial^2 u(x,t)}{\partial x^2}(dx)^2$$

$$\text{soit } \frac{\partial^2 u(x,t)}{\partial x^2} - \frac{\mu}{E}\frac{\partial^2 u(x,t)}{\partial t^2} = 0$$

qui est bien l'EDA avec $c = \sqrt{\frac{E}{\mu}}$.

11.3

a) On a

$$\frac{\partial^2 G(x,t)}{\partial x^2} = f''(x)g(t) \text{ et } \frac{\partial^2 G(x,t)}{\partial t^2} = f(x)g''(t)$$

donc l'équation de d'Alembert s'écrit

$$f''(x)g(t) - \frac{1}{c^2}f(x)g''(t) = 0$$

$$\text{soit } \frac{f''(x)}{f(x)} = \frac{1}{c^2}\frac{g''(t)}{g(t)}$$

L'égalité entre ces deux fonctions de deux variables indépendantes entraîne qu'elles sont toutes deux égales à une même constante.

b) Supposons que cette constante soit positive et notons-la k^2. On obtient à droite

$$g''(t) - k^2c^2 g(t) = 0 \text{ donc } g(t) = Ae^{-kct} + Be^{kct}$$

B est nécessairement nul car le terme e^{kct} tend vers l'infini quand $t \to +\infty$, ce qui nécessiterait une énergie infinie. Mais alors $g(t)$ tendrait vers zéro, or aucun processus ne dissipe l'énergie de ce système. On rejette donc ce cas. La constante est donc négative et on la note $-k^2$, d'où l'équation en $f(x)$.

c) Cette équation est du type oscillateur harmonique donc

$$f(x) = A\cos(kx + \psi)$$

L'équation en $g(t)$ s'écrit

$$g''(t) + k^2c^2 g(t) = 0 \text{ donc } g(t) = B\cos(\omega t + \varphi)$$

avec $\omega = kc$. La solution stationnaire est bien doublement harmonique, en x et en t. En fusionnant A et B en une seule constante :

$$G(x,t) = G_0\cos(kx+\psi)\cos(\omega t + \varphi)$$

11.4

a) On remarque que

$$A\cos(\omega t+\varphi)\cos(kx+\psi) =$$
$$\frac{A}{2}\cos(\omega t+kx+\varphi+\psi)+\frac{A}{2}\cos(\omega t-kx+\varphi-\psi)$$

c'est-à-dire que la solution stationnaire est la superposition de deux ondes progressives de même amplitude se déplaçant dans deux sens opposés.

b) De même

$$A\cos(\omega t-kx+\varphi) =$$
$$A\cos(\omega t+\varphi)\cos(kx)+A\sin(\omega t+\varphi)\sin(kx) =$$
$$A\cos(\omega t+\varphi)\cos(kx)+A\cos\left(\omega t+\varphi-\frac{\pi}{2}\right)\cos\left(kx-\frac{\pi}{2}\right)$$

qui est bien la superposition de deux ondes stationnaires.

11.5

a) On cherche une solution stationnaire sous la forme

$$y(x,t) = A\cos(\omega t+\varphi)\cos(kx+\psi)$$

Il y a donc 4 inconnues : A, φ, k et ψ. La relation de dispersion impose $k=\frac{\omega}{c}$. La condition aux limites en $x=L$ impose

$$\forall t,\ A\cos(\omega t+\varphi)\cos(kL+\psi)=0 \text{ donc } \cos(kL+\psi)=0$$

donc $kL+\psi=\frac{\pi}{2}$ par exemple, donc $\psi=\frac{\pi}{2}-kL$. On en déduit que

$$\cos(kx+\psi) = -\sin(k(x-L))$$

La condition aux limites en $x=0$ impose

$$\forall t,\ Y_0\cos(\omega t) = A\sin(kL)\cos(\omega t+\varphi)$$

Par identification :

$$\varphi = 0 \text{ et } Y_0 = A\sin(kL)$$

et si $\sin(kL)\neq 0$, alors

$$A = \frac{Y_0}{\sin(kL)}$$

En conclusion :

$$y(x,t) = -\frac{Y_0}{\sin(kL)}\cos(\omega t)\sin(k(x-L))$$

b) Si $kL=n\pi$, n entier naturel ni nul, l'amplitude tend vers l'infini, il y a résonance d'amplitude des vibrations (dans ce cas, les hypothèses qui ont présidé à l'établissement de l'EDA ne sont plus vérifiées). Ceci correspond aux pulsation spropres de la corde fixée à ses deux extrémités :

$$\omega = n\frac{\pi c}{L}$$

11.6

a) On reconnaît ici la solution stationnaire de l'équation de d'Alembert pour une corde fixée à ses deux extrémités avec la relation de quantification

$$L = n\frac{\lambda}{2} \text{ donc } \begin{cases} k_n = n\frac{\pi}{L} \\ \omega_n = k_n c = n\frac{\pi c}{L}\end{cases}$$

La solution harmonique d'ordre n est donc

$$y_n(x,t) = Y_n\sin\left(n\pi\frac{x}{L}\right)\cos\left(n\pi\frac{ct}{L}\right)$$

L'équation de d'Alembert est linéaire, toute superposition de solutions est donc elle-même solution, donc

$$y(x,t) = \sum_{n=1}^{\infty} Y_n\sin\left(n\pi\frac{x}{L}\right)\cos\left(n\pi\frac{ct}{L}\right)$$

convient pour toute suite de réels (Y_n).

b) La restriction de la fonction périodique $f(x)$ à $x\in[0,L]$ donne la forme exacte de la corde à $t=0$, avec $\alpha=\frac{\ell}{L}$ et au facteur multiplicatif h près. En identifiant :

$$y(x,0) = h\cdot f(x)$$

$$\text{soit } \forall x,\ \sum_{n=1}^{\infty} Y_n\sin\left(n\pi\frac{x}{L}\right) = \sum_{n=1}^{\infty} hC_n\left(\frac{\ell}{L}\right)\sin\left(2\pi n\frac{x}{2L}\right)$$

On en déduit l'amplitude de la n-ième harmonique

$$Y_n = hC_n\left(\frac{\ell}{L}\right)$$

ce qui permet de construire le spectre du son que va émettre la corde en vibration. Ce spectre détermine le timbre du son. Le timbre dépend donc de ℓ, c'est-à-dire de la position où le musicien pince la corde de sa guitare.

11.7

a) La relation de dispersion donne $\omega = kc$. La phase du champ magnétique est nulle donc

$$\underline{\vec{B}} = B_0\vec{u}_z e^{i(kct-kx)} \text{ et } \vec{B}(x,t) = B_0\vec{u}_z\cos(kct-kx)$$

La relation de structure permet d'écrire

$$\vec{E}(x,t) = cB_0\vec{u}_y\cos(kct-kx)$$

b) La direction du champ électrique est constante donc l'onde est polarisée rectilignement.

c) À la date $t = 0$, les champs s'écrivent

$$\begin{cases} \vec{E}(x,0) = cB_0\vec{u}_y\cos(kx) \\ \vec{B}(x,0) = B_0\vec{u}_z\cos(kx) \end{cases}$$

L'extrémité des vecteurs $\vec{E}$ sont donc disposés sur une cosinusoïde dans le plan (x, y) et ceux des vecteurs $\vec{B}$ de même dans le plan (x, z). Ils prennent leurs valeurs extrémales et nulles pour les mêmes abscisses ; leur période spatiale commune est la longueur d'onde $\lambda = \frac{2\pi}{k}$. Voici l'allure des cartes de champ à $t = 0$:

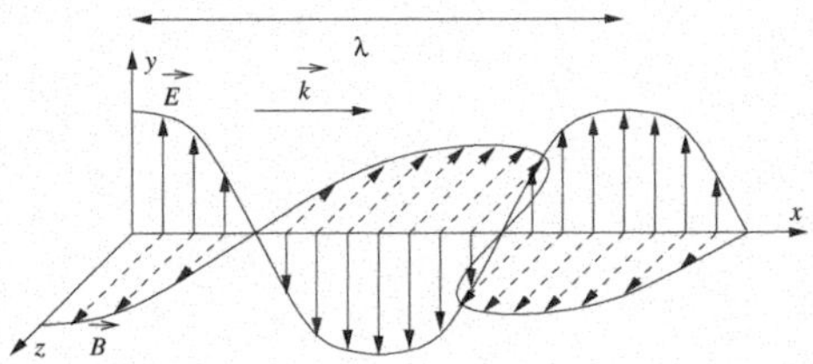

d) À la date $t_1 = \frac{\pi}{2kc}$:

$$\begin{cases} \vec{E}(x,t_1) = cB_0\vec{u}_y\cos\left(\frac{\pi}{2} - kx\right) = cB_0\vec{u}_y\sin(kx) \\ \vec{B}(x,t_1) = B_0\vec{u}_z\cos\left(\frac{\pi}{2} - kx\right) = B_0\vec{u}_z\sin(kx) \end{cases}$$

Il suffit donc de décaler la position des axes :

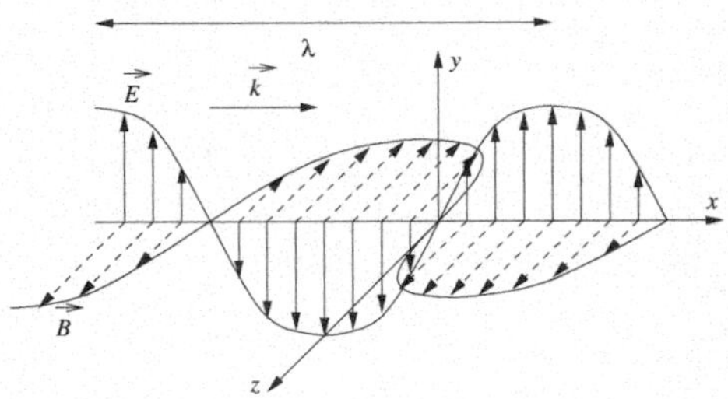

11.8

a) Les équations de Maxwell et l'équation de d'Alembert sont linéaires ; toute combinaison linéaire de solutions de l'EDA est donc elle-même solution.

b) Le champ électrique résultant est

$$\vec{E}(x,t) = E_0\vec{u}_y\cos(kct - kx) + E_0\vec{u}_y\cos(kct + kx)$$

$$\vec{E}(x,t) = 2E_0\vec{u}_y\cos\frac{(kct - kx) + (kct + kx)}{2}\cdot$$

$$\cos\frac{(kct - kx) - (kct + kx)}{2}$$

$$\vec{E}(x,t) = 2E_0\vec{u}_y\cos(kct)\cos(kx)$$

C'est une onde stationnaire pour le champ électrique. Le champ magnétique est la somme des deux champs qu'on obtient par la relation de structure, en prenant garde au fait que les vecteurs d'onde sont opposés :

$$\vec{B}(x,t) = B_0\vec{u}_z\cos(kct - kx) - B_0\vec{u}_z\cos(kct + kx)$$

$$\vec{B}(x,t) = -2B_0\vec{u}_z\sin\frac{(kct - kx) + (kct + kx)}{2}\cdot$$

$$\sin\frac{(kct - kx) - (kct + kx)}{2}$$

$$\vec{B}(x,t) = 2B_0\vec{u}_z\sin(kct)\sin(kx)$$

C'est une onde stationnaire pour le champ magnétique aussi. En revanche, les nœuds du champ électrique et ceux du champ magnétiques sont décalés de $\frac{\lambda}{4}$.

c) L'onde considérée est de fréquence fondamentale f. Sa période est donc $T = \frac{1}{f}$. Elle peut donc s'écrire

$$\vec{E}(x,t) = E_0\vec{u}_yF\left(t - \frac{x}{c}\right)$$

En utilisant la décomposition donnée, on a donc

$$\vec{E}(x,t) = \sum_{p=0}^{\infty}\frac{4E_0}{(2p+1)\pi}\vec{u}_y\cos\left[(2p+1)2\pi f\left(t - \frac{x}{c}\right)\right]$$

qui est bien la superposition d'OPPH PR.

d) Le champ électrique s'écrit

$$\vec{E}(x,t) = \begin{vmatrix} 0 \\ E_0\cos(\omega t - kx) \\ 0 \end{vmatrix} + \begin{vmatrix} 0 \\ 0 \\ E_0\cos\left(\omega t - kx + \frac{\pi}{2}\right) \end{vmatrix}$$

$$\text{soit } \vec{E}(x,t) = \begin{vmatrix} 0 \\ E_0\cos(\omega t - kx) \\ -E_0\sin(\omega t - kx) \end{vmatrix}$$

Le champ électrique a une norme

$$\|\vec{E}(x,t)\| = \sqrt{E_0^2\cos^2(\omega t - kx) + E_0^2\sin^2(\omega t - kx)} = E_0$$

et dans le plan $x = 0$

$$\vec{E}(0,t) = \begin{vmatrix} 0 \\ E_0\cos(\omega t) \\ -E_0\sin(\omega t) \end{vmatrix}$$

L'extrémité du vecteur $\vec{E}$ a donc un mouvement circulaire uniforme, à la vitesse angulaire ω, on parle donc de polarisation circulaire.

11.9 La valeur moyenne de la norme du vecteur de Poynting est $<\Pi> = \frac{\mathscr{P}}{S} = 5{,}0\cdot 10^7\ \mathrm{W\cdot m^{-2}}$.

$$<\Pi> = \frac{\varepsilon_0 cE_0^2}{2} \text{ donc}$$

$$E_0 = \sqrt{\frac{2<\Pi>}{\varepsilon_0 c}} = 137\ \mathrm{kV\cdot m^{-1}}$$

Enfin $B_0 = \frac{E_0}{c} = 4{,}57\cdot 10^{-4}$ T. On a $\lambda_0 = \frac{c}{f}$ donc

$$f = \frac{c}{\lambda_0} = 5{,}64\cdot 10^{14}\ \text{Hz}$$

$$\omega = 2\pi f = 3{,}54\cdot 10^{15}\ \text{rad}\cdot\text{s}^{-1}$$

$$\text{et } k = \frac{\omega}{c} = 1{,}18\cdot 10^{7}\ \text{rad}\cdot\text{m}^{-1}$$

11.10 La puissance émise par le Soleil se dilue sur une surface sphérique de rayon $r = 1{,}5\cdot 10^{11}$ m donc

$$<\Pi>= \frac{\mathscr{P}}{4\pi r^2} = 1350\ \text{W}\cdot\text{m}^{-2}$$

Le globe terrestre reçoit le rayonnement équivalent du disque de rayon R_T sous lequel on verrait la Terre depuis le Soleil, donc

$$\mathscr{P}_T = <\Pi>\cdot\pi R_T^2 = 1{,}74\cdot 10^{17}\ \text{W}$$

11.11

a) Par application de l'équation de Maxwell-Faraday :

$$\overrightarrow{\text{rot}}\,\vec{E} = -\frac{\partial\vec{B}}{\partial t} \text{ soit}$$

$$\frac{\partial\vec{B}}{\partial t} = -\begin{vmatrix}\frac{\partial}{\partial x}\\ \frac{\partial}{\partial y}\\ \frac{\partial}{\partial z}\end{vmatrix} \wedge \begin{vmatrix}0\\ E_0\cos(\omega t)\sin(kz)\\ 0\end{vmatrix}$$

$$\text{soit } \frac{\partial\vec{B}}{\partial t} = kE_0\vec{u}_x\cos(\omega t)\cos(kz)$$

$$\text{donc } \vec{B} = \frac{kE_0}{\omega}\vec{u}_x\sin(\omega t)\cos(kz)$$

$$\text{soit } \vec{B} = \frac{E_0}{c}\vec{u}_x\sin(\omega t)\cos(kz)$$

b) On en déduit

$$\vec{\Pi}(z,t) = \frac{\vec{E}\wedge\vec{B}}{\mu_0}$$

et en utilisant la relation $\sin(2a) = 2\sin a\cos a$:

$$\vec{\Pi}(z,t) = -\frac{E_0^2}{4\mu_0 c}\vec{u}_z\sin(2\omega t)\sin(2kz)$$

c) On a $<\sin(2\omega t)>= 0$ donc la valeur moyenne temporelle du vecteur de Poynting est nulle : l'onde stationnaire ne transporte pas d'énergie électromagnétique. On vérifie ici qu'elle est équivalente à deux ondes de même amplitude se propageant dans deux sens opposés (voir exercice 11.8, question (b)).

11.12

a) La relation de structure entraîne

$$\vec{B} = \frac{k\vec{u}_x\wedge\vec{E}}{\omega} = \frac{E_0}{c}\cos(\omega t - kx)\vec{u}_z$$

On en déduit

$$\vec{\Pi} = \frac{\vec{E}\wedge\vec{B}}{\mu_0} = \varepsilon_0 c E_0^2\cos^2(\omega t - kx)\vec{u}_x$$

$$\text{donc } <\vec{\Pi}>= \frac{\varepsilon_0 c E_0^2}{2}\vec{u}_x$$

b) Par définition

$$<d\mathscr{P}>=<\vec{\Pi}>\cdot dS\vec{u}_x$$

$$\text{soit } \frac{d\mathscr{W}}{dt} = \frac{\varepsilon_0 c E_0^2 dS}{2}$$

$$\text{donc } d\mathscr{W} = \frac{\varepsilon_0 c E_0^2 dS}{2}dt$$

c) Les photons qui frappent la surface pendant dt sont ceux situés à une distance inférieure ou égale à cdt, ils sont donc situés dans un cylindre de base dS et de hauteur cdt ; il y en a donc $dN = n_0 dScdt$. Leur énergie est

$$d\mathscr{W} = dN\cdot hf$$

Par identification :

$$\frac{\varepsilon_0 c E_0^2 dS}{2}dt = n_0 dScdt\cdot hf \text{ donc } n_0 = \frac{\varepsilon_0 E_0^2}{2hf}$$

d) L'application numérique donne

$$n_0 = 2{,}23\cdot 10^{17}\ \text{m}^{-3}$$

11.13

a) D'après le cours

$$u_{em} = \frac{\varepsilon_0}{2}E^2 + \frac{1}{2\mu_0}B^2 = \varepsilon_0 E^2$$

La valeur moyenne d'un cosinus carré vaut $\frac{1}{2}$ donc

$$<u_{em}>= \frac{\varepsilon_0}{2}E_0^2$$

b) Il y a n_0 photons par mètre cube donc

$$<u_{em}>= n_0 hf$$

Par identification :

$$\frac{\varepsilon_0}{2}E_0^2 = n_0 hf \text{ donc } n_0 = \frac{\varepsilon_0 E_0^2}{2hf}$$

11.14

a) Les vecteurs d'onde sont

$$\vec{k}_1 = k_1 \vec{u}_x = \frac{\omega_1}{c}\vec{u}_x \text{ et } \vec{k}_2 = k_2 \vec{u}_x = \frac{\omega_2}{c}\vec{u}_x$$

On en déduit

$$\vec{E}_1(x,t) = E_0 \vec{u}_y \cos\left[\omega_1\left(t - \frac{x}{c}\right)\right]$$

$$\vec{E}_2(x,t) = E_0 \vec{u}_y \cos\left[\omega_2\left(t - \frac{x}{c}\right) + \theta\right]$$

On en déduit les champs magnétiques en utilisant la relation de structure

$$\vec{B}_1(x,t) = \frac{E_0}{c}\vec{u}_z \cos\left[\omega_1\left(t - \frac{x}{c}\right)\right]$$

$$\vec{B}_2(x,t) = \frac{E_0}{c}\vec{u}_z \cos\left[\omega_2\left(t - \frac{x}{c}\right) + \theta\right]$$

et les vecteurs de Poynting en utilisant la définition :

$$\vec{\Pi}_1 = \frac{E_0^2}{\mu_0 c}\vec{u}_x \cos^2\left[\omega_1\left(t - \frac{x}{c}\right)\right]$$

$$\vec{\Pi}_2 = \frac{E_0^2}{\mu_0 c}\vec{u}_x \cos^2\left[\omega_2\left(t - \frac{x}{c}\right) + \theta\right]$$

On en déduit les valeurs moyennes

$$<\vec{\Pi}_1> = <\vec{\Pi}_2> = \frac{E_0^2}{2\mu_0 c}\vec{u}_x$$

b) Pour alléger les notations, posons

$$\alpha_1 = \omega_1\left(t - \frac{x}{c}\right) \text{ et } \alpha_2 = \omega_2\left(t - \frac{x}{c}\right) + \theta$$

L'onde résultante a pour champs

$$\vec{E} = \vec{E}_1 + \vec{E}_2 = E_0 \vec{u}_y [\cos\alpha_1 + \cos\alpha_2]$$

$$\vec{B} = \vec{B}_1 + \vec{B}_2 = \frac{E_0}{c}\vec{u}_z [\cos\alpha_1 + \cos\alpha_2]$$

On en déduit

$$\vec{\Pi} = \frac{E_0^2}{\mu_0 c}\vec{u}_x [\cos\alpha_1 + \cos\alpha_2]^2$$

$$\vec{\Pi} = \frac{E_0^2}{\mu_0 c}\vec{u}_x \left[\cos^2\alpha_1 + \cos^2\alpha_2 + 2\cos\alpha_1\cos\alpha_2\right]$$

$$\text{donc } <\vec{\Pi}> = \frac{E_0^2}{\mu_0 c}\vec{u}_x \left[\frac{1}{2} + \frac{1}{2} + 2<\cos\alpha_1\cos\alpha_2>\right]$$

$$\text{soit } <\vec{\Pi}> = \frac{E_0^2}{\mu_0 c}\vec{u}_x + 2\frac{E_0^2}{\mu_0 c}\vec{u}_x <\cos\alpha_1\cos\alpha_2>$$

c) La différence vaut

$$<\vec{\Pi}> - (<\vec{\Pi}_1> + <\vec{\Pi}_2>) = 2\frac{E_0^2}{\mu_0 c}\vec{u}_x <\cos\alpha_1\cos\alpha_2>$$

Explicitons la valeur moyenne :

$$\cos\alpha_1\cos\alpha_2 = \frac{1}{2}\cos(\alpha_1 + \alpha_2) + \frac{1}{2}\cos(\alpha_1 - \alpha_2)$$

et en développant les expressions :

$$\cos(\alpha_1 + \alpha_2) = \cos\left[(\omega_1 + \omega_2)\left(t - \frac{x}{c}\right) + \theta\right]$$

$$\cos(\alpha_1 - \alpha_2) = \cos\left[(\omega_1 - \omega_2)\left(t - \frac{x}{c}\right) - \theta\right]$$

Le premier cosinus est une fonction du temps, sa valeur moyenne est nulle. Si $\omega_1 \neq \omega_2$, il en est de même pour le second et

$$<\vec{\Pi}> = <\vec{\Pi}_1> + <\vec{\Pi}_2>$$

Mais si $\omega_1 = \omega_2$, alors le second cosinus est une constante et il est égal à sa valeur moyenne. On en déduit que

$$<\vec{\Pi}> = <\vec{\Pi}_1> + <\vec{\Pi}_2> + \frac{E_0^2}{\mu_0 c}\cos\theta\,\vec{u}_x$$

11.15

La première onde se propage selon $\vec{k}_1 = -k\vec{u}_z$. On transforme la composante selon y :

$$E_y = E_0 \sin(\omega t + kz) = E_0 \cos\left(\omega t + kz - \frac{\pi}{2}\right)$$

On a donc

$$\varphi_x - \varphi_y = \frac{\pi}{2}$$

donc l'onde n'est pas polarisée rectilignement. La deuxième se propage selon $\vec{k}_3 = k\vec{u}_x$. On transforme la composante selon z :

$$E_z = 3E_0 \sin\left(\omega t - kx + \frac{\pi}{6}\right) = 3E_0 \cos\left(\omega t - kx + \frac{\pi}{6} - \frac{\pi}{2}\right)$$

$$\text{soit } E_z = 3E_0 \cos\left(\omega t - kx - \frac{\pi}{3}\right)$$

On a

$$\varphi_y - \varphi_z = \frac{2\pi}{3} - \left(-\frac{\pi}{3}\right) = \pi$$

donc l'onde est polarisée rectilignement selon

$$\vec{E}_2(0,0) = \left|\begin{array}{l} 0 \\ \frac{E_0}{2} \\ \frac{3E_0}{2} \end{array}\right.$$

11.16

a) Le vecteur de l'onde 1 s'obtient en identifiant

$$-(kx-2ky) = -\vec{k}_1 \cdot \overrightarrow{\text{OM}} \text{ donc } \vec{k}_1 = \begin{vmatrix} k \\ -2k \\ 0 \end{vmatrix}$$

On calcule le produit scalaire

$$\vec{k}_1 \cdot \vec{\text{E}}_1 = -3k\text{E}_0 \cos(\omega t - kx + 2ky) \neq 0$$

donc l'onde 1 n'est pas transverse électrique. Le vecteur de l'onde 2 s'obtient en identifiant

$$-(kx-2ky) = -\vec{k}_2 \cdot \overrightarrow{\text{OM}} \text{ donc } \vec{k}_2 = \begin{vmatrix} k \\ -2k \\ 0 \end{vmatrix}$$

On calcule le produit scalaire

$$\vec{k}_2 \cdot \vec{\text{E}}_2 = 0$$

donc l'onde 2 est transverse électrique.

b) Posons

$$\vec{\text{E}}_{20}(t) = \begin{vmatrix} \text{E}_0 \cos(\omega t) \\ 2\text{E}_0 \sin(\omega t) \\ 0 \end{vmatrix}$$

On remarque que

$$\omega t - kz = \omega\left(t - \frac{k}{\omega} z\right) = \omega\left(t - \frac{z}{c}\right)$$

On peut donc écrire

$$\vec{\text{E}}_3(z,t) = \vec{\text{E}}_{20}\left(t - \frac{z}{c}\right)$$

et en posant $\vec{k} = k\vec{u}_z$:

$$\vec{\text{E}}_3(\text{M},t) = \vec{\text{E}}_{20}\left(t - \frac{\vec{k}\cdot\overrightarrow{\text{OM}}}{c}\right)$$

donc $\vec{k}$ est le vecteur de l'onde 3. L'onde 4 est la superposition de deux OPPH PR :

$$\vec{\text{E}}_4 = \begin{vmatrix} 2\text{E}_0 \cos(\omega t - ky) \\ \text{O} \\ 0 \end{vmatrix} + \begin{vmatrix} 0 \\ \text{E}_0 \cos(\omega t - kx) \\ 0 \end{vmatrix}$$

de vecteurs d'onde distincts $k\vec{u}_y$ et $k\vec{u}_x$ donc elle n'admet pas de vecteur d'onde.

c) On remarque que

$$\text{div}\,\vec{\text{E}}_5 = \begin{vmatrix} \frac{\partial}{\partial x} \\ \frac{\partial}{\partial y} \\ \frac{\partial}{\partial z} \end{vmatrix} \cdot \begin{vmatrix} 2\text{E}_0 \cos(\omega t - kx) \\ \text{E}_0 \cos(\omega t - ky) \\ 0 \end{vmatrix}$$

$$\text{div}\,\vec{\text{E}} = 2\text{E}_0 k \sin(\omega t - kx) + \text{E}_0 k \sin(\omega t - ky) \neq 0$$

donc $\rho \neq 0$, on n'est donc pas dans le vide.

11.17

a) Si le faisceau n'était pas polarisé rectilignement, $\vec{\text{E}}$ aurait des composantes non nulles dans diverses directions non colinéaires, et une au moins ne serait pas éteinte par l'analyseur placé dans une direction donnée, il n'y aurait donc pas extinction.

b) D'après la loi de Malus, il y a extinction ($\cos^2\alpha = 0$) lorsque l'axe de l'analyseur est perpendiculaire ($\alpha = \pm\frac{\pi}{2}$) à la direction de polarisation, donc le faisceau est polarisé selon $\vec{u}_y$.

c) L'axe de l'analyseur $\vec{u}_y$ est confondu avec la direction de polarisation ($\alpha = 0$), l'analyseur est donc transparent pour le faisceau et l'intensité ne change pas d'après la loi de Malus ($\cos^2\alpha = 1$).

d) $\alpha = \frac{\pi}{4}$ donc $\text{I}' = \text{I}\cos^2\alpha = \frac{1}{2}\text{I}$.

11.18

$\text{I}_1 = \frac{\text{I}_0}{2}$ est donné par l'énoncé. D'après la loi de Malus

$$\text{I}_2 = \text{I}_1 \cos^2\frac{\pi}{3} = \frac{1}{4}\text{I}_1 = \frac{\text{I}_0}{8}$$

La lumière émergente du deuxième polariseur est polarisée selon $\vec{u}_2$. Pour appliquer à nouveau la loi de Malus, il faut donc bien penser à considérer l'angle entre $\vec{u}_2$ et $\vec{u}_3$:

$$\text{I}_3 = \text{I}_2 \cos^2(\vec{u}_2, \vec{u}_3) = \frac{\text{I}_0}{8} \cdot \cos^2\frac{5\pi}{6} = \frac{\text{I}_0}{8} \cdot \frac{3}{4}$$

soit $\text{I}_3 = \frac{3\text{I}_0}{32}$. Si on place 3 immédiatement après 2, les axes du 1 et du 3 étant orthogonaux, il y a extinction complète, qui perdure après le polariseur 2. L'ordre des polariseurs est donc important.

11.19

On commence par préparer un faisceau de lumière polarisée rectilignement selon la méthode décrite dans le cours. On place en sortie un polariseur dans l'axe de propagation.

- Lorsque la cuve est vide, on tourne le polariseur jusqu'à observer l'extinction. On définit ainsi la direction de référence $\vec{u}_0$.
- On remplit la cuve avec la solution optiquement active. On mesure l'angle α dont il faut tourner le polariseur, depuis la direction $\vec{u}_0$, pour retrouver l'extinction.

La polarimétrie est un procédé physique de mesure de concentration, sans réaction chimique, comme la conductimétrie et la colorimétrie.

CHAPITRE 12

Phénomènes de propagation linéaires : absorption, dispersion, émission

Thèmes abordés dans les exercices

- Solution pseudo-OPPH.
- Relation de dispersion.
- Milieu dispersif, propagation, atténuation, amplification.
- Vitesse de phase, vitesse de groupe.
- Paquet d'ondes.
- Plasma, conductivité complexe.
- Onde évanescente.
- Pulsation de coupure.
- Propagation d'une OEM dans un conducteur ohmique.
- Effet de peau.
- Réflexion-transmission d'une OEM sur un conducteur parfait.
- Réflexion et transmission d'une onde électromagnétique.
- Cavité à une dimension.
- Mode d'onde stationnaire.
- Dipôle oscillant.
- Onde rayonnée.
- Indicatrice de rayonnement.

Points essentiels du cours pour la résolution des exercices

- Établir et exploiter une équation de dispersion.
- Calculer et interpréter les vitesses de phase et de groupe.
- Connaître le modèle du plasma et étudier les OEM dans ce milieu.
- Établir et résoudre l'équation de diffusion dans un milieu conducteur ohmique.
- Utiliser les relations de passage pour calculer l'onde électromagnétique réfléchie.
- Étudier les ondes en présence de conducteurs parfaits.
- Étudier l'onde rayonnée par un dipôle oscillant.

Les méthodes à retenir

Établir et exploiter une équation de dispersion.

L'équation de d'Alembert (EDA) est un exemple simple d'équation linéaire aux dérivées partielles vérifiée par une grandeur G fonction de l'espace et du temps

$$\Delta G(M,t) - \frac{1}{c^2}\frac{\partial^2 G(M,t)}{\partial t^2} = 0$$

ou dans le cas unidirectionnel

$$\frac{\partial^2 G(x,t)}{\partial x^2} - \frac{1}{c^2}\frac{\partial^2 G(x,t)}{\partial t^2} = 0$$

Elle admet une famille de solutions naturelles, les ondes planes progressives harmoniques (OPPH) dont la forme complexe est

$$\underline{G}(M,t) = \underline{G}_0 e^{i(\omega t - \vec{k}\cdot\overrightarrow{OM})}$$

ou dans le cas unidirectionnel sur l'axe x (par exemple)

$$\underline{G}(x,t) = \underline{G}_0 e^{i(\omega t - kx)}$$

Dans ce chapitre, on étudie les **équations aux dérivées partielles linéaires** comportant d'autres termes dérivés que l'EDA

$$\frac{\partial^2 G(x,t)}{\partial x^2} - \frac{1}{c^2}\frac{\partial^2 G(x,t)}{\partial t^2} + \beta\frac{\partial G(x,t)}{\partial x} + \gamma\frac{\partial G(x,t)}{\partial t} + \delta G(x,t) = 0$$

dont on cherche la famille des solutions du type **pseudo-Onde Plane Progressive Harmonique**

$$\underline{G}(M,t) = \underline{G}_0 e^{i(\omega t - \underline{\vec{k}}\cdot\overrightarrow{OM})}$$

ou dans le cas unidirectionnel

$$\underline{G}(x,t) = \underline{G}_0 e^{i(\omega t - \underline{k}x)}$$

en tout point identiques aux OPPH, à ceci près que $\underline{k}$ est un nombre complexe.

On peut résumer les études de phénomènes dispersifs à la démarche suivante.

a) On établit l'équation aux dérivées partielles (EDP) vérifiée par G en appliquant les lois habituelles du domaine de la physique concerné ; souvent, on est amené à travailler par éléments différentiels, sur une tranche élémentaire spatiale $[x, x+dx]$ et/ou pendant une durée infinitésimale $[t, t+dt]$ et à faire des développements limités à l'ordre 1 ou 2.

b) On injecte la solution pseudo-OPPH complexe dans l'EDP avec l'équivalence habituelle

opérateur de dérivation	formalisme complexe
$\frac{\partial \text{G}}{\partial t}$	$i\omega \cdot \underline{\text{G}}$
$\frac{\partial \text{G}}{\partial x}$	$-i\underline{k} \cdot \underline{\text{G}}$
$\overrightarrow{\text{grad}}\,\text{G}$	$-i\underline{\vec{k}}\text{G}$
$\text{div}\,\underline{\vec{\text{G}}}$	$-i\underline{\vec{k}} \cdot \underline{\vec{\text{G}}}$
$\overrightarrow{\text{rot}}\,\underline{\vec{\text{G}}}$	$-i\underline{\vec{k}} \wedge \underline{\vec{\text{G}}}$

c) La linéarité de l'EDP entraîne que $\underline{k}$ vérifie une équation algébrique du second degré à coefficients réels ou complexes : c'est l'**équation de dispersion**.

d) La résolution de cette équation donne la ou les valeurs possibles de $\underline{k}$.

e) On réinjecte ces solutions dans l'expression complexe de la pseudo-OPPH $\underline{\text{G}}(\text{M}, t)$, on en déduit sa partie réelle $\text{G}(\text{M}, t)$ et on interprète les phénomènes observés.

On identifie les parties réelle et imaginaire de $\underline{k}$:

$$\underline{k} = k' + ik''$$

et pour la pseudo-OPPH unidirectionnelle

$$\underline{\text{G}}(x, t) = \underline{\text{G}}_0 e^{i(\omega t - (k' + ik'')x)}$$

on doit retenir les règles de **propagation** et d'**atténuation** :

- si $k' > 0$ l'onde se propage dans le sens croissant des x ;
- si $k' = 0$ l'onde ne se propage pas, elle est stationnaire ;
- si $k' < 0$ l'onde se propage dans le sens décroissant des x ;
- si k' et k'' sont de signes opposés, l'onde se propage en s'atténuant ;
- si k' et k'' sont de même signe, l'onde se propage en s'amplifiant ;
- $\delta = \frac{1}{|k''|}$ est la distance caractéristique d'amortissement ou d'amplification.

Exemple :

Un tronçon élémentaire de ligne bifilaire électrique de longueur dx est modélisé par le schéma suivant :

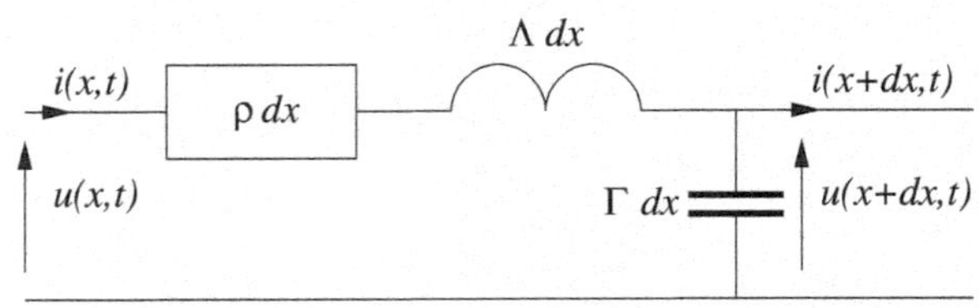

ρ est la résistance linéique, Λ l'inductance linéique et Γ la capacité linéique de la ligne. (a) La loi des nœuds et la loi des mailles donnent

$$\begin{cases} u(x,t) = \rho dx i(x,t) + \Lambda dx \frac{\partial i(x,t)}{\partial t} + u(x+dx,t) \\ i(x,t) = \Gamma dx \frac{\partial u(x+dx,t)}{\partial t} + i(x+dx,t) \end{cases}$$

$$\text{donc} \begin{cases} \frac{u(x+dx,t)-u(x,t)}{dx} = -\rho i(x,t) - \Lambda \frac{\partial i(x,t)}{\partial t} \\ \frac{i(x+dx,t)-i(x,t)}{dx} = -\Gamma \frac{\partial u(x+dx,t)}{\partial t} \end{cases}$$

En effectuant le développement limité au premier ordre, on en déduit

$$\begin{cases} \frac{\partial u(x,t)}{\partial x} = -\rho i(x,t) - \Lambda \frac{\partial i(x,t)}{\partial t} \\ \frac{\partial i(x,t)}{\partial x} = -\Gamma \frac{\partial u(x,t)}{\partial t} \end{cases}$$

En dérivant la première équation par rapport à x, la seconde par rapport à t et en utilisant le théorème de Schwartz, on en déduit l'EDP vérifiée par $u(x,t)$:

$$\frac{\partial^2 u(x,t)}{\partial x^2} - \Lambda\Gamma \frac{\partial^2 u(x,t)}{\partial t^2} - \rho\Gamma \frac{\partial u(x,t)}{\partial t} = 0$$

(b) On cherche une solution pseudo-OPPH

$$\underline{u}(x,t) = \underline{U}_0 e^{i(\omega t - \underline{k}x)}$$

En injectant dans l'EDP, on obtient

$$(-i\underline{k})(-i\underline{k})\underline{u}(x,t) - \Lambda\Gamma(i\omega)(i\omega)\underline{u}(x,t) - \rho\Gamma(i\omega)\underline{u}(x,t) = 0$$

$$\text{soit } \underline{k}^2 = \Lambda\Gamma\left(\omega^2 - i\frac{\rho}{\Lambda}\omega\right)$$

(c) En posant $c = \frac{1}{\sqrt{\Lambda\Gamma}}$ (c'est la célérité de l'onde électrique en l'absence de résistance) et $\omega_c = \frac{\rho}{\Lambda}$ pulsation de coupure, on obtient donc l'équation de dispersion :

$$\underline{k}^2 = \frac{\omega^2}{c^2}\left(1 - i\frac{\omega_c}{\omega}\right)$$

(d) La recherche de la racine carrée complexe du terme de droite ne pose pas de difficulté particulière, et on peut vérifier que celle de partie réelle k' positive possède une partie imaginaire k'' négative, et réciproquement ; l'onde se propage donc toujours de façon amortie. Si $\omega \ll \omega_c$ alors

$$\underline{k}^2 \simeq -i\frac{\omega_c \omega}{c^2} = \frac{\omega_c \omega}{c^2} e^{-i\frac{\pi}{2}}$$

$$\text{donc } \underline{k} = \pm\sqrt{\frac{\omega\omega_c}{c^2}} e^{-i\frac{\pi}{4}} = \pm\sqrt{\frac{\omega_c\omega}{2c^2}} \mp i\sqrt{\frac{\omega_c\omega}{2c^2}}$$

Si $\omega \gg \omega_c$ alors

$$\underline{k}^2 \simeq \frac{\omega^2}{c^2} \text{ donc } \underline{k} = \pm\frac{\omega}{c}$$

(e) On remarque donc qu'en dessous et au voisinage de la pulsation de coupure, on a une propagation atténuée, ce qui est normal car la résistance dissipe l'énergie de l'onde et qu'à très haute fréquence l'onde se propage sans atténuation.

$\hookrightarrow$ **Exercices 12.1, 12.2, 12.3, 12.4, 12.5, 12.6.**

Calculer et interpréter les vitesses de phase et de groupe.

L'onde $G(x,t)$ du type OPPH de vecteur d'onde $\vec{k} = k'\vec{u}_x$ ou pseudo-OPPH de vecteur d'onde $\underline{k}\vec{u}_x = (k' + ik'')\vec{u}_x$ n'a pas de réalité physique : elle ne peut exister toujours ($\forall t$) et partout ($\forall x$). C'est pourquoi on définit le **paquet d'ondes** dont les représentations temporelle à une abscisse x ou spatiale à une date t sont les suivantes :

$$G(x,t) = f_t(x) = h_x(t) \text{ avec } \begin{cases} f_x(t) = \mathscr{F}_x(t)\cdot\cos(\omega t - k'x + \varphi) \\ h_t(x) = \mathscr{H}_t(x)\cdot\cos(\omega t - k'x + \varphi) \end{cases}$$

Adoptons le point de vue temporel. L'onde à l'abscisse x a la forme du produit

- d'une **enveloppe** $= \mathscr{F}_x(t)$ de durée δt où on distingue le début et la fin du paquet d'ondes ;
- et d'une **porteuse** $\cos(\omega t - k'x + \varphi)$ de longueur d'onde $\lambda = \frac{2\pi}{k'}$.

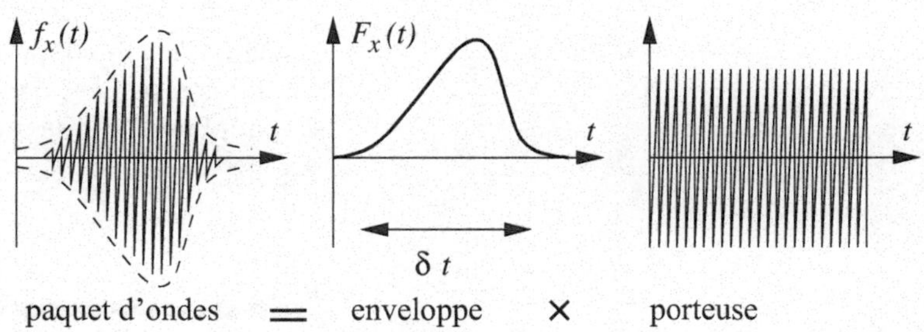

Les propriétés suivantes sont admises et forment la base des réponses aux questions sur la propagation d'un paquet d'ondes.

a) La **largeur spectrale** $\delta\omega$ et la durée δt du paquet d'ondes vérfient

$$\delta\omega \cdot \delta t \simeq 2\pi$$

b) La porteuse se déplace à la **vitesse de phase**

$$v_\varphi = \frac{\omega}{k'}$$

c) L'enveloppe se déplace à la **vitesse de groupe**

$$v_g = \frac{d\omega}{dk'}$$

d) Un milieu est **dispersif** si la vitesse de phase et sa vitesse de groupe dépendent de la pulsation ω.

e) Lorsque le paquet d'ondes se propage dans un milieu dispersif, on observe l'**étalement** du paquet d'ondes : l'enveloppe s'élargit et son amplitude diminue.

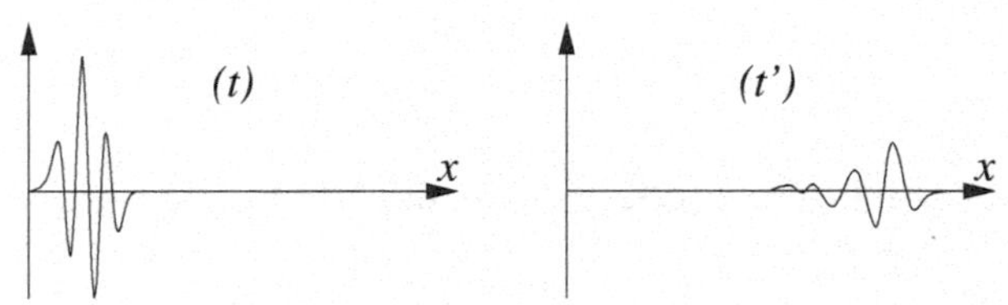

Le calcul de la vitesse de groupe et de la vitesse de phase sont les questions techniques classiques de la fin des problèmes de concours sur la dispersion. Il est d'usage de les exprimer en fonction de ω et on utilise souvent les relations

$$v_\varphi = \frac{\omega}{k'} = \frac{1}{\frac{k'}{\omega}} \text{ et } v_g = \frac{d\omega}{dk'} = \frac{1}{\frac{dk'}{d\omega}}$$

Exemple :

Dans l'exemple précédent de la ligne électrique avec pertes résistives, nous avons montré que si $\omega \gg \omega_c$, alors pour l'onde qui se propage dans le sens croissant des x

$$\underline{k} = \frac{\omega}{c} = k'$$

On en déduit

$$v_\varphi = v_g = c$$

Si $\omega \ll \omega_c$, alors pour l'onde qui se propage dans le sens croissant des x

$$\underline{k} = k' + i k'' \text{ avec } k' = -k'' = \sqrt{\frac{\omega\omega_c}{c^2}}$$

On en déduit

$$v_\varphi = \frac{1}{\frac{k'}{\omega}} = c\sqrt{\frac{\omega}{\omega_c}} \text{ et et } v_g = \frac{1}{\frac{dk'}{d\omega}} = 2c\sqrt{\frac{\omega}{\omega_c}}$$

⟶ **Exercices 12.7, 12.8, 12.9.**

Connaître le modèle du plasma et étudier les OEM dans ce milieu.

Le **plasma** forme un autre exemple de milieu après le milieu conducteur ohmique et le vide. Les hypothèses sont les suivantes.

- Le plasma est neutre $\rho = 0$.
- Le courant est assuré par le déplacement des charges libres, ions et électrons ; si on néglige le courant ionique devant le courant électronique alors

$$\vec{j} = n_0(-e)\vec{v}$$

  où n_0 est le nombre d'électrons libres par mètre cube et $\vec{v}$ leur vitesse moyenne.
- Le milieu est dilué donc on peut négliger la force de frottement devant la force électrique.
- Les électrons sont non relativistes donc on peut négliger la composante magnétique de la force de Lorentz devant la composante électrique.
- On néglige le poids devant la force électrique.

Ces hypothèses conduisent à la relation en grandeurs complexes

$$\underline{\vec{j}} = \underline{\gamma}\underline{\vec{E}} \text{ avec } \underline{\gamma} = \frac{n_0 e^2}{i\omega m_e}$$

$\underline{\gamma}$ est la **conductivité complexe** du plasma, e la charge élémentaire et m_e la masse de l'électron.

L'introduction de cette relation dans les équations de d'Alembert en grandeurs complexes donne la relation de dispersion

$$\underline{k}^2 = \frac{\omega^2 - \omega_P^2}{c^2} \text{ avec } \omega_P = \sqrt{\frac{n_0 e^2}{\varepsilon_0 m_e}}$$

ω_P est la **pulsation plasma**.

- Si $\omega > \omega_P$, il y a propagation sans atténuation.
- Si $\omega < \omega_P$, il n'y a pas propagation, mais une onde stationnaire spatialement amortie appelée **onde évanescente**.

Exemple :

> L'**ionosphère** est un bon exemple de plasma. La densité électronique est de l'ordre de $n_0 = 10^{12}$ électrons par mètre cube. La pulsation plasma est donc de l'ordre de
>
> $$\omega_P = 5{,}6 \cdot 10^7 \text{ rad} \cdot \text{s}^{-1} \text{ donc } f_P = \frac{\omega_P}{2\pi} = 9{,}0 \text{ MHz}$$
>
> Les « grandes ondes » radio, de fréquence de l'ordre de la centaine de kilohertz, ne peuvent donc pas franchir l'ionosphère, elles se réfléchissent sur sa face inférieure, ce qui assure un transport de ces ondes sur des distances très importantes sur le globe terrestre et permet d'atteindre des navires en haute mer.

↪ **Exercices 12.10, 12.11.**

Établir et résoudre l'équation de diffusion dans un milieu conducteur ohmique.

Un conducteur ohmique est caractérisé par la relation $\vec{j} = \gamma\vec{E}$. Si on fait l'hypothèse du « bon conducteur ohmique » ($\gamma \geq 10^6 \text{ S} \cdot \text{m}^{-1}$), et si on se place à des fréquences inférieures ou égales à celles des ondes visibles (de pulsation $\omega \leq 5 \cdot 10^{15} \text{ rad} \cdot \text{s}^{-1}$), alors les équations de Maxwell se simplifient et s'écrivent :

(MG) $\text{div}\,\vec{E} = 0$	(MT) $\text{div}\,\vec{B} = 0$
(MF) $\overrightarrow{\text{rot}}\,\vec{E} = -\frac{\partial \vec{B}}{\partial t}$	(MA) $\overrightarrow{\text{rot}}\,\vec{B} = \mu_0 \gamma \vec{E}$

L'utilisation des lois d'analyse vectorielle permet d'éliminer $\vec{B}$ entre ces équations et d'établir l'équation aux dérivées partielles suivante, du type **équation de dispersion** :

$$\Delta\vec{E} - \mu_0 \gamma \frac{\partial E}{\partial t} = \vec{0}$$

La recherche d'une solution pseudo-OPPH polarisée rectilignement

$$\underline{\vec{E}}(M,t) = \underline{\vec{E}}_0 e^{i(\omega t - \underline{\vec{k}}\cdot\overrightarrow{OM})}$$

conduit à l'équation de dispersion

$$\underline{\vec{k}}^2 = -i\mu_0\gamma\omega$$

Si on pose $\underline{\vec{k}} = \underline{k}\vec{u}_x$ et $\underline{\vec{E}}_0 = E_0 e^{i\varphi}\vec{u}_y$, on en déduit

$$\vec{E}(x,t) = E_0 e^{-\frac{x}{\delta}} \cos\left(\omega t - \frac{x}{\delta} + \varphi\right)$$

qui est l'expression d'une onde électrique plane progressive transverse atténuée dont la distance caractéristique d'amortissement est l'**épaisseur de peau** $\delta = \sqrt{\frac{2}{\mu_0\gamma\omega}}$. Ces résultats doivent être connus comme une question de cours, mais on doit aussi, dans l'objectif des concours, considérer leur démonstration comme un modèle qu'on est susceptible d'imiter dans d'autres types de milieux, ou avec d'autres hypothèses.

Exemple :

On peut établir l'équation de dispersion sans passer par l'équation aux dérivées partielles en traduisant les opérateurs div et $\overrightarrow{\text{rot}}$ en formalisme complexe. Les équations de Maxwell s'écrivent

$$\begin{array}{ll} (\text{MG})\ -i\underline{\vec{k}}\cdot\underline{\vec{E}} = 0 & (\text{MT})\ -i\underline{\vec{k}}\cdot\underline{\vec{B}} = 0 \\ (\text{MF})\ -i\underline{\vec{k}}\wedge\underline{\vec{E}} = -i\omega\underline{\vec{B}} & (\text{MA})\ -i\underline{\vec{k}}\wedge\underline{\vec{B}} = \mu_0\gamma\omega\underline{\vec{E}} \end{array}$$

$$\text{soit}\quad \begin{array}{ll} \underline{\vec{k}}\cdot\underline{\vec{E}} = 0 & \underline{\vec{k}}\cdot\underline{\vec{B}} = 0 \\ \underline{\vec{B}} = \frac{\underline{\vec{k}}\wedge\underline{\vec{E}}}{\omega} & \underline{\vec{k}}\wedge\frac{\underline{\vec{k}}\wedge\underline{\vec{E}}}{\omega} = i\mu_0\gamma\omega\underline{\vec{E}} \end{array}$$

La relation de structure est donc vérifiée comme pour l'OPPH dans le vide (voir chapitre 11), $(\vec{k},\vec{E},\vec{B})$ est un trièdre orthogonal direct et en utilisant la formule du double produit vectoriel dans la quatrième équation :

$$\left(\underline{\vec{k}}\cdot\underline{\vec{E}}\right)\underline{\vec{k}} - \left(\underline{\vec{k}}\cdot\underline{\vec{k}}\right)\underline{\vec{E}} = i\mu_0\gamma\omega\underline{\vec{E}}$$

$$\text{donc } \underline{\vec{k}}^2 = -i\mu_0\gamma\omega = \mu_0\gamma\omega e^{-i\frac{\pi}{2}}$$

$$\text{donc } \underline{k} = \pm\sqrt{\mu_0\gamma\omega}\,e^{-i\frac{\pi}{4}} = \pm\sqrt{\frac{\mu_0\gamma\omega}{2}} \mp i\sqrt{\frac{\mu_0\gamma\omega}{2}}$$

Voici l'allure de la courbe représentative de $\frac{E(x,0)}{E_0}$ en fonction de $X = \frac{x}{\delta}$.

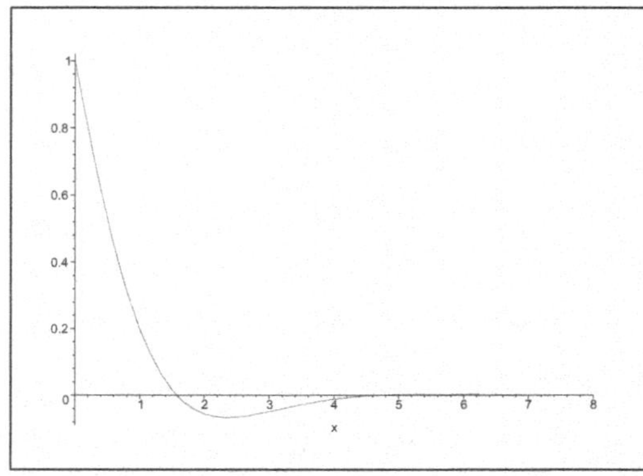

↪ **Exercices 12.12, 12.13, 12.14, 12.15, 12.16, 12.17, 12.18, 12.19.**

Utiliser les relations de passage pour calculer l'onde électromagnétique réfléchie.

Les **relations de passage** pour les champs électromagnétiques sont déterminées par la présence éventuelle de **densités surfaciques** de charges (σ exprimé en coulomb par mètre carré) et de courants ($\vec{j}_S$ en ampère par mètre). Soit une surface plane séparant deux milieux 1 et 2, de vecteur normal $\vec{n}_{12}$ dirigé de 1 vers 2.

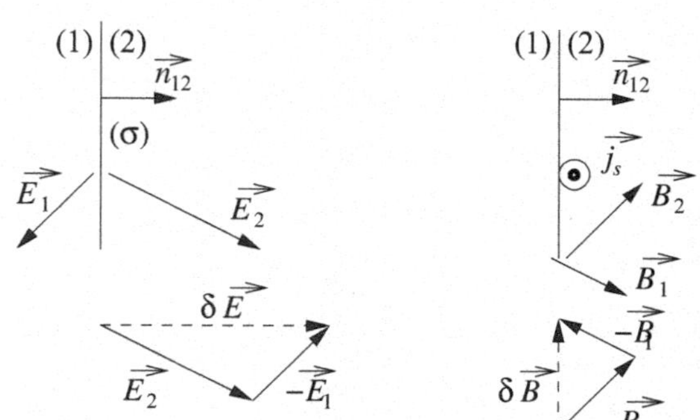

- La discontinuité de champ électrique de part et d'autre de la surface est proportionnelle à la densité surfacique de charges σ :

$$\delta\vec{E} = \vec{E}_2 - \vec{E}_1 = \frac{\sigma}{\varepsilon_0}\vec{n}_{12}$$

- La discontinuité de champ magnétique de part et d'autre de la surface est proportionnelle à la densité surfacique de courants $\vec{j}_S$:

$$\delta\vec{B} = \vec{B}_2 - \vec{B}_1 = \mu_0 \vec{j}_S \wedge \vec{n}_{12}$$

Un corollaire important est que
- la composante tangentielle du champ électrique est continue ;
- la composante normale du champ magnétique est continue.

Ces relations de passage permettent de déterminer les lois de réflexion et de transmission des ondes électromagnétiques à l'interface entre deux milieux. Voici la démarche préconisée pour prendre en compte cette propriété, en se limitant aux ondes planes et à une interface S plane infinie séparant les milieux 1 et 2.

a) On détermine les caractéristiques des deux champs $\vec{E}_i$ et $\vec{B}_i$ de l'onde incidente dans le milieu 1.

b) On définit, selon les directives de l'énoncé, les champs $\vec{E}_r$, $\vec{B}_r$ de l'onde réfléchie dans le milieu 1 et $\vec{E}_t$, $\vec{B}_t$ de l'onde transmise dans le milieu 2.

c) On exprime les champs en des points M_1 et M_2 au voisinage d'un point M de l'interface

$$\left\{\begin{array}{l}\vec{E}_1(M,t) = \vec{E}_i(M_1,t) + \vec{E}_r(M_1,t)\\ \vec{B}_1(M,t) = \vec{B}_i(M_1,t) + \vec{B}_r(M_1,t)\end{array}\right. \quad \text{et} \quad \left\{\begin{array}{l}\vec{E}_2(M,t) = \vec{E}_t(M_2,t)\\ \vec{B}_2(M,t) = \vec{B}_t(M_2,t)\end{array}\right.$$

d) On utilise les relations de passage pour relier ces champs. Celles-ci devant être valables **quels que soient** M sur S et t, on en déduit par **identification** les amplitudes, phases, pulsations, vecteurs d'onde des ondes réfléchie et transmise.

e) Le cas échéant, on en déduit les coefficients de réflexion et transmission définis par l'énoncé.

Exemple :

Une onde plane progressive harmonique polarisée rectilignement se déplace dans le demi-espace vide $x < 0$

$$\vec{E}_i(M,t) = E_0\vec{u}_y\cos(\omega t - kx)$$

Elle rencontre en $x = 0$ une surface plane infinie délimitant un conducteur parfait pour $x > 0$. On est donc sous **incidence normale**. (a) La relation de structure donne

$$\vec{B}_i = \frac{E_0}{c}\vec{u}_z \cos(\omega t - kx)$$

(b) Dans le métal (voir chapitre 11), les champs $\vec{E}$ et $\vec{B}$ sont uniformément nuls. On cherche donc une onde réfléchie se propageant selon $-\vec{u}_x$, nécessairement transverse électrique car on est dans le vide :

$$\vec{E}_r = \vec{E}_0^r \cos(\omega_r t + k_r x + \varphi_r)$$

(c) Le champ électrique est tangentiel à la surface, il est donc continu en $x = 0$. Or il est nul dans le métal en $x = 0^+$ donc il est nul en $x = 0^-$. On peut donc écrire, en formalisme complexe, en $x = 0$

$$\forall t,\ E_0\vec{u}_y e^{i\omega t} + \vec{E}_0^r e^{i(\omega_r t + \varphi_r)} = \vec{0}$$

Par identification $\omega_r = \omega$ donc $k_r c = kc$ donc $k_r = k$. On en déduit toujours par identification que $\varphi_r = 0$ donc $\vec{E}_r = -E_0\vec{u}_y$. L'onde réfléchie est donc

$$\vec{E}_0^r = -E_0\vec{u}_y \cos(\omega t + kx) \text{ et } \vec{B}_r = \frac{E_0}{c}\vec{u}_z \cos(\omega t + kx)$$

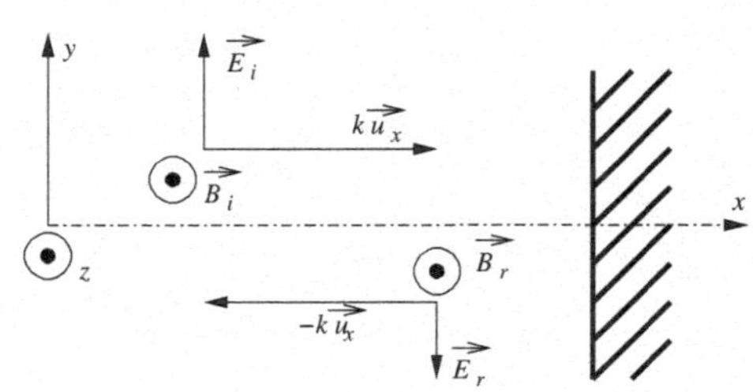

(d) Le coefficient de réflexion en amplitude du champ électrique vaut donc -1, et $+1$ pour le champ magnétique. Il n'y a pas de charges mais il apparaît des courants surfaciques (voir exercice 12.20). La superposition de l'onde incidente et de l'onde réfléchie est une onde stationnaire (voir exercice 12.21).

↪ **Exercices 12.20, 12.21, 12.22.**

Étudier les ondes en présence de conducteurs parfaits.

Un métal **conducteur parfait** possède une conductivité électrique γ infinie. L'épaisseur de peau est donc nulle, les champs électrique et magnétique y sont uniformément nuls. Les plaques métalliques parfaitement conductrices assurent ainsi des **conditions aux limites** pour les ondes électromagnétiques dans le vide. On rappelle les relations de continuité :

- la composante du champ électrique tangentielle au dioptre de séparation entre deux milieux est continue ;
- la composante du champ magnétique normale au dioptre de séparation entre deux milieux est continue.

Ces conditions aux limites permettent la **détermination** d'une onde électromagnétique en présence de conducteurs parfaits et peuvent conduire à une relation de **dispersion** ou une relation de **quantification**.

Exemple :

L'espace vide $x \in [0, a]$ est délimité par deux plaques conductrices parfaites parallèles. On cherche une onde électromagnétique plane polarisée rectilignement :

$$\vec{E}(M,t) = E(x,t)\vec{u}_y$$

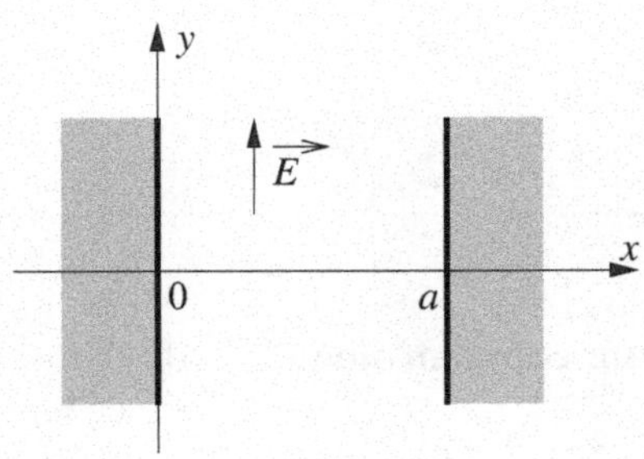

La polarisation de l'onde est parallèle au dioptre séparant le vide du métal. Le champ électrique est donc continu en $x = 0$ et en $x = a$. Comme il est nul dans le métal conducteur parfait, on en déduit $\forall t,\ E(0,t) = E(a,t)$. On cherche donc une onde stationnaire sous la forme On est dans le vide donc le champ électrique vérifie l'équation de d'Alembert

$$\frac{\partial^2 E(x,t)}{\partial x^2} - \frac{1}{c^2}\frac{\partial^2 E(x,t)}{\partial t^2}$$

On a montré à l'exercice 11.3 que l'onde stationnaire qui vérifie cette équation est nécessairement harmonique :

$$E(x,t) = E_0 \cos(\omega t + \varphi)\cos(kx + \psi)$$

avec $\omega = kc$. Les conditions aux limites s'écrivent donc

$$\forall t, \begin{cases} E_0 \cos(\omega t + \varphi)\cos(\psi) = 0 \\ E_0 \cos(\omega t + \varphi)\cos(ka + \psi) = 0 \end{cases}$$

$\psi = -\frac{\pi}{2}$ (par exemple) et

$$\cos\left(ka - \frac{\pi}{2}\right) = \sin(ka) = 0$$

On en déduit la relation de quantification $ka = n\pi$, n entier naturel non nul, donc

$$k = n\frac{\pi}{a},\ a = n\frac{\lambda}{2} \text{ et } \omega = n\frac{\pi c}{a}$$

À chaque valeur de n correspond un **mode d'onde stationnaire**.

↪ **Exercice 12.23.**

Étudier l'onde rayonnée par un dipôle oscillant

Un dipôle oscillant sur l'axe z est formé de deux charges ponctuelles $-q$ et $+q$ qui se déplacent de façon symétrique de part et d'autre de O, en échangeant périodiquement leurs positions avec une pulsation ω, de moment dipolaire équivalent

$$\vec{P} = \vec{P}_0 \cos(\omega t) \text{ avec } \vec{P}_0 = q r_0 \vec{u}_z$$

Ce dipôle crée un champ électrique, et le mouvement des charges crée un courant qui crée un champ magnétique. On admet l'expression de l'**onde électromagnétique rayonnée** par ce dipôle oscillant en un point M défini par $\overrightarrow{OM} = r\vec{u}_r$ en coordonnées sphériques :

$$\begin{cases} \vec{E}(M,t) = E_0 \cdot \frac{r_0}{r} \sin\theta\, \vec{u}_\theta \cos\left[\omega\left(t - \frac{r}{c}\right)\right] \\ \vec{B}(M,t) = \frac{E_0}{c} \cdot \frac{r_0}{r} \sin\theta\, \vec{u}_\varphi \cos\left[\omega\left(t - \frac{r}{c}\right)\right] \end{cases}$$

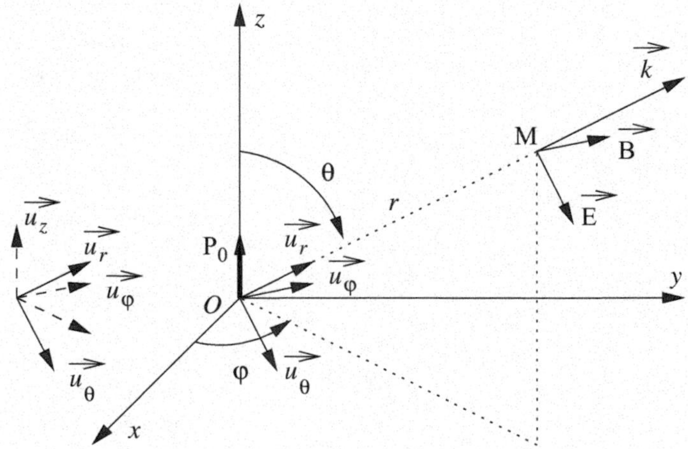

En notant $\lambda = \frac{2\pi c}{\omega}$ la longueur d'onde, r_0 la distance maximale entre les deux charges, et $r = \text{OM}$, les hypothèses de validité sont plus sévères que la simple approximation dipolaire (voir chapitre 9) :

$$r_0 \ll \lambda \ll r$$

Voici les axes d'étude de l'onde rayonnée.

a) On commente la première inégalité de validité ainsi : la fluctuation (r_0) des positions des charges émettrices de l'onde doit être négligeable devant la distance caractéristique de variation du champ (λ), c'est une version spatiale de l'approximation des régimes quasi stationnaires (voir exercice 8.5).

b) L'inégalité $r_0 \ll r$ est celle de l'approximation dipolaire.

c) Les champs vérifient les règles habituelles de symétrie et d'invariance.

d) Les analogies avec l'OPPH polarisée rectilignement sont les suivantes : l'onde se propage selon $\vec{k} = k\vec{u}_r$, $(\vec{k}, \vec{\text{E}}, \vec{\text{B}})$ forme un trièdre orthogonal direct et $\text{E} = c\text{B}$. On parle d'**onde plane locale**.

e) Les différences sont que l'amplitude n'est pas constante, elle dépend de r et de θ, et que l'onde n'est pas plane mais sphérique et **anisotrope**. En particulier, l'onde rayonnée sur l'axe ($\theta = 0$ ou π) est nulle.

f) Le vecteur de Poynting définit la puissance surfacique rayonnée. On montre que la puissance rayonnée sur une sphère de rayon r est indépendante de r, ce qui traduit la conservation de l'énergie.

g) Certaine propriétés optiques de l'atmosphère peuvent être expliquées par l'étude du rayonnement des molécules qui la constituent, excitées par le rayonnement solaire.

Exemple :

Le vecteur de Poynting pour le champ électromagnétique créé par le dipôle oscillant est

$$\vec{\Pi} = \frac{\vec{E} \wedge \vec{B}}{\mu_0} = \frac{\mu_0 P_0^2 sin^2\theta\omega^4}{16\pi^2 r^2 c_0} \cos^2\left[\omega\left(t - \frac{r}{c_0}\right)\right] \vec{u}_r$$

Sa valeur moyenne dans le temps est

$$<\vec{\Pi}> = \frac{\mu_0 P_0^2 sin^2\theta\omega^4}{32\pi^2 r^2 c_0} \vec{u}_r$$

Voici la forme de la surface décrite par l'extrémité du vecteur de Poynting (limitée à $\varphi \in \left[\frac{\pi}{4}, 2\pi\right]$), appelée **indicatrice du rayonnement**. Elle fait bien apparaître l'anisotropie du rayonnement.

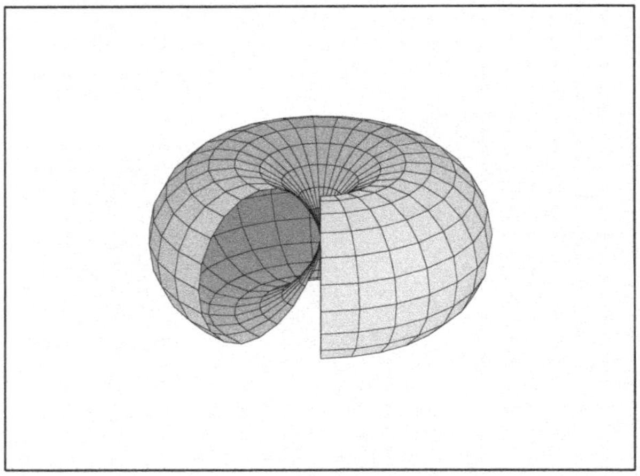

↪ **Exercices 12.24, 12.25, 12.26, 12.27.**

Énoncés des exercices

12.1

Propagation, atténuation, amplification

Une pseudo-OPPH a pour expression

$$\underline{G}(x,t) = \underline{G_0} e^{i(\omega t - \underline{k}x)} \text{ avec } \begin{cases} \underline{G_0} = G_0 e^{i\varphi} \\ \underline{k} = k' + ik'' \end{cases}$$

On suppose $k' > 0$.

a) Donner l'expression de $G(x,t)$ en grandeur réelle.

b) Justifier que l'onde se propage dans le sens des x croissants.

c) Justifier qu'elle se propagée en s'atténuant si $k'' < 0$, en s'amplifiant si $k'' > 0$.

12.2

De $\underline{k}$ à l'EDP

Une onde plane $G(x,t)$ a pour vecteur d'onde complexe $\underline{\vec{k}} = \underline{k}\,\vec{u}_x$. On suppose que $\underline{k}$ vérifie la relation de dispersion

$$\underline{k} = \pm \frac{\omega - i\omega_0}{c}$$

Établir une équation aux dérivées partielles du second ordre compatible avec cette relation.

12.3

De $\underline{k}^2$ à $\underline{k}$

Une pseudo-OPPH $\underline{G}(x,t)$ vérifie l'EDP suivante :

$$\frac{\partial^2 G(x,t)}{\partial x^2} - \frac{1}{c^2}\frac{\partial^2 G(x,t)}{\partial t^2} - \frac{\omega_0}{c^2}\frac{\partial G(x,t)}{\partial t} = 0$$

a) Établir l'équation de dispersion vérifiée par $\underline{k}$.

b) On pose $k_0 = \frac{\omega}{c}$. Donner l'expression de $\frac{\underline{k}^2}{k_0^2}$.

c) On pose $\underline{k} = k' + ik''$. En utilisant les exponentielles complexes, montrer que $k'k'' < 0$.

d) En déduire le caractère amplifié ou atténué de l'onde.

12.4

Corde vibrante avec frottement fluide visqueux

Un cable horizontal, confondu au repos avec l'axe (O, x), de tension horizontale T_0 et de masse linéique μ, vibre dans l'eau, et est soumis à un frottement fluide linéaire : un tronçon de longueur ℓ de corde en translation à la vitesse $\vec{v}$ subit une force de frottement proportionnelle à sa longueur et à sa vitesse

$$\vec{f} = -h\ell\vec{v}$$

On néglige les effets de la pesanteur. En un point M de la corde, on note $z(x, t)$ l'élongation transversale et $\alpha(x, t)$ l'angle d'inclinaison de la corde par rapport à l'horizontale. On fait l'hypothèse des petites vibrations et on rappelle que

$$\alpha(x, t) \simeq \frac{\partial z(x, t)}{\partial x}$$

a) Établir l'équation aux dérivées partielles vérifiée par l'altitude z.

b) Établir l'équation de dispersion.

c) On pose

$$c = \sqrt{\frac{T}{\mu}} \text{ et } \omega_c = \frac{h}{\mu}$$

Donner l'expression de $\underline{k}^2$ en fonction de ω, c et ω_c.

d) On suppose $\omega \gg \omega_c$ et on admet la validité en nombres complexes du développement limité

$$(1 + \underline{\varepsilon})^r \simeq 1 + r\underline{\varepsilon} \text{ si } |\underline{\varepsilon}| \ll 1$$

En déduire l'expression approchée de $\underline{k}$.

e) Donner l'expression de $z(x, t)$ en prenant comme condition aux limites

$$z(0, t) = Z_0 cos(\omega t)$$

f) Donner l'expression de la pseudo-longueur d'onde λ.

g) Donner l'expression d'une abscisse δ caractéristique de l'amortissement.

12.5

Caténaire

Un cable horizontal est confondu au repos avec l'axe (O, x). En un point M du câble, on note $z(x,t)$ l'élongation transversale et $\alpha(x,t)$ l'angle d'inclinaison de la corde par rapport à l'horizontale. On fait l'hypothèse des petites vibrations et on rappelle que

$$\alpha(x,t) \simeq \frac{\partial z(x,t)}{\partial x}$$

La tension horizontale du câble est T_0, sa masse linéique est μ, et il est suspendu par des cables caténaires dont l'action sur un tronçon de longueur dx est modélisée par une force de rappel

$$\vec{F} = -\alpha dx z(x,t)\vec{u}_z$$

a) Montrer qu'on peut établir une équation du type

$$\frac{\partial^2 z}{\partial x^2} - \frac{1}{c^2}\frac{\partial^2 z}{\partial t^2} = \frac{z}{\delta^2}$$

b) Donner l'équation de dispersion et déterminer le type d'onde qui peut se développer le long du câble selon la valeur de ω.

12.6

Corde verticale

Une corde verticale, suspendue par son extrémité A, l'autre extrémité B étant libre, est de longueur L et de masse linéique μ. L'axe (A, x) est horizontal, l'axe (A, z) est vertical dirigé vers le bas. On repère l'élongation horizontale d'un point de la corde par $x(z,t)$, son inclinaison par rapport à l'axe vertical par $\alpha(z,t)$ et la tension par $T(z,t)$. On fait l'hypothèse des petites vibrations et on identifie $\alpha \simeq \frac{\partial x}{\partial z}$. On note g l'accélération de la pesanteur.

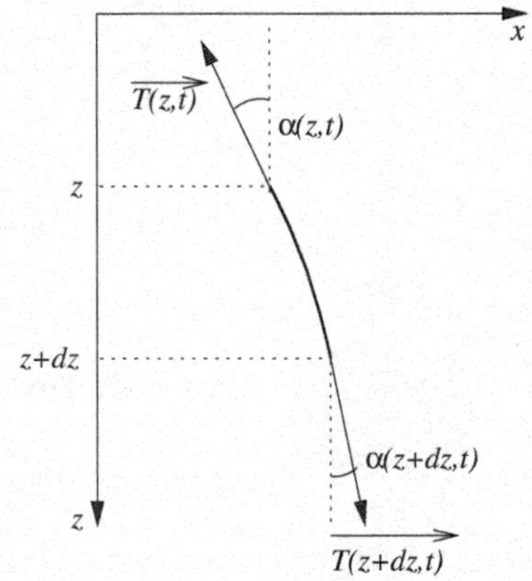

a) Établir l'expression de la tension $T(z)$.

b) Établir l'équation aux dérivées partielles

$$\frac{\partial^2 x}{\partial t^2} = -g\frac{\partial x}{\partial z} + g(L-z)\frac{\partial^2 x}{\partial z^2}$$

c) On cherche une solution du type pseudo-OPPH sous la forme

$$\underline{x}(z,t) = \underline{X}_0 e^{i(\omega t - \underline{k}z)}$$

Ce type de solution convient-il ?

d) Pour une corde très longue, on confond $(L-z)$ et L. Justifier que lorsqu'on agite assez vite l'extrémité A, l'amplitude de l'onde augmente vers le bas.

12.7 Relation entre largeur spectrale et durée du paquet d'ondes

a) Quelle est largeur spectrale $\delta\omega$ d'une OPPH et sa durée temporelle δt ? Est-ce cohérent avec la relation entre ces deux grandeurs pour un paquet d'ondes ?

b) Un doublet spectral est un paquet d'ondes superposition de deux OPPH de même amplitude et de pulsations très proches $\omega_1 = \omega - \frac{\delta\omega}{2}$ et $\omega_2 = \omega + \frac{\delta\omega}{2}$ et de vecteurs d'onde très proches

$$\vec{k}_1 = \left(k' - \frac{\delta k'}{2}\right)\vec{u}_x \text{ et } \vec{k}_2 = \left(k' + \frac{\delta k'}{2}\right)\vec{u}_x$$

Donner l'expression de la vibration en $x = 0$ associée, identifier la porteuse et l'enveloppee du paquet d'ondes, mettre en évidence une durée δt et vérifier la relation entre δt et $\delta\omega$.

c) Dans l'expression obtenue à la question (b), retrouver les expressions la vitesse de groupe et la vitesse de phase

12.8 Étalement d'un groupe de cyclistes

Un peloton de cyclistes a une longueur initiale de 400 m. Le plus rapide, parti le premier, roule à la vitesse $v_M = 10\ \text{m}\cdot\text{s}^{-1}$, le plus lent, parti le dernier, à la vitesse $v_m = 5\ \text{m}\cdot\text{s}^{-1}$. Quelle est la longueur du peloton lorsque le plus rapide achève un parcours de 100 km ?

12.9 Dispersion et information (analyse documentaire)

Une information codée en signal binaire de tension et transmise par un câble électrique dispersif et atténuateur (voir exemple du cours) a la forme suivante au niveau de l'émetteur en $x = 0$.

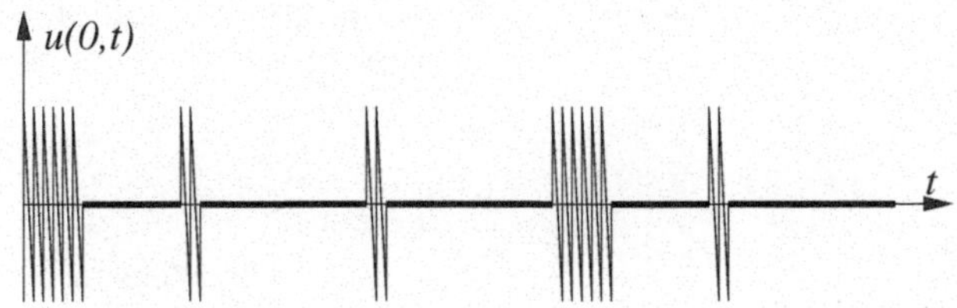

a) Quel est le signal codé sur 5 bits ?

b) La vitesse de propagation de l'information est-elle la vitesse de groupe ou la vitesse de phase ?

c) Donner deux raisons distinctes pour lesquelles la transmission de l'information n'est pas possible sur une très grande distance.

12.10 Calcul d'une pulsation plasma

L'hélium de masse molaire $M = 4,00\ g \cdot mol^{-1}$ et de numéro atomique $Z = 2$ est assimilé à un gaz parfait à la pression $P_0 = 1,013 \cdot 10^5$ Pa et à la température $T = 1\,000$ K. On donne $R = 8,314\ J \cdot K^{-1} \cdot mol^{-1}$, $\mathcal{N}_A = 6,02 \cdot 10^{23}\ mol^{-1}$, $e = 1,60 \cdot 10^{-19}$ C, $\varepsilon_0 = 8,854 \cdot 10^{-12}\ F \cdot m^{-1}$ et $m_e = 9,11 \cdot 10^{-31}$ kg. On suppose qu'il devient un plasma totalement ionisé. Déterminer n_0 et calculer la pulsation plasma ω_P.

12.11 Vitesse de groupe, vitesse de phase et indice de réfraction dans un plasma

On considère une pseudo-OPPH dans un plasma de pulsation caractéristique ω_P.

a) Rappeler la relation de dispersion et en déduire l'expression de la racine positive k' si $\omega > \omega_P$.

b) Exprimer la vitesse de phase et la vitesse de groupe dans le plasma.

c) Donner la relation entre ces deux vitesses et commenter leurs positions relatives par rapport à la célérité de la lumière dans le vide.

d) Donner une allure du graphe de ces deux vitesses en fonction de ω quand $\omega > \omega_P$.

e) Donner l'expression de l'indice de réfraction plasma $n = \frac{c}{v_\varphi}$ et décrire la réfraction d'un rayon lumineux du vide vers le plasma en admettant la validité de la loi de Descartes. Donner en particulier l'expression de l'angle limite de réfraction.

12.12 Neutralité d'un bon conducteur ohmique

Un bon conducteur ohmique possède une conductivité électrique γ supérieure à $10^6\ S \cdot m^{-1}$. On travaille à une fréquence inférieure à 10^{14} Hz. On donne $\varepsilon_0 = 8,854 \cdot 10^{-12}\ F \cdot m^{-1}$.

a) Rappeler l'équation locale de conservation de la charge.

b) En déduire l'équation différentielle vérifiée par $\rho(M, t)$ et la résoudre.

c) En déduire que $\rho \simeq 0$ dans ces conditions.

d) En déduire qu'une pseudo-OPPH est transverse électrique.

12.13 Négligeabilité des courants de déplacement

Un bon conducteur ohmique possède une conductivité électrique γ supérieure à 10^6 $\mathrm{S \cdot m^{-1}}$. On travaille à une fréquence inférieure à 10^{14} Hz. On donne $\varepsilon_0 = 8,854 \cdot 10^{-12}$ $\mathrm{F \cdot m^{-1}}$.

a) En travaillant en ordres de grandeur, montrer qu'on peut négliger le courant de déplacement
$$\vec{j}_D = \varepsilon_0 \frac{\partial \vec{E}}{\partial t}$$
devant $\vec{j}$.

b) Quelle est la différence entre cette situation et l'ARQS magnétique (voir exercice 8.5) sous laquelle on a aussi négligé le terme de courant de déplacement dans l'équation de Maxwell-Ampère ?

12.14 Ordre de grandeur de l'épaisseur de peau

On donne $\mu_0 = 4\pi \cdot 10^{-7}$ $\mathrm{H \cdot m^{-1}}$. Calculer l'ordre de grandeur de l'épaisseur de peau pour le cuivre de conductivité électrique $\gamma = 6 \cdot 10^7$ $\mathrm{S \cdot m^{-1}}$ pour une fréquence $f_1 = 5 \cdot 10^{14}$ Hz (lumière visible) et pour $f_2 = 50$ Hz (courant domestique). Conclure.

12.15 Effet Joule dans un conducteur ohmique

Un métal conducteur ohmique de conductivité γ occupe le demi-espace $z \geq 0$. On travaille sur la portion $\mathcal{V} = [0, a] \times [0, a] \times [0, +\infty[$. Une pseudo-OPPH de pulsation ω se propage dans ce conducteur avec le vecteur d'onde $\underline{\vec{k}} = \underline{k}\vec{u}_z$. L'onde est polarisée rectilignement :
$$\vec{E}(z,t) = E_0 \vec{u}_x e^{-\frac{z}{\delta}} \cos(\omega t - \frac{z}{\delta})$$
et $\vec{B}(z,t) = B(z,t)\vec{u}_y$.

a) Donner l'expression de $B(z,t)$.

b) Donner l'expression de la puissance volumique dissipée par effet Joule
$$p_J(z,t) = \vec{j}(z,t) \cdot \vec{E}(z,t)$$
et de sa valeur moyenne dans le temps $< p_J > (z)$ (on rappelle que la valeur moyenne d'un cosinus carré vaut 1/2).

c) En déduire la puissance totale dissipée dans $\mathcal{V}$.

d) Pourquoi dit-on que ce sont les infrarouges qui font chauffer une carrosserie de voiture exposée au Soleil ?

12.16 Vitesse de groupe et vitesse de phase dans un métal

Exprimer la vitesse de phase et la vitesse de groupe dans un métal conducteur ohmique.

12.17

Étude du milieu diélectrique

Un milieu est dit **diélectrique linéaire homogène et isotrope** (dlhi en abrégé) si, lorsqu'il est soumis à un champ électrique, il apparaît un **moment dipolaire électrique volumique** proportionnel au champ électrique en formalisme complexe :

$$\underline{\vec{P}} = \varepsilon_0 \underline{\chi} \underline{\vec{E}}$$

La constante complexe $\underline{\chi}$ (prononcer *ki barre*) est appelée **susceptibilité complexe** du milieu et est supposé différente de -1. Un moment dipolaire volumique engendre une densité volumique de charges et une densité volumique de courants

$$\rho = -\text{div}\,\vec{P} \text{ et } \vec{j} = \frac{\partial \vec{P}}{\partial t}$$

a) Vérifier que ces deux lois sont compatibles avec l'équation locale de conservation de la charge.

b) Montrer que les lois du dlhi conduisent à des équations de Maxwell analogues à celles du vide, mais où ε_0 est remplacé par $\varepsilon_0\underline{\varepsilon}$ où $\underline{\varepsilon}$ est appelée la permittivité diélectrique relative du milieu qu'on exprimera en fonction de $\underline{\chi}$.

c) On suppose que $\underline{\chi}$ est un réel positif noté χ. Établir l'équation de d'Alembert vérifiée par le champ électrique $\vec{E}$.

d) En déduire la célérité de l'onde c et l'exprimer sous la forme $c = \frac{c_0}{n}$ où n est l'indice du milieu qu'on exprimera en fonction de χ.

e) Dans un modèle particulier, on montre que la susceptibilité est réelle et vaut

$$\chi = \frac{n_0 e^2}{\varepsilon_0 \kappa \left(1 - \frac{m_e \omega^2}{\kappa}\right)}$$

où n_0 est le nombre d'atomes par mètre cube, e la charge élémentaire, m_e la masse de l'électron et κ une constante de raideur. On peut vérifier numériquement que pour la lumière visible

$$\omega \ll \omega_0 \text{ avec } \omega_0 = \sqrt{\frac{\kappa}{m_e}}$$

Montrer théoriquement la loi de Cauchy donnant l'indice de réfraction d'un matériau diélectrique transparent en fonction de la longueur d'onde dans le vide :

$$n = A + \frac{B}{\lambda_0^2}$$

Préciser les expressions de A et de B.

12.18

Transparence ultraviolette des métaux

Dans un métal comportant n_0 électrons libres par mètre cube, ceux-ci (de masse m et de charge $-e$) subissent l'action mécanique d'une onde électromagnétique $(\vec{E}(M,t), \vec{B}(M,t))$, une force de frottement $-\frac{m}{\tau}\vec{v}$ et leur poids. On suppose que le métal reste neutre.

a) Écrire la loi de la quantité de mouvement pour un électron de vitesse $\vec{v}$.

b) On admet que plusieurs termes peuvent être négligés dans cette relation et on l'écrit ainsi :

$$m\frac{d\vec{v}}{dt} = -e\vec{E}(M,t) - \frac{m}{\tau}\vec{v}$$

La densité volumique de courant associée à ce déplacement d'électrons est

$$\vec{j} = -n_0 e\vec{v}$$

Établir l'équation de dispersion vérifiée par le vecteur d'onde complexe $\underline{\vec{k}} = \underline{k}\vec{u}_x$. En déduire le carré de l'indice complexe de ce métal.

c) Étudier le cas $\tau\omega \gg 1$ et expliquer le titre de l'exercice, sachant que $n_0 \simeq 10^{29}$ m^{-3}, $\varepsilon_0 \simeq 10^{-11}$ F·m^{-1}, $m \simeq 10^{-30}$ kg et $e \simeq 10^{-19}$ C.

12.19

Modèle électromagnétique du milieu laser

Le milieu laser est caractérisé par un vecteur polarisation $\vec{P}$ vérifiant

$$\begin{cases} \vec{j} = \frac{\partial \vec{P}}{\partial t} \\ \vec{P} = \varepsilon_0\chi_0\vec{E} + \varepsilon_0\chi_0\tau\frac{d\vec{E}}{dt} \end{cases}$$

a) Préciser les unités des paramètres χ_0 et τ.

b) Déterminer le carré de l'indice complexe de ce milieu laser.

c) Justifier que la propagation d'une onde dans ce milieu peut être amplifiée.

12.20

Calcul des densités de charges et de courants à la réflexion normale d'une onde

a) Avec les notations de l'exemple du cours, déterminer les expressions de la densité surfacique de charges ρ et de la densité surfacique de courant $\vec{j}_s$ à la surface d'un métal conducteur parfait frappé sous incidence normale par une onde électromagnétique plane progressive polarisée rectilignement.

b) On considère une languette sur l'interface définie par $x = 0$, $y \in [0, L]$ et $[z, z + dz]$. Déterminer la force de Laplace $d\vec{F}_L$ subie par cette languette.

c) En déduire la force de Laplace $\vec{F}_L$ subie par le carré

$$(y, z) \in [0, L] \times [0, L]$$

d) En déduire la valeur moyenne dans le temps de la force surfacique de Laplace sur l'interface.

e) Proposer une interprétation qualitative de cette force dans le modèle photonique.

12.21

Onde stationnaire à un, à deux miroirs

Avec les notations de l'exemple du cours, déterminer l'onde résultante en champ électrique et en champ magnétique dans le demi-espace $x < 0$ lorsqu'un métal conducteur parfait est frappé sous incidence normale par une onde électromagnétique plane progressive polarisée rectilignement.

12.22

Réflexion sous incidence oblique

Une OPPH incidente de vecteur d'onde

$$\vec{k}_i = \begin{vmatrix} k\cos\theta \\ k\sin\theta \\ 0 \end{vmatrix}$$

et polarisée rectilignement

$$\underline{\vec{E}}_i(\mathrm{M}, t) = \mathrm{E}_{0i}\,\vec{u}_z e^{i(\omega t - \vec{k}_i \cdot \overrightarrow{\mathrm{OM}})}$$

se propage dans le demi-espace $x < 0$ et vient frapper la face plane ($x = 0$) d'un métal conducteur parfait.

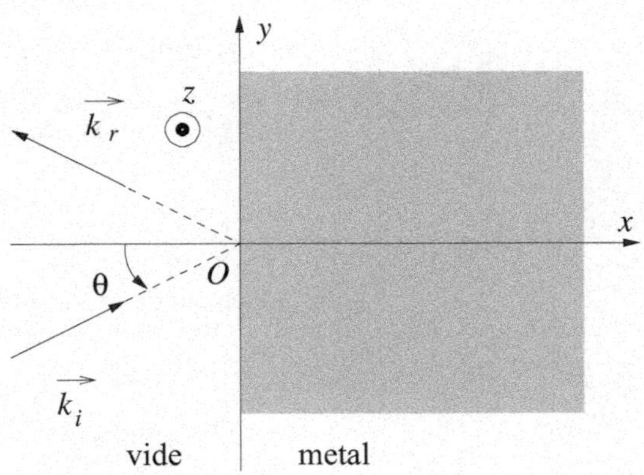

On cherche le champ électrique de l'onde réfléchie sous la forme

$$\underline{\vec{E}}_r(\mathrm{M}, t) = \mathrm{E}_{0r}\,\vec{u}_z e^{i(\omega_r t - \vec{k}_r \cdot \overrightarrow{\mathrm{OM}})} \text{ avec } \vec{k}_r = \begin{vmatrix} k_{rx} \\ k_{ry} \\ k_{rz} \end{vmatrix}$$

a) Écrire les conditions aux limites sur le champ électrique en $x = 0$.

b) Montrer que $\omega_r = \omega$, $k_{rz} = 0$ et exprimer k_{ry} en fonction de k et θ.

c) Justifier que $k = \sqrt{k_{rx}^2 + k_{ry}^2}$. En déduire k_{rx} en fonction de k et θ.

d) En déduire les lois de Descartes relatives à la réflexion sur un miroir.

12.23

Propagation guidée entre deux plans

Deux plans infini conducteurs parfaits délimitent une cavité vide entre $z = 0$ et $z = b$. On cherche une solution de l'équation de d'Alembert sous la forme

$$\vec{E}(x, z, t) = \beta(z)\vec{u}_y \cos(\omega t - kx)$$

a) Montrer que β vérifie l'équation différentielle

$$\beta''(z) + \left(\frac{\omega^2}{c_0^2} - k^2\right)\beta(z) = 0$$

b) Justifier que les conditions aux limites s'écrivent $\beta(0) = \beta(b) = 0$.

c) En déduire que l'onde ne peut exister que si $\omega > kc_0$ et résoudre dans ce cas l'équation différentielle en β.

d) En utilisant les conditions aux limites, montrer que la relation de dispersion s'écrit

$$k^2 = \frac{\omega^2}{c_0^2} - \frac{n^2\pi^2}{b^2}$$

où n est un entier naturel non nul. Quelle est la valeur minimale de ω ?

12.24

Invariances et symétries du champ électromagnétique du dipôle oscillant

À partir des expressions données dans le cours, vérifier les propriétés de symétrie et d'invariance habituelles en électrostatique et en magnétostatique pour le champ électromagnétique créé par le dipôle oscillant.

12.25

Conservation de l'énergie rayonnée par le dipôle oscillant

Le vecteur de Poynting de l'onde électromagnétique rayonnée par le dipôle oscillant a pour valeur moyenne dans le temps

$$<\vec{\Pi}> = \frac{\mu_0 P_0^2 sin^2\theta\omega^4}{32\pi^2 r^2 c_0}\vec{u}_r$$

a) L'élément de surface en coordonnées sphériques s'écrit

$$\overrightarrow{dS} = r^2 \sin\theta d\theta d\varphi \vec{u}_r$$

Calculer la puissance moyenne $<\mathscr{P}>$ rayonnée à travers une sphère de centre O et de rayon r.

b) Vérifier que cette expression prouve la conservation de l'énergie et expliquer ce résultat.

12.26

Rayonnement et perte d'énergie

Dans le modèle classique de l'atome d'hydrogène, on considère qu'un électron est en mouvement circulaire uniforme de rayon $r_0 = 10^{-10}$ m, à la vitesse angulaire ω autour d'un proton immobile. Ce mouvement est la superposition de deux dipôles oscillants perpendiculaires, d'amplitude P_0 et de pulsation ω. On donne $e = 1,6 \cdot 10^{-19}$ C, $m_e = 9,11 \cdot 10^{-31}$ kg et $\varepsilon_0 = 8,854 \cdot 10^{-12}$ F$\cdot$m^{-1}. Calculer les valeurs de ω, P_0, de l'énergie mécanique Em du système, et expliquer l'anomalie énergétique de ce modèle.

12.27

Diffusion Rayleigh, bleu du ciel

On assimile un atome hydrogénoïde à un nuage électronique sphérique de centre N, de rayon R_0, de charge $-e$ et de densité volumique de charge uniforme dans lequel se trouve un noyau positif ponctuel de charge $+e$.

a) On retire le noyau positif et on considère un point P dans le nuage électronique défini par $\overrightarrow{NP} = r\vec{u}_r$ avec $r < R_0$. Déterminer le champ électrique créé par le nuage électronique en P.

b) En déduire la force électrique $\vec{f}$ subie par le noyau positif quand il est placé en P.

c) Justifier que cette force est assimilable à celle exercée par un ressort tendu de longueur à vide nulle et de constante de raideur κ (prononcer *kappa*) entre le noyau et l'électron. Donner l'expression de κ.

d) On suppose que le noyau est fixe et que l'électron de masse m_e est libre de se déplacer à l'autre extrémité du ressort sur un axe (P, x). Donner l'expression de la pulsation ω_0 de cet oscillateur harmonique et donner un ordre de grandeur de sa valeur.

e) On ajoute un frottement fluide $\vec{F} = -\alpha\vec{v}$ et on soumet l'atome à un champ électrique extérieur $\vec{E} = E_0\vec{u}_x\cos(\omega t)$. On repère la position de l'électron par $\overrightarrow{PN} = x\vec{u}_x$ et on suppose P immobile. Justifier qu'en régime sinusoïdal forcé, l'atome se comporte comme un dipôle oscillant à la même pulsation ω et dans la même direction que $\vec{E}$.

f) Expliquer coment ce modèle explique la luminosité du ciel (par « diffusion Rayleigh ») le jour et le noir de la nuit.

g) La formule de Larmor (voir exercice 12.25) donne la puissance moyenne rayonnée par un dipôle oscillant à la pulsation ω :

$$<\mathscr{P}> = \mathscr{P}_0\frac{\omega^4}{\Omega^4}$$

En supposant que $\mathscr{P}_0$ est indépendant de ω et en considérant que l'acuité de l'œil humain est beaucoup plus grande dans le bleu que dans le violet, expliquer le bleu du ciel le jour, le jaune du soleil au zénith et le rouge du soleil couchant.

h) [**Analyse documentaire**]. Un observateur analyse la lumière diffusée par les molécules de l'atmosphère dans une direction perpendiculaire à celle du Soleil. La lumière solaire est assimilée à une superposition d'OPPH polarisées rectilignement, de vecteur d'onde $\vec{k} = k\vec{u}_x$ (selon l'axe Soleil-Terre) et de champ électrique $\vec{E}$ orthogonal à $\vec{k}$, mais de direction aléatoire pour chaque train d'ondes.

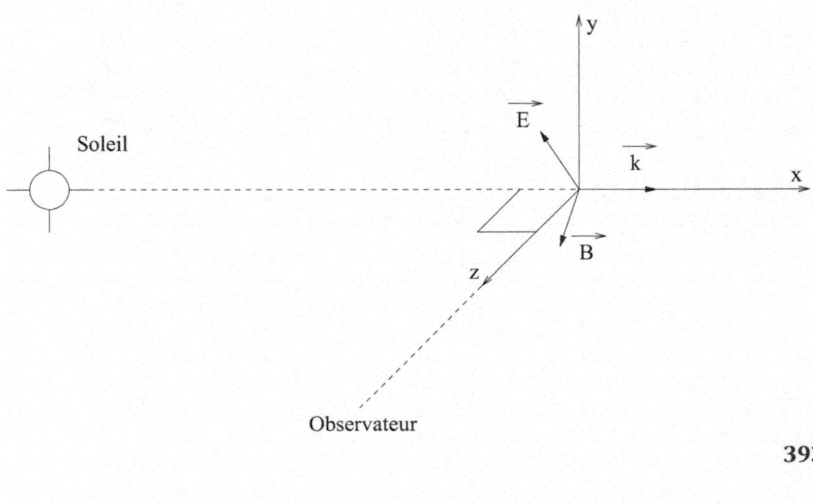

$\vec{E}$ peut être décomposé sur les deux axes $\vec{u}_y$ et $\vec{u}_z$: $\vec{E} = \vec{E}_1 + \vec{E}_2$. $\vec{E}_1$ (respectivement $\vec{E}_2$) excite les molécules en leur conférant un moment dipolaire oscillant dans la même direction : $\vec{p}_1 = P_1 \vec{u}_y$ (resp. $\vec{p}_2 = P_2 \vec{u}_z$).

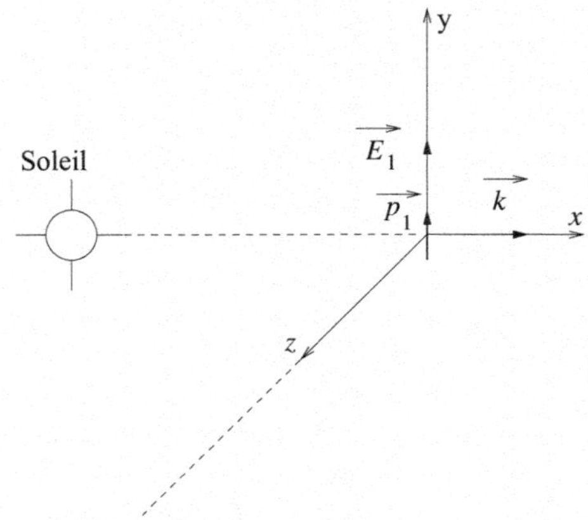

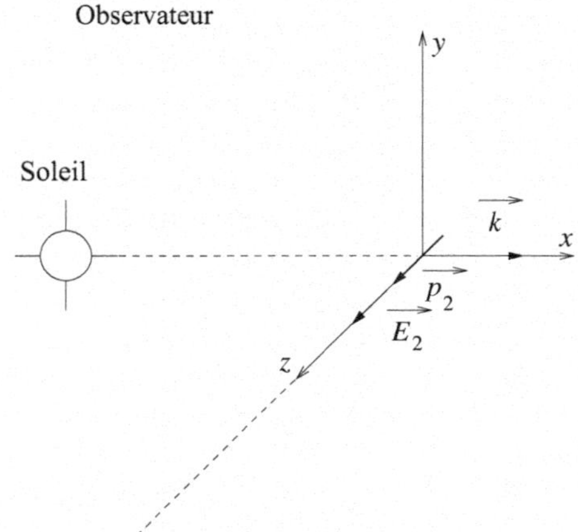

On rappelle l'expression de l'onde électromagnétique rayonnée par un dipôle oscillant :

$$\begin{cases} \vec{E}(M,t) = E_0 \cdot \frac{r_0}{r} \sin\theta \vec{u}_\theta \cos\left[\omega\left(t - \frac{r}{c}\right)\right] \\ \vec{B}(M,t) = \frac{E_0}{c} \cdot \frac{r_0}{r} \sin\theta \vec{u}_\varphi \cos\left[\omega\left(t - \frac{r}{c}\right)\right] \end{cases}$$

Justifier que l'observateur perçoit une lumière diffusée polarisée rectilignement. Comment peut-il la mettre en évidence ?

Du mal à démarrer ?

12.1 On remplace $\underline{k}$ par son expression, on sépare les exponentielles réelle et imaginaire pure et on prend la partie réelle.

12.2 En élevant au carré, on élimine le ±, puis on passe du formalisme complexe au formalisme réel.

12.3 En formalisme complexe, les dérivations se ramènent à des multiplications. Quand on élève un complexe au carré, son module est élevé au carré et son argument est multiplié par 2. Il est facile d'imaginer le processus inverse.

12.4 Le raisonnement est analogue à celui effectué au chapitre 11. La résolution approchée de l'équation de dispersion est basée sur la relation $\sqrt{1+\varepsilon} = (1+\varepsilon)^{\frac{1}{2}}$.

12.5 Le raisonnement est analogue à celui effectué au chapitre 11. L'équation de dispersion fait apparaître deux cas distincts de part et d'autre d'une pulsation de coupure.

12.6 Le rasisonnement est analogue à celui effectué au chapitre 11, mais la tension de la corde n'est pas constante, on pourra la prendre nulle en $z = \mathrm{L}$.

12.7 Pour la quetion (b), on doit remplacer la somme des cosinus en produit et faire apparaître ainsi l'enveloppe et la porteuse.

12.8 Application numérique immédiate, qui illustre la notion d'étalement de train d'ondes.

12.9 L'étalement des trains d'onde correspondant aux différents bits provoque le brouillage du signal.

12.10 La loi des gaz parfait permet de déterminer le nombre d'atomes d'hélium par mètre cube.

12.11 On obtient v_φ et v_g en appliquant les formules du cours.

12.12 Démonstration élémentaire de cours, nécessitant la conjonction de l'équation de conservation de la charge, la loi d'Ohm locale et l'équation de Maxwell-Gauss.

12.13 L'ordre de grandeur d'une dérivée par rapport au temps peut être estimée en travaillant en grandeurs complexes.

12.14 Application numérique immédiate grâce à la formule du cours, c'est le commentaire qui demande un peu de réflexion.

12.15 On calcule $\vec{\mathrm{B}}$ grâce à l'équation de Maxwell-Faraday. Le calcul de la puissance Joule nécessite une intégrale triple.

12.16 Par application des formules du cours, il suffit d'effectuer une division pour calculer la vitesse de phase et une dérivation pour calculer la vitesse de groupe.

12.17 Il faut éliminer $\vec{\mathrm{P}}$ entre les différentes relations proposées. Le raisonnement ressemble à celui développé dans le cours sur le plasma, où c'est $\vec{v}$ qu'on doit éliminer.

12.18 Le passage en formalisme complexe permet d'éliminer tour à tour $\underline{\vec{v}}$, $\underline{\vec{j}}$, $\underline{\vec{\mathrm{B}}}$ et finalement $\underline{\vec{\mathrm{E}}}$ pour trouver l'équation de dispersion.

12.19 Conformément à la méthode donnée dans le cours, on traduit les relations constitutives données par une relation complexe dont on tire la conductivité complexe du milieu, puis $\underline{n}$. En cherchant, sans le calculer, les signes des parties réelle et imaginaire de $\underline{k}$, on peut conclure.

12.20 La densité de courant est dans le plan de S, ses deux composantes selon y et z sont trouvées grâce à la relation de passage et au calcul du champ magnétique résultant des ondes incidente et réfléchie en $x = 0^-$.

12.21 En utilisant les lois de la trigonométrie, on peut remplacer la somme ou la différence de deux cosinus par un produit, et on obtient des ondes stationnaires.

12.22 (a) Le champ électrique est tangentiel donc nul en $x = 0$. (b) Toutes les réponses à cette question se trouvent dans la nullité du champ énoncée à la question (a), elle est vraie pour tout t, pour tout y et pour tout z. Il suffit d'identifier les coefficients dans les exponentielles. (c) L'égalité des pulsations entraîne celle des normes des vecteurs d'onde. (d) Conséquence immédiate des résultats précédents.

12.23 (a) L'EDA est valable dans le vide, mais ce n'est pas une onde plane qu'on considère ici, il est donc exclu de passer en grandeurs complexes. (b) C'est une conséquence de la présence des plans conducteurs. (c) On éliminera les autres cas. (d) L'apparition d'une quantification est liée à la nullité d'une fonction trigonométrique.

12.24 Le plan $(\mathrm{O}, \vec{u}_r, \vec{u}_\theta)$ contient les deux charges à tout instant.

12.25 On pourra utiliser la relation $\int_{\theta=0}^{\pi} \sin^3 \theta d\theta = \frac{4}{3}$.

12.26 L'électron est en mouvement circulaire uniforme sous l'action de la force centrale newtonienne de Coulomb. L'application de la loi de la quantité de mouvement donne une relation fondamentale entre ω et r_0. on en déduit l'énergie mécanique.

12.27 Le noyau subit la force électrique proportionnelle au champ électrique créé à la distance r de don centre, qu'on calcule grâce au théorème de Gauss. En régime sinusoïdal forcé, on pourra travailler en grandeurs complexes.

Corrigés des exercices

12.1

a) On remplace $\underline{G}_0$ et $\underline{k}$ par leurs expressions

$$\underline{G}(x,t) = G_0 e^{i\varphi} e^{i(\omega t - k'x - ik''x)}$$

$$\text{soit } \underline{G}(x,t) = G_0 e^{k''x} e^{i(\omega t - k'x + \varphi)}$$

et on prend la partie réelle de cette expression :

$$G(x,t) = G_0 e^{k''x} \cos(\omega t - k'x + \varphi)$$

b) On remarque que

$$G(0,t) = \cos(\omega t + \varphi)$$

et on peut écrire

$$G(x,t) = e^{k''x} \cos\left[\omega\left(t - \frac{x}{\frac{\omega}{k'}}\right) + \varphi\right]$$

$$\text{donc } G(x,t) = e^{k''x} \cdot G\left(0, t - \frac{x}{\frac{\omega}{k'}}\right)$$

Ce qu'on peut interpréter ainsi : « ce qui se passe en x à la date t est ce qui s'est passé un peu plus tôt en 0 (à la date $t - \tau$ avec $\tau = \frac{x}{\frac{\omega}{k'}}$, retard de l'onde ou délai de propagation entre 0 et x) et avec un facteur d'amplitude $e^{k''x}$ ». L'onde se propage donc bien dans le sens des x croissants. Notons qu'on a mis en évidence une vitesse de propagation de la phase du cosinus

$$v_\varphi = \frac{\omega}{k'}$$

c) Comme l'onde se propage dans le sens des x croissants, le facteur d'amplitude est une fonction croissante de x si $k'' > 0$ et l'onde s'amplifie, décroissante si $k'' < 0$ et l'onde s'atténue.

12.2

On lève l'ambiguité sur le signe en élevant la relation au carré :

$$\underline{k}^2 = \frac{\omega^2}{c^2} - \frac{2i\omega_0\omega}{c^2} - \frac{\omega_0^2}{c^2}$$

$$\text{soit } -(-i\underline{k})(-i\underline{k}) = -\frac{1}{c^2}(i\omega)(i\omega) - \frac{2\omega_0}{c^2}(i\omega) - \frac{\omega_0^2}{c^2}$$

$$\text{donc } (-i\underline{k})(-i\underline{k})\underline{G}(x,t) =$$

$$\frac{1}{c^2}(i\omega)(i\omega)\underline{G}(x,t) + \frac{2\omega_0}{c^2}(i\omega)\underline{G}(x,t) + \frac{\omega_0^2}{c^2}\underline{G}(x,t)$$

et en utilisant l'équivalence complexe-temporelle on en déduit l'EDP

$$\frac{\partial^2 G(x,t)}{\partial x^2} = \frac{1}{c^2}\frac{\partial^2 G(x,t)}{\partial t^2} + \frac{2\omega_0}{c^2}\frac{\partial G(x,t)}{\partial t} + \frac{\omega_0^2}{c^2} G(x,t)$$

12.3

a) En utilisant les régles de dérivation de la grandeur complexe $\underline{G}(x,t)$, on obtient

$$(-i\underline{k})(-i\underline{k})\underline{G}(x,t) - \frac{1}{c^2}(i\omega)(i\omega)\underline{G}(x,t) - \frac{\omega_0}{c^2}(i\omega)\underline{G}(x,t) = 0$$

$$\text{donc } \underline{k}^2 = \frac{\omega^2}{c^2} - i\frac{\omega_0\omega}{c^2}$$

b) Avec la notation proposée, on obtient

$$\underline{k}^2 = k_0^2 - i\frac{\omega_0}{\omega}k_0^2$$

$$\text{donc } \frac{\underline{k}^2}{k_0^2} = 1 - i\frac{\omega_0}{\omega}$$

c) On remarque que le carré de $\frac{\underline{k}}{k_0}$ possède une partie réelle positive et une partie imaginaire négative. Il a donc un module qu'on note ρ^2 et un argument dont une détermination est $\theta \in \left]-\frac{\pi}{2}, 0\right[$.

$$\left(\frac{\underline{k}}{k_0}\right)^2 = \rho^2 e^{i\theta}$$

Une de ses racines carrées complexes est donc le complexe dont le module est ρ et l'argument $\frac{\theta}{2}$, l'autre est l'opposé :

$$\left[\frac{\underline{k}}{k_0}\right]^2 = \rho^2 e^{i\theta} \Rightarrow \frac{\underline{k}}{k_0} = \pm\rho e^{i\frac{\theta}{2}}$$

avec $\frac{\theta}{2} \in \left]-\frac{\pi}{4}, 0\right[$.

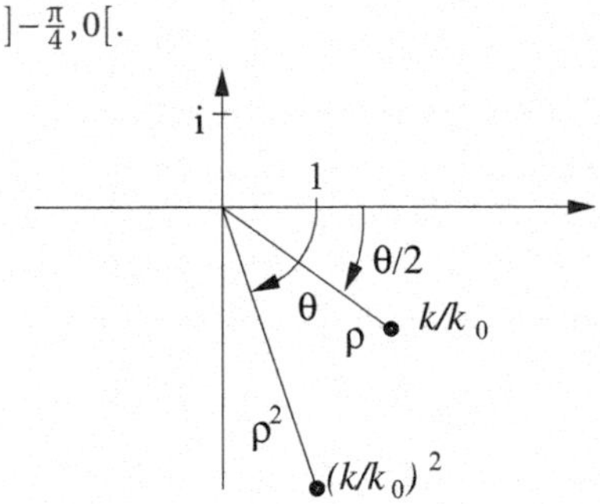

L'une des solutions a pour partie réelle $k' > 0$ et pour partie imaginaire $k'' < 0$ (celle représentée sur le plan complexe), c'est le contraire pour l'autre. Dans les deux cas, k' et k'' sont de signes contraires donc $k'k'' < 0$.

d) L'onde est donc atténuée d'après le cours.

12.4

a) Le tronçon de corde est soumis à la tension à ses deux extrémités et à la force de frottement.

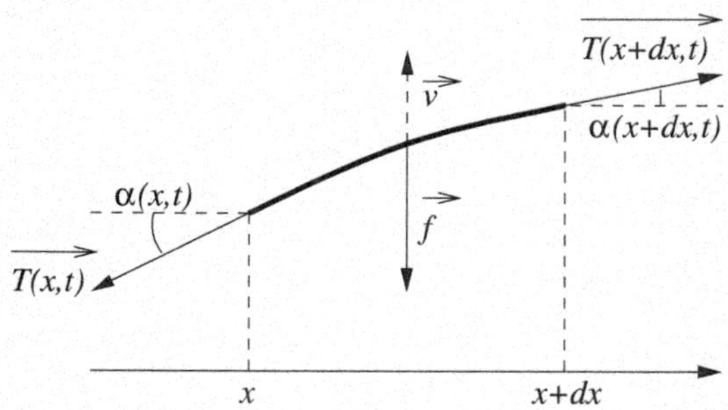

En projection sur les axes x et z, on obtient donc

$$\begin{cases} 0 = -\mathrm{T}(x,t)\cos\alpha(x,t) + \mathrm{T}(x+dx,t)\cos\alpha(x+dx,t) \\ \mu dx \frac{\partial^2 z(x,t)}{\partial t^2} = -\mathrm{T}(x,t)\sin\alpha(x,t) + \\ \mathrm{T}(x+dx,t)\sin\alpha(x+dx,t) - h dx \frac{\partial z(x,t)}{\partial t} \end{cases}$$

En faisant l'approximation des petits angles, la première équation donne

$$\frac{\partial \mathrm{T}(x,t)}{\partial x} = 0 \text{ donc } \mathrm{T}(x,t) = \mathrm{T}_0$$

En remplaçant dans la seconde équation, on obtient donc

$$\mu\frac{\partial^2 z(x,t)}{\partial t^2} = \mathrm{T}_0\frac{\alpha(x+dx,t)-\alpha(x,t)}{dx} - h\frac{\partial z(x,t)}{\partial t}$$

$$\text{soit } \mu\frac{\partial^2 z(x,t)}{\partial t^2} = \mathrm{T}_0\frac{\partial \alpha(x,t)}{\partial x} - h\frac{\partial z(x,t)}{\partial t}$$

et en utilisant la relation entre α et z :

$$\frac{\partial^2 z(x,t)}{\partial x^2} - \frac{\mu}{\mathrm{T}_0}\frac{\partial^2 z(x,t)}{\partial t^2} - \frac{h}{\mathrm{T}_0}\frac{\partial z(x,t)}{\partial t} = 0$$

b) Avec les notations proposées, cette EDP s'écrit

$$\frac{\partial^2 z(x,t)}{\partial x^2} - \frac{1}{c^2}\frac{\partial^2 z(x,t)}{\partial t^2} - \frac{\omega_c}{c^2}\frac{\partial z(x,t)}{\partial t} = 0$$

En passant au formalisme complexe, on obtient

$$-\underline{k}^2\underline{z}(x,t) + \frac{\omega^2}{c^2}\underline{z}(x,t) - i\frac{\omega_c\omega}{c^2}\underline{z}(x,t) = 0$$

c) On en déduit

$$\underline{k}^2 = \frac{\omega^2}{c^2} - i\frac{\omega_c\omega}{c^2}$$

d) En factorisant, on peut écrire

$$\underline{k}^2 = \frac{\omega^2}{c^2}\left[1 - i\frac{\omega_c}{\omega}\right]$$

Le terme $\frac{\omega_c}{\omega}$ est très petit devant 1 donc on peut faire le développement limité

$$\underline{k} = \pm\frac{\omega}{c}\left[1 - i\frac{\omega_c}{\omega}\right]^{\frac{1}{2}} \simeq \pm\frac{\omega}{c}\left[1 - i\frac{\omega_c}{2\omega}\right]$$

$$\text{soit } \underline{k} = \frac{\omega}{c} - i\frac{\omega_c}{2c}$$

e) On en déduit l'expression de l'onde en grandeurs complexes

$$\underline{z}(x,t) = \mathrm{Z}_1 e^{i\varphi} e^{i\left(\omega t - \frac{\omega}{c}x + i\frac{\omega_c}{2c}x\right)}$$

$$\underline{z}(x,t) = \mathrm{Z}_1 e^{-\frac{\omega_c}{2c}x} e^{i\left(\omega t - \frac{\omega}{c}x + \varphi\right)}$$

La conditon aux limites en $x = 0$ donne

$$\mathrm{Z}_0 e^{i\omega t} = \mathrm{Z}_1 e^{i(\omega t + \varphi)}$$

donc $\mathrm{Z}_1 = \mathrm{Z}_0$ et $\varphi = 0$ d'où

$$\underline{z}(x,t) = \mathrm{Z}_0 e^{-\frac{\omega_c}{2c}x} e^{i\left(\omega t - \frac{\omega}{c}x\right)}$$

$$\text{donc } z(x,t) = \mathrm{Z}_0 e^{-\frac{\omega_c}{2c}x}\cos\left(\omega t - \frac{\omega}{c}x\right)$$

f) La pseudo-longueur d'onde est la période spatiale du cosinus :

$$\lambda = \frac{2\pi}{\frac{\omega}{c}} = \frac{c}{f}$$

où $f = \frac{\omega}{2\pi}$ est la fréquence de la vibration en $x = 0$.

g) L'exponentielle réelle du coefficient d'amortissement s'écrit

$$e^{-\frac{\omega_c}{2c}x} = e^{-\frac{x}{\delta}} \text{ avec } \delta = \frac{2c}{\omega_c} = \frac{2\sqrt{\mathrm{T}\mu}}{h}$$

12.5

On se place dans les notations habituelles de la corde tendue à ses extrémités. La force nouvelle étant verticale, perpendiculaire aux déplacements de la corde, la tension reste égale à la tension à l'extrémité, $\mathrm{T_E}$.

a) En projection sur l'axe vertical, en négligeant le poids, en faisant l'approximation des petits angles avec $\alpha \simeq \sin\alpha \simeq \tan\alpha = \frac{\partial z}{\partial x}$:

$$-\mathrm{T_E}\alpha(x) + \mathrm{T_E}\alpha(x+dx) - \alpha z dx = \mu dx\frac{\partial^2 z}{\partial t^2}$$

$$\text{soit } \mathrm{T_E}\frac{\partial^2 z}{\partial x^2} - \alpha z = \mu\frac{\partial^2 z}{\partial t^2}$$

$$\text{soit } \frac{\partial^2 z}{\partial x^2} - \frac{1}{c^2}\frac{\partial^2 z}{\partial t^2} = \frac{z}{\delta^2}$$

en posant $c = \sqrt{\frac{\mathrm{T_E}}{\mu}}$ et $\delta = \sqrt{\frac{\mathrm{T_E}}{\alpha}}$

b) On passe en formalisme complexe :

$$-\underline{k}^2\underline{z}+\frac{\omega^2}{c^2}\underline{z}=\frac{1}{\delta^2}\underline{z}$$

et on en déduit l'équation de dispersion

$$\underline{k}^2=\frac{1}{c^2}\left[\omega^2-\frac{c^2}{\delta^2}\right]$$

On a donc deux cas, en posant $\omega_c=\frac{c}{\delta}$ (pulsation de coupure).

- Premier cas : $\omega<\omega_c$. $\underline{k}$ est imaginaire pur, il n'y a pas de propagation.
- Second cas : $\omega>\omega_c$. $\underline{k}$ est réel, il y a propagation sans atténuation avec une vitesse de phase

$$c'=\frac{\omega}{k}=\frac{c}{\sqrt{1-\frac{c^2}{\omega^2\delta^2}}}$$

12.6

a) La loi de la quantité de mouvement appliquée au brin de corde s'écrit :

$$\begin{cases}-\mathrm{T}(z)\sin\alpha(z,t)+\mathrm{T}(z+dz)\sin\alpha(z+dz,t)=\mu dz\frac{\partial^2 x}{\partial t^2}\\ -\mathrm{T}(z)\cos\alpha(z,t)+\mathrm{T}(z+dz)\cos\alpha(z+dz,t)+\mu dzg=0\end{cases}$$

En projection verticale et avec l'hypothèse des petits angles, il vient $\frac{\partial \mathrm{T}}{\partial z}=-\mu g$ d'où, avec la condition aux limites $\mathrm{T(L)}=0$ (ou $\mathrm{T}(0)=\mu g\mathrm{L}$)

$$\mathrm{T}(z)=\mu g(\mathrm{L}-z)$$

b) En projection horizontale et avec l'hypothèse des petits angles, il vient

$$\frac{\partial}{\partial z}[\mathrm{T}(z)\alpha(z,t)]=\mu\frac{\partial^2 x}{\partial z^2}$$

$$\text{soit } \alpha(z,t)\frac{\partial \mathrm{T}}{\partial z}+\mathrm{T}\frac{\partial \alpha}{\partial z}=\mu\frac{\partial^2 x}{\partial t^2}$$

Or $\alpha\simeq\tan\alpha=\frac{\partial x}{\partial z}$ d'où

$$-\mu g\frac{\partial x}{\partial z}+\mu g(\mathrm{L}-z)\frac{\partial^2 x}{\partial z^2}=\mu\frac{\partial^2 x}{\partial t^2}$$

$$\text{donc } \frac{\partial^2 x}{\partial t^2}=-g\frac{\partial x}{\partial z}+g(\mathrm{L}-z)\frac{\partial^2 x}{\partial z^2}$$

c) La présence de z (la variable spatiale) interdit l'écriture de l'équation de dispersion.

d) Si L grand, l'EDP s'écrit

$$\frac{\partial^2 x}{\partial t^2}=-g\frac{\partial x}{\partial z}+g\mathrm{L}\frac{\partial^2 x}{\partial z^2}$$

et en formalisme complexe

$$-\omega^2\underline{x}=ig\underline{k}\underline{x}-g\mathrm{L}\underline{k}^2$$

$$\text{soit } \underline{k}^2-i\frac{1}{\mathrm{L}}\underline{k}-\frac{\omega^2}{g\mathrm{L}}=0$$

Le discriminant vaut $\Delta=\frac{4\omega^2\mathrm{L}-g}{g\mathrm{L}^2}$; il est positif car L est grand donc on pose $\Delta=\frac{1}{\mathrm{L}_0^2}$ et

$$\underline{k}=\pm\frac{1}{2\mathrm{L}_0}+\frac{1}{2\mathrm{L}}i$$

On garde la solution de partie réelle positive car l'onde se propage vers le bas dans le sens des z croissants et on en déduit la pseudo-OPPH

$$\underline{x}=\mathrm{X}e^{i\varphi}e^{i(\omega t-\frac{1}{2\mathrm{L}_0}z-\frac{1}{2\mathrm{L}}iz)}$$

$$\text{soit } x(z,t)=\mathrm{X}e^{\frac{z}{2\mathrm{L}}}\cos\left(\omega t-\frac{1}{2\mathrm{L}_0}z\right)$$

L'onde est donc amplifiée, ce qu'on peut interpréter énergétiquement par le fait que plus on descend, plus la masse de la corde restante suspendue est faible, et donc plus les oscillations peuvent avoir une grande amplitude.

12.7

a) L'OPPH est moncohromatique, elle possède une pulsation ω unique, donc $\delta\omega=0$. Sa durée temporelle δt est infinie. Ces valeurs sont cohérentes avec la relation du cours écrite sous la forme $\delta\omega\simeq\frac{2\pi}{\delta t}$.

b) L'utilisation de la relation de trigonométrie permet de transformer la somme en produit :

$$\mathrm{S}(x,t)=\mathrm{A}\cos(\omega_1 t-k_1 x)+\mathrm{A}\cos(\omega_2 t-k_2 x)=$$

$$2\mathrm{A}\cos\left(\frac{\omega_1+\omega_2}{2}t-\frac{k_1+k_2}{2}x\right)\cos\left(\frac{\omega_1-\omega_2}{2}t-\frac{k_1-k_2}{2}x\right)$$

Avec les expressions proposées, on obtient

$$\mathrm{S}(x,t)=2\mathrm{A}\cos(\omega t-k'x)\cos(\delta\omega t-\delta k'x)$$

$$\text{soit } \mathrm{S}(t)=\mathscr{F}_x(t)\cdot\cos(\omega t-k'x)$$

$$\text{avec } \mathscr{F}_x(t)=2\mathrm{A}\cos(\delta\omega t-\delta k'x)$$

qu'on identifie à l'enveloppe. La période temporelle de l'enveloppe est identifiée à la durée temporelle

$$\delta t=\frac{2\pi}{\delta\omega}\text{ donc } \delta t\cdot\delta\omega=2\pi$$

c) La porteuse s'écrit

$$\cos(\omega t - k'x) = \cos\left[\omega\left(t - \frac{x}{\frac{\omega}{k'}}\right)\right]$$

donc sa vitesse de propagation est la vitesse de phase

$$v_\varphi = \frac{\omega}{k'}$$

L'enveloppe s'écrit

$$2A\cos(\delta\omega t - \delta k' x) = 2A\cos\left[\delta\omega\left(t - \frac{x}{\frac{\delta\omega}{\delta k'}}\right)\right]$$

donc sa vitesse de propagation est la vitesse de groupe

$$v_g = \frac{\delta\omega}{\delta k'} \simeq \frac{d\omega}{dk'}$$

12.8 Le premier cycliste arrive à la date

$$t_1 = \frac{100\,000}{10} = 10\,000 \text{ s}$$

À la date t_1, le dernier cycliste parti est à l'abscisse

$$x_2 = -400 + v_m t_1 = 49\,600 \text{ m}$$

La longueur du peloton est donc

$$\delta x = 100\,000 - 49\,600 = 50,4 \text{ km}$$

Il y a donc bien étalement du groupe cycliste, la dispersion est la conséquence de l'écart de vitesse entre les différents cyclistes, comme dans la théorie ondulatoire où on a un écart de vitesse de phase entre les différentes composantes spectrales.

12.9

a) Si on admet l'analogie avec le code Morse, une brève impulsion correspond à un zéro, une longue à un un, donc le message est

10010

b) L'information est donc portée par la durée du paquet d'ondes, donc par la largeur temporelle de l'enveloppe, elle se propage donc à la vitesse de groupe.

c) D'une part, le câble est atténuateur donc l'information sera impossible à décoder lorsque son amplitude sera inférieure au bruit. D'autre part, il est dispersif, donc les paquets d'ondes s'étalent, et lorsque la largeur temporelle de chacun d'eux sera supérieure à la période d'émission des bits d'information, ils se superposent et il devient impossible de décoder l'information.

12.10 Notons n_1 le nombre d'atomes par mètre cube dans le gaz d'hélium. La loi des gaz parfaits donne

$$PV = nRT = \frac{N}{\mathcal{N}_A} RT \text{ donc}$$

$$n_1 = \frac{N}{V} = \frac{P\mathcal{N}_A}{RT} = 7,33 \cdot 10^{24} \text{ m}^{-3}$$

S'il devient un gaz totalement ionisé, chaque atome libère $Z = 2$ électrons donc

$$n_0 = 2n_1 = 14,7 \cdot 10^{24} \text{ m}^{-3}$$

Par application de la formule du cours :

$$\omega_P = \sqrt{\frac{n_0 e^2}{\varepsilon_0 m_e}} = 2,16 \cdot 10^{14} \text{ rad} \cdot \text{s}^{-1}$$

12.11

a) D'après le cours

$$\underline{k}^2 = \frac{\omega^2 - \omega_P^2}{c^2}$$

$$\text{donc } k' = \frac{\omega}{c}\sqrt{1 - \frac{\omega_P^2}{\omega^2}}$$

b) On en déduit

$$v_\varphi = \frac{\omega}{k'} = \frac{c}{\sqrt{1 - \frac{\omega_P^2}{\omega^2}}} \text{ et}$$

$$v_g = \frac{d\omega}{dk'} = \frac{1}{\frac{dk'}{d\omega}} = c\sqrt{1 - \frac{\omega_P^2}{\omega^2}}$$

c) On remarque que

$$v_g < c < v_\varphi$$

La vitesse de groupe est donc (heureusement) inférieure à c et l'information ne peut se propager plus vite que la lumière.

d) Voici l'allure des graphes de $\frac{v_g}{c}$ et de $\frac{v_\varphi}{c}$ en fonction de $x = \frac{\omega}{\omega_P}$

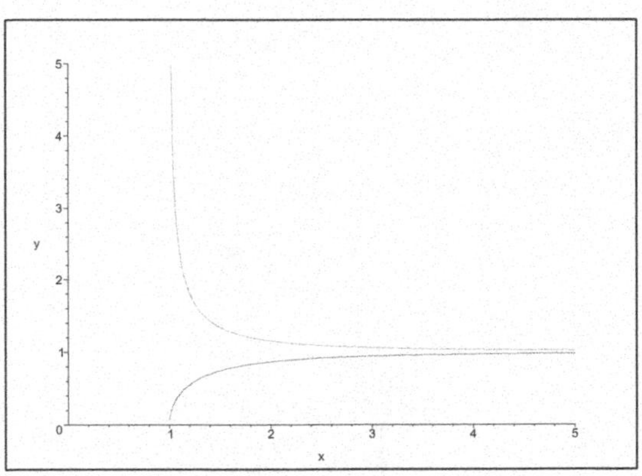

e) L'indice du plasma vaut donc

$$n=\sqrt{1-\frac{\omega_P^2}{\omega^2}}$$

Il est plus petit que 1 alors que c'est impossible pour un milieu transparent habituel. La deuxième loi de Descartes à la réfraction s'écrit

$$1\sin i = n\sin r \text{ donc } r>i$$

Le rayon réfracté s'écarte de la normale au dioptre. Il n'est défini que si

$$\sin r \leq 1 \text{ soit } \frac{\sin i}{n} \leq 1 \text{ soit } i \leq \arcsin n$$

L'angle limite de réfraction est donc

$$i_L = \arcsin\sqrt{1-\frac{\omega_P^2}{\omega^2}}$$

12.12

a) L'équation s'écrit $\text{div}\,\vec{j}+\frac{\partial\rho}{\partial t}=0$.

b) En combinant cette équation avec celle de Maxwell-Gauss et la loi d'Ohm locale, on obtient :

$$\text{div}\,\frac{\vec{j}}{\gamma}=\frac{\rho}{\varepsilon_0}$$

$$\text{donc } \frac{\partial\rho}{\partial t}+\frac{1}{\tau}\rho=0 \text{ avec } \tau=\frac{\varepsilon_0}{\gamma}\simeq 2\cdot 10^{-18}\text{ s}$$

La solution est $\rho(\mathrm{M},t)=\rho_0 e^{-\frac{t}{\tau}}$.

c) ρ est presque nul au bout de $5\tau \simeq 10^{-17}$ s. Or la période de l'onde est de 10^{-14} s $\gg 5\tau$, donc $\rho \simeq 0$.

d) L'équation de Maxwell-Gauss s'écrit donc $\text{div}\,\vec{\mathrm{E}}=0$ soit, en formalisme complexe

$$-i\underline{\vec{k}}\cdot\underline{\vec{\mathrm{E}}}=0 \text{ donc } \underline{\vec{k}}\perp\underline{\vec{\mathrm{E}}}$$

12.13

a) Le rapport des ordres de grandeur s'écrit

$$\frac{\left\|\vec{j}_D\right\|}{\left\|\vec{j}\right\|}=\frac{\left\|\varepsilon_0\frac{\partial\vec{\mathrm{E}}}{\partial t}\right\|}{\left\|\vec{j}\right\|}$$

$$\frac{\left\|\vec{j}_D\right\|}{\left\|\vec{j}\right\|}\simeq\frac{\varepsilon_0\omega\mathrm{E}}{\gamma\mathrm{E}}=\frac{\omega}{\frac{\gamma}{\varepsilon_0}}$$

En ordre de grandeur :

$$\frac{\gamma}{\varepsilon_0}\simeq\cdot 10^{17}\text{ rad}\cdot\text{s}^{-1}$$

$$\text{et } \omega=2\pi f<10^{15}\text{ rad}\cdot\text{s}^{-1}$$

donc $\vec{j}_D \ll \vec{j}$.

b) Dans l'ARQS, on a deux différences. D'une part, $\rho \neq 0$. D'autre part c'est devant $\overrightarrow{\text{rot}}\,\vec{\mathrm{B}}$ que le terme de courant de déplacement est négligeable.

12.14

La formule du cours est

$$\delta=\sqrt{\frac{2}{\mu_0\gamma\omega}}$$

Pour le visible, on a

$$\delta \simeq 3\text{ nm}$$

donc la lumière ne pénètre quasiment pas dans le cuivre : il est réfléchissant. Pour le courant domestique :

$$\delta \simeq 9\text{ mm}$$

À cette fréquence, le champ électrique, donc le courant électrique ne pénètre donc pas plus qu'à environ $5\delta = 4,5$ cm, et dans un câble conducteur cylindrique de 10 cm de diamètre, la densité volumique de courant électrique au cœur du câble est presque nul. Il n'y a donc aucun intérêt à encore augmenter le diamètre du câble, la résistance ne sera pas plus faible.

12.15

a) L'équation de Maxwell-Faraday donne :

$$\begin{vmatrix}\frac{\partial}{\partial x}\\ \frac{\partial}{\partial y}\\ \frac{\partial}{\partial z}\end{vmatrix}\wedge\begin{vmatrix}\mathrm{E}_0 e^{-\frac{z}{\delta}}\cos(\omega t-\frac{z}{\delta})\\ 0\\ 0\end{vmatrix}=-\frac{\partial\vec{\mathrm{B}}}{\partial t}$$

$$\text{donc } \frac{\partial\vec{\mathrm{B}}}{\partial t}=\mathrm{E}_0\vec{u}_y\left[\frac{1}{\delta}e^{-\frac{z}{\delta}}\cos(\omega t-\frac{z}{\delta})-\frac{1}{\delta}e^{-\frac{z}{\delta}}\sin(\omega t-\frac{z}{\delta})\right]$$

$$\text{donc } \vec{\mathrm{B}}=\frac{\mathrm{E}_0}{\omega\delta}e^{-\frac{z}{\delta}}\vec{u}_y\left[\sin(\omega t-\frac{z}{\delta})+\cos(\omega t-\frac{z}{\delta})\right]$$

$$\text{soit } \mathrm{B}(z,t)=\frac{\mathrm{E}_0\sqrt{2}}{\omega\delta}e^{-\frac{z}{\delta}}\sin\left(\omega t-\frac{z}{\delta}+\frac{\pi}{4}\right)$$

b) En utilisant la loi d'Ohm locale $\vec{j}=\gamma\vec{\mathrm{E}}$:

$$p_J(z,t)=\gamma\mathrm{E}_0^2e^{-\frac{2z}{\delta}}\cos^2(\omega t-\frac{z}{\delta})$$

donc $<p_J>(z)=\frac{\gamma\mathrm{E}_0^2}{2}e^{-\frac{2z}{\delta}}$.

c) En intégrant :

$$<\mathscr{P}>=\int_{x=0}^{a}\int_{y=0}^{a}\int_{z=0}^{+\infty}\frac{\gamma E_0^2}{2}e^{-\frac{2z}{\delta}}dxdydz$$

$$<\mathscr{P}>=a^2\frac{\gamma E_0^2}{2}\left[\frac{e^{-\frac{2z}{\delta}}}{-\frac{2}{\delta}}\right]_0^{+\infty}$$

soit $<\mathscr{P}>=\frac{a^2\gamma\delta E_0^2}{4}$.

d) $<\mathscr{P}>$ est donc une fonction croissante de δ, donc une fonction décroissante de ω. L'effet Joule est donc plus fort pour les ondes de faible fréquence, donc pour les infrarouges.

12.16 En utilisant le résultat du cours, la partie réelle de $\underline{k}$ est

$$k'=\sqrt{\frac{\mu_0\gamma\omega}{2}}$$

On en déduit

$$v_\varphi=\frac{\omega}{k'}=\frac{1}{\frac{k'}{\omega}}=\sqrt{\frac{2\omega}{\mu_0\gamma}}$$

$$v_g=\frac{d\omega}{dk'}=\frac{1}{\frac{dk'}{d\omega}}=\sqrt{\frac{8\omega}{\mu_0\gamma}}$$

On constate donc que $v_g=2v_\varphi$.

12.17

a) Il suffit d'injecter les deux relations dans l'équation de conservation de la charge pour obtenir

$$\text{div}\,\vec{j}+\frac{\partial\rho}{\partial t}=0$$

b) En injectant dans l'équation de Maxwell Gauss, on obtient

$$(1+\underline{\chi})\text{div}\,\vec{E}=0$$

$$\text{donc div}\,\vec{E}=0 \text{ car } \underline{\chi}\neq-1$$

Les équations de Maxwell Thomson et de Maxwell Faraday sont inchangées. En injectant dans l'équation de Maxwell Ampère, on obtient

$$\overrightarrow{\text{rot}}\,\vec{B}=\mu_0\varepsilon_0(1+\underline{\chi})\frac{\partial\vec{E}}{\partial t}$$

On pose donc $\underline{\varepsilon}=1+\underline{\chi}$ et on obtient bien des équations analogues à celles dans le vide.

c) Si on pose $1+\chi=n^2$, et en notant la célérité dans le vide

$$c_0^2=\frac{1}{\mu_0\varepsilon_0}$$

on obtient l'EDA

$$\Delta\vec{E}-\frac{n^2}{c_0^2}\frac{\partial^2\vec{E}}{\partial t^2}=\vec{0}$$

donc $c=\frac{c_0}{n}$.

d) L'indice de réfraction est donc $n=\sqrt{1+\chi}$.

e) On peut faire le développement limité

$$\chi=\chi_0\frac{1}{\left(1-\frac{\omega^2}{\omega_0^2}\right)}\simeq\chi_0\left(1+\frac{\omega^2}{\omega_0^2}\right)$$

avec $\chi_0=\frac{n_0e^2}{\varepsilon_0\kappa}$. On en déduit

$$n=\sqrt{1+\chi_0\left(1+\frac{\omega^2}{\omega_0^2}\right)}=$$

$$\sqrt{(1+\chi_0)\left(1+\frac{\chi_0}{1+\chi_0}\cdot\frac{\omega^2}{\omega_0^2}\right)}$$

$$\text{soit } n=\sqrt{1+\chi_0}\left(1+\frac{\chi_0}{1+\chi_0}\cdot\frac{\omega^2}{\omega_0^2}\right)^{\frac{1}{2}}$$

$$\text{donc } n\simeq\sqrt{1+\chi_0}\left(1+\frac{\chi_0}{2(1+\chi_0)}\cdot\frac{\omega^2}{\omega_0^2}\right)$$

Or $\lambda_0=\frac{c}{f}$ et $\omega=2\pi f$ donc $\omega^2=\frac{4\pi^2c^2}{\lambda_0^2}$ et

$$n=\sqrt{1+\chi_0}+\frac{\frac{4\pi^2c^2\chi_0}{2\omega_0^2\sqrt{1+\chi_0}}}{\lambda_0^2}$$

ce qui est bien la formule de Cauchy avec $A=\sqrt{1+\chi_0}$ et $B=\frac{4\pi^2c^2\chi_0}{2\omega_0^2\sqrt{1+\chi_0}}$.

12.18

a) La prise en compte de la force de Lorentz donne

$$m\frac{d\vec{v}}{dt}=-e\vec{E}(M,t)-e\vec{v}\wedge\vec{B}(M,t)-\frac{m}{\tau}\vec{v}+m\vec{g}$$

b) En grandeurs complexes, l'équation mécanique s'écrit

$$im\omega\underline{\vec{v}}=-e\underline{\vec{E}}-\frac{m}{\tau}\underline{\vec{v}}$$

On en déduit la densité volumique complexe de courant

$$\underline{j}=-n_0e\underline{\vec{v}}=\frac{n_0e^2}{m\left(\frac{1}{\tau}+i\omega\right)}\vec{E}$$

et les équations de Maxwell, en utilisant la neutralité du métal :

$$\text{(MG)}\ -i\underline{\vec{k}}\cdot\underline{\vec{E}}=0 \qquad \text{(MT)}\ -i\underline{\vec{k}}\cdot\underline{\vec{B}}=0$$
$$\text{(MF)}\ -i\underline{\vec{k}}\wedge\underline{\vec{E}}=-i\omega\underline{\vec{B}} \qquad \text{(MA)}\ -i\underline{\vec{k}}\wedge\underline{\vec{B}}=\mu_0\underline{\vec{j}}+i\omega\varepsilon_0\mu_0\underline{\vec{E}}$$

On simplifie et on élimine $\underline{\vec{j}}$ grâce à l'équation mécanique.

$$\underline{\vec{k}}\cdot\underline{\vec{E}}=0 \text{ et } \underline{\vec{k}}\cdot\underline{\vec{B}}=0$$

$$\underline{\vec{B}}=\frac{\underline{\vec{k}}\wedge\underline{\vec{E}}}{\omega} \text{ et}$$

$$\underline{\vec{k}}\wedge\left(\underline{\vec{k}}\wedge\underline{\vec{E}}\right)=i\frac{\mu_0 n_0 e^2\omega}{m\left(\frac{1}{\tau}+i\omega\right)}\underline{\vec{E}}-\mu_0\varepsilon_0\omega^2\underline{\vec{E}}$$

D'où, après développement du double produit vectoriel et simplification, l'équation de dispersion :

$$\underline{k}^2=\mu_0\varepsilon_0\omega^2-\frac{\mu_0 n_0 e^2}{m\left(1-i\frac{1}{\tau\omega}\right)}$$

On en déduit le carré de l'indice complexe

$$\underline{n}^2=\frac{\underline{k}^2c^2}{\omega^2}$$

c) Si $\tau\omega\gg 1$, l'équation de dispersion se simplifie :

$$\underline{k}^2=\mu_0\varepsilon_0\omega^2-\frac{\mu_0 n_0 e^2}{m}$$

Cette quantité est positive si

$$\omega>e\sqrt{\frac{n_0}{m\varepsilon_0}}\simeq 1{,}6\cdot 10^{16}\ \text{rad}\cdot\text{s}^{-1}$$

Cette valeur correspond à une longueur d'onde dans le vide

$$\lambda_0=\frac{2\pi\times 3\cdot 10^8}{1{,}6\cdot 10^{16}}=118\ \text{nm}$$

et corespond aux proches ultraviolets. Dans ce cas, $\underline{k}$ est donc réel, il y a propagation sans atténuation d'une onde électromagnétique ultraviolette dans le métal : il est donc transparent.

12.19

a) D'après l'équation de Maxwell-Ampère, $\vec{j}$ est homogène à $\varepsilon_0\frac{\partial\vec{E}}{\partial t}$, donc $\vec{P}$ est homogène à $\varepsilon_0\vec{E}$, donc χ_0 est sans dimension. Les deux termes qui définissent $\vec{P}$ sont homogènes, donc τ est homogène à un temps.

b) Établissons l'expression de la conductivité complexe. On peut écrire

$$\begin{cases}\underline{\vec{j}}=i\omega\underline{\vec{P}}\\ \underline{\vec{P}}=\varepsilon_0\chi_0\underline{\vec{E}}+i\omega\varepsilon_0\chi_0\tau\underline{\vec{E}}\end{cases}$$

$$\text{donc } \underline{\vec{j}}=i\omega\varepsilon_0\chi_0\left[1+i\tau\omega\right]\underline{\vec{E}}$$

$$\text{donc } \underline{\gamma}=i\omega\varepsilon_0\chi_0\left[1+i\tau\omega\right]$$

On en déduit, d'après la formule du cours

$$\underline{n}^2=1-\frac{i\underline{\gamma}}{\varepsilon_0\omega}=1+\chi_0+i\chi_0\tau\omega$$

c) On peut mettre ce complexe sous la forme

$$1+\chi_0+i\chi_0\tau\omega=n_0^2e^{i\varphi_0}$$

avec $\varphi_0\in\left[0,\frac{\pi}{2}\right]$ car la partie réelle et la partie imaginaire du complese sont toutes deux positives. On en déduit

$$\underline{n}=n_0e^{i\frac{\varphi_0}{2}} \text{ et}$$

$$\underline{k}=\pm\underline{n}\frac{\omega}{c}=\pm\frac{n_0\omega}{c}e^{i\frac{\varphi_0}{2}}$$

Les parties réelle et imaginaire de $\underline{k}$ sont donc de même signe ($k'k''>0$), ce qui prouve que l'onde est amplifiée.

12.20

a) Le champ électrique est nul en $x=0^-$ et en $x=0^+$. Le vecteur normal dirigé du métal vers le vide est $\vec{n}=-\vec{u}_x$. La relation de passage en $x=0$ donne donc

$$\vec{0}-\vec{0}=\frac{\sigma}{\varepsilon_0}(-\vec{u}_x) \text{ donc } \sigma=0$$

Le champ magnétique est nul en $x=0^+$ et le champ résultant en $x=0^-$ est

$$\vec{B}_0(t)=\vec{B}_i(0^-,t)+\vec{B}_r(0^-,t)=\frac{2E_0}{c}\vec{u}_z\cos(\omega t)$$

La densité de courant surfacique est

$$\vec{j}_s=j_{sy}\vec{u}_y+j_{sz}\vec{u}_z$$

La relation de passage en $x=0$ donne donc

$$\begin{vmatrix}0\\0\\\frac{2E_0}{c}\cos(\omega t)\end{vmatrix}-\vec{0}=\mu_0\begin{vmatrix}0\\j_{sy}\\j_{sz}\end{vmatrix}\wedge\begin{vmatrix}-1\\0\\0\end{vmatrix}$$

$$\text{donc }\begin{cases}0=-\mu_0 j_{sz}\\ \frac{2E_0}{c}\cos(\omega t)=\mu_0 j_{sy}\end{cases}$$

$$\text{soit } \vec{j}_s=\frac{2E_0}{\mu_0 c}\vec{u}_y\cos(\omega t)$$

b) Cette languette se comporte comme un tronçon de fil de longueur L parcouru par un courant $di = j_s dz$. Il subit donc une force de Laplace

$$d\vec{F}_L = di(L\vec{u}_y) \wedge \vec{B}_0(t)$$

$$d\vec{F}_L = Ldz\vec{u}_x \frac{4E_0^2}{\mu_0 c^2}\cos^2(\omega t)$$

c) En intégrant sur $z \in [0, L]$ on en déduit

$$\vec{F}_L = L^2\vec{u}_x \frac{4E_0^2}{\mu_0 c^2}\cos^2(\omega t)$$

d) La valeur moyenne d'un cosinus carré est $\frac{1}{2}$, on en déduit la valeur surfacique moyenne

$$\vec{F}_{L,surf} = \frac{2E_0^2}{\mu_0 c^2}\vec{u}_x$$

e) L'impact des photons qui sont dotés d'une quantité de mouvement non nulle se traduit par une pression photonique ou pression de radiation qui est effectivement dirigée dans le sens de $\vec{u}_x$.

12.21 Le champ électrique résultant est

$$\vec{E}(x,t) = \vec{E}_i(x,t) + \vec{E}_r(x,t)$$

$$\vec{E}(x,t) = E_0\vec{u}_y\cos(\omega t - kx) - E_0\vec{u}_y\cos(\omega t + kx)$$

$$\vec{E}(x,t) = 2E_0\vec{u}_y\sin(\omega t)\sin(kx)$$

Le champ magnétique résultant est

$$\vec{B}(x,t) = \vec{B}_i(x,t) + \vec{B}_r(x,t)$$

$$\vec{B}(x,t) = \frac{E_0}{c}\vec{u}_z\cos(\omega t - kx) + \frac{E_0}{c}\vec{u}_z\cos(\omega t + kx)$$

$$\vec{B}(x,t) = \frac{2E_0}{c}\vec{u}_z\cos(\omega t)\cos(kx)$$

Ces ondes sont toutes deux stationnaires.

12.22

a) On développe

$$\vec{k}_i \cdot \overrightarrow{OM} = k\cos\theta x + k\sin\theta y$$

$$\text{et } \vec{k}_r \cdot \overrightarrow{OM} = k_{rx}x + k_{ry}y + k_{rz}z$$

Le champ électrique est tangentiel et donc continu en $x = 0$. Il est nul dans le métal pour $x = 0^+$, il est donc aussi nul dans le vide (où se superposent l'onde incidente et l'onde réfléchie) pour $x = 0^-$, soit :

$$\forall y,\ z,\ t,\ E_{0i}e^{i\omega t}e^{-ik\cos\theta\cdot 0}e^{-ik\sin\theta y} +$$

$$E_{0r}e^{i\omega_r t}e^{-ik_{rx}\cdot 0}e^{-ik_{ry}y}e^{-ik_{rz}z} = 0$$

b) Par identification, on en déduit que

$$E_{0i} + E_{0r} = 0, \quad \omega = \omega_r, \quad k\sin\theta = k_{ry} \text{ et } 0 = k_{rz}$$

c) La relation de dispersion dans le vide pour les OPPH incidente et réfléchie donne

$$\left.\begin{aligned} k^2\cos^2\theta + k^2\sin^2\theta &= \frac{\omega^2}{c_0^2} \\ k_{rx}^2 + k_{ry}^2 &= \frac{\omega^2}{c_0^2} \end{aligned}\right\} \text{donc } k_{rx}^2 + k_{ry}^2 = k^2$$

$$\text{donc } k_{rx}^2 = k^2 - k_{ry}^2 = k^2 - k^2\sin^2\theta = k^2\cos^2\theta$$

Or $k_{rx} < 0$ car l'onde réfléchie se propage de droite à gauche donc $k_{rx} = -k\cos\theta$.

d) $k_{rz} = 0$ prouve que le rayon réfléchi est dans le plan d'incidence (première loi de Descartes). Les vecteurs $\vec{k}_i$ et $\vec{k}_r$ sont symétriques par rapport à $\vec{u}_x$, le rayon réfléchi fait donc avec la normale un angle $r = -\theta$ (deuxième loi de Descartes).

12.23

a) En remplaçant dans l'équation de d'Alembert :

$$\vec{E} = \vec{E}(x,z,t) = E_y(x,z,t)\vec{u}_y$$

$$\text{donc } \Delta E_y - \frac{1}{c_0^2}\frac{\partial^2 E_y}{\partial t^2} = 0$$

$$\text{soit } -k^2\beta(z)\cos(\omega t - kx) + \beta''(z)\cos(\omega t - kx) +$$

$$\frac{\omega^2}{c_0^2}\beta(z)\cos(\omega t - kx) = 0$$

$$\text{donc } \beta''(z) + \left(\frac{\omega^2}{c_0^2} - k^2\right)\beta(z) = 0$$

b) Les conditions aux limites s'écrivent $\vec{E} = \vec{0}$ pour $z = 0$ et $z = b$, pour tout t et tout x, donc $\beta(0) = \beta(b) = 0$.

c) Si $\omega < kc_0$, le terme entre parenthèses est négatif et posons $\frac{1}{\delta^2} = k^2 - \frac{\omega^2}{c_0^2}$. La solution générale de l'équation vérifiée par β est

$$\beta(z) = A\mathrm{sh}\frac{z}{\delta} + B\mathrm{ch}\frac{z}{\delta}$$

Les conditions aux limites donnent
- en $z = 0$: $0 + B = 0$ donc $B = 0$;
- en $z = b$: $A\mathrm{sh}\frac{b}{\delta} = 0$ donc $A = 0$.

Par suite $\beta(z) = 0$ et il n'y a pas d'onde. Si $\omega = kc_0$, le terme entre parenthèses est nul donc $\beta''(z) = 0$ donc $\beta(z) = Az + B$.
Les conditions aux limites donnent
- en $z = 0$: $0 + B = 0$ donc $B = 0$;
- en $z = b$: $Ab = 0$ donc $A = 0$.

Par suite $\beta(z) = 0$ et il n'y a pas d'onde. Par conséquent, $\omega > kc_0$. et l'équation est du type oscillateur harmonique donc

$$\beta(z) = \mathrm{A}\cos\left(z\sqrt{\frac{\omega^2}{c_0^2} - k^2}\right) + \mathrm{B}\sin\left(z\sqrt{\frac{\omega^2}{c_0^2} - k^2}\right)$$

d) Les conditions aux limites donnent

- en $z = 0$: $\mathrm{A} + 0 = 0$ donc $\mathrm{A} = 0$;
- en $z = b$: $\mathrm{B}\sin\left(\sqrt{\frac{\omega^2}{c_0^2} - k^2}b\right) = 0$.

Si B est nul, $\beta(z) = 0$ et il n'y a pas d'onde, donc nécessairement

$$\sin\left(\sqrt{\frac{\omega^2}{c_0^2} - k^2}b\right) = 0 \text{ donc } \sqrt{\frac{\omega^2}{c_0^2} - k^2}b = n\pi,\ n \text{ entier}$$

Le terme de gauche est strictement positif donc n est un entier naturel non nul. On en déduit la relation de dispersion en élevant au carré :

$$\left[\frac{\omega^2}{c_0^2} - k^2\right]b^2 = n^2\pi^2 \text{ donc } k^2 = \frac{\omega^2}{c_0^2} - \frac{n^2\pi^2}{b^2}$$

Il y a une onde progressive si k est réel, donc si $k^2 > 0$, donc si

$$\frac{\omega^2}{c_0^2} - \frac{n^2\pi^2}{b^2} > 0 \text{ soit } \omega > \frac{n\pi c_0}{b}$$

La plus petite valeur pour n est 1, donc $\omega_{\min} = \frac{\pi c_0}{b}$.

12.24 Le plan $(\mathrm{O}, \vec{u}_r, \vec{u}_\theta)$ contient $\vec{u}_z$ donc il contient les deux charges en mouvement. C'est donc un plan de symétrie des charges et $\vec{\mathrm{E}}$ est bien dans ce plan. C'est aussi un plan de symétrie des courants (les charges bougent sur l'axe) et $\vec{\mathrm{B}}$ lui est orthogonal. Il y a invariance de la distribution de charges et de courants par rotation d'angle φ et les champs ne dépendent pas de φ. Les règles « habituelles » sont donc bien vérifiées.

12.25

a) Le flux du vecteur de Poynting à travers une sphère Σ de rayon r est

$$\oint\!\!\oint_\Sigma <\vec{\Pi}>\cdot\overrightarrow{dS} = \int_{\varphi=0}^{2\pi}\int_{\theta=0}^{\pi} \frac{\mu_0 \mathrm{P}_0^2 sin^2\theta\omega^4}{32\pi^2 r^2 c_0}\vec{u}_r\cdot r^2\sin\theta d\theta d\varphi\vec{u}_r$$

En utilisant la relation $\int_{\theta=0}^{\pi}\sin^3\theta d\theta = \frac{4}{3}$, on en déduit

$$<\mathscr{P}>=<\oint\!\!\oint_\Sigma \vec{\Pi}\cdot\overrightarrow{dS}>= \frac{\mu_0\mathrm{P}_0^2\omega^4}{12\pi c_0}$$

Cette expression est la **formule de Larmor**.

b) Il n'y a pas de déperdition d'énergie électromagnétique entre deux sphères de rayons différents. Ceci est cohérent avec la formule de Poynting, l'espace étant vide, il n'y a pas de puissance électrocinétique dissipée ($\vec{j}\cdot\vec{\mathrm{E}} = 0$) et la valeur moyenne dans le temps des énergies électromagnétiques volumiques ($u_e = \frac{1}{2}\varepsilon_0\vec{\mathrm{E}}^2$ et $u_m = \frac{1}{2\mu_0}\vec{\mathrm{B}}^2$) est évidemment constante (donc $\frac{\partial(<u_e+u_m>)}{\partial t} = 0$).

12.26 L'électron possède un mouvement circulaire uniforme sous l'action de la force centrale électrique, la loi de la quantité de mouvement s'écrit donc

$$-\frac{e^2}{4\pi\varepsilon_0 r_0^2}\vec{u}_r = -m_e r_0\omega^2\vec{u}_r = -m\frac{v^2}{r}\vec{u}_r$$

$$\text{donc}\left\{\begin{array}{l}\omega = \sqrt{\frac{e^2}{4\pi\varepsilon_0 m_e r_0^3}} = 1{,}59\cdot 10^{16}\ \mathrm{rad\cdot s^{-1}}\\ m_e v^2 = \frac{e^2}{4\pi\varepsilon_0 r}\end{array}\right.$$

On remarque que $\vec{u}_r = \cos\theta\vec{u}_x + \sin\theta\vec{u}_y$ avec $\theta = \omega t$ donc

$$\vec{\mathrm{P}} = -er_0\vec{u}_r = -er_0\cos(\omega t)\vec{u}_x - er_0\sin(\omega t)\vec{u}_y$$

qui est bien la superposition de deux dipôles oscillants selon les axes $\vec{u}_x$ et $\vec{u}_y$, de même amplitude

$$\mathrm{P}_0 = er_0 = 1{,}6\cdot 10^{-29}\ \mathrm{C\cdot m}$$

L'énergie mécanique du système est la somme de l'énergie potentielle d'interaction électrique et de l'énergie cinétique de l'électron :

$$\mathrm{E}m = \mathrm{E}p_{el} + \frac{1}{2}m_e v^2 = -\frac{e^2}{4\pi\varepsilon_0 r} + \frac{e^2}{8\pi\varepsilon_0 r}$$

$$\text{donc } \mathrm{E}ç = -\frac{e^2}{8\pi\varepsilon_0 r} = -1{,}2\cdot 10^{-18}\ \mathrm{J}$$

Or un dipôle électrique dissipe de l'énergie par rayonnement : l'énergie mécanique va donc se dissiper et l'électron ne peut pas avoir un mouvement circulaire uniforme. Le modèle classique est donc rejeté et remplacé par le modèle quantique de l'atome.

12.27

a) La densité volumique de charge est uniforme, soit $\rho = \frac{-e}{\frac{4}{3}\pi\mathrm{R}_0^3}$. Tout plan contenant $\overrightarrow{\mathrm{OP}}$ est plan de symétrie des charges donc $\vec{\mathrm{E}}$ est dans leur intersection, soit $\vec{\mathrm{E}} = \mathrm{E}(r,\theta,\varphi)\vec{u}_r$. Il y a invariance de la distribution de charges par rotations d'angle θ et φ donc $\vec{\mathrm{E}} = \mathrm{E}(r)\vec{u}_r$. Appliquons le théorème de Gauss à la sphère de rayon r, de centre O, passant par P :

$$\oint\!\!\oint \vec{\mathrm{E}}\cdot\overrightarrow{dS} = \frac{\mathrm{Q_{int}}}{\varepsilon_0} \text{ soit } 4\pi r^2\cdot\mathrm{E} = \rho\cdot\frac{4}{3}\pi r^3$$

donc $\vec{\mathrm{E}} = -\frac{er}{4\pi\varepsilon_0\mathrm{R}_0^3}\vec{u}_r$.

b) La force électrique est $\vec{f} = +e\vec{E}$ soit

$$\vec{f} = -\frac{e^2}{4\pi\varepsilon_0 R_0^3} r\,\vec{u}_r$$

c) Le vecteur position est $\overrightarrow{OP} = r\,\vec{u}_r$ donc $\vec{f} = -\kappa\overrightarrow{OP}$ qui correspond à la force de rappel d'un ressort de longueur à vide nulle et de constante de raideur $\kappa = \frac{e^2}{4\pi\varepsilon_0 R_0^3}$.

d) L'équation différentielle du mouvement de l'électron sur l'axe (P, x) découle de la loi de la quantité de mouvement appliquée à l'électron dans le référentiel galiléen du laboratoire, en négligeant le poids devant la force électrique :

$$\vec{f} = m_e\vec{a} \text{ donc } -\kappa x = m_e\ddot{x} \text{ soit } \ddot{x} + \frac{\kappa}{m_e}x = 0$$

donc $\omega_0 = \sqrt{\frac{\kappa}{m_e}} \simeq 10^{16}\ \mathrm{rad\cdot s^{-1}}$ avec $R_0 = 10^{-10}$ m.

e) La prise en compte de la force de frottement et de la force électrique due au champ oscillant conduit à l'équation différentielle

$$-eE_0\cos(\omega t) - \kappa x - \alpha\dot{x} = m_e\ddot{x}$$

$$\text{soit } m_e\ddot{x} + \alpha\dot{x} + \kappa x = -eE_0\cos(\omega t)$$

En régime sinusoïdal forcé, on cherche $x(t)$ sous la forme $x(t) = X cos(\omega t + \varphi)$ soit, en grandeurs complexes : $\underline{x} = Xe^{j(\omega t+\varphi)}$. On remplace dans l'équation différentielle :

$$\left[-m_e\omega^2 + j\kappa\alpha + \kappa\right]Xe^{j(\omega t+\varphi)} = -eE_0e^{j\omega t}$$

et on en déduit X et φ en identifiant modules et arguments des deux termes. Le système possède donc un moment dipolaire $\vec{P} = e\overrightarrow{NP} = -eX\cos(\omega t + \varphi)\vec{u}_x$ qui forme bien un dipôle oscillant.

f) La nuit, les molécules de l'atmosphère ne sont pas excitées par l'onde électromagnétique solaire, elles n'émettent pas de lumière et le ciel est noir. Le jour, elles se comportent comme des dipôles oscillant vibrant en régime sinusoïdal forcé, excitées par l'onde électromagnétique solaire. Elles émettent donc de la lumière, le ciel est lumineux : même si le soleil n'éclaire pas une pièce, celle-ci est éclairée par **diffusion**.

g) La puissance diffusée augmente fortement avec ω, donc la lumière diffusée par le ciel est décalée vers les hautes fréquences, donc le bleu et le violet. La sensibilité de l'œil beaucoup plus importante pour le bleu que pour le violet fait apparaître le ciel bleu. Lorsque la lumière solaire blanche traverse l'atmosphère, l'absorption par l'atmosphère est elle aussi plus importante dans les hautes que dans les basses fréquences. Lorsque le Soleil est au zénith, la lumière nous parvient après traversée sous incidence normale de l'atmosphère (une quarantaine de kilomètres). Elle est donc apauvrie en radiations violettes et bleues, on perçoit donc la couleur complémentaire, le jaune. Au coucher du Soleil, la lumière nous parvient après traversée sous incidence très oblique de l'atmosphère (plusieurs centaines de kilomètres). Elle est donc apauvrie en radiations violettes, bleues, puis vertes, on perçoit donc la couleur correspondant aux plus faibles pulsations, le rouge.

h) La formule donnant l'onde électromagnétique prouve que l'onde rayonnée dans la direction de l'axe du dipôle oscillant est nulle. L'observateur ne perçoit donc que l'onde rayonnée par le dipôle $\vec{p}_1$ oscillant sur l'axe y. L'observateur est dans la direction relative définie par l'angle $\theta = \frac{\pi}{2}$. Le champ électrique est donc dirigé seon le vecteur $\vec{u}_\theta$, c'est-à-dire le vecteur $-\vec{u}_y$. L'onde rayonnée par le dipôle, perçue par l'observateur est donc polarisée rectilignement selon $\vec{u}_y$. La mise en évidence est possible en plaçant un polariseur (analyseur), en tournant son axe et en détectant une extinction lorsque son axe transparent est orthogonal à la direction de polarisation, donc quand il est selon $\vec{u}_x$.

CHAPITRE 13

Physique quantique

Thèmes abordés dans les exercices

- ◇ Fonction d'onde.
- ◇ Densité de probabilité de présence.
- ◇ Normalisation.
- ◇ Équation de Schrödinger.
- ◇ États stationnaires.
- ◇ Relations de Planck-Einstein et de de Broglie.
- ◇ Paquet d'ondes quantique.
- ◇ Vitesse de groupe, vitesse de phase.
- ◇ Courant de probabilité.
- ◇ Inégalité de Heisenberg spatiale.
- ◇ Puits de potentiel.
- ◇ Énergie de confinement.
- ◇ Effet tunnel.
- ◇ Barrière de potentiel.
- ◇ Double puits symétrique.
- ◇ Oscillations quantiques.

Points essentiels du cours pour la résolution des exercices

- ◇ Effectuer la séparation des variables dans l'équation de Schrödinger.
- ◇ Identifier la particule libre à un paquet d'ondes.
- ◇ Étudier une particule dans un potentiel constant par morceaux.
- ◇ Étudier une particule dans un puits.
- ◇ Expliquer l'effet tunnel et la radioactivité alpha.
- ◇ Étudier les oscillations quantiques.

Les méthodes à retenir

Effectuer la séparation des variables dans l'équation de Schrödinger.

La **fonction d'onde quantique** à une dimension $\psi(x, t)$ est une grandeur complexe dont le carré du module est la **fonction densité de probabilité de présence**

$$\rho(x, t) = |\psi(x, t)|^2 = \psi(x, t) \cdot \psi^*(x, t) = \frac{dP(x, t)}{dx}$$

avec dP probabilité de trouver la particule à la date t dans l'intervalle $[x, x + dx]$. La fonction d'onde vérifie l'**équation de Schrödinger** et la **condition de normalisation**. Pour une particule sur l'axe x, soumise à un champ de forces dérivant de l'énergie potentielle (on dit simplement potentiel) indépendant du temps $V(x)$

$$\begin{cases} i\hbar \frac{\partial \psi(x,t)}{\partial t} = -\frac{\hbar^2}{2m} \frac{\partial^2 \psi(x,t)}{\partial x^2} + V(x)\psi(x, t) \\ \int_{x=-\infty}^{\infty} \rho(x, t) dx = 1 \end{cases}$$

Les **solutions stationnaires** forment une famille fondamentale de solutions

$$\psi(x, t) = u(t) \cdot \varphi(x)$$

On écrit dans ce cas l'équation de Schrödinger en séparant les variables, et l'égalité de fonctions de deux variables indépendantes t et x impose leur égalité à une même constante qu'on identifie à l'énergie E de la particule :

$$i\hbar \frac{1}{u(t)} \frac{du(t)}{dt} = -\frac{\hbar^2}{2m\varphi(x)} \frac{d^2\varphi(x)}{dx^2} + V(x)$$

$$\text{donc} \begin{cases} i\hbar \frac{1}{u(t)} \frac{du(t)}{dt} = E \\ -\frac{\hbar^2}{2m\varphi(x)} \frac{d^2\varphi(x)}{dx^2} + V(x) = E \end{cases}$$

$$\text{soit} \begin{cases} u(t) = e^{-i\frac{E}{\hbar}t} \\ \frac{d^2\varphi(x)}{dx^2} + \frac{2m}{\hbar^2}(E - V(x))\varphi(x) = 0 \end{cases}$$

en prenant la constante multiplicative de $u(t)$ arbitrairement égale à 1 (c'est $\varphi(x)$ qui porte la constante multiplicative).
Ce calcul est un **préalable incontournable** à une grande majorité de sujets d'oral et d'écrit de physique quantique, il faut absolument le maîtriser. Dans la suite du chapitre, $V(x)$ sera presque toujours une fonction constante ou constante par morceaux.

Exemple :

On peut mettre en évidence deux termes importants.
a) Par identification, on peut définir la pulsation de l'onde ω et

$$e^{-i\omega t} = e^{-i\frac{E}{\hbar}t} \text{ donc } E = \hbar\omega$$

qui forme la **relation de Planck-Einstein.**
b) Si on identifie E à l'énergie mécanique, alors

$$E - V(x) = Ec$$

énergie cinétique de la particule. Mais cette analogie est beaucoup trop naïve, et applicable seulement, avec des précautions, dans le cas de la particule libre. Dans d'autres situations, on verra que la particule peut exister (avoir une probabilité de présence non nulle) même si $E - V(x) < 0$, alors qu'une énergie cinétique est toujours positive en mécanique classique.

↪ **Exercices 13.1, 13.2, 13.3.**

Identifier la particule libre à un paquet d'ondes.

La **particule libre** n'est soumise à aucune force, le potentiel est uniformément nul et l'énergie E de la particule est positive. La démarche de résolution est très spécifique et se fait en deux temps.
a) L'équation spatiale (du type oscillateur harmonique)

$$\frac{d^2\varphi(x)}{dx^2} + \frac{2mE}{\hbar^2}\varphi(x) = 0$$

se résout en grandeurs complexes (et pas en fonctions trigonométriques) en utilisant la relation $E = \hbar\omega$:

$$\varphi(x) = \psi_0 e^{ikx} \text{ avec } \left| \begin{array}{l} k^2 = \frac{2m\omega}{\hbar} \\ \text{ou } \hbar\omega = \frac{\hbar^2 k^2}{2m} \end{array} \right.$$

On en déduit la solution du type onde plane progressive harmonique

$$\psi(x, t) = u(t)\varphi(x) = \psi_0 e^{-i(\omega t - kx)}$$

Mais cette solution **n'est pas normalisable** car

$$\rho(x, t) = \psi_0\psi_0^* = \rho_0 \in \mathbf{R}_+^*$$

dont l'intégrale sur la droite réelle diverge.

b) Par linéarité de l'équation de Schrödinger, toute superposition de solutions du type précédent convient. On forme donc un **paquet d'ondes** de spectre continu en pulsation spatiale k

$$\psi(x,t) = \int_{k_1}^{k_2} \psi_0(k) e^{-i(\omega t - kx)} dk$$

On admet un résultat théorique : la largeur spatiale de la fonction d'onde Δx (qui représente l'intervalle des valeurs de x où la fonction d'onde n'est pas nulle) et la largeur spectrale en pulsation spatiale Δk (ici $k_2 - k_1$) verifient la relation

$$\Delta x \cdot \Delta k \simeq 2\pi$$

On forme ainsi une solution qui résout les deux problèmes simultanément :

- la fonction d'onde est normalisable car on intègre $\rho(x,t)$ sur un intervalle de taille Δx fini ;
- la particule n'est plus délocalisée sur la droite réelle infinie, ce qui n'avait pas de sens physique.

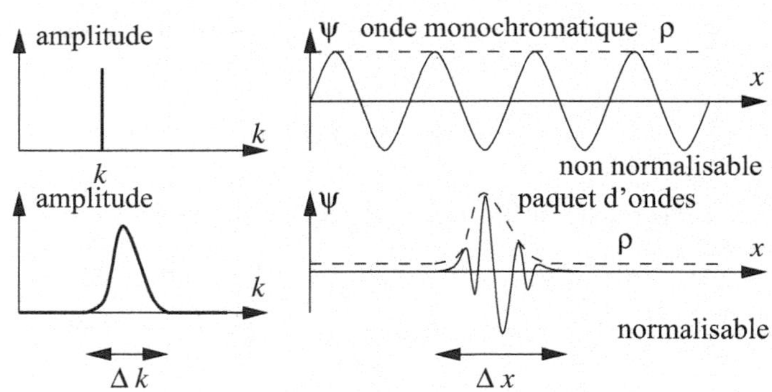

Ce modèle du paquet d'ondes conduit à une convergence entre le point de vue de la mécanique classique et celui de la physique quantique, comme nous le montrons dans l'exemple, qu'on doit considérer comme une question de cours aussi incontournable que celle du paragraphe précédent.

Exemple :

La particule libre au sens de la **mécanique du point** possède une masse m, une vitesse $\vec{v} = v\vec{u}_x$, une énergie mécanique égale à son énergie cinétique $Ec = \frac{1}{2}mv^2$, une quantité de mouvement $\vec{p} = m\vec{v}$.

La **physique quantique** décrit la particule libre par un paquet d'ondes, la fonction densité de probabilité de présence permet de l'assimiler à un nuage (comme l'orbitale de l'électron en chimie) d'extension spatiale non nulle et finie. Si on teste la présence de la particule à l'extérieur de ce nuage, la probabilité de l'y trouver est presque nulle, si on teste cette présence au voisinage d'un point du nuage, et qu'on réédite l'expérience un grand nombre de fois, on a une fréquence de présence qui tend vers la probabilité quantique. Rapprochons les grandeurs mécaniques et les grandeurs ondulatoires.

• On identifie les énergies

$$\mathrm{E} = \mathrm{E}c \text{ avec } \begin{cases} \mathrm{E} = \hbar\omega = \frac{\hbar^2 k^2}{2m} \\ \mathrm{E}c = \frac{1}{2} m v^2 = \frac{p^2}{2m} \end{cases} \quad \text{donc } p = \hbar k = \frac{h}{\lambda}$$

C'est la **relation de de Broglie**.

• La largeur spectrale Δk en pulsation spatiale est donc proportionnelle à l'incertitude Δp sur la quantité de mouvement

$$\Delta p = \hbar \Delta k$$

La relation admise entre la largeur spectrale et la largeur spatiale du paquet d'ondes donne donc

$$\Delta x \cdot \Delta k \simeq 2\pi \Rightarrow \Delta x \cdot \Delta p \simeq h$$

qui est conforme à l'**inégalité de Heisenberg spatiale**.

• La relation $k^2 = \frac{2m\omega}{\hbar}$ permet de calculer la **vitesse de phase** et la **vitesse de groupe**

$$k = \sqrt{\frac{2m\omega}{\hbar}} \text{ donc } \begin{cases} v_\varphi = \frac{\omega}{k} = \sqrt{\frac{\hbar\omega}{2m}} \\ v_g = \frac{d\omega}{dk} = \sqrt{\frac{2\hbar\omega}{m}} \end{cases}$$

Il y a donc dispersion avec **étalement du paquet d'ondes.**

• On identifie la vitesse de groupe à la vitesse de la particule

$$\begin{cases} v_g = \sqrt{\frac{2\hbar\omega}{m}} \\ p = \hbar k \end{cases} \quad \text{donc } p = m v_g$$

• Comme en diffusion thermique, en diffusion de particules, en électricité, en mécanique des fluides, on peut définir un vecteur **densité de courant de probabilité**

$$\vec{J}(x,t) = \rho(x,t)\vec{v}_g(x,t) = \psi(x,t)\psi^*(x,t)\frac{\hbar\vec{k}}{m}$$

↪ **Exercices 13.4, 13.5.**

Étudier une particule dans un potentiel constant par morceaux.

Soit une particule de masse m et d'énergie E dans un champ de force dérivant d'un potentiel constant par morceaux, dans une suite d'intervalles

$$\forall x \in [a_p, b_p],\ V(x) = V_p$$

Voici les règles de calcul pour déterminer les solutions stationnaires.
a) La pulsation ω vérifie l'équation de Planck-Einstein

$$E = \hbar\omega$$

b) On résout l'équation spatiale de Schrödinger dans chaque intervalle.

• Si $E > V_p$ alors

$$\varphi(x) = A_p e^{ikx} + B_p e^{-ikx} \text{ avec } k = \sqrt{\frac{2m(E - V_p)}{\hbar^2}}$$

• Si $E < V_p$ alors

$$\varphi(x) = A_p e^{\frac{x}{\delta}} + B_p e^{-\frac{x}{\delta}} \text{ avec } \delta = \sqrt{\frac{\hbar^2}{2m(V_p - E)}}$$

• Si $V_p = +\infty$ alors $\varphi(x) = 0$.

À ce stade, les inconnues sont les coefficients complexes A_p et B_p.
c) On écrit les **relations de continuité**. Soit x_p une abscisse de saut de potentiel.

• Il y a toujours continuité de φ en x_p

$$\varphi(x_p^-) = \varphi(x_p^+)$$

• Si la discontinuité $|V(x_p^+) - V(x_p^-)|$ est finie, il y a aussi continuité de la dérivée de φ en x_p.

$$\varphi'(x_p^-) = \varphi'(x_p^+)$$

d) La fonction densité linéique de probabilité vaut

$$\rho(x,t) = \psi(x,t)\cdot\psi^*(x,t) = e^{i\omega t}\varphi(x)\cdot e^{-i\omega t}\varphi^*(x)$$

$$\text{donc } \rho(x,t) = \rho(x) = \varphi(x)\varphi^*(x) = |\varphi(x)|^2$$

et la condition de normalisation s'écrit

$$\int_{x=-\infty}^{\infty} \rho(x)dx = 1$$

Cette intégrale est la somme des intégrales sur chaque intervalle.

Exemple :

Une particule d'énergie E est placée dans un **puits de potentiel rectangulaire infini**

$$V(x) = \begin{vmatrix} 0 \text{ si } x \in [0, a] \\ +\infty \text{ si } x < 0 \text{ ou si } x > a \end{vmatrix}$$

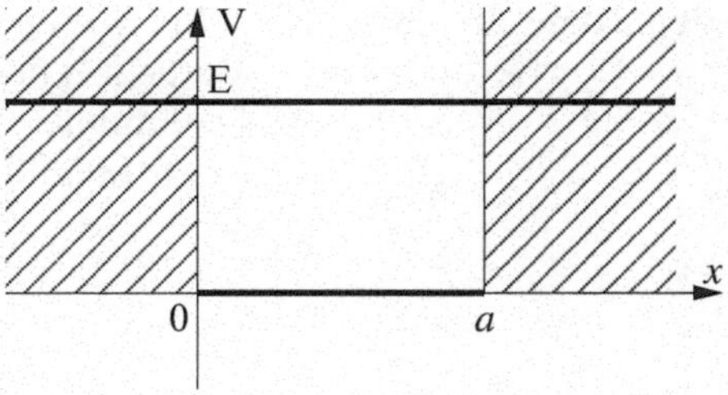

a) La pulsation vaut $\omega = \frac{E}{\hbar}$.
b) Le terme spatial de la fonction d'onde vaut

$$\varphi(x) = \begin{vmatrix} Ae^{ikx} + Be^{-ikx} \text{ si } x \in [0, a] \\ 0 \text{ si } x < 0 \text{ ou si } x > a \end{vmatrix}$$

c) Le saut de potentiel est infini en $x = 0$ et en $x = a$. On n'écrit donc que la continuité de φ, pas celle de sa dérivée.

$$\begin{cases} \varphi(x=0^-) = \varphi(x=0^+) \\ \varphi(x=a^-) = \varphi(x=a^+) \end{cases} \text{ soit } \begin{cases} A + B = 0 \\ Ae^{ika} + Be^{-ika} = 0 \end{cases}$$

$$\text{donc } \begin{cases} B = -A \\ 2iA\sin(ka) = 0 \end{cases}$$

Si $\sin(ka) \neq 0$, alors $A = 0$ donc $B = 0$, et la fonction d'onde est uniformément nulle, il y a absence de particule.

On exclut ce cas donc

$$\sin(ka) = 0 \text{ soit } ka = n\pi,\ n \in \mathbf{N}$$

$$\text{ou } \frac{2\pi}{\lambda} a = n\pi \text{ soit } a = n\frac{\lambda}{2}$$

qui correspond à la quantification des longueurs d'onde d'une corde fixée à ses deux extrémités.
d) On en déduit

$$\varphi(x) = 2i\mathrm{A}\sin(kx) = 2i\mathrm{A}\sin\frac{n\pi x}{a} \text{ et } \rho(x) = |\mathrm{A}|^2 \sin^2\frac{n\pi x}{a}$$

On en déduit |A| par la condition de normalisation, son argument ne pouvant être déterminé que grâce à la condition initiale.

↪ **Exercices 13.6, 13.7, 13.8.**

Étudier une particule dans un puits.

Une particule d'énergie E placée dans un puits rectangulaire infini de largeur a possède une pulsation spatiale quantifiée, imposée par les conditions aux limites. On en déduit la quantification de l'énergie et de la quantité de mouvement

$$\begin{cases} ka = n\pi,\ n \in \mathbf{N} \\ k = \sqrt{\frac{2m\mathrm{E}}{\hbar^2}} \\ p = \frac{h}{\lambda} \end{cases} \Rightarrow \begin{cases} \mathrm{E}_n = \frac{n^2\pi^2\hbar^2}{2ma^2} \\ p_n = n\frac{h}{2a} \end{cases}$$

Pour $n = 1$, on en déduit deux propriétés quantiques importantes.
a) L'énergie minimale de la particule est l'**énergie de confinement**

$$\mathscr{E}_{\text{conf}} = \frac{\pi^2\hbar^2}{2ma^2}$$

b) Dans une interprétation classique, la particule est délocalisée et l'incertitude sur sa position est $\Delta x = a$; dans ce puits, elle effectue des allers-retours permanents entre les deux bords, sa quantité de mouvement est $\vec{p} = \pm\frac{h}{2a}\vec{u}_x$. L'incertitude sur la quantité de mouvement est donc l'écart entre les deux valeurs extrêmes

$$\Delta p = \left\| \left(\frac{h}{2a}\vec{u}_x\right) - \left(-\frac{h}{2a}\vec{u}_x\right) \right\| = \frac{h}{a}$$

On retrouve ainsi l'**inégalité de Heisenberg spatiale**

$$\Delta x \cdot \Delta p \simeq h \text{ donc } \Delta x \cdot \Delta p \geq h$$

Le puits rectangulaire infini est un modèle peu réaliste. Pour un puits de profondeur finie, la fonction d'onde n'est pas rigoureusement nulle dans les domaines $x < 0$ et $x > a$. On observe alors des **ondes évanescentes** dans ces deux domaines, qui ont pour effet un **élargissement effectif** du puits de potentiel. L'incertitude spatiale est donc plus grande, et d'après l'inégalité de Heisenberg spatiale, si Δx croît, Δp décroît, donc p décroît, donc k décroît, donc $E = \frac{\hbar^2 k^2}{2m}$ décroît. On retient donc les propriétés qualitatives

- **élargissement effectif** : la largeur effective du puits de profondeur finie est plus importante que celle du puits infini ;
- **abaissement des niveaux d'énergie** : l'énergie de confinement et les énergies quantifiées du puits de profondeur finie sont moins importantes que celles du puits infini.

Exemple :

Le plus simple des puits de potentiel de profondeur finie est le puits rectangulaire

$$V(x) = \begin{vmatrix} V_0 \text{ si } x < -\frac{a}{2} \\ 0 \text{ si } -\frac{a}{2} \leq x \leq \frac{a}{2} \\ V_0 \text{ si } x > \frac{a}{2} \end{vmatrix} \quad \text{avec } 0 < E < V_0$$

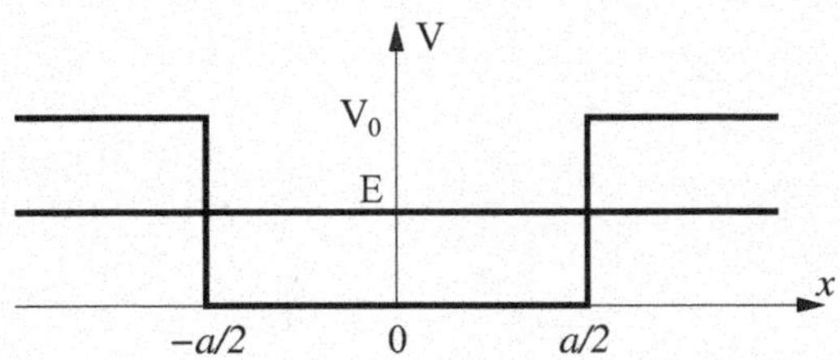

Posons

$$k = \sqrt{\frac{2mE}{\hbar^2}},\ k_0 = \sqrt{\frac{2mV_0}{\hbar^2}} \text{ et } \delta = \sqrt{\frac{\hbar^2}{2m(V_0 - E)}}$$

Les solutions stationnaires dans les trois domaines s'écrivent $\psi(x,t) = e^{-i\omega t}\varphi(x)$ avec

$$\varphi(x) = \begin{vmatrix} A_1 e^{\frac{x}{\delta}} + B_1 e^{-\frac{x}{\delta}} \text{ si } x < \frac{a}{2} \\ A e^{ikx} + B e^{-ikx} \text{ si } -\frac{a}{2} \leq x \leq \frac{a}{2} \\ A_2 e^{\frac{x}{\delta}} + B_2 e^{-\frac{x}{\delta}} \text{ si } x > \frac{a}{2} \end{vmatrix}$$

La divergence des fonctions exponentielles conduit à prendre $B_1 = A_2 = 0$.

Cherchons les solutions paires φ_P en prenant $A = B$ et $A_1 = B_2$.

$$\varphi_P(x) = \begin{vmatrix} B_2 e^{\frac{x}{\delta}} \text{ si } x < -\frac{a}{2} \\ A\cos(kx) \text{ si } -\frac{a}{2} \leq x \leq \frac{a}{2} \\ B_2 e^{-\frac{x}{\delta}} \text{ si } x > \frac{a}{2} \end{vmatrix}$$

La discontinuité de potentiel étant de hauteur finie en $x = \frac{a}{2}$, il y a continuité de φ et de sa dérivée φ' :

$$\begin{cases} A\cos\frac{ka}{2} = B_2 e^{-\frac{a}{2\delta}} \\ -kA\sin\frac{ka}{2} = -\frac{B_2}{\delta} e^{-\frac{a}{2\delta}} \end{cases} \quad \text{donc } \tan\frac{ka}{2} = \frac{1}{k\delta}$$

En utilisant les expressions de k et δ, et en élevant au carré, on en déduit

$$\begin{cases} \tan^2\frac{ka}{2} = \frac{V_0 - E}{E} \\ \tan\frac{ka}{2} \geq 0 \end{cases} \quad \text{soit} \quad \begin{cases} \sin^2\frac{ka}{2} = \frac{V_0}{E}\cos^2\frac{ka}{2} - \cos^2\frac{ka}{2} \\ \tan\frac{ka}{2} \geq 0 \end{cases}$$

$$\text{donc} \begin{cases} \cos^2\frac{ka}{2} = \frac{E}{V_0} = \frac{k^2}{k_0^2} \\ \tan\frac{ka}{2} \geq 0 \end{cases} \quad \text{et} \quad \begin{cases} \left|\cos\frac{ka}{2}\right| = \frac{k}{k_0} \\ \tan\frac{ka}{2} \geq 0 \end{cases}$$

En posant $u = \frac{ka}{2}$ et $\beta = \frac{2}{ak_0}$, cette équation s'écrit

$$|\cos u| = \beta u \text{ avec } \tan u \geq 0$$

Cette équation se résout graphiquement en cherchant l'intersection entre les deux courbes.

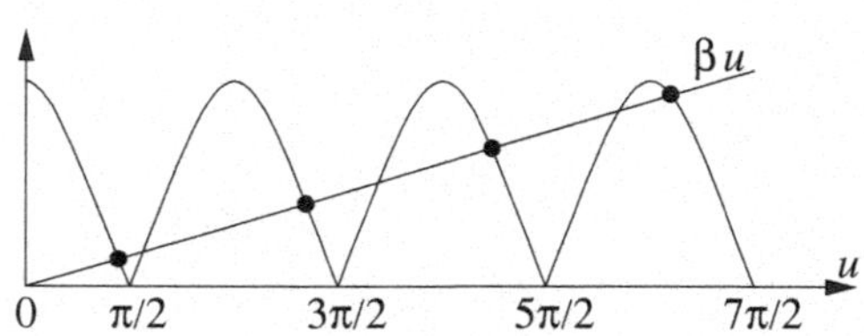

Il y a donc un nombre fini de solutions paires du type

$$u_n \leq n\frac{\pi}{2} \text{ avec } n = 2N + 1,\ N \in \mathbf{N}$$

$$\text{soit } k \leq n\frac{\pi}{a} \text{ donc } E \leq \frac{n^2\pi^2\hbar^2}{2ma^2}$$

Ce qui prouve l'abaissement des niveaux d'énergie par rapport au puits infini.

↪ **Exercices 13.9, 13.10.**

Expliquer l'effet tunnel et la radioactivité alpha.

La **barrière de potentiel** est un cas particulier de potentiel constant par morceaux. Une particule de masse m et d'énergie $E < V_0$ subit un ensemble de forces dérivant du potentiel

$$V(x) = \begin{cases} V_0 \text{ si } x \in [0, a] \\ 0 \text{ si } x < 0 \text{ ou } \text{ si } x > a \end{cases}$$

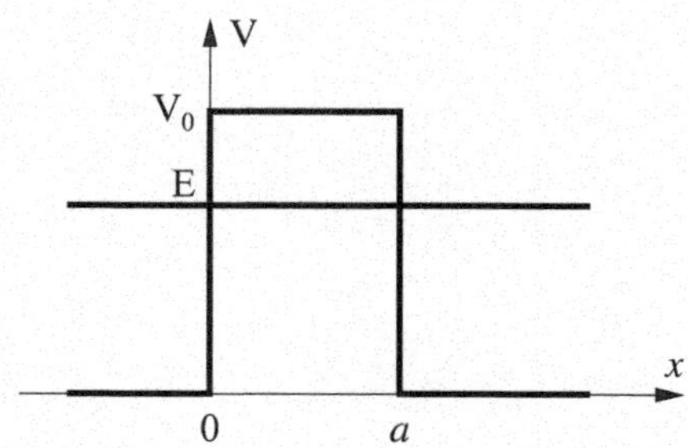

On parle de barrière car, en mécanique classique, il est impossible pour la particule de se trouver dans l'intervalle $[0, a]$ puisque son énergie E est inférieure à l'énergie potentielle V_0, et l'énergie cinétique serait donc négative.
Les solutions stationnaires de l'équation de Schrödinger s'écrivent

$$\psi(x,t) = e^{-i\omega t}\varphi(x) \text{ avec } \varphi(x) = \begin{cases} A_1 e^{ikx} + B_1 e^{-ikx} \text{ si } x < 0 \\ A_2 e^{\frac{x}{\delta}} + B_2 e^{-\frac{x}{\delta}} \text{ si } 0 \leq x \leq a \\ A_3 e^{ikx} + B_3 e^{-ikx} \text{ si } x > a \end{cases}$$

$$\text{avec } k = \sqrt{\frac{2mE}{\hbar^2}} \text{ et } \delta = \sqrt{\frac{\hbar^2}{2m(V_0 - E)}}$$

La détermination complète des six constantes d'intégration complexes est assez fastidieuse, et inutile pour expliquer qualitativement l'**effet tunnel** : une particule incidente dans le demi-espace $x < 0$ donne naissance à une **onde évanescente** dans la zone $0 \leq x \leq a$, avec une **épaisseur de peau** δ.

- Si $a \gg \delta$, cette onde s'évanouït réellement et l'onde ne peut pas franchir la barrière.
- Si a est inférieur à environ 5δ, l'onde évanescente créée en $x = 0$ n'est pas nulle en $x = a$ et peut donner naissance à une onde progressive d'amplitude non nulle qui se propage dans le demi-espace $x > a$, la probabilité de franchissement de la barrière par la particule n'est pas nulle.

Le **coefficient de transmission** fourni par l'énoncé est le rapport entre les normes des vecteurs densité de courant de probabilité

$$T = \frac{\|\vec{J}(x > a)\|}{\|\vec{J}(x < 0)\|}$$

et peut être assimilé à la probabilité de traversée de la barrière.

On explique ainsi la **radioactivité alpha**. Un noyau instable est susceptible de libérer un noyau d'hélium, appelé particule alpha. Pour se libérer, cette particule doit vaincre les forces de cohésion du noyau, dont l'énergie potentielle associée forme une barrière de potentiel. Par effet tunnel, la probabilité de libération est donc celle de traversée de la barrière. On explique ainsi le caractère aléatoire du processus.

Exemple :

Une expression approchée du coefficient de transmission est

$$T = T_0 e^{-2\frac{a}{\delta}} \text{ avec } \delta = \sqrt{\frac{\hbar^2}{2m(V_0 - E)}}$$

Si un flot de particules d'énergie E aborde cette barrière, déterminons la valeur de a permettant de ne laisser passer qu'une particule sur un million par exemple.

$$T_0 e^{-2\frac{a}{\delta}} = 10^{-6} \text{ donc } -2\frac{a}{\delta} = \ln\frac{10^{-6}}{T_0} \text{ soit } a = \frac{\delta}{2}\ln(10^6 T_0)$$

$$\text{soit } a = \frac{\hbar}{2\sqrt{2m(V_0 - E)}}\ln(10^6 T_0)$$

↪ **Exercices 13.11, 13.12, 13.13, 13.14.**

Étudier les oscillations quantiques.

La superposition de deux états stationnaires **n'est pas** un état stationnaire. En particulier, deux solutions stationnaires d'énergies distinctes E_1 et E_2 sont asscoiées à des pulsations différentes ω_1 et ω_2. La densité linéique de probabilité de présence est alors la somme des densités de chaque état et d'un terme d'**oscillations quantiques** entre les deux états de pulsation

$$\omega_{12} = \frac{E_2 - E_1}{\hbar}$$

Cette relation fondamentale met en évidence la possibilité de **couplage** entre un atome à deux niveaux d'énergie et une onde électromagnétique de pulsation ω_{12}, à la base du phénomène d'émission stimulée dans un laser.

Dans le respect du programme, l'étude est axée sur le cas d'un potentiel $V(x)$ pair. Voici la démarche du raisonnement.

a) L'étude mécanique d'un point matériel de masse m soumis à un ensemble particulier de forces conservatives permet d'exprimer l'énergie potentielle $Ep(x)$ dont leur somme dérive.

b) On trace l'allure de son graphe et on le modélise par un champ de potentiel $V(x)$ constant par morceaux et pair.

c) On cherche les deux états stationnaires **symétrique** (φ_P fonction paire) et **antisymétrique** (φ_I impaire). On calcule les énergies associées E_P et E_I.

d) On en déduit la pulsation des oscillations quantiques

$$\omega_{PI} = \frac{|E_P - E_I|}{\hbar}$$

Exemple :

Considérons le puits infini rectangulaire défini par

$$V(x) = \left| \begin{array}{l} 0 \text{ si } |x| \leq \frac{a}{2} \\ +\infty \text{ si } |x| > \frac{a}{2} \end{array} \right.$$

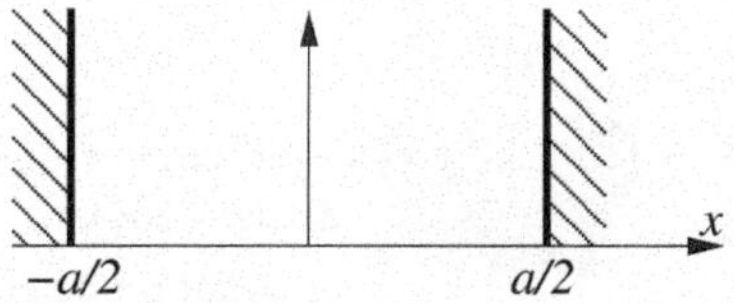

Les solutions stationnaires paires et impaires s'écrivent $\psi(x,t) = u(t)\varphi(x)$ avec respectivement

$$\left\{ \begin{array}{l} \varphi_P(x) = A\cos(kx) \\ \varphi_I(x) = B\sin(kx) \end{array} \right. \quad \text{avec } k = \sqrt{\frac{2mE}{\hbar^2}}$$

Les conditions aux limites donnent respectivement

$$\left\{ \begin{array}{l} \cos\frac{k_P a}{2} = 0 \\ \sin\frac{k_I a}{2} = 0 \end{array} \right. \quad \text{donc} \quad \left\{ \begin{array}{l} \frac{k_P a}{2} = \frac{\pi}{2} + n\pi \\ \frac{k_I a}{2} = m\pi \end{array} \right.$$

En prenant $n = 0$ et $m = 1$, on en déduit les premiers états stationnaires

$$\left\{ \begin{array}{l} \varphi_P(x) = A\cos\frac{\pi x}{a} \text{ avec } E_P = E_1 = \frac{\hbar^2\pi^2}{2ma^2} \\ \varphi_I(x) = B\sin\frac{2\pi x}{a} \text{ avec } E_I = E_2 = 4E_1 = \frac{2\hbar^2\pi^2}{ma^2} \end{array} \right.$$

Voici les allures des amplitudes et des densités de probabilité.

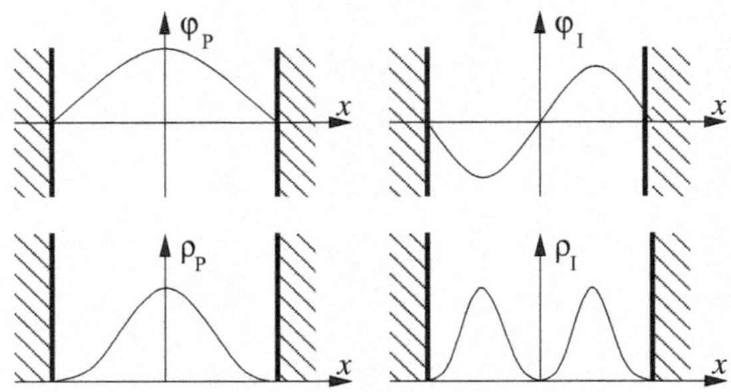

La pulsation des oscillations entre les deux états est

$$\omega_{PI} = \frac{E_I - E_P}{\hbar} = \frac{3\hbar\pi^2}{2ma^2}$$

↪ **Exercices 13.15, 13.16, 13.17.**

Énoncés des exercices

13.1 Séparation des variables pour la solution stationnaire de l'équation de Schrödinger

L'équation de Schrödinger pour une particule de masse m soumise à un ensemble de forces dont la résultante dérive du potentiel énergétique indépendant du temps $V(x)$ s'écrit

$$i\hbar\frac{\partial\psi(x,t)}{\partial t} = -\frac{\hbar^2}{2m}\frac{\partial^2\psi(x,t)}{\partial x^2} + V(x)\psi(x,t)$$

On cherche une solution stationnaire sous la forme

$$\psi(x,t) = u(t)\cdot\varphi(x)$$

a) Donner les expressions des dérivées partielles

$$\frac{\partial\psi(x,t)}{\partial t} \text{ et } \frac{\partial^2\psi(x,t)}{\partial x^2}$$

en fonction de $u(t)$, $\varphi(x)$ et de leurs dérivées.

b) En déduire que l'équation de Schrödinger peut s'écrire sous la forme de l'égalité entre deux grandeurs homogènes à une énergie

$$A(t) = B(x)$$

c) En déduire les équations séparées vérifiées par $u(t)$ et $\varphi(x)$.

13.2 Particule libre sur un cercle

On donne les expressions du Laplacien en coordonnées cartésiennes et en coordonnées cylindriques :

$$\Delta V = \frac{\partial^2 V}{\partial x^2} + \frac{\partial^2 V}{\partial y^2} + \frac{\partial^2 V}{\partial z^2} \text{ et } \Delta V = \frac{1}{r}\frac{\partial}{\partial r}\left(r\frac{\partial V}{\partial r}\right) + \frac{1}{r^2}\frac{\partial^2 V}{\partial \theta^2} + \frac{\partial^2 V}{\partial z^2}$$

Une particule de masse m est libre de se déplacer sur un cercle de rayon R. La position d'un point M est repérée par l'angle polaire θ.

a) Par analogie avec l'équation de Schrödinger unidirectionnelle, proposer une équation indépendante du temps pour ce problème.

b) Quelle condition aux limites peut-on proposer pour une fonction d'onde stationnaire ψ ?

c) En déduire l'ensemble des solutions stationnaires $\psi_n(\theta)$ où n est un entier de quantification.

13.3 Particule dans un potentiel hyperbolique

Une particule d'énergie E évolue dans un potentiel

$$V(x) = \left| \begin{array}{l} +\infty \text{ si } x \leq 0 \\ -\frac{\lambda}{x} \text{ si } x > 0 \end{array} \right.$$

On donne, pour $\alpha > 0$:

$$\int_{x=0}^{\infty} x^n e^{-\alpha x} dx = \frac{n!}{\alpha^{n+1}}$$

a) Écrire l'équation de Schrödinger spatiale vérifiée par le terme $\varphi(x)$ de la solution stationnaire de pulsation ω.

b) Chercher une solution du type

$$\varphi(x) = Cxe^{-kx}$$

Déterminer les expressions de k et de E correspondant à ce type de solution. Donner l'allure des profils énergétiques en traçant E et V(x) sur le même graphe.

c) Calculer la valeur de C, supposé réel positif.

d) Calculer $< x >$.

13.4 Normalisation d'un paquet d'ondes

La superposition d'un nombre fini de fonctions d'ondes planes progressives monochromatiques, de vecteurs d'onde $k_1 \vec{u}_x, \ldots, k_n \vec{u}_x$ et d'amplitudes complexes

$$\psi_{01}, \ldots, \psi_{0n}$$

s'écrit sous la forme d'une **somme discrète**

$$\psi(x,t) = \sum_{i=1}^{n} \psi_{0i} e^{-i(\omega_i t - k_i x)}$$

Un paquet d'ondes possède un spectre continu dont la densité spectrale est $\alpha(k) = \frac{d\psi_0}{dk}$ et dont la fonction d'onde est une **somme intégrale**

$$\psi(x,t) = \int_{k=-\infty}^{+\infty} d\psi(x,t) = \int_{k=-\infty}^{+\infty} d\psi_0(k) e^{-i(\omega t - kx)} = \int_{k=-\infty}^{+\infty} \alpha(k) e^{-i(\omega t - kx)} dk$$

Un paquet d'ondes possède un profil spectral rectangulaire s'il possède un spectre continu dont la densité spectrale est constante sur un intervalle : $\alpha(k) = \alpha_0$ pour $k \in \left[k_0 - \frac{\Delta k}{2}, k_0 + \frac{\Delta k}{2}\right]$ et nulle partout ailleurs. Δk est la **largeur spectrale** et on suppose que $\Delta k \ll k_0$.

a) Pour $k = k_0$, donner l'expression de la pulsation $\omega(k = k_0) = \omega_0$ et de sa dérivée $v_g = \frac{d\omega}{dk}(k = k_0)$ en fonction de k_0 et de la masse m de la particule.

b) On fait le développement limité au premier ordre

$$\omega(k) \simeq \omega_0 + \frac{d\omega}{dk} \cdot (k - k_0) = \omega_0 + v_g(k - k_0)$$

on pose $x = X + v_g t$ et $K = k - k_0$. Écrire la fonction d'onde sous la forme

$$\psi(x,t) = \alpha_0 e^{-i\beta} \int_{-\frac{\Delta k}{2}}^{\frac{\Delta k}{2}} e^{iKX} dK$$

où on donnera l'expression de β en fonction de X et de t.

c) En calculant explicitement l'intégrale, montrer que

$$\psi(x,t) = \alpha_0 e^{-i\beta} \Delta k \operatorname{sinc} \frac{X\Delta k}{2} \quad \text{avec } \operatorname{sinc} u = \frac{\sin u}{u}$$

et en déduire l'expression de la densité linéique de probabilité $\rho(X)$.

d) La fonction $\operatorname{sinc}^2 u$ passe par un maximum absolu égal à 1 pour $u = 0$. Expliquer pourquoi v_g est la vitesse de groupe.

e) La fonction $\operatorname{sinc}^2 u$ s'annule pour $u = \pm\pi$ et elle est presque nulle en dehors de l'intervalle $[-\pi, \pi]$. En déduire la largeur ΔX du paquet d'ondes et vérifier l'inégalité d'Heisenberg spatiale.

f) On donne $\int_{-\infty}^{+\infty} \operatorname{sinc}^2 u du = \pi$. en déduire la valeur de la constante de normalisation α_0.

13.5 Équation de conservation particulaire

Une particule de fonction d'onde complexe $\psi(x,t)$ et de densité linéique de probabilité $\rho(x,t) = \psi(x,t) \cdot \psi^*(x,t)$ vérifie l'équation de Schrödinger à une dimension dans le champ potentiel $V(x)$.

a) Écrire l'équation de Schrödinger (E) vérifiée par ψ.

b) Écrire l'équation combinaison linéaire $(E') = [\psi^* \cdot (E)] - [\psi \cdot (E)^*]$.

c) On pose $J(x,t) = \frac{-i\hbar}{2m}\left[\psi^* \frac{\partial\psi}{\partial x} - \psi \frac{\partial\psi^*}{\partial x}\right]$. Traduire l'équation (E′) en fonction de $\rho(x,t)$ et de $J(x,t)$.

d) Justifier que pour une particule libre de pulsation ω $J(x,t)$ coïncide avec la densité de courant donnée par le cours.

13.6 Normalisation de la fonction d'onde dans un puits rectangulaire infini

Une particule de masse m et d'énergie $E > 0$ est placée dans un puits de potentiel infini de largeur a. On a montré en cours que ses états stationnaires sont quantifiés par un entier naturel n non nul et que

$$\varphi(x) = 2iA\sin(kx)$$

où A est un complexe.

a) Donner l'expression de la fonction d'onde $\psi(x, t)$. On prendra $\psi_0 = 1$.

b) On pose $A = -i\alpha$ où α est un réel. Déterminer la valeur de α pour assurer la normalisation de la fonction d'onde.

c) Représenter graphiquement $\varphi(x)$ et $\rho(x)$ pour $n = 2$.

13.7 Butée sur une marche de potentiel de hauteur supérieure à E

Une **marche de potentiel** $(0 \rightarrow V_0)$ est un potentiel stationnaire (indépendant du temps) défini par

$$V(x) = \begin{vmatrix} 0 \text{ pour } x < 0 \\ V_0 > 0 \text{ pour } x \geq 0 \end{vmatrix}$$

Une particule incidente de masse m bute sur cette marche de potentiel, c'est-à-dire qu'elle se propage dans le sens des x croissants, en venant de $-\infty$, avec une énergie $E < V_0$.

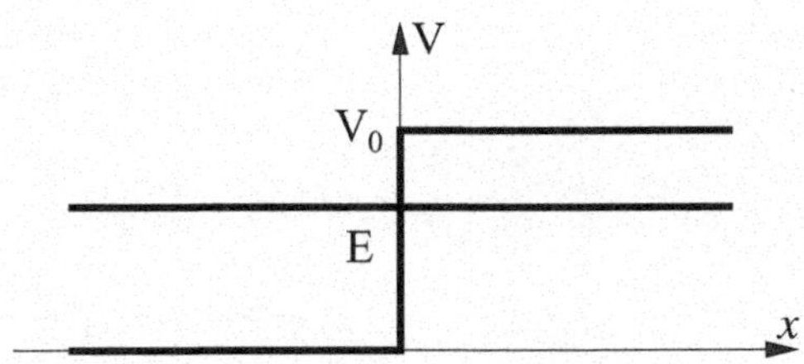

a) Donner les solutions pour les termes spatiaux de la fonction d'onde $\varphi(x)$ pour les deux domaines $x < 0$ et $x > 0$, en fonction de 4 constantes d'intégration complexes, de la pulsation spatiale k et de l'épaisseur de peau δ définies par

$$k = \sqrt{\frac{2mE}{\hbar^2}} \text{ et } \delta = \sqrt{\frac{\hbar^2}{2m(V_0 - E)}}$$

b) En déduire les fonctions d'onde $\psi(x, t)$ dans les deux domaines et justifier que l'une des constantes d'intégration est nulle.

c) Écrire les relations de continuité en $x = 0$, en déduire deux relations entre les trois constantes restantes.

d) Exprimer la densité de probabilité dans le domaine $x > 0$. Pourquoi sa non-nullité est-elle un phénomène purement quantique ?

13.8 Réflexion et transmission sur une marche de potentiel de hauteur inférieure à E

Une **marche de potentiel** $(0 \to V_0)$ est un potentiel stationnaire (indépendant du temps) défini par

$$V(x) = \begin{cases} 0 \text{ pour } x < 0 \\ V_0 > 0 \text{ pour } x \geq 0 \end{cases}$$

Une particule incidente de masse m aborde cette marche de potentiel, c'est-à-dire qu'elle se propage dans le sens des x croissants, en venant de $-\infty$, avec une énergie $E > V_0$.

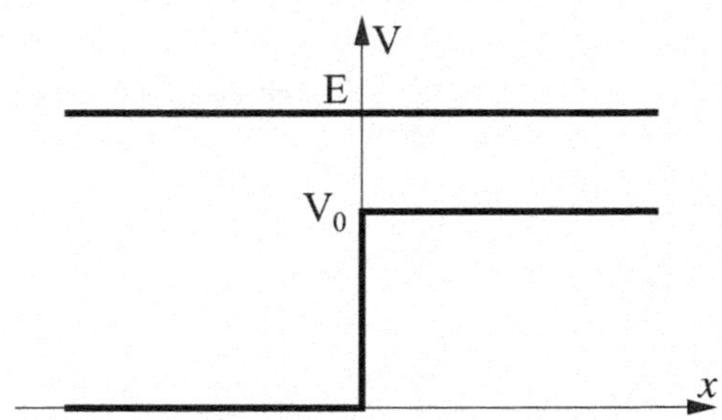

a) Donner les solutions pour les termes spatiaux de la fonction d'onde $\varphi(x)$ pour les deux domaines $x < 0$ et $x > 0$, en fonction de 4 constantes d'intégration complexes et des pulsations spatiales

$$k_1 = \sqrt{\frac{2mE}{\hbar^2}} \text{ et } k_2 = \sqrt{\frac{2m(E - V_0)}{\hbar^2}}$$

b) En déduire les fonctions d'onde $\psi(x, t)$ dans les deux domaines et justifier que l'une des constantes d'intégration est nulle.

c) On définit les vecteurs densité de courant de probabilité associés aux trois termes restant, qu'on nomme respectivement

$$\vec{J}_i, \vec{J}_r \text{ et } \vec{J}_t$$

pour incident, réfléchi et transmis. Exprimer ces trois vecteurs en fonction des trois constantes restantes.

d) En déduire les coefficients de réflexion et de transmission

$$R = \frac{\|\vec{J}_r\|}{\|\vec{J}_i\|} \text{ et } T = \frac{\|\vec{J}_t\|}{\|\vec{J}_i\|}$$

en fonction de k_1 et k_2.

e) Donner le sens physique de R et T, donner et interpréter la relation algébrique très simple qui les lie.

f) Calculer R et T si $V_0 = \frac{E}{2}$.

13.9

Potentiel harmonique

Une particule de masse m se déplaçant sur l'axe (O, x) a pour fonction d'onde

$$\psi(x,t) = A\exp\left(-\frac{m\omega_0 x^2}{2\hbar} - i\frac{\omega_0}{2}t\right)$$

On donne, pour $\alpha > 0$:

$$\int_{x=-\infty}^{+\infty} e^{-\alpha x^2}\,dx = \sqrt{\frac{\pi}{\alpha}} \text{ et } \int_{x=-\infty}^{+\infty} x^2 e^{-\alpha x^2}\,dx = \sqrt{\frac{\pi}{4\alpha^3}}$$

a) Préciser les dimensions de A et ω_0.

b) Déterminer les valeurs possibles pour A.

c) Déterminer l'énergie de la particule.

d) Déterminer le potentiel $V(x)$ associé à la fonction d'onde proposée.

e) On prépare N particules, avec $N \gg 1$, dans cet état et on mesure pour chacune d'elles l'abscisse x. Exprimer la valeur moyenne $< x >$ de ces mesures.

f) Même question pour $< \frac{1}{2}m\omega_0^2 x^2 >$.

13.10

Puits semi-infini

Une particule de masse m est placée dans un champ énergétique de potentiel

$$V(x) = \begin{cases} +\infty \text{ pour } x < 0 \\ 0 \text{ pour } 0 \le x \le a \\ V_0 > 0 \text{ pour } x > a \end{cases}$$

On cherche une solution stationnaire d'énergie E de l'équation de Schrödinger et on suppose que $0 < E < V_0$. On pose

$$k = \sqrt{\frac{2mE}{\hbar^2}}, \quad k_0 = \sqrt{\frac{2mV_0}{\hbar^2}} \text{ et } \delta = \sqrt{\frac{\hbar^2}{2m(V_0 - E)}}$$

a) Justifier qu'on peut chercher le terme spatial de la fonction d'onde sous la forme

$$\varphi(x) = \left| \begin{array}{l} 0 \text{ pour } x < 0 \\ A_1 e^{ikx} + B_1 e^{-ikx} \text{ pour } 0 \leq x \leq a \\ A_2 e^{-\frac{x}{\delta}} + B_2 e^{\frac{x}{\delta}} \text{ pour } x > a \end{array} \right.$$

b) Justifier que $B_2 = 0$.

c) Par application des conditions de continuité, écrire le système de trois équations vérifiées par A_1, A_2 et B_1.

d) En éliminant ces trois constantes entre les équations, établir la relation entre k, a et δ. Montrer qu'on peut l'écrire sous la forme $|\sin(ka)| = \frac{k}{k_0}$ avec $\tan(ka) < 0$.

e) Cette équation se résout graphiquement. Voilà l'allure des fonctions $|\sin(x)|$ et $\frac{x}{\beta}$ pour $\beta = \frac{\pi}{2}$ et pour $\beta = 5\pi$:

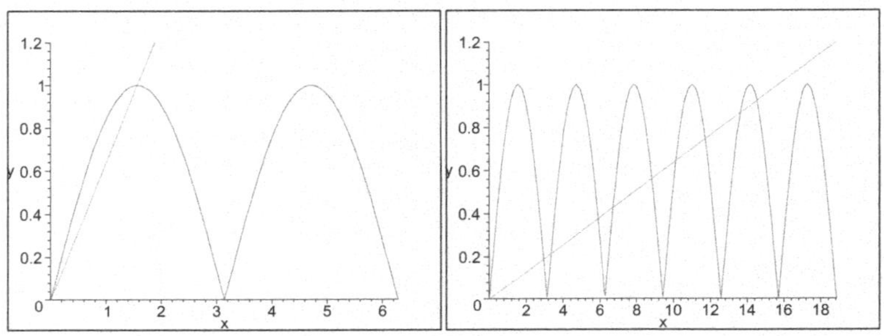

En déduire que :
- si $k_0 < \frac{\pi}{2a}$, le problème n'a pas de solution stationnaire ;
- si $k_0 > \frac{\pi}{2a}$, il n'y a qu'un nombre fini de valeurs possibles pour l'énergie et le problème est quantifié ;
- si $k_0 \gg \frac{\pi}{2a}$, on retrouve la quantification du puits infini.

13.11 Expression du coefficient de transmission dans l'effet tunnel

Le coefficient de transmission d'une particule d'énergie $E > 0$ à travers une barrière de potentiel de hauteur $V_0 > E$ et de largeur a est

$$T = \frac{4k_1^2 k_2^2}{(k_1^2 + k_2^2)^2 \text{sh}^2(k_2 a) + 4k_1^2 k_2^2} \text{ avec } \left\{ \begin{array}{l} k_1 = \frac{\sqrt{2mE}}{\hbar} \\ k_2 = \frac{\sqrt{2m(V_0 - E)}}{\hbar} \end{array} \right.$$

a) Que représente la grandeur $\frac{1}{k_2}$?

b) Justifier que la barrière est pratiquement infranchissable si elle est très haute ($V_0 \to +\infty$) ou si elle est très large ($a \to +\infty$).

c) Si E est de l'ordre de grandeur de V_0 et $a \gg \frac{1}{k_2}$, montrer que $T \simeq T_0 e^{-2k_2 a}$.

13.12

Microscope à effet tunnel

À l'échelle nanoscopique, la surface d'une plaque métallique possède un relief très tourmenté. On dessine un carré de 10 nanomètres de côté et on le subdivise en cent cellules de 1 nanomètre de côté. Le relief du grand carré pourra être reconstitué si on peut mesurer l'altitude moyenne de chaque cellule, mesurée par rapport à une altitude de référence. Pour cela, on déplace une pointe très fine à une altitude parfaitement constante au dessus de chaque cellule et on cherche à mesurer la distance a entre la cellule et la pointe.

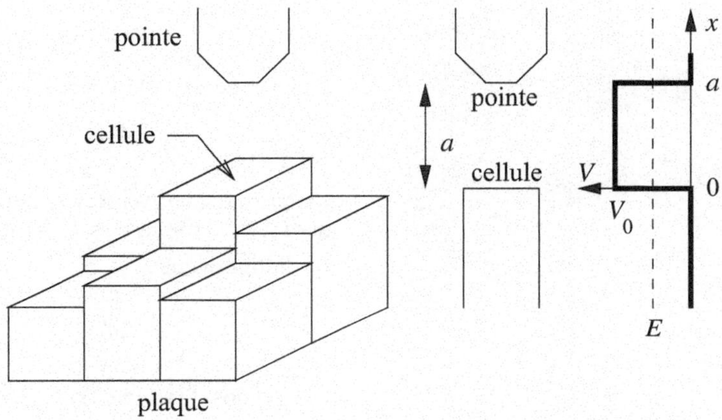

La plaque et la pointe sont au potentiel **électrique** nul $U = 0$ et l'espace vide qui les sépare au potentiel $U = U_0$. La masse d'un électron est $m = 9{,}1 \cdot 10^{-31}$ kg, sa charge est $-e = -1{,}6 \cdot 10^{-19}$ C. Son énergie E est de l'ordre de grandeur de $k_B T$ (où $k_B = 1{,}38 \cdot 10^{-23}\ \mathrm{J \cdot K^{-1}}$ est la constante de Boltzmann et $T \simeq 300$ K).

a) À quelle condition le système {cellule,pointe} est-il assimilable à une barrière de potentiel **énergétique** ? On notera désormais $V_0 = eU_0$.

b) Le coefficient de transmission des électrons de la cellule vers la pointe vaut

$$T = T_0 e^{-\frac{2a}{\delta}} \quad \text{avec } \delta = \sqrt{\frac{\hbar^2}{2m(V_0 - E)}}$$

On suppose que E est du même ordre de grandeur que V_0 ; calculer l'ordre de grandeur de a qui permet de distinguer nettement les valeurs des altitudes des différentes cellules.

c) Pourquoi un courant électrique peut-il être détecté dans la pointe ?

d) Comment la mesure de ce courant donne-t-elle accès au relief de la plaque ? Faire une réponse en cinq lignes ou sous la forme d'un diagramme explicatif.

e) Un dépôt a été réalisé sur une partie de plaque parfaitement plane. En déplaçant la pointe en différents points de la surface de la plaque, on mesure une intensité du courant maximale supérieure de 19 % à l'intensité minimale. Quelle est l'épaisseur du dépôt si on prend $\delta = 10$ nm ?

13.13

Radioactivité α

Un atome d'hélium 4 est constitué d'un noyau formé de deux protons et de deux neutrons, et d'un nuage électronique formé de deux électrons. La radioactivité α est l'émission par un atome d'un noyau d'hélium ; la radioactivité β^- est l'émission d'un électron. On donne $e = 1{,}60 \cdot 10^{-19}$ C, $m_e = 9{,}11 \cdot 10^{-31}$ kg, $M_{He} = 4{,}00 \cdot 10^{-3}$ kg·mol^{-1}, $\mathcal{N}_A = 6{,}02 \cdot 10^{23}$ mol^{-1}, $h = 6{,}62 \cdot 10^{-34}$ J·s, $\hbar = 1{,}05 \cdot 10^{-34}$ J·s.

a) **Approximation WKB.** On considère une barrière de potentiel non uniforme :

$$\forall x \in [a, b],\ E \leq V(x) \text{ avec } V(a) = V(b)$$

On cherche une solution de l'équation spatiale de Schrödinger sous la forme

$$\varphi(x) = f(x) e^{i\theta(x)}$$

L'approximation **Wentzel, Kramer, Brillouin** consiste à négliger le terme $f''(x)$ devant les autres termes dans l'équation.

i) Montrer que

$$f(x)\theta''(x) + 2f'(x)\theta'(x) = 0 \text{ et } \theta'^2(x) = \frac{2m(E - V(x))}{\hbar^2}$$

ii) On pose $\theta(x) = i\alpha(x)$ où $\alpha(x)$ est une fonction réelle de x. En déduire que

$$\varphi(x) = \varphi_0\, [V(x) - E]^{-\frac{1}{4}}\, e^{-\alpha(x)} \text{ avec } \alpha(x) = \int_0^x \sqrt{\frac{2m(V(u) - E)}{\hbar^2}}\, du$$

iii) Montrer que le coefficient de transmission est donné par

$$T = \left|\frac{\varphi(b)}{\varphi(a)}\right|^2 = e^{-2\int_a^b \sqrt{\frac{2m(V(u)-E)}{\hbar^2}}\, du}$$

b) **Radioactivité** α. On considère la réaction suivante

$$^{226}_{88}\mathrm{Ra} \rightarrow {}^{222}_{86}\mathrm{Rn} + {}^{4}_{2}\mathrm{He}$$

Les termes radium (Ra), radon (Rn) et radioactivité ont la même racine étymologique. La particule alpha est le noyau d'hélium. On considère un modèle simple où cette particule est attachée au noyau par une force électromagnétique, et peut s'en détacher à condition qu'il franchisse la barrière de potentiel dont la forme mathématique est

$$V(r) = \left|\begin{array}{l} -V_0 \text{ si } r < R \\ \frac{2(Z-2)e^2}{4\pi\varepsilon_0 r} \text{ si } r > R \end{array}\right. \quad \text{avec } Z = 88$$

i) Expliquer la forme proposée pour $V(r)$ et tracer l'allure de cette fonction pour $r > 0$.

ii) L'énergie de la particule α est $E \in \left]0, \frac{2(Z-2)e^2}{4\pi\varepsilon_0 R}\right[$. Expliquer par quel effet elle peut se libérer de l'atome de radium et expliquer en quelques mots comment on pourrait calculer la probabilité de libération grâce à l'approximation WKB.

13.14

Effet Ramsauer

La vapeur d'hélium peut être, dans certaines conditions, parfaitement transparente à un faisceau d'électrons : c'est l'effet Ramsauer dont on veut donner un modèle quantique simplifié.

Première partie : étude du profil énergétique.

On assimile l'atome d'hélium à un noyau ponctuel immobile en O de charge $2e$ au centre d'un nuage électronique sphérique de rayon r_0 et de densité volumique de charge uniforme $\rho_0 = \frac{-2e}{\frac{4}{3}\pi r_0^3}$.

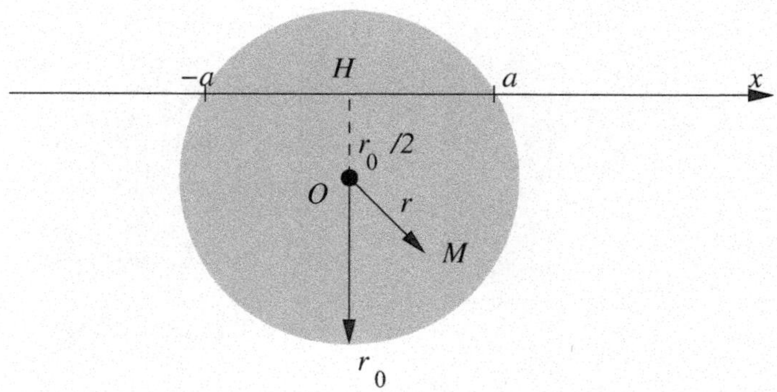

a) Par application du théorème de Gauss, montrer que le champ électrique en un point M à la distance r de O vaut

$$\vec{E} = E(r)\vec{u}_r \text{ avec } E(r) = \left| \begin{array}{l} \vec{0} \text{ si } r \geq r_0 \\ \frac{e}{2\pi\varepsilon_0 r_0^2}\left[\frac{r_0^2}{r^2} - \frac{r}{r_0}\right] \text{ si } r \leq r_0 \end{array} \right.$$

b) En déduire le potentiel électrique $U(r)$ en prenant un potentiel nul à l'infini et en assurant sa continuité en $r = r_0$. On donne en coordonnées sphériques $\overrightarrow{\text{grad}}\, U(r) = \frac{\partial U}{\partial r}\vec{u}_r$.

c) Un électron provient de $x = -\infty$ sur un axe (H, x) où H est situé à l'intérieur du nuage électronique, à la distance $OH = \frac{r_0}{2}$ du noyau. Donner l'expression de son énergie potentielle $V(x) = -eU(x)$ en distingant $x < -a$, $x \in [-a, a]$ et $x > a$, où on précisera l'expression de a en fonction de r_0.

d) Tracer l'allure de $V(x)$ (l'étude de la fonction n'est pas demandée, on pourra se contenter de reproduire la courbe obtenue à la machine).

Deuxième partie : calcul du coefficient de réflexion.

On modélise le potentiel énergétique $V(x)$ de la question précédente par un potentiel constant par morceaux :

$$V(x) = \left| \begin{array}{l} 0 \text{ si } x < -a \\ -V_0 \text{ si } -a \leq x \leq a \\ 0 \text{ si } x > a \end{array} \right.$$

On braque dans la direction et le sens de $\vec{u}_x$ un faisceau d'électrons de masse m, de vitesse v d'énergie $E = \frac{1}{2}mv^2 > 0 > -V_0$. On pose

$$k_0 = \sqrt{\frac{2mV_0}{\hbar^2}}, \quad k = \sqrt{\frac{2m(E+V_0)}{\hbar^2}} \text{ et } K = \sqrt{\frac{2mE}{\hbar^2}}$$

a) Dans la zone $[-a, a]$ (où le potentiel est constant égal à $-V_0$), on cherche une solution stationnaire de l'équation de Schrödinger sous la forme

$$\psi(x,t) = u(t)\cdot\varphi(x)$$

Établir l'expression de $u(t)$ (on précisera la relation entre ω et E) et l'équation différentielle du second ordre vérifiée par $\varphi(x)$.

b) Justifier en quelques mots qu'on peut prendre

$$\varphi(x) = \left|\begin{array}{l} A_1 e^{iKx} + B_1 e^{-iKx} \text{ si } x < a \\ A_2 e^{ikx} + B_2 e^{-ikx} \text{ si } -a \leq x \leq a \\ A_3 e^{iKx} \text{ si } x > a \end{array}\right.$$

c) Écrire le système d'équations liant les différents coefficients complexes.

d) On note les vecteurs courants de densité de probabilité

$$\vec{J}_i = |A_1|^2 \frac{\hbar K}{m}\vec{u}_x, \quad \vec{J}_r = -|B_1|^2 \frac{\hbar K}{m}\vec{u}_x, \text{ et } \vec{J}_t = |A_3|^2 \frac{\hbar K}{m}\vec{u}_x$$

Et on définit les coefficients de réflexion et de transmission

$$R = \frac{\|\vec{J}_r\|}{\|\vec{J}_i\|} \text{ et } T = \frac{\|\vec{J}_t\|}{\|\vec{J}_i\|}$$

Quel est le sens physique de T et de R et quelle est la relation qui les lie ?

Troisième partie : effet Ramsauer.

Pour la suite, on **admet** les expression suivantes (le lecteur intéressé pourra les établir)

$$R = \frac{\beta^2 \sin^2(2ka)}{1+\beta^2\sin^2(2ka)} \text{ et } T = \frac{1}{1+\beta^2\sin^2(2ka)} \text{ avec } \beta = \frac{k_0^2}{2kK}$$

Voici l'allure des variations de R (noté y sur le graphe) avec E (on a pris $V_0 = 1$, $a = 1$ et $\frac{2m}{\hbar^2} = 1$) :

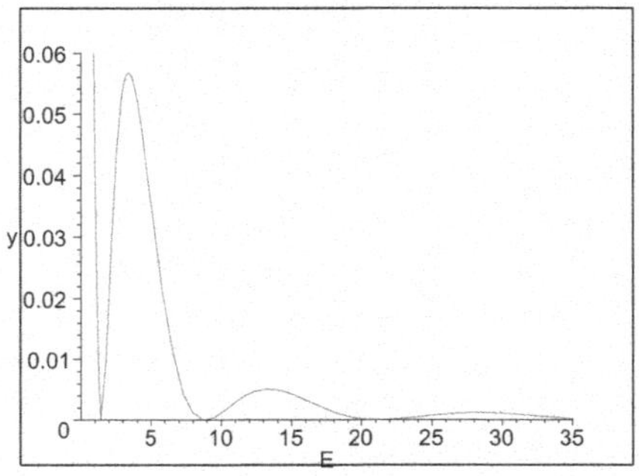

a) Pour quelles valeurs de E, R s'annule-t-il ? Est-ce cohérent avec la courbe donnée ?

b) En quoi les résultats obtenus prouvent-ils l'effet Ramsauer ?

c) Donner l'expression de la vitesse minimale v qu'il faut donner aux électrons pour observer cet effet.

13.15

Oscillations quantiques entre deux états

Une particule possède deux états stationnaires d'énergies respectives E_1 et E_2.

a) Donner les pulsations correspondantes ω_1 et ω_2.

b) Exprimer les fonctions d'onde correspondantes en notant $\varphi_1(x)$ et $\varphi_2(x)$ les termes spatiaux associés.

c) Exprimer les densités de probabilité $\rho_1(x)$ et $\rho_2(x)$ correspondantes.

d) On pose

$$\Phi(x) = \varphi_1(x)\varphi_2^*(x) = r(x)e^{i\theta(x)}$$

Donner l'expression de la densité $\rho(x,t)$ de la superposition des deux ondes en fonction de $\rho_1(x)$, $\rho_2(x)$, $r(x)$, $\theta(x)$, E_1 et E_2. En déduire la pulsation ω_{12}.

13.16

Superposition dans un puits

On considère la superposition de deux états d'une particule dans un puits infini de largeur a :

$$\psi(x,t) = A_1 \sin\left(\frac{\pi x}{a}\right)e^{-i\frac{E_1 t}{\hbar}} + A_2 \sin\left(\frac{2\pi x}{a}\right)e^{-i\frac{E_2 t}{\hbar}} \text{ avec } E_n = n^2\frac{\hbar^2\pi^2}{2ma^2}$$

a) Une particule de masse m et d'énergie $E > 0$ est placée dans un puits infini de potentiel situé entre $x = 0$ et $x = a$. En cherchant une solution stationnaire $\psi(x,t) = \varphi(x)\cdot u(t)$, montrer que son énergie est quantifiée et justifier l'expression proposée pour E_n.

b) Établir la relation entre A_1 et A_2.

c) Pour la suite, on prendra $A_1 = A_2 = \frac{1}{\sqrt{a}}$, vérifier que ces valeurs conviennent.

d) Représenter $\rho(x,t) = |\psi(x,t)|^2$ pour des valeurs de t bien choisies.

e) Quelle est la période T des oscillations quantiques ?

f) Calculer et commenter le produit $\Delta E \times T$ où ΔE est l'incertitude sur l'énergie.

13.17

Système à double puits, oscillations quantiques

Le modèle mécanique (1) modélise le système quantique (2) :

(1) : un mobile ponctuel M de masse m se déplace sans frottement sur un axe (O,x) horizontal ; il est relié à deux ressorts identiques de constante de raideur k et de longueur à vide ℓ_0, dont les extrémités sont fixes en F et G distantes de $FG = 2b$ avec $b < \ell_0$;

(2) : une molécule est modélisée par une structure pyramidale dans laquelle l'atome central est fixe en O, d'axe (O,x) et les trois atomes P, Q et R se déplacent en restant coplanaires, dans un plan Π d'abscisse x ; lorsque x change de signe, le mouvement conjoint des trois atomees évoque le retournement d'un parapluie ; la molécule d'ammoniac NH_3 est un bon représentant de ce modèle.

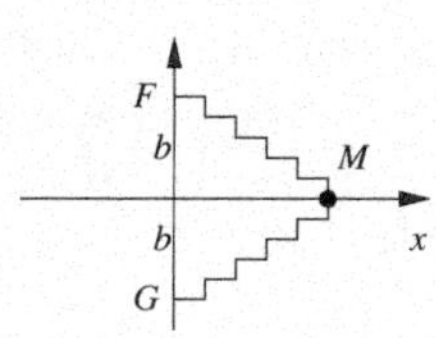

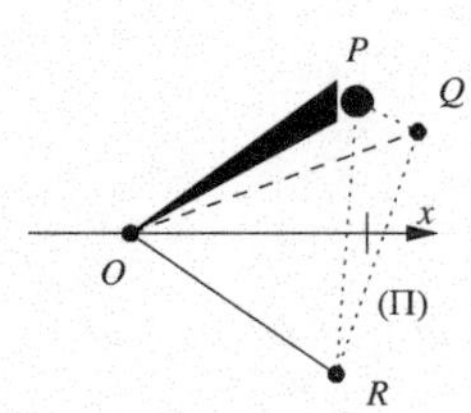

Question préliminaire : donner l'expression de l'énergie potentielle élastique $V(x)$ *du système (1) en fonction de la variable* x. La courbe représentative de $V(x)$ est la suivante :

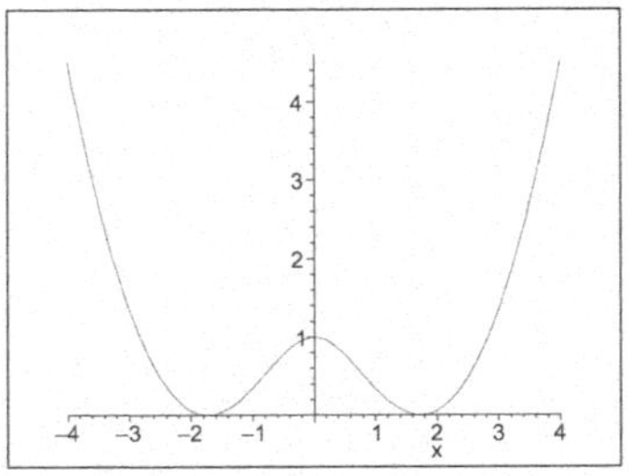

On suppose que cette fonction représente correctement le potentiel énergétique dans le système (2) et on le modélise par le potentiel continu par morceaux suivant :

$$V(x) = \begin{vmatrix} +\infty \text{ pour } x < -3a \text{ ou } x > 3a \\ 0 \text{ pour } x \in [-3a, -a] \cup [a, 3a] \\ V_0 \text{ pour } x \in]-a, a[\end{vmatrix}$$

On considère une particule de masse m et d'énergie $E > 0$. On pose $k = \sqrt{\frac{2mE}{\hbar^2}}$ et $\delta = \sqrt{\frac{\hbar^2}{2m(V_0 - E)}}$. On suppose enfin que $E \ll V_0$ ce qui entraîne que $k\delta = \sqrt{\frac{E}{V_0 - E}} \ll 1$.

a) Comment peut-on expliquer que la particule puisse passer des valeurs de x négatives à des valeurs de x positives, et réciproquement ?

b) On cherche les solutions stationnaires de l'équation de Schrödinger sous la forme $\psi(x,t) = \psi_0 \varphi(x) \cdot e^{-i\frac{E}{\hbar}t}$ où $\varphi(x)$ est une fonction de x à valeurs réelles. Justifier que $\rho(x) = \psi(x,t) \cdot \psi^*(x,t)$ est une fonction paire. En déduire que $\varphi(x)$ est une fonction impaire qu'on notera φ_i ou paire qu'on notera φ_p.

c) On propose les solutions suivantes

x	$[-3a, a]$	$]-a, a[$	$[a, 3a]$
$\varphi_i(x)$	$-I\sin[k_i(3a + x)]$	$I_0 \text{sh}\frac{x}{\delta_i}$	$I\sin[k_i(3a - x)]$
$\varphi_p(x)$	$P\sin[k_p(3a + x)]$	$P_0 \text{ch}\frac{x}{\delta_p}$	$P\sin[k_p(3a - x)]$

Vérifier ou traduire les conditions aux limites en $x = a$ et en $x = 3a$. En déduire que

$$\tan(2k_i a) = -k_i \delta_i \text{th}\frac{a}{\delta_i} \quad \text{et} \quad \tan(2k_p a) = -k_p \delta_p \coth\frac{a}{\delta_p}$$

d) Expliquer pourquoi ces deux équations définissent deux énergies distinctes E_p et E_i.

e) Ces équations peuvent être résolues graphiquement par tracé sur un même graphique des fonctions tangente, tangente hyperbolique et cotangente hyperbolique pondérées par le coefficient $k\delta$. Elles se croisent au voisinage de $ka = \frac{\pi}{2}$; à quelle énergie E_0 cette égalité correspond-elle ?

f) Les valeurs approchées de E_p et de E_i sont très proches l'une de l'autre, et très proches de E_0. Donner l'allure des courbes représentatives des fonctions $\varphi_i(x)$ et $\varphi_p(x)$.

g) On considère maintenant les superpositions de deux états stationnaires :

$$\psi_G(x,t) = \frac{1}{\sqrt{2}}\left[\psi_p(x,t) - \psi_i(x,t)\right] \text{ et } \psi_D(x,t) = \frac{1}{\sqrt{2}}\left[\psi_p(x,t) + \psi_i(x,t)\right]$$

Si on fait l'approximation $E_i = E_p$, monter qu'on définit ainsi deux ondes stationnaires. Tracer dans ce cas l'allure des fonctions spatiales $\varphi_G(x)$ et $\varphi_D(x)$ associées, puis celle des densités linéiques $\rho_G(x)$ et $\rho_D(x)$. Expliquer les indices G et D choisis. Expliquer le choix du coefficient $\frac{1}{\sqrt{2}}$.

h) E_i et E_p sont légèrements différentes : $E_i - E_p = \delta E \ll E_0$. Exprimer la fonction densité linéique $\rho(x,t)$ en fonction de $\rho_G(x)$ et $\rho_D(x)$ et mettre en évidence un phénomène quantique qu'on peut nommer « oscillations de retournement ». Exprimer la pulsation de ces oscillations en fonction de δE.

Du mal à démarrer ?

13.1 La méthode de séparation des variables nécessite d'isoler les termes en t d'un côté, ceux en x de l'autre, puis on identifie ces deux termes à une même constante.

13.2 On identifie $\frac{d^2\varphi(x)}{dx^2}$ au laplacien, qu'on exprime pour $\varphi(\theta)$. Sur un cercle, on a une périodicité de période angulaire 2π.

13.3 La solution proposée doit être injectée dans l'équation de Schrödinger spatiale, et par identification, on en déduit E et k. La condition de normalisation permet de calculer C.

13.4 Les questions (a), (b) et (c) sont bien guidées. Pour la question (d), le pic de probabilité correspond au maximum de la fonction sinc^2. Pour la question (e), la largeur du paquet est définie par les deux annulations de part et d'autre du maximum de la fonction sinc^2.

13.5 Tous les calculs se ramènent à des combinaisons linéaires et à des conjugaisons de grandeurs complexes.

13.6 La normalisation de la fonction d'onde nécessite le calcul de l'intégrale d'une fonction sinus carré, qu'on linéarise, et le résultat se simplifie grâce à la relation de quantification dans le puits.

13.7 Les solutions dans les deux domaines sont des combinaisons linéaires d'exponentielles complexes là où l'énergie est supérieure au potentiel, d'exponentielles réelles là ou l'énergie est inférieure au potentiel. La divergence de l'une des exponentielles réelles quand $x \to +\infty$ permet d'annuler l'une des constantes. La discontinuité du potentiel en $x = 0$ étant finie, il y a continuité de φ et de φ'.

13.8 Les équations de Schrödinger spatiales sont du type oscillateur harmonique pour $x < 0$ et pour $x > 0$. Les solutions font donc apparaître deux sommes d'exponentielles complexes, et quatre constantes d'intégration. Celle qui est nulle est celle qui correspond à une onde venant de $+\infty$. Les continuités en $x = 0$ permettent dans un premier temps d'exprimer les coefficients de réflexion (r) en amplitude et de transmission (t) en amplitude. On en déduit R et T.

13.9 La condition de normalisation permet de calculer |A|. L'identification de la formule de Planck-Einstein donne E. L'introduction de la solution proposée dans l'équation de Schrödinger donne l'expression de $V(x)$. Le calcul des valeurs moyennes est assimilable à un calcul d'espérance mathématique.

13.10 Les relations de continuité donnent un système de relations qu'on combine pour éliminer les constantes d'intégration, on en déduit une relation entre k, δ et a. En élevant cette relation au carré, en utilisant les formules de trigonométrie et les expressions de k et de δ, on en déduit l'équation qui définit k. Cette équation est résolue de façon graphique.

13.11 Toutes les questions peuvent être traitées en utilisant les limites et équivalents des fonctions exponentielles. On rappelle que $\text{sh}\,u = \frac{e^u - e^{-u}}{2}$.

13.12 La traversée par l'électron de la barrière de potentiel par effet tunnel est régie par une loi statistique. Le nombre d'électrons qui passent est proportionnel à T, et ce nombre donne directement l'intensité du courant électrique. On en déduit que i dépend de la distance entre la pointe et la plaque, on peut donc reconstituer le relief de la plaque grâce à la saisie des valeurs de i.

13.13 En injectant la solution proposée, et en identifiant les coefficients de i d'une part, les autres d'autre part, on en déduit un système d'équations en f et en θ. Leur intégration donne l'expression attendue.

13.14 La première partie est un simple exercice d'électrostatique. L'allure du potentiel évoque bien un puits de profondeur finie. Dans la deuxième partie, les solutions en exponentielles complexes donnent des relations de continuité symétriques en $x = \pm a$. Les coefficients R et T peuvent être interprétés comme des probabilités dont la somme vaut 1. La troisième partie est une exploitation graphique des résultats.

13.15 Le développement de la densité de probabilité associée à la somme des deux ondes fait apparaître deux termes carrés (ρ_1 et ρ_2) et deux termes rectangles qui se simplifient grâce à l'introduction de $r(x)$ et $\theta(x)$.

13.16 La question (a) est une question de cours. La normalisation donne une relation entre A_1 et A_2, il est inutile de chercher à la réduire à la question (b). À la question (c), on vérifie que les valeurs proposées conviennent, il faut pour celà calculer trois intégrales de fonctions trigonométriques.

13.17 Les relations de continuité donnent des relations entre sinus, sinus hyperbolique, cosinus et cosinus hyperbolique. On en déduit les relations demandées. La fin de l'exercice nécessite l'utilisation d'un outil de tracé de fonctions.

Corrigés des exercices

13.1

a) Les dérivées partielles s'écrivent

$$\frac{\partial\psi(x,t)}{\partial t} = u'(t)\varphi(x) \text{ et } \frac{\partial^2\psi(x,t)}{\partial x^2} = u(t)\varphi''(x)$$

b) En remplaçant dans l'équation de Schrödinger

$$i\hbar u'(t)\varphi(x) = -\frac{\hbar^2}{2m}u(t)\varphi''(x) + V(x)u(t)\varphi(x)$$

En divisant par $\psi(x,t) = u(t)\varphi(x)$

$$i\hbar\frac{u'(t)}{u(t)} = -\frac{\hbar^2}{2m\varphi(x)}\varphi''(x) + V(x)$$

qui est bien du type $A(t) = B(x)$.

c) Si on dérive cette dernière égalité par rapport au temps, puis par rapport à x, on obtient

$$\begin{cases} A'(t) = 0 \\ B'(x) = 0 \end{cases} \text{ donc } A(t) = \text{cste} = B(x)$$

Comme $B(x)$ est homogène à $V(x)$, il est homogène à une énergie et on identifie la constante à l'énergie de la particule E. On en déduit les deux équations données dans le cours

$$\begin{cases} i\hbar\frac{u'(t)}{u(t)} = E \\ -\frac{\hbar^2}{2m\varphi(x)}\varphi''(x) + V(x) = E \end{cases}$$

13.2

a) L'équation de Schrödinger spatiale unidimensionnelle s'écrit, pour une particule libre ($V(x) = 0$) :

$$\frac{d^2\varphi(x)}{dx^2} + \frac{2mE}{\hbar^2}\varphi(x) = 0$$

$$\text{soit } \Delta\varphi(x) + \frac{2mE}{\hbar^2}\varphi(x) = 0$$

Pour la particule sur un cercle, on écrit donc par analogie

$$\frac{1}{R^2}\frac{d^2\varphi(\theta)}{d\theta^2} + \frac{2mE}{\hbar^2}\varphi(\theta) = 0$$

b) Par périodicité, $\varphi(\theta) = \varphi(\theta + 2\pi)$.

c) L'équation se résout en

$$\varphi(\theta) = A\cos\left(\sqrt{\frac{2mR^2E}{\hbar^2}}\theta + \alpha\right)$$

La condition aux limites donne

$$\sqrt{\frac{2mR^2E}{\hbar^2}}\cdot 2\pi = n\cdot 2\pi,\ n \in \mathbf{N}$$

$$\text{donc } \frac{2mR^2E}{\hbar^2} = n^2 \text{ et } \varphi_n(\theta) = A_n\cos(n\theta + \alpha_n)$$

$$\text{donc } \psi_n(\theta, t) = A_n e^{-i\omega_n t}\cos(n\theta + \alpha_n)$$

On pourrait déterminer A_n par normalisation de la fonction d'onde sur $\theta \in [0, 2\pi]$.

13.3

a) D'après le cours,

$$\varphi''(x) + \frac{2m}{\hbar^2}(E - V(x))\varphi(x) = 0$$

b) On vérifie que $\varphi(0) = 0$, conformément à la loi de continuité de φ en $x = 0$. Calculons la dérivée seconde de φ :

$$\varphi'(x) = Ce^{-kx} - kCxe^{-kx}$$

$$\varphi''(x) = -2kCe^{-kx} + k^2Cxe^{-kx}$$

et on injecte dans l'équation spatiale

$$-2kCe^{-kx} + k^2Cxe^{-kx} + \frac{2mE}{\hbar^2}Cxe^{-kx} + \frac{2m\lambda}{\hbar^2}Ce^{-kx} = 0$$

soit, après simplification et identification

$$\begin{cases} E = -\frac{\hbar^2k^2}{2m} \\ k = \frac{\lambda m}{\hbar^2} \end{cases}$$

c) L'énergie est donc négative, et le profil énergétique est le suivant :

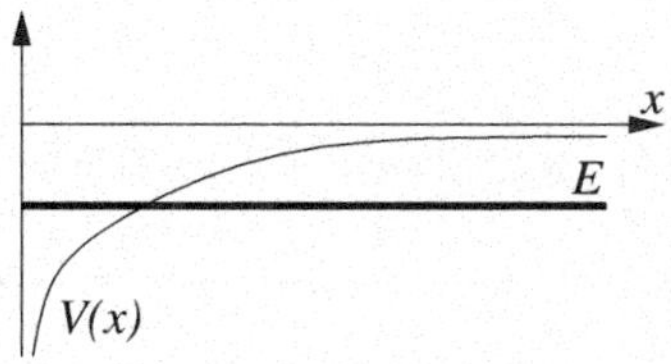

La condition de normalisation donne

$$\int_{-\infty}^{+\infty} \psi(x,t)\psi^*(x,t)dx = 1$$

Comme C est réel, $\varphi(x)$ aussi ; de plus, φ est nulle pour $x < 0$, donc

$$\int_{x=0}^{+\infty} \varphi^2(x)dx = 1$$

$$\text{soit} \int_{x=0}^{+\infty} C^2 x^2 e^{-2kx} dx = C^2 \frac{2!}{(2k)^3} = \frac{C^2}{4k^3} = 1$$

$$\text{donc } C = 2k^{\frac{3}{2}}$$

d) La valeur moyenne est

$$< x >= \int_{x=-\infty}^{+\infty} x\rho(x)dx = \int_{x=0}^{+\infty} C^2 x^3 e^{-2kx} dx = \frac{3!C^2}{(2k)^4} = \frac{3}{2k}$$

13.4

a) La relation de dispersion s'écrit

$$\omega = \frac{\hbar}{2m}k^2 \text{ donc } \omega_0 = \frac{\hbar k_0^2}{2m}$$

La vitesse de groupe s'obtient en dérivant la relation de dispersion :

$$\frac{d\omega}{dk} = \frac{\hbar}{m}k \text{ donc } v_g = \frac{\hbar k_0}{m}$$

b) La fonction $\alpha(k)$ est égale à la constante α_0 dans l'intervalle $\left[k_0 - \frac{\Delta k}{2}, k_0 + \frac{\Delta k}{2}\right]$, nulle partout ailleurs. Exprimons l'intégrale, limitée à cet intervalle, en remplaçant k et x par les expressions fournies par l'énoncé :

$$\psi(x,t) = \int_{k=k_0-\frac{\Delta k}{2}}^{k_0+\frac{\Delta k}{2}} \alpha_0 e^{-i(\omega_0 t + v_g k t - v_g k_0 t - kX - k v_g t)} dk$$

$$\psi(x,t) = \alpha_0 \int_{k=k_0-\frac{\Delta k}{2}}^{k_0+\frac{\Delta k}{2}} e^{-i(\omega_0 t - v_g k_0 t - kX)} dk$$

Effectuons le changement de variable d'intégration proposé par l'énoncé $K = k - k_0$ donc $k = K + k_0$ et $dk = dK$:

$$\psi(x,t) = \alpha_0 \int_{K=-\frac{\Delta k}{2}}^{\frac{\Delta k}{2}} e^{-i(\omega_0 t - v_g k_0 t - KX - k_0 X)} dK$$

$$\psi(x,t) = \alpha_0 e^{-i((\omega_0 - v_g k_0)t - k_0 X)} \int_{K=-\frac{\Delta k}{2}}^{\frac{\Delta k}{2}} e^{iKX} dK$$

On retrouve donc bien la formule donnée par l'énoncé avec $\beta = (\omega_0 - v_g k_0)t - k_0 X$.

c) Le calcul de l'intégrale est simple :

$$I = \int_{K=-\frac{\Delta k}{2}}^{\frac{\Delta k}{2}} e^{iKX} dK = \left[\frac{1}{iX} e^{iKX}\right]_{-\frac{\Delta k}{2}}^{\frac{\Delta k}{2}}$$

$$\text{soit } I = \frac{e^{iX\frac{\Delta k}{2}} - e^{-iX\frac{\Delta k}{2}}}{iX} = \frac{2i \sin \frac{X\Delta k}{2}}{2i\frac{X\Delta k}{2}} \cdot \Delta k$$

$$\text{soit } I = \Delta k \cdot \text{sinc}\,\frac{X\Delta k}{2} \text{ donc } \psi(x,t) = \alpha_0 e^{-i\beta} \Delta k \,\text{sinc}\,\frac{X\Delta k}{2}$$

qui est bien la forme attendue. La densité linéique de probabilité est, par définition :

$$\rho(x,t) = \psi(x,t) \cdot \psi^*(x,t) = \alpha_0^2 \Delta k^2 \,\text{sinc}^2\,\frac{X\Delta k}{2}$$

d) Le pic de probabilité correspond au maximum de $\rho(x,t)$, et est donc atteint, à la date t, lorsque $X = 0$ (maximum de la fonction sinus cardinal carré), soit

$$x - v_g t = 0 \text{ soit } x = v_g t$$

v_g est donc la vitesse de déplacement du maximum de la fonction ρ, c'est donc celle de déplacement du paquet d'ondes, ce qui est bien la définition de la vitesse de groupe.

e) Les bords de l'enveloppe délimitant le paquet d'ondes sont obtenus pour

$$\frac{X\Delta k}{2} = \pm\pi \text{ soit } X = \pm\frac{2\pi}{\Delta k}$$

La largeur du paquet est donc

$$\Delta X = \frac{2\pi}{\Delta k} - \left(-\frac{2\pi}{\Delta k}\right) = \frac{4\pi}{\Delta k} \text{ donc } \Delta X \cdot \Delta k = 4\pi$$

Or $\Delta k = \frac{\Delta p}{\hbar}$ donc

$$\Delta X \cdot \frac{\Delta p}{\hbar} = 4\pi \text{ soit } \Delta X \cdot \Delta p = 2h$$

qui est conforme à l'inégalité d'Heisenberg spatiale (on rappelle que h n'est que l'ordre de grandeur du produit, et le coefficient 2 n'est donc pas gênant.

f) La condition de normalisation s'écrit

$$\int_{X=-\infty}^{+\infty} \psi(X,t)dX = 1 \text{ soit } \int_{X=-\infty}^{+\infty} \alpha_0^2 \Delta k^2 \operatorname{sinc}^2 \frac{X\Delta k}{2} dX = 1$$

Effectuons le changement de variable $u = \frac{X\Delta k}{2}$ soit $X = \frac{2u}{\Delta k}$ et $dX = \frac{2}{\Delta k}du$. La condition de normalisation s'écrit donc

$$\alpha_0^2 \Delta k^2 \int_{X=-\infty}^{+\infty} \operatorname{sinc}^2 u \cdot \frac{2}{\Delta k} du = 1$$

et en utilisant le résultat donné par l'énoncé :

$$\alpha_0^2 \Delta k^2 \cdot \pi \cdot \frac{2}{\Delta k} = 1 \text{ donc } \alpha_0 = \frac{1}{\sqrt{2\pi\Delta k}}$$

13.5

a) D'après le cours :

$$(\text{E}) : i\hbar \frac{\partial \psi(x,t)}{\partial t} = -\frac{\hbar^2}{2m}\frac{\partial^2 \psi(x,t)}{\partial x^2} + V(x)\psi(x,t)$$

b) Les deux termes de la combinaison linéaire s'écrivent :

$$[\psi^* \cdot \text{E}] : \psi^* \left[i\hbar \frac{\partial \psi}{\partial t} \right] = -\psi^* \frac{\hbar^2}{2m}\frac{\partial^2 \psi}{\partial x^2} + V(x)\psi\psi^*$$

$$[\psi \cdot \text{E}^*] : \psi \left[-i\hbar \frac{\partial \psi^*}{\partial t} \right] = -\psi \frac{\hbar^2}{2m}\frac{\partial^2 \psi^*}{\partial x^2} + V(x)\psi\psi^*$$

La soustraction des deux relations donne

$$(\text{E}') : i\hbar \left[\psi^* \frac{\partial \psi}{\partial t} + \psi \frac{\partial \psi^*}{\partial t} \right] = -\frac{\hbar^2}{2m}\left[\psi^* \frac{\partial^2 \psi}{\partial x^2} - \psi \frac{\partial^2 \psi^*}{\partial x^2} \right]$$

c) Calculons la dérivée temporelle de ρ et la dérivée spatiale de J.

$$\frac{\partial \rho}{\partial t} = \frac{\partial \psi\psi^*}{\partial t} = \psi^* \frac{\partial \psi}{\partial t} + \psi \frac{\partial \psi^*}{\partial t}$$

$$\frac{\partial J}{\partial x} = -\frac{i\hbar}{2m}\left[\frac{\partial \psi^*}{\partial x}\frac{\partial \psi}{\partial x} + \psi^* \frac{\partial^2 \psi}{\partial x^2} - \frac{\partial \psi}{\partial x}\frac{\partial \psi^*}{\partial x} - \psi \frac{\partial^2 \psi^*}{\partial x^2} \right]$$

$$\frac{\partial J}{\partial x} = -\frac{i\hbar}{2m}\left[\psi^* \frac{\partial^2 \psi}{\partial x^2} - \psi \frac{\partial^2 \psi^*}{\partial x^2} \right]$$

L'équation (E′) s'écrit donc :

$$i\hbar \frac{\partial \rho}{\partial t} = -i\hbar \frac{\partial J}{\partial x} \text{ soit } \frac{\partial J}{\partial x} + \frac{\partial \rho}{\partial t} = 0$$

qui est bien l'équation de conservation particulaire du cours.

d) Pour la fonction d'onde $\psi(x,t) = \psi_0 e^{-i(\omega t - kx)}$:

$$J(x,t) = \frac{-i\hbar}{2m}\left[\psi_0^* e^{i(\omega t - kx)} \cdot ik\psi_0 e^{-i(\omega t - kx)} - \psi_0 e^{-i(\omega t - kx)} \cdot (-ik)\psi_0^* e^{i(\omega t - kx)} \right] = |\psi_0|^2 \frac{\hbar k}{m}$$

qui est bien l'expression de J donnée dans le cours pour la particule libre.

13.6

a) Par définition de la fonction d'onde stationnaire :

$$\psi(x,t) = \psi_0 e^{-i\omega t}\phi(x) = 2iA\sin(kx)e^{-i\omega t}$$

b) La densité linéique de probabilité est égale au carré de la fonction d'onde est

$$\rho(x) = \psi(x,t)\cdot\psi^*(x,t) = 4|A|^2 \sin^2(kx)$$

La condition de normalisation s'écrit

$$\int_{x=-\infty}^{+\infty} \rho(x)dx = 1 \text{ soit } \int_{x=0}^{a} 4|A|^2 \sin^2(kx) = 1$$

On linéarise le sinus carré : $\sin^2(kx) = \frac{1-\cos(2kx)}{2}$ donc

$$2|A|^2 \int_{x=0}^{a} (1-\cos(2kx))dx = 2|A|^2 \left[x - \frac{\sin(2kx)}{2k} \right]_0^a$$

$$= 2|A|^2 \left[a - \frac{\sin(2ka)}{2k} \right]$$

Or la relation de quantification pour le puits de potentiel infini de largeur a s'écrit $k = n\frac{\pi}{a}$ où n est un entier naturel non nul, donc

$$\sin(2ka) = \sin(2n\pi) = 0$$

La condition de normalisation s'écrit donc

$$2|A|^2 a = 1 \text{ soit } |A| = \frac{1}{\sqrt{2a}}$$

En prenant $A = -i\alpha$:

$$\alpha = |A| = \frac{1}{\sqrt{2a}}$$

c) En remplaçant A par son expression, on a donc

$$\varphi(x) = 2\alpha\sin(kx) = \sqrt{\frac{2}{a}}\sin\frac{2\pi x}{a} \text{ et } \rho(x) = \frac{2}{a}\sin^2\frac{2\pi x}{a}$$

Voici l'allure des deux graphes :

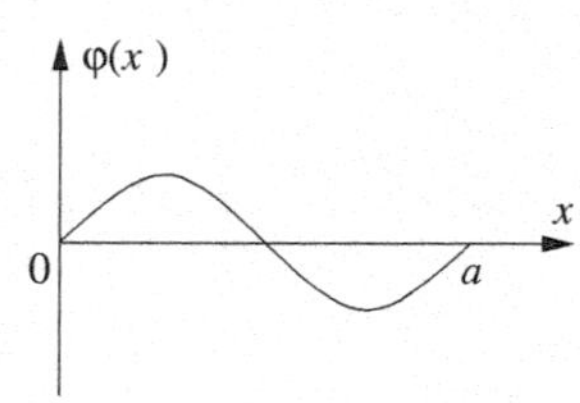

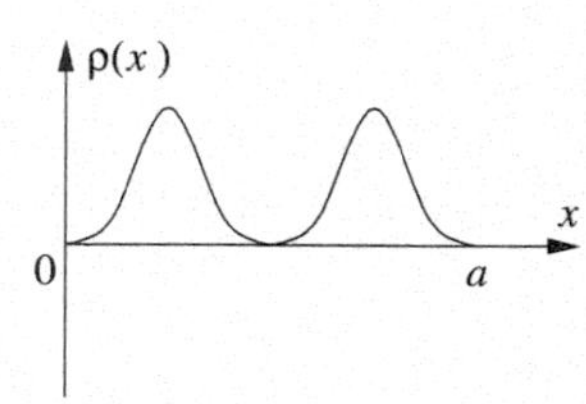

13.7

a) Les solutions dans les deux domaines s'écrivent pour $x \leq 0$ et $x > 0$ respectivement :

$$\begin{cases} \varphi_1(x) = A_1 e^{ikx} + B_1 e^{-ikx} \\ \varphi_2(x) = A_2 e^{\frac{x}{\delta}} + B_2 e^{-\frac{x}{\delta}} \end{cases}$$

b) Lorsque $x \to +\infty$ dans le milieu 2, $e^{\frac{x}{\delta_2}} \to +\infty$, il est donc nécessaire que $A_2 = 0$.

c) La hauteur de la marche étant finie, il y a continuité de φ et de φ' en $x = 0$, donc

$$\begin{cases} A_1 + B_1 = B_2 \\ ik(A_1 - B_1) = -\frac{B_2}{\delta} \end{cases}$$

d) Pour $x > 0$,

$$\psi(x,t) = B_2 e^{-i\omega t} e^{-\frac{x}{\delta}}$$

$$\text{donc } \rho(x,t) = \psi(x,t)\psi^*(x,t) = |B_2|^2 e^{-\frac{2x}{\delta}}$$

Cette densité décroît exponentiellement avec x mais n'est pas nulle, il est donc possible de trouver une particule dans le domaine $x > 0$, alors que c'est interdit par la mécanique classique car l'énergie potentielle $V(x) = V_0$ étant supérieure à l'énergie mécanique E, l'énergie cinétique serait négative.

13.8

a) Les deux équations spatiales de Schrödinger sont du type oscillateur harmonique ; notons avec l'indice 1 les grandeurs pour $x < 0$ et 2 pour $x > 0$:

$$\begin{cases} \varphi_1(x) = A_1 e^{ik_1 x} + B_1 e^{-ik_1 x} \\ \varphi_2(x) = A_2 e^{ik_2 x} + B_2 e^{-ik_2 x} \end{cases}$$

b) La particule incidente se propage dans le milieu 1 dans le sens des x croissants ; si elle passe la marche, elle continuera à se propager dans le milieu 2 dans le sens des x croissants ; si elle rebondit sur la marche, elle se propagera dans le milieu 1 dans le sens des x décroissants ; En aucun cas, elle ne peut se propager dans le milieu 2 dans le sens des x décroissants. Voici les ondes associées aux quatre termes définissant φ_1 et φ_2 :

$$\psi_1(x,t) = \varphi_1(x)e^{-i\omega t} = A_1 e^{-i(\omega t - k_1 x)} + B_1 e^{-i(\omega t + k_1 x)}$$

$$\psi_2(x,t) = \varphi_2(x)e^{-i\omega t} = A_2 e^{-i(\omega t - k_2 x)} + B_2 e^{-i(\omega t + k_2 x)}$$

Les arguments du type $\omega t - kx$ traduisent une propagation dans le sens des x croissants, ceux du type $\omega t + kx$ dans le sens des x décroissants. L'onde d'amplitude A_1 est donc l'onde **incidente** (sens des x croissants dans 1), celle d'amplitude A_2 est l'onde **réfléchie** (sens des x décroissants dans 1), celle d'amplitude B_1 est l'onde **transmise** (sens des x croissants dans 2), et nécessairement $B_2 = 0$ (pas d'onde dans 2 dans le sens des x décroissants).

c) La hauteur de la marche étant finie, il y a continuité de φ et de φ' en $x = 0$, donc

$$\begin{cases} A_1 + B_1 = A_2 \\ ik_1 A_1 - ik_1 B_1 = ik_2 A_2 \end{cases} \quad \text{donc} \quad \begin{cases} 1 + \frac{B_1}{A_1} = \frac{A_2}{A_1} \\ 1 - \frac{B_1}{A_1} = \frac{k_2}{k_1}\frac{A_2}{A_1} \end{cases}$$

En posant $r = \frac{B_1}{A_1}$ et $t = \frac{A_2}{A_1}$, on obtient le système

$$\begin{cases} 1 + r = t \\ 1 - r = \frac{k_2}{k_1} t \end{cases} \quad \text{donc} \quad \begin{cases} r = \frac{k_1 - k_2}{k_1 + k_2} \\ t = \frac{2k_1}{k_1 + k_2} \end{cases}$$

Les vecteurs densité de courant de probabilité associés aux trois ondes sont respectivement

$$\begin{cases} \vec{J}_i = |\psi_i|^2 \frac{\hbar k_1}{m} \vec{u}_x = A_1^2 \frac{\hbar k_1}{m} \vec{u}_x \\ \vec{J}_r = -B_1^2 \frac{\hbar k_1}{m} \vec{u}_x \\ \vec{J}_t = A_2^2 \frac{\hbar k_2}{m} \vec{u}_x \end{cases}$$

d) On en déduit les rapports des densités de courant de probabilité :

$$R = \frac{\|\vec{J}_r\|}{\|\vec{J}_i\|} = \left(\frac{B_1}{A_1}\right)^2 \cdot \frac{k_1}{k_1} = \frac{(k_1 - k_2)^2}{(k_1 + k_2)^2}$$

$$T = \frac{\|\vec{J}_t\|}{\|\vec{J}_i\|} = \left(\frac{A_2}{A_1}\right)^2 \cdot \frac{k_2}{k_1} = \frac{4k_1 k_2}{(k_1 + k_2)^2}$$

e) R est la probabilité de réflexion et T celle de transmission d'une particule incidente sur la marche de potentiel. On remarque que

$$R + T = \frac{k_1^2 + 2k_1 k_2 + k_2^2 + 4k_1 k_2}{(k_1 + k_2)^2} = 1$$

ce qui prouve que la somme des probabilités vaut 1.

f) Exprimons les deux termes :

$$k_1 = \sqrt{\frac{2mE}{\hbar^2}} \text{ et } k_2 = \sqrt{\frac{2m(E - V_0)}{\hbar^2}} = \sqrt{\frac{2m\left(E - \frac{E}{2}\right)}{\hbar^2}} = \sqrt{\frac{mE}{\hbar^2}}$$

donc $k_1 = k_2\sqrt{2}$. On en déduit

$$R = \frac{(k_1 - k_2)^2}{(k_1 + k_2)^2} = \frac{(k_2\sqrt{2} - k_2)^2}{(k_2\sqrt{2} + k_2)^2} = \frac{3 - 2\sqrt{2}}{3 + 2\sqrt{2}} \simeq 0{,}029$$

$$T = \frac{4k_1 k_2}{(k_1 + k_2)^2} = \frac{4k_2^2\sqrt{2}}{(k_2\sqrt{2} + k_2)^2} = \frac{4\sqrt{2}}{3 + 2\sqrt{2}} \simeq 0{,}971$$

Par définition du coefficient de transmission, la probabilité de transmission d'une particule est de 0,971. Statistiquement, sur 1 000 particules incidentes, 971 sont transmises.

13.9

a) La densité linéique de probabilité de présence ρ est exprimée en m^{-1} donc ψ est exprimé en $m^{-\frac{1}{2}}$ et il en est de même de A. ω_0 est en radian par seconde.

b) On a

$$\rho(x) = \psi(x,t)\psi^*(x,t) = |A|^2 e^{-\frac{m\omega_0 x^2}{\hbar}}$$

La condition de normalisation s'écrit

$$\int_{x=-\infty}^{+\infty} \rho(x)dx = 1$$

soit, en posant $\alpha = \frac{m\omega_0}{\hbar}$

$$|A|^2\sqrt{\frac{\pi}{\alpha}} = 1 \text{ donc } |A| = \left(\frac{2m\omega_0}{h}\right)^{\frac{1}{4}}$$

$$\text{donc } A = \left(\frac{2m\omega_0}{h}\right)^{\frac{1}{4}} e^{i\theta}$$

c) Par identification à la solution stationnaire

$$\psi(x,t) = e^{-i\frac{E}{\hbar}t}\varphi(x) \text{ donc } E = \frac{\hbar\omega_0}{2}$$

d) En remplaçant $\psi(x,t)$ dans l'équation de Schrödinger, ou $\varphi(x) = Ae^{-\frac{m\omega_0}{2\hbar}x^2}$ dans l'équation spatiale

$$\frac{d^2\varphi(x)}{dx^2} + \frac{2m}{\hbar^2}(E - V(x))\varphi(x) = 0$$

On calcule

$$\begin{cases} \varphi'(x) = -A\frac{m\omega_0}{\hbar}xe^{-\frac{m\omega_0}{2\hbar}x^2} \\ \varphi''(x) = A\left[-\frac{m\omega_0}{\hbar} + \frac{m^2\omega_0^2}{\hbar^2}x^2\right]e^{-\frac{m\omega_0}{2\hbar}x^2} \end{cases}$$

$$\text{donc } -\frac{m\omega_0}{\hbar} + \frac{m^2\omega_0^2}{\hbar^2}x^2 + \frac{2m}{\hbar^2}(E - V(x))$$

et en utilisant l'expression de E obtenue à la question (c)

$$V(x) = \frac{1}{2}m\omega_0^2x^2$$

On reconnaît l'énergie potentielle d'un oscillateur élastique de pulsation propre $\omega_0 = \sqrt{\frac{k}{m}}$ donc $V(x) = \frac{1}{2}kx^2$.

e) La valeur moyenne est

$$< x > = \int_{x=-\infty}^{+\infty} x\rho(x)$$

Cette intégrale (convergente) est celle d'une fonction impaire, elle vaut donc zéro.

f) De même

$$< \frac{1}{2}m\omega_0^2x^2 > = \frac{1}{2}m\omega_0^2\int_{x=-\infty}^{+\infty} x^2\rho(x)$$

En utilisant l'intégrale donnée par l'énoncé

$$< \frac{1}{2}m\omega_0^2x^2 > = \frac{1}{2}m\omega_0^2|A|^2\sqrt{\frac{\pi}{4\alpha^3}} = \frac{m\omega_0^2}{4\alpha}$$

$$< \frac{1}{2}m\omega_0^2x^2 > = \frac{\hbar\omega_0}{4}$$

13.10

a) Pour $x < 0$, le potentiel est infini donc la probabilité de présence est nulle. Les formes proposées sont celles données dans le cours dans le cas $x \in [0, a]$ où l'énergie est positive et le potentiel nul, et pour $x > a$ où l'énergie E est inférieure au potentiel V_0.

b) φ ne peut pas diverger pour $x \to +\infty$, donc nécessairement $B_2 = 0$.

c) Les conditions de continuité donnent :

- en $x = 0$, il y a une discontinuité infinie du potentiel donc il y a continuité de φ :

$$\varphi(0^+) = 0$$

- en $x = a$, il y a discontinuité finie du potentiel donc il y a continuité de φ et de sa dérivée :

$$\varphi(a^-) = \varphi(a^+) \text{ et } \varphi'(a^-) = \varphi'(a^+)$$

Les trois équations sont donc :

$$\begin{cases} A_1 + B_1 = 0 \\ A_1e^{ika} + B_1e^{-ika} = A_2e^{-\frac{a}{\delta}} \\ ikA_1e^{ika} - ikB_1e^{-ika} = -\frac{A_2}{\delta}e^{-\frac{a}{\delta}} \end{cases}$$

d) Le système s'écrit

$$B_1 = -A_1 \text{ et } \begin{cases} 2iA_1\sin(ka) = A_2e^{-\frac{a}{\delta}} \\ 2ikA_1\cos(ka) = -\frac{A_2}{\delta}e^{-\frac{a}{\delta}} \end{cases}$$

En divisant ces deux égalités, on en déduit que

$$\tan(ka) = -k\delta = -\sqrt{\frac{E}{V_0 - E}}$$

Conservons l'information $\tan(ka) < 0$ et élevons au carré :

$$\tan^2(ka) = \frac{E}{V_0 - E}$$

$$\text{soit } (V_0 - E)\sin^2(ka) = E\cos^2(ka) = E - E\sin^2(ka)$$

$$\text{soit } \sin^2(ka) = \frac{E}{V_0} \text{ donc } |\sin(ka)| = \sqrt{\frac{E}{V_0}} = \frac{k}{k_0}$$

e) Posons $x = ka$: l'équation s'écrit alors

$$|\sin x| = \frac{x}{k_0 a} \text{ soit } |\sin x| = \frac{x}{\beta} \text{ avec } \beta = k_0 a$$

avec $\tan(x) < 0$ donc $x \in \left]\frac{\pi}{2} + p\pi, \pi + p\pi\right]$, p entier. En utilisant les graphes proposés par l'énoncé, on constate que

- si $\beta < \frac{\pi}{2}$ soit $k_0 < \frac{\pi}{2a}$, la seule solution de l'équation est entre 0 et $\frac{\pi}{2}$ donc sa tangente est positive et on la rejette ; le problème n'a donc pas de solution stationnaire ;
- si $\beta > \frac{\pi}{2}$ soit $k_0 > \frac{\pi}{2a}$, il y a un nombre fini de solutions ; en particulier pour $\beta = 5\pi$, soit $k_0 = \frac{5\pi}{a}$, le graphe donné par l'énoncé prouve quíl y a 5 solutions de tangentes négatives, et que les premières sont proches de $x = \pi$ ($k = \frac{\pi}{a}$), $x = 2\pi$ ($k = \frac{2\pi}{a}$), $x = 3\pi$ ($k = \frac{3\pi}{a}$) ; il y a donc un nombre fini de solutions stationnaires et le problème est quantifié ;
- pour $\beta >\gg \frac{\pi}{2}$ soit $k_0 \gg \frac{\pi}{2a}$, la droite est presque confondue avec l'axe des abscisses, il y a donc un très grand nombre de solutions qui sont proches de $x = n\pi$ soit $k = \frac{n\pi}{a}$, n entier naturel non nul, qui est bien la relation de quantification pour le puits de potentiel infini.

13.11

a) $\delta_2 = \frac{1}{k_2}$ est la distance caractéristique de pénétration, aussi appelée épaisseur de peau.

b) Considérons les deux cas.

- Barrière très haute : $V_0 \to +\infty$ donc $k_2 \to +\infty$ et $\text{sh}(k_2 a) \to +\infty$. L'équivalent de T est :

$$T \simeq \frac{4k_1^2 k_2^2}{k_2^4 \text{sh}^2(k_2 a)} = \frac{4k_1^2}{k_2^2 \text{sh}^2(k_2 a)} \to 0$$

- Barrière très large : $a \to +\infty$ donc $\text{sh}(k_2 a) \to +\infty$. L'équivalent de T est :

$$T \simeq \frac{4k_1^2 k_2^2}{(k_1^2 + k_2^2)^2 \text{sh}^2(k_2 a)} \to 0$$

Dans les deux cas, le coefficient de transmission tend vers zéro et la barrière est pratiquement infranchissable.

c) Si $a \gg \frac{1}{k_2}$, alors $ak_2 \gg 1$ et le sinus hyperbolique a pour équivalent

$$\text{sh}(k_2 a) = \frac{e^{k_2 a} - e^{-k_2 a}}{2} \simeq \frac{e^{k_2 a}}{2}$$

Comparons les ordres de grandeur des deux termes du dénominateur en estimant leur rapport : comme E est du même ordre de grandeur que V_0, k_1 et k_2 sont du même ordre de grandeur ($k_1 \simeq k_2 \simeq k$) et

$$\frac{4k_1^2 k_2^2}{(k_1^2 + k_2^2)^2 \text{sh}^2(k_2 a)} \simeq \frac{4k^4}{(2k^2)^2 \text{sh}^2(k_2 a)} \simeq \frac{1}{e^{2k_2 a}} \ll 1$$

On en déduit l'équivalent :

$$T \simeq \frac{4k_1^2 k_2^2}{(k_1^2 + k_2^2)^2 \frac{e^{2k_2 a}}{4}} = \frac{16k_1^2 k_2^2}{(k_1^2 + k_2^2)^2} e^{-2k_2 a}$$

qui est bien la forme attendue avec $T_0 = \frac{16k_1^2 k_2^2}{(k_1^2 + k_2^2)^2}$.

13.12

a) D'après le cours, la barrière est constituée si $eU_0 > E$, soit $V_0 > E$.

b) L'exponentielle varie de 0 à 1 lorsque son argument $\frac{2a}{\delta}$ varie de 0 à 5 environ. Pour pouvoir distinguer les variations de a, il faut que la dérivée de l'exponentielle reste significativement non nulle, ce qui est le cas quand $\frac{2a}{\delta}$ reste de l'ordre de 1 donc si $a \simeq \delta$.

c) Un courant électrique est détecté si certains électrons parviennent à franchir la barrière de potentiel énergétique. Cette possibilité, interdite en physique classique, est possible en physique quantique : c'est l'effet tunnel.

d) La mesure du courant donne accès à la probabilité de traversée de la barrière de potentiel par les électrons :

$$i = \frac{dq}{dt} = e\frac{dN}{dt} = \beta \cdot T = \beta T_0 e^{-\frac{2a}{\delta}}$$

La connaissance de T donne accès à a d'après l'expression exponentielle. Si on note d la distance de la base de la plaque à la pointe, l'altitude de la cellule est donc $z = d - a$. La connaissance de z pour chaque cellule donne accès au relief de la plaque.

e) Le rapport des intensités est égal au rapport des coefficients de transmission :

$$T_2 = T_1 + \frac{19}{100}T_1 \Leftrightarrow \frac{T_2}{T_1} = 1,19 \Leftrightarrow \frac{T_0 e^{-\frac{2a_1}{\delta}}}{T_0 e^{-\frac{2a_2}{\delta}}} = 1,19$$

$$\text{soit } e^{\frac{2}{\delta}(a_2 - a_1)} = 1,19$$

$$\text{donc } a_2 - a_1 = \frac{\delta}{2} \ln 1,19 = 0,87 \text{ nm}$$

13.13

a) Approximation WKB.

i) Calculons les dérivées de $\varphi(x)$

$$\begin{cases} \varphi'(x) = f'(x)e^{i\theta(x)} + if(x)\theta'(x)e^{i\theta(x)} \\ \varphi''(x) = f''(x)e^{i\theta(x)} + 2if'(x)\theta'(x)e^{i\theta(x)} + \\ if(x)\theta''(x)e^{i\theta(x)} - f(x)\theta'^2(x)e^{i\theta(x)} \end{cases}$$

On injecte dans l'équation de Schrödinger spatiale

$$\left[f''(x) - f(x)\theta'^2(x)\right]e^{i\theta(x)} +$$

$$i\left[2f'(x)\theta'(x) + f(x)\theta''(x)\right]e^{i\theta(x)} +$$

$$\frac{2m(\mathrm{E} - \mathrm{V}(x))}{\hbar^2}f(x)e^{i\theta(x)} = 0$$

En simplifiant par $e^{i\theta(x)}$, en négligeant le terme $f''(x)$ selon l'approximation WKB, et en identifiant les coefficients de i et les autres

$$\begin{cases} 2f'(x)\theta'(x) + f(x)\theta''(x) = 0 \\ -f(x)\theta'^2(x) + \frac{2m(\mathrm{E}-\mathrm{V}(x))}{\hbar^2}f(x) = 0 \end{cases}$$

$$\text{soit} \begin{cases} 2f'(x)\theta'(x) + f(x)\theta''(x) = 0 \\ \theta'^2(x) = \frac{2m(\mathrm{E}-\mathrm{V}(x))}{\hbar^2} \end{cases}$$

ii) La seconde équation donne

$$-\alpha'^2(x) = -\frac{2m(\mathrm{V}(x) - \mathrm{E})}{\hbar^2}$$

Or $\mathrm{V}(x) > \mathrm{E}$ donc

$$\alpha'(x) = \sqrt{\frac{2m(\mathrm{V}(x) - \mathrm{E})}{\hbar^2}}$$

$$\text{et } \alpha(x) = \int_0^x \sqrt{\frac{2m(\mathrm{V}(u) - \mathrm{E})}{\hbar^2}}\,du$$

La première équation s'écrit

$$\frac{f'(x)}{f(x)} = -\frac{\theta''(x)}{2\theta'(x)}$$

En primitivant chaque terme

$$\ln|f(x)| = -\frac{1}{2}\ln|\alpha'(x)| + \mathrm{K}$$

$$\text{donc } |f(x)| = \mathrm{K}_0|\alpha'(x)|^{-\frac{1}{2}}$$

et en jouant sur le signe de K_0

$$f(x) = \mathrm{K}_0\left[\sqrt{\frac{2m(\mathrm{V}(x) - \mathrm{E})}{\hbar^2}}\right]^{-\frac{1}{2}}$$

$$\text{soit } f(x) = \mathrm{K}_0\left[\frac{2m}{\hbar^2}\right]^{-\frac{1}{4}}[\mathrm{V}(x) - \mathrm{E}]^{-\frac{1}{4}}$$

$$\text{soit } f(x) = \varphi_0[\mathrm{V}(x) - \mathrm{E}]^{-\frac{1}{4}}$$

En reconstituant l'expression, on a bien

$$\varphi(x) = \varphi_0[\mathrm{V}(x) - \mathrm{E}]^{-\frac{1}{4}}e^{-\alpha(x)}$$

iii) On peut écrire

$$\frac{\varphi(b)}{\varphi(a)} = \left[\frac{\mathrm{V}(b) - \mathrm{E}}{\mathrm{V}(a) - \mathrm{E}}\right]^{-\frac{1}{4}}e^{-\alpha(b)+\alpha(a)}$$

Or $\mathrm{V}(a) = \mathrm{V}(b)$ et

$$\alpha(b) - \alpha(a) = \int_a^b \sqrt{\frac{2m(\mathrm{V}(u) - \mathrm{E})}{\hbar^2}}\,du$$

On en déduit

$$\mathrm{T} = \left|\frac{\varphi(b)}{\varphi(a)}\right|^2 = e^{-2\int_a^b \sqrt{\frac{2m(\mathrm{V}(u)-\mathrm{E})}{\hbar^2}}\,du}$$

b) Radioactivité α.

i) Voici l'allure du graphe, qui laisse apparaître un puits de potentiel quand la particule alpha est dans le noyau, puis une énergie potentielle d'interaction électrostatique entre le noyau d'hélium de charge $+2e$ et le noyau fils de charge $(\mathrm{Z}-2)e$.

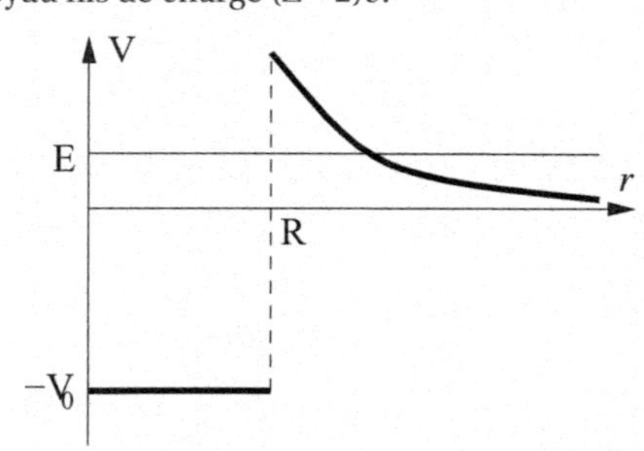

ii) L'énergie E est inférieure à la barrière de potentiel, mais cette barrière est de largeur finie, la probabilité de franchissement par effet tunnel n'est donc pas nulle. On identifie la probabilité de franchissement radiale au coefficient de transmission T, on calcule ce coefficient grâce à la formule intégrale.

13.14

Première partie.

a) Les symétries et invariances sont celles de la sphère donc

$$\vec{E} = E(r)\vec{u}_r$$

Choisissons pour surface de Gauss Σ une sphère de rayon r. Le flux du champ électrique vaut

$$\oiint_{\Sigma} = E(r) \cdot 4\pi r^2$$

Si $r \geq r_0$, la charge intérieure est la charge totale de l'atome, elle vaut 0 et $E(r) = 0$. Si $r \leq r_0$

$$Q_{int} = 2e + \rho_0 \cdot \frac{4}{3}\pi r^3 = 2e\left[1 - \frac{r^3}{r_0^3}\right]$$

$$\text{donc } E(r) = \frac{e}{2\pi\varepsilon_0 r_0^2}\left[\frac{r_0^2}{r^2} - \frac{r}{r_0}\right]$$

b) On en déduit le potentiel électrique en primitivant $\vec{E} = -\overrightarrow{\text{grad}}\, U(r)$

$$U(r) = \begin{vmatrix} K \text{ si } r \geq r_0 \\ \frac{e}{2\pi\varepsilon_0 r_0^2}\left[\frac{r_0^2}{r} + \frac{r^2}{2r_0}\right] + K' \text{ si } r \leq r_0 \end{vmatrix}$$

Le potentiel étant nul à l'infini, $K = 0$. En assurant la continuité en $r = r_0$

$$\frac{e}{2\pi\varepsilon_0 r_0^2}\left[1 + \frac{1}{2}\right] + K' = 0$$

$$\text{donc } U(r) = \frac{e}{2\pi\varepsilon_0 r_0^2}\left[\frac{r_0^2}{r} + \frac{r^2}{2r_0} - \frac{3}{2}\right] \text{ si } r \leq r_0$$

c) L'énergie potentielle est nulle si l'électron est à l'extérieur du nuage, donc si $x < -a$ et $x > a$. Si l'électron est à l'intérieur du nuage, par application du théorème de Pythagore

$$r = \sqrt{\frac{r_0^2}{4} + x^2}$$

$$\text{donc } V(x) = -eU(x) = -\frac{e^2}{2\pi\varepsilon_0 r_0^2}\left[\frac{r_0^2}{\sqrt{\frac{r_0^2}{4} + x^2}} + \frac{\frac{r_0^2}{4} + x^2}{2r_0} - \frac{3}{2}\right]$$

d) Voici l'allure du graphe.

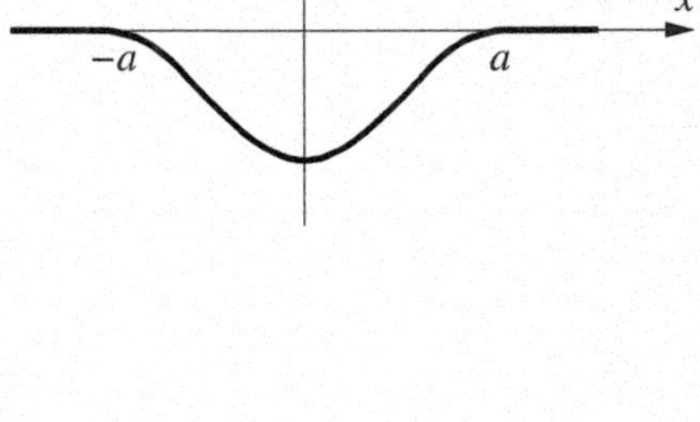

Deuxième partie.

a) Par la méthode de séparation des variables, on obtient

$$\begin{cases} u(t) = e^{-i\omega t} \text{ avec } E = \hbar\omega \\ \frac{d^2\varphi(x)}{dx^2} + \frac{2m(E+V_0)}{\hbar^2}\varphi(x) = 0 \end{cases}$$

b) Pour $-a \leq x \leq a$, on reconnaît la solution complexe de l'équation d'oscillateur harmonique. Pour $x < a$ et $x > a$, on a la même type d'équation différentielle en remplaçant V_0 par 0, donc le même type de solutions en remplaçant k par K. Pour $x > a$, le terme manquant est $B_3 e^{-iKx}$ qui correspond à une fonction d'onde

$$B_3 e^{-i(\omega t + Kx)}$$

se propageant dans la zone $x > a$ dans le sens des x décroissants. Cette onde ne peut correspondre qu'à un flot d'électrons venant de $+\infty$, alors que l'énoncé précise que le faisceau vient de la gauche, donc $B_3 = 0$.

c) Les relations de continuité pour les marches de potentiel de hauteur finie en $x = -a$ et en $x = a$ s'écrivent

$$\begin{cases} A_1 e^{-iKa} + B_1 e^{iKa} = A_2 e^{-ika} + B_2 e^{ika} \\ iKA_1 e^{-iKa} - iKB_1 e^{iKa} = ikA_2 e^{-ika} - ikB_2 e^{ika} \end{cases}$$

$$\text{et } \begin{cases} A_2 e^{ika} + B_2 e^{-ika} = A_3 e^{iKa} \\ ikA_2 e^{ika} - ikB_2 e^{iKa} = iKA_3 e^{iKa} \end{cases}$$

d) R et T sont les coefficients de réflexion et de transmission du flot d'électrons sur la cuvette rectangulaire. Ce sont aussi les probabilités de réflexion et de transmission, et leur somme vaut 1.

Troisième partie.

a) R s'annule quand

$$\sin(2ka) = 0 \text{ soit } 2ka = n\pi \text{ soit } k = \frac{n\pi}{2a},\ n \in \mathbf{N}$$

$$\text{soit } E = E_n = \frac{n^2\pi^2\hbar^2}{8ma^2} - V_0$$

Avec les valeurs numériques données,

$$E_n = \frac{n^2\pi^2}{4} - 1 \text{ donc } E_1 = 1{,}5,\ E_2 = 8{,}9,\ E_3 = 21{,}2, \ldots$$

ce qui est cohérent avec le graphe.

b) Lorsque $R = 0$, $T = 1$ et les électrons traversent les nuages électroniques sans être absorbés, d'où l'effet de transparence de Ramsauer.

c) Pour $n = 1$, on a

$$\frac{1}{2}mv^2 = \frac{\pi^2\hbar^2}{8ma^2} - V_0$$

13.15

a) D'après la relation de Planck-Einstein

$$\omega_1 = \frac{E_1}{\hbar} \text{ et } \omega_2 = \frac{E_2}{\hbar}$$

b) Les fonctions d'onde s'écrivent

$$\psi_1(x,t) = e^{-i\frac{E_1}{\hbar}t}\varphi_1(x) \text{ et } \psi_2(x,t) = e^{-i\frac{E_2}{\hbar}t}\varphi_2(x)$$

c) On en déduit les densités linéiques de probabilité de présence.

$$\begin{cases} \rho_1(x,t) = \psi_1(x,t)\cdot\psi_1^*(x,t) = |\varphi_1(x)|^2 \\ \rho_2(x,t) = \psi_2(x,t)\cdot\psi_2^*(x,t) = |\varphi_2(x)|^2 \end{cases}$$

d) La superposition des deux ondes est

$$\psi(x,t) = \psi_1(x,t) + \psi_2(x,t)$$

La densité associée est

$$\rho(x,t) = \left[e^{-i\frac{E_1}{\hbar}t}\varphi_1(x) + e^{-i\frac{E_2}{\hbar}t}\varphi_2(x)\right]\cdot$$

$$\left[e^{i\frac{E_1}{\hbar}t}\varphi_1^*(x) + e^{i\frac{E_2}{\hbar}t}\varphi_2^*(x)\right]$$

$$\rho(x,t) = \left[\varphi_1(x)\varphi_1^*(x)\right] + \left[\varphi_2(x)\varphi_2^*(x)\right]$$

$$+\left[\varphi_1(x)\varphi_2^*(x)e^{i\frac{(E_2-E_1)}{\hbar}t} + \varphi_1^*(x)\varphi_2(x)e^{-i\frac{(E_2-E_1)}{\hbar}t}\right]$$

$$\rho(x,t) = \rho_1(x) + \rho_2(x) + \Phi(x)e^{i\frac{(E_2-E_1)}{\hbar}t} + \Phi^*(x)e^{-i\frac{(E_2-E_1)}{\hbar}t}$$

$$\rho(x,t) = \rho_1(x) + \rho_2(x) + r(x)e^{i\theta(x)}e^{i\frac{(E_2-E_1)}{\hbar}t} +$$

$$r(x)e^{-i\theta(x)}e^{-i\frac{(E_2-E_1)}{\hbar}t}$$

$$\rho(x,t) = \rho_1(x) + \rho_2(x) +$$

$$r(x)\left[e^{i\theta(x)}e^{i\frac{(E_2-E_1)}{\hbar}t} + e^{-i\theta(x)}e^{-i\frac{(E_2-E_1)}{\hbar}t}\right]$$

$$\rho(x,t) = \rho_1(x) + \rho_2(x) + 2r(x)\cos\left[\frac{E_2-E_1}{\hbar}t + \theta(x)\right]$$

C'est donc une fonction périodique du temps, il y a oscillations quantiques de pulsation

$$\omega_{12} = \frac{|E_2 - E_1|}{\hbar}$$

13.16

a) On reprend le raisonnement du cours, on exprime

$$\varphi(x) = Ae^{ikx} + Be^{-ikx} \text{ avec } k = \sqrt{\frac{2mE}{\hbar^2}}$$

Les conditions aux limites s'écrivent

$$\begin{cases} A + B = 0 \\ Ae^{ika} + Be^{-ika} = 0 \end{cases} \quad \text{donc } 2iA\sin(ka) = 0$$

$$\text{donc } ka = n\pi \text{ et } E_n = n^2\frac{\hbar^2\pi^2}{2ma^2},\ n \in \mathbf{N}$$

b) La densité de probabilité de présence est

$$\rho(x,t) = \psi(x,t)\psi^*(x,t) = |A_1|^2\sin^2\frac{\pi x}{a} + |A_2|^2\sin^2\frac{2\pi x}{a} +$$

$$\left[A_1A_2^*e^{-i\frac{(E_1-E_2)t}{\hbar}} + A_1^*A_2e^{i\frac{(E_1-E_2)t}{\hbar}}\right]\sin\frac{\pi x}{a}\sin\frac{2\pi x}{a}$$

La relation de normalisation s'écrit

$$\forall t,\ \int_{x=0}^{a}\rho(x,t)dx = 1$$

c) Pour les valeurs proposées, on obtient

$$\rho(x,t) = \frac{1}{a}\sin^2\frac{\pi x}{a} + \frac{1}{a}\sin^2\frac{2\pi x}{a} +$$

$$\frac{2}{a}\cos\frac{(E_1-E_2)t}{\hbar}\sin\frac{\pi x}{a}\sin\frac{2\pi x}{a}$$

Les trois intégrales se calculent sans difficulté.

$$\begin{cases} \int_0^a \sin^2\frac{\pi x}{a}dx = \frac{a}{2} \\ \int_0^a \sin^2\frac{2\pi x}{a}dx = \frac{a}{2} \\ \int_0^a \sin\frac{\pi x}{a}\sin\frac{2\pi x}{a}dx = 0 \end{cases}$$

$$\text{donc } \int_0^a \rho(x,t) = \frac{1}{a}\cdot\frac{a}{2} + \frac{1}{a}\cdot\frac{a}{2} + 0 = 1$$

La condition de normalisation est bien vérifiée.

d) On peut tracer l'allure de la fonction quand le cosinus vaut -1, 0 et 1.

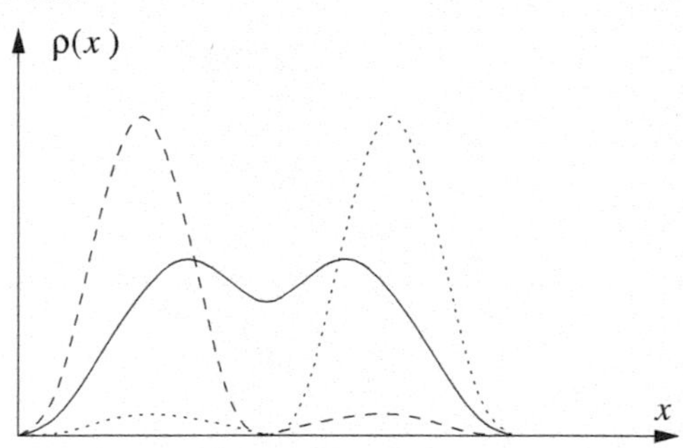

On voit bien les oscillations de la particule entre les deux bords de la cavité.

e) La période des oscillations quantiques est

$$T = \frac{2\pi}{\omega_{12}} = \frac{2\pi\hbar}{|E_1 - E_2|} = \frac{8ma^2}{3h}$$

f) On assimile

$$\Delta E \simeq E_2 - E_1 = \frac{3\hbar^2\pi^2}{2ma^2} = \frac{3h^2}{8ma^2}$$

$$\text{donc } \Delta E \times T = h$$

C'est conforme à l'**inégalité de Heisenberg temps-énergie**.

13.17

Préliminaire. L'énergie potentielle élastique est

$$Ep = \frac{1}{2}k(\ell - \ell_0)^2$$

La longueur de chacun des ressorts, par application du théorème de Pythagore, est $\ell = \sqrt{x^2 + b^2}$ donc

$$V(x) = 2 \times \frac{1}{2}k\left(\sqrt{x^2 + b^2} - \ell_0\right)^2$$

Le graphe est bien celui de cette fonction.

a) L'énergie est inférieure à V_0, le franchissement de la barrière de potentiel est possible par effet tunnel.

b) Le potentiel est symétrique par rapport à $x = 0$; la densité linéique de probabilité de présence est donc elle aussi symétrique par rapport à $x = 0$, donc ρ est une fonction paire de x :

$$\rho(-x) = \rho(x) \text{ soit } \varphi^2(-x) = \varphi^2(x)$$

$$\text{soit } [\varphi(-x) - \varphi(x)] \cdot [\varphi(-x) + \varphi(x)] = 0$$

$$\text{donc } \varphi(-x) = \varphi(x) \text{ ou } \varphi(-x) = -\varphi(x)$$

φ est donc paire ou impaire.

c) Il y a a priori 6 relations de continuité :
- continuité de φ en $x = -3a$ (discontinuité infinie de potentiel) ;
- continuité de φ et de φ′ en $x = -a$ (discontinuité finie de potentiel) ;
- continuité de φ et de φ′ en $x = a$ (discontinuité finie de potentiel) ;
- continuité de φ en $x = 3a$ (discontinuité infinie de potentiel).

On vérifie sur les solutions proposées que

$$\varphi_i(-3a) = \varphi_i(3a) = 0 \text{ et } \varphi_p(-3a) = \varphi_p(3a) = 0$$

Les relations de continuité en $x = -a$ et en $x = +a$ donnent les mêmes relations ; il suffit donc de les écrire en $x = a$:

$$\begin{cases} I_0 \operatorname{sh}\frac{a}{\delta_i} = I\sin(2k_i a) \\ I_0 \operatorname{ch}\frac{a}{\delta_i} = -k_i I\cos(2k_i a) \end{cases} \qquad \begin{cases} P_0 \operatorname{ch}\frac{a}{\delta_p} = P\sin(2k_p a) \\ P_0 \operatorname{sh}\frac{a}{\delta_p} = -k_p P\cos(2k_p a) \end{cases}$$

En faisant le rapport entre les égalités, on élimine les constantes :

$$\delta_i \operatorname{th}\frac{a}{\delta_i} = -\frac{1}{k_i}\tan(2k_i a) \text{ et } \delta_p \operatorname{coth}\frac{a}{\delta_p} = -\frac{1}{k_p}\tan(2k_p a)$$

Ce sont bien les deux relations demandées par l'énoncé.

d) En remplaçant δ_i et k_i, on obtient une équation en E_i, et de même pour E_p.

e) La condition $ka = \frac{\pi}{2}$ donne

$$k^2 = \frac{\pi^2}{4a^2} \text{ soit } \frac{2mE}{\hbar^2} = \frac{\pi^2}{4a^2} \text{ soit } E = E_1 \text{ avec } E_1 = \frac{\pi^2\hbar^2}{8ma^2}$$

C'est l'énergie minimale (voir section 14.3) de la particule dans un puits de potentiel infini de largeur $2a$; en effet, $E \ll V_0$ et la situation est proche de celle où $x \in [-3a, a]$ et $x \in [a, 3a]$ forment deux puits de potentiel infini de même largeur $2a$.

f) Les deux fonctions sont continues et de dérivée continue en $x = \pm a$, nulles en $x = \pm 3a$, φ_i est impaire et φ_p paire. Voici l'allure des courbes :

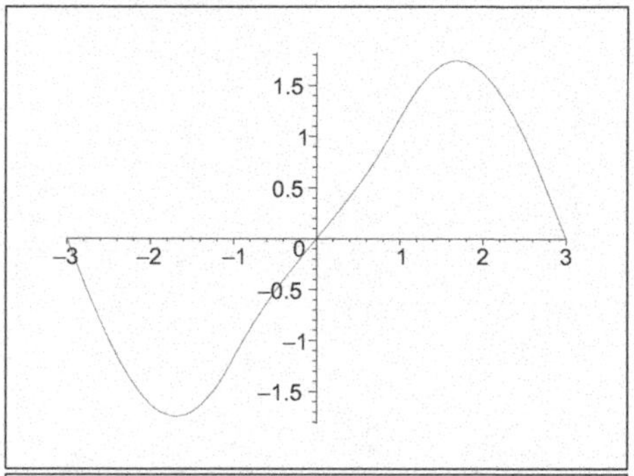

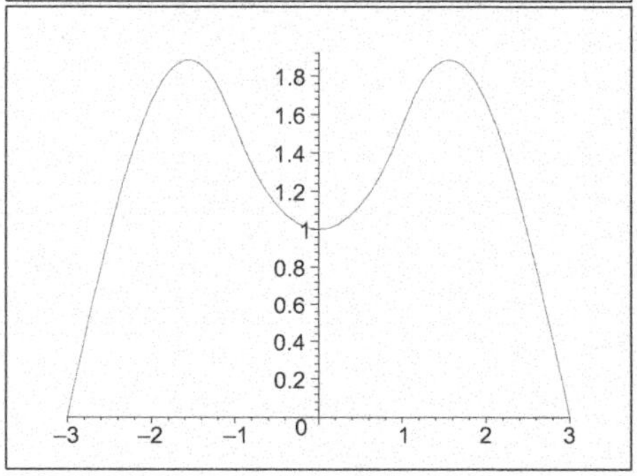

g) Si $E_i \simeq E_p$, les fonctions d'onde

$$\psi_p(x,t) = \varphi_p(x)e^{-i\frac{E_p}{\hbar}t} \text{ et } \psi_i(x,t) = \varphi_i(x)e^{-i\frac{E_i}{\hbar}t}$$

ont même pulsation $\omega = \omega_i = \omega_p \simeq \frac{E_0}{\hbar}$. Les superpositions sont donc stationnaires

$$\psi_{G,D}(x,t) = \frac{1}{\sqrt{2}}\left[\varphi_p(x)e^{-i\frac{E_p}{\hbar}t} \mp \varphi_i(x)e^{-i\frac{E_i}{\hbar}t}\right]$$

$$\psi_{G,D}(x,t) \simeq \left[\varphi_p(x) \pm \varphi_i(x)\right]e^{-i\frac{E_0}{\hbar}t}$$

Les allures des fonctions spatiales $\varphi_G(x)$ et $\varphi_D(x)$

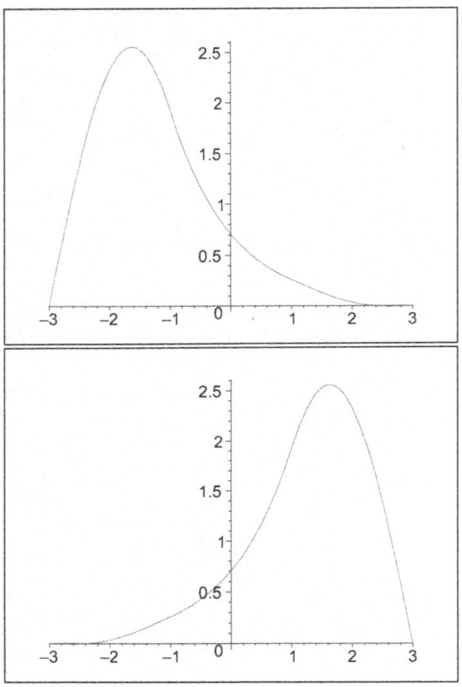

et celles des densités associées $\rho_G(x) = \varphi_G^2(x)$ et $\rho_D(x) = \varphi_D^2(x)$

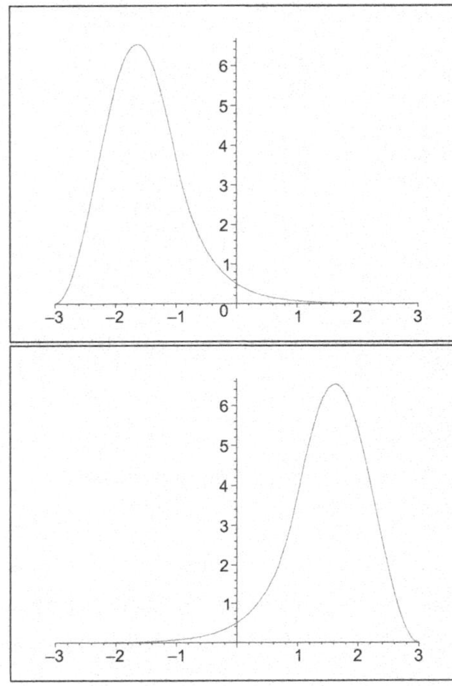

font apparaître respectivement un lobe de probabilité importante à gauche (G) ou à droite (D). Le coefficient $\frac{1}{\sqrt{2}}$ est un coefficient de normalisation.

h) Le calcul est le même que celui du cours : il y a oscillation quantique entre les deux états (G) et (D), donc oscillation de retournement à la pulsation :

$$\omega_{G,D} = \frac{\delta E}{\hbar}$$

Sixième partie

Thermodynamique

Chapitre 14

Thermodynamique statistique

Thèmes abordés dans les exercices

- ◇ Loi de la statique des fluides.
- ◇ Loi de l'hydrostatique.
- ◇ Poussée d'Archimède.
- ◇ Modèle de l'atmosphère isotherme.
- ◇ Facteur de Boltzmann.
- ◇ Systèmes à niveaux d'énergie discrets.
- ◇ Énergie moyenne.
- ◇ Capacité thermique.
- ◇ Théorème d'équipartition de l'énergie.
- ◇ Gaz parfait.
- ◇ Loi de Dulong et Petit.

Points essentiels du cours pour la résolution des exercices

- ◇ Exploiter la loi de la statique des fluides.
- ◇ Identifier et interpréter un facteur de Boltzmann.
- ◇ Caractériser un système discret à niveaux d'énergie indépendants non dégénérés.
- ◇ Justifier l'évolution de $< E >$ avec la température.
- ◇ Exploiter le théorème d'équipartition de l'énergie.
- ◇ Introduction à l'entropie statistique.

Les méthodes à retenir

Notations et outils mathématiques.

Dans ce chapitre, nous noterons

- $R = 8{,}31\ J \cdot K^{-1} \cdot mol^{-1}$ la **constante des gaz parfaits** ;
- $\mathcal{N}_A = 6{,}02 \cdot 10^{23}\ mol^{-1}$ la **constante d'Avogadro** ;
- $k_B = 1{,}38 \cdot 10^{-23}\ J \cdot K^{-1}$ la **constante de Boltzmann.**

Quelques notions de trigonométrie hyperbolique sont requises. On définit ainsi

$$\begin{cases} \operatorname{sh} x = \frac{e^x - e^{-x}}{2} \\ \operatorname{ch} x = \frac{e^x + e^{-x}}{2} \\ \operatorname{th} x = \frac{\operatorname{sh} x}{\operatorname{ch} x} = \frac{e^x - e^{-x}}{e^x + e^{-x}} \end{cases}$$

Voici quelques propriétés de ces fonctions

$$\operatorname{ch}^2 x - \operatorname{sh}^2 x = 1, \begin{cases} \operatorname{sh}' x = \operatorname{ch} x \\ \operatorname{ch}' x = \operatorname{sh} x \end{cases} \text{ et } \operatorname{th}' x = \frac{1}{\operatorname{ch}^2 x}$$

Voici l'allure des courbes représentatives des trois fonctions

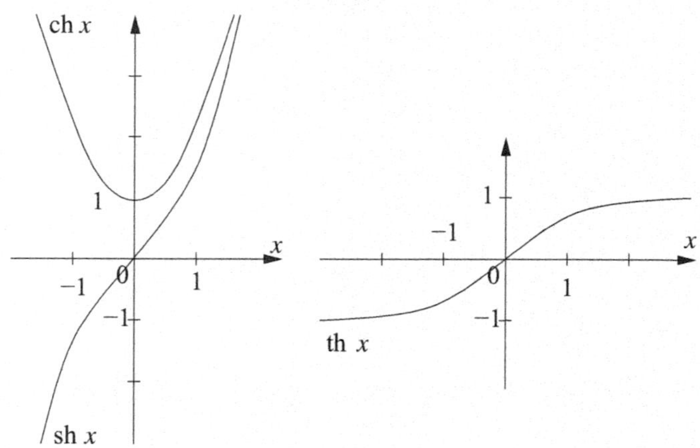

Exploiter la loi de la statique des fluides.

La **loi de la statique des fluides** vue en première année

$$\frac{dP}{dz} = -\mu g$$

est un cas particulier d'une loi plus générale

$$\overrightarrow{\text{grad}}\, P + \sum \vec{f}_{\text{vol}} = \vec{0}$$

La force volumique la plus courante est le poids $\mu\vec{g}$. On peut aussi prendre en compte la force d'inertie d'entraînement $-\mu\vec{a}_e$ en référentiel non galiléen en translation ou en rotation uniforme (voir chapitre 1) les forces de gravitation ou la force électrique sur la particule de fluide. Celle-ci étant immobile, elle ne subit ni force d'inertie de Coriolis ni force magnétique de Lorentz. Voici la méthode de détermination de la pression et des autres grandeurs du problème.
(a) La projection du gradient et des forces sur les axes du repère choisi conduisent à un système d'équations aux dérivées partielles vérifiées par la pression $P(x, y, z)$ en coordonnées cartésiennes ou $P(r, \theta, z)$ en coordonnées cylindriques.
(b) On écrit l'équation d'état du fluide étudié, de préférence en termes de masse volumique

$$\mu = \frac{m}{V} = \frac{nM}{V}$$

(c) On écrit les autres lois mécaniques ou thermodynamiques reliant les variables.
(d) On intègre les équations en introduisant à chaque étape les constantes vraies ou dépendant des autres variables.

Exemple :

Déterminons la loi d'évolution de la pression avec l'altitude dans le modèle de l'**atmosphère isotherme**.
(a) En choisissant l'axe z vertical ascendant, la loi de la statique des fluides s'écrit

$$\begin{cases} \frac{\partial P(x,y,z)}{\partial x} = 0 \\ \frac{\partial P(x,y,z)}{\partial y} = 0 \\ \frac{\partial P(x,y,z)}{\partial z} + \mu(x, y, z) g(x, y, z) = 0 \end{cases}$$

(b) On assimile l'air à un gaz parfait isotherme à la température T, de masse molaire moyenne $M = 29 \cdot 10^{-3}\ \text{kg} \cdot \text{mol}^{-1}$. On en déduit

$$P(x, y, z)M = \mu(x, y, z, t)RT$$

(c) On suppose l'altitude suffisamment faible pour considérer que l'accélération de la pesanteur est constante

$$g(x, y, z) = g = 9{,}8\ \text{m} \cdot \text{s}^{-2}$$

(d) Le système s'écrit donc

$$\begin{cases} \frac{\partial P(x,y,z)}{\partial x} = 0 \text{ donc } P(x,y,z) = P(y,z) \\ \frac{\partial P}{\partial y} = 0 \text{ donc } P(y,z) = P(z) \text{ et } \mu(z) = \frac{P(z)M}{RT} \\ \frac{\partial P(z)}{\partial z} = \frac{dP}{dz} = -\frac{Mg}{RT}P \end{cases}$$

Cette dernière équation est à variables séparables. On l'intègre entre le sol

$$z = 0 \text{ et } P(0) = P_0 = 1{,}0 \cdot 10^5 \text{ Pa}$$

et l'altitude z (*on s'affranchit de la règle mathématique interdisant de noter la borne et la variable avec la même lettre*) :

$$\int_{z=0}^{z} \frac{dP}{P} = -\frac{Mg}{RT}\int_{z=0}^{z} dz$$

$$\text{donc } \ln\frac{P(z)}{P_0} = -\frac{Mg}{RT}z \text{ soit } P(z) = P_0 e^{-\frac{Mgz}{RT}}$$

↪ **Exercices 14.1, 14.2, 14.3, 14.4, 14.5, 14.6.**

Identifier et interpréter un facteur de Boltzmann.

L'étude de l'atmosphère isotherme conduit à une expression remarquable de la densité particulaire. On note dN le nombre de particules dans une tranche parallélépipédique de base S située entre z et dz et $n(z) = \frac{dN}{Sdz}$ la densité particulaire. On obtient

$$n(z) = n_0 e^{-\frac{Mgz}{RT}} = n_0 e^{-\frac{mgz}{\frac{R}{\mathcal{N}_A}T}} = n_0 e^{-\frac{mgz}{b_B T}}$$

où m est la masse de la particule, mgz son énergie potentielle de pesanteur et $k_B T$ une énergie caractéristique de l'agitation thermique des particules. En intégrant entre $z = 0$ et $+\infty$, on en déduit le nombre total N_t de particules dans la colonne verticle de base S. On en déduit enfin la probabilité élémentaire qu'une particule se trouve entre les altitude z et $z + dz$:

$$dpr([z, z+dz]) = \frac{dN}{N_t} = Ae^{-\frac{mgz}{k_B T}} \cdot dz = Ae^{-\frac{ep_p}{k_B T}} \cdot dz$$

Le terme exponentiel est appelé **facteur de Boltzmann** et A est une constante de normalisation. On généralise cette expression. Soit un système de particules, à l'équilibre thermodynamique avec un thermostat à la température T. Si E est l'énergie caractéristique d'un état physique $\mathscr{E}$, alors la **probabilité** pour une particule donnée d'être dans l'état $\mathscr{E}$ (cas discret) ou au voisinage de l'état $\mathscr{E}$ (cas continu) est proportionnel au facteur de Boltzmann

$$\mathscr{B}(\mathrm{E},\mathrm{T}) = e^{-\frac{\mathrm{E}}{k_\mathrm{B}\mathrm{T}}}$$

Schématiquement, on dit que c'est l'agitation thermique $k_\mathrm{B}\mathrm{T}$ qui permet aux particules d'atteindre l'état d'énergie E, et que cette possibilité décroît exponentiellement avec le rapport entre ces deux énergies.

Exemple :

L'accélération de la pesanteur varie avec l'altitude :

$$g(z) = \frac{\mathscr{G} m_\mathrm{T}}{(\mathrm{R_T}+z)^2}$$

On pose $g_0 = \frac{\mathscr{G} m_\mathrm{T}}{\mathrm{R_T^2}} = 9{,}81\,\mathrm{m\cdot s^{-2}}$. On en déduit

$$g(z) = \frac{g_0}{\left(1+\frac{z}{\mathrm{R_T}}\right)^2} = g_0\left(1+\frac{z}{\mathrm{R_T}}\right)^{-2}$$

Pour $z \ll \mathrm{R_T}$, on peut faire le développement limité

$$g(z) \simeq g_0\left(1-\frac{2z}{\mathrm{R_T}}\right)$$

On assimile l'atmosphère à un gaz parfait isotherme. La loi de la statique des fluides s'écrit donc

$$\frac{d\mathrm{P}}{dz} = -\frac{\mathrm{P}(z)\mathrm{M}}{\mathrm{RT}}\cdot g_0\left(1-\frac{2z}{\mathrm{R_T}}\right)$$

$$\text{soit } \frac{d\mathrm{P}}{\mathrm{P}} = -\frac{\mathrm{M}g_0}{\mathrm{RT}}\left(1-\frac{2z}{\mathrm{R_T}}\right)dz$$

Cette équation à variables séparables d'intègre entre $z = 0$ où $P = P_0$ et z :

$$\ln \frac{P}{P_0} = -\frac{Mg_0}{RT}\left(z - \frac{z^2}{R_T}\right)$$

$$\text{donc } P = P_0 e^{-\frac{Mg_0}{RT}\left(z-\frac{z^2}{R_T}\right)}$$

Cette forme est un facteur de Boltzmann

$$P(z) = P_0 e^{-\frac{mg_0\left(z-\frac{z^2}{R_T}\right)}{k_B T}}$$

et $mg_0\left(z - \frac{z^2}{R_T}\right)$ est l'énergie potentielle de pesanteur modifiée par la prise en compte des variations de g avec l'altitude z.

↪ **Exercices 14.7, 14.8.**

Caractériser un système à spectre discret d'énergie.

Un système de N particules indépendantes est à l'équilibre thermodynamique avec un thermostat à la température T. Chaque particule peut occuper un ensemble discret d'états $\mathscr{E}_i$ d'énergies respectives E_i. Les niveaux d'énergie sont non dégénérés c'est-à-dire qu'il y a une bijection entre les états et leurs énergies. Voici la méthode d'étude énergétique de ce système.

(a) On exprime les **probabilités** selon la statistique de Boltzmann

$$p_i = p(E = E_i) = Ae^{-\frac{E_i}{k_B T}}$$

(b) On calcule la **constante de normalisation** en exprimant que la somme des probabilités des états est égale à 1

$$A = \frac{1}{\sum_i e^{-\frac{E_i}{k_B T}}}$$

Remarque : la somme des exponentielles qui apparaît au dénominateur est appelé la ***fonction de partition***

$$Z = \sum_i e^{-\frac{E_i}{k_B T}}$$

(c) On en déduit la **valeur moyenne de l'énergie** qui est l'espérance mathématique de la variable aléatoire réelle E

$$< \mathrm{E} >= \sum_i \mathrm{E}_i = \frac{\sum_i \mathrm{E}_i \cdot e^{-\frac{\mathrm{E}_i}{k_\mathrm{B}\mathrm{T}}}}{\sum_i e^{-\frac{\mathrm{E}_i}{k_\mathrm{B}\mathrm{T}}}}$$

(d) On en déduit l'**énergie interne molaire** et la **capacité thermique molaire**

$$\begin{cases} \mathrm{U}_m = \mathcal{N}_\mathrm{A} < \mathrm{E} > \\ \mathrm{C}_m = \frac{\partial \mathrm{U}_m}{\partial \mathrm{T}} \end{cases}$$

Exemple :

La caractérisation du système à deux niveaux d'énergie non dégénérés $-\varepsilon$ et $+\varepsilon$ figure explicitement au programme.

(a) Les probabilités des deux états sont

$$\begin{cases} p^- = pr(-\varepsilon) = \mathrm{A}e^{\frac{\varepsilon}{k_\mathrm{B}\mathrm{T}}} \\ p^+ = pr(+\varepsilon) = \mathrm{A}e^{-\frac{\varepsilon}{k_\mathrm{B}\mathrm{T}}} \end{cases}$$

(b) La condition de normalisation s'écrit

$$p^- + p^+ = 1 \text{ donc } \mathrm{A} = e^{\frac{\varepsilon}{k_\mathrm{B}\mathrm{T}}} + e^{-\frac{\varepsilon}{k_\mathrm{B}\mathrm{T}}}$$

On en déduit les probabilités et les effectifs des deux niveaux, en notant N le nombre total de particules

$$\begin{cases} p^- = \frac{e^{\frac{\varepsilon}{k_\mathrm{B}\mathrm{T}}}}{e^{\frac{\varepsilon}{k_\mathrm{B}\mathrm{T}}} e^{-\frac{\varepsilon}{k_\mathrm{B}\mathrm{T}}}} \\ p^+ = \frac{e^{-\frac{\varepsilon}{k_\mathrm{B}\mathrm{T}}}}{e^{\frac{\varepsilon}{k_\mathrm{B}\mathrm{T}}} e^{-\frac{\varepsilon}{k_\mathrm{B}\mathrm{T}}}} \end{cases} \text{ et } \begin{cases} \mathrm{N}^- = \frac{\mathrm{N}e^{\frac{\varepsilon}{k_\mathrm{B}\mathrm{T}}}}{e^{\frac{\varepsilon}{k_\mathrm{B}\mathrm{T}}} e^{-\frac{\varepsilon}{k_\mathrm{B}\mathrm{T}}}} \\ \mathrm{N}^+ = \frac{\mathrm{N}e^{-\frac{\varepsilon}{k_\mathrm{B}\mathrm{T}}}}{e^{\frac{\varepsilon}{k_\mathrm{B}\mathrm{T}}} e^{-\frac{\varepsilon}{k_\mathrm{B}\mathrm{T}}}} \end{cases}$$

(c) L'énergie moyenne vaut

$$< \mathrm{E} >= p^- \cdot (-\varepsilon) + p^+ \cdot (+\varepsilon) = \frac{-\mathrm{N}^-\varepsilon + \mathrm{N}^+\varepsilon}{\mathrm{N}} = -\varepsilon \mathrm{th} \frac{\varepsilon}{k_\mathrm{B}\mathrm{T}}$$

(d) On en déduit l'énergie molaire et la capacité thermique molaire

$$\begin{cases} \mathrm{U}_m = \mathcal{N}_\mathrm{A} < \mathrm{E} >= -\mathcal{N}_\mathrm{A}\varepsilon \mathrm{th} \frac{\varepsilon}{k_\mathrm{B}\mathrm{T}} \\ \mathrm{C}_m = \frac{\partial \mathrm{U}_m}{\partial \mathrm{T}} = \mathrm{R}\frac{x^2}{\mathrm{ch}^2 x} \text{ avec } x = \frac{\varepsilon}{k_\mathrm{B}\mathrm{T}} \end{cases}$$

⟶ **Exercices 14.9, 14.10.**

Justifier l'évolution de $< E >$ **avec la température.**

Voici quatre axes de travail pour justifier les évolutions de la valeur moyenne de l'énergie des particules dans une situation à deux états possibles.

(a) Le **gap** énergétique Δ est la différence entre l'énergie haute et l'énergie basse de deux états. L'énergie thermique caractéristique est $k_B T$. Comparer Δ et $k_B T$ permet de mesurer l'aptitude des particules à passer d'un niveau à l'autre grâce à leur énergie thermique.

(b) Le rapport entre les populations de deux états dont les énergies sont séparées par un gap Δ est

$$\gamma = \frac{N_{haut}}{N_{bas}} = e^{-\frac{\Delta}{k_B T}}$$

(c) Si $k_B T \ll \Delta$, les particules ont une **énergie thermique insuffisante pour franchir le gap**, γ est proche de 0, et $< E >$ est proche de l'énergie du niveau bas.

(d) Si $k_B T \gg \Delta$, les particules passent très facilement d'un niveau à l'autre, il y a **indifférence des particules entre les deux états**, γ est proche de 1 (mais reste inférieur à 1) et $< E >$ est proche de la moyenne des énergies des deux niveaux.

Exemple :

Étudions le comportement du système à deux niveaux d'énergie opposés $\pm\varepsilon$.

(a) Le gap est $\Delta = 2\varepsilon$. La comparaison entre Δ et $k_B T$ met en évidence une température critique $T_c = \frac{2\varepsilon}{k_B}$.

(b) Le rapport des effectifs des deux niveaux est

$$\gamma = \frac{N^+}{N^-} = e^{-\frac{2\varepsilon}{k_B T}}$$

(c) Si $T \ll T_c$, $\gamma \simeq 0$ donc $N^+ \simeq 0$ et $N^- \simeq N$ et

$$< E > = -\varepsilon \text{th} \frac{\varepsilon}{k_B T} \simeq -\varepsilon$$

L'énergie thermique des particules ne leur permet pas d'atteindre le niveau $+\varepsilon$, elles sont très majoritairement au niveau $-\varepsilon$.

(d) Si $T \gg T_c$, $\gamma \simeq 1$, $N^+ \simeq \frac{N}{2}$ et $N^- \simeq \frac{N}{2}$ et

$$< E > = -\varepsilon \text{th} \frac{\varepsilon}{k_B T} \simeq 0$$

Il y a indifférence des particules, et donc équiprobabilité des deux états.

↪ **Exercices 14.11, 14.12, 14.13.**

Exploiter le théorème d'équipartition de l'énergie.

La particule, constituant individuel du système thermodynamique, peut désigner un atome ou une molécule d'un système gazeux, liquide ou solide. Lorsqu'on exprime son énergie mécanique apparaissent des **termes quadratiques indépendants** du type

$$\frac{1}{2}\beta u^2$$

où u peut être une variable métrique (x, y, z, r), angulaire (θ, φ) ou la dérivée temporelle de cette variable $(\dot{x}, \dot{y}, \dot{z}, \dot{r}, \dot{\theta}, \dot{\varphi})$. La valeur moyenne de chaque terme quadratique est égale à $\frac{1}{2}k_B T$ et l'énergie moyenne de la particule est égale à cette valeur multipliée par le nombre de termes quadratiques indépendants.
Deux atomes voisins A et B formant une liaison covalente admettent trois modélisations distinctes.
(a) Si on admet que la distance entre eux $\ell = AB$ reste constante, l'énergie cinétique du système qu'ils constituent comporte six termes quadratiques

$$\frac{1}{2}m_A\dot{x}_A^2 + \frac{1}{2}m_A\dot{y}_A^2 + \frac{1}{2}m_A\dot{z}_A^2 + \frac{1}{2}m_B\dot{x}_B^2 + \frac{1}{2}m_B\dot{y}_B^2 + \frac{1}{2}m_B\dot{z}_B^2$$

mais la condition de liason

$$(x_B - x_A)^2 + (y_B - y_A)^2 + (z_B - z_A)^2 = \ell^2 = \text{cste}$$

fait passer le nombre de degrés de liberté quadratiques indépendants de 6 à 5.
(b) Sous la même hypothèse, on peut adopter le point de vue de la mécanique du solide. Soit G le centre de gravité du bipoint, celui-ci tourne autour de deux axes orthogonaux et on note J_θ et J_φ les moments d'inertie associés.

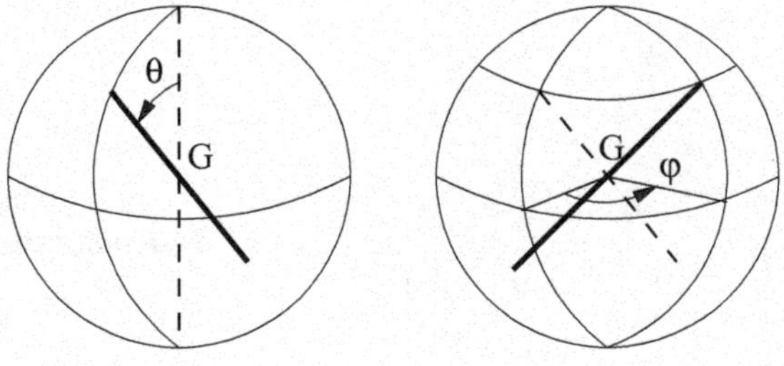

L'énergie cinétique du bipoint s'écrit alors

$$\frac{1}{2}(m_A + m_B)\dot{x}_G^2 + \frac{1}{2}(m_A + m_B)\dot{y}_G^2 + \frac{1}{2}(m_A + m_B)\dot{z}_G^2 + \frac{1}{2}J_\theta\dot{\theta}^2 + \frac{1}{2}J_\varphi\dot{\varphi}^2$$

et on retrouve bien les cinq degrés de liberté quadratiques indépendants.

(c) À partir d'une certaine température, on dit qu'il y a dégel de la vibration et la liaison peut être représentée par deux points matériels reliés par un ressort. On perd alors la condition de liaison et l'énergie mécanique de la molécule est la somme de 7 termes quadratiques indépendants

$$\frac{1}{2}m_A\dot{x}_A^2+\frac{1}{2}m_A\dot{y}_A^2+\frac{1}{2}m_A\dot{z}_A^2+\frac{1}{2}m_B\dot{x}_B^2+\frac{1}{2}m_B\dot{y}_B^2+\frac{1}{2}m_B\dot{z}_B^2+\frac{1}{2}k(\ell-\ell_0)^2$$

Exemple :

Dans le cas du **gaz parfait monoatomique**, chaque atome est assimilé à une bille ponctuelle de masse m, sans interaction avec les autres. Son énergie mécanique est donc

$$\frac{1}{2}m\vec{v}^2=\frac{1}{2}m\dot{x}^2+\frac{1}{2}m\dot{y}^2+\frac{1}{2}m\dot{z}^2$$

On compte 3 termes quadratiques indépendants donc

$$<\mathrm{E}>=3\times\frac{1}{2}k_B\mathrm{T} \text{ donc } \begin{cases} \mathrm{U}_m=\frac{3}{2}\mathrm{RT} \\ \mathrm{C}_m=\frac{3}{2}\mathrm{R} \end{cases}$$

Dans le cas du **gaz parfait diatomique**, à une température inférieure à celle du dégel de la vibration, chaque molécule est assimilée à un bipoint AB de longueur constante et son énergie mécanique est celle d'un solide

$$\frac{1}{2}(m_A+m_B)\dot{x}_G^2+\frac{1}{2}(m_A+m_B)\dot{y}_G^2+\frac{1}{2}(m_A+m_B)\dot{z}_G^2+\frac{1}{2}J_\theta\dot{\theta}^2+\frac{1}{2}J_\varphi\dot{\varphi}^2$$

On compte 5 termes quadratiques indépendants donc

$$<\mathrm{E}>=5\times\frac{1}{2}k_B\mathrm{T} \text{ donc } \begin{cases} \mathrm{U}_m=\frac{3}{2}\mathrm{RT} \\ \mathrm{C}_m=\frac{5}{2}\mathrm{R} \end{cases}$$

↪ **Exercices 14.14, 14.15.**

Introduction à l'entropie statistique.

Ce paragraphe n'est pas explicitement mentionné au programme. L'**entropie statistique** est une expression de l'entropie d'un système cohérente avec le second principe. Son expression fait apparaître une formule de dénombrement :

$$\mathrm{S}_B=k_B\ln\Omega$$

où Ω désigne le **nombre de complexions microscopiques équiprobables** des constituants, c'est-à-dire le nombre de manières microscopiques distinctes et équiprobables dont peuvent être décrites les constituants, conduisant à l'état macroscopique actuel du système. Deux familles d'exercices utilisent cette expression.
(a) On peut vérifier sur des cas simples l'adéquation entre la variation d'entropie calculée grâce à cette formule et celle calculée de façon directe grâce à une identité thermodynamique.
(b) En utilisant un raisonnement proche de celui de la thermochimie, on peut définir un potentiel thermodynamique qui est extrémal à l'équilibre d'un système et en déduire une relation entre ses descriptions macroscopique et microscopique.

Exemple :

On considère un cas extrêmement simplifié de système dans lequel les N constituants sont tous identiques de taille nulle (ce sont des points matériels), ont tous la même énergie cinétique et ne subissent aucune force extérieure autre que celle qui les fait rebondir sur les parois. On est donc dans l'hypothèse du gaz parfait monoatomique. Les constituants sont répartis dans une enceinte adiabatique de volume 2V et divisée par la pensée en deux demi-enceintes de même volume V, que nous nommerons gauche et droite. L'état du système est supposé parfaitement déterminé par sa température, son volume et sa pression. La description microscopique du système est définie par la répartition des constituants entre les deux demi-enceintes : le constituant numéro 1 est à gauche ou à droite, le deuxième à gauche ou à droite, etc. La description microscopique d'un système à six constituants est par exemple GGDGDG.
(a) **Accord entre l'entropie statistique et l'entropie classique**. Dans l'état initial, le gaz est réparti dans celle de gauche uniquement et une paroi sépare les deux demi-enceintes. Dans l'état final, la paroi est ôtée.
Dans l'état initial, il existe une seule complexion microscopique possible pour décrire le système : GGGGG...G donc $\Omega_i = 1$ et

$$S_i = k_B \ln 1 = 0 \text{ J} \cdot \text{K}^{-1}$$

Le système est parfaitement ordonné.

Dans l'état final, le nombre de complexions microscopiques est le nombre de manières de choisir indépendamment l'une de l'autre la case dans laquelle se trouve chaque constituant, soit $\Omega_f = 2^N$. On en déduit que

$$S_f = k_B \ln 2^N = k_B N \ln 2 = k_B \cdot n\mathcal{N}_A \ln 2 = nR\ln 2$$

La variation d'entropie statistique vaut donc

$$\Delta S = S_f - S_i = nR\ln 2$$

Or on reconnaît la détente de Joule Gay-Lussac, adiabatique dans le vide, pour laquelle le premier principe donne $dU = 0$ (isoénergétique). L'application de la première identité thermodynamique donne

$$0 = -PdV + TdS \text{ donc } dS = \frac{P}{T}dV = nR\frac{dV}{V}$$

$$\text{donc } \Delta S = nR\int_V^{2V} \frac{dV}{V} = nR\ln\frac{2V}{V} = nR\ln 2$$

et les deux résultats sont bien en accord.

(b) **Maximisation de l'entropie et état d'équilibre**. Le système évoluant de façon adiabatique et à température constante (la détente de Joule Gay-Lussac pour les gaz parfaits est isoénergétique donc isotherme), l'état d'équilibre correspond à une entropie maximale. Décrivons l'état macroscopique du système par le nombre p de constituants à gauche, et donc $N - p$ le nombre restant à droite. Il y a

$$\Omega = \binom{N}{p}$$

complexions microscopiques correspondant à cet état macroscopique et son entropie statistique est donc

$$S = k_B \ln \frac{N!}{p!(N-p)!}$$

Elle est donc maximale quand Ω est maximal, et l'observation des coefficients binomiaux dans le triangle de Pascal prouve que c'est le cas pour $p = \frac{N}{2}$ (à une unité près). L'équirépartition des atomes correspond bien à l'égalité des pressions dans les deux enceintes, donc à l'équilibre mécanique du système.

⟶ **Exercice 14.16.**

Énoncés des exercices

14.1 Hydrostatique et poussée d'Archimède

a) Un liquide incompressible de masse volumique constante et uniforme μ dans le champ de pesanteur uniforme ($\vec{g} = -g\vec{u}_z$) a pour pression de surface P_0 en $z = 0$. Établir l'expression de $P(z)$ (loi de l'hydrostatique).

b) Un solide cylindrique de hauteur H et de section S est immergé dans le liquide, ses faces parallèles sont aux cotes respectives $z_0 < 0$ et $z_0 - H$. Déterminer la résultante des forces de pression sur le cylindre.

c) Vérifier l'identité de cette résultante à la poussée d'Archimède.

14.2 Loi de l'atmosphère à gradient de température uniforme

On assimile l'atmosphère à un gaz parfait de masse molaire M, soumise à un champ de gravitation uniforme g et de température variant avec l'altitude selon la loi $T(z) = T_0 - Az$. Déterminer le champ des pressions $P(z)$ en notant P_0 la pression au sol.

14.3 Pression au cœur d'une planète

Une planète dépourvue d'atmosphère est assimilée à une sphère de rayon R, de masse M et de masse volumique μ uniforme (magma liquide). Le champ de gravitation est donné par la loi

$$g(r) = \frac{4}{3}\mathcal{G}\pi\mu r$$

Déterminer la pression au centre de la planète en fonction de la constante de gravitation $\mathcal{G}$, de la masse M et du rayon R.

14.4 Atmosphère de Titan (analyse documentaire, ENSTIM 2008)

Dans le modèle de l'atmosphère polytropique, on suppose que la pression et la masse volumique, à l'altitude z, du gaz qui la constitue vérifie la loi

$$P(z)\mu^{-\alpha}(z) = P_0\mu_0^{-\alpha}$$

avec $P_0 = P(0)$ et $\mu_0 = \mu(0)$. L'accélération de la pesanteur g est supposée uniforme, le gaz est assimilé à un gaz parfait de masse molaire M, on note R la constante des gaz parfaits.

a) À quels cas particuliers correspondent $\alpha = 0$? $\alpha = 1$? $\alpha = \gamma = \frac{C_P}{C_V}$?

b) Pour $\alpha = 1$, établir l'expression de $P(z)$ en fonction de P_0 et T_0, pression et température en $z = 0$.

c) Même question pour $\alpha \neq 1$.

d) La sonde Huygens a traversé l'atmosphère de Titan, une des lunes de Saturne, en janvier 2005. On donne ci-dessous l'allure du relevé de la pression (axe de gauche en échelle logarithmique) et de la température (courbe) en fonction de l'altitude (axe de droite en échelle linéaire pour $z > 125$ km). L'accélération de la pesanteur est de l'ordre de $g = 1{,}6\ \text{m}\cdot\text{s}^{-2}$, et l'atmosphère est constituée à 95 % de diazote de masse molaire moléculaire $M_{N_2} = 28\ \text{g}\cdot\text{mol}^{-1}$ et de 5 % de méthane de masse molaire moléculaire $M_{CH_4} = 16\ \text{g}\cdot\text{mol}^{-1}$. Peut-on valider, dans un intervalle d'altitude, l'hypothèse d'atmosphère isotherme ? l'hypothèse d'atmosphère isentropique (polytropique avec $\alpha = \gamma = \frac{7}{5}$) ?

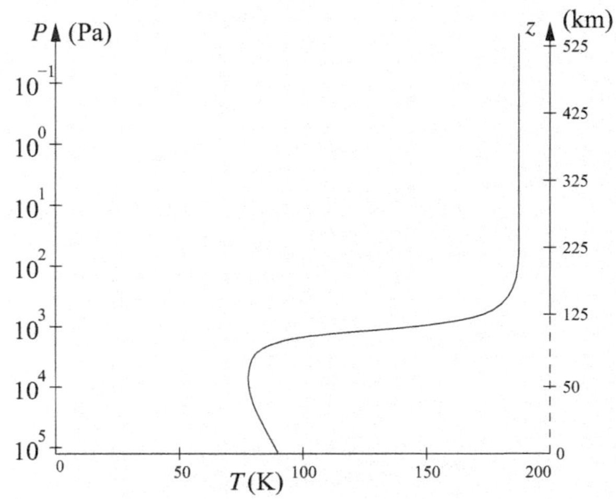

14.5 Masse de l'atmosphère (résolution de problème)

La masse molaire moyenne de l'air est $M = 29\cdot 10^{-3}\ \text{kg}\cdot\text{mol}^{-1}$. La constante des gaz parfaits vaut $R = 8{,}31\ \text{J}\cdot\text{K}^{-1}\cdot\text{mol}^{-1}$, l'accélération de la pesanteur à basse altitude est $g \simeq 10\ \text{m}\cdot\text{s}^{-2}$, la pression moyenne au niveau du sol est de l'ordre de $1{,}0\cdot 10^5$ Pa, le rayon terrestre est $R_T = 6{,}4\cdot 10^6$ m et on prend l'hypothèse d'une atmosphère isotherme à $T = 290$ K. Estimer la masse totale de l'atmosphère.

14.6 Verre d'eau en rotation

Un verre cylindrique, de rayon R et de hauteur $H = 2R$, est rempli à moitié d'eau. Il est posé sur un plateau tournant horizontal à la vitesse angulaire Ω, l'axe de rotation étant confondu avec l'axe de révolution du verre.

a) Déterminer l'équation ($z = \varphi(r)$) de la surface. Préciser sa nature géométrique.

b) Citer une utilisation de ce phénomène en astronomie.

c) Lorsque Ω augmente, observera-t-on d'abord le débordement ou d'abord l'assèchement du fond du verre ?

14.7

Aspirateur rotatif

Dans le dispositif suivant, le tube coudé plonge dans un liquide de masse volumique μ_e. Il tourne à vitesse angulaire constante Ω autour de l'axe (O, z). On note P_0 la pression de l'air extérieur.

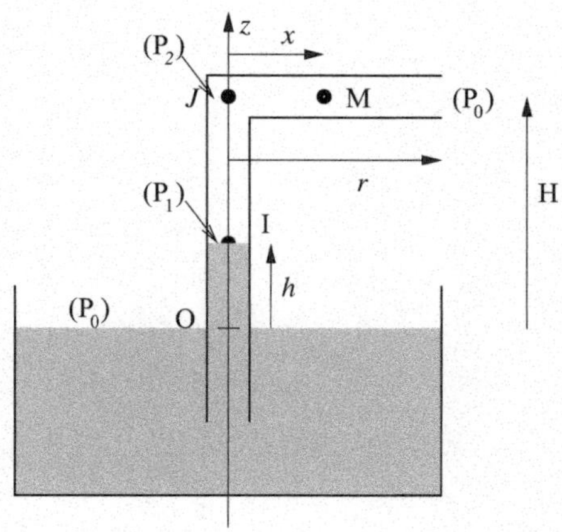

a) Le point M est repéré par son rayon x. On suppose que la masse volumique de l'air est une constante uniforme μ_0. Calculer la pression $P(x)$.

b) Déterminer la dénivellation h. Faire l'application numérique avec $\Omega = 100\pi$ rad $\cdot$ s^{-1}, $r = 0,100$ m, $\mu_e = 10^3$ kg $\cdot$ m^{-3} et $\mu_0 = 1,3$ kg $\cdot$ m^{-3}.

c) Le point M est repéré par son rayon x. On prend maintenant en compte les variations de la masse volumique de l'air avec la pression selon la loi des gaz parfaits isothermes. Calculer la pression $P(x)$.

d) Peut-on définir un facteur de Boltzmann ?

14.8

Loi d'Arrhenius

On considère la réaction chimique

$$A + B = C + D$$

La théorie du **complexe activé** propose le mécanisme suivant

$$A + B \underset{\overleftarrow{k_{-1}}}{\overset{k_1}{\rightarrow}} [AB^* = CD^*] \overset{k_2}{\rightarrow} C + D$$

où AB^* est une sorte de macromolécule instable, identique à CD^*, qui se forme en raccordant A et B et se scinde en C et D. Le système thermodynamique formé de une molécule de A et une molécule de B possède un spectre discret d'énergies :

$$E(A + B) = E_1, \quad E\big([AB^* = CD^*]\big) = E^* \text{ et } E(C + D) = E_2 \text{ avec } E_2 < E_1 < E^*$$

Le diagramme suivant donne le profil énergétique en fonction de l'avancement.

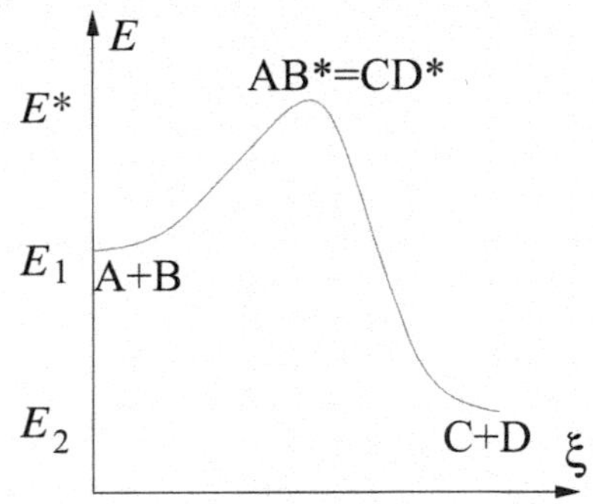

La vitesse de réaction se met sous la forme

$$v = -\frac{d[A]}{dt} = -\frac{d[B]}{dt} = k[A][B]$$

La loi d'Arrhenius est une loi empirique énoncée historiquement sous la forme

$$\frac{d\ln k}{dT} = \frac{E_a}{RT^2}$$

où E_a est l'**énergie d'activation** molaire, R la constante des gaz parfaits et T la température absolue.

a) À une date donnée, on note $d[A]$ la variation infinitésimale de [A] pendant la durée infinitésimale dt. Justifier qualitativement qu'on peut écrire :

$$d[A] = -\lambda \cdot P\left([A + B = AB^*]\right) \cdot dt$$

où λ est une constante dont on ne cherchera pas l'expression.

b) Exprimer la probabilité $P\left([A + B = AB^*]\right)$ en fonction de [A], [B] et d'un facteur de Boltzmann.

c) En déduire la loi d'Arrhenius.

14.9 Capacité thermique électronique du chlore

L'état d'un atome de chlore est décrit par le niveau d'énergie η de son unique électron célibataire. Celui-ci peut occuper deux niveaux d'énergie très proches $-\varepsilon$ ou $+\varepsilon$ séparés d'un gap d'énergie $\Delta = (+\varepsilon) - (-\varepsilon) = 2\varepsilon = 0,109$ eV. On considère un système formé de N atomes au contact d'un thermostat à la température T.

a) On suppose dans un premier temps que les niveaux d'énergie sont non dégénérés. Exprimer les probabilités $p_+ = \text{pr}(\eta = +\varepsilon)$ et $p_- = \text{pr}(\eta = -\varepsilon)$, N_+ le nombre d'atomes à $+\varepsilon$ et N_- le nombre d'atomes à $-\varepsilon$, le rapport $\tau = N_+/N_-$ et calculer celui-ci à la température T = 300 K. En déduire l'énergie interne U du système, l'énergie interne molaire U_m et la capacité thermique molaire électronique $C_{m,\text{el}} = \frac{dU_m}{dT}$.

b) On prend maintenant en compte la dégénérescence qui est de 2 pour $+\varepsilon$ et 4 pour $-\varepsilon$, c'est-à-dire que

$$p_+ = 2A\mathscr{B}(+\varepsilon, T) \text{ et } p_- = 4A\mathscr{B}(-\varepsilon, T)$$

où $\mathscr{B}$ désigne le facteur de Boltzmann. On pose $\theta = \frac{\Delta}{k_B}$ et $x = \frac{T}{\theta}$.

i) Donner l'expression de $< \eta >$ et en déduire celle de l'énergie molaire électronique sous la forme

$$U_{m,\text{el}} = -\mathscr{N}_A \varepsilon \cdot f(x)$$

En utilisant un outil informatique, tracer l'allure de $-f(x)$ pour $x \in [0, 5]$.

ii) Vérifier graphiquement que la capacité thermique est maximale au voisinage de $T^* = 0,45\theta$, nulle à basse et à haute température. À la température T^*, calculer sa valeur maximale

$$C^*_{m,\text{el}} = \frac{dU_m}{dT} = \frac{dU_m}{dT} \cdot \frac{dx}{dT}$$

14.10 Paramagnétisme de Langevin

On modélise un système thermodynamique à N particules par un ensemble de dipôles magnétiques de moment individuel $\vec{\mu}_k = i_k \vec{S}_k$ (intensité multipliée par vecteur surface). Le moment magnétique total est $\vec{\mathscr{M}} = \sum_{k=1}^{N} \vec{\mu}_k$. On place ce système dans un champ magnétique extérieur $\vec{B}$ très supérieur à celui créé par les dipôles. On néglige les intercations entre les dipôles devant celles entre $\vec{B}$ et les dipôles dont l'énergie individuelle est $\varepsilon_k = -\vec{\mu}_k \cdot \vec{B}$. On constate expérimentalement la loi de Curie

$$\vec{\mathscr{M}} = \frac{C}{T}\vec{B}$$

où C est la constante de Curie.

a) **Modèle discret.** On pose $\vec{B} = B_0 \vec{u}$ et on suppose que le moment dipolaire individuel ne peut prendre que deux valeurs opposées : $\vec{\mu}_k = \pm\mu_0 \vec{u}$. On pose $\varepsilon_0 = \mu_0 B_0$.

i) Quelles sont les hypothèses qui permettent d'appliquer la statistique de Maxwell-Boltzmann ?

ii) Exprimer $\begin{cases} p^+ = \text{pr}(\vec{\mu}_k = +\mu_0 \vec{u}) \\ p^- = \text{pr}(\vec{\mu}_k = -\mu_0 \vec{u}) \end{cases}$

iii) Exprimer $< \varepsilon_k >$.

iv) Exprimer $< \vec{\mu}_k >$.

v) En déduire $< \vec{\mathcal{M}} >$.

vi) On rappelle que $\begin{cases} \text{pour } u \to 0, \ \text{th} u \simeq u \\ \text{pour } u \to +\infty, \ \text{th} u \simeq 1 \end{cases}$. La loi de Curie est-elle vérifiée ?

b) **Modèle continu.** On pose $\vec{B} = B_0 \vec{u}_z$ et $\vec{\mu}_k = \mu_0 \vec{u}_r$ en coordonnées sphériques. On constate que pour un angle de latitude dans un intervalle $[\theta, \theta + d\theta]$, le nombre d'orientations possibles du moment dipolaire est proportionnel au rapport entre l'aire de la zone hachurée et celle de la sphère.

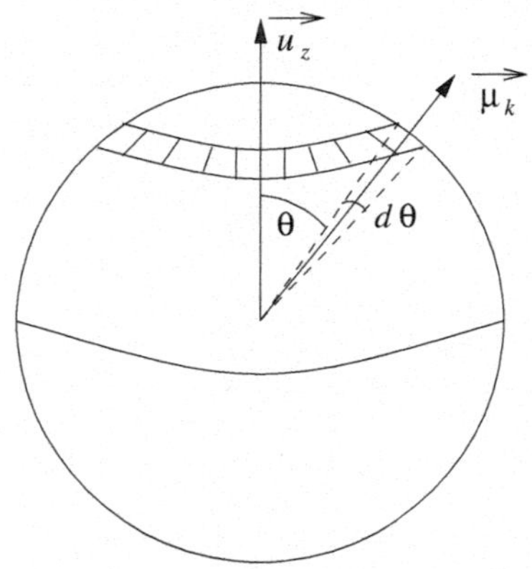

i) Justifier que la probabilité infinitésimale pour un dipôle d'avoir son moment dans l'intervalle angulaire est

$$dp_\theta = \text{pr}\left[\vec{\mu}_k \text{ pointe dans la zone } [\theta, \theta + d\theta]\right] = A\mathscr{B}(\theta, T) \cdot \sin\theta d\theta$$

où $\mathscr{B}(\theta, T)$ désigne le facteur de Boltzmann.

ii) Calculer la constante de normalisation A.

iii) En passant des coordonnées sphériques aux coordonnées cartésiennes, le moment dipolaire s'écrit

$$\vec{\mu}_k = \mu_0 \cos\theta \vec{u}_z + \mu_0 \sin\theta \left[\cos\varphi \vec{u}x + \sin\varphi \vec{u}_y\right]$$

Les symétries du problème impliquent que $< \vec{\mu}_k >$ est selon $\vec{u}_z$. Calculer son expression.

iv) En déduire $< \vec{\mathcal{M}} >$.

v) On précise que $\begin{cases} \text{pour } u \to 0, \ u \coth u \simeq 1 + \frac{u^2}{3} \\ \text{pour } u \to +\infty, \ \coth u \simeq 1 \end{cases}$. La loi de Curie est-elle vérifiée ?

14.11 Évolution de la capacité thermique avec la température

Dans le système à deux niveaux d'énergie $\pm\varepsilon$, on pose $x = \frac{\varepsilon}{k_B T}$.

a) Montrer que la capacité thermique molaire s'écrit

$$C_m = R\frac{x^2}{\text{ch}^2 x}$$

b) En utilisant un outil graphique, tracer l'allure des variations de C_m avec x.

c) Justifier qualitativement les valeurs de C_m à basse température et à haute température.

14.12 Dégénérescences

a) **Sens physique de la dégénérescence.** Une particule portant la charge Q au point O crée sur une autre particule M de charge q un champ d'énergie potentielle $Ep = \frac{Qq}{4\pi\varepsilon_0 r}$ avec $r = OM$. Sur une droite (O, x), deux particules de même charge Q sont placées aux points O_1 d'abscisse $x_1 = -a$ et O_2 d'abscisse $x_2 = +a$. Une particule M de charge q est astreinte à se déplacer sur le segment $[O_1, O_2]$ et on suppose que son abscisse ne peut prendre que cinq valeurs distinctes : $x \in \left\{-\frac{2a}{3}, -\frac{a}{3}, 0, \frac{a}{3}, \frac{2a}{3}\right\}$ La variable x caractérise l'état de la particule M. On pose $\varepsilon = \frac{Qq}{4\pi\varepsilon_0 a}$.

i) Montrer que la particule M appartient à un spectre discret d'énergies. Préciser les valeurs possibles E_i.

ii) Montrer qu'il y a dégénérescence de certains niveaux d'énergie, c'est-à-dire que plusieurs états différents (x distincts) correspondent à une même énergie.

iii) On note g_i le niveau de dégénérescence de l'énergie E_i, c'est-à-dire le nombre d'états distincts d'énergie E_i. Montrer que la probabilité pour une particule de charge q d'occuper le niveau d'énergie E_i est $p_i = A \cdot g_i e^{-\frac{E_i}{k_B T}}$ où A est un facteur de normalisation.

iv) Calculer la foncton de partition Z du système et les probabilités des énergies du spectre lorsque $k_B T = \varepsilon$. Que remarque-t-on ? Calculer l'énergie moyenne $< E >$.

v) Dans un système comportant N particules identiques de charge q, chacune d'elle peut-elle être considérée comme indépendante des autres ? Quelle est la valeur maximale possible pour N ?

b) **Température d'inversion**. On considère un système formé de N particules identiques, indépendantes et ne pouvant prendre individuellement que trois énergies $E_1 = 0$ non dégénéré ($g_1 = 1$), $E_2 = \varepsilon$ de dégénérescence $g_2 = 2$ et $E_3 = 2\varepsilon$ de dégénérescence $g_3 = 4$.

i) Déterminer les probabilités p_i d'occupation de chacun de ces états E_i pour une particule donnée.

ii) Calculer ces trois probabilités à la limite $T \to 0$.

iii) Calculer ces trois probabilités à la limite $T \to \infty$.

iv) Pourquoi la température $T_V = \frac{\varepsilon}{k_B \ln 2}$ est-elle qualifiée de **température d'inversion** ? Peut-elle être mesurée expérimentalement ?

14.13 Étude d'un système à 3 spins

Un système comporte 3 particules identiques, discernables, et dotées d'un spin non nul noté σ. Sous l'action d'un champ magnétique extérieur, le spin de chaque particule peut s'orienter dans le sens de $\vec{B}$ appelé sens direct $|\uparrow>$ ou dans le sens inverse $|\downarrow>$. Les énergies respectives de ces deux états sont $-\sigma B$ et $+\sigma B$.

a) Pour un système à une seule particule, calculer la probabilité de chaque état.

b) Dénombrer les états possibles du système à 3 particules et calculer leurs énergies respectives. On pourra noter l'un de ces états par trois flèches verticales entre les symboles | et >.

c) Calculer les probabilités de chaque énergie du système.

d) Calculer l'énergie moyenne $< E >$. Interpréter le résultat obtenu à basse et à haute température.

14.14 Capacité thermique des gaz parfaits triatomiques

Déterminer la capacité thermique molaire d'un gaz parfait triatomique dans les modèles suivants :

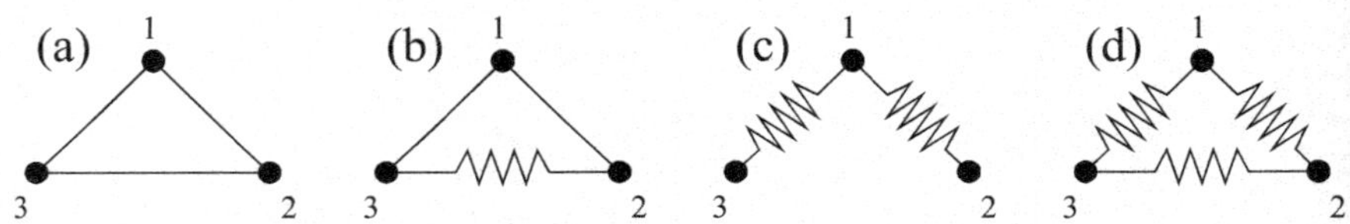

14.15 Loi de Dulong et Petit

On modélise l'état métallique par un ensemble d'atomes qui vibrent individuellement autour d'une position d'équilibre stable. Leur mouvement se décompose sur les trois axes cartésiens x, y et z, et les interactions avec les atomes voisins sont modélisées par un système de trois ressorts de constantes de raideur k_x, k_y et k_z, de longueur à vide nulle, exerçant un ensemble de trois forces de rappel élastique dans le déplacement de l'atome sur les trois axes.

a) Donner l'expression de l'énergie mécanique d'un atome de masse m en fonction de x, y, z, $\dot{x}$, $\dot{y}$, $\dot{z}$ et des constantes de raideur. On négligera le poids devant les forces de rappel.

b) En déduire la **loi de Dulong et Petit** : la capacité molaire d'un métal est indépendante de la nature de ce métal et vaut $C_m = \beta \cdot R$. Donner la valeur de la constante β.

c) Voici les capacités thermiques massiques et les masses molaires de quelques métaux.

	c ($J \cdot K^{-1} \cdot kg^{-1}$)	M ($g \cdot mol^{-1}$)
Li	3582	6,94
Fe	444	55,85
Cu	385	63,55
Zn	380	65,38
Hg	139	200,59
Au	129	196,97

Justifier le bon accord entre ces valeurs et la loi de Dulong et Petit.

14.16

Modèle pour l'élasticité d'une fibre

Une fibre est modélisée par une succession de N maillons ($N \gg 1$) pouvant être dans deux états distincts : court (K) de longueur $\ell - a$ ou long (L) de longueur $\ell + a$. Les énergies de ces deux états sont les mêmes. Un état microscopique de la fibre est donc décrit par un N-uplet d'états individuels, par exemple (LKLLKLKKL). On applique une force f à l'extrémité de la fibre et on note $\mathscr{L}$ sa longueur.

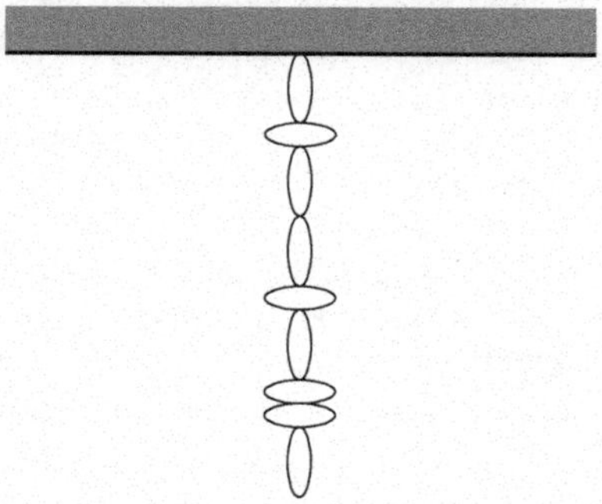

a) Combien d'états microscopiques sont possibles au total ?

b) On note k le nombre de maillons dans l'état court (K) et on suppose que $f = 0$. On rappelle la formule de Stirling $\ln p! \simeq p \ln p - p$.

i) Quelle est la longueur $\mathscr{L}$ de la fibre ?

ii) Combien d'états microscopiques $\Omega(k)$ correspondent à une fibre de cette longueur ?

iii) L'entropie de la fibre est $S(k) = k_B \ln[\Omega(k)]$. À l'équilibre, elle est maximale. Donner l'expression de $S(k)$, déterminer la valeur de k à l'équilibre et en déduire la longueur à vide $\mathscr{L}_0$ de la fibre.

c) On admet la relation

$$f \cdot d\mathscr{L} = -T dS$$

En déduire l'expression de f en fonction de T et $\mathscr{L}$.

d) En déduire l'équation d'état reliant L, f et T :

$$\mathscr{L} = \mathscr{L}_0 + Na\,\text{th}\frac{af}{k_B T}$$

e) Définir une température de transition T_c et justifier que

- pour $T \gg T_c$, la fibre est décrite par le modèle habituel de Hooke $f = \kappa(\mathscr{L} - \mathscr{L}_0)$ où κ (prononcer *kappa*) est la constante de raideur de la fibre ;
- pour $T \ll T_c$, la fibre est figée.

Du mal à démarrer ?

14.1 Le fait que μ et g soient constants facilite l'intégration de la loi de la statique des fluides entre la surface en $z = 0$ et la cote $z < 0$. La résultante des forces de pression sur le cylindre se ramène à la somme de ces forces sur les deux disques horizontaux.

14.2 La conjugaison de la loi de la statique des fluides et de la loi des gaz parfaits (en termes de masse volumique) donne, quand on exprime la température avec la formule de l'énoncé, une équation différentielles à variables séparables (z et P) qu'on intégre entre le sol et l'altitude z.

14.3 En exprimant $g(r)$ dans la loi de la statique des fluides, on obtient une équation différentielle en $P(r)$ qu'on intègre grâce à la conditions aux limites $P(R) = 0$.

14.4 L'établissement des lois donnant $P(z)$ dans les différents cas se ramène à l'intégration de la loi de la statique des fluides couplée à la loi polytropique. On pourra chercher sur le graphe • une zone isotherme • une zone polytropique, en cherchant dans les deux cas un profil particulier de température et en vérifiant si la loi de pression est cohérente.

14.5 La faible épaisseur de l'atmosphère par rapport à son rayon permet géométriquement de se ramener à un calcul d'intégrale sur une forme cylindrique dont la surface est celle de la Terre et de hauteur infinie (ce qui ne pose pas de problème pour une forme exponentielle).

14.6 La méthode décrite dans le cours s'applique bien dans cet exercice. On détermine $P(r,\theta,z)$ en intégrant successivement les équations données par la loi de la statique des fluides en référentiel en rotation uniforme. La détermination de la constante finale (K_0) nécessite l'écriture de la conservation du volume d'eau entre la situation immobile (forme cylindrique) et la situation de rotation (paraboloïde de révolution). Le calcul de l'intégrale de volume peut se ramener à une intégrale sur r de cylindres coaxiaux $[r, r+dr]$ de hauteur $\varphi(r)$. Il y a assèchement si $\varphi(r) = 0$, débordement si $\varphi(R) = H$.

14.7 Dans le tube horizontal, la loi de la statique des fluides conduit (en négligeant le poids) à une équation différentielle qu'on intègre grâce à la condition aux limites en $P(x = r) = P_0$. À la question (b), l'égalité des pressions de part et d'autre de l'interface air-liquide permet de conclure (on pourra appliquer la loi de l'hydrostatique dans le liquide). À la question (c), on reprend l'équation différentielle de la question (a), mais on doit prendre en compte la relation entre μ et P, conséquence de la loi des gaz parfaits.

14.8 Pour que la réaction ait lieu, il faut que A rencontre B et que A+B se transforme en AB*. La probabilité de la rencontre est proportionnelle au produit des concentrations des deux réactifs, celle de la transformation est proportionnelle au rapport entre la probabilité d'observation de AB* (donnée par un facteur de Boltzmann où apparaît l'énergie de ce composé) et celle d'observation de A + B (donnée par un facteur de Boltzmann où apparaît l'énergie de cette association). Le rapport des facteurs de Boltzmann fait apparaître la différence entre les énergies des deux systèmes.

14.9 La question (a) est une question de cours. Dans la question (b), les coefficients de dégénérescence modifient les expressions. La méthode graphique de détermination de la capacité thermique est basée sur l'étude des pentes des tangentes à la courbe de l'énergie moyenne.

14.10 Dans le modèle discret, on est dans un cas classique de système à deux énergies $\pm\varepsilon_0$. On calcule le moment dipolaire moyen comme on calcule l'énergie moyenne, en pondérant les moments par les probabilités associées. Dans le modèle continu, le terme $\sin\theta d\theta$ est un coefficient de dégénérescence. Les calculs de normalisation et de valeur moyenne remplacent des sommes (cas discret) par des intégrales, celles-ci demandent un peu de virtuosité mathématique (IPP en particulier).

14.11 La dérivation de l'énergie interne molaire par rapport à T la température se ramène à une dérivation composée $\frac{dU_m}{dT} = \frac{dU_m}{dx} \cdot \frac{dx}{dT}$. Les justifications qualitatives nécessitent un choix de termes précis qu'on trouvera dans le cours.

14.12 Un tableau faisant figurer les cinq valeurs possibles pour x, les rayons r_1 et r_2, et l'énergie E permet de bien organiser les calculs. La prise en compte des dégénérescences fait apparaître une expression des probabilités et de l'énergie moyenne avec des coefficients exponentiels pondérés par les g_i.

14.13 La question (a) est une question de cours. À la question (b), on peut expliciter tous les cas possibles et on mettra en évidence qu'à une valeur donnée d'énergie peuvent correspondre plusieurs états microscopiques possibles. C'est donc une situation de dégénérescence.

14.14 La détermination du nombre de termes quadratiques indépendants peut être faite sans expliciter ces termes, en comptant a priori 3 termes d'énergie cinétique pour chaque atome, en retranchant autant d'unités que de conditions de liaison, et en ajoutant les énergies potentielles élastiques de chaque ressort.

14.15 L'énergie mécanique comporte 3 termes pour l'énergie cinétique et 3 énergies potentielles élastiques. Il faut convertir les capacités massiques en capacités molaires grâce aux masses molaires.

14.16 Après avoir exprimé l'entropie statistique du système, le cœur du raisonnement est la dérivation de l'entropie par rapport à k après simplification grâce à la formule de Stirling. Cette dérivée s'annule à l'équilibre, et $f = -T\frac{dS}{d\mathcal{L}} = -T\frac{\frac{dS}{dk}}{\frac{d\mathcal{L}}{dk}}$.

Corrigés des exercices

14.1

a) La loi de la statique des fluides s'écrit

$$-\overrightarrow{\text{grad}}\,P + \mu\vec{g} = \vec{0} \text{ soit } \begin{cases} -\frac{\partial P}{\partial x} = 0 \\ -\frac{\partial P}{\partial y} = 0 \\ -\frac{\partial P}{\partial z} - \mu g = 0 \end{cases}$$

donc P ne dépend que de z et

$$\frac{dP(z)}{dz} = -\mu g \text{ donc } P(z) = -\mu g z + K$$

et la condition aux limites donne

$$P_0 = 0 + K \text{ donc } P(z) = P_0 - \mu g z$$

b) La résultante des forces de pression sur la face latérale du cylindre est nulle car le dispositif est symétrique par rapport à tout plan passant par l'axe du cylindre. Les pressions sur les faces planes supérieure et inférieure du cylindre sont

$$\begin{cases} P(z_0) = P_0 - \mu g z_0 \\ P(z_0 - H) = P_0 - \mu g(z_0 - H) \end{cases}$$

On en déduit la résultante des forces de pression

$$\vec{F} = -[P_0 - \mu g z_0]\,S\vec{u}_z + [P_0 - \mu g(z_0 - H)]\,S\vec{u}_z$$

$$\text{soit } \vec{F} = \mu S H g \vec{u}_z$$

c) SH est le volume du cylindre, donc celui du fluide déplacé, μSH est donc la masse du fluide déplacé, et $\vec{F}$ est l'opposé du poids de volume du fluide déplacé, c'est donc bien la poussée d'Archimède.

14.2

On associe la loi de la statique des fluides en projection sur l'axe vertical et la loi des gaz parfaits

$$\begin{cases} \frac{dP(z)}{dz} = -\mu(z)g \\ P(z)M = \mu(z)RT(z) \end{cases} \quad \text{donc } \frac{dP(z)}{dz} = -\frac{P(z)Mg}{R(T_0 - Az)}$$

$$\text{soit } \frac{dP(z)}{P(z)} = -\frac{Mg\,dz}{R(T_0 - Az)}$$

On intègre cette équation à variables séparables entre $(z = 0, P_0)$ et $(z, P(z))$:

$$\int_0^z \frac{dP(z)}{P(z)} = \frac{Mg}{AR}\int_0^z \frac{-A\,dz}{-Az + T_0}$$

$$\text{donc } [\ln P(z) - \ln P_0] = \frac{Mg}{AR}[\ln(-Az + T_0) - \ln T_0]$$

$$\text{soit } P(z) = P_0\left[\frac{T_0 - Az}{T_0}\right]^{\frac{Mg}{AR}}$$

14.3

On écrit la loi de la statique des fluides en projection sur $\vec{u}_r$

$$\frac{dP(r)}{dr} = -\mu g(r) = -\frac{4}{3}\mathcal{G}\pi\mu^2 r$$

$$\text{donc } P(r) = -\frac{2}{3}\mathcal{G}\pi\mu^2 r^2 + K$$

La condition aux limites est la nullité de la pression à la surface de la planète (en l'absence d'atmosphère, on est dans le vide), soit $P(R) = 0$, soit

$$0 = -\frac{2}{3}\mathcal{G}\pi\mu^2 R^2 + K$$

$$\text{donc } K = \frac{2}{3}\mathcal{G}\pi\mu^2 R^2$$

La pression au centre de la planète est

$$P(0) = K = \frac{2}{3}\mathcal{G}\pi\mu^2 R^2$$

Par définition de la masse volumique

$$\mu = \frac{M}{\frac{4}{3}\pi R^3}$$

$$\text{donc } P(0) = \frac{3\mathcal{G}M^2}{8\pi R^4}$$

14.4

a) La loi des gaz parfaits s'écrit PM = μRT. $\alpha = 0$ donne $P(z) = P_0$, correspondant à une atmosphère isobare. $\alpha = 1$ donne $\frac{P(z)}{\mu(z)} = \frac{P_0}{\mu_0}$ soit $\frac{RT(z)}{M} = \frac{RT_0}{M}$ donc $T(z) = T_0$, correspondant à une atmosphère isotherme. $\alpha = \gamma$ correspond à $P(z)\mu^{-\gamma}(z) = P_0\mu_0^{-\gamma}$ soit $P(z)V^\gamma = P_0V_0^\gamma$, loi de Laplace correspondant à une atmosphère isentropique.

b) C'est le cas du cours, atmosphère isotherme :

$$\frac{dP}{dz} = -\frac{PMg}{RT_0} \text{ donc } P(z) = P_0 e^{-\frac{Mgz}{RT}}$$

c) La loi polytropique donne

$$\mu(z) = \mu_0 \frac{P^{\frac{1}{\alpha}}}{P_0^{\frac{1}{\alpha}}}$$

La loi de la statique des fluides donne donc une équation à variables séparables :

$$\frac{dP}{dz} = -\mu_0 g \frac{P^{\frac{1}{\alpha}}}{P_0^{\frac{1}{\alpha}}} \Rightarrow P^{-\frac{1}{\alpha}} dP = -\mu_0 g P_0^{-\frac{1}{\alpha}} dz$$

qu'on intègre membre à membre entre $(z = 0, P = P_0)$ et $(z, P(z))$:

$$\frac{P^{-\frac{1}{\alpha}+1} - P_0^{-\frac{1}{\alpha}+1}}{-\frac{1}{\alpha}+1} = -\mu_0 g P_0^{-\frac{1}{\alpha}} [z - 0]$$

On tire $P(z)$ de cette relation

$$P(z) = P_0 \left[1 - \frac{(\alpha-1)\mu_0 g}{\alpha P_0} z\right]^{\frac{\alpha}{\alpha-1}}$$

$$= P_0 \left[1 - \frac{(\alpha-1)}{\alpha} \cdot \frac{Mgz}{RT_0}\right]^{\frac{\alpha}{\alpha-1}}$$

d) On distingue clairement que pour $z > 200$ km, T est constante et l'atmosphère est isotherme. La loi établie à la question (b) donne alors

$$\ln P(z) = \ln P_0 - \frac{Mgz}{RT}$$

ce qui est confirmé sur le graphe où l'échelle logarithmique en pression à gauche correspond à l'échelle linéaire en altitude. Voici le tableau de correspondance

P (Pa)	10^2	10^1	10^0	10^{-1}
$\ln P$	4,605	2,303	0	-2,303
z ($\cdot 10^3$ m)	200	290	380	470

La régression linéaire donne R = 0,99999 ce qui confirme la validité de l'hypothèse d'atmosphère isotherme. Le coefficient directeur vaut

$$-\frac{Mg}{RT} = -2,558 \cdot 10^{-5}$$

En prenant T = 190 K, on en déduit $M = 25\ g \cdot mol^{-1}$. La masse molaire moyenne d'un gaz constitué de 95 % de diazote et de 5 % de méthane est

$$M = 0,95 \cdot 28 + 0,05 \cdot 16 = 27,4\ g \cdot mol^{-1}$$

L'accord est donc acceptable. Pour des altitudes inférieures, la loi de l'atmosphère polytropique combinée à la loi des gaz parfaits et loi polytropique une relation

$$P^{1-\alpha} T^{\alpha} = P_0^{1-\alpha} T_0^{\alpha}$$

$$\text{soit } P = P_0 \left(\frac{T}{T_0}\right)^{\frac{\alpha}{\alpha-1}}$$

$$\text{donc } \ln P = \ln P_0 + \frac{\alpha}{\alpha-1} \frac{T}{T_0}$$

La courbe de température est sensiblement affine, de pente positive en fonction de P en échelle logarithmique pour $z < 50$ km, ce qui valide le modèle. La pente vaut

$$\frac{\alpha}{\alpha-1} = \frac{\ln 10^4 - \ln 10^5}{75 - 88} = 0,177$$

En prenant $T_0 = 90$ K, on identifie

$$\frac{\alpha}{\alpha-1} \cdot \frac{1}{T_0} = 0,177 \text{ donc } \alpha = 1,07$$

Cette valeur est comparable à γ, mais l'écart est assez important. Pour valider ou non le modèle, on doit vérifier la conformité de l'évolution avec l'altitude, même si l'échelle n'est pas régulière aux basses altitudes. La loi théorique obtenue pour $P(z)$ donne une pression nulle quand

$$z = \frac{\alpha RT_0}{(\alpha-1)Mg} = 58 \text{ km}$$

ce qui n'est pas conforme au graphe. Le modèle isentropique pour les basses altitudes est donc faux : il est en effet difficile d'imaginer une évolution adiabatique pour une lune soumise au rayonnement du Soleil et de Saturne.

14.5

La loi de la statique des fluides pour un gaz parfait s'écrit

$$\begin{cases} \frac{dP}{dz} = -\mu g \\ PM = \mu RT \end{cases} \text{ donc } \frac{dP}{dz} = -\frac{Mg}{RT} P$$

donc $P(z) = P_0 e^{-\frac{Mgz}{RT}}$ en supposant g uniforme. On en déduit la masse volumique $\mu(z) = \frac{P_0 M}{RT} e^{-\frac{Mgz}{RT}}$. On peut écrire l'exponentielle sous la forme $e^{-\frac{z}{\delta}}$ avec $\delta = \frac{RT}{Mg} = 8\,300$ m. L'épaisseur de l'atmosphère est donc de l'ordre de $5\delta \simeq 40$ km $\ll R_T$. À cette altitude, g a très peu varié. De plus, on peut donc assimiler l'atmosphère à un cylindre de base $S = 4\pi R_T^2$. On intègre $\mu(z)$ entre 0 et l'infini :

$$m_a = S \cdot \int_{z=0}^{+\infty} \mu(z) dz$$

$$m_a = \frac{SP_0M}{RT}\left[-\frac{RT}{Mg}e^{-\frac{Mgz}{RT}}\right]_0^{+\infty} = \frac{SP_0}{g}$$

Ce résultat est très naturel : avec les différentes approximations faites, P_0 est le rapport entre le poids total $m_a g$ de l'atmosphère et la surface $S = 4\pi R_T^2$ sur laquelle il s'exerce, soit $m_a \simeq 5\cdot 10^{18}$ kg.

14.6

a) Dans le référentiel non galiléen en rotation, l'eau est immobile. La force d'inertie d'entraînement et l'équilibre de la particule de fluide s'écrit, en coordonnées cylindriques,

$$-\mu g\vec{u}_z - \overrightarrow{\text{grad}}\,P + \mu\Omega^2 r\vec{u}_r = \vec{0}$$

$$\text{soit}\ \begin{vmatrix} 0 \\ 0 \\ -\mu g \end{vmatrix} - \begin{vmatrix} \frac{\partial P}{\partial r} \\ \frac{1}{r}\frac{\partial P}{\partial \theta} \\ \frac{\partial P}{\partial z} \end{vmatrix} + \begin{vmatrix} \mu\Omega^2 r \\ 0 \\ 0 \end{vmatrix} = \begin{vmatrix} 0 \\ 0 \\ 0 \end{vmatrix}$$

P ne dépend pas de θ. On intègre la relation sur r

$$\frac{\partial P(r,z)}{\partial r} = \mu\Omega^2 r \text{ donc } P(r,z) = \frac{1}{2}\mu\Omega^2 r^2 + K(z)$$

On injecte dans la relation sur z

$$K'(z) = -\mu g \text{ donc } K(z) = -\mu g z + K_0$$

$$\text{et } P(r,z) = \frac{1}{2}\mu\Omega^2 r^2 - \mu g z + K_0$$

À la surface libre du liquide, $P = P_0$, donc son équation est

$$z = \varphi(r) = z_0 + \frac{\Omega^2}{2g}r^2$$

$$\text{avec } z_0 = \frac{K_0 - P_0}{\mu g}$$

On écrit la conservation du volume de liquide pour déterminer z_0. Quand le verre ne tourne pas, le volume est

$$V = \pi R^2 \cdot \frac{H}{2} = \pi R^3$$

Lorsqu'il tourne, le volume de la couronne cylindrique entre r et $r + dr$ est

$$d\tau = 2\pi r dr \varphi(r)$$

On en déduit

$$V = \int_{r=0}^{R} 2\pi r\varphi(r)dr$$

$$V = 2\pi\int_{r=0}^{R}\left(z_0 r + \frac{\Omega^2}{2g}r^3\right)dr$$

$$V = 2\pi\left[z_0\frac{r^2}{2} + \frac{\Omega^2}{8g}r^4\right]_{r=0}^{R}$$

$$\text{soit } \pi R^3 = \pi R^3\left[\frac{z_0}{R} + \frac{\Omega^2 R}{4g}\right]$$

$$\text{donc } z_0 = R - \frac{\Omega^2 R^2}{4g}$$

La surface libre du liquide est donc un hyperboloïde de révolution d'équation

$$z = \varphi(r) = R + \frac{\Omega^2}{4g}\left(2r^2 - R^2\right)$$

b) Si le liquide est du mercure, on obtient ainsi un miroir parabolique, instrument d'optique important dans les grands télescopes.

c) Le niveau du liquide est minimal au centre et vaut z_0. Il y aura donc assèchement quand

$$z_0 = 0 \text{ soit } \Omega = 2\sqrt{\frac{g}{R}}$$

Le niveau du liquide est maximal à la périphérie du verre pour $r = R$. Il y aura débordement si

$$\varphi(R) > H \text{ soit } \Omega = 2\sqrt{\frac{g}{R}}$$

Les deux événements sont donc concommitents.

14.7

a) L'équilibre de la particule de fluide d'air se traduit par la nullité de la somme de la force de pesanteur qu'on néglige, des forces de pression et de la force d'inertie d'entraînement. En grandeurs volumiques :

$$-\overrightarrow{\text{grad}}\,P + \mu_0\Omega^2 x\vec{u}_x = \vec{0}$$

$$\text{soit } -\frac{dP}{dx} + \mu_0\Omega^2 x = 0 \text{ donc } P = K + \frac{\mu_0\Omega^2}{2}x^2$$

La pression vaut P_0 à l'extrémité du tube en $x = r$ donc

$$K = P_0 - \frac{\mu_0\Omega^2}{2}r^2 \text{ et}$$

$$P = P_0 + \frac{\mu_0\Omega^2}{2}(x^2 - r^2)$$

b) L'équilibre de l'interface liquide-air dans le tube vertical se traduit par l'égalité de la pression dans les deux milieux :

- dans le liquide, d'après la loi de l'hydrostatique, $P = P_0 - \mu g h$;

- dans l'air, sa masse volumique étant négligeable devant celle du liquide, on peut considérer qu'elle est uniforme sur la colonne verticale de l'axe du tube :

$$P = P(x=0) = P_0 - \frac{\mu_0 \Omega^2}{2} r^2$$

En identifiant les deux pressions, il vient

$$\mu g h = \frac{\mu_0 \Omega^2}{2} r^2$$

$$\text{donc } h = \frac{\mu_0 \Omega^2 r^2}{2\mu g}$$

On prend $g = 10\ \text{m}\cdot\text{s}^{-2}$ d'où $h = 6{,}4$ cm.

c) La loi des gaz parfaits en termes de masse volumique s'écrit $PM = \mu RT$ donc $\mu = \frac{PM}{RT}$ et en remplaçant dans l'équation d'équilibre, il vient

$$-\frac{dP}{dx} + \frac{PM}{RT}\Omega^2 x = 0$$

$$\text{soit } \frac{dP}{P} = \frac{M\Omega^2}{RT} x dx$$

On intégre entre r et x :

$$[\ln P]_r^x = \frac{M\Omega^2}{RT}\left[\frac{x^2}{2}\right]_r^x$$

$$\text{soit } \ln\frac{P}{P_0} = \frac{M\Omega^2}{2RT}(x^2 - r^2)$$

$$\text{donc } P = P_0 e^{-\frac{M\Omega^2}{2RT}(r^2 - x^2)}$$

d) Cette expression fait apparaître un facteur de Boltzmann

$$P = P_0 e^{-\frac{\frac{1}{2} m\Omega^2 (r^2 - x^2)}{k_B T}}$$

où $\frac{1}{2} m\Omega^2 (r^2 - x^2)$ est assimilable à une énergie potentielle d'inertie d'entraînement.

14.8

a) A étant un réactif, [A] diminue au cours du temps, d[A] est donc négatif. Il est proportionnel au nombre de complexes activés qui se forment pendant la durée dt, car ils évoluent vers C + D, donc proportionnel à
- la durée dt ;
- la probabilité que deux molécules A et B se croisent et forment un complexe activé.

On en déduit que

$$d[A] = -\lambda \cdot P\left([A + B = AB^*]\right) \cdot dt$$

b) L'événement $[A + B = AB^*]$ est la conjugaison des deux événements indépendants
- [A et B se croisent] et
- [A et B au contact l'un de l'autre forment le complexe activé].

La probabilité du premier événement est proportionnelle aux concentrations en A et B. A et B étant au contact l'un de l'autre, ils forment un système {A, B} dont les trois états possibles sont [A + B], [AB* = CD*] et [C + D]. La probabilité de la transformation A + B = [AB* = CD*] est proportionnelle au rapport entre les probabilités des deux états :

$$\frac{P([AB^* = CD^*])}{P[A+B]} = \frac{e^{-\frac{E^*}{k_B T}}}{e^{-\frac{E_1}{k_B T}}} = e^{-\frac{(E^* - E_1)}{k_B T}}$$

En conclusion :

$$P\left([A + B = AB^*]\right) = \mu e^{-\frac{(E^* - E_1)}{k_B T}} [A][B]$$

c) Les deux relations établies donnent :

$$d[A] = -\lambda \mu e^{-\frac{(E^* - E_1)}{k_B T}} [A][B] dt$$

$$\text{soit } v = -\frac{d[A]}{dt} = \lambda \mu e^{-\frac{(E^* - E_1)}{k_B T}} [A][B]$$

C'est bien la loi de vitesse attendue avec

$$k = \lambda \mu e^{-\frac{(E^* - E_1)}{k_B T}} \text{ donc } \ln k = \ln(\lambda\mu) - \frac{(E^* - E_1)}{k_B T}$$

Posons $E_a = \mathcal{N}_A \cdot (E^* - E_1)$: c'est l'énergie d'activation molaire correspondant au gap énergétique entre A + B et [AB* = CD*], et à la hauteur du col énergétique qu'il faut franchir, en partant de A + B, pour atteindre C + D. On en déduit

$$\ln k = \ln(\lambda\mu) - \frac{E_a}{RT} \text{ donc } \frac{d \ln k}{dT} = \frac{E_a}{RT^2}$$

qui est bien la loi d'Arrhenius.

14.9

a) On est dans le cas du système à deux niveaux d'énergie $\pm\varepsilon$ du cours où on trouvera le détail des calculs. Les probabilités et les effectifs sont

$$\begin{cases} p_+ = \dfrac{e^{-\frac{\varepsilon}{k_B T}}}{e^{\frac{\varepsilon}{k_B T}} + e^{-\frac{\varepsilon}{k_B T}}} \\ p_- = \dfrac{e^{\frac{\varepsilon}{k_B T}}}{e^{\frac{\varepsilon}{k_B T}} + e^{-\frac{\varepsilon}{k_B T}}} \end{cases} \text{ et } \begin{cases} N_+ = \dfrac{N e^{-\frac{\varepsilon}{k_B T}}}{e^{\frac{\varepsilon}{k_B T}} + e^{-\frac{\varepsilon}{k_B T}}} \\ N_- = \dfrac{N e^{\frac{\varepsilon}{k_B T}}}{e^{\frac{\varepsilon}{k_B T}} + e^{-\frac{\varepsilon}{k_B T}}} \end{cases}$$

On en déduit

$$\tau = \frac{N_+}{N_-} = e^{-\frac{2\varepsilon}{k_B T}} = e^{-\frac{0{,}109 \times 1{,}6 \cdot 10^{-19}}{1{,}38 \cdot 10^{-23} \times 300}} = e^{-4{,}21} = 0{,}0148$$

La valeur moyenne de l'énergie électronique est

$$<\eta>=\frac{N_+\cdot(+\varepsilon)+N_-\cdot(-\varepsilon)}{N_++N_-}=\frac{\tau-1}{\tau+1}\varepsilon$$

On en déduit

$$U_m=\mathcal{N}_A<\eta>=\mathcal{N}_A\varepsilon\frac{\tau-1}{\tau+1}$$

$$\text{et } C_{m,el}=\frac{dU_m}{dT}=\frac{dU_m}{d\tau}\cdot\frac{d\tau}{dT}=\frac{2\mathcal{N}_A\varepsilon}{(1+\tau)^2}\cdot\frac{2\varepsilon}{k_BT^2}e^{-\frac{2\varepsilon}{k_BT}}$$

$$\text{soit } C_{m,el}=R\left(\frac{2\varepsilon}{k_BT}\right)^2\frac{\tau}{(1+\tau)^2}$$

$$\text{soit } C_{m,el}=R(4,21)^2\frac{0,0148}{(1+0,0148)^2}=0,255R$$

b) Prise en compte de la dégénérescence.

i) La normalisation des probabilités donne

$$\begin{cases} p_+=\dfrac{2e^{-\frac{\varepsilon}{k_BT}}}{4e^{\frac{\varepsilon}{k_BT}}+2e^{-\frac{\varepsilon}{k_BT}}}\\ p_-=\dfrac{4e^{\frac{\varepsilon}{k_BT}}}{4e^{\frac{\varepsilon}{k_BT}}+2e^{-\frac{\varepsilon}{k_BT}}}\end{cases}$$

On en déduit

$$<\eta>=p_+(+\varepsilon)+p_-(-\varepsilon)=-\varepsilon\cdot\frac{4e^{\frac{\varepsilon}{k_BT}}-2e^{-\frac{\varepsilon}{k_BT}}}{4e^{\frac{\varepsilon}{k_BT}}+2e^{-\frac{\varepsilon}{k_BT}}}$$

$$\text{et } U_{m,el}=-\mathcal{N}_A\varepsilon\frac{2e^{\frac{1}{2x}}-e^{-\frac{1}{2x}}}{2e^{\frac{1}{2x}}+e^{-\frac{1}{2x}}}$$

Voici l'allure du graphe de $-f(x)$

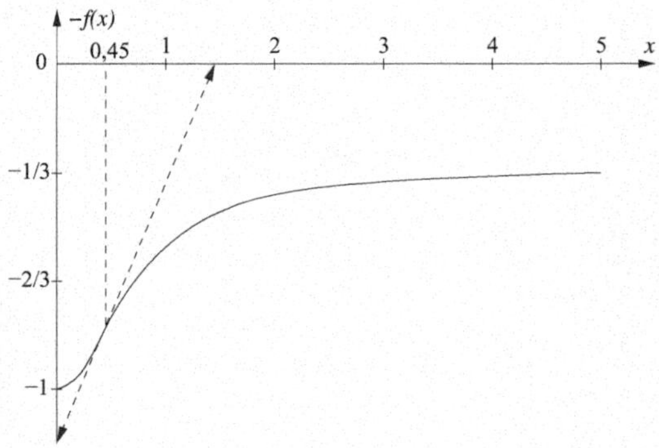

ii) Par définition,

$$C_{m,el}=\frac{d}{dT}\left(\mathcal{N}_A\varepsilon\cdot(-f(x))\right)=\mathcal{N}_A\varepsilon\cdot(-f'(x))\cdot\frac{dx}{dT}$$

$$\text{soit } C_{m,el}=\frac{\mathcal{N}_A\varepsilon}{\theta}\cdot(-f'(x))=\frac{R}{2}\cdot(-f'(x))$$

$C_{m,el}$ est donc maximale quand $f'(x)$ est maximale. La pente de la tangente à la courbe est maximale pour $x=0,45$, donc la capacité thermique est maximale pour $T^*=0,45\,\theta$. On lit sur le graphe la pente

$$-f'(0,45)=\frac{0-\frac{-4}{3}}{1,45-0}=0,92$$

$$\text{donc } C^*_{m,el}=0,46R$$

À basse température, la courbe présente une tangente horizontale donc $f'(x)\simeq 0$. À haute température elle présente une asymptote horizontale donc $f'(x)\simeq 0$. Dans les deux cas, la capacité thermique est donc nulle.

14.10

a) **Modèle discret**.

i) Les particules sont indépendantes car on néglige les interactions, et il n'y a pas de dégénérescence.

ii) On est dans le cas classique du cours à deux énergies opposées $\pm\varepsilon_0$. On a donc

$$\begin{cases} p^+=\dfrac{e^{\frac{\varepsilon_0}{k_BT}}}{e^{\frac{\varepsilon_0}{k_BT}}+e^{-\frac{\varepsilon_0}{k_BT}}}\\ p^-=\dfrac{e^{-\frac{\varepsilon_0}{k_BT}}}{e^{\frac{\varepsilon_0}{k_BT}}+e^{-\frac{\varepsilon_0}{k_BT}}}\end{cases}$$

iii) On en déduit

$$<\varepsilon_k>=p^+\cdot(-\varepsilon_0)+p^-\cdot(\varepsilon_0)=-\varepsilon_0\,\text{th}\frac{\varepsilon_0}{k_BT}$$

iv) Le moment moyen est

$$<\vec{\mu}_k>=p^+\cdot(\mu_0\vec{u})+p^-\cdot(-\mu_0\vec{u})=\mu_0\vec{u}\,\text{th}\frac{\varepsilon_0}{k_BT}$$

v) Le moment total est donc

$$<\vec{\mathcal{M}}>=N<\vec{\mu}_k>=N\mu_0\vec{u}\,\text{th}\frac{\varepsilon_0}{k_BT}$$

vi) Posons $u=\frac{\varepsilon_0}{k_BT}$.

- À haute température (HT), $T\to+\infty$, $u\to 0$ et

$$<\vec{\mathcal{M}}_{HT}>=N\mu_0\vec{u}\frac{\varepsilon_0}{k_BT}=\frac{N\mu_0^2}{k_BT}\vec{B}$$

La loi de Curie est donc vérifiée avec $C=\frac{N\mu_0^2}{k_B}$.

- À basse température (HT), $T\to 0$, $u\to+\infty$ et

$$<\vec{\mathcal{M}}_{BT}>=N\mu_0\vec{u}$$

La loi de Curie n'est donc pas vérifiée, le système est dans un état de gel magnétique.

b) **Modèle continu.**

i) L'aire hachurée est celle d'une bandelette presque rectangulaire de largeur $rd\theta$ et de longueur égale au périmètre d'un cercle de rayon $r\sin\theta$, elle vaut donc

$$rd\theta \times 2\pi r\sin\theta$$

L'aire de la sphère complète est $4\pi r^2$. Pour une population de dipôles dont l'angle du moment est dans l'intervalle $[\theta, \theta + d\theta]$, et dont l'énergie est $-\varepsilon_0\cos\theta$, il y a donc une dégénérescence proportionnelle à

$$\frac{2\pi r^2 \sin\theta d\theta}{4\pi r^2} = \frac{1}{2}\sin\theta d\theta$$

On en déduit, en intégrant le coefficient $\frac{1}{2}$ dans la constante de normalisation A :

$$dp_\theta = \mathrm{A}\mathscr{B}(\theta, \mathrm{T}) \cdot \sin\theta d\theta$$

ii) La somme intégrale des probabilités vaut 1, donc

$$\mathrm{A}\int_{\theta=0}^{\pi} \sin\theta e^{\frac{\varepsilon_0\cos\theta}{k_\mathrm{B}\mathrm{T}}} d\theta = 1$$

$$\text{soit } -\mathrm{A}\frac{k_\mathrm{B}\mathrm{T}}{\varepsilon_0}\int_{\theta=0}^{\pi} -\frac{\varepsilon_0}{k_\mathrm{B}\mathrm{T}}\sin\theta e^{\frac{\varepsilon_0\cos\theta}{k_\mathrm{B}\mathrm{T}}} d\theta = 1$$

$$\text{soit } -\mathrm{A}\frac{k_\mathrm{B}\mathrm{T}}{\varepsilon_0}\left[e^{\frac{\varepsilon_0\cos\theta}{k_\mathrm{B}\mathrm{T}}}\right]_0^{\pi} = 1$$

$$\text{soit } -\mathrm{A}\frac{k_\mathrm{B}\mathrm{T}}{\varepsilon_0}\left[e^{-\frac{\varepsilon_0}{k_\mathrm{B}\mathrm{T}}} - e^{\frac{\varepsilon_0}{k_\mathrm{B}\mathrm{T}}}\right] = 1$$

$$\text{donc } \mathrm{A} = \frac{\varepsilon_0}{2k_\mathrm{B}\mathrm{T}\,\mathrm{sh}\frac{\varepsilon_0}{k_\mathrm{B}\mathrm{T}}}$$

iii) Le vecteur moyen est

$$<\vec{\mu}_k> = \mu_0\vec{u}_z\int_{\theta=0}^{\pi}\cos\theta\cdot\mathrm{A}\sin\theta e^{\frac{\varepsilon_0\cos\theta}{k_\mathrm{B}\mathrm{T}}} d\theta$$

$$<\vec{\mu}_k> = \mu_0\vec{u}_z\frac{\mathrm{A}k_\mathrm{B}\mathrm{T}}{\varepsilon_0}\int_0^{\pi}(-\cos\theta)\cdot\left(-\frac{\varepsilon_0}{k_\mathrm{B}\mathrm{T}}\sin\theta e^{\frac{\varepsilon_0\cos\theta}{k_\mathrm{B}\mathrm{T}}}\right)d\theta$$

On fait une intégration par parties en posant

$$\begin{cases} v = -\cos\theta \\ u' = -\frac{\varepsilon_0}{k_\mathrm{B}\mathrm{T}}\sin\theta e^{\frac{\varepsilon_0\cos\theta}{k_\mathrm{B}\mathrm{T}}} \end{cases} \text{ et } \begin{cases} v' = \sin\theta \\ u = e^{\frac{\varepsilon_0\cos\theta}{k_\mathrm{B}\mathrm{T}}} \end{cases}$$

et en utilisant l'expression de A obtenue plus haut

$$<\vec{\mu}_k> = \frac{\mu_0}{2\mathrm{sh}\frac{\varepsilon_0}{k_\mathrm{B}\mathrm{T}}}\vec{u}_z\cdot\mathrm{I}$$

$$\text{avec } \mathrm{I} = \left[-\cos\theta e^{\frac{\varepsilon_0\cos\theta}{k_\mathrm{B}\mathrm{T}}}\right]_0^{\pi} - \int_0^{\pi}\sin\theta e^{\frac{\varepsilon_0\cos\theta}{k_\mathrm{B}\mathrm{T}}} d\theta$$

$$\mathrm{I} = \left[e^{\frac{\varepsilon_0}{k_\mathrm{B}\mathrm{T}}} + e^{-\frac{\varepsilon_0}{k_\mathrm{B}\mathrm{T}}}\right] - \frac{k_\mathrm{B}\mathrm{T}}{\varepsilon_0}\left[e^{\frac{\varepsilon_0}{k_\mathrm{B}\mathrm{T}}} - e^{-\frac{\varepsilon_0}{k_\mathrm{B}\mathrm{T}}}\right]$$

$$\text{donc } <\vec{\mu}_k> = \mu_0\vec{u}_z\left[-\frac{k_\mathrm{B}\mathrm{T}}{\varepsilon_0} + \coth\frac{\varepsilon_0}{k_\mathrm{B}\mathrm{T}}\right]$$

iv) En posant $u = \frac{\varepsilon_0}{k_\mathrm{B}\mathrm{T}}$, on a

$$<\vec{\mathscr{M}}> = \mathrm{N}\mu_0\vec{u}_z\frac{u\coth u - 1}{u}$$

v) Étudions le comportement asymptotique.

- À haute température (HT), $\mathrm{T} \to +\infty$, $u \to 0$ et

$$<\vec{\mathscr{M}}_{\mathrm{HT}}> = \mathrm{N}\mu_0\frac{u}{3}\vec{u}_z = \frac{\mathrm{N}\mu_0^2}{3k_\mathrm{B}\mathrm{T}}\vec{\mathrm{B}}$$

La loi de Curie est donc vérifiée avec $\mathrm{C} = \frac{\mathrm{N}\mu_0^2}{3k_\mathrm{B}}$.

- À basse température (HT), $\mathrm{T} \to 0$, $u \to +\infty$ et

$$<\vec{\mathscr{M}}_{\mathrm{BT}}> = \mathrm{N}\mu_0\vec{u}_z$$

La loi de Curie n'est donc pas vérifiée, le système est dans un état de gel magnétique.

14.11

a) On est dans les conditions de l'exemple du cours et on peut partir de l'expression de l'énergie moyenne

$$<\mathrm{E}> = -\varepsilon \mathrm{th} x \text{ avec } x = \frac{\varepsilon}{k_\mathrm{B}\mathrm{T}}$$

On en déduit

$$\mathrm{U}_m = \mathscr{N}_\mathrm{A} <\mathrm{E}> \text{ et } \mathrm{C}_m = \frac{d\mathrm{U}_m}{d\mathrm{T}} = \mathscr{N}_\mathrm{A}\frac{d<\mathrm{E}>}{dx}\cdot\frac{dx}{d\mathrm{T}}$$

$$\text{donc } \mathrm{C}_m = -\mathscr{N}_\mathrm{A}\varepsilon\cdot\frac{1}{\mathrm{ch}^2 x}\cdot\frac{-\varepsilon}{k_\mathrm{B}\mathrm{T}^2}$$

$$\mathrm{C}_m = k_\mathrm{B}\mathscr{N}_\mathrm{A}\frac{\frac{\varepsilon^2}{k_\mathrm{B}^2\mathrm{T}^2}}{\mathrm{ch}^2 x} = \mathrm{R}\frac{x^2}{\mathrm{ch}^2 x}$$

b) Voici l'allure de la fonction $f(x) = \frac{x^2}{\mathrm{ch}^2 x}$

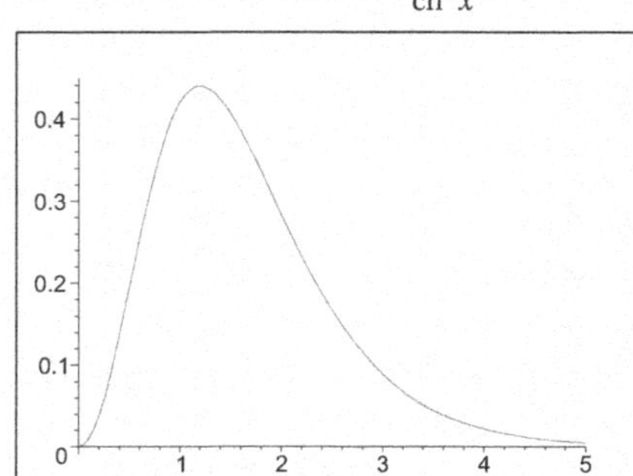

c) La capacité thermique tend vers zéro à basse et à haute température.

- À basse température, l'énergie d'agitation des particules est très faible, et ne leur permet pas d'atteindre le niveau d'énergie haut $+\varepsilon$. Pratiquement toutes sont au niveau d'énergie bas $-\varepsilon$, et $E_{tot} \simeq -\varepsilon$. La capacité thermique est presque nulle car cet état est très stable, une petite augmentation de température δT ne change pas le fait que $k_B T$ est très petit devant le gap d'énergie. Très peu de particules supplémentaires accèdent au niveau haut $+\varepsilon$, donc $< E >$ ne varie pas et reste égal à $-\varepsilon$.
- À haute température, l'énergie d'agitation des particules est très grande devant le gap 2ε séparant les deux niveaux d'énergie, le rapport entre les deux facteurs de Boltzmann vaut pratiquement 1, les deux niveaux sont donc quasi équiprobables, et l'état le plus probable est celui où $\frac{N}{2}$ particules se trouvent dans chaque état, donc $< E > \simeq 0$. La capacité thermique est presque nulle car cet état est très stable, une petite augmentation de température δT ne change pas le fait que $k_B T$ est très grand devant le gap d'énergie, donc $< E >$ ne varie pas et reste égal à 0.

14.12

a) **Sens physique de la dégénérescence**.

i) Les 5 états correspondent aux 5 abscisses possibles pour la particule. Pour chacune d'elles, calculons les distances $r_1 = O_1M$ et $r = O_2M$, et l'énergie du système, somme des deux énergies d'interaction avec les particule de charge Q.

x	r_1	r_2	E
$-\frac{2a}{3}$	$\frac{a}{3}$	$\frac{5a}{3}$	$\frac{18}{5}\varepsilon = 3{,}6\varepsilon$
$-\frac{a}{3}$	$\frac{2a}{3}$	$\frac{4a}{3}$	$\frac{9}{4}\varepsilon = 2{,}25\varepsilon$
0	a	a	2ε
$-\frac{a}{3}$	$\frac{4a}{3}$	$\frac{2a}{3}$	$\frac{9}{4}\varepsilon = 2{,}25\varepsilon$
$-\frac{2a}{3}$	$\frac{5a}{3}$	$\frac{a}{3}$	$\frac{18}{5}\varepsilon = 3{,}6\varepsilon$

Les trois énergies possibles sont donc $E_1 = 2\varepsilon$, $E_2 = 2{,}25\varepsilon$ et $E_3 = 3{,}6\varepsilon$.

ii) Les états E_2 et E_3 sont dégénérés car ils correspondent chacun à deux états distincts.

iii) On a $g_1 = 1$, $g_2 = 2$ et $g_3 = 2$. La probabilité d'occuper l'état E_2 (par exemple) vaut :

$$p_2 = P\left(\left[E = E_2 \text{ et } x = -\frac{a}{3}\right] \text{ ou } \left[E = E_2 \text{ et } x = \frac{a}{3}\right]\right) =$$

$$A\mathscr{B}(E_2) + A\mathscr{B}(E_2) = 2Ae^{-\frac{E_2}{k_B T}} = A \cdot g_2 e^{-\frac{E_2}{k_B T}}$$

iv) Par définition :

$$Z = e^{-\frac{E_1}{k_B T}} + 2e^{-\frac{E_2}{k_B T}} + 2e^{-\frac{E_3}{k_B T}}$$

$$Z = e^{-2} + 2e^{-2{,}25} + 2e^{-3{,}6} = 0{,}401$$

On en déduit

$$p_1 = \frac{e^{-2}}{Z} = 0{,}338, \quad p_2 = \frac{2e^{-2{,}25}}{Z} = 0{,}526$$

$$\text{et } p_3 = \frac{2e^{-3{,}6}}{Z} = 0{,}136$$

On remarque que le niveau d'énergie le plus bas (E_1) n'est pas le plus probable à cause de la dégénérescence de l'état E_2 : le facteur 2 entraîne $p_2 > p_1$ bien que $\mathscr{B}(E_2) < \mathscr{B}(E_1)$. L'énergie moyenne est

$$< E > = p_1 E_1 + p_2 E_2 + p_3 E_3 = 2{,}35\varepsilon$$

v) L'énergie d'interaction électrique entre deux particules de même charge q situées à deux abscisses distinctes n'est négligeable devant l'énergie individuelle de chaque particule que si $\frac{q^2}{4\pi\varepsilon_0 a} \ll \frac{Qq}{4\pi\varepsilon_0 a}$ soit $Q \gg q$. Mais même dans ce cas, deux particules ne peuvent coexister au même endroit, car la force de répulsion deviendrait infinie : c'est un cas d'**exclusion**. Les particules ne sont pas indépendantes. En particulier, N ne peut dépasser le nombre de places possibles pour les particules, donc $N \leq 5$.

b) **Température d'inversion.**

i) Comme dans le cas précédent :

$$Z = e^{-\frac{E_1}{k_B T}} + 2e^{-\frac{E_2}{k_B T}} + 4e^{-\frac{E_3}{k_B T}} = 1 + 2e^{-\frac{\varepsilon}{k_B T}} + 4e^{-\frac{2\varepsilon}{k_B T}}$$

$$p_1 = \frac{1}{1 + 2e^{-\frac{\varepsilon}{k_B T}} + 4e^{-\frac{2\varepsilon}{k_B T}}}, \; p_2 = \frac{2e^{-\frac{\varepsilon}{k_B T}}}{1 + 2e^{-\frac{\varepsilon}{k_B T}} + 4e^{-\frac{2\varepsilon}{k_B T}}}$$

$$\text{et } p_3 = \frac{4e^{-\frac{2\varepsilon}{k_B T}}}{1 + 2e^{-\frac{\varepsilon}{k_B T}} + 4e^{-\frac{2\varepsilon}{k_B T}}}$$

ii) Quand $T \to 0$, les exponentielles tendent vers 0 et

$$Z_0 = 1, \quad p_{1_0} = 1, \quad p_{2_0} = 0 \text{ et } p_{1_0} = 0$$

iii) Quand $T \to \infty$, les exponentielles tendent vers 1 et

$$Z_\infty = 1 + 2 + 4 = 7, \quad p_{1\infty} = \frac{1}{7}, \quad p_{2\infty} = \frac{2}{7} \text{ et } p_{1\infty} = \frac{4}{7}$$

iv) À basse température, c'est $E_1 = 0$ qui est l'énergie la plus probable ; à haute température, c'est $E_3 = 2\varepsilon$. À la température T_V :

$$Z_V = 1 + 2e^{-\ln 2} + 4e^{-2\ln 2} = 3$$

$$\text{et } p_{1V} = p_{2V} = p_{3V} = \frac{1}{3}$$

C'est donc la température à laquelle les trois énergies sont équiprobables ; en dessous de T_V, $E_1 = 0$ est la plus probable, au dessus de T_V, c'est $E_3 = 2\varepsilon$. Il est donc vraisemblable que ce soit au voisinage de T_V que la capacité thermique passe par un maximum. Ce changement d'énergie s'accompagne d'un changement des états occupés. Toute propriété physique (autre que l'énergie) associée à ces états subira donc un changement lorsque la température franchit T_V. La mesure de T_V est alors possible expérimentalement.

14.13

a) Par application de la loi de Boltzmann

$$\begin{cases} p_\uparrow = Ae^{\frac{\sigma B}{k_B T}} \\ p_\downarrow = Ae^{-\frac{\sigma B}{k_B T}} \end{cases} \quad \text{avec } A = \frac{1}{e^{\frac{\sigma B}{k_B T}} + e^{-\frac{\sigma B}{k_B T}}}$$

En posant $\frac{1}{k_B T} = \beta$, on peut donc écrire

$$\begin{cases} p_\uparrow = \frac{e^{\beta\sigma B}}{e^{\beta\sigma B} + e^{-\beta\sigma B}} \\ p_\downarrow = \frac{e^{-\beta\sigma B}}{e^{\beta\sigma B} + e^{-\beta\sigma B}} \end{cases}$$

b) Il y a $2^3 = 8$ états possibles :
- l'état $|\uparrow\uparrow\uparrow>$ d'énergie $-3\sigma B$;
- les trois états $|\downarrow\uparrow\uparrow>$, $|\uparrow\downarrow\uparrow>$ et $|\uparrow\uparrow\downarrow>$ d'énergie $-\sigma B$;
- les trois états $|\downarrow\downarrow\uparrow>$, $|\downarrow\uparrow\downarrow>$ et $|\uparrow\downarrow\downarrow>$ d'énergie $+\sigma B$;
- l'état $|\downarrow\downarrow\downarrow>$ d'énergie $3\sigma B$.

c) Il y a 4 énergies possibles pour le système. Leurs probabilités respectives sont proportionnelles au nombre d'états microscopiques qui y conduisent et au facteur de Boltzmann :

$$\begin{cases} P(-3\sigma B) = A' \cdot e^{3\beta\sigma B} \\ P(-\sigma B) = 3A' \cdot e^{\beta\sigma B} \\ P(\sigma B) = 3A' \cdot e^{-\beta\sigma B} \\ P(3\sigma B) = A' \cdot e^{-3\beta\sigma B} \end{cases} \quad \text{avec}$$

$$A' = \frac{1}{e^{3\beta\sigma B} + 3 \cdot e^{\beta\sigma B} + 3 \cdot e^{-\beta\sigma B} + e^{-3\beta\sigma B}}$$

d) L'énergie moyenne est $< E >=$

$$\frac{-3\sigma B e^{3\beta\sigma B} + -3\sigma B e^{\beta\sigma B} + 3\sigma B e^{-\beta\sigma B} + 3\sigma B e^{-3\beta\sigma B}}{e^{3\beta\sigma B} + 3 \cdot e^{\beta\sigma B} + 3 \cdot e^{-\beta\sigma B} + e^{-3\beta\sigma B}}$$

À basse température, $\beta\sigma B$ est très grand devant 1 et la fraction est équivalente au rapport des termes de plus haut degré

$$< E > \simeq \frac{-3\sigma B e^{3\beta\sigma B}}{e^{3\beta\sigma B}} = -3\sigma B$$

L'agitation thermique est insuffisante pour atteindre le niveau d'énergie supérieur, les trois particules sont au niveau le plus bas d'énergie $-\sigma B$ et $< E >= -3\sigma B$.

À haute température, $\beta\sigma B$ est proche de 0 et la fraction vaut $< E > \simeq 0$. L'énergie thermique est très grande devant le gap d'énergie $2\sigma B$, il y a indifférence entre les deux états, et les trois particules occupent indifféremment les deux états d'énergies opposées, la valeur moyenne de l'énergie du système est donc nulle.

14.14

a) La molécule est un solide. Son énergie est égale à son énergie cinétique. On peut la définir en décomposant le mouvement en celui du centre de gravité G autour duquel le solide est en rotation autour des trois axes principaux d'inertie

$$Ec = \frac{1}{2}(m_1 + m_2 + m_3)\dot{x}_G^2 + \frac{1}{2}(m_1 + m_2 + m_3)\dot{y}_G^2 + \frac{1}{2}(m_1 + m_2 + m_3)\dot{z}_G^2 + \frac{1}{2}J_a\dot{\theta}_a^2 + \frac{1}{2}J_b\dot{\theta}_b^2 + \frac{1}{2}J_c\dot{\theta}_c^2$$

On dénombre donc 6 termes quadratiques. On peut aussi considérer que le problème possède 9 degrés de liberté

$$\dot{x}_1, \dot{x}_2, \dot{x}_3, \dot{y}_1, \dot{y}_2, \dot{y}_3, \dot{z}_1, \dot{z}_2, \dot{z}_3$$

mais les trois tiges reliant les atomes imposent la conservation des trois distances et retirent 3 degrés de liberté, il y a donc au total 9–3=6 degrés de liberté. Par application du théorème d'équipartition de l'énergie, la valeur moyenne de l'énergie est

$$< E >= 6 \times \frac{1}{2} k_B T = 3k_B T$$

On en déduit l'énergie interne molaire

$$U_m = \mathcal{N}_A < E >= 3RT \text{ et } C_m = \frac{dU_m}{dT} = 3R$$

b) Le mouvement peut être décrit par le déplacement de l'atome 1 puis par les deux rotations de chaque tige

$$Ec = \frac{1}{2}m_1\dot{x}_1^2 + \frac{1}{2}m_1\dot{y}_1^2 + \frac{1}{2}m_1\dot{z}_1^2 + \frac{1}{2}J_{\theta,12}\dot{\theta}_{12}^2 + \frac{1}{2}J_{\varphi,12}\dot{\varphi}_{12}^2 + \frac{1}{2}J_{\theta,13}\dot{\theta}_{13}^2 + \frac{1}{2}J_{\varphi,13}\dot{\varphi}_{13}^2$$

soit 7 termes quadratiques indépendants pour l'énergie cinétique. On peut aussi considérer que le problème possède 9 degrés de liberté

$$\dot{x}_1, \dot{x}_2, \dot{x}_3, \dot{y}_1, \dot{y}_2, \dot{y}_3, \dot{z}_1, \dot{z}_2, \dot{z}_3$$

mais les deux tiges reliant les atomes 1 et 2 d'une part, les atomes 1 et 3 d'autre part, imposent la conservation des deux distances et retirent 2 degrés de liberté, il y a donc au total 9–2=7 degrés de liberté. On prend en compte l'énergie potentielle élastique, quadratique, entre les atomes 2 et 3

$$Ep_{23} = \frac{1}{2}k(M_2M_3 - \ell_0)^2$$

L'énergie est donc la somme de 8 termes quadratiques. Par application du théorème d'équipartition de l'énergie, la valeur moyenne de l'énergie est

$$<E> = 8 \times \frac{1}{2}k_BT = 4k_BT$$

On en déduit l'énergie interne molaire

$$U_m = \mathcal{N}_A <E> = 4RT \text{ et } C_m = \frac{dU_m}{dT} = 4R$$

c) L'énergie s'écrit

$$E = \frac{1}{2}m_1\dot{x}_1^2 + \frac{1}{2}m_1\dot{y}_1^2 + \frac{1}{2}m_1\dot{z}_1^2$$
$$+\frac{1}{2}m_2\dot{x}_2^2 + \frac{1}{2}m_2\dot{y}_2^2 + \frac{1}{2}m_2\dot{z}_2^2$$
$$+\frac{1}{2}m_3\dot{x}_3^2 + \frac{1}{2}m_3\dot{y}_3^2 + \frac{1}{2}m_3\dot{z}_3^2$$
$$+\frac{1}{2}k(M_1M_2 - \ell_0)^2 + \frac{1}{2}k(M_1M_3 - \ell_0)^2$$

soit 11 termes quadratiques. Par application du théorème d'équipartition de l'énergie, la valeur moyenne de l'énergie est

$$<E> = 11 \times \frac{1}{2}k_BT = \frac{11}{2}k_BT$$

On en déduit l'énergie interne molaire

$$U_m = \mathcal{N}_A <E> = \frac{11}{2}RT \text{ et } C_m = \frac{dU_m}{dT} = \frac{11}{2}R$$

d) L'énergie s'écrit

$$E = \frac{1}{2}m_1\dot{x}_1^2 + \frac{1}{2}m_1\dot{y}_1^2 + \frac{1}{2}m_1\dot{z}_1^2$$
$$+\frac{1}{2}m_2\dot{x}_2^2 + \frac{1}{2}m_2\dot{y}_2^2 + \frac{1}{2}m_2\dot{z}_2^2$$
$$+\frac{1}{2}m_3\dot{x}_3^2 + \frac{1}{2}m_3\dot{y}_3^2 + \frac{1}{2}m_3\dot{z}_3^2$$
$$+\frac{1}{2}k(M_1M_2 - \ell_0)^2 + \frac{1}{2}k(M_2M_3 - \ell_0)^2 + \frac{1}{2}k(M_1M_3 - \ell_0)^2$$

soit 12 termes quadratiques. Par application du théorème d'équipartition de l'énergie, la valeur moyenne de l'énergie est

$$<E> = 12 \times \frac{1}{2}k_BT = 6k_BT$$

On en déduit l'énergie interne molaire

$$U_m = \mathcal{N}_A <E> = 6RT \text{ et } C_m = \frac{dU_m}{dT} = 6R$$

14.15

a) L'énergie mécanique est

$$Em = \frac{1}{2}m\dot{x}^2 + \frac{1}{2}m\dot{y}^2 + \frac{1}{2}m\dot{z}^2 + \frac{1}{2}k_xx^2 + \frac{1}{2}k_yy^2 + \frac{1}{2}k_zz^2$$

b) L'énergie mécanique de l'atome comporte donc 6 termes quadratiques indépendants. Par application du théorème d'équipartition de l'énergie, la valeur moyenne de l'énergie est

$$<E> = 6 \times \frac{1}{2}k_BT = 3k_BT$$

On en déduit l'énergie interne molaire

$$U_m = \mathcal{N}_A <E> = 3RT \text{ et } C_m = \frac{dU_m}{dT} = 3R$$

ce qui forme la loi de Dulong et Petit avec $\beta = 3$.

c) La relation entre la masse molaire, les capacités thermiques massique et molaire est

$$C_m = M \cdot c$$

Calculons ce produit pour les six métaux donnés (en prenant garde à exprimer la masse molaire en $kg \cdot mol^{-1}$) :

	C_m ($J \cdot K^{-1} \cdot mol^{-1}$)
Li	24,86
Fe	24,80
Cu	24,47
Zn	24,84
Hg	27,88
Au	25,41

La valeur donnée par la loi de Dulong et Petit est

$$3R = 24,94\ J \cdot K^{-1} \cdot mol^{-1}$$

L'accord est donc bon, sauf pour le mercure (Hg), ce qui est normal car c'est un liquide à température ambiante, le modèle des ressorts n'est donc pas adapté.

14.16

a) Il y a deux états possibles (K ou L) pour chaque maillon, il y a donc au total 2^N états microscopiques possibles.

b) Soit k le nombre de maillons dans l'état court.

i) La longueur est

$$\mathcal{L} = k(\ell - a) + (N - k)(\ell + a) = N\ell + (N - 2k)a$$

ii) Il y a autant d'états microscopiques possibles que de manières de choisir les k maillons dans l'état court parmi les N maillons, soit

$$\Omega(k) = \binom{N}{k} = \frac{N!}{k!(N-k)!}$$

iii) La formule de Stirling permet de donner une valeur approchée de l'entropie $S(k) =$

$$k_B [N \ln N - N - k \ln k + k - (N-k) \ln(N-k) + (N-k)]$$

$$S(k) = k_B [N \ln N + k \ln k + (N-k) \ln(N-k)]$$

À l'équilibre, l'entropie est maximale donc

$$\frac{dS(k)}{dk} = 0 \text{ soit}$$

$$k_B \left[0 + \ln k + k \cdot \frac{1}{k} - \ln(N-k) + (N-k) \cdot \frac{-1}{N-k}\right] = 0$$

$$\text{donc } k_B \ln \frac{k}{N-k} = 0$$

$$\text{donc } k = N - k \text{ donc } k = \frac{N}{2}$$

On en déduit

$$\mathscr{L}_0 = N\ell$$

c) La relation donne

$$f = -T\frac{dS}{d\mathscr{L}} = -T\frac{\frac{dS}{dk}}{\frac{d\mathscr{L}}{dk}}$$

$$f = -T\frac{k_B \ln \frac{k}{N-k}}{-2a} = \frac{k_B T}{2a} \ln \frac{k}{N-k}$$

On élimine k au profit de $\mathscr{L}$:

$$\mathscr{L} = \mathscr{L}_0 + (N - 2k)a \text{ donc } k = \frac{N}{2} - \frac{\mathscr{L} - \mathscr{L}_0}{2a}$$

$$\text{donc } f = \frac{k_B T}{2a} \ln \frac{Na - \mathscr{L} + \mathscr{L}_0}{Na + \mathscr{L} - \mathscr{L}_0}$$

d) On inverse la relation :

$$e^{\frac{2af}{k_B T}} = \frac{Na - \mathscr{L} + \mathscr{L}_0}{Na + \mathscr{L} - \mathscr{L}_0}$$

$$\text{donc } \mathscr{L} - \mathscr{L}_0 = Na\frac{1 - e^{\frac{2af}{k_B T}}}{1 + e^{\frac{2af}{k_B T}}} = Na\frac{e^{\frac{af}{k_B T}} - e^{-\frac{af}{k_B T}}}{e^{\frac{af}{k_B T}} + e^{-\frac{af}{k_B T}}}$$

$$\text{soit } \mathscr{L} = \mathscr{L}_0 + Na \operatorname{th} \frac{af}{k_B T}$$

e) L'équivalent de la tangente hyperbolique dépend de la position de

$$u = \frac{af}{k_B T}$$

par rapport à 1, ou de celle de T par rapport à

$$T_c = \frac{af}{k_B}$$

- Si $T \gg T_c$ alors $u \ll 1$ donc $\operatorname{th} u \simeq u$ et

$$\mathscr{L} = \mathscr{L}_0 + \frac{Na^2 f}{k_B T} \text{ soit } f = \frac{k_B T}{Na^2}(\mathscr{L} - \mathscr{L}_0)$$

  On reconnaît la loi de Hooke pour un ressort de longueur à vide $\mathscr{L}_0$ et de constante de raideur

$$\kappa = \frac{k_B T}{Na^2}$$

- Si $T \ll T_c$ alors $u \gg 1$ donc $\operatorname{th} u \simeq 1$ et

$$\mathscr{L} = \mathscr{L}_0 + Na$$

  Le ressort est donc inextensible, figé dans la longueur maximale et dans l'état (LLL...L).

CHAPITRE 15

Thermodynamique différentielle, systèmes ouverts

Thèmes abordés dans les exercices

- Formulation infinitésimale des principes de la thermodynamique.
- Identités thermodynamiques.
- Système ouvert, système fermé.
- Bilan de masse.
- Bilan thermodynamique pour un écoulement stationnaire.
- Premier principe industriel.
- Travail massique utile.
- Diagramme pression, enthalpie massique.

Points essentiels du cours pour la résolution des exercices

- Utiliser le premier principe sous forme différentielle.
- Utiliser le second principe sous forme différentielle.
- Faire un bilan local.
- Traduire et exploiter un bilan de masse.
- Traduire et exploiter un bilan thermodynamique énergétique.
- Traduire et exploiter un bilan thermodynamique entropique.

Les méthodes à retenir

Utiliser le premier principe sous forme différentielle.

Entre un état initial et un état final d'équilibre,

- la variation d'une **variable ou fonction d'état** X (pression P, température T, volume V, énergie interne U, enthalpie $H = U + PV$, entropie S) ne dépend que de ces deux états, et pas du chemin suivi : elle s'écrit ΔX pour une transformation macroscopique et dX pour une transformation infinitésimale ;
- la quantité d'énergie échangée Y (travail W, énergie thermique Q) dépend du chemin suivi et s'écrit Y pour une transformation macroscopique et δY pour une transformation infinitésimale.

Le **premier principe** s'écrit sous forme différentielle

$$dU + dEc_{\text{macro}} = \delta W + \delta Q$$

et pour un système macroscopiquement au repos

$$dU = \delta W + \delta Q$$

Exemple :

• Pour un système formé de n moles de gaz parfait, de rapport de capacités thermiques γ , $dU = C_V dT = \frac{nR}{\gamma-1}dT$ et $dH = C_P dT = \frac{\gamma nR}{\gamma-1}dT$. • Pour une phase condensée liquide ou solide incompressible indilatable, $dU = dH = CdT = mcdT$. • Pour un fluide ne recevant du travail que par des forces de pression, $\delta W = -P_{\text{ext}}dV$.

⟶ **Exercice 15.1.**

Utiliser le second principe sous forme différentielle.

Pour **calculer** la variation d'entropie subie par un système lors d'une transformation d'un état d'équilibre initial à un état d'équilibre final, on utilise la formule donnée par l'énoncé (c'est ce qu'on fait en première année) ou on intègre l'une des identités thermodynamiques

$$(\text{IT1}) : dU = -PdV + TdS \text{ ou } (\text{IT2}) : dH = VdP + TdS$$

entre l'état initial (P_1, V_1, T_1) et l'état final (P_2, V_2, T_2). Le **second principe** est appliqué en second lieu pour calculer l'entropie créée qui mesure l'irréversibilité de la transformation :

$$dS = \delta S_{\text{échangée}} + \delta S_{\text{créée}}$$

avec $\delta S_{\text{échangée}} = \frac{\delta Q}{T_{\text{ext}}}$ et $\delta S_{\text{créée}} \geq 0$, irréversible si $\delta S_{\text{créée}} > 0$, réversible si $\delta S_{\text{créée}} = 0$. On peut retenir que c'est l'hétérogénéité des grandeurs intensives qui crée l'irréversibilité.

Exemple :

On place deux blocs solides de même capacité thermique C aux températures initiales T_{10} et T_{20} au contact l'une de l'autre dans une enceinte adiabatique. Dans l'état d'équilibre final, ils sont à la même température T_f. Le système {1,2} n'échange ni travail ni énergie thermique avec l'extérieur. On lui applique le premier principe et on utilise l'extensivité de U :

$$dU = dU_1 + dU_2 = 0$$

$$\text{soit } C dT_1 + C dT_2 = 0$$

et en intégrant entre l'état initial et l'état final

$$C(T_f - T_{10}) + C(T_f - T_{20}) = 0$$

$$\text{donc } T_f = \frac{T_{10} + T_{20}}{2}$$

L'entropie est extensive, donc $\Delta S = \Delta S_1 + \Delta S_2$ et on calcule chacune d'elles grâce à la première identité thermodynamique :

$$\begin{cases} C dT_1 = 0 + T_1 dS_1 \\ C dT_2 = 0 + T_2 dS_2 \end{cases} \text{donc} \begin{cases} dS_1 = C\frac{dT_1}{T_1} \\ dS_2 = C\frac{dT_2}{T_2} \end{cases}$$

et en intégrant

$$\Delta S = C\ln\frac{T_f}{T_{10}} + C\ln\frac{T_f}{T_{20}} = C\ln\frac{(T_{10} + T_{20})^2}{4T_{10}T_{20}}$$

La transformation étant adiabatique pour le système {1,2}, $S_e = 0$ donc

$$S_c = \Delta S = C\ln\frac{(T_{10} + T_{20})^2}{4T_{10}T_{20}}$$

Une étude algébrique élémentaire permet de prouver que cette quantité est nulle si $T_{10} = T_{20}$ auquel cas il n'y a pas de transformation et la réversibilité est immédiate, et qu'elle est strictement positive si $T_{10} \neq T_{20}$ auquel cas l'évolution d'un état initial d'hétérogénéité de température vers un état final d'homogénéité est bien irréversible.

↪ **Exercices 15.2, 15.3.**

Faire un bilan local.

Dans un **phénomène de transport**, un objet solide est caractérisé par une grandeur locale intensive $G(M, t)$ dépendant de la position M et de la date t, cette grandeur variant sous l'effet d'entrée et de sortie de particules portant une caractéristique physique mesurée par une grandeur extensive C selon une loi du type $\frac{dG}{dt} = C$. Pour faire un bilan local :

- on délimite dans l'espace un objet de taille infinitésimale autour du point M, on note $G_M(t) = G(M, t)$,
- on identifie les facettes de cet objet par lesquelles les particules porteuses de C entrent et sortent,
- on mesure les quantités entrantes dC_e et sortantes dC_s pendant la durée infinitésimale dt,
- on mesure l'éventuelle quantité créée ou annihilé dC_c au sein de l'objet pendant dt,
- on exprime le bilan local en écrivant

$$G_M(t + dt) - G_M(t) = dC_e - dC_s + dC_c$$

et on le simplifie en effectuant les développements limités au premier ordre

$$\frac{X(t+dt)-X(t)}{dt} \simeq \frac{\partial X}{\partial t}, \frac{X(x+dx)-X(x)}{dx} \simeq \frac{\partial X}{\partial x}, \frac{X(y+dy)-X(y)}{dy} \simeq \frac{\partial X}{\partial y},$$

$$\frac{X(z+dz)-X(z)}{dz} \simeq \frac{\partial X}{\partial z}, \frac{X(r+dr)-X(r)}{dr} \simeq \frac{\partial X}{\partial r}, \frac{X(\theta+d\theta)-X(\theta)}{d\theta} \simeq \frac{\partial X}{\partial \theta}$$

On obtient ainsi une équation aux dérivées partielles spatio-temporelle, dans laquelle on doit prendre garde à l'exactitude des développements limités : la présence parasite d'un terme différentiel dt, dx, dy, ... ne se simplifiant pas est toujours le signe d'une erreur dans l'écriture du bilan.

Exemple :

Dans les schémas suivants, les flèches épaisses représentent les quantités entrantes et sortantes.

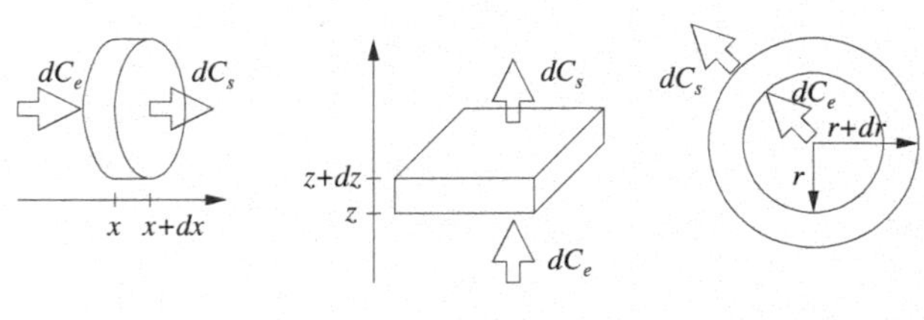

⟶ **Exercice 15.4**

Traduire la loi de conservation de la masse.

Pour un fluide en écoulement, le **bilan de masse** est effectué sur une surface fermée appelée surface de contrôle. La masse de fluide à l'intérieur de cette surface varie dans le temps par le jeu des entrées et sorties. Deux formulations sont possibles pour la loi de conservation :

- la masse qui entre moins celle qui sort est égale à celle qui s'est accumulée ;
- la masse finale plus la masse sortie est égale à la masse initiale plus celle qui est entrée.

La masse contenue dans la surface de contrôle est

$$m = \iiint \mu d\tau$$

La masse entrante (ou sortante) pendant dt par une face $\mathscr{S}$ est le flux du vecteur $\mu\vec{v}$ à travers cette face orientée vers l'intérieur (ou l'extérieur) multiplié par dt :

$$dm = \mathrm{D}_m dt$$

où D_m est le **débit massique**. Lorsqu'un fluide de masse volumique μ et de vitesse v uniformes se déplace dans une canalisation de section S, alors

$$\mathrm{D}_m = \mu \cdot v \cdot \mathrm{S}$$

Exemple :

Un mascaret est une vague formant une marche entre l'amont et l'aval d'un fleuve. On note h_0 et h_1 les hauteurs de part et d'autre de la marche, L sa largeur, v_0 la vitesse de l'eau remontante d'un côté, $v_1 = 0$ de l'autre côté, et c la vitesse de déplacement de la marche.

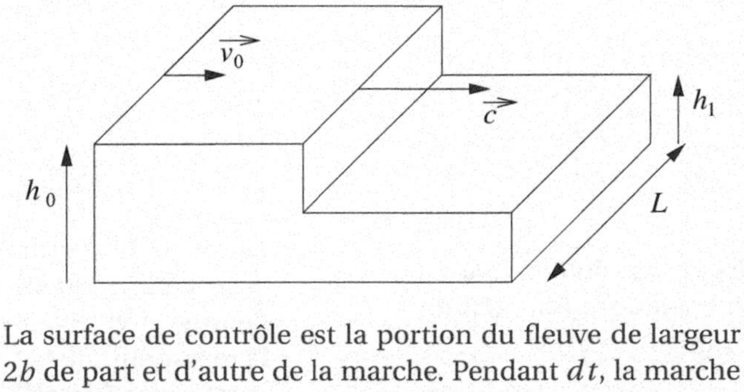

La surface de contrôle est la portion du fleuve de largeur $2b$ de part et d'autre de la marche. Pendant dt, la marche se déplace de dx, la masse entrante est dm_e, la masse sortante $dm_s = 0$ et l'accumulation de masse $m(t+dt) - m(t)$.

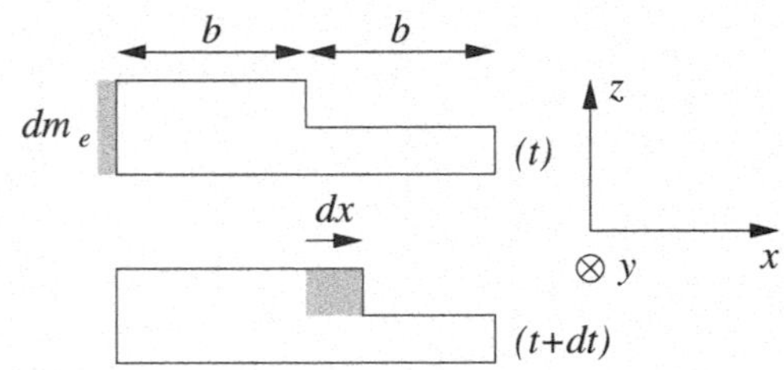

la masse entrante est

$$dm_e = dt \cdot \int_{y=0}^{L} \int_{z=0}^{h_0} \mu v_0 dy dz = \mu v_0 L h_0 dt$$

La masse sortante est $dm_s = 0$. La masse dans la surface de contrôle aux dates t et $t + dt$ est :

$$\begin{cases} m(t) = \mu b L h_0 + \mu b L h_1 \\ m(t+dt) = \mu(b+dx)Lh_0 + \mu(b-dx)Lh_1 \end{cases}$$

$$\text{donc } m(t+dt) - m(t) = \mu L(h_0 - h_1)dx$$

La conservation de la masse s'écrit

$$m(t+dt) - m(t) = dm_e - dm_s \text{ soit}$$

$$\mu L(h_0 - h_1)dx = \mu v_0 L h_0 dt$$

On en déduit la vitesse de la marche

$$c = \frac{dx}{dt} = v_0 \frac{h_0}{h_0 - h_1}$$

↪ **Exercices 15.5, 15.6, 15.7, 15.8, 15.9, 15.10.**

Traduire et exploiter un bilan thermodynamique énergétique.

On parle de **thermodynamique industrielle** quand l'unité (lieu où une transformation thermodynamique est opérée) est alimentée à l'entrée et vidée en sortie de façon continue. En régime permanent, la masse entrante est égale à la masse sortante pendant dt, ce qui revient à identifier débit massique entrant et débit massique sortant :

$$dm_e = dm_s \text{ ou } Dm_e = \frac{dm_e}{dt} = \frac{dm_s}{dt} = Dm_s$$

En notant avec l'indice e les grandeurs mesurées à l'entrée et s celles à la sortie, et avec des minuscules les grandeurs massiques, on énonce le **premier principe industriel** :

$$\Delta h + \Delta ec + \Delta(gz) = w_u + q \text{ avec } \begin{cases} \Delta h = h_s - h_e \\ \Delta ec = ec_s - ec_e = \frac{1}{2}v_s^2 - \frac{1}{2}v_e^2 \\ \Delta(gz) = epp_s - epp_e = gz_s - gz_e \end{cases}$$

Le **travail massique utile** w_u est celui produit par les pièces mobiles au sein de l'unité et exclut le travail des forces de pression à l'entrée et à la sortie. q est l'énergie thermique massique reçue au sein de l'unité. L'estimation des variations d'enthalpie massique peut être le résultat de calculs classiques ($\Delta h = c_P\Delta T$ pour un gaz parfait, $\Delta h = c\Delta T$ pour un liquide incompressible indilatable) ou par utilisation d'une table ou d'un diagramme thermodynamique (P, h), particulièrement adapté à l'étude des systèmes frigorifiques.

Exemple :

Un grand nombre d'unités fonctionnent en système ouvert. Chacune opère une ou une combinaison de deux ou trois transformations fondamentales dont voici une liste et l'expression simplifiée correspondante du premier principe industriel. • Une conduite cylindrique horizontale calorifugée parcourue par un fluide incompressible non visqueux forme le cas trivial $0+0+0=0+0$.
• Si cette conduite n'est pas horizontale, alors $\Delta h + \Delta ec + \Delta(gz) = 0$.
• Dans une conduite cylindrique calorifugée munie d'une paroi poreuse, avec un écoulement très lent (détente de Joule-Thomson) $\Delta h + 0 + 0 = 0 + 0$ • Dans une tuyère horizontale calorifugée, $\Delta h + \Delta ec + 0 = 0 + 0$.
• Dans une pompe de relèvement $0 + 0 + \Delta(gz) = w_u + 0$.
• Dans la canalisation horizontale d'un chauffage central où circule de l'eau chaude, $\Delta h + 0 + 0 = 0 + q$.

↪ **Exercices 15.11, 15.12, 15.13, 15.14, 15.15, 15.16.**

Traduire et exploiter un bilan thermodynamique entropique.

Le second principe en système ouvert et en régime permanent s'écrit

$$\Delta s = s_{\text{éch}} + s_{\text{cr}}$$

L'intérêt de cette relation est la mise en évidence d'une irréversibilité dans le processus avec le calcul de l'entropie créée massique, c'est-à-dire rapportée à l'unité de masse du fluide traversant l'unité.

On rappelle ici deux principes importants qui permettent d'interpréter le résultat obtenu, ce qui conduit à améliorer le procédé :

- c'est l'hétérogénité (de température, de pression, de composition) qui crée l'irréversibilité ;
- quand un processus est irréversible, il est possible de changer le procédé physique pour récupérer de l'énergie.

Exemple :

Un mélangeur est un type d'unité à deux entrées et à une sortie, fonctionnant sans pièce mobile, adiabatiquement et de façon isobare. On peut aussi supposer que la variation d'altitude et d'énergie cinétique est nulle. Le mitigeur d'un évier mélange de l'eau froide à $\theta_1 = 10\ °\mathrm{C}$ avec un débit $Q_{e1} = 0,10\ \mathrm{L \cdot s^{-1}}$ avec de l'eau chaude à $\theta_1 = 50\ °\mathrm{C}$ avec un débit $Q_{e2} = 0,05\ \mathrm{L \cdot s^{-1}}$. La capacité thermique massique de l'eau vaut $c = 4,18\ \mathrm{kJ \cdot K^{-1} \cdot kg^{-1}}$.
Trois bilans se succèdent.
(1) Le bilan de masse donne le débit massique sortant

$$Q_s = Q_{e1} + Q_{e2} = 0,15\ \mathrm{L \cdot s^{-1}}$$

(2) le premier principe enthalpique pendant dt s'écrit

$$Q_s dt \cdot h_s - (Q_{e1} dt \cdot h_1 + Q_{e2} dt \cdot h_2) = 0$$

En définissant une température de référence T_0 pour laquelle l'enthalpie massique de l'eau est h_0, par définition de la capacité thermique massique, $h(T) - h_0 = c(T - T_0)$ et le bilan enthalpique donne

$$Q_s T_s = Q_{e1} T_1 + Q_{e2} T_2 \text{ donc}$$

$$T_s = \frac{Q_{e1} T_1 + Q_{e2} T_2}{Q_{e1} + Q_{e2}} = 296,48\ \mathrm{K} = 23,33\ °\mathrm{C}$$

(3) L'entropie échangée est nulle car le système est adiabatique et le bilan entropique s'écrit

$$Q_s dt \cdot s_s - (Q_{e1} dt \cdot s_1 + Q_{e2} dt \cdot s_2) = Q_s s_{cr}$$

La seconde identité thermodynamique donne $dh = v dP + T ds$ soit

$$c dT = 0 + T ds \text{ donc } ds = c\frac{dT}{T} \text{ donc } s(T) - s_0 = c \ln \frac{T}{T_0}$$

Le bilan entropique donne donc

$$s_{cr} = c\frac{Q_s \ln T_s - Q_{e1}\ln T_1 - Q_{e2}\ln T_2}{Q_{e1}+Q_{e2}} = 8{,}2\ \mathrm{J\cdot K^{-1}\cdot kg^{-1}}$$

Cette quantité est strictement positive, le mélangeur fonctionne donc de façon irréversible. On aurait pu changer de processus pour récupérer de l'énergie, par exemple en concevant une machine de Carnot dont l'eau chaude est la source chaude et l'eau froide la source froide, produisant ainsi du travail.

↪ **Exercices 15.17, 15.18.**

Énoncés des exercices

15.1 Démonstration de la loi de Laplace

Un système formé de n moles de gaz parfait, dont le rapport des capacités thermiques γ est constant, subit une transformation adiabatique et réversible entre l'état initial (P_1, V_1, T_1) et l'état final (P_2, V_2, T_2). Établir la loi de Laplace $P_1V_1^\gamma = P_2V_2^\gamma$ et les deux autres lois entre les deux autres couples de grandeurs. On rappelle que la réversibilité de la transformation implique son caractère quasi statique, par succession d'états d'équilibre.

15.2 Démonstration des identités thermodynamiques.

Un système thermodynamique ne recevant du travail que par l'intermédiaire des forces de pression subit une transformation infinitésimale entre un état d'équilibre initial et un état d'équilibre final très proche.

a) Pourquoi les variations élémentaires dU et dS peuvent-elles être calculées en supposant la transformation réversible ?

b) Sous cette hypothèse, justifier que $P_{ext} = P$ et $T_{ext} = T$.

c) En combinant le premier et le second principe, en déduire la première identité thermodynamique.

d) En déduire la deuxième identité thermodynamique.

15.3 Irréversibilité créée par une hétérogénéité de pression

Dans un cylindre calorifugé, on place n moles de gaz parfait monoatomique de rapport de capacités thermiques $\gamma = \frac{5}{3}$, à la température T_0 et à la pression P_0, et on ferme l'enceinte par un piston lui aussi calorifugé, se déplaçant sans frottement, mais initialement bloqué. De l'autre côté du piston l'atmosphère forme un pressostat à la pression constante $P_1 = \frac{3}{2}P_0$.

a) Donner l'expression de la température initiale T_0 dans le gaz en fonction des données.

b) On libère le piston et on attend l'équilibre mécanique. Déterminer la pression finale P_f, le volume final V_f et la température finale T_f du gaz.

c) Calculer la variation d'entropie du gaz et justifier que la transformation est irréversible.

15.4 Bilan routier

Sur une autoroute, chaque point est repéré par son abscisse kilométrique x. Dans le sens croissant des x, on note $D(x,t)$ le débit de voitures au point d'abscisse x et à la date t, exprimé en voitures par seconde, et $n(x,t)$ la densité d'automobiles au voisinage de l'abscisse x et à la date t, exprimée en voitures par kilomètres. Établir l'équation aux dérivées partielles vérifiée par ces deux grandeurs.

15.5 Bilan dans un cylindre en régime non permanent

Un tuyau cylindrique d'axe (O,z) a un rayon R et une longueur L. Il est muni de deux pistons étanches A en $x = 0$ et B en $x = L$. À $t = 0$, l'air qui s'y trouve a une masse volumique uniforme μ_0 et une pression P_0. À partir de cette date, A se déplace dans le sens des x croissants à la vitesse v_0 et B dans le sens des x décroissants à la vitesse $2v_0$. Quelle est la masse volumique $\mu(t)$ supposée uniforme de l'air à la date t ? En déduire la pression $P(t)$ en assimilant la transformation à une compression adiabatique réversible d'un gaz parfait de rapport de capacités thermiques $\gamma = 1,4$.

15.6 Cheminée

Une cheminée cônique de hauteur H a un rayon 2R en bas ($z = 0$) et R en haut ($z = H$). La fumée est assimilée à un gaz parfait de masse molaire M. En bas, sa température est T_0, sa pression P_0 sa vitesse verticale vers le haut $\vec{v}_0 = v_0\vec{u}_z$. En haut, sa température est $T_1 = \alpha T_0$, sa pression P_0. Exprimer sa vitesse v_1 en fonction de v_0 et α en régime permanent. Commenter le résultat obtenu.

15.7 Vitesse du front d'un bouchon routier

Sur une autoroute à 3 voies, la circulation est fluide, les véhicules se répartissent sur les 3 voies, se suivent sur chaque voie à 200 mètres d'écart et se déplacent à 30 $m\cdot s^{-1}$ en moyenne. Un bouchon routier se forme subitement au point kilométrique D. Dans le bouchon, les véhicules sont à l'arrêt à raison d'un véhicule dans un espace de 10 mètres de long en moyenne. Déterminer la vitesse du front du bouchon, c'est-à-dire la vitesse d'un véhicule de sécurité qui se déplace pour rester à la hauteur des derniers véhicules arrêtés dans le bouchon.

15.8

Confluence

L'eau est incompressible de masse volumique μ_0 uniforme et constante. Une rivière de débit massique D_1 et de vitesse v_1 se jette dans un fleuve de débit massique $D_2 = 3D_1$, et de vitesse $v_2 = \frac{v_1}{2}$. Les hauteurs d'eau dans la rivière, dans le fleuve avant et après la confluence sont égales à H. La vitesse du fleuve après la confluence est $\beta \cdot v_1$ et la largeur du fleuve est la somme des largeurs des deux affluents. Quelle est la valeur numérique de β ?

15.9

Forme d'une coulée d'huile

Un bidon d'huile est muni d'un robinet sur sa face inférieure, dont l'extrémité est circulaire de rayon R de centre O. On définit l'axe vertical (O, z) dirigé vers le bas. On note $\vec{g} = g\vec{u}_z$ l'accélération de la pesanteur. La masse volumique de l'huile est μ_0. Le débit massique sortant est noté D. À la cote z, la vitesse du fluide $v(z)\vec{u}_z$ est supposée uniforme. On pose $v_0 = v(z = 0)$. La vitesse $v(z)$ est prise égale à celle qu'aurait une bille en chute libre sans frottement lachée en $z = 0$ avec une vitesse v_0.

a) Donner l'expression de v_0 en fonction de μ_0, D et R.

b) Établir l'expression de $v(z)$.

c) Déterminer le rayon $r(z)$ du filet d'huile à la cote z en supposant que $v_0 \simeq 0$ (on supposera cette approximation valable pour la fin de l'exercice).

d) Le sol est à la cote H. Lorsqu'on ferme le robinet, quelle est la masse d'huile qui reste à se répandre sur le sol ?

15.10

Distensibilité des artères

Le sang dans les artères forme un fluide incompressible et homogène, de masse volumique μ_0. Les artères sont souples, distensibles, et leur section peut varier au passage du sang. Une artère cylindrique d'axe (O, x) et de section S_0 au repos, a une section qui varie au passage du sang selon la loi $S(x,t) = S_0 + s_1(x,t)$. On note $\vec{v} \simeq v_1(x,t)\vec{u}_x$ le vecteur vitesse du sang à l'abscisse x et à la date t.

a) Le débit volumique à travers l'artère n'est pas le même en toute abscisse. Est-ce en contradiction avec la loi de conservation de la masse ?

b) Établir l'équation aux dérivées partielles reliant $S(x,t)$ et $v_1(x,t)$.

c) On effectue l'approximation suivante : les termes indexés par 1 sont du premier ordre par rapport à ceux indexés par 0 ; on néglige tous les termes d'ordre 2. En déduire l'équation aux dérivées partielles reliant $s_1(x,t)$ et $v_1(x,t)$.

d) La pression dans l'artère est $P(x,t) = P_0 + p_1(x,t)$. On admet l'équation $\mu_0 \frac{\partial v_1(x,t)}{\partial t} = -\frac{\partial p_1(x,t)}{\partial x}$. Quel est sa signification physique ?

e) La distensibilité d'une artère est

$$\mathscr{D} = \frac{1}{S_0}\frac{\partial S}{\partial P} \simeq \frac{1}{S_0}\frac{\frac{\partial s_1(x,t)}{\partial x}}{\frac{\partial p_1(x,t)}{\partial x}}$$

Établir l'équation aux dérivées partielles vérifiée par $v_1(x,t)$.

15.11 Détente de Joule-Thomson

Un fluide quelconque se détend dans une canalisation horizontale et calorifugée et à vitesse très faible, en traversant une paroi poreuse.

a) Par application du premier principe industriel, montrer que cette détente est isenthalpique.

b) Si le fluide est un gaz parfait, quelle propriété obtient-on ?

c) Pourquoi la détente de Joule-Thomson est-elle complémentaire de celle de Joule Gay-Lussac ?

15.12 Machine frigorifique à fluide idéal

Un fluide est utilisé dans une machine frigorifique du type pompe à chaleur, chargée de prélever de l'énergie thermique à l'eau d'un lac formant un thermostat et d'en restituer à l'air d'une pièce ou à l'eau d'une piscine. Le fluide caloporteur est supposé idéal, en ce sens qu'il est un corps pur, se comporte comme un gaz parfait à l'état de vapeur, de rapport de capacités thermiques γ et qu'il est non visqueux, incompressible et indilatable à l'état liquide, de capacité thermique massique c_ℓ. On note M sa masse molaire et $\Delta_{vap}h$ l'enthalpie molaire de vaporisation supposée indépendante de la température. Le fluide au point de rosée en A (P_A, T_A) subit une compression adiabatique réversible jusqu'au point B (P_B, T_B) à l'état de vapeur sèche. Il subit alors un refroidissement puis une liquéfaction isobare jusqu'au point d'ébullition C ($P_C = P_B$, T_C). Il subit une détente isenthalpique jusqu'au point D diphasé ($P_D = P_A$, T_D) et revient au point A par une vaporisation isobare. Pour les applications numériques, on prend $\gamma = 1{,}40$, $R = 8{,}314\ J\cdot K^{-1}\cdot mol^{-1}$, $M = 50{,}0\cdot 10^{-3}\ kg\cdot mol^{-1}$, $P_B = 3P_A$, $T_A = 280\ K$, $T_C = 320\ K$, $c_\ell = 2{,}00\cdot 10^3\ J\cdot K^{-1}\cdot kg^{-1}$, $\Delta_{vap}h(280\ K) = 2{,}00\cdot 10^5\ J\cdot kg^{-1}$ et $\Delta_{vap}h(320\ K) = 1{,}43\cdot 10^5\ J\cdot kg^{-1}$. On suppose les variations d'énergie potentielle de pesanteur et d'énergie cinétique négligeables devant les variations d'enthalpie du fluide.

a) Donner la valeur de la température T_D et calculer T_B.

b) Donner les valeurs des titres massiques en vapeur x_A et x_C. Calculer x_D.

c) Tracer l'allure du cycle dans le diagramme de Clapeyron (P, v) en faisant apparaître la courbe de saturation (courbe d'ébullition et de rosée) et les différentes isothermes.

d) Identifier l'énergie utile, l'énergie gratuite et l'énergie coûteuse. Calculer ces trois énergies par application du premier principe industriel. En déduire l'efficacité η de cette machine.

15.13 Machine frigorifique à fluide réel

Voici le diagramme thermodynamique de **Mollier** (P, h) d'un fluide réel.

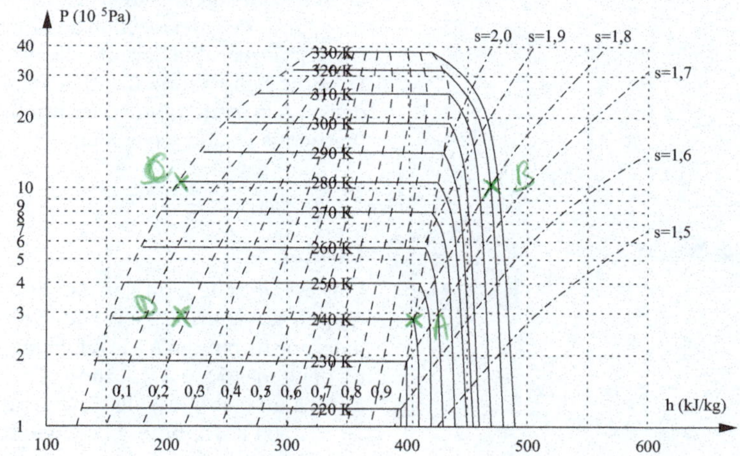

Ce fluide effectue un cycle frigorifique dans une installation industrielle de surgélation. En A, il est au point de rosée à $T_A = 240$ K. Il subit une compression isentropique jusqu'au point B à $T_B = 320$ K puis un refroidissement suivi d'une liquéfaction isobare jusqu'au point C, point d'ébullition. Il subit une détente isenthalpique entre C et D puis une vaporisation isobare de D à A. On suppose les variations d'énergie potentielle de pesanteur et d'énergie cinétique négligeables devant les variations d'enthalpie du fluide.

a) Tracer le cycle (A, B, C, D) et en déduire les pressions, températures, titres massiques en vapeur et enthalpies massiques de ces états.

b) Déterminer la valeur de l'efficacité η de ce surgélateur.

15.14 Pompe de relevage

Le système suivant sert de pompe d'aspiration de l'eau, fluide incompressible de masse volumique μ_0 au fond d'un lac de profondeur H pour la remonter à l'altitude h avec un débit massique fixé $D_m = D_0$. La section d'entrée et celle de sortie sont identiques : $S_e = S_s = S_0$. La pompe ne cède aucune énergie thermique à l'eau et l'absence de forces de viscosité permet de supposer que l'énergie interne massique de l'eau ne varie pas.

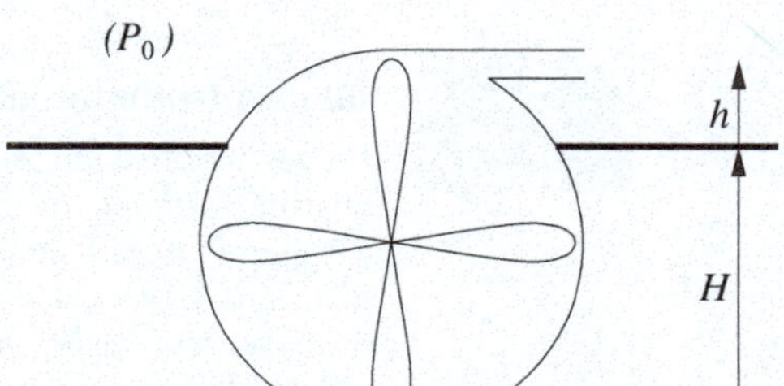

Déterminer la puissance mécanique $\mathscr{P}$ de la pompe par application du premier principe industriel.

15.15

Sèche-cheveux

L'air est assimilé à un gaz parfait diatomique de rapport de capacités thermiques γ, de masse molaire M. On néglige les effets de la pesanteur. La section d'entrée S_e est très grande devant la section de sortie $S_s = S$ et on peut considérer que la vitesse d'entrée est négligeable devant celle de sortie : $V_e \ll V_s$. On impose un débit massique D_m, une température d'entrée $T_e = T_0$ et celle de sortie $T_s = T_0 + \Delta T$. La pression de l'air à la sortie vaut P_0. Déterminer la puissance mécanique $\mathscr{P}_m$ et la puissance thermique $\mathscr{P}_{th}$ du sèche-cheveux.

15.16

Turbine

L'air est assimilé à un gaz parfait de masse molaire $M = 29 \cdot 10^{-3}$ kg·mol^{-1} et de rapport de capacités thermiques $\gamma = 1,4$. On donne $R = 8,314$ J·K^{-1}·mol^{-1}. Il entre dans une turbine en A à la température $T_A = 290$ K à la pression $P_A = 1,0 \cdot 10^5$ Pa avec un débit massique $D_m = 40$ kg·s^{-1}. Il subit une compression adiabatique réversible jusqu'à un état B avec $P_B = 5P_A$, puis un échauffement isobare jusqu'à l'état C où $T_C = 1\,500$ K. On note q l'énergie thermique massique reçue par l'air entre B et C grâce à la combustion du kérosène. Il subit une détente adiabatique réversible dans une turbine jusqu'à l'état D en lui fournissant un travail massique w_u(CD) qui est intégralement restitué au compresseur agissant entre A et B. Enfin, l'air se détend, toujours de façon adiabatique et réversible, dans la tuyère pour retrouver en E la pression $P_E = P_A$. À la sortie de la tuyère, on note V_E la vitesse d'éjection de l'air. On suppose toutes les autres vitesses négligeables devant celle-ci, et on les prendra nulles pour les calculs.

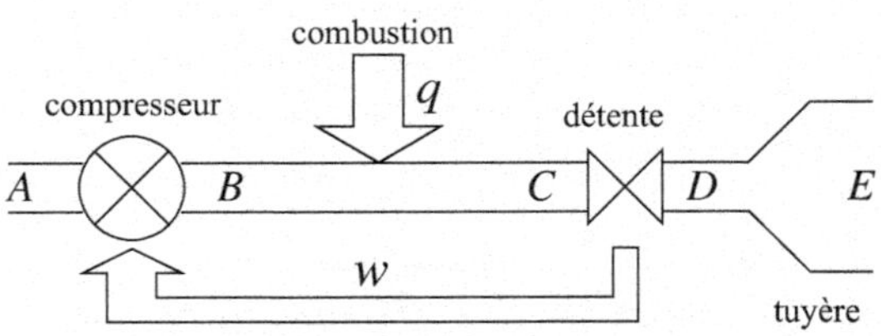

a) Calculer les pressions et températures des cinq états non fournies par l'énoncé.

b) Calculer la vitesse V_E.

c) Calculer le rendement de cette turbine, la puissance cinétique produite et la puissance thermique consommée.

15.17

Bilan entropique dans un détendeur

Un gaz monte à vitesse constante le long d'un conduit de cheminée partiellement obstrué, formant une paroi poreuse entre l'altitude z_1 où le gaz est à la pression P_1 et à la température T_1 et l'altitude z_2 où le gaz est à la pression P_2 et à la température T_2 inconnue. Le gaz est assimilé à un gaz parfait de rapport de capacités thermiques γ et de masse molaire M. On note D_m le débit massique de gaz. Le conduit de cheminée est calorifugé.

a) Déterminer T_2.

b) Déterminer l'entropie massique échangée et l'entropie massique créée.

c) Déterminer les quantités d'entropie échangée et créée par unité de temps.

15.18 **Écoulement isentropique dans une tuyère**

Une tuyère est formée d'une canalisation horizontale à symétrie de révolution autour de l'axe (O, x), dont la section varie selon la loi $S(x)$. On note P_0 la pression à l'entrée de la tuyère en $x = 0$, le fluide qui s'y écoule est assimilé à un gaz parfait de masse molaire M et de rapport de capacités thermiques noté γ ; on note μ_0 sa masse volumique à l'entrée. L'écoulement est supposé adiabatique réversible, donc isentropique et non visqueux. On note $\vec{V} = V(x)\vec{u}_x$ le vecteur vitesse supposé uniforme à l'abscisse x.

a) Établir la loi reliant P, μ, P_0, μ_0 et γ.

b) Établir l'expression de la vitesse $V(x)$ en fonction de la pression $P(x)$. On supposera la vitesse d'injection V_0 négligeable devant $V(x)$.

c) À l'extrémité de la tuyère, en $x = L$, on note $P_1 = P(L)$ la pression et $S_1 = S(L)$ la section de la tuyère. On pose $u = \frac{P_1}{P_0}$. Montrer qu'on peut écrire le débit massique sous la forme

$$D_m = Cu^{\frac{1}{\gamma}}\sqrt{1 - u^{1-\frac{1}{\gamma}}}$$

d) Donner l'expression de la pression de sortie qui rend le débit maximum.

Du mal à démarrer ?

15.1 Le premier principe développé en utilisant les hypothèses et la loi des gaz parfaits conduit à une équation différentielle à variables séparables entre V et T qu'on intègre entre l'état initial et l'état final.

15.2 Les deux principes se simplifient quand on identifie les grandeurs intensives extérieures et celles au sein du système, et conduisent à la première identité. La deuxième s'obtient à partir de la première en écrivant $H = U + PV$.

15.3 La loi de Laplace n'est pas adaptée ici car au moment où on libère le piston, le piston n'est pas à l'équilibre, la transformation n'est donc pas quasi statique et donc pas réversible. Il faut revenir au premier principe pour calculer l'état final. Le calcul de la variation d'entropie se ramène à un calcul d'intégrale grâce à la première identité thermodynamique.

15.4

La variation du nombre de voitures sur le tronçon $[x, x + dx]$ pendant dt est égale au nombre de voitures entrantes en x moins le nombre de voitures sortantes en $x + dx$.

15.5

La loi des gaz parfaits puis la loi de Laplace exprimées en pression et en masse volumique suffisent pour conclure.

15.6

La conservation du débit entre le bas et le haut de la cheminée permet de calculer v_1.

15.7

Un bilan de voiture en régime non permanent dans un volume de contrôle qui s'étend de part et d'autre du bouchon permet d'écrire que l'augmentation du nombre de voitures accumulées dans le bouchon est égal au nombre de voitures entrées dans le volume.

15.8

Après avoir exprimé les trois débits en fonction des largeurs des lits, des hauteurs d'eau et des vitesses, la conservation du débit permet de conclure.

15.9

La loi de l'énergie cinétique (par exemple) donne l'expression de $v(z)$. La conservation du débit donne accès à $r(z)$. La quantité d'huile dans la coulée est calculée par une intégrale sur z.

15.10 L'équation reliant S et v_1 nécessite un bilan de masse en régime non permanent sur un tronçon de longueur dx de l'artère : à la date t, sa section est $S(x, t)$, il entre une masse dm_e en x, il sort une masse dm_s en $x + dx$, et à la date $t + dt$, la section de l'artère est $S(x, t + dt)$. La réduction des deux équations aux dérivées partielles à une seule en v_1 nécessite l'utilisation du théorème de Schwartz.

15.11 Les hypothèses conduisent à l'élimination de presque tous les termes du premier principe industriel et le caractère isenthalpique de la détente en découle.

15.12 (a) La loi de Laplace permet le calcul de T_B. (b) La transformation (CD) est isenthalpique, on la décompose en un refroidissement à l'état liquide et une vaporisation partielle isobare isotherme, on en déduit x_D en utilisant le fait que l'enthalpie est une fonction d'état. (c) Le cycle se déploie à l'intérieur et au voisinage de la courbe de saturation. (d) L'énergie utile correspond à la transformation où le fluide reçoit de l'énergie thermique, l'énergie coûteuse correspond à la transformation où il reçoit du travail.

15.13 Les données de l'énoncé et la position des points de rosée et d'ébullition suffisent pour placer les quatre points. Aucun calcul n'est nécessaire pour déterminer les énergies utile et coûteuse, la lecture des valeurs de h permet de les déterminer par application du premier principe industriel.

15.14 La relation $H = U + PV$ permet d'exprimer la variation Δh en fonction de la différence de pressions.

15.15 Le bilan d'énergie totale met en évidence l'énergie mécanique et l'énergie thermique reçue par l'air.

15.16 La loi de Laplace donne la plupart des relations utiles. L'écriture du premier principe industriel sur les transformations (AB) et (CD) permet de traduire la restitution de travail du détendeur vers le compresseur ; celle sur (BC) permet de calculer q et la puissance thermique consommée.

15.17 (a) On applique le premier principe industriel. (b) On rappelle la seconde identité thermodynamique $dh = v dP + T ds$. (c) On utilise le débit massique.

15.18 La loi des gaz parfaits, celle de Laplace et l'expression du débit massique $D_m = \mu VS$ conduisent à la loi de la question (c). La maximisation du débit nécessite un calcul de dérivée.

Corrigés des exercices

15.1

La transformation est adiabatique donc $\delta Q = 0$. Elle est quasi statique, le piston par lequel on agit sur le système est donc à tout instant en équilibre sous l'action de la pression extérieure et de la pression intérieure, elles sont donc égales et $\delta W = -PdV$. Le gaz étant macroscopiquement au repos, le premier principe s'écrit donc

$$\frac{nR}{\gamma - 1} dT = -PdV = -nRT\frac{dV}{V}$$

Cette équation différentielle est à variables séparables :

$$\frac{dT}{T} = (1-\gamma)\frac{dV}{V}$$

on l'intègre entre l'état initial et l'état final :

$$\int_{T_1}^{T_2} \frac{dT}{T} = (1-\gamma)\int_{V_1}^{V_2} \frac{dV}{V}$$

$$\text{soit } \ln\frac{T_2}{T_1} = (1-\gamma)\ln\frac{V_2}{V_1}$$

$$\text{soit } \frac{T_2}{T_1} = \frac{V_2^{1-\gamma}}{V_1^{1-\gamma}}$$

$$\text{donc } T_2V_2^{\gamma-1} = T_1V_1^{\gamma-1}$$

La loi des gaz parfaits donne

$$\frac{P_2V_2}{T_2} = \frac{P_1V_1}{T_1}$$

et en multipliant les deux égalités on obtient loi de Laplace

$$P_2V_2^{\gamma} = P_1V_1^{\gamma}$$

puis la troisième relation en divisant cette dernière égalité par la précédente élevée à la puissance γ :

$$T_2^{\gamma}P_2^{1-\gamma} = T_1^{\gamma}P_1^{1-\gamma}$$

15.2

a) U et S sont des fonctions d'état, leurs variations ne dépendent donc pas du chemin suivi, et on peut faire le calcul en supposant que la transformation est réversible.

b) La transformation est quasi statique, elle se fait donc en quasi-équilibre mécanique et thermique avec l'extérieur, donc $P_{ext} = P$ et $T_{ext} = T$.

c) Le premier principe s'écrit donc

$$dU = -PdV + \delta Q$$

et la transformation étant réversible, $\delta S_c = 0$ donc le second principe s'écrit

$$dS = \frac{\delta Q}{T} + 0$$

donc $\delta Q = TdS$ et en remplaçant dans le premier principe, on obtient bien (IT1) : $dU = -PdV + TdS$.

d) Par définition, $H = U + PV$ donc

$$dH = dU + PdV + VdP = -PdV + TdS + PdV + VdP$$

soit (IT2) : $dH = VdP + TdS$.

15.3

a) Par application de la loi des gaz parfaits :

$$T_0 = \frac{P_0V_0}{nR}$$

b) Il y a 3 inconnues, il faut donc écrire 3 équations. La loi des gaz parfaits donne

$$(1)\ P_fV_f = nRT_f$$

Dans l'état final, le piston est en équilibre mécanique donc

$$(2)\ P_f = P_1$$

La pression de l'autre côté du piston qui bouge est P_1 et la transformation est adiabatique ; le premier principe sous forme différentielle s'écrit donc

$$\frac{nR}{\frac{5}{3}-1}dT = -P_1 dV + 0$$

En intégrant entre l'état initial et l'état final, on en déduit

$$(3)\ \frac{3}{2}nR(T_f - T_0) = -P_1(V_f - V_0)$$

Dans le second membre de cette équation, en utilisant (1) et (2), on remplace

$$P_1V_f = nRT_f \text{ et } P_1V_0 = \frac{3}{2}P_0V_0 = \frac{3}{2}nRT_0$$

$$\text{donc } \frac{3}{2}nR(T_f - T_0) = -nRT_f + \frac{3}{2}nRT_0$$

d'où après simplification par nR et réduction $T_f = \frac{6}{5}T_0$. On en déduit, d'après (1) :

$$\frac{3}{2}P_0V_f = nR\frac{6}{5}T_0 \text{ donc } V_f = \frac{4}{5}V_0$$

c) La première identité thermodynamique $dU = -PdV + TdS$ donne, pour ce système :

$$\frac{3}{2}nRdT = -nRT\frac{dV}{V} + TdS \text{ donc } dS = nR\left(\frac{3}{2}\frac{dT}{T} + \frac{dV}{V}\right)$$

En intégrant entre l'état initial et l'état final, on en déduit

$$\Delta S = nR\left(\frac{3}{2}\ln\frac{T_f}{T_0} + \ln\frac{V_f}{V_0}\right)$$

$$= nR\left(\frac{3}{2}\ln\frac{6}{5} + \ln\frac{4}{5}\right) = 0{,}050nR$$

Le second principe s'écrit $\Delta S = S_{cr} + 0$ car la transformation est adiabatique donc $S_{cr} = 0{,}050nR > 0$. La transformation est donc irréversible : c'est l'hétérogénéité de pression dans le gaz à l'instant où on libère le piston qui a créé de l'irréversibilité.

15.4

Travaillons sur le tronçon routier situé entre les abscisses x et $x+dx$ et entre les dates t et $t+dt$. À la date t, il y a $n(x,t)\cdot dx$ voitures sur ce tronçon, et à la date $t+dt$ $n(x,t+dt)\cdot dx$. La variation est due à l'entrée de $dN_e = D(x,t)\cdot dt$ voitures en amont du tronçon, et à la sortie de $dN_s = D(x+dx,t)\cdot dt$ voitures en aval. On peut donc écrire

$$n(x,t+dt)\cdot dx - n(x,t)\cdot dx = D(x,t)\cdot dt - D(x+dx,t)\cdot dt$$

En divisant par $dx\cdot dt$, il vient :

$$\frac{n(x,t+dt)-n(x,t)}{dt} = \frac{D(x,t)-D(x+dx,t)}{dx}$$

et en faisant le développement limité à l'ordre 1 :

$$\frac{\partial n(x,t)}{\partial t} = -\frac{\partial D(x,t)}{\partial x}$$

15.5

La longueur du cylindre à la date t

$$L(t) = L - v_0t - 2v_0t = L - 3v_0t$$

Les deux cylindres se rejoignent à $t_1 = \frac{L}{3v_0}$, on suppose donc $t < t_1$. La masse se conserve dans le cylindre à toute date, donc

$$\mu_0\pi R^2 L = \mu(t)\pi R^2(L - 3v_0t) \text{ donc } \mu(t) = \mu_0\frac{L}{L-3v_0t}$$

La loi de Laplace s'écrit ici

$$P(t)\mu^{-\gamma}(t) = P_0\mu_0^{-\gamma} \text{ donc } P(t) = P_0\left(\frac{\mu(t)}{\mu_0}\right)^{\gamma}$$

$$\text{soit } P(t) = P_0\left(\frac{L}{L-3v_0t}\right)^{\gamma}$$

15.6

La loi des gaz parfaits s'écrit

$$\begin{cases} P_0M = \mu_0RT_0 \\ P_0M = \mu_1RT_1 \end{cases} \text{ donc } \mu_1 = \frac{\mu_0}{\alpha}$$

En régime permanent, il y a conservation du débit massique entre le bas et le haut de la cheminée, soit

$$\mu_0v_0\pi(2R)^2 = \frac{\mu_0}{\alpha}v_1\pi R^2$$

donc $v_1 = 4\alpha v_0$. On constate l'effet accélérateur (facteur 4) de la réduction de la section et ralentisseur (facteur $\alpha < 1$) du refroidissement qui provoque une augmentation de la masse volumique.

15.7

Choisissons comme ligne de contrôle Σ un rectangle situé de part et d'autre du front.

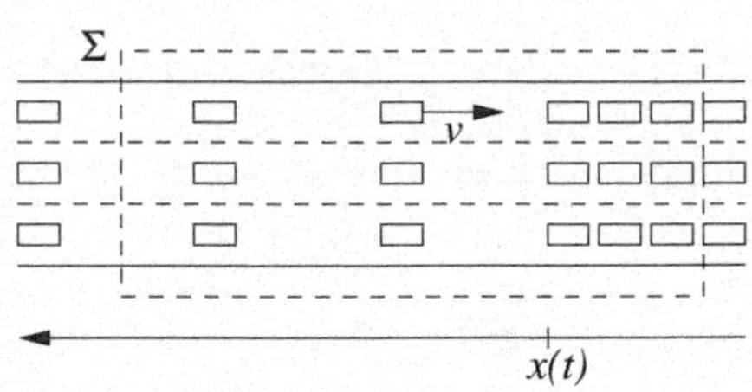

Pendant dt, un véhicule entre dans Σ s'il est situé à moins de vdt du bord gauche. Comme il y a trois véhicules en moyenne dans un tronçon de 200 m d'autoroute avant le bouchon, le nombre de véhicules entrant est $\delta N_e = \frac{3vdt}{200}$. La différence entre le nombre de véhicules dans Σ à la date t et à la date $t+dt$ est égal au nombre de véhicules supplémentaires accumulés dans le bouchon. La ligne de front s'est déplacée de dx, ce qui représente $dN = \frac{3dx}{10}$ véhicules. La loi de conservation du nombre de véhicules s'écrit $\delta N_e = dN$, soit

$$\frac{3vdt}{200} = \frac{3dx}{10} \text{ donc } \frac{dx}{dt} = \frac{v}{20}$$

soit $v = 1{,}5\ \mathrm{m\cdot s^{-1}} = 5{,}4\ \mathrm{km\cdot h^{-1}}$.

15.8

Choisissons une surface de contrôle fermée coupant les deux affluents et le fleuve après confluence.

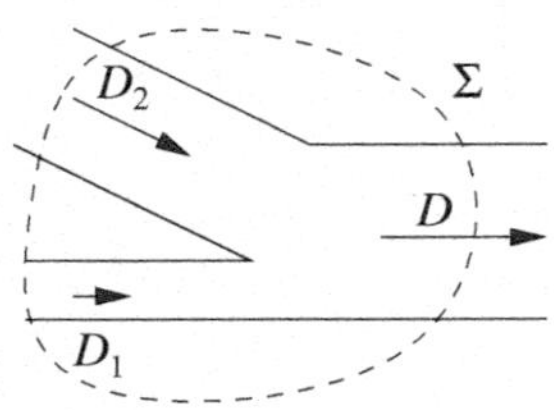

En régime permanent, le débit sortant est égal à la somme des débits entrants donc $D = D_1 + D_2 = 4D_1$. En notant d_1 et d_2 les largeurs des affluents, on en déduit le système

$$\begin{cases} D_1 = \mu_0 v_1 d_1 H \\ 3D_1 = \mu_0 \frac{v_1}{2} d_2 H \\ 4D_1 = \mu_0 \beta v_1 (d_1 + d_2) H \end{cases}$$

En faisant le rapport des deux premières égalités, il vient $d_2 = 6d_1$ donc la troisième s'écrit $4D_1 = 7\mu_0\beta v_1 d_1 H$. En divisant cette égalité par la première, on en déduit $\beta = \frac{4}{7}$.

15.9

a) Le débit mesuré à travers le disque de sortie du robinet vaut

$$D = \mu v_0 \cdot \pi R^2 \text{ donc } v_0 = \frac{D}{\mu\pi R^2}$$

b) La loi de l'énergie cinétique entre $z = 0$ et z s'écrit

$$\frac{1}{2}mv^2(z) - \frac{1}{2}mv_0^2 = mgz \text{ donc } v(z) = \sqrt{v_0^2 + 2gz}$$

c) Le débit se conserve sur toute section du tube de courant, donc

$$D = \mu v(z)\pi r^2(z) \text{ donc } r(z) = \sqrt{\frac{D}{\mu\pi\sqrt{v_0^2+2gz}}}$$

En supposant $v_0 \simeq 0$, cette expression se simplifie en

$$r(z) \simeq \sqrt{\frac{D}{\mu\pi\sqrt{2g}}} \cdot z^{-\frac{1}{4}}$$

d) La masse d'huile restant à se répandre est celle de la colonne, soit

$$m = \int_{z=0}^{H} \mu\pi r^2(z)dz = \frac{D}{\sqrt{2g}} \int_{z=0}^{H} z^{-\frac{1}{2}} dz$$

$$m = \frac{D}{\sqrt{2g}} \left[2\sqrt{z}\right]_0^H = D\sqrt{\frac{2H}{g}}$$

15.10

a) La section variant au cours du passage du sang, il n'y a pas de violation de la loi de conservation de la masse.

b) On fait un bilan de masse pendant dt pour la section d'artère comprise entre x et $x+dx$. Les masses entrante en x et sortante en $x+dx$ à t sont

$$\begin{cases} dm_e = \mu_0 S(x,t) v_1(x,t) dt \\ dm_s = \mu_0 S(x+dx,t) v_1(x+dx,t) \end{cases}$$

Les masses dans le tronçon d'artère aux dates t et $t+dt$ sont

$$\begin{cases} m(t) = \mu_0 S(x,t) dx \\ m(t+dt) = \mu_0 S(x,t+dt) dx \end{cases}$$

Le bilan de masse s'écrit

$$m(t+dt) - m(t) = dm_e - dm_s$$

d'où, en divisant par $\mu_0 dxdt$

$$\frac{S(x,t+dt) - S(x,t)}{dt} =$$

$$-\frac{S(x+dx,t)v_1(x+dx,t) - S(x,t)v_1(x,t)}{dx}$$

soit, en faisant les développements limités à l'ordre 1 en dx et en dt :

$$\frac{\partial S(x,t)}{\partial t} = -\frac{\partial [S(x,t)v_1(x,t)]}{\partial x}$$

c) En remplaçant $S(x,t)$, on en déduit

$$\frac{\partial [S_0 + s_1(x,t)]}{\partial t} = -\frac{\partial [S_0 v_1(x,t) + s_1(x,t)v_1(x,t)]}{\partial x}$$

Avec l'approximation demandée, on en déduit :

$$\frac{\partial s_1(x,t)}{\partial t} = -S_0 \frac{\partial v_1(x,t)}{\partial x}$$

d) C'est la loi de la quantité de mouvement : l'accélération de la tranche de fluide est provoquée par la différence de pression entre ses deux faces.

e) La relation proposée donne

$$\frac{\partial p_1}{\partial x} = \frac{1}{S_0\mathscr{D}}\frac{\partial s_1}{\partial x}$$

On peut donc éliminer ce terme avec l'équation mécanique, d'où

$$\mu_0\frac{\partial v_1}{\partial t} = -\frac{1}{S_0\mathscr{D}}\frac{\partial s_1}{\partial x}$$

On écrit le système en (s_1, v_1) :

$$\begin{cases} \frac{\partial s_1}{\partial t} = -S_0\frac{\partial v_1}{\partial x} \\ -\mu_0 S_0\mathscr{D}\frac{\partial v_1}{\partial t} = \frac{\partial s_1}{\partial x} \end{cases}$$

On dérive la première relation par rapport à x, la seconde par rapport à t et on utilise le théorème de Schwartz $\frac{\partial^2 s_1}{\partial x\partial t} = \frac{\partial^2 s_1}{\partial t\partial x}$ pour éliminer s_1, d'où

$$-\mu_0 S_0\mathscr{D}\frac{\partial^2 v_1}{\partial t^2} = -S_0\frac{\partial^2 v_1}{\partial x^2}$$

soit $\frac{\partial^2 v_1}{\partial x^2} - \mu_0\mathscr{D}\frac{\partial^2 v_1}{\partial t^2} = 0$. Cette équation importante est l'équation d'Alembert, qui régit les phénomènes de propagation d'ondes sans atténuation.

15.11

a) Appliquons le premier principe industriel. La canalisation est horizontale donc $\Delta(gz) = 0$. Elle est calorifugée donc $q = 0$. Elle se fait à très faible vitesse donc $\Delta ec = 0$. La paroi poreuse ne présente aucune pièce mobile donc $w_u = 0$. On en déduit $\Delta h = 0$ ce qui prouve que la détente est isenthalpique.

b) Pour un gaz parfait, $\Delta h = c_P\Delta T$ donc $T_s = T_e$, la détente isenthalpique est aussi isotherme.

c) La détente de Joule Gay-Lussac (détente adiabatique dans le vide) est isoénergétique, et donc elle aussi isotherme pour les gaz parfaits. Un gaz parfait vérifie ainsi les deux **lois de Joule** : U et H ne dépendent que de la température, et les deux détentes de Joule permettent de tester expérimentalement ces lois.

15.12

a) Entre D et A, le fluide est diphasé et reste à pression constante ; or c'est un corps pur donc l'isobare de vaporisation est aussi une isotherme et $T_D = T_A = 280$ K. Entre A et B, la vapeur forme un gaz parfait et subit une détente adiabatique réversible. La loi de Laplace donne donc

$$P_A^{1-\gamma}T_A^{\gamma} = P_B^{1-\gamma}T_B^{\gamma} \text{ donc}$$

$$T_B = T_A\left(\frac{P_A}{P_B}\right)^{\frac{1-\gamma}{\gamma}} = 383 \text{ K}$$

b) A est le point de rosée donc $x_A = 1$. C est le point d'ébullition donc $x_C = 0$. La transformation (CD) est isenthalpique. L'enthalpie étant une fonction d'état, on peut la décomposer en (CC′) refroidissement à l'état liquide de T_C à $T_{C'} = T_D$ puis (C′D) vaporisation partielle isobare et isotherme.

$$\Delta h = \Delta h_{CC'} + \Delta h_{C'D} = 0 \text{ soit}$$

$$c_\ell(T_{C'} - T_C) + x_D\Delta_{\text{vap}}h = 0 \text{ donc}$$

$$x_D = \frac{c_\ell(T_C - T_D)}{\Delta_{\text{vap}}h} = 0,40$$

c) On veille à respecter $P_B = 3P_A$ et la position de D à 4 dixièmes sur le palier de changement d'état conformément au théorème des moments.

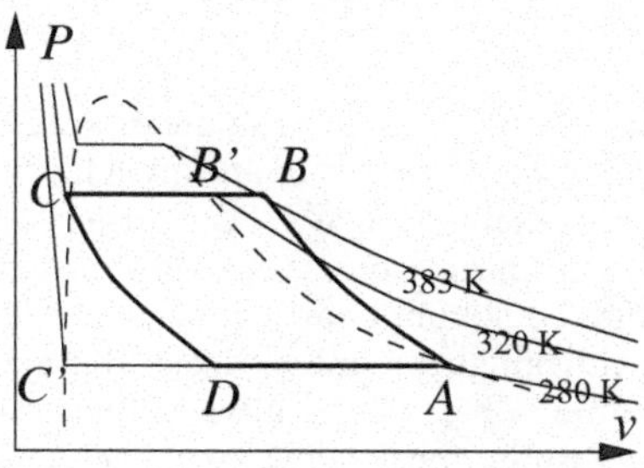

d) L'énergie utile est l'énergie thermique apportée à l'air de la pièce ou à l'eau de la piscine donc $-q_{BC}$. En appliquant le premier principe industriel entre ces deux points, et en décomposant la transformation en (BB′C) :

$$q_{BC} = \Delta h_{BB'} + \Delta h_{B'C} = c_P(T_{B'} - T_B) + \Delta_{\text{liq}}h$$

La capacité thermique à pression constante d'un système de n moles de gaz parfait est $C_P = \frac{\gamma nR}{\gamma - 1}$ donc

$$c_P = \frac{C_P}{m} = \frac{\gamma R}{M(\gamma - 1)} = 582 \text{ J}\cdot\text{K}^{-1}\cdot\text{kg}^{-1}$$

L'enthalpie massique de liquéfaction est opposée à celle de vaporisation donc

$$q_{BC} = 582\cdot(320 - 383) - 1,43\cdot10^5 = -1,80\cdot10^5 \text{ J}\cdot\text{kg}^{-1}$$

L'énergie gratuite est celle reçue par le fluide de la part de l'eau du lac donc

$$q_{DA} = \Delta h_{DA} = (1 - x_D)h_{\text{vap}} = 1,2\cdot10^5 \text{ J}\cdot\text{kg}^{-1}$$

L'énergie coûteuse est le travail reçu de la part du compresseur (lui-même alimenté par une source électrique) donc

$w_u(\text{AB})$. Insistons ici sur le fait que $w_{\text{AB}} \neq w_u(\text{AB})$, le travail total étant la somme du travail exercé par les parties mobiles du compresseur et des travaux des forces de pression à l'entrée et à la sortie du compresseur. En appliquant le premier principe industriel :

$$w_u(\text{AB}) = \Delta h_{\text{AB}} = c_\text{P}(\text{T}_\text{B} - \text{T}_\text{A}) = 0{,}60 \cdot 10^5 \text{ J} \cdot \text{kg}^{-1}$$

On vérifie que la somme des variations d'enthalpie massique est nulle, conformément au caractère de fonction d'état de h. L'efficacité est le rapport entre l'énergie utile et l'énergie coûteuse :

$$\eta = \frac{-q_{\text{BC}}}{w_u(\text{AB})} = 3{,}0$$

Elle est supérieure à 1, on a en effet une énergie utile supérieure à l'énergie coûteuse car on a bénéficié d'une énergie gratuite.

15.13

a) Le point de rosée A est à l'extrémité droite du palier de vaporisation à 240 K. De A à B, on suit la ligne isentropique jusqu'à son intersection avec l'isotherme 320 K. De B à C, l'isobare est une horizontale et C est son intersection avec la courbe d'ébullition, à l'extrémité gauche du palier. De C à D, l'isenthalpique est une verticale. Comme (DA) est une vaporisation isobare elle est aussi isotherme et D est donc aussi sur l'isotherme à 240 K. Voici l'allure du cycle tracé sur le diagramme.

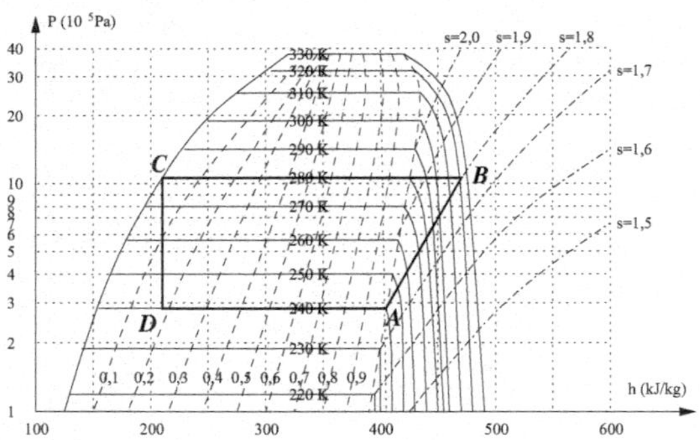

On peut lire directement sur le diagramme les valeurs numériques :

	A	B	C	D
P (bar)	2,9	11	11	2,9
T (K)	240	320	280	240
x	1	1	0	0,18
h (kJ/kg)	405	470	210	210

b) L'énergie utile est l'énergie thermique reçue du système qu'on réfrigère :

$$q_{\text{DA}} = \Delta h_{\text{DA}} = h_\text{A} - h_\text{D} = 195 \text{ kJ} \cdot \text{kg}^{-1}$$

L'énergie coûteuse est le travail utile reçu de la part du compresseur :

$$w_u(\text{AB}) = \Delta h_{\text{AB}} = h_\text{B} - h_\text{A} = 65 \text{ kJ} \cdot \text{kg}^{-1}$$

On en déduit

$$\eta = \frac{q_{\text{DA}}}{w_u(\text{AB})} = 3{,}0$$

15.14 Appliquons le premier principe industriel. $\Delta u = 0$ et $h = u + \text{P}v$ donc

$$\Delta h = \Delta u + v\Delta\text{P} = \frac{\Delta\text{P}}{\mu}$$

La pression à la sortie est $\text{P}_s = \text{P}_0$, et à l'entrée, si la vitesse reste faible, $\text{P}_e = \text{P}_0 + \mu g\text{H}$. On en déduit

$$\Delta h = -g\text{H}$$

La variation d'énergie cinétique est nulle car les sections sont égales et l'eau incompressible. Le premier principe s'écrit donc

$$-g\text{H} + 0 + g(h - (-\text{H})) = w_u + 0$$

Pendant dt, la masse traîtée par la pompe est $dm = \text{D}_0 dt$ donc le travail fourni par la pompe est

$$\delta\text{W} = dm \cdot w_u = \text{D}_0 gh dt$$

On en déduit la puissance

$$\mathscr{P} = \frac{\delta\text{W}}{dt} = \text{D}_0 gh$$

15.15

Le débit d'air est

$$\text{D}_m = \mu_s \text{S} \cdot \text{V}_s$$

La loi des gaz parfaits s'écrit

$$\text{PM} = \mu\text{RT} \text{ donc } \mu_s = \frac{\text{PM}}{\text{RT}_s}$$

On en déduit que

$$\text{V}_s = \frac{\text{D}_m}{\text{S}\mu_s} = \frac{\text{D}_m\text{RT}_s}{\text{SPM}}$$

Appliquons le premier principe en système ouvert entre l'entrée et la sortie :

$$ec_s - ec_e + ep_s - ep_e + h_s - h_e = w_u + q$$

- La vitesse à l'entrée est presque nulle et elle vaut V_s à la sortie.

- Les altitudes sont les mêmes donc $ep_s = ep_e$.
- L'air étant assimilé à un gaz parfait :

$$h_s - h_e = c_P(T_s - T_e) = \frac{C_{Pm}}{M}\Delta T$$

- Le travail utile est $w_u = \frac{\mathscr{P}_m}{D_m}$ et l'énergie thermique massique $q = \frac{\mathscr{P}_{th}}{D_m}$.

On en déduit que

$$\frac{V_s^2}{2} + \frac{C_{Pm}}{M}\Delta T = \frac{\mathscr{P}_m + \mathscr{P}_{th}}{D_m}$$

$$\text{donc} \begin{cases} \mathscr{P}_m = \frac{D_m V_s^2}{2} \\ \mathscr{P}_{th} = \frac{D_m C_{Pm}}{M} = \frac{\gamma R D_m}{(\gamma-1)M}\Delta T \end{cases}$$

15.16

a) L'air assimilé à un gaz parfait subit une compression adiabatique réversible entre A et B donc la loi de Laplace donne

$$P_A^{1-\gamma}T_A^{\gamma} = P_B^{1-\gamma}T_B^{\gamma} \text{ donc}$$

$$T_B = T_A\left(\frac{P_A}{P_B}\right)^{\frac{1-\gamma}{\gamma}} = 459 \text{ K}$$

L'échauffement (BC) est isobare donc

$$P_C = P_B = 5P_A = 5{,}0\cdot10^5 \text{ Pa}$$

Le travail utile récupéré par la turbine entre C et D étant intégralement restitué au compresseur, en appliquant le premier principe à ces deux unités :

$$w_u(AB) + w_u(CD) = 0 \Leftrightarrow \Delta h_{AB} + \Delta h_{CD} = 0 \text{ soit}$$

$$c_p\left[(T_B - T_A) + (T_D - T_C)\right] = 0 \text{ donc}$$

$$T_D = T_C - (T_B - T_A) = 1331 \text{ K}$$

La loi de Laplace entre C et D donne

$$P_D = P_C\left(\frac{T_C}{T_D}\right)^{\frac{\gamma}{1-\gamma}} = 3{,}29\cdot10^5 \text{ Pa}$$

La loi de Laplace entre D et E donne

$$T_E = T_D\left(\frac{P_D}{P_E}\right)^{\frac{1-\gamma}{\gamma}} = 947 \text{ K}$$

b) Le premier principe industriel appliqué à la transformation (DE) dans la tuyère donne

$$h_D + 0 = h_E + \frac{1}{2}V_E^2 \text{ donc}$$

$$V_E = \sqrt{2\Delta h_{ED}} = \sqrt{2c_P(T_D - T_E)}$$

La capacité thermique à pression constante d'un système de n moles de gaz parfait est $C_P = \frac{\gamma n R}{\gamma-1}$ donc

$$c_P = \frac{C_P}{m} = \frac{\gamma R}{M(\gamma-1)} = 1{,}00 \text{ kJ}\cdot\text{K}^{-1}\cdot\text{kg}^{-1}$$

On en déduit $V_E = 876 \text{ m}\cdot\text{s}^{-1}$ (environ deux fois la vitesse du son).

c) Le rendement est l'énergie utile, c'est-à-dire l'énergie cinétique du gaz expulsé par la tuyère, divisée par l'énergie coûteuse, c'est-à-dire l'énergie thermique reçue par le gaz entre B et C. En appliquant le premier principe industriel à cette transformation

$$q_{BC} = \Delta h_{BC} = c_P(T_C - T_B) = 1{,}04 \text{ MJ}\cdot\text{kg}^{-1}$$

donc $\rho = \frac{\frac{1}{2}V_E^2}{q_{BC}} = 37$ %. Les puissances sont égales aux énergies massiques multipliées par le débit massique :

$$\mathscr{P}_{\text{cin}} = D_m\cdot\frac{1}{2}V_E^2 = 15{,}3 \text{ MW}$$

$$\mathscr{P}_{\text{therm}} = D_m\cdot q_{BC} = 41{,}6 \text{ MW}$$

15.17

a) Par application du premier principe industriel, la variation d'énergie cinétique est nulle, le travail utile est nul car il n'y a pas de pièce mobile et il n'y a pas de transfert thermique donc

$$(h_2 - h_1) + g(z_2 - z_1) = 0 \text{ soit } c_P(T_2 - T_1) + g(z_2 - z_1) = 0$$

La capacité thermique molaire à pression constante du gaz parfait est $C_{P,m} = \frac{\gamma R}{\gamma-1}$ donc sa capacité massique est $c_P = \frac{C_{P,m}}{M}$ d'où

$$T_2 = T_1 - \frac{Mg(z_2 - z_1)}{\frac{\gamma R}{\gamma-1}}$$

b) L'entropie échangée est nulle car le transfert thermique est nul. L'entropie créée est donc égale à la variation d'entropie. Par application de la seconde identité thermodynamique :

$$dh = v\,dP + T\,ds \text{ donc } ds = c_P\frac{dT}{T} - \frac{v}{T}dP$$

La loi des gaz parfaits donne

$$PV = nRT \Rightarrow Pv = \frac{RT}{M} \text{ donc}$$

$$ds = c_P\frac{dT}{T} - \frac{R}{M}\frac{dP}{P}$$

En intégrant entre les deux états

$$s_{cr} = \Delta s = \frac{\gamma R}{M(\gamma-1)}\ln\frac{T_2}{T_1} + \frac{R}{M}\ln\frac{P_2}{P_1}$$

c) L'entropie créée par unité de temps est

$$\dot{S} = D_m \cdot s_{cr}$$

15.18

a) La loi de Laplace s'écrit

$$P\mu^{-\gamma} = P_0\mu_0^{-\gamma}$$

b) Par application du premier principe industriel entre l'abscisse 0 et l'abscisse x, la tuyère étant horizontale, sans partie mobile et adiabatique :

$$[h(x) - h(0)] + \left[\frac{1}{2}V^2(x) - \frac{1}{2}V_0^2\right] = 0$$

La capacité thermique molaire à pression constante du gaz parfait est $C_{P,m} = \frac{\gamma R}{\gamma-1}$ donc sa capacité massique est $c_P = \frac{C_{P,m}}{M}$ donc, en négligeant V_0 devant $V(x)$:

$$\frac{\gamma R}{M(\gamma-1)}(T_0 - T(x)) = \frac{1}{2}V^2(x)$$

La loi de Laplace permet de relier pressions et températures :

$$T^\gamma P^{1-\gamma} = T_0^\gamma P_0^{1-\gamma} \text{ donc } T = T_0\frac{P^{\frac{\gamma-1}{\gamma}}}{P_0^{\frac{\gamma-1}{\gamma}}}$$

On en déduit

$$V(x) = \sqrt{\frac{2\gamma RT_0}{M(\gamma-1)}\left(1 - \frac{P^{\frac{\gamma-1}{\gamma}}}{P_0^{\frac{\gamma-1}{\gamma}}}\right)}$$

De plus $P_0M = \mu_0RT_0$ donc

$$V(x) = \sqrt{\frac{2\gamma}{\gamma-1}\cdot\frac{P_0}{\mu_0}\left(1 - \frac{P^{\frac{\gamma-1}{\gamma}}}{P_0^{\frac{\gamma-1}{\gamma}}}\right)}$$

c) On a $D_m = \mu(L)S(L)V(L)$. D'après l'énoncé, $S(L) = S_1$. De plus, $\mu(L)$ est donné par la loi de la première question :

$$\mu(L) = \mu_0\frac{P_1^{\frac{1}{\gamma}}}{P_0^{\frac{1}{\gamma}}} = \mu_0 u^{\frac{1}{\gamma}}$$

La vitesse s'exprime elle aussi en fonction de γ grâce au résultat de la deuxième question :

$$V(L) = \sqrt{\frac{2\gamma}{\gamma-1}\cdot\frac{P_0}{\mu_0}}\cdot\sqrt{1 - u^{1-\frac{1}{\gamma}}}$$

En posant $C = \mu_0 S_1\sqrt{\frac{2\gamma}{\gamma-1}\cdot\frac{P_0}{\mu_0}}$, on obtient bien la formule donnée par l'énoncé.

d) On dérive l'expression par rapport à u et on écrit qu'elle est nulle lorsque D_m est maximal. On obtient, après calculs $u^{\frac{1}{\gamma}-1} = \frac{\gamma+1}{2}$ donc

$$P = P_0\left(\frac{\gamma+1}{2}\right)^{\frac{\gamma}{1-\gamma}}$$

CHAPITRE 16

Transferts thermiques

Thèmes abordés dans les exercices

- ◇ Différents modes de transfert thermique.
- ◇ Vecteur densité de flux thermique.
- ◇ Loi de Fourier.
- ◇ Équation de la diffusion thermique.
- ◇ Modèle des résistances thermiques.
- ◇ Rayonnement thermique.
- ◇ Corps noir.
- ◇ Loi de Wien.
- ◇ Loi de de Stefan.

Points essentiels du cours pour la résolution des exercices

- ◇ Faire un bilan thermodynamique local sans ou avec terme de source.
- ◇ Établir une équation aux dérivées partielles en T.
- ◇ Exploiter les lois du rayonnement thermique.
- ◇ Traduire et exploiter les conditions aux limites.
- ◇ Définir et utiliser le modèle des résistances thermiques.

Les méthodes à retenir

Faire un bilan thermodynamique local sans ou avec terme de source.

Pour une évolution à volume constant, un bilan thermodynamique est l'application du premier principe $dU = \delta Q_{ech} + \delta Q_{int}$ pendant un intervalle de temps dt pour un élément infinitésimal de volume $d\tau$ défini autour du point M :

- $dU = \mu d\tau c(T(M, t+dt) - T(M, t))$ où μ est la masse volumique et c la capacité thermique massique ;
- δQ_{ech} est l'énergie thermique échangée par $d\tau$ avec l'extérieur ; dans le cas de la conduction thermique, celle qui traverse une paroi $\overrightarrow{dS}$ délimitant $d\tau$ est $\vec{j}_{th} \cdot \overrightarrow{dS}$;
- δQ_{int} est l'énergie thermique générée au sein de $d\tau$ par création interne, par réaction chimique ou nucléaire ; dans le cas d'une source interne de puissance volumique $\mathscr{P}$, elle vaut $\mathscr{P} d\tau dt$.

On obtient ainsi une équation aux dérivées partielles reliant $T(M, t)$ et les termes de transfert et de création d'énergie thermique.

Exemple :

On se limite au cas unidimensionnel. Les trois éléments fondamentaux de volume correspondent alors aux trois systèmes habituels de coordonnées : • cartésien (tranche prismatique de section S comprise entre x et $x + dx$ de volume $d\tau = S dx$) • cylindrique (espace compris entre les cylindres de hauteur H et de rayons r et $r + dr$ de volume $d\tau = 2\pi r H dr$) • sphérique (espace situé entre les sphères de rayons r et $r + dr$ de volume $d\tau = 4\pi r^2 dr$).

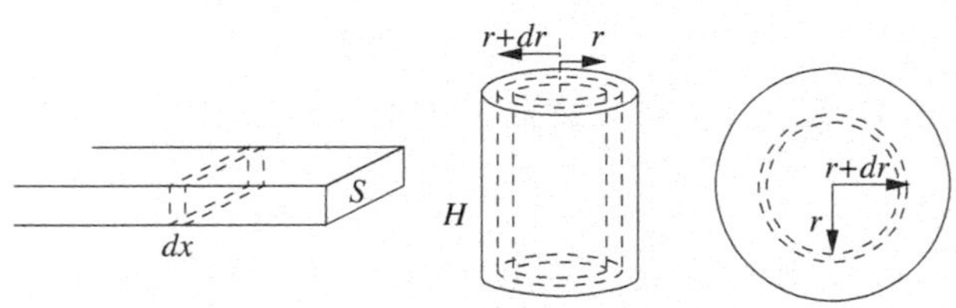

↪ **Exercice 16.1.**

Établir une équation aux dérivées partielles en T.

La **loi de Fourier** $\vec{j}_{th} = -\lambda \overrightarrow{grad}\, T$, où λ est la **conductivité thermique** combinée au bilan local thermodynamique conduit à une équation aux dérivées partielles en T. Sa résolution, difficile dans le cas général, est guidée par l'énoncé.

Exemple :

L'**équation de la chaleur** est celle vérifiée par T dans un matériau indéformable de masse volumique μ, de capacité thermique massique c, de conductivité thermique λ et sans terme de source. Les deux équations reliant $T(M,t)$ et $\vec{j}_{th}(M,t)$ sont le bilan local thermodynamique (voir exercice 16.1) et la loi de Fourier :

$$\left\{\begin{array}{l} \mu c\frac{\partial T}{\partial t}+\mathrm{div}\,\vec{j}_{th}=0 \\ \vec{j}_{th}=-\lambda\overrightarrow{\mathrm{grad}}\,T \end{array}\right. \quad \text{donc } \mu c\frac{\partial T}{\partial t}-\lambda\Delta T=0$$

où $\Delta T=\mathrm{div}\,\overrightarrow{\mathrm{grad}}\,T$ est le Laplacien scalaire de T.

↪ **Exercices 16.2, 16.3, 16.4.**

Exploiter les lois du rayonnement thermique.

Le **rayonnement du corps noir** est une émission d'énergie sous la forme de photons par tout corps chaud. Elle est régie par la **loi de Planck** : la densité spectrale du rayonnement du corps noir est une fonction de la longueur d'onde λ du rayonnement, paramétrée par la température de surface T du corps. Voici les allures de la courbe représentative pour différentes températures. Sur le graphe de gauche, les trois courbes sont tracées pour T = 5 800 K, T = 5 000 K, T = 4 000 K ; sur le graphe de droite, les trois courbes sont tracées pour T = 700 K, T = 600 K, T = 500 K.

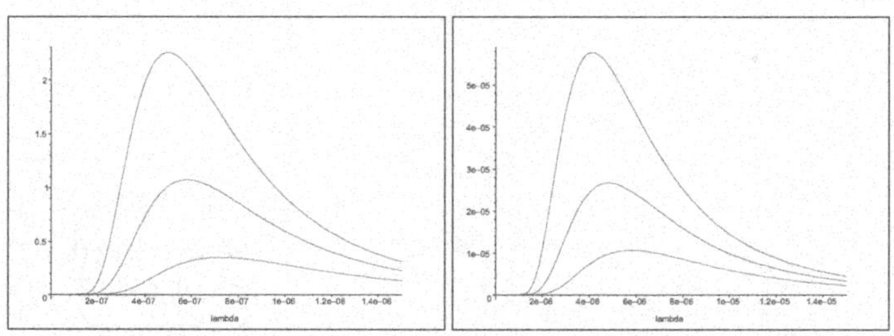

On constate que plus le corps est chaud, plus la courbe est haute, et plus son pic est déplacé vers les basses longueurs d'onde. En particulier, les corps dont la température est de quelques milliers de kelvins émettent dans le domaine visible, ceux dont la température est de quelques centaines de kelvins émettent dans le domaine infrarouge.

Les deux lois citées par le programme officiel sont des corollaires de la loi de Planck (les exercices 16.9 et 16.10 donnent des éléments de démonstration).

• La **loi de Wien** indique que la longueur d'onde λ_m correspondant au maximum de la densité spectrale et la température T du corps vérifient la relation

$$\lambda_m \cdot \mathrm{T} = 2,898 \cdot 10^{-3}\ \mathrm{m} \cdot \mathrm{K}$$

• La **loi de Stefan** indique que la puissance surfacique totale (intégrée sur toutes les valeurs possibles de pulsation) rayonnée par le corps noir est

$$\mathscr{P}_\mathrm{S} = \frac{d\mathscr{P}_\mathrm{ray}}{d\mathrm{S}} = \sigma \mathrm{T}^4$$

où $\sigma = 5,67 \cdot 10^{-8}\ \mathrm{W} \cdot \mathrm{m}^{-2} \cdot \mathrm{K}^{-4}$ est la constante de Stefan-Boltzmann.

L'exploitation de ces lois s'articule autour des axes suivants.

a) La loi de Wien permet d'expliquer la disymétrie entre les longueurs d'onde du maximum de rayonnement de deux corps de températures distinctes. On peut ainsi expliquer qualitativement l'effet de serre.

b) L'étendue spectrale couvre globalement l'intervalle $\left[\frac{\lambda_m}{2}, 8\lambda_m\right]$. On peut en déduire le domaine radiatif de rayonnement des corps chauds.

c) La loi de Stefan donne l'expression de la puissance surfacique rayonnée, c'est-à-dire du flux thermique sortant du corps. Cette loi donne donc une condition aux limites utile pour la résolution complète de l'équation de diffusion thermique au sein du corps (voir paragraphe suivant).

d) Lorsqu'un corps A est au contact radiatif d'un autre corps B, on peut déterminer par des considérations géométriques l'énergie thermique incidente sur un élément de surface de A de la part de B. On doit ensuite déterminer l'énergie thermique absorbée par A en utilisant le coefficient d'absorption a.

Exemple :

L'atmosphère terrestre est pratiquement transparente pour le rayonnement solaire incident, centré sur la longueur d'onde $\lambda \simeq 600$ nm. Une partie de ce rayonnement est absorbé par la Terre et une partie est réfléchie par la surface terrestre. Le coefficient de réflexion est A qu'on nomme l'albedo, (terme dans lequel on trouve la racine *alba*, blanc, car les surfaces blanches, la neige et les banquises en particulier, réfléchissent bien la lumière).

La température moyenne de la surface de la Terre est environ T = 288 K. Elle se comporte donc comme un corps noir dont la longueur d'onde moyenne est donnée par la loi de Wien

$$\lambda_m = \frac{2,898 \cdot 10^{-3}}{288} = 10\ \mu\text{m}$$

Elle est située dans l'infrarouge et les molécules de l'atmosphère, particulièrement le gaz carbonique et le méthane absorbent une fraction a de l'énergie de ce rayonnement Le bilan thermique pour la surface terrestre prend donc la forme suivante.

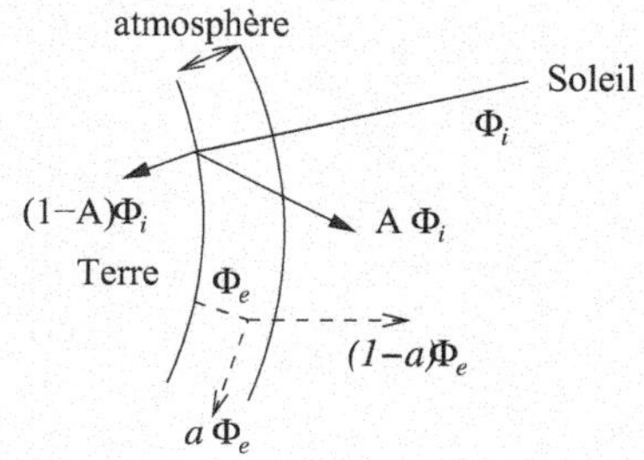

À l'équilibre thermique, le flux thermique incident venant du Soleil est égal au flux sortant du système {Terre, atmosphère}, soit

$$\Phi_i = A\Phi_i + (1-a)\Phi_e$$

où Φ_e est le flux émis par la surface terrestre, lié à la température de surface par la loi de Stefan. L'exercice 16.8 donne le détail numérique du calcul.

⟶ **Exercices 16.5, 16.6, 16.7, 16.8, 16.9, 16.10, 16.11.**

Traduire et exploiter les conditions aux limites.

Au sein d'un objet solide indéformable, les seuls transferts thermiques sont conductifs. Les **conditions aux limites** sont écrites sur les parois extérieures de l'objet étudié. On note M un point de la paroi et $\vec{n}$ le vecteur unitaire normal en M à la paroi dirigé vers l'extérieur.

- Au contact d'un thermostat, $T(M \in \text{paroi}, t) = T_{\text{thermostat}}$.
- Au contact d'un fluide dont la température loin de la paroi est T_∞, le flux **convectif** est donné par la **loi de Newton**

$$\vec{j}_{\text{cv}}(M,t) = h\left(T(M,t) - T_\infty\right)\vec{n}$$

où h le coefficient de convection ; par application de la loi de Fourier, la loi de Newton impose une condition aux limites sur la dérivée spatiale de la température.

• Un transfert **radiatif** est aussi possible et donné par la **loi de Stefan**. La paroi rayonne vers l'extérieur :

$$\vec{j}_{\text{rad émis}}(M, t) = \sigma T^4(M, t)\vec{n}$$

où $\sigma = 5,67 \cdot 10^{-8}\ W \cdot m^{-2} \cdot K^{-4}$ est la constante de Stefan-Boltzmann. La paroi reçoit aussi l'énergie thermique rayonnée par l'environnement extérieur à la température T_0 :

$$\vec{j}_{\text{rad absorbé}}(M, t) = -\sigma T_0^4 \vec{n}$$

Exemple :

> Au contact d'un fluide à la température $T_\infty \simeq T_0$ proche de T(M), on peut regrouper les transferts convectifs et radiatifs. En effet, le vecteur densité de courant thermique s'écrit
>
> $$\vec{j}_{th}(M, t) = \vec{j}_{cv}(M, t) + \vec{j}_{\text{rad émis}}(M, t) + \vec{j}_{\text{rad absorbé}}(M, t)$$
>
> $$= \left[h\left(T(M, t) - T_0\right) + \sigma\left(T^4(M, t) - T_0^4\right)\right]\vec{n}$$
>
> En posant $T = T_0 + \delta T$ et en considérant que $\delta T \ll T_0$, le développement limité au premier ordre donne
>
> $$T^4(M, t) - T_0^4 \simeq T_0^4 + 4T_0^3\delta T(M, t) - T_0^4 = 4T_0^3\left(T(M, t) - T_0\right)$$
>
> $$\text{donc } \vec{j}_{th}(M, t) = \left[h + 4\sigma T_0^3\right]\left(T(M, t) - T_0\right)\vec{n}$$
>
> qui est analogue à la loi de Newton en notant $h' = h + 4\sigma T_0^3$, coefficient convecto-radiatif.

↪ **Exercices 16.12, 16.13, 16.14, 16.15.**

Définir et utiliser le modèle des résistances thermiques.

En régime stationnaire ou quasi stationnaire, pour un objet de longueur L, de section S et de conductivité λ, siège d'une conduction thermique unidirectionnelle, avec les températures T_1 et T_2 à ses extrémités, le flux thermique conductif Φ dirigé de T_1 vers T_2 et la différence thermique $T_1 - T_2$ vérifient la **loi d'Ohm thermique**

$$T_1 - T_2 = R_{th}\Phi \text{ avec } R_{th} = \frac{L}{\lambda S}$$

Ce modèle permet de modéliser les échanges thermiques d'un système en régime permanent en associant en série ou en parallèle les résistances thermiques des cloisons qui le séparent de l'extérieur.

- Si l'énergie thermique doit traverser une paroi puis une autre, les résistances sont en série.
- Si l'énergie thermique peut traverser une cloison ou une autre entre deux enceintes, les résistances sont en parallèle.
- Les lois d'associations des résistances thermiques sont les mêmes que celles des résistances électriques.
- La présence d'un thermostat se modélise par un générateur de tension imposant une température constante.
- La présence d'un système de chauffage (ou de climatisation) dans une enceinte se traduit par un générateur de flux apporté égal à la puissance du système.

Exemple :

Un appartement au dernier étage est séparé
• de l'appartement inférieur à la température $T_i = 290$ K par une dalle de béton d'épaisseur $e = 10$ cm, de surface $S = 25\ m^2$ et de conductivité thermique

$$\lambda = 0{,}92\ W\cdot K^{-1}\cdot m^{-1}$$

• de l'air extérieur à la température $T_e = 270$ K par un plafond formé d'une couche d'isolant d'épaisseur $e' = 5{,}0$ cm, de surface S et de conductivité thermique

$$\lambda' = 0{,}040\ W\cdot K^{-1}\cdot m^{-1}$$

et d'une dalle de béton d'épaisseur e de surface S et de conductivité thermique λ
• et de l'air extérieur par une baie vitrée de résistance thermique

$$R_b = 0{,}020\ K\cdot W^{-1}$$

On veut maintenir constante la température $T = 292$ K à l'intérieur de l'appartement grâce à une source d'énergie thermique de puissance $\mathscr{P}$; les appartements voisins sont à la même température T.

Voici le schéma équivalent du système.

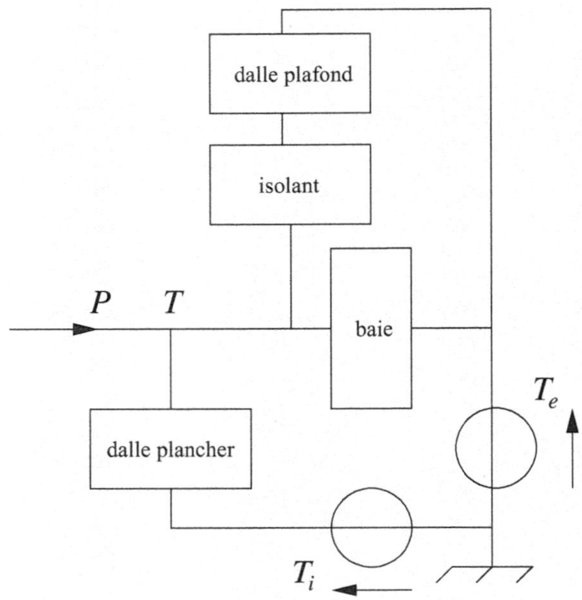

La résistance thermique équivalente de l'association série isolant-dalle plafond est

$$R_p = \frac{e'}{\lambda' S} + \frac{e}{\lambda S} = 54,35 \cdot 10^{-3}\ K \cdot W^{-1}$$

La résistance thermique équivalente de l'association parallèle plafond-baie est

$$R_e = \frac{R_p \cdot R_b}{R_p + R_b} = 14,62 \cdot 10^{-3}\ K \cdot W^{-1}$$

La loi des nœuds s'écrit

$$\mathscr{P} = \Phi_e + \Phi_i = \frac{T - T_i}{\frac{e}{\lambda S}} + \frac{T - T_e}{R_e} = 2,0\ kW$$

↪ **Exercices 16.16, 16.17, 16.18, 16.19.**

Énoncés des exercices

16.1

Équation de diffusion thermique dans un solide sans terme de source

Un solide de masse volumique μ, de capacité thermique massique c et de température $T(x, y, z, t)$ est le siège de transferts thermiques purement conductifs en tout point M intérieur à l'objet. On note $\vec{j}(x, y, z, t)$ le vecteur densité de courant thermique conductif. En faisant le bilan thermique sur l'élément de volume

$$[x, x+dx] \times [y, y+dy] \times [z, z+dz]$$

établir l'équation aux dérivées partielles reliant T et $\vec{j}$.

16.2

Ailette cylindrique siège d'une conduction axiale et d'une perte latérale.

Une ailette cylindrique d'axe (O, z) et de rayon a est formée d'un matériau indéformable de masse volumique μ, de capacité thermique massique c et de température $T(z, t)$ est le siège de transferts thermiques purement conductifs en tout point M intérieur à l'objet. On note $j(z, t)\vec{u}_z$ le vecteur densité de courant thermique conductif. Sur sa paroi latérale, on observe un transfert thermique convecto-radiatif latéral dirigé de l'ailette vers l'extérieur : son flux élémentaire à travers un élément de surface dS est

$$d\Phi = \beta(T(z, t) - T_0) \cdot dS$$

En faisant le bilan thermique sur la tranche comprise entre z et $z + dz$, établir l'équation aux dérivées partielles reliant $T(z, t)$ et $j(z, t)$.

16.3

Prise en compte du métabolisme dans un tissu biologique

Un animal à sang chaud est modélisé par une bille sphérique de rayon R, solide de masse volumique μ, de capacité thermique massique c et de température $T(r, t)$ en coordonnées sphériques. On note $j(r, t)\vec{u}_r$ le vecteur densité de courant thermique conductif. Le métabolisme cellulaire produit une énergie thermique dont la puissance volumique est $\mathscr{P}$. En faisant le bilan thermique sur l'espace situé entre les sphères de rayon r et $r + dr$, établir l'équation aux dérivées partielles reliant $T(r, t)$ et $j(r, t)$.

16.4 Conducteur ohmique cylindrique calorifugé à ses deux extrémités (E3A PSI(2) 2012)

Un conducteur ohmique cylindrique indéformable, d'axe (O, z) de longueur L et de rayon a possède une masse volumique μ, une capacité thermique massique c, une conductivité thermique λ et une conductivité électrique γ (on rappelle que la résistance électrique d'un conducteur prismatique de longueur ℓ et de section S est $R = \frac{\ell}{\gamma S}$). Il est parcouru par un courant d'intensité i constante. Il est calorifugé à ses deux extrémités planes. Sur sa paroi latérale, on observe un transfert thermique convecto-radiatif dirigé vers l'extérieur : son flux élémentaire à travers un élément de surface dS est $d\Phi = \beta(T(z,t) - T_0) \cdot dS$.

a) Grâce à un bilan thermodynamique sur une tranche située entre z et $z+dz$, établir l'équation aux dérivées partielles suivante :

$$\mu c \pi a^2 \frac{\partial T}{\partial t} = \lambda \pi a^2 \frac{\partial^2 T}{\partial z^2} - 2\beta\pi a(T - T_0) + \frac{i^2}{\gamma \pi a^2}$$

b) On note $T_m(t) = \frac{1}{L}\int_0^L T(z,t)dz$ et $\theta(t) = T_m(t) - T_0$. Commenter ces notations, montrer qu'on peut écrire

$$\tau \frac{d\theta}{dt} + \theta = \theta_\infty$$

en précisant les expressions de τ et de θ_∞. En déduire $T_m(t)$.

16.5 Rayonnement fossile

Le bruit de fond du rayonnement cosmique, découvert par hasard par des radio-astronomes, a une longueur d'onde $\lambda_m = 1{,}063$ nm. Quelle est la température du cosmos assimilé à un corps noir ?

16.6 Couleur vraie des corps chauds

La couleur usuelle des corps est celle observée par notre œil lorsque ces corps sont éclairés par la lumière blanche. En l'absence de source extérieure d'éclairage, la couleur vraie d'un corps est celle associée au spectre d'émission de ce corps assimilé à un corps noir à l'équilibre thermique. Par application de la loi de Wien, quelle est la couleur vraie du corps humain ? Comment évolue la couleur vraie d'un morceau de métal avec sa température ?

16.7 Température d'équilibre du sol lunaire

La température de surface du Soleil vaut $T_S = 5\,778$ K et son rayon $R_S = 6{,}957 \cdot 10^8$ m. La distance Soleil-Terre est $r = 1{,}496 \cdot 10^{11}$ m et la distance Terre-Lune $r_L = 3{,}85 \cdot 10^5$ m. On assimile la surface de la Lune à deux hémisphères aux températures homogènes respectives T_j (jour) et T_n (nuit). Lorsqu'elle est éclairée par le Soleil, on néglige la puissance réfléchie par la surface de la Lune devant la puissance absorbée. On suppose $T_n \ll T_j$. Déterminer la puissance radiative totale émise par le Soleil et donner une estimation de la température d'équilibre T_j.

16.8 Effet de serre

La température de surface du Soleil vaut $T_S = 5\,778$ K et son rayon $R_S = 6,957 \cdot 10^8$ m. La distance Soleil-Terre est $r = 1,496 \cdot 10^{11}$ m. On modélise l'atmosphère terrestre par une couche gazeuse transparente dans le visible (correspondant à l'essentiel du rayonnement solaire) mais opaque dans l'infrarouge. Le coefficient d'absorption correspondant vaut $a = 0,45$. On note $A = 0,34$ l'albedo terrestre (albedo de Bond, tenant compte de la position polaire des glaces), coefficient de réflexion de l'énergie solaire incidente par le sol. On suppose $T_{jour} \simeq T_{nuit}$.

a) Déterminer la température moyenne du sol terrestre.

b) On suppose que la quantité de gaz carbonique dans l'atmosphère diminue beaucoup. Quelle grandeur serait modifiée ? Quelle serait la conséquence sur la température de l'atmosphère puis sur celle du sol ? Quelle serait la conséquence sur les océans ? Quelle serait la conséquence sur l'albedo ? Le phénomène climatique irait-il alors en s'amplifiant ou en s'atténuant ?

c) On suppose que la quantité de gaz carbonique dans l'atmosphère augmente beaucoup. Quelle grandeur serait modifiée ? Quelle serait la conséquence sur la température de l'atmosphère puis sur celle du sol ? Quelle serait la conséquence sur les banquises ? Quelle serait la conséquence sur l'albedo ? On estime qu'un réchauffement des sols gelés favoriserait le relargage dans l'atmosphère de grosses quantités de méthane emprisonné dans le sol. Le phénomène climatique irait-il alors en s'amplifiant ou en s'atténuant ?

16.9 De la loi de Planck à la loi de Wien (Mines-Ponts MP 2009)

Voici l'énoncé de la loi statistique de Planck. La densité spectrale, rapport entre l'énergie volumique du rayonnée par un corps noir à l'équilibre thermique, dans un intervalle de pulsation $[\omega, \omega + d\omega]$, et la largeur $d\omega$ de cet intervalle, s'écrit

$$\mathcal{D}(\omega) = \frac{du}{d\omega} = \frac{\hbar\omega^3}{\pi^2 c^3} \cdot \frac{1}{\exp\frac{\hbar\omega}{k_B T} - 1}$$

où $\hbar = \frac{h}{2\pi}$, $h = 6,62 \cdot 10^{-34}$ J·s est la constante de Planck, $c = 3,00 \cdot 10^8$ m·s^{-1} la célérité de la lumière et $k_B = \frac{R}{\mathcal{N}_A} = 1,38 \cdot 10^{-23}$ J·K^{-1} la constante de Boltzmann.

a) En utilisant la relation $\omega = \frac{2\pi c}{\lambda}$, établir l'expression de la densité en longueur d'onde

$$\mathcal{D}(\lambda) = \left|\frac{du}{d\lambda}\right| = \left|\frac{du}{d\omega} \cdot \frac{d\omega}{d\lambda}\right|$$

b) On donne : l'unique solution de l'équation $e^{-x} + 0,2x - 1$ est $x = 4,9651$. En déduire la relation de Wien.

16.10 De la loi de Planck à la loi de Stefan

Voici l'énoncé de la loi statistique de Planck. La densité spectrale, rapport entre l'énergie volumique rayonnée par un corps noir à l'équilibre thermique, dans un intervalle de pulsation $[\omega, \omega + d\omega]$ et la largeur $d\omega$ de cet intervalle, s'écrit

$$\mathcal{D}(\omega) = \frac{du}{d\omega} = \frac{\hbar\omega^3}{\pi^2 c^3} \cdot \frac{1}{\exp\frac{\hbar\omega}{k_B T} - 1}$$

où $\hbar = \frac{h}{2\pi}$, $h = 6{,}62 \cdot 10^{-34}$ J·s est la constante de Planck, $c = 3{,}00 \cdot 10^8$ m·s^{-1} la célérité de la lumière et $k_B = \frac{R}{\mathcal{N}_A} = 1{,}38 \cdot 10^{-23}$ J·K^{-1} la constante de Boltzmann. Un corps noir, par définition, ne réfléchit aucun photon : un photon incident est absorbé, mais ce corps rayonne de l'énergie et il émet donc des photons.

a) L'énergie d'un photon dont la pulsation est dans l'intervalle $[\omega, \omega + d\omega]$ est $e = \hbar\omega$. Au voisinage d'un élément dS de surface d'un corps noir, à une distance cdt de cette surface, on trouve dN photons dont la pulsation est dans cet intervalle. Justifier que

$$dN = \frac{du \cdot cdt \cdot dS}{\hbar\omega}$$

b) On prend un modèle simple dans lequel les photons émis et les photons absorbés se déplacent exclusivement perpendiculairement à dS, avec une vitesse $+c\vec{u}_z$ (pour ceux qui s'éloignent) ou $-c\vec{u}_z$ (pour ceux qui se rapprochent). Combien de photons dN_e peuvent être considérés comme ayant été émis par la surface dS de ce corps noir ?

c) On passe du modèle unidimensionnel ($\vec{v} = \pm c\vec{u}_z$) au modèle tridimensionnel en prenant le nombre de photons émis corrigé d'un facteur 2 : $dN'_e = \frac{dN_e}{2}$. En déduire l'expression de l'énergie $d\mathcal{E}$ des photons émis par dS pendant dt et dont la pulsation est dans l'intervalle $[\omega, \omega + d\omega]$ et vérifier que la puissance surfacique correspondante est

$$d\mathcal{P}_S = \frac{d\mathcal{E}}{dt \cdot dS} = \frac{c}{4} \cdot \mathcal{D}(\omega) d\omega$$

d) On donne

$$\int_{x=0}^{+\infty} \frac{x^3}{e^x - 1} dx = \frac{\pi^4}{15}$$

En déduire la loi de Stefan en calculant la puissance surfacique totale (intégrée sur toutes les valeurs possibles de pulsation)

$$\mathcal{P}_S = \int_{\omega=0}^{+\infty} \frac{c}{4} \cdot \mathcal{D}(\omega) d\omega$$

16.11 **Modèle d'expansion de l'univers**

Un ensemble de N photons est piégé dans une cavité cubique de côté a, dont les parois sont constituées de miroirs parfaits. Ces photons ont tous même fréquence f, même longueur d'onde $\lambda = \frac{c}{f}$ et même énergie $e = hf$, c désignant la célérité de la lumière dans le vide et h la constante de Planck. On assimile dans un premier temps le gaz de photons à un ensemble de photons homocinétiques se déplaçant à la vitesse c dans la seule direction horizontale x de l'espace, et rebondissant sur les deux miroirs verticaux de même aire $S = a^2$. Le vecteur quantité de mouvement d'un photon quelconque est donc

$$\vec{p} = \pm \frac{hf}{c} \vec{u}_x$$

a) On assimile l'énergie totale $\mathscr{E}_t$ à l'énergie interne U du gaz de photons. Donner l'expression littérale du nombre total N de photons dans l'enceinte en fonction de U, h et f. En déduire celle du nombre $\nu = \frac{N}{a^3}$ de photons par unité de volume dans l'enceinte.

b) Pendant une durée infinitésimale dt, un certain nombre dN de photons va frapper le miroir de droite : justifier que ce sont la moitié de ceux situés à une distance maximale $c \cdot dt$ du miroir. Exprimer dN en fonction de U, c, dt, a, h et f.

c) Chaque photon qui frappe le miroir de droite arrive avec une quantité de mouvement incidente $\vec{p}_i = \frac{hf}{c} \vec{u}_x$ et repart avec une quantité de mouvement réfléchie $\vec{p}_f = -\frac{hf}{c} \vec{u}_x$. Donner l'expression de la variation de quantité de mouvement pour un photon unique

$$\delta \vec{p} = \vec{p}_f - \vec{p}_i$$

En déduire celle $d\vec{p}$ pour les dN photons

d) En déduire la force exercée par la paroi sur les photons

$$\vec{f}_{\text{miroir}\to\text{photons}} = \frac{d\vec{p}}{dt}$$

e) En déduire l'expression de la pression P_r, appelée **pression de radiation** exercée par le gaz de photons sur le miroir en fonction de U et a. La pression P_r s'exerce sur les miroirs de gauche et de droite, d'aire totale $2a^2$. La surface réelle totale des 6 miroirs de l'enceinte est $6a^2$. Quand on abandonne le modèle unidimensionnel, pour un gaz de photons homocinétiques en norme, mais sans direction de déplacement privilégiée, on admet donc que l'expression de la pression est $P = \frac{P_r}{3}$.

f) Le volume de l'enceinte est V. Déduire de ce qui précède l'équation d'état du gaz de photons

$$P = \frac{u}{3} \text{ avec } u = \frac{U}{V}$$

g) L'univers est assimilé à une sphère de rayon R remplie d'un gaz de photons de pression P, à la température T et d'énergie volumique u. En assimilant le système à un corps noir à l'équilibre, un corollaire de la loi de Stefan permet d'écrire $u = aT^4$, où a est une constante. Lors de l'expansion de l'univers, ce gaz subit une détente quasi statique et adiabatique. Montrer que le produit $R \cdot T$ est constant.

16.12

Résolution de l'équation de la chaleur en régime permanent dans un barreau cylindrique.

Un barreau solide indéformable de conductivité thermique λ a la forme d'un cylindre de longueur L et de section S. Il est calorifugé sur sa paroi latérale et au contact d'un thermostat à la température T_0 en $x = 0$. On se place en régime permanent et on cherche l'expression de la température sous la forme $T(x)$.

a) Établir l'équation différentielle vérifiée par $T(x)$ et en déduire son expression en fonction de deux constantes d'intégration A et B.

b) En $x = L$, on impose successivement plusieurs contraintes thermiques. Déterminer dans chaque cas les constantes A et B, en déduire le flux thermique Φ traversant le barreau.

i) Le bout du barreau est au contact d'un thermostat à la température

$$T(L) = T_1$$

ii) Le bout du barreau est au contact d'un fluide à la température $T_\infty = T_1$ et on note h' le coefficient convecto-radiatif de la loi de Newton :

$$\Phi_{\text{barreau}\to\text{fluide}} = h'\,(T(L) - T_1)\,S$$

iii) Le bout du barreau est dans le vide spatial à une température proche du zéro absolu, il émet un flux thermique radiatif donné par la loi de Stefan

$$\Phi_{\text{rad}} = \sigma T^4(L) S$$

où $\sigma = 5{,}67 \cdot 10^{-8}$ $W \cdot m^{-2} \cdot K^{-4}$ est la constante de Stefan-Boltzmann. On donne $L = 1{,}0$ m, $\lambda = 0{,}567$ $W^{-1} \cdot K^{-1} \cdot m^{-1}$, $T_0 = 300$ K, $S = 1{,}0$ m^2 et les graphes de $A \to -10^7 \cdot A$ et de $A \to (A+300)^4$:

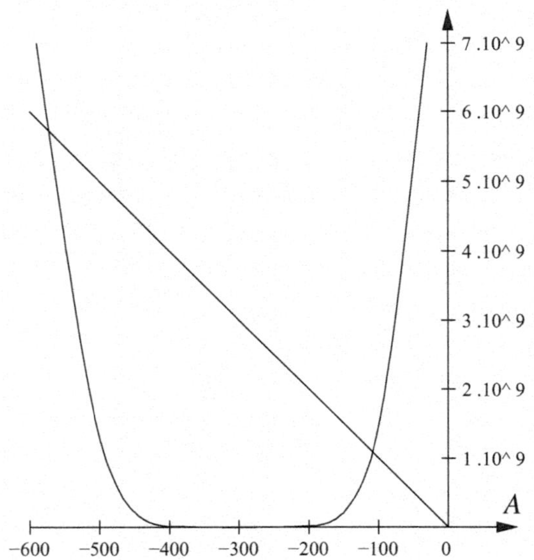

16.13

Transfert thermique dans un anneau (Fourier, 1806)

Un anneau torique de rayon moyen R et de section carrée de côté $\ell \ll R$ est constitué d'un matériau solide indéformable de masse volumique μ, de capacité thermique massique c et de conductivité thermique λ.

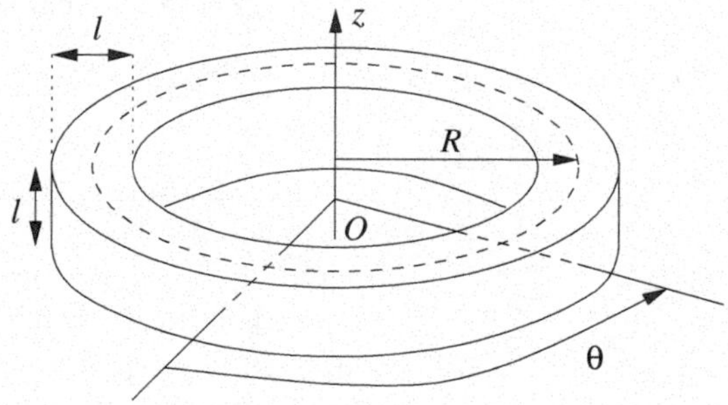

Un point M de l'anneau est donc repéré par

$$r \in \left[R - \frac{\ell}{2}, R + \frac{\ell}{2}\right],\ z \in [0, \ell] \text{ et } \theta \in [0, 2\pi[$$

Partie 1 : étude avec pertes latérales. L'anneau est soumis à une perte latérale convective au contact de l'air de température loin de l'anneau T_e selon la loi de Newton : sur une surface dS centrée sur un point M de la paroi, le flux thermique sortant du matériau est $d\Phi_{cv} = h(T(M,t) - T_e)dS$. On suppose que la température s'écrit $T(\theta, t)$.

a) En faisant un bilan thermique sur la tranche $[\theta, \theta + d\theta]$, établir l'équation aux dérivées partielles suivante :

$$\frac{\mu c}{\lambda}\frac{\partial T}{\partial t} = \frac{1}{R^2}\frac{\partial^2 T}{\partial \theta^2} + \frac{4h}{\lambda \ell}(T_e - T)$$

b) On se place en régime stationnaire. On pose $a = \sqrt{\frac{\lambda \ell}{4h}}$ et on utilise un système de chauffage en $\theta = 0$ qui impose $T(\theta = 0) = T_c$. Déterminer complètement $T(\theta)$. Tracer l'allure du graphe de cette fonction pour $\theta \in [0, 2\pi[$.

c) En déduire le flux $\Phi(\theta)$ traversant la section carrée en θ et tracer l'allure du graphe de cette fonction pour $\theta \in [0, 2\pi[$. Commenter la valeur de $\Phi(\pi)$.

d) Dans le domaine $[0, \pi]$, on pose $\delta T(\theta) = T(\theta) - T_e$, on choisit un angle θ_0 quelconque et un écart angulaire $\delta\theta > 0$. Montrer que la quantité

$$q = \frac{\delta T(\theta_0 - \delta\theta) + \delta T(\theta_0 + \delta\theta)}{\delta T(\theta_0)}$$

ne dépend que de $\delta\theta$, R et a. Comparer aux résultats expérimentaux obtenus par Fourier : R = 16,0 cm, $\ell = 3{,}30$ cm, $\lambda = 81\ \text{W}\cdot\text{K}^{-1}\cdot\text{m}^{-1}$, $h = 10\ \text{W}\cdot\text{m}^{-2}\cdot\text{K}^{-1}$ et il a mesuré

$$T_e = 17{,}67\ °\text{C},\ T\left(\frac{\pi}{2}\right) = 66{,}00\ °\text{C},\ T\left(\frac{3\pi}{4}\right) = 50{,}67\ °\text{C},\ T(\pi) = 44{,}00\ °\text{C}$$

Partie 2 : étude en régime variable. On place l'anneau dans du sable, excellent isolant thermique.

a) Donner l'équation aux dérivées partielles vérifiée par $T(\theta, t)$ dans ce cas.

b) On cherche une solution sous la forme $T(\theta, t) = K + f(\theta) \cdot g(t)$. Montrer que l'équation aux dérivées partielles s'écrit sous la forme

$$\frac{\mu c}{\lambda} \cdot \frac{1}{g(t)} \cdot \frac{dg(t)}{dt} = \frac{1}{R^2} \cdot \frac{1}{f(\theta)} \cdot \frac{d^2 f(\theta)}{d\theta^2}$$

En déduire que ces deux membres sont égaux à une même constante réelle qu'on notera Ω.

c) Justifier que $\Omega < 0$. On note désormais $\Omega = -\frac{1}{d^2}$. En déduire $g(t)$ et $f(\theta)$ en supposant que c'est une fonction paire.

d) Déduire de ce qui précède que d est quantifié : $d = \frac{R}{n}$ où n est un entier naturel non nul et qu'on peut écrire

$$T(\theta, t) = T_m + \sum_{n=1}^{\infty} A_n \cos(n\theta) e^{-\frac{t}{\tau_n}}$$

Cette étude est à la base de la théorie mathématique des séries de Fourier.

16.14

Modèle des ondes thermiques

L'**onde thermique** est une solution particulière de l'équation de la chaleur unidirectionnelle

$$\mu c \frac{\partial T(x, t)}{\partial t} - \lambda \frac{\partial^2 T(x, t)}{\partial x^2} = 0$$

lorsque le matériau est soumis à une excitation sinusoïdale du type

$$T(x = 0, t) = T_0 \cos(\omega t + \varphi)$$

On passe en formalisme complexe et on cherche une solution complexe sous la forme

$$\underline{T}(x, t) = \underline{T}_a e^{i(\omega t - \underline{k} x)} = T_a e^{i(\omega t - \underline{k} x + \theta)}$$

$\underline{T}_a = T_a e^{i\theta}$ est l'amplitude complexe, ω est la pulsation imposée par l'excitation (on est en régime sinusoïdal forcé) et $\vec{\underline{k}} = \underline{k} \vec{u}_x$ est le vecteur d'onde complexe. La partie réelle k' de $\underline{k}$ correspond à la propagation de l'onde thermique, la partie imaginaire k'' correspond à l'atténuation de l'onde.

a) Établir l'**équation de dispersion**. vérifiée par le nombre complexe $\underline{k}$.

b) En utilisant la relation

$$\left(\sqrt{r}e^{i\frac{\theta}{2}}\right)^2 = re^{i\theta}$$

déterminer la solution $\underline{k}$ dont la partie réelle est positive.

c) Définir une distance caractéristique d'atténuation est δ.

d) Application numérique. On donne $\mu = 1\ 000\ \text{kg}\cdot\text{m}^{-3}$, $c = 4\ 200\ \text{J}\cdot\text{K}^{-1}\cdot\text{kg}^{-1}$ et $\lambda = 0{,}500\ \text{W}\cdot\text{m}^{-1}\cdot\text{K}^{-1}$.

i) L'excitation thermique journalière pendant l'été a pour valeur moyenne 25 °C et une amplitude de 10 °C. Donner les valeurs de T_m, T_0, ω, δ et la profondeur à laquelle on peut considérer que la température reste pratiquement constante pendant la journée.

ii) L'excitation thermique annuelle, corrigée des variations journalières, a pour valeur moyenne 15 °C et une amplitude de 10 °C. Donner les valeurs de T_m, T_0, ω, δ et la profondeur à laquelle on peut considérer que la température reste pratiquement constante pendant la journée. Pourquoi parle-t-on dans ce cas de « théorie des caves » ?

16.15 Onde thermique progressive, stationnaire

Un matériau est le siège de réactions chimiques dont la vitesse de réaction, conformément à la loi d'Arrhenius, augmente avec la température. Ces réactions sont exothermiques, et on modélise leur action par l'existence d'une puissance thermique volumique proportionnelle à la température, soit $\mathcal{P}_V = \beta T$. On étudie la propagation d'une onde thermique unidirectionnelle selon l'axe y. On note μ la masse volumique, c la capacité thermique massique et λ la conductivité thermique du matériau.

a) En faisant un bilan thermique sur la couche de surface S comprise entre y et $y + dy$, établir l'équation aux dérivées partielles vérifiée par $T(y, t)$.

b) On cherche une solution progressive qui s'écrit, en grandeurs complexes $\underline{T}(y, t) = \underline{T}_a e^{i(\omega t - \underline{k}y)}$. Établir l'équation de dispersion vérifiée par $\underline{k}$ et montrer que l'onde qui se propage dans le sens des y croissants (la partie réelle de $\underline{k}$ est positive) se propage en s'atténuant quelle que soit la valeur de β.

c) On cherche une solution stationnaire qui s'écrit, en grandeurs réelles

$$T(y, t) = T_a e^{\alpha t} \sin(ky)$$

avec $k > 0$. L'objet étudié est une plaque d'épaisseur L et on impose $T(y = 0, t) = T(y = L, t) = 0$. Montrer que $k = \frac{\pi}{L}$ et que selon la valeur de β, il est possible d'observer une atténuation ou une amplification dans le temps de la température.

16.16 Isolation extérieure ou intérieure ? (CCP MP (2) 2016)

Un mur de surface $S = 10\ m^2$, d'épaisseur $E = 30$ cm, de conductivité thermique $\Lambda = 1\ W \cdot m^{-1} \cdot K^{-1}$, de capacité thermique massique $C = 500\ J \cdot K^{-1} \cdot kg^{-1}$ et de masse volumique $M = 2000\ kg \cdot m^{-3}$, est isolé avec un isolant thermique de même surface S, d'épaisseur $e = \frac{E}{3}$, de conductivité thermique $\lambda = \frac{\Lambda}{10}$, de capacité thermique massique $c = \frac{C}{2}$ et de masse volumique $\mu = \frac{M}{10}$. La température intérieure à la maison est $T_i = 290$ K, la température extérieure est $T_e = 270$ K.

a) Calculer les résistances thermiques R du mur et r de l'isolant.

b) Justifier qu'en régime permanent, la position de l'isolant, sur la face intérieure ou sur la face extérieure du mur, ne change pas la valeur du flux thermique allant de l'intérieur vers l'extérieur. Calculer sa valeur.

c) Calculer la température T_I au point d'interface entre le mur et l'isolant dans chaque cas.

d) À $t = 0$, la température du mur et de l'isolant est uniforme égale à T_e. Donner l'ordre de grandeur de la durée du régime transitoire. Calculer l'énergie thermique reçue par le mur et par l'isolant entre l'état initial et le régime permanent dans les deux cas. Conclure sur la différence entre les deux cas.

16.17 Circuit RC thermique

Un aliment assimilé à un solide de température homogène à tout instant $T(t)$, de température initiale $T(0) = T_0$ et de capacité thermique C, est placé dans un récipient de capacité thermique négligeable par rapport à C, et formant, entre l'intérieur et l'extérieur, une résistance thermique R. Le récipient est placé dans une pièce formant un thermostat à la température $T_1 = T_0(1+\varepsilon)$ avec $0 < \varepsilon \ll 1$. On effectuera les développements limités à l'ordre 2 en ε.

a) Donner le schéma électrique équivalent du dispositif, comportant un résistor, un générateur de tension et un condensateur. En déduire l'équation différentielle vérifiée par $T(t)$ et la résoudre.

b) Déterminer la variation d'entropie de l'aliment, celle du thermostat et montrer que la transformation est irréversible.

16.18 Résistance thermique cylindrique

Une tour cylindrique est délimitée par un mur d'enceinte de rayon intérieur a_1 et de rayon extérieur a_2. Un appartement dans la tour est de hauteur H, la température sur la paroi intérieure est T_1, celle sur la paroi extérieure T_2. Les appartements aux étages supérieur et inférieur sont à la même température et le transfert thermique est purement radial. On se place en régime permanent et pour un point M du mur repéré par son rayon $r \in [a_1, a_2]$, on pose $T(M) = T(r)$ et $\vec{j}_{th} = j(r)\vec{u}_r$.

a) Par un bilan thermique entre r et $r + dr$, établir l'équation différentielle vérifiée par $T(r)$.

b) Résoudre cette équation et en déduire $T(r)$ et $\vec{j}(r)$.

c) En déduire que le flux à travers un cylindre de rayon r et de hauteur H est indépendant de r et exprimer la résistance thermique cylindrique du mur d'enceinte de l'appartement.

d) On suppose que $a_2 = a_1 + \varepsilon$ avec $0 < \varepsilon \ll a_1$. En effectuant un développement limité, montrer qu'on retrouve l'expression de la résistance thermique unidirectionnelle.

16.19 **Gel de l'eau d'un puits (résolution de problème)**

Un puits cylindrique contient B = 1,50 m d'eau. Celle-ci atteint 0 °C à l'intant $t = 0$. La température de l'air extérieur est supposée constante et vaut −10 °C. Une couche de glace commence à se former. À l'instant t, son épaisseur est $b(t)$. Déterminer la durée totale τ pour que l'eau gèle complètement. On donne la masse volumique de l'eau $\mu_e = 1\,000\ \mathrm{kg\cdot m^{-3}}$, la conductivité thermique de la glace $\lambda_g = 2{,}1\ \mathrm{W\cdot K^{-1}\cdot m^{-1}}$ et l'enthalpie massique de fusion de la glace $h_{\text{fus}} = 334\ \mathrm{kJ\cdot kg^{-1}}$.

Du mal à démarrer ?

16.1 Un bilan sur chacune des facettes, et une association deux à deux des flux (devant-derrière, dessus-dessous, gauche-droite) conduit à l'expression de la divergence de $\vec{j}$ en coordonnées cartésiennes.

16.2 L'élément considéré est délimité par trois parois : un disque en z et un disque en $z + dz$ de surface égale πa^2 à travers lesquelles on observe des flux conductifs régis par $\vec{j}$ et une paroi latérale cylindrique de surface $2\pi a dz$ à travers laquelle on observe un flux convecto-radiatif. La variation d'énergie interne de la tranche est égale à la somme des trois énergies thermiques correspondantes.

16.3 La variation d'énergie interne de l'espace intersphérique considéré est égale à la somme des énergies thermiques transférées par conduction à travers les sphères interne de surface $4\pi r^2$ et externe de surface $4\pi(r + dr)^2$ et de l'énergie thermique produite par métabolisme dans cet espace dont le volume est $4\pi r^2 dr$ (par un développement limité à l'ordre 1).

16.4 Le bilan fait apparaître les deux termes de conduction à travers les disques de surface πa^2, le terme de convection sur la paroi latérale de surface $2\pi a dz$ et l'énergie thermique créée par effet Joule dans la tranche de longueur $\ell = dz$ et de surface πa^2. L'équation de la deuxième question est le résultat de l'intégration de celle de la première question entre $z = 0$ et en $z = \mathrm{L}$ où le flux, donc le courant thermique, donc la dérivée $\frac{\partial \mathrm{T}}{\partial z}$ est nulle.

16.5 C'est une application immédiate de la loi de Wien.

16.6 La loi de Wien permet de déterminer la longueur d'onde du maximum d'émission radiative et d'en déduire la couleur vraie du corps.

16.7 La loi de Stefan donne les expressions des puissances rayonnées par la sphère solaire et par la demi-sphère lunaire la plus chaude. La principale difficulté est le calcul de la puissance solaire reçue par la face de la Lune qui est exposée. On pourra considérer que la Lune prélève une fraction de la puissance solaire totale, rapport entre l'aire d'un disque de rayon $\mathrm{R_L}$ et celle d'une sphère de rayon r. À l'équilibre thermique, la puissance reçue est égale à la puissance émise.

16.8 La loi de Stefan donne les expressions des puissances rayonnées par la sphère solaire et par la sphère terrestre. La principale difficulté est le calcul de la puissance solaire reçue par la face de la Terre qui est exposée. On pourra considérer que la Terre prélève une fraction de la puissance solaire totale, rapport entre l'aire d'un disque de rayon $\mathrm{R_T}$ et celle d'une sphère de rayon r. À l'équilibre thermique, on utilisera le schéma donné dans l'exemple du cours pour écrire la relation entre les flux.

16.9 Cet exercice est un pur exercice de calcul de dérivées. On pourra poser $x = \frac{hc}{\lambda k_{\mathrm{B}}\mathrm{T}}$.

16.10 Les questions a) à d) sont parfaitement guidées. le calcul de l'intégrale nécessite le changement de variable $x = \frac{\hbar\omega}{k_{\mathrm{B}}\mathrm{T}}$. Il faut quelques efforts pour aller au bout des calculs, et en déduire l'expression théorique de la constante de Stefan-Boltzmann.

16.11 Les questions a) à f) sont parfaitement guidées et s'apparentent à la théorie cinétique des gaz parfaits éventuellement vue en première année. La question g) est beaucoup plus difficile et nécessite l'écriture du premier principe en traduisant les deux hypothèses, quasi statique donc $\mathrm{P}_e = \mathrm{P}$, et adiabatique donc $\delta\mathrm{Q} = 0$.

16.12 L'équation différentielle est la forme simplifiée de l'équation de la chaleur en régime permanent et en diffusion unidirectionnelle selon x. Sa résolution est immédiate. La prise en compte des conditions aux limites conduit à deux relations entre A et B, avec un niveau de difficulté croissant entre les trois questions.

16.13 L'établissement de l'équation aux dérivées partielles nécessite beaucoup de précision pour estimer la surface latérale de l'élément étudié, à travers laquelle se déploient les transferts convectifs. En régime permanent, la solution peut être exprimée avec des fonctions exponentielles, mais il est plus élégant et plus efficace pour les calculs de l'exprimer grâce aux fonctions hyperboliques (ch et/ou sh) ; la quatrième question nécessite beaucoup d'habileté algébrique, on rappelle que $\mathrm{ch}(a+b) = \mathrm{ch}a\mathrm{ch}b + \mathrm{sh}a\mathrm{sh}b$. En régime variable, le recours à une solution stationnaire conduit à deux équations différentielles distinctes, du premier ordre pour $g(t)$ et du second ordre du type oscillateur harmonique pour $f(\theta)$. La quantification résulte de la condition aux limites $\mathrm{T}(0, t) = \mathrm{T}(2\pi, t)$.

16.14 Les opérations de dérivation en grandeurs complexes se ramènent à des opérations de multiplication par $i\omega$ pour la dérivation par rapport à t, par $-i\underline{k}$ pour la dérivation par rapport à x. La période de l'excitation thermique est de un jour dans la première question de un an dans la deuxième. Les valeurs de δ sont calculées à partir de la formule du cours.

16.15 L'équation aux dérivées partielles est une équation de la chaleur modifiée par le terme de source associé à $\mathscr{P}_V$. Dans la deuxième question, l'équation de dispersion est obtenue comme dans le cas du cours, et c'est une analyse fine de cette équation en nombres complexes qui donne le signe de la partie imaginaire de $\underline{k}$ et qui permet de conclure. Dans la troisième question, la valeur de k est calculée à partir des conditions aux limites et de la positivité de la température ; le comportement dans le temps dépend du signe de α, obtenu à partir de l'équation aux dérivées partielles.

16.16 Les calculs de flux et de température d'interface sont de simples applications des lois du cours. Pour la quatrième question, les durées sont obtenues à partir de la traduction de l'équation de la chaleur en ordres de grandeur, et les énergies thermiques par calcul d'intégrale sur x en évaluant celle reçue par chaque tranche $[x, x+dx]$.

16.17 Le premier principe appliqué à l'aliment conduit à une équation analogue à celle d'un condensateur et à assimiler la capacité thermique C à la capacité du condensateur. Le circuit électrique obtenu est alors d'étude très classique. La variation d'entropie est calculée grâce à la seconde identité thermodynamique.

16.18 Le bilan traduit l'égalité des flux entrant en r avec une densité $\vec{j}(r)$ à travers une surface $2\pi r\text{H}$ et sortant en $r+dr$ avec une densité $\vec{j}(r+dr)$ à travers une surface $2\pi(r+dr)\text{H}$. La résolution de l'équation du second ordre obtenue nécessite une double primitivation, les deux constantes d'intégration sont calculées grâce aux deux conditions aux limites en a_1 et en a_2.

16.19 La couche de glace forme une résistance thermique à travers laquelle l'énergie thermique $\delta = \Phi_{cd}dt$ est perdue par l'eau pendant dt. L'équation différentielle en $b(t)$ est obtenue en considérant que la perte de δQ correspond au changement d'état (gel) d'une couche d'eau d'épaisseur db.

Corrigés des exercices

16.1

À travers la paroi x, l'élément de surface sortant de l'élément de volume est $\vec{dS} = -dydz\vec{u}_x$ donc le flux entrant est

$$d\Phi_x = -\vec{j}(x,y,z,t)\cdot\left(-dydz\vec{u}_x\right) = j_x(x,y,z,t)dydz$$

De même à travers la paroi $x+dx$, le flux entrant est

$$d\Phi_{x+dx} = -j_x(x+dx,y,z,t)dydz$$

En raisonnant de même pour les parois y, $y+dy$, z et $z+dz$, le bilan thermique s'écrit

$$d\text{U} = \left[d\Phi_x + d\Phi_{x+dx} + d\Phi_y + d\Phi_{y+dy} + d\Phi_z + d\Phi_{z+dz}\right]dt$$

Le terme de gauche s'écrit

$$d\text{U} = \mu dxdydzc\left(\text{T}(x,y,z,t+dt) - \text{T}(x,y,z,t)\right)$$

En divisant l'identité par $dxdydzdt$ et en faisant les développements limités aux premiers ordres en x, y, z, t, on obtient

$$\mu c\frac{\partial \text{T}(x,y,z,t)}{\partial t} = -\frac{\partial j_x(x,y,z,t)}{\partial x} - \frac{\partial j_y(x,y,z,t)}{\partial y} - \frac{\partial j_z(x,y,z,t)}{\partial z}$$

soit $\mu c\frac{\partial \text{T}(x,y,z,t)}{\partial t} + \text{div}\,\vec{j}(x,y,z,t) = 0$.

16.2

La tranche possède trois parois : en z un disque de vecteur surface sortant $-\pi a^2\vec{u}_z$, en $z+dz$ un disque de vecteur surface sortant $\pi a^2\vec{u}_z$, et une paroi latérale formant une languette de surface $dS = 2\pi adz$. À travers les deux disques, le flux total entrant est

$$d\Phi_z + d\Phi_{z+dz} = j(z,t)\pi a^2 - j(z+dz,t)\pi a^2$$

Le flux convecto-radiatif sortant par la paroi latérale est

$$d\Phi = \beta(\text{T}(z,t) - \text{T}_0)\cdot 2\pi adz$$

Le bilan thermique s'écrit donc

$$\mu\pi a^2dzc(\text{T}(z,t+dt) - \text{T}(z,t)) =$$

$$j(z,t)\pi a^2dt - j(z+dz,t)\pi a^2dt - \beta(\text{T}(z,t) - \text{T}_0)\cdot 2\pi adzdt$$

En divisant cette égalité par πa^2dzdt et en effectuant les développements limités aux premiers ordres en z et t, on obtient

$$\mu c\frac{\partial \text{T}(z,t)}{\partial t} = -\frac{\partial j(z,t)}{\partial z} - \frac{2\beta}{a}(\text{T}(z,t) - \text{T}_0)$$

16.3 L'élément de volume entre les deux sphères possède une paroi sphérique interne de rayon r et une paroi sphérique externe de rayon $r+dr$ à travers lesquelles on observe deux flux conductifs radiaux, de flux total entrant

$$d\Phi_r + d\Phi_{r+dr} = j(r,t)\cdot 4\pi r^2 - j(r+dr,t)\cdot 4\pi(r+dr)^2$$

L'énergie thermique interne créée par le métabolisme est

$$\delta\text{Q}_{\text{int}} = \mathscr{P}\cdot 4\pi r^2drdt$$

Le bilan thermique s'écrit donc

$$\mu 4\pi r^2drc(\text{T}(r,t+dt) - \text{T}(r,t)) =$$

$$j(r,t)\cdot 4\pi r^2 dt - j(r+dr,t)\cdot 4\pi(r+dr)^2 dt + \mathscr{P}\cdot 4\pi r^2 dr dt$$

En divisant cette égalité par $4\pi dr dt$, les deux premiers termes du membre de droite deviennent

$$-\frac{\left[(r+dr)^2 j(r+dr,t)\right]-\left[r^2 j(r,t)\right]}{dr} = -\frac{\partial\left[r^2 j(r,t)\right]}{\partial r}$$

L'équation complète est donc

$$\mu r^2 c\frac{\partial \mathrm{T}(r,t)}{\partial t} = -\frac{\partial\left[r^2 j(r,t)\right]}{\partial r} + r^2\mathscr{P}$$

16.4

a) La tranche $[z, z+dz]$ échange de l'énergie thermique par conduction sur ses deux faces planes d'aire πa^2 en z et en $z+dz$, de l'énergie thermique par convection et radiation sur sa face latérale d'aire $2\pi a dz$, et est le siège d'une création d'énergie thermique par effet Joule de puissance $\mathscr{P}_\mathrm{J} = \frac{dz}{\gamma\pi a^2} i^2$. Le bilan thermique s'écrit donc

$$\mu c\pi a^2 dz(\mathrm{T}(z,t+dt)-\mathrm{T}(z,t)) =$$
$$\pi a^2 j(z,t)dt - \pi a^2 j(z+dz,t)dt$$
$$-\beta(\mathrm{T}(z,t)-\mathrm{T}_0)2\pi a dz dt + \frac{dz dt}{\gamma\pi a^2}i^2$$

En divisant par $dzdt$ et en effectuant les développements limités au premier ordre, on en déduit

$$\mu c\pi a^2\frac{\partial \mathrm{T}}{\partial t} = -\pi a^2\frac{\partial j}{\partial z} - 2\beta\pi a(\mathrm{T}(z,t)-\mathrm{T}_0) + \frac{i^2}{\gamma\pi a^2}$$

La loi de Fourier en projection sur l'axe donne $j(z,t) = -\lambda\frac{\partial \mathrm{T}}{\partial z}$ et en remplaçant dans l'équation précédente, on obtient l'équation donnée par l'énoncé.

b) $\mathrm{T}_m(t)$ est la température moyenne (spatiale) du conducteur à la date t. $\theta(t)$ est l'écart entre $\mathrm{T}_m(t)$, température moyenne du conducteur et T_0, température de l'air extérieur. On intègre l'équation différentielle entre $z = 0$ et $z = \mathrm{L}$. Pour le membre de gauche, d'après le théorème de Schwartz, on peut permuter l'intégration sur z et la dérivation temporelle :

$$\int_{z=0}^{\mathrm{L}}\frac{\partial \mathrm{T}}{\partial t}dz = \frac{d}{dt}\int_{z=0}^{\mathrm{L}}\mathrm{T}(z,t)dz = \mathrm{L}\frac{d\theta}{dt}$$

Pour le premier terme du membre de droite, on a

$$\int_{z=0}^{\mathrm{L}}\frac{\partial^2 \mathrm{T}}{\partial z^2}dz = \left[\frac{\partial \mathrm{T}}{\partial z}\right]_0^{\mathrm{L}} = \frac{\partial \mathrm{T}}{\partial z}(\mathrm{L},t) - \frac{\partial \mathrm{T}}{\partial z}(0,t)$$

Or les deux faces extrêmes du conducteur étant calorifugées, le flux thermique par conduction y est nul, donc par application de la loi de Fourier :

$$\forall t,\ \vec{j}(0,t) = \vec{j}(\mathrm{L},t) = \vec{0} \text{ donc } \frac{\partial \mathrm{T}}{\partial z}(0,t) = \frac{\partial \mathrm{T}}{\partial z}(\mathrm{L},t) = 0$$

Le deuxième terme du membre de droite s'intègre en

$$-2\beta\pi a\int_{z=0}^{\mathrm{L}}(\mathrm{T}(z,t)-\mathrm{T}_0)dz = -2\beta\pi a\mathrm{L}(\mathrm{T}_m(t)-\mathrm{T}_0)$$
$$= -2\beta\pi a\mathrm{L}\theta$$

Le troisième terme du membre de droite s'intègre en

$$\int_{z=0}^{\mathrm{L}}\frac{i^2}{\gamma\pi a^2}dz = \frac{i^2\mathrm{L}}{\gamma\pi a^2}$$

L'équation intégrée devient donc

$$\mu c\pi a^2\mathrm{L}\frac{d\theta}{dt} = 0 - 2\beta\pi a\mathrm{L}\theta + \frac{i^2\mathrm{L}}{\gamma\pi a^2}$$

$$\frac{d\theta}{dt} + \frac{2\beta}{\mu c a}\theta = \frac{i^2}{\gamma\mu c\pi^2 a^4}$$

En régime permanent, quand $t \to +\infty$,

$$\theta = \theta_\infty = \frac{i^2}{2\beta\gamma\pi^2 a^3}$$

et en posant $\tau = \frac{\mu c a}{2\beta}$, on obtient l'équation donnée par l'énoncé, qui se résout aisément en

$$\theta = \theta_\infty + (\theta_0 - \theta_\infty)e^{-\frac{t}{\tau}}$$

où θ_0 est l'écart entre la valeur moyenne de la température du conducteur à l'instant initial et T_0. On en déduit $\mathrm{T}_m(t) = \mathrm{T}_0 + \theta(t)$

16.5

Par application directe de la loi de Wien

$$\mathrm{T} = \frac{2{,}898\cdot 10^{-3}}{1{,}063\cdot 10^{-3}} = 2{,}73\ \mathrm{K}$$

16.6

La température du corps humain est $\mathrm{T} = 273 + 37 = 310$ K. La loi de Wien donne la valeur de la longueur d'onde du maximum de rayonnement :

$$\lambda_m = \frac{2{,}898\cdot 10^{-3}}{310} = 9{,}35\ \mu\mathrm{m}$$

On est donc dans le domaine des infrarouges. Pour notre œil, le corps humain est noir, mais un capteur sensible aux infrarouges peut convertir ces radiations en fausses couleurs ; c'est le principe des caméras thermiques. Lorsqu'on chauffe un morceau de métal, il rayonne d'abord dans l'infrarouge à température ambiante $T_0 = 310$ K. Le rayonnement a une dominante rouge lorsque

$$\frac{\lambda_m}{2} \simeq 800 \text{ nm soit } T_1 = \frac{2,898 \cdot 10^{-3}}{1600 \cdot 10^{-9}} \simeq 1\,800\text{K}$$

On dit dans ce cas que le métal est chauffé au rouge. Le rayonnement couvre tout le spectre du visible et paraît blanc lorsque

$$\lambda_m \simeq 600 \text{ nm soit } T_1 = \frac{2,898 \cdot 10^{-3}}{600 \cdot 10^{-9}} \simeq 4\,800\text{K}$$

On dit dans ce cas que le métal est chauffé à blanc. Remarquons que dans le cas du fer, cette température est supérieure à la température de fusion (1 811 K). Dans ce cas, le modèle d'émission par incandescence est plus adapté que celui du corps noir.

16.7

La puissance totale rayonnée par la surface du Soleil est donnée par la loi de Stefan, intégrée sur la surface sphérique du Soleil :

$$\mathcal{P}_{\text{Soleil}} = \sigma T_S^4 \cdot 4\pi R_S^2 = 3,84 \cdot 10^{26} \text{ W}$$

La distance Terre-Lune est négligeable devant la distance Soleil-Terre donc la distance Soleil-Lune vaut

$$r = 1,496 \cdot 10^{11} \text{ m}$$

Depuis le centre du Soleil, la Lune est vue sous la forme d'un disque de rayon R_L à la distance r.

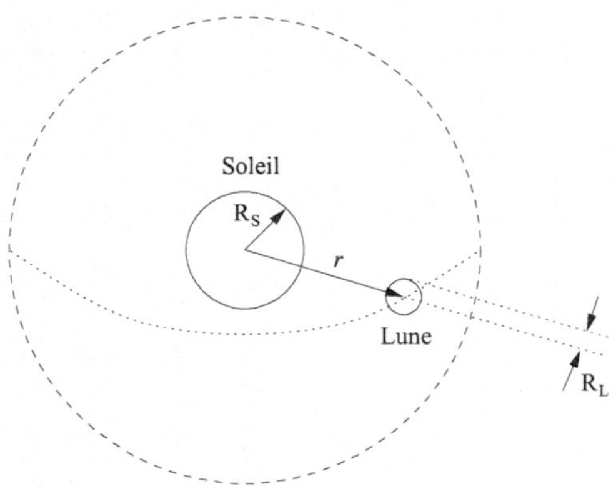

La puissance solaire incidente à la surface de la Lune est une fraction de la puissance solaire totale

$$\mathcal{P}_i = \beta \mathcal{P}_{\text{Soleil}}$$

où β est le rapport entre l'aire du disque lunaire et celle de la sphère sur laquelle se dilue la puissance solaire :

$$\beta = \frac{\pi R_L^2}{4\pi r^2}$$

L'énoncé propose de négliger la puissance solaire réfléchie par la surface éclairée de la Lune. La puissance absorbée est donc

$$\mathcal{P}_{\text{abs}} = \mathcal{P}_i = \frac{\pi R_L^2}{4\pi r^2} \cdot \sigma T_S^4 \cdot 4\pi R_S^2$$

Les puissances rayonnées par chaque hémisphère sont données par la formule de Stefan intégrée sur une demi-sphère :

$$\begin{cases} \mathcal{P}_j = \sigma T_j^4 \cdot 2\pi R_L^2 \\ \mathcal{P}_n = \sigma T_n^4 \cdot 2\pi R_L^2 \end{cases}$$

L'hypothèse $T_n \ll T_j$ donne $\mathcal{P}_n \ll \mathcal{P}_j$. À l'équilibre thermique, la puissance rayonnée est égale à la puissance absorbée, donc

$$\frac{\pi R_L^2}{4\pi r^2} \cdot \sigma T_S^4 \cdot 4\pi R_S^2 = \sigma T_j^4 \cdot 2\pi R_L^2$$

$$\text{donc } T_j = T_S \sqrt[4]{\frac{R_S^2}{2r^2}} = 279 \text{ K}$$

16.8

a) Adoptons les notations du cours, rappelées par le schéma suivant.

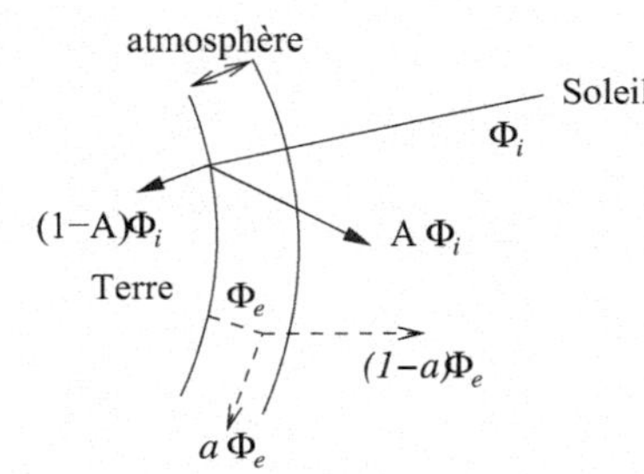

La puissance totale rayonnée par la surface du Soleil est donnée par la loi de Stefan, intégrée sur la surface sphérique du Soleil :

$$\mathcal{P}_{\text{Soleil}} = \sigma T_S^4 \cdot 4\pi R_S^2 = 3,84 \cdot 10^{26} \text{ W}$$

Depuis le centre du Soleil, la Terre est vue sous la forme d'un disque de rayon R_T à la distance r.

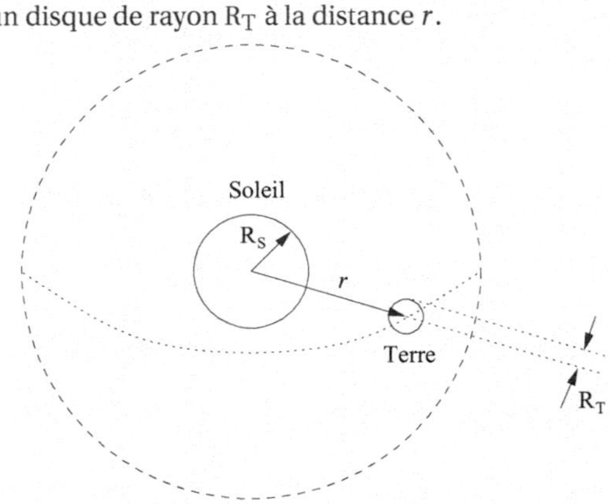

Le flux solaire incident est une fraction de la puissance solaire totale

$$\Phi_i = \beta \mathscr{P}_{\text{Soleil}}$$

où β est le rapport entre l'aire du disque terrestre et celle de la sphère sur laquelle se dilue la puissance solaire :

$$\beta = \frac{\pi R_T^2}{4\pi r^2} \text{ donc}$$

$$\Phi_i = \frac{\pi R_T^2}{4\pi r^2} \cdot \sigma T_S^4 \cdot 4\pi R_S^2$$

Le flux radiatif émis par la Terre est donnée par la formule de Stefan intégrée sur la sphère :

$$\Phi_e = \sigma T_T^4 \cdot 4\pi R_T^2$$

À l'équilibre thermique, le flux thermique incident venant du Soleil est égal au flux sortant du système {Terre, atmosphère}, soit

$$\Phi_i = A\Phi_i + (1-a)\Phi_e \text{ soit } (1-A)\Phi_i = (1-a)\Phi_e$$

$$\text{soit } (1-A)\frac{\pi R_T^2}{4\pi r^2} \cdot \sigma T_S^4 \cdot 4\pi R_S^2 = (1-a)\sigma T_T^4 \cdot 4\pi R_T^2$$

$$\text{soit } T_T = T_S \sqrt[4]{\frac{(1-A)R_S^2}{4(1-a)r^2}} = 292 \text{ K}$$

soit 19 °C. Cette valeur est légèrement surestimée, il faudrait prendre en compte la réflectivité des nuages, mais elle donne quand même une excellente estimation de la valeur réelle, proche de 15 °C.

b) Si la quantité de gaz carbonique diminue, le coefficient a d'absorption du rayonnement infrarouge par l'atmosphère diminue, donc T diminuerait. Une partie des océans gèlerait, devenant blanche. Donc l'albedo A augmenterait, ce qui ferait encore diminuer T. Le phénomène climatique s'amplifierait.

c) Si la quantité de gaz carbonique augmente, le coefficient a d'absorption du rayonnement infrarouge par l'atmosphère augmente, donc T augmenterait. Une partie des banquises, blanches, fonderait. Donc l'albedo A diminuerait, donc T augmenterait encore plus. Le relargage du méthane augmenterait encore plus la valeur de a. Le phénomène climatique s'amplifierait donc dangereusement. Notons que ce modèle simplifié ne prend pas en compte l'augmentation des pluies, donc celui des nuages, blancs, qui augmentent l'albedo (avec un effet modérateur), et les effets secondaires provoqués par l'augmentation de l'acidité de l'océan (acidifié par le gaz carbonique) ou le développement plus rapide des forêts, capteurs importants de gaz carbonique.

16.9

a) On calcule la dérivée

$$\frac{d\omega}{d\lambda} = -\frac{2\pi c}{\lambda^2}$$

et on substitue λ à ω dans la loi de Planck, d'où

$$\mathscr{D}(\lambda) = \frac{\frac{2\pi c}{\lambda^2} \cdot \frac{\frac{h}{2\pi}(2\pi)^3 c^3}{\lambda^3 \pi^2 c^3}}{\exp\frac{hc}{\lambda k_B T} - 1}$$

$$\mathscr{D}(\lambda) = \frac{8\pi hc}{\lambda^5} \cdot \frac{1}{\exp\frac{hc}{\lambda k_B T} - 1}$$

b) La fonction $\mathscr{D}(\lambda)$ passe par un maximum lorsque

$$Q(\lambda) = \lambda^5 \left(\exp\frac{hc}{\lambda k_B T} - 1\right)$$

est minimal, donc lorsque sa dérivée est nulle, soit

$$5\lambda^4 \left(\exp\frac{hc}{\lambda k_B T} - 1\right) + \lambda^5 \cdot \frac{-hc}{\lambda^2 k_B T} \exp\frac{hc}{\lambda k_B T} = 0$$

soit, en divisant par $5\lambda^4 \exp\frac{hc}{\lambda k_B T}$:

$$1 - \exp\frac{-hc}{\lambda k_B T} - \frac{hc}{5\lambda k_B T} = 0$$

et en posant $x = \frac{hc}{\lambda k_B T}$:

$$1 - e^{-x} - 0,2x = 0 \text{ soit } e^{-x} + 0,2x - 1 = 0$$

D'après l'énoncé, l'unique solution de cette équation est

$$x = 4,9651 \text{ soit } \frac{hc}{\lambda k_B T} = 4,9651 \text{ donc } \lambda_m \cdot T = \frac{hc}{4,9651 k_B}$$

$$\text{soit } \lambda_m \cdot T = 2,898 \cdot 10^{-3} \text{ m} \cdot \text{K}$$

qui est bien la loi de Wien.

16.10

a) Par définition, du est l'énergie volumique dans l'intervalle de pulsation considéré. Le volume considéré est un cylindre de base dS et de hauteur $c\,dt$, donc de volume

$$d\tau = c\,dt \cdot dS$$

L'énergie dans l'intervalle de pulsations $[\omega, \omega + d\omega]$ est donc

$$dE = du \cdot d\tau = du \cdot c\,dt \cdot dS$$

Le nombre de photons correspondant est donc

$$dN = \frac{dE}{e} = \frac{du \cdot c\,dt \cdot dS}{\hbar\omega}$$

b) En moyenne, un photon sur deux se déplace vers la surface (il va la frapper dans l'intervalle de temps dt à venir), un photon sur deux vient d'être émis. On en déduit

$$dN_e = \frac{dN}{2} = \frac{du \cdot cdt \cdot dS}{2\hbar\omega}$$

c) On a

$$d\mathscr{E} = dN'_e \cdot \hbar\omega = \frac{du \cdot cdt \cdot dS}{4}$$

La puissance surfacique est donc

$$d\mathscr{P}_S = \frac{d\mathscr{E}}{dt \cdot dS} = \frac{cdu}{4}$$

Or, par définition de la densité spectrale

$$du = \mathscr{D}(\omega)d\omega \text{ donc } d\mathscr{P}_S = \frac{c}{4} \cdot \mathscr{D}(\omega)d\omega$$

d) L'intégrale s'écrit

$$\mathscr{P}_S = \int_{\omega=0}^{+\infty} \frac{\hbar\omega^3}{4\pi^2c^2} \cdot \frac{1}{\exp\frac{\hbar\omega}{k_B T} - 1} d\omega$$

On fait le changement de variable

$$x = \frac{\hbar\omega}{k_B T} \text{ donc } d\omega = \frac{k_B T}{\hbar} dx$$

On en déduit

$$\mathscr{P}_S = \frac{k_B^4 T^4}{4\pi^2 c^2 \hbar^3} \int_{x=0}^{\infty} \frac{x^3}{e^x - 1} dx$$

$$\text{soit } \mathscr{P}_S = \frac{2k_B^4\pi^5}{15c^2h^3} \cdot T^4$$

On obtient donc bien la loi de Stefan et on exprime la constante de Stefan-Boltzmann

$$\sigma = \frac{2k_B^4\pi^5}{15c^2h^3} = 5,67 \cdot 10^{-8}\ \text{W} \cdot \text{m}^{-2} \cdot \text{K}^{-4}$$

16.11

a) Le nombre de photons est le rapport

$$N = \frac{U}{e} \text{ donc } \nu = \frac{N}{a^3} = \frac{U}{hfa^3}$$

b) Les photons qui vont frapper la surface pendant dt sont situés à une distance inférieure à cdt de cette surface, et se déplacent vers la droite. Sur la figure suivante, on a entouré les photons qui sont dans ce cas.

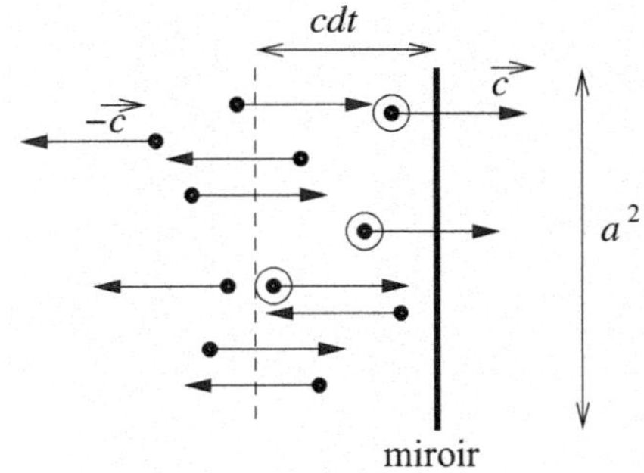

C'est donc la moitié des photons situés dans le volume $d\tau = cdt \cdot a^2$. Par définition de ν, il y en a donc

$$dN = \frac{1}{2}\nu \cdot d\tau = \frac{Ucdt}{2hfa}$$

c) La variation de quantité de mouvement pour un photon est

$$\delta\vec{p} = -\frac{2hf}{c}\vec{u}_x \text{ donc}$$

$$d\vec{p} = dN \cdot \delta\vec{p} = -\frac{Udt}{a}\vec{u}_x$$

d) La force est donc

$$\vec{f}_{\text{miroir}\to\text{photons}} = \frac{d\vec{p}}{dt} = -\frac{U}{a}\vec{u}_x$$

e) On en déduit, par application de la troisième loi de Newton

$$\vec{f}_{\text{photons}\to\text{miroir}} = -\vec{f}_{\text{miroir}\to\text{photons}} = \frac{U}{a}\vec{u}_x$$

et par définition de la pression

$$P_r = \frac{f}{a^2} = \frac{U}{a^3}$$

f) La pression est

$$P = \frac{P_r}{3} = \frac{U}{3a^3} = \frac{U}{3V} = \frac{u}{3}$$

g) Le premier principe s'écrit

$$dU = -P_e dV + \delta Q$$

La transformation étant quasi statique, $P_e = P$ et adiabatique, $\delta Q = 0$, donc

$$dU = -PdV \text{ donc } \frac{dU}{dR} = -P\frac{dV}{dR}$$

L'univers étant assimilé à une sphère, et en utilisant l'équation d'état du gaz de photons,

$$\begin{cases} U = \frac{4}{3}\pi R^3 \cdot u \\ V = \frac{4}{3}\pi R^3 \end{cases} \quad \text{donc}$$

$$4\pi R^2 u + \frac{4}{3}\pi R^3 \frac{du}{dR} = -\frac{u}{3}\cdot 4\pi R^2 \text{ soit } \frac{du}{dR} = -\frac{4u}{R}$$

Or $u = a T^4$ donc

$$a \cdot 4T^3 \cdot \frac{dT}{dR} = -\frac{4aT^4}{R} \text{ donc } \frac{dT}{dR} = -\frac{T}{R}$$

$$\text{soit } R dT = -T dR \text{ soit } R dT + T dR = 0 \text{ soit } d(R\cdot T) = 0$$

$$\text{donc } R\cdot T = \text{cste}$$

16.12

a) On est dans les conditions d'application de l'équation de la chaleur ; en régime permanent, $\frac{\partial T}{\partial t} = 0$ et dans cette géométrie unidirectionnelle, $\Delta T = \frac{d^2T}{dx^2}$, l'équation est donc $\frac{d^2T}{dx^2} = 0$ qui se primitive en $\frac{dT}{dx} = A$ puis $T(x) = Ax + B$.

b) La condition aux limites en $x = 0$ donne à chaque fois $B = T_0$.

i) La condition aux limites $T(L) = T_1$ se traduit par $AL + B = T_1$ soit $AL = T_1 - T_0$ donc $A = \frac{T_1 - T_0}{L}$ et

$$T(x) = \frac{T_1 - T_0}{L} x + T_0 \text{ donc } j(x) = -\lambda \frac{dT}{dx} = \frac{\lambda}{L}(T_0 - T_1)$$

On en déduit le flux

$$\Phi = jS = \frac{\lambda S}{L}(T_0 - T_1)$$

Remarque : c'est le modèle des résistances thermiques.

ii) Le flux dans le barreau dans le sens des x croissants est uniforme :

$$\Phi = -\lambda S \frac{dT}{dx} = -\lambda S A$$

D'autre part $T(L) = AL + B = AL + T_0$ donc la condition aux limites donnée par l'énoncé s'écrit

$$-\lambda S A = h'(AL + T_0 - T_1)S \text{ donc } A = \frac{T_1 - T_0}{L + \frac{\lambda}{h'}}$$

On en déduit le flux

$$\Phi = \frac{\lambda S}{L + \frac{\lambda}{h'}}(T_0 - T_1)$$

iii) Le flux et la température $T(L)$ s'expriment comme à la question précédente et la condition aux limites s'écrit

$$-\lambda S A = \sigma (AL + T_0)^4 S \text{ soit } -\lambda A = \sigma (AL + T_0)^4$$

Avec les valeurs numériques fournies, cette équation s'écrit $-10^7 \cdot A = (A + 300)^4$. Les deux solutions sont donc les abscisses d'intersection des deux graphes, soit $A_1 = -575\ K\cdot m^{-1}$ et $A_2 = -115\ K\cdot m^{-1}$. La température à l'extrémité du barreau vaut $T(L) = AL + T_0$. Avec A_1, on obtiendrait $T(L) = -275$ K, valeur négative absurde. La seule solution acceptable est donc $A_2 = -115$, elle donne $T(L) = 185$ K et on vérifie la validité de cette valeur en vérifiant que le flux conductif à l'extrémité du barreau est bien égal au flux radiatif :

$$-\lambda S A_2 \simeq \sigma T^4(L) S = 66 \text{ W}$$

16.13 **Partie 1.**

a) La tranche étudiée possède six faces. Sur les deux faces carrées en θ et $\theta + d\theta$, le transfert est conductif :

$$d\Phi_{cd} = +j(\theta, t)\cdot \ell^2 - j(\theta + d\theta, t)\cdot \ell^2$$

Les quatre autres faces sont assimilées à des rectangles de surface totale

$$dS = 2 \times \ell R d\theta + \ell\left(R - \frac{\ell}{2}\right) d\theta + \ell\left(R + \frac{\ell}{2}\right) d\theta = 4\ell R d\theta$$

Le flux convectif sortant est donc

$$d\Phi_{cv} = h(T(\theta, t) - T_e)\cdot 4\ell R d\theta$$

Le bilan thermique s'écrit donc

$$\mu c \ell^2 R d\theta (T(\theta, t + dt) - T(\theta, t)) = d\Phi_{cd} dt - d\Phi_{cv} dt$$

En divisant par $dt d\theta$ et en effectuant les développements limités à l'ordre 1 en θ et en t, on en déduit

$$\mu c \ell^2 R \frac{\partial T}{\partial t} = -\ell^2 \frac{\partial j}{\partial \theta} - 4R\ell h(T - T_e)$$

Or la loi de Fourier $\vec{j} = -\lambda \overrightarrow{\text{grad}}\, T$ se traduit dans cette géométrie cylindrique en $j = -\lambda \frac{1}{R}\frac{\partial T}{\partial \theta}$ donc

$$\mu c \ell^2 R \frac{\partial T}{\partial t} = \lambda \ell^2 \frac{1}{R}\frac{\partial^2 T}{\partial \theta^2} - 4R\ell h(T - T_e)$$

et en divisant par $\lambda \ell^2 R$ on obtient bien l'équation proposée.

b) En régime permanent, la dérivée par rapport au temps est nulle, l'équation s'écrit donc

$$\frac{d^2T}{d\theta^2} - \left(\frac{R}{a}\right)^2 T = -\left(\frac{R}{a}\right)^2 T_e$$

La solution particulière est T_e et l'équation homogène se résout en résolvant l'équation caractéristique

$$z^2 - \left(\frac{R}{a}\right)^2 = 0$$

dont les racines sont $z_1 = -\frac{R}{a}$ et $z_2 = \frac{R}{a}$. La solution générale est donc

$$T(\theta) = Ae^{\frac{R}{a}\theta} + Be^{-\frac{R}{a}\theta} + T_e$$

Les conditions aux limites sont $T(0) = T_c$ et $T(2\pi) = T_c$. On en déduit A et B en résolvant le système et on obtient

$$T(\theta) = T_e + \frac{e^{\frac{R}{a}\theta} + e^{\frac{2\pi R}{a}} e^{-\frac{R}{a}\theta}}{1 + e^{\frac{2\pi R}{a}}}(T_c - T_e)$$

$$T(\theta) = T_e + \frac{\text{ch}\left((\pi - \theta)\frac{R}{a}\right)}{\text{ch}\left(\pi\frac{R}{a}\right)}(T_c - T_e)$$

Cette fonction présente un minimum en $\theta = \pi$ et voici l'allure du graphe :

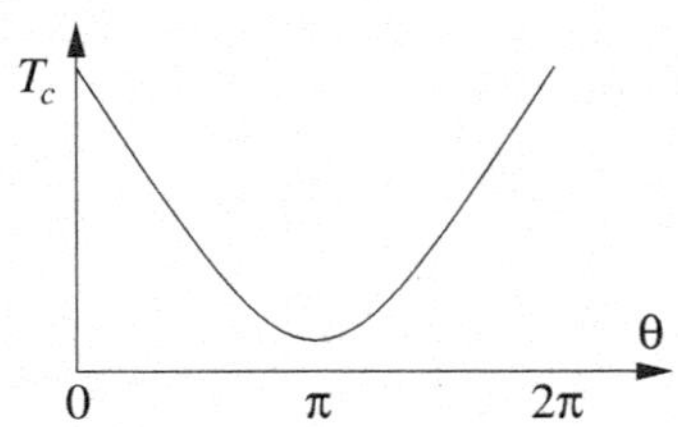

c) Le flux vaut

$$\Phi(\theta) = -\lambda\ell^2 \frac{\partial T}{\partial \theta}$$

$$\Phi(\theta) = \frac{\lambda\ell^2 R}{a}(T_c - T_e)\frac{\text{sh}\left((\pi - \theta)\frac{R}{a}\right)}{\text{ch}\left(\pi\frac{R}{a}\right)}$$

Voici l'allure du graphe :

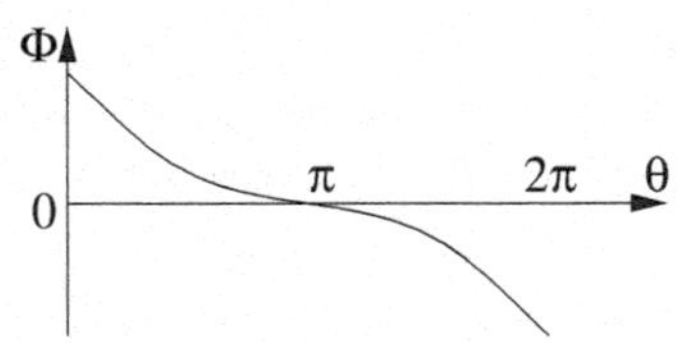

d) On déduit de ce qui précède que

$$\delta T(\theta) = K\text{ch}\left((\pi - \theta)\frac{R}{a}\right)$$

avec $K = \frac{T_c - T_e}{\text{ch}(\pi\frac{R}{a})}$. En utilisant les lois de la trigonométrie hyperbolique :

$$\delta T(\theta_0 - \delta\theta) = K\text{ch}\left((\pi - \theta_0)\frac{R}{a}\right)\text{ch}\left(\frac{R}{a}\delta\theta\right) - K\text{sh}\left((\pi - \theta_0)\frac{R}{a}\right)\text{sh}\left(\frac{R}{a}\delta\theta\right)$$

$$\delta T(\theta_0 + \delta\theta) = K\text{ch}\left((\pi - \theta_0)\frac{R}{a}\right)\text{ch}\left(\frac{R}{a}\delta\theta\right) + K\text{sh}\left((\pi - \theta_0)\frac{R}{a}\right)\text{sh}\left(\frac{R}{a}\delta\theta\right)$$

On en déduit après simplifications que

$$q = 2\text{ch}\left(\frac{R}{a}\delta\theta\right)$$

L'application numérique donne $a = 0{,}2585$ m, $q_{\text{théo}} = 2{,}24$ et $q_{\text{exp}} = 2{,}26$, ce qui est en très bon accord.

Partie 2.

a) Il suffit de prendre $h = 0$ dans l'équation initiale :

$$\frac{\mu c}{\lambda}\frac{\partial T}{\partial t} = \frac{1}{R^2}\frac{\partial^2 T}{\partial \theta^2}$$

b) On a $\frac{\partial T}{\partial t} = f(\theta) \cdot \frac{dg(t)}{dt}$ et $\frac{\partial^2 T}{\partial \theta^2} = \frac{d^2 f(\theta)}{d\theta^2} \cdot g(t)$. En injectant ces expressions dans l'équation, puis en divisant par $f(\theta) \cdot g(t)$, on obtient l'équation de l'énoncé. Le membre de gauche ne dépend que de t, celui de droite ne dépend que de θ, ils sont donc égaux à une même constante notée Ω.

c) L'équation en $g(t)$ s'écrit

$$\frac{dg(t)}{dt} - \frac{\lambda\Omega}{\mu c}g(t) = 0$$

dont la solution générale est

$$g(t) = A' e^{\frac{\lambda\Omega}{\mu c}t}$$

Si Ω était positif, $g(t)$ tendrait vers l'infini quand $t \to +\infty$, ce qui est physiquement impossible (nécessité d'une énergie infinie). $\Omega = 0$ conduirait à une solution constante dans le temps, ce qui est aussi rejeté. On en déduit que $\Omega < 0$. Le second membre est homogène à $\frac{1}{R^2}$, donc Ω est l'opposé de l'inverse d'une longueur caractéristique d : $\Omega = -\frac{1}{d^2}$. On écrit donc

$$g(t) = A' e^{-\frac{t}{\tau}} \text{ avec } \tau = \frac{\mu c d^2}{\lambda}$$

L'équation en $f(\theta)$ s'écrit

$$\frac{d^2 f(\theta)}{d\theta^2} + \frac{R^2}{d^2}f(\theta) = 0$$

C'est une équation du type oscillateur harmonique et comme l'énoncé indique que f est paire,

$$f(\theta) = A'' \cos\left(\frac{R}{d}\theta\right)$$

On peut fusionner les deux constantes A' et A'' en posant $A = A'A''$ et

$$T(\theta, t) = K + Ae^{-\frac{t}{\tau}} \cos\left(\frac{R}{d}\theta\right)$$

d) On peut écrire la condition aux limites $\forall t$, $T(0,t) = T(2\pi, t)$ donc

$$cos 0 = \cos\left(\frac{2\pi R}{d}\right)$$

donc $\frac{2\pi R}{d} = n \cdot 2\pi$ où n est un entier naturel non nul, soit $d = \frac{R}{n}$ et la solution stationnaire associée est

$$T_n(\theta, t) = K_n + A_n e^{-\frac{t}{\tau_n}} \cos(n\theta) \text{ avec } \tau_n = \frac{\mu c R^2}{\lambda n^2}$$

L'équation aux dérivées partielles étant linéaire, toute somme de solutions est elle-même solution (principe de superposition) donc en sommant sur n, la solution proposée par l'énoncé convient, en notant

$$T_m = \sum_{n=1}^{\infty} K_n$$

la température moyenne.

16.14

a) Dériver par rapport au temps la fonction complexe spatio-temporelle revient à la multiplier par $i\omega$, la dériver par rapport à x revient à la multiplier par $-i\underline{k}$. L'équation de la chaleur unidirectionnelle s'écrit donc

$$i\omega\mu c\underline{T} - (-i\underline{k})^2\lambda\underline{T} = 0$$

d'où l'équation de dispersion

$$\underline{k}^2 = -i\frac{\mu c\omega}{\lambda}$$

b) On peut écrire

$$-i = e^{-i\frac{\pi}{2}} = \left(e^{-i\frac{\pi}{4}}\right)^2$$

$$\text{et } e^{-i\frac{\pi}{4}} = \frac{1}{\sqrt{2}} - \frac{1}{\sqrt{2}}i$$

$$\text{donc } \underline{k} = \pm\left(\frac{1}{\sqrt{2}} - \frac{1}{\sqrt{2}}i\right)\sqrt{\frac{\mu c\omega}{\lambda}} \text{ soit}$$

$$\underline{k} = \sqrt{\frac{\mu c\omega}{2\lambda}} - i\sqrt{\frac{\mu c\omega}{2\lambda}}$$

c) En injectant la valeur de $\underline{k}$ de partie réelle positive et en prenant la partie réelle, on en déduit la solution onde thermique progressive dans le sens des x croissants et atténuée :

$$T(x,t) = \mathscr{R}e(\underline{T}) = T_a e^{-\frac{x}{\delta}} \cos\left(\omega t - k'x + \theta\right)$$

avec $k' = \frac{1}{\delta} = \sqrt{\frac{\mu c\omega}{2\lambda}}$. La pseudo-période spatiale (longueur d'onde) est $\frac{2\pi}{k'} = 2\pi\delta$ et la distance caractéristique d'atténuation est δ.

d) Application numérique.

i) On identifie la température moyenne $T_m = 298$ K et l'amplitude thermique $T_0 = 10$ K. L'excitation thermique journalière est périodique, de période 24 heures, soit $T = 86\ 400$ s, donc $\omega = \frac{2\pi}{T} = 7{,}27 \cdot 10^{-5}$ rad·s^{-1}. D'après la formule du cours,

$$\delta = \sqrt{\frac{2\lambda}{\mu c\omega}} = 5{,}7 \text{ cm}$$

À une profondeur de l'ordre de $5\delta \simeq 30$ cm, le facteur exponentiel $e^{-\frac{z}{\delta}}$ vaut moins de 1 % et la fluctuation thermique journalière est donc inférieure à 0,1 K.

ii) De même, $T_m = 288$ K, $T_0 = 10$ K. L'excitation thermique journalière est périodique, de période 1 an=365,25 jours, soit $T = 31{,}56 \cdot 10^6$ s, donc $\omega = \frac{2\pi}{T} = 1{,}99 \cdot 10^{-7}$ rad·s^{-1}. D'après la formule du cours,

$$\delta = \sqrt{\frac{2\lambda}{\mu c\omega}} = 1{,}1 \text{ m}$$

À une profondeur de l'ordre de $5\delta \simeq 4$ m, le facteur exponentiel $e^{-\frac{z}{\delta}}$ vaut moins de 1 % et la fluctuation thermique annuelle est donc inférieure à 0,1 K. Dans une cave à 4 mètres de profondeur, la fluctuation thermique entre les saisons est donc négligeable.

16.15

a) Le bilan thermique s'écrit

$$\mu S dy c\left(T(y, t+dt) - T(y,t)\right) =$$

$$j(y,t)S dt - j(y+dy, t)S dt + \beta T \cdot S dy \cdot dt$$

En divisant par $S dy dt$ et en faisant les développements limités au premier ordre, on en déduit :

$$\mu c\frac{\partial T(y,t)}{\partial t} = -\frac{\partial j(y,t)}{\partial y} + \beta T(y,t)$$

La loi de Fourier donne $j(y,t) = -\lambda\frac{\partial T(y,t)}{\partial y}$ et en injectant cette relation dans l'équation précédente, on en déduit l'équation aux dérivées partielles :

$$\mu c\frac{\partial T(y,t)}{\partial t} = \lambda\frac{\partial^2 T(y,t)}{\partial y^2} + \beta T(y,t)$$

b) Dériver par rapport au temps revient à multiplier par $i\omega$, dériver par rapport à y à multiplier par $-i\underline{k}$. L'équation devient donc

$$i\mu c\omega\underline{T} = \lambda(-i\underline{k})^2\underline{T} + \beta\underline{T}$$

et en simplifiant par $\underline{T}$ on obtient l'équation de dispersion

$$\underline{k}^2 = -i\frac{\mu c\omega}{\lambda} + \frac{\beta}{\lambda}$$

Sous forme exponentielle, le second membre, de partie réelle positive et de partie imaginaire négative, peut être écrit $re^{i\psi}$ avec $r > 0$ (module) et $\psi \in \left]-\frac{\pi}{2}, 0\right[$. On a alors

$$\left[\sqrt{r}e^{i\frac{\psi}{2}}\right]^2 = re^{i\psi}$$

et $\frac{\psi}{2} \in \left]-\frac{\pi}{4}, 0\right[$. Le complexe $\sqrt{r}e^{i\frac{\psi}{2}}$ a donc une partie réelle positive et une partie imaginaire négative, et c'est la solution qui convient :

$$\underline{k} = \sqrt{r}e^{i\frac{\psi}{2}} = k' + ik''$$

On en déduit

$$\underline{T}(y,t) = \underline{T}_a e^{i(\omega t - k'y - ik''y)} = T_a e^{k''y} e^{i(\omega t - k'y + \theta)}$$

et en passant à la partie réelle

$$T(y,t) = T_a e^{k''y}\cos(\omega t - k'y + \theta)$$

qui est l'équation spatio-temporelle d'une onde qui se propage dans le sens des y croissants ($k' > 0$) en s'atténuant ($k'' < 0$).

c) En remplaçant dans l'équation aux dérivées partielles, on obtient

$$\mu c\alpha e^{\alpha t}\sin(ky) = -\lambda k^2 e^{\alpha t}\sin(ky) + \beta e^{\alpha t}\sin(ky)$$

donc la solution proposée convient si

$$\mu c\alpha = -\lambda k^2 + \beta$$

Les conditions aux limites imposent

$$\begin{cases} \sin(0) = 0 \\ \sin(k\mathrm{L}) = 0 \end{cases} \quad \text{donc } k\mathrm{L} = n\pi$$

où n est un entier naturel non nul. On en déduit que

$$T(y,t) = T_a e^{\alpha t}\sin\frac{n\pi y}{\mathrm{L}}$$

Cette fonction s'annule bien en $y = 0$ et $y = \mathrm{L}$ mais si $n \geq 2$, elle s'annule au moins une fois en changeant de signe entre ces deux valeurs ; la température pourrait alors prendre des valeur négatives, ce qui est absurde. On en déduit que $n = 1$ et $k = \frac{\pi}{\mathrm{L}}$ puis en remplaçant dans la relation précédente on en déduit α :

$$\alpha = \frac{\beta - \lambda\frac{\pi^2}{\mathrm{L}^2}}{\mu c}$$

Si $\beta = \lambda\frac{\pi^2}{\mathrm{L}^2}$, $\alpha = 0$ et le profil de température est constant dans le temps. Si $\beta < \lambda\frac{\pi^2}{\mathrm{L}^2}$, $\alpha < 0$ et $\forall y \in [0,\mathrm{L}]$, $T(y,t) \to 0$ quand $t \to +\infty$: il y a décroissance exponentielle de température. Si $\beta > \lambda\frac{\pi^2}{\mathrm{L}^2}$, $\alpha > 0$ et $\forall y \in]0,\mathrm{L}[$, $T(y,t) \to +\infty$ quand $t \to +\infty$: il y a croissance exponentielle de température.

16.16

a) Par application des formules du cours :

$$\mathrm{R} = \frac{\mathrm{E}}{\Lambda \mathrm{S}} = 0{,}03\ \mathrm{K\cdot W^{-1}},\ r = \frac{\frac{\mathrm{E}}{3}}{\frac{\Lambda}{10}\mathrm{S}} = 0{,}10\ \mathrm{K\cdot W^{-1}}$$

b) Les résistances sont associées en série, la résistance équivalente est donc $\mathrm{R} + r = 0{,}13\ \mathrm{K\cdot W^{-1}}$ quelle que soit la position relative du mur et de l'isolant. Par application de la loi d'Ohm thermique :

$$\Phi = \frac{T_i - T_e}{\mathrm{R} + r} = 154\ \mathrm{W}$$

c) Si l'isolant est sur la face intérieure du mur, le dispositif est modélisé ainsi :

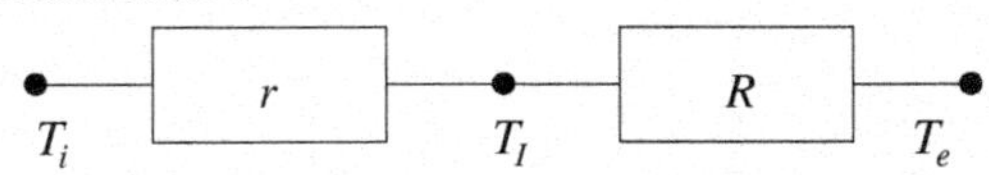

On peut appliquer la loi du diviseur de tension :

$$T_I - T_e = \frac{\mathrm{R}}{r + \mathrm{R}}\cdot(T_i - T_e)$$

$$\text{donc } T_I = T_e + \frac{\mathrm{R}}{r + \mathrm{R}}\cdot(T_i - T_e) = 274{,}6\ \mathrm{K}$$

De même, si l'isolant est à l'extérieur :

$$T_I = T_e + \frac{r}{r + \mathrm{R}}\cdot(T_i - T_e) = 285{,}4\ \mathrm{K}$$

d) En traitant l'équation de la chaleur en ordres de grandeur, en notant L la distance caractéristique de diffusion thermique et τ le temps caractéristique :

$$\mu c\frac{T}{\tau} \simeq \lambda\frac{T}{\mathrm{L}^2}$$

$$\text{donc } \tau \simeq \frac{\mathrm{L}^2\mu c}{\lambda}$$

Pour le mur ou pour l'isolant, L s'identifie à l'épaisseur et l'ordre de grandeur du temps d'établissement du régime permanent est 5τ. On en déduit les durées

$$\begin{cases} t_{mur} \simeq \frac{5E^2MC}{\Lambda} = 5{,}2 \text{ jours} \\ t_{isolant} \simeq \frac{5e^2\mu c}{\lambda} = 7 \text{ heures} \end{cases}$$

L'ordre de grandeur est le plus grand des deux, soit environ 5 jours. En régime permanent, la température dans le mur ou dans l'isolant est une fonction affine de x, abscisse mesurée perpendiculairement à la paroi : en notant les températures T_1 en $x = 0$ et T_2 en $x = L$,

$$T(x) = T_1 + (T_2 - T_1)\frac{x}{L}$$

La tranche $[x, x + dx]$, de capacité thermique $\mu Sc dx$ subit donc un échauffement $(T(x) - T_e)$, il reçoit donc une énergie thermique

$$\delta Q = \mu Sc\left((T_1 - T_e) + (T_2 - T_1)\frac{x}{L}\right)dx$$

En intégrant sur la largeur totale du mur, on obtient

$$Q = \mu SLc\frac{T_1 + T_2 - 2T_e}{2}$$

Dans le cas de l'isolant intérieur :

$$Q_{isolant} = \mu Sec\frac{290 + 274{,}6 - 2\cdot 270}{2} = 615 \text{ kJ}$$

$$Q_{mur} = MSEC\frac{274{,}6 + 270 - 2\cdot 270}{2} = 6{,}90 \text{ MJ}$$

$$\text{donc } Q = Q_{isolant} + Q_{mur} = 7{,}515 \text{ MJ}$$

Dans le cas de l'isolant extérieur :

$$Q_{isolant} = \mu Sec\frac{285{,}4 + 270 - 2\cdot 270}{2} = 385 \text{ kJ}$$

$$Q_{mur} = MSEC\frac{290 + 285{,}4 - 2\cdot 270}{2} = 53{,}1 \text{ MJ}$$

$$\text{donc } Q = Q_{isolant} + Q_{mur} = 53{,}485 \text{ MJ}$$

On dépense donc beaucoup plus d'énergie quand l'isolant est extérieur car il faut chauffer le mur à une température proche de celle de l'air intérieur. Mais une fois que ce mur est chaud, il offre une inertie thermique nettement plus importante, et les fluctuations de température à l'intérieur de la pièce à vivre seront nettement plus faibles que si l'isolant est à l'intérieur. De plus, sur une année complète de fonctionnement, le mur en hiver garde l'énergie thermique qu'il a accumulée pendant l'été, et il est très peu probable que les murs aient pu atteindre une température aussi froide (−2 °C) que celle initiale de l'énoncé. C'est pourquoi la tendance actuelle est l'isolation intérieure plutôt qu'extérieure (l'étude est analogue et révèle un effet climatiseur en été).

16.17

a) Le bilan thermique pour l'aliment s'écrit

$$C dT = \Phi \cdot dt \text{ soit } \Phi = C\frac{dT}{dt}$$

qui est l'exact analogue de la loi d'un condensateur en électricité. Le thermostat est l'équivalent d'un générateur de tension qui charge un condensateur à travers la résistance :

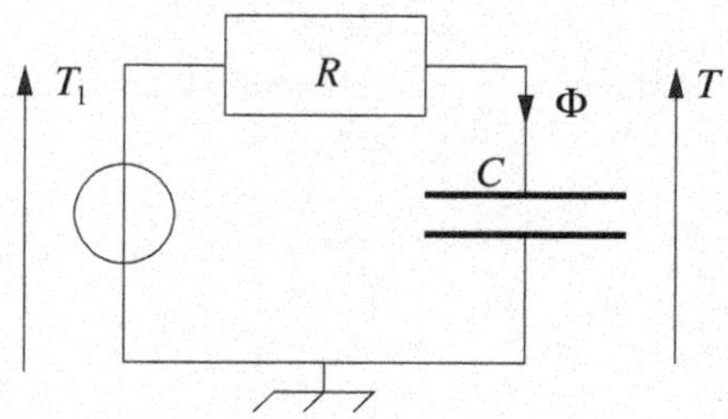

L'équation différentielle s'écrit donc

$$T_1 = R\Phi + T = RC\frac{dT}{dt} + T$$

En posant $\tau = RC$, cette équation différentielle du premier ordre s'intègre sans difficulté en

$$T(t) = T_1 + (T_0 - T_1)e^{-\frac{t}{\tau}}$$

b) Appliquons la première identité thermodynamique à l'aliment : $dU = -PdV + TdS$ donc $CdT = 0 + TdS$ et $dS = C\frac{dT}{T}$ qu'on intègre entre $T(0) = T_0$ et $T(\infty) = T_1$:

$$\Delta S_{al} = \int_{T_0}^{T_1} C\frac{dT}{T} = C\ln\frac{T_1}{T_0}$$

Or $\frac{T_1}{T_0} = 1 + \varepsilon$ donc on peut faire le développement limité $\ln(1+\varepsilon) \simeq \varepsilon - \frac{\varepsilon^2}{2}$ et

$$\Delta S_{al} \simeq C\left(\varepsilon - \frac{\varepsilon^2}{2}\right)$$

Le thermostat a une capacité thermique infinie et une variation de température nulle, on doit donc calculer sa variation d'énergie interne en appliquant le premier principe :

$$dU_{th} = \delta Q_{th} + \delta W_{th} = -\delta Q_{al} = -CdT$$

La première identité thermodynamique appliquée au thermostat donne donc

$$-CdT = T_1 dS_{th} \text{ donc } dS_{th} = -C\frac{dT}{T_1}$$

$$\text{donc } \Delta S_{th} = -C\frac{T_1 - T_0}{T_1}$$

$$\text{soit } \Delta S_{th} = C\left[\frac{1}{1+\varepsilon} - 1\right]$$

Le développement limité donne $\frac{1}{1+\varepsilon} \simeq 1 - \varepsilon + \varepsilon^2$ donc

$$\Delta S_{th} \simeq C\left(-\varepsilon + \varepsilon^2\right)$$

L'entropie est extensive donc pour le système tout entier :

$$\Delta S = \Delta S_{th} + \Delta S_{al} = \frac{C\varepsilon^2}{2}$$

Le système ne recevant pas d'énergie thermique de l'extérieur, le second principe s'écrit

$$\Delta S = 0 + S_{cr} \text{ donc } S_{cr} = \frac{C\varepsilon^2}{2} > 0$$

La transformation est donc irréversible.

16.18

a) En régime permanent, l'énergie thermique entrant en r est égale à celle sortant en $r + dr$, soit

$$2\pi r H j(r) = 2\pi(r + dr) H j(r + dr)$$

$$\text{donc } \frac{(r + dr) j(r + dr) - r j(r)}{dr} = 0$$

donc $\frac{d(r j(r))}{dr} = 0$. Par application de la loi de Fourier, $j(r) = -\lambda\frac{dT}{dr}$ donc $T(r)$ vérifie l'équation différentielle

$$\frac{d}{dr}\left[r\frac{dT}{dr}\right] = 0$$

b) En primitivant deux fois, on en déduit :

$$r\frac{dT}{dr} = A \text{ donc } \frac{dT}{dr} = \frac{A}{r}$$

$$\text{donc } T(r) = A\ln r + B$$

Les conditions aux limites donnent

$$\begin{cases} A\ln a_1 + B = T_1 \\ A\ln a_2 + B = T_2 \end{cases} \text{ donc } \begin{cases} A = \frac{T_2 - T_1}{\ln \frac{a_2}{a_1}} \\ B = \frac{T_1 \ln a_2 - T_2 \ln a_1}{\ln a_2 - \ln a_1} \end{cases}$$

On en déduit $j(r) = -\lambda\frac{A}{r} = (T_1 - T_2)\frac{\lambda}{r\ln\frac{a_2}{a_1}}$.

c) Le flux thermique à travers le cylindre de rayon r est

$$\Phi(r) = 2\pi r H j(r) = (T_1 - T_2)\frac{2\pi H\lambda}{\ln\frac{a_2}{a_1}}$$

Il est bien indépendant de r et on peut écrire la loi d'Ohm thermique :

$$T_1 - T_2 = \frac{\ln\frac{a_2}{a_1}}{2\pi H\lambda}\Phi$$

et la résistance thermique cylindrique est donc $R_{cyl} = \frac{\ln\frac{a_2}{a_1}}{2\pi H\lambda}$.

d) Le développement limité du logarithme donne

$$\ln\frac{a_2}{a_1} = \ln\left(1 + \frac{\varepsilon}{a_1}\right) \simeq \frac{\varepsilon}{a_1}$$

$$\text{donc } R_{cyl} \simeq \frac{\varepsilon}{2\pi a_1 H\lambda}$$

On reconnaît au numérateur l'épaisseur ε de la paroi et au dénominateur la surface intérieure $S_1 = 2\pi a_1 H$ donc on retrouve l'expression unidirectionnelle $R_{cyl} \simeq \frac{\varepsilon}{\lambda S_1}$.

16.19

À l'instant t, le système est formé d'une couche de glace d'épaisseur $b(t)$ et de surface S surmontant une colonne d'eau liquide à 0 °C de hauteur $B - b(t)$. Le processus est certainement lent (on le vérifiera à la fin) et on peut considérer qu'on est en régime quasi stationnaire, on peut donc appliquer le modèle des résistances thermiques pour la couche de glace. Sa résistance est

$$R_{th} = \frac{b(t)}{\lambda_g S}$$

Le flux thermique traversant cette courche est dirigé de l'eau vers l'air extérieur, l'écart thermique est de 10 °C donc de 10 K et $\Phi = \frac{10}{R_{th}}$. Pendant une durée dt, la quantité d'énergie thermique $\delta Q = \Phi \cdot dt$ quitte donc l'eau liquide, ce qui provoque le gel d'une couche supplémentaire de glace (à l'interface eau-glace) d'épaisseur db. On suppose que la transformation se fait à pression constante et le premier principe enthalpique appliqué à cette couche d'eau qui gèle s'écrit $dH = -\delta Q$, soit

$$\mu_e S db \cdot h_{gel} = -10\frac{\lambda_g S}{b(t)}dt$$

Or $h_{gel} = -h_{fus}$ donc b vérifie l'équation différentielle

$$b \cdot db = \frac{10\lambda_g}{\mu_e h_{fus}}dt$$

On intègre cette équation à variables séparables entre $t = 0$ et $t = \tau$ à droite et entre $b = 0$ et $b = B$ à gauche :

$$\left[\frac{b^2}{2}\right]_0^B = \frac{10\lambda_g}{\mu_e h_{fus}}[t]_0^\tau$$

$$\text{donc } \frac{B^2}{2} = \frac{10\lambda_g}{\mu_e h_{fus}}\tau$$

et $\tau = \frac{\mu_e h_{fus} B^2}{20\lambda_g} = 17{,}9 \cdot 10^6$ s, soit environ 200 jours. Il est donc impossible de constater le gel complet de l'eau d'un tel puits dans un pays tempéré, où 200 jours de gel à −10 °C ne sont jamais observés.

Septième partie

Chimie

Chapitre 17

Thermochimie

Thèmes abordés dans les exercices

- Écriture algébrique d'un équilibre chimique.
- Grandeur de réaction.
- Enthalpie standard de formation.
- Entropie molaire standard.
- Loi de Hess.
- Température de flamme adiabatique.
- Constante d'équilibre.
- Quotient de réaction.
- Loi d'action de masse.
- Combinaison linéaire d'équilibres chimiques.
- Réactions d'oxydoréduction.
- Formule de Nernst.
- Relation et loi de Van 't Hoff.
- Loi de modération de Le Châtelier.
- Déplacement d'équilibre.

Points essentiels du cours pour la résolution des exercices

- Calculer l'enthalpie et l'entropie standard de réaction à partir de valeurs tabulées.
- Calculer une température de flamme adiabatique.
- Calculer une constante d'équilibre.
- Calculer la constante d'équilibre d'une réaction composée.
- Calculer la constante d'équilibre d'une réaction d'oxydoréduction.
- Déterminer l'état final à partir de la constante d'équilibre.
- Étudier l'effet d'une variation de température sur un équilibre.
- Étudier le déplacement d'un équilibre.

Les méthodes à retenir

Calculer l'enthalpie et l'entropie standard de réaction à partir de valeurs tabulées.

Avoir des bases saines en thermochimie nécessite de différencier

- l'**enthalpie standard de formation** $\Delta_f H^0$ en $J \cdot mol^{-1}$, l'**enthalpie standard de réaction** $\Delta_r H^0$ en $J \cdot mol^{-1}$, et la variation d'enthalpie ΔH en J ;
- l'**entropie molaire standard** S_m^0 en $J \cdot K^{-1} \cdot mol^{-1}$, l'**entropie standard de réaction** $\Delta_r S^0$ en $J \cdot K^{-1} \cdot mol^{-1}$, et la variation d'entropie ΔS en $J \cdot K^{-1}$.

On calcule les grandeurs de réaction à partir des **coefficients stœchiométriques** : pour une réaction chimique qui s'écrit sous forme algébrique $0 = \sum_i a_i X_i$ (les coefficients a_i sont positifs pour les produits, négatifs pour les réactifs), alors la **loi de Hess** s'écrit

$$\begin{cases} \Delta_r H^0 = \sum_i a_i \Delta_f H_i^0 \\ \Delta_r S^0 = \sum_i a_i S_{i\,m}^{\,0} \end{cases}$$

Ces grandeurs de réaction sont molaires, rapportées à la variation de l'avancement d'une mole. Deux remarques peuvent être exprimées.

a) Si une enthalpie standard de formation semble manquer dans les données, c'est sans doute que le produit ou le réactif est un corps pur dans l'état de référence, et que son enthalpie standard de formation est nulle.

b) On obtient un bon ordre de grandeur de l'entropie standard de réaction en multipliant $200\ J \cdot K^{-1} \cdot mol^{-1}$ par la variation des coefficients des éléments en phase gazeuse.

Lorsque la réaction a lieu, il y a variation de l'avancement, entre l'état initial (ξ_I, presque toujours nul) et l'état final (ξ_F) et les variations d'enthalpie et d'entropie du système s'expriment ainsi :

$$\begin{cases} \Delta H = (\xi_F - \xi_I) \cdot \Delta_r H^0 \\ \Delta S = (\xi_F - \xi_I) \cdot \Delta_r S^0 \end{cases}$$

Exemple :

On étudie la synthèse de l'éthanol :

$$C_2H_4(g) + H_2O(g) = C_2H_6O(g)$$

Les données sont

	$C_2H_4(g)$	$H_2O(g)$	$C_2H_6O(g)$
$\Delta_f H^0$ ($kJ \cdot mol^{-1}$)	52,5	−241,8	−235,1
S_m^0 ($J \cdot K^{-1} \cdot mol^{-1}$)	219,6	188,7	282,7

Les grandeurs standard de réaction sont

$$\begin{cases} \Delta_r H^0 = -235,1 - 52,5 + 241,8 = -45,8 \text{ kJ} \cdot \text{mol}^{-1} \\ \Delta_r S^0 = 282,7 - 219,6 - 188,7 = -125,6 \text{ J} \cdot \text{K}^{-1} \cdot \text{mol}^{-1} \end{cases}$$

On introduit dans une enceinte $n = 10$ mol d'éthène et $n = 10$ mol d'eau à l'état gazeux.
Si la réaction était totale, l'avancement final serait égal à l'avancement maximal $\xi_f = 10$ mol. Si la réaction est équilibrée, l'avancement final vaut $\xi_f = \alpha \cdot 10$ avec $0 \leq \alpha \leq 1$ et

$$\begin{cases} \Delta H = -(\alpha - 1) \cdot 450 \cdot 10^3 \\ \Delta S = -(\alpha - 1) \cdot 1,256 \cdot 10^3 \end{cases}$$

↪ **Exercice 17.1.**

Calculer une température de flamme adiabatique.

Cet exercice extrêmement classique se ramène à un exercice d'algèbre si on respecte scrupuleusement la méthode suivante.
(a) Dans l'état initial, on introduit dans une enceinte un mélange réactionnel et d'éventuels corps spectateurs dans des états physiques donnés. On dresse un tableau complet de l'**état initial** (I) indiquant les quantités de matière et les états physiques (solide, liquide ou gaz) de tous les constituants ainsi que l'avancement initial ξ_I (presque toujours nul) et la température initiale T_I.

n_{1I} mol de X_1 (s, l ou g) n_{2I} mol de X_2 (s, l ou g) …
m_1 mol de Y_1 (spectateur) …
$\xi_I = 0$ $T_I = 298$ K

(b) On dresse un tableau d'avancement, on calcule l'avancement final (égal à l'avancement maximal si la réaction est totale, ou l'avancement à l'équilibre si la réaction n'est pas totale) et on détermine l'état final en calculant les quantités de matière des produits et réactifs

$$n_{iF} = n_{iI} + a_i \cdot (\xi_F - \xi_I)$$

Les quantités de matière des corps spectateurs ne varient évidemment pas.

(c) On dresse un tableau complet de l'**état final** (F) indiquant les quantités de matière et les états physiques (solide, liquide ou gaz) de tous les constituants dans l'état final ainsi que l'avancement final ξ_F et la température finale T_F.

n_{1F} mol de X_1 (s, l ou g) n_{2F} mol de X_2 (s, l ou g) …
m_1 mol de Y_1 (spectateur) …
ξ_F calculé T_F inconnue

(d) La transformation étant **isobare et adiabatique**

$$\Delta H = 0$$

L'enthalpie étant une fonction d'état, on peut **décomposer** la transformation en plusieurs étapes. Dans le cas le plus simple qui est aussi le plus fréquent, on opère successivement :

- la réaction chimique à la température initiale de 298 K ;
- l'échauffement isobare du mélange réactionnel après réaction.

On dresse un tableau complet décrivant l'**état intermédiaire** (M)

n_{1F} mol de X_1 (s, l ou g) n_{2F} mol de X_2 (s, l ou g) …
m_1 mol de Y_1 (spectateur) …
ξ_F calculé $T_I = 298$ K

(e) La **température de flamme adiabatique** T_F est la solution de l'équation algébrique

$$\Delta H_{IM} + \Delta H_{MF} = \Delta H = 0 \text{ soit}$$

$$(\xi_F - \xi_I)\Delta_r H^0(298\text{ K}) + \left[\sum_i n_{iF} C_{p,m_i} + \sum_j m_j C_{p,m_j}\right](T_F - T_I) = 0$$

Le calcul peut être étoffé

- dans le cas où l'enthalpie standard de réaction n'est pas donnée à la température initiale de 298 K (on doit alors ajouter une étape de préchauffage du mélange initial) ;
- et dans le cas où certains corps subissent, entre T_I et T_F, un changement d'état (on doit ajouter un terme d'enthalpie de changement d'état, et distinguer la capacité thermique dans un état et dans un autre lors des échauffements).

Exemple :

On donne :

produit	$O_{2(g)}$	$N_{2(g)}$	$SO_{2(g)}$	$SO_{3(g)}$
$C^0_{p,m}$ ($J \cdot K \cdot mol^{-1}$)	29,4	29,1	51,1	76,6

On considère la réaction d'oxydation du dioxyde de soufre, supposée totale :

$$2SO_{2(g)} + O_{2(g)} = 2SO_{3(g)}$$

dont l'enthalpie standard de réaction à 298 K vaut $\Delta_r H^0 = -197{,}6\ kJ \cdot mol^{-1}$. La réaction se fait dans un réacteur adiabatique et isobare dans lequel on introduit 1 mole de SO_2 et 4 moles d'air constitué de 20 % de O_2 et 80 % de N_2, le tout à 298 K.
On dresse le tableau d'avancement de la réaction.

(mol)	$2SO_2(g)+$	$O_2(g) \rightarrow$	$2SO_3(g)$	$(N_2(g))$
initial	1,00	0,80	0	3,20
date t	$1{,}00 - 2\xi$	$0{,}80 - \xi$	2ξ	3,20
$\xi_f = 0{,}5$	0	0,30	1,00	3,20

On peut ainsi décrire l'état initial I, l'état intermédiaire M et l'état final F.

I	M	F
$1{,}0\ SO_2$ $0{,}8\ O_2$	$0{,}3\ O_2$ $1{,}0\ SO_3$	$0{,}3\ O_2$ $1{,}0\ SO_3$
$3{,}2\ N_2$	$3{,}2\ N_2$	$3{,}2\ N_2$
$\xi_I = 0$ $T_I = 298$ K	$\xi_F = 0{,}5$ $T_I = 298$ K	$\xi_F = 0{,}5$ T_F ?

L'enthalpie est une fonction d'état. On peut donc décomposer la transformation.
• Oxydation à la température $T_0 = 298$ K :

$$\Delta H_{IM} = (\xi_F - \xi_I) \cdot \Delta_r H^0 = -98{,}8 \cdot 10^3\ J$$

• Échauffement isobare du mélange final de $T_I = 298$ K à la température finale T_F :

$$\Delta H_{MF} = \left[0{,}3C^0_{p,m}(O_2) + 1{,}0C^0_{p,m}(SO_3) + 3{,}2C^0_{p,m}(N_2)\right](T_F - T_I)$$

$$\Delta H_{MF} = 178{,}54\,(T_F - T_I)$$

La réaction d'oxydation est isobare et adiabatique donc

$$\Delta H = 0 \text{ soit } \Delta H_{IM} + \Delta H_{MF} = 0$$

$$\text{donc } T_F = T_I + \frac{98,8 \cdot 10^3}{178,54} = 851 \text{ K}$$

↪ **Exercices 17.2, 17.3.**

Calculer une constante d'équilibre.

Il existe deux méthodes de calcul d'une **constante d'équilibre**.
(a) **À partir des grandeurs standard de réaction**. On calcule l'**enthalpie libre standard de réaction**

$$\Delta_r G^0(T) = \Delta_r H^0 - T\Delta_r S^0$$

en supposant, selon l'**approximation d'Ellingham**, que l'enthalpie et l'entropie de réaction ne dépendent pas de la température. On en déduit

$$K^0 = e^{-\frac{\Delta_r G^0(T)}{RT}}$$

(b) **À partir de la relation de Van 't Hoff**. On intégre la relation de Van 't Hoff

$$\frac{d \ln K^0(T)}{dT} = \frac{\Delta_r H^0}{RT^2}$$

entre deux températures, T_1 à laquelle on connaît la constante d'équilibre, et T_2 à laquelle on la cherche

$$\left[\ln K^0(T)\right]_{T_1}^{T_2} = \left[\frac{-\Delta_r H^0}{RT}\right]_{T_1}^{T_2}$$

Exemple :

Dans la synthèse de l'éthanol :

$$C_2H_4(g) + H_2O(g) = C_2H_6O(g)$$

on a calculé dans un exemple précédent de ce chapitre les valeurs des grandeurs standard

$$\begin{cases} \Delta_r H^0 = -235,1 - 52,5 + 241,8 = -45,8 \text{ kJ} \cdot \text{mol}^{-1} \\ \Delta_r S^0 = 282,7 - 219,6 - 188,7 = -125,6 \text{ J} \cdot \text{K}^{-1} \cdot \text{mol}^{-1} \end{cases}$$

(a) On en déduit la constante d'équilibre à $T_1 = 298$ K

$$\begin{cases} \Delta_r G^0(298) = \Delta_r H^0 - 298 \cdot \Delta_r S^0 = -8,371 \text{ kJ} \cdot \text{mol}^{-1} \\ K^0(298) = e^{-\frac{\Delta_r G^0}{R \cdot 298}} = 29,3 \end{cases}$$

(b) On peut ensuite calculer la constante à 400 K, connaissant celle à 298 K par intégration de la relation de Van 't Hoff

$$\ln \frac{K^0(400)}{K^0(298)} = -\frac{\Delta_r H^0}{R}\left[\frac{1}{400} - \frac{1}{298}\right]$$

$$\text{donc } K^0(400) = K^0(298)e^{-4,71} = 0,263$$

↪ **Exercices 17.4, 17.5, 17.6, 17.7.**

Calculer la constante d'équilibre d'une réaction composée.

Une réaction chimique dite **composée** peut être la combinaison linéaire de réactions fondamentales. Il en est ainsi pour les réactions entre un acide et une base et pour tous les cas de **compétition** entre les réactions acido-basiques, précipitation-dissolution, oxydation-réduction. On peut exprimer la constante d'équilibre de la réaction composée connaissant celles des réactions fondamentales.

Considérons un équilibre (E) combinaison linéaire des équilibres (E_1) de constante K_1^0 et (E_2) de constante K_2^0 :

$$(E) = \alpha_1(E_1) + \alpha_2(E_2)$$

Les deux méthodes de calcul suivantes.

a) L'enthalpie libre standard de réaction de (E) est combinaison linéaire de celles des deux réactions

$$\Delta_r G^0 = \alpha_1 \Delta_r G_1^0 + \alpha_2 \Delta_r G_2^0$$

On en déduit

$$K^0 = e^{-\frac{\Delta_r G^0}{RT}}$$

b) En exprimant chaque constante d'équilibre comme le quotient de réaction à l'équilibre, on distingue dans l'expression de K^0 une combinaison multiplicative des deux constantes

$$K^0 = K_1^{0\,\alpha_1} \times K_2^{0\,\alpha_2}$$

Exemple :

La réaction acido-basique entre l'ammoniaque et l'acide propanoïque est une combinaison des réactions fondamentales suivantes

$$\begin{cases} (E_1)\ :\ NH_4^+(aq) + H_2O = NH_3(aq) + H_3O^+(aq) \\ (E_2)\ :\ C_3H_6O_2(aq) + H_2O = C_3H_5O_2^-(aq) + H_3O^+(aq) \end{cases}$$

dont les constantes d'équilibre respectives à 298 K sont les constantes d'acidité $K_{A_1} = 10^{-9,24}$ et $K_{A_2} = 10^{-4,87}$ et dont les enthalpies libres standard respectives à T = 298 K sont

$$\begin{cases} \Delta_r G_1^0 = -RT \ln K_{A_1} = 52,71\ kJ \cdot mol^{-1} \\ \Delta_r G_2^0 = -RT \ln K_{A_2} = 27,78\ kJ \cdot mol^{-1} \end{cases}$$

La réaction composée est

$$(E)\ :\ NH_3(aq) + C_3H_6O_2(aq) = NH_4^+(aq) + C_3H_5O_2^-(aq)$$

$$\text{soit } (E) = -(E_1) + (E_2)$$

a) La combinaison linéaire des enthalpies libres de réaction est la même que celle des équations :

$$\Delta_r G^0 = -\Delta_r G_1^0 + \Delta_r G_2^0 = 24,93\ kJ \cdot mol^{-1}$$

$$\text{donc } K^0 = e^{-\frac{\Delta_r G^0}{RT}} = 4,27 \cdot 10^{-5} = 10^{-4,37}$$

b) La constante d'équilibre est égale à l'avancement à l'équilibre

$$K^0 = \frac{[C_3H_5O_2^-]_{eq}[NH_4^+]_{eq}}{[NH_3]_{eq}[C_3H_6O_2]_{eq}} \text{ soit}$$

$$K^0 = \frac{[C_3H_5O_2^-]_{eq}[H_3O^+]_{eq}}{[C_3H_6O_2]_{eq}} \times \frac{[NH_4^+]_{eq}}{[NH_3]_{eq}[H_3O^+]_{eq}}$$

$$\text{or } K_{A_1} = \frac{[NH_3]_{eq}[H_3O^+]_{eq}}{[NH_4^+]_{eq}} \text{ et } K_{A_2} = \frac{[C_3H_5O_2^-]_{eq}[H_3O^+]_{eq}}{[C_3H_6O_2]_{eq}}$$

$$\text{donc } K_0 = \frac{K_{A_2}}{K_{A_1}} = 10^{-4,87+9,24} = 10^{4,37}$$

On remarque que $pK_0 = -\log K_0 = pK_{A_2} - pK_{A_1}$.

⟶ **Exercices 17.8, 17.9.**

Calculer la constante d'équilibre d'une réaction d'oxydoréduction.

L'enthalpie libre standard de réaction de la demi-équation rédox est proportionnelle au potentiel standard

$$\text{Red} = \text{Ox} + \text{ne}^- \ : \ \Delta_r G^0 = n\mathscr{F}E^0$$

où n est le nombre d'électrons cédés et $\mathscr{F}$ le Faraday

$$\mathscr{F} = \mathscr{N}_A \cdot e \simeq 96\,500\ \text{C} \cdot \text{mol}^{-1}$$

Un cas particulier important du paragraphe précédent est celui de la réaction d'oxydoréduction, combinaison linéaire des deux demi-équations rédox qu'on écrit sous forme synthétique

$$\begin{array}{rcll} Red_1 & = & Ox_1 + n_1 e^- & \times(n_2) \\ Ox_2 + n_2 e^- & = & Red_2 & \times(n_1) \\ \hline n_2 Red_1 + n_1 Ox_2 & = & n_2 Ox_1 + n_1 Red_2 & \end{array}$$

L'équation-bilan est une combinaison linéaire des deux demi-équations ; son enthalpie standard de réaction est donc elle-même la combinaison linéaire :

$$\Delta_r G^0 = n_2 \Delta_r G_1^0 + n_1 \Delta_r G_2^0 = n_2\left[n_1 \mathscr{F} E_1^0\right] + n_1\left[-n_2 \mathscr{F} E_2^0\right] = n\mathscr{F}(E_1^0 - E_2^0)$$

où $n = n_1 n_2$ est le nombre total d'électrons échangés. On en déduit

$$K^0 = e^{-\frac{\Delta_r G^0}{RT}} = e^{-\frac{n\mathscr{F}\cdot(E_1^0 - E_2^0)}{RT}} \simeq 10^{-n\frac{E_1^0 - E_2^0}{0{,}059}}$$

en prenant T = 298 K.

Exemple :

Voici les potentiels standard des couples de l'aluminium et du cuivre :

$$\begin{cases} E_1^0 = E^0(Al^{3+}(aq)/Al(s)) = -1{,}66\ \text{V} \\ E_2^0 = E^0(Cu^{2+}(aq)/Cu(s)) = 0{,}34\ \text{V} \end{cases}$$

La règle du gamma indique qu'une réaction quantitative se produit entre le plus fort oxydant Cu^{2+} et le plus fort réducteur Al.

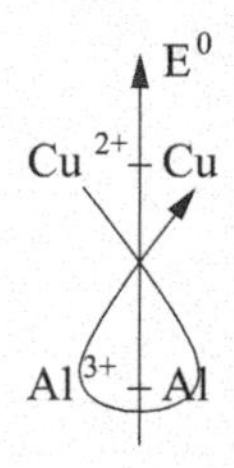

On écrit donc la réaction rédox par combinaison linéaire des deux demi-équations

$$\begin{array}{rcll} Al(s) & = & Al^{3+}(aq) + 3e^- & \times 2 \\ Cu^{2+}(aq) + 2e^- & = & Cu(s) & \times 3 \\ \hline 3Cu^{2+}(aq) + 2Al(s) & = & 3Cu(s) + 2Al^{3+}(aq) & \end{array}$$

La constante d'équilibre de la réaction est

$$K^0 = \frac{[Al^{3+}]^2}{[Cu^{2+}]^3}$$

À l'équilibre, il y a égalité des potentiels de Nernst (exprimés ici à 298 K) des deux couples

$$E_1^0 + \frac{0,059}{2}\log\frac{[Cu^{2+}]}{1} = E_2^0 + \frac{0,059}{3}\log\frac{[Al^{3+}]}{1}$$

$$\text{soit } E_1^0 + \frac{0,059}{6}\log[Cu^{2+}]^3 = E_2^0 + \frac{0,059}{6}\log[Al^{3+}]^2$$

$$\text{donc } \frac{6(E_1^0 - E_2^0)}{0,059} = \log\frac{[Al^{3+}]^2}{[Cu^{2+}]^3}$$

et on obtient bien l'expression de la constante d'équilibre donnée plus haut

$$K^0 = 10^{\frac{6(E_1^0 - E_2^0)}{0,059}} = 10^{33,9}$$

La valeur prouve que la réaction est totale.

↪ **Exercices 17.10, 17.11, 17.12.**

Déterminer l'état final à partir de la constante d'équilibre.

Connaissant les quantités de matière initiales des différents corps (réactifs et/ou produits), les propriétés physiques du système (pression, volume, température) et la valeur de la constante de réaction dans les conditions de la réaction, on cherche à déterminer l'état final, c'est-à-dire les quantités de matière dans l'état final.
La loi d'évolution ou **loi d'action de masse** énonce que le quotient de réaction tend vers la constante d'équilibre. À l'équilibre

$$(EQ) : Q_r = K^0(T)$$

Voici les trois cas qu'on peut rencontrer.

a) La relation (EQ) donne une équation à une inconnue, l'avancement final ξ_F, et une de ses solutions conduit à un état final dans lequel toutes les quantités de matière finales sont positives ou nulles. L'état final est un **état d'équilibre**.

b) Si la ou les solutions ξ_{EQ} de (EQ) conduisent toutes à un tableau d'avancement final avec une valeur négative de l'un des constituants, alors l'état final **n'est pas un état d'équilibre**. Il y a disparition du constituant en question, on en déduit l'avancement final et les quantités finales de tous les autres constituants.

c) Dans le cas particulier où la constante d'équilibre est supérieure à la valeur conventionnelle de 10^4, on peut considérer que **la réaction est totale**. Il y a disparition du (ou des) réactif(s) limitant(s). L'avancement final est égal à l'avancement maximal. On en déduit le tableau d'avancement final, en notant ε la quantité résiduelle de réactif limitant. On peut calculer ε grâce en considérant que c'est l'inconnue de l'équation (EQ).

Exemple :

On considère la réaction de dismutation :

$$4\,CuO(s) \;=\; 2\,Cu_2O(s) \;+\; O_2(g)$$

La constante d'équilibre vaut

$$K^0(1\,000\,°C) = 0,122$$

(a) Dans une enceinte initialement vide de volume $V = 10,0 \cdot 10^{-3}\,m^3$, on introduit 0,100 mol de CuO, 0,010 mol de Cu_2O et $n_a = 0,010$ mol de O_2. On maintient l'enceinte à 1000 °C et on cherche l'état final. Dressons le tableau d'avancement

mol	$4CuO(s) =$	$2Cu_2O(s)+$	$O_2(g)$
initial	$0,100$	$0,010$	$0,010$
date t	$0,100-4\xi$	$0,010+2\xi$	$0,010+\xi$
final	$0,100-4\xi_F$	$0,010+2\xi_F$	$0,010+\xi_F$

À l'équilibre, $(Q_r)_{eq} = K^0(1273)$ donc

$$P_{O_2} = 0,122\ P^0 = 12\,200\ \text{Pa}$$

Par application de la loi des gaz parfaits :

$$0,010 + \xi_F = \frac{P_{O_2}V}{RT} = 0,0115 \text{ donc } \xi_F = 1,5 \text{ mmol}$$

On en déduit les quantités finales : $n_F(CuO) = 94$ mmol, $n_F(Cu_2O) = 13,0$ mmol et $n_F(O_2) = 11,5$ mmol.
(b) Prenons une quantité initiale de O_2 est $n_b = 0,020$ mol. Le tableau d'avancement est alors

mol	$4CuO(s) =$	$2Cu_2O(s)+$	$O_2(g)$
initial	$0,100$	$0,010$	$0,020$
date t	$0,100 - 4\xi$	$0,010 + 2\xi$	$0,020 + \xi$
final	$0,100 - 4\xi_F$	$0,010 + 2\xi_F$	$0,020 + \xi_F$

À l'équilibre, $(Q_r)_{eq} = K$ donc

$$P_{O_2} = 0,122\ P^0 = 12\,200\ \text{Pa}$$

Par application de la loi des gaz parfaits :

$$0,010 + \xi_F = \frac{P_{O_2}V}{RT} = 0,0115 \text{ donc } \xi_F = -8,5 \text{ mmol}$$

Cette valeur est négative, ce qui indique une évolution dans le sens rétrograde. Mais pour $\xi_F = -8,5$ mmol, le tableau d'avancement indique que la quantité restante de $Cu_2O(s)$ serait négative $(0,010 + 2\xi_F = -0,007)$, ce qui est impossible. L'équilibre ne peut pas être atteint, l'oxyde de cuivre Cu_2O est donc en défaut et disparaît complètement, donc $\xi_F = 5$ mmol. On en déduit les quantités finales $n_F(CuO) = 110$ mmol, $n_F(Cu_2O) = 0$ mmol et $n_F(O_2) = 15$ mmol.
(c) La réaction suivante a pour constante d'équilibre, dans les conditions de l'expérience, $K^0 = 10^{12,3}$

$$Cu^{2+}(aq) + 4\,NH_3(aq) = Cu(NH_3)_4^{2+}(aq)$$

On introduit dans un bécher des quantités d'ions cuivre (II) et d'ammoniaque avec les concentrations initiales

$$\begin{cases} [Cu^{2+}(aq)]_I = 1,0 \cdot 10^{-3}\ \text{mol} \cdot L^{-1} \\ [NH_3(aq)]_I = 10,0 \cdot 10^{-3}\ \text{mol} \cdot L^{-1} \end{cases}$$

Voici le tableau d'avancement en concentration

$mmol \cdot L^{-1}$	Cu^{2+} +	$4NH_3$	$= Cu(NH_3)_4^{2+}$
initial	1,0	10,0	0
date t	$1,0 - x$	$10 - 4x$	x
$x_F = x_{max} = 1$	ε	6,0	1,0

À l'équilibre

$$Q_r = K^0 \Leftrightarrow \frac{1,0 \cdot 10^{-3}}{\varepsilon \times 6,0 \cdot 10^{-3}} = 10^{12,3}$$

$$\text{donc } \varepsilon = 8,4 \cdot 10^{-14} \text{ mol} \cdot L^{-1}$$

↪ **Exercices 17.13, 17.14.**

Étudier l'effet d'une variation de température sur un équilibre.

À partir d'un équilibre chimique, on cherche à prévoir l'effet d'une variation de température sur l'évolution du système.
À l'équilibre, il y a égalité $Q_r = K^0(T)$. La relation de Van 't Hoff

$$\frac{d \ln K^0(T)}{dT} = \frac{\Delta_r H^0}{RT^2}$$

indique qu'une variation de T entraîne une variation de K^0 et provoque une **rupture d'équilibre**. Le système va donc évoluer dans le sens qui permet à Q_r de rejoindre la nouvelle valeur de K^0.

• Si $\Delta_r H^0 > 0$, $K^0(T)$ est une fonction croissante de T.

a) Si T augmente, K^0 augmente, devient supérieure à Q_r. Q_r doit donc augmenter, la réaction évolue dans le sens direct. Ceci est conforme à la **loi de Van 't Hoff** : la réaction étant **endothermique**, elle évolue dans le sens direct afin de consommer de l'énergie thermique et s'opposer ainsi à l'augmentation de T.

b) Si T diminue, K^0 diminue, devient inférieure à Q_r. Q_r doit donc diminuer, la réaction évolue dans le sens indirect. Ceci est conforme à la loi de Van 't Hoff : la réaction étant endothermique, elle évolue dans le sens indirect afin de produire de l'énergie thermique et s'opposer ainsi à la diminution de T.

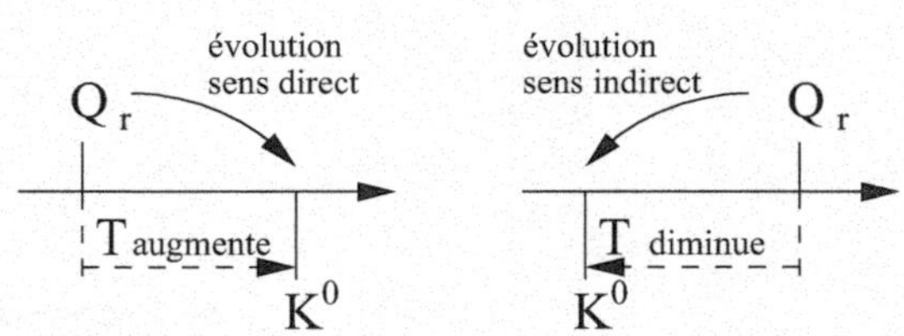

• Si $\Delta_r H^0 < 0$, $K^0(T)$ est une fonction décroissante de T.

a) Si T augmente, K^0 diminue, devient inférieure à Q_r. Q_r doit donc diminuer, la réaction évolue dans le sens indirect. Ceci est conforme à la loi de Van 't Hoff : la réaction étant **exothermique**, elle évolue dans le sens indirect afin de consommer de l'énergie thermique et s'opposer ainsi à l'augmentation de T.

b) Si T diminue, K^0 augmente, devient supérieure à Q_r. Q_r doit donc augmenter, la réaction évolue dans le sens direct. Ceci est conforme à la loi de Van 't Hoff : la réaction étant exothermique, elle évolue dans le sens direct afin de produire de l'énergie thermique et s'opposer ainsi à la diminution de T.

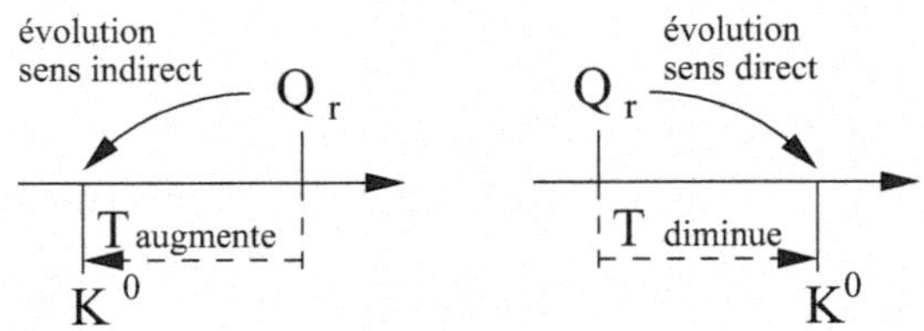

Exemple :

La synthèse de l'éthanol :

$$C_2H_4(g) + H_2O(g) = C_2H_6O(g)$$

est exothermique : $\Delta_r H^0 = -45,8\ \text{kJ}\cdot\text{mol}^{-1}$. Sa constante d'équilibre à 400 K a été calculée dans un exemple précédent de ce chapitre les valeurs des grandeurs standard : $K^0(400) = 0,263$. On introduit 1,0 mol de chaque réactif dans un réacteur maintenu à la pression atmosphérique $P = P_0$ et à la température constante T = 400 K. Voici le tableau d'avancement.

mol	$C_2H_4(g)+$	$H_2O(g) =$	$C_2H_6O(g)$	gaz
initial	1,0	1,0	0	2,0
date t	$1,0-x$	$1,0-x$	x	$2,0-x$
final	$1,0-x_F$	$1,0-x_F$	x_F	$2,0-x_F$

À l'équilibre, $(Q_r)_{eq} = K$ donc

$$\frac{\frac{x}{2-x}\cdot\frac{P}{P_0}}{\left(\frac{1-x}{2-x}\cdot\frac{P}{P_0}\right)^2} = 0,263 \text{ soit } 1,263x^2 - 2,526x + 0,263 = 0$$

$$\text{donc } x = 0,1102 \text{ ou } x = 1,8898$$

La seconde solution est supérieure à la quantité de réactif, on garde donc $x_F = 0,1102$. On en déduit les quantités finales $n_F(C_2H_4) = 0,8898$ mol, $n_F(H_2O) = 0,8898$ mmol et $n_F(C_2H_6O) = 0,1102$ mmol.
Étudions qualitativement l'effet d'une augmentation de la température de $\delta T = +10$ K. À l'équilibre à 400 K, $Q_r = \Delta_r H^0 = 0,263$. Or $\Delta_r H^0 < 0$, donc d'après la relation de Van 't Hoff, K^0 est une fonction décroissante de T. K^0 va donc diminuer et $K^0(410) < K^0(400)$ soit $K^0(410) < 0,263$. On a donc

$$Q_r = 0,263 > K^0(410)$$

La réaction va donc évoluer dans le sens **indirect.** Ceci est conforme à la loi de Van 't Hoff : pour s'opposer à l'augmentation de température, le système évolue dans le sens endothermique, c'est-à-dire dans le sens indirect car elle est exothermique.
Ceci est confirmé par le calcul de l'état final à 410 K : $K^0(410) = 0,1878$ et $n'_F(C_2H_4) = 0,9175$ mol, $n'_F(H_2O) = 0,9175$ mmol et $n'_F(C_2H_6O) = 0,0825$ mmol.

↪ **Exercice 17.15.**

Étudier le déplacement d'équilibre

La loi de Van 't Hoff énoncée dans le paragraphe précédent est une loi de modération, qui peut être généralisée : le système évolue dans le sens qui tend à s'opposer à la modification aportée. Voici les principaux cas rencontrés.

a) Une variation de température à pression constante provoque une variation de K^0 à Q_r constant et le système évolue dans le sens endothermique si T augmente, dans le sens exothermique si T diminue (loi de Van 't Hoff, voir paragraphe précédent).

b) Une variation de pression à température constante provoque une variation de Q_r à K^0 constant et le système évolue dans le sens qui tend à diminuer le nombre de moles gazeuses si P augmente, dans le sens qui tend à augmenter le nombre de moles gazeuses si P diminue : c'est la **loi de modération de Le Châtelier**

c) Il est aussi possible d'étudier l'effet d'un autre paramètre sur un équilibre chimique en étudiant mathématiquement la variation de Q_r ou celle de $K^0(T)$ avec le paramètre modifié. On peut ainsi être amené à étudier le signe (voire la valeur) de la dérivée de Q_r ou de K^0 par rapport à ce paramètre.

Exemple :

Considérons l'équilibre en phase gazeuse

$$2CO(g) + O_2(g) = 2CO_2(g)$$

Le système évolue à pression constante P et à température constante T fixées, elle est exothermique. Dressons le tableau d'avancement pour des quantités initiales de réactifs dans les proportions stœchiométriques.

mol	$2CO(g)+$	$O_2(g) =$	$2CO_2(g)$	gaz
initial	2,0	1,0	0	2,0
date t	$1,0-\xi$	$1,0-\xi$	ξ	$2,0-\xi$
final	$1,0-\xi_F$	$1,0-\xi_F$	ξ_F	$2,0-\xi_F$

À l'équilibre, $(Q_r)_{eq} = K^0(T)$ (donnée de l'énoncé) donc

$$\frac{\left(\frac{\xi_f}{2-\xi_f}\cdot\frac{P}{P^0}\right)^2}{\left(\frac{1-x}{2-x}\cdot\frac{P}{P^0}\right)^2\cdot\left(\frac{1-x}{2-x}\cdot\frac{P}{P^0}\right)} = K^0(T) \text{ soit } \frac{\xi_f^2(2-\xi_f)P^0}{(1-\xi_f)^3 P} = K^0(T)$$

Si on connaît les valeurs numériques de $K^0(T)$ et de P, une résolution numérique de cette équation du troisième degré fournit l'unique solution acceptable ξ_f, et on en déduit les quantités finales de chaque composé. Étudions deux déplacements d'équilibre.

(a) Si on augmente la pression à T constante, K^0 ne varie pas et Q_r diminue car P figure au dénominateur dans l'expression ci-dessus. Q_r se trouve alors inférieur à K^0 et la réaction évolue dans le sens direct.

(b) Si on augmente la température à P constante, Q_r ne varie pas et K^0 diminue car la réaction est exothermique, donc $\Delta_r H^0 < 0$, donc K^0 est une fonction décroissante de T d'après la relation de Van 't Hoff. Q_r se trouve alors supérieur à K^0 et la réaction évolue dans le sens rétrograde.

↪ **Exercices 17.16, 17.17, 17.18, 17.19, 17.20.**

Énoncés des exercices

17.1

Synthèse du soufre

On donne :

produit	$SO_{2(g)}$	$H_2O_{(g)}$	$H_2S_{(g)}$	$S_{(\ell)}$
$\Delta_f H^0$ à 298 K ($kJ \cdot mol^{-1}$)	-298,8	-241,8	-20,6	+11,8

a) Écrire l'équation de la réaction de synthèse du soufre par action du dioxyde de soufre sur le sulfure d'hydrogène.

b) Calculer son enthalpie stantdard de réaction $\Delta_r H^0$ à 298 K.

17.2

Combustion de l'éthyne

On considère la réaction de combustion de l'éthyne (ou acétylène), supposée totale :

$$C_2H_{2(g)} + 5/2\ O_{2(g)} = 2CO_{2(g)} + H_2O_{(\ell)}$$

dont l'enthalpie standard de réaction à 298 K vaut $\Delta_r H^0 = -402\ kJ \cdot mol^{-1}$. Les capacités thermiques molaires à pression constante exprimées en $J \cdot K^{-1} \cdot mol^{-1}$ sont

$CO_2(g)$	$H_2O(g)$	$H_2O(\ell)$
37,1	33,6	75,5

L'enthalpie molaire de vaporisation de l'eau à 373 K est $\Delta_{vap}H = 40,7\ kJ \cdot mol^{-1}$. La réaction se fait dans un réacteur adiabatique et à la pression constante de 1,0 bar, dans lequel on introduit les réactifs dans les proportions stœchiométriques à 298 K. Déterminer la température finale T_f du système.

17.3

Vérification de l'approximation d'Ellingham

On étudie la réaction de grillage suivante :

$$PbS(s) + \frac{3}{2}O_2(g) = PbO(s) + SO_2(g)$$

	PbS(s)	PbO(s)	$O_2(g)$	$SO_2(g)$
$\Delta_f H^0$(298 K) ($kJ \cdot mol^{-1}$)	−100,4	−217,4		−296,8
C_p^0 ($J \cdot K^{-1} \cdot mol^{-1}$)	49,5	45,8	29,4	39,9

a) Calculer l'enthalpie standard de réaction à 298 K.

b) Calculer l'enthalpie standard de réaction à 1 223 K et vérifier l'approxiamtion d'Ellingham (en l'absence de changement d'état, $\Delta_r H^0$ ne dépend pratiquement pas de la température) sur cet exemple.

17.4

Détermination expérimentale d'une constante d'équilibre

On introduit, dans une enceinte de volume V constant, $n_1 = 3,0$ mol de H_2 et $n_2 = 1,0$ mol de N_2 à la température fixée 200 °C. La réaction se fait en phase gazeuse et conduit à la formation de l'ammoniac. Quand l'équilibre est atteint, on mesure P = 1,0 bar et on constate que le mélange contient 15,3 % de NH_3 en volume. On donne $R = 8,314\ J \cdot K^{-1} \cdot mol^{-1}$. Calculer V et la constante d'équilibre K(200 °C).

17.5 Action de l'eau sur le monoxyde de carbone

On considère la réaction en phase gazeuse

$$CO(g) + H_2O(g) = H_2(g) + CO_2(g)$$

On mesure la constante d'équilibre pour deux températures distinctes : $K_p^0(1\,000\ °C) = 0,67$ et $K_p^0(1\,273\ °C) = 1,24$. On donne $R = 8,314\ J \cdot K^{-1} \cdot mol^{-1}$. Calculer $\Delta_r H^0$ pour cette réaction et commenter son signe.

17.6 Dismutation de l'oxyde de cuivre (II)

On considère la réaction de réduction de dismutation :

$$4\,CuO(s) = 2\,Cu_2O(s) + O_2(g)$$

À l'équilibre, on mesure les pressions gazeuses à deux températures distinctes :

$$\begin{cases} (T_1 = 1\,223\ K, P_1 = 4\,660\ Pa) \\ (T_2 = 1\,323\ K, P_2 = 29\,610\ Pa) \end{cases}$$

On suppose que $\Delta_r H^0$ et $\Delta_r S^0$ ne dépendent pas de la température et on donne $R = 8,314\ J \cdot K^{-1} \cdot mol^{-1}$. Calculer $\Delta_r H^0$ et $\Delta_r S^0$.

17.7 Aspect thermodynamique de l'autoprotolyse de l'eau

On relève le pH de l'eau pure à différentes températures :

θ (°C)	0	18	25	50	100
pH	7,47	7,12	7,00	6,63	6,12

a) Calculer $\Delta_r H^0$ et $\Delta_r S^0$ de la réaction d'autoprotolyse de l'eau.

b) Pourquoi mélanger de l'acide chlorhydrique et de la soude concentrés nécessite beaucoup de précautions expérimentales ?

17.8 Dissolution du sulfure de cobalt

Le sulfure de cobalt CoS forme un précipité solide. On donne :

$$K_S(CoS) = 10^{-20,4}, \quad pK_{A1}(H_2S/HS^-) = 7,0, \quad pK_{A2}(HS^-/S^{2-}) = 13,0$$

a) Calculer la solubilité de CoS(s) dans l'acide chlorhydrique de concentration $c_0 = 0,05\ mol \cdot L^{-1}$.

b) Calculer la solubilité de CoS(s) dans un mélange d'acide chlorhydrique de concentration $c_0 = 0,05\ mol \cdot L^{-1}$ et de sulfure d'hydrogène H_2S de même concentration $c_0 = 0,05\ mol \cdot L^{-1}$.

17.9

Formation du tartre

Dans la cavité bucale, la salive contient des ions calcium Ca^{2+} à la concentration $[Ca^{2+}] = 3 \cdot 10^{-2}$ mol·L^{-1}. Le pH de la salive vaut pH = 6,75. La pression partielle moyenne du gaz carbonique dans l'haleine est $P_{CO_2} = 4,0$ kPa qui donne, par équilibre des phases gazeuse et aqueuse une concentration dans la salive $[CO_{2(aq)}] = 2,0 \cdot 10^{-3}$ mol·L^{-1}. Le dioxyde de carbone participe aux équilibres suivants :

- acido-basique : $pK_{A1}\left(CO_{2(aq)}/HCO_3^-\right) = 6,4$, $pK_{A2}\left(HCO_3^-/CO_3^{2-}\right) = 10,3$;
- précipitation sous forme de tartre (carbonate de calcium) $CaCO_{3(s)}$ avec $K_s = 10^{-8,4}$.

a) Montrer que le tartre se forme naturellement sur les dents.

b) Pourquoi ce phénomène est-il plus marqué chez les fumeurs ?

17.10

Médiamutation du manganèse

On donne les potentiels standards :

$$\begin{cases} E_1^0(MnO_4^-(aq)/MnO_2(s)) = 1,70 \text{ V} \\ E_2^0(MnO_2(s)/Mn^{2+}(aq)) = 1,23 \text{ V} \end{cases}$$

et la masse molaire $M_{Mn} = 54,9$ g·mol^{-1}.

a) Écrire la réaction de *médiamutation* (inverse de dismutation) de MnO_2 observée à pH=0 et calculer sa constante d'équilibre.

b) Déterminer la valeur du potentiel standard $E_3^0(MnO_4^-/Mn^{2+})$.

c) On mélange $V_1 = 10,0$ mL de solution de sulfate de manganèse et $V_2 = 10$ mL de solution de permanganate de potassium toutes deux à $c_1 = c_2 = 0,100$ mol·L^{-1}. Déterminer la masse de solide formé.

17.11

Quantités résiduelles dans une pile

On donne les potentiels standard : $E_1^0(Zn^{2+}/Zn) = -0,76$ V et $E_2^0(Ag^+/Ag) = +0,80$ V. On considère la pile schématisée par

$$Ag \mid Ag^+\ (c) \mid\mid Zn^{2+}\ (c') \mid Zn$$

avec $c = 0,18$ mol·L^{-1} et $c' = 0,30$ mol·L^{-1}. Le compartiment de gauche a un volume V = 100 mL, celui de droite V′ = 250 mL.

a) Déterminer la force électromotrice de cette pile ; écrire la réaction de fonctionnement.

b) Déterminer la composition de la pile lorsqu'elle ne fonctionne plus.

17.12

Rétrodismutation

On met en présence, dans 1,0 L d'eau pure, 0,10 mol de $Cu(NO_3)_2$ (sel soluble), 0,30 mol de NaCℓ (sel soluble) et 0,10 mol de cuivre solide Cu(s). On donne $pK_s(CuC\ell(s)) = 7,0$ et les potentiels : $E_1^0(Cu^{2+}/Cu^+) = 0,16$ V et $E_2^0(Cu^+/Cu(s)) = 0,52$ V.

a) Écrire la réaction (dite de rétrodismutation) se produisant quand les trois espèces sont mises en présence.

b) Calculer sa constante d'équilibre.

c) Calculer le potentiel de Nernst à l'équilibre.

17.13 Carbonates

Le carbonate de calcium et le carbonate de magnésium se décomposent selon les réactions jumelles :

$$\begin{cases} CaCO_3(s) = CaO(s) + CO_2(g) \\ MgCO_3(s) = MgO(s) + CO_2(g) \end{cases}$$

Les constantes d'équilibre à 820 °C sont respectivement $K^0_{Ca} = K_1 = 0,20$ et $K^0_{Mg} = K_2 = 0,40$. Dans un cylindre de très grand volume, on introduit 1,0 mol de $CaCO_3(s)$, 1,0 mol de $MgCO_3(s)$ et 3,0 mol de CO_2. On ferme par un piston, et on diminue progressivement le volume en appuyant sur le piston, en maintenant la température constante à 820 °C. Tracer la courbe d'évolution de la pression P dans le cylindre en fonction du volume V, en supposant les volumes des phases solides négligeables devant ceux de la phase gazeuse.

17.14 Équilibre de Boudouard

On étudie la réaction suivante à 819 K :

$$C(s) + CO_2(g) = 2CO(g)$$

On donne $K^0(819\ K) = 1,32 \cdot 10^{-2}$. Dans un récipient de volume V = 22,4 L, on introduit 0,1 mol de carbone solide et 1 mol de dioxyde de carbone à 819 K.

a) Calculer la composition du système et la pression à l'équilibre.

b) Pour quel volume la phase solide disparaît-elle à 819 K ?

17.15 Dismutation de l'oxyde de cuivre (I)

On considère la réaction de dismutation :

$$4\,CuO(s) = 2\,Cu_2O(s) + O_2(g)$$

À l'équilibre, on mesure les pressions gazeuses à deux températures distinctes : (T_1 = 1 223 K, P_1 = 4 660 Pa) et (T_2 = 1 323 K, P_2 = 29 610 Pa). On suppose que $\Delta_r H^0$ et $\Delta_r S^0$ ne dépendent pas de la température et on donne $R = 8,314\ J \cdot K^{-1} \cdot mol^{-1}$.

a) Calculer $\Delta_r H^0$ et $\Delta_r S^0$.

b) Dans un récipient de volume V = 10,0 L, à T = 1 273 K, on introduit 0,100 mol de CuO, 0,010 mol de Cu_2O et 0,010 mol de dioxygène. Calculer la composition du système à l'équilibre.

c) À partir de l'équilibre obtenu, on fait varier T de $\delta T = +1$ K, tous les autres paramètres étant maintenus constants. Comment évolue le système ?

17.16 Déplacement d'équilibre par ajout d'un composé inerte

On considère la réaction de dismutation :

$$2\,NaHCO_{3(s)} = Na_2CO_{3(s)} + CO_{2(g)} + H_2O_{(g)}$$

La réaction a lieu dans une enceinte de volume V = 50 L qui contient initialement $n = 2,0$ mol de $NaHCO_{3(s)}$ (la pression initiale est donc nulle).

a) À 47 °C, la pression d'équilibre vaut 0,033 bar. Calculer K^0(47 °C).

b) À 77 °C, la pression d'équilibre vaut 0,265 bar. Calculer $\Delta_r H^0$ et $\Delta_r S^0$.

c) Donner l'état final à 107 °C.

d) On ajoute du diazote dans l'enceinte. Que se passe-t-il ?

17.17

Déplacement d'équilibre par changement de pression

Écrire la réaction de combustion du méthane puis celle de l'éthane dans le dioxygène. Ces réactions sont de constante d'équilibre très grande devant 1. Comment évolue, dans chaque cas, l'équilibre si on augmente, toutes choses égales par ailleurs, la pression ?

17.18

Déplacement d'équilibre par dilution

Le pK_A de l'acide éthanoïque vaut 4,8. Dans cet exercice, on négligera l'autoprotolyse de l'eau, c'est-à-dire qu'on négligera la quantité de H_3O^+ apportée par cette réaction devant celle apportée par la dissociation de l'acide éthanoïque.

a) Écrire la réaction d'équilibre de cet acide en solution aqueuse.

b) Calculer le pH et les concentrations des différents solutés pour une concentration introduite $c_0 = 1{,}0 \cdot 10^{-3}$ mol$\cdot$L^{-1}.

c) On dilue la solution, c'est-à-dire qu'on ajoute du solvant H_2O. Comment la réaction évolue-t-elle ?

d) Justifier qu'on dise qu'un acide faible très dilué se comporte comme un acide fort.

17.19

Déplacement d'équilibre par ajout de gaz

a) Écrire la réaction de synthèse de l'ammoniac à partir du diazote et du dihydrogène, tous trois en phase gazeuse.

b) Dans une enceinte se trouvent les quantités respectives *a*, *b* et *c* moles de N_2, H_2 et NH_3 correspondant à une situation d'équilibre. La température reste constante dans tout l'exercice.

   i) Quelle relation peut-on écrire entre *a*, *b* et *c* ?

   ii) En conservant la pression totale constante, on introduit une petite quantité de NH_3. Comment l'équilibre évolue-t-il ?

   iii) En conservant la pression totale constante, on introduit une petite quantité de H_2. Comment l'équilibre évolue-t-il ?

   iv) En conservant la pression totale constante, on introduit une petite quantité de N_2. Peut-on savoir comment l'équilibre évolue ?

   v) En conservant la pression totale constante, on introduit une petite quantité d'hélium He. Comment l'équilibre évolue-t-il ?

17.20

Déchloration du pentachlorure de phosphore

On étudie la réaction

$$PC\ell_5(g) = PC\ell_3(g) + C\ell_2(g)$$

	$PC\ell_5(g)$	$PC\ell_3(g)$	$C\ell_2(g)$
$\Delta_f H^0$ ($kJ \cdot mol^{-1}$)	−374,9	−287,0	0
S_m^0 ($J \cdot K \cdot mol^{-1}$)	364,5	311	223

a) Calculer $K^0(500\ K)$.

b) Sous $P = 3,0$ bar, on mélange 0,15 mol de $PC\ell_5(g)$, 0,40 mol de $PC\ell_3(g)$ et 0,10 mol de $C\ell_2(g)$.

i) Dans quel sens évolue le système ?

ii) Déterminer la composition à l'équilibre.

c) À partir d'un équilibre, comment évolue le système si :

i) on augmente T à P constante ?

ii) on augmente P à T constante ?

iii) on augmente T à V constante ?

iv) on introduit, à T et P constantes,

i. du pentachlorure de phosphore ?

ii. du trichlorure de phosphore ?

iii. du dichlore ?

iv. de l'hélium ?

Du mal à démarrer ?

17.1 On utilise la loi de Hess après avoir équilibré la réaction.

17.2 On dresse le tableau d'avancement avec des quantités initiales n et $2{,}5n$ d'éthyne et de dioxygène. L'eau étant à l'état liquide à 298 K et certainement à l'état vapeur à la température de flamme, il faut décomposer la transformation adiabatique et isobare (donc isenthalpique) en prenant en compte la réaction, l'échauffement de l'eau liquide jusqu'à 373,15 K, sa vaporisation isobare à cette température, son échauffement final de 373,15 K à T_f et l'échauffement du dioxyde de carbone.

17.3 En imaginant deux chemins distincts pour la transformation menant, à pression standard, des réactifs à 298 K aux produits à 1 223 K, on peut déterminer $\Delta_r H^0(1\ 223\ \text{K})$ connaissant $\Delta_r H^0(298\ \text{K})$ et les capacités thermiques.

17.4 Le tableau d'avancement permet d'exprimer le pourcentage molaire (donc volumique) en ammoniac gazeux et de calculer l'avancement à l'équilibre. La loi des gaz parfaits donne V et la loi d'action de masse donne K^0.

17.5 L'intégration de la relation de Van 't Hoff entre les deux températures permet le calcul de $\Delta_r H^9$.

17.6 La définition du quotient de réaction permet de calculer la constante d'équilibre à partir de la pression d'équilibre. On en déduit les enthalpies libres standard aux deux températures, d'où un système de deux équations à deux inconnues $\Delta_r H^0$ et $\Delta_r S^0$.

17.7 Grâce à un tableau d'avancement, on obtient $K_e = 10^{-2pH}$. On en déduit $\Delta_r G^0$ aux différentes températures puis $\Delta_r H^0$ et $\Delta_r S^0$ grâce à un graphe ou à une régression linéaire.

17.8 Le sulfure S^{2-} libéré par dissolution du CoS(s) est transformé en H_2S par les deux réactions acido-basiques successives en présence de H_3O^+. On en déduit la réaction chimique bilan, on calcule sa constante d'équilibre en combinant les trois constantes données par l'énoncé. Le tableau d'avancement est dressé en écrivant que la solubilité est la concentration de sel introduite conduisant, à l'équilibre, à un unique cristal résiduel.

17.9 Il faut vérifier que le quotient de réaction est supérieur à la constante de l'équilibre de précipitation du tartre.

17.10 La réaction de médiamutation est la combinaison linéaire des deux demi-équations rédox, traduisant la réduction de MnO_4^- et l'oxydation de Mn^{2+} en MnO_2. On peut calculer sa constante d'équilibre par identification des potentiels de Nernst des deux couples. La demi-équation du couple MnO_4^-/Mn^{2+} est elle aussi une combinaison linéaire des deux demi-équations et on en déduit E_3^0 en utilisant la méthode décrite dans le cours.

17.11 La force électromotrice de la pile est égale à la différence entre les potentiels de Nernst des deux couples. On dresse ensuite un tableau d'avancement et on écrit qu'à l'équilibre, les deux potentiels doivent être égaux. On en déduit l'avancement final.

17.12 La réaction cherchée est la combinaison linéaire de la réaction de rétrodismutation produisant $2Cu^+$ et de la réaction de précipitation de cet ion avec le chlorure. On calcule la constante de l'équilibre en combinant les constantes des deux équilibres ; celle de rétrodismutation peut être obtenue à partir de l'égalité des potentiels de Nernst à l'équilibre.

17.13 Les deux équilibres ne peuvent être réalisés simultanément. Il y a donc 5 étapes disctinctes, 2 pendant lesquelles l'un des équilibres est réalisé et où on a présence simultanée du carbonate et de l'oxyde, et 3 pendant lesquelles on a disparition complète des deux carbonates, de l'un seulement et de l'autre oxyde, ou des deux oxydes. La loi des gaz parfaits permet à chaque fois de déterminer l'évolution de la pression en fonction du volume.

17.14 Le volume étant fixé, la loi des gaz parfaits permet d'exprimer la pression dans le quotient de réaction. Le tableau d'avancement et la loi d'action de masse conduisent à une équation du second degré dont on déduit l'avancement à l'équilibre.

17.15 L'utilisation des données à deux températures distinctes conduit à un système de deux équations en $\Delta_r H^0$ et $\Delta_r S^0$. On en déduit ces deux grandeurs, puis $\Delta_r G^0$ et K^0 à 1 273 K. Le tableau d'avancement et la loi d'action de masse permettent d'écrire ensuite l'équation vérifiée par l'avancement à l'équilibre.

17.16 La constante d'équilibre à 380 K se calcule par les méthodes habituelles de thermochimie vues dans les exercices précédents. On utilise ensuite la loi des gaz parfaits pour déterminer les quantités à l'équilibre et l'effet d'un ajout de gaz inerte.

17.17 On dresse le tableau d'avancement et on exprime le quotient de réaction à l'équilibre en fonction de l'avancement final ξ_f et de la pression P. À l'équilibre, $Q_r = K^0$. On en déduit la relation entre ξ_f et P et on observe l'effet d'une variation de P sur ξ_f en raisonnant sur les croissances ou décroissances des fonctions.

17.18 On dresse un tableau d'avancement en concentrations et on écrit la loi d'action de masse pour calculer le pH à l'équilibre. L'étude du déplacement d'équilibre par dilution nécessite d'écrire le quotient de réaction en revenant aux quantités de matière et en notant V le volume de la solution, égal au volume du solvant eau.

17.19 Après avoir exprimé le quotient de réaction Q_r en fonction des quantités a, b et c, on étudie le sens de variation de Q_r (ce qui nécessite parfois un calcul de dérivée) par rapport à chaque paramètre. On en déduit si l'ajout d'une espèce augmente ou diminue Q_r et dans quel sens la réaction évolue.

17.20 Le calcul de l'état final ne pose pas de difficulté particulière. L'étude des déplacements d'équilibre utilise les méthodes habituelles d'étude de variation de $K^0(T)$ (grâce à la relation de Van 't Hoff) et de Q_r (par étude de sens de variation et éventuel calcul de dérivée par rapport au paramètre étudié). Dans chaque cas, K^0 ou Q_r évolue, on en déduit par comparaison le sens d'évolution de la réaction.

Corrigés des exercices

17.1

a) On équilibre la réaction :

$$SO_2(g) + 2H_2S(g) = 3S(\ell) + 2H_2O(g)$$

b) Par application de la loi de Hess :

$$\Delta_r H^0 = 3\Delta_f H^0(S(\ell)) + 2\Delta_f H^0(H_2O(g))$$

$$-\Delta_f H^0(SO_2(g)) - 2\Delta_f H^0(H_2S(g))$$

$$\text{soit } \Delta_r H^0 = 3 \cdot 11,8 + 2 \cdot (-241,8)$$

$$-(-298,8) - 2 \cdot (-20,6) = -108,2 \text{ kJ} \cdot \text{mol}^{-1}$$

17.2

Notons n la quantité de matière d'éthyne introduite et dressons le tableau d'avancement de la réaction.

	$C_2H_2(g)+$	$5/2O_2(g) \rightarrow$	$2CO_2(g)+$	$H_2O(g)$
initial	n	$2,5n$	0	0
date t	$n-\xi$	$2,5n-2,5\xi$	2ξ	ξ
$\xi_F = n$	0	0	$2n$	n

Selon la méthode présentée dans le cours, on décompose la transformation.

- Combustion du mélange à la température $T_0 = 298$ K :

$$\Delta H_1 = \xi_F \cdot \Delta_r H^0 = n \cdot (-402 \cdot 10^3 \text{ J})$$

- Échauffement isobare du mélange final de $T_0 = 298$ K à $T_e = 373$ K (température de début de vaporisation de l'eau sous 1,0 bar), eau liquide :

$$\Delta H_2 = \left[2n \cdot C^0_{p,m}(CO_2(g)) + n \cdot C^0_{p,m}(H_2O(\ell))\right](T_e - T_0)$$

- Vaporisation isobare de l'eau liquide à 373 K :

$$\Delta H_3 = n \cdot \Delta_{vap} H$$

- Échauffement isobare du mélange final de $T_e = 373$ K (température de fin de vaporisation de l'eau sous 1,0 bar) à T_F, eau vapeur :

$$\Delta H_4 = \left[2n \cdot C^0_{p,m}(CO_2(g)) + n \cdot C^0_{p,m}(H_2O(g))\right](T_F - T_e)$$

La réaction d'oxydation est adiabatique et isobare donc $\Delta H = 0$ et H est une fonction d'état donc

$$\Delta H_1 + \Delta H_2 + \Delta H_3 + \Delta H_4 = 0$$

soit, après simplification par n

$$-402 \cdot 10^3 + 2 \times 37,1\,(T_F - 298) + 75,5 \cdot (373 - 298)$$

$$+40,7 \cdot 10^3 + 33,6\,(T_F - 373) = 0$$

$$\text{donc } T_F = 3\,620\text{K}$$

17.3

a) Par application de la loi de Hess

$$\Delta_r H^0 = \Delta_f H^0(PbO(s)) + \Delta_f H^0(SO_2(g))$$

$$-\Delta_f H^0(PbS(s)) - \frac{3}{2}\Delta_f H^0(O_2(g))$$

L'enthalpie de formation absente du tableau vaut 0 car $O_2(g)$ est un corps simple dans l'état standard. On en déduit

$$\Delta_r H^0(298 \text{ K}) = -413,8 \text{ kJ} \cdot \text{mol}^{-1}$$

b) Imaginons une transformation à la pression P^0, dont l'état initial est formé par les réactifs en proportions stœchiométriques à 298 K et l'état final par les produits à 1 223 K. Notons ΔH la variation d'enthalpie associée. H étant une fonction d'état, sa variation ne dépend pas du chemin suivi. On peut la décomposer de deux manières différentes.

i) On effectue d'abord la réaction chimique à 298 K puis l'échauffement des produits de 298 K à 1 223 K. En partant de 1,0 mol de Pb(s) et 1,5 mol de $O_2(g)$:

$$\Delta H = 1,0 \cdot \Delta_r H^0(298 \text{ K})$$

$$+(1,0C^0_p(PbO) +,0C^0_p(SO_2))(1\,223 - 298)$$

ii) On effectue d'abord l'échauffement des réactifs de 298 K à 1 223 K puis la réaction chimique à 1 223 K. En partant de 1,0 mol de Pb(s) et 1,5 mol de $O_2(g)$:

$$\Delta H = (1,0C^0_p(PbS) + 1,5C^0_p(O_2))(1\,223 - 298)$$

$$+1,0 \cdot \Delta_r H^0(1\,223 \text{ K})$$

En identifiant les deux expressions, on en déduit que

$$85,7 \times 925 + \Delta_r H^0(1\,223 \text{ K}) = \Delta_r H^0(298 \text{ K}) + 93,6 \times 925$$

$$\text{donc } \Delta_r H^0(1\,223 \text{ K}) = -406,5 \text{ kJ} \cdot \text{mol}^{-1}$$

L'écart est donc très faible entre les enthalpies standard aux deux températures, malgré leur très grande différence, 925 K. L'approximation d'Ellingham est donc bien justifiée. Remarquons qu'elle est liée à la très faible différence relative entre les capacités thermiques des réactifs ($93,6 \text{ J} \cdot \text{K}^{-1}$) et des produits ($85,7 \text{ J} \cdot \text{K}^{-1}$).

17.4

Écrivons la réaction chimique et dressons le tableau d'avancement en faisant apparaître le nombre de moles gazeuses dans le système.

mol	$N_2(g)+$	$3H_2(g) \rightarrow$	$2NH_3(g)$	(gaz)
initial	1	3	0	4
date t	$1-\xi$	$3-3\xi$	2ξ	$4-2\xi$
ξ_F	$1-\xi_F$	$3-3\xi_F$	$2\xi_F$	$4-2\xi_F$

Dans l'état d'équilibre, la loi des gaz parfaits s'écrit

$$PV = (4-2\xi_F)RT$$

Il y a 15,3 % d'ammoniac en volume, c'est donc aussi le pourcentage molaire :

$$0,153 = \frac{2\xi_F}{4-2\xi_F} \text{ donc } \xi_F = 0,2654 \text{ mol}$$

On en déduit que

$$V = \frac{(4-2\xi_F)RT}{P} = 0,1365 \text{ m}^3$$

La constante d'équilibre est, par définition :

$$K^0(200\ °C) = \frac{\left(\frac{P_{NH_3}}{P^0}\right)^2}{\left(\frac{P_{N_2}}{P^0}\right)\cdot\left(\frac{P_{H_2}}{P^0}\right)^3} = \frac{\left(\frac{2\xi_F}{4-2\xi_F}\right)^2}{\left(\frac{1-\xi_F}{4-2\xi_F}\right)\left(\frac{3-3\xi_F}{4-2\xi_F}\right)^3} = 0,4312$$

17.5

Par intégration de la relation de Van 't Hoff (en supposant $\Delta_r H^0$ indépendant de la température selon l'approximation d'Ellingham) :

$$\ln\frac{K^0(1\,546\ K)}{K^0(1\,273\ K)} = -\frac{\Delta_r H^0}{R}\left[\frac{1}{1\,546} - \frac{1}{1\,273}\right]$$

$$\text{donc } \Delta_r H^0 = R\frac{1\,546\cdot 1\,273}{1\,546 - 1\,273}\ln\frac{1,24}{0,67} = 4,44 \text{ kJ}\cdot\text{mol}^{-1}$$

La réaction est donc endothermique, K^0 est une fonction croissante de la température.

17.6

La constante d'équilibre est égale au quotient réactionnel à l'équilibre :

$$K(T) = \frac{\frac{P_{O_2}}{P^0}\cdot 1}{1} = \frac{P}{P^0}$$

car le dioxygène est le seul gaz présent dans l'enceinte. On en déduit les valeurs des constantes d'équilibres aux deux températures données, en prenant $P^0 = 1$ bar $= 10^5$ Pa :

$$K(T_1) = \frac{P_1}{P^0} = 0,0466 \text{ et } K(T_2) = \frac{P_2}{P^0} = 0,2961$$

On en déduit les valeurs des enthalpies libres de réaction :

$$\begin{cases} \Delta_r G_1^0 = -RT_1 \ln K^0(T_1) = 31\,177 \text{ J}\cdot\text{mol}^{-1} \\ \Delta_r G_2^0 = -RT_2 \ln K^0(T_2) = 13\,387 \text{ J}\cdot\text{mol}^{-1} \end{cases}$$

On en déduit le système

$$\begin{cases} \Delta_r G_1^0 = \Delta_r H^0 - T_1\Delta_r S^0 \\ \Delta_r G_2^0 = \Delta_r H^0 - T_2\Delta_r S^0 \end{cases} \text{ donc } \begin{cases} \Delta_r H^0 = 248,75 \text{ kJ}\cdot\text{mol}^{-1} \\ \Delta_r S^0 = 177,9 \text{ J}\cdot\text{K}\cdot\text{mol}^{-1} \end{cases}$$

17.7

a) La réaction d'autoprotolyse de l'eau s'écrit

$$2H_2O = H_3O^+(aq) + HO^-(aq)$$

Dressons le tableau d'avancement en concentrations

$\text{mol}\cdot\text{L}^{-1}$	$2H_2O =$	$H_3O^+(aq)$	$+HO^-(aq)$
initial	solvant	0	0
date t	solvant	x	x
x_F	solvant	x_F	x_F

À l'équilibre, le quotient de réaction est égal à l'avancement donc

$$K_e = [H_3O^+][HO^-] = x_F^2 = \left[10^{-pH}\right]^2 = 10^{-2pH}$$

On en déduit les valeurs de K_e aux différentes températures. De plus

$$K^0(T) = e^{-\frac{\Delta_r G^0}{RT}} \text{ donc } \Delta_r G^0 = -RT\ln K^0(T) = -RT\ln K_e(T)$$

On déduit de ces résultats le tableau de valeurs de $\Delta_r G^0$ en fonction de la température

T (K)	273,15	291,15	298,15
pH	7,47	7,12	7,00
K_e	$1,148\cdot 10^{-15}$	$5,754\cdot 10^{-15}$	$1,00\cdot 10^{-14}$
$\Delta_r G^0$ ($\text{kJ}\cdot\text{mol}^{-1}$)	78,12	79,37	79,91

T (K)	323,15	373,15
pH	6,63	6,12
K_e	$5,495\cdot 10^{-14}$	$5,754\cdot 10^{-13}$
$\Delta_r G^0$ ($\text{kJ}\cdot\text{mol}^{-1}$)	82,03	87,44

Pour vérifier la relation

$$\Delta_r G^0(T) = \Delta_r H^0 - T\Delta_r S^0$$

et calculer les valeurs des deux constantes, on peut tracer le graphe de $\Delta_r G^0$ en fonction de T et vérifier l'alignement des cinq points, ou effectuer une régression linéaire à la calculatrice. Avec cette seconde méthode, on obtient un coefficient de régression linéaire $r = 0,996$ qui valide la relation, et

$$\begin{cases} \Delta_r H^0 = 51,9 \text{ kJ}\cdot\text{mol}^{-1} \\ \Delta_r S^0 = 94,5 \text{ J}\cdot\text{K}^{-1}\cdot\text{mol}^{-1} \end{cases}$$

b) La réaction s'écrit

$$H_3O^+(aq) + C\ell^-(aq) + HO^-(aq) + Na^+(aq) =$$

$$2H_2O + C\ell^-(aq) + Na^+(aq)$$

Cette réaction possède une constante d'équilibre $\frac{1}{K_e}$ grande devant 1, elle est donc quantitative, et son enthalpie de réaction est opposée à celle de l'autoprotolyse de l'eau, elle est donc négative, et la réaction est exothermique, le mélange chauffe donc beaucoup, ce qui est potentiellement dangereux avec des produits aussi agressifs. Remarquons que si on introduit l'acide chlorhydrique et la soude en quantités de matière rigoureusement égales, on n'a plus dans le bécher que de l'eau salée chaude.

17.8

La réaction de dissolution du sulfure de cobalt dans l'eau s'écrit

$$CoS(s) = Co^{2+}(aq) + S^{2-}(aq)$$

Dans l'acide chlorhydrique, en présence d'un excès d'ions H_3O^+, les ions sulfure sont consommés par les réactions acidobasiques successives

$$\left\{\begin{array}{l} S^{2-}(aq) + H_3O^+(aq) = HS^-(aq) + H_2O \\ HS^-(aq) + H_3O^+(aq) = H_2S(aq) + H_2O \end{array}\right.$$

Le pH restant vraisemblablement acide (inférieur à 7), c'est bien la forme $H_2S(aq)$ qui sera presque totalement majoritaire, d'après le diagramme de prédominance :

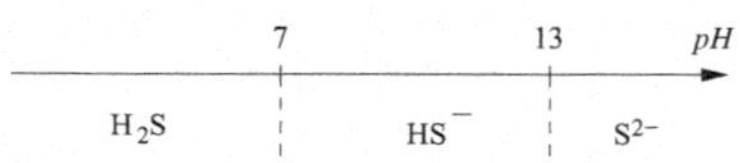

La réaction de dissolution est donc favorisée par déplacement d'équilibre et la réaction bilan s'écrit

$$CoS(s) + 2H_3O^+(aq) = Co^{2+}(aq) + H_2S(aq) + 2H_2O$$

Calculons sa constante d'équilibre :

$$K = \frac{[Co^{2+}][H_2S]}{[H_3O^+]^2}$$

$$\text{soit } K = [Co^{2+}][S^{2-}] \cdot \frac{[HS^-]}{[S^{2-}][H_3O^+]} \cdot \frac{[H_2S]}{[HS^-][H_3O^+]^2}$$

$$\text{donc } K = \frac{K_s}{K_{A1}K_{A2}} = 10^{-0,4} = 0,398$$

a) Notons s la solubilité, c'est-à-dire la concentration introduite en CoS(aq) jusqu'à apparition du premier cristal non dissout ($\varepsilon \simeq 0$). Voici le tableau d'avancement :

$mol \cdot L^{-1}$	$CoS(s)+$	$2H_3O^+(aq) =$	$Co^{2+}(aq)+$	$H_2S(aq)+$	$2H_2O$
initial	s	$0,05$	0	0	solvant
date t	$s-x$	$0,05-2x$	x	x	solvant
$x_f = s$	ε	$0,05-2s$	s	s	solvant

À l'équilibre, $Q_r = K$ donc

$$\frac{s^2}{(0,05-2s)^2} = 0,398 \text{ soit } \frac{s}{0,05-2s} = \sqrt{0,398}$$

$$\text{donc } s = \frac{0,05\sqrt{0,398}}{1+2\sqrt{0,398}}$$

$$\text{soit } s = 14 \cdot 10^{-3}\ mol \cdot L^{-1}$$

b) Le nouveau tableau d'avancement est le suivant :

$mol \cdot L^{-1}$	$CoS(s)+$	$2H_3O^+(aq) =$	$Co^{2+}(aq)+$	$H_2S(aq)+$	$2H_2O$
initial	s'	$0,05$	$0,05$	0	solvant
date t	$s'-x$	$0,05-2x$	$0,05+x$	x	solvant
$x_f = s'$	ε	$0,05-2s'$	$0,05+s'$	s'	solvant

À l'équilibre, $Q_r = K$ donc

$$\frac{s'(0,05+s')}{(0,05-2s')^2} = 0,398$$

$$\text{soit } 0,592s'^2 - 0,1296s' + 9,95 \cdot 10^{-4} = 0$$

Cette équation du second degré possède deux solutions

$$s' = 8,0 \cdot 10^{-3}\ mol \cdot L^{-1} \text{ ou } s' = 0,01444\ mol \cdot L^{-1}$$

La seconde solution est rejetée car elle rendrait négative la concentration finale en $H_3O^+(aq)$, donc $s' = 8,0 \cdot 10^{-3}\ mol \cdot L^{-1}$.

17.9

a) La réaction de dissolution du tartre est

$$CaCO_3(s) = Ca^{2+}(aq) + CO_3^{2-}(aq)$$

Le quotient de réaction vaut

$$Q_r = [Ca^{2+}] \cdot [CO_3^{2-}]$$

Dans la salive, $[Ca^{2+}] = 3 \cdot 10^{-2}\ mol \cdot L^{-1}$. On déduit $[CO_3^{2-}]$ de $[CO_2(aq)]$ grâce aux constantes d'acidité :

$$K_{A1} = \frac{[HCO_3^-][H_3O^+]}{[CO_2(aq)]} \text{ et } K_{A2} = \frac{[CO_3^{2-}][H_3O^+]}{[HCO_3^-]}$$

$$\text{donc } [CO_3^{2-}] = \frac{K_{A1}K_{A2}[CO_2(aq)]}{[H_3O^+]^2}$$

Or $[H_3O^+] = 10^{-pH} = 1,778 \cdot 10^{-7}\ mol \cdot L^{-1}$ donc

$$[CO_3^{2-}] = 1,262 \cdot 10^{-6}\ mol \cdot L^{-1}$$

On en déduit

$$Q_r = 3,786 \cdot 10^{-8} \text{ avec } K_s = 10^{-8,4} = 3,98 \cdot 10^{-9}$$

donc $Q_r > K_s$ donc la réaction évolue dans le sens de la précipitation et il y a formation de tartre.

b) Chez les fumeurs, la pression partielle en dioxyde de carbone dans l'haleine augmente donc P_{CO_2} augmente et l'équilibre

$$CO_2(g) = CO_2(aq)$$

est donc déplacé dans le sens direct, la concentration $[CO_2(aq)]$ augmente ainsi que Q_r et le tartre se forme d'autant plus.

17.10

a) Les demi-équations rédox associées aux deux couples sont respectivement

$$\begin{cases} (1) : MnO_4^-(aq) + 4H^+(aq) + 3e^- = MnO_2(s) + 2H_2O \\ (2) : MnO_2(s) + 4H^+(aq) + 2e^- = Mn^{2+}(aq) + 2H_2O \end{cases}$$

Les formules de Nernst associées s'écrivent

$$\begin{cases} E = 1,70 + \frac{0,059}{3} \log \frac{[MnO_4^-][H^+]^4}{1} \\ E = 1,23 + \frac{0,059}{2} \log \frac{[H^+]^4}{[Mn^{2+}]} \end{cases}$$

À pH=0, il y a donc schématiquement prédominance de MnO_4^- à potentiel nettement supérieur à 1,70 V, de Mn^{2+} à potentiel nettement inférieur à 1,23 V et de MnO_2 entre ces deux valeurs (les frontières exactes dépendent de la concentration totale de manganèse).

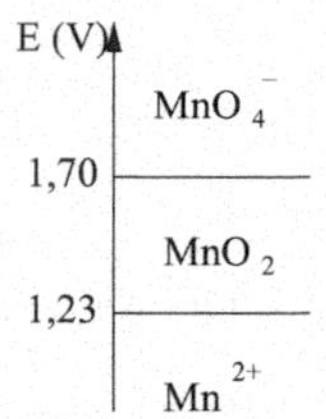

Les domaines de prédominance des deux espèces ioniques sont disjointes, elles ne peuvent pas coexister et réagissent pour former MnO_2 selon la réaction de médiamutation. On l'équilibre en multipliant la demi-équation rédox (1) par 2 et la (2) par 3 :

$$2MnO_4^-(aq) + 3Mn^{2+}(aq) + 2H_2O = 5MnO_2(s) + 4H^+(aq)$$

À l'équilibre, il y a égalité des potentiels de Nernst des deux couples donc

$$1,70 + \frac{0,059}{3} \log \frac{[MnO_4^-][H^+]^4}{1} = 1,23 + \frac{0,059}{2} \log \frac{[H^+]^4}{[Mn^{2+}]}$$

$$\text{soit } 1,70 - 1,23 = \frac{0,059}{6} \log \frac{[H^+]^{12}}{[Mn^{2+}]^3} \cdot \frac{1}{[MnO_4^-]^2[H^+]^8}$$

$$\text{donc } K = \frac{[H^+]^4}{[Mn^{2+}]^3[MnO_4^-]^2} = 10^{\frac{6(1,70-1,23)}{0,059}} = 10^{47,8}$$

La réaction est effectivement quantitative.

b) La demi-équation rédox est elle aussi une combinaison linéaire des deux demi-équations précédentes, mais au lieu d'éliminer les électrons, on élimine cette fois-ci l'espèce MnO_2. On somme donc les demi-équations et on obtient

$$(3)\ MnO_4^- + 8H^+(aq) + 5e^- = Mn^{2+} + 4H_2O$$

L'enthalpie libre standard de réaction est donc la somme des deux

$$\Delta_r G^0 = \Delta_r G_1^0 + \Delta_r G_2^0$$

$$\text{soit } -5\mathcal{F}E_3^0 = -3\mathcal{F}E_1^0 - 2\mathcal{F}E_2^0$$

$$\text{donc } E_3^0 = \frac{3E_1^0 + 2E_2^0}{5} = 1,51 \text{ V}$$

On peut retrouver ce résultat sans utilisation des lois de la thermochimie (comme on l'aurait établi en première année) : la formule de Nernst pour la demi-équation (3) s'écrit

$$E = E_3^0 + \frac{0,059}{5} \log \frac{[MnO_4^-][H^+]^8}{[Mn^{2+}]}$$

On peut écrire

$$\log \frac{[MnO_4^-][H^+]^8}{[Mn^{2+}]} = \log \frac{[MnO_4^-][H^+]^4}{1} + \log \frac{[H^+]^4}{[Mn^{2+}]}$$

$$\text{soit } \frac{5(E - E_3^0)}{0,059} = \frac{3(E - E_1^0)}{0,059} + \frac{2(E - E_2^0)}{0,059}$$

$$\text{donc } E_3^0 = \frac{3E_1^0 + 2E_2^0}{5} = 1,51 \text{ V}$$

c) La réaction étant quantitative, l'avancement final est égal à l'avancement maximal

mmol	$2MnO_4^-(aq)+$	$3Mn^{2+}(aq)+$	$2H_2O =$	$5MnO_2(s)++$	$4H^+(aq)$
initial	1,0	1,0	solvant	0	0
date t	$1,0-2\xi$	$1,0-3\xi$	solvant	5ξ	4ξ
$\xi_f = 0,333$	0,333	ε	solvant	1,667	1,333

La masse de solide formé est donc

$$m(MnO_2) = 1,667 \cdot 10^{-3} \cdot (54,9 + 2 \times 16) = 0,145 \text{ g}$$

17.11

a) Les deux demi-équations sont

$$Zn = Zn^{2+} + 2e^- \text{ et } Ag^+ + e^- = Ag$$

Par application de la formule de Nernst aux deux demi-piles :

$$\begin{cases} E_{Zn} = -0,76 + 0,03 \log[Zn^{2+}] = -0,78 \text{ V} \\ E_{Ag} = 0,80 + 0,06 \log[Ag^+] = 0,755 \text{ V} \end{cases}$$

La force électromotrice de la pile est donc

$$E = E_{Ag} - E_{Zn} = 1,53 \text{ V}$$

b) Écrivons l'équation bilan de la réaction d'oxydoréduction et dressons le tableau d'avancement en quantités de matière.

mmol	$Zn(s)+$	$2Ag^+(aq) =$	$Zn^{2+}(aq)+$	$2Ag$
initial	excès	$cV = 18$	$c'V' = 75$	excès
date t	excès	$18-2\xi$	$75+\xi$	excès
ξ_f	excès	$18-2\xi_f$	$75+\xi_f$	excès

À l'équilibre, $E_{Ag} = E_{Zn}$ donc

$$-0,76+0,03\log\frac{75\cdot10^{-3}+\xi_f}{V} = 0,80+0,06\log\frac{18\cdot10^{-3}-2\xi_f}{V'}$$

$$\text{soit } \log\frac{(18\cdot10^{-3}-2\xi_f)^2V}{V'^2(75\cdot10^{-3}+\xi_f)} = -\frac{0,80+0,76}{0,03} = -52$$

La fraction est donc presque nulle. On en déduit que $\xi_f \simeq 9$ mmol donc $n_{Ag^+} \simeq 0$ mmol, $n_{Zn^{2+}} \simeq 83$ mmol et $[Zn^{2+}] = 0,33\ \text{mol}\cdot\text{L}^{-1}$.

17.12

a) L'ion Cu^+ est oxydant et réducteur :

$$Cu^+ + e^- = Cu \text{ et } Cu^+ = Cu^{2+} + e^-$$

Les réactions de dismutation et de rétrodismutation s'écrivent donc respectivement

$$2Cu^+ = Cu + Cu^{2+} \text{ et (R) : } Cu + Cu^{2+} = 2Cu^+$$

L'ion Cu^+ forme un précipité avec l'ion $C\ell^-$ selon la réaction

$$(P) : Cu^+ + C\ell^- = CuC\ell$$

donc la réaction de rétrodismutation est favorisée par déplacement d'équilibre. L'équation bilan de la réaction est donc

$$(RD)\ Cu(s) + Cu^{2+}(aq) + 2C\ell^-(aq) = 2CuC\ell(s)$$

b) Calculons d'abord la constante d'équilibre de la réaction (R). Par application de la formule de Nernst, à l'équilibre rédox :

$$0,52+0,06\log[Cu^+] = 0,16+0,06\log\frac{[Cu^{2+}]}{[Cu^+]}$$

$$\text{donc } K_R = \frac{[Cu^+]^2}{[Cu^{2+}]} = 10^{\frac{0,16-0,52}{0,06}} = 10^{-6}$$

De plus, à l'équilibre de la réaction de précipitation-dissolution, $K_S = [Cu^+][C\ell^-]$. On en déduit la constante d'équilibre de la réaction (RD) :

$$K_{RD} = \frac{1}{[Cu^{2+}][C\ell^-]^2} = \frac{[Cu^+]^2}{[Cu^{2+}][Cu^+]^2[C\ell^-]^2} = \frac{K_R}{K_S^2} = 10^8$$

Remarquons que cette valeur est assez imprécise car le coefficient 0,06 est une valeur approchée. Le calcul exact donne $K_{RD} = 8,14\cdot10^7$.

c) La réaction peut être considérée comme totale car $K_{RD} > 10^4$. Dressons le tableau d'avancement :

mol	$Cu(s)+$	$Cu^{2+}(aq)+$	$2C\ell^-(aq) =$	$2CuC\ell(s)$
initial	0,10	0,10	0,30	0
date t	$0,10-\xi$	$0,10-\xi$	$0,30-2\xi$	ξ
$\xi_f = 0,10$	ε	ε	0,10	0,10

On en déduit que $[C\ell^-] = 0,10\ \text{mol}\cdot\text{L}^{-1}$. On en déduit la concentration $[Cu^+]$ grâce au K_S :

$$K_S = [Cu^+][C\ell^-] \text{ donc } [Cu^+] = \frac{K_S}{[C\ell^-]} = 1,0\cdot10^{-6}\ \text{mol}\cdot\text{L}^{-1}$$

d'où le potentiel à l'équilibre :

$$E = E((Cu^+/Cu)) = 0,52+0,06\log[Cu^+] = 0,16\ \text{V}$$

17.13

Le dioxyde de carbone étant la seule espèce gazeuse présente, l'équilibre pour chaque réaction chimique est réalisé lorsque, respectivement

$$\begin{cases} \frac{P}{P^0} = K_1 \text{ soit } P = 20\ \text{kPa} \\ \frac{P}{P^0} = K_2 \text{ soit } P = 40\ \text{kPa} \end{cases}$$

La pression ne pouvant pas être égale simultanément à ces deux valeurs, les deux équilibres ne peuvent être simultanément réalisés. Le volume initial étant très grand, la pression initiale est très faible, donc le quotient de réaction initial est inférieur à K_1 et à K_2, les deux réactions évoluent donc dans le sens direct jusqu'à disparition totale des deux réactifs. On a donc 5,0 mol de $CO_2(g)$ dans l'enceinte de volume V. Par application de la loi des gaz parfaits

$$PV = 5RT \text{ donc } P = \frac{5RT}{V} = \frac{45,4\cdot10^3}{V}$$

Lorsque V diminue, P augmente jusqu'à atteindre $P_1 = 20$ kPa pour

$$V_1 = \frac{45,4\cdot10^3}{20\cdot10^3} = 2,27\ \text{m}^3$$

À partir de cette valeur, l'équilibre (1) est réalisé, le carbonate de calcium ne se dissocie pas totalement, il y a coexistence de $CaCO_3(s)$, $CaO(s)$ et $CO_2(g)$. La pression reste donc constante égale à

$$P_1 = K_1P^0 = 20\ \text{kPa}$$

$$\text{donc } n(CO_2(g)) = \frac{P_1V}{RT} = 2,20\cdot V$$

Pour $V = V_1 = 2{,}27\ m^3$, on retrouve $n_1 = 5{,}0$ mol qui correspond à la quantité initiale augmentée des deux moles libérées par les deux carbonates. Cette quantité diminue régulièrement et atteint $n'_1 = 4{,}0$ mol pour

$$V = V'_1 = \frac{4}{2{,}20} = 1{,}82\ m^3$$

Lorsque le volume diminue à partir de cette valeur, il faut déterminer si c'est la pression qui augmente ou la quantité de gaz qui diminue. Raisonnons par l'absurde et supposons que $n(CO_2(g))$ diminue. La pression variant continûment, elle est supérieure ou égale à 20 kPa et provisoirement strictement inférieure à 40 kPa. L'équilibre 2 n'est donc pas réalisé, le carbonate de magnésium est totalement dissocié en libérant 1 mol de $CO_2(g)$ à laquelle s'ajoutent les 3 mol initiales ; $n(CO_2(g))$ est donc supérieure ou égale à 4 mol, et ne peut donc pas diminuer. C'est donc la pression qui augmente et prend une valeur comprise strictement entre 20 kPa et 40 kPa. Aucun des deux équilibres n'est donc réalisé,

$$Q_{r,1} = Q_{r,2} = \frac{P}{P^0} \text{ et } K_1 < Q_r < K_2$$

Il y a donc disparition complète de CaO(s) et de $MgCO_3(s)$, et $n(CO_2(g)) = 4{,}0$ mol. La loi des gaz parfaits donne donc

$$P = \frac{4RT}{V} = \frac{36{,}35 \cdot 10^3}{V}$$

La pression augmente et atteint $P_2 = 40$ kPa lorsque

$$V = V_2 = \frac{36{,}35 \cdot 10^3}{P_2} = 0{,}909\ m^3$$

À partir de cette valeur, l'équilibre (2) est réalisé, le carbonate de magnésium ne se dissocie pas totalement, il y a coexistence de $MgCO_3(s)$, MgO(s) et $CO_2(g)$. La pression reste donc constante égale à

$$P_2 = K_2 P^0 = 40 \text{ kPa}$$

$$\text{donc } n(CO_2(g)) = \frac{P_2 V}{RT} = 4{,}40 \cdot V$$

Pour $V = V_2 = 0{,}909\ m^3$, on retrouve $n_2 = 4{,}0$ mol qui correspond à la quantité initiale augmentée de la mole libérée par le carbonate de calcium. Cette quantité diminue régulièrement et atteint $n'_2 = 3{,}0$ mol pour

$$V = V'_2 = \frac{3}{4{,}40} = 0{,}682\ m^3$$

Lorsque le volume diminue à partir de cette valeur, par le même raisonnement que plus haut, la pression augmente et prend une valeur strictement supérieure à 40 kPa. Aucun des deux équilibres n'est donc réalisé,

$$Q_{r,1} = Q_{r,2} = \frac{P}{P^0},\ Q_r > K_1 \text{ et } Q_r > K_2$$

Il y a donc disparition complète de CaO(s) et de MgO(s), et $n(CO_2(g)) = 3{,}0$ mol. La loi des gaz parfaits donne donc

$$P = \frac{3RT}{V} = \frac{27{,}27 \cdot 10^3}{V}$$

Voici l'allure du graphe des variations de P avec V

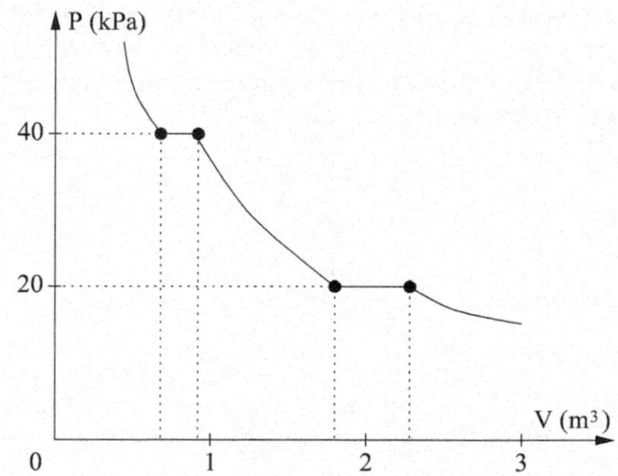

17.14

a) Dressons le tableau d'avancement.

mol	C(s)+	$CO_2(g)$ =	2CO(g)	gaz
initial	0,1	1	0	1
t	$0{,}1-\xi$	$1-\xi$	2ξ	$1-\xi$
final	$0{,}1-\xi_f$	$1-\xi_f$	$2\xi_f$	$1+\xi_f$

La pression dans le récipient est donnée par la loi des gaz parfaits (on néglige le volume de la phase solide devant celui du récipient)

$$P = \frac{(1+\xi_f)RT}{V}$$

À l'équilibre, le quotient de réaction est égal à la constante d'équilibre

$$\frac{\left(\frac{\frac{2\xi_f}{1+\xi_f}P}{P^0}\right)^2}{\frac{\frac{1-\xi_f}{1+\xi_f}P}{P^0}} = K^0$$

$$\text{soit } \frac{4\xi_f^2}{1-\xi_f} \cdot \frac{RT}{P^0 V} = K^0 \text{ soit } \frac{4\xi_f^2}{1-\xi_f} = 4{,}34 \cdot 10^{-3}$$

On en déduit l'équation du second degré

$$4\xi_f^2 + 4{,}34 \cdot 10^{-3}\xi_f - 4{,}34 \cdot 10^{-3} = 0$$

dont l'unique solution positive est

$$\xi_f = 0,0324 \text{ mol}$$

On en déduit les quantités à l'équilibre

mol	C(s)+	CO_2(g) =	2CO(g)	gaz
final	0,0676	0,9676	0,0648	1,0324

La pression à l'équilibre vaut

$$P_f = \frac{1,0324 \cdot RT}{V} = 3,138 \cdot 10^5 \text{ Pa}$$

b) La phase solide disparaît lorsque l'avancement à l'équilibre atteint $\xi_f = 0,1$ mol. On en déduit la pression correspondante en écrivant qu'à l'équilibre le quotient de réaction est égal à la constante d'équilibre

$$\frac{\left(\frac{\frac{2\xi_f}{1+\xi_f}P}{P^0}\right)^2}{\frac{\frac{1-\xi_f}{1+\xi_f}P}{P^0}} = K^0$$

$$\text{soit } \frac{4\xi_f^2 P}{(1-\xi_f^2)P^0} = K^0 \text{ donc } P = \frac{K^0(1-\xi_f^2)P^0}{4\xi_f^2} = 32\,670 \text{ Pa}$$

La loi des gaz parfaits donne

$$V = \frac{(1+\xi_f)RT}{P} = 0,229 \text{ m}^3$$

17.15

a) La constante d'équilibre est égale au quotient réactionnel à l'équilibre :

$$K(T) = \frac{\frac{P_{O_2}}{P^0} \cdot 1}{1} = \frac{P}{P^0}$$

car le dioxygène est le seul gaz présent dans l'enceinte. On en déduit les valeurs des constantes d'équilibre aux deux températures données, en prenant $P^0 = 1 \text{ bar} = 10^5$ Pa :

$$K(T_1) = \frac{P_1}{P^0} = 0,0466 \text{ et } K(T_2) = \frac{P_2}{P^0} = 0,2961$$

On en déduit les valeurs des enthalpies libres de réaction :

$$\begin{cases} \Delta_r G_1^0 = -RT_1 \ln K^0(T_1) = 31\,177 \text{ J} \cdot \text{mol}^{-1} \\ \Delta_r G_2^0 = -RT_2 \ln K^0(T_2) = 13\,387 \text{ J} \cdot \text{mol}^{-1} \end{cases}$$

On en déduit le système

$$\begin{cases} \Delta_r G_1^0 = \Delta_r H^0 - T_1 \Delta_r S^0 \\ \Delta_r G_2^0 = \Delta_r H^0 - T_2 \Delta_r S^0 \end{cases} \text{ donc}$$

$$\begin{cases} \Delta_r H^0 = 248,75 \text{ kJ} \cdot \text{mol}^{-1} \\ \Delta_r S^0 = 177,9 \text{ J} \cdot \text{K} \cdot \text{mol}^{-1} \end{cases}$$

b) On en déduit

$$\Delta_r G^0(T = 1273) = \Delta_r H^0 - 1273 \Delta_r S^0 = 22\,283 \text{ kJ} \cdot \text{mol}^{-1}$$

$$\text{et } K(T = 1273) = e^{-\frac{\Delta_r G^0(T=1273)}{R \cdot 1273}} = 0,122$$

i) Pour $n_{O_2} = 0,010$ mol, en utilisant la loi des gaz parfaits, le quotient de réaction initial vaut

$$Q_r = \frac{P_{O_2}}{P^0} = \frac{nRT}{VP^0} = 0,106 < 0,122$$

La réaction évolue donc dans le sens direct. Dressons le tableau d'avancement

mol	4CuO(s) =	$2Cu_2O$(s)+	O_2(g)
initial	0,100	0,010	0,010
date t	$0,100-4\xi$	$0,010+2\xi$	$0,010+\xi$
ξ_f	$0,100-4\xi_f$	$0,010+2\xi_f$	$0,010+\xi_f$

À l'équilibre, $(Q_r)_{eq} = K$ donc

$$P_{O_2} = 0,122\, P^0 = 12\,200 \text{ Pa}$$

Par application de la loi des gaz parfaits :

$$0,010 + \xi_f = \frac{P_{O_2}V}{RT} = 0,0115 \text{ donc } \xi_f = 1,5 \text{ mmol}$$

On en déduit les quantités finales : $n_f(CuO) = 94$ mmol, $n_f(Cu_2O) = 7,0$ mmol et $n_f(O_2) = 11,5$ mmol.

ii) Pour $n_{O_2} = 0,020$ mol, en utilisant la loi des gaz parfaits, le quotient de réaction initial vaut

$$Q_r = \frac{P_{O_2}}{P_0} = \frac{nRT}{VP_0} = 0,212 > 0,122$$

La réaction évolue donc dans le sens rétrograde. Dressons le tableau d'avancement

mol	4CuO(s) =	$2Cu_2O$(s)+	O_2(g)
initial	0,100	0,010	0,020
date t	$0,100-2\xi$	$0,010+\xi$	$0,020+\xi$
ξ_f	$0,100-\xi_f$	$0,010+2\xi_f$	$0,020+\xi_f$

À l'équilibre, $(Q_r)_{eq} = K$ donc

$$P_{O_2} = 0,122\, P^0 = 12\,200 \text{ Pa}$$

Par application de la loi des gaz parfaits :

$$0,010 + \xi_f = \frac{P_{O_2}V}{RT} = 0,0115 \text{ donc } \xi_f = -8,5 \text{ mmol}$$

Cette valeur est négative, ce qui confirme l'évolution dans le sens rétrograde. Mais pour $\xi_f = -8,5$ mmol, le tableau d'avancement indique que la quantité restante de $Cu_2O(s)$ serait négative

$$0,010+2\xi_f=-0,007 \text{ mol}$$

ce qui est impossible. L'équilibre ne peut pas être atteint, l'oxyde de cuivre Cu_2O est donc en défaut et disparaît complètement, donc $\xi_f = 5$ mmol. On en déduit les quantités finales : $n_f(CuO) = 110$ mmol, $n_f(Cu_2O) = 0$ mmol et $n_f(O_2) = 15$ mmol.

c) La réaction est endothermique ($\Delta_r H^0 > 0$). Par application de la loi de Van 't Hoff, une augmentation de température déplace la réaction dans le sens direct.

17.16

a) La constante d'équilibre est égale au quotient de réaction à l'équilibre :

$$K^0(47\,°C)=\frac{\left(\frac{P_{CO_2}}{P^0}\right)\cdot\left(\frac{P_{H_2O}}{P^0}\right)\cdot 1}{1}$$

Dressons le tableau d'avancement

mol	$2NaHCO_3(s) =$	$Na_2CO_3(s)+$	$CO_2(g)+$	$H_2O(g)$	gaz
initial	2,0	0	0	0	0
date t	$2,0-2\xi$	ξ	ξ	ξ	2ξ
ξ_f	$2,0-2\xi_f$	ξ_f	ξ_f	ξ_f	$2\xi_f$

On en déduit que

$$P_{CO_2}=P_{H_2O}=\frac{\xi_f}{2\xi_f}=\frac{1}{2}$$

La constante d'équilibre vaut donc

$$K^0(47\,°C)=\left(\frac{P}{2P_0}\right)^2=2,722\cdot 10^{-4}$$

b) Par le même raisonnement, $K^0(77\,°C) = 175,6\cdot 10^{-4}$. On en déduit les valeurs

$$\Delta_r G_1^0 = 21,84 \text{ kJ}\cdot\text{mol}^{-1} \text{ et } \Delta_r G_2^0 = 11,76 \text{ kJ}\cdot\text{mol}^{-1}$$

On peut donc écrire le système

$$\begin{cases}\Delta_r G_1^0=\Delta_r H^0-T_1\Delta_r S^0\\ \Delta_r G_2^0=\Delta_r H^0-T_2\Delta_r S^0\end{cases} \text{ donc}$$

$$\begin{cases}\Delta_r H^0=129,3 \text{ kJ}\cdot\text{mol}^{-1}\\ \Delta_r S^0=335,9 \text{ J}\cdot\text{K}\cdot\text{mol}^{-1}\end{cases}$$

c) On en déduit

$$\Delta_r G^0(T=380\text{ K})=\Delta_r H^0-380\Delta_r S^0=22\,283 \text{ kJ}\cdot\text{mol}^{-1}$$

$$\text{et } K^0(380)=e^{-\frac{\Delta_r G^0(380)}{R\cdot 380}}=0,592$$

d'où la pression d'équilibre :

$$K^0(380)=\left(\frac{P}{2P_0}\right)^2 \text{ donc } P_f=2P^0\sqrt{0,592}=1,538\cdot 10^5 \text{ Pa}$$

Par application de la loi des gaz parfaits :

$$P_f V=2\xi_f RT \text{ donc } \xi_f=\frac{P_f V}{2RT}=1,22 \text{ mol}$$

Pour cette valeur, on aurait une quantité de matière négative de $NaHCO_3$, ce qui est impossible. Cette espèce est donc en défaut et disparaît complètement. On en déduit que $\xi_f = 1,0$ mol, donc $n_f(NaHCO_3) = 0$ mol, $n_f(Na_2CO_3) = 2,0$ mol, $n_f(CO_2) = 2,0$ mol et $n_f(H_2O) = 2,0$ mol.

d) En notant y la quantité de matière de diazote, le nouveau tableau d'avancement est le suivant :

mol	$2NaHCO_3(s) =$	$Na_2CO_3(s)+$	$CO_2(g)+$	$H_2O(g)$	gaz
initial	2,0	0	0	0	y
date t	$2,0-2\xi$	ξ	ξ	ξ	$2\xi+y$
ξ_f	$2,0-2\xi_f$	ξ_f	ξ_f	ξ_f	$2\xi_f+y$

L'équilibre est atteint si $Q_r = K$, soit

$$\left(\frac{\xi_f}{2\xi_f+y}\cdot\frac{P}{P^0}\right)^2=0,592 \text{ avec } P=\frac{(2\xi_f+y)RT}{V}$$

$$\text{donc } \xi_f=1,22 \text{ mol}$$

Rien ne change, donc, et le $NaHCO_3$ disparaît complètement si l'ajout de diazote se fait à volume constant ; en revanche, s'il se fait à pression constante, on peut atteindre l'équilibre (le $NaHCO_3$ ne disparaît pas complètement) si $P = 1,538$ bar.

17.17

a) La réaction de combustion du méthane dans le dioxygène a pour équation et tableau d'avancement

mol	$CH_4(g)+$	$2O_2(s) =$	$CO_2(g)+$	$2H_2O(g)$	gaz
initial	n	$2n$	0	0	$3n$
date t	$n-\xi$	$2n-2\xi$	ξ	2ξ	$3n$
ξ_f	$n-\xi_f$	$2n-2\xi_f$	ξ_f	$2\xi_f$	$3n$

À l'équilibre :

$$\frac{\left(\frac{\xi_f}{3n}\cdot\frac{P}{P^0}\right)\cdot\left(\frac{\xi_f}{3n}\cdot\frac{P}{P^0}\right)^2}{\left(\frac{n-\xi_f}{3n}\cdot\frac{P}{P^0}\right)\cdot\left(\frac{2n-2\xi_f}{3n}\cdot\frac{P}{P^0}\right)^2}=K \text{ soit } \frac{\xi_f^3}{(n-\xi_f)^3}=K$$

L'avancement ne dépend donc pas de la pression et l'équilibre n'évolue pas quand on change sa valeur.

b) La réaction de combustion de l'éthane dans le dioxygène a pour équation et tableau d'avancement

mol	$C_2H_6(g)+$	$\frac{7}{2}O_2(s) =$	$2CO_2(g)+$	$3H_2O(g)$	gaz
initial	n	$3,5n$	0	0	$4,5n$
date t	$n-\xi$	$3,5n-3,5\xi$	2ξ	3ξ	$4,5n+0,5\xi$
ξ_f	$n-\xi_f$	$3,5n-3,5\xi_f$	$2\xi_f$	$3\xi_f$	$4,5n+0,5\xi_f$

À l'équilibre :

$$\frac{\left(\frac{2\xi_f}{4,5n+0,5\xi_f}\cdot\frac{P}{P^0}\right)^2\cdot\left(\frac{3\xi_f}{4,5n+0,5\xi_f}\cdot\frac{P}{P^0}\right)^3}{\left(\frac{n-\xi_f}{4,5n+0,5\xi_f}\cdot\frac{P}{P^0}\right)\cdot\left(\frac{3,5n-3,5\xi_f}{4,5n+0,5\xi_f}\cdot\frac{P}{P^0}\right)^{3,5}}=K$$

$$\text{soit } \frac{2^2\cdot 3^3\xi_f^5}{3,5^{3,5}(4,5n+0,5\xi_f)^{0,5}(n-\xi)^{4,5}}\cdot\frac{P^{0,5}}{(P^0)^0,5}=K$$

$$\text{soit } A\cdot\frac{\xi_f^5}{(4,5n+0,5\xi_f)^{0,5}(n-\xi)^{4,5}}\cdot P^{0,5}=K$$

L'avancement dépend donc de la pression. Dans la fraction en ξ_f, comme la réction est presque totale, ξ_f est proche de n et le terme $4,5n+0,5\xi_f \simeq 5n$ est lui aussi presque constant ; cette fraction est donc une fonction croissante de ξ_f. Si P augmente :

- le terme $P^{0,5}$ augmente
- donc la fraction diminue
- donc ξ_f diminue

donc la réaction évolue dans le sens rétrograde.

17.18

a) La réaction s'écrit

$$CH_3CO_2H(aq) + H_2O = CH_3C0_2^-(aq) + H_3O^+(aq)$$

b) Dressons le tableau d'avancement.

$mol\cdot L^{-1}$	$CH_3CO_2H(aq)+$	$H_2O =$	$CH_3CO_2^-(aq)+$	$H_3O^+(aq)$
initial	c_0	solvant	0	0
date t	c_0-x	solvant	x	x
final	c_0-x_f	solvant	x_f	x_f

À l'équilibre, le quotient de réaction est égal à la constante d'acidité donc

$$\frac{x_f^2}{c_0-x_f}=K_A=10^{-4,8}$$

On résout cette équation du second degré et on calcule

$$x_f=\frac{-K_A+\sqrt{K_A^2+4Kc_0}}{2}=1,18\cdot 10^{-4}\ mol\cdot L^{-1}$$

$$\text{et } pH=-\log x_f=3,9$$

c) L'ajout d'eau revient à diluer l'acide, donc à diminuer c_0, et l'expression algébrique précédente prouve que x_f diminue. Ceci peut paraître paradoxal, car l'ajout d'un réactif déplace en général l'équilibre dans le sens direct. Mais la diminution de x_f est celle d'une **concentration**, et comme la quantité d'eau a augmenté, la diminution de x_f est compatible avec l'augmentation de l'avancement. En effet, en notant n_0 la quantité de matière d'acide introduite, on a à l'équilibre

$$K_A=Q_r=\frac{\left(\frac{\xi_{eq}}{V}\right)^2}{\frac{n_0-\xi_{eq}}{V}}=\frac{\xi_{eq}^2}{(n_0-\xi_{eq})V}$$

donc si V augmente, Q_r diminue, devient inférieur à K_A et la réaction évolue bien dans le sens direct.

d) Lorsque c_0 devient très petit, on peut effectuer le développement limité de l'expression algébrique de l'avancement final :

$$\xi_f=\frac{K_A}{2}\cdot\frac{-1+\sqrt{1+\frac{4c_0}{K_A}}}{2}$$

$$\xi_f\simeq\frac{K_A}{2}\cdot\frac{-1+\left[1+\frac{2c_0}{K_A}\right]}{2}\simeq c_0$$

et en reportant cette valeur dans le tableau d'avancement, la concentration résiduelle d'acide $c_0-\xi_f$ tend vers zéro : l'acide très dilué est donc totalement dissocié, il se comporte comme un acide fort.

17.19

a) La réaction s'écrit

$$N_2(g)+3H_2(g)=2NH_3(g)$$

b) Le nombre total de moles gazeuses est $a+b+c$.

i) À l'équilibre, le quotient de réaction est égal à la constante d'équilibre, soit

$$\frac{\left(\frac{c}{a+b+c}\cdot\frac{P}{P_0}\right)^2}{\left(\frac{a}{a+b+c}\cdot\frac{P}{P_0}\right)\cdot\left(\frac{b}{a+b+c}\cdot\frac{P}{P_0}\right)^3}=K^0(T)$$

$$\text{soit } \frac{c^2(a+b+c)^2}{ab^3}\cdot\frac{P^2}{P0^2}=K^0(T)$$

ii) Q_r est une fonction croissante de c, donc l'ajout d'ammoniac entraîne une augmentation de Q_r, qui se trouve alors supérieur à K^0. La réaction évolue donc dans le sens rétrograde.

iii) Pour savoir si l'augmentation de b entraîne celle de Q_r, on calcule la dérivée

$$\frac{\partial Q_r}{\partial b} = \frac{c^2 P^2}{a P^{0\,2}} \cdot \frac{2(a+b+c)b^3 - (a+b+c)^2 \cdot 3b^2}{b^6}$$

$$\frac{\partial Q_r}{\partial b} = \frac{c^2 P^2 (a+b+c)(-3a-b-3c)}{ab^4 P^{0\,2}} < 0$$

Q_r est donc une fonction décroissante de b, une augmentation de b entraîne donc une diminution de Q_r, qui se trouve alors inférieur à K^0, la réaction évolue donc dans le sens direct.

iv) De même

$$\frac{\partial Q_r}{\partial a} = \frac{c^2 P^2 (a+b+c)(a-b-c)}{a^2 b^3 P^{0\,2}}$$

Le signe de cette dérivée dépend des valeurs a, b et c, on ne peut donc déterminer dans quel sens la réaction évolue.

v) Notons d la quantité de matière d'hélium introduite. Le quotient de réaction devient

$$\frac{c^2(a+b+c+d)^2}{ab^3} \cdot \frac{P^2}{P^{0\,2}} > \frac{c^2(a+b+c)^2}{ab^3} \cdot \frac{P^2}{P^{0\,2}}$$

Il se trouve donc supérieur à K^0, la réaction évolue donc dans le sens rétrograde.

17.20

a) On calcule

$$\begin{cases} \Delta_r H^0 = -287 + 0 - (-374,9) = 87,9 \text{ kJ}\cdot\text{mol}^{-1} \\ \Delta_r S^0 = 311 + 223 - (364,5) = 169,5 \text{ J}\cdot\text{K}^{-1}\cdot\text{mol}^{-1} \\ \Delta_r G^0(500 \text{ K}) = \Delta_r H^0 - 500\Delta_r S^0 = 3150 \text{ J}\cdot\text{mol}^{-1} \end{cases}$$

On en déduit

$$K^0(500 \text{ K}) = e^{-\frac{3150}{8,314 \cdot 500}} = 0,4687$$

b) La quantité de matière totale gazeuse est

$$n_{gaz} = 0,15 + 0,40 + 0,10 = 0,65 \text{ mol}$$

i) On calcule le quotient de réaction

$$Q_r = \frac{\left(\frac{0,40}{0,65} \cdot 3\right) \cdot \left(\frac{0,10}{0,65} \cdot 3\right)}{\left(\frac{0,15}{0,65} \cdot 3\right)} = 1,231 > 0,4687$$

$Q_r > K^0$ donc la réaction évolue dans le sens rétrograde.

ii) Dressons le tableau d'avancement.

mol	$PC\ell_5(g) =$	$PC\ell_3(g) +$	$C\ell_2(g)$	gaz
initial	0,15	0,40	0,10	0,65
date t	$0,15-\xi$	$0,40+\xi$	$0,10+\xi$	$0,65+\xi$
final	$0,15-\xi_f$	$0,40+\xi_f$	$0,10+\xi_f$	$0,65+\xi_f$

À l'équilibre, le quotient de réaction est égal à la constante d'équilibre donc

$$\frac{\left(\frac{0,40+\xi_f}{0,65+\xi_f} \cdot 3\right) \cdot \left(\frac{0,10+\xi_f}{0,65+\xi_f} \cdot 3\right)}{\left(\frac{0,15-\xi_f}{0,65+\xi_f} \cdot 3\right)} = 0,4687$$

$$\text{soit } \frac{3(0,40+\xi_f)(0,10+\xi_f)}{(0,65+\xi_f)(0,15-\xi_f)} = 0,4687$$

On développe et on résout l'équation du second degré

$$3,4687\xi_f^2 + 1,734\xi_f + 0,0743 = 0 \text{ donc } \begin{cases} \xi_1 = -0,0473 \\ \xi_2 = -0,4527 \end{cases}$$

La seconde solution donnerait des quantités finales négatives des produits, on garde donc $\xi_f = -0,0473$ (cette valeur est négative, ce qui est cohérent avec l'évolution de la réaction dans le sens rétrograde obtenue à la question précédente) et on calcule les quantités finales $n_f(PC\ell_5) = 0,1973$ mol, $n_f(PC\ell_3) = 0,3527$ mol et $n_f(C\ell_2) = 0,0527$ mol.

c) À l'équilibre initial, $Q_r = K^0(500 \text{ K})$, soit, en notant

$$n_5 = n(PC\ell_5),\ n_3 = n(PC\ell_3) \text{ et } n_2 = n(C\ell_2)$$

$$\frac{n_3 n_2}{n_5(n_2+n_3+n_5)} \cdot \frac{P}{P^0} = K^0(T)$$

i) Quand on augmente T à P constante, on change $K^0(T)$ sans changer Q_r. On a obtenu $\Delta_r H^0 > 0$ (la réaction est endothermique) donc d'après la relation de Van 't Hoff, K^0 est une fonction croissante de température. Quand T augmente, K^0 augmente donc, devient supérieur à Q_r, la réaction évolue donc dans le sens direct. C'est conforme à la loi de Van 't Hoff, la réaction évolue dans le sens endothermique pour s'opposer à l'augmentation de T.

ii) Quand on augmente P à T constante, on modifie Q_r sans modifier K^0. À quantités de matière égales, le quotient de réaction croît avec P, donc Q_r se trouve supérieur à K^0 et la réaction évolue dans le sens rétrograde. C'est conforme à la loi de Le Châtelier, la réaction évolue dans le sens de diminution du nombre de moles gazeuses pour s'opposer à l'augmentation de P.

iii) La loi des gaz parfaits impose la relation

$$\frac{P}{n_2 + n_3 + n_5} = \frac{RT}{V}$$

donc on peut écrire le quotient de réaction sous la forme

$$Q_r = \frac{n_3 n_2}{n_5} \frac{RT}{P^0 V}$$

Par conséquent, à V constante, si T augmente, Q_r augmente et d'après la relation de Van 't Hoff, K^0 augmente aussi car $\Delta_r H^0 > 0$. Il faut donc comparer les deux augmentations en calculant les dérivées des deux grandeurs par rapport à T. On a

$$\frac{\partial Q_r}{\partial T} = \frac{n_3 n_2}{n_5} \frac{R}{P^0 V}$$

Dans l'état d'équilibre initial,

$$\begin{cases} n_5 = 0,1973 \text{ mol} \\ n_3 = 0,3527 \text{ mol} \quad \text{et } PV = (n_1 + n_2 + n_3)RT \\ n_2 = 0,0527 \text{ mol} \end{cases}$$

$$\text{donc } \frac{R}{P_0 V} = \frac{\frac{P}{P^0}}{(n_1 + n_2 + n_3)T} = 9,955 \cdot 10^{-3}$$

On en déduit

$$\frac{\partial Q_r}{\partial T} = 9,379 \cdot 10^{-4} \text{ K}^{-1}$$

De la relation de Van 't Hoff, on déduit

$$\frac{d \ln K^0}{dT} = \frac{1}{K^0} \cdot \frac{dK^0}{dT} = \frac{\Delta_r H^0}{RT^2}$$

$$\text{donc } \frac{dK^0}{dT} = \frac{K^0 \Delta_r H^0}{RT^2} = 197,3 \cdot 10^{-4} \text{ K}^{-1}$$

Pour une augmentation de la température de δT, on observe des augmentations simultanées du quotient de réaction et de la constante d'équilibre

$$\begin{cases} \delta Q_r = \frac{\partial Q_r}{\partial T} \cdot \delta T = 9,379 \cdot 10^{-4} \delta T \\ \delta K^0 = \frac{dK^0}{dT} \cdot \delta T = 197,3 \cdot 10^{-4} \delta T \end{cases}$$

K^0 augmente donc beaucoup plus que Q_r, Q_r se trouve donc inférieur à K^0 et la réaction évolue dans le sens direct.

iv) À T constant, K^0 ne varie pas. On doit donc étudier la variation de Q_r avec les quantités de matière à P constante.

i. Il est immédiat que

$$Q_r = \frac{n_3 n_2}{n_5(n_2 + n_3 + n_5)} \cdot \frac{P}{P^0}$$

est une fonction décroissante de n_5. Quand n_5 augmente, Q_r diminue, et se trouve donc inférieur à K^0, la réaction évolue dans le sens direct.

ii. Pour étudier la variation de Q_r avec n_3, on dérive

$$\frac{\partial Q_r}{\partial n_3} = \frac{n_2(n_2 + n_5)}{n_5(n_2 + n_3 + n_5)^2} \cdot \frac{P}{P^0} > 0$$

Quand n_3 augmente, Q_r augmente, et se trouve donc supérieur à K^0, la réaction évolue dans le sens rétrograde.

iii. Pour étudier la variation de Q_r avec n_2, on dérive

$$\frac{\partial Q_r}{\partial n_2} = \frac{n_3(n_3 + n_5)}{n_5(n_2 + n_3 + n_5)^2} \cdot \frac{P}{P^0} > 0$$

Quand n_2 augmente, Q_r augmente, et se trouve donc supérieur à K^0, la réaction évolue dans le sens rétrograde.

iv. Si on ajoute h moles d'hélium, la quantité totale de gaz augmente et le quotient de réaction devient

$$\frac{n_3 n_2}{n_5(n_2 + n_3 + n_5 + h)} \cdot \frac{P}{P^0} < \frac{n_3 n_2}{n_5(n_2 + n_3 + n_5)} \cdot \frac{P}{P^0}$$

Le quotient de réaction diminue, se trouve inférieur à K^0 et la réaction évolue dans le sens direct.

CHAPITRE 18

Électrochimie

Thèmes abordés dans les exercices

- Courbe courant-potentiel.
- Montage à 3 électrodes.
- Surtension.
- Système rapide, système lent.
- Courant limite de diffusion.
- Vagues successives.
- Mur du solvant.
- Point de fonctionnement d'une pile.
- Potentiel mixte, courants anodique et cathodique.
- Corrosion humide, corrosion différentielle.
- Protection par revêtement, passivation, anode sacrificielle, par courant imposé.
- Pile.
- Tension à vide, résistance interne et capacité d'une pile.
- Électrolyse.
- Accumulateur.

Points essentiels du cours pour la résolution des exercices

- Interpréter une courbe courant-potentiel.
- Construire et exploiter le point de fonctionnement d'une réaction rédox.
- Déterminer les caractéristiques d'une corrosion humide.
- Interpréter une corrosion différentielle.
- Connaître et expliquer les modes de protection contre la corrosion.
- Étudier les aspects thermodynamiques et cinétiques d'une pile.
- Déterminer lees caractéristiques d'une électrolyse.
- Faire l'étude sommaire d'un accumulateur.

Les méthodes à retenir

Interpréter une courbe courant-potentiel.

Une **électrode** conductrice plonge dans une solution chimique. Une oxydation ou une réduction a lieu au contact de l'électrode qui canalise les électrons. L'électrode est qualifiée d'**anode** s'il y a oxyd**a**tion (avec un a comme anode) et de **cathode** s'il y a rédu**c**tion (avec un c comme cathode). L'**intensité d'électrode** est celle circulant dans le fil d'alimentation de l'électrode, elle est toujours mesurée dans le sens de **plongée** dans la solution.

- L'**intensité anodique** est toujours positive.
- L'**intensité cathodique** est toujours négative.

La **courbe courant-potentiel** est le graphe donnant l'évolution de l'intensité d'électrode (i en A) en fonction de son potentiel électrique (E en V). Une autre famille de courbes donne la représentation de la densité volumique de courant j (en $A \cdot m^{-2}$, en rapportant l'intensité i à la surface S de l'électrode immergée) en fonction de E. De nombreux phénomènes physiques et/ou chimiques entrent en jeu dans l'oxydation ou la réduction au contact d'une électrode plongée dans une solution. Voici les principaux.

a) L'atome métallique qui s'oxyde doit recevoir une énergie au moins égale à celle d'ionisation.

b) Cet atome libère un électron qui doit gagner l'électrode conductrice, puis s'y déplacer.

c) L'ion créé doit pouvoir être solvaté pour passer en solution.

d) L'ion solvaté doit être évacué, sinon la concentration locale en cet ion peut croître considérablement.

e) Réciproquement, l'ion qui se réduit doit migrer jusqu'à la surface de l'électrode, où les électrons sont disponibles.

f) Ces électrons doivent être capturés par les ions par force électrique, puis gagner la bonne case quantique.

g) L'atome créé doit se fixer sur la surface de l'électrode.

h) Lorsque l'espèce qui va s'oxyder est gazeuse, il faut assurer le contact entre le gaz et l'électrode.

i) Lorsque l'espèce oxydée est gazeuse, il faut que la bulle puisse se détacher de l'électrode, sinon elle risque d'empêcher le contact entre l'électrode et les ions en solution.

Interpréter une courbe courant-potentiel, c'est expliquer qualitativement sa forme en citant ceux de ces effets qui favorisent, ou qui obstruent la demi-réaction rédox, et provoquent ainsi respectivement une valeur élevée ou faible de l'intensité i. La plupart du temps, aucun calcul n'est nécessaire, le simple bon sens suffit.

Exemple :

Voici les allures des courbes courant-potentiel des couples $Fe^{2+}(aq)/Fe(s)$ et $Fe^{3+}(aq)/Fe^{2+}(aq)$, avec une électrode en fer, des concentrations $[Fe^{2+}] = 0,10\ mol\cdot L^{-1}$ pour le premier couple et $[Fe^{2+}] = [Fe^{3+}] = 0,10\ mol\cdot L^{-1}$ pour le second.

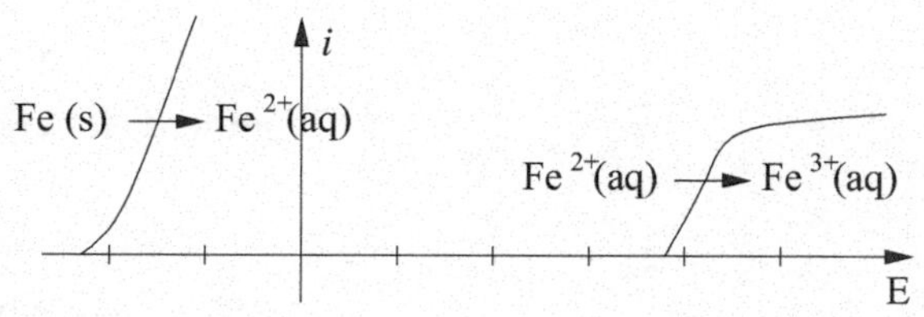

On remarque une limitation en courant du couple ion/ion : il existe un **palier de saturation**. Interprétons ce phénomène.

• Le réducteur du couple $Fe^{2+}(aq)/Fe(s)$ est le fer métallique qui constitue l'électrode. Il est donc abondant sans limite. Un atome à la surface de l'électrode peut libérer ses deux électrons. Ceux-ci sont conduits dans le demi-espace métallique et l'ion $Fe^{2+}(aq)$ est solvaté puis migre dans l'autre demi-espace occupé par le solvant. Il n'y a donc aucune limitation à la croissance de l'intensité.

• Le réducteur du couple $Fe^{3+}(aq)/Fe^{2+}(aq)$ est l'ion Fe^{2+} en solution. Il ne peut s'oxyder qu'au contact de l'électrode qui conduira son électron. L'ion Fe^{3+} créé devra ensuite être solvaté et quitter la surface de l'électrode. L'oxydation nécessite donc un double mouvement ionique au sein de la solution. Celui-ci s'apparente à une diffusion à deux sens. Elle est régie par la loi de Fick, hors programme MP, mais qui s'apparente à la loi de Fourier. Or la vitesse des ions est limitée. On interprète donc le palier de saturation par l'existence d'un **courant limite de diffusion**.

↪ **Exercices 18.1, 18.2, 18.3, 18.4, 18.5.**

Construire et exploiter le point de fonctionnement d'une réaction rédox.

Une réaction rédox est la composition de deux demi-équations. On peut ainsi la modéliser en reliant deux demi-piles électrochimiques par un fil conducteur. Ce fil impose :

- l'égalité des potentiels de la cathode et de l'anode ;
- l'égalité entre l'intensité sortant de la cathode et de celle entrant dans l'anode.

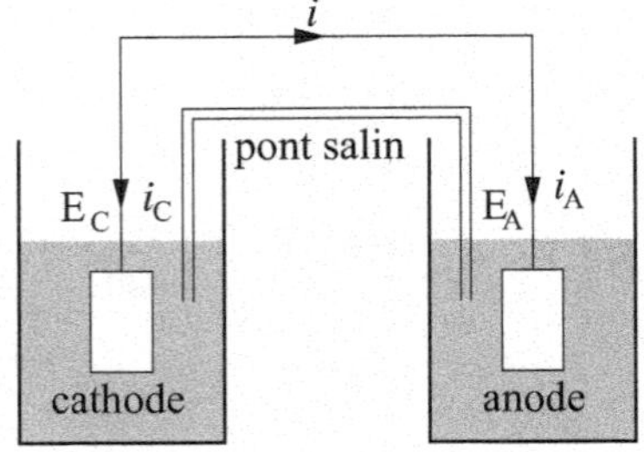

Le **point de fonctionnement** est donc défini par

$$E_C = E_A \text{ et } i_C = -i_A$$

La méthode graphique de détermination de ce point de fonctionnement traduit cette double égalité. On peut utiliser une régle graduée transparente où le zéro est au milieu, on la fait glisser sur l'axe des abscisses (des potentiels E) jusqu'à trouver deux points d'ordonnées (intensités) opposées ($i_C = -i_A$).

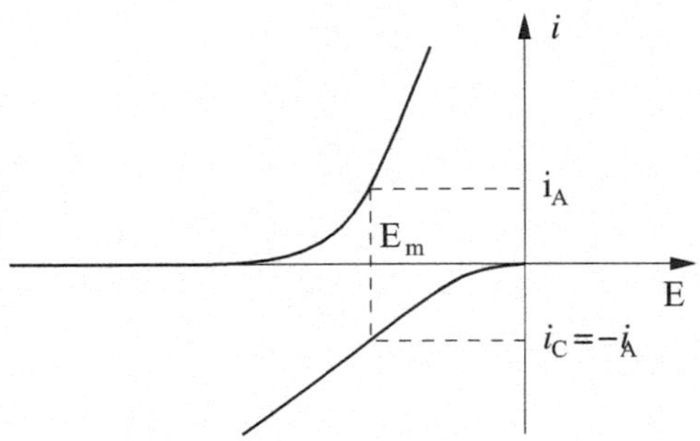

Voici comment exploiter les coordonnées du point de fonctionnement.

a) L'abscisse commune est le **potentiel mixte** E_m. Notons qu'il n'est égal ni au potentiel standard, ni au potentiel de Nernst des deux couples (distincts) car la circulation d'un courant signifie l'échange d'électrons, donc une situation de **déséquilibre chimique**.

b) L'intensité de fonctionnement $i = i_A = -i_C$ est directement reliée à la **cinétique** de la réaction rédox par la relation

$$i = n\mathscr{F}V \text{ avec } \begin{cases} \mathscr{F} = 96\,500 \text{ C}\cdot\text{mol}^{-1} \text{ (Faraday)} \\ V = \frac{d\xi}{dt} \text{ : vitesse de réaction} \end{cases}$$

et n le nombre d'électrons échangés dans la réaction rédox équilibrée. On peut ainsi calculer les quantités de matière produites et consommées dans une phase de réaction à i et E_m constants.

Exemple :

Une tige de magnésium est plongée dans une solution d'acide sulfurique à pH = 0. Les potentiels standard sont

$$\begin{cases} Mg(s) = Mg^{2+}(aq) + 2e^- \ : \ E^0(Mg^{2+}/Mg) = -2,37\ V \\ 2H^+(aq) + 2e^- = H_2(g) \ : \ E^0(H^+/H_2) = 0,00\ V \end{cases}$$

À l'instant initial, les potentiels de Nernst sont

$$\begin{cases} E(Mg^{2+}(aq)/Mg(s)) = -2,37 + \frac{0,06}{2}\log[Mg^{2+}]_i \\ E(H^+(aq)/H_2(g)) = \frac{0,06}{2}\log[H^+]_i^2 \end{cases}$$

La concentration initiale de l'ion magnésium est nulle et le potentiel de Nernst n'est pas défini (il tend vers $-\infty$). Mais dès que l'oxydation du magnésium commence, les ions se forment et la concentration au voisinage de la tige devient strictement positive. Fixons l'instant initial lorsque la concentration est $[Mg^{2+}]_i = 0,10\ mol\cdot L^{-1}$ et $[H^+]_i = 1,0\ mol\cdot L^{-1}$ car pH = 0. La réaction rédox observée est totale car sa constante d'équilibre vaut

$$10^{\frac{2(E^0(H^+(aq)/H_2(g)) - E^0(Mg^{2+}(aq)/Mg(s)))}{0,06}} = 10^{79}$$

$$Mg(s) + 2H^+(aq) \xrightarrow{(n=2e^-)} Mg^{2+}(aq) + H_2(g)$$

Voici l'allure des courbes courant potentiel des deux couples dans les conditions de l'expérience.

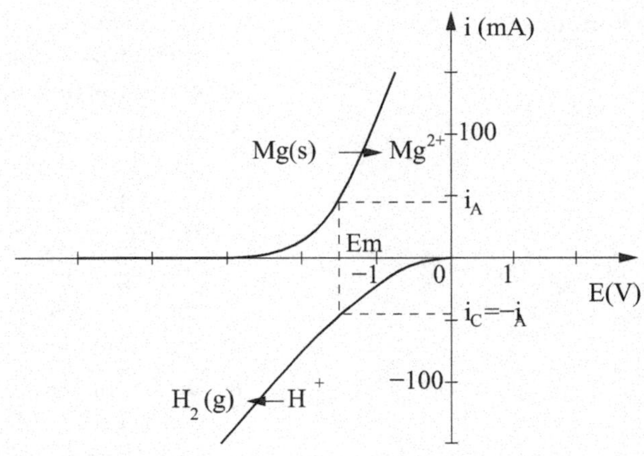

Le point de fonctionnement de la réaction rédox est

$$E_m = -1,5\ V \text{ et } i_A = 45\ mA$$

Voici deux faits expérimentaux décrivant le fonctionnement de cette réaction.
a) La vitesse de réaction est $V = \frac{i}{2\mathcal{F}} = 2{,}3 \cdot 10^{-7}$ mol·s^{-1}. La vitesse de disparition de la tige de magnésium est donc $60 \times V \times M_{Mg} = 0{,}33$ mg·min^{-1}. Bien que très favorable thermodynamiquement, cette réaction est donc lente.
b) Au fur et à mesure de l'évolution chimique, la concentration en Mg^{2+} augmente et celle en H^+ diminue (donc le pH augmente). Les potentiels de Nernst se rapprochent et les courbes courant-potentiel évoluent ainsi :

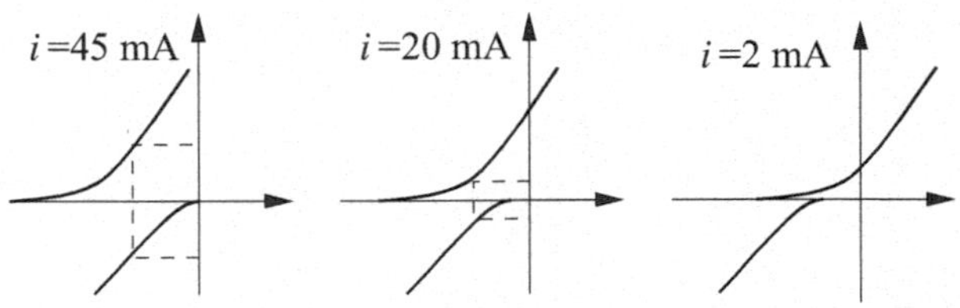

La vitesse de réaction diminue donc progressivement.

↪ **Exercice 18.6.**

Déterminer les caractéristiques d'une corrosion humide.

Lorsqu'un métal est soumis à l'action de l'eau et de l'air, on peut observer son oxydation par l'ion H^+(aq) ou par le dioxygène O_2(g) ou en solution O_2(aq). Voici les étapes de l'étude de cette oxydation, appelée **corrosion humide**.

a) On met en évidence la possibilité thermodynamique de la corrosion en superposant les diagrammes potentiel-pH du métal concerné et celui de l'eau. Elle est **thermodynamiquement favorable** lorsque les domaines de prédominance de O_2 et du métal, ou ceux de H^+ et du métal sont **disjoints**.

b) On écrit la réaction rédox correspondante, on peut calculer sa constante d'équilibre et vérifier qu'elle est quantitative.

c) On fait un schéma expliquant le mouvement des différentes espèces, en n'oubliant pas que les ions ne peuvent être qu'en solution, et les électrons conduits dans le métal.

d) On détermine le **potentiel de corrosion** et l'intensité i de fonctionnement grâce aux courbes courant-potentiel.

e) On déduit de i la cinétique de la corrosion, l'espérance de vie éventuelle de la pièce de métal dans les conditions de fonctionnement.

Exemple :

Considérons une pièce de une mole de fer métallique immergée dans l'eau agitée d'un ruisseau.

a) Voici la superposition des diagrammes potentiel-pH du fer et de l'eau.

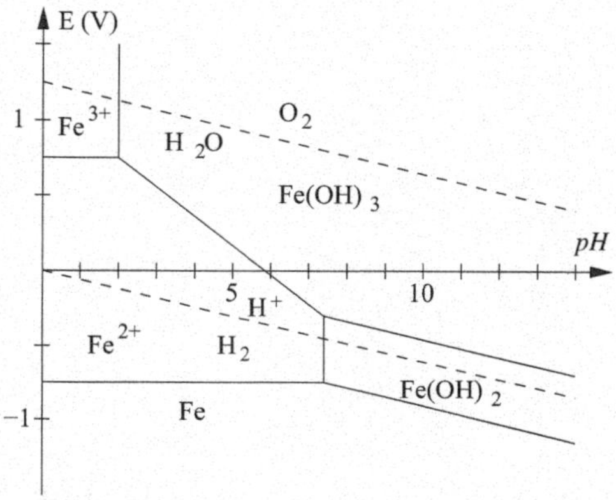

Le fer métallique est donc oxydé par le dioxygène (et par H^+) car leurs domaines de prédominance sont disjoints.

b) L'eau étant agitée, elle est dite **aérée** et le dioxygène est en solution aqueuse $O_2(aq)$, avec une concentration de l'ordre de $5 \cdot 10^{-4}$ mol·L^{-1}. Voici les demi-équations des deux couples concernés et l'équation bilan rédox

$$\begin{cases} 2H_2O + O_2(aq) + 4e^- = 4HO^-(aq) \\ Fe(s) = Fe^{2+}(aq) + 2e^- \end{cases}$$

$$\text{donc } 2Fe(s) + 2H_2O + O_2(aq) = 2Fe^{2+}(aq) + 4HO^-(aq)$$

c) Voici le schéma des mouvements des différentes espèces.

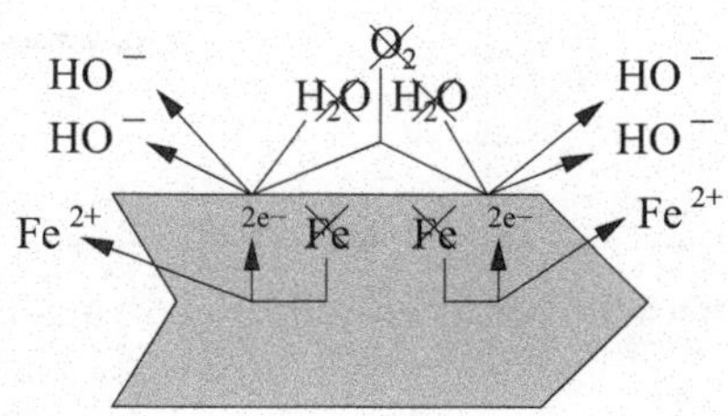

d) À pH = 7, le potentiel rédox du couple rédox $O_2(aq)/H_2O$ vaut 0,80 V. Avec une concentration en ion de l'ordre de $[Fe^{2+}] = 10^{-5}$ mol·L^{-1} au voisinage de la pièce, le potentiel rédox du couple rédox $Fe^{2+}(aq)/Fe(s)$ est de l'ordre de $-0,59$ V. La surtension cathodique est importante, de l'ordre de $\eta_C = -0,60$ V.

Voici l'allure des courbes courant-potentiel.

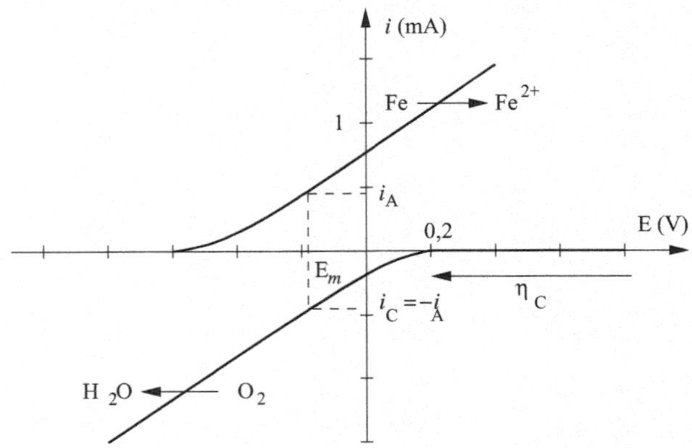

On détermine graphiquement l'intensité de fonctionnement et le potentiel (mixte) de corrosion

$$i = 0,45 \text{ mA et } E_m = -0,18 \text{ V}$$

e) La vitesse de réaction vaut

$$V = \frac{i}{4\mathcal{F}} \text{ soit } \frac{d\xi}{dt} = 1,17 \cdot 10^{-9} \text{ mol} \cdot \text{s}^{-1}$$

Le fer aura donc totalement disparu à la date t telle que

$$2\xi_f = 1,0 \text{ mol donc}$$

$$t_f = \frac{0,5}{1,17 \cdot 10^{-9}} = 4,3 \cdot 10^8 \text{ s} \simeq 13,5 \text{ ans}$$

↪ **Exercice 18.7.**

Interpréter une corrosion différentielle.

Lorsque la pièce métallique est homogène et que les concentrations en oxydant (O_2 ou H^+) sont les mêmes en tout point de la pièce, on dit que la corrosion est **uniforme**. Dans les conditions réelles, on observe souvent une hétérogénéité de la pièce et/ou de concentrations. Le métal étant conducteur, les électrons peuvent s'y déplacer et on modélise le système par une pile électrochimique entre deux zones distinctes formant deux demi-piles électrochimiques : on dit qu'il y a **corrosion différentielle**.

Les deux cas de référence sont les suivants.

a) **Hétérogénéité du support** : il y a juxtaposition de deux plaques de métaux différents M et N. C'est alors toujours le métal N dont le couple a le plus faible potentiel qui sera corrodé, car c'est le métal le plus réducteur.

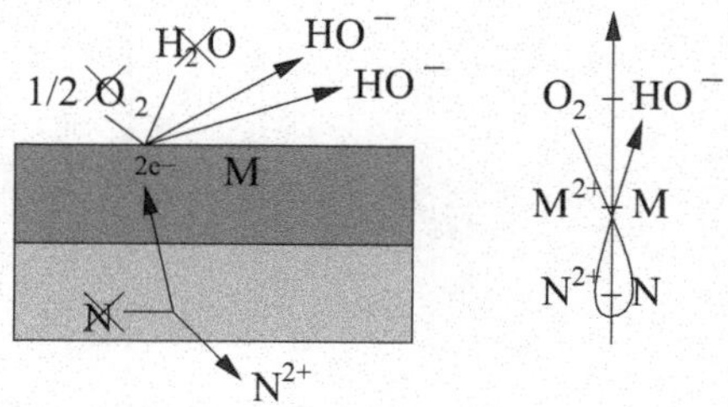

b) **Hétérogénéité du milieu** : en deux zones d'une pièce homogène, la concentration en l'oxydant est distincte. On observera alors toujours la corrosion du métal là où la concentration est la plus faible, et la réduction de l'oxydant là où elle est la plus forte.

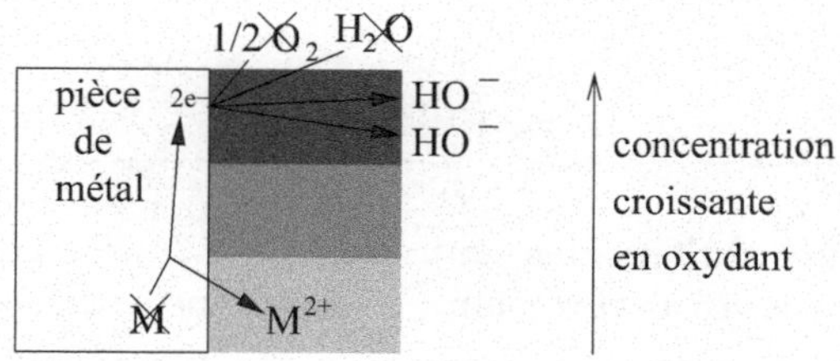

Exemple :

a) On colle une plaque de zinc à la base inférieure d'un bloc de fer. Ce système est plongé dans de l'eau, la base supérieure du bloc de fer proche de la surface de l'eau.

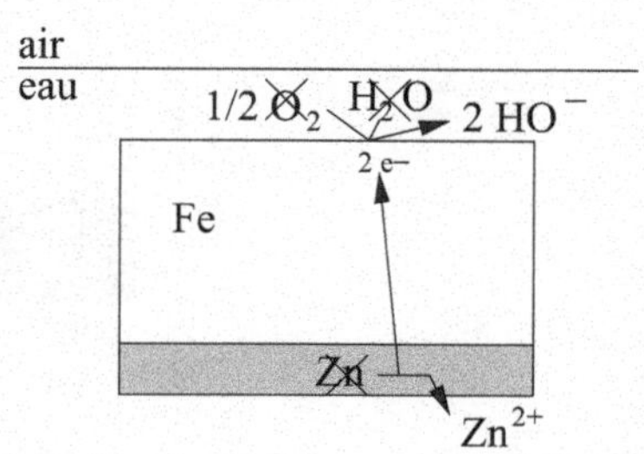

Bien que située plus en profondeur, où la concentration en dioxygène dissous est faible, c'est la plaque de zinc qui est corrodée.

b) Lorsqu'un poteau métallique est planté au fond d'un bassin plein d'eau de mer, son état apparent au voisinage de la surface peut paraître excellent alors que la base du poteau est fortement corrodée.

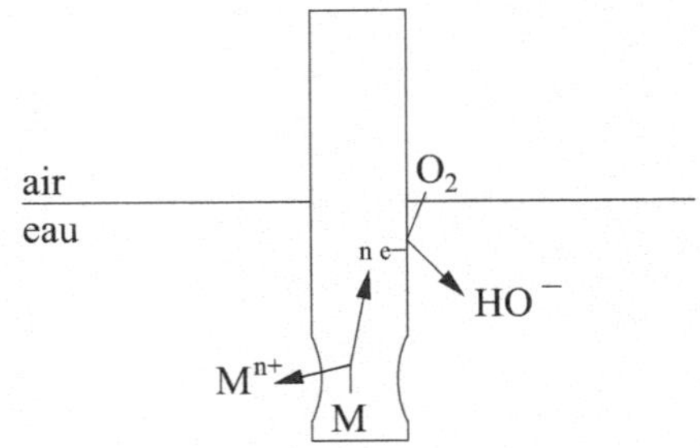

↪ **Exercices 18.8, 18.9, 18.10, 18.11.**

Connaître et expliquer les modes de protection contre la corrosion.

C'est en comprenant les phénomènes de corrosion humide qu'on peut prévoir et expliquer les techniques de protection. Voici les quatre modes de **protection contre la corrosion** cités par le programme, et les éléments fondamentaux d'explication.

a) Le **revêtement** de la pièce métallique par une **couche protectrice** empêche le contact direct entre l'oxydant et le métal, et la libération des ions métalliques dans la solution. On utilise en particulier les vernis, les peintures, les films plastiques. L'un des inconvénients est que si cette couche est percée, l'oxydation du métal se développe autour de ce germe puis peut se propager sous la couche sans être détectée.

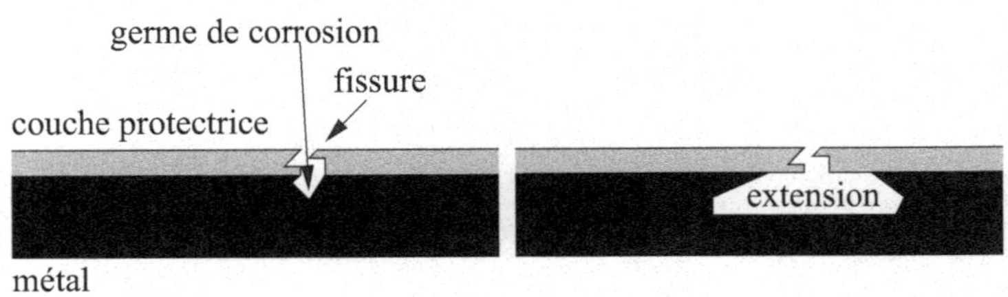

b) La lecture du diagramme potentiel-pH du métal soumis à un oxydant prouve dans certains cas que le métal se transforme en un oxyde métallique robuste et adhérant à la surface du métal. L'oxyde étant étanche et mauvais conducteur électrique, il forme ainsi une couche protectrice qui se développe spontanément. Ce phénomène s'appelle la **passivation**.

Notons que les oxydes métalliques du type M_nO_p forment en général des couches plus solides, même à faible épaisseur, que les hydroxydes du type $M(OH)_p$. Le diagramme du fer dressé avec les oxydes prouve que le fer est passivé à pH basique.

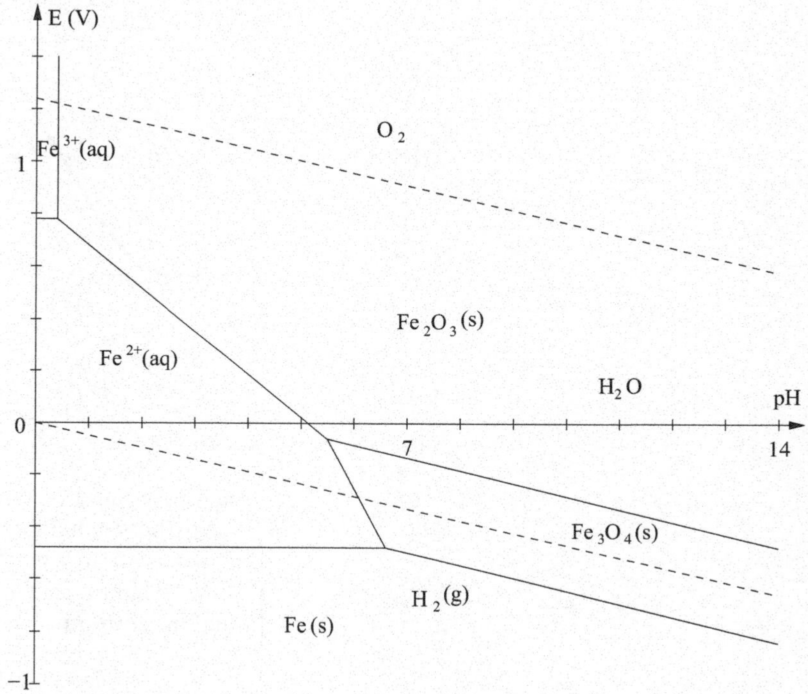

c) L'**anode sacrificielle** utilise la corrosion différentielle : un appendice de métal plus réducteur que le métal qu'on veut protéger est soudé à la pièce. C'est lui qui s'oxydera.

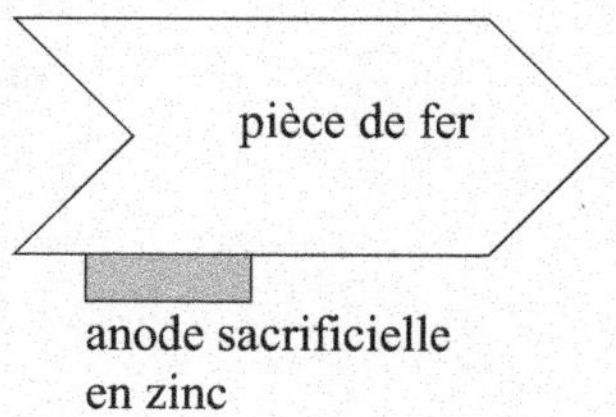

d) On peut enfin opérer une **protection électrochimique par courant imposé** grâce à un générateur électrique portant la pièce à un potentiel inférieur au potentiel de corrosion et en provoquant ainsi l'**immunité** du métal. Tout se passe alors comme si le générateur fournissait au métal les électrons qu'il perd quand il se corrode.

Exemple :

Voici l'allure des courbes courant-potentiel du fer, du zinc et du couple $H^+(aq)/H_2(g)$:

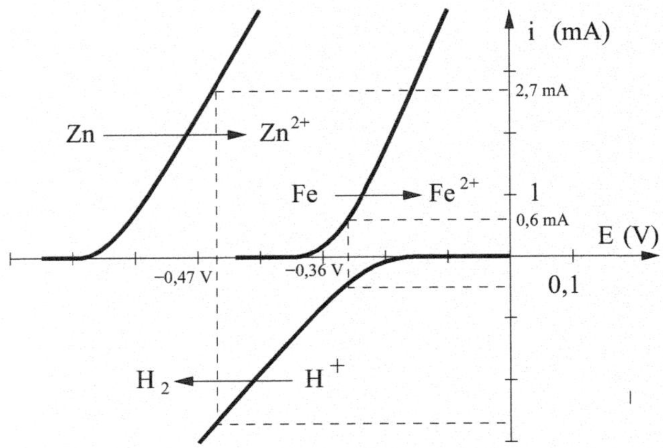

Si on mettait directement le bloc de fer dans la solution, la construction habituelle donne un potentiel de corrosion $E_{cor,Fe} = -0,36$ V et une intensité anodique $i_{cor,Fe} = 0,6$ mA. En adjoignant une anode de zinc à une pièce de fer, la réaction rédox qui s'opère est

$$Zn(s) + 2H^+(aq) \; = \; Zn^{2+}(aq) + H_2(g)$$

La construction habituelle donne un potentiel de corrosion $E_{cor,Zn} = -0,47$ V et une intensité anodique $i_{cor,Zn} = 2,7$ mA. Au potentiel $-0,47$ V, le fer est dans sa zone d'immunité. L'anode de zinc, en s'oxydant, protège donc la pièce de fer contre la corrosion, ce qui justifie le terme « sacrificielle ».

↪ **Exercices 18.12, 18.13, 18.14, 18.15, 18.16.**

Étudier les aspects thermodynamiques et cinétiques d'une pile.

Une **pile électrochimique** est un dispositif formé de deux demi-piles entre lesquelles on canalise l'échange d'électrons dans un fil conducteur, le circuit étant fermé par un pont salin permettant le transfert ionique.

Il y a oxydation à l'anode du réducteur le plus fort et réduction à la cathode de l'oxydant le plus fort.

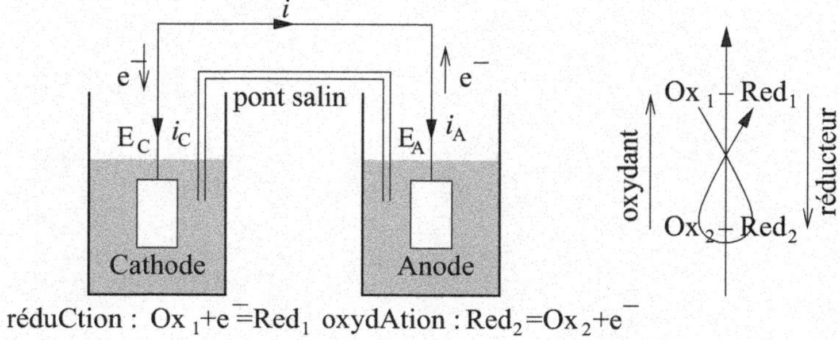

a) **Aspect thermodynamique**. Les résultats du chapitre 17 donnent les relations entre les grandeurs thermodynamiques et les grandeurs électriques.
Dans une pile, la réaction d'oxydoréduction est spontanée

$$n_1 \text{Ox}_1 + n_2 \text{Red}_2 \overset{n\,e^-}{=} n_1 \text{Red}_1 + n_2 \text{Ox}_2$$

Sa constante d'équilibre K^0 est supérieure à 1. En notant E_1^0 et E_2^0 les potentiels standard, $\Delta_r G^0$ l'enthalpie libre standard de réaction et n le nombre d'électrons échangés, on a

$$K^0 = 10^{\frac{n(E_1^0 - E_2^0)}{0{,}059}} \text{ et } \Delta_r G^0 = n\mathcal{F}(E_1^0 - E_2^0)$$

La pile s'arrête de fonctionner quand les deux potentiels de Nernst sont égaux. Le travail électrique total W_{el} fourni par la pile est majoré par la variation d'enthalpie libre

$$W_{el} \leq \Delta G$$

La **capacité** Q est la quantité totale d'électricité fournie par la pile, exprimée en coulomb ou ampère-heure :

$$Q = \xi_f n \mathcal{F}$$

b) **Aspect cinétique**. On utilise les courbes courant-potentiel fournies par l'énoncé. La **tension à vide** U_0 est lue entre les deux points extrêmes de nullité des courants. Elle est égale à la différence entre les potentiels de Nernst. Par construction, on détermine l'**intensité de court-circuit** I_{cc} de la pile lorsqu'elle est placée en court-circuit.

Exemple :

Une pile cuivre/zinc est formée par une demi-pile où l'électrode de cuivre plonge dans $V_0 = 100$ mL de sulfate de cuivre à $c_0 = 0,100\ \text{mol}\cdot\text{L}^{-1}$ et une demi-pile où l'électrode de zinc (en excès) plonge dans $V_0 = 100$ mL de sulfate de zinc à $c_0 = 0,100\ \text{mol}\cdot\text{L}^{-1}$. Les potentiels standard sont

$$E^0(Cu^{2+}/Cu) = 0,34\ \text{V et } E^0(Zn^{2+}/Zn) = -0,76\ \text{V}$$

La réaction rédox s"écrit

$$Cu^{2+}(aq) + Zn(s) \overset{n=2e^-}{=} Cu(s) + Zn^{2+}(aq)$$

Voici le schéma de la pile en court-circuit.

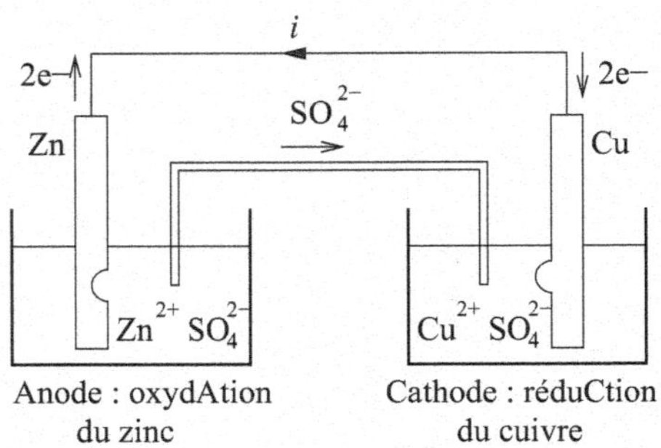

a) **Aspect thermodynamique**. La constante d'équilibre de la réaction rédox est

$$K^0 = 10^{\frac{2(0,34-(-0,76))}{0,059}} \simeq 10^{37}$$

La réaction est donc thermodynamiquement très favorable. Le réactif limitant est l'ion $Cu^{2+}(aq)$. L'avancement final vaut donc

$$\xi_f = c_0 V_0 = 1,00 \cdot 10^{-2}\ \text{mol}$$

La capacité de la pile est donc

$$Q = 2\xi_f \mathscr{F} = 1\,930\ \text{C} = 0,536\ \text{Ah}$$

b) **Aspect cinétique**. Les potentiels de Nernst initiaux sont

$$\begin{cases} E(Cu^{2+}/Cu) = 0,34 + \frac{0,06}{2}\log c_0 = 0,31\ \text{V} \\ E(Zn^{2+}/Zn) = -0,76 + \frac{0,06}{2}\log c_0 = -0,79\ \text{V} \end{cases}$$

Il n'y a pas de surtension et voici l'allure des courbes courant-potentiel à l'instant initial.

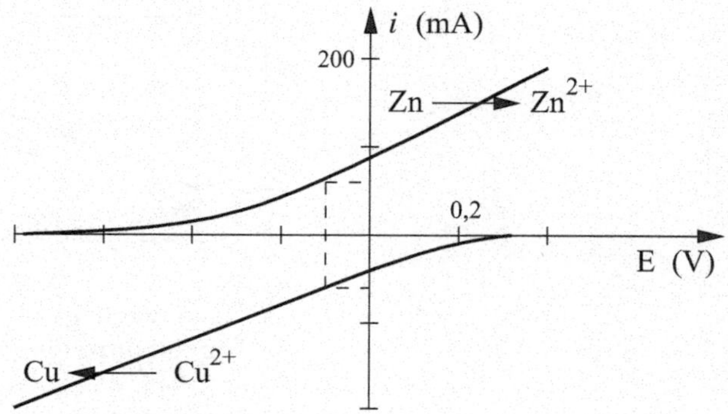

La tension à vide initiale de la pile vaut

$$U_0 = 0,31 - (-0,79) = 1,10 \text{ V}$$

Le potentiel mixte vaut et l'intensité de court-circuit valent respectivement

$$E_m = -0,10 \text{ V et } I_{cc} = 60 \text{ mA}$$

Après $\Delta t = 600$ s de fonctionnement, si l'intensité reste égale à cette valeur, la charge électrique transférée vaut

$$q = I_{cc} \cdot \Delta t = 36 \text{ C}$$

L'avancement à cette date vaut

$$\xi = \frac{\frac{q}{\mathscr{F}}}{2} = 1,87 \cdot 10^{-4} \text{ mol}$$

Les concentrations des solutions sont donc devenues

$$\begin{cases} [Cu^{2+}] = \frac{c_0 V_0 - \xi}{V_0} = 9,8 \cdot 10^{-2} \text{ mol} \cdot \text{L}^{-1} \\ [Zn^{2+}] = \frac{c_0 V_0 + \xi}{V_0} = 10,2 \cdot 10^{-2} \text{ mol} \cdot \text{L}^{-1} \end{cases}$$

Lorsque la pile continue à fonctionner, $[Cu^{2+}]$ continue à diminuer et $[Zn^{2+}]$ à augmenter, donc Le potentiel de Nernst du cuivre diminue et celui du zinc augmente : les deux courbes se rapprochent.

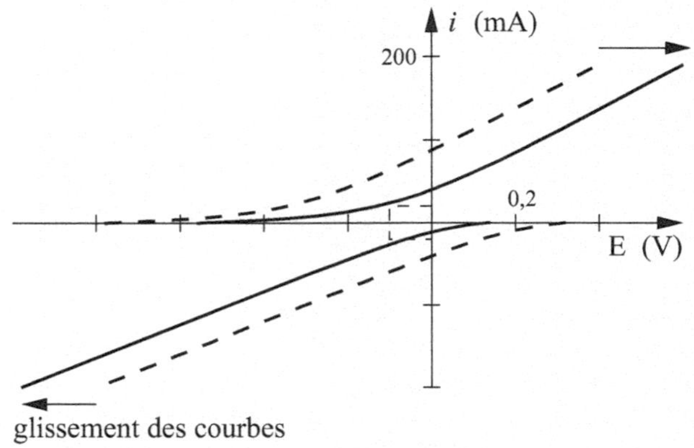

La tension à vide de la pile diminue et l'intensité de court-circuit diminue : la pile s'use. Elle s'arrêtera lorsque les potentiels de Nernst seront égaux, ce qui correspond à la situation d'équilibre.

↪ **Exercices 18.17, 18.18, 18.19.**

Déterminer les caractéristiques d'une électrolyse.

Un **électrolyseur** est un dispositif formé de deux demi-piles entre lesquelles un générateur impose l'oxydation de l'espèce la moins réductrice et la réduction de l'espèce la moins oxydante. Voici le schéma du dispositif, sachant qu'il est en général possible d'utiliser une cuve unique.

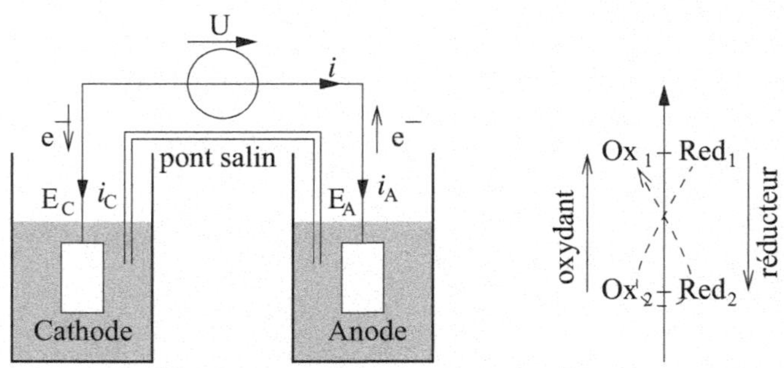

réduCtion : $Ox_2 + e^- = Red_2$ oxydAtion : $Red_1 = Ox_1 + e^-$

À tension U imposée, on détermine graphiquement l'intensité de fonctionnement en cherchant sur les courbes deux points d'ordonnées (intensités) opposées et dont la différence des abscisses (potentiels) est égale à U.

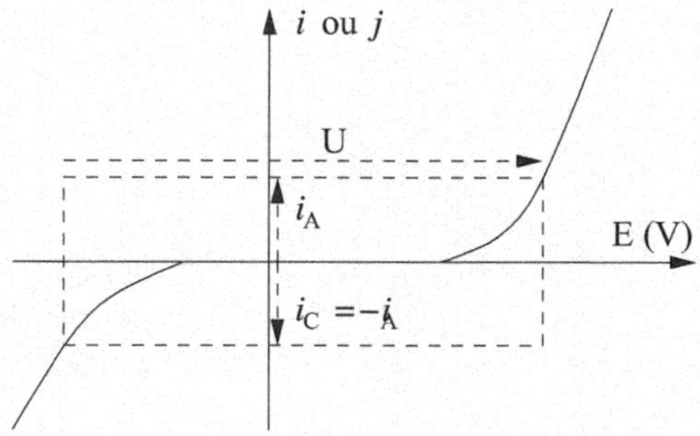

Cette construction ouvre trois types d'étude.

a) On détermine la **tension de seuil**, valeur minimale de U pour laquelle i est significative :

$$U_s = (E_A + \eta_A) - (E_C + \eta_C)$$

b) La valeur de i ou de j permet le calcul de la vitesse de réaction et la détermination des quantités produites à l'anode ou à la cathode, typiquement celle de métal réduit.

c) À point de fonctionnement fixe, on peut enfin calculer le **coût énergétique** de l'électrolyse, typiquement le coût de production massique du métal.

Exemple :

On place un générateur de tension entre une demi-pile où l'électrode de cuivre plonge dans $V_0 = 100$ mL de sulfate de cuivre à $c_0 = 0,100\ \text{mol}\cdot\text{L}^{-1}$ et une demi-pile où l'électrode de zinc (en excès) plonge dans $V_0 = 100$ mL de sulfate de zinc à $c_0 = 0,100\ \text{mol}\cdot\text{L}^{-1}$. Les potentiels standard sont $E^0(Cu^{2+}/Cu) = 0,34$ V et $E^0(Zn^{2+}/Zn) = -0,76$ V. Voici l'allure des courbes courant-potentiel.

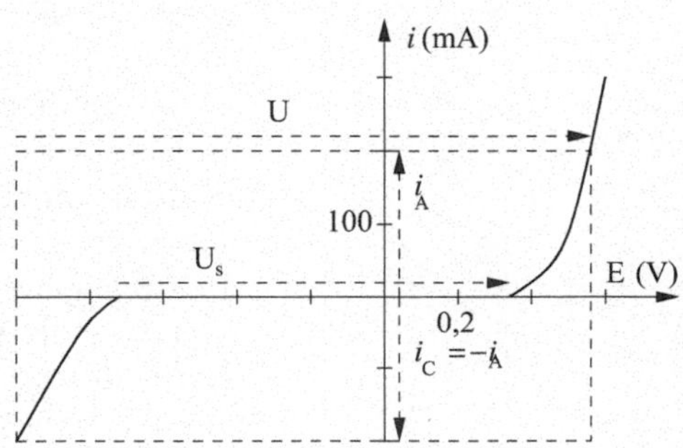

a) Il n'y a pas de surtensions et la tension de seuil est

$$U_s = E(Cu^{2+}/Cu) - E(Zn^{2+}/Zn)$$

Les concentrations initiales des solutions étant identiques, la différence des potentiels de Nernst est égale à la différence des potentiels standard soit

$$U_s = E^0(Cu^{2+}/Cu) - E^0(Zn^{2+}/Zn) = 1,10\ V$$

b) On applique une tension U = 1,56 V. La construction donne une intensité volumique de fonctionnement $i = 200$ mA. Le nombre d'électrons échangés est $n = 2$. On en déduit la vitesse de réaction

$$i = 2\mathcal{F} \cdot \frac{d\xi}{dt} \text{ donc } \frac{d\xi}{dt} = 1,04 \cdot 10^{-6}\ \text{mol} \cdot \text{s}^{-1}$$

Après $\Delta t = 60$ s de fonctionnement, on aura donc un dépôt de

$$m_{Zn} = \xi \cdot M_{Zn} = 1,04 \cdot 10^{-6} \cdot 60 \cdot 65,4 = 4,1\ \text{mg}$$

c) L'énergie électrique dépensée vaut

$$W_{elec} = U \cdot i \cdot \Delta t = 18,7\ J$$

↪ **Exercice 18.20.**

Faire l'étude sommaire d'un accumulateur.

Un **accumulateur** est un système électrochimique convertissant

- l'énergie électrique en énergie chimique, fonctionnant en électrolyseur (récepteur électrique) pendant la phase de charge ;
- l'énergie chimique en énergie électrique fonctionnant en pile (générateur électrique) pendant la phase de décharge.

Aucune connaissance sur l'accumulateur n'est requise par le programme officiel, il fait l'objet d'analyse documentaire. Voici les principaux axes d'étude.

a) **Étude qualitative électrochimique**.

L'analyse des potentiels ou la lecture des diagrammes potentiel-pH permet de prévoir les réactions chimiques qui se déroulent pendant les phases de charge et de décharge. Souvent, l'énoncé demande un schéma des mouvements des porteurs de charge (électrons et ions), des dépôts et des attaques de métal.

b) **Étude quantitative électrochimique.**
L'exploitation des courbes courant-potentiel permet le calcul des intensités de fonctionnement, et des vitesses de réaction. On peut en déduire les temps de charge et de décharge et les caractéristiques électriques de l'accumulateur.
c) **Étude des phénomènes chimiques annexes.**
Souvent, d'autres réactions chimiques se produisent et permettent la mise en évidence des atouts et des défauts (voire des dangers) des accumulateurs lorsqu'ils produisent ou détruisent telle ou telle espèce.
d) **Étude des phénomènes physiques ou technologiques annexes.**
Il est aussi possible qu'au cours des cycles de charge et de décharge des accumulateurs, des transformations lentes et irréversibles des pièces se développent, comme des porosités, des déformations, des croissances dendritiques des électrodes, expliquant ainsi la dégradation du fonctionnement.

Exemple :

Un accumulateur nickel-cadmium est formé par la juxtaposition suivante

$$\mathrm{Cd(s)|Cd(OH)_2(s)|K^+(aq), HO^-(aq)|NiOOH(s)|Ni(OH)_2(s)|Ni}$$

Les potentiels standard sont

$$\begin{cases} E^0(H^+/H_2) = 0{,}00\ \mathrm{V} \\ E^0(O_2/H_2O) = 1{,}23\ \mathrm{V} \end{cases} \qquad \begin{cases} E^0(Cd(OH)_2/Cd) = 0{,}0\ \mathrm{V} \\ E^0(NiOOH/Ni(OH)_2) = 1{,}54\ \mathrm{V} \end{cases}$$

a) **Étude quantitative électrochimique**. Le nickel agit comme simple collecteur de courant. La couche d'hydroxyde de potassium (ou potasse) assure le transfert des ions HO^-. Les demi-équations s'écrivent

$$\begin{cases} Cd(s) + 2H_2O = Cd(OH)_2(s) + 2H^+(aq) + 2e^- \\ Ni(OH)_2(s) = NiOOH(s) + H^+ + e^- \end{cases}$$

La règle du gamma permet de prévoir la réaction spontanée pendant la décharge (fonctionnement en pile) et la réaction inverse forcée pendant la charge (fonctionnement en électrolyseur) de l'accumulateur.

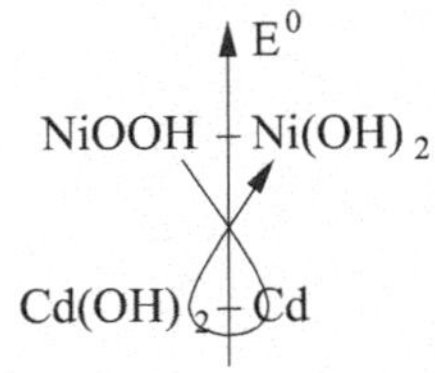

Les équations rédox s'écrivent donc inversement pour la décharge

$$Cd(s) + 2H_2O + 2NiOOH(s) = Cd(OH)_2(s) + 2Ni(OH)_2(s)$$

et pour la charge

$$Cd(OH)_2(s) + 2Ni(OH)_2(s) = Cd(s) + 2H_2O + 2NiOOH(s)$$

La présence d'hydroxyde de potassium à l'interface entre les deux demi-piles conduit à équilibrer les demi-équations avec HO^- pendant la phase de décharge

$$\begin{cases} Cd(s) + 2HO^-(aq) = Cd(OH)_2(s) + 2e^- \\ 2NiOOH(s) + 2H_2O + 2e^- = 2Ni(OH)_2(s) + 2HO^-(aq) \end{cases}$$

Voici la représentation schématique des différents transferts pendant la phase de fonctionnement en pile.

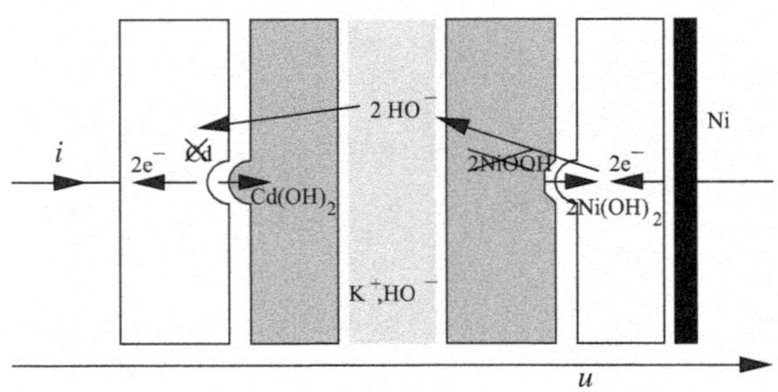

b) **Étude quantitative électrochimique**.

• La force électromotrice, ou tension à vide de la pile est la différence des potentiels de Nernst des deux demi-piles

$$\begin{cases} E_{Ni} = 1,54 + 0,06\log[H^+] = 1,54 - 0,06pH \\ E_{Cd} = 0,0 + \frac{0,06}{2}\log[H^+]^2 = -0,06pH \end{cases}$$

donc $e = 1,54$ V indépendamment du pH de la solution d'hydroxyde de potassium.

• Voici l'allure des courbes courant-potentiel à pH=12

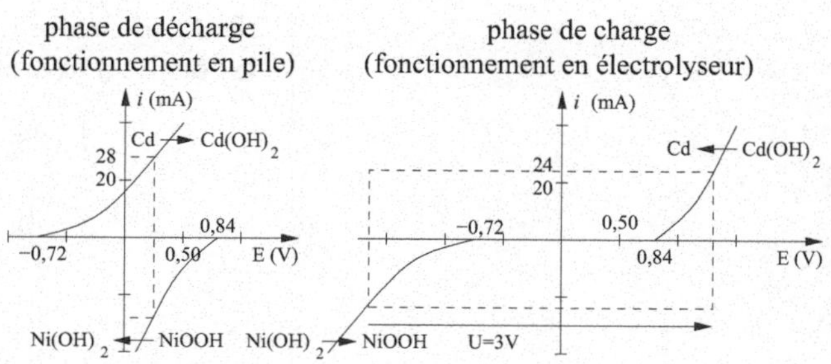

Lors du fonctionnement en pile, la construction graphique indique que l'intensité de fonctionnement en court-circuit vaut $i = 28$ mA. La vitesse de disparition du cadmium solide vaut donc

$$V_{dec} = -\frac{dn_{Cd}}{dt} = \frac{i}{2\mathcal{F}} = 1,45 \cdot 10^{-7}\ \text{mol} \cdot \text{s}^{-1}$$

La masse molaire du cadmium vaut $M_{Cd} = 112\ \text{g} \cdot \text{mol}^{-1}$ et si on limite la quantité de cadmium oxydée à $m_{max} = 10$ mg, on en déduit la durée de décharge de l'accumulateur

$$\Delta t_{dec} = \frac{\frac{m_{max}}{M_{Cd}}}{V_{dec}} = 615\ \text{s}$$

Lors du fonctionnement en électrolyseur, sous une tension imposée (par un générateur extérieur) de 3 V, la construction graphique indique que l'intensité de fonctionnement vaut $i = 24$ mA. On en déduit par le même calcul que la durée de la phase de charge de l'accumulateur est

$$\Delta t_{cha} = \frac{\frac{m_{max}}{M_{Cd}}}{V_{cha}} = 718\ \text{s}$$

c) **Étude des phénomènes chimiques annexes.** On donne le potentiel standard à pH = 12 :

$$E^0(Ni(OH)_2/Ni) = -0,6\ \text{V}$$

La règle du gamma prouve que le nickel ne peut pas s'oxyder mais que c'est plutôt le dihydroxyde de nickel qui se dismute.

d) **Étude des phénomènes physiques ou technologiques annexes**. Le cycle de charges et de décharges provoque l'alternance de l'oxydation du cadmium et de la réduction du dihydroxyde de cadmium. Imaginons que cette réduction ne se produise pas uniformément (en couche) sur la plaque de cadmium, mais selon une fibre plongeant dans la couche d'hydroxyde.

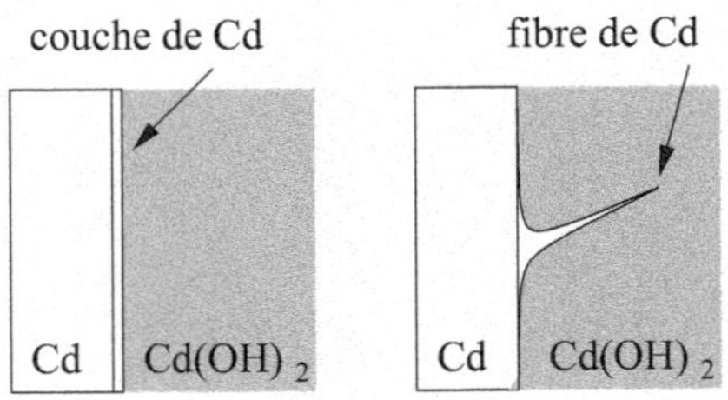

Cette fibre peut alors se développer de façon anarchique au sein de la couche d'hydroxyde, et deux phénomènes peuvent apparaître : le développement d'une fibre conductrice qui traverse la pile, bouleversant la répartion des espèces, voire mettant la pile en court-circuit, ou la croissance ramifiée, avec des fibrilles tellement petites qu'elles peuvent se briser au sein de la couche d'hydroxyde en fragments perdus de cadmium métallique.

↪ **Exercice 18.21.**

Énoncés des exercices

18.1

Système rapide, système lent

Voici l'allure des courbes courant-potentiel des couples $Fe^{3+}(aq)/Fe^{2+}(aq)$ et $H^+(aq)/H_2(g)$:

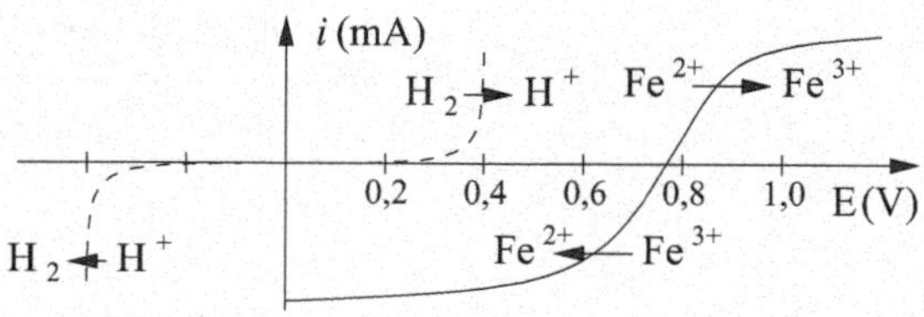

a) Décrire la demi-pile siège de l'oxydation du dihydrogène.

b) Justifier qualitativement pourquoi le couple de l'hydrogène forme un **système lent**, et celui du fer un **système rapide**.

c) Donner la valeur des surtensions cathodique et anodique pour le couple de l'hydrogène.

18.2

Influence de l'électrode sur la surtension cathodique

Voici les allures des courbes courant-potentiel du couple $H^+(aq)/H_2(g)$ pour différentes électrodes :

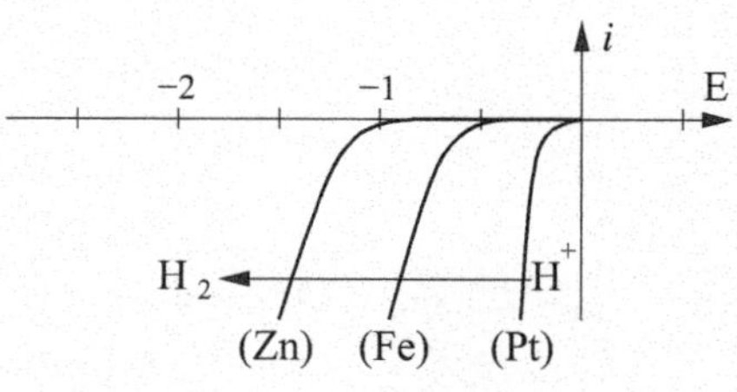

Voici les conductivités électriques des trois métaux

	Zn	Fe	Pt
$\gamma\ (\times 10^6 \Omega^{-1} m^{-1})$	16,5	10	9

a) Donner la valeur des surtensions cathodiques pour le couple de l'hydrogène pour les trois électrodes.

b) La différence de conductivité entre les métaux explique-t-elle la différence entre ces surtensions ?

18.3 Dissymétrie d'une courbe courant-potentiel

Voici l'allure de la courbe courant-potentiel du couple $Ag^+(aq)/Ag(s)$:

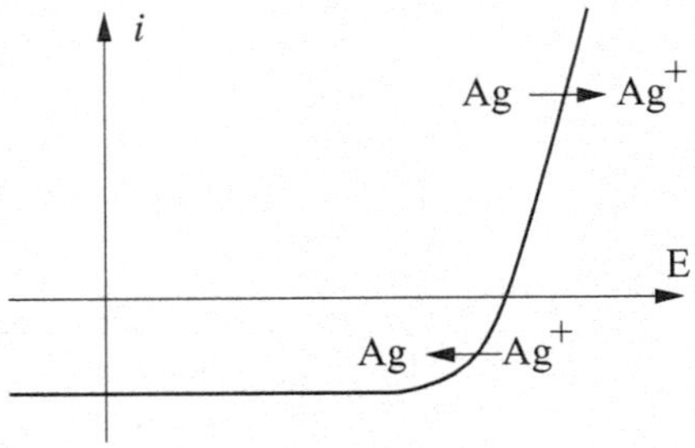

On admet la validité de la loi de Fick : si c désigne la concentration molaire exprimée en moles par mètre cube de solution, et $\vec{j}_P$ le vecteur densité de courant molaire, en moles par mètre carré et par seconde, alors

$$\vec{j}_P = -D\overrightarrow{\text{grad}}\, c$$

où D est le coefficient de diffusion. Expliquer la dissymétrie entre la partie anodique et la partie cathodique de cette courbe.

18.4 Vagues d'oxydation

Voici l'allure de la courbe courant-potentiel d'oxydation de l'ion iodure en solution :

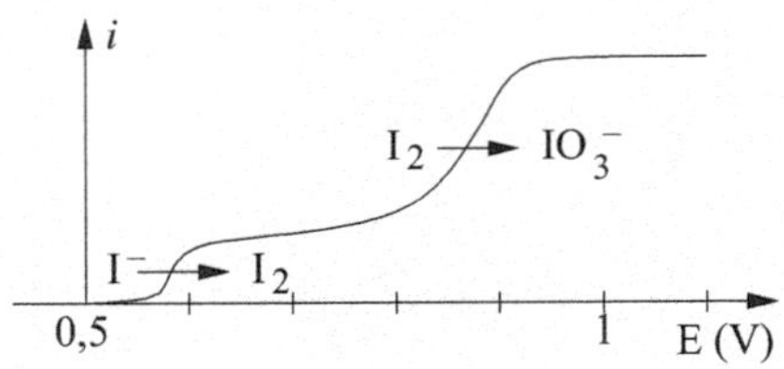

Expliquer cette forme particulière qu'on appelle **vagues successives d'oxydation**.

18.5 Mur du solvant

Les potentiels standard des couples de l'eau sont

$$E^0(H_2O/H_2(g)) = 0,00 \text{ V et } E^0(O_2(g)/H_2O) = 1,23 \text{ V}$$

Celui du couple peroxodisulfate/sulfate est

$$E^0(S_2O_8^{2-}(aq)/SO_4^{2-}(aq)) = 2,01 \text{ V}$$

Voici l'allure de la courbe courant-potentiel d'oxydation d'une solution aqueuse d'acide sulfurique (assimilé ici à un diacide fort) de concentration $c_0 = 0,5 \text{ mol}\cdot\text{L}^{-1}$, dans laquelle trempe une électrode de platine.

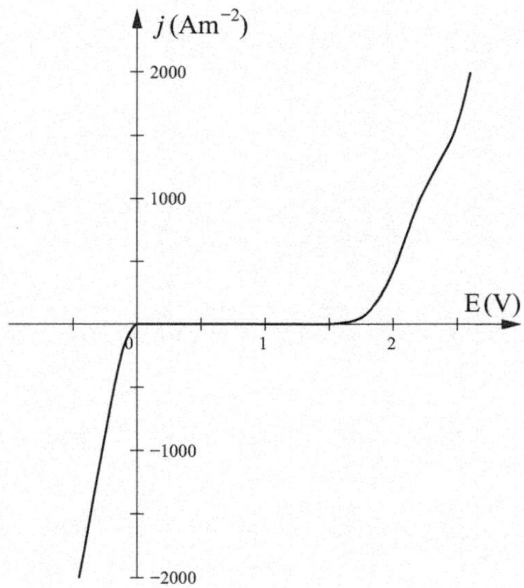

a) Pourquoi ne peut-on tracer directement la courbe courant-potentiel des couples de l'eau en utilisant de l'eau pure ?

b) L'oxydation du sulfate apparaît-elle nettement ?

c) Expliquer pourquoi en justifiant la locution «**mur du solvant**» .

d) Quel est le pH de la solution ?

e) Quelle est la surtension cathodique ?

18.6

Fer et zinc dans l'eau

On plonge un barreau de fer et un barreau de zinc dans l'eau salée (les ions chlorure et sodium ne servent qu'à assurer la conduction électrique). On relie ces deux barreaux par un fil conducteur. On observe un dégagement gazeux au niveau de l'électrode de fer, et un précipité blanc au niveau de l'électrode de zinc. On donne

$$\begin{cases} E^0(Zn^{2+}/Zn) = -0,76\ V \\ E^0(Fe^{2+}/Fe) = -0,44\ V \\ E^0(H^+/H_2) = 0,00\ V \end{cases} \quad \text{et } pK_s(Zn(OH)_2) = 17$$

La surtension cathodique pour le couple de l'hydrogène sur l'électrode de fer est $\eta_C = -0,20$ V.

a) Pourquoi peut-on prendre la pression du gaz dans les bulles égale à la pression atmosphérique $P_0 = 10^5$ Pa ?

b) Tracer l'allure des courbes courant-potentiel.

c) Interpréter les observations, estimer le potentiel mixte grâce à ces courbes et préciser la construction permettant de déterminer l'intensité i de fonctionnement.

d) Écrire l'équation bilan de la réaction chimique et calculer sa constante d'équilibre.

e) Justifier thermodynamiquement que la réaction a lieu dans les conditions de l'expérience.

f) En notant V_b le volume moyen d'une bulle de gaz, déterminer la relation entre i et le nombre de bulles qui se dégagent par seconde.

18.7

Corrosion du zinc par l'acide

Une plaque de zinc est trempée dans une solution acide. On admet que la surface de l'électrode pour le courant cathodique et pour le courant anodique sont égales. Une étude expérimentale donne les modèles mathématiques suivants pour les courbes courant-potentiel d'oxydation du zinc et de réduction de H^+ sur l'électrode de zinc :

$$\begin{cases} E = 0,0774 \log j_a - 0,1956 \\ E = -0,0780 \log |j_c| - 0,778 \end{cases}$$

où j est exprimé en $A \cdot cm^{-2}$ et E en volt.

a) Écrire les demi-équations et l'équation bilan de la corrosion du zinc par l'acide.

b) Calculer la densité de courant de corrosion j_{cor} et le potentiel de corrosion E_{cor}.

c) On donne

$$M_{Zn} = 65,4 \text{ g} \cdot \text{mol}^{-1}, \ \mu_{Zn} = 7\,140 \text{ kg} \cdot \text{m}^{-3} \text{ et } \mathcal{F} = 96\,490 \text{ C} \cdot \text{mol}^{-1}$$

Définir et calculer la vitesse de corrosion de la pièce métallique mesurée en micromètres par année.

18.8

Potentiel standard du couple O_2/H_2O en milieu basique

Le potentiel standard du couple $O_2(g)/H_2O$ est $E_1^0 = 1,23$ V. À 298 K, le produit ionique de l'eau (constante de l'équilibre d'autoprotolyse de l'eau) est $K_e = 10^{-14}$.

a) Écrire la demi-équation rédox du couple dioxygène/eau en l'équilibrant avec H^+(aq) puis avec H_3O^+(aq).

b) Donner l'expression de l'enthalpie libre standard de réaction $\Delta_r G_1^0$ de cet équilibre dans le sens de l'oxydation.

c) Écrire la réaction d'autoprotolyse de l'eau.

d) Donner l'expression de l'enthalpie libre standard de réaction $\Delta_r G_2^0$ de cet équilibre.

e) Écrire la demi-équation rédox du couple dioxygène/eau en l'équilibrant avec HO^-(aq).

f) Donner l'expression de l'enthalpie libre standard de réaction $\Delta_r G_3^0$ de cet équilibre dans le sens de l'oxydation.

g) En déduire le potentiel standard E_3^0 du couple $O_2(g)/H_2O$ en milieu basique.

h) Vérifier que le potentiel de Nernst du couple entre le dioxygène et l'eau est le même qu'on équilibre la demi-équation avec H^+ ou avec HO^-. Quel est alors l'intérêt d'avoir les deux écritures ?

i) Justifier qu'une micropile est constituée entre deux zones d'aération différente, c'est-à-dire où la pression partielle en dioxygène est différente.

18.9 Justification du phénomène de corrosion différentielle par hétérogénéité du support

Un alliage de deux métaux M et N est plongé dans une solution d'acide sulfurique. Les potentiels standard sont classés ainsi

$$E^0(N^{2+}(aq)/N(s)) < E^0(M^{2+}(aq)/M(s)) < 0$$

Justifier que si un atome de M est oxydé par H^+, l'ion formé est immédiatement réduit par N. *On en déduit la proposition du cours : « c'est toujours le métal N dont le couple a le plus faible potentiel qui sera corrodé ».*

18.10 Justification du phénomène de corrosion différentielle par hétérogénéité du milieu

Une pièce en métal M est plongée dans de l'eau aérée, dont la concentration c en dioxygène dissous décroît avec la profondeur. On note c_0 sa valeur sur la face supérieure de la pièce, proche de la surface, et c_1 sa valeur sur la face inférieure de la pièce ($c_1 < c_0$). Les potentiels standard des couples sont

$$E^0(O_2(aq)/HO^-(aq)) = 0,40\ \text{V},\ E^0(M^{2+}(aq)/M(s)) = -0,40\ \text{V}$$

a) Exprimer les potentiels de Nernst des couples en surface et en profondeur en supposant le pH proche de 7 et $[M^{2+}] \simeq 10^{-5}\ \text{mol}\cdot\text{L}^{-1}$.

b) On suppose qu'il y a beaucoup de dioxygène dissous en surface, de l'ordre de $c_s = 10^{-4}\ \text{mol}\cdot\text{L}^{-1}$ et très peu en profondeur, de l'ordre de $c_1 = 10^{-15}\ \text{mol}\cdot\text{L}^{-1}$. Par construction graphique, déterminer l'ordre de grandeur des potentiels mixtes pour une électrode de fer en surface et cette même électrode en profondeur.

c) On trempe une électrode de fer dans un bécher d'eau riche en dioxygène, et une autre électrode de fer dans un bécher d'eau pauvre en dioxygène. On relie les deux électrodes par un fil et les deux solutions par un pont salin. Qu'observe-t-on ? En déduire la proposition du cours : « on observe toujours la corrosion du métal là où la concentration en oxydant est la plus faible, et la réduction de l'oxydant là où elle est la plus forte ».

18.11 Expérience de la goutte d'eau d'Evans (résolution de problème)

Dans un bécher d'eau, on verse quelques gouttes de phénolphtaléine (qui rosit à pH basique) et quelques gouttes d'un amplificateur de teinte qui renforce la teinte verte de l'ion Fe^{2+}. On dépose une goutte de ce liquide à la surface d'une plaque de fer. On observe que la périphérie de la goutte devient rose et que son cœur devient vert. Expliquer ces phénomènes.

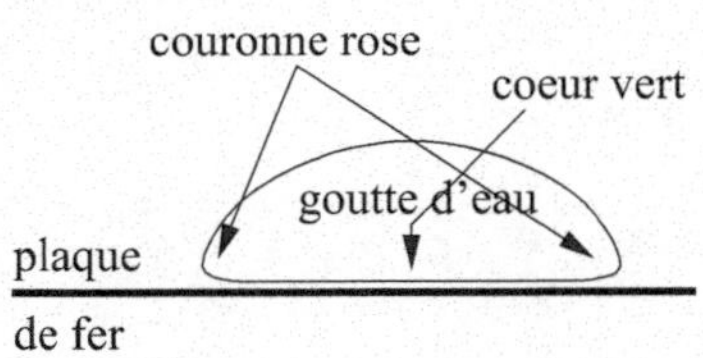

18.12

Protection par dépôt de nickel

On veut protéger un bloc de fer de la corrosion en le recouvrant d'un dépôt de nickel. On donne $E^0_{Fe^{2+}/Fe} = -0,44$ V et $E^0_{Ni^{2+}/Ni} = -0,25$ V. Le bloc est plongé dans de l'eau comportant du O_2 en solution. Une rayure apparaît dans la couche protectrice. Expliquez ce qui se passe.

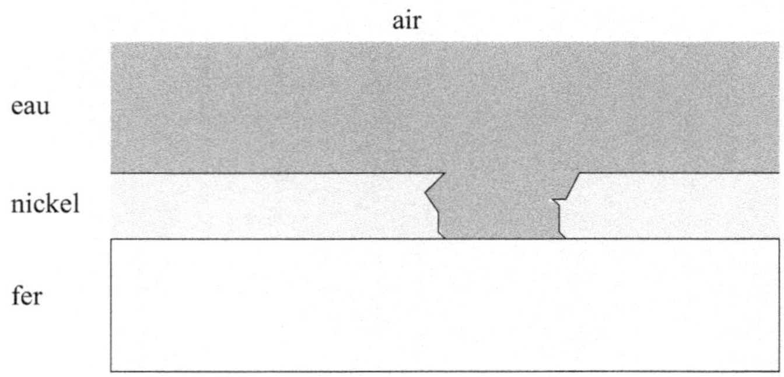

18.13

Électrozingage

On donne $E^0_{Fe^{2+}/Fe} = -0,44$ V et $E^0_{Zn^{2+}/Zn} = -0,76$ V.

a) La température de fusion du fer vaut 1 538 °C, celle du zinc vaut 420 °C. Proposer un procédé physique de réalisation du dépôt de zinc sur le barreau de fer.

b) Un barreau de fer recouvert de zinc vernis en surface est plongé dans l'eau comportant du O_2 en solution. Une rayure apparaît dans la couche protectrice. Expliquez ce qui se passe.

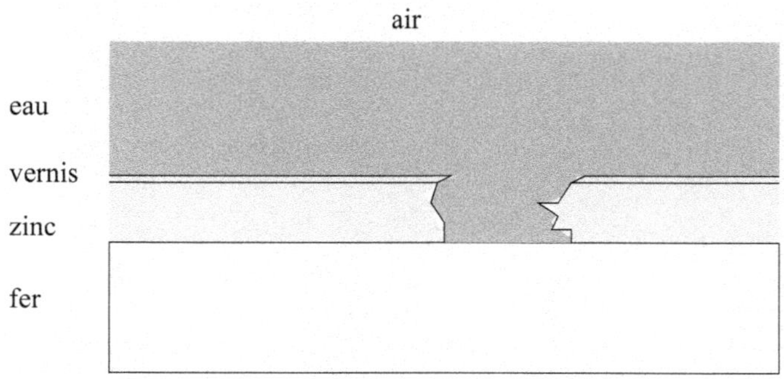

18.14

Application numérique pour une anode sacrificelle

Une plaque de fer de masse $m = 56$ g correspondant à une mole est plongée dans une solution acide. Voici l'allure des courbes courant-potentiel du fer, du zinc et du couple $H^+(aq)/H_2(g)$:

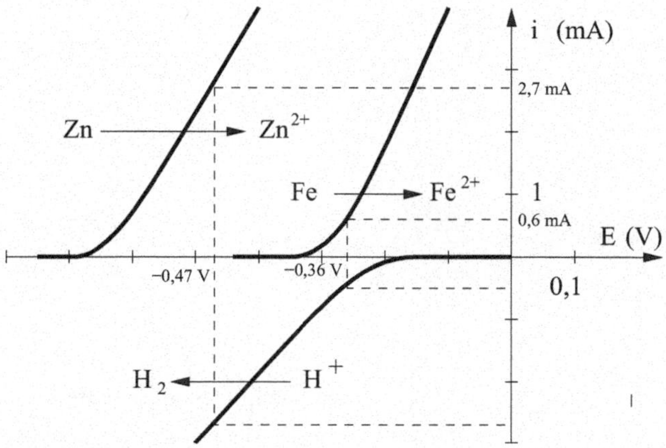

a) La réaction se fait dans l'eau de mer et le Fe^{2+} est éliminé au fur et à mesure. Faire un dessin expliquant le mouvement des ions, atomes, électrons lors de la corrosion.

b) Au bout de combien de temps la plaque de fer est-elle totalement corrodée ?

c) On place maintenant en concurrence une plaque de fer et des plots en zinc reliés à la plaque. Comment est déplacé le point de fonctionnement ? Justifier que le fer n'est plus corrodé.

d) Les plots de zinc représentent une quantité de matière de 0,2 mol. Au bout de combien de temps faut-il les remplacer ?

18.15

Potentiel de Flade

Expliquer le diagramme suivant où E_F s'appelle le **potentiel de Flade**. Quel est le phénomène de protection contre la corrosion associé ?

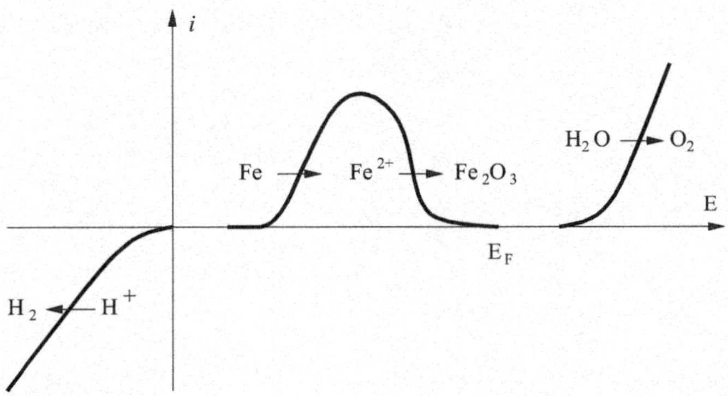

18.16 Protection anodique, cathodique du fer à béton

Voici le diagramme potentiel-pH simplifié du fer.

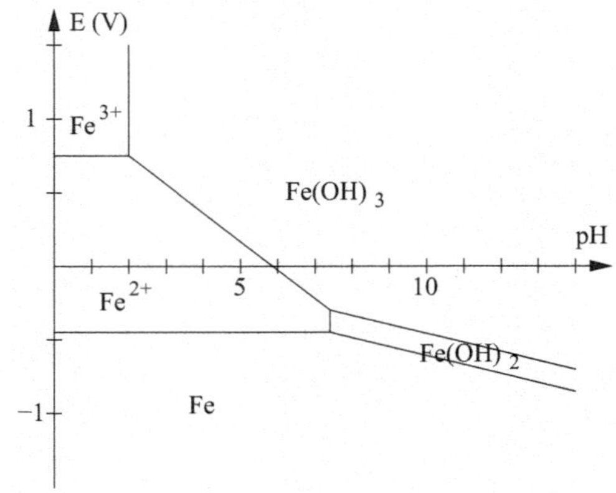

a) Définir les zones d'immunité, de corrosion et de passivation du fer.

b) Un béton armé est muni d'armatures en fer (fers à béton) noyées dans le béton lors de sa coulée. Le potentiel de ces armatures est pris égal à −0,40 V. Pour du béton frais, le pH est égal à 13. Que peut-on en conclure ?

c) Au cours du temps, on dit que le béton se carbonate, le dioxyde de carbone se comporte comme un acide et le pH du béton baisse progressivement. Que se passe-t-il quand il devient inférieur à 7 ?

d) La protection anodique est un procédé où on porte le fer à un potentiel tel qu'il est plongé dans sa zone de passivation. Pour quel pH ce procédé est-il possible et pourquoi emploie-t-on le terme *anodique* ?

e) La protection cathodique est un procédé où on porte le fer à un potentiel tel qu'il est plongé dans sa zone d'immunité. Quel potentiel doit-on choisir à pH = 1 et pourquoi emploie-t-on le terme *cathodique* ?

18.17 Étude d'une pile cuivre aluminium

On considère une pile formée d'une électrode de cuivre plongée dans une solution contenant des ions Cu^{2+} et d'une électrode d'aluminium plongée dans une solution contenant des ions Al^{3+}. Les volumes des solutions sont identiques $V_1 = V_2 = 50$ mL, les concentrations initiales sont identiques

$$[Cu^{2+}]_i = [Al^{3+}]_i = 1{,}0 \cdot 10^{-3}\ \text{mol} \cdot \text{L}^{-1}$$

et les masses initiales des deux électrodes sont identiques $m_{Cu} = m_{Al} = 0{,}50$ g. On donne

$$E^0(Al^{3+}/Al(s)) = -1{,}66\ \text{V et } E^0(Cu^{2+}/Cu(s)) = 0{,}34\ \text{V}$$

$$M_{Cu} = 63{,}5\ \text{g} \cdot \text{mol}^{-1} \text{ et } M_{Al} = 27{,}0\ \text{g} \cdot \text{mol}^{-1}$$

On donne les courbes courant-potentiel à l'instant initial

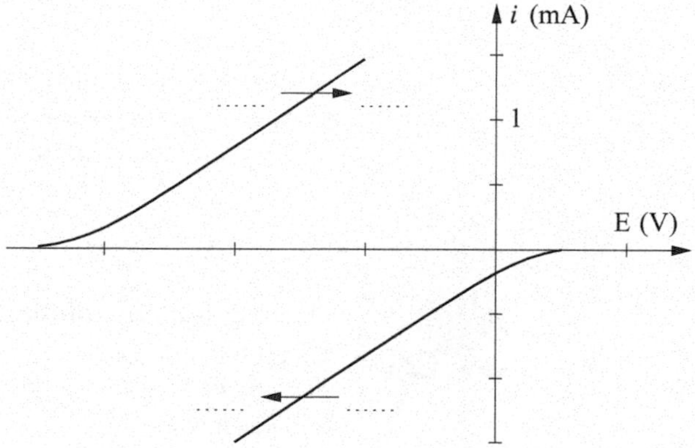

a) Écrire l'équation bilan de la pile.

b) Calculer les potentiels de Nernst et la tension à vide de la pile à l'instant initial. Préciser les graduations de l'axe des potentiels sur le diagramme et compléter les pointillés.

c) On court-circuite la pile. Déterminer l'intensité de court-circuit i et le potentiel mixte E_m.

d) Calculer la variation de la concentration en ions aluminium (III) et en ions cuivre (II) si la pile est laissée en court-circuit pendant 10 minutes. Pourquoi l'intensité baisse-t-elle pendant ce laps de temps ?

18.18

Charge d'une pile par un résistor

Une pile électrochimique a pour équation bilan $Ox_1 + Red_2 = Red_1 + Ox_2$ avec l'échange d'un électron. On connaît les courbes courant-potentiel des deux couples. Quelle construction graphique faut-il faire pour déterminer l'intensité qui circule dans un résistor de résistance R alimenté par la pile ?

18.19

Modèle affine de la caratéristique d'une pile

Une pile électrochimique alimente un conducteur ohmique de résistance R variable. On mesure simultanément la tension à ses bornes et l'intensité qu'elle débite en convention générateur. Voici le graphe obtenu.

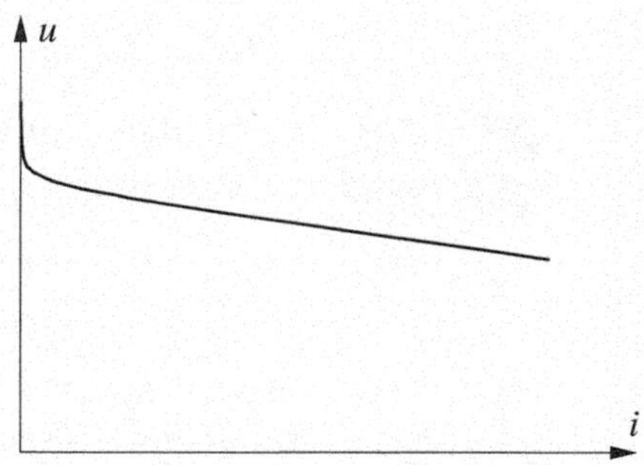

a) On prend un modèle affine :

$$u = (E_C - E_A) + (\eta_C - \eta_A) - ri$$

Donner la signification de chaque terme.

b) Attribuer à chacun des trois termes du second membre un des adjectifs suivants : cinétique, électrique, thermodynamique.

18.20

Électrolyse d'une solution de sulfate de zinc

On veut réduire les ions zinc (II) en solution par électrolyse. On donne les potentiels standard $E^0(Zn^{2+}/Zn) = -0,76$ V, $E^0(O_2/H_2O) = 1,23$ V et $E^0(S_2O_8^{2-}/SO_4^{2-}) = 2,01$ V, la masse molaire $M_{Zn} = 65,4\ g \cdot mol^{-1}$. On donne les courbes densité volumique de courant-potentiel suivantes :

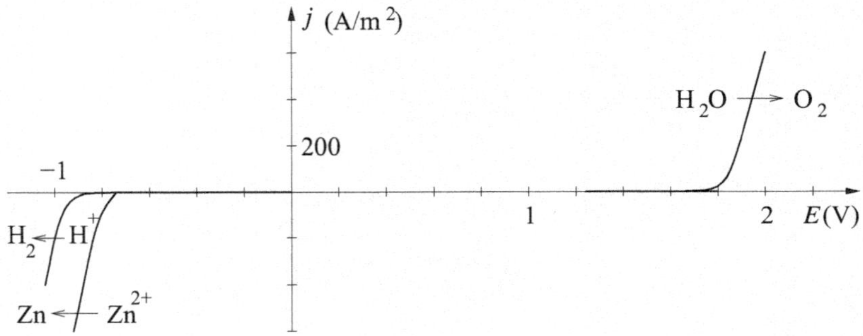

a) Pour quelle raison les ions sulfate ne participent-ils jamais aux réactions d'électrolyse ?

b) Écrire l'équation bilan de l'électrolyse d'une solution de sulfate de zinc.

c) Déterminer la tension minimale nécessaire à l'électrolyse.

d) On applique une tension de 2,7 V. Déterminer graphiquement la densité volumique de courant j.

e) On dispose d'une solution de concentration $[Zn^{2+}] = 5,0 \cdot 10^{-1}\ mol \cdot L^{-1}$. On veut récupérer 500 kg de zinc métallique par jour. Calculer le débit de solution et la surface des électrodes de l'électrolyseur.

f) Calculer la puissance électrique consommée par l'électrolyseur.

18.21

Accumulateur au plomb

Un accumulateur au plomb est formé par la juxtaposition suivante

$$Pb(s)|PbSO_4(s)|\text{ac. sulfurique}|PbSO_4(s)|PbO_2(s)|Pb(s)$$

La solution d'acide sulfurique est à pH = 0. L'acide sulfurique H_2SO_4 est un diacide ($pKA1 = -3$ et $pK_{A2} = 1,9$), mais on suppose, pour simplifier les calculs, que c'est un diacide fort, totalement dissocié à pH = 0.

On donne les potentiels standard et la constante de solubilité

$$\begin{cases} E^0(PbO_2/Pb^{2+}) = 1{,}46 \text{ V} \\ E^0(Pb^{2+}/Pb) = -0{,}13 \text{ V} \qquad K_s(PbSO_4) = 2{,}53 \cdot 10^{-8} \\ E^0(S_2O_8^{2-}/SO_4^{2-}) = 2{,}01 \text{ V} \end{cases}$$

a) Déterminer la concentration $[SO_4^{2-}]$ dans la solution d'acide sulfurique.

b) Écrire la réaction de dissolution du sulfate de plomb II dans l'eau, puis dans l'acide chlorhydrique. En déduire les solubilités respectives s_{aq} et s_{ac}. Que peut-on en conclure ?

c) Pourquoi les ions sulfate libérés par la dissolution ne participent-ils pas aux réactions rédox ?

d) Écrire les réactions bilans du fonctionnement en pile (décharge) et en électrolyseur (charge) de l'accumulateur au plomb. Faire un schéma détaillé des différents transferts de molécules, d'ions et d'électrons pendant la phase de décharge.

e) Calculer la tension à vide de la pile.

f) La batterie d'une automobile est constituée de la mise en série (*par empilement de cellules, d'où le terme pile*) de k accumulateurs du type étudié précédemment. Les caractéristiques de cette batterie sont les suivantes. La tension à vide est d'environ 12 V, sa capacité est Q = 100 Ah, l'intensité maximale qu'elle peut débiter lors de la phase de démarrage de l'automobile est $i_{max} = 400$ A pendant une minute, la tension mesurée pendant cette phase est U = 10,5 V. Lorsque la voiture roule, l'alternateur, entraîné par le moteur, assure une tension d'environ 14 V aux bornes de la batterie. On estime qu'une batterie initialement complètement déchargée est complètement rechargée après 20 minutes de conduite (en coupant les phares et la climatisation).

   i) Quelle est la valeur de k ?

   ii) Donner l'allure des courbes courant-potentiel de ce dispositif.

   iii) On donne $\mathscr{F} = 96\,500$ C·mol^{-1}, $M_H = 1{,}0$ g·mol^{-1}, $M_O = 16$ g·mol^{-1} et $M_S = 32$ g·mol^{-1}. Calculer les masses de sulfate consommé et d'eau formée pendant une phase de démarrage qui durerait une minute. Proposer une explication au fait qu'après cette phase, si la voiture n'a pas démarré, la batterie est « à plat », mais pourra éventuellement fonctionner à nouveau quelques minutes plus tard.

g) Indiquer quelle réaction parasite peut produire du dihydrogène, et pourquoi cette production est potentiellement dangereuse.

Du mal à démarrer ?

18.1 La rapidité ou la lenteur des systèmes peut être expliquée par des arguments qualitatifs relatifs à l'accès ou à l'évacuation des espèces qui réagissent.

18.2 La conductivité explique la facilité de déplacement des électrons au sein de l'électrode. On pourra se demander si l'ordre des conductivités traduit celui des surtensions.

18.3 L'écriture de la loi de Fick en géométrie cylindrique autour des électrodes met en évidence que le courant particulaire ionique est proportionnel à la variation par unité de longueur des concentrations. On pourra travailler en ordres de grandeur et montrer que ce courant particulaire peut être très grand autour de l'anode, mais reste limité autour de la cathode.

18.4 Les deux vagues d'oxydation correspondent aux oxydations successives des formes de l'iode en solution.

18.5 L'interprétation du mur du solvant nécessite la prise en compte de facteurs thermodynamiques (comparaison des potentiels) et cinétiques (facteurs limitants pour la circulation des ions et molécules).

18.6 On ne demande que l'allure des courbes, celles-ci doivent respecter les potentiels et les surtensions donnés par l'énoncé. Leur exploitation graphique est une application immédiate du cours. Le calcul de la constante d'équilibre et du nombre de bulles formées par seconde exploitent les potentiels (thermodynamique) et intensités (cinétique) du système.

18.7 La recherche du point de fonctionnement est ici algébrique et non graphique. La vitesse de corrosion est la vitesse de diminution de l'épaisseur de la couche de zinc.

18.8 Il faut bien connaître les relations de thermochimie pour résoudre cet exercice, en particulier celle entre le potentiel standard et l'enthalpie libre de réaction. La demi-équation rédox écrite avec l'ion hydroxyde est la combinaison linéaire de celle écrite avec l'ion hydrogène et de la réaction d'autoprotolyse de l'eau.

18.9 La règle du gamma permet de conclure si les potentiels sont dans le même ordre que les potentiels standard.

18.10 La règle du gamma permet de conclure après calcul des potentiels des couples grâce à la formule de Nernst. L'explication du phénomène utilise la mise en connexion des deux micropiles.

18.11 Le principe de corrosion différentielle par hétérogénéité de concentration, appliqué entre le coeur et la périphérie de la goutte, permet d'expliquer le phénomène.

18.12 L'application de la règle du gamma permet de déterminer quel métal s'oxyde, et d'en déduire l'évolution du système.

18.13 L'application de la règle du gamma permet de déterminer quel métal s'oxyde, et d'en déduire l'évolution du système.

18.14 La relation $i = n\mathcal{F}\mathrm{V}$ permet le calcul des vitesses de réaction et d'en déduire les durées de disparition.

18.15 L'oxyde forme une couche protectrice isolante.

18.16 L'énoncé propose un voyage dans le diagramme potentiel-pH. Il suffit souvent d'observer l'espèce prédominante pour conclure.

18.17 Le calcul des potentiels de Nernst permet de déterminer les graduations. La lecture du point de fonctionnement est classique. On calcule l'avancement final en supposant la vitesse de réaction constante. Un tableau d'avancement permet de calculer les quantités finales.

18.18 La pile n'est pas en court-circuit donc la construction classique est fausse. On peut tenter de traduire la loi d'Ohm $\mathrm{V_C} - \mathrm{V_A} = \mathrm{R}i$ par $\mathrm{V_C} = \mathrm{V_A} + \mathrm{R}i$ et interpréter graphiquement cette relation.

18.19 En modélisant une partie de la courbe par une fonction affine, on identifie les différents termes à ceux proposés. L'interprétation des différents termes nécessite un vocabulaire précis.

18.20 Lorsque la construction graphique est effectuée, les calculs sont analogues à ceux menés dans le cas de la pile.

18.21 Les questions (a) à (d) nécessitent des connaissances très diverses en chimie des solutions et en thermochimie. Pour la question (e), il faut combiner les différentes données (E^0 et K_s) pour calculer les potentiels de chaque couple en jeu.

Corrigés des exercices

18.1

a) Il s'agit de l'électrode à hydrogène, où une électrode est plongée dans une solution acide, et alimentée par du gaz dihydrogène qu'on fait buller le long de l'électrode. Si le pH vaut 0 et la pression partielle en dihydrogène vaut 1 bar, c'est l'électrode standard à hydrogène (ESH).

b) La présence de bulles de dihydrogène qui adhèrent à l'électrode empêche partiellement le contact des ions hydrogène en solution avec cette électrode, ce qui ralentit la réaction. Dans le cas du fer, les ions en solution n'ont pas d'obstacle à l'approche ni à l'éloignement de l'électrode.

c) On lit sur le graphe $\eta_A = 0,25$ V et $\eta_C = -0,25$ V.

18.2

a) On lit sur le graphe $\eta_C(\text{Zn}) = -1,0$ V, $\eta_C(\text{Fe}) = -0,5$ V et $\eta_C(\text{Pt}) = -0,2$ V.

b) Le zinc est plus conducteur que le fer, lui-même plus conducteur que le platine. Le déplacement des électrons est donc plus facile dans le zinc que dans le fer, dans le fer que dans le platine, ce qui tendrait à provoquer la croissance, à E donnée, de $|i|$ du platine au fer, du fer au zinc. Or c'est le contraire qui est observé. On ne peut donc expliquer la différence entre les surtensions par celle des conductivités des métaux qui constituent l'électrode.

18.3

Dans la partie anodique ($i > 0$), le facteur limitant de la vitesse de réaction est l'**évacuation** des ions argent. Dans la partie cathodique ($i < 0$), c'est l'**accès** des ions en solution à l'électrode. Dans la géométrie cylindrique autour de l'électrode, la loi de Fick s'écrit

$$\vec{j}_P = -D\frac{\partial[Fe^{2+}]}{\partial r}\vec{u}_r$$

Dans le cas de l'**évacuation**, lorsqu'on augmente l'intensité, on augmente la concentration des ions argent (par oxydation des atomes Ag) autour de l'électrode, celle-ci peut devenir extrêmement forte, de l'ordre de

$$c = 1 \text{ mol}\cdot\text{L}^{-1}$$

alors qu'à une distance d (de l'ordre du centimètre) d'elle cette concentration est celle de la solution, inférieure ou de l'ordre de

$$c_s = 10^{-3} \text{ mol}\cdot\text{L}^{-1} \ll c$$

La loi de Fick donne l'ordre de grandeur de la densité de courant molaire

$$\vec{j}_P \simeq -D\frac{c_s - c}{d}\vec{u}_r \simeq \frac{Dc}{d}\vec{u}_r$$

Le courant particulaire axifuge croît donc proportionnellement à c, et c croît avec i, il n'y a donc pas de courant limite de diffusion, donc pas de saturation.

Dans le cas de l'**accès**, lorsqu'on augmente la valeur absolue de l'intensité, on diminue la concentration des ions argent (réduits en Ag) autour de l'électrode, celle-ci peut devenir pratiquement nulle

$$c \simeq 0 \text{ mol}\cdot\text{L}^{-1}$$

alors qu'à une distance d (de l'ordre du centimètre) d'elle cette concentration est celle de la solution, inférieure ou de l'ordre de

$$c_s = 10^{-3} \text{ mol}\cdot\text{L}^{-1}$$

La loi de Fick donne l'ordre de grandeur de la densité de courant molaire

$$\vec{j}_P \simeq -D\frac{c_s - 0}{d}\vec{u}_r \simeq -\frac{Dc_s}{d}\vec{u}_x$$

Le courant particulaire axipète ne peut donc dépasser cette valeur qui forme le courant limite de diffusion, il y a donc saturation.

18.4

Pour E < 0,53 V, l'espèce stable de l'iode est l'ion iodure pour lequel le nombre d'oxydation de l'iode vaut -I. On distingue sur le graphe la première vague d'oxydation pour $E \in [0,53; 0,7]$ correspondant à l'oxydation de l'ion iodure. L'intensité du courant correspond à la libération d'électrons selon la demi-équation rédox

$$2I^-(aq) = I_2(aq) + 2e^- \quad (i_1)$$

On observe ensuite une saturation, éventuellement imputable à la mauvaise évacuation des molécules de diiode, avec un nombre d'oxydation de l'iode égal à 0. Pour $E \geq 0,7$ V, l'espèce stable devient IO_3^- où l'iode a un nombre d'oxydation égal à +V. On a donc les deux oxydations successives

$$\begin{array}{lll} 2I^-(aq) & = I_2(aq) + 2e^- & (i_1) \\ I_2(aq) + 6H_2O & = 2IO_3^-(aq) + 12H^+(aq) + 10e^- & (i_2) \\ \hline 2I^-(aq) + 6H_2O & = 2IO_3^-(aq) + 12H^+(aq) + 12e^- & (i_1 + i_2) \end{array}$$

Les intensités se somment, les deux courbes courant-potentiel se superposent et on observe la deuxième vague d'oxydation.

18.5

a) L'eau pure est très faiblement conductrice car très pauvre en ions, le courant électrique ne peut donc circuler librement, et même si la réaction est thermodynamiquement et cinétiquement favorable, la résistance interne très forte la rend électriquement presque impossible.

b) L'oxydation du sulfate ne se produit que pour $E \geq 2{,}01$ V. Or ce potentiel est supérieur au potentiel standard d'oxydation de l'eau (1,23 V), même augmenté de la surtension anodique (de l'ordre de $\eta_A = 0{,}5$ V sur le graphe). Lorsqu'on le dépasse, on observe une seconde vague d'oxydation (voir exercice 18.4) mais l'eau (solvant) étant beaucoup plus abondante que le sulfate, l'intensité i_2 d'oxydation du sulfate est très faible devant celle d'oxydation de l'eau. On distingue cependant sur le graphe une légère inflexion de la courbe.

c) Comme l'eau est le solvant, elle est très abondante et il n'y a pas de saturation. L'intensité croît donc fortement avec le potentiel, ce qui forme une asymptote presque verticale. Les potentiels élevés sont donc presque impossibles à atteindre. On n'observe presque jamais l'oxydation d'espèces de potentiel standard très supérieur à $1{,}23\ \text{V} + \eta_A$, c'est le cas du sulfate. L'asymptote forme un **mur** infranchissable.

d) L'acide sulfurique étant un diacide fort, il se dissocie totalement en

$$H_2SO_4 + H_2O \rightarrow 2H_3O^+(aq) + SO_4^{2-}$$

On en déduit

$$[H_3O^+] = 2c_0 = 1{,}0\ \text{mol}\cdot\text{L}^{-1} \text{ donc } pH = 0$$

e) La demi-équation rédox de réduction de l'eau est

$$2H_3O^+(aq) + 2e^- = H_2(g) + 2H_2O$$

Le potentiel de Nernst du couple est

$$E(H^+/H_2) = 0{,}00 + \frac{0{,}06}{2}\log\frac{[H_3O^+]^2}{\frac{P_{H_2}}{P_0}}$$

À pH=0, $[H_3O^+] = 1{,}0\ \text{mol}\cdot\text{L}^{-1}$. Les bulles de dihydrogène qui se forment sont en équilibre physique avec la solution, donc quasiment à la pression atmosphérique à une profondeur de quelques centimètres et

$$P_{H_2} \simeq P_0 \simeq 1 \text{ bar}$$

On en déduit que $E(H^+/H_2) = 0$ V. Sur le graphe, on constate que la pente de la tangente à l'origine est non nulle. La surtension cathodique est donc nulle.

18.6

a) Les bulles de gaz se forment très près de la surface, elles sont en équilibre de pression avec le liquide, donc à une pression proche de P_0.

b) Les oxydations du fer et du zinc sont rapides car l'électrode est en métal. On tient compte de la surtension du couple de l'hydrogène sur l'électrode de fer.

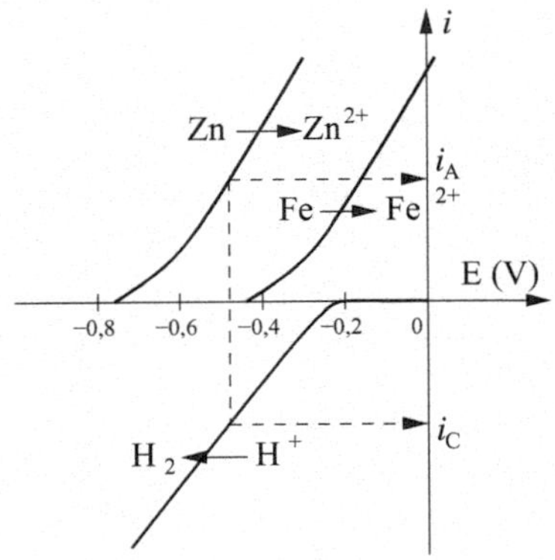

c) Le gaz qui se dégage sur l'électrode de fer est de le dihydrogène

$$2H^+(aq) + 2e^- = H_2(g)$$

Le précipité blanc est de l'hydroxyde de zinc qui se forme par les deux processus successifs

$$\begin{cases} Zn(s) = Zn^{2+}(aq) + 2e^- \\ Zn^{2+}(aq) + 2HO^-(aq) = Zn(OH)_2(s) \end{cases}$$

La construction du point de fonctionnement entre les couples du zinc et de l'hydrogène donne le potentiel mixte.

$$E_m = -0{,}48 \text{ V}$$

On remarque qu'à ce potentiel, le fer est dans sa zone d'immunité. L'intensité de fonctionnement est l'ordonnée

$$i = i_A = -i_C$$

d) La réaction chimique est la combinaison d'un équation rédox et d'une réaction de précipitation

$$\begin{cases} (R) : Zn(aq) + 2H^+(aq) = Zn^{2+}(aq) + H_2(g) \\ (P) : Zn^{2+}(aq) + 2HO^-(aq) = Zn(OH)_2(s) \end{cases}$$

$$Zn(s) + 2H^+(aq) + 2HO^-(aq) = Zn(OH)_2(s) + H_2(g)$$

qu'on peut écrire

$$(B) : Zn(s) + 2H_2O = Zn(OH)_2(s) + H_2(g)$$

La constante d'équilibre de la réaction rédox est obtenue en identifiant les potentiels de Nernst

$$-0{,}76 + \frac{0{,}059}{2}\log[Zn^{2+}] = 0{,}00 + \frac{0{,}059}{2}\log\frac{[H^+]^2}{\frac{P_{H_2}}{P_0}}$$

$$\text{donc } K_R = \frac{[Zn^{2+}]\cdot\frac{P_{H_2}}{P_0}}{[H^+]^2} = 10^{\frac{2(0,00+0,76)}{0,059}} \simeq 10^{26}$$

On en déduit

$$K_B = \frac{P_{H_2}}{P_0} = \frac{[Zn^{2+}]\frac{P_{H_2}}{P_0}[H^+]^2[HO^-]^2}{[H^+]^2[Zn^{2+}][HO^-]^2}$$

$$\text{soit } K_B = \frac{K_R K_e^2}{K_s} = \frac{10^{26}\cdot 10^{-14}}{10^{-17}} = 10^{15}$$

e) On a $P_{H_2} = P_0 = 1$ bar donc le quotient de réaction vaut

$$Q_r = \frac{P_{H_2}}{P_0} = 1 \ll K_B$$

La réaction est donc thermodynamiquement très favorable.

f) L'intensité de fonctionnement est proportionnelle à la vitesse de réaction. L'équation (B) est écrite avec l'échange de $n = 2$ électrons, donc

$$i = 2\mathscr{F}V = 2\mathscr{F}\frac{dn_{H_2}}{dt}$$

Lorsque dn_{H_2} moles de dihydrogène sont produites, la loi des gaz parfaits donne le volume correspondant

$$V_{H_2} = \frac{dn_{H_2}RT}{P_0}$$

$$\text{soit } dN = \frac{V_{H_2}}{V_b} = \frac{dn_{H_2}RT}{P_0V_b} \text{ bulles}$$

On en déduit la production de bulles

$$\frac{dN}{dt} = \frac{iRT}{2\mathscr{F}P_0V_b} \text{ bulles par seconde}$$

18.7

a) Les demi-équations s'écrivent

$$\begin{cases} Zn(s) = Zn^{2+}(aq) + 2e^- \\ 2H^+(aq) + 2e^- = H_2(g) \end{cases}$$

b) Au point de fonctionnement, les potentiels sont égaux et les densités de courant opposées

$$j_C = -j_A = j_{cor}$$

On en déduit

$$0,0774\log j_{cor} - 0,1956 = -0,0780\log j_{cor} - 0,778$$

$$\text{donc } j_{cor} = 10^{\frac{-0,778+0,1956}{0,0774+0,0780}} = 10^{-3,748} = 1,788\cdot 10^{-4}\ A\cdot cm^{-2}$$

$$\text{soit } j_{cor} = 1,788\ A\cdot m^{-2}$$

Pour cette valeur, on vérifie l'identité des potentiels qu'on identifie au potentiel de corrosion

$$E_{cor} = 0,0774\log j_{cor} - 0,1956$$

$$= -0,0780\log j_{cor} - 0,778 = -0,486\ V$$

c) La vitesse de corrosion est la vitesse de décroissance de l'épaisseur de l'électrode. Soit S sa surface. L'intensité de corrosion est

$$i_{cor} = j_{cor}\cdot S$$

En notant V la vitesse de réaction, en considérant que 2 électrons sont échangés, il vient

$$i_{cor} = 2\mathscr{F}V = 2\mathscr{F}\frac{-dn_{Zn}}{dt}$$

La disparition de $-dn_{Zn}$ moles de zinc correspond à la disparition d'une masse

$$-dm_{Zn} = -dn_{Zn}\cdot M_{Zn}$$

donc d'un volume

$$-d\tau_{Zn} = \frac{-dm_{Zn}}{\mu_{Zn}} = \frac{-dn_{Zn}M_{Zn}}{\mu_{Zn}}$$

Rapporté à la surface S de l'électrode, la variation d'épaisseur est donc

$$-de = \frac{-d\tau_{Zn}}{S}$$

On en déduit la vitesse de corrosion

$$V_{cor} = \frac{-de}{dt} = \frac{M_{Zn}j_{cor}}{2\mu_{Zn}\mathscr{F}}$$

$$V_{cor} = 8,487\cdot 10^{-11}\ m\cdot s^{-1} = 2\ 678\ \mu m\cdot an^{-1}$$

18.8

a) La demi-équation s'écrit (dans le sens de l'oxydation)

$$2H_2O = 4H^+(aq) + O_2(g) + 4e^-$$

ou, en ajoutant $4H_2O$

$$(1) : 6H_2O = 4H_3O^+(aq) + O_2(g) + 4e^-$$

b) Comme on a vu dans le cours de thermochimie, dans le sens de l'oxydation

$$\Delta_r G_1^0 = 4\mathscr{F}E_1^0$$

c) La réaction d'autoprotolyse de l'eau s'écrit

$$(2) : 2H_2O = H_3O^+(aq) + HO^-(aq)$$

d) Comme on l'a vu dans le cours de thermochimie

$$\Delta_r G_2^0 = -RT \ln K_e$$

e) En ajoutant $4HO^-$ à chaque membre de la demi-équation de la question (a), et en utilisant l'autoprotolyse de l'eau, il vient

$$6H_2O + 4HO^-(aq) = 8H_2O + O_2(g) + 4e^-$$

$$\text{soit (3) : } 4HO^-(aq) = 2H_2O + O_2(g) + 4e^-$$

f) Cette réaction est la combinaison linéaire

$$(3) = (1) - 4 \times (2)$$

On en déduit

$$\Delta_r G_3^0 = \Delta_r G_1^0 - 4 \times \Delta_r G_2^0$$

g) En appliquant une nouvelle fois la relation entre enthalpie libre standard de réaction et potentiel standard, il vient

$$\Delta_r G_3^0 = 4\mathscr{F} E_3^0$$

$$\text{donc } 4\mathscr{F} E_3^0 = 4\mathscr{F} E_1^0 - 4RT \ln K_e$$

$$\text{soit } E_3^0 = E_1^0 - \frac{RT}{\mathscr{F}} \ln K_e = E_1^0 - 0{,}059 \log K_e = 0{,}404 \text{ V}$$

h) La formule de Nernst s'écrit

$$E_3 = 0{,}404 + \frac{0{,}059}{4} \log \frac{P_{O_2}}{[HO^-]^4}$$

$$\text{soit } E_3 = 0{,}404 + \frac{0{,}059}{4} \log \frac{P_{O_2}[H^+]^4}{K_e^4}$$

$$\text{soit } E_3 = 0{,}404 + \frac{0{,}059}{4} \log\left(P_{O_2}[H^+]^4\right) + 0{,}059 \times 14$$

$$\text{soit } E_3 = 1{,}23 + \frac{0{,}059}{4} \log\left(P_{O_2}[H^+]^4\right)$$

On retrouve donc exactement la formule de Nernst de la demi-équation (1). L'intérêt de l'écriture (3) est la suivante : dans l'eau la quantité d'ions $H^+(aq)$ est très faible, et la réaction (1) semble donc difficile par trop faible quantité de ce réactif, alors que la (3) met en évidence la libération d'ion hydroxyde $HO^-(aq)$ (dans le sens de la réduction) indépendamment de l'acidité du milieu lorsque le dioxygène oxyde un métal par exemple.

i) Le potentiel de Nernst dépend directement de la pression partielle en dioxygène. Une micropile est donc constituée entre deux demi-piles d'aération différente. Comme E_3 est une fonction croissante de $P(O_2)$, l'anode où se déroulera l'oxydation

$$O_2(g) + 4e^- + 2H_2O = 4HO^-(aq)$$

est du côté de la solution la plus aérée et la cathode où se déroulera la réduction

$$4HO^-(aq) = O_2(g) + 4e^- + 2H_2O$$

est du côté de la solution la moins aérée.

18.9

La règle du gamma permet de justifier simplement la propriété, à condition que les potentiels soient ordonnés comme les potentiels standard, ce qui nécessite en particulier des concentrations en ions métalliques équivalentes.

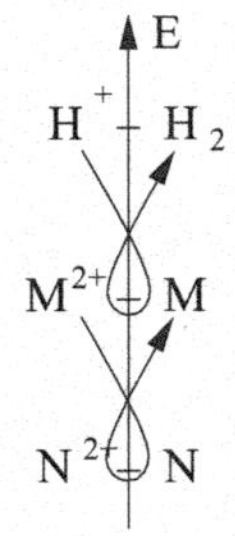

Si un atome M est oxydé selon la réaction (gamma du haut)

$$M(s) + 2H^+(aq) = M^{2+}(aq) + H_2(g)$$

alors l'ion M^{2+} est réduit selon la réaction (gamma du bas)

$$M^{2+}(aq) + N(s) = M(s) + N^{2+}(aq)$$

Les potentiels des couples métalliques pourraient être inversés par rapport aux potentiels standards si la concentration en ions M^{2+} dans la solution au voisinage de l'électrode était très inférieure à celle en ions N^{2+}. En effet, d'après la formule de Nernst

$$E_M < E_N \Leftrightarrow E_M^0 + 0{,}03 \log[M^{2+}] < E_N^0 + 0{,}03 \log[N^{2+}]$$

$$\text{soit } \frac{[M^{2+}]}{[N^{2+}]} < 10^{\frac{E_N^0 - E_M^0}{0{,}03}}$$

Ainsi, pour une faible différence de potentiels standard, de 0,12 V par exemple, l'inversion est observée si

$$\frac{[M^{2+}]}{[N^{2+}]} < 10^{-4}$$

Dans ce cas, l'acide oxyde de façon exclusive le métal M, en produisant des ions M^{2+} qui vont s'accumuler autour de l'électrode avant d'être disséminés dans la solution par diffusion, donc la concentration en ions M^{2+} va augmenter et rétablir l'ordre des potentiels standard. Notons que si la solution possède une concentration très élevée en ions N^{2+}, il reste possible que l'ordre des potentiels reste inversé par rapport à celui des potentiels standards, et que ce soit bel et bien M qui s'oxyde plutôt que N. Comme on étudie dans ce chapitre la corrosion humide en présence d'eau, ce cas est très peu probable.

18.10

a) Les demi-équations rédox s'écrivent

$$\begin{cases} 2H_2O + O_2(aq) + 4e^- = 4HO^-(aq) \\ M^{2+}(aq) + 2e^- = M(s) \end{cases}$$

Par application de la formule de Nernst

$$\begin{cases} E(O_2/HO^-) = 0,40 + \frac{0,06}{4}\log\frac{[O_2]}{[HO^-]^4} \\ E(M^{2+}/M) = -0,40 + \frac{0,06}{2}\log[M^{2+}] \end{cases}$$

$$\text{donc} \begin{cases} E_{surface}(O_2/HO^-) = 0,82 + 0,015\log c_0 \\ E_{profondeur}(O_2/HO^-) = 0,82 + 0,015\log c_1 \\ E(M^{2+}/M) = -0,55\text{ V} \end{cases}$$

b) Calculons les potentiels de Nernst du couple O_2/HOâ» en surface et en profondeur.

$$\text{donc} \begin{cases} E_{surface}(O_2/HO^-) = 0,76\text{ V} \\ E_{profondeur}(O_2/HO^-) = 0,60\text{ V} \end{cases}$$

La construction graphique permet d'estimer et de comparer les potentiels mixtes.

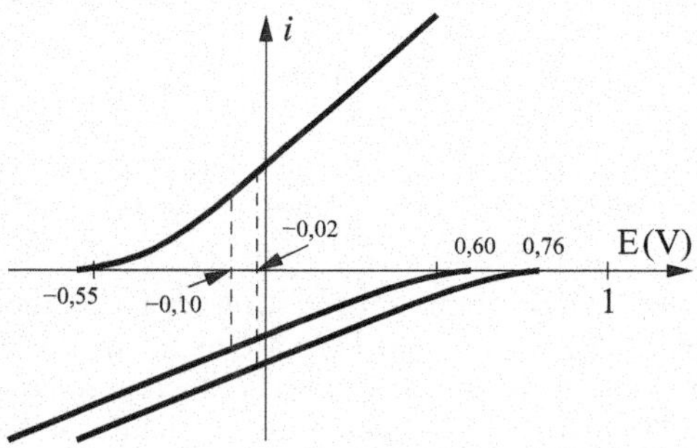

On lit

$$Em_{surface} = -0,02\text{ V et } Em_{profondeur} = -0,10\text{ V}$$

donc, indépendamment de la construction graphique

$$Em_{surface} > Em_{profondeur}$$

c) Quand on fait le branchement indiqué, le potentiel mixte de la demi-pile aérée étant supérieur à celui de la désaérée, le courant dans le fil de court-circuit se déplace dans le sens des potentiels décroissants. La cathode est donc l'électrode plongée dans l'eau aérée, l'anode est celle plongée dans l'eau désaérée. Il y a donc réduction au niveau de le première, oxydation au niveau de la seconde. Il y a donc corrosion en profondeur, là où la concentration en dioxygène est la plus faible.

18.11

Selon le principe de la corrosion différentielle par hétéréogénéité de concentration, l'oxydation de la plaque de fer se développe là où la concentration en dioxygène dissous est minimale, donc au cœur de la goutte. La concentration en dioxygème dissous est maximale à la surface de la goutte. Mais la réduction du dioxygène n'est possible que là où les électrons libérés par l'oxydation du fer peuvent arriver, donc au contact de la plaque de fer conductrice. C'est donc à la périphérie de la goutte que le dioxygène est réduit. On observe donc :

- au cœur de la goutte

$$Fe = Fe^{2+} + 2e^-$$

avec l'apparition d'une couleur verte caractéristique de l'ion Fe^{2+}

- à la périphérie de la goutte

$$2H_2O + O_2(aq) + 4e^- = 4HO^-(aq)$$

le milieu devient basique et la phénolphtaléine rosit.

18.12

Le nickel étant moins réducteur que le fer, c'est le fer qui se corrode. Si un atome de nickel s'oxydait, l'ion nickel serait immédiatement réduit par un atome de fer. On observe donc une extension de la zone de fer corrodée sous la couche de nickel.

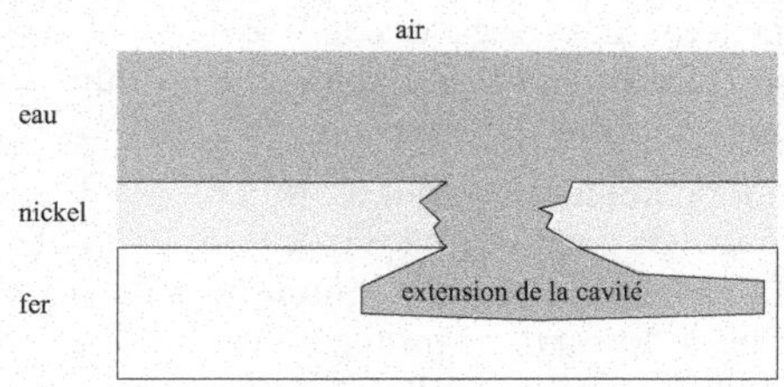

18.13

a) On trempe le barreau de fer dans du zinc liquide à une température comprise entre 420 °C et 1 538 °C, puis on laisse refroidir le système, le zinc liquide se resolidifie et forme une couche protectrice.

b) La couche de zinc étant protégée par du vernis, les parois internes de la fissure sont au contact de l'eau aérée. Le zinc étant plus réducteur que le fer, c'est le zinc qui se corrode. Si un atome de fer s'oxydait, l'ion fer serait immédiatement réduit par un atome de zinc. On observe donc une extension de la fissure sous la couche de vernis, donc une extension de la zone de fer découverte.

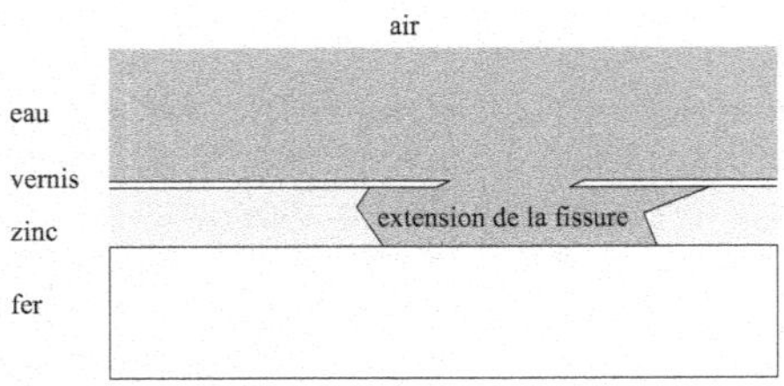

18.14

a) Voici le schéma des divers échanges.

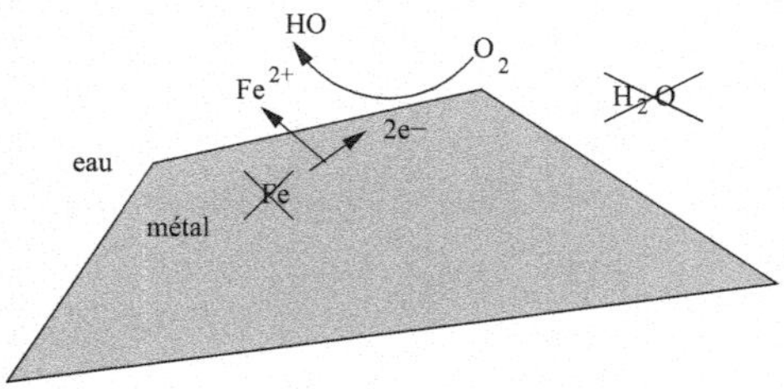

b) La relation du cours entre la vitesse de réaction et l'intensité du courant de corrosion s'écrit

$$i = 2\mathscr{F}V = -2\mathscr{F}\frac{dn_{Fe}}{dt} \text{ donc } n_{Fe} = n_0 - \frac{i}{2\mathscr{F}}t$$

Ici, $n_0 = 1,0$ mol et à la date de disparition du fer :

$$n_{Fe} = 0 \Leftrightarrow t = \frac{2\mathscr{F}n_0}{i} = 715 \cdot 10^6 \text{ s}$$

soit $t \simeq 20$ ans. Cette valeur est surestimée, car le morceau de fer se désagrège lors de l'oxydation, la surface de contact (facteur cinétique) augmente, et donc la vitesse augmente au cours du temps.

c) Le point de fonctionnement est obtenu graphiquement : le potentiel de corrosion vaut $E_{cor} = -0,47$ V et l'intensité $i_{cor} = 2,7$ mA. À ce potentiel, l'intensité de corrosion du fer est nulle. Le fer est donc protégé et seul le zinc s'oxyde : il se « sacrifie » au bénéfice du fer.

d) L'intensité de fonctionnement avec le zinc vaut 2,7 mA contre 0,6 mA avec le fer. Le plot représente une quantité de matiÃ¨re de 0,2 mol contre 1 mol pour le fer. La durée de disparition vaut donc

$$t' = \frac{0,6}{2,7} \cdot \frac{0,2}{1} \cdot t = 31,8 \cdot 10^6 \text{ s}$$

soit $t' \simeq 1$ an.

18.15

La première vague d'oxydation transforme le fer métallique (n.o.=0) en ion Fe^{2+} (n.o.=+II) qui passe en solution. À plus fort potentiel, la forme stable devient Fe_2O_3 (n.o.=+III). Au lieu d'observer une augmentation de l'intensité du courant, comme c'est le cas dans les vagues successives d'oxydation, l'intensité diminue. L'oxyde de fer est solide et isolant et il se forme en se déposant à la surface du matériau. Il forme une couche isolante et protectrice du fer, bloquant le mouvement des ions et des électrons. L'intensité diminue donc, et s'annule au potentiel de Flade. L'intensité redevient non nulle quand on atteint le potentiel d'oxydation de l'eau de l'ordre de 1,23 V (auquel on ajoute une éventuelle surtension anodique).

18.16

a) La zone d'immunité est celle d'existence de Fe(s). Celles de corrosion sont celles de prédominance des espèces ioniques Fe^{2+} et Fe^{3+}. Les zones de passivation sont celles d'existence des hydroxydes $Fe(OH)_2(s)$ et $Fe(OH)_3(s)$.

b) Pour ($E = -0,40$ V, pH = 13), on est dans la zone de passivation du fer, la couche d'hydroxyde le protège.

c) Pour ($E = -0,40$ V, pH < 7), on est dans la zone de corrosion, le fer s'oxyde en Fe^{2+}.

d) Ce procédé n'est possible que pour pH > 2, car pour pH < 2, il n'y a plus de zone de passivité. On impose alors l'oxydation de l'ion Fe^{2+} en $Fe(OH)_3$ et c'est à l'anode que l'oxydation se produit. On se place à un potentiel supérieur au potentiel de Nernst du couple. On impose donc

$$Fe^{2+} + 3H_2O = Fe(OH)_3 + 3H^+ + e^-$$

On vérifie ainsi que les électrons sortent de l'armature, et que l'intensité anodique, dirigée vers l'armature, est positive.

e) D'après le diagramme, on doit se placer à un potentiel inférieur à –0,45 V. On impose alors la réduction de l'ion Fe^{2+} en Fe et c'est à la cathode que la réduction se produit. On se place à un potentiel inférieur au potentiel de Nernst du couple. On impose donc

$$Fe^{2+} + 2e^- = Fe$$

On vérifie ainsi que les électrons entrent dans l'armature, et que l'intensité cathodique, dirigée vers l'armature, est négative.

18.17

a) Les deux demi-équations rédox sont

$$Al = Al^{3+} + 3e^- \text{ et } Cu^{2+} + 2e^- = Cu$$

En multipliant la première équation par 2 et la seconde par 3 :

$$2Al + 3Cu^{2+} = 2Al^{3+} + 3Cu$$

b) L'application de la formule de Nernst aux deux demi-piles donne :

$$\begin{cases} E_{Al} = -1{,}66 + \frac{0{,}06}{3}\log[Al^{3+}] = -1{,}72 \text{ V} \\ E_{Cu} = 0{,}34 + \frac{0{,}06}{2}\log[Cu^{2+}] = 0{,}25 \text{ V} \end{cases}$$

La graduation est donc de 0,5 V par graduation en abscisse :

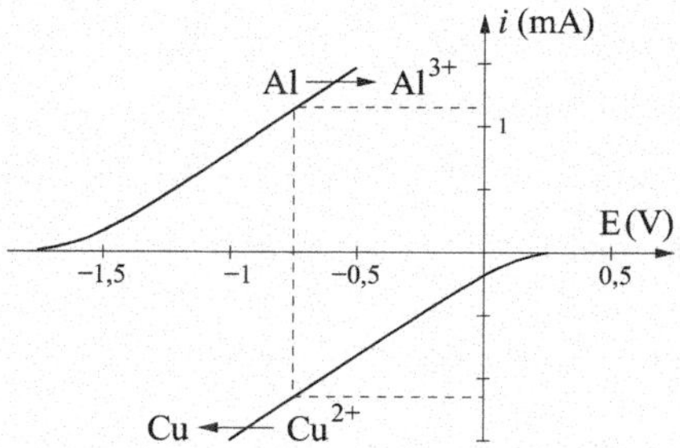

c) On détermine graphiquement le point de fonctionnement en cherchant le point où $i_A = -i_C$:

$$i = 1{,}2 \text{ mA et } E_m = -0{,}75 \text{ V}$$

d) Voici le tableau d'avancement de la pile, avec l'échange de 6 électrons :

(µmol)	$3Cu^{2+}$	$+2Al$	$=$	$3Cu$	$+2Al^{3+}$
initial	50	excès		excès	50
$t = 10$ min	$50 - 3\xi$	excès		excès	$50 + 2\xi$

La relation entre l'intensité et la vitesse de réaction s'écrit

$$i = 6\mathcal{F}\frac{d\xi}{dt}$$

$$\text{donc } i \cdot dt = 6\mathcal{F} \cdot d\xi$$

En supposant que i reste constant pendant la durée de l'expérience, la relation s'intègre entre $t = 0$ et $t_f = 600$ s :

$$i \cdot t_f = 6\mathcal{F} \cdot \xi_f$$

$$\text{soit } \xi_f = \frac{it_f}{6\mathcal{F}} = 1{,}24 \text{ µmol}$$

On en déduit que

$$[Cu^{2+}]_f = \frac{50 \cdot 10^{-6} - 3 \times 1{,}24 \cdot 10^{-6}}{50 \cdot 10^{-3}} = 0{,}926 \cdot 10^{-3} \text{ mol} \cdot \text{L}^{-1}$$

$$[Al^{3+}]_f = \frac{50 \cdot 10^{-6} + 2 \times 1{,}24 \cdot 10^{-6}}{50 \cdot 10^{-3}} = 1{,}050 \cdot 10^{-3} \text{ mol} \cdot \text{L}^{-1}$$

Le potentiel de Nernst du couple du cuivre diminue, celui du couple de l'aluminium augmente : les courbes se rapprochent, donc l'intensité du point de fonctionnement diminue.

18.18

Le schéma électrochimique est le suivant :

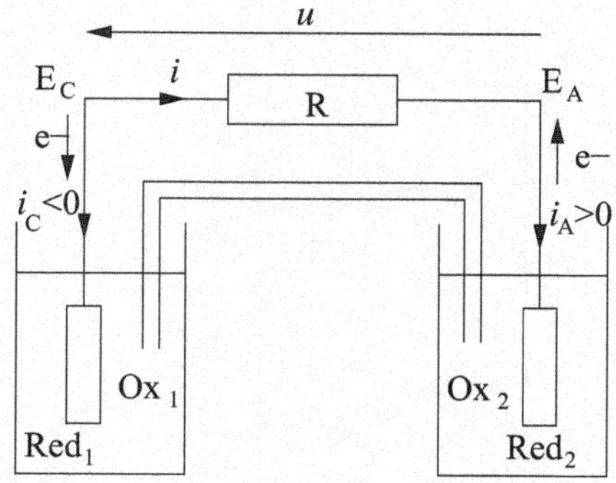

Au point de fonctionnement :

$$i = i_A = -i_C, \quad u = Ri \text{ et } u = E_C - E_A \text{ donc } E_C = E_A + Ri$$

Il suffit donc de modifier la courbe courant potentiel de l'anode, donc du couple 2 en traçant

$$E'_2(i) = E_2(i) + Ri$$

La courbe modifiée est obtenue par un procédé graphique. On trace la droite (D) : $i = \frac{E}{R}$; point par point, pour i_A donné en ordonnée :

– on relève E_A en abscisse sur la courbe courant-potentiel ;
– on relève E en abscisse sur la droite (D) ;
– on fait la somme $E'_A = E_A + E$
et on porte le point de coordonnées (i, E'_A).

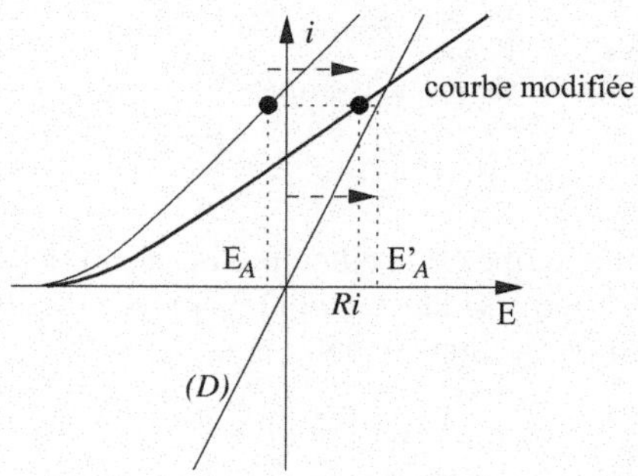

On cherche ensuite le point de fonctionnement par la méthode habituelle en superposant les courbes (i, E'_A) et (i, E_C).

18.19

a) On identifie trois ordonnées clés sur l'axe des tensions.

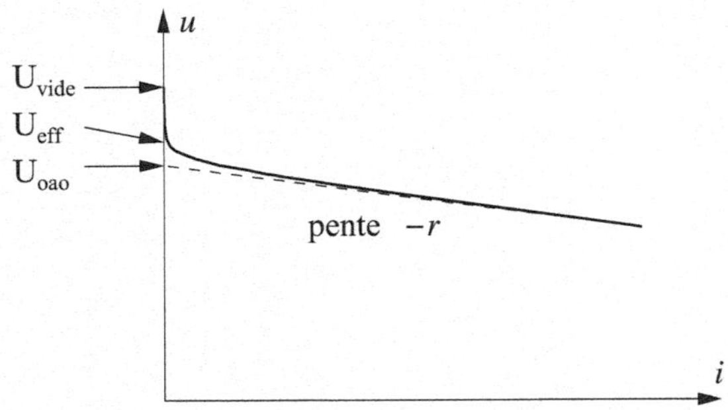

- U_{vide} est la tension à vide, c'est-à-dire la différence entre les potentiels de Nernst des deux demi-piles :

$$U_{vide} = E_C - E_A$$

- U_{eff} est la tension effective à partir de laquelle la pile commence à débiter du courant. C'est la tension à vide corrigée des surtensions cathodique et anodique :

$$U_{eff} = (E_C + \eta_C) - (E_A + \eta_A)$$

- U_{oao} est l'ordonnée à l'origine de la droite qui modélise la courbe dans sa partie rectiligne. Si on note $-r$ la pente de cette droite, alors

$$u = U_{oao} - ri$$

Si on confond

$$U_{eff} \simeq U_{oao}$$

on obtient bien le modèle affine

$$u = (E_C + \eta_C) - (E_A + \eta_A) - ri = (E_C - E_A) + (\eta_C - \eta_A) - ri$$

b) Le premier terme est la différence des potentiels standard des deux couples, directement reliés aux enthalpies libres standard de réaction des demi-équations

$$\Delta_r G^0 = \pm n\mathcal{F}E^0$$

c'est donc la partie **thermodynamique** de l'expression. Le deuxième terme est la différence des surtensions algébriques cathodique (négative) et anodique (positive), c'est donc un terme négatif qui diminue la tension à vide ; c'est donc la partie **cinétique** de l'expression qui prend en compte la nullité de i (donc de la vitesse de réaction) entre E et E + η. Le troisième terme, négatif, diminue encore la tension par la prise en compte des frottements modélisés par un conducteur ohmique, la résistance interne est r, c'est donc la partie **électrique** de l'expression.

18.20

a) Le couple du sulfate est au-delà du mur du solvant. L'oxydation de l'eau en dioxygène se fait à un potentiel inférieur à 2,0 V, et H_2O étant le solvant, il est présent en très grande abondance et aucune saturation n'intervient, donc l'ion sulfate ne peut pas s'oxyder.

b) Les demi-équations rédox sont

$$Zn^{2+}(aq) + 2e^- = Zn(s) \text{ et } 2H_2O = 4H^+(aq) + O_2(g) + 4e^-$$

La réaction bilan est donc

$$2Zn^{2+}(aq) + 2H_2O = 2Zn(s) + 4H^+(aq) + O_2(g)$$

avec l'échange de $n = 4$ électrons.

c) La tension minimale est l'écart entre les abscisses auxquelles les intensités des demi-courbes deviennent non nulles, soit $u_{min} = 1{,}8 - (-0{,}76) = 2{,}56$ V.

d) Voici la construction graphique :

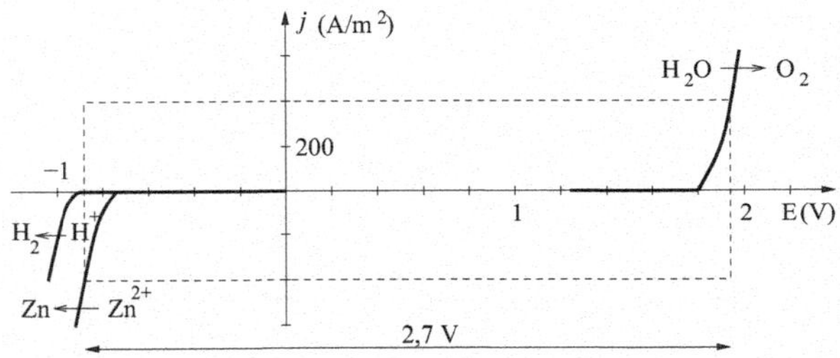

On obtient $j = 400\ A\cdot m^{-2}$.

e) La relation entre $i = jS$ et la vitesse de réaction s'écrit :

$$i = 4\mathcal{F}\frac{d\xi}{dt} = 4\mathcal{F}\cdot\frac{1}{2}\frac{dn_{Zn}}{dt} \text{ donc } dn_{Zn} = \frac{i}{2\mathcal{F}}dt$$

En prenant i constant, on en déduit que la quantité de zinc produite en une journée (soit 86 400 secondes) est

$$n_{Zn} = \frac{jS}{2\mathcal{F}\cdot 86\,400}$$

Or $m_{Zn} = n_{Zn}\cdot M_{Zn}$ d'où

$$S = \frac{2\mathcal{F}m_{Zn}}{86\,400\,jM_{Zn}} = 43\ m^2$$

Chaque seconde, la production massique de zinc est

$$\frac{dm}{dt} = \frac{m_{Zn}}{86\,400}$$

et la production molaire est donc

$$\frac{dn}{dt} = \frac{m_{Zn}}{86\,400M_{Zn}}$$

Le débit vaut donc

$$D = \frac{dV}{dt} = \frac{1}{[Zn^{2+}]}\cdot\frac{dn}{dt} = \frac{m_{Zn}}{86\,400[Zn^{2+}]M_{Zn}} = 0{,}177\ L\cdot s^{-1}$$

f) $\mathscr{P} = u \cdot i = u \cdot jS = 46$ kW.

18.21

a) La réaction de l'acide sulfurique dans l'eau est totale car c'est un acide fort et elle s'écrit

$$H_2SO_4 + 2H_2O \rightarrow 2H_3O^+(aq) + SO_4^{2-}(aq)$$

À pH = 0, $[H_3O^+] = 1{,}0\ mol \cdot L^{-1}$ donc $[SO_4^{2-}] = 0{,}5\ mol \cdot L^{-1}$.

b) La réaction de dissolution dans l'eau et le tableau d'avancement correspondant s'écrivent

$mol \cdot L^{-1}$	$PbSO_4(s)$	$= Pb^{2+}(aq)$	$+SO_4^{2-}(aq)$
initial	s_{aq}	0	0
équilibre	ε	s_{aq}	s_{aq}

À l'équilibre, le quotient de réaction est égal à la constante d'équilibre soit

$$s_{aq}^2 = K_s \text{ donc } s_{aq} = \sqrt{K_s} = 1{,}6 \cdot 10^{-4}\ mol \cdot L^{-1}$$

La réaction de dissolution dans l'acide sulfurique et le tableau d'avancement correspondant s'écrivent

$mol \cdot L^{-1}$	$PbSO_4(s)$	$= Pb^{2+}(aq)$	$+SO_4^{2-}(aq)$
initial	s_{ac}	0	0,5
équilibre	ε	s_{ac}	$0{,}5 + s_{ac}$

La solubilité dans une solution contenant déjà des ions sulfate est nécessairement inférieure à celle dans l'eau, donc

$$s_{ac} \leq s_{aq} \ll 0{,}5\ mol \cdot L^{-1}$$

À l'équilibre, le quotient de réaction est égal à la constante d'équilibre soit

$$s_{ac}(0{,}5 + s_{ac}) \simeq 0{,}5 s_{ac} = K_s$$

$$\text{donc } s_{ac} = \frac{K_s}{0{,}5} = 2K_s = 5{,}1 \cdot 10^{-8}\ mol \cdot L^{-1}$$

La dissolution de la couche solide de sulfate de plomb II dans l'acide sulfurique est donc négligeable.

c) Le potentiel standard du couple peroxodisulfate/sulfate est supérieur à celui du couple dioxygène/eau, même en tenant compte de la surtension. Le mur du solvant empêche donc l'ion sulfate d'être actif.

d) Pendant la décharge, l'accumulateur fonctionne en pile. Les demi-équations rédox et la réaction bilan s'écrivent

$$\begin{cases} Pb(s) + SO_4^{2-}(aq) = PbSO_4(s) + 2e^- \\ PbO_2(s) + SO_4^{2-}(aq) + 4H^+(aq) + 2e^- = PbSO_4(s) + 2H_2O \end{cases}$$

donc en éliminant les électrons

$$Pb(s) + PbO_2(s) + 2SO_4^{2-}(aq) + 4H^+(aq) = 2PbSO_4(s) + 2H_2O$$

Voici le schéma des différents transferts pendant cette phase de décharge.

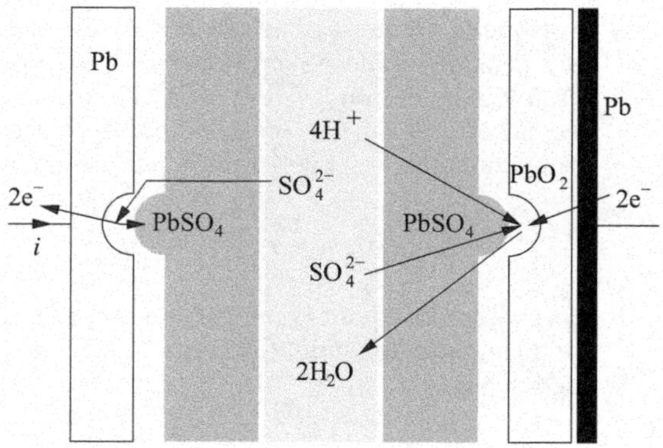

e) L'énoncé ne donne pas les potentiels standard des couples

$$PbO_2/PbSO_4 \text{ et } PbSO_4/Pb$$

Comme la solution est saturée en $PbSO_4$, on peut utiliser les formules de Nernst des couples écrits avec l'ion Pb^{2+} et utiliser sa concentration calculée à la question (b)

$$E(PbSO_4/Pb) = E(Pb^{2+}/Pb)$$

soit, en utilisant la formule de Nernst

$$E(PbSO_4/Pb) = -0{,}13 + \frac{0{,}059}{2}\log[Pb^{2+}]$$

$$E(PbSO_4/Pb) = -0{,}13 + \frac{0{,}059}{2}\log s_{ac} = -0{,}35\ V$$

De même

$$E(PbO_2/PbSO_4) = 1{,}46 + \frac{0{,}059}{2}\log\frac{[H^+]^4}{[Pb^{2+}]}$$

$$E(PbO_2/PbSO_4) = 1{,}46 + \frac{0{,}059}{2}\log\frac{1{,}0^4}{s_{ac}} = 1{,}68\ V$$

On en déduit la tension à vide de la pile

$$U_0 = E(PbO_2/PbSO_4) - E(PbSO_4/Pb) = 2{,}03\ V$$

f) Étude de la batterie.

i) Chaque cellule ayant une tension à vide de 2,03 V, il en faut $k = 6$ pour obtenir une tension d'environ 12 V.

ii) Lorsque la voiture est arrêtée, $i = 0$, les potentiels des deux demi-piles valent respectivement 1,68 V et -0,35 V, et la tension à vide $U_0 = 2,03$ V. En phase de démarrage, $i_d = 400$ A, on est en phase de décharge (fonctionnement en pile), la tension ne vaut plus que

$$U_d = \frac{10,5}{6} = 1,75 \text{ V}$$

En phase de conduite, la charge Q est obtenue au bout de 20 minutes de conduite, soit $\Delta t = \frac{1}{3}$ d'heure. On en déduit que

$$i_c = \frac{Q}{\Delta t} = 300 \text{ A}$$

tandis que la tension aux bornes de chaque cellule vaut

$$U_c = \frac{14}{6} = 2,33 \text{ V}$$

Ces valeurs donnent trois points particuliers des courbes courant-potentiel.

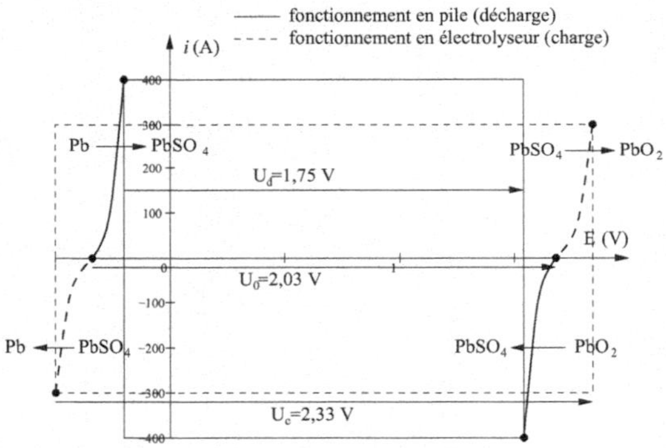

iii) Reprenons l'équation bilan en phase de décharge

$$Pb(s) + PbO_2(s) + 2SO_4^{2-}(aq) + 4H^+(aq) =$$

$$2PbSO_4(s) + 2H_2O$$

correspondant au passage de $n = 2$ électrons. La loi de cinétique chimique s'écrit

$$i = n\mathscr{F}V = 2\mathscr{F}\frac{d\xi}{dt}$$

$$\text{donc} \left\{ \begin{array}{l} i_{max} = -2\mathscr{F} \cdot \frac{1}{2}\frac{dn_{SO_4^{2-}}}{dt} \\ i_{max} = 2\mathscr{F} \cdot \frac{1}{2}\frac{dn_{H_2O}}{dt} \end{array} \right.$$

On en déduit

$$\left\{ \begin{array}{l} m_{SO_4^{2-}} = \frac{i_{max}\Delta t}{\mathscr{F}} \cdot (32 + 4 \cdot 16) = 24 \text{ g} \\ m_{H_2O} = \frac{i_{max}\Delta t}{\mathscr{F}} \cdot (2 \cdot 1 + 16 \cdot 16) = 4,5 \text{ g} \end{array} \right.$$

Cette quantité importante d'ions sulfate consommés est inférieure à la quantité totale disponible car la charge produite est inférieure à la capacité de la batterie

$$\left\{ \begin{array}{l} q = i_{max}\Delta t = 6,7 \text{ Ah} \\ Q = 100 \text{ Ah} \end{array} \right.$$

La batterie est donc susceptible de fonctionner à nouveau. Mais il faut attendre la réorganisation des ions au sein de la structure de l'accumulateur, et en particulier la migration des ions sulfate au sein de l'acide sulfurique vers l'électrode de plomb au travers de la couche de sulfate de plomb. Les quelques minutes d'attente peuvent correspondre à la durée de ce processus.

g) La potentiel standard du couple H^+/H_2 est nul, et celui du couple Pb^{2+}/Pb est négatif. La réaction possible est donc

$$Pb(s) + 2H^+(aq) = Pb^{2+}(aq) + H_2(g)$$

Le dihydrogène est un gaz explosif au contact du dioxygène de l'air, surtout dans une batterie où une étincelle est possible. L'explosion d'une batterie contenant de l'acide sulfurique est potentiellement très dangereuse.

CHAPITRE 19

Formulaire mathématique

19.1 Équations différentielles

Équations différentielles linéaires à coefficients constants

- Une fonction $X(t)$ vérifie une **équation différentielle linéaire à coefficients constants** d'ordre 1 ou 2 si on peut écrire

$$aX''(t) + bX'(t) + cX(t) = d(t)$$

  $d(t)$ est appelé le second membre. Si $a \neq 0$, elle est du second ordre, si $a = 0$ et $b \neq 0$, elle est du premier ordre. L'équation différentielle est habituellement accompagnée d'une ou deux conditions initiales (si t est le temps) ou aux limites.
- La solution générale d'une équation différentielle linéaire à coefficients constants est la somme de
  - la solution générale $X_h(t)$ de l'équation homogène (sans second membre) $aX''(t) + bX'(t) + cX(t) = 0$
  - et d'une solution particulière $X_p(t)$ de l'équation complète $aX''(t) + bX'(t) + cX(t) = d(t)$.

$$X(t) = X_h(t) + X_p(t)$$

  La solution X_h est en général définie avec deux (si l'équation est d'ordre 2) ou une (si l'équation est d'ordre 1) constante d'intégration ; celles-ci sont calculées grâce aux conditions initiales ou aux limites.
- Les équations homogènes suivantes peuvent être résolues sans justification.
  - L'équation $X'(t) + \frac{1}{\tau}X(t) = 0$ a pour solution

$$X_h(t) = Ae^{-\frac{t}{\tau}}$$

  - L'équation $X''(t) + \omega_0^2 X(t) = 0$ est appelée **équation d'oscillateur harmonique** et a pour solution

$$X_h(t) = A\cos(\omega_0 t + \varphi) \text{ ou } X_h(t) = A\cos(\omega_0 t) + B\sin(\omega_0 t)$$

  - L'équation $X''(t) - \frac{1}{\tau^2}X(t) = 0$ est appelée **équation d'oscillateur hyperbolique** et a pour solution

$$X_h(t) = A\mathrm{ch}\frac{t}{\tau} + B\mathrm{sh}\frac{t}{\tau} \text{ ou } X_h(t) = Ae^{-\frac{t}{\tau}} + Be^{\frac{t}{\tau}}$$

- Dans les autres cas, on cherche les solutions réelles de l'équation homogène en résolvant l'**équation caractéristique** du second degré :

$$ar^2 + br + c = 0 \text{ de discriminant } \Delta = b^2 - 4ac$$

– si $\Delta > 0$, l'équation caractéristique a deux racines réelles r_1 et r_2 et

$$X_h(t) = A_1 e^{r_1 t} + A_2 e^{r_2 t}$$

– si $\Delta = 0$, l'équation caractéristique a une racine double réelle $r = -\frac{b}{2a}$ et

$$X_h(t) = (At + B)e^{rt}$$

– si $\Delta < 0$, l'équation caractéristique a deux racines complexes conjuguées $r \pm i\omega$ avec $r = -\frac{b}{2a}$ et $\omega = \frac{\sqrt{-\Delta}}{2a}$, et

$$X_h(t) = Ae^{rt}\cos(\omega t + \varphi) \text{ ou } X_h(t) = e^{rt}\left[A\cos(\omega t) + B\sin(\omega t)\right]$$

- La recherche d'une solution particulière (quelconque) est moins cadrée. On retient qu'on cherche en général une solution $X_p(t)$ « du même type » que le second membre $d(t)$: si $d(t)$ est constante, on cherche $X_h(t)$ constante ; si $d(t)$ est affine, on cherche $X_h(t)$ affine ; si $d(t)$ est une fonction exponentielle, on cherche $X_h(t)$ exponentielle de même argument, etc. Dans le cas particulier où $d(t)$ est une fonction sinusoïdale du temps, on utilise la méthode complexe suivante. Une solution particulière d'une équation différentielle linéaire à coefficients constants du type

$$aX''(t) + bX'(t) + cX(t) = D\cos(\omega t + \varphi)$$

est $X_p(t) = X_0\cos(\omega t + \theta)$. On détermine l'amplitude X_0 et la phase θ en passant au **formalisme complexe**.
- On pose

$$\underline{X} = X_0 e^{i(\omega t + \theta)} \text{ et } \underline{d} = De^{i(\omega t + \varphi)}$$

L'équation en complexes s'écrit

$$\left[-a\omega^2 + i\omega b + c\right] X_0 e^{i(\omega t + \theta)} = De^{i(\omega t + \varphi)}$$

et on calcule X_0 et θ en écrivant l'égalité des modules et des arguments.

Équations différentielles à variables séparables

- La fonction $x(t)$ vérifie une **équation différentielle à variables séparables** X et t si elle vérifie une relation du type

$$a(x)x'(t) = b(t) \text{ soit } a(x)\frac{dx}{dt} = b(t)$$

avec la condition initiale $x(t_0) = x_0$.
- Ce type d'équation peut se mettre sous la forme

$$a(x)dx = b(t)dt \text{ donc } \int_{x=x_0}^{x_1} a(x)dx = \int_{t=t_0}^{t_1} b(t)dt$$

d'où on déduit, si les fonctions $a(x)$ et $b(t)$ sont intégrables sur les intervalles en question, une relation du type

$$A(x_1) - A(x_0) = B(t_1) - B(t_0) \text{ soit } A(x_1) = A(x_0) + B(t_1) - B(t_0)$$

- Cette relation permet souvent, par inversion de la fonction A, de déterminer la valeur de x_1 à la date t_1.

19.2 Fonctions de plusieurs variables, équations aux dérivées partielles

Fonction de plusieurs variables

- X, fonction des variables x, y, z est définie par

$$\begin{array}{ccc} R^3 & \rightarrow & R \\ (x,y,z) & \mapsto & X = f(x,y,z) \end{array}$$

- Il est possible que les variables soient liées les unes aux autres. En physique, c'est le cas en mécanique des fluides lorsqu'une grandeur comme la masse volumique ou la pression au sein de la particule de fluide dépend du temps t et de ses coordonnées cartésiennes x y z, celles-ci dépendant elles-mêmes du temps t : $P = f(x(t), y(t), z(t), t)$. Ce cas sera exclu dans la suite du propos.
- À partir d'ici, donc, on considère une fonction de plusieurs variables **indépendantes** les unes des autres. Pour fixer les idées, on considèrera majoritairement des fonctions de deux variables :

$$U = U(T,V), \quad H = H(T,P), \quad S = S(U,V)$$

$$X = f(x,y) = x^2y^2, \quad Y = g(x,y) = x^2e^{2y}, \quad Z = h(x,t) = e^{-\frac{x}{\delta}}\cos(\omega t - kx)$$

Dérivées partielles

- La **dérivée partielle** de X par rapport à une des variables x est la dérivée de X par rapport à x en supposant que toutes les autres variables sont constantes. On note $\left(\frac{\partial X}{\partial x}\right)_y$ et on lit « d rond X sur d rond x à y constant ». On omet souvent de préciser que y est constant et on écrit simplement $\frac{\partial X}{\partial x}$.
- Avec $X = x^2y^2$, on a ainsi $\frac{\partial X}{\partial x} = 2xy^2$ et $\frac{\partial X}{\partial y} = 2x^2y$.
- L'unité de $\frac{\partial X}{\partial x}$ est $[X] \cdot [x]^{-1}$.
- On peut dériver une grandeur plusieurs fois de suite par rapport aux diverses variables :

$$\frac{\partial^2 X}{\partial x^2} = \frac{\partial}{\partial x}\left(\frac{\partial X}{\partial x}\right), \quad \frac{\partial^2 X}{\partial x \partial y} = \frac{\partial}{\partial x}\left(\frac{\partial X}{\partial y}\right), \quad \text{etc.}$$

Ainsi, avec $X = x^2y^2$, $\frac{\partial^2 X}{\partial x \partial y} = 4xy$.

Théorème de Schwartz

- Sous des hypothèses de régularité que nous ne détaillons pas ici, et que nous admettrons toujours vérifiées dans les cas rencontrés en physique, les dérivations par rapport à deux variables indépendantes commutent.
- **Théorème de Schwartz**. Si X est une fonction des deux variables indépendantes x et y, alors

$$\frac{\partial^2 X}{\partial x \partial y} = \frac{\partial^2 X}{\partial y \partial x}$$

Écriture différentielle

- Soit X une fonction des deux variables indépendantes x et y. X varie lorsque x et / ou y varie : on peut donc écrire que la variation infinitésimale de X est une combinaison linéaire de celles de x et de y :

$$dX = A \cdot dx + B \cdot dy$$

Or, si y reste constant, on peut écrire $dX = A \cdot dx$, donc A est le rapport entre dX et dx quand y reste constant, soit :

$$A = \left(\frac{\partial X}{\partial x}\right)_y \text{ et } B = \left(\frac{\partial X}{\partial y}\right)_x$$

- D'après le théorème de Schwartz, il vient

$$\frac{\partial A}{\partial y} = \frac{\partial B}{\partial x}$$

Équations aux dérivées partielles

- Soit X une fonction de deux variables indépendantes x et y. Une **équations aux dérivées partielles** (EDP) est une relation entre les dérivées partielles simples ou multiples de X par rapport à x et y.
- Si $A = f(x, t)$, on cite :
  - l'**équation de d'Alembert** (EDA) : $\frac{\partial^2 A}{\partial x^2} - \frac{1}{c^2}\frac{\partial^2 A}{\partial t^2} = 0$;
  - l'**équation de diffusion** (EDD) : $\frac{\partial A}{\partial t} - D\frac{\partial^2 A}{\partial x^2} = 0$;
  - l'**équation de Klein-Gordon** : $\alpha A + \frac{1}{c^2}\frac{\partial^2 A}{\partial t^2} - \frac{\partial^2 A}{\partial x^2} = 0$;
  - qui sont elles-mêmes des cas particuliers de l'équation linéaire
    $\alpha A + \beta\frac{\partial A}{\partial t} + \frac{1}{c^2}\frac{\partial^2 A}{\partial t^2} - \frac{\partial^2 A}{\partial x^2} = 0$
- La résolution des EDP est difficile en général. On retient trois familles très importantes de solutions pour les équations linéaires.
  - Les solutions de type onde plane progressive harmonique (OPPH) dont l'écriture en grandeurs complexes est :

$$(\text{OPPH}) : \underline{A}(x,t) = A_0 e^{i(\omega t \pm kx + \varphi)} = \underline{A_0} e^{i(\omega t \pm kx)}$$

  - Les solutions de type pseudo-onde plane progressive harmonique (OPPH*) dont l'écriture en grandeurs complexes est :

$$(\text{OPPH}*) : \underline{A}(x,t) = A_0 e^{i(\omega t - \underline{k}x + \varphi)} = \underline{A_0} e^{i(\omega t - \underline{k}x)}$$

  - Les solutions du type onde plane stationnaire monochromatique

$$A(x,t) = A_0 \cos(\omega t + \varphi)\cos(kx + \psi)$$

19.3 Analyse vectorielle

Généralités

- La dérivation spatiale des grandeurs est plus complexe que la dérivation temporelle : il existe en effet des champs scalaires et des champs vectoriels.
- **Dérivation spatiale des champs** :
  - le **gradient** est la dérivée vectorielle d'un champ scalaire ;
  - la **divergence** est la dérivée scalaire d'un champ vectoriel ;
  - le **rotationnel** est la dérivée vectorielle d'un champ vectoriel.
- Les expressions de ces trois opérateurs de dérivation spatiale doivent être connus en coordonnées cartésiennes, et sont fournies par l'énoncé pour les coordonnées cylindriques et sphériques.
- L'opérateur **nabla** est un moyen mnémotechnique permettant de retrouver facilement les expressions en coordonnées cartésiennes :

$$\vec{\nabla} = \left| \begin{array}{l} \frac{\partial}{\partial x} \\ \frac{\partial}{\partial y} \\ \frac{\partial}{\partial z} \end{array} \right.$$

- Attention à ne pas confondre, pour une composante quelconque d'un champ vectoriel $\vec{A}$:
  - une lettre en indice qui signifie la composante correspondante

$$A_x,\ A_y,\ A_z,\ A_r,\ A_\theta,\ A_\varphi$$

  - et une lettre entre parenthèses, qui signifie que le terme dépend de cette variable

$$A(x),\ A(y),\ A(z),\ A(r),\ A(\theta),\ A(\varphi),\ A(t)$$

Ainsi, l'écriture suivante en coordonnées cylindriques

$$\vec{A} = A_r(\theta, t)\vec{u}_r$$

signifie que la composante A_r selon $\vec{u}_r$ du champ vectoriel $\vec{A}$ ne dépend que des variables θ et t.

Gradient

- Le **gradient** est un champ vectoriel dérivé d'un champ scalaire :
  - sa direction est celle de plus forte variation ;
  - son sens correspond à la croissance du champ ;
  - sa norme est en unité du champ par unité de longueur.
- En coordonnées cartésiennes, $V(x, y, z)$ et

$$\overrightarrow{\text{grad}}\,V = \vec{\nabla}V = \left|\begin{array}{l} \dfrac{\partial V}{\partial x} \\ \dfrac{\partial V}{\partial y} \\ \dfrac{\partial V}{\partial z} \end{array}\right.$$

- En coordonnées cylindriques, $V(r, \theta, z)$ et

$$\overrightarrow{\text{grad}}\,V = \left|\begin{array}{l} \dfrac{\partial V}{\partial r} \\ \dfrac{1}{r}\dfrac{\partial V}{\partial \theta} \\ \dfrac{\partial V}{\partial z} \end{array}\right.$$

- En coordonnées sphériques, $V(r, \theta, \varphi)$ et

$$\overrightarrow{\text{grad}}\,V = \left|\begin{array}{l} \dfrac{\partial V}{\partial r} \\ \dfrac{1}{r}\dfrac{\partial V}{\partial \theta} \\ \dfrac{1}{r\sin\theta}\dfrac{\partial V}{\partial \varphi} \end{array}\right.$$

Divergence

- La **divergence** est un champ scalaire dérivé d'un champ vectoriel. Il s'exprime en unité du champ par unité de longueur. Il est positif lorsque le champ présente un mouvement divergeant du point considéré, négatif pour un mouvement convergeant, nul pour un mouvement traversant.
- En coordonnées cartésiennes $\overrightarrow{A}\left|\begin{array}{l} A_x \\ A_y \\ A_z \end{array}\right.$ et

$$\text{div}\,\overrightarrow{A} = \vec{\nabla}\cdot\overrightarrow{A} = \frac{\partial A_x}{\partial x} + \frac{\partial A_y}{\partial y} + \frac{\partial A_z}{\partial z}$$

- En coordonnées cylindriques $\vec{A} \begin{vmatrix} A_r \\ A_\theta \\ A_z \end{vmatrix}$ et

$$\operatorname{div} \vec{A} = \frac{1}{r}\frac{\partial(rA_r)}{\partial r} + \frac{1}{r}\frac{\partial A_\theta}{\partial \theta} + \frac{\partial A_z}{\partial z}$$

- En coordonnées sphériques $\vec{A} \begin{vmatrix} A_r \\ A_\theta \\ A_\varphi \end{vmatrix}$ et

$$\operatorname{div} \vec{A} = \frac{1}{r^2}\frac{\partial(r^2 A_r)}{\partial r} + \frac{1}{r\sin\theta}\frac{\partial(A_\theta \sin\theta)}{\partial \theta} + \frac{1}{r\sin\theta}\frac{\partial A_\varphi}{\partial \varphi}$$

- **Théorème d'Ostrogradski.** Le flux d'un champ de vecteurs $\vec{A}$ sortant d'une boîte fermée Σ est égal à l'intégrale triple de la divergence dans le volume V délimité par la boîte :

$$\oiint_\Sigma \vec{A}\cdot d\vec{S} = \iiint_V \operatorname{div} \vec{A}\, d\tau$$

Rotationnel

- Le **rotationnel** est un champ vectoriel dérivé d'un champ vectoriel. Il s'exprime en unité du champ par unité de longueur. Il a pour axe l'axe de rotation locale du champ, sons sens est cohérent avec la règle du tire-bouchon.
- En coordonnées cartésiennes $\vec{A} \begin{vmatrix} A_x \\ A_y \\ A_z \end{vmatrix}$ et

$$\overrightarrow{\operatorname{rot}}\, \vec{A} = \vec{\nabla} \wedge \vec{A} = \begin{vmatrix} \frac{\partial A_z}{\partial y} - \frac{\partial A_y}{\partial z} \\ \frac{\partial A_x}{\partial z} - \frac{\partial A_z}{\partial x} \\ \frac{\partial A_y}{\partial x} - \frac{\partial A_x}{\partial y} \end{vmatrix}$$

- En coordonnées cylindriques $\vec{A} \begin{vmatrix} A_r \\ A_\theta \\ A_z \end{vmatrix}$ et

$$\overrightarrow{\operatorname{rot}}\, \vec{A} = \begin{vmatrix} \frac{1}{r}\left(\frac{\partial A_z}{\partial \theta} - \frac{\partial (rA_\theta)}{\partial z}\right) \\ \frac{\partial A_r}{\partial z} - \frac{\partial A_z}{\partial r} \\ \frac{1}{r}\left(\frac{\partial (rA_\theta)}{\partial r} - \frac{\partial A_r}{\partial \theta}\right) \end{vmatrix}$$

- En coordonnées sphériques $\vec{A} \begin{vmatrix} A_r \\ A_\theta \\ A_\varphi \end{vmatrix}$ et

$$\overrightarrow{\operatorname{rot}}\, \vec{A} = \begin{vmatrix} \frac{1}{r^2 \sin\theta}\left(\frac{\partial (r\sin\theta A_\varphi)}{\partial \theta} - \frac{\partial (rA_\theta)}{\partial \varphi}\right) \\ \frac{1}{r\sin\theta}\left(\frac{\partial A_r}{\partial \varphi} - \frac{\partial (r\sin\theta A_\varphi)}{\partial r}\right) \\ \frac{1}{r}\left(\frac{\partial (rA_\theta)}{\partial r} - \frac{\partial A_r}{\partial \theta}\right) \end{vmatrix}$$

- **Théorème de Stokes.** La circulation d'un champ de vecteurs $\vec{A}$ le long d'un lacet orienté $\mathscr{C}$ est égal au flux du rotationnel à travers la surface S tendue sur le lacet dans le sens cohérent avec l'orientation du lacet :

$$\oint_{\mathscr{C}} \vec{A}\cdot d\vec{\ell} = \iint_S \overrightarrow{\text{rot}}\,\vec{A}\cdot d\vec{S}$$

Laplacien

- Le **Laplacien scalaire** est un opérateur de double dérivation spatiale d'un champ scalaire V :

$$\Delta V = \text{div}\,\overrightarrow{\text{grad}}\,V$$

- En coordonnées cartésiennes $V(x,y,z)$ et

$$\Delta V = \vec{\nabla}\cdot\vec{\nabla}V = \vec{\nabla}^2 = \frac{\partial^2 V}{\partial x^2}+\frac{\partial^2 V}{\partial y^2}+\frac{\partial^2 V}{\partial z^2}$$

- En coordonnées cylindriques $V(r,\theta,z)$ et

$$\Delta V = \frac{1}{r}\frac{\partial\left(r\frac{\partial V}{\partial r}\right)}{\partial r}+\frac{1}{r^2}\frac{\partial^2 V}{\partial\theta^2}+\frac{\partial^2 V}{\partial z^2}$$

- En coordonnées sphériques $V(r,\theta,\varphi)$ et

$$\Delta V = \frac{1}{r^2}\frac{\partial\left(r^2\frac{\partial V}{\partial r}\right)}{\partial r}+\frac{1}{r^2\sin\theta}\frac{\partial\left(\sin\theta\frac{\partial V}{\partial\theta}\right)}{\partial\theta}+\frac{1}{r^2\sin^2\theta}\frac{\partial^2 V}{\partial\varphi^2}$$

- Le Laplacien vectoriel en coordonnées cartésiennes est défini comme le laplacien scalaire : $\vec{A} = \left|\begin{matrix}A_x\\A_y\\A_z\end{matrix}\right.$ et

$$\vec{\Delta}\vec{A} = \frac{\partial^2\vec{A}}{\partial x^2}+\frac{\partial^2\vec{A}}{\partial y^2}+\frac{\partial^2\vec{A}}{\partial z^2} = \left|\begin{matrix}\Delta A_x\\\Delta A_y\\\Delta A_z\end{matrix}\right.$$

- Dans le cas général, le **Laplacien vectoriel** est défini par

$$\vec{\Delta}\vec{A} = \overrightarrow{\text{grad}}\left[\text{div}\,\vec{A}\right]-\overrightarrow{\text{rot}}\left[\overrightarrow{\text{rot}}\,\vec{A}\right]$$

Propriétés

- Soient U et V des champs scalaires, $\vec{A}$ et $\vec{B}$ des champs vectoriels.
  * $\overrightarrow{\text{rot}}\,\overrightarrow{\text{grad}}\,V = \vec{0}$
  * si $\overrightarrow{\text{rot}}\,\vec{A} = \vec{0}$, alors $\exists\Phi$ tel que $\vec{A} = \overrightarrow{\text{grad}}\,\Phi$
  * $\text{div}\,\overrightarrow{\text{rot}}\,\vec{A} = 0$
  * si $\text{div}\,\vec{B} = 0$, alors $\exists\vec{A}$ tel que $\vec{B} = \overrightarrow{\text{rot}}\,\vec{A}$
  * $\text{div}\,\overrightarrow{\text{grad}}\,V = \Delta V$
  * $\overrightarrow{\text{rot}}\,\overrightarrow{\text{rot}}\,\vec{A} = \overrightarrow{\text{grad}}\,\text{div}\,\vec{A}-\vec{\Delta}\vec{A}$
  * $\overrightarrow{\text{grad}}\,(UV) = U\overrightarrow{\text{grad}}\,V+V\overrightarrow{\text{grad}}\,U$
  * $\text{div}\,(\vec{A}\wedge\vec{B}) = \vec{B}\cdot\overrightarrow{\text{rot}}\,\vec{A}-\vec{A}\cdot\overrightarrow{\text{rot}}\,\vec{B}$
  * $\text{div}\,(U\vec{A}) = \overrightarrow{\text{grad}}\,U\cdot\vec{A}+U\text{div}\,\vec{A}$
  * $\overrightarrow{\text{rot}}\,(U\vec{A}) = \overrightarrow{\text{grad}}\,U\,\vec{A}+U\overrightarrow{\text{rot}}\,\vec{A}$

19.4 Intégrales de champs et grandeurs élémentaires

Longueurs élémentaires

- Les calculs de **circulation** d'un champ de vecteurs le long d'une ligne $\mathscr{L}$ nécessitent l'expression des vecteurs longueurs élémentaires $d\vec{\ell}$:

$$\int_{\mathscr{L}} \vec{A} \cdot d\vec{\ell}$$

- Le **théorème de Stokes** ramène le calcul du flux d'un rotationnel à un calcul de circulation. Si S est une surface tendue sur le contour fermé $\mathscr{C}$:

$$\iint_S \overrightarrow{\text{rot}}\,\vec{A} \cdot d\vec{S} = \oint_{\mathscr{C}} \vec{A} \cdot d\vec{\ell}$$

- Segment élémentaire : $d\vec{\ell} = dx\,\vec{u}_x$, arc de cercle élémentaire : $d\vec{\ell} = rd\theta\,\vec{u}_\theta$.

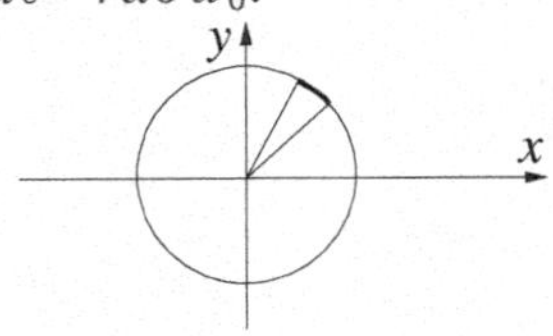

Surfaces élémentaires

- Les calculs de **flux** d'un champ de vecteurs à travers une surface S nécessitent l'expression des vecteurs surfaces élémentaires $d\vec{S}$:

$$\iint_S \vec{A} \cdot d\vec{S}$$

- Le **théorème d'Ostrogradski** ramène le calcul de l'intégrale triple d'une divergence à un calcul de flux. Si V est un volume contenu dans une surface fermée Σ :

$$\iiint_V \text{div}\,\vec{A} \cdot d\tau = \oiint_\Sigma \vec{A} \cdot d\vec{S}$$

- Portion de plan : $d\vec{S} = dx \cdot dy\,\vec{u}_z$, portion de disque : $d\vec{S} = r \cdot dr \cdot d\theta\,\vec{u}_z$,

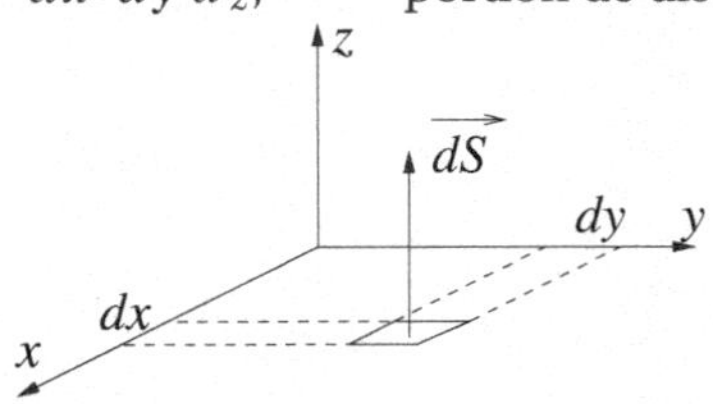

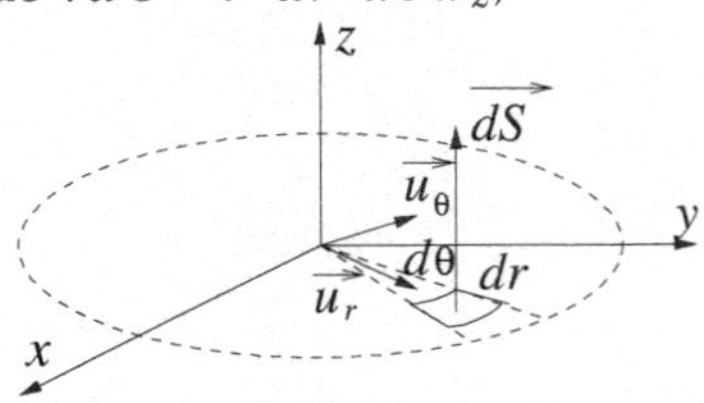

- portion de cylindre : $d\vec{S} = rd\theta dz\,\vec{u}_r$, portion de sphère : $d\vec{S} = r^2 \sin\theta d\theta d\varphi\,\vec{u}_r$.

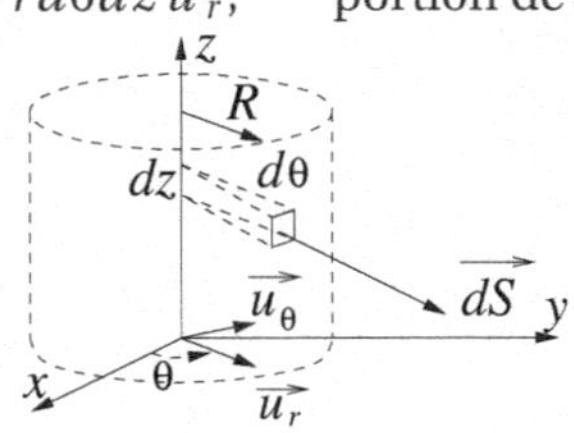

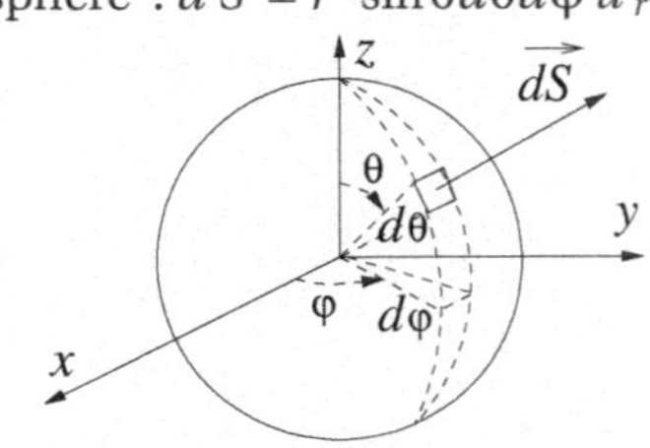

Volumes élémentaires

- Les intégrales de grandeurs scalaires sur un volume nécessitent l'expression de l'élément de volume :

$$\iiint \mathrm{V} \cdot d\tau$$

- Pavé : $d\tau = dxdydz$, cylindre : $d\tau = rdrd\theta dz$, sphère : $d\tau = r^2 \sin\theta drd\theta d\varphi$

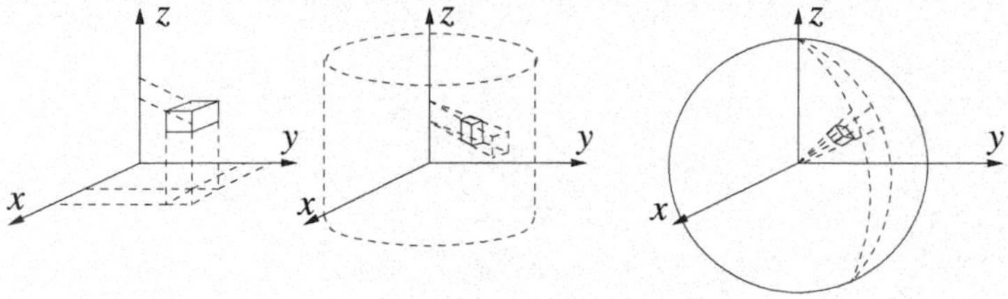

Index

77550 - (II) - OSB 80° - HSN - NRI
Dépôt légal : juin 2018 - Suite du tirage : août 2021
Achevé d'imprimer par Dupli-Print
N° d'impression : 2021073430
www.dupli-print.fr
Imprimé en France